인강으로 합격하는

전기안전기술사

[기출+예상문제집]

Professional Engineer Electric Safety

양재학, 임재풍, 김종연, 김석태, 탁의균 지음

도서 A/S 안내

성안당에서 발행하는 모든 도서는 저자와 출판사, 그리고 독자가 함께 만들어 나갑니다.

좋은 책을 펴내기 위해 많은 노력을 기울이고 있습니다. 혹시라도 내용상의 오류나 오탈자 등이 발견되면 **"좋은 책은 나라의 보배"**로서 우리 모두가 함께 만들어 간다는 마음으로 연락주시기 바랍니다. 수정 보완하여 더 나은 책이 되도록 최선을 다하겠습니다.

성안당은 늘 독자 여러분들의 소중한 의견을 기다리고 있습니다. 좋은 의견을 보내주시는 분께는 성안당 쇼핑몰의 포인트(3,000포인트)를 적립해 드립니다.

잘못 만들어진 책이나 부록 등이 파손된 경우에는 교환해 드립니다.

저자 문의 e-mail : ysk13276@naver.com

본서 기획자 e-mail : coh@cyber.co.kr(최옥현)

홈페이지 : http://www.cyber.co.kr 전화 : 031) 950-6300

Preface

머리말

'도랑치고 가재 잡는 전략'으로 단기간에 스마트하게 목표를 달성합시다.

이 책을 집필하기 위해 산업인력공단의 출제범위와 산업안전보건법 시행령에 공표된 출제영역을 근간으로 하여 전기안전기술사 기출 문항을 매우 세밀하게 분석하였습니다.

그 결과 기출문제에 유사성 문항이 많다는 것을 파악하고 전기안전기술사 논술 문항은 필수적으로 암기 우선 → 이해 후순 → 실천 연습하는 체계적인 방식이 도랑치고 가재 잡는 가장 효율적인 전략임을 판단하여 이를 실행할 수 있도록 이 책을 집필하게 되었습니다.

또한 본 저자는 기술사 서적을 무려 27권 정도 발간하였습니다. 이를 위해 방대한 자료를 세밀하게 분석하였고, 이에 시험에 빈출되는 문제는 물론 향후 출제 가능성이 높은 문제까지 완벽 분석하였습니다.

특히, 전기안전기술사와 유사 과목인 발송배전기술사 기출 문항을 분석하면서 종합적으로 정리한 데이터베이스를 통해 향후 출제 가능한 문제를 효율적으로 정리하였습니다.

이에 수험생은 효율적이고 최적인 합격방법이 무엇일지 의문을 가지면서 교재를 10회 이상 정독하며 학습에 정진한다면 합격이라는 목표는 충분히 달성될 것이라고 믿습니다.

수험생 여러분의 건투를 빕니다.

저자 씀

GUIDE

시험 가이드

시험정보

01 개요

전기이론을 바탕으로 감전 위험성, 정전기 위험성, 소방화재, 전기방폭, 인공호흡 등의 전기안전에 관한 기술을 습득하여 위험발생에 대한 규제대책과 제반시설의 검사 등 산업안전관리를 담당할 전문인력을 양성하고자 자격제도를 제정하였다.

02 수행 직무

전기안전 분야에 관한 고도의 전문지식과 실무경험에 입각한 계획, 연구, 설계, 분석, 시험, 운영, 시공, 평가 또는 이에 관한 지도, 감리 등의 기술업무를 수행한다.

03 진로 및 전망

- 안전관리 기관, 시설물 안전점검 및 보수업체 및 관련 연구소, 정부유관기관으로 진출할 수 있다.
- 1988년부터 1997년까지의 전기화재 발생건수는 1988년의 3,803건과 비교하여 1997년에는 약 2.6배가 증가한 10,075건으로 나타났으며, 이로 인한 인적 · 물적 피해액 또한 증가하였다. 또한 감전사고로 인한 인명피해가 가장 높은 연령이 20대와 30대로, 전체 감전사고의 60.1%를 차지하고 있어 우리 경제에 미치는 피해는 상당히 심각한 수준이다. 이처럼 다양화되고 대형화되는 전기안전사고를 예방하기 위해서는 잠재위험을 확인하고 기술적 평가와 새로운 공학적 안전설계를 할 수 있는 전문인력이 절실히 필요하다. 위와 같이 전기안전기술사에 대한 인력수요는 계속적으로 증가할 것이다.

04 시행처

한국산업인력공단

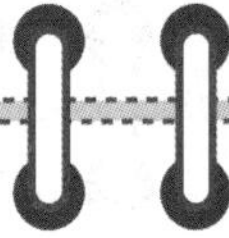

GUIDE

05 관련 학과

대학과 전문대학의 산업안전공학 및 전기공학 관련 학과

06 시험과목

산업안전관리론(사고원인 분석 및 대책, 방호장치 및 보호구, 안전점검 요령), 산업심리 및 교육(인간공학), 산업안전관계법규, 전기공업의 안전운영에 관한 계획 · 관리 · 조사, 기타 전기안전에 관한 사항

07 검정방법

- 필기 : 단답형 및 주관식 논술형(매 교시 100분, 총 400분)
- 면접 : 구술형 면접(30분 정도)

08 합격기준

100점 만점에 60점 이상

09 출제 경향

- 해당 분야에 관한 전문지식 및 응용능력
- 기술사로서의 지도감리 · 경영관리능력, 자질 및 품위

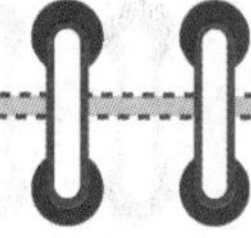

GUIDE

시험 가이드

10 출제기준

주요 항목	세부항목
1. 산업안전관리론	(1) 산업안전의 기본이론 (2) 안전관리체제 및 운영 (3) 안전점검 및 안전진단 (4) 재해조사 및 통계분석 (5) 안전활동기법 (6) 보호구 및 안전표지 등
2. 산업심리 및 교육	(1) 인간의 특성과 안전과의 관계 (2) 직업적성과 산업안전심리 (3) 안전교육 및 지도 (4) 인간행동의 성향 및 행동과학 (5) 안전과 인간공학
3. 전기안전 관련 법규	(1) 전기사업법 (2) 전기설비기술기준 및 한국전기설비규정 (3) 전력기술관리법 (4) 산업안전보건법 (5) 산업안전보건기준에 관한 규칙 (6) 유해 · 위험 작업의 취업제한에 관한 규칙 (7) 신에너지 및 재생에너지 개발 · 이용 · 보급 촉진법 (8) 국가화재안전기준(NFSC) (9) 재난 및 안전관리 기본법 (10) 초고층 지하연계 복합건축물 재난관리에 관한 특별법 (11) 기타 전기 관련 규정 등

주요 항목	세부항목
4. 전기안전관리	(1) 전기설비의 안전관리, 진단 등에 관한 사항 (2) 전기설비 및 전기 작업안전 (3) 감전재해 및 예방대책 (4) 전기화재예방 및 원인 진단, 조사 (5) 정전기 및 전자파 장해 (6) 고조파 및 노이즈 장해 (7) 낙뢰보호설비 계획 (8) 접지설비계획 (9) 전력설비보호시스템 (10) 전기설비의 방폭 및 대책 (11) 전기설비의 내진대책 (12) 기타 전기 기초 이론
5. 발전, 송변전 및 배전설비	(1) 계통보호협조 (2) 발전, 송변전 및 배전설비 계획 및 감리업무 (3) 발전, 송변전 및 배전설비 안전관리 (4) 발전, 송변전 및 배전설비 품질관리 (5) 발전, 송변전 및 배전설비 준공검사
6. 전기설비감리	(1) 전기설비 계획 및 감리업무 수행계획 (2) 전기설비감리 시공 · 품질 · 공정 · 안전 관리 (3) 전기설비감리 시설물 준공 및 인수인계 관리 (4) 전기철도 설비 안전계획 및 감리업무 (5) 전기철도 인터페이스 안전성 검토
7. 그 밖의 전기안전에 관한 사항	(1) 전기안전분야 위험성 평가 (2) 전기설비분야 재난관리 (3) 전기자동차 및 충전설비 전기안전관리 (4) 기타 전기안전 시사성 관련 사항

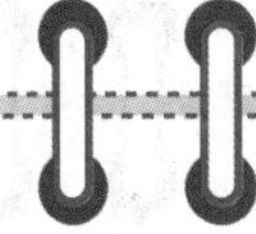

GUIDE

시험 가이드

합격전략

1교시	• 시험시간 100분 동안 13문제 중 10문제 정도를 선별하여 답안지를 작성하며 그 중 7문제는 거의 완벽하게 작성한다. • 3문제 정도는 문제를 분해해서 10점 정도를 획득한다 생각하고 나름대로 답안지를 작성한다. • 1문제당 1페이지에서 1.5페이지 정도로 분량을 선정하고 답안지를 작성한다.
2교시	• 시험시간 100분 동안 6문제 중 4문제를 선별하여 답안지를 작성하되, 그 중 3문제는 거의 완벽하게 답안지를 작성한다. • 1문제는 문제를 분해해서 25점 정도를 획득한다 생각하고 나름대로 답안지를 작성한다. • 1문제 안에는 그림 1개와 표 1개 이상 포함하여 답안지를 작성한다. • 1문제당 2페이지에서 3페이지 정도로 분량을 선정하고 답안지를 작성한다.
3교시	• 시험시간 100분 동안 6문제 중 4문제를 선별하여 답안지를 작성하되, 그 중 3문제는 거의 완벽하게 답안지를 작성한다. • 1문제는 문제를 분해해서 25점 정도를 획득한다 생각하고 나름대로 답안지를 작성한다. • 1문제 안에는 그림 1개와 표 1개 이상 포함하여 답안지를 작성한다. • 1문제당 2페이지에서 3페이지 정도로 분량을 선정하고 답안지를 작성한다.
4교시	• 시험시간 100분 동안 6문제 중 4문제를 선별하여 답안지를 작성하되, 그 중 3문제는 거의 완벽하게 답안지를 작성한다. • 1문제는 문제를 분해해서 25점 정도를 획득한다 생각하고 나름대로 답안지를 작성한다. • 1문제 안에는 그림 1개와 표 1개 이상 포함하여 답안지를 작성한다. • 1문제당 2페이지에서 3페이지 정도로 분량을 선정하고 답안지를 작성한다.

암기비법

반복과 연상기법을 다음과 같이 실행하여 끊임없이 적극적으로 실천한다.

1. 자기 전에 그날 공부한 내용을 1문제당 2분 이내로 빠른 시간 내에 소리 내어 읽어본다.
2. 다음날 일어나서 다시 한번 전날 학습한 내용을 되새기며 형광펜으로 밑줄 친 내용을 읽어본다.
3. 학습 전 어제와 그제 공부한 내용을 반드시 30분 정도 되새겨 본다.
4. 스마트폰에 본인이 공부한 내용을 촬영하여 화장실이나 대중교통 이용 시 반복하여 읽는다.
5. 업무 중 휴식 시간에 자신이 학습한 내용을 연상하며 되새겨본다.
6. 직장동료들이나 가족들 간의 대화에도 면접에 필요한 논리적인 대화를 할 수 있도록 연습하고 자신이 학습한 내용을 상대방에게 설명할 수 있도록 훈련한다.

※ 기술사 2차는 면접시험으로 언어능력 특히, 표현력이 부족하여 곤란한 경우가 많으므로 평상시에 연습해 두어야 한다.

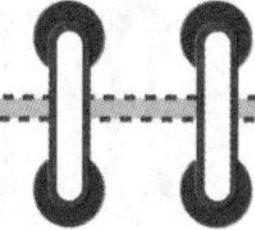

GUIDE

시험 가이드

시험지침

01 시험장 입장

- 시간 : 오전 8시 30분(가능한 대중교통 이용)
- 준비물 : 점심(초콜릿, 생수, 비타민, 껌 등), 공학용 계산기, 원형 자, 필기도구(검정색 4개), 신분증, 수험표 등

02 시험 시작

(1) 1교시 : 9:00~10:40(100분) → 13문제 중 10문제 필수 작성
- 20분간 휴식 : 이 시간에 본인이 기록한 것을 빠르게 전체적으로 본다.

(2) 2교시 : 11:00~12:40(100분) → 6문제 중 4문제 필수 작성
- 1시간 점심시간 : 12:40~13:40

(3) 3교시 : 13:40~15:20(100분) → 6문제 중 4문제 필수 작성
- 20분간 휴식 : 이 시간에 본인이 기록한 것을 빠르게 전체적으로 본다.

(4) 4교시 : 15:40~17:20(100분) → 6문제 중 4문제 필수 작성
- 시험이 끝난 후 조용히 집으로 귀가하여 시험 본 내용을 꼼꼼히 작성할 것

답안 작성의 모든 것

01 답안지 작성방법

(1) 답안지는 230×297mm 전체 양면 14페이지로 22행 양식이다(용지가 매우 우수한 매끄러운 용지임).

(2) 필기도구 : 검정색의 1.0mm 또는 0.7~0.5mm 볼펜이나 젤펜 사용(본인의 감각에 맞게 선택)

(3) 1교시 답안지 작성법

답안지 작성 전에 전략을 세운다. 10문제를 선택하여 목차를 문제지나 답안지의 제일 앞장에 간단히 작성한다.

→ 답안지에 신속히 작성(25점 형태로 오버페이스 금지)하되 잘못 기재한 내용이 있으면 두 줄을 그어 지우고 진행한다.

(4) 2~4교시 답안지 작성법

답안지 작성 전에 전략을 세우는데 4문제를 선택하여 목차를 문제지나 답안지의 제일 앞장에 간단히 작성한다.

→ 답안지에 신속히 작성(25점 형태로 일부 오버페이스 가능)하되 잘못 기재한 내용이 있으면 두 줄을 그어 지우고 진행한다.

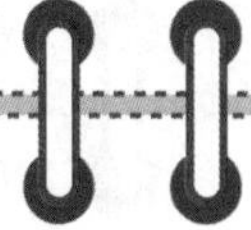

02 답안 작성 노하우

기술사 답안은 논리적 전개가 확실한 기획서와 같은 형식으로 작성하는 것이 효율적이다.

다음은 기본적인 답안 작성 방법으로 문제 형식에 맞춰 응용하며 연습하면 완성도 높은 답안을 작성할 수 있을 것이다.

(1) 서론

개요는 출제의도를 파악하고 있다는 것이 표현되도록 핵심 키워드 및 배경, 목적을 포함하여 작성한다.

(2) 본론

① 제목 : 제목은 해당 답안의 헤드라인이다. 어떤 내용을 주장하는지 알 수 있도록 작성한다.

② 답변 : 문제에서 요구하는 내용은 꼭 작성하여야 하며, 필요에 따라 사례 및 실무 내용을 포함하도록 작성한다.

③ 문제점 : 내가 주장하는 논리를 펼 수 있는 문제점에 대하여 작성하도록 하며, 출제 문제에 해당하는 정책, 법적사항, 이행사항, 경제・사회적 여건 등 위주로 작성한다.

④ 개선방안 : 작성한 문제점에 대한 개선방안으로 작성한다.

※ 본론 전체의 내용은 다음을 염두에 두고 작성한다.

- 내가 주장하는 바의 방향이 맞는가.
- 각 내용이 유기적으로 연계되어 있는가.
- 결론을 뒷받침할 수 있는 내용인가.

(3) 결론

전문가의 식견(주장)이 담긴 객관적인(과도한 표현 지양) 문장이 되도록 작성하며, 본론에서 제시한 내용에 맞게 작성한다.

03 답안 작성 시 체크리스트

기술사 답안 작성 후 다음 항목들을 체크해 본다면 답안 작성의 방향을 설정할 수 있을 것이다.

☑ 출제의도를 파악했는가?

☑ 문제에 대한 다양한 자료를 수집하고 이해했는가?

☑ 두괄식으로 답안을 작성했는가?

☑ 나의 논지가 담긴 소제목으로 구성했는가?

☑ 가독성있게 핵심 키워드와 함축된 문장으로 표현했는가?

☑ 전문성(실무내용)있는 내용을 포함했는가?

☑ 적절한 표 or 삽도를 포함했는가?

☑ 논리적(스토리텔링)으로 답안을 구성했는가?

☑ 논지를 흩트리는 과도한 미사여구가 포함됐는가?

☑ 임팩트 있는 결론인가?

☑ 나만의 답안인가?

04 답안지 작성 시 글씨 쓰는 요령

(1) 세로획은 똑바로, 가로획은 약 25도로 우상향하는 글씨체로, 굳이 정자체를 고집할 이유는 없고 채점자들이 알 수 있는 얌전한 글씨체로 쓴다. 그리고 세로획이 자기도 모르게 다른 줄을 침범하는 경우가 있는데, 이는 채점자에게 안 좋은 이미지를 줄 수 있다. 또한 가로로 작성하다 보면 답안지 양식의 테두리를 벗어나는 경우에도 채점자에게 안 좋은 이미지를 줄 수 있다.

(2) 글씨의 크기와 작성

① 답안지 양식에서 가로 줄 사이 정중앙에 글을 쓴다.

② 수식은 두 줄을 이용하여 답답하지 않게 쓴다.

GUIDE

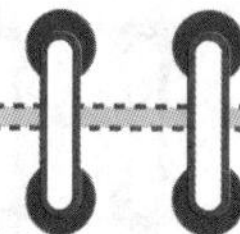

시험 가이드

③ 그림의 크기는 5줄 이내로 나타낸다.

④ 복잡한 표는 시간이 많이 소요되므로 간략한 표로 나타낸다.

답안지 작성 예

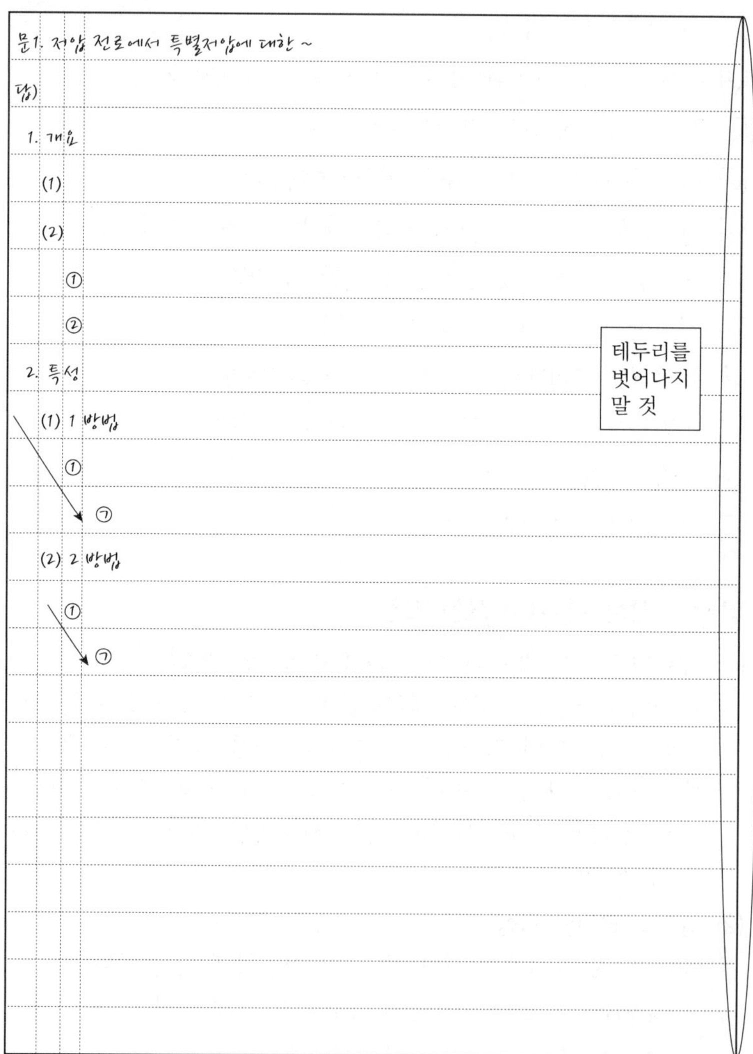

GUIDE

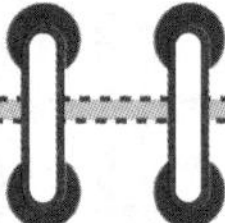

답안지 양식

아래한글에서 다음 답안지 양식을 인쇄하여 답안지를 작성하는 연습을 한다.[위 : 20mm, 머리말 : 8.0mm, 왼쪽 : 21.0mm, 오른쪽 : 25.0mm, 제본 : 0.0mm, 꼬리말 : 3.0mm, 아래쪽 : 15.0mm(A4용지)]

CONTENTS 차례

CONTENTS

CONTENTS 차례

CONTENTS

"할 수 있다고 믿는 사람은 그렇게 되고,
할 수 없다고 믿는 사람 역시 그렇게 된다."

- 샤를 드골 -

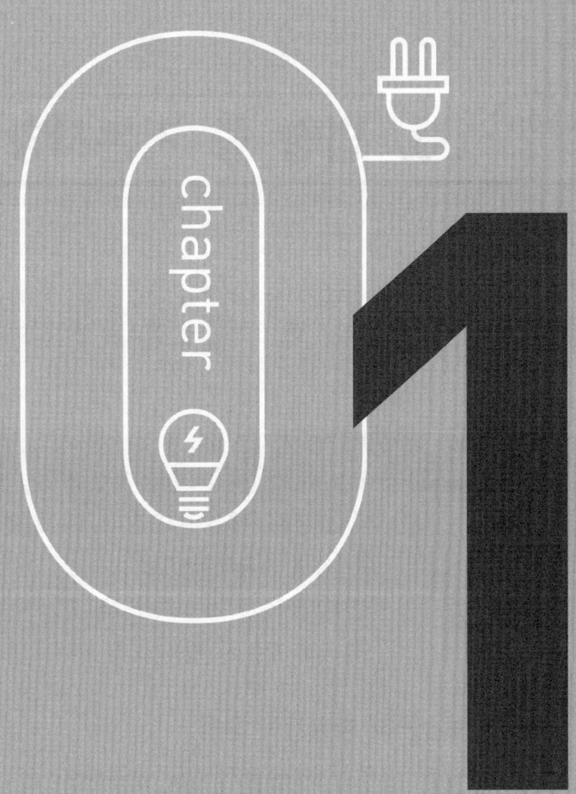

산업안전보건법령(산업안전보건 기초)

section 01 법령 중 기본사항

001 「산업안전보건법」 제15조에서 정하는 안전보건관리 책임자의 업무를 설명하시오.

data 전기안전기술사 21-123-1-2

comment
- 학습 시 법 문제는 한번 작성 후 5일 정도 하루 5분 동안 반복해서 학습하면 암기된다. 10점용 기출문제이므로 '1.'과 '2.'만을 기록해도 되나, 향후 25점에 대비하여 '3.'과 '4.'을 기록해 두었다.
- 전기안전기술사 21-123-1-2는 전기안전기술사 시험 21년 123회 1교시 2번 문제를 의미하므로 학습 시 참고하도록 한다.

답안

1. 안전보건관리 책임자의 정의

사업주가 사업장을 실질적으로 총괄하여 관리하는 사람에게 해당 사업장의 업무를 총괄하여 관리하도록 선임한 자

2. 안전보건관리 책임자의 업무(「산업안전보건법」 제15조)

(1) 사업주는 사업장을 실질적으로 총괄하여 관리하는 사람에게 해당 사업장의 다음의 업무를 총괄하여 관리하도록 하여야 한다.

① 사업장의 산업재해 예방계획의 수립에 관한 사항
② 제25조 및 제26조에 따른 안전보건관리규정의 작성 및 변경에 관한 사항
③ 제29조에 따른 안전보건교육에 관한 사항
④ 작업환경 측정 등 작업환경의 점검 및 개선에 관한 사항
⑤ 제129조부터 제132조까지에 따른 근로자의 건강진단 등 건강관리에 관한 사항
⑥ 산업재해의 원인 조사 및 재발 방지대책 수립에 관한 사항
⑦ 산업재해에 관한 통계의 기록 및 유지에 관한 사항
⑧ 안전장치 및 보호구 구입 시 적격품 여부 확인에 관한 사항
⑨ 그 밖에 근로자의 유해 · 위험 방지조치에 관한 사항으로서, 고용노동부령으로 정하는 사항

(2) 위 '(1)'의 각 업무를 총괄하여 관리하는 사람(이하 '안전보건관리책임자'라 함)은 제17조에 따른 안전관리자와 제18조에 따른 보건관리자를 지휘 · 감독한다.

chapter 01

3. 안전보건관리 책임자 선임대상 사업장

▌「산업안전보건법 시행령」 제14조 제1항 [별표 2]▐

안전보건관리 책임자를 두어야 하는 사업의 종류	사업장의 상시 근로자 수 및 금액
① 토사석 광업 등 22개 사업의 종류	상시 근로자 50명 이상
② 농업 등 10개 사업의 종류	상시 근로자 300명 이상
③ 건설업	공사금액 20억원 이상
④ 위 ①~③까지의 사업을 제외한 사업	상시 근로자 100명 이상

4. 안전보건관리 책임자의 자격

(1) 안전보건관리 책임자는 해당 사업에서 그 사업을 실질적으로 총괄 · 관리하는 자를 말한다.

(2) 사업주가 선임하여야 하는 안전보건관리 책임자의 자격

① 「산업안전보건법 시행령」 제9조 제2항에서 '해당 사업에서 그 사업을 실질적으로 총괄 · 관리하는 자'로 규정한다.

② '해당 사업을 실질적으로 총괄 · 관리하는 자'라 함은 해당 사업의 경영에 대한 실질적인 책임과 권한을 가진 최종관리자를 말하는 것으로, 안전보건관리의 실시 주체를 명확히 하여 사업장의 안전보건관리를 원활히 수행하도록 한 것이다.

③ 일반적으로 개인사업주 또는 법인의 대표이사가 사업장에 상주하는 경우에는 개인사업주 또는 법인의 대표이사가 해당사업을 실질적으로 총괄 · 관리하는 자로서, 안전보건관리 책임자가 된다.

④ 개인사업주 또는 법인의 대표이사가 사업장에 상주하지 못하는 경우로서, 사업주가 공장장(명칭에 무관) 등에게 사업경영의 실질적인 권한과 책임을 위임한 경우에는 개인사업주 또는 법인을 대리하여 실질적으로 사업을 경영하는 자(부사장, 공장장, 지점장, 사업소장, 현장소장 등)가 안전보건관리 책임자로 선임되어야 한다.

002 「산업안전보건법」에 따른 산업재해예방을 위한 관리감독자의 역할에 대하여 설명하시오.

data 전기안전기술사 22-126-2-3

comment 법 문제는 1회 작성하고 5일 정도 3분 이내로 반복 학습한다.

답안 1. 개요

(1) 「산업안전보건법」에서 관리감독자는 사업장의 생산과 관련된 업무와 그 소속 직원을 직접 지휘 · 감독하는 직위에 있는 사람

(2) 주업무 : 산업 안전 및 보건에 관한 업무 수행

(3) 관련 규정 : 「산업안전보건법 시행령」 제15조

2. 관리감독자의 역할(「산업안전보건법」)

(1) 사업장 내 관리감독자가 지휘 · 감독하는 작업과 관련된 기계 · 기구 또는 설비의 안전 · 보건 점검 및 이상 유무의 확인

(2) 소속된 근로자의 작업복 · 보호구 및 방호장치의 점검과 그 착용 · 사용에 관한 교육 · 지도

(3) 해당 작업에서 발생한 산업재해에 관한 보고 및 이에 대한 응급조치

(4) 해당 작업의 작업장 정리 · 정돈 및 통로 확보에 대한 확인 · 감독

(5) 사업장의 다음 사람에 대한 지도 · 조언에 대한 협조

① 법 제17조에 따른 안전관리자 또는 안전관리자의 업무를 안전관리 전문기관에 위탁한 사업장의 경우 안전관리 전문기관의 해당 사업장 담당자

② 법 제18조에 따른 보건관리자 또는 보건관리자의 업무를 보건관리 전문기관에 위탁한 사업장의 경우 보건관리 전문기관의 해당 사업장 담당자

③ 법 제19조에 따른 안전보건관리 담당자 또는 안전보건관리 담당자의 업무를 안전관리 전문기관 또는 보건관리 전문기관에 위탁한 사업장의 경우 그 안전관리 전문기관 또는 보건관리 전문기관의 해당 사업장 담당자

④ 법 제22조에 따른 산업보건의

(6) 법 제36조에 따라 실시되는 위험성 평가에 관한 업무

① 유해 · 위험 요인의 파악에 대한 참여

② 개선조치의 시행에 대한 참여

(7) 그 밖에 해당 작업의 안전 및 보건에 관한 사항으로서, 고용노동부령으로 정하는 사항

reference

1. 「산업안전보건법」에 따른 안전관리자
   (1) 사업장의 안전에 관한 기술적인 사항에 관하여 사업주 또는 안전보건관리 책임자를 보좌하고 관리감독자에게 지도 · 조언하는 업무를 수행하는 사람을 말한다.
   (2) 안전관리자를 두어야 하는 사업의 종류와 사업장의 상시 근로자수, 안전관리자의 수 · 자격 · 업무 · 권한 · 선임방법, 그 밖에 필요한 사항은 대통령령으로 정한다.
2. 「산업안전보건법」에 따른 보건관리자
   (1) 사업장의 보건에 관한 기술적인 사항을 사업주 또는 안전보건관리 책임자를 보좌하고 관리감독자에게 지도 · 조언하는 업무를 수행하는 사람을 말한다.
   (2) 보건관리자를 두어야 하는 사업의 종류와 사업장의 상시 근로자수, 보건관리자의 수 · 자격 · 업무 · 권한 · 선임방법, 그 밖에 필요한 사항은 대통령령으로 정한다.
3. 「산업안전보건법」에 안전관리자 및 보건관리자와 관리감독자의 상호관계(역할)

   comment 아래 그림을 그리면 고득점을 받을 수 있다.

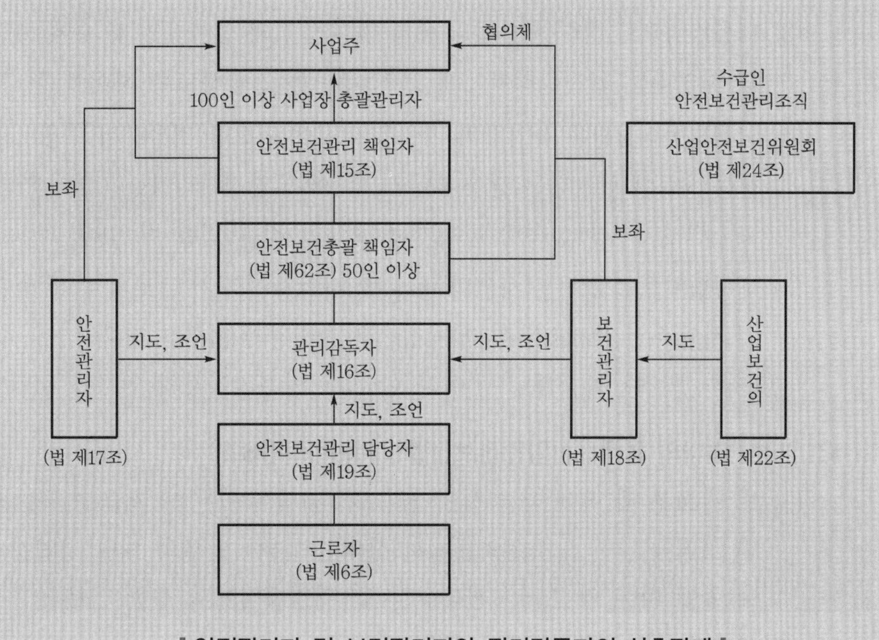

▌안전관리자 및 보건관리자와 관리감독자의 상호관계▐

003 「산업안전보건법」 제17조 및 시행령 제18조에 의한 안전관리 담당자의 업무를 설명하시오.

data 전기안전기술사 16-118-1-9

comment 관련 법령이 변경되었다(원 질문은 「산업안전보건법」 제16조 제3항이었음).

답안 1. 안전관리자(「산업안전보건법」 제17조)

(1) 사업주는 사업장에 제15조 제1항의 사항 중 안전에 관한 기술적인 사항에 관하여 사업주 또는 안전보건관리 책임자를 보좌하고 관리감독자에게 지도 · 조언하는 업무를 수행하는 사람(이하 '안전관리자'라 함)을 두어야 한다.

(2) 안전관리자를 두어야 하는 사업의 종류와 사업장의 상시 근로자 수, 안전관리자의 수 · 자격 · 업무 · 권한 · 선임방법, 그 밖에 필요한 사항은 대통령령으로 정한다.

(3) 대통령령으로 정하는 사업의 종류 및 사업장의 상시 근로자 수에 해당하는 사업장의 사업주는 안전관리자에게 그 업무만을 전담하도록 하여야 한다.

(4) 고용노동부장관은 산업재해 예방을 위하여 필요한 경우로서 고용노동부령으로 정하는 사유에 해당하는 경우에는 사업주에게 안전관리자를 '(2)'에 따라 대통령령으로 정하는 수 이상으로 늘리거나 교체할 것을 명할 수 있다.

(5) 대통령령으로 정하는 사업의 종류 및 사업장의 상시 근로자 수에 해당하는 사업장의 사업주는 제21조에 따라 지정받은 안전관리 업무를 전문적으로 수행하는 기관(이하 '안전관리 전문기관'이라 한다)에 안전관리자의 업무를 위탁할 수 있다.

2. 안전관리자의 업무(「산업안전보건법 시행령」 제18조)

(1) 법 제24조 제1항에 따른 산업안전보건 위원회 또는 법 제75조 제1항에 따른 안전 및 보건에 관한 노사협의체에서 심의 · 의결한 업무와 해당 사업장의 법 제25조 제1항에 따른 안전보건 관리규정 및 취업규칙에서 정한 업무

(2) 법 제36조에 따른 위험성 평가에 관한 보좌 및 지도 · 조언

(3) 법 제84조 제1항에 따른 안전인증 대상 기계 등과 법 제89조 제1항 외의 부분 본문에 따른 자율안전확인 대상 기계 등 구입 시 적격품의 선정에 관한 보좌 및 지도 · 조언

(4) 해당 사업장 안전교육계획의 수립 및 안전교육 실시에 관한 보좌 및 지도 · 조언

(5) 사업장 순회점검, 지도 및 조치 건의

(6) 산업재해 발생의 원인 조사 · 분석 및 재발 방지를 위한 기술적 보좌 및 지도 · 조언

(7) 산업재해에 관한 통계의 유지 · 관리 · 분석을 위한 보좌 및 지도 · 조언

(8) 법 또는 법에 따른 명령으로 정한 안전에 관한 사항의 이행에 관한 보좌 및 지도 · 조언

(9) 업무수행 내용의 기록 · 유지

(10) 그 밖에 안전에 관한 사항으로서, 고용노동부장관이 정하는 사항

004 「산업안전보건법」에서 정하는 안전보건교육에 대해 설명하고, 교육의 종류 및 근로자 교육시간에 대하여 설명하시오.

data 전기안전기술사 19-119-4-1

답안 **1. 사업주가 시행할 안전보건교육의 법적 의무사항(제29조 근로자에 대한 안전보건교육)**

(1) 사업주는 소속 근로자에게 고용노동부령으로 정하는 바에 따라 정기적으로 안전보건교육을 하여야 한다.

(2) 사업주는 근로자를 채용할 때와 작업내용을 변경할 때에는 그 근로자에게 고용노동부령으로 정하는 바에 따라 해당 작업에 필요한 안전보건교육을 하여야 한다. 단, 제31조 제1항에 따른 안전보건교육을 이수한 건설 일용근로자를 채용하는 경우에는 제외한다.

(3) 사업주는 근로자를 유해하거나 위험한 작업에 채용하거나 그 작업으로 작업내용을 변경할 때에는 '(2)'에 따른 안전보건교육 외에 고용노동부령으로 정하는 바에 따라 유해하거나 위험한 작업에 필요한 안전보건교육을 추가로 하여야 한다.

(4) 사업주는 '(1)'부터 '(3)'까지의 규정에 따른 안전보건교육을 제33조에 따라 고용노동부장관에게 등록한 안전보건교육기관에 위탁할 수 있다.

2. 건설업 기초 안전보건교육(제31조)

(1) 건설업의 사업주는 건설 일용근로자를 채용할 때에는 그 근로자로 하여금 제33조에 따른 안전보건교육기관이 실시하는 안전보건교육을 이수하도록 하여야 한다. 단, 건설 일용근로자가 그 사업주에게 채용되기 전에 안전보건교육을 이수한 경우에는 그러하지 아니하다.

(2) '(1)'에 따른 안전보건교육의 시간 · 내용 및 방법, 그 밖에 필요한 사항은 고용노동부령으로 정한다.

3. 안전보건교육의 종류 및 근로자 교육시간(시행규칙 제26조 [별표 4])

(1) 정기교육

① 사무직 종사 근로자 : 매분기 3시간 이상

② 사무직 종사 근로자 외의 근로자

㉠ 판매업무에 직접 종사하는 근로자 : 매분기 3시간 이상

㉡ 판매업무에 직접 종사하는 근로자 외의 근로자 : 매분기 6시간 이상

③ 관리감독자의 지위에 있는 사람 : 연간 16시간 이상

(2) 채용 시의 교육

① 일용근로자 : 1시간 이상

② 일용근로자를 제외한 근로자 : 8시간 이상

(3) 작업내용 변경 시의 교육

① 일용근로자 : 1시간 이상

② 일용근로자를 제외한 근로자 : 2시간 이상

(4) 특별교육([별표 5] 제1호 라목 : 특별교육대상 작업별 교육)

① [별표 5] 제1호 라목 각 호(제40호는 제외)의 어느 하나에 해당하는 작업에 종사하는 일용근로자 : 2시간 이상

② [별표 5] 제1호 라목 제40호의 타워크레인 신호작업에 종사하는 일용근로자 : 8시간 이상

③ [별표 5] 제1호 라목 각 호의 어느 하나에 해당하는 작업에 종사하는 일용근로자를 제외한 근로자

㉠ 16시간 이상(최초 작업에 종사하기 전 4시간 이상 실시하고, 12시간은 3개월 이내에서 분할하여 실시 가능)

㉡ 단기간 작업 또는 간헐적 작업인 경우에는 2시간 이상

(5) 건설업 기초 안전보건교육

① 대상자 : 건설 일용근로자

② 교육시간 : 4시간 이상

005 「산업안전보건법 시행규칙」에 따른 전기공사에서 정전과 활선작업 관련 특별교육 대상 및 내용에 대하여 설명하시오.

data 전기안전기술사 22-126-1-5

답안 1. 개요

(1) 「산업안전보건법 시행규칙」 제26조에 따라 안전보건교육을 실시하여야 한다.

(2) 법 제29조 제3항에 따른 유해하거나 위험한 작업에 필요한 안전보건교육을 특별교육이라 한다.

2. 정전과 활선작업 관련 특별교육 대상 및 내용

(1) 특별교육의 대상

전압이 75[V] 이상인 정전 및 활선 작업

(2) 교육내용

① 전기의 위험성 및 전격 방지에 관한 사항
② 해당 설비의 보수 및 점검에 관한 사항
③ 정전 · 활선 작업 시의 안전작업 방법 및 순서에 관한 사항
④ 절연용 보호구, 절연용 보호구 및 활선작업용 기구 등의 사용에 관한 사항
⑤ 그 밖에 안전보건관리에 필요한 사항

chapter 01

006 고용노동부령으로 정하는 바에 따라 산업재해예방을 위하여 종합적인 개선조치를 할 필요가 있다고 인정할 때 사업주에게 안전개선계획의 수립·시행을 명할 수 있는 사업장을 설명하시오.

data 전기안전기술사 18-116-1-12

답안

1. 안전보건개선계획의 정의

안전보건개선계획 명령은 산업재해율 등이 높아 장기적인 관점에서 안전보건관리체제와 사업장 내 기계·기구·설비나 보호구, 작업방법 등이 불량하여 개선할 필요가 있다고 보여지는 부분들에 대하여 계획을 수립하여 개선하도록 지방노동관서장이 명령하는 제도

2. 산업안전보건개선계획 수립 제출대상 사업장(「산업안전보건법」 제49조 제1항)

(1) 고용노동부장관은 다음의 어느 하나에 해당하는 사업장으로서, 산업재해 예방을 위하여 종합적인 개선조치를 할 필요가 있다고 인정되는 사업장의 사업주에게 고용노동부령으로 정하는 바에 따라 그 사업장, 시설, 그 밖의 사항에 관한 안전 및 보건에 관한 개선계획('안전보건개선계획')을 수립하여 시행할 것을 명할 수 있다.

① 산업재해율이 같은 업종의 규모별 평균 산업재해율보다 높은 사업장

② 사업주가 필요한 안전조치 또는 보건조치를 이행하지 아니하여 중대재해가 발생한 사업장

③ 대통령령으로 정하는 수 이상의 직업성 질병자가 발생한 사업장

④ 제106조에 따른 유해인자의 노출기준을 초과한 사업장

(2) 사업주는 안전보건개선계획을 수립할 때에는 산업안전보건위원회의 심의를 거쳐야 한다. 단, 산업안전보건위원회가 설치되어 있지 아니한 사업장의 경우에는 근로자대표의 의견을 들어야 한다.

3. 안전보건개선계획서의 제출 등(「산업안전보건법」 제50조)

제49조 제1항에 따라 안전보건개선계획의 수립·시행 명령을 받은 사업주는 고용노동부령으로 정하는 바에 따라 안전보건개선계획서를 작성하여 고용노동부장관에게 제출하여야 한다.

(1) 고용노동부장관은 제49조 제1항에 따라 제출받은 안전보건개선계획서를 고용노동부령으로 정하는 바에 따라 심사하여 그 결과를 사업주에게 서면으로 알려 주어야 한다.

(2) 이 경우 고용노동부장관은 근로자의 안전 및 보건의 유지 · 증진을 위하여 필요하다고 인정하는 경우 해당 안전보건개선계획서의 보완을 명할 수 있다.

(3) 사업주와 근로자는 제49조 제2항 전단에 따라 심사를 받은 안전보건개선계획서(같은 항 후단에 따라 보완한 안전보건개선계획서를 포함한다)를 준수하여야 한다.

4. 안전보건개선계획 작성서식

(1) ( )년도 사업장 안전보건개선계획서 작성사항은 다음과 같다.

① 사업장명, 전화번호(fax), 소재지 & E-mail, 업종, 대표자, 근로자수, 사업주

② **확인사항** : 제출일, 명령일, 사전 기술지도, 승인 근로감독관(인)

(2) 붙임서류

① **사업장 현황** : 사업장 재해발생 현황 및 분석(최근 3년간)

㉠ 재해발생표

㉡ 재해분석표

② 제조공정 작성표

③ 개선계획

㉠ 요약

- 산업재해 감소목표
- 작업환경 개선목표

㉡ 세부개선계획 : 다음의 분야별, 항목 별, 공정별 실태 및 개선대책을 주어진 양식으로 정확히 작성하여 근로감독관에게 제출할 것

- 안전보건관리분야(개선항목 기록)
- 기계안전분야(개선항목 기록)
- 전기안전분야
- 화공안전분야
- 작업환경분야
- 기타 분야

④ 기술적 개선방안(도면, 기술자료 첨부)

007 전기설비공사를 도급으로 시행하는 경우 「산업안전보건법」 제63조 및 제64조에 의한 도급공사 시 안전보건조치 및 산업재해 예방조치 사항에 대하여 설명하시오.

data 전기안전기술사 18-116-3-2

답안

1. 도급인의 안전조치 및 보건조치(「산업안전보건법」 제63조)

도급인은 관계수급인 근로자가 도급인의 사업장에서 작업을 하는 경우에 자신의 근로자와 관계수급인 근로자의 산업재해를 예방하기 위하여 안전 및 보건 시설의 설치 등 필요한 안전조치 및 보건조치를 하여야 한다. 단, 보호구 착용의 지시 등 관계수급인 근로자의 작업행동에 관한 직접적인 조치는 제외한다.

2. 도급에 따른 산업재해 예방조치(「산업안전보건법」 제64조)

(1) 도급인은 관계수급인 근로자가 도급인의 사업장에서 작업을 하는 경우 다음의 사항을 이행하여야 한다.

① 도급인과 수급인을 구성원으로 하는 안전 및 보건에 관한 협의체의 구성 및 운영

② 작업장 순회점검

③ 관계수급인이 근로자에게 하는 제29조 제1항부터 제3항까지의 규정에 따른 안전보건교육을 위한 장소 및 자료의 제공 등 지원

④ 관계수급인이 근로자에게 하는 제29조 제3항에 따른 안전보건교육의 실시 확인

⑤ 다음의 어느 하나의 경우에 대비한 경보체계 운영과 대피방법 등 훈련

㉠ 작업장소에서 발파작업을 하는 경우

㉡ 작업장소에서 화재 · 폭발, 토사 · 구축물 등의 붕괴 또는 지진 등이 발생한 경우

⑥ 위생시설 등 고용노동부령으로 정하는 시설의 설치 등을 위하여 필요한 장소의 제공 또는 도급인이 설치한 위생시설 이용의 협조

⑦ 같은 장소에서 이루어지는 도급인과 관계수급인 등의 작업에 있어서 관계수급인 등의 작업시기 · 내용, 안전조치 및 보건조치 등의 확인

⑧ '⑦'에 따른 확인 결과 관계수급인 등의 작업 혼재로 인하여 화재 · 폭발 등 대통령령으로 정하는 위험이 발생할 우려가 있는 경우 관계수급인 등의 작업시기 · 내용 등의 조정

(2) '(1)'에 따른 도급인은 고용노동부령으로 정하는 바에 따라 자신의 근로자 및 관계수급인 근로자와 함께 정기적으로 또는 수시로 작업장의 안전 및 보건에 관한 점검을 하여야 한다.

(3) '(1)'에 따른 안전 및 보건에 관한 협의체 구성 및 운영, 작업장 순회점검, 안전보건교육 지원, 그 밖에 필요한 사항은 고용노동부령으로 정한다.

008 사업장에서 조명의 조건과 산업안전보건기준에 관한 규칙상 작업장 조도기준에 대하여 설명하시오.

data 전기안전기술사 22-126-1-1

답안 1. 개요

(1) 조도는 빛이 비춰지는 단위면적의 밝기에 대한 척도를 말하고 1럭스[lux]로 표현한다.

(2) 1[m^2]의 단위면적에 1루멘[lm]의 광속이 평균적으로 조사되고 있을 때의 조도를 말한다.

(3) 조도의 표현식

조도 $E = \dfrac{\text{광속 } F[\text{lm}]}{\text{단위면적 } A[\text{m}^2]}[\text{lux}]$, $\dfrac{dF}{dA}$ (광속을 면적으로 미분)

2. 사업장에서의 조명의 조건

(1) 물체의 모임, 장시간 작업에 피로를 작게 할 것

(2) 필요한 밝기로서 적당한 밝기일수록 좋다.

(3) 조명의 광속발산도(휘도)는 얼룩이 없을수록 좋다.

(4) 정반사(직시, 반사)가 없을 것

(5) 유지보수, 광원효율이 높아 경제적일 것

3. 산업안전보건기준에 관한 규칙상 작업장 조도기준

(1) 근로자가 상시 작업하는 장소의 작업면 조도기준

① 초정밀작업 : 750[lux] 이상

② 정밀작업 : 300[lux] 이상

③ 보통작업 : 150[lux] 이상

④ 그 밖의 작업 : 75[lux] 이상

(2) 갱 내 작업장과 감광재료를 취급하는 작업장은 예외로 한다.

009 물류창고에서 전기기계기구를 사용하는 경우 배선 및 이동전선으로 인한 위험을 방지하기 위하여 산업안전보건기준에 관한 규칙에서 규정하는 내용을 설명하시오.

data 전기안전기술사 21-125-2-4

답안 1. 개요

(1) 물류창고는 물건의 잦은 입·출고로 인한 지게차, 대차 등의 이동으로 인해 사용하는 전기 기계·기구의 배선 및 이동전선에 대한 대책이 필요하다.

(2) 이동전선은 밟거나, 닳거나, 찢어지는 등의 이유로 충전부가 노출되어 감전사고가 날 우려가 있고, 화재의 원인이 될 가능성 또한 크다고 볼 수 있다.

2. 물류창고의 위험성

(1) 배선 및 이동으로 인한 감전전격

(2) 누전으로 인한 대형 화재의 위험성이 크다.

① 화재하중이 높은 다양한 물류가 적치되어 있어 화재하중이 다른 장소보다 크기 때문에 화재 시 대형 화재로 발전한다.

② 건축물 외벽이 조립식 패널형태가 대부분으로 단열재로 사용되는 폴리우레탄 건축재료가 많아 대형 화재 실적이 많았다.

(3) 대부분의 작업인들이 일용직이 많아 주인의식 부족 및 노조의 간섭이 거세어 다른 기업보다 안전관리에 어려움이 많아 내부갈등요소로 인한 위험성이 높은 장소이다.

(4) 지게차 사용 시 미인식공간 존재로 인한 협착 등의 위험성이 높다.

3. 위험을 방지하기 위하여 산업안전보건기준에 관한 규칙의 규정

(1) 배선 등의 절연피복 등(제313조)

① 사업주는 근로자가 작업 중이거나 통행하면서 접촉하거나 접촉할 우려가 있는 배선 또는 이동전선에 대하여 절연피복이 손상되거나 노화됨으로 인한 감전의 위험을 방지하기 위하여 필요한 조치를 하여야 한다.

② 사업주는 전선을 서로 접속하는 경우에는 해당 전선의 절연성능 이상으로 절연될 수 있는 것으로 충분히 피복하거나 적합한 접속기구를 사용하여야 한다.

(2) 습윤한 장소의 이동전선 등(제314조)

사업주는 물 등의 도전성이 높은 액체가 있는 습윤한 장소에서 근로자가 작업 중이거나 통행하면서 이동전선 및 이에 부속하는 접속기구에 접촉할 우려가 있는 경우에는 충분한 절연효과가 있는 것을 사용하여야 한다.

(3) 통로바닥에서의 전선 등 사용금지(제315조)

① 사업주는 통로바닥에 전선 또는 이동전선 등을 설치하여 사용해서는 아니 된다.

② 차량이나 그 밖의 물체의 통과 등으로 인하여 해당 전선의 절연피복이 손상될 우려가 없거나 손상되지 않도록 적절한 조치를 하여 사용하는 경우에는 그러하지 아니하다.

(4) 꽂음접속기의 설치 · 사용 시 준수사항(제316조)

사업주는 꽂음접속기를 설치하거나 사용하는 경우에는 다음의 사항을 준수하여야 한다.

① 서로 다른 전압의 꽂음접속기는 서로 접속되지 않는 구조의 것을 사용할 것

② 습윤한 장소에 사용되는 꽂음접속기는 방수형 등 그 장소에 적합한 것을 사용할 것

③ 근로자가 해당 꽂음접속기를 접속시킬 경우에는 땀 등으로 젖은 손으로 취급하지 않도록 할 것

④ 해당 꽂음접속기에 잠금장치가 있는 경우에는 접속 후 잠그고 사용할 것

(5) 이동 및 휴대장비 등의 사용전기작업(제317조)

① 근로자가 착용하거나 취급하고 있는 도전성 공구 · 장비 등이 노출 충전부에 닿지 않도록 할 것

② 근로자가 사다리를 노출 충전부가 있는 곳에서 사용하는 경우에는 도전성 재질의 사다리를 사용하지 않도록 할 것

③ 근로자가 젖은 손으로 전기 기계 · 기구의 플러그를 꽂거나 제거하지 않도록 할 것

④ 근로자가 전기회로를 개방, 변환 또는 투입하는 경우에는 전기차단용으로 특별히 설계된 스위치, 차단기 등을 사용하도록 할 것

⑤ 차단기 등의 과전류 차단장치에 의하여 자동 차단된 후에는 전기회로 또는 전기기계 · 기구가 안전하다는 것이 증명되기 전까지는 과전류 차단장치를 재투입하지 않도록 할 것

⑥ 위 내용에 따라 사업주가 작업지시를 하면 근로자는 이행하여야 한다.

4. 결론

(1) 이동전선은 여러 가지 원인으로 피복이 손상되기 때문에 그 선정과 취급에 주의할 것. 따라서, 사용 시 철저한 방호조치를 하며, 이동전선 자체를 MI 케이블을 검토할 것

(2) 꽂음접속기의 경우 문어발식 사용, 접속부 이완 등이 반단선화재의 원인이 되어 화재가 발생하게 되므로, 누전차단기보다 성능이 좋은 아크차단기를 사용하도록 의무화할 것

(3) FOOL PROOF 시스템에 의한 건축적 요소, 전기적 요소의 위험성을 원천차단하도록 건물시공 및 감리 시에 철저한 확인과 시행에 만전을 기하고, 전기설비의 주기적인 관리도 정밀하게 하면서 소방설비의 오동작으로 인한 원인 파악과 대책을 신속히 적용해야 할 것으로 판단된다.

010 「산업안전보건법」 제12조에 의한 안전관리 표지의 종류 · 형태 및 설치방법에 대하여 설명하시오.

data 전기안전기술사 18-116-1-8

comment
- 기출 25점 문제를 최대한 요약하여 압축 작성해야 한다.
- 10점 문제에서는 압축하여 1페이지로, 향후 25점이 예상되므로 3페이지로 작성하는 연습을 충분히 해야 한다.

답안

1. 정의

(1) 안전 · 보건 표지란 작업안전을 위하여 일정한 색 · 기호 · 문자 등으로 금지, 경고, 지시, 안내 등을 나타낸 표지판으로 안전명령의 일종이다.

(2) 작업환경에는 많은 기계기구와 설비 그리고 위험물질이 있으며 이들 물질은 일정한 절차에 의하여 지정된 작업담당자 이외는 다루어서는 안 된다.

(3) 위험요소를 작업자나 주변 모든 사람에게 알림으로써 사고를 미리 예방하기 위해 안전 · 보건 표지를 설치한다(인간의 실수, 감독자가 없는 상태에서 작업을 하거나 작업 중 현장을 이탈하는 경우 다른 사람이 접근하여 재해를 당하는 위험 등의 예방).

2. 안전 · 보건 표지의 법적 근거(「산업안전보건법」 제37조 안전 · 보건 표지의 설치 · 부착)

(1) 사업주는 유해하거나 위험한 장소 · 시설 · 물질에 대한 경고, 비상 시에 대처하기 위한 지시 · 안내 또는 그 밖에 근로자의 안전 및 보건 의식을 고취하기 위한 사항 등을 그림, 기호 및 글자 등으로 나타낸 표지를 근로자가 쉽게 알아 볼 수 있도록 설치하거나 붙여야 한다. 이 경우 「외국인 근로자의 고용 등에 관한 법률」 제2조에 따른 외국인 근로자를 사용하는 사업주는 안전 · 보건 표지를 고용노동부장관이 정하는 바에 따라 해당 외국인 근로자의 모국어로 작성하여야 한다.

(2) 안전 · 보건 표지의 종류, 형태, 색채, 용도 및 설치 · 부착 장소, 그 밖에 필요한 사항은 고용노동부령으로 정한다.

3. 안전 · 보건 표지의 적용범위

(1) 안전 · 보건 표지는 작업장 전반에 걸쳐서 사용되어야 한다.

(2) 작업현장에 들어오는 외부출입자 등 모든 사람이 이 표지의 내용을 알 수 있어야 한다. 따라서, 표지에는 표지내용을 나타내는 문자를 기입한다.

4. 안전 · 보건 표지의 사용

(1) 안전 · 보건에 관한 표지는 「산업안전보건법」 이외에도 타 법에서도 규정하고 있으므로 이와 함께 사용한다.

(2) 표지규정에는 금지, 경고, 지시, 안내 등 39종이 있지만, 이 규정에 없는 작업내용이 있을 경우 자체적으로 제작하여 부착 · 사용하여야 한다.

5. 안전 · 보건 표지의 종류와 형태

(1) 금지표지

① 금지표지는 어떤 특정한 행위가 허용되지 않음을 나타낸다.

② 흰색 바탕에 빨간색 원과 45° 각도의 빗선으로 이루어진다.

③ 금지할 내용은 원의 중앙에 검정색으로 표현하며, 둥근테와 빗선의 굵기는 원 외경의 10[%]이다.

(2) 경고표지

① 경고표지는 일정한 위험에 따른 경고를 나타낸다.

② 이 표지는 노란색 바탕에 검정색 삼각테로 이루어진다.

③ 경고할 내용은 삼각형 중앙에 검정색으로 표현하고 노란색 면적이 전체 50[%] 이상이다.

④ 단, 인화성 물질경고 · 산화성 물질경고 · 폭발성 물질경고 · 급성 독성 물질경고 · 부식성 물질경고 및 발암성 · 변이원성 · 생식독성 · 전신독성 · 호흡기과민성 물질경고의 경우 바탕은 무색, 기본모형은 적색(흑색도 가능) 마름모 모양이다.

(3) 지시표지

① 지시표지는 일정한 행동을 취할 것을 지시하는 것이다.

② 파란색의 원형이며, 지시하는 내용을 흰색으로 표현한다.

③ 원의 직경은 부착된 거리의 40분의 1 이상, 파란색은 전체 면적의 50[%] 이상이어야 한다.

(4) 안내표지

① 안내표지는 안전에 관한 정보를 제공한다.

② 녹색바탕의 정방형 또는 장방형이며, 표현하고자 하는 내용은 흰색이고, 녹색은 전체 면적의 50[%] 이상(예외 : 안전제일표지)이다.

6. 안전 · 보건 표지의 설치 및 관리

(1) 안전 · 보건 표지는 근로자가 쉽게 식별할 수 있는 장소, 시설 또는 물체에 설치 · 부착해야 한다.

(2) 흔들리거나 쉽게 파손되지 않도록 견고하게 설치 · 부착해야 한다.

(3) 안전 · 보건 표지의 성질상 설치 또는 부착이 곤란할 경우 당해 물체에 직접 도색할 수 있다.

(4) 안전 · 보건 표지는 일시적으로 부착 또는 설치하거나 마음대로 철거하지 말 것

(5) 표지를 부착 시 표지내용을 안전보건수칙에 포함시켜서 철저히 이행되게 할 것

7. 안전 · 보건 표지의 제작기준

(1) 안전 · 보건 표지의 그 종류별로 [별표 9]에 따른 기본형에 의하여 [별표 7]의 구분에 따라 제작해야 한다.

(2) 표시내용을 근로자가 빠르고 쉽게 알아볼 수 있는 크기로 제작한다.

(3) 제작 시 쉽게 파손되거나 변질되지 않는 재료로 제작해야 한다.

(4) 그림 또는 부호의 크기는 안전 · 보건 표지 크기와 비례하여야 하며, 안전 · 보건 표지 전체규격의 30[%] 이상이어야 한다.

(5) 야간에 필요한 안전 · 보건 표지는 야광물질을 사용하는 등 쉽게 알아볼 수 있도록 제작한다.

(6) 안전 · 보건 표지의 표시를 명백히 하기 위하여 필요한 경우에는 그 안전 · 보건 표지의 주위에 표시사항을 글자로 덧붙여 적을 수 있다. 이 경우 글자는 흰색 바탕에 검은색 한글고딕체로 표기해야 한다.

(7) 안전 · 보건 표지에 사용되는 색채의 색도 기준 및 용도는 [별표 8]과 같다.

8. 사업주 및 근로자 준수사항

(1) 안전 · 보건 표지는 작업장 내 설치장소의 조건이나 상태에 따라 규정에 맞게 적정하게 제작, 설치 및 사용하여야 한다.

(2) 임의로 안전 · 보건 표지를 보이지 않게 가리거나 제거해서는 안 된다.

(3) 근로자가 용이하게 식별할 수 있도록 눈에 띄는 위치에 설치해야 한다.

(4) 부착된 안전 · 보건 표지에 항상 관심과 주의를 기울여야 한다.

(5) 안전 · 보건 표지 내용 준수를 생활화하도록 하며 필요한 사항은 교육을 실시한다.

(6) 주기적으로 안전 · 보건 표지의 설치 상태 및 변형 유무 등을 점검한다.

(7) 사업주는 사업장에 설치하거나 부착한 안전 · 보건 표지의 색도기준이 유지되도록 관리해야 한다.

9. 안전 · 보건 표지의 색채, 색도 및 용도

▌안전 · 보건 표지의 색채, 색도기준 및 용도▐

색채	색도기준	용도	사용 예
빨간색	7.5R 4/14	금지	정지신호, 소화설비 및 그 장소, 유해행위의 금지
		경고	화학물질 취급장소에서의 유해 · 위험 경고
노란색	5Y 8.5/12	경고	화학물질 취급장소에서의 유해 · 위험 경고 이외의 위험경고, 주의표지 또는 기계방호물
파란색	2.5PB 4/10	지시	특정 행위의 지시 및 사실의 고지
녹색	2.5G 4/10	안내	비상구 및 피난소, 사람 또는 차량의 통행표지
흰색	N9.5	–	파란색 또는 녹색에 대한 보조색
검은색	N0.5	–	문자 및 빨간색 또는 노란색에 대한 보조색

reference

「산업안전보건법 시행규칙」 제38조 제3항 관련

(1) 허용오차범위[%] : $H = \pm 2$, $V = \pm 0.3$, $C = \pm 1$
여기서, H : 색상, V : 명도, C : 채도

(2) 위의 색도기준은 한국산업규격에 따른 색의 3속성에 의한 표시방법(KSA 0062)에 따른다.

section 02 작업분석과 위험성 평가

011 「산업안전보건법」에서 정한 유해 · 위험 방지계획서 제출대상을 설명하시오.

data 전기안전기술사 20-122-1-11

답안 **「산업안전보건법」에서 정한 유해 · 위험 방지계획서 제출대상**

다음에 열거하는 업종(시행령 제42조)에 속하고 전기계약용량이 300[kW] 이상인 사업장의 사업주는(법 제48조 제1항) 다음의 경우 유해 · 위험 방지계획서를 안전보건공단에 제출한다.

(1) 대통령령으로 정하는 사업의 종류 및 규모에 해당하는 사업으로 해당 제품생산 공정과 직접적으로 관련된 건설물 · 기계 · 기구 및 설비 등 일체를 설치 · 이전하거나 그 주요 구조부분을 변경하려는 경우

(2) 대통령령으로 정하는 사업의 종류 및 규모에 해당하는 사업

① 금속가공제품 제조업(기계 및 가구 제외)
② 비금속 광물제품 제조업
③ 기타 기계 및 장비 제조업
④ 자동차 및 트레일러 제조업
⑤ 식료품 제조업
⑥ 고무제품 및 플라스틱 제품 제조업
⑦ 목재 및 나무제품 제조업
⑧ 기타 제품 제조업
⑨ 1차 금속 제조업
⑩ 가구 제조업
⑪ 화학물질 및 화학제품 제조업
⑫ 반도체 제조업
⑬ 전자부품 제조업

012 「산업안전보건법」에서 정한 위험성 평가에 대하여 다음 사항을 설명하시오.
1. 개요
2. 주체
3. 절차
4. 실시 주체별 방법
5. 시기

data 전기안전기술사 20-122-4-5

답안 **1. 위험성 평가(risk assessment)의 개요**

(1) 사업주는 건설물, 기계 · 기구 · 설비, 원재료, 가스, 증기, 분진, 근로자의 작업행동 또는 그 밖의 업무로 인한 유해 · 위험 요인을 찾아내어 부상 및 질병으로 이어질 수 있는 위험성의 크기가 허용 가능한 범위인지를 평가하여야 한다.

(2) 그 결과에 따라 「산업안전보건법」과 이 법에 따른 명령에 따른 조치를 하여야 하며, 근로자에 대한 위험 또는 건강장해를 방지하기 위하여 필요한 경우에는 추가적인 조치를 하여야 한다.

(3) 즉, 사업장의 유해 · 위험 요인을 파악하고, 유해 · 위험 요인에 의한 부상 또는 질병의 발생 가능성(빈도)과 중대성(강도)을 추정 · 결정하고 감소대책을 수립하여 실행하는 일련의 과정을 말한다.

2. 주체

(1) 모든 사업장에서 실시해야 한다.

(2) 사업주가 주체가 되어 안전보건관리책임자, 관리감독자, 안전관리자, 보건관리자, 대상공정의 작업자가 참여하여 각자의 역할을 분담하여 실시한다.

3. 위험성 평가 절차(지침 제8조)

(1) 평가대상의 선정 등 사전준비

(2) 근로자의 작업과 관계되는 유해 · 위험 요인의 파악
유해요인과 위험요인을 찾아내는 과정

(3) 추정한 위험성이 허용 가능한 위험성인지 여부의 결정
유해 · 위험 요인별로 추정한 위험성의 크기가 허용 가능한 범위인지 여부를 판단

(4) 위험성 감소대책의 수립 및 실행

위험성 결정 결과 허용 불가능한 위험성을 합리적으로 실천 가능한 범위에서 가능한 한 낮은 수준으로 감소시키기 위한 대책을 수립하고 실행

(5) 위험성 평가 실시내용 및 결과에 관한 기록

위험성 평가 활동을 수행한 근거와 그 결과를 문서로 작성하여 보존하는 것

4. 실시 주체별 위험성 평가의 방법

(1) 사업주

평가를 실시할 때는 산업안전보건 전문가 또는 전문기관의 컨설팅 가능함

(2) 안전보건관리책임자

위험성 평가 실시를 총괄 관리함

(3) 안전보건 관리자

위험성 평가 실시에 관한 안전보건책임자를 보좌하고 지도 · 조언

(4) 관리감독자

유해 · 위험 요인을 파악하여 그 결과에 따라 개선조치를 시행

(5) 근로자

유해 · 위험 요인을 파악, 감소대책 수립에 해당 작업의 근로자가 참여

5. 위험성 평가시기

(1) 최초 평가

위험성 평가를 전체 공정 및 작업을 대상으로 처음 실시하는 평가를 말한다(설립일로부터 1년 이내에 실시).

(2) 정기평가(고려사항)

최초 평가 후 매년마다 정기적으로 다음 사항을 실시하고, 정기평가는 전체 작업을 대상으로 실시한다.

① 기계 · 기구, 설비 등의 기간 경과에 의한 성능 저하
② 근로자의 교체 등에 수반하는 안전 · 보건과 관련되는 지식 또는 경험의 변화
③ 안전 · 보건과 관련되는 새로운 지식의 습득
④ 현재 수립되어 있는 위험성 감소대책의 유효성 등

(3) 수시평가(해당 계획)

해당 계획의 실행을 착수하기 전에 실시하고, 아래에 해당되는 경우 실시하는 평가를 말한다.

① 사업장 건설물의 설치 · 이전 · 변경 또는 해체

② 기계 · 기구, 설비, 원재료 등의 신규 도입 또는 변경

③ 건설물, 기계 · 기구, 설비 등의 정비 또는 보수(주기적 · 반복적 작업으로서 정기평가를 실시한 경우에는 제외)

④ 작업방법 또는 작업절차의 신규 도입 또는 변경

⑤ 중대 산업사고 또는 산업재해(휴업 이상의 요양을 요하는 경우에 한정함)가 발생한 경우는 재해발생작업을 대상으로 작업을 재개하기 전에 실시

⑥ 그 밖에 사업주가 필요하다고 판단한 경우

reference

1. 사업장 위험성 평가에 관한 지침 제7~14조

(1) 위험성 평가의 방법(제7조)

① 사업주는 다음과 같은 방법으로 위험성 평가를 실시하여야 한다.

㉠ 안전보건관리책임자 등 해당 사업장에서 사업의 실시를 총괄 관리하는 사람에게 위험성 평가의 실시를 총괄 관리하게 할 것

㉡ 사업장의 안전관리자, 보건관리자 등이 위험성 평가의 실시에 관하여 안전보건관리책임자를 보좌하고 지도 · 조언하게 할 것

㉢ 유해 · 위험 요인을 파악하고 그 결과에 따른 개선조치를 시행할 것

㉣ 기계 · 기구, 설비 등과 관련된 위험성 평가에는 해당 기계 · 기구, 설비 등에 전문 지식을 갖춘 사람을 참여하게 할 것

㉤ 안전보건관리자의 선임의무가 없는 경우에는 ㉡에 따른 업무를 수행할 사람을 지정하는 등 그 밖에 위험성 평가를 위한 체제를 구축할 것

② 사업주는 ①에서 정하고 있는 자에 대해 위험성 평가를 실시하기 위해 필요한 교육을 실시하여야 한다. 이 경우 위험성 평가에 대해 외부에서 교육을 받았거나, 관련 학문을 전공하여 관련 지식이 풍부한 경우에는 필요한 부분만 교육을 실시하거나 교육을 생략할 수 있다.

③ 사업주가 위험성 평가를 실시하는 경우에는 산업안전보건 전문가 또는 전문기관의 컨설팅을 받을 수 있다.

④ 사업주가 다음의 어느 하나에 해당하는 제도를 이행한 경우에는 그 부분에 대하여 이 고시에 따른 위험성 평가를 실시한 것으로 본다.

㉠ 위험성 평가방법을 적용한 안전보건진단(법 제47조)

㉡ 공정안전보고서(법 제44조). 단, 공정안전보고서의 내용 중 공정위험성 평가서가 최대 4년 범위 이내에서 정기적으로 작성된 경우에 한한다.

ⓒ 근골격계 부담작업 유해요인 조사(안전보건규칙 제657조부터 제662조까지)
ⓓ 그 밖에 법과 이 법에 따른 명령에서 정하는 위험성 평가 관련 제도
ⓔ 사업주는 사업장의 규모와 특성 등을 고려하여 다음의 위험성 평가 방법 중 한 가지 이상을 선정하여 위험성 평가를 실시할 수 있다.
- 위험 가능성과 중대성을 조합한 빈도 · 강도법
- 체크리스트(checklist)법
- 위험성 수준 3단계(저 · 중 · 고) 판단법
- 핵심요인 기술(one point sheet)법
- 그 외 규칙 제50조 제1항 제2호 각 목의 방법

(2) 단계별 위험성 평가 세부 실시내용(사업장 위험성 평가에 관한 지침 제9~14조)

① 사전준비(제9조)

㉠ 사업주는 위험성 평가를 효과적으로 실시하기 위하여 최초 위험성 평가 시 위험성 평가 실시규정에 대한 다음 사항을 작성하고, 지속적으로 관리한다.
- 평가의 목적 및 방법
- 평가 담당자 및 책임자의 역할
- 평가 시기 및 절차
- 근로자에 대한 참여 · 공유 방법 및 유의사항
- 결과의 기록 · 보존

㉡ 사업주는 위험성 평가를 실시하기 전에 다음의 사항을 확정하여야 한다.
- 위험성의 수준과 그 수준을 판단하는 기준
- 허용 가능한 위험성의 수준

㉢ 사업주는 다음의 사업장 안전보건정보를 사전에 조사하여 위험성 평가에 활용 가능
- 작업표준, 작업절차 등에 관한 정보
- 기계 · 기구, 설비 등의 사양서, 물질안전보건자료(MSDS) 등의 유해 · 위험 요인에 관한 정보
- 기계 · 기구, 설비 등의 공정 흐름과 작업 주변의 환경에 관한 정보
- 법 제63조에 따른 작업을 하는 경우로서, 같은 장소에서 사업의 일부 또는 전부를 도급주어 행하는 작업이 있는 경우 혼재 작업의 위험성 및 작업 상황 등에 관한 정보
- 재해사례, 재해통계 등에 관한 정보
- 작업환경 측정결과, 근로자 건강진단결과에 관한 정보
- 그 밖에 위험성 평가에 참고가 되는 자료 등

② 유해 · 위험 요인 파악(제10조) : 업종, 규모 등 사업장 실정에 따라 다음의 방법 중 어느 하나 이상의 방법을 사용할 것

㉠ 사업장 순회점검에 의한 방법
㉡ 근로자들의 상시적 제안에 의한 방법
㉢ 설문조사 · 인터뷰 등 청취조사에 의한 방법

㉣ 물질안전보건자료, 작업환경 측정결과, 특수 건강진단결과 등 안전보건자료에 의한 방법

㉤ 안전보건 체크리스트에 의한 방법

㉥ 그 밖에 사업장의 특성에 적합한 방법

③ 위험성 결정(제11조)

㉠ 사업주는 ②에 따라 파악된 유해 · 위험 요인이 근로자에게 노출되었을 때의 위험성을 ①의 ㉡의 첫 번째에 따른 기준에 의해 판단하여야 한다.

㉡ 사업주는 ㉠에 따라 판단한 위험성의 수준이 ①의 ㉡의 첫 번째에 의한 허용 가능한 위험성의 수준인지 결정하여야 한다.

④ 위험성 감소대책 수립 및 실행(제12조)

㉠ 사업주는 ③의 ㉡에 따라 허용 가능한 위험성이 아니라고 판단한 경우에는 위험성의 수준, 영향을 받는 근로자 수 및 다음의 순서를 고려하여 위험성 감소를 위한 대책을 수립하여 실행하여야 한다. 이 경우 법령에서 정하는 사항과 그 밖에 근로자의 위험 또는 건강장해를 방지하기 위하여 필요한 조치를 반영하여야 한다.

- 위험한 작업의 폐지 · 변경, 유해 · 위험물질 대체 등의 조치 또는 설계나 계획 단계에서 위험성을 제거 또는 저감하는 조치
- 연동장치, 환기장치 설치 등의 공학적 대책
- 사업장 작업절차서 정비 등의 관리적 대책
- 개인용 보호구의 사용

㉡ 사업주는 위험성 감소대책을 실행한 후 해당 공정 또는 작업의 위험성의 수준이 사전에 자체 설정한 허용 가능한 위험성의 수준인지를 확인하여야 한다.

㉢ ㉡에 따른 확인 결과, 위험성이 자체 설정한 허용 가능한 위험성 수준으로 내려오지 않는 경우에는 허용 가능한 위험성 수준이 될 때까지 추가의 감소대책을 수립 · 실행해야 한다.

㉣ 사업주는 중대재해, 중대산업사고 또는 심각한 질병이 발생할 우려가 있는 위험성으로서 ㉠에 따라 수립한 위험성 감소대책의 실행에 많은 시간이 필요한 경우에는 즉시 잠정적인 조치를 강구하여야 한다.

⑤ 기록 및 보존(제14조)

㉠ 규칙 제37조 제1항 제4호에 따른 '그 밖에 위험성 평가의 실시내용을 확인하기 위하여 필요한 사항으로서, 고용노동부장관이 정하여 고시하는 사항'이란 다음에 관한 사항을 말한다.

- 위험성 평가 대상의 유해 · 위험 요인
- 위험성 결정의 내용
- 위험성 결정에 따른 조치의 내용
- 그 밖에 위험성 평가의 실시내용을 확인하기 위하여 필요한 사항으로서, 고용노동부장관이 정하여 고시하는 사항

㉡ 기록의 최소 보존기한 : 3년(실시 시기별 위험성 평가를 완료한 날부터 기산)

2. 위험성 평가(risk assessment) 방법

(1) 다른 제도와의 관계

사업주가 다음에서 정하는 제도를 이행하여 규정(사업장 위험성 평가에 관한 지침)을 충족하는 경우 위험성 평가를 실시한 것으로 본다.

① 유해 · 위험 방지 계획서
② 안전보건진단
③ 공정안전보고서
④ 근골격계 부담작업 유해요인조사
⑤ 그 밖에 법과 이 법에 따른 명령에서 정하는 위험성 평가 관련 제도

(2) 참여 안전조직

① 안전보건관리책임자 등 해당 사업장에서 사업의 실시를 총괄 관리하는 사람에게 위험성 평가의 실시를 총괄 관리하게 할 것
② 사업장의 안전관리자, 보건관리자 등에게 위험성 평가의 실시를 관리하게 할 것
③ 작업내용 등을 상세하게 파악하고 있는 관리감독자에게 유해 · 위험 요인의 파악, 위험성의 추정, 결정, 위험성 감소대책의 수립 · 실행을 하게 할 것
④ 유해 · 위험 요인을 파악하거나 감소대책을 수립하는 경우 특별한 사정이 없는 한 해당 작업에 종사하고 있는 근로자를 참여하게 할 것
⑤ 기계 · 기구, 설비 등과 관련된 위험성 평가에는 해당 기계 · 기구, 설비 등에 전문 지식을 갖춘 사람을 참여하게 할 것
⑥ 안전보건관리자의 선임의무가 없는 경우에는 ②에 따른 업무를 수행할 사람을 지정하는 등 그 밖에 위험성 평가를 위한 체제를 구축할 것

(3) 교육실시

사업주는 위험성 평가에 참여하고 있는 자에게 위험성 평가를 실시하기 위해 필요한 교육을 실시하여야 함

(4) 컨설팅(자문 등)

사업주가 위험성 평가를 실시하는 경우에는 산업 안전 · 보건 전문가 또는 전문기관의 컨설팅을 받을 수 있음

3. 위험성 평가의 공유(제13조)

(1) 사업주는 위험성 평가를 실시한 결과 중 다음에 해당하는 사항을 근로자에게 게시, 주지 등의 방법으로 알려야 한다.

① 근로자가 종사하는 작업과 관련된 유해 · 위험 요인
② ①에 따른 유해 · 위험 요인의 위험성 결정 결과
③ ①에 따른 유해 · 위험 요인의 위험성 감소대책과 그 실행 계획 및 실행 여부
④ ③에 따른 위험성 감소대책에 따라 근로자가 준수하거나 주의하여야 할 사항

(2) 사업주는 위험성 평가 결과 법 제2조 제2호의 중대재해로 이어질 수 있는 유해 · 위험 요인에 대해서는 작업 전 안전점검회의(TBM : Tool Box Meeting) 등을 통해 근로자에게 상시적으로 주지시키도록 노력하여야 한다.

013 사업장 위험성 평가에서 다음 항목을 설명하시오.
1. 위험성 평가 절차
2. 근로자 참여
3. 유해 · 위험 요인 파악
4. 위험성 감소대책 수립 및 실행

data 전기안전기술사 23-129-4-1

답안 1. 위험성 평가(risk assessment) 절차

(1) 위험성 평가 절차도

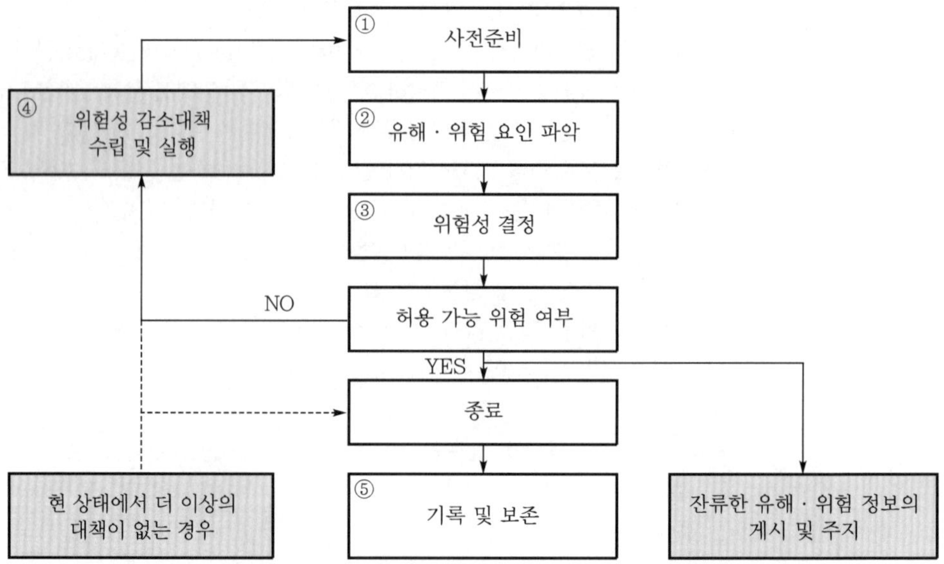

(2) 위험성 평가의 절차

① 평가 대상의 선정 등 사전준비

② 근로자의 작업과 관계되는 유해 · 위험 요인의 파악

③ 추정한 위험성이 허용 가능한 위험성인지 여부의 결정

㉠ 유해 · 위험 요인별로 부상 또는 질병으로 이어질 수 있는 가능성과 중대성의 크기를 각각 추정하여 위험성의 크기를 산출
위험성(risk)=사고발생 가능성×사고결과의 중대성

㉡ 가능성 : 작업자의 부상 · 질병 발생의 확률(빈도)을 의미하며, 노출빈도 · 시간, 유해 · 위험한 사건(Hazards event)의 발생 확률, 피해의 회피 · 제한 가능성을 고려

㉢ 중대성 : 부상 · 질병이 발생했을 때 미치는 영향의 정도를 의미하며, 부상 또는 건강장해의 정도, 치료기간, 후유장해 유무, 피해의 범위를 고려할 것

④ 위험성 감소대책의 수립 및 실행

⑤ 위험성 평가 실시내용 및 결과에 관한 기록 및 보존

2. 근로자 참여

(1) 관리감독자가 해당 작업의 유해 · 위험 요인을 파악하는 경우

(2) 사업주가 위험성 감소대책을 수립하는 경우

(3) 위험성 평가 결과 위험성 감소대책 이행 여부를 확인하는 경우

3. 유해 · 위험 요인 파악

업종, 규모 등 사업장 실정에 따라 다음의 방법 중 어느 하나 이상의 방법을 사용한다.

(1) 사업장 순회점검에 의한 방법

(2) 청취조사에 의한 방법

(3) 안전보건 자료에 의한 방법

(4) 안전보건 체크리스트에 의한 방법

(5) 그 밖에 사업장의 특성에 적합한 방법

4. 위험성 감소 대책 수립 및 실행

(1) 위험성 감소를 위한 대책을 수립하여 실행한다.

위험성 결정결과 허용 가능한 위험성이 아니라고 판단되는 경우는 다음을 시행

① 위험한 작업의 폐지 · 변경, 유해 · 위험 물질 대체 등의 조치 또는 설계나 계획 단계에서 위험성을 제거 또는 저감하는 조치

② 연동장치, 환기장치 설치 등의 공학적 대책

③ 사업장 작업절차서 정비 등의 관리적 대책

④ 개인용 보호구의 사용

(2) 위험성 감소대책을 실행한 후 위험성의 크기가 허용 가능한 범위인지 확인한다. 허용 가능한 위험성 수준으로 내려오지 않는 경우에는 허용 가능한 위험성 수준이 될 때까지 추가의 감소대책을 수립한다.

(3) 위험성 감소대책 실행에 많은 시간이 소요되는 경우 잠정적인 조치를 강구한다. 중대재해 또는 심각한 질병이 발생할 우려가 있는 위험성 대상으로 한다.

(4) 위험성 평가 종료 후 잔존하는 위험요인을 근로자에게 전파(게시, 주지 등)한다.

014 전기작업의 위험성 평가에 대하여 다음 사항을 설명하시오.
1. 일반사항(위험평가계획 수립, 전기의 위험성 및 안전대책)
2. 전기작업 위험성 평가
3. 전기작업 안전대책(관리기준설정, 안전대책 실시 및 조치)
4. 기록 및 관리

data 전기안전기술사 22-128-3-3

답안 **1. 일반사항(위험평가계획 수립, 전기의 위험성 및 안전대책)**

(1) 위험성 평가계획 수립

① 위험성 평가를 할 때 위험성 평가 계획서 작성

② 위험성 평가 실시시기 검토 및 설정

(2) 전기의 위험성

① 전기에너지에 의한 감전이나 화상으로 인한 재해의 발생빈도는 높지 않으나, 일단 발생하게 되면 치사율이 아주 높게 나타나고 있다.

② 전기는 다음과 같은 특성을 갖고 있기 때문에 더욱 위험하다.

㉠ 전기는 형체, 소리는 물론 냄새도 없어 전기가 흐르고 있는 곳(충전부)을 외관상으로는 전혀 확인할 수 없다.

㉡ 전기의 속도는 빛의 속도와 같이 아주 빠르므로, 사고 발생 시에는 판단에 의해 대피할 만한 시간적 여유가 없다.

③ 단락사고로 인해 전기아크가 발생하는 경우 아주 짧은 시간이지만 고온의 열에 의한 화상재해 또는 강한 자외선 방사에 의해 눈이 손상될 수 있다.

④ 전기아크 · 과열 및 누설 전류는 인화성 물질을 점화시킴으로써 화재나 폭발사고의 원인이 된다.

⑤ 대부분의 감전재해는 다음의 '활선작업'을 하거나 그 인근에서 작업(이하 '활선근접작업'이라 함)하는 중에 발생하게 된다.

▌활선작업과 활선근접작업의 종류별 구분▐

저압 활선작업	저압(직류 1,500[V] 이하, 교류 1,000[V] 이하)의 충전전로의 점검 및 수리 등 당해 충전전로를 취급하는 작업
저압 활선근접작업	저압의 충전전로에 근접하는 장소에서 전로 또는 그 지지물의 설치 · 점검 · 수리 및 도장 등의 작업
고압 활선작업	고압의 충전전로의 점검 및 수리 등 당해 충전전로를 취급하는 작업

고압 활선근접작업	고압의 충전전로에 근접하는 장소에서 전로 또는 그 지지물의 설치 · 점검 · 수리 및 도장 등의 작업
특고압 활선작업	특고압의 충전전로 또는 지지애자의 점검 · 수리 및 청소 등의 작업
특고압 활선근접작업	특고압의 전로 또는 그 지지물(충전전로와 지지애자를 제외한다)의 점검 · 수리 · 도장 및 청소 등의 작업

(3) 안전대책

① 전기설비는 적합하게 사용할 때 감전 또는 화상 위험이 발생하지 않게 하기 위하여 적절히 설계 · 제조 · 설치 및 정비하여야 한다.

② 감전 또는 화상재해 방지조치가 이루어지지 않은 설비의 경우 해당 설비의 사용자는 그 위험을 인식하고 대비하기에 충분한 지식과 경험을 가진 자이어야 한다.

③ 노출형 배전반 · 퓨즈반 및 배전용 철 구조물 등의 설비들은 당해 위험과 관련하여 권한이 있는 유자격자만이 출입할 수 있는 보안구역 내에 위치해야 한다. 이러한 설비에는 불의의 접촉사고를 예방하기 위한 별도의 방호조치를 해야 한다.

④ 배터리 차와 같이 작동전압이 낮아 감전위험은 거의 없지만, 이러한 저압 설비에서도 도체가 과열되어 전기아크나 화상사고가 발생할 수 있다.

⑤ 물기 · 습기 또는 분진 등 설비의 성능에 나쁜 영향을 미치는 환경적 요인이 존재하는 장소에서 사용하는 설비는 전기위험을 방지하기 위해서 선정과 사용에 주의한다.

⑥ 인화성 물질이 존재하는 폭발위험장소에서는 「산업안전보건기준에 관한 규칙」 제311조에 따라 방폭설비를 사용하여야 한다.

⑦ 설비는 주의 깊은 설계 및 선정, 이격거리의 확보, 연동장치(interlock)의 채용 등에 의하여 작동상의 안전을 증진시킬 수 있는 조치를 취해야 한다.

⑧ 제어반은 시운전 · 고장부위 찾기 · 교정 등의 작업 시 감전위험을 최소한으로 줄이기 위해 절연된 도체와 덮개 있는 단자대를 사용하도록 한다.

⑨ 연동장치는 충전부 접촉으로 인한 상해 위험을 줄이기 위해서 사용할 것을 권장한다.

⑩ 전기설비 내에 전원선과 제어선이 있는 경우에는 이들을 서로 분리하여 설치하는 것이 바람직하다.

2. 전기작업 위험성 평가

(1) 일반사항

① 사업을 총괄하는 안전보건관리 책임자(또는 대표이사) 등은 위험성 평가를 총괄하고 안전관리자 또는 안전관리 부서장에게 위험성 평가 실시를 주관하도록 한다.

② 작업내용 등을 상세하게 파악하고 있는 관리감독자는 유해 · 위험 요인의 파악, 위험성의 추정 · 결정, 위험성 감소대책의 수립 및 실행한다.

③ 유해 · 위험 요인을 파악하거나 감소대책을 수립하는 경우 특별한 사정이 없는 한 해당 작업을 하는 근로자를 참여하게 한다.

④ 안전관리 주관 부서장(또는 위험성 평가 주관 팀장)은 평가하기 위한 필요한 교육을 실시한다. 이 경우 위험성 평가에 대해 외부에서 교육을 받았거나, 관련 학문을 전공하여 관련 지식이 풍부한 경우에는 필요한 부분만 교육을 실시하거나 교육을 생략할 수 있다.

(2) 위험성 평가의 절차

① 1단계 : 사전준비

② 2단계 : 유해 · 위험 요인의 파악

③ 3단계 : 위험성의 결정

④ 위험성 감소대책의 수립 및 실행

⑤ 위험성 평가 실시내용 및 결과에 관한 기록 및 보존

(3) 위험성 평가팀의 구성

① 해당 설비 또는 작업 담당 관리감독자(부서장)

② 해당 설비 또는 작업자

③ 안전 또는 보건관리자(위험성 평가기법 숙지자)

④ 기타 해당 설비 또는 작업에 관련된 전문가

(4) 위험성 평가자료 준비

① 관련 전기설비 도면 및 선로 계통도

② 작업절차서(작업지침서)

③ 개인보호구, 방호구, 활선작업용 기구, 활선작업용 장치

④ 기타 위험성평가에 필요한 참고자료 등

(5) 위험성 평가 실시

① 안전보건상 유해 · 위험 정보 작성

② 작업공정별 유해 · 위험 요인 파악

③ 위험성 평가표 작성

3. 전기작업 안전대책

(1) 관리기준의 설정

① 안전대책은 기본적으로 법적 기준을 만족하여야 하며, 또한 수용 가능한 위험수준으로 위험성을 낮출 수 있어야 한다.

② 위험성이 7 이상인 경우 즉시 작업을 중지하고, 위험성을 감소시키거나 제거하기 위한 개선대책을 수립 · 시행하며, 위험성을 재평가한 이후 수용 가능한 위험으로 저감시킨 후 작업한다.

③ 위험성이 7 이상인 작업에 대해서는 안전보건관리책임자(또는 대표이사)에게 보고하고, 위험성이 감소될 때까지 작업을 중지한다.

▌위험성 크기별 관리기준과 개선방법▐

위험성 크기		관리기준	개선방법
16~20	매우 높음	• 위험을 줄일 때까지 작업을 금지 • 자원의 투입에도 위험이 줄지 않으면 금지	위험성 불허 (즉시 작업 중지)
15	높음		
9~12	약간 높음	• 우선적으로 위험을 줄여야 함 • 조치는 최단시간 내 완료함 • 위험이 현재 진행중이면 작업중지 및 긴급조치	조건부 위험성 수용 (현재 위험이 없으면 작업 계속, 위험감소활동 실시)
7~8	보통	• 위험을 줄이기 위한 대책 필요 • 계획된 일정 이내에 완료	
4~6	낮음	• 추가로 조치할 필요 없음 • 간단한 조치사항을 생각해 볼 수 있음 • 관리상태가 유지되도록 감시 필요	위험성 수용 (현 상태로 가능)
1~3	매우 낮음	별도의 조치 · 개선 계획 불필요	

comment 배점 10점으로 출제 예상된다.

(2) 안전대책의 실시 및 조치

① 위험관리 개선계획 준비

② 개선계획의 적합성 검토

③ 위험성 평가 결과의 기록 보존 및 활용

④ 작업계획서의 관리 및 활용

4. 기록 및 관리

(1) 위험성 평가가 완료되면 위험성 평가를 실시한 내용을 문서화하여 기록으로 3년 이상 보존한다.

(2) 기록으로 남겨야 할 위험성 평가 실시 결과

① 위험성 평가를 위해 사전조사한 안전보건정보 평가대상 공정, 작업의 명칭, 구체적인 작업내용

② 유해 · 위험 요인의 파악

③ 위험성 추정 및 결정

④ 위험성 감소대책 및 실행

⑤ 위험성 감소대책의 실행계획 및 일정

⑥ 그 밖에 사업장에서 필요하여 정한 사항 등

015 위험성 평가 실시 5단계와 위험성 감소대책 수립 시 고려사항에 대하여 설명하시오.

data 전기안전기술사 21-125-4-6

답안 1. 개요

(1) 위험을 찾아내고 그 상태에 대해 위험성 평가를 실시한 후 개선하는 것이 사업장 안전관리의 목적이다.

(2) 위험은 한꺼번에 개선하기가 상당히 어려우며, 중장기적 개선계획을 수립하고 가장 위험한 것부터 개선해 나가는 것이 바람직하다.

(3) 상기 개념으로 위험성 평가 실시의 5단계와 감소대책 수립에 대한 고려사항을 설명하였다.

2. 위험성 평가 실시 5단계

(1) 절차도

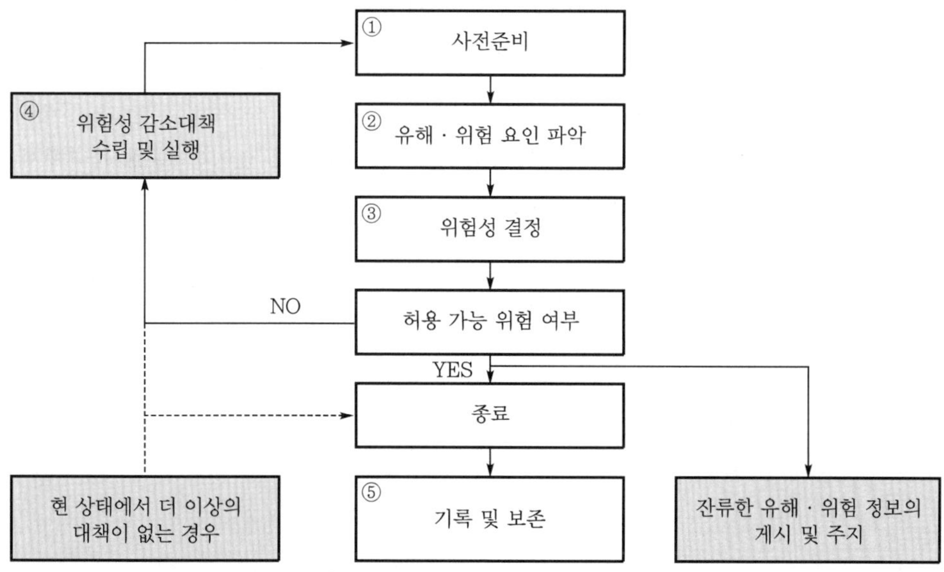

(2) 위험성 평가의 절차

① 평가 대상의 선정 등 사전준비

② 근로자의 작업과 관계되는 유해 · 위험 요인의 파악

③ 추정한 위험성이 허용 가능한 위험성인지 여부의 결정

④ 위험성 감소대책의 수립 및 실행

⑤ 기록 및 보존

3. 위험성 감소대책 수립 시 고려사항

(1) 사업주는 위험성을 결정한 결과 허용 가능한 위험성이 아니라고 판단되는 경우에는 위험성의 크기, 영향을 받는 근로자 수 및 다음의 순서를 고려하여 위험성 감소를 위한 대책을 수립하여 실행하여야 한다.

① 위험한 작업의 폐지 · 변경, 유해 · 위험 물질 대체 등의 조치 또는 설계나 계획단계에서 위험성을 제거 또는 저감하는 조치

② 연동장치, 환기장치 설치 등의 공학적 대책

③ 사업장 작업절차서 정비 등의 관리적 대책

④ 개인용 보호구의 사용

(2) 사업주는 위험성 감소대책을 실행한 후 해당 공정 또는 작업의 위험성의 크기가 사전에 자체 설정한 허용 가능한 위험성의 범위인지를 확인하여야 한다.

(3) 확인 결과, 위험성이 자체 설정한 허용 가능한 위험성 수준으로 내려오지 않는 경우에는 허용 가능한 위험성 수준이 될 때까지 추가의 감소대책을 수립 · 실행하여야 한다.

(4) 중대재해, 중대산업사고 또는 심각한 질병이 발생할 우려가 있는 위험성으로서, 상기 '(1)'에서 수립한 위험성 감소대책의 실행에 많은 시간이 필요한 경우에는 즉시 잠정적인 조치를 강구하여야 한다.

(5) 위험성 평가를 종료한 후 남아 있는 유해 · 위험 요인에 대해서는 게시, 주지 등의 방법으로 근로자에게 알려야 한다.

016 유해·위험 방지계획서 제출대상설비에 대하여 다음 사항을 설명하시오.

1. 사업의 종류 및 규모에 해당하는 사업
2. 기계·기구 및 설비
3. 크기·높이 등에 해당하는 건설공사

data 전기안전기술사 22-128-2-6

comment 이 문제는 철탑 현장에서 매우 중요하게 취급되는 사항이다.

답안

1. 사업의 종류 및 규모에 해당하는 사업 : 계약용량 300[kW] 이상

(1) 금속가공제품 제조업 기계 및 가구 제외
(2) 비금속 광물제품 제조업
(3) 기타 기계 및 장비 제조업
(4) 자동차 및 트레일러 제조업
(5) 식료품 제조업
(6) 고무제품 및 플라스틱제품 제조업
(7) 목재 및 나무제품 제조업
(8) 기타 제품 제조업
(9) 1차 금속 제조업
(10) 가구 제조업
(11) 화학물질 및 화학제품 제조업
(12) 반도체 제조업
(13) 전자부품 제조업

2. 기계 · 기구 및 설비

(1) 금속이나 그 밖의 광물의 용해로
(2) 화학설비
(3) 건조설비
(4) 가스집합 용접장치
(5) 근로자의 건강에 상당한 장해를 일으킬 우려가 있는 물질로서, 고용노동부령으로 정하는 물질의 밀폐 · 환기 · 배기를 위한 설비

3. 크기 · 높이 등에 해당하는 건설공사

(1) 다음의 어느 하나에 해당하는 건축물 또는 시설 등의 건설 · 개조 또는 해체

① 지상높이가 31[m] 이상인 건축물 또는 인공구조물

② 연면적 30,000[m^2] 이상인 건축물

③ 연면적 5,000[m^2] 이상인 시설로서, 다음의 어느 하나에 해당하는 시설

㉠ 문화 및 집회시설(전시장 및 동물원 · 식물원은 제외)

㉡ 판매시설, 운수시설(고속철도의 역사 및 집배송 시설은 제외)

㉢ 종교시설

㉣ 의료시설 중 종합병원

㉤ 숙박시설 중 관광숙박시설

㉥ 지하도상가

㉦ 냉동 · 냉장 창고시설

(2) 연면적 5,000[m^2] 이상인 냉동 · 냉장 창고시설의 설비공사 및 단열공사

(3) 최대 지간(支間)길이(다리의 기둥과 기둥의 중심사이의 거리)가 50[m] 이상인 다리의 건설 등 공사

(4) 터널의 건설 등 공사

(5) 다목적댐, 발전용댐, 저수용량 20,000,000[t] 이상의 용수 전용 댐 및 지방상수도 전용 댐의 건설 등 공사

(6) 깊이 10[m] 이상인 굴착공사

chapter 01

017 유해·위험 설비를 보유한 사업주는 중대산업사고를 예방하기 위하여 공정안전보고서를 고용노동부 장관에게 제출하여야 한다. 「산업안전보건법령」에 따른 공정안전보고서 제출대상 7가지를 쓰시오.

data 전기안전기술사 21-125-1-12

답안 1. 공정안전보고서 제출대상 사업장

(1) 원유 정제 처리업

(2) 기타 석유 정제물 처리업

(3) 석유 화학계 기초화학물질 제조업 또는 합성수지 및 기타 플라스틱 물질 제조업

(4) 질소 화합물, 질소, 인산 및 칼리질 화학 비료 제조업 중 질소질 비료 제조업

(5) 복합비료 및 기타 화학비료 제조업

(6) 화학 살균, 살충제 및 농업용 약제 제조업

(7) 화약 및 불꽃 제품 제조업

2. 공정안전보고서의 정의

(1) Process Safety Management(PSM)로, 공정안전관리체계를 의미한다.

(2) 화재, 폭발, 누출로 종업원 및 인근 주민 생명보호를 목적으로 한다.

(3) 중대 산업재해발생 위험사업장에 적용한다.

3. 체계도

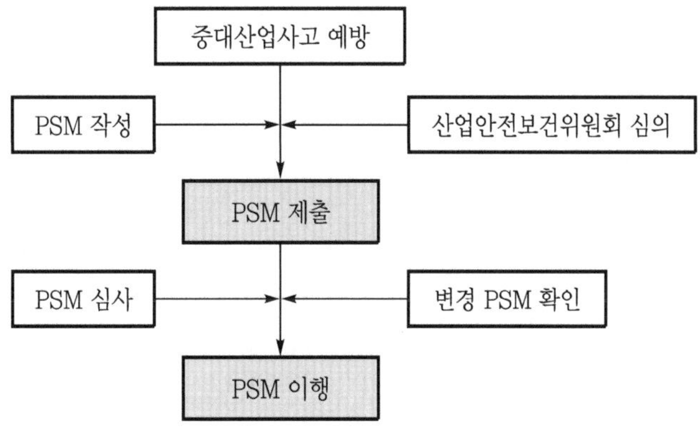

4. PSM 세부 내용의 목차

(1) 공정안전자료

(2) 공정위험성 평가서

(3) 안전운전 계획

(4) 비상조치 계획

(5) 그 밖에 공정상 안전 관련 장관이 인정한 고시사항

018 공정안전보고서(PSM)의 제출 대상 및 내용에 대하여 설명하시오.

data 전기안전기술사 23-129-3-1

답안 1. 개요

(1) 공정안전보고서(PSM : Process Safety Management)는 유해 · 위험 설비로부터 근로자뿐만 아니라 인근 지역 피해로부터 중대산업사고를 예방하기 위하여 실시하는 공정에 대한 안전보고서를 말한다.

(2) 관련 규정

「산업안전보건법」 시행령 제43조, 시행규칙 제50조

2. 공정안전보고서(PSM) 제출 대상

(1) 제출 대상 업종

① 원유 정제 처리업

② 기타 석유 정제물 재처리업

③ 석유화학계 기초 화학물질 제조업 또는 합성수지 및 기타 플라스틱물질 제조업. 단, 합성수지 및 기타 플라스틱물질 제조업은 [별표 13] 제1호 또는 제2호에 해당하는 경우로 한정

④ 질소 화합물, 질소 · 인산 및 칼리질 화학비료 제조업 중 질소질 비료 제조

⑤ 복합비료 및 기타 화학비료 제조업 중 복합비료 제조(단순혼합 또는 배합에 의한 경우는 제외)

⑥ 화학 살균 · 살충제 및 농업용약제 제조업[농약 원제(原劑) 제조만 해당함]

⑦ 화약 및 불꽃제품 제조업

(2) 유해하거나 위험한 시설로 보지 않는 설비

① 원자력 설비

② 군사시설

③ 사업주가 해당 사업장 내에서 직접 사용하기 위한 난방용 연료의 저장설비 및 사용설비

④ 도매 · 소매 시설

⑤ 차량 등의 운송설비

⑥ 「액화석유가스의 안전관리 및 사업법」에 따른 액화석유가스의 충전 · 저장 시설

⑦ 「도시가스사업법」에 따른 가스공급시설

⑧ 그 밖에 고용노동부장관이 누출 · 화재 · 폭발 등의 사고가 있더라도 그에 따른 피해의 정도가 크지 않다고 인정하여 고시하는 설비

(3) 대통령령으로 정하는 사고

① 근로자가 사망하거나 부상을 입을 수 있는 '(1)'에 따른 설비('(2)'에 따른 설비는 제외)에서의 누출 · 화재 · 폭발 사고

② 인근 지역의 주민이 인적 피해를 입을 수 있는 '(1)'에 따른 설비에서의 누출 · 화재 · 폭발 사고

3. 공정안전보고서 내용

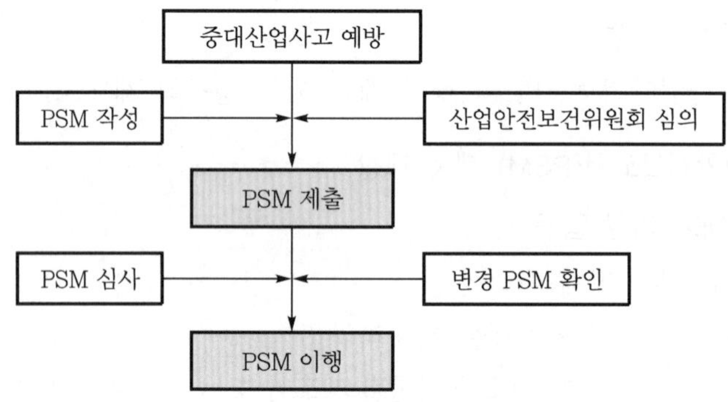

▌PSM 개요도▐

(1) 공정안전자료

① 취급 · 저장하고 있거나 취급 · 저장하려는 유해 · 위험 물질의 종류 및 수량
② 유해 · 위험 물질에 대한 물질안전보건자료
③ 유해하거나 위험한 설비의 목록 및 사양
④ 유해하거나 위험한 설비의 운전방법을 알 수 있는 공정도면
⑤ 각종 건물 · 설비의 배치도
⑥ 폭발위험장소 구분도 및 전기단선도
⑦ 위험설비의 안전설계 · 제작 및 설치 관련 지침서

(2) 공정위험성 평가서

① 체크리스트(check list)
② 상대위험순위 결정(dow and mond indices)
③ 작업자 실수 분석(HEA)
④ 사고 예상질문 분석(what-if)
⑤ 위험과 운전 분석(HAZOP)
⑥ 이상 위험도 분석(FMECA)
⑦ 결함수 분석(FTA)

⑧ 사건수 분석(ETA)

⑨ 원인결과 분석(CCA)

(3) 안전운전계획

① 안전운전지침서

② 설비점검 · 검사 및 보수계획, 유지계획 및 지침서

③ 안전작업허가

④ 도급업체 안전관리계획

⑤ 근로자 등 교육계획

⑥ 가동 전 점검지침

⑦ 변경요소 관리계획

⑧ 자체감사 및 사고조사계획

⑨ 그 밖에 안전운전에 필요한 사항

(4) 비상조치계획

① 비상조치를 위한 장비 · 인력 보유현황

② 사고발생 시 각 부서 · 관련 기관과의 비상연락체계

③ 사고발생 시 비상조치를 위한 조직의 임무 및 수행 절차

④ 비상조치계획에 따른 교육계획

⑤ 주민홍보계획

⑥ 그 밖에 비상조치 관련 사항

(5) 그 밖에 공정상의 안전과 관련하여 고용노동부장관이 필요하다고 인정하여 고시하는 사항

019 작업 대상물에 나타나거나 잠재되어 있는 모든 물리·화학적 위험과 근로자의 불안전한 행동요인을 발견하기 위해 사용하는 작업안전분석(JSA : Job Safety Analysis) 기법에 대하여 설명하시오.

data 전기안전기술사 21-125-1-13

답안

1. 정의

(1) 작업안전분석(JSA : Job Safety Analysis) 기법은 특정한 작업을 주요 단계(key point)로 구분해 각 단계별 유해·위험 요인(hazards)과 잠재적 사고(accidents)를 파악하는 것이다.

(2) 유해·위험 요인과 사고를 제거, 최소화 및 예방하기 위한 대책을 개발하기 위해 작업을 연구하는 기법을 말한다.

2. 적용 시기

(1) 작업을 수행하기 전

(2) 사고발생 시 원인을 파악하고, 대책의 적절성을 평가할 경우

(3) 공정 또는 작업방법을 변경할 경우

(4) 새로운 물질을 사용할 경우

(5) 이행 당사자에게 사용하는 설비의 안전성을 쉽게 설명하고자 할 경우

3. JSA 추진단계

(1) 경험이 많은 현장 직원이 초안 작성(또는 팀 리더가 작업자와 함께 작성)

(2) 부서장 1차 검토

(3) 필요 시 타 부서의 관계자에게 회람(안전, 공무, 기술 등)

(4) 회람 결과 도출된 의견을 팀 회의에서 검토 및 반영

(5) 공장장(또는 부서장) 승인

(6) 문서화 및 교육

4. 실행에 필요한 자료

(1) 과거의 리스크 평가 실시 결과서

(2) 관련 작업에 대한 정상 및 비정상 운전절차서

(3) 공정배관계장도(P & ID) 등 도면

(4) 기기사양 및 유지보수 이력

(5) 물질안전보건자료(MSDS)

(6) 작업자 실수 관련 자료

(7) 과거의 사고(아차사고 포함) 사례

(8) 작업환경측정 결과

(9) 공정 및 품질상의 문제점에 대한 트러블 슈팅 등의 자료

(10) 작업자 불만사항

(11) 기타 JSA를 위한 자료

5. JSA 시행방식

(1) 현장에서 실질적으로 작업을 관찰할 것

(2) 작업자에게 질문할 것

(3) 사고 사례를 검토할 것

(4) 기술 문제, 애로 사항, 숙지하고 있는 지식 유도

(5) 작업자를 개입시킬 것

(6) 작업자는 기여를 하게 되고 참여 의식과 자신의 가치성을 인식하게 되고 결과에 대하여 승복

(7) 부서장이나 팀 리더도 작업에 대하여 배우게 됨

memo

산업안전일반 및 산업심리학

section 01 산업안전일반

001 산업재해통계 계산방법의 종류에 대하여 설명하시오.

1. 연천인율
2. 도수율
3. 강도율
4. 종합재해지수

data 전기안전기술사 18-116-3-1

답안 1. 연천인율

(1) 정의

근로자 1,000명당 1년간에 발생하는 사상자수

(2) 표현식

$$연천인율 = \frac{사상자수}{연\ 평균\ 근로자수} \times 1,000$$

(3) 연천인율의 적용특징

① 재해발생 빈도에 근로시간, 출근율, 가동일수는 무관하다.

② 산출이 용이하고, 알기 쉬운 장점이 있다.

③ 근로자수는 총인원을 나타내며, 연간을 통해 변화가 있는 경우에는 재적 근로자수의 평균치를 적용한다.

④ 사상자수는 사망자, 부상자, 직업병의 환자수를 합한 것이다.

2. 도수율(빈도율, FR : Frequency Rate of Injury)

(1) 정의

산업재해의 발생빈도를 나타내는 것으로, 연근로시간 합계는 100만 시간당의 재해발생 건수이다. 즉, 재해발생 건수에 대한 통계로서, 100만 인시(man hour)를 기준한 것이다.

(2) 표현식

$$도수율(빈도율,\ FR) = \frac{재해발생\ 건수}{연\ 근로시간수} \times 10^6$$

(3) 특징

① 현재 재해발생의 빈도를 표시하는 표준척도로서 사용하고 있다.

② 연근로시간수의 정확한 산출이 곤란할 때는 1일 8시간, 1개월 25일, 연 300일을 시간으로 환산한 연 2,400시간으로 본다.

③ 근로 총시간수 = 평균 근로자수 × 1인당 근로자수(연간)
= 평균 근로자수 × 8시간 × 300일

④ 도수율이 x 라는 의미는 100만 인시(人時) 작업하는 동안에 x 건의 재해가 발생했음을 의미한다.

(4) 연천인율과 도수율(빈도율)의 관계

① 연천인율과 도수율과는 그 계산기준이 다르므로 정확하게 환산할 수는 없다.

② 대략적인 관계는 연천인율 ≒ 도수율 × 2.4이다.

3. 강도율(SR : Severity Rate of Injury)

(1) 정의

산재로 인한 근로손실의 정도를 나타내는 통계로서, 1,000명당 근로손실일수를 말한다.

(2) $\text{강도율(SR)} = \dfrac{\text{근로 손실일수}}{\text{연간 총근로시간}} \times 1{,}000$

(3) 특징

① 재해건수만으로 비교가 안 되는 사고의 강도를 나타내는 기준이다.

② 근로 손실일수의 산정기준은 아래와 같다.

$$\text{(재해의) 장해 등급별 근로 손실일수} + \text{비장해 등급손실} \times \frac{300}{365}$$

단, 300 대신 실 근무일로도 적용됨

4. 종합재해지수(도수강도치, FSI : Frequency Severity Indicator)

(1) 정의

재해 빈도의 다수와 상해 정도의 강약을 종합하여 나타낸 지수

(2) 표현식

$$\text{도수강도치(종합재해지수, FSI)} = \sqrt{\text{도수율}(F) \times \text{강도율}(S)}$$

(3) 특징

어느 기업의 위험도를 비교하는 수단과 안전관심을 높이는 데 적용된다.

002 산업재해예방을 위한 무재해운동의 목적, 3대 원칙, 3요소에 대해 설명하시오.

data 전기안전기술사 21-12-1-1

답안 1. 무재해운동의 목적

사업주와 근로자가 함께 참여하여 산업재해예방을 위한 자율적인 운동을 추진함으로써 사업장 내의 모든 잠재적 요인을 사전에 발견, 파악하고 근원적으로 산업재해를 감소시키기 위함이다.

2. 무재해운동의 3원칙

(1) 무(zero)의 원칙

무재해란 단순히 사망, 재해, 휴업재해만 없으면 된다는 소극적인 사고가 아니라 불휴 재해는 물론 일체의 잠재위험요인을 사전에 발견, 파악, 해결함으로써 근원적으로 산업재해를 없애는 것이다.

(2) 참가의 원칙

참가란 작업에 따르는 잠재적인 위험요인을 해결하기 위하여 각자의 처지에서 '하겠다'는 의욕을 갖고 문제나 위험을 해결하는 것이다.

(3) 선취의 원칙

무재해를 실현하기 위해 일체의 위험요인을 사전에 발견, 파악, 해결하여 재해를 예방하거나 방지하기 위한 원칙이다.

3. 무재해운동의 3요소

(1) Top의 엄격한 경영자세

(2) 안전활동을 Line화할 것

(3) 안전활동을 생활화할 것

4. 무재해운동의 3이념

(1) 인간존중의 이념

(2) 인간존중의 실천

(3) 인간존중의 기법

003 재해발생의 메커니즘에서 하인리히의 도미노 이론과 버드의 신도미노 이론에 대하여 설명하시오.

data 전기안전기술사 20-120-1-3

답안 **1. 하인리히의 도미노 이론과 버드의 신도미노 이론의 비교**

하인리히의 도미노 이론(사고발생의 연쇄성)	버드의 신도미노 이론
① 사회적 환경 및 유전적 요소(선천적 결함) ② 개인적인 결함(인간의 결함) ③ 불안전한 상태 및 불안전한 행동(물리적, 기계적 위험) ④ 사고 ⑤ 재해	① 통제의 부족 - 관리의 소홀 ② 기본 원인 - 기원 ③ 직접 원인 - 징후 ④ 사고 - 접촉 ⑤ 상해 - 손해 - 손실

2. 하인리히의 도미노 이론의 중점문제

사고예방의 중심문제로서, 위 표의 '③' 요인인 '불안전한 행동 및 불안전한 상태(unsafe act and unsafe condition)'라는 두 가지 중추적 요인을 배제하는 것에 중점을 두는 이론이다.

3. 신도미노 이론(버드)

(1) 개념도

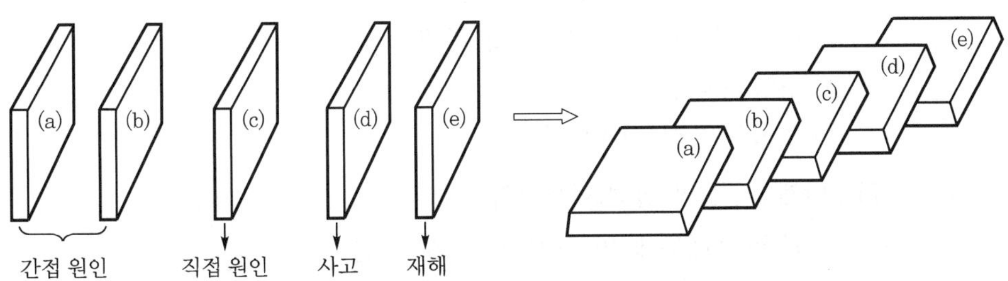

(2) 하인리히 도미노 이론은 상기 개념도에서 (c)인 불안전한 상태 및 불안전한 행동의 골패를 없애면(제거) 재해발생은 예방 가능하다는 이론이다.

(3) 버드의 신도미노 이론은 상기 개념도에서 (c)인 직접 원인인 '징후'를 제거하여 사고, 상해 - 손해 - 손실을 방지할 수 있다는 이론이다.

004 하인리히의 사고예방 대책 5단계를 설명하시오.

data 전기안전기술사 19-119-2-1

답안 1. 개요

(1) 독일인 하인리히는 재해발생의 원인을 도미노 이론으로 해석하였다.

① 사회적 환경 및 유전적 요소(선천적 결함)
② 개인적 결함(인간의 결함)
③ 불안전한 행동 및 불안전한 상태
④ 사고
⑤ 재해의 발생

위 순서로 재해의 원인이 되어, 결과적으로 재해가 발생된다고 보고 있다.

(2) 상기와 같은 개념으로 하인리히는 사고예방의 단계를 구분 적용시켜 다음과 같이 설명하고 있다.

2. 하인리히의 사고예방 5단계 및 단계별 적용 내용

(1) 1단계 : 조직(안전관리조직)

① 안전관리조직과 책임 부여
② 안전관리규정 작성, 제정 및 시행 철저
③ 매년 안전관리계획의 수립 시행
④ 경영층의 참여
⑤ 조직을 통한 안전활동

(2) 2단계 : 사실의 발견(현상파악)

① 각종 재해통계 및 사례 등 자료 수집
② 안전점검 및 진단을 실시하고 그 결과를 토의분석하여 위험작업 공정 확인
③ 정밀검사 및 진단을 통해 정확한 현상 파악
④ 종업원의 건의 및 여론조사

(3) 3단계 : 분석평가

① 재해를 정확히 조사, 분석하고 진단결과를 평가
② 재해의 직접 원인과 간접 원인을 규명
③ 사고기록
④ 작업공정

⑤ 교육 및 훈련관계
⑥ 안전수칙 및 기타

(4) 4단계 : 시정방법의 선정(대책의 선정)

① 기술적인 개선안(기술 및 안전기술)
② 교육훈련 등 교육적인 개선안
③ 관리제도적 측면의 개선안 등 효과적인 개선방안 선정
④ 규정 및 수칙의 개선
⑤ 이행의 감독체제 강화

(5) 5단계 : 시정책의 적용(목표달성)

① 시정책에 대한 목표 선정
② 3E에 대한 대책을 철저하게 실시
　㉠ 교육적 대책(Education)
　㉡ 기술적 대책(Engineering)
　㉢ 독려(Enforcement)
③ 그 결과를 재평가
④ 목표설정 실시
⑤ 시정(후속조치 시행)

005 산업재해 발생과정에서 재해발생의 주요 원인에 대하여 설명하시오.

data 전기안전기술사 22-128-1-3

답안 1. 개요

(1) 산업재해 발생과정을 안전사고의 연쇄성이라 한다.

(2) 이 사고 발생과정은 과거의 사고를 분석하여 사고발생요소를 정리한 이론으로서, 하인리히의 도미노 이론과 버드의 사고발생 5단계설이 대표적이다.

2. 재해발생의 주요 원인(불안전한 행동의 원인)

(1) 지식의 결함이나 부족으로 인한 불안전 행동

(2) 작업기능 미숙으로 인한 불안전 행동

(3) 안전의식(안전태도)의 결함으로 인한 불안전 행동

(4) 인간 고유 특성(휴먼에러)으로 인한 불안전 행동

(5) 시설의 인간공학적 결함이나 고장으로 인한 불안전 행동

(6) 인간관계 요인

인간관계가 나쁜 직장은 작업의욕의 침체, 작업능률의 저하 등 재해발생위험이 큼

(7) 설비적 요인

① 인간공학적 배려에 의한 설계로 근로자가 실수를 하더라도 재해로 연결되지 않을 것

② 안전장치를 고려할 것(fool proof safety)

(8) 작업적 요인

작업자세, 작업속도, 작업강도, 근로시간, 휴식

(9) 환경적 요인

작업공간, 조명, 색체, 소음, 진동, 분진

(10) 관리적 요인

교육훈련의 부족, 지도 및 감독 불충분, 적정배치 불충분

reference

| 하인리히와 버드의 사고 발생과정 이론 비교 |

하인리히의 도미노 이론	버드의 사고발생 5단계설
① 유전적 요소와 사회적 환경 ② 개성(개인적 결함) ③ 불안전한 행동과 불안전 상태(주요 원인) ④ 사고 ⑤ 재해(상해)	① 통제의 부족(관리부족) ② 기본적인 원인 ③ 직접적인 원인(주요 원인) ④ 사고 ⑤ 재해(상해)

006 산업재해 발생 시 단계별 조치내용을 설명하시오.

data 전기안전기술사 23-129-1-1

답안 1. 개요

(1) 산업재해란 노무를 제공하는 자가 업무에 관계되는 건설물, 설비, 원재료, 가스, 증기, 분진 등에 의하거나 작업 또는 그 밖의 업무로 사망 또는 부상하거나 질병에 걸리는 것이다.

(2) 관련 법령

「산업안전보건법」 제57조, 「산업안전보건법 시행규칙」 제73조

2. 산업재해 발생 시 단계별 조치내용

(1) 재해자 발견 조치사항

① 재해자 구출 및 긴급 후송

㉠ 재해가 발생하면 재해발생 기계의 정지와 재해자 구출을 우선한다.

㉡ 2차 사고발생 예방을 위한 긴급조치를 하는 동시에 재해자를 119구급대, 병원 등에 연락하여 긴급 후송한다.

② 긴급조치

③ **현장보존** : 관리감독자 등 책임자에게 사고를 알리고 사고조사가 끝날 때까지 현장을 보존한다.

(2) 산업재해 발생 보고

① **산업재해** : 사망자 또는 3일 이상 휴업재해가 발생한 날부터 1개월 이내에 관할 지방고용노동관서에 산업재해조사표를 제출한다.

② **중요사항 시 보고** : 중대재해는 지체 없이 관할 지방고용노동관서에 전화, 팩스 등으로 다음을 보고한다.

㉠ 산업재해 발생 개요 및 피해상황

㉡ 조치 및 전망

㉢ 그 밖의 중요한 사항 보고

(3) 산업재해 기록 · 보존 및 개선활동 실시

① 다음 사항을 기록 및 3년간 보존한다.

㉠ 사업자 개요 근로자 인적사항

㉡ 재해발생 원인 및 과정

㉢ 재해발생 일시 및 장소

㉣ 재발방지계획 수립

② 재발방지계획에 따라 개선활동을 실시한다.

section 02 재해손실비용

007 재해손실비용 산출방식의 종류를 쓰고, Heinrich 방식과 Simonds 방식을 비교 설명하시오.

008 재해로 인하여 발생하는 손실비용인 재해코스트의 산정방식을 하인리히(Heinrich) 방식과 시몬즈(Simonds) 방식으로 구분하여 설명하시오.

008-1 재해손실비용에서 다음 항목을 설명하시오.

1. 하인리히(Heinrich) 방식
2. 시몬즈(Simonds) 방식

data 전기안전기술사 19-117-2-2 · 21-125-2-1 · 23-129-2-3

답안 1. 개요

(1) 재해손실비용(accident cost)이란 업무상 재해로서, 인적 상해를 수반하는 손실비용이다.

(2) 만약 재해가 발생하지 않았다면, 당연히 지출하지 않을 직 · 간접으로 생기는 여러 손실비용이다.

(3) 재해 Cost 산정은 발생비용의 내용, 금액을 분명히 파악함으로써, 그 손실에 따르는 안전관리상의 유효한 대책실시에 기여토록 하는 것이며, 경영진에게 안전에 대한 중요성과 필요성을 재인식하도록 하는 것이다.

2. 하인리히 방식

(1) 총재해 코스트 = 직접비 + 간접비, (재해 코스트 = 사고로 인한 경제적 손실)

(2) 직접비 : 간접비 = 1 : 4

재해 코스트 = 직접비 × 5

(3) 직접비(direct cost)

산재보상비(치료비, 휴업보상비, 장해보상비, 유족보상비, 장례비)

(4) 간접비(indirect cost)

① 재료나 기계, 설비 등의 물적 손실

② 가동정지에서 온 생산손실

③ 작업을 하지 않았는데도 지급한 임금손실

(5) 간접비에 대한 하인리히 조사내용 중 임금손실

① 피해자가 소비한 시간손실보다 타인의 시간손실(동료작업원이나 관리감독자)에 의한 내용이 더 많이 발생한다.

② 사고로 인한 납기지연 및 공기지연에 따른 위약금 손실 및 신뢰성 상실에 따른 주문취소에 의한 손실이 많이 나타난다.

③ 대부분의 간접비 횟수는 적으나 많은 손실을 가져오는 중상해 보다는 건수 당 손실이 작더라도, 발생횟수가 많은 경상해로 이루어진다.

④ 직접비는 없고, 간접비만 발생하는 특수사례가 많다.

3. 시몬즈(Ri.H. Simonds) 방식

(1)

총재해 Cost = 보험 코스트 + 비보험 코스트

= 보험 코스트 + {(A × 휴업 상해건수) + (B × 통원상해건수) + (C × 응급처치건수) + (D × 무상해 사고건수)}

※ 상기 식에서 A, B, C, D는 상수(금액)이며, 각 재해에 대한 평균 비보험 내용이다.

(2) 재해사고의 분류

① **휴업상해**(lost time cases)

㉠ 영구, 부분노동 불능

㉡ 일시 전노동 불능

② **통원상해**(doctor's cases)

㉠ 일시부분노동 불능

㉡ 의사의 조치를 필요로 하는 통원상해

③ **응급처치**(first aid cases) : 응급조치 20[$] 미만의 손실 또는 8시간 미만의 휴업이 되는 정도의 의료조치 상해

④ **무상해 사고**(no injury accident)

㉠ 의료조치를 필요로 하지 않는 정도의 극미한 상해사고

㉡ 무상해 사고로 20[$] 이상의 재산손실

㉢ 8시간 이상의 시간을 가져온 사고

4. 하인리히 방식과 시몬즈 방식의 차이점 비교

comment 중요한 내용이므로 숙지하도록 한다.

(1) 개념의 차이점

① 하인리히 방식은 1 : 4의 직 · 간접 비율에 의한 재해손실비용 산출안이다.

② 시몬즈 방식은 직 · 간접 비율 방식 대신에 평균치 계산방식에 의한 재해 코스트이다.

(2) 두 방식의 차이점 비교

구분	하인리히 방식	시몬즈 방식
총재해비용	직접비 + 간접비 단, 직접비 : 간접비 = 1 : 4	보험비용 + 비보험비용 = 보험비용 + {(A ×휴업상해 건수) + (B ×통원상해 건수) + (C ×응급처치 건수) + (D ×무상해 사고건수)}
보험비용 가산방식	사업체가 지불한 총산재보험료와 근로자에게 지급된 보상금과의 차이를 보험비용에 미가산함	사업체가 지불한 총산재 보험료와 근로자에게 지급된 보상금과의 차이는 보험비용에 가산함
비보험비와 간접비관계	간접비 개념 = 비보험내용 개념	하인리히의 간접비 = 비보험비용 개념 단, 구성항목은 총재해비용 참조
산정방식	직접비 : 간접비 = 1 : 4 방식 개념에 의한 산정방식 이용	1 : 4의 직 · 간접비 개념을 전면 부인한 새로운 평균치법을 적용

(3) 시몬즈 방식의 항목변수

구분	세부항목 변수
보험비용	• 보험금 금액 • 보험회사의 보험에 관련된 제경비와 이익금
비보험 비용	• 부상자 이외 근로자가 작업을 중지한 시간에 대한 임금손실 • 재해로 인한 손상받은 설비, 재료의 수선, 교체, 정돈을 위한 손실비용 • 산재보험에서 지불되지 않은 부상자의 작업중지시간에 대해 지불되는 임금 • 재해로 인해 필요하게 된 시간 외 근무로 인한 가산임금 손실 • 재해로 인한 감독자의 조치에 소요된 시간 외 임금 • 재해자가 직장에 복귀 후 생산감소에도 불구하고, 이전 임금 지급으로 인한 손실 • 새로운 근로자의 교육훈련에 필요한 비용 • 회사부담의 비보험 의료비 • 산재서류 작성과 자세한 재해조사에 필요한 시간비용 • 그 밖의 제경비(소송비용, 임차료, 계약해제로 인한 손해, 교체근로자 모집 비용)

section 03 무재해 활동

009 무재해 운동 등 안전활동기법 중에서 다음 사항에 대하여 설명하시오.
1. TBM(Tool Box Meeting) 위험 예지훈련
2. 브레인 스토밍(brain storming)

data 전기안전기술사 20-120-2-5

답안 1. TBM(Tool Box Meeting) 위험 예지훈련

(1) 개요

① TBM은 직장에서 행해지는 안전모임으로 Tool box(공구상자) 부근에서 대화를 나누기 때문에 '툴박스 미팅'이라 불린다.

② 미국의 건설현장에서 시작했으며 작업 전 5~15분, 작업 후 3~5분, 5~6명이 작은 원을 그리며 필요에 따라 행해지는 안전미팅이다.

(2) 내용

① TMB은 일반적인 지시, 명령이 아닌 근로자 스스로가 작업 중의 잠재위험요인을 인지하는 위험예지훈련의 하나이다.

② 작업 전 TBM

㉠ 도입 : 인사, 직장체조, 무재해기 게양

㉡ 점검 : 복장, 공구, 보호고, 건강

㉢ 작업지시 : 작업 지시 및 전달

㉣ 위험예측 : 당일 작업사항에 관한 위험예측, 예지훈련

㉤ 확인 : 위험에 대한 대책과 팀 목표 확인

③ 작업 후 TBM

㉠ 작업 전 TBM의 지시사항 확인

㉡ 당해 작업의 위험요인 보고

㉢ 당해 작업의 문제점 검토

㉣ 통근 시 재해예방 주지

(3) 효과

① 충분한 효과를 보기 위해선 직장 내 화합이 선결되어야 하는데, 감독자 – 작업자의 의사소통이 원활하고, 모든 작업자의 의견도출이 되게 한다.

② TBM을 시행하여 직장 내 위험요인 발굴 및 해결능력을 개인에서 Team 수준으로 높이는 효과가 있다.

2. 브레인 스토밍

(1) 정의

Brain storming이란 잠재의식을 일깨워 자유로이 아이디어를 개발하는 목적으로 토의식 아이디어 개발기법이다.

(2) 전제조건

① 부정적인 태도를 바꾸고 자유를 허용하여 발전적인 창의성을 개발할 수 있다.

② 비창의적인 사회문화적 풍토가 창의적 개발을 저해시킨다.

③ 정도의 차이가 있으나 창의력은 누구에게나 있다.

(3) Brain storming 실행 4원칙

① **자유분방** : 마음껏 자유롭게 발언을 한다.

② **대량발언** : 무엇이든 좋으니 많이 발언한다.

③ **수정발언** : 타인의 생각에 동참하거나 보충발언을 해도 좋다.

④ **비판금지** : 장단점을 비판하지 않는다.

3. 결론

재해의 대부분이 작업자의 불안전한 행동으로 발생하므로, 작업자의 안전의식을 높이는 방법으로 TBM은 바람직하며, 특히, 재해 발생빈도가 높은 국내 산업현장에 도입할 필요가 있다.

010 국제노동기구(ILO)에서 규정하는 재해 정도를 구분하여 설명하시오.

data 전기안전기술사 19-119-1-1

답안 ILO의 재해 구분

(1) 사망

(2) 영구 전노동 불능

신체 전체의 노동기능 완전상실(1 ~ 3급)

(3) 영구 일부 노동 불능

신체 일부의 노동기능 완전상실(1 ~ 14급)

(4) 일시 전노동 불능

일정기간 동안 노동 종사 불가(휴업)

(5) 일시 일부 노동 불능

일정기간 동안 일부 노동에 불가(통원)

(6) 구급조치 상해

011 인체의 에너지 대사율(RMR)과 작업강도 단계를 설명하시오.

data 전기안전기술사 19-119-1-2

답안 1. RMR(Relative Metabolic Rate) : 에너지 대사율

$$\text{RMR} = \frac{\text{작업에만 필요로 하는 에너지량}}{\text{기초대사량}}$$

$$= \frac{\text{작업 시 소비칼로리} - \text{안정 시 소비칼로리}}{\text{기초대사량}}$$

2. RMR의 특성과 작업강도 단계

(1) 개인차를 제외한, 특유한 값으로 작업의 강도를 나타낼 수 있다.

(2) 작업강도 RMR

① 경작업의 RMR : 0 ~ 2

② 중경도작업의 RMR : 2 ~ 4

③ 중작업의 RMR : 4 이상

012 산업안전보건관리를 위한 사업주 및 근로자의 직무에 대하여 설명하시오.

data 전기안전기술사 22-126-1-3

답안 1. 개요

(1) 산업안전보건관리를 위한 정부의 책무는 근로자의 위험과 건강장애의 예방조치에 있다.

(2) 사업주의 직무는 산재예방계획 수립 등이 있으며, 근로자의 직무는 안전보건관리 규정준수 등이 있다.

2. 사업주의 책무

(1) 안전표지 설치 · 부착

(2) 안전관리자 등 선임

(3) 산업재해 예방계획 수립

① 산업재해 예방계획 수립
② 안전보건관리규정 작성
③ 안전보건교육 총괄

(4) 안전보건관리규정 작성, 신고, 준수

(5) 작업 중단

① 산업재해발생의 급박한 위험 시 작업 중단
② 중대재해 발생 시 작업 중단

(6) 작업환경 측정

① 인체에 해로운 분진, 코크스, 연, 산소결핍 사업장
② 근로자의 정기 건강진단 실시

(7) 유해 · 위험 방지 계획서 작성

comment 내용 자체로 산업안전지도사 출제가 예상된다.

① 지상 높이가 31[m] 건축물 또는 공작물, 연면적 30,000[m^2] 이상인 건축물, 연면적 5,000[m^2] 이상인 문화 및 집회시설, 판매 및 영업시설, 의료시설 중 종합병원, 숙박시설 중 관광 숙박시설
② 최대 지간길이가 50[m] 이상인 교량건설 등 공사
③ 터널건설 등 공사

④ 깊이가 10[m] 이상인 굴착 공사

⑤ 다목적 댐, 발전용 댐 및 저수용량 2천만[t] 이상 용수 전용 댐, 지방상수도 전용 댐 건설 등의 공사

(8) 보호구 착용 조치

3. 근로자의 직무

(1) 안전보건 규정 준수

(2) 예방조치 준수

(3) **교육 참여**

안전보건 교육에 적극 참여, 안전지식 및 기능 증진

(4) **보호구 착용**

안전시설 및 지급된 보호구 활용

(5) **안전작업 실시**

성실한 태도와 자세로 작업에 임해 안전작업 실시

013 보호구 안전인증 고시에 따른 산업현장의 안전화에 대하여 설명하시오.

1. 안전화의 종류
2. 안전화 등급 및 사용장소

data 전기안전기술사 21-125-1-4

답안 1. 안전화의 종류

종류	성능 구분
가죽제 안전화	물체의 낙하, 충격 또는 날카로운 물체에 의한 찔림 위험으로부터 발을 보호하기 위한 것
고무제 안전화	물체의 낙하, 충격 또는 날카로운 물체에 의한 찔림 위험으로부터 발을 보호하고 내수성을 겸한 것
정전기 안전화	• 물체의 낙하, 충격 또는 날카로운 물체에 의한 찔림 위험으로부터 발을 보호하기 위한 것 • 정전기의 인체대전을 방지하기 위한 것
발등 안전화	물체의 낙하, 충격 또는 날카로운 물체에 의한 찔림 위험으로부터 발 및 발등을 보호하기 위한 것
절연화	• 물체의 낙하, 충격 또는 날카로운 물체에 의한 찔림 위험으로부터 발을 보호하기 위한 것 • 저압의 전기에 의한 감전을 방지하기 위한 것
절연 장화	고압에 의한 감전 방지 및 방수를 겸한 것
화학물질용 안전화	• 물체의 낙하, 충격 또는 날카로운 물체에 의한 찔림 위험으로부터 발을 보호하기 위한 것 • 화학물질로부터 유해위험을 방지하기 위한 것

2. 안전화 등급 및 사용장소

등급	사용장소
중작업용	광업, 건설업 및 철광업 등에서 원료 취급, 가공, 강재취급 및 강재 운반, 건설업 등에서 중량물 운반작업, 가공대상물의 중량이 큰 물체를 취급하는 작업장으로서, 날카로운 물체에 의해 찔릴 우려가 있는 장소
보통 작업용	기계공업, 금속 가공업, 운반, 건축업 등 공구 가공품을 손으로 취급하는 작업 및 차량 사업장, 기계 등을 운전 조작하는 일반 작업장으로서 날카로운 물체에 의해 찔릴 우려가 있는 장소
경작업용	금속 선별, 전기제품 조립, 화학제품 선별, 반응장치 운전, 식품 가공업 등 비교적 경량의 물체를 취급하는 작업장으로서 날카로운 물체에 의해 찔릴 우려가 있는 장소

014 안전인증 대상 보호구와 자율 안전확인 대상 보호구를 구분하여 설명하시오.

data 전기안전기술사 20-122-1-1

답안 1. 안전인증 대상 보호구(12종)

(1) 추락 및 감전 위험방지용 안전모

(2) 안전화

(3) 안전장갑

(4) 방진마스크

(5) 방독마스크

(6) 송기마스크

(7) 전동식 호흡보호구

(8) 보호복

(9) 안전대

(10) 차광 및 비산물 위험방지용 보안경

(11) 용접용 보안면

(12) 방음용 귀마개 또는 귀덮개

2. 자율 안전확인 대상 보호구(3종)

(1) 안전모

(2) 보안경

(3) 보안면

015 산업재해의 기본원인인 4M의 종류와 내용에 대하여 설명하시오.

data 전기안전기술사 21-125-1-5

답안

1. 4M의 목적

4M의 위험성 평가는 사업장에서 예상되는 산업재해 발생 위험요인을 노사가 함께 찾아내어 사고발생 가능성을 최소화하는 위험성 평가방법을 사업장에서 보다 쉽게 적용하기 위해서이다.

2. 4M의 종류 및 내용(안전관리 대상의 4요소)

(1) Man(인적 항목)

① 작업자의 불안전 행동을 유발시키는 인적 위험평가

② 상호 인간관계와 지시

(2) Machine(기계적 항목)

모든 생산설비의 불안전 상태를 유발시키는 설계 · 제작 · 안전장치 등을 포함한 기계 자체 및 기계 주변의 위험평가

(3) Media(물질 · 환경적 항목)

① 소음, 분진, 유해물질 등 작업환경 평가

② 인간과 기계설비 간의 상호 매체역할을 하는 것으로 작업정보, 작업방법, 작업환경

(4) Management(관리적 항목)

① 안전의식 해이로 사고를 유발시키는 관리적인 사항 평가

② 안전법규, 기준 작성 및 정비, 안전관리 조직, 교육훈련, 지휘감독 등의 관리체계

section 04 안전관리 조직과 전기안전관리자 직무

016 안전관리의 조직에 대한 종류를 구분하고, 각각에 대한 특징, 장단점 및 대책에 대하여 설명하시오.

data 전기안전기술사 21-123-2-1

comment 22년도 126회에 그대로 출제된 문제이다.

답안 1. 개요

(1) 안전관리조직은 재해방지 원칙의 1단계에 해당한다.

(2) 효율적인 안전관리를 위해서 경영자를 포함한 전 종업원을 대상으로 조직하며 종업원의 수를 고려하여 라인조직, 참모조직, 라인-참모 조직 중에서 적정한 조직을 구성한다.

2. 안전관리조직에 대한 종류(안전관리조직의 기본형태)

Line system	Staff system	Line-staff system
경영 생산지시 안전지시 부장 과장 작업자	경영 생산지시 부장 안전지시 참모 과장 작업자	경영 부장 안전지시 참모 생산지시 과장 작업자

3. 안전관리조직에 대한 각각의 특징

(1) 라인조직(line system)

① 생산라인을 통해 안전을 지시하는 조직으로 생산라인과 안전라인이 같다.

② 소규모 생산업체(100명 이하)에 적합하며 생산부장이 안전관리를 겸임할 수 있다.

③ 안전지시가 생산라인을 통해서 전달되므로 명령지시가 강력하게 시행될 수 있으나 안전문제가 경시되기 쉽다.

④ 별도의 안전부서가 필요 없어 경제적이다.

⑤ 모든 권한이 포괄적이고 직선적이며 조직에 안전을 전문으로 담당하는 조직이 없어 고도의 안전관리는 기대할 수 없다.

(2) 참모조직(staff system)

① 참모조직은 안전관리부서를 별도로 두어 관리하는 생산지시조직이다.

② 생산라인과 별도의 안전라인을 두고 관리하는 방법으로 중규모(100 ~ 1,000명) 사업장에서 주로 채용한다.

③ 안전관리자가 생산기계 기구 및 인적 사항을 모두 파악하고 있어야 하므로 대규모 사업장에서는 채택하기 어려우며 안전관리자의 능력에 의존하는 바가 크다.

④ 참모진은 계획안의 작성, 조사, 분석, 보고 등의 보조적인 업무를 행할 뿐 생산라인의 안전업무는 행하지 않는다.

(3) 라인-참모 조직(line-staff system)

① 대규모 사업장(1,000명 이상)에서 다양한 기계, 기구를 취급하는 곳에 적당하다.

② 라인-참모 조직은 라인조직과 참모조직의 장점만을 채택하여 만든 것으로, 안전에 관한 모든 계획, 조사, 검토, 독려는 참모조직 계통에서 주관하며, 안전의 실행은 생산라인의 중간 이하에서 실시하는 안전조직이다.

③ 안전업무를 전담하는 참모부분을 두고 생산라인의 각 계층에도 겸임 또는 전임의 안전담당자를 두며 안전대책의 기획은 참모부분에서, 실행은 직계부분에서 행하도록 하는 방식이다.

4. 안전관리조직의 장단점 및 대책

조직	장점	단점	대책
Line system	• 안전지시가 명령계통으로 쉽게 신속전달, 실행됨 • 중소기업에 활용	• 안전전문 요원이 없어 입안이 불충분함 • 안전관련 정보 빈약 • 라인에 과중한 책임 발생	라인관리자는 안전을 고려한 생산계획, 작업계획을 수립하여 실시할 것
Staff system	• 안전전문가가 안전계획을 세우고 전문적인 문제해결 방안을 모색하고 조치함 • 경영자의 조언과 안전자문 역할 • 안전정보 수집 신속함	• 생산분야에 안전명령을 전달하므로 안전과 생산을 별개로 간주할 수 있음 • 생산부분은 안전에 대한 권한과 책임이 없음	생산, 안전관리 상호 간의 의사소통을 밀접히 해야 됨
Line-staff system	• 안전전문가에 의해 입안된 계획을 경영자 지침으로 명령, 시행하도록 하므로 정확·신속함 • 스태프는 안전입안계획, 평가를 함 • 라인은 안전조치 실행	• 명령계통과 참고적 조언이 혼동되기 쉬움 • 스태프의 월권행위가 우려됨 • 라인이 스태프에 의존하거나 반대로 활용하지 않는 경우도 있음	라인식과 스태프식의 절충형으로 대기업에 적합

017 안전보건관리 조직형태를 3가지로 구분하고 각각의 장단점을 비교하여 설명하시오.

data 전기안전기술사 22-126-4-5

comment 문제 15번과 같은 내용이나 중요해서 한번 더 기록한다.

답안 안전관리조직의 유형별 비교

Line system	Staff system	Line-staff system
경영 → 부장 → 과장 → 작업자 (생산지시, 안전지시)	경영 → 부장 → 과장 → 작업자 (생산지시), 참모 → 부장·과장·작업자 (안전지시)	경영 → 부장 → 과장 → 작업자 (생산지시), 참모 → 부장·과장·작업자 (안전지시)

(1) Line형 조직

① 정의 : 안전관리의 계획에서 실시까지 모든 업무를 생산라인을 통해 이루어지도록 편성된 조직이다.

② 특성

㉠ 책임이 생산 Line에 부여되고 안전업무가 생산업무의 한 부분이다.

㉡ 100명 미만의 소규모 사업장에 적합하다.

③ 장점 : 안전지시가 정확, 신속히 이행된다.

④ 단점

㉠ 안전의 전문지식, 정보축적이 어렵다.

㉡ 소규모 사업장에 적합하며 활성화를 위해선 관리감독자의 체계적인 안전교육 실시가 필요하다.

(2) Staff형 조직

① 정의 : Line 조직 외에 안전업무를 권장하는 특별 Staff 부분을 두고 안전에 관한 계획, 조사, 검토, 권고, 보고 등을 행하는 관리방식이다.

② 특성 : 100~1,000명 정도의 중규모 사업장

③ 장점

㉠ 안전전문지식의 축적이 가능하고 사업장에 적합한 안전대책이 가능하다.

㉡ 안전업무의 표준화 및 전문화가 유리하다.

④ 단점

㉠ 명령계통의 혼선, 지시, 명령이 신속·정확하게 이행불가하다.

㉡ 이 조직의 활성화를 위해선 관리감독자의 안전에 대한 이해가 부족하기 때문에 안전 Staff에게 많은 권한을 주어야 한다.

㉢ 전담안전조직이 생산조직과 원활한 융합이 안 될 경우 마찰발생 우려 및 생산부분의 능동적 안전관리활동을 기대할 수 없다.

(3) Line-Staff형 조직

① 정의 : Line형과 Staff형의 절충형으로, 안전업무를 전담하는 Staff를 두고 생산 Line의 관리감독자에게 안전보건업무를 담당하게 하는 조직이다.

② 특성

㉠ 생산 Line에 책임과 권한이 동시에 부여되고 1,000명 이상의 사업장에 유효하다.

㉡ 대규모 사업장의 필수조직이다.

③ 장점

㉠ 안전전문지식의 축적이 가능하고 명령이 신속·정확하며 사업장에 맞는 대책이 가능하다.

㉡ 이 조직의 활성을 위해선 Line과 안전 Staff의 협조체제의 구축이 중요하다.

㉢ Line과 Staff의 업무책임한계를 분명히 규정해 둘 필요가 있다.

④ 단점

㉠ Staff 조직에서 Line 조직의 업무와 마찰이 발생하는 경우 월권행위가 발생할 소지가 있다.

㉡ 명령계통과 조언, 권고적 참여가 혼동되기 쉽다.

018 「전기안전관리자의 직무에 관한 고시」에서 전기안전권리자의 전기사고 대응대책 및 중대사고 보고에 대하여 설명하시오.

data 전기안전기술사 19-119-4-2

답안 1. 전기안전관리자의 전기사고 대응대책(「전기안전관리자의 직무에 관한 고시」 제19 · 20 · 21조)

(1) 전기재해 응급조치(제19조)

전기안전관리자는 전기재해 발생을 예방하거나 그 피해를 줄이기 위하여 다음의 필요한 조치를 취한다.

① 비상재해 발생 시 비상연락망을 통해 상황을 전파하고, 전기설비의 안전 확보를 위한 비상조치 및 지시를 하여야 한다.

② 재해의 발생으로 위험하다고 인정될 때에는 전기공급을 중지하는 등 필요한 조치를 하여야 한다.

③ 재해 복구에 따른 전기의 재공급에 대비하여 전기설비에 대한 안전점검을 실시한다.

(2) 전기사고 대처요령(제20조)

① 전기안전관리자는 전기설비 사고발생 시 사고유형을 확인하고 현장으로 출동하여 다음 요령에 따라 사고별로 대처하여야 한다.

㉠ 정전사고

- 정전이 확인되면 곧바로 비상용 예비전원이 공급되는지 확인한다.
- 전기설비의 이상 유무를 확인한다.
- 전기설비점검 등을 통한 전기공급 재개에 대비한다.

㉡ 감전사고

- 전원스위치를 차단하고 피재자를 위험지역에서 대피시킨다.
- 피재자의 의식 · 호흡 · 맥박 · 출혈상태 등을 확인한다.
- 피재자의 기도를 확보하고, 인공호흡 · 심장마사지 등 응급조치를 실시한다.

㉢ 전기설비사고

- 사고내용 청취 및 사고설비에 대해 육안점검을 실시하여 차단기를 개방하고, 검전기를 이용하여 전기설비의 정전상태를 확인한다.
- 사고가 발생한 설비를 중심으로 안전구역을 지정하고 표지판을 설치하여 관계자 외 일반인의 출입을 통제한다.
- 이후 각 전기설비별 사고처리를 실시한다.

② 전기안전관리자는 전기설비사고에 관련된 모든 참고사항을 조사하고 사고상태를 그대로 유지하여 사고조사가 완전하고 정확을 기할 수 있도록 하여야 한다.

③ 필요시에는 한국전기안전공사 또는 한전에 연락하여 조언을 받는다.

(3) 중대사고 보고(제21조)

소유자 또는 전기안전관리자는 중대한 사고와 전기사고가 발생한 경우 한국전기안전공사에 통보하여야 한다.

① 전기화재사고

㉠ 인명피해 : 사망 1명 이상, 부상 2명 이상

㉡ 재산피해 : 1억원 이상

㉢ 국가보안시설, 다중이용 건축물(원인이 전기로 추정되는 화재가 발생한 경우)

② 감전사고 : 사망 1명 이상 또는 부상 1명 이상

③ 설비사고

㉠ 1,000세대 이상 아파트 단지의 1시간 이상 정전

㉡ 용량 20[kW] 이상인 신재생에너지 설비가 자연재해나 설비고장으로 발전 또는 운전이 1시간 이상 중단된 경우

2. 「전기사업법」상의 중대사고 및 통보

comment 이 내용은 참고만 하길 바란다.

(1) 사고의 종류(근거 : 「전기안전관리법 시행규칙」 [별표 16])

① 감전사고 : 사망 1명 이상 또는 부상 1명 이상 발생한 경우

② 전기설비사고

㉠ 공급지장전력이 30[MW] 이상 100[MW] 미만의 송·변전 설비 고장으로 공급지장시간이 1시간 이상인 경우

㉡ 공급지장전력이 100[MW] 이상의 송·변전 설비 고장으로 공급지장시간이 30분 이상 시

㉢ 전압 100[kV] 이상 송전선로 고장으로 인한 공급지장시간이 6시간 이상인 경우

㉣ 출력 300[MW] 이상의 발전소 고장으로 5일 이상의 발전지장을 초래한 경우

㉤ 국가 주요 설비인 상·하수도 시설, 배수갑문, 다목적 댐, 공항, 국제항만, 지하철의 수·배전 설비에서 사고가 발생하여 3시간 이상 전체 정전을 초래할 경우

ⓑ 전압 100[kV] 이상인 자가용 전기설비의 수·배전 설비에서 사고가 발생하여 30분 이상 정전을 초래한 경우

ⓢ 1,000세대 대상 아파트 단지의 수·배전 설비에서 사고가 발생하여 1시간 이상 정전을 초래한 경우

ⓞ 용량이 20[kW] 이상인 신재생에너지 설비가 자연재해나 설비고장으로 발전 또는 운전이 1시간 이상 중단된 경우

③ 전기화재사고

㉠ 사망자 1명 이상 발생하거나 부상자가 2명 이상 발생한 사고

㉡ 「소방기본법」 제29조에 따른 화재의 원인 및 피해 등의 측정 가액이 1억원 이상인 사고

㉢ 「보안업무규정」 제32조 제1항에 따른 귀중한 국가보안시설과 「건축법 시행령」 제2조 제17호 가목에 해당하는 다중이용 건축물에 그 원인이 전기로 추정되는 화재가 발생한 경우

(2) 통보방법

① 속보 : 전기안전종합시스템으로 통보하며, 다음 사항일 것

㉠ 통보자의 소속, 직위, 성명 및 연락처

㉡ 사고발생 일시

㉢ 사고발생 장소

㉣ 사고내용

㉤ 전기설비 현황(사용전압 및 용량)

㉥ 피해현황(인명 및 재산)

② 상보 : 서면으로 제출하는 상세한 통보로 사고 발생 후 15일 이내 전기안전종합시스템, 전자우편, 팩스 등을 이용하여 통보

019 전기안전관리자의 직무범위에 대하여 설명하시오.

data 전기안전기술사 22-128-1-1

답안 1. 개요

(1) 「전기안전관리법」 제22조에 의하여 전기사업자나 자가용 전기설비의 소유자 또는 점유자는 전기설비의 공사·유지 및 운용에 관한 전기안전관리업무를 수행하기 위하여 전기안전관리자를 선임하여야 한다.

(2) 그 직무는 동법 시행령 제30조에서 규정하고 있다.

2. 전기안전관리자의 직무

(1) 전기설비의 공사·유지 및 운용에 관한 업무 및 이에 종사하는 사람에 대한 안전교육

(2) 전기설비의 안전관리를 위한 확인·점검 및 이에 대한 업무의 감독

(3) 전기설비의 운전·조작 또는 이에 대한 업무의 감독

(4) 법 제24조 제3항에 따른 전기안전관리에 관한 기록의 작성·보존

(5) 공사계획의 인가신청 또는 신고에 필요한 서류의 검토

(6) 다음의 어느 하나에 해당하는 공사의 감리업무

① 비상용 예비발전설비의 설치·변경 공사로서 총공사비가 1억원 미만인 공사
② 전기수용설비의 증설 또는 변경 공사로서 총공사비가 5천만원 미만인 공사
③ 신에너지 및 재생에너지설비의 증설 또는 변경 공사로서 총공사비가 5천만원 미만인 공사

(7) 전기설비의 일상점검·정기점검·정밀점검의 절차, 방법 및 기준에 관한 안전관리규정의 작성

(8) 전기재해의 발생을 예방하거나 그 피해를 줄이기 위하여 필요한 응급조치

(9) 상기의 사항에 대한 전기안전관리자의 직무에 관한 세부적인 사항은 산업통상자원부장관이 정하여 고시한다.

020 다음 전기사고 발생 시 전기안전관리자의 대처요령에 대하여 설명하시오.
1. 정전사고
2. 감전사고
3. 전기설비사고

data 전기안전기술사 22-128-1-10

답안

1. 개요

「전기안전관리자의 직무에 관한 고시」 제20조에 의하여 전기안전관리자는 전기설비 사고발생 시 사고유형을 확인하고 현장으로 출동하여 사고별로 대처한다.

2. 사고의 비교

구분	사고규모
화재사고	① 인명피해 : 사망 1명 이상 / 부상 2명 이상 ② 재산피해 : 3억(추정가액) 이상 ③ 국가 주요 시설, 대규모 다중 이용시설(피해 정도와 무관)
감전사고	사망 1명 이상 / 부상 1명 이상
설비사고	1,000세대 이상 아파트 단지의 1시간 이상 정전

3. 정전사고의 대처요령

(1) 정전이 확인되면 곧바로 비상용 예비전원이 공급되는지 확인한다.

(2) 전기설비의 이상 유무를 확인한다.

(3) 전기설비점검 등을 통한 전기공급 재개에 대비한다.

4. 감전사고의 대처요령

(1) 전원을 차단하고 피재자를 위험지역에서 대피시킨다.

(2) 피재자의 의식 · 호흡 · 맥박 · 출혈상태 등을 확인한다.

(3) 피재자의 기도를 확보하고, 인공호흡 · 심장마사지 등 응급조치를 실시한다.

5. 전기설비사고의 대처요령

(1) 사고내용 청취 및 사고설비에 대해 육안점검을 실시하여 차단기를 개방한다.

(2) 검전기를 이용하여 전기설비의 정전상태를 확인한다.

(3) 사고가 발생한 설비를 중심으로 안전구역을 지정하고 표지판을 설치하여, 관계자 외 일반인의 출입을 통제한다.

(4) 이후 각 전기설비별 사고처리를 실시한다.

6. 전기사고의 기타 대처요령

(1) 전기설비사고에 관련된 모든 참고사항을 조사하고 사고상태를 그대로 유지하여, 사고조사가 완전하고 정확을 기할 수 있도록 하여야 한다.

(2) 필요시에는 한국전기안전공사 또는 한전에 연락하여 조언을 받는다.

(3) 중대한 사고와 전기사고가 발생한 경우 한국전기안전공사에 알려야 한다.

021 「전기안전관리법」 제13조 여러 사람이 이용하는 시설 등에 대한 전기안전점검의 적용범위 및 점검대상을 설명하시오.

data 전기안전기술사 22-128-1-2

답안 1. 개념

시설을 운영하려거나 그 시설을 증축 또는 개축하려는 자는 그 시설을 운영하기 위하여 법령에서 규정된 허가신청 · 등록신청 · 인가신청 · 신고 또는 건축법에 따른 건축물의 사용승인신청을 하기 전에 그 시설에 설치된 전기설비에 대하여 산업통상자원부령으로 정하는 바에 따라 안전공사로부터 안전점검을 받아야 한다.

2. 여러 사람이 이용하는 시설의 적용범위 및 점검대상(「전기안전관리법」 제13조)

(1) 「청소년활동 진흥법」에 따른 청소년수련시설

(2) 「영화 및 비디오물의 진흥에 관한 법률」에 따른 비디오물 시청제공업 시설

(3) 「게임산업진흥에 관한 법률」에 따른 게임제공업 시설 · 인터넷 컴퓨터 게임시설제공업 시설

(4) 「음악산업진흥에 관한 법률」에 따른 노래연습장업 시설

(5) 「사격 및 사격장 안전관리에 관한 법률」에 따른 사격장 중 대통령령으로 정하는 권총사격장

(6) 「체육시설의 설치 · 이용에 관한 법률」에 따른 체육시설 중 대통령령으로 정하는 골프 연습장

(7) 「의료법」에 따른 안마시술소 또는 안마원

(8) 「식품위생법」에 따른 식품접객업 중 대통령령으로 정하는 단란주점 영업 및 유흥주점 영업의 시설

(9) 「영유아보육법」에 따른 어린이집

(10) 「유아교육법」에 따른 유치원

(11) 그 밖에 전기설비에 대한 안전점검이 필요하다고 인정하는 시설로서, 대통령령으로 정하는 시설

(12) 「문화재보호법」에 따른 지정문화재 및 그 보호구역의 시설에 대하여 같은 법 제35조 제1항 제1 · 2호에 따른 현상변경(같은 법 제74조에 따라 준용되는 경우를 포함)을 하려는 자는 그 현상변경이 끝난 후 '1.'의 산업통상자원부령으로 정하는 바에 따라 안전공사로부터 안전점검을 받아야 한다.

3. 기록 · 보존

안전공사는 제1항과 제2항에 따라 안전점검에 관한 업무를 수행하는 경우 산업통상자원부령으로 정하는 사항을 기록 · 보존하여야 한다.

022 유해·위험 방지계획서 제출대상설비에 대하여 다음 사항을 설명하시오.
1. 사업의 종류 및 규모에 해당하는 사업
2. 기계·기구 및 설비
3. 크기·높이 등에 해당하는 건설공사

data 전기안전기술사 22-128-2-6

comment 이 문제는 철탑현장에서 매우 중요하게 취급되는 사항이다.

답안 **1. 사업의 종류 및 규모에 해당하는 사업 :** 계약용량 300[kW] 이상

(1) 금속가공제품 제조업(기계 및 가구 제외)

(2) 비금속 광물제품 제조업

(3) 기타 기계 및 장비 제조업

(4) 자동차 및 트레일러 제조업

(5) 식료품 제조업

(6) 고무제품 및 플라스틱제품 제조업

(7) 목재 및 나무제품 제조업

(8) 기타 제품 제조업

(9) 1차 금속 제조업

(10) 가구 제조업

(11) 화학물질 및 화학제품 제조업

(12) 반도체 제조업

(13) 전자부품 제조업

2. 기계 · 기구 및 설비

(1) 금속이나 그 밖의 광물의 용해로

(2) 화학설비

(3) 건조설비

(4) 가스집합 용접장치

(5) 근로자의 건강에 상당한 장해를 일으킬 우려가 있는 물질로서, 고용노동부령으로 정하는 물질의 밀폐 · 환기 · 배기를 위한 설비

3. 크기 높이 등에 해당하는 건설공사

(1) 다음의 어느 하나에 해당하는 건축물 또는 시설 등의 건설 · 개조 또는 해체

① 지상높이가 31[m] 이상인 건축물 또는 인공구조물

② 연면적 30,000[m^2] 이상인 건축물

③ 연면적 5,000[m^2] 이상인 시설로서 다음의 어느 하나에 해당하는 시설

㉠ 문화 및 집회시설(전시장 및 동물원 · 식물원은 제외)

㉡ 판매시설, 운수시설(고속철도의 역사 및 집배송시설은 제외)

㉢ 종교시설

㉣ 의료시설 중 종합병원

㉤ 숙박시설 중 관광숙박시설

㉥ 지하도 상가

㉦ 냉동 · 냉장 창고시설

(2) 연면적 5,000[m^2] 이상인 냉동 · 냉장 창고시설의 설비공사 및 단열공사

(3) 최대 지간(支間)길이(다리의 기둥과 기둥의 중심 사이의 거리)가 50[m] 이상인 다리의 건설 등 공사

(4) 터널의 건설 등 공사

(5) 다목적 댐, 발전용 댐, 저수용량 20,000,000[t] 이상의 용수전용 댐 및 지방상수도 전용 댐의 건설 등 공사

(6) 깊이 10[m] 이상인 굴착공사

023 중대재해 처벌 등에 관한 법률의 목적과 중대재해에 대하여 설명하시오.

data 전기안전기술사 23-129-1-12

답안 1. 개요

(1) 중대재해는 산업재해 중 재해 정도가 심하거나 다수의 재해자가 발생한 경우를 말한다.

(2) 관련 규정

「중대재해 처벌 등에 관한 법률」 제1 · 2조

2. 중대재해 처벌 등에 관한 법률의 목적

(1) 사업 또는 사업장, 공중이용시설 및 공중교통수단을 운영하거나 인체에 해로운 원료나 제조물을 취급하면서 안전 · 보건 조치 의무를 위반하여, 인명피해를 발생하게 한 사업주, 경영책임자, 공무원 및 법인의 처벌 등을 규정한다.

(2) 중대재해를 예방하고 시민과 종사자의 생명과 신체를 보호함을 목적으로 한다.

(3) 인명피해를 발생하게 한 사업주, 경영책임자, 공무원 및 법인의 처벌 등을 규정한다.

(4) 중대재해를 예방하고 시민과 종사자의 생명과 신체를 보호함을 목적으로 한다.

3. 중대재해

(1) 중대산업재해와 중대시민재해로 구분한다.

(2) 중대산업재해

상시 근로자 5인 미만인 사업 또는 사업장의 사업주 또는 경영책임자 제외

(3) 중대시민재해

특정 원료 또는 제조물, 공중이용시설 또는 공중교통수단의 설계, 제조, 설치, 관리상의 결함을 원인으로 하여 발생하는 재해

(4) 구분

중대산업재해	중대시민재해
사망자 1명 이상 발생	사망자 1명 이상 발생
동일한 사고로 6개월 이상 치료가 필요한 부상자가 2명 이상 발생	동일한 사고로 2개월 이상 치료가 필요한 부상자가 10명 이상 발생
동일한 유해요인으로 급성중독 등 직업성 질병자가 1년에 3명 이상 발생	동일한 원인으로 3개월 이상 치료가 필요한 질병자가 10명 이상 발생

reference

「전기안전관리법 시행규칙」에서의 중대한 사고의 종류 및 통보방법

comment 전기안전기술사 22-126-2-6

(1) 개요

전기사업자 및 자가용 전기설비의 소유자 또는 점유자는 그가 운용하는 전기설비로 인하여 산업통상자원부령으로 정하는 중대한 사고가 발생한 경우에는 사고 사실을 통보한다.

(2) 중대한 사고의 종류

① 중대한 사고(「전기안전관리법」 제40조 제1항)

㉠ 전기화재사고
- 사망자가 1명 이상 발생하거나 부상자가 2명 이상 발생한 사고
- 화재의 원인 및 피해 등의 추정 가액이 1억원 이상인 사고
- 국가보안시설, 다중이용 건축물에 그 원인이 전기로 추정되는 화재가 발생한 경우

㉡ 감전사고 : 사망자 1명 이상 또는 부상자 1명 이상 발생한 경우

㉢ 전기설비사고
- 공급지장전력이 3만[kW] 이상 10만[kW] 미만의 송 · 변전 설비 고장으로 공급지장 시간이 1시간 이상인 경우
- 공급지장전력이 10만[kW] 이상의 송 · 변전 설비 고장으로 공급지장 시간이 30분 이상인 경우
- 전압 10만[V] 이상의 송전선로(「전기사업법 시행규칙」 제2조 제3호에 따른 송전선로)
- 출력 30만[kW] 이상의 발전소 고장으로 5일 이상의 발전지장을 초래한 경우
- 국가 주요 설비인 상 · 하수도 시설, 배수갑문, 다목적댐, 공항, 국제항만, 지하철의 수 · 배전 설비에서 사고가 발생하여 3시간 이상 전체 정전을 초래할 경우
- 전압 10만[V] 이상인 자가용 전기설비의 수 · 배전 설비에서 사고가 발생하여 30분 이상 정전을 초래한 경우
- 1,000세대 이상 아파트 단지의 수 · 배전 설비에서 사고가 발생하여 1시간 이상 정전을 초래한 경우
- 용량이 20[kW] 이상인 신재생에너지 설비가 자연재해나 설비 고장으로 발전 또는 운전이 1시간 이상 중단된 경우

② 전력계통의 운영과 관련하여 발생하는 중대한 사고

(3) 중대한 사고의 통보방법

① 사고 발생 후 24시간 이내 : 전기안전종합시스템으로 통보

㉠ 통보자의 소속, 직위, 성명 및 연락처

㉡ 사고 발생 일시

ⓒ 사고 발생 장소

ⓔ 사고 내용

ⓜ 전기설비 현황(사용 전압 및 용량)

ⓑ 피해 현황(인명 및 재산)

② 사고 발생 후 15일 이내 : 전기안전종합시스템, 전자우편, 팩스 등을 이용하여 통보

(4) 「산업안전보건법 시행규칙」에 따른 중대재해

① 사망자가 1명 이상 발생한 재해

② 3개월 이상의 요양이 필요한 부상자가 동시에 2명 이상 발생한 재해

③ 부상자 또는 직업성 질병자가 동시에 10명 이상 발생한 재해

024 연구실 안전환경 조성에 관한 법률 시행규칙에서 정의하는 중대연구실 사고에 대하여 설명하시오.

data 전기안전기술사 22-128-1-11

답안

1. 연구실 사고와 중대연구실 사고의 구분

(1) 연구실 사고는 연구실에서 연구활동과 관련하여 연구활동 종사자가 부상·질병·신체장해·사망 등 생명 및 신체상의 손해를 입거나 연구실의 시설·장비 등이 훼손되는 것이다.

(2) 중대연구실 사고는 연구실 사고 중 손해 또는 훼손 정도가 심한 사고로서, 사망사고 등 과학기술정보통신부령으로 정하는 사고를 말한다.

2. 중대연구실 사고의 정의

(1) 사망자 또는 과학기술정보통신부장관이 정하여 고시하는 후유장해 중 1급부터 9급까지에 해당하는 부상자가 1명 이상 발생한 사고

(2) 3개월 이상의 요양이 필요한 부상자가 동시에 2명 이상 발생한 사고

(3) 3일 이상의 입원이 필요한 부상을 입거나 질병에 걸린 사람이 동시에 5명 이상 발생한 사고

(4) 연구실의 중대한 결함으로 인한 사고(연구실 안전법 시행령 제13조)

3. 연구실 사고의 보고 및 공표

(1) 연구주체의 장은 연구실 사고가 발생한 경우에는 과학기술정보통신부령으로 정하는 절차 및 방법에 따라 보고하고 이를 공표하여야 한다.

(2) 공표 및 보고 내용

① 사고발생 개요 및 피해상황

② 사고조치 내용, 사고확산 가능성 및 향후 조치·대응 계획

③ 그 밖에 사고 내용·원인 파악 및 대응을 위해 필요한 사항

(3) 공표 대상 사고규모 및 보고시기

① **사고규모** : 연구활동 종사자가 의료기관에서 3일 이상의 치료가 필요한 생명 및 신체상의 손해를 입은 경우

② **보고시기** : 사고가 발생한 날부터 1개월 이내에 조사표를 작성하고 보고하여야 한다.

(4) 보고한 연구실 사고의 발생현황을 대학·연구기관 또는 연구실의 인터넷 홈페이지나 게시판에 공표하여야 한다.

025 「전기안전관리법」 제24조에서 전기안전관리자의 성실의무와 「전기사업법 시행규칙」 제44조에서 전기안전관리자의 직무범위에 대하여 설명하시오.

data 전기안전기술사 19-119-1-3

답안 1. 전기안전관리자의 성실의무 등

(1) 전기안전관리자는 「전기안전관리법」 제22조 제6항에 따른 직무를 성실히 수행할 것

(2) 전기사업자 및 자가용 전기설비의 소유자 또는 점유자와 그 종업원은 전기안전관리자의 안전관리에 관한 의견에 따를 것

(3) 전기안전관리자는 산업통상자원부령으로 정하는 바에 따라 전기설비의 안전관리에 관한 기록을 작성·보존할 것

2. 전기안전관리자의 자격 및 직무

(1) 법에 따른 전기안전관리자의 세부 기술자격은 「전기안전관리법 시행규칙」 [별표 8]과 같다.

(2) 법에 따라 선임된 전기안전관리자의 직무범위는 다음과 같다(「전기안전관리법 시행규칙」 제30조).

① 전기설비의 공사·유지 및 운용에 관한 업무 및 이에 종사하는 사람에 대한 안전교육

② 전기설비의 안전관리를 위한 확인·점검 및 이에 대한 업무의 감독

③ 전기설비의 운전·조작 또는 이에 대한 업무의 감독

④ 법에 따른 전기설비의 안전관리에 관한 기록의 작성·보존 및 비치

⑤ 공사계획의 인가신청 또는 신고에 필요한 서류의 검토

⑥ 다음의 어느 하나에 해당하는 공사의 감리업무

㉠ 비상용 예비발전설비의 설치·변경 공사로서, 총공사비가 1억원 미만인 공사

㉡ 전기수용설비의 증설 또는 변경 공사로서 총공사비가 5천만원 미만인 공사

⑦ 전기설비의 일상점검·정기점검·정밀점검의 절차·방법 및 기준에 대한 안전관리규정의 작성

⑧ 전기재해의 발생을 예방하거나 그 피해를 줄이기 위하여 필요한 응급조치

reference

등록의 결격사유 및 취소 등(「전기안전관리법」 제27조)

comment 출제자들이 법에 관한 문제는 다음 출제에 반복되지 않도록 표시하므로 이 내용이 이번에 출제되지 않았으면 향후에 출제할 가능성이 있다.

① 다음 각 호의 어느 하나에 해당하는 자는 제26조 제1항에 따른 등록을 할 수 없다.

1. 피성년후견인
2. 파산선고를 받고 복권되지 아니한 자
3. 이 법을 위반하여 징역 이상의 실형을 선고받고 그 집행이 종료(집행이 종료된 것으로 보는 경우를 포함)되거나 집행이 면제된 날부터 2년이 지나지 아니한 자
4. 이 법을 위반하여 징역 이상의 형의 집행유예를 선고받고 그 유예기간 중에 있는 자
5. 제2항에 따라 등록이 취소(제1호 또는 제2호의 결격사유에 해당하여 등록이 취소된 경우는 제외)된 날부터 2년이 지나지 아니한 자(법인인 경우 그 등록취소의 원인이 된 행위를 한 자와 대표자를 포함)
6. 대표자가 제1호부터 제5호까지의 어느 하나에 해당하는 법인

② 산업통상자원부장관 또는 시ㆍ도지사는 제26조 제1항에 따라 전기안전관리업무를 전문으로 하는 자 또는 전기안전관리 대행사업자로 각각 등록한 자가 다음 각 호의 어느 하나에 해당하는 경우에는 그 등록을 취소하거나 산업통상자원부령으로 정하는 바에 따라 6개월 이내의 기간을 정하여 업무의 전부 또는 일부의 정지를 명할 수 있다. 다만, 제1호에 해당하는 경우에는 그 등록을 취소하여야 한다.

1. 거짓이나 그 밖의 부정한 방법으로 등록한 경우
2. 제22조 제2ㆍ3항에 따른 대통령령으로 정하는 요건에 미달한 날부터 1개월이 지난 경우
3. 제22조 제6항에 따라 발급받은 등록증을 다른 사람에게 빌려 준 경우
4. 제22조 제3항에 따른 전기안전관리 대행업무의 범위 및 업무량을 넘거나 최소 점검 횟수에 미달한 경우
5. 제1항 각 호의 어느 하나에 해당하게 된 경우(제1항 제6호에 해당하게 된 법인이 그 대표자를 6개월 이내에 결격사유가 없는 다른 대표자로 바꾸어 임명하는 경우는 제외)

026 전기안전관리 체크리스트의 진단 주요 항목을 6항목으로 나열하여 설명하시오.

data 전기안전기술사 22-128-3-5

답안 1. 개요

전기안전관리자는 전기안전관리 직무고시에 따라 전기설비를 안전하게 관리하도록 일상점검, 정기점검, 정밀점검을 월차, 분기, 반기, 연차 점검 등으로 나누어 절연저항, 누설전류, 접지저항, 절연내력, 적외선 열화상 진단, 전력품질을 진단하여야 한다.

2. 절연저항 측정

(1) 단자를 모선에서 분리하고 각 권선의 대지 간 및 권선 간의 절연저항을 측정한다.

(2) 주절연의 파괴 여부, 접지와 권선 간의 혼촉에 따른 절연저항값을 측정한다.

(3) 측정기준

전로전압	DC 시험전압	절연저항
SELV, PELV	250[V]	0.5[MΩ] 이상
FELV, 500[V] 이하	500[V]	1.0[MΩ] 이상
500[V] 초과	1,000[V]	1.0[MΩ] 이상

3. 누설전류 측정

(1) 누설전류는 화재 및 인명의 손상이 발생하므로 기준값 이내로 제한하여 관리하여야 한다.

(2) 누설전류계를 활선상태의 케이블 및 전선에 적용하여 측정을 실시한다.

(3) 유도전류, 충전전류에 따라 오차범위가 확대되므로 측정 시 유의하여야 한다.

(4) 저항성 누설전류는 1[mA] 이상 시 선로점검이 필요하다.

4. 접지저항 측정

(1) 접지단자함의 접지극, 시험단자극을 확인하여 접지저항계를 준비한다.

(2) 접지저항 측정계의 접지단자(E), 시험단자 전위 보조극(P), 전류 보조극(C)을 연결한다.

(3) 전압을 인가하여 접지저항값을 측정한다.

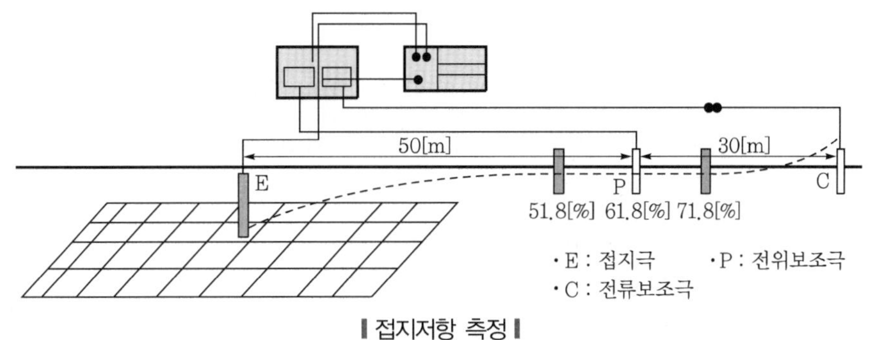

▌접지저항 측정▐

5. 절연내력의 측정

(1) 연속하여 10분간 시험전압을 가하여 절연이 파괴되지 않고 견디는 것을 확인한다.

(2) 전기 관련 사고 시 이상전압이 전로에 인가될 때 기기의 절연이 파괴되지 않는 절연강도를 확인한다.

(3) 직류 저압측 전로의 절연내력 시험전압

$$E = V \times \frac{1}{\sqrt{2}} \times 0.5 \times 1.2[\mathrm{kV}]$$

6. 전력품질분석

(1) 전류 불평형의 판단

① 30[%] 이하 : 적합

② 30[%] 초과 : 요주의

(2) 고조파 함유율 확인

① 특정차수의 고조파 포함 정도를 확인한다.

② 공식 : $\frac{V_n}{V_1} \times 100[\%]$

(3) 고조파 왜형률(THD)

① 고조파로 인한 기본파의 찌그러짐 정도를 나타낸다.

② 공식

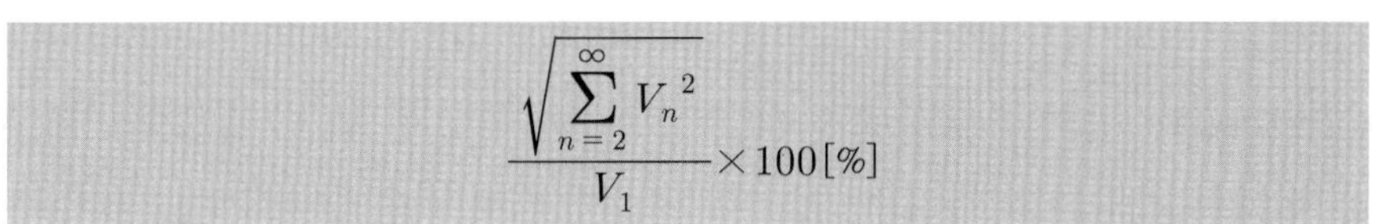

$$\frac{\sqrt{\sum_{n=2}^{\infty} {V_n}^2}}{V_1} \times 100[\%]$$

7. 적외선 열화상 진단

(1) 적외선 열화상 진단장비를 활용하여 활선상태의 전기설비를 비접촉으로 진단한다.

(2) 3상 온도차 비교법으로 이상 유무를 확인하는 것이 일반적이다.

① 5[℃] 이하 : 정상

② 5[℃] 초과 10[℃] 미만 : 주의 필요

③ 10[℃] 이상 : 이상

section 05 재해예방

027 전기설비기술기준에서 규정하는 안전원칙에 대하여 설명하시오.

data 전기안전기술사 20-120-1-2

답안 1. 목적

(1) 공중위생 추구

(2) 안전 추구

(3) 환경보호 추구

(4) 소비자보호 추구

(5) 국방 등 공공의 이익 추구

이 고시는「전기사업법」제67조 및 같은 법 시행령 제43조에 따라 발전 · 송전 · 변전 · 배전 또는 전기사용을 위하여 시설하는 기계 · 기구 · 댐 · 수로 · 저수지 · 전선로 · 보안통신선로, 그 밖의 시설물의 안전에 필요한 성능과 기술적 요건을 규정함을 목적으로 한다.

2. 안전원칙 3요소

(1) 전기설비는 감전, 화재, 그 밖에 사람에게 위해(危害)를 주거나 물건에 손상을 줄 우려가 없도록 시설할 것

(2) 전기설비는 사용목적에 적절하고 안전하게 작동하여야 하며, 그 손상으로 인하여 전기공급에 지장을 주지 않도록 시설할 것

(3) 전기설비는 다른 전기설비, 그 밖의 물건의 기능에 전기적 또는 자기적인 장해를 주지 않도록 시설할 것

028 전기안전 사고예방을 위한 재해예방 4원칙에 대하여 설명하시오.

data 전기안전기술사 19-117-1-1

답안 1. 개요

재해방지의 원칙에는 하인리히의 재해방지 5단계가 있고, 재해방지 4원칙이 있다.

2. 재해예방의 4원칙

(1) 손실우연의 원칙

① 재해손실은 사고발생 시 대상조건에 따라 달라지므로, 사고의 결과로서 생긴 재해손실은 우연에 의해 결정된다.

② 재해방지의 대상은 우연에 의해 좌우되는 재해손실 방지보다는 사고발생 자체의 방지에 힘써야 한다.

(2) 원인계기의 원칙

① 재해발생은 반드시 원인이 있다.

② 사고와 손실과의 관계는 우연적이지만, 원인관계는 필연적인 계기가 있다.

(3) 예방가능의 원칙

재해는 원칙적으로 근원적인 원인만 제거하면 예방이 가능하다.

(4) 대책선정의 원칙

① 재해예방의 가능한 대책은 반드시 일반적인 재해예방 대책 중에서 선정한다.

② 재해방지를 위한 안전대책으로는 다음의 3E 대책을 통용한다.

㉠ Education적 대책(교육적 대책) : 안전교육 및 훈련의 실시

㉡ Engineering적 대책(공학적 대책) : 안전설계, 작업행정의 개선, 안전기준의 설정, 환경설비의 개선, 점검보존의 확립 등을 시행

㉢ Enforcement적 대책(규제적 대책, 관리적 대책) : 관리적 대책은 엄격한 규칙에 의해 제도적으로 시행되어야 하므로 다음의 조건이 충족되어야 한다.

- 적합한 기준선정
- 규정 및 수칙의 준수
- 전 종업원의 기준이해
- 경영자 및 관리자의 솔선수범
- 부단한 동기부여와 사기향상

029 한국전기설비규정(KEC)의 전기설비안전을 위한 보호방법 5가지 이상을 설명하시오.

data 전기안전기술사 22-126-1-2

답안 1. 개요

한국전기설비규정에서 규정한 안전을 위한 보호의 목적은 전기설비를 적절히 사용할 때 발생할 수 있는 위험과 장애로부터 인축 및 재산을 안전하게 보호하고 이때 가축의 안전을 제공하기 위한 요구사항은 가축을 사육하는 장소에 적용한다.

2. 전기설비안전을 위한 보호방법

(1) 감전에 대한 보호

① 기본보호 : 충전부에 인축이 직접 접촉하여 일어날 수 있는 위험으로부터 보호될 것

㉠ 인축의 몸을 통해 전류가 흐르는 것을 방지

㉡ 인축의 몸에 흐르는 전류를 위험하지 않은 값 이하로 제한

② 고장보호 : 기본절연의 고장에 의한 간접접촉을 방지하는 것

㉠ 노출도전부는 인축이 접촉하여 일어날 수 있는 위험으로부터 보호될 것

㉡ 인축의 몸을 통해 고장전류가 흐르는 것을 방지

㉢ 인축의 몸에 흐르는 고장전류를 위험하지 않은 값 이하로 제한

㉣ 인축의 몸에 흐르는 고장전류의 지속시간을 위험하지 않은 시간까지로 제한

(2) 열 영향에 의한 보호

① 고온 또는 전기 아크로 인해 가연물이 발화 또는 손상되지 않게 전기설비를 설치할 것

② 정상적으로 전기기기가 작동할 때 인축이 화상을 입지 않을 것

(3) 과전류에 대한 보호

① 도체에서 발생할 수 있는 과전류에 의한 과열 또는 전기·기계적 응력에 의한 위험으로부터 인축의 상해를 방지하고 재산을 보호할 것

② 과전류가 흐르는 것을 방지 또는 과전류의 지속시간을 위험하지 않은 시간까지로 제한

(4) 고장전류에 대한 보호

① 고장전류가 흐르는 도체 및 다른 부분은 고장전류로 인해 허용온도 상승한계에 도달하지 않게 할 것

② 도체를 포함한 전기설비는 인축의 상해 또는 재산의 손실을 방지하기 위하여 보호장치가 구비될 것

(5) 과전압 및 전자기 장애에 대한 대책

① 회로의 충전부 사이의 결함으로 발생한 전압에 의한 고장으로 인한 인축의 상해가 없도록 보호하여야 하며, 유해한 영향으로부터 재산을 보호할 것

② 저전압과 뒤이은 전압 회복의 영향으로 발생하는 상해로부터 인축을 보호하여야 하며, 손상에 대해 재산을 보호할 것

③ 설비는 규정된 환경에서 그 기능을 제대로 수행하기 위해 전자기 장애로부터 적절한 수준의 내성을 가질 것

④ 설비를 설계할 때는 설비 또는 설치 기기에서 발생되는 전자기 방사량이 설비 내의 전기사용기기와 상호 연결기기들이 함께 사용되는 데 적합한지를 고려할 것

(6) 전원공급 중단에 대한 보호

전원공급 중단으로 인해 위험과 피해가 예상되면, 설비 또는 설치 기기에 적절한 보호장치를 구비한다.

comment 산업안전지도사에 출제될 경우 간단히 '2.'의 '(1)' ~ '(6)' 제목만 작성하면 된다.

section 06 산업심리 관련(인간공학 등)

030 인간의 특성과 안전의 관계에서 산업안전심리의 5대 요소에 대하여 설명하시오.

data 전기안전기술사 20-120-1-1

답안 1. 개요

comment 개요를 요약하여 4줄 정도로 작성하도록 한다.

(1) 산업안전심리학은 산업현장에서 재해와 관련된 인간의 행동에 관심을 갖고 안전과 관련된 상태와 행동을 심리학 관점으로 해석한 학문이다.

(2) 사고 중 많은 부분이 사람의 생각과 행동에 의해 발생되기 때문에 재해예방을 위해서는 부적절한 의사결정 및 행동과 같은 여러 분야에 대한 연구가 필수적이라고 할 수 있다.

(3) 산업안전심리학 연구 초기에는 사고경향성이 있는 사람들이 주로 사고를 일으킨다고 생각하였다. 따라서, 산업재해를 일으키기 쉬운 성격이나 특징을 가진 사람을 구별해 내고 이들을 해당 작업에서 제외시켜 재해를 예방하려는 시도가 있었다.

(4) 연구가 거듭되면서 그러한 특성들이 사고와 유의하게 관련되지 않는다는 결과들이 많이 발표되었고 사고발생과 관련이 깊은 다른 요인들이 밝혀지게 되었다.

2. 「산업안전보건법」의 안전심리학 접근 근거

comment 내용을 요약하여 5줄 이내로 작성하도록 한다.

(1) 사업주 등의 의무(법 제5조)

① 사업주는 이 법과 이 법에 의한 명령에서 정하는 산업재해예방을 위한 기준을 준수하며, 당해 사업장의 안전, 보건에 관한 정보를 근로자에게 제공하고, 근로조건의 개선을 통하여 적절한 작업환경을 조성함으로써 근로자의 신체적 피로와 정신적 스트레스 등으로 인한 건강장해를 예방하고, 근로자의 생명보전과 안전 및 보건을 유지, 증진하도록 하여야 하며, 국가에서 시행하는 산업재해 예방시책에 따라야 한다.

② 다음의 어느 하나에 해당하는 자는 발주 · 설계 · 제조 · 수입 또는 건설을 할 때 이 법과 이 법에 따른 명령으로 정하는 기준을 지켜야 하고, 발주 · 설계 · 제조 · 수입 또는 건설에 사용되는 물건으로 인하여 발생하는 산업재해를 방지하기 위하여 필요한 조치를 하여야 한다.

㉠ 기계 · 기구와 그 밖의 설비를 설계 · 제조 또는 수입하는 자

㉡ 원재료 등을 제조 · 수입하는 자

㉢ 건설물을 발주 · 설계 · 건설하는 자

(2) 근로자의 의무(법 제6조)

근로자는 이 법과 이 법에 의한 명령에서 정하는 산업재해예방을 위한 기준을 준수하여야 하며, 사업주, 기타 관련 단체에서 실시하는 산업재해의 방지에 관한 조치에 따라야 한다.

3. 안전심리 5대 요소

(1) 동기(motive) : 사람의 마음을 움직이는 원동력

(2) 기질(temper) : 인간의 성격, 능력 등 개인 특성

(3) 감정(emotion) : 사고를 일으키는 정신적 동기

(4) 습성(habits) : 인간행동에 영향을 미칠 수 있는 것

(5) 습관(custom) : 성장과정에서 자신도 모르게 습관화됨

031 산업안전심리의 5대 요소에 대하여 설명하시오.

data 전기안전기술사 20-122-1-6

답안 산업안전심리 5대 요소

(1) 동기(motive) : 사람의 마음을 움직이는 원동력

(2) 기질(temper) : 인간의 성격, 능력 등 개인 특성

(3) 감정(emotion) : 사고를 일으키는 정신적 동기

(4) 습성(habits) : 인간행동에 영향을 미칠 수 있는 것

(5) 습관(custom) : 성장과정에서 자신도 모르게 습관화됨

032 브레인 스토밍(brain storming)에 대하여 설명하시오.

data 전기안전기술사 18-116-1-6

답안

1. 정의

Brain storming이란 잠재의식을 일깨워 자유로이 아이디어를 개발하는 목적으로 하는 토의식 아이디어 개발기법이다.

2. 전제조건

(1) 부정적인 태도를 바꾸고 자유를 허용하여 발전적인 창의성을 개발할 수 있다.

(2) 비창의적인 사회문화적 풍토가 창의적 개발을 저해시킨다.

(3) 정도의 차이가 있으나 창의력은 누구에게나 있다.

3. Brain storming 실행 4원칙

(1) **자유분방** : 마음껏 자유롭게 발언한다.

(2) **대량발언** : 무엇이든 좋으니 많이 발언한다.

(3) **수정발언** : 타인의 생각에 동참하거나 보충발언을 해도 좋다.

(4) **비판금지** : 장단점을 비판하지 않는다.

033 산업현장에서 산업재해의 원인이 될 수 있는 작업스트레스에 대하여 설명하시오.

data 전기안전기술사 19-117-4-3

답안

1. 정의

작업스트레스란 작업에 의해 생체에 외상(外傷), 중독, 한랭(寒冷), 전염병 따위의 정신·육체적인 것이 가해졌을 때 그 생체가 나타내는 반응이다.

2. 스트레스 유형

(1) 바람직하지 않은 스트레스(distress)

사람에게 불편함이나 해로움을 주는 스트레스로, 어떤 사건을 예측하지 못하거나 조절할 수 없는 경우로 디스트레스로 인하여 정신·물리적 기능을 방해받을 수 있고 결과적으로 질병이나 무력감을 유발시킬 수 있다.

(2) 바람직한 스트레스(eusterss)

도움이나 행복감을 주는 바람직한 또는 원하는 스트레스로, 사전에 이미 계획된 것이거나 한 개인의 생활에 잘 적응된 변화로 삶에 의미를 더하고, 복잡한 문제에 대한 긍정적인 해결책을 발견하게 하여 질병 등을 유발시키지 않는다.

3. 작업관련 스트레스의 원인

(1) 직무부담

(2) 부서 간 갈등

(3) 기술활용도 및 타인에 대한 책임

(4) 업무속도와 순서 등에 대한 통제력

(5) 의사결정에 대한 영향력과 작업도구에 대한 통제력

(6) 동료와 상사와 직장 밖에서 어울리는 정도

(7) 휴식시간과 업무량 감소 정도

(8) 역할 갈등

4. 스트레스의 일반적인 영향

(1) 신체적 증상

두통, 요통, 소화불량, 뒷목이나 어깨가 뻣뻣함, 복통, 심계항진, 손에 땀이 자주 남, 안절부절못하는 느낌, 수면장애, 피곤, 어지러움, 이명

(2) 행동의 증상

과도한 흡연, 밤에 자면서 이갈기, 명령조의 태도, 과도한 음주, 강박적인 음식섭취, 다른 사람을 비난하는 태도, 일이 손에 잡히지 않음

(3) 정서적 증상

눈물이 남, 긴장과 불안으로 인한 압박감, 일이 지겹고 의미를 잃음, 분노, 신경이 날카롭고 쉽게 화를 냄, 외로움, 무기력감, 이유 없이 기분이 가라앉음, 속상할 때가 자주 있음

(4) 인지적 증상

선명하게 생각하기 힘듦, 우유부단, 창의력 상실, 현실을 벗어나고 싶은 생각, 기억력 감퇴, 지속적인 근심, 집중력 감퇴, 유머감각 상실

(5) 영적인 증상

공허함, 무의미, 의심, 용서하기 힘듦, 고뇌, 신비경험을 추구, 방향감 상실, 냉소, 무감동, 자신을 내세움

(6) 대인관계의 증상

소외감, 관용을 베풀기 힘듦, 원한, 외로움, 비난을 퍼부음, 숨고 싶음, 말수가 줄어듦, 성욕 저하, 잔소리, 불신, 친밀감 결여, 사람을 이용함, 친구 만나기를 꺼려함

5. 작업스트레스와 건강의 영향

(1) 심혈관계 질환 발생 우려

▌심혈관질환의 직업적 위험요인▐

구분	유해인자
화학적 요인	이황화탄소, 염화탄화수소, 일산화탄소, 메틸렌클로라이드, 니트로글리세린
물리적 요인	소음, 서열고온작업, 한랭작업
사회심리적 요인	급작스러운 정신적 스트레스, 만성적 정신적 스트레스(업무량, 업무자율성, 노력보상 적절성 등)
육체적 요인	급작스러운 육체활동, 만성적 과도한 육체활동, 장시간 노동
작업관리적 요인	교대근무, 야간근무, 불규칙적인 근무
복합적 요인	운전업무

(2) 근골격계 질환 발생 우려

(3) 피로로 인한 영향 발생

① 신체적 증상(생리적 현상)

㉠ 작업에 대한 몸자세가 흐트러지고 지치게 된다.

㉡ 작업에 대한 무감각, 무표정, 경련 등이 발생한다.

㉢ 작업효과나 작업량이 감퇴 및 저하된다.

② 정신적 증상(심리적 현상)

㉠ 주의력이 감소 또는 경감된다.

㉡ 불쾌감이 증가한다.

㉢ 긴장감이 해지 또는 해소된다.

㉣ 권태, 태만해지고 관심 및 흥미감이 상실된다.

㉤ 졸음, 두통, 싫증, 짜증이 일어난다.

(4) 직무스트레스에 의한 심리적 반응 발생

조직적 수준	개인적 수준
• 높은 결근율 • 높은 이직률 • 낮은 수행성과 생산성 • 비효과적이거나 모순적인 경영 방식 • 불만족스러운 노사관계 • 불량한 안전기록 • 보험청구와 책임요율 증가 • 소비자 불만족 증가 • 조기 퇴직과 질병 퇴직 증가	• 일련의 비특이적 신체증상들이 나타남(두통, 위장장애, 피로감, 어지럼증, 어깨결림) • 일련의 정신적 증상들[압박감, 불안, 우울, 집중력 장애, 화를 잘 냄, 수면장애(불면, 자고 나도 개운치 않음)] • 동기화 및 직무만족 수준이 낮음, 사기 저하 • 헌신감이나 충성심을 느끼지 못함 • 시간 지키기를 잘 못함 • 질병이나 사고에서 회복 및 작업복귀 지연 • 시간 때우기 • 알코올/약물 남용 문제 • 부부간 및 관계의 어려움

6. 직무스트레스 예방관리방법

(1) 개인적 차원

① **전문의 의뢰** : 직무스트레스가 다음과 같은 경우는 정신과 전문의에게 의뢰하는 것이 좋다.

㉠ 스트레스 관련 증상이 3개월 이상 계속될 경우

㉡ 업무상 사고의 위험성이 매우 높을 때

㉢ 직무 외적 요인, 즉 가족의 문제가 더 큰 요인일 경우 등

② 직속 상사에 대한 건의, 근무 교대주기의 수정 등

③ 근로자와 관리 스케줄 작성(예 2주마다 30분씩 면담 등)

④ 환자 교육

㉠ 현재 증상, 새롭고 적합한 대처기전을 개발할 수 있는 능력 등 교육

㉡ 달리기, 수영, 등산, 빨리 걷기 등을 주 3회 이상, 1회당 30분~1시간씩

⑤ 스트레스 관리기법들

㉠ 자기관찰, 인지행동치료, 이완훈련, 명상, 자기주장훈련 등

㉡ 상담, 정신치료, 최면치료, 요가, 단전호흡, 참선, 마사지 등

(2) 집단적 차원

스트레스관리를 위하여 집단수준에서 아주 일차적으로 할 수 있는 것을 찾아 실천한다.

(3) 피로의 회복대책

① 휴식과 수면을 취한다(가장 우수한 방법).

② 충분한 영양을 섭취한다.

③ 음악감상 및 오락 등으로 기분전환을 한다.

④ 산책 및 가벼운 체조를 한다.

⑤ 물리적 요법(목욕, 마사지 등)을 행한다.

034 매슬로우(Abraham H. Maslow)의 욕구 5단계 이론을 설명하시오.

data 전기안전기술사 19-119-3-1

답안 1. 개요

(1) 매슬로우의 욕구단계설은 동기부여이론의 하나이다.

(2) 인간의 생리 · 내재적 욕구를 충족시켜 동기를 부여하는 경우 집단적 대중교육, 제도적 강제성 보다 기대효과와 확산적 측면에서 효과적이라는 이론이다.

2. 인간욕구 5단계

comment 그림을 반드시 아래와 같이 그리도록 한다.

(1) 생리적 욕구

(2) 안전에 대한 욕구

(3) 소속감과 애정의 욕구

(4) 긍지와 존경에 대한 욕구

(5) 자아실현의 욕구

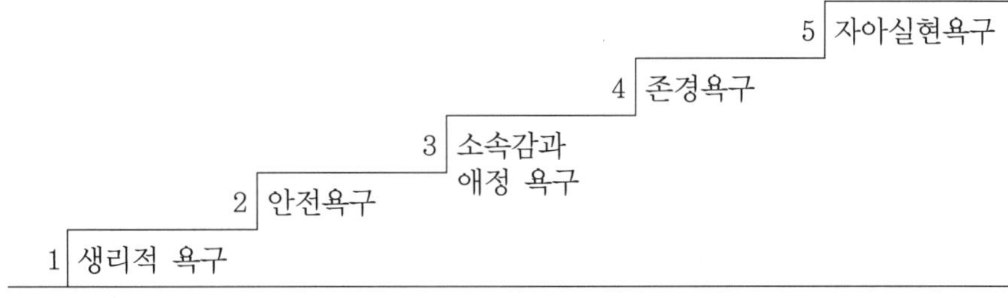

▌매슬로우의 5단계 욕구이론▐

3. 욕구의 상호관계

(1) 인간의 욕구는 5단계로 구분이 가능하다.

(2) 인간의 욕구는 하급욕구의 충족에서 상위욕구로 옮겨간다.

(3) 욕구의 충족은 보통 상대적이며, 완전한 욕구충족은 있을 수 없어 인간은 항상 욕구를 원한다.

(4) 제 욕구는 서로 연관되어 있고, 인간 행동에는 몇 가지 욕구가 복합적으로 작용한다.

(5) 충족된 욕구는 약해지며 동기유발요인으로서의 의미를 상실한다.

4. 욕구충족도

매슬로우는 인간욕구의 단계구분에서 일반적인 사람의 경우 다음과 같이 구분하였다.

▌Maslow 이론상 인간욕구 단계 구분▐

충족도 구분	충족도[%]	비고
생리적 욕구	85	• 수치는 욕구를 만족하는 상태이다. • 낮은 차원의 욕구가 충족되어 높은 차원에 이르게 되면 다시 피드백되는 자연적 현상이 나타난다.
안전의 욕구	75	
소속과 애정 욕구	50	
존경욕구	40	
자아실현욕구	10	

035 동기부여(motivation) 이론을 4가지 이상 분류하고 맥그리거(McGregor)의 X-Y 이론에 대하여 설명하시오.

data 전기안전기술사 22-126-2-1

답안 1. 동기부여(motivation) 이론의 4가지 이상 분류

(1) 허즈버그의 2요인 이론의 특성 비교

① 허즈버그(F. Herzberg)는 그 자신의 동기-위생 이론을 기초로 하여 직무충실화를 제안했다.

② 허즈버그는 직무가 종업원들에게 성취감, 책임감, 발전성 등과 같은 긍정적인 직무경험을 제공할 경우에만 동기유발을 시킬 수 있다고 믿었다.

③ 직무충실화란 직무수행을 통하여 작업자에게 자아성취감과 일의 보람을 느낄 수 있도록 직무내용과 환경을 설계하는 방법이다.

(2) 매슬로우의 욕구단계설

① 매슬로우의 욕구단계설은 인간행동을 변화시키기 위한 동기부여 이론의 하나이다.

② 인간의 생리적 내지 내재적 욕구를 충족시켜 동기부여를 하는 경우 집단적 대중교육, 제도적 강제성 보다 기대효과와 확산도 측면에서 더욱 합리적이라는 이론이다.

(3) 아담스의 형평이론(공정성)

① 인간의 불공정성을 인식하면 공정성을 유지하는 쪽으로 동기부여가 된다는 이론이다.

② 작업동기는 입력대비 산출결과가 작을 때 나타난다.

㉠ 입력 : 일반적인 자격, 교육수준, 노력 등을 의미

㉡ 산출 : 봉급, 지위, 기타 부가 급부 등을 의미

③ 개념 : 공정성이나 불공정성은 자신이 일에 투자하는 투입과 그로부터 얻어내는 결과의 비율이 타인이나 타 집단에 대한 비율과 비교하면서 발생하는 개념

(4) 브롬의 기대이론

① 기대, 수단성, 유인도의 3가지 요인의 값이 각각 최댓값이 되면 최대 동기부여가 된다는 이론이다.

② 기대이론의 구성요인(VIE 모형) : 유인가(Valence), 수단(Instrumentality), 기대(Expectancy)

③ 다른 사람들 간의 동기의 정도를 예측하는 것보다는 한사람이 다양한 과업에 기울이는 노력의 수준을 예측하는 데 유용하다.

2. 맥그리거(D. McGregor)의 X-Y 이론

(1) 개요

① X-Y 이론은 맥그리거가 인간관을 동기부여의 관점에서 분류한 이론이다.

② 맥그리거는 전통적 인간관을 X이론으로, 새로운 인간관을 Y이론으로 지칭하였다.

(2) X이론과 Y이론 개념

① X이론

㉠ 인간은 본래 일하기를 싫어하고 지시받은 일밖에 실행하지 않는다.

㉡ 경영자는 금전적 보상을 유인으로 사용하고 엄격한 감독, 상세한 명령으로 통제를 강화해야 한다.

② Y이론

㉠ 인간에게 노동은 놀이와 마찬가지로 자연스러운 것이다.

㉡ 인간은 노동을 통해 자기의 능력을 발휘하고 자아를 실현하고자 한다.

㉢ 경영자는 자율적이고 창의적으로 일할 수 있는 여건을 제공해야 한다.

(3) X-Y 이론의 특성 비교

X이론의 특징	Y이론의 특징
인간불신감	상호 신뢰감
성악설	성선설
인간은 본래 게으르고 태만, 수동적, 남의 지배받기를 즐김	인간은 본래 부지런하고 근면, 적극적, 스스로 일을 자기 책임하에 자주적
저차적 욕구(물질욕구)	고차적 욕구(정신욕구)
명령, 통제에 의한 관리	목표통합과 자기통제에 의한 관리
저개발형	선진국형
보수적, 자기본위, 자기방어적, 어리석기 때문에 선동되고 변화와 혁신을 거부	자아실현을 위해 스스로 목표를 달성하려고 노력
조직의 욕구에 무관심	조직의 방향에 적극적으로 관여하고 노력
권위주의적 리더십	민주적 리더십

[비고] 적용하는 작업장의 특성에 따라 X이론이 우세할 수도 있고, Y이론이 양호할 수 있다. 즉, 무조건 Y이론이 좋다고는 절대적으로 볼 수 없다.

(4) X-Y 이론의 관리처방 대책

X이론의 관리처방(독재적 리더십)	Y이론의 관리처방(민주적 리더십)
① 권위주의적 리더십의 확보 ② 경제적 보상체계의 강화 ③ 세밀한 감독과 엄격한 통제 ④ 상부책임제도의 강화(경영자의 간섭) ⑤ 설득, 보상, 벌, 통제에 의한 관리	① 분권화와 권한의 위임 ② 민주적 리더십의 확보 ③ 직무확장 ④ 비공식적 조직의 활용 ⑤ 목표에 의한 관리 ⑥ 자체 평가제도의 활성화 ⑦ 조직목표달성을 위한 자율적 통제

(5) 적용 예

X이론의 적용 예	Y이론의 적용 예
군대, 항만노조, 비행관제, 비행사, 학교, 병원	일반 기업, 특히 게임 개발업

036 인간과오(human error)와 관련하여 다음 사항을 각각 설명하시오.

1. 인간과오의 배후요인
2. 인간과오의 원인
3. 인간과오의 예방대책

data 전기안전기술사 21-123-2-2

답안 1. 인간과오의 배후요인

❙ 배후요인의 구분 ❙

인적 요인	심리적 요인, 생리적 요인
외부환경적 요인	인간관계요인, 설비적 요인, 작업적 요인, 관리적 요인

(1) 심리적 요인

① 망각 : 작업 중에 절차의 망각은 사고로 연결되므로, 중요내용은 문서연락실을 경유하도록 한다.

② 소질적 결함이 있을 때 : 위험작업에 종사자들은 개인적 특성을 고려한 작업배치가 요구된다.

③ 주변적 동작 : 주위의 상황을 보지 않고 행동함으로써 위험을 인식 못하는 경우

④ 의식의 우회 : 일상생활에서의 걱정, 불안, 불만 등 심리적 불안이 작업 중에 나타날 수 있고 이것 때문에 의식을 빼앗기는 경우가 있다.

⑤ 고민거리 : 고민거리는 작업의 주의력 작용을 자주 중단시킨다.

⑥ 무의식 행동 : 습관적 행동

⑦ 위험감각 : 자만심

⑧ 지름길반응 : 서두르는 행동

⑨ 생략행위 : 정해진 순서생략, 소정의 공구사용 않고, 주변공구 사용

⑩ 착오(착각) : 사람에게는 착오가 발생하기 마련이다.

⑪ 억측판단

⑫ 성격

⑬ 인간의 오감 중 안전과 관계가 큰 것은 시각, 청각, 촉각이라 할 수 있다.

(2) 생리적 요인

① 피로

㉠ 피로는 영양과 적성을 무디게 한다.

㉡ 작업능률 저하로써, 피로의 내용보다는 피로의 결과로써 나타나는 현상에 의한 안전문제이다.

② 영양과 에너지 대사(RMR)

㉠ 작업의 강도를 에너지 대사율로 표시한다.

㉡ 인간의 에너지 대사율에 적합한 에너지를 보급하지 않으면, 작업으로 인한 심신의 부조화가 발생한다.

③ **적성과 작업의 종류** : 근로자의 적성에 알맞은 작업배치는 노동생산성을 향상시키며, 불안전 행동의 제거에 도움을 준다.

(3) 불안전한 행동의 배후요인 중 외적 요인(환경적+관리적 요인)

① **인간관계 요인** : 인간관계가 나쁜 직장은 작업의욕의 침체, 작업능률의 저하, 작업순서의 질서문란, 안전의식 저항 등과 같이 사고나 재해의 발생위험이 커진다.

② **설비적(물적) 요인** : 인간공학적 배려에 의한 설계로, 근로자가 실수하더라도 재해로까지 연결되지 않도록 한 안전장치를 고려한다.

③ 작업적 요인

㉠ 작업자세, 작업속도, 작업강도, 휴식, 근로시간 등의 작업적 요인

㉡ 작업공간, 조명, 색체, 소음, 진동, 분진 등의 작업 환경적 요인이 근로자 행동을 지배

④ 관리적 요인

㉠ 교육훈련의 부족 : 안전교육훈련이 충분하지 못하면, 지식부족, 기능부족에 의한 불안전한 행동이 다발한다.

㉡ 지도, 감독 불충분 : 교육훈련의 성과를 작업에 활용하도록 하는 지도, 감독이 근로자의 행동을 좌우한다.

㉢ 적정배치 불충분 : 위험한 작업에 근로자를 배치할 때 더욱 주의한다.

2. 인간과오의 원인

(1) 인간의 심적 에러(정신상태가 잘못되어 일어나는 에러)

① 인간의 심적 에러 요인

㉠ 지식, 의욕이 없을 때

㉡ 나쁜 습관이 있거나 판단을 잘못하였을 때

㉢ 자극 받거나 절박한 상황에 있을 때

㉣ 매우 피로하거나 방심하였을 때

② 심적 에러의 종류

㉠ 절차를 수행하지 않는 에러(생략에러) : 직무 또는 어떤 단계를 수행하지 않아 발생되는 에러

㉡ 시간을 지연시키는 에러 : 계획된 시간 내에 직무수행이 실패할 경우 발생하는 에러

㉢ 절차를 잘못 전달하는 에러(실행에러) : 직무 내용을 잘못 수행하여 발생하는 에러

㉣ 순서 에러 : 직무수행 시 뒤바뀐 순서로 수행하여 발생하는 에러

㉤ 과잉행동 에러

- 절차 이외의 것을 작동해서 일어나는 에러
- 수행되지 않아야 할 직무를 과잉수행하여 발생하는 에러

(2) 행동적 에러(기계 자체에 정보를 잘못 입력하여 나타나는 에러)

① 입력 에러

② 출력 에러

③ 자동제어 에러

④ 정보처리과정 에러

㉠ 감지 · 인지 · 확인 에러

㉡ 판단 · 연산 · 기억 에러

㉢ 반응 · 동작 · 조작 에러

(3) 인간의 물리적 요인에 의한 에러(작업환경이 잘못되어 일어나는 에러)

① 일이 너무 단조롭거나 복잡할 때

② 생산성을 너무 강조할 때

③ 자극이 너무 심하거나 재촉할 때

④ 기계배치가 잘못된 경우

3. 인간과오의 예방대책

(1) 설비 위험요인의 제거

인간은 생각지도 않은 곳에서 예상치 않은 행동을 하는 경우가 있으므로 철저하게 위험요인을 찾아내어 사전에 제거하는 대책이 가장 기본이다.

예 회전하고 있는 기기나 절삭에 사용하는 기기 등에 작업자가 부주의하게 손을 뻗어서 상처를 입을 수 있는 경우라면, 손이 닿지 않도록 방호장치를 하거나 자동화하여 위험을 제거한다.

(2) 안전시스템 적용

① 인간은 실수를 범하는 것이 필연적이라는 가정에서 사람이 작업 중에 잘못을 하더라도 사고가 발생하지 않도록 과학적 대책이 필요하다.

② Fool proof와 Fail safe 등 과학적 시스템 안전장치를 도입한다.

(3) 정보의 피드백

① 모든 설비의 시스템은 시스템 상황이 근로자의 손에 잡힐 수 있는 것과 같이 명확하게 알 수 있도록 정보의 피드백이 필요하다.

② 대형 시스템에서는 시정수가 커지기 쉬우므로 조작자의 무엇이 어떻게 되어 있는지를 알 수 있도록 하는 것이 바람직하다.

③ 지금으로부터 경향에 관한 예지정보라 할 수 있는 가공정보의 제공이나 시스템 내부를 이해하기 쉬운 정보의 제공 등이 바람직하며, 그런 의미에서 조속히 엑스퍼트 시스템이나 인공지능의 활용을 고려한다.

(4) 시인성

① 사람은 8개 정도(3bit)를 한번에 판단할 수 있어, 위치나 크기를 변경시키거나 색깔을 입히는 등의 조치로 시인성을 향상시킨다.

② 왜냐하면 설계자가 각종 계기나 컨트롤러를 예쁘게만 배치하려는 경향이 있을 수도 있어 실 작업자는 특정한 것을 찾아내기 어렵기 때문이다.

(5) 인체 측정치의 적합화

① 근로자의 시선각도, 힘 등을 고려한 계기의 위치나 설비의 위치나 제어장치의 크기, 높이 등을 정한다.

② 작업자가 직접 접촉하거나 운전하는 것은 인체의 기능, 구조에 적합해야 한다.

(6) 경보시스템의 정비

① 작업자에게 필요한 행동에 대한 예고경보나 에러에 대한 조치의 경보를 제공한다.

② 단, 과다경보는 오히려 혼란을 초래할 수 있다.

(7) 대중의 선호도 활용

설계 시는 일반적인 관습이나 다수인이 공통적으로 좋아하는 것에 적합화시킬 필요가 있다.

예 다이얼은 시계 주위에, 스위치 점등은 위로, 소등은 아래로 하는 것 등이 있다.

037 사고 또는 재해의 요인이 되는 부주의에 대한 다음 각 사항을 설명하시오.
1. 부주의의 현상과 의식수준
2. 부주의의 발생원인
3. 부주의의 예방대책

data 전기안전기술사 21-123-3-1

답안 1. 부주의의 현상과 의식수준

(1) 부주의 현상

목적수행을 위한 행동전개과정에서 목적에서 벗어나는 심리 · 신체적 변화와 현상으로, 어떤 목적으로 향해 있는 시신경이 집중되지 않는 것을 말한다.

(2) 부주의에 대한 의식수준

① 의식의 단절 : 지속적인 것은 의식의 흐름에 단절이 생기고, 공백상태가 나타나는 경우 의식이 중단된다.

② 의식의 우회 : 의식의 흐름이 우회되는 것은 작업도중 걱정, 고뇌, 욕구불만 등에 의해서 발생한다.

③ 의식수준의 저하 : 희미한 의식 상태로 심신이 피로하거나 단조로움 등으로 발생된다.

④ 의식의 혼란 : 외부자극이 애매모호하거나 자극이 강할 때 및 약할 때 등과 같이 외적 조건에 의해 의식이 혼란하거나 분산되어 위험요인에 대응할 수 없을 때 발생한다.

⑤ 의식의 과잉 : 돌발, 긴급사태의 이상을 직면할 때 순간적으로 의식이 긴장되고 한 방향으로만 집중하는 판단력 정지, 긴급 방위반응 등 주위의 일점집중현상이 발생한다.

2. 부주의의 발생원인

(1) 외적 요인(불안전한 상태)

① 작업환경 불량

② 작업순서 부적당

(2) 내적 요인(불안전한 행동)

① 소질적 조건, 질병 건강 이상 등 재해요소 보유 피로

② 의식의 우회 걱정 · 고민 · 불만 등에 의한 부지의 정서 불안정

③ 경험, 경험부족, 경험에 의한 억측, 경험부족에 의한 대처방법 실수

3. 부주의에 대한 예방대책

종류	대책
외적 원인	① 작업환경 조건 불량 : 환경정비 ② 작업순서의 부적당 : 작업순서 정비 ③ 의식수준의 저하 예방 : 소음, 조명 등 물리적 환경조건을 적합한 범위로 유지, 작업의 지속시간이나 휴식제도를 작업에 적합하도록 재설계하여 작업의 피로가 축적되지 않게 할 것
내적 원인	① 소질적 문제 : 적성배치 ② 의식의 우회 : 작업자의 생리적 변화를 예의 주시하고, 안전카운슬링을 계속함 ③ 의식의 과잉 : 주어진 자극에 대해 반응하기 전에 한 박자 숨을 돌린 후 기계의 지시나 주변정보에 근거한 객관적 판단을 하는 습관을 갖게 함 ④ 경험, 미경험자 : 안전교육 훈련
정신적 측면	① 주의력 집중훈련 ② 스트레스의 해소 ③ 안전의식 고취 ④ 작업의욕 고취
기능 및 작업적 측면	① 적성배치 ② 안전작업 방법 습득 ③ 표준작업 동작의 습관화 ④ 의식의 중단 : 간질자, 심장질환자 등 작업자의 질환이나 정신적 질환을 파악하고, 그 특성에 적합한 직무에 배치하는 직무분석과 정석배치의 노력 경주
설비 및 환경적 측면	① 설비 및 작업환경의 안전화 ② 표준작업제도 도입 ③ 긴급 시 안전대책

038 산업안전심리에서 주의의 특징 3가지와 부주의의 현상 및 발생 원인과 대책에 대하여 설명하시오.

data 전기안전기술사 22-128-1-4

답안 1. 개념

(1) 주의란 행동의 목적에 의식수준이 집중하는 심리상태를 말한다.

(2) 부주의란 목적수행을 위한 행동전개과정에서 목적에서 벗어나는 심리 · 신체적 변화와 현상을 말한다. 즉, 어떤 목적으로 향해 있는 시신경이 집중되지 않는 것이다.

2. 주의의 특징

(1) 선택성

주의에는 동시에 두 개 방향에서 집중하지 못하는 특성이 있으며 이를 선택적 주의라고 한다.

(2) 단속성

고도의 주의는 장시간 지속할 수 없는 특성으로서, 의식의 후회라고도 한다.

(3) 방향성

한 대상에 주의를 집중할 경우 다른 대상에 대한 주의는 약해지는 특성이다.

(4) 변동성

① 주의의 단속성과 주의의 범위로 인하여 어떤 대상물에 대한 것이다.

② 동일한 강도의 주의를 계속 할 수 없어 그 집중도는 변화하는 특성을 갖는다.

3. 부주의의 발생원인

(1) 외적 요인 : 작업조건 불량, 작업순서 부적절, 의식수준의 저하

(2) 내적 요인 : 소질적, 의식의 우회, 의식의 과잉, 경험 부족

(3) 정신적 요인 : 주의력, 스트레스, 안전의식, 작업의욕 부재

(4) 기능 및 작업적 측면

① 적성의 적격 여부

② 작업이 너무 쉽거나 어려울 경우

(5) 설비 및 환경적 측면

① 설비의 불량, 작업환경 조건 불량

② 적정공구 미사용

전기감리 관련

section 01 시공감리 관련

001 전력시설물의 공사로서, 감리업자에게 공사감리를 발주하지 아니 할 수 있는 「전력기술관리법 시행령」 제20조 제2항으로 정하는 소규모 또는 특수시설물 공사에 대하여 설명하시오.

data 전기안전기술사 19-119-1-10

답안 **1. 공사감리 등(제20조), 공사감리를 발주하지 아니 할 수 있는 경우**

(1) 「전기사업법」에 따른 일반용 전기설비의 전력시설물공사

(2) 「전기사업법」 제16조에 따른 공급약관에서 정한 임시전력을 공급받기 위한 전력시설물공사

(3) 「군사기지 및 군사시설 보호법」에 따른 군사시설 내의 전력시설물공사

(4) 「소방시설공사업법」에 따른 비상전원 · 비상조명등 및 비상콘센트설비 공사

(5) 「전기사업법」에 따른 전기사업용 전기설비 중 인입선 및 저압 배전설비 공사

(6) 「전기사업법」에 따른 전기사업자가 시행하는 전력시설물공사로서, 그 소속 직원 중 감리원 수첩을 발급받은 사람에게 법 제12조의2 제1 · 2항에 따라 감리업무를 수행하게 하는 공사

(7) 다음의 어느 하나에 해당하는 공사의 시행자가 「전기사업법」에 따라 전기안전관리자에게 감리업무를 수행하게 하는 공사

① 비상용 예비발전설비의 설치 · 변경 공사로서, 총공사비가 1억원 미만인 공사

② 전기수용설비의 증설 또는 변경 공사로서, 총공사비가 5천만원 미만인 공사

③ 신에너지 및 재생에너지 설비의 증설 또는 변경 공사로, 총공사비가 5천만원 미만인 공사

(8) 「전기사업법」에 따른 전기사업자가 시행하는 총도급공사비가 5천만원 미만인 전력시설물공사로서, 소속 전력기술인에게 공사감리업무를 수행하게 하는 공사

(9) 전력시설물 중 토목 · 건축 및 기계 부문의 설비 공사

(10) 발전기 또는 전압 600[V] 이상의 변압기 · 차단기 · 전선로의 용량 변경을 가져오지 아니하는 전력시설물의 보수공사. 단, 다음의 어느 하나에 해당하는 보수공사는 제외한다.
  ① 「전기사업법」 제61조 및 「전기안전관리법」 제8조에 따른 공사계획의 인가 또는 신고대상인 보수 공사
  ② 전압 600[V] 미만인 전력시설물의 보수공사로서, 「전기사업법」에 따른 자가용 전기설비 중 총공사비 5천만원 이상인 전력시설물의 보수공사와 함께 시행되는 보수공사

2. 통합하여 감리를 발주하거나 공사감리 수행

발주자와 본 법에 따라 소속 감리원에게 공사감리를 수행하게 하는 자는 여러 개의 전력시설물 공사현장이 인접하여 이를 하나의 공사현장으로 보고 공사감리를 할 수 있는 경우에는 통합하여 감리를 발주하거나 공사감리를 수행하게 할 수 있다.

3. 위 '2.'에 따른 통합감리에 필요한 사항은 산업통상자원부장관이 정하여 고시한다.

002 「전력기술관리법 시행령」에 따른 공사감리업무 수행에 관한 세부기준에 명기한 비상주 감리원이 수행할 업무를 설명하시오.

data 전기안전기술사 19-119-1-11

답안

1. 비상주 감리원

감리업체에 근무하면서 상주 감리원의 업무를 기술 · 행정적으로 지원하는 사람이다.

2. 비상주 감리원의 수행업무

(1) 설계도서 등의 검토

(2) 상주 감리원이 수행하지 못하는 현장 조사분석 및 시공상의 문제점에 대한 기술검토와 민원사항에 대한 현지조사 및 해결방안 검토

(3) 중요한 설계변경에 대한 기술검토

(4) 설계변경 및 계약금액 조정의 심사

(5) 기성 및 준공검사

(6) 정기적으로 현장 시공상태를 종합적으로 점검 · 확인 · 평가하고 기술지도

(7) 공사와 관련하여 발주자(지원업무수행자 포함)가 요구한 기술적 사항 등에 대한 검토

(8) 기타 감리업무 추진에 필요한 지원업무

003 「전력시설물 공사감리업무 수행지침」에서 정하는 다음 각 사항에 대하여 설명하시오.

1. 비상주 감리원의 업무
2. 시공 상세도 승인사항
3. 검사업무 수행 기본방향
4. 공사중지 지시

data 전기안전기술사 21-123-2-5

답안 **1. 비상주 감리원의 업무(「전력시설물 공사감리업무 수행지침」 제5조)**

(1) 설계도서 등의 검토

(2) 상주 감리원이 수행하지 못하는 현장 조사분석 및 시공상의 문제점에 대한 기술검토와 민원사항에 대한 현지조사 및 해결방안 검토

(3) 중요한 설계변경에 대한 기술 검토

(4) 설계변경 및 계약금액 조정의 심사

(5) 기성 및 준공검사

(6) 정기적(분기 또는 월별)으로 현장 시공상태를 종합적으로 점검 · 확인 · 평가하고 기술지도

(7) 공사와 관련하여 발주자(지원업무 수행자 포함)가 요구한 기술적 사항 등에 대한 검토

(8) 그 밖에 감리업무 추진에 필요한 기술지원 업무

2. 시공 상세도 승인사항(「전력시설물 공사감리업무 수행지침」 제31조)

(1) 감리원은 공사업자로부터 시공 상세도를 사전에 제출받아 다음의 사항을 고려하여 공사업자가 제출한 날부터 7일 이내에 검토 · 확인하여 승인한 후 시공할 수 있도록 하여야 한다. 단, 7일 이내에 검토 · 확인이 불가능한 때에는 사유 등을 명시하여 통보하고, 통보사항이 없는 때에는 승인한 것으로 본다.

① 설계도면, 설계설명서 또는 관계 규정에 일치하는지 여부
② 현장의 시공 기술자가 명확하게 이해할 수 있는지 여부
③ 실제시공 가능 여부
④ 안정성의 확보 여부
⑤ 계산의 정확성
⑥ 제도의 품질 및 선명성, 도면작성 표준에 일치 여부
⑦ 도면으로 표시 곤란한 내용은 시공 시 유의사항으로 작성되었는지 등의 검토

(2) 시공 상세도는 설계도면 및 설계설명서 등에 불명확한 부분을 명확하게 해줌으로써 시공 상의 착오방지 및 공사의 품질을 확보하기 위한 수단으로 다음의 사항에 대한 것과 공사설계 설명서에서 작성하도록 명시한 시공 상세도에 대하여 작성 여부를 확인한다. 단, 발주자가 특별 설계설명서에 명시한 사항과 공사조건에 따라 감리원과 공사업자가 필요한 시공 상세도를 조정할 수 있다.

① 시설물의 연결 · 이음 부분의 시공 상세도

② 매몰시설물의 처리도

③ 주요 기기 설치도

④ 규격, 치수 등이 불명확하여 시공에 어려움이 예상되는 부위의 각종 상세도면

(3) 공사업자는 감리원이 시공 상 필요하다고 인정하는 경우에는 시공 상세도를 제출하여야 하며, 감리원이 시공 상세도(shop drawing)를 검토 · 확인하여 승인할 때까지 시공을 해서는 안 된다.

3. 검사업무 수행 기본방향(「전력시설물 공사감리업무 수행지침」 제34조)

(1) 감리원은 현장에서의 시공확인을 위한 검사는 해당 공사와 현장조건을 감안한 '검사업무지침'을 현장별로 작성 · 수립하여 발주자의 승인을 받은 후 이를 근거로 검사업무를 수행함을 원칙으로 한다. 검사업무지침은 검사하여야 할 세부공종, 검사절차, 검사시기 또는 검사빈도, 검사 체크리스트 등의 내용을 포함하여야 한다.

(2) 수립된 검사업무지침은 모든 시공 관련자에게 배포하고 주지시켜야 하며, 보다 확실한 이행을 위하여 교육한다.

(3) 현장에서의 검사는 체크리스트를 사용하여 수행하고, 그 결과를 검사 체크리스트에 기록한 후 공사업자에게 통보하여 후속 공정의 승인 여부와 지적사항을 명확히 전달한다.

(4) 검사 체크리스트에는 검사항목에 대한 시공기준 또는 합격기준을 기재하여 검사결과의 합격 여부를 합리적으로 신속 판정한다.

(5) 단계적인 검사로는 현장 확인이 곤란한 공종은 시공 중 감리원의 계속적인 입회 · 확인으로 시행한다.

(6) 공사업자가 검사요청서를 제출할 때 시공기술자 실명부가 첨부되었는지를 확인한다.

(7) 공사업자가 요청한 검사일에 감리원이 정당한 사유없이 검사를 하지 않는 경우에는 공정추진에 지장이 없도록 요청한 날 이전 또는 휴일 검사를 하여야 하며 이때 발생하는 감리대가는 감리업자가 부담한다.

4. 공사중지 지시(「전력시설물 공사감리업무 수행지침」 제41조)

(1) 법 제13조에 따라 감리원은 공사업자가 공사의 설계도서, 설계설명서, 그 밖에 관계 서류의 내용과 적합하지 않게 시공하는 경우에는 재시공 또는 공사 중지명령이나 그 밖에 필요한 조치를 할 수 있다.

(2) 위 '(1)'에 따라 감리원으로부터 재시공 또는 공사 중지명령, 그 밖에 필요한 조치에 대한 지시를 받은 공사업자는 특별한 사유가 없으면 이에 응하여야 한다.

(3) 감리원이 공사업자에게 재시공 또는 공사 중지명령, 그 밖에 필요한 조치를 취한 때에는 발주자에게 보고하여야 한다. 단, 경미한 시정사항 및 재시공은 보고생략이 가능하다.

(4) 발주자는 감리원으로부터 위 '(3)'에 따른 재시공 또는 공사 중지명령, 그 밖에 필요한 조치에 관한 보고를 받은 때에는 검토한 후 시정 여부의 확인, 공사 재개지시 등 필요한 조치를 해야 한다.

(5) 감리원은 위 '(1)'에 따른 재시공 또는 공사 중지명령을 하였을 경우에는 발주자가 공사 중지 사유가 해소되었다고 판단되어 공사재개를 지시할 때에는 특별한 사유가 없으면 이에 응하여야 한다.

(6) 발주자는 위 '(1)'에 따른 감리원의 공사 중지명령 등의 조치를 이유로 감리원 등의 변경, 현장상주의 거부, 감리대가 지급의 거부 · 지체 등 감리원에게 불이익한 처분을 하지 않아야 한다.

(7) 공사중지 및 재시공 지시 등의 적용한계는 다음과 같다.

comment 별도로 10점 문제로 출제가 예상된다.

① **재시공** : 시공된 공사가 품질확보 미흡 또는 위해를 발생시킬 우려가 있다고 판단되거나, 감리원의 확인 · 검사에 대한 승인을 받지 아니하고 후속 공정을 진행한 경우와 관계 규정에 맞지 않게 시공한 경우

② **공사중지** : 시공된 공사가 품질확보 미흡 또는 중대한 위해를 발생시킬 우려가 있다고 판단되거나, 안전상 중대한 위험이 발견된 경우에는 공사중지를 지시할 수 있으며 공사중지는 부분중지와 전면중지로 구분한다.

㉠ 부분중지

- 재시공 지시가 이행되지 않은 상태에서는 다음 단계의 공정이 진행됨으로써 하자가 발생될 수 있다고 판단될 때
- 안전시공상 중대한 위험이 예상되어 물적 · 인적 중대한 피해가 예견될 때
- 동일 공정에 있어 3회 이상 시정지시가 이행되지 않을 때
- 동일 공정에 있어 2회 이상 경고가 있었음에도 이행되지 않을 때

㉡ 전면중지
- 공사업자가 고의로 공사의 추진을 지연시키거나, 공사의 부실 발생 우려가 짙은 상황에서 적절한 조치를 취하지 않은 채 공사를 계속 진행하는 경우
- 부분중지가 이행되지 않음으로써 전체공정에 영향을 끼칠 것으로 판단될 경우
- 지진 · 해일 · 폭풍 등 불가항력적인 사태가 발생하여 시공을 계속할 수 없다고 판단될 경우
- 천재지변 등으로 발주자의 지시가 있을 경우

(8) 감리원은 공사업자가 재시공, 공사 중지명령 등에 대한 필요조치를 미이행 시 법 제13조에 따라 공사업자에 대한 제재조치를 취하도록 발주자에게 요구해야 한다.

004 전력시설물 시공 시 품질관리와 관련하여 감리원의 역할과 중점 품질관리에 대하여 설명하시오.

data 전기안전기술사 19-119-3-6

답안 1. 품질관리 감리업무 개요

(1) 건설 감리제도는 「건축법」과 「건축사법」이 제정되면서 감리가 도입되었다.

(2) 건설공사의 복잡화, 전문화 및 부실시공 방지를 위해 「전력기술관리법」이 제정되어 전력시설물 공사감리제도가 본격 시행되고 있다.

(3) 품질관리는 전력시설물 공사감리 중 공사시행 단계에서의 감리업무이다.

2. 품질관리 관련 감리원의 역할

(1) 업무 Flow

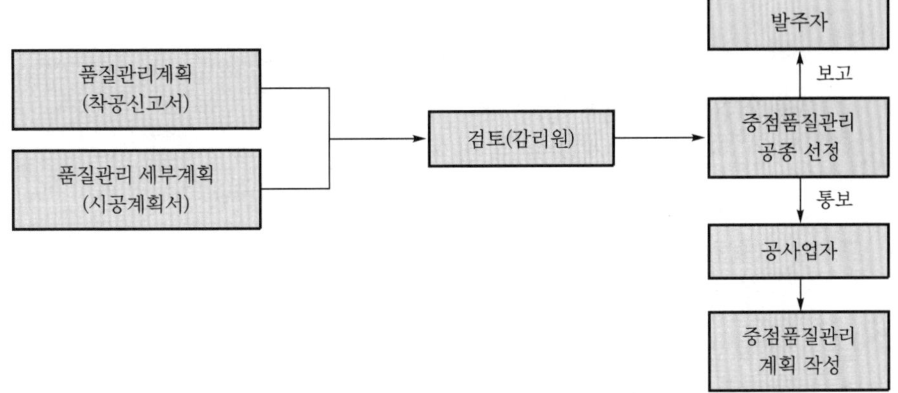

(2) 감리원의 역할

① 품질관리 계획서 검사 및 확인

② 중점 품질관리(공종선정 및 관리계획)

③ 성능시험계획(시험방법은 발주자 보고 · 승인)

④ 검사성과 확인 및 기록보관

(3) 중점품질관리

① 공종선정

선정기준	고려사항
• 하자발생빈도 높은 공사 • 시공 후 시정 불가능 공사 • 많은 경비 · 노력 소모공사	• 월별, 공종별 시험종목 및 시험횟수 • 품질관리 요원 및 충원계획 • 감리원 입회 시험횟수 / 육안 및 간접확인 여부

② 관리방법

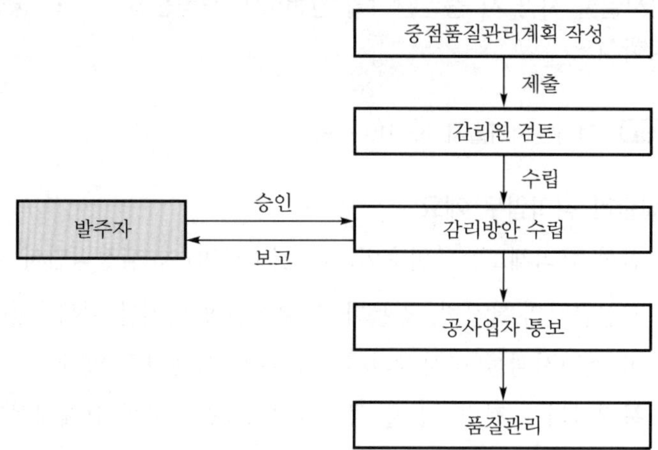

▍감리원의 품질관리업무 흐름도▍

㉠ 감리방안 수립 : 공종별, 시공 중/후, 대책안 제시
㉡ 공사업자 통보 : 시공인력 내용 숙지
㉢ 품질관리에 필요한 도면, 이행사항 등

(4) 성능시험과 시험계획 수립

① 선정시험 : 재료 및 공법 시험
② 관리시험 : 관계 법령 등 기준 적합 여부 확인
③ 검사시험 : 신청시험 및 관리시험 적성검사 시험
④ 의뢰시험 : 의뢰기관 사전 선정 및 시험기간 확인
⑤ 현장시험 : 소요시험장비 및 시험요원 사전준비

(5) 시험결과 검토 및 조치

① 관계 법률·령 및 기준의 적합 여부
② 시방서 등 품질관리 기준의 적합 여부
③ 기타 시험준비 적합 여부

005 전력시설물 공사 준공 후 시설물 인계·인수 시 관련하여 감리업무에 대하여 설명하시오.

data 전기안전기술사 19-119-4-5

답안 1. 시설물 인계 · 인수(「전력시설물 공사감리업무 수행지침」 제63조)

(1) 감리원은 공사업자에게 해당 공사의 예비준공검사(부분준공, 발주자의 필요에 따른 기성 부분 포함) 완료 후 30일 이내에 다음 사항이 포함된 시설물의 인계 · 인수를 위한 계획을 수립하도록 하고 이를 검토해야 한다.

① 일반사항(공사 개요 등)

② 운영지침서(필요한 경우)

㉠ 시설물 규격 및 기능점검 항목

㉡ 기능점검 및 절차

㉢ Test 장비확보 및 보정

㉣ 기자재 운전지침서

㉤ 제작도면 · 절차서 등 관련 자료

③ 시운전 결과보고서(시운전실적이 있는 경우)

④ 예비준공검사 결과

⑤ 특기사항

(2) 감리원은 공사업자로부터 시설물 인계 · 인수 계획서를 제출받아 7일 이내에 검토, 확정하여 발주자 및 공사업자에게 통보하여 인계 · 인수에 차질이 없도록 한다.

(3) 감리원은 발주자와 시공자 간의 시설물 인계 · 인수의 입회자가 된다.

(4) 감리원은 시설물 인계 · 인수에 대한 발주자 등 이견이 있는 경우, 이에 대한 현상파악 및 필요대책 등의 의견을 제시하여 공사업자가 이를 수행하도록 조치한다.

(5) 인계 · 인수서는 준공검사 결과를 포함하는 내용으로 한다.

(6) 시설물의 인계 · 인수는 준공검사 시 지적사항에 대한 시정완료일부터 14일 이내에 실시해야 한다.

2. 준공 후 현장문서 인계 · 인수(제64조)

(1) 감리원은 해당 공사와 관련한 감리기록서류 중 다음의 서류를 포함하여 발주자에게 인계할 문서의 목록을 발주자와 협의하여 작성하여야 한다.

① 준공사진첩

② 준공도면

③ 품질시험 및 검사성과 총괄표
④ 기자재 구매서류
⑤ 시설물 인계 · 인수서
⑥ 그밖에 발주자가 필요하다고 인정하는 서류

(2) 감리업자는 법 제12조의2 제3항 및 규칙 제21조의3에 따라 해당 감리용역이 완료된 때에는 30일 이내에 공사감리 완료보고서(규칙 별지 제27호의3 서식)를 협회에 제출하여야 한다.

3. 유지관리 및 하자보수(제65조)

(1) 감리원은 발주자(설계자) 또는 공사업자(주요 설비 납품자) 등이 제출한 시설물의 유지관리지침 자료를 검토하여 다음의 내용이 포함된 유지관리지침서를 작성, 공사 준공 후 14일 이내에 발주자에게 제출해야 한다.
① 시설물의 규격 및 기능 설명서
② 시설물 유지관리기구에 대한 의견서
③ 시설물 유지관리방법
④ 특기사항

(2) 해당 감리업자는 발주자가 유지관리상 필요하다고 인정하여 기술자문요청 등이 있을 경우에는 이에 협조하여야 하며, 전문적인 기술 등으로 외부 전문가 의뢰 또는 상당한 노력이 소요되는 경우에는 발주자와 별도로 협의하여 결정한다.

4. 하자보수에 대한 의견 제시 등(제66조)

(1) 감리업자 및 감리원은 공사준공 후 발주자와 공사업자 간의 시설물의 하자보수 처리에 대한 분쟁 또는 이견이 있는 경우, 감리원으로서의 검토의견을 제시하여야 한다.

(2) 감리업자 및 감리원은 공사준공 후 발주자가 필요하다고 인정하여 하자보수 대책수립을 요청할 경우에는 이에 협조하여야 한다.

(3) 위 '(1)'과 '(2)'의 업무가 감리용역계약에서 정한 감리기간이 지난 후에 수행하여야 할 경우에는 발주자는 별도의 실비를 감리원에게 지급하도록 조치하여야 한다. 다만, 하자사항이 부실감리에 따른 경우에는 그러하지 아니하다.

006 공사감리 업무수행 중 전력시설물의 공사완료단계에서의 다음 사항에 대하여 설명하시오.

1. 시설물 인계·인수
2. 준공 후 현장문서 인계·인수
3. 유지관리 및 하자정비

data 전기안전기술사 19-119-4-5 · 20-120-4-5

답안 **1. 시설물 인계 · 인수(「전력시설물 공사감리업무 수행지침」 제63조)**

(1) 감리원은 공사업자에게 해당 공사의 예비준공검사(부분준공, 발주자의 필요에 따른 기성 부분 포함) 완료 후 30일 이내에 다음 사항이 포함된 시설물의 인계 · 인수를 위한 계획을 수립하도록 하고 이를 검토해야 한다.

① 일반사항(공사 개요 등)

② 운영지침서(필요한 경우)

㉠ 시설물 규격 및 기능점검 항목

㉡ 기능점검 및 절차

㉢ Test 장비확보 및 보정

㉣ 기자재 운전지침서

㉤ 제작도면 · 절차서 등 관련자료

③ 시운전 결과보고서(시운전실적이 있는 경우)

④ 예비준공검사 결과

⑤ 특기사항

(2) 감리원은 공사업자로부터 시설물 인계 · 인수 계획서를 제출받아 7일 이내에 검토, 확정하여 발주자 및 공사업자에게 통보하여 인계 · 인수에 차질이 없도록 한다.

(3) 감리원은 발주자와 공사업자 간의 시설물 인계 · 인수의 입회자가 된다.

(4) 감리원은 시설물 인계 · 인수에 대한 발주자 등 이견이 있는 경우, 이에 대한 현상파악 및 필요대책 등의 의견을 제시하여 공사업자가 이를 수행하도록 조치한다.

(5) 인계 · 인수서는 준공검사결과를 포함하는 내용으로 한다.

(6) 시설물의 인계 · 인수는 준공검사 시 지적사항에 대한 시정완료일부터 14일 이내에 실시해야 한다.

2. 준공 후 현장문서 인계 · 인수(제64조)

(1) 감리원은 해당 공사와 관련한 감리기록서류 중 다음의 서류를 포함하여 발주자에게 인계할 문서의 목록을 발주자와 협의하여 작성하여야 한다.

① 준공사진첩

② 준공도면

③ 품질시험 및 검사성과 총괄표

④ 기자재 구매서류

⑤ 시설물 인계 · 인수서

⑥ 그밖에 발주자가 필요하다고 인정하는 서류

(2) 감리업자는 법 제12조의2 제3항 및 규칙 제21조의3에 따라 해당 감리용역이 완료된 때에는 30일 이내에 공사감리 완료보고서(규칙 별지 제27호의3 서식)를 협회에 제출하여야 한다.

3. 유지관리 및 하자보수(제65조)

(1) 감리원은 발주자(설계자) 또는 공사업자(주요 설비 납품자) 등이 제출한 시설물의 유지관리지침 자료를 검토하여 다음의 내용이 포함된 유지관리지침서를 작성, 공사 준공 후 14일 이내에 발주자에게 제출해야 한다.

① 시설물의 규격 및 기능 설명서

② 시설물 유지관리기구에 대한 의견서

③ 시설물 유지관리방법

④ 특기사항

(2) 해당 감리업자는 발주자가 유지관리상 필요하다고 인정하여 기술자문요청 등이 있을 경우에는 이에 협조하여야 하며, 전문적인 기술 등으로 외부 전문가 의뢰 또는 상당한 노력이 소요되는 경우에는 발주자와 별도로 협의하여 결정한다.

4. 하자보수에 대한 의견 제시 등(제66조)

(1) 감리업자 및 감리원은 공사준공 후 발주자와 공사업자 간의 시설물의 하자보수 처리에 대한 분쟁 또는 이견이 있는 경우, 감리원으로서의 검토의견을 제시하여야 한다.

(2) 감리업자 및 감리원은 공사준공 후 발주자가 필요하다고 인정하여 하자보수 대책수립을 요청할 경우에는 이에 협조하여야 한다.

(3) 위 '(1)'과 '(2)'의 업무가 감리용역계약에서 정한 감리기간이 지난 후에 수행하여야 할 경우에는 발주자는 별도의 실비를 감리원에게 지급하도록 조치하여야 한다. 다만, 하자사항이 부실감리에 따른 경우에는 그러하지 아니하다.

007 전력시설물 공사에서 감리원의 자격을 구분하고 책임감리원 및 보조감리원의 배치기준과 감리원의 업무범위에 대하여 설명하시오.

data 전기안전기술사 21-125-3-6

답안 1. 개요

(1) 감리에는 설계감리와 공사감리가 있다.

(2) 설계감리는 설계도서(시방서, 도면, 계산서 등)가 관계 법령, 기술기준 등에 적합하며 목적하는 대로 설계가 되었는지 확인하는 것을 말한다.

(3) 공사감리는 전력시설물의 설치 · 보수 공사에 대하여 발주자의 위탁을 받은 공사감리업체에 소속된 감리원이 설계도서, 기타 관계서류의 내용대로 시공되는지 여부를 확인하고 품질관리, 공사관리 및 안전관리 등에 대한 기술지도를 하며, 관계 법령에 따라 발주자의 권한을 대행하는 것을 말한다.

2. 감리원의 자격 구분(「전력기술관리법 시행령」 [별표 2])

등급	국가기술자격자	학력 · 경력자
특급 감리원	기술사	–
고급 감리원	• 기능장의 자격을 취득한 후 2년 이상 전력기술업무를 수행한 사람 • 기사의 자격을 취득한 후 5년 이상 전력기술업무를 수행한 사람 • 산업기사의 자격을 취득한 후 8년 이상 전력기술업무를 수행한 사람	–
중급 감리원	• 기능장의 자격을 취득한 사람 • 기사의 자격을 취득한 후 2년 이상 전력기술업무를 수행한 사람 • 산업기사의 자격을 취득한 후 5년 이상 전력기술업무를 수행한 사람 • 기능사의 자격을 취득한 후 10년 이상 전력기술업무를 수행한 사람	• 석사 이상의 학위를 취득한 사람이거나 이와 같은 수준 이상의 학력이 있다고 인정되는 사람으로서, 졸업한 후 또는 이와 같은 수준의 학력을 갖춘 후 3년 이상 전력기술업무를 수행한 사람

등급	국가기술자격자	학력 · 경력자
중급 감리원		• 대학을 졸업한 사람이거나 이와 같은 수준의 학력이 있다고 인정된 사람으로서, 졸업한 후 또는 이와 같은 수준의 학력을 갖춘 후 6년 이상 전력기술업무를 수행한 사람 • 전문대학을 졸업한 사람이거나 이와 같은 수준의 학력이 있다고 인정된 사람으로서, 졸업한 후 또는 이와 같은 수준의 학력을 갖춘 후 9년 이상 전력기술업무를 수행한 사람 • 고등학교를 졸업한 사람이거나 이와 같은 수준의 학력이 있다고 인정된 사람으로서, 졸업한 후 또는 이와 같은 수준의 학력을 갖춘 후 12년 이상 전력기술업무를 수행한 사람
초급 감리원	• 기사 또는 산업기사의 자격을 취득한 사람 • 기능사의 자격을 취득한 후 6년 이상 전력기술업무를 수행한 사람	• 석사 이상의 학위를 취득한 사람이거나 이와 같은 수준 이상의 학력이 있다고 인정되는 사람 • 대학을 졸업한 사람이거나 이와 같은 수준의 학력이 있다고 인정된 사람으로서, 졸업한 후 또는 이와 같은 수준의 학력을 갖춘 후 1년 이상 전력기술업무를 수행한 사람 • 전문대학을 졸업한 사람이거나 이와 같은 수준의 학력이 있다고 인정된 사람으로서, 졸업한 후 또는 이와 같은 수준의 학력을 갖춘 후 3년 이상 전력기술업무를 수행한 사람 • 고등학교를 졸업한 사람이거나 이와 같은 수준의 학력이 있다고 인정된 사람으로서, 졸업한 후 또는 이와 같은 수준의 학력을 갖춘 후 6년 이상 전력기술업무를 수행한 사람 • 전력기술업무를 8년 이상 수행한 사람으로서, 제7조의7에 따라 감리원 양성에 관한 교육을 이수한 사람

3. 책임감리원 및 보조감리원의 배치기준

(1) 책임감리원의 정의

① 책임감리란 「전력기술관리법」 제12조 제3항 및 「전력기술관리법 시행령」 제22조에 따른 감리전문회사가 시공감리와 발주청으로서의 감독권한을 대행하는 것이다.

② 해당 공사의 설계도서, 그 밖의 관계서류의 내용대로 시공되는지의 여부를 확인하고 품질관리, 시공관리, 공정관리, 안전 및 환경 관리 등에 대한 기술지도를 하는 것이다.

③ 책임감리원은 발주청과 체결된 책임감리 용역계약에 의하여 감리전문회사를 대표하여 현장에 상주하면서 해당 공사 전반에 관한 책임감리 등 업무를 총괄하는 자이다.

(2) 보조감리원의 정의

소관 분야별로 책임감리원을 보좌하고 책임감리원의 지시를 받아 감리업무를 수행하는 감리원으로써, 담당 감리업무에 대하여 책임감리원과 연대하여 책임지는 자를 말한다.

(3) 감리원 배치기준

공사 종류	총예정공사비	책임감리원	보조감리원
발전 · 송전 · 변전 · 배전 · 전기철도	총공사비 100억원 이상	특급 감리원 단, 기술사	초급 감리원 이상
	총공사비 50억원 이상 100억원 미만	고급 감리원 이상	초급 감리원 이상
	총공사비 50억원 미만	중급 감리원 이상	초급 감리원 이상
수전 · 구내 배전 · 가로등 · 전력사용설비 및 그 밖의 설비	총공사비 20억원 이상	특급 감리원	초급 감리원 이상
	총공사비 10억원 이상 20억원 미만	고급 감리원 이상	초급 감리원 이상
	총공사비 10억원 미만	중급 감리원 이상	초급 감리원 이상

[비고] 발주자는 전력시설물공사의 성질상 공사감리를 강화할 필요가 있다고 인정되는 경우에는 감리원을 위 표의 자격기준보다 강화하여 배치하고, 공사감리를 하게 할 수 있다.

4. 감리원의 업무범위

(1) 현장 조사 · 분석

(2) 공사단계별 기성(旣成) 확인

(3) 행정지원업무

(4) 현장 시공상태의 평가 및 기술지도

(5) 공사감리업무에 관련되는 각종 일지작성 및 부대업무

(6) 책임감리원의 수시보고서, 분기보고서 및 최종보고서를 작성하여 발주자에게 제출할 사항은 다음과 같다.

① 개별 작업의 간략한 설명을 포함한 공정 현황
② 기자재의 적합성 검토사항
③ 품질관리에 관한 사항
④ 하도급공사 추진 현황
⑤ 설계 또는 시공의 변경사항
⑥ 나머지 공사의 전망 및 감리계획
⑦ 부당시공 적발 및 시정사항
⑧ 해당 기간 중 시공에 대한 종합평가
⑨ 발주자가 지시하는 사항
⑩ 그 밖에 책임감리원이 감리에 필요하다고 인정하는 사항

008 「전력기술관리법」에서 정한 감리배치 신고대상과 제외대상에 대하여 각각 설명하시오.

data 전기안전기술사 20-122-1-5

답안 1. 「전력기술관리법」에서 정한 감리배치 신고대상

모든 전력시설물의 설치 · 보수 공사(감리 제외대상 제외)

2. 감리배치 신고 제외대상

(1) 「전기사업법」에 따른 일반용 전기설비공사

(2) 「전기사업법」 공급약관에 따른 임시전력공사

(3) 「군사기지 및 군사시설 보호법」에 따른 군사시설 내 전력시설물공사

(4) 「소방시설공사업법」에 따른 비상전원 · 비상전원조명등 및 비상콘센트 공사

(5) 「전기사업법」에 따른 전기사업용 전기설비 중 인입선 및 저압 배전설비 공사

(6) 전기안전관리자가 감리업무를 수행하는 아래의 공사
① 비상용 예비발전설비 설치 · 변경 공사 총공사비 1억원 미만
② 전기수용설비 증설 · 변경 공사 총공사비 5천만원 미만

(7) 전기사업자가 시행하는 총도급공사비 5천만원 미만 공사로, 소속 전력기술인이 감리업무를 수행하는 공사

(8) 전력시설물 중 토목 · 건축 및 기계부문의 설비공사

(9) 발전기 또는 1,000[V] 이상의 변압기 · 차단기 · 전선로의 용량변경이 수반되지 않는 전력시설물의 보수공사. 단, 다음의 하나에 해당하는 공사는 감리대상이다.
① 「전기사업법」에 의한 공사계획의 인가 또는 신고대상인 보수공사
② 저압 전력시설물 보수공사로서, 자가용 전기설비 중 총공사비 5천만원 이상인 전력시설물공사와 함께 시행되는 보수공사

009 「전력기술관리법 운영요령」에서 정한 감리용역 대가 산출기준인 정액적산방식 및 실비정액가산방식의 개념과 비목별 산정방식에 대하여 각각 설명하시오.

data 전기안전기술사 20-122-1-13

답안

1. 정액적산방식의 개념

직접 인건비, 직접 경비, 제경비와 기술료, 추가업무비용의 합계금액에 부가가치세를 합산하여 대가를 산출하는 방식을 말한다.

2. 실비 정액가산방식의 개념

감리원 배치계획에 따라 산출된 감리원의 등급별 인원수에 직접 인건비, 직접 경비, 제경비와 기술료의 합계금액에 부가가치세를 합산하여 대가를 산출하는 방식을 말한다.

3. 비목별 산정방식

(1) 직접 인건비(「전력기술관리법 운영요령」 제26~30조)

① 직접 인건비는 공사규모와 공사복잡도에 따라 정한 [별표 2]의 감리원수에 고급감리원의 노임단가를 곱하여 산출한다. 단, 제24조 제1항 단서 및 제2항에 따라 실비 정액가산방식을 적용하는 경우에는 배치되는 감리원의 등급별 인원수에 노임단가를 곱하여 산출한다.

② 노임단가란 해당 업무에 직접 종사하는 상주, 비상주감리원을 포함한 감리원의 급료, 제수당, 상여금, 퇴직적립금, 산재보험금 등을 포함한 것이며, 감리원의 등급별 노임단가는 한국엔지니어링협회가 「통계법」에 의하여 조사·공표한 노임단가(특급, 고급, 중급, 초급)로 한다.

③ 위 '②'에 따른 감리원은 특급감리원, 고급감리원, 중급감리원, 초급감리원으로 구분하며, 각급 감리원 배치를 위한 인원수 산정 시 감리원의 환산비는 고급감리원을 기준으로 하되 소수점 셋째자리에서 반올림한다.

④ 감리원의 노임단가는 1일 8시간, 1개월을 22일로 계상한다. 단, 감리일수가 1개월을 기준으로 22일을 초과하는 경우 및 야근근무를 하는 경우 등은 「근로기준법」을 적용하여 감리대가를 추가 계상하거나 사후정산을 하여야 한다.

⑤ 출장일수는 근무일수에 가산하며, 이 경우 수탁자의 사무소를 출발한 날부터 귀사한 날까지를 계상한다.

⑥ 감리업무 수행기간 중 「민방위기본법」·「향토예비군 설치법」 또는 법에 의한 교육훈련기간은 해당 감리업무를 수행한 일수에 산입한다.

⑦ 감리업자 등은 배치 중인 감리원의 등급이 변경된 경우 해당 감리원의 환산비를 적용하여 감리원 배치인원을 조정할 수 없다.

(2) 직접 경비(제27조)

① 직접 경비란 해당 업무수행에 필요한 감리원의 현지근무수당, 숙박비 및 현지운영 등에 필요한 다음의 비용을 포함하며 계상기준은 [별표 4]에 따른다. 단, 공사의 특수성에 따라 조정 · 적용할 수 있다.

㉠ 감리원의 주재비
㉡ 감리원의 출장여비
㉢ 보고서 등 인쇄비
㉣ 현지 차량비
㉤ 현장 운영경비(직접 인건비가 포함되지 않은 보조요원의 급료와 현장사무실의 운영비)

② '①'의 경우 총공사금액이 1억원 미만인 때에는 '①'의 '㉣' 및 '㉤'의 비용을 계상하지 아니할 수 있다.

(3) 제경비(제28조)

제경비란 직접비(직접 인건비 및 직접 경비)에 포함되지 아니하는 비용으로서, 간접비를 말하며, 임직원 등의 급여, 사무실비(현장사무실 제외), 수도광열비, 사무용 소모품비, 비품비, 기계기구의 수선 및 상각비, 통신운반비, 회의비, 공과금, 영업활동비용 등을 포함한 것으로 직접 인건비의 110~120[%]로 계산한다.

(4) 추가업무비용(제30조)

발주자는 다음의 업무에 소요되는 추가업무비용은 실비로 별도 계상한다. 단, 다음 '④'의 비용은 일급방식으로 지급할 수 있다.

① 특허, 노하우 등의 사용료
② 모형제작비, 현장계측비 등
③ 해외 및 원격지 출장여비 및 경비
④ 타 전문기술자, 외국전문기술자에 의한 자문비 또는 위탁비용
⑤ 공사발주 설계도서의 검토비용(신공법, 복합구조물 또는 주요 구조물 등)
⑥ 그 밖에 계약특수조건, 과업지시서에서 정하고 있는 추가업무 또는 발주자의 승인을 얻어 수행한 추가업무와 관련된 비용

010 「전력기술관리법령」에 따른 감리업자와 사업수행능력 평가기준과 평가항목별 배점범위 조정 및 가 · 감점 기준에 대하여 설명하시오.

data 전기안전기술사 21-125-1-10

답안 1. 근거

「전력기술관리법 시행규칙」 제27조의2 제1항 제2호에 기준한다.

2. 감리업자의 사업수행능력 평가기준

평가항목	배점범위	평가방법
참여 감리원	50	참여감리원의 등급 · 실적 및 경력 등에 따라 평가
유사용역 수행실적	10	참여업체의 공사감리용역 수행실적에 따라 평가
신용도	10	관계 법령에 따른 입찰참가 제한, 영업정지 등의 처분내용에 따라 평가 및 재정상태 건실도에 따라 평가
기술개발 및 투자 실적 등	10	기술개발 실적, 투자 실적 및 교육 실적에 따라 평가
업무중첩도	10	참여감리원의 업무중첩 정도에 따라 평가
교체빈도	5	감리원의 교체빈도에 따라 평가
작업 계획 및 기법	5	공사감리 업무수행계획의 적정성 등에 따라 평가

011 154[kV] 또는 345[kV] 전력케이블(XLPE)을 지중관로 및 전력구에 포설 시 감리원이 중점적으로 확인하여야 할 사항에 대하여 설명하시오.

data 전기안전기술사 22-126-3-5

comment 향후 이 문제보다 케이블 접속 시 감리 주요 확인사항이 출제 예상된다(예상확률 90[%] 이상).

답안 1. 개요

(1) 국내 가공 송전선로는 765[kV] 주간선 송전선로 구성을 마무리 후 22년 현재는 345[kV]와 500[kV] DC 송전선로 구성이 주류를 이루고 있다(500[kV] 가공 송전선로는 22년 강원도에 대거 시공계획으로서, 인력수급에 핫 이슈 상태임).

(2) 나머지 지역은 주로 가공철탑의 이설공사나 지중화공사가 대부분으로서 감리현장에서는 특히 지중 송전선로 공사가 장기간 소요되고 토목공정과 밀폐공간 내에서 작업하므로 감리 시 현장에 특히 주의할 사항은 다음과 같다.

2. 지중관로 및 전력구에 포설 시 감리원의 중점확인사항

(1) 맨홀 내 금구류 설치

① 준비작업 시 감리원 확인사항

㉠ 작업자가 안전모, 안전화 등 개인보호구를 착용했는지 확인한다.

㉡ 가설 전기설비 사용 시 누전차단기 사용 및 작동 여부를 사전에 확인한다.

㉢ 추락의 위험이 있는 개구부 주변에 안전펜스 등의 안전시설물을 설치했는지 확인한다.

㉣ 맨홀 등의 밀폐공간 작업 시 유해가스 및 산소농도를 측정했는지 확인한다.

㉤ 도로점용 작업 시 「도로교통법」에 의거한 교통안전시설물을 설치했는지 확인한다.

㉥ 양중용으로 사용하는 로프(PP, 슬링) 각 규격의 전단강도를 확인한다.

㉦ 작업장 내 소화기 배치 및 작업 후 정리정돈 여부를 확인한다.

② 맨홀 내 금구류 상하차 시

㉠ 작업자가 안전모, 안전화 등 개인보호구를 착용했는지 확인한다.

㉡ 맨홀 등의 밀폐공간 작업 시 유해가스 및 산소농도를 측정했는지 확인한다.

㉢ 작업공간 내 환기팬 설치 및 환기 후 적정한 산도농도를 유지하는지 확인한다.

㉣ 작업장 내 임시조명설비 설치 및 비상용 랜턴을 휴대했는지 확인한다.

㉤ 호흡용 보호구(공기호흡기, 송기마스크) 및 산소캔 등을 비치 및 착용했는지 확인한다.

㉥ 밀폐공간 작업 시 감시인을 외부에 배치하였는지 확인한다.

㉦ 밀폐공간 작업장 출입 시 인원을 점검하고, 관계자 외 출입금지를 조치한다.

③ 맨홀 내 금구류 투입 시

㉠ 작업자가 안전모, 안전화 등 개인보호구를 착용했는지 확인한다.

㉡ 추락의 위험이 있는 개구부 주변 안전펜스 등의 안전시설물을 설치했는지 확인한다.

㉢ 맨홀 등의 밀폐공간 작업 시 유해가스 및 산소농도를 측정했는지 확인한다.

㉣ 양중용으로 사용하는 로프(PP, 슬링) 각 규격의 전단강도를 확인한다.

㉤ 이동식 크레인 후크 분리 시 가능한 낮은 위치에서 분리한다.

㉥ 경이 큰 와이어로프는 비틀림이 작용해 흔들림이 발생하므로 흔들리는 방향을 주의한다.

㉦ 크레인 등으로 와이어로프 분리를 금지한다.

㉧ 대형 로프를 크레인으로 분리 시 인장력에 의한 운반물의 전도위험에 주의한다.

㉨ 중량물 및 자재의 양중 시 신호수 배치 및 신호체계 확립 여부를 확인한다.

④ 앵커볼트 취부 시

㉠ 이 작업자의 안전모, 안전화, 방진마스크 등 개인보호구를 착용 여부를 확인한다.

㉡ 사다리 사용 작업 시 전도방지장치가 설치되어 있는 사다리인지 확인한다.

㉢ 가설 전기설비 사용 시 누전차단기 사용 및 작동 여부를 사전에 확인한다.

㉣ 맨홀 등의 밀폐공간 작업 시 유해가스 및 산소농도 측정 여부를 확인한다.

㉤ 작업 중간중간에 휴식 여부를 확인한다(연속작업 → 근골격계 질환의 원인).

⑤ 금구류 설치 시

㉠ 작업자의 안전모, 안전화 등 개인보호구 착용 여부를 확인하여야 한다.

㉡ 가설 전기설비 사용 시 누전차단기 사용 및 작동 여부를 사전에 확인한다.

㉢ 맨홀 등의 밀폐공간 작업 시 유해가스 및 산소농도 측정 여부를 확인한다.

㉣ 금구류 모서리 날카로운 면에 피부가 직접적으로 닿지 않도록 조치한다.

㉤ 상부작업 진행 시 하부동선에 낙하물에 의한 위험이 있으므로, 이동금지 조치한다.

㉥ 사다리 사용 작업 시 전도방지장치가 설치되어 있는 사다리인지 확인한다.

㉦ 작업 중간중간에 휴식 여부를 확인한다(연속작업 → 근골격계 질환의 원인).

(2) 관로구간 내 케이블 포설 시

① 준비작업 시

㉠ 작업자가 안전모, 안전화 등 개인보호구를 착용하였는지 확인한다.

㉡ 고소작업 시 추락 및 낙하물 방지에 필요한 안전시설물의 설치 여부를 확인한다.

㉢ 가설 전기설비 사용 시 누전차단기 사용 및 작동 여부를 사전에 확인한다.

㉣ 추락의 위험이 있는 개구부 주변은 안전펜스 등의 안전시설물 설치 여부를 확인한다.

㉤ 맨홀 등의 밀폐공간 작업 시 유해가스 및 산소농도 측정의 시행 여부를 확인한다.

㉥ 도로점용 작업 시 도로교통법에 의거한 교통 안전시설물을 설치하였는지 확인한다.

㉦ 인화성, 가연성, 폭발성 물질은 격리보관하며, 위험물보관소의 설치 · 운영 여부를 확인한다.

㉧ 양중용으로 사용하는 로프(PP, 슬링) 각 규격의 전단강도를 확인한다.

㉨ 작업장 내 소화기 배치 및 작업 후 정리정돈 여부를 확인한다.

② 지중초관형주에 비계 작업 시 감리원 확인사항

㉠ 작업자의 안전모, 안전화, 안전벨트 등 개인보호구의 착용 여부를 확인한다.

㉡ 고소작업 시 추락 및 낙하물 방지에 필요한 안전시설물의 설치 여부를 확인한다.

㉢ 가설 전기설비 사용 시 누전차단기 사용 및 작동 여부를 사전에 확인한다.

㉣ 추락의 위험이 있는 개구부 주변은 안전펜스 등 안전시설물의 설치 여부를 확인한다.

㉤ 비계설치작업 전 자재에 대한 검토(시험성적서 확인, 육안점검 등)를 한다.

㉥ 가설 시설물 설치기준에 부합되는 설계 및 시공을 하는지 확인한다.

㉦ 파이프캡, 클램프캡 등의 안전시설물 설치 여부를 확인한다.

㉧ 위험비닐표지, 안전띠 등을 사용하여 작업구획 설정 및 관계자 외 출입을 금지한다.

㉨ 작업발판은 누락되지 않도록 모두 설치하여 바닥 개구부 발생을 방지하고 작업발판 주위에 측면 개구부는 안전난간을 설치하여 떨어짐 방지조치를 했는지 확인한다.

㉩ 비계의 조립해체 작업 등으로 안전난간의 설치가 곤란하거나 부득이하게

안전난간을 해체하고 작업할 때에는 안전대를 착용하는 등의 떨어짐 방지조치를 했는지 확인한다.

㉪ 비계에 승하강이 용이하도록 경사로나 계단 등의 승강설비를 설치했는지 확인한다.

㉫ 비계는 사용 중 흔들림, 처짐이나 무너짐이 발생하지 않도록 견고하게 설치했는지 확인한다.

㉬ 비계기둥이 좌굴 등에 의해 구조물이 불안정하지 않도록 부재 간 연결을 견고하게 하여야 하며 자재는 과다하게 적재하지 않아야 하고, 분산하여 적재했는지 확인한다.

㉭ 작업 및 통행 시 많이 흔들리거나 작업에 방해가 되지 않도록 작업성을 확보한다.

③ 지중드럼 위치 선정 시

㉠ 작업 시 안전모 등 개인보호구를 착용하고 작업을 실시하는지 확인한다.

㉡ 드럼운반 차량 후진 시 유도원 배치 및 주변 작업자 통제 여부를 확인한다.

㉢ 상하차, 운반 시 로프의 강도 및 결박 상태를 확인한다.

㉣ 포설 드럼 받침의 수평유지 및 견고히 설치하였는지 확인한다.

㉤ 드럼 및 중장비 작업 반경 내 진입 통제 여부를 확인한다.

㉥ 통제요원 배치 및 신호체계를 확립하였는지 확인한다.

㉦ 충분한 운반 작업인원을 확보하였는지 확인한다.

㉧ 커브가 있는 경우 커브측에 드럼 설치 시 안내판을 설치하였는지 확인한다.

㉨ 안전속도를 유지하는지 확인한다.

④ 관로 내 포설 시

㉠ 작업 시 안전모 등 개인보호구를 착용하였는지 확인한다.

㉡ 낙하물 및 추락 방지 안전그물망을 설치한 후 작업을 실시하는지 확인한다.

㉢ Wire, 활차, 드럼 및 포설 장비가 고정상태인지 확인한다.

㉣ 풀링 아이 이동 시 PP로프로 묶어 2인 1조로 작업을 실시하는지 확인한다.

㉤ 와이어로프 이상 유무를 확인한 후 작업을 실시하는지 확인한다.

㉥ 규정장력 및 속도 이내로 포설하는지 확인한다.

㉦ 복명복창으로 단계별 작업을 진행하는지 확인한다.

㉧ 윈치 측 맨홀에 작업자 출입을 금지하고 있는지 확인한다.

(3) 전력구 내 포설 시

① 준비사항 및 확인점검사항

㉠ 작업자가 안전모, 안전화 등 개인보호구를 착용하고 작업하는지 확인한다.

㉡ 가설 전기설비 사용 시 누전차단기 사용 및 작동 여부를 사전에 확인한다.

㉢ 맨홀 등의 밀폐공간 작업 시 유해가스 및 산소농도 측정 시행 여부를 확인한다.

㉣ 스네이크 포설작업 전 작업구호를 미리 숙지하고, 복명복창으로 작업을 진행하는지 확인한다.

㉤ 스네이크 포설작업 시 행거 또는 라다 앞에서 작업하지 않는다(협착 재해).

㉥ 작업 전 허리를 중심으로 요통을 방지하기 위한 운동 및 스트레칭을 실시하는지 확인한다.

㉦ 케이블 스네이크 상하 작업 시 인력운반보다 호이스트를 이용하여 작업하는지 확인한다.

㉧ 호이스트 사용 시 와이어로프의 상태를 확인한다.

② 케터필러 및 로라 설치 시

㉠ 케터필러는 1,000[kg] 이상일 것

㉡ 케터필러 사이에는 1.5~2[m] 간격으로 로라를 설치한다.

③ 케이블 인입 : 케이블이 타 시설물과 접촉되지 않게 보호조치 여부를 확인한다.

④ 스네이크 작업 시

㉠ 전압별, 케이블 굵기별로 수평폭과 수직폭 및 피치의 수직폭, 피치의 수평폭을 확인한다.

㉡ 곡률자를 이용하여 케이블 곡률이 적정한지 확인한다.

(4) 접지설비 작업 시

① 접지선 규격과 굵기

② 접지선 연결상태 확인(100[ton] 압축기로 접지선 접속)

③ 접지저항치

④ 접지연결 리드선 인출 확인

(5) 절연통 보호장치 시설

① 본딩선 규격, 본딩선 결선 확인

② 절연통 보호장치의 설치장소, 연결선 최소 굵기, 접속상태

(6) 피뢰기

① 설치간격

② 외관상태 및 절연열화 측정치

③ 조립상태

④ 리드선의 조임 · 분기위치 · pg 클램프 숫자

⑤ 기기가대 : 설치위치, 설치상태, 기초 콘크리트 상태, 부착상태

(7) 병행지선

① 편단접지 시는 병행지선을 동시 병행한다.

② 전력구에 병행지선을 설치할 때는 상간에 교차 포설 병행지선 설치 여부(전력구 측면에 1선의 병행지선을 설치하되, 한쪽 면에 통과하는 병행지선은 공용가능함)를 확인한다.

③ 관로구간에 병행지선 설치 : 통신공에 1선의 병행지선을 설치하여 공동사용이 가능한지 확인한다.

comment 이 문제의 답안은 전기협회 감리전문 교육자료 중 요약정리한 것으로, 매우 중요하다. 실제 현장에서는 가공 감리보다 지중 송전감리 입찰공고가 많이 나오며, 해당 감리업체는 합격을 위해 감리원에게 지속적으로 면접 교육을 하는 등 치열한 경쟁구도이다.

012 「전력시설물 공사감리업무 수행지침」에 따른 책임감리원은 분기보고서 및 최종 감리보고서를 작성하여 발주자에게 보고하여야 한다. 각 보고서에 포함되어야 하는 사항을 구분하여 설명하시오.

data 전기안전기술사 22-126-2-4

답안 1. 개요

(1) 공사감리란 공사에 대하여 발주자의 위탁을 받은 감리업자가 설계도서, 그 밖의 관계서류의 내용대로 시공되는지 여부를 확인하고, 품질관리 · 공사관리 및 안전관리 등에 대한 기술지도를 하며, 관계법령에 따라 발주자의 권한을 대행하는 것을 말한다.

(2) 책임감리원은 감리업자를 대표하여 현장에 상주하면서 해당 공사 전반에 관하여 책임감리 등의 업무를 총괄하는 사람을 말한다.

(3) 분기 및 최종 감리보고서는 규칙 「전력기술관리법」 제22조 제3항에 따라 전산프로그램(CD-ROM)으로 제출할 수 있다.

2. 책임감리원의 분기보고서 작성 · 보고 내용

(1) 공사추진 현황
공사계획의 개요와 공사추진계획 및 실적, 공정현황, 감리용역현황, 감리조직, 감리원 조치내역 등

(2) 감리원 업무일지

(3) 품질검사 및 관리현황

(4) 검사요청 및 결과통보내용

(5) 주요 기자재 검사 및 수불내용
주요 기자재 검사 및 입출고가 명시된 수불현황

(6) 설계변경현황

(7) 그 밖에 책임감리원이 감리에 관하여 중요하다고 인정하는 사항

3. 책임감리원의 최종 감리보고서 작성 · 보고 내용

(1) 공사 및 감리용역 개요 등
사업목적, 공사 개요, 감리용역 개요, 설계용역 개요

(2) 공사추진 실적현황

기성 및 준공검사 현황, 공종별 추진실적, 설계변경 현황, 공사현장 실정보고 및 처리 현황, 지시사항 처리, 주요 인력 및 장비투입 현황, 하도급 현황, 감리원 투입 현황

(3) 품질관리 실적

검사요청 및 결과통보 현황, 각종 측정기록 및 조사표, 시험장비 사용 현황, 품질관리 및 측정자 현황, 기술검토실적 현황 등

(4) 주요 기자재 사용실적

기자재 공급원 승인 현황, 주요 기자재 투입 현황, 사용자재 투입 현황

(5) 안전관리 실적

안전관리조직, 교육실적, 안전점검실적, 안전관리비 사용실적

(6) 환경관리 실적

폐기물 발생 및 처리 실적

(7) 종합분석

4. 감리보고서 제출기한

(1) 감리업무 수행 중 긴급하게 발생되는 사항 또는 불특정하게 발생하는 중요사항은 수시보고한다.

(2) 분기보고서는 분기말 다음 달 7일 이내에 제출한다.

(3) 최종 감리보고서는 감리기간 종료 후 14일 이내에 제출한다.

comment 실제 감리현장에서는 이 기일을 초과하여 발주자로부터 주의를 받을 수 있으므로 평소에 감리일정, 보고서 등의 기일을 감리원들에게 항상 강조하여 발주자의 행정관리에 최대한 협조할 의무가 감리원에 있음을 감리단 소속인원 및 시공사에게 주지시켜야 한다.

013 「전력시설물 공사감리업무 수행지침」에서 정하는 상주감리원 및 비상주감리원의 근무수칙에 대하여 설명하시오.

data 전기안전기술사 21-126-3-3

답안 감리원의 근무수칙(「전력시설물 공사감리업무 수행지침」 제5조)

(1) 감리원은 감리업무를 수행함에 있어 발주자와의 계약에 따라 발주자의 권한을 대행한다.

(2) 발주자와 감리업자 간에 체결된 감리용역 계약의 내용에 따라 감리원은 해당 공사가 설계도서 및 그 밖에 관계 서류의 내용대로 시공되는지 여부를 확인하고 품질관리, 공사관리 및 안전관리 등에 대한 기술지도를 하며, 전력기술관리법령에 따라 감리업자를 대표하고 발주자의 감독권한을 대행한다.

(3) 감리업무를 수행하는 감리원은 그 업무를 성실히 수행하고 공사의 품질 확보와 향상에 노력하며, 다음의 사항을 실천하여 감리원으로서의 품위를 유지하여야 한다.

① 감리원은 관련 법령과 이에 따른 명령 및 공공복리에 어긋나는 어떠한 행위도 하여서는 아니 되고, 신의와 성실로서 업무를 수행하여야 하며, 품위를 손상하는 행위를 하여서는 안 된다.

② 감리원은 담당업무와 관련하여 제3자로부터 일체의 금품, 이권 또는 향응을 받아서는 안 된다.

③ 감리원은 공사의 품질확보 및 질적 향상을 위하여 기술지도와 지원 및 기술개발 · 보급에 노력하여야 한다.

④ 감리원은 감리업무를 수행함에 있어 발주자의 감독권한을 대행하는 사람으로서, 공정하고, 청렴결백하게 업무를 수행하여야 한다.

⑤ 감리원은 감리업무를 수행함에 있어 해당 공사의 공사계약문서, 감리과업 지시서, 그 밖에 관련 법령 등의 내용을 숙지하고 해당 공사의 특수성을 파악한 후 감리업무를 수행해야 한다.

⑥ 감리원은 해당 공사가 공사계약문서, 예정공정표, 발주자의 지시사항, 그 밖에 관련 법령의 내용대로 시공되는가를 공사시행 시 수시로 확인하여 품질관리에 임하여야 하고, 공사업자에게 품질 · 시공 · 안전 · 공정 관리 등에 대한 기술지도와 지원을 하여야 한다.

⑦ 감리원은 공사업자의 의무와 책임을 면제시킬 수 없으며, 임의로 설계를 변경하거나 기일연장 등 공사계약조건과 다른 지시나 조치 또는 결정을 해서는 안 된다.

⑧ 감리원은 공사현장에서 문제점이 발생되거나 시공에 관련한 중요한 변경 및 예산과 관련되는 사항에 대하여는 수시로 발주자(지원업무 담당자)에게 보고하고 지시를 받아 업무를 수행하여야 한다. 단, 인명손실이나 시설물의 안전에 위험이 예상되는 사태가 발생할 때에는 우선 적절한 조치를 취한 후 즉시 발주자에게 보고하여야 한다.

⑨ 감리업자 및 감리원은 해당 공사시행 중은 물론 공사가 끝난 이후라도 감사기관의 수감요구 및 발주자의 출석요구가 있을 경우에는 이에 응하여야 하며, 감리업무 수행과 관련하여 발생된 사고 또는 피해 발생으로 피해자가 소송제기 시 소송업무에 대하여 적극 협력하여야 한다.

(4) 상주감리원의 현장근무

상주감리원은 다음에 따라 현장근무를 하여야 한다.

① 상주감리원은 공사현장(공사와 관련한 외부 현장점검, 확인 등 포함)에서 운영요령에 따라 배치된 일수를 상주하여야 하며, 다른 업무 또는 부득이한 사유로 1일 이상 현장을 이탈하는 경우에는 반드시 감리업무일지에 기록하고, 발주자(지원업무 담당자)의 승인(부재 시 유선보고)을 받아야 한다.

② 상주감리원은 감리사무실 출입구 부근에 부착한 근무상황판에 현장 근무위치 및 업무내용 등을 기록하여야 한다.

③ 감리업자는 감리원이 감리업무 수행기간 중 법에 따른 교육훈련이나 「민방위기본법」 또는 「향토예비군설치법」 등에 따른 교육을 받는 경우나 「근로기준법」에 따른 유급휴가로 현장을 이탈하게 되는 경우에는 감리업무에 지장이 없도록 직무대행자를 지정(동일 현장의 상주감리원 또는 비상주감리원)하여 업무 인계 · 인수 등의 필요한 조치를 하여야 한다.

④ 상주감리원은 발주자의 요청이 있는 경우에는 초과근무를 하여야 하며, 공사업자의 요청이 있을 경우에는 발주자의 승인을 받아 초과근무를 하여야 한다. 이 경우 대가지급은 운영요령 또는 「국가를 당사자로 하는 계약에 관한 법률」에 따른 계약예규에서 정하는 바에 따른다.

⑤ 감리업자는 감리현장이 원활하게 운영될 수 있도록 감리용역비 중 직접 경비를 감리대가기준에 따라 적정하게 사용하여야 하며, 발주자가 요구할 경우 직접 경비의 사용에 대한 증빙을 제출하여야 한다.

(5) 비상주감리원의 업무수행

비상주감리원은 다음에 따라 업무를 수행해야 한다.

① 설계도서 등의 검토

② 상주감리원이 수행하지 못하는 현장 조사분석 및 시공상의 문제점에 대한 기술검토와 민원사항에 대한 현지조사 및 해결방안 검토
③ 중요한 설계변경에 대한 기술검토
④ 설계변경 및 계약금액 조정의 심사
⑤ 기성 및 준공검사
⑥ 정기적(분기 또는 월별)으로 현장 시공상태를 종합적으로 점검 · 확인 · 평가하고 기술지도
⑦ 공사와 관련하여 발주자(지원업무 수행자 포함)가 요구한 기술적 사항 등에 대한 검토
⑧ 그 밖에 감리업무 추진에 필요한 기술지원업무

014 「전력기술관리법」에 의한 「전력시설물 공사감리업무 수행지침」에서 규정하고 있는 검사 체크리스트 작성목적과 검사절차를 설명하시오.

data 전기안전기술사 21-125-1-11

답안

1. 개요

(1) 검사 체크리스트란 공사감리업자가 업무수행 중 체크해야 하는 항목 리스트이다.

(2) 관련 규정 : 「전력시설물 공사감리업무 수행지침」 제34조

2. 검사 체크리스트 작성의 목적

(1) 체계적이고 객관성 있는 현장 확인과 승인

(2) 부주의, 착오, 미확인에 따른 실수를 사전 예방하여 충실한 현장확인 업무 유도

(3) 확인 · 검사의 표준화로 현장의 시공기술자에게 작업의 기준 및 주안점을 정확히 주지시켜 품질 향상 도모

(4) 객관적이고 명확한 검사결과를 공사업자에게 제시하여 현장에서의 불필요한 시비를 방지하는 등의 효율적인 확인 · 검사 업무 도모

3. 검사절차

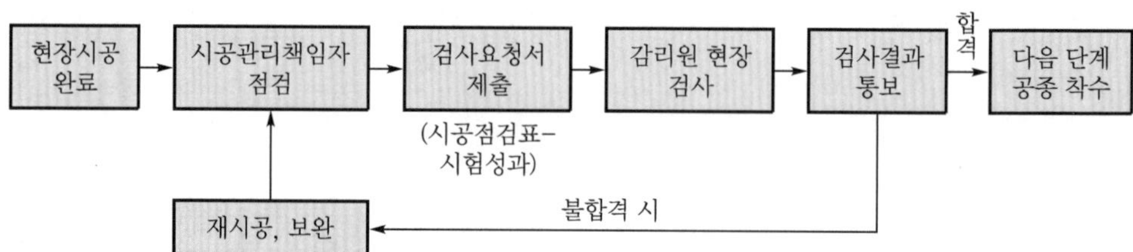

(1) 검사 체크리스트에 따른 검사는 1차적으로 시공관리책임자가 검사하여 합격된 것을 확인한 후 그 확인한 검사 체크리스트를 첨부하여 검사요청서를 감리원에게 제출하면 감리원은 1차 점검내용을 검토한 후 현장확인검사를 실시하고 검사결과 통보서를 시공관리책임자에게 통보한다.

(2) 검사결과 불합격인 경우

① 불합격된 내용을 공사업자가 명확히 이해할 수 있도록 상세하게 불합격 내용을 첨부하여 통보한다.

② 보완시공 후 재검사를 받도록 조치한 후 감리일지와 감리보고서에 반드시 기록한다.

③ 공사업자가 재검사를 요청할 때에는 잘못 시공한 시공기술자의 서명을 받아 그 명단을 첨부한다.

015 책임감리와 건설사업관리(CM)의 업무와 제도를 비교하여 설명하시오.

data 전기안전기술사 20-122-3-2

답안 1. 책임감리

(1) 책임감리의 개념

① 책임감리 : 「전력기술관리법」 제12조 및 시행령 제23조에 따른 감리전문회사가 시공감리와 발주청으로서의 감독권한을 대행하는 것을 말하며, 당해 공사의 설계도서, 기타 관계서류의 내용대로 시공되는지의 여부를 확인하고 품질관리, 시공관리, 공정관리, 안전 및 환경 관리 등에 대한 기술지도를 하는 것이다.

② 책임감리원 : 발주청과 체결된 책임감리용역계약에 의하여 감리전문회사를 대표하여 현장에 상주하면서 당해 공사 전반에 관한 책임감리 등 업무를 총괄하는 자이다.

(2) 감리원 기본임무

① 「전력기술관리법」에 의한 감리원의 업무를 성실히 수행한다.

② 용지 및 지장물 보상과 국가, 지방자치단체, 기타 공공기관의 허가 · 인가 협의 등에 필요한 발주청 업무를 지원한다.

③ 검측업무를 수행하는 검측감리원은 감리원의 지시에 따라 당해 공사의 특성, 공사의 규모 및 현장조건을 감안하여 현장별로 수립한 검측체크리스트에 따라 설계도서에서 정한 규격 및 치수 등에 대하여 시설물의 각 공종마다 육안검사 · 측량 · 입회 · 승인 · 시험 등의 방법으로 검측업무를 수행하여야 한다.

④ 시공자가 검측업무를 요청할 경우에는 즉시 검측업무를 수행하고 그 결과를 시공자에게 통보하여야 한다.

(3) 감리원의 업무범위(「전력기술관리법 시행령」 제23조)

① 법 제12조 제4항에 따른 감리원의 업무범위는 다음과 같다.

㉠ 공사계획의 검토

㉡ 공정표의 검토

㉢ 발주자 · 공사업자 및 제조자가 작성한 시공설계도서의 검토 · 확인

㉣ 공사가 설계도서의 내용에 적합하게 시행되고 있는지에 대한 확인

㉤ 전력시설물의 규격에 관한 검토 · 확인

㉥ 사용자재의 규격 및 적합성에 관한 검토 · 확인

㉦ 전력시설물의 자재 등에 대한 시험성과에 대한 검토 · 확인

ⓞ 재해예방대책 및 안전관리의 확인
ⓩ 설계변경에 관한 사항의 검토 · 확인
ⓒ 공사진행 부분에 대한 조사 및 검사
ⓚ 준공도서의 검토 및 준공검사
ⓣ 하도급의 타당성 검토
ⓟ 설계도서와 시공도면의 내용이 현장조건에 적합한지 여부와 시공 가능성 등에 관한 사전검토
ⓗ 그 밖에 공사의 질을 높이기 위하여 필요한 사항으로서, 지식경제부령으로 정하는 사항

② 산업통산부장관은 감리원 업무의 효율적 수행을 위하여 감리업무의 수행에 관한 세부기준을 정하여 고시한다.

(4) 책임감리원이 작성하여 발주자에게 제출하여야 하는 보고서의 종류 및 보고서의 내용

① **보고서의 종류** : 「전력기술관리법 시행규칙」 제22조에 의하여 책임감리원은 다음 사항을 기재한 수시보고서 및 분기보고서 · 최종 보고서를 작성하여 발주자에게 제출하여야 한다.

② **보고서의 내용**

㉠ 개별작업의 간략한 설명을 포함한 공정현황
㉡ 기자재의 적합성 검토사항
㉢ 품질관리에 관한 사항
㉣ 하도급공사 추진현황
㉤ 설계 또는 시공의 변경사항
㉥ 나머지 공사의 전망 및 감리계획
㉦ 부당시공 적발 및 시정사항
㉧ 해당기간 중 시공에 대한 종합평가
㉨ 발주자가 지시하는 사항
㉩ 기타 책임감리원이 감리에 관하여 중요하다고 인정되는 사항

2. CM

(1) 개념

「건설산업기본법」에서의 정의(제2조 제9호) '시공책임형 건설사업관리'라 함은 종합공사를 시공하는 업종을 등록한 건설업자가 건설공사에 대하여 시공 이전단계에 건설사업관리 업무를 수행하고 아울러 시공단계에서 발주자와 시공 및 건설사업관

리에 대한 별도의 계약을 통하여 종합적인 계획, 관리 및 조정을 하면서 미리 정한 공사금액과 공사기간 내에 시설물을 시공하는 것을 말한다.

(2) 건설사업관리의 업무범위(「건설기술 진흥법 시행령」 제59조 제1항)

① 설계 전 단계
② 기본설계 단계
③ 실시설계 단계
④ 구매조달 단계
⑤ 시공 단계
⑥ 시공 후 단계

(3) 건설사업관리의 업무내용(「건설기술 진흥법 시행령」 제59조 제2항)

① 건설공사의 계획, 운영 및 조정 등 사업관리일반
② 건설공사의 계약관리
③ 건설공사의 사업비 관리
④ 건설공사의 공정관리
⑤ 건설공사의 품질관리
⑥ 건설공사의 안전관리
⑦ 건설공사의 환경관리
⑧ 건설공사의 사업정보 관리
⑨ 건설공사의 사업비, 공정, 품질, 안전 등에 관련되는 위험요소관리
⑩ 그 밖에 건설공사의 원활한 관리를 위하여 필요한 사항

(4) 감독 권한대행 등 건설사업관리(「건설기술 진흥법 시행령」 제59조 제3항)

① 시공계획의 검토
② 공정표의 검토
③ 시공이 설계도면 및 시방서의 내용에 적합하게 이루어지고 있는지에 대한 확인
④ 건설업자나 주택건설등록업자가 수립한 품질관리계획 또는 품질시험계획의 검토·확인·지도 및 이행상태의 확인, 품질시험 및 검사 성과에 관한 검토·확인
⑤ 재해예방대책의 확인, 안전관리계획에 대한 검토·확인, 그 밖에 안전관리 및 환경관리의 지도
⑥ 공사진척 부분에 대한 조사 및 검사
⑦ 하도급에 대한 타당성 검토
⑧ 설계내용의 현장조건 부합성 및 실제 시공 가능성 등의 사전검토
⑨ 설계변경에 관한 사항의 검토
⑩ 준공검사

⑪ 건설업자나 주택건설등록업자가 작성한 시공 상세도면의 검토 및 확인
⑫ 구조물 규격 및 사용자재의 적합성에 대한 검토 및 확인
⑬ 그 밖에 공사의 질적 향상을 위하여 필요한 사항으로서, 「국토교통부령」으로 정하는 사업

3. 책임감리제도와 CM의 차이

comment 아래 내용을 표로 작성하여 암기하도록 한다.

(1) CM의 개념

발주자의 위임을 받아 발주 설계자, 시공자 간을 조정하여 원활한 진행을 추구하며 발주자의 이익을 극대화하는 건설사업관리제도이다.

(2) 책임감리제도의 개념

발주청으로부터 감독권한을 위임받아 대행하는 것으로, 시공감리, 검측감리의 기능을 동시에 한다.

(3) CM과 감리원의 자질은 설계와 설계과정, 시공과 시공과정의 전문지식이 있고 관리기법이 가능하며 발주자와의 조정 능력이 있어야 한다.

(4) CM과 책임감리와의 차이점은 업무구분과 업무의 범위, 조직원의 구성이 있다.

① 업무구분
㉠ CM은 프로젝트별 별도의 계약에 의해 업무가 상세하게 규정된다.
㉡ 책임감리는 「건설기술관리법」, 즉 관계법령에 따라 그 업무가 결정된다.

② 업무범위
㉠ CM은 프로젝트의 전단계에 걸쳐 총괄업무를 수행한다.
㉡ 책임감리는 시공과정에 치우쳐 진행된다.

③ 조직원의 구성 : CM은 전문인력의 최적 조직원 구성인데 반해 책임감리는 「건설기술관리법」에 따른다.

④ 특징
㉠ CM은 발주자, 설계자, 시공자의 조정자로 최적의 업무수행 및 클레임 및 분쟁의 해결로 프로젝트 전과정에서 발주자의 이익을 극대화한다.
㉡ 책임감리는 설계도서대로 시공하는지 여부와 시공품질 향상을 위한 방안 등 시공감독관의 업무중심에서 수행 및 감독의 행정업무를 대리한다.

016 가치공학(Value Engineering ; 이하 VE)의 적용형태, VE의 5가지 기본원칙, VE를 적용하기 적합한 건설사업의 유형에 대하여 각각 설명하시오.

data 전기안전기술사 20-122-3-3

답안 1. VE의 정의(VE : Value Engineering)

(1) 최소의 생애주기(LCC : Life Cycle Cost)로 대상시설물을 최상의 가치를 창출하기 위한 체계적 Process이다.

(2) 원가절감기법

2. VE 기본원리(4가지 형태, 가치공학의 적용형태)

(1) 관계식

$$가치(value) = \frac{기능(function)}{비용(cost)}$$

(2) 해석

기능은 향상 또는 유지하면서 비용을 최소화하여 가치를 극대화한다.

(3) 기본원리(4가지 형태)

구분	원가절감형	기능향상형	혁신형	기능강조형
Function	→	↗	↗	↗
Cost	↘	→	↘	↗

3. VE의 효과 및 적용원칙

(1) 기대효과

① 원가절감을 통한 이익 상승

② 기술력 향상(신기술, 신공법 개발)

③ 업체의 기술경쟁력 향상

④ 최대 효과 창출(LCC가 최소일 때 최대 효과 발생)

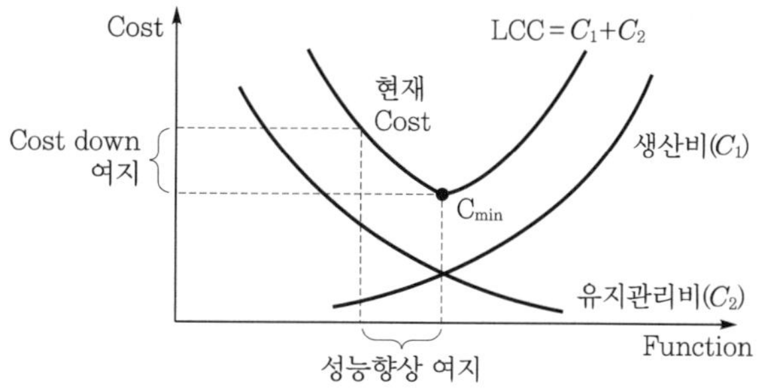

(2) 적용원칙

① 제1원칙 : 사용자 우선의 원칙

② 제2원칙 : 기능본위의 원칙

③ 제3원칙 : 창조에 의한 변경 원칙

④ 제4원칙 : 팀 디자인의 원칙

⑤ 제5원칙 : 가치향상의 원칙

4. VE를 적용하기 적합한 건설사업의 유형

(1) 총공사비 100억 원 이상인 건설공사의 기본설계, 실시설계(일괄 · 대안 입찰공사, 기술제안 입찰공사, 민간투자사업 및 설계공모사업을 포함)

(2) 총공사비 100억 원 이상인 건설공사로서, 실시설계 완료 후 3년 이상 지난 뒤 발주하는 건설공사(단, 발주청이 여건변동이 경미하다고 판단하는 공사는 제외)

(3) 총공사비 100억 원 이상인 건설공사로서, 공사시행 중 총공사비 또는 공종별 공사비 증가가 10[%] 이상 조정하여 설계를 변경하는 사항(단, 단순 물량증가나 물가변동으로 인한 설계변경은 제외)

(4) 그 밖에 발주청이 설계단계 또는 시공단계에서 설계 VE가 필요하다고 인정하는 건설공사

017 감리업무 중 안전관리비와 관련한 다음 사항을 설명하시오.
1. 안전관리비의 항목별 사용내역
2. 공사진척에 따른 안전관리비 사용기준

data 전기안전기술사 22-128-4-4

답안 1. 안전관리비의 항목별 사용내역

(1) 안전관리자 · 보건관리자의 임금 등

① 안전관리 또는 보건관리 업무만을 전담하는 안전관리자 또는 보건관리자의 임금과 출장비 전액

② 안전관리 또는 보건관리 업무를 전담하지 않는 안전관리자 또는 보건관리자의 임금과 출장비의 각각 2분의 1에 해당하는 비용

③ 안전관리자를 선임한 건설공사현장에서 산업재해 예방 업무만을 수행하는 작업 지휘자, 유도자, 신호자 등의 임금 전액

④ 해당 작업을 직접 지휘 · 감독하는 직 · 조 · 반장 등 관리감독자의 직위에 있는 자가 해당 업무를 수행하는 경우에 지급하는 업무수당(임금의 10분의 1 이내)

(2) 안전시설비 등

① 산업재해예방을 위한 안전난간, 추락방호망, 안전대 부착설비, 방호장치(기계 · 기구와 방호장치가 일체로 제작된 경우 방호장치 부분의 가액에 한함) 등 안전시설의 구입 · 임대 및 설치를 위해 소요되는 비용

② 스마트 안전장비 구입 · 임대 비용의 5분의 1에 해당하는 비용. 단, 제4조에 따라 계상된 안전보건관리비 총액의 10분의 1을 초과할 수 없다.

③ 용접작업 등 화재 위험작업 시 사용하는 소화기의 구입 · 임대 비용

(3) 보호구 등

① 보호구의 구입 · 수리 · 관리 등에 소요되는 비용

② 근로자가 보호구를 직접 구매 · 사용하여 합리적인 범위 내에서 보전하는 비용

③ 안전관리자 등의 업무용 피복, 기기 등을 구입하기 위한 비용

④ 안전관리자 및 보건관리자가 안전보건 점검 등을 목적으로 건설공사현장에서 사용하는, 차량의 유류비 · 수리비 · 보험료

(4) 안전보건진단비 등

① 유해 · 위험 방지계획서의 작성 등에 소요되는 비용

② 안전보건진단에 소요되는 비용

③ 작업환경측정에 소요되는 비용
④ 그 밖에 산업재해예방을 위해 법에서 지정한 전문기관 등에서 실시하는, 진단, 검사, 지도 등에 소요되는 비용

(5) 안전보건 교육비 등
① 의무교육이나 이에 준하여 실시하는 교육을 위해 건설공사현장의 교육장소 설치
② 운영 등에 소요되는 비용
③ 산업재해 예방 목적을 가진 다른 법령상 의무교육을 실시하기 위해 소요되는 비용
④ 안전보건관리책임자, 안전관리자, 보건관리자가 업무수행을 위해 필요한 정보를 취득하기 위한 목적으로 도서, 정기간행물을 구입하는 데 소요되는 비용
⑤ 건설공사현장에서 안전기원제 등 산업재해예방을 기원하는 행사를 개최하기 위해 소요되는 비용. 단, 행사의 방법, 소요된 비용 등을 고려하여 사회통념에 적합한 행사에 한함(예 안전기원제)
⑥ 건설공사현장의 유해·위험 요인을 제보하거나 개선방안을 제안한 근로자를 격려하기 위한 비용

(6) 근로자 건강장해예방비 등
① 법·영·규칙에서 규정하거나 그에 준하여 필요로 하는 각종 근로자의 건강장해 예방에 필요한 비용
② 중대재해 목격으로 발생한 정신질환을 치료하기 위해 소요되는 비용
③ 감염병의 확산 방지를 위한 마스크, 손소독제, 체온계 구입비용 및 감염병 병원체 검사를 위해 소요되는 비용
④ 휴게시설을 갖춘 경우 온도, 조명 설치·관리기준을 준수하기 위해 소요되는 비용

(7) 건설재해 예방 전문 지도기관의 지도에 대한 대가로 지급하는 비용

(8) 건설사업자가 아닌 자가 운영하는 사업에서 안전보건업무를 총괄·관리하는 3명 이상으로 구성된 본사 전담조직에 소속된 근로자의 임금 및 업무수행 출장비 전액. 단, 제4조에 따라 계상된 안전보건관리비 총액의 20분의 1을 초과할 수 없다.

(9) 위험성 평가 또는 유해·위험 요인 개선을 위해 필요하다고 판단하여 산업안전보건위원회 또는 노사협의체에서 사용하기로 결정한 사항을 이행하기 위한 비용. 단, 제4조에 따라 계상된 안전보건관리비 총액의 10분의 1을 초과할 수 없다.

2. 공사 진척에 따른 안전관리비 사용기준

공정률	50[%] 이상 70[%] 미만	70[%] 이상 90[%] 미만	90[%] 이상
사용기준	50[%] 이상	70[%] 이상	90[%] 이상

018 「전력시설물 공사감리업무 수행지침」에서 다음 항목을 설명하시오.

1. 공사감리
2. 책임감리원, 비상주감리원 및 지원업무담당자
3. 착공신고서 검토항목
4. 감리원의 검사업무 절차
5. 감리원의 공사중지 명령

data 전기안전기술사 23-129-2-1

답안 1. 공사감리

공사에 대하여 발주자의 위탁을 받은 감리업자가 다음의 일을 한다.

(1) 설계도서 및 그 밖의 관계 서류의 내용대로 시공되는지 여부를 확인한다.

(2) 품질관리 · 공사관리 및 안전관리 등에 대한 기술지도를 한다.

(3) 관계 법령에 따라 발주자의 권한을 대행한다.

2. 책임감리원, 비상주감리원 및 지원업무담당자

(1) 책임감리원

감리업자를 대표하여 현장에 상주하면서 해당 공사 전반에 관하여 책임감리 등의 업무를 총괄하는 사람을 말한다.

(2) 비상주감리원

감리업체에 근무하면서 상주감리원의 업무를 기술 · 행정적으로 지원하는 사람이다.

(3) 지원업무담당자

감리업무수행에 따른 업무 연락 및 문제점 파악, 민원 해결, 용지보상 지원, 그 밖에 필요한 업무를 수행하게 하기 위하여 발주자가 지정한 발주자의 소속 직원

3. 착공신고서 검토항목

(1) 감리원은 공사가 시작된 경우에는 공사업자로부터 다음의 서류가 포함된 착공신고서를 제출받아 적정성 여부를 검토하여 7일 이내에 발주자에게 보고해야 한다.

① 시공관리책임자 지정통지서(현장관리조직, 안전관리자)

② 공사예정공정표

③ 품질관리계획서

④ 공사도급계약서 사본 및 산출내역서

⑤ 공사 시작 전 사진
⑥ 현장기술자 경력사항 확인서 및 자격증 사본
⑦ 안전관리계획서
⑧ 작업인원 및 장비투입 계획서
⑨ 그 밖에 발주자가 지정한 사항

(2) 착공신고서의 적정 여부 검토

① 계약내용 확인
㉠ 공사기간(착공 ~ 준공)
㉡ 공사비 지급조건 및 방법(선급금, 기성부분 지급, 준공금 등)
㉢ 그 밖에 공사계약문서에 정한 사항

② 현장기술자의 적격 여부
㉠ 시공관리책임자 : 「전기공사업법」 제17조
㉡ 안전관리자 : 「산업안전보건법」 제15조

③ 공사예정공정표
㉠ 작업 간 선행 · 동시 및 완료 등 공사 전 · 후 간의 연관성이 명시되어 작성한다.
㉡ 예정 공정률이 적정하게 작성되었는지 확인한다.

④ 품질관리계획 : 공사예정공정표에 따라 공사용 자재의 투입시기와 시험방법, 빈도 등이 적정하게 반영되었는지 확인한다.

⑤ 공사 시작 전 사진 : 전경이 잘 나타나도록 촬영되었는지 확인한다.

⑥ 안전관리계획 : 「산업안전보건법 시행령」에 따른 해당 규정 반영 여부를 확인한다.

⑦ 작업인원 및 장비투입 계획 : 공사의 규모 및 성격, 특성에 맞는 장비형식이나 수량의 적정 여부 등을 확인한다.

4. 감리원의 검사업무 절차

(1) 검사 체크리스트에 의한 검사

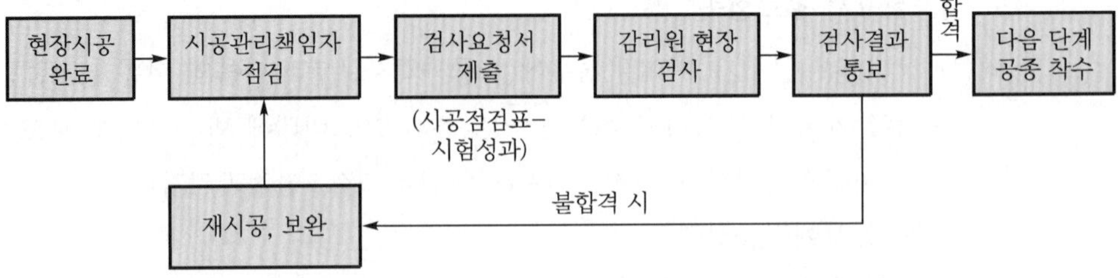

① 1차적으로 시공관리책임자가 검사하여 합격된 것을 확인한다.
② 확인한 검사 체크리스트를 첨부하여 검사요청서를 감리원에게 제출한다.

③ 감리원은 1차 점검내용을 검토한 후 현장확인검사를 실시한다.

④ 검사결과 통보서를 시공관리책임자에게 통보한다.

(2) 검사결과 불합격인 경우

① 불합격된 내용을 공사업자가 명확히 이해할 수 있도록 상세하게 불합격 내용을 첨부하여 통보하고, 보완시공 후 재검사를 받도록 조치한다.

② 감리일지와 감리보고서에 반드시 기록하고 공사업자가 재검사를 요청할 때에는 잘못 시공한 시공기술자의 서명을 받아 그 명단을 첨부하도록 하여야 한다.

5. 감리원의 공사중지명령

(1) 공사업자가 공사의 설계도서, 설계설명서, 그 밖에 관계 서류의 내용과 적합하지 아니하게 시공하는 경우에는 재시공 또는 공사중지명령이나 그 밖에 필요한 조치를 할 수 있다.

(2) 감리원으로부터 재시공 또는 공사중지명령, 그 밖에 필요한 조치에 대한 지시를 받은 공사업자는 특별한 사유가 없으면 이에 응하여야 한다.

(3) 감리원이 공사업자에게 재시공 또는 공사중지명령, 그 밖에 필요한 조치를 취한 때에는 발주자에게 보고해야 한다. 단, 경미한 시정사항 및 재시공은 보고를 생략할 수 있다.

(4) 발주자는 감리원으로부터 재시공 또는 공사중지명령, 그 밖에 필요한 조치에 관한 보고를 받은 때에는 이를 검토한 후 시정 여부의 확인, 공사재개지시 등 필요한 조치를 취한다.

(5) 감리원은 재시공 또는 공사중지명령을 하였을 경우에는 발주자가 공사중지사유가 해소되었다고 판단되어 공사재개를 지시할 때에는 특별한 사유가 없으면 이에 응해야 한다.

(6) 발주자는 감리원의 공사중지명령 등의 조치를 이유로 감리원 등의 변경, 현장상주의 거부, 감리대가 지급의 거부·지체 등 감리원에게 불이익한 처분을 해서는 안 된다.

(7) 공사 중지 및 재시공 지시 등의 적용한계

① 재시공

㉠ 시공된 공사가 품질확보 미흡 또는 위해를 발생시킬 우려가 있다고 판단될 경우

㉡ 감리원의 확인·검사에 대한 승인을 받지 아니하고 후속공정을 진행한 경우

㉢ 관계 규정에 맞지 아니하게 시공한 경우

② 공사중지

㉠ 시공된 공사가 품질확보 미흡 또는 중대한 위해를 발생시킬 우려가 있다고 판단될 경우

㉡ 안전상 중대한 위험이 발견된 경우

㉢ 공사중지의 분류 : 부분중지와 전면중지로 구분한다.

- 부분중지
  - 재시공지시가 이행되지 않은 상태에서는 다음 단계의 공정이 진행됨으로써 하자발생이 될 수 있다고 판단될 때
  - 안전시공상 중대한 위험이 예상되어 물적 · 인적 중대한 피해가 예견될 때
  - 동일 공정에 있어 3회 이상 시정지시가 이행되지 않을 때
  - 동일 공정에 있어 2회 이상 경고가 있었음에도 이행되지 않을 때
- 전면중지
  - 공사업자가 고의로 공사의 추진을 지연시키거나 공사의 부실 발생 우려가 짙은 상황에서 적절한 조치를 취하지 않은 채 공사를 계속 진행하는 경우
  - 부분중지가 이행되지 않음으로써 전체공정에 영향을 끼칠 것으로 판단될 때
  - 지진 · 해일 · 폭풍 등 불가항력적인 사태가 발생하여 시공을 계속할 수 없다고 판단될 경우
  - 천재지변 등으로 발주자의 지시가 있을 때

(8) 감리원은 공사업자가 재시공, 공사중지명령 등에 대한 필요한 조치를 이행하지 아니한 때에는 법 제13조에 따라 공사업자에 대한 제재조치를 취하도록 발주자에게 요구해야 한다.

019 전력시설물공사에서 공종별 중점 감리사항으로 수·변전 설비공사 시공 전 검토사항과 변전실의 건축·환경·전기적 고려사항에 대하여 설명하시오.

data 전기안전기술사 23-129-3-4

답안

1. 개요

(1) 공사감리원은 공사시공 전 충분히 검토하여 공정표에 맞게 진행사항을 확인해야 한다.

(2) 전력시설물은 안전한 사용을 위해 건축 · 환경 · 전기적 유해요인을 고려해야 한다.

2. 수 · 변전 설비공사 시공 전 검토사항

(1) 감리원은 설계도면, 설계설명서, 공사비 산출내역서, 기술계산서, 공사계약서의 계약 내용과 해당 공사의 조사설계보고서 등의 내용을 완전히 숙지하여 새로운 방향의 공법개선 및 예산절감을 도모하도록 노력하여야 한다.

(2) 감리원은 설계도서 등에 대하여 공사계약문서 상호 간의 모순되는 사항, 현장 실정과의 부합 여부 등 현장시공을 주안으로 하여 해당 공사 시작 전에 검토하여야 하며 검토내용에는 다음의 사항 등이 포함되어야 한다.

① 현장조건에 부합 여부
② 시공의 실제 가능 여부
③ 다른 사업 또는 다른 공정과의 상호부합 여부
④ 설계도면, 설계설명서, 기술계산서, 산출내역서 등의 내용에 대한 상호일치 여부
⑤ 설계도서의 누락, 오류 등 불명확한 부분의 존재 여부
⑥ 발주자가 제공한 물량내역서와 공사업자가 제출한 산출내역서의 수량 일치 여부
⑦ 시공 상의 예상 문제점 및 대책 등

3. 변전실의 건축 · 환경 · 전기적 고려사항

(1) 건축적 고려사항

① 장비 반입 및 반출 통로가 확보되어야 한다.
② 장비의 배치에 충분하고 유지보수가 용이한 넓이를 갖고 장비에 대해 충분한 유효높이를 확보해야 한다.
③ 수 · 변전 관련 설비실(발전기실, 축전지실, 무정전 전원장치실 등이 있는 경우)이 가능한 한 이와 인접되어야 한다.
④ 수 · 변전실은 불연재료를 사용하여 구획하고, 출입구는 방화문으로 한다.

comment 매우 꼼꼼히 확인하도록 한다(시공사가 허위로 하는 경우도 가끔 있음).

(2) 환경적 고려사항

① 환기가 잘 되어야 하고 고온다습한 장소는 피하되, 부득이한 경우는 환기설비, 냉방 또는 제습장치를 설치할 것

② 화재, 폭발의 우려가 있는 위험물 제조소나 저장소 부근은 회피할 것
③ 염해 우려가 있거나 부식성 가스 또는 유독성 가스가 체류할 가능성이 있는 장소는 회피할 것
④ 건축물 외부로부터의 홍수 유입 또는 내부의 배관 누수사고 시 침수나 물방울이 떨어질 우려가 없는 위치에 설치할 것
⑤ 가능한 한 최하층은 피해야 하며, 특히 변전실 상부층의 누수로 인한 사고가 없도록 한다. 단, 부득이하게 최하층 사용 시 침수에 대한 대책(기계실 등 보다 60[cm] 이상)
⑥ 침수방지를 위하여 예상 침수높이 이상의 높이에 설치해야 하며, 장비 반입구 및 외부 환기구도 예상 침수높이 이상의 높이에 설치할 것
⑦ 고압 또는 특고압의 전기기계기구, 모선 등을 시설하는 수전실 또는 이에 준하는 곳에 시설하는 전기설비는 자중, 적재 하중, 적설 또는 풍압 및 지진, 그 밖의 진동과 충격에 대하여 안전한 구조일 것

(3) 전기적 고려사항

① 외부로부터의 수전이 편리한 위치로 선정한다.
② 사용부하의 중심에 가깝고, 간선의 배선이 용이한 곳으로 한다.
③ 용량의 증설에 대비한 면적을 확보할 수 있는 장소로 한다.
④ 수전 및 배전 거리를 짧게 하여 경제적이 될 수 있는 곳으로 한다.
⑤ 변압기 보호를 위해 피뢰기는 변압기 인근에 설치되도록 설계한다.
㉠ 뇌서지 발생 시 진행파에 의한 전압 상승 최소화
㉡ 피뢰기 위치 검토 : 피뢰기와 가까운 위치

$$V_t = V_a + \frac{2\mu S}{V}$$

여기서, V_t : 기기에 걸리는 전압[kV]
V_a : 피뢰기의 제한전압[kV]
V : 서지의 전파속도[m/μs]
S : 피뢰기와 기기와의 거리[m]
μ : 침입파의 파두준도[kV/μs]

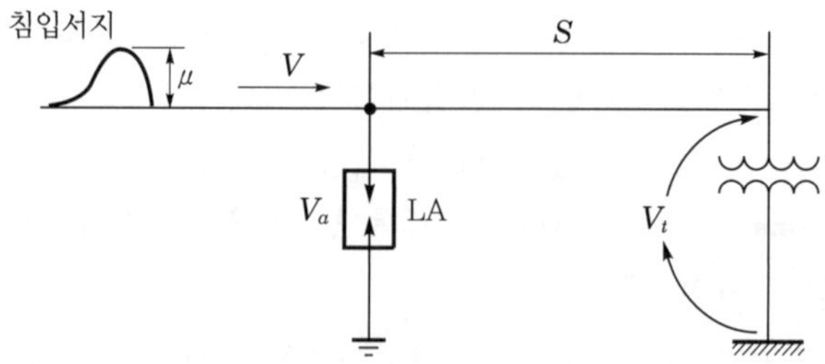

침입서지 μ V S V_a LA V_t

▌피뢰기와 피보호기기 거리▐

section 02 설계감리 관련

020 설계감리 대상에서 '대통령령으로 정하는 요건에 해당하는 전력시설물'에 대하여 설명하시오.

data 전기안전기술사 20-120-1-7

comment 답안으로 '(1)'의 내용만 작성해도 되나 다른 내용도 기록한다.

답안 설계감리 등(「전력기술관리법 시행령」 제18조)

(1) '대통령령으로 정하는 요건에 해당하는 전력시설물'이란 다음의 어느 하나에 해당하는 전력시설물을 말한다.

① 용량 800,000[kW] 이상의 발전설비

② 전압 300,000[V] 이상의 송·변전 설비

③ 전압 100,000[V] 이상의 수전설비·구내 배전설비·전력사용설비

④ 전기철도의 수전설비·철도신호설비·구내 배전설비·전차선설비·전력사용설비

⑤ 국제공항의 수전설비·구내 배전설비·전력사용설비

⑥ 21층 이상이거나 연면적 50,000[m^2] 이상인 건축물의 전력시설물. 단, 「주택법」 제2조 제3호에 따른 공동주택의 전력시설물은 제외한다.

⑦ 그 밖에 산업통상자원부령으로 정하는 전력시설물

(2) 설계도서의 설계감리

① 종합설계업 등록을 한 자 또는 산업통상자원부령으로 정하는 기준에 해당하는 설계감리자로서, 특별시장·광역시장·특별자치시장·도지사 또는 특별자치도지사의 확인을 받은 자가 수행한다.

② 이 경우 설계감리 업무에 참여할 수 있는 사람은 전기분야 기술사, 고급 기술자 또는 고급 감리원(경력수첩 또는 감리원수첩을 발급받은 사람) 이상인 사람으로 한다.

(3) 설계감리를 받으려는 자는 해당 설계도서를 작성한 자를 설계감리자로 선정하여서는 안 된다.

(4) 위 '(2)'의 '①'에도 불구하고 다음의 어느 하나에 해당하는 자가 설치하거나 보수하는

전력시설물의 설계도서는 그 소속의 전기분야 기술사, 고급기술자 또는 고급감리원 이상인 사람이 그 설계감리를 할 수 있다.

① 국가 및 지방자치단체
② 「공공기관의 운영에 관한 법률」 제5조에 따른 공기업
③ 「지방공기업법」에 따른 지방공사 및 지방공단
④ 「국가철도공단법」에 따른 국가철도공단
⑤ 「한국환경공단법」에 따른 한국환경공단
⑥ 「한국농수산식품 유통공사법」에 따른 한국농수산식품 유통공사
⑦ 「한국농어촌공사 및 농지관리기금법」에 따른 한국농어촌공사
⑧ 「대한무역투자진흥공사법」에 따른 대한무역투자진흥공사
⑨ 「전기사업법」에 따른 전기사업자

(5) 설계감리의 업무범위(「전력기술관리법 시행령」 제18조 제5항)

① 전력시설물공사의 관련 법령, 기술기준, 설계기준 및 시공기준에의 적합성 검토
② 사용자재의 적정성 검토
③ 설계내용의 시공 가능성에 대한 사전 검토
④ 설계공정의 관리에 관한 검토
⑤ 공사기간 및 공사비의 적정성 검토
⑥ 설계의 경제성 검토
⑦ 설계도면 및 설계설명서 작성의 적정성 검토

021 「전력기술관리법」에 의거 설계감리를 받아야 하는 전력시설물에 대하여 설명하시오.

data 전기안전기술사 22-128-1-8

답안 **1. 설계감리의 정의**

설계감리는 발주자에게 위탁받아 전력시설물의 설치 · 보수 공사의 계획, 조사 및 설계가 전력기술기준과 관계 법령의 규정에 따라 적정하게 시행되도록 관리하는 것이다.

2. 설계감리를 받아야 하는 전력시설물

(1) 발전설비 : 용량 800,000[kW] 이상

(2) 송 · 변전 설비 : 전압 300,000[V] 이상

(3) 수전설비, 구내 배선설비, 전력사용설비 : 전압 100,000[V] 이상

(4) 층수 21층 이상, 연면적 50,000[m^2] 이상의 전력시설물

(5) 전기철도의 수전설비 · 철도신호설비 · 구내 배전설비 · 전차선설비 · 전력사용설비

(6) 국제공항의 수전설비 · 구내 배전설비 · 전력사용설비

3. 설계감리의 업무

(1) 전력시설물공사의 관련 법령, 기술기준, 설계기준 및 시공기준에의 적합성 검토

(2) 사용자재의 적정성 검토

(3) 설계내용의 시공 가능성에 대한 사전 검토

(4) 설계공정의 관리에 관한 검토

(5) 공사기간 및 공사비 적정성 검토

(6) 설계의 경제성 검토

(7) 설계도면 및 설계설명서 작성의 적정성 검토

4. 설계감리원의 역할

(1) 계약서, 관계법령 등에 따라 안전한가에 대한 설계의 검증과 유효성을 검토 및 확인

(2) 계약서, 시공에 편리하며 합리적으로 현장조건에 적합하게 시행될 가능성 여부

022 「전력기술관리법 시행령」에서 정한 설계감리에 대하여 다음 사항을 설명하시오.

1. 설계감리 대상
2. 설계감리 업무
3. 설계도서의 보관의무
4. 설계감리원의 역할

data 전기안전기술사 20-122-2-3

답안 **1. 전기설비의 설계감리 대상과 제외대상**

(1) 설계감리 등에 의한 감리 대상(제18조)

법 제11조 제4항에 따른 설계감리를 받아야 하는 전력시설물의 설계도서는 다음의 어느 하나에 해당하는 전력시설물의 설계도서로 한다. 단, 그 설계도서가 표준설계도서이거나 용량변경이 수반되지 아니하는 보수공사에 관한 설계도서인 경우에는 그러하지 아니하다.

① 용량 800,000[kW] 이상의 발전설비
② 전압 300,000[V] 이상의 송·변전 설비
③ 전압 100,000[V] 이상의 수전설비·구내 배전설비·전력사용설비
④ 전기철도의 수전설비·철도신호설비·구내 배전설비·전차선설비·전력사용설비
⑤ 국제공항의 수전설비·구내 배전설비·전력사용설비
⑥ 21층 이상이거나 연면적 50,000[m^2] 이상인 건축물의 전력시설물. 단, 「주택법」 제2조 제2호에 따른 공동주택의 전력시설물은 제외한다.
⑦ 그 밖에 지식경제부령으로 정하는 전력시설물

(2) 공사감리의 제외대상(「전력기술관리법 시행령」 제20조 제1항)

① 일반용 전기설비의 전력시설물공사
② 공급약관에서 정한 임시전력을 공급받기 위한 전력시설물공사
③ 군사시설 내의 전력시설물공사
④ 비상전원·비상조명등·비상콘센트
⑤ 전기사업용 전기설비 중 인입선 및 저압 배전설비공사
⑥ 전기사업자가 시행하는 전력시설물공사로서, 그 소속 직원 중 감리원 수첩을 발급받은 사람에게 감리업무를 수행하게 하는 공사

⑦ 다음의 공사를 시행하는 자가 전기안전관리자에게 감리업무를 수행하게 하는 공사
  ㉠ 비상용 예비발전설비의 설치 · 변경 공사로서, 총공사비가 1억원 미만인 공사
  ㉡ 전기수용설비의 증설 또는 변경 공사로서, 총공사비가 5천만원 미만인 공사
  ㉢ 「신에너지 및 재생에너지 개발 · 이용 · 보급 촉진법」에 따른 신에너지 및 재생에너지 설비의 증설 또는 변경 공사로서, 총공사비가 5천만원 미만인 공사

⑧ 「전기사업법」에 따른 전기사업자가 시행하는 총도급공사비 5천만원 미만인 전력시설물공사로서, 소속 전력기술인에게 공사감리업무를 수행하게 하는 공사

⑨ 전력시설물 중 토목 · 건축 및 기계 부문의 설비 공사

⑩ 발전기 또는 전압 600[V] 이상의 변압기 · 차단기 · 전선로의 용량 변경을 가져오지 아니하는 전력시설물의 보수공사. 단, 다음의 어느 하나에 해당하는 보수공사는 제외한다.
  ㉠ 「전기사업법」 제61조 및 「전기안전관리법」 제8조에 따른 공사계획의 인가 또는 신고 대상인 보수공사
  ㉡ 전압 600[V] 미만인 전력시설물의 보수공사로서, 「전기사업법」에 따른 자가용 전기설비 중 총공사비 5천만원 이상인 전력시설물의 보수공사와 함께 시행되는 보수공사

2. 설계감리원의 업무(「전력기술관리법 시행령」 제18조)

(1) 전력시설물공사의 관련 법령, 기술기준, 설계기준 및 시공기준에의 적합성 검토

(2) 사용자재의 적정성 검토

(3) 설계내용의 시공 가능성에 대한 사전검토

(4) 설계공정의 관리에 관한 검토

(5) 공사기간 및 공사비의 적정성 검토

(6) 설계의 경제성 검토

(7) 설계도면 및 설계설명서 작성의 적정성 검토

3. 설계도서의 보관의무(「전력기술관리법 시행령」 제19조)

법 제11조 제7항에 따라 전력시설물의 설계도서는 다음의 기준에 따라 보관하여야 한다. 단, 「전기사업법」 제2조 제2호에 따른 전기사업자의 보관기준은 지식경제부장관이 따로 정한다.

(1) 전력시설물의 소유자 및 관리주체는 전력시설물에 대한 실시설계도서 및 준공설계도서를 시설물이 폐지될 때까지 보관할 것

(2) 설계업자는 그가 작성하거나 제공한 실시설계도서를 해당 전력시설물이 준공된 후 5년간 보관할 것

(3) 법 제12조 제1항에 따른 감리업자(이하 '감리업자'라 함)는 그가 공사감리한 준공설계도서를 하자담보책임기간이 끝날 때까지 보관할 것

4. 설계감리업무 역할(범위)

(1) 전력시설물공사의 관련 법령, 기술기준, 설계기준 및 시공기준에의 적합성 검토

(2) 사용자재의 적정성 검토

(3) 설계내용의 시공 가능성에 대한 사전검토

(4) 설계공정의 관리에 관한 검토

(5) 공사기간 및 공사비의 적정성 검토

(6) 설계의 경제성 검토

(7) 설계도면 및 설계설명서 작성의 적정성 검토

reference

1. 설계감리업무

전력시설물의 설치 · 보수 공사의 계획 · 조사 및 설계가 전력기술기준과 관계규정에 따라 적정하게 시행되도록 관리하는 것

2. 설계감리업무를 수행할 수 있는 사람과 설계감리업무에 참여할 수 있는 사람

(1) 설계감리대상기관 시행 : 소속직원 중 감리원 수첩을 교부받은 자로 하여금 감리업무를 수행하게 하는 공사

(2) (1) 외에 설계낙찰회사의 소속직원 중 감리원 수첩을 교부받은 자

023 감리원이 설계도서 검토 및 확인해야 할 사항과 설계도서 포함내용, 특별히 계약에 명시되지 아니한 경우 일반적인 설계도서 해석의 우선순위에 대하여 설명하시오.

data 전기안전기술사 20-122-4-2

답안

1. 관련 법령

(1) 「건축물의 설계도서 작성기준」 9. 설계도서 해석의 우선순위

(2) 「주택의 설계도서 작성기준」 제10조 설계도서의 해석

(3) 「공사계약일반조건」

① 설계도면과 공사시방서가 상이한 경우로서, 물량내역서가 설계도면과 상이하거나 공사시방서와 상이한 경우에는 설계도면과 공사시방서 중 최선의 공사시공을 위하여 우선되어야 할 내용으로 설계도면 또는 공사시방서를 확정한 후 그 확정된 내용에 따라 물량내역서를 일치시킨다(제19조의2 제2항 제4호).

② 동법 제2조 제4호 규정에서 정한 공사(총액입찰공사 II, 수의계약, 턴키, 대안부분)의 경우로서, 설계도면과 공사시방서가 상호모순되는 경우에는 관련 법령 및 입찰에 관한 서류 등에 정한 내용에 따라 우선 여부를 결정하여야 한다(제19조의2 제3항).

2. 설계도서 해석의 우선순위(「건축물의 설계도서 작성기준」 9.)

설계도서, 법령해석, 감리자의 지시 등이 서로 일치하지 아니하는 경우에 있어 계약으로 그 적용의 우선순위를 정하지 아니한 때는 다음의 순서를 원칙으로 한다.

(1) 특기시방서

(2) 설계도면

(3) 일반시방서, 표준시방서

(4) 산출내역서

(5) 승인된 시공도면

(6) 관계 법령의 유권 해석

(7) 감리자의 지시사항

3. 설계도서의 해석(「주택의 설계도서 작성기준」 제10조)

(1) 설계도서의 내용이 서로 일치하지 아니하는 경우에는 관계 법령의 규정에 적합한 범위 내에서 감리자의 지시에 따라야 하며 그 내용이 설계상 주요한 사항인 경우에 감리자는 설계자와 협의하여 지시내용을 결정하여야 한다.

(2) '(1)'의 경우로서, 감리자 및 설계자의 해석이 곤란한 경우에는 당해 공사계약의 내용에 따라 적용 우선순위 등을 결정하여야 하며 계약서류 등에 특별히 명기되어 있지 아니한 경우 설계도서의 적용 우선순위는 다음과 같다.

① 특별시방서

② 설계도면

③ 일반시방서, 표준시방서

④ 수량산출내역서

⑤ 승인된 시공도면

감전방지

section 01 감전 기본이론

001 전격에 의한 인체 상해의 종류를 설명하시오(감전증상을 말함).

data 전기안전기술사 18-116-2-4

답안 **1. 감전사 발생으로 인한 증상**

(1) 심실세동의 개념

인체에 심실세동전류 이상의 전류가 단시간 내에 심장을 통하여 전류가 흐르고, 이때에 심실세동을 일으켜 심장박동과 호흡이 정지하는 현상이다.

(2) 호흡정지로 인한 질식사

신체의 흉부와 중추신경 부근에 감전전류가 흐르면 흉부근육을 위축시키고 신경계를 마비시켜 호흡이 곤란하게 되고 결국 질식하여 사망하게 된다.

(3) 전기화상

① 전기화상은 통전경로에 따라서 피부조직이 열상을 받으므로 피부면을 중심으로 한 일반화상과는 달리 피부 내부조직까지 열상을 받는다.

② 고압 이상의 전선로에 직접 접촉 시에 지락전류가 대전류이므로 고온아크열에 의해서 피부의 이탈, 동맥절단 등 매우 심한 열상 및 자상이 발생된다.

③ 저압 선로에 인체가 접촉된 상태에서 장시간 경과되면 피부 및 내부조직을 통과한 전류의 줄열에 의한 내부조직 손상이 사망을 야기한다.

2. 감전지연사 발생으로 인한 증상

(1) 감전지연사의 개념

감전사고가 발생한 다음 병원에서 치료를 받는 도중에 사망하는 것이다.

(2) 감전화상

전기불꽃, 즉 Arc열에 의하여 일어나는 화상을 말한다.

(3) 급성 신부전증

감전으로 인한 쇼크, 신장혈관 파손, 근육팽창, 심한 열을 받은 상태로 방뇨가 곤란한 증세이다.

(4) 폐혈증

감전으로 인한 신체 내부의 조직에 병원균이 쉽게 퍼져 폐혈증이 발생한다.

(5) 2차적 출혈

감전사고 후(1~4주 정도 후) 상처부위에 다량의 출혈이 발생한다.

(6) 암의 발생

십 수년 경과 후 감전사고 부위 및 기타 부위에서 암조직이 발생한다.

(7) 소화기 합병증

감전으로 인한 스트레스로 급성 위궤양, 급성 십이지장 궤양이 발생한다.

3. 감전에 의한 국소증상 발생

(1) 피부의 광성 변화

(2) 전문

전기감전화상으로 피부에 묻은 붉은 선이나 상처가 나타나는 현상

(3) 전류반점

감전화상 부위가 검게 반점을 이루고, 움푹 들어간 모양

(4) 감전성 궤양

신체 내부조직의 급성 십이지장 궤양, 위궤양 발생

(5) 표피박탈

4. 감전후유증 발생

(1) 심근경색

(2) 운동 및 언어장애, Arc 불꽃에 의한 시력장애 등

002 전기안전에 있어 감전사고의 전격 위험인자에 관하여 설명하시오.

data 전기안전기술사 19-117-1-9

답안 1. 인체의 감전 시 위험도[즉, 전격(electric shock)에 영향을 주는 요인]

(1) 통전전류의 크기(인체에 흐르는 전류의 크기[mA])

① 최소 감지전류

② 가수전류(= 이탈전류)

③ 불수전류

④ 심실세동전류

(2) 통전시간

(3) 통전경로(인체의 어느 부분을 흘렀는가?)

(4) 전원의 종류(DC보다 상용 주파수의 교류전원이 더 위험) 및 주파수

(5) 전류의 상승률

comment 위 항목 중 (1), (2), (3), (4)의 항목이 중요하다.

2. 인체에 대한 전격의 영향

(1) 전기에너지의 신경과 근육을 자극하면 정상적인 기능을 가진 신경과 근육에 전기신호가 가해져, 근육의 수축 또는 심실세동을 일으키는 현상이다.

(2) 전기에너지가 생체조직의 파괴, 소손 등의 구조적 손상을 일으킨다.

003 감전사고 시 통전전류가 인체에 미치는 영향으로 다음 항목에 대하여 설명하시오.

1. 최소 감지전류
2. 이탈한계전류
3. 심실세동전류

data 전기안전기술사 21-123-1-6

답안 **통전전류에 따른 인체반응과 전류의 범위에 있어서의 생리적 반응**

<table>
<tr><th rowspan="2">구분</th><th rowspan="2">인체의 영향 및 정의, 특성</th><th colspan="2">전류치[mA]</th></tr>
<tr><th>AC</th><th>DC</th></tr>
<tr><td>최소 감지전류
(perception current</td><td>① 인체에 전극을 연결한 후 서서히 인가할 경우 인체가 전류의 흐름을 느끼는 최소 전류
② 남녀, 건강, 연령, 직교류에 따라 값은 달리 나타남</td><td>• 여 : 0.7
• 남 : 1.1</td><td>• 여 : 3.5
• 남 : 5.2</td></tr>
<tr><td>고통한계전류
(이탈전류,
가수전류,
let-go-current)</td><td>① 최소 감지전류 이상으로 전류를 높이면 인체가 고통을 느끼기 시작하는 전류
② 이 고통은 참을 수 있으면서 생명에는 지장이 없는 한계
③ 스스로 이탈 가능한 전류로서, 직류의 경우는 해방전류로 교류의 경우는 이탈전류라 함</td><td>• 여 : 50
• 남 : 73.7</td><td>• 여 : 10.5
• 남 : 16</td></tr>
<tr><td>불수전류
(不隨電流)
= 교착전류
(膠着電流)
(freezing current)</td><td>① 자기 스스로는 접촉된 충전부에서 떨어질 수 없는 최소의 전류(AC 16[mA] 초과 ~ 50[mA])
② 근육 수축 → 접촉상태 지속되면 질식사</td><td>50</td><td>16 ~ 50[mA]</td></tr>
<tr><td>심실세동전류
(치사전류 :
venticular fibrilation current)</td><td>인체의 통전전류를 증가시켜 불수전류(마비한계전류) 이상으로 통전시킬 때 전류의 일부가 심장부분을 흘러가게 되어, 심장이 정상적인 맥동을 하지 못하고, 불규칙한 세동을 하여 혈액순환장애를 발생시켜 사망에 이르게 되는 전류
① 일반적으로 AC에는 50[mA] 초과인 경우
② DC에는 90[mA] 초과인 경우</td><td colspan="2">$165/\sqrt{T}$(1/120 ~ 5초)
혹은
$116/\sqrt{T}$(변전설비 설계 시)</td></tr>
</table>

section 02 누전차단기 관련

004 「산업안전보건기준에 관한 규칙」 제302조 및 제304조에는 누전에 의한 감전방지를 위하여 전기기계기구의 접지 또는 누전차단기의 설치를 의무화하고 있다. 단, 각각의 경우에도 이 의무사항을 적용하지 아니할 수 있는 3가지 조건을 제시하고 그 이유를 설명하시오.

data 전기안전기술사 18-116-3-5

답안 1. RCD의 설치장소(「산업안전보건법」)

(1) 사람이 쉽게 접촉할 우려가 있는 장소에 시설하는 사용전압이 50[V]를 초과하는 저압의 전원측

(2) 특고압 또는 고압의 변압기와 결합되는 대지전압 400[V]를 초과하는 저압 전로

(3) 주택의 옥내에 시설하는 대지전압 150[V] 초과 300[V] 이하의 저압 전로인입구(인체보호용 누전차단기 설치)

(4) 화약고 내의 전원전로 → 화약고 밖에 누전차단기 설치

(5) Floor heating, Road heating 등 난방 또는 결빙방지를 위한 발열선의 전원측

(6) 전기온상 등에 전기를 공급하는 경우 발열선을 공중 또는 지중 이외에 시설하는 곳

(7) 수영장용 Pool의 수중조명등, 기타 이에 준한 시설에 절연변압기의 2차 전로의 사용전압이 30[V]를 초과하는 경우 2차측 전로에 설치

(8) 콘크리트에 직접 매설하는 케이블 임시배선의 전원측

(9) 옥측, 옥외에 시설하는 순환펌프, 급수펌프 등의 전동기 설비

(10) 대지전압이 150[V]를 넘는 경우의 가반식 또는 이동식 전동 기계 · 기구에 전기공급 전로에는 고감도형 설치

(11) 대지전압이 150[V]를 넘는 경우의 물 등 전도성이 높은 액체로 습윤한 장소에 전기공급 전로에는 고감도형 설치

(12) 대지전압이 150[V]를 넘는 경우의 철판, 철골 위 등 전도성이 높은 장소에 전기공급 전로에는 고감도형 설치

2. 누전차단기 설치제외 기준 3가지

(1) 「전기용품 및 생활용품 안전관리법」에 따른 이중 절연구조 또는 이와 동등 이상으로 보호되는 전기 기계 · 기구

(2) 절연대 위 등과 같이 감전위험이 없는 장소에서 사용하는 전기 기계 · 기구

(3) 비접지방식의 전로(그 전기 기계 · 기구의 전원측 전로에 설치한 절연변압기의 2차 전압이 300[V] 이하, 정격용량이 3[kVA] 이하이고 그 절연전압기 부하측의 전로가 접지되어 있지 아니한 것으로 한정함)에 접속하여 사용되는 전기 기계 · 기구

3. 누전차단기 설치제외 이유

(1) 이중 절연구조

① 절연이 충분하여 별도의 누전이 발생하지 않기 때문이다.

② 이중 절연의 예

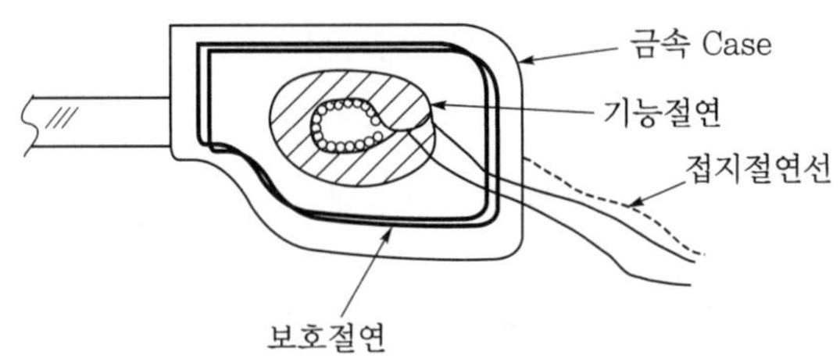

(2) 감전위험 없는 장소

사람이 접촉 시 감전경로가 형성되지 않아서 안전한 장소를 의미한다.

(3) 비접지방식의 전로

비접지방식(△) 결선 등으로 전기적인 귀로형성이 되지 않아서 누전전류가 발생하지 않는 전로를 의미한다.

005 「산업안전보건기준에 관한 규칙」 제304조에서 사업부는 전기 기계·기구에 대하여 누전에 의한 감전의 위험을 방지하기 위하여 누전차단기를 설치하여야 한다. 누전차단기 설치를 적용하지 않을 수 있는 3가지 조건을 설명하시오.

data 전기안전기술사 19-119-1-4

답안

1. 사업주의 의무

사업주는 다음의 전기 기계·기구에 대하여 누전에 의한 감전위험을 방지하기 위하여 해당 전로의 정격에 적합하고 감도(전류 등에 반응하는 정도)가 양호하며 확실하게 작동하는 감전방지용 누전차단기를 설치해야 한다.

(1) 대지전압이 150[V]를 초과하는 이동형 또는 휴대형 전기 기계·기구

(2) 물 등 도전성이 높은 액체가 있는 습윤장소에서 사용하는 저압(1.5[kV] 이하 직류전압이나 1[kV] 이하의 교류전압)용 전기 기계·기구

(3) 철판·철골 위 등 도전성이 높은 장소에서 사용하는 이동형 또는 휴대형 전기 기계·기구

(4) 임시배선의 전로가 설치되는 장소에서 사용하는 이동형 또는 휴대형 전기 기계·기구

2. 감전방지용 누전차단기를 설치하기 어려운 경우

사업주는 작업시작 전에 접지선의 연결 및 접속부 상태 등이 적합한지 확실하게 점검한다.

3. 누전차단기 설치를 적용하지 않을 수 있는 3가지 조건

(1) 「전기용품 및 생활용품 안전관리법」이 적용되는 이중 절연 또는 이와 같은 수준 이상으로 보호되는 구조로 된 전기 기계·기구

(2) 절연대 위 등과 같이 감전위험이 없는 장소에서 사용하는 전기 기계·기구

(3) 비접지방식의 전로

4. 사업주가 누전차단기 사용 전 조치사항

전기 기계·기구를 사용하기 전에 해당 누전차단기의 작동상태를 점검하고 이상이 발견되면 즉시 보수하거나 교환하여야 한다.

5. 사업주가 설치한 누전차단기를 접속하는 경우 준수사항

(1) 전기 기계·기구에 설치되어 있는 누전차단기는 정격감도전류가 30[mA] 이하이고 작동시간은 0.03[sec] 이내일 것. 단, 정격전부하전류가 50[A] 이상인 전기 기계·

기구에 접속되는 누전차단기는 오작동을 방지하기 위하여 정격감도전류는 200[mA] 이하로, 작동시간은 0.1[sec] 이내로 할 수 있다.

(2) 분기회로 또는 전기 기계 · 기구마다 누전차단기를 접속할 것. 단, 평상시 누설전류가 매우 적은 소용량부하의 전로에는 분기회로에 일괄하여 접속할 수 있다.

(3) 누전차단기는 배전반 또는 분전반 내에 접속하거나 꽂음접속기형 누전차단기를 콘센트에 접속하는 등 파손이나 감전사고를 방지할 수 있는 장소에 접속할 것

(4) 지락보호전용 기능만 있는 누전차단기는 과전류를 차단하는 퓨즈나 차단기 등과 조합하여 접속할 것

006 누전차단기와 관련하여 다음 사항에 대하여 설명하시오.
1. 작동원리
2. 선정 시 주의사항
3. 설치환경조건

data 전기안전기술사 22-128-2-1

답안 1. 누전차단기의 사용목적

(1) 교류 1,000[V] 이하의 전로에서 인체에 대한 감전사고

(2) 교류 1,000[V] 이하의 전로에서 누전에 의한 화재방지

(3) 교류 1,000[V] 이하의 전로에서 아크에 의한 전기 기계 · 기구의 손상방지 목적

2. 누전차단기의 작동원리

(1) 누전 · 지락 시 이상전압 → ZCT 검출 → 증폭기 → TC 작동(CB 차단)

(2) 과부하 시 내장된 메커니즘을 이용하여 검출한다.

(3) 누전 · 지락 상태일 경우

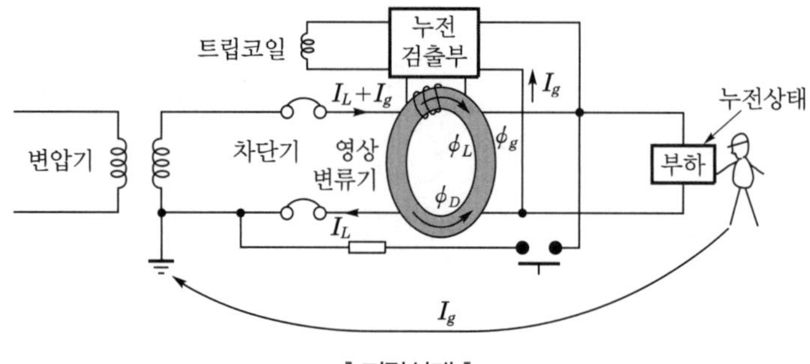

▌지락상태▐

① 그림과 같이 누전차단기로부터 부하측 구간에 누전이 되면 누설전류(I_g)가 대지를 통하여 전원으로 되돌아가므로 ZCT를 통과하는 왕로전류와 귀로전류에는 누설전류만큼의 차가 발생된다.

② 철심 중에는 누설전류에 상당하는 자속이 발생하고 ZCT의 2차측에는 누설전류에 비례하는 출력이 나타난다.

③ 이 출력에 의하여 차단기구가 동작하여 주접점은 Open된다.

④ 즉, 전류 I_L에 의한 자계는 서로 상쇄되어 나타나지 않으나, 누설전류 I_g에 의한 자계는 영상변류기에 ϕ_g로 나타나서, 누전검출부는 검출하고 이 출력에 의하여 차단기구가 동작하여 주접점은 Open된다.

3. 누전차단기 선정 시 주의사항

comment 전기안전기술사 11-93-4-4

(1) 전로의 전기방식에 다른 차단기 극수를 보유할 것

(2) 해당 전로의 전압 · 전류 및 주파수에 적합할 것

(3) 접속된 각각의 휴대용 · 이동용 전동기기에 대해 누전차단기의 선정
① 정격감도전류가 30[mA] 이하의 것을 사용할 것
② 안전상 15[mA]와 같은 고감도의 누전차단기를 사용하는 것도 바람직함

(4) 누전차단기의 정격부동작 전류값의 선정방법
① 정격부동작 전류값은 정격감도전류의 50[%] 이상일 것
② 정격부동작전류와 정격감도전류의 차가 가능한 한 작은 값을 사용할 것

(5) 설치장소의 환경조건에 조화된 것일 것

(6) 용량에 적합한 것을 선정할 것

(7) 누전차단기의 동작시간을 다음 표에 의하여 선정할 것. 즉, 동작시간별 분류(감도시한별 분류) 동작시간이 0.1[sec] 이하의 가능한 짧은 것일 것

▌누전차단기 동작시간에 따른 구분▐

감도구분	형식	정격감도전류[mA]	동작시간
고감도형	고속형	5, 15, 30	정격감도전류에서 0.1[sec] 이내, 인체감전보호용은 0.03[sec] 이내
	시연형		정격감도전류에서 0.1[sec] 초과하고 2[sec] 이내
	반한시형		• 정격감도전류에서 0.1[sec] 초과하고 1[sec] 이내 • 정격감도전류에서 × 1.4배 전류에서 0.1[sec]를 초과하고 0.5[sec] 이내 • 정격감도전류에서 × 4.4배 전류에서 0.05[sec] 이내
중감도형	고속형	50, 100, 200	정격감도전류에서 0.1[sec] 이내
	시연형	300, 500, 1000	정격감도전류에서 0.1[sec]를 초과하고 2[sec] 이내

[비고] • 고속형 : 감전방지가 주목적
• 시연형 : 동작시한의 임의조종이 가능, 보안상 즉시 차단하여서는 안 되는 시설물, 계통의 모선
• 반한시형 : 지락전류에 비해 동작접촉전압의 상승을 억제하는 것이 주목적

(8) 절연저항이 5[MΩ] 이상일 것

(9) **지락보호, 과부하보호 및 과부하와 단락보호겸용인 것 외의 누전차단기 선정**

누전차단기를 사용하고 또한 해당 차단기에 과부하보호장치 또는 단락보호장치를 설치하는 경우에는 이들 장치와 차단기의 차단기능이 서로 조화되게 할 것

(10) 보호목적에 적합한 것일 것

(11) **용도별 선정 시 유의점**

① **지락보호 전용품** : 기존 차단기와 병용 시 유리하며, 주택의 분전반, 에어컨 등에 사용한다.

② **범용품** : 지락, 단락, 과부하용 등 광범위하게 사용하며 1,200[mA]까지 사용한다.

007 「산업안전보건기준에 관한 규칙」에 따라 감전방지용 누전차단기의 설치 시 전기 기계·기구 대상 및 준수사항에 대하여 설명하시오.

data 전기안전기술사 22-126-4-6

comment 이 문제는 저압 기준이 달라져서 누전차단기 준수사항을 출제한 것으로 예상되고 기출문제로 최다 출제된 문항 중 하나이다.

답안 1. 개요

「산업안전보건기준에 관한 규칙」 제304조에 의하여 감전방지용 누전차단기는 인체에 위험전류가 흘러 심실세동을 일으키지 않도록 정해진 감도 이상의 전류가 흐를 시 신속하게 차단하여 감전에 보호하여야 한다.

2. 누전차단기와 인체한계선의 관련 곡선으로부터 누전차단기의 안정성 파악

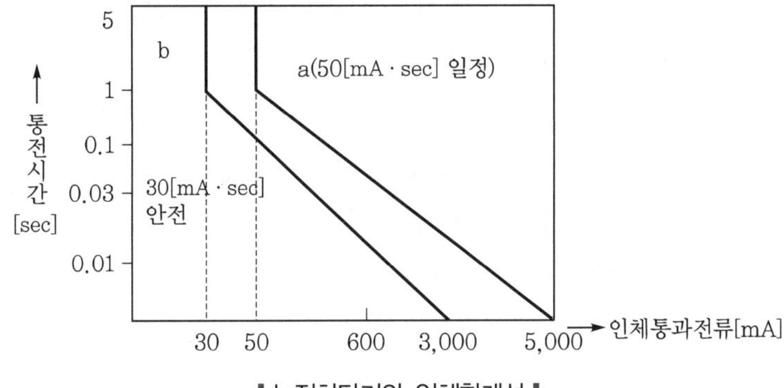

▌누전차단기와 인체한계선▐

(1) a곡선

위험한계선($Q = I_m \times T = 50$[mA · sec])

(2) b곡선

안전한계선($Q = I_m \times T = 30$[mA · sec])으로서, 위험한계선의 50[mA]에서 안전계수 1.67을 감안하여 $\frac{50}{1.67} = 30$[mA]로 한 인체전류통전의 안전한계선을 적용한다.

(3) 인체의 안전한계선

$I_m \times T = 30$[mA · sec]이다.

(4) 위의 그림처럼 누전차단기를 설치 · 적용하여 인체를 감전으로부터 보호한다.

3. 감전방지용 누전차단기의 설치

(1) 전기 기계 · 기구에 대하여 누전에 의한 감전위험을 방지하기 위하여 해당 전로의 정격에 적합하고 감도(전류 등에 반응하는 정도)가 양호하며 확실하게 작동하는 감전방지용 누전차단기를 설치한다.

① 대지전압이 150[V]를 초과하는 이동형 또는 휴대형 전기 기계 · 기구

② 물 등 도전성이 높은 액체가 있는 습윤장소에서 사용하는 저압(1.5[kV] 이하 직류전압이나 1[kV] 이하의 교류전압을 말함)용 전기 기계 · 기구

③ 철판 · 철골 위 등 도전성이 높은 장소에서 사용하는 이동형 또는 휴대형 전기 기계 · 기구

④ 임시배선의 전로가 설치되는 장소에서 사용하는 이동형 또는 휴대형 전기 기계 · 기구

(2) 감전방지용 누전차단기를 설치하기 어려운 경우에는 작업 시작 전에 접지선의 연결 및 접속부 상태 등이 적합한지 확실하게 점검할 것

(3) 감전방지용 누전차단기의 생략

① 「전기용품 및 생활용품 안전관리법」이 적용되는 이중 절연 또는 이와 같은 수준 이상으로 보호되는 구조로 된 전기 기계 · 기구

② 절연대 위 등과 같이 감전위험이 없는 장소에서 사용하는 전기 기계 · 기구

③ 비접지방식의 전로 : 1고장(감시)

(4) 전기 기계 · 기구를 사용하기 전에 해당 누전차단기의 작동상태를 점검하고 이상이 발견되면 즉시 보수하거나 교환할 것

(5) 설치한 누전차단기를 접속하는 경우 준수사항

① 전기 기계 · 기구에 설치되어 있는 누전차단기의 정격 등

㉠ 정격감도전류가 30[mA] 이하이고, 작동시간은 0.03[sec] 이내일 것

㉡ 정격전부하전류가 50[A] 이상인 전기 기계 · 기구에 접속되는 누전차단기는 오작동을 방지하기 위하여 정격감도전류는 200[mA] 이하로, 작동시간은 0.1[sec] 이내로 할 수 있다.

② 분기회로 또는 전기 기계 · 기구마다 누전차단기를 접속할 것. 단, 평상시 누설전류가 매우 적은 소용량 부하의 전로에는 분기회로에 일괄하여 접속할 수 있다.

③ 누전차단기는 배전반 또는 분전반 내에 접속하거나 꽂음접속기형 누전차단기를 콘센트에 접속하는 등 파손이나 감전사고를 방지할 수 있는 장소에 접속할 것

④ 지락보호전용 기능만 있는 누전차단기는 과전류를 차단하는 퓨즈나 차단기 등과 조합하여 접속할 것

008 저압 전로에 설치하는 누전차단기의 설치환경에 대하여 설명하시오.

data 전기안전기술사 21-123-1-5

comment ELB란 용어는 없어졌으므로 RCD(Residual-Current Device)로 통일해서 표현하도록 한다.

답안 저압 전로에 설치하는 누전차단기의 설치환경

(1) 주위온도에 유의할 것

① RCD는 주위온도 −10 ~ +40[℃] 범위에서 성능이 발휘하도록 설계되었다.

② 옥외 직사광선을 받는 경우 외함온도가 50[℃]까지 상승하므로 차폐시설이 필요하다.

③ 저온에서 습도가 있을 경우 결빙에 유의한다.

(2) 표고 1,000[m] 이하의 장소

표고가 높아지면 기압, 공기밀도가 낮아지므로 차단기의 차단능력 저하, 온도상승에 의한 절연내력의 저하를 고려해야 한다.

(3) 비나 이슬에 젖지 않는 장소

RCD는 옥내 사용기준으로 되어 있으므로 옥외 사용 시에는 방수구조의 함 안에 넣는다.

(4) 먼지가 적은 장소

RCD는 일단 방진구조로 되어 있으나 배선용 차단기 등과 짝지은 것은 성능상 개구부가 필요하며 완전한 방진조치에 어려움이 있다. 이 때문에 먼지는 습기 등과 함께 내부의 반도체 및 가동부분 배선 등을 열화시키는 원인이 된다.

(5) 진동 또는 충격을 받지 않는 장소

① RCD는 일단 내구시험으로 진동, 충격에 대한 시험을 하나 영상변류기의 구조상 아주 강한 충격은 그 성능을 크게 변화시켜 사용불능이 된다.

② 운반 등에 있어서도 충분히 유의해야 한다.

(6) 습도가 적은 장소

상대습도가 45~80[%] 사이에서 상승 습기찬 지하실, 터널 등에 오래 방치하면 반도체, 가동부분, 배선 등이 열화된다.

(7) 전원전압의 변동에 유의할 것

① RCD는 전원전압이 정격전압의 85~110[%] 사이에서 그 성능을 만족한다.

② 극단적인 전압 강하, 상승은 성능발휘에 문제가 된다.

(8) 배선상태를 건전하게 유지할 것

배선의 절연상태가 나쁘면 RCD가 동작하여 작업효력을 저하시키게 되어 RCD의 신뢰성을 잃게 될 우려가 생긴다.

(9) 불꽃 또는 아크에 의한 폭발의 위험이 없는 곳에 설치할 것

(10) 이와 같은 설치장소를 얻기 어려운 때는 제조회사 등과 상의하여 적절한 처치를 한 RCD를 제작하도록 할 필요가 있다.

009 한국전기설비규정(KEC)에서 정하는 누전차단기의 시설기준에 대하여 설명하시오.

data 전기안전기술사 23-129-1-9

답안 1. 개요

누전차단기는 저압 전로의 전원 자동차단에 의한 대책으로 시설한다.

2. 누전차단기의 시설기준(KEC 211.2.4)

(1) 설치대상

① 금속제 외함을 가지는 사용전압이 50[V]를 초과하는 저압의 기계기구

② 사람이 쉽게 접촉할 우려가 있는 곳에 시설하는 것에 전기를 공급하는 전로

③ 주택의 인입구 등 이 규정에서 누전차단기 설치를 요구하는 전로

④ 사용전압 400[V] 초과의 저압 전로

㉠ 특고압, 고압 전로 또는 저압 전로와 변압기에 의하여 결합되는 전로

㉡ 저압 전로 또는 발전기에서 공급하는 전로

(2) 예외대상

① 발전소, 변전소, 개폐소 또는 이에 준하는 곳에 시설하는 경우

② 건조한 곳 시설하는 경우

③ 대지전압 150[V] 이하인 기계기구를 물기가 있는 곳 이외의 곳에 시설하는 경우

④ 「전기용품 및 생활용품 안전관리법」의 적용을 받는 이중 절연구조인 경우

⑤ 전원측에 절연변압기(2차 전압 300[V] 이하)를 시설하고 부하측의 전로에 접지하지 않는 경우

⑥ 고무, 합성수지, 기타 절연물로 피복된 경우

⑦ 유도전동기의 2차측 전로에 접속되는 경우

⑧ KEC 131의8에 규정하는 것일 경우

⑨ 누전차단기를 설치하고 또한 전원 연결선이 손상받을 우려가 없게 시설할 경우

3. 누전차단기 설치 추가대상

(1) 자동복구기능의 누전차단기

① 독립된 무인 통신중계소 · 기지국

② 관련 법령에 의해 일반인의 출입을 금지 또는 제한하는 곳

③ 옥외의 장소에 무인으로 운전하는 통신중계기 또는 단위기기 전용 회로

(2) 주택용 누전차단기

IEC 표준을 도입한 RCD를 저압 전로에 사용할 경우 일반인의 접촉 우려가 있는 장소

010 다음의 전기시스템은 욕실에서 사용 중인 전기기기 및 전원의 회로도이다. 전기기기의 누전으로 지락전류가 흐를 경우 외함접지(제3종 접지)의 유무에 따른 인체 통전전류값을 각각 구하고, 이 장소의 감전예방대책을 전기설비기술기준의 판단기준에 의거하여 설명하시오.

- 인체저항 1[kΩ]
- 2종 접지저항값 5[Ω]
- 3종 접지저항값 80[Ω]
- 인체와 욕실 바닥의 접촉저항 300[Ω]

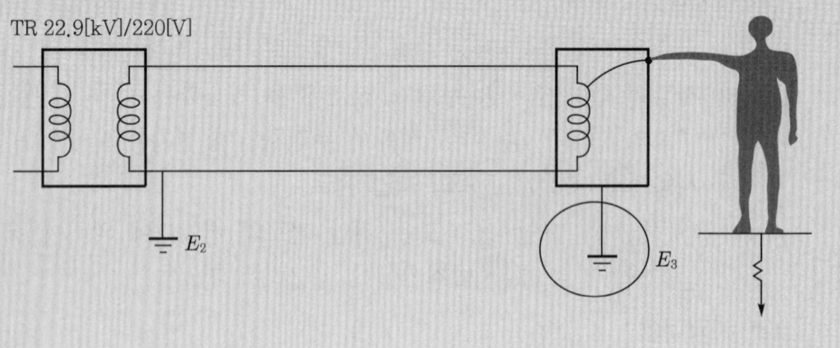

data 전기안전기술사 18-116-2-2

comment 작업형 문제로, 응용한 것이다.

답안 1. 외함접지(제3종 접지)가 있을 경우 인체 통전전류값

(1) 등가회로도

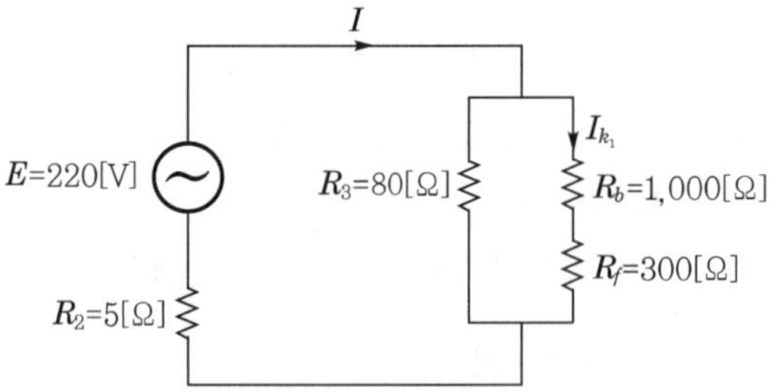

(2) 인체 통전전류 I_{k_1} 산출

$$I_{k_1} = I \times \frac{R_3}{R_3 + (R_b + R_f)} = \frac{E}{R_2 + \dfrac{R_3 \times (R_b + R_f)}{R_3 + (R_b + R_f)}} \times \frac{R_3}{R_3 + (R_b + R_f)}$$

$$= \frac{E\,R_3}{R_2(R_3 + R_b + R_f) + R_3(R_b + R_f)}$$

$$= \frac{220 \times 80}{5(80+1,000+300)+80(1,000+300)}$$
$$= 158.7[\text{mA}]$$

2. 외함접지(제3종 접지)가 없는 경우 인체 통전전류값

(1) 등가회로도

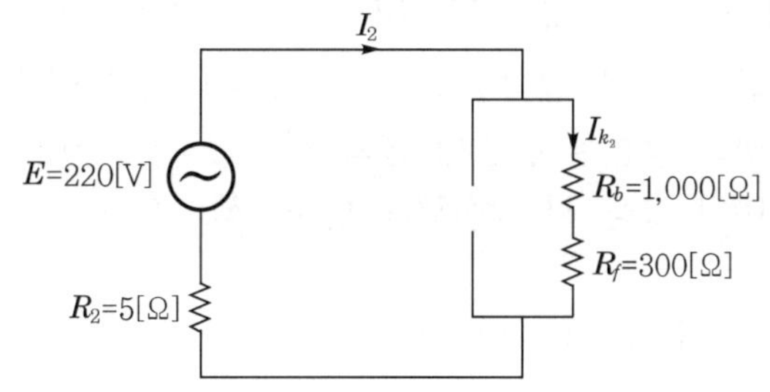

(2) 인체 통전전류 I_{k_2} 산출

$$I_2 = I_{k_2} = \frac{E}{R_2 + R_b + R_f} = \frac{220}{5+1,000+300} = 168.6[\text{mA}]$$

3. KEC에 의거한 감전예방대책(KEC 211.2.4 누전차단기의 시설 규정)

(1) 누전차단기 설치

인체감전보호용 누전단기를 전기기기 1차측이면서 변압기 2차측에 설치(30[mA], 동작감도시간 0.03[sec])

(2) 사람의 발 아래 절연판 설치로 인체 통전전류의 회로가 형성되지 않게 할 것

(3) 기기의 이중 절연 구조화

(4) 기계기구를 건조한 곳에 시설하는 경우

(5) 기계기구가 고무 · 합성수지, 기타 절연물로 피복된 경우

(6) 기계기구가 KEC 131의8의 규정하는 것일 경우

여기서, KEC 131의8 : 「전로의 절연원칙 규정」에서 절연할 수 없는 부분

(7) 기계기구 내에 「전기용품 및 생활용품 안전관리법」의 적용을 받는 누전차단기를 설치하고, 또한 기계기구의 전원연결선이 손상 우려가 없게 시설할 것

section 03 기타 감전보호방법

011 「감전재해 예방을 위한 기술상의 지침」에 대하여 다음 사항을 설명하시오.
1. 직접 접촉 / 간접 접촉 / 도전성 제한공간의 용어 정의
2. 전기설비의 충전부에 인체 접촉 시 감전재해 방지대책 및 추가보호대책
3. 전기설비의 고장 시 감전재해 방지대책

data 전기안전기술사 22-128-3-4

답안 **1. 직접 접촉 / 간접 접촉 / 도전성 제한공간의 용어 정의**

(1) 직접 접촉

정상운전 시 전압이 인가된 충전부분에 인체가 접촉되는 것

(2) 간접 접촉

고장으로 전압이 인가된 도전성 부분에 인체가 접촉되는 것

(3) 도전성 제한공간

대부분의 공간이 금속 등 도전성 물질로 둘러쌓여 있어 이 장소에서 작업 시 신체의 일부분이 도전성 물질과 쉽게 접촉될 수 있는 장소

2. 전기설비의 충전부에 인체 접촉 시 감전재해 방지대책 및 추가보호대책

(1) 충전부에 대하여 파괴하여야만 제거될 수 있는 견고한 절연을 할 것. 단, 페인트, 바니쉬, 래커 등 만으로는 이러한 절연으로 간주하지 아니한다.

(2) 충전부가 노출되지 않도록 폐쇄형 외함은 최소한 다음의 사항을 충족시키도록 한다.

① 외함은 견고히 고정시킬 것

② 상면은 직경 1[mm] 이상의 외부물질이 침입할 수 없는 구조일 것

③ 상면 이외의 다른 면은 직경 12[mm] 이상의 외부물질이 침입할 수 없는 구조일 것

④ 외함의 일부를 개방하기 위해서는 시건장치 또는 공구를 사용하거나 공급전원이 차단된 이후에 개방될 수 있는 연동장치가 있는 구조일 것

(3) 사용목적상 노출이 불가피한 충전부 주위에 의식적 또는 무의식적 접촉 가능성에 대한 경고표시

(4) 관계 근로자 외의 자의 출입이 금지된 구획장소에 설치한다.

① 구획이 필요한 구획물은 무의식적인 접근이나 접촉을 방지할 수 있는 구조일 것

② 구획이 필요한 구획물은 시건장치 또는 공구 없이 제거 가능한 구조이어도 무방하나, 의식적으로 제거시키지 않는 한 제거되지 않는 구조일 것

(5) 서로 다른 전위에 있는 두 부분을 동시에 접촉될 수 없도록 격리 설치할 것(지면에서 2.5[m] 이상, 수평거리 2.5[m] 이상)

(6) 정상운전 시 감전방지를 위한 추가대책

누전차단기를 사용할 경우 누전차단기의 감도전류는 30[mA] 이하인 것을 사용

3. 전기설비의 고장 시 감전재해 방지대책

(1) 전원의 자동차단

① 전원의 계통접지방식에 적합한 자동차단장치를 설치할 것

② 자동차단장치의 접촉전압별 최대 차단시간은 다음 표를 초과하지 않을 것

최대 차단시간[sec]	접촉전압[V]	
	교류	직류
∞	50 미만	120 미만
5	50	120
1	75	140
0.5	90	160
0.2	110	175
0.1	159	200
0.05	220	250
0.03	280	310

③ 동시에 접촉 가능한 부분들을 동일한 접지극에 연결

(2) 절연장소에 의한 고장 시 감전재해 방지대책

① 절연손상 등에 의하여 전위가 서로 달라질 수 있는 부분들은 동시에 접촉방지 조치를 할 것

㉠ 동시에 접촉가능한 2개의 도전성 부분을 2[m] 이상 격리

㉡ 동시에 접촉가능한 2개의 도전성 부분을 절연체로 된 방호울로 격리

㉢ 2,000[V]의 시험전압에 견디고 누설전류가 1[mA] 이하가 되도록 어느 한 부분을 절연

② 절연장소에는 보호접지도체가 인입되지 않도록 할 것
③ 주위의 벽이나 바닥 등 인체가 접촉될 수 있는 모든 부분을 절연판 등을 사용하여 절연시킬 것
④ 외부로부터 도전성 부분이 인입되지 않도록 할 것
⑤ 바닥이나 벽의 절연저항 측정은 다음과 같이 할 것
  ㉠ 해당 도전성 부분과 바닥이나 벽의 절연재 위에 설치된 시험전극 간에 실시
  ㉡ 시험전극의 위치는 처음에는 해당 도전성 부분과 약 1[m] 떨어진 장소로 하고 이후 상호 멀어지는 방향으로 2개소 이상 측정할 것
  ㉢ 시험전극은 한 변의 길이 25[cm]인 정사각형 금속판으로 할 것
  ㉣ 바닥은 750[N], 벽은 250[N]의 힘을 가한 상태에서 측정
  ㉤ 시험전극과 측정 대상면 사이에 한 변의 길이 27[cm]인 정사각형의 물에 젖은 종이나 천을 둘 것

(3) 접지되지 않는 국부적 등전위 본딩

① 동시에 접촉가능한 모든 도전성 부분은 본딩으로 상호연결
② 본딩으로 상호연결된 부분은 이에 연결되지 않은 다른 도전성 부분을 통하여 접지되지 않을 것
③ 대지로부터 절연된 도전성 바닥이나 벽 등도 본딩, 이 부분으로 외 도전성 부분이 인입되지 않도록 할 것

(4) 도전성 제한공간에서의 감전재해 방지대책

① 도전성 제한공간에서 감전재해 방지대책을 할 경우 이 장소의 사용전기설비는 직경 12[cm] 이상의 외부 물체가 침입할 수 없는 폐쇄형 구조
② 충전부는 최소 500[V]의 시험전압에 견디는 절연을 만족하여야 함
③ 정상운전 시 감전재해 방지대책 준수
④ 고장 시 감전방지대책
  ㉠ 안전전원의 위치는 도전성 제한공간 바깥에 둘 것
  ㉡ 계측기 등의 용도로 기능적 접지가 필요할 경우 도전성 공간 내부의 모든 도전성 부분을 상호 본딩시키고 이것을 기능적 접지로 사용
  ㉢ 수공구 및 이동식 기기는 접지되지 않은 안전전원을 사용
  ㉣ 고정식 설비는 감전재해 방지대책을 준수

(5) 감전보호체계의 검토와 적용에 적정한 대책 적용

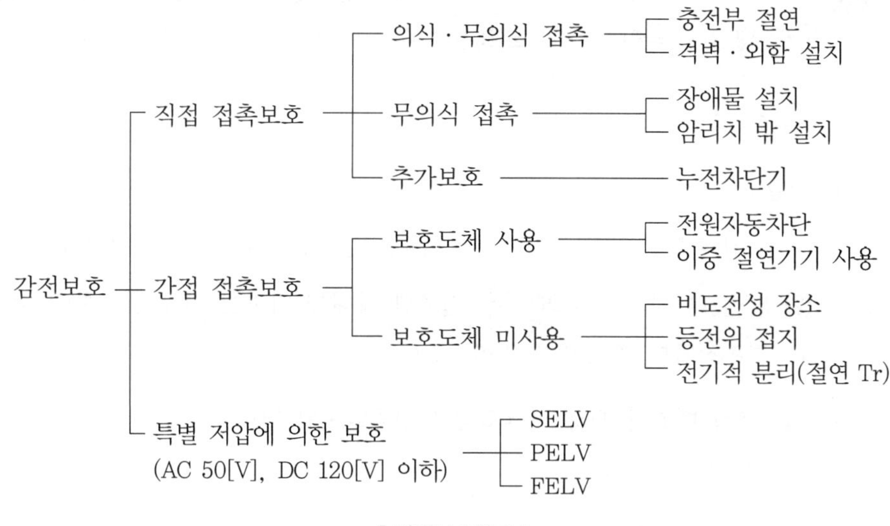

▌감전보호체계▐

012 땀이 나 있는 피부에 접촉해 있는 전극의 접촉면적 변화에 따라 피부 저항과 전류밀도는 어떻게 달라지는지 설명하시오.

data 전기안전기술사 22-128-4-6

답안 1. 개요

(1) 인체 피부의 전기저항은 습기, 부위, 젖은 손, 인가전압, 인가시간에 따라 변화한다.

(2) 땀이 나 있는 피부의 경우 건조한 상태에 비하여 전류의 흐름이 수월하여, 허용 접촉전압이 저하하여 위험전압이 된다.

2. 접촉면적 변화에 따라 피부저항과 전류밀도의 변화

(1) 피부의 전기저항

① 부위에 따른 저항

㉠ 인체의 저항 중 피부의 전기저항이 가장 큰 값을 갖는다.

㉡ 공구로 작업하는 근로자는 약 10,000[Ω], 사무근로자는 약 1,000[Ω]

㉢ 전기저항은 접촉부에서 약 $\frac{1}{10}$로 감소하게 된다.

㉣ 각 부위의 저항값

- 피부 : 2,500~5,000[Ω]
- 조직 : 300~500[Ω]
- 발~신발 : 1,500[Ω]
- 신발~대지 : 700[Ω]

② 습기에 따른 변화

㉠ 피부에 습기가 찬 정도에 따른 피부저항에 변화가 발생한다.

㉡ 피부가 젖어 있는 경우에는 건조한 경우에 비하여 약 $\frac{1}{10}$로 감소한다.

㉢ 땀이 난 경우 $\frac{1}{12}$, 물에 젖은 경우 $\frac{1}{25}$ 정도로 저항이 감소한다.

③ 피부와 전극의 접촉면적에 의한 전류밀도의 변화 : 같은 크기의 전류가 흘러도 접촉면적이 커지면 피부저항과 전류밀도는 감소한다.

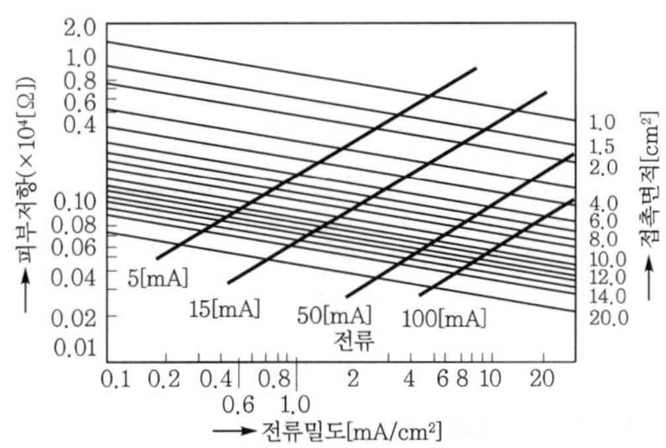

▌전류밀도와 피부저항▐

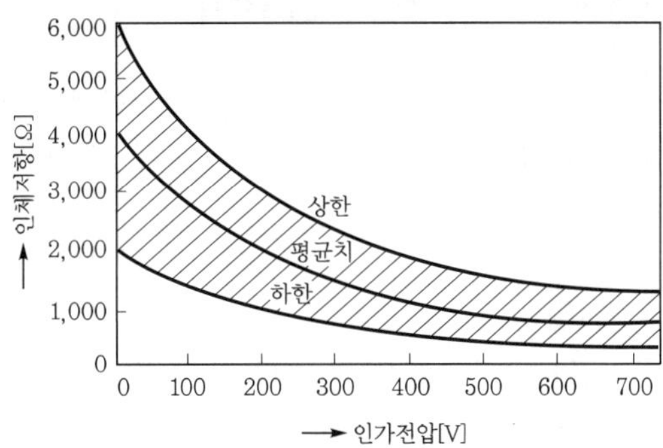

▌인가전압과 피부저항▐

(2) 접촉상태에 따른 허용접촉전압

① 허용접촉전압 회로도

$$r \leq \frac{2.5}{E-2.5} \cdot R_2$$

$$I = \frac{E}{R_2 + r}, \quad V = I \cdot r, \quad I = \frac{V}{r}$$

$$I = \frac{V}{r} = \frac{E}{R_2 + r}$$

$$V(R_2 + r) = rE$$

$$r(E - V) = VR_2$$

$$\therefore \ r = \frac{V}{E - V} R_2$$

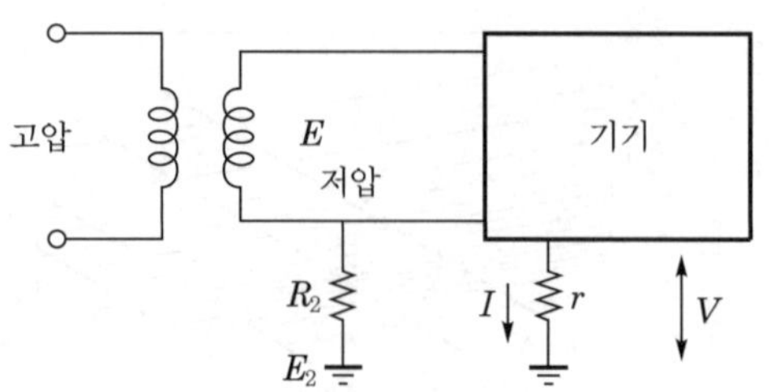

▮ 보호접지저항 산출 ▮

② 인체의 접촉상태에 따른 허용접촉전압

종류	인체 허용전류	인체 저항	허용 접촉전압	접촉상태	보호접지저항 [Ω]
제1종 보호접지	5[mA] (이탈한계 전류의 최저값)	500[Ω]	2.5[V]	인체의 대부분이 수중에 있는 상태	$r \leq \dfrac{2.5}{E-2.5} \cdot R_2$
제2종 보호접지	50[mA] (코펜의 감전 전류의 안전한계)	500[Ω]	25[V]	• 인체가 현저하게 젖어 있는 상태 • 금속성의 전기기계 장치나 구조물에 인체의 일부가 상시 접촉되어 있는 상태	$r \leq \dfrac{25}{E-25} \cdot R_2$
제3종 보호접지	50[mA] (코펜의 감전 전류의 안전한계)	1,000[Ω] (통상의 인체 상태의 인체저항)	50[V]	제1 · 2종 이외의 경우로서 통상의 인체상태에 있어서 접촉전압이 가해지면 위험성이 높은 상태	$r \leq \dfrac{50}{E-50} \cdot R_2$
제4종 보호접지	제한 없음	1,000[Ω] 초과	100[V]	• 제1 · 2종 이외의 경우로서, 통상의 인체 상태에 있어서 접촉전압이 가해지면 위험성이 낮은 상태 • 접촉전압이 가해질 우려가 없는 상태	$r \leq 100$

여기서, r : 보호접지저항의 최댓값[Ω]

E :저압 전로의 사용전압[V]

R_2 : 저압 전로의 접지시스템에 의한 저항 또는 중성점 접지저항[Ω]

013 KS C IEC 60364에 의한 특별 저전압의 종류를 분류하고, 특별 저전압 전원회로에 의한 감전보호방법에 대하여 설명하시오.

data 전기안전기술사 20-122-4-6

답안 **1. KS C IEC 60364에 의한 특별 저전압의 종류**

(1) 특별 저압에 의한 보호는 교류 50[V] 이하, 직류 120[V] 이하의 보호이며 직접 접촉보호나 간접 접촉보호 양쪽에 시행한다.

① SELV : Separated or Safety Extra Low Voltage(비접지회로 보호)

② PELV : Protected Extra Low Voltage(접지회로 보호)

③ FELV : Functional Extra Low Voltage(비접지+접지 조합)

(2) 특별 저압의 개념(ELV : Extra Low Voltage)

① 허용 접촉전압값보다 낮은 전압

㉠ 교류인 경우 50[V] 이하

㉡ 직류인 경우 120[V] 이하의 공칭전압(전압밴드 I)

② 특별 저압을 공급하는 전원 공급시스템

㉠ SELV : 확실히 전기적으로 분리된 특별 저압(안전)

㉡ PELV : 확실히 전기적으로 분리된 기능적 특별 저압(보호)

㉢ FELV : 확실히 전기적으로 분리되지 않은 기능적 특별 저압(기능)

㉣ 확실히 전기적으로 분리된다는 것은 충분한 절연이나 보호도체와의 접속에 의해 하나의 전원회로전압이 다른 회로로 침입할 수 없도록 구성되어 있다는 것을 의미한다.

(3) 용도

① SELV : 특별히 고도의 안전성이 요구되는 곳

② PELV : 주로 보호목적으로 사용

③ FELV : 주로 기능적 이유에서 선택

2. 특별 저전압 전원회로에 의한 감전보호방법

(1) SELV, PELV, FELV의 회로도 비교

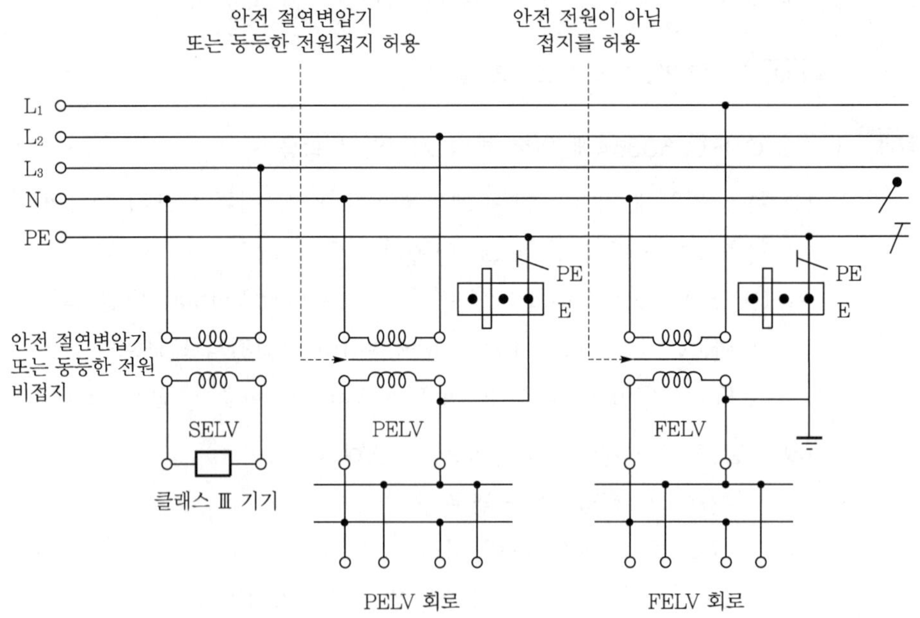

▌SELV, PELV, FELV 회로의 비교▐

여기서, E : 외부 도체로의 접지(금속 배관과 건물의 철근)

PE : 보호도체

: 중성선(N)

: 보호도체(PE)

[비고] 특별 저압을 위한 전압 제한 : 교류 50[V], 직류 120[V]

(2) 특별 저전압 전원회로에 의한 감전보호방법

① 직접 접촉에 대한 감전보호(기본보호)

㉠ 정의 : 직접 접촉보호란 정상운전상태에서 인축 접촉 시 감전방지

㉡ 방법

- 의식 및 무의식 접촉보호 : 충전부절연, 격벽 또는 외함, 장애물
- 무의식 접촉보호 : 암리치 밖에 두는 보호
- 추가보호 : 누전차단기(30[mA])

② 간접 접촉에 대한 감전보호(고장보호)

㉠ 정의 : 간접 접촉보호란 지락 등의 고장이 발생한 경우 인축 접촉 시 감전방지

㉡ 방법(전원차단에 의한 방법을 주로 사용함)

- 전원의 자동차단

- 클래스 Ⅱ 기기사용
- 비전도성 장소에 의한 보호
- 비접지 국부적 본딩에 의한 보호
- 전기적 분리에 의한 보호

③ TN 계통에서 전원의 자동차단에 의한 감전보호

㉠ 자동차단조건 : $Z_S \times I_a \le U_0$

여기서, Z_s: 고장루프 임피던스

U_0 : 공칭대지전압

I_a : 다음 표에 U_0로 제시된 차단시간 이내 차단전류

▌U_0에 의한 TN 계통 및 TT 계통에 적용 자동차단기의 차단시간▐

U_0[V]	차단시간[sec]			
	TN 계통		TT 계통	
	교류	직류	교류	직류
50[V] 초과 120[V] 이하	0.8	–	0.3	–
120[V] 초과 230[V] 이하	0.4	5	0.2	0.4
230[V] 초과 400[V] 이하	0.2	0.4	0.07	0.2
400[V] 초과	0.1	0.1	0.04	0.1

㉡ 최대 차단시간

- 32[A] 이하인 분기회로 : 위의 표에 의한다.
- TN 계통에서 배전회로와 상기 표에 포함하지 않는 회로 : 5초 이하 적용
- TT 계통에서 배전회로와 상기 표에 포함하지 않는 회로 : 1초 이하 적용

㉢ TN 계통의 전원자동차단에 적용하는 보호장치(차단기)의 종류

- 일반적으로 과전류 차단기 사용을 추전한다.
- 다음 표와 같은 방법에 의한다.

▌TN 계통의 보호장치 적용방법▐

보호기 종류	TN–S 계통	TN–C 계통	TN–C–S 계통
과전류차단기	○	○	○
누전차단기(RCD)	○	× 적용 불가(동작불능에 의한 인체 감전위험)	○(요주의)

- TN–C–S 계통의 경우 : 누전차단기 적용 시 PE와 PEN 도체 접속은 그 전원측에 할 것(단로 시 위험접촉전압 발생)

여기서, PE : 보호도체

PEN : 중성선 겸용과 보호도체

014 저압 전기설비(KS C IEC 60364)에서 정하는 특별 저전압(ELV)의 종류와 감전보호 방법에 대하여 설명하시오.

data 전기안전기술사 23-129-2-4

답안 1. 개요

(1) 누전 발생 시 전원의 자동차단, 충분한 절연, 회로의 분리 등 다양한 방법으로 보호한다.

(2) 특별 저전압에 의한 보호는 직접 접촉보호와 간접 접촉보호가 동시에 구현된다.

(3) 허용접촉전압보다 낮은 사용전압 AC 50[V], DC 120[V] 이하의 전압으로 제한하는, 특별 저전압에 의한 보호방법을 비교하여 다음과 같이 설명한다.

2. 특별 저전압의 종류

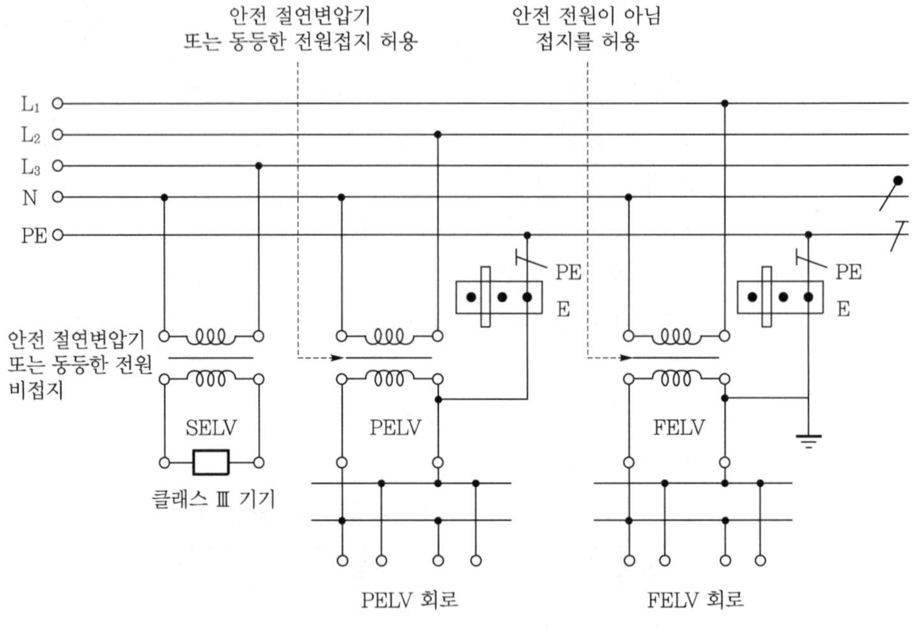

▌특별 저전압 개념▌

(1) SELV(Safety Extra Low Voltage) : SELV는 비접지회로 보호

① 확실히 전기적으로 분리된 특별 저압(안전절연변압기 또는 이와 동등한 전원)

② 비접지회로 보호수단에 적용하는 SELV의 충전도체는 대지에 접속되면 안 됨

③ SELV 회로의 공칭전압이 교류 25[V], 직류 60[V]를 초과한 경우 보호등급 41 IPXXB 이상의 격벽 또는 외함에 의한 보호

④ **사용장소** : 수영장, 놀이공원 등과 같이 심각한 위험을 초래하는 장소

(2) PELV(Protective Extra Low Voltage)

① SELV 계통과 유사하지만 2차 회로 한 점을 접지회로 보호수단에 적용한다.

② 보호접지와 등전위본딩에 의한 주등전위본딩을 실시한다(즉, PELV는 접지회로 보호).

③ PELV의 공칭전압이 다음 값을 초과하지 않을 경우에는 직접 접촉보호는 필요 없다.

㉠ 기기가 통상 건조한 장소에서만 사용되는 경우

㉡ 충전부가 광범위하게 접촉되지 않을 것으로 예상되는 경우

㉢ 교류 25[V] 또는 직류 60[V], 기타의 경우 교류 6[V] 또는 직류 15[V]

(3) FELV(Functional Extra Low Voltage)

① 기능적인 이유로 전압밴드 I 이내의 전압을 사용한다.

② SELV 또는 PELV가 필요치 않을 때는 전압이 50[V] 이하에서 적절한 보조수단을 조합하여 감전보호를 하는데 이 조합수단을 말한다(FELV는 비접지 + 접지 조합).

(4) 특별 저전압 비교

구분	전원과 회로	접지와 보호도체 관계
SELV	① 회로 및 전원은 안전하게 전기적으로 분리 ② 안전절연변압기 등으로 분리	① 회로는 비접지회로 ② 노출도전성 부분은 대지 및 보호도체와 접속하지 않음
PELV		① 회로는 접지회로 ② 노출도전성 부분은 접지 또는 보호도체와 접속
FELV	① 회로 및 전원은 기초 절연 ② 안전절연변압기를 사용하지 않아 구조적으로 분리 없음	① 회로는 접지해도 좋음 ② 노출도전성 부분은 전원 1차 회로의 보호도체와 접속함

3. 감전보호체계

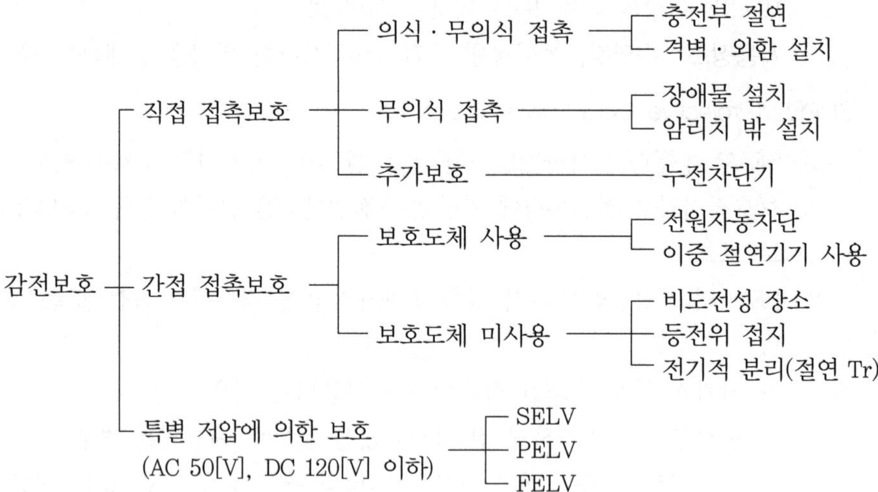
감전보호
직접 접촉보호
의식 · 무의식 접촉
충전부 절연
격벽 · 외함 설치
무의식 접촉
장애물 설치
암리치 밖 설치
추가보호
누전차단기
간접 접촉보호
보호도체 사용
전원자동차단
이중 절연기기 사용
보호도체 미사용
비도전성 장소
등전위 접지
전기적 분리(절연 Tr)
특별 저압에 의한 보호
(AC 50[V], DC 120[V] 이하)
SELV
PELV
FELV

015 「전기설비기술기준의 판단기준」 제41조 지락차단장치 등의 시설장소와 예외장소에 대하여 설명하시오.

data 전기안전기술사 20-120-2-4

답안 **지락차단장치 등의 시설**

(1) 금속제 외함을 가지는 사용전압이 50[V]를 초과하는 저압의 기계기구로서, 사람이 쉽게 접촉할 우려가 있는 곳에 시설하는 것에 전기를 공급하는 전로에는 전로에 지락이 생겼을 때에 자동적으로 전로를 차단하는 장치를 하여야 한다. 단, 다음의 어느 하나에 해당하는 경우는 적용하지 않는다.

① 기계기구를 발전소·변전소·개폐소 또는 이에 준하는 곳에 시설하는 경우

② 기계기구를 건조한 곳에 시설하는 경우

③ 대지전압이 150[V] 이하인 기계기구를 물기가 있는 곳 이외의 곳에 시설하는 경우

④ 「전기용품 및 생활용품 안전관리법」의 적용을 받는 2중 절연구조의 기계기구를 시설하는 경우

⑤ 그 전로의 전원측에 절연변압기(2차 전압이 300[V] 이하인 경우에 한함)를 시설하고 또한 그 절연변압기의 부하측의 전로에 접지하지 아니하는 경우

⑥ 기계기구가 고무·합성수지, 기타 절연물로 피복된 경우

⑦ 기계기구가 유도전동기의 2차측 전로에 접속되는 것일 경우

⑧ 기계기구가 제12조 제8호에 규정하는 것일 경우

⑨ 기계기구 내에 「전기용품 및 생활용품 안전관리법」의 적용을 받는 누전차단기를 설치하고 또한 기계기구의 전원연결선이 손상을 받을 우려가 없도록 시설하는 경우

(2) 특고압 전로, 고압 전로 또는 저압 전로에 변압기에 의하여 결합되는 사용전압 400[V] 이상의 저압 전로 또는 발전기에서 공급하는 사용전압 400[V] 이상의 저압 전로(발전소 및 변전소와 이에 준하는 곳에 있는 부분의 전로를 제외함. 이하 같음)에는 전로에 지락이 생겼을 때에 자동적으로 전로를 차단하는 장치를 시설하여야 한다.

(3) 고압 및 특고압 전로 중 다음에 열거하는 곳 또는 이에 근접한 곳에는 전로(제2호의 곳 또는 이에 근접한 곳에 시설하는 경우에는 수전점의 부하측의 전로, 제3호의 곳 또는 이에 근접한 곳에 시설하는 경우에는 배전용 변압기의 부하측의 전로, 이하 이 항 및 '(4)'에서 같음)에 지락(전기철도용 급전선에 있어서는 과전류)이 생겼을 때에 자동적으로 전로를 차단하는 장치를 시설하여야 한다.
단, 전기사업자로부터 공급받는 수전점에서 수전하는 전기를 모두 그 수전점에 속하는 수전장소에서 변성하거나 또는 사용하는 경우는 그러하지 아니하다.

① 발전소 · 변전소 또는 이에 준하는 곳의 인출구

② 다른 전기사업자로부터 공급받는 수전점

③ 배전용 변압기(단권 변압기를 제외)의 시설장소

(4) 저압 또는 고압 전로로서, 비상용 조명장치 · 비상용 승강기 · 유도등 · 철도용 신호장치, 300[V] 초과 1[kV] 이하의 비접지전로, 제27조 제6항의 규정에 의한 전로, 기타 그 정지가 공공의 안전 확보에 지장을 줄 우려가 있는 기계기구에 전기를 공급하는 것에는 전로에 지락이 생겼을 때에 이를 기술원 감시소에 경보하는 장치를 설치한 때에는 '(1)'부터 '(3)'까지에 규정하는 장치를 시설하지 않을 수 있다.

(5) 다음의 전로에는 전기용품안전기준 'KC 60947-2의 부속서 P'의 적용을 받는 자동복구기능을 갖는 누전차단기를 시설할 수 있다.

① 독립된 무인 통신중계소 · 기지국

② 관련 법령에 의해 일반인의 출입을 금지 또는 제한하는 곳

③ 옥외의 장소에 무인으로 운전하는 통신중계기 또는 단위기기 전용 회로. 단, 일반인이 특정한 목적을 위해 지체하는(머물러 있는) 장소로서 버스정류장, 횡단보도 등에는 시설할 수 없다.

(6) IEC 표준을 도입한 누전차단기로 저압 전로에 사용하는 경우 일반인이 접촉할 우려가 있는 장소(세대 내 분전반 및 이와 유사한 장소)에는 주택용 누전차단기를 시설한다.

comment 위 내용을 개요번호를 넣어 요약한다.

1. ~ 설치할 경우와 제외해도 되는 경우
2. ~ 설치할 경우와 제외해도 되는 경우
3. ~ 설치할 경우와 제외해도 되는 경우
4. ~ 설치할 경우와 제외해도 되는 경우
5. ~ 설치할 경우와 제외해도 되는 경우
6. ~ 설치할 경우

016 한국전기설비규정(KEC)에서 정하는 안전을 위한 보호에 대하여 설명하시오.

data 전기안전기술사 23-129-4-2

답안

1. 개요

한국전기설비규정(KEC : Korea Electro-technical Code) 안전을 위한 보호(KEC 113)는 전기설비기술기준 고시에서 정하는 전기설비의 안전성능과 기술적인 요구사항을 구체적으로 정하고 있다.

2. 일반사항

(1) 목적

전기설비를 적절히 사용할 때 발생할 수 있는 위험과 장애로부터 인축 및 재산을 안전하게 보호한다.

(2) 가축의 안전을 제공하기 위한 요구사항은 가축을 사육하는 장소에 적용한다.

3. 감전에 대한 보호

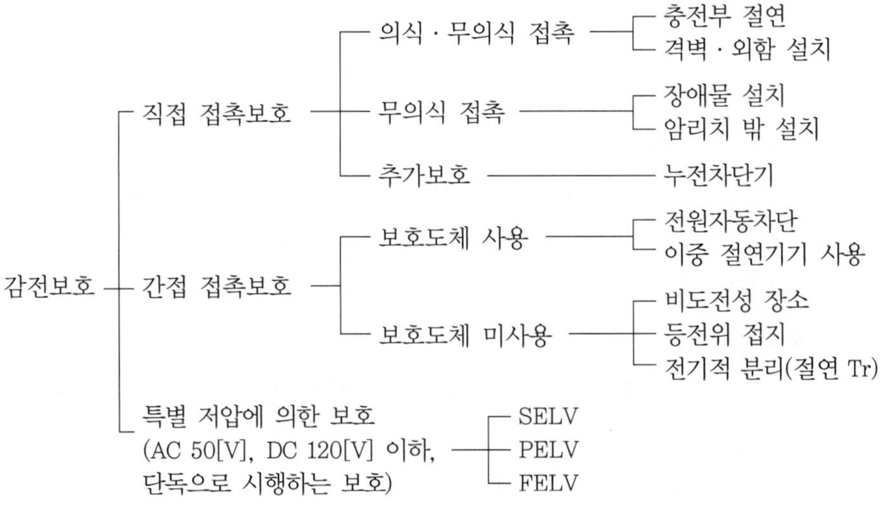

▌감전보호체계▌

(1) 기본보호

① 일반적으로 직접 접촉을 방지하는 것이다.

② 전기설비의 충전부에 인축이 접촉하여 일어날 수 있는 위험으로부터 보호되어야 한다.

㉠ 인축의 몸을 통해 전류가 흐르는 것을 방지한다.

㉡ 인축의 몸에 흐르는 전류를 위험하지 않은 값 이하로 제한한다.

(2) 고장보호

① 기본절연의 고장에 대한 간접 접촉을 방지하는 것이다.

② 노출도전부에 인축이 접촉하여 일어날 수 있는 위험으로부터 보호한다.

③ 고장보호조건

㉠ 인축의 몸을 통해 고장전류가 흐르는 것을 방지

㉡ 인축의 몸에 흐르는 고장전류를 위험하지 않은 값 이하로 제한

㉢ 인축의 몸에 흐르는 고장전류의 지속시간을 위험하지 않은 시간까지로 제한

4. 열영향에 대한 보호

(1) 고온 또는 전기 아크로 인해 가열물이 발화 또는 손상되지 않도록 전기설비를 설치한다.

(2) 정상적으로 전기기기가 작동할 때 인축이 화상을 입지 않도록 하여야 한다.

(3) $E = 0.24 I^2 Rt[\mathrm{cal}]$

$$U = Ri + L\frac{di}{dt} - U_a$$

5. 과전류에 대한 보호

(1) 도체에서 발생할 수 있는 과전류에 의한 과열 또는 전기 · 기계적 응력에 의한 위험으로부터 인축의 상해를 방지하고 재산을 보호하여야 한다.

(2) 과전류가 흐르는 것을 방지하거나 지속시간을 위험하지 않은 시간까지 제한하여 보호한다.

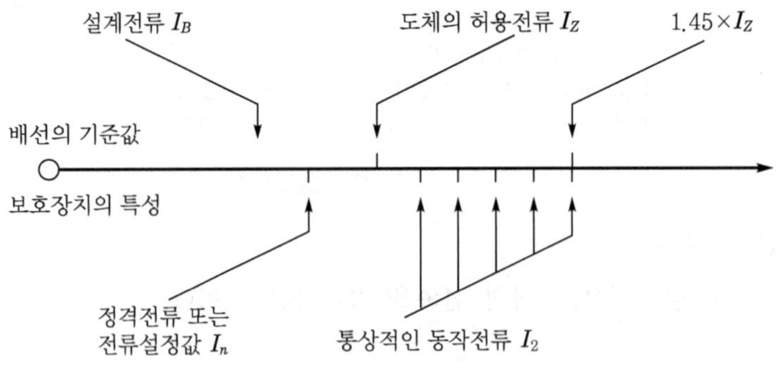

▌과전류에 대한 보호설계▐

6. 고장전류에 대한 보호

(1) 고장전류가 흐르는 도체 및 다른 부분은 그 전류로 인해 허용온도 상승한계에 도달하지 않도록 한다.

(2) 도체를 포함한 전기설비는 인축의 상해 또는 재산손실을 방지하기 위한 보호장치가 구비되어야 한다.

(3) 도체는 113.4에 따라 고장으로 인해 발생하는 과전류에 대하여 보호되어야 한다.

7. 전기외란 및 전자기 장애에 대한 대책

(1) 회로의 충전부 사이의 결함으로 발생한 전압에 의한 고장으로 인한 인축의 상해가 없도록 보호한다.

(2) 유해한 영향으로부터 재산을 보호한다.

(3) 저전압과 뒤이은 전압회복의 영향으로 발생하는 상해로부터 인축, 손상에 대한 재산을 보호한다.

(4) 설비는 규정된 환경에서 그 기능을 제대로 수행하기 위해 전자기장애로부터 내성을 가져야 한다.

(5) 설비를 설계할 때는 설비 또는 설치 기기에서 발생되는 전자기 방사량이 설비 내의 전기사용기기와 상호 연결기기들이 함께 사용되는데 적합한지를 고려한다.

8. 전원공급 중단에 대한 보호

전원공급 중단으로 위험과 피해가 예상되면, 설비 또는 설치기기에 적절한 보호장치를 구비한다.

memo

정전기

001 정전기의 물리적 현상, 재해의 종류, 재해방지대책을 설명하시오.

data 전기안전기술사 19-119-4-3

comment 종합적인 문제로서 매우 중요하다.

답안 1. 정전기의 물리적 현상

(1) 정전기의 역학적 현상

① 정전기로 대전된 물체가 쿨롱의 법칙에 의해 흡인력 또는 반발력으로 나타나는 현상이다.

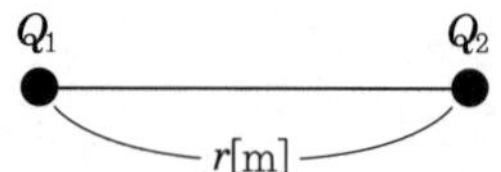

㉠ $F=9\times10^9\cdot\dfrac{Q_1\,Q_2}{r^2}$ [N]

㉡ Q_1, Q_2가 동일 극성 시 : 반발벽

㉢ Q_1, Q_2가 다른 극성 시 : 흡인력

② 정전기 역학현상은 대전물체의 표면전하에 기인하므로 무게보다 표면적이 큰 물체, 필름, 섬유 등에서 발생 가능성이 크며, 품질 저하, 생산장해의 원인이 되기도 한다.

(2) 정전기의 방전현상

① 정전기 방전은 대전물체에 축적된 정전기가 고전계로 형성되어 있다가 공기의 절연파괴강도(DC : 30[kV/cm], AC : 21[kV/cm])에 전위경도에 도달 후 일시에 대지로 이동할 때 전리작용(ionization)을 말한다.

② 기중방전(코로나 방전, 스트리머 방전, 불꽃방전)과 연면방전이 있다.

③ 정전기 방전 시 방전전류, 전자파, 발광현상, 작업능률 저하로 생산장해를 초래한다.

(3) 정전기 유도현상

① 정의

㉠ 정전기 유도현상이란 대전하지 않은 도체에 대전체를 접근시키면 도체 내부에 있는 양이온과 음이온(또는 전자)은 서로 반대방향으로 힘을 받아 이동하여 표면으로 나온다.

㉡ 도체에 대전체를 접근시킬 때 도체에는 대전체와 가까운 쪽에 다른 종류의 전하가, 먼 쪽에는 같은 종류의 전하가 나타나는 현상을 정전기 유도라 한다. 가까운 측은 대전물체와 반대 극성이, 반대는 같은 극성의 전하가 나타난다.

② 정전기 유도현상의 개념도

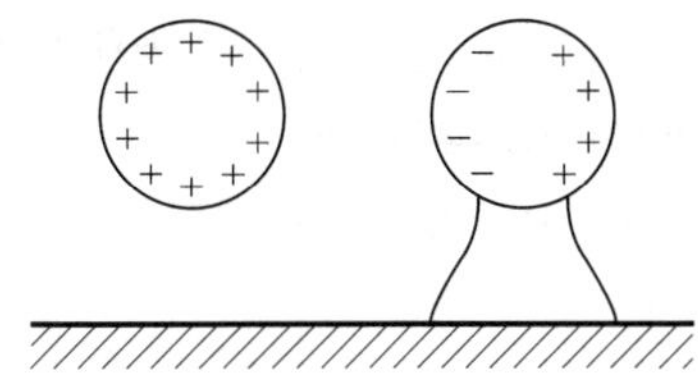

▌정전유도에 의한 대전(접지 전) ▌

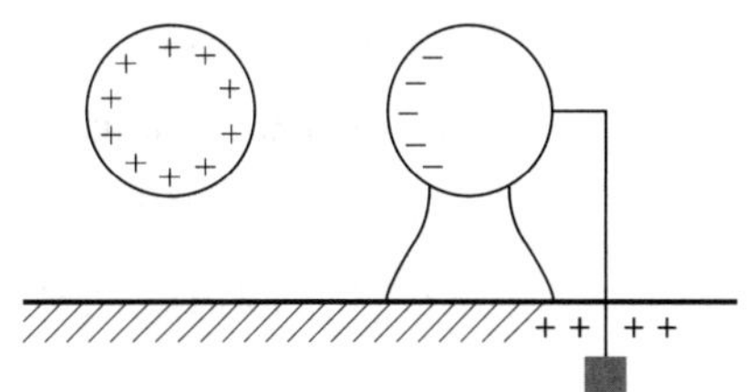

▌접지에 의한 유도전하의 누설(접지 후) ▌

③ 정전기 유도현상의 특징

㉠ 정전기 유도현상은 자유전자의 이동에 의해 일어난다.

㉡ 도체에 유도된 (+)전하량과 (−)전하량은 같다.

㉢ 정전기 유도에서 도체를 양분하면 유도된 (+)전하와 (−)전하로 분리된다.

㉣ 크기는 전계에 비례, 거리에 반비례, 도체의 형상이 뾰족한 부분에 정전기가 더욱 집중된다.

2. 정전기 재해의 종류

(1) 전격재해

① 대전된 인체에서 접지체로 또는 대전된 물체에서 인체로 방전 시 전격이 발생한다.

② 전격에 의한 인체의 직접적인 상해와 Shock, 불쾌감, 공포감 등에 의한 추락, 전도, 화상 등 2차 재해를 일으킬 수 있다.

(2) 화재 및 폭발 재해

① 정전기 방전으로 착화원이 되어 가연성 물질에 연소를 개시, 화염전파에 따라 발생하는 재해이다.

② 정전기 방전에 의한 화재·폭발이 발생하기 위해서는 다음 조건이 확립되어야 한다.

㉠ 가연성 물질이 폭발한계에 있을 것

㉡ 정전에너지$\left(W=\frac{1}{2}QV=\frac{1}{2}CV^2=\frac{Q^2}{2C}\right)$가 가연성 물질의 최소 착화에너지 이상일 것

㉢ 방전하기에 충분한 전위차가 있을 것

(3) 생산장해

① 역학현상에 의한 장해

㉠ 정전기의 흡인력, 반발력에 의한 것

㉡ 분진에 의한 막힘, 실의 엉킴, 인쇄의 얼룩, 제품의 오염 등

② 방전현상에 의한 장해

㉠ 정전기 방전 시 발생하는 방전전류, 전자파, 발광에 의한 것

㉡ 방전전류 : 반도체소자 등의 전자부품 파괴

㉢ 전자파 : 전자기기, 정치의 오동작, 잡음 발생

㉣ 발광 : 사진, 필름 등의 감광

3. 정전기 재해 방지대책

(1) 정전기 재해를 방지하기 위한 기본단계

① 정전기 발생의 억제

② 발생전하의 다량 축적 방지

③ 축적전하의 위험조건하에서의 방전방지

(2) 정전기 재해 방지대책

① 도체의 대전 방지

㉠ 도체와 대지 간을 등전위화로 정전기 축적 방지

㉡ 접지 : 정전기 축적 방지, 정전유도 방지, 전위상승 및 방전 억제

② 정전차폐(대전물체의 차폐)

㉠ 대전물체의 표면을 금속, 도전성 물질로 덮는 것

㉡ 차폐효과 : 대전물체 전위상승 억제효과, 대전방지효과, 대전 정전기 역학현상 억제 및 방전억제효과

③ 부도체의 대전방지

㉠ 부도체 사용금지

㉡ 도전성 재료의 사용

㉢ 대전방지제 사용

④ 가습 : 부도체 근방에 상대습도를 60[%] 이상 유지시킬 것

⑤ 제전기에 의한 대전방지

㉠ 정전기 이온을 중화시킴

㉡ 종류 : 전압인가식, 자기방전식, 방사선식 제전기

⑥ 작업자의 대전방지

㉠ 인체 대전방지 : Wrist strap, 정전작업복 이용 인체접지

㉡ 정전화 착용

㉢ 도전화 : 정전유도에 의한 전격방지

⑦ 정치시간 설정 : 정치시간을 두어 정전기 발생억제

⑧ 정전유도에 의한 이온화법 적용 : 공기 중 이온발생으로 대전전하를 중화시켜 공기 중 방전시킴(제전기와 유사한 원리임)

002 정전기의 정의, 발생원리, 장해 및 재해방지대책에 대하여 설명하시오.

data 전기안전기술사 20-120-2-1

답안 **1. 정전기의 정의**

(1) 공간의 모든 장소에서 전하의 이동이 전혀 없는 주파수(f)가 0인 전기이다.

(2) 실제적으로 생활상 정전기란 다소(多少)의 전하가 있을 때의 반응으로써, 이 반응 시 미소전류로 인한 자계효과는 정전기 자체의 전계효과보다 매우 작아 정전기에 의한 효과란 통상적으로 전계효과에 의해 지배된 현상이다.

(3) 정전기란 전하의 공간적 이동이 작고 그것에 의한 자계효과는 전계에 비해 무시할 수 있는 만큼의 작은 주파수(f)가 '0'인 전기로 정의된다.

2. 정전기의 발생원리

comment 예상문제로, 출제 가능하다.

(1) 안정된 물체 내의 자유전자가 외부자극(마찰, 박리, 진동, 유동, 충돌, 분출, 파괴 등)에 의해 구속전자의 구속에서 풀려질 때 자유전자는 입자 외부로 방출된다.

(2) 이때 방출된 자유전자는 최소 에너지인 일함수(work function)에 의해 크기가 결정된다.

(3) 이로써, 두 물체의 접촉 시 일함수의 차로서 접촉전위가 발생되며, 함수의 차이는 아래 식과 같다.

$$V=\phi_B-\phi_A$$

여기서, ϕ_A, ϕ_B : A물체, B물체의 일함수

(4) 두 물체의 표면에서 표면으로 전자가 이동하여, A물체는 (+)로, B물체는 (-)로 되는 전기적 2중층이 형성되며, 두 물체 간의 접촉전위는 $V=\phi_B-\phi_A$가 된다.

(5) 다음 물체의 분리, 즉 전기 이중층 분리가 진행되면, 접촉전위 $V=\frac{Q}{C}$(왜냐하면 $Q=CV$)에 의한 해석상 $C=\frac{\varepsilon S}{d}$[F]의 정전용량에 의한 역류현상 수반이 있다.

(6) 이후 분리된 물체 중 발생전하는 누설과 재결합의 과정으로 소멸된다.

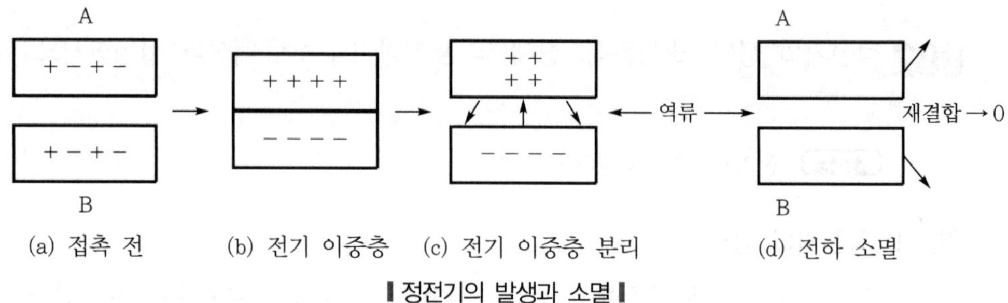

▌정전기의 발생과 소멸▐

3. 장해 및 재해 방지대책

(1) 접지와 본딩

① 정전기 축적방지를 위한 접지저항은 표준환경(기온 20[℃], 상대습도 50[%])에서 1×10^3[Ω] 미만이어야 하지만 실제 설비에의 적용은 100[Ω] 이하로 관리하는 것이 기본이다.

② 본딩은 금속도체 상호 간의 전기적 접속이므로 접지용 도체 접지단자에 의하여 접속한다.

(2) 인체의 접지

① **정전화(antistatic shoes) 착용** : 구두의 바닥저항이 $10^5 \sim 10^8$[Ω] 정도로 인하여 인체에 대전된 정전기가 구두를 통해 방전된다.

② **제전용 팔찌** : 인체에 대전된 정전기를 대지로 흘려주는 역할을 하며, 역전류에 의한 쇼크방지를 위한 1[MΩ] 정도의 전류제한용 저항이 내장되어 있다.

③ **정전작업복 착용** : 전도성 섬유를 넣어 이 전도성 섬유에서 코로나 방전을 이용하여 전기에너지를 열에너지로 변환시키는 작업복이다.

(3) 전도성의 향상(대전방지제 사용)

① 대전방지제는 부도체의 대전방지를 위해 사용하는데, 플라스틱이나 화학섬유 등의 정전기 방지를 위해 사용한다.

② 대전방지제는 섬유나 수지의 표면에 흡습성과 이온성을 부여하여 전도성을 증가시키고, 이것에 의하여 대전방지를 도모하는 것이며, 대전방지제로 주로 많이 이용되는 것(물질)은 계면활성제이다.

(4) 가습에 의한 대전방지

① 섬유공업이나 다른 업종에서도 수분 자체가 보유하고 있는 도전성으로 인하여 아주 용이하고 경제적인 정전기 발생방지 및 제전대책으로 가습에 의한 방법이 사용되어 왔고 또한 현재의 추세이기도 하다.

② 공기 중의 상대습도가 70[%] 정도로 유지하는 것이 대전체의 전기저항치 감소로 대전성이 저하된다.

③ 공기 중의 상대습도를 60~70[%] 정도로 유지하기 위한 가습방법
㉠ 물을 분무하는 방법
㉡ 증기를 분무하는 방법
㉢ 증발법

(5) 도전성 섬유에 의한 대전방지
① 대전된 물체의 가까이에 도전성의 가는 실을 접근시키면 코로나 방전이 일어나고 이때 공기가 전리되어, 전리된 이온이 극성이 다르게 대전된 정전기와 만나서 과부족 전하를 주고받아 정전기가 제거된다.
② 자기방전작용을 이용하여 도전성 섬유는 각종 섬유의 대전방지에 이용하도록 제전복을 착용한다.

(6) 정전차폐
대전물체의 표면을 접지한 금속으로 덮으면 정전제가 차폐되면서 전자파에도 효과가 있다.

(7) 도전성 매트, 도전성 타일 위에서 작업한다.

(8) 도전성 재료에 의한 대전방지

(9) 배관 내 액체의 유속제한
불활성화할 수 없는 탱크, 탱커, 탱크 로리, 탱크차, 드럼통 등에 위험물을 주입하는 배관은 정해진 데이터의 값 이하가 되도록 한다.
① 저항률이 10^{10}[Ω · cm] 미만의 도전성 위험물의 배관유속은 7[m/sec] 이하로 할 것
② 에테르, 이황화탄소 등과 같이 유동대전이 심하고 폭발 위험성이 높은 것은 배관 내 유속을 1[m/sec] 이하로 할 것
③ 물이나 기체를 혼합한 비수용성 위험물은 배관 내 유속을 1[m/sec] 이하로 할 것
④ 저항률 10^{10}[Ω · cm] 이상인 위험물은 배관 내 유속은 1 ~ 5[m/sec] 있으나, 저항률이 10^{10}[Ω · cm] 미만의 도전성 위험물의 배관유속은 7[m/sec] 이하로 할 것

003 정전기에 의한 인체의 대전(帶電) 방지대책에 대하여 설명하시오.

data 전기안전기술사 20-122-1-9

답안 **1. 대전방지 작업복 착용(제전복의 착용)**

(1) 사용목적

가연성 혼합기(가연성 가스, 증발분진)의 발생 우려가 있는 작업장에 의복의 대전에 의한 착화 방지 목적

(2) 제전복의 종류

일반제전복, 코로나 효과를 이용한 제전복

(3) 재질

비닐 또는 폴리우레탄 고무 등으로 제작하며, 도전성 섬유의 지름은 통상 수~수십[μm]까지이고 이 지름에 대한 펄스 방전전하량은 $10^{-12} \sim 10^{-11}$[C]으로, 극히 적다.

(4) 전기적 특성

1,500[V]에서 1분 이상 내전압성이 있어야 하며, 여름철에 통풍이 잘 될 것

2. 대전방지 안전화 착용(정전화 혹은 도전화)

(1) 정전화는 인체에 대전된 정전기의 누설을 촉진하도록 도전성을 높인 구두이다.

(2) 정전화 착용이 필수적인 작업

① 위험장소나 가연성 물질을 취급하는 작업

② 대전물체에 접촉한 작업

③ 정전기에 의해 생산장해가 문제되는 전자부품, 필름 등 취급작업

(3) 활용 시 주의점

① 도전성의 바닥면이 아니면 효과를 거둘 수 없다.

② 사용 중 구두바닥에 절연성 물질부착에 의한 성능 저하 우려로 정기적 점검이 필요하다.

3. 대전방지 장갑 착용

절연장갑을 착용한 상태로 위험지역에서 작업을 할 경우 정전기가 장갑에 축적될 우려가 있어 장갑에 도전성을 도전화 정도로 낮춘 것을 사용한다.

4. 제전용 팔찌(wist strap) 착용(인체의 접지)

(1) Wrist strap은 손목에 도전성 밴드를 차고 전선으로 연결하여 접지선에 연결시켜 인체를 접지하는 기구이다.

(2) 이 기구를 착용할 때는 접지선과의 사이에 1[MΩ]의 저항이 직렬로 삽입되어 있는데, 그 이유는 감전 시 인체통과전류를 억제하여 인체를 보호하기 위해서이다.

(3) 착용 및 도전성 매트, 도전성 타일 위에서 작업(그림 참조)한다.

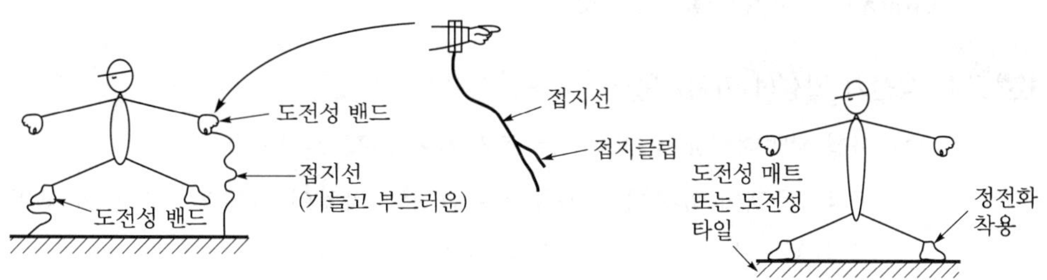

▌Wrist strap 착용 및 도전성 매트, 도전성 타일 위에서 작업▐

chapter 05

004 산업현장에서 발생하는 정전기에 대하여 다음 항목을 설명하시오.

1. 정전기 발생 형태
2. 정전기 방전 종류
3. 정전기 재해 종류
4. 정전기 방지 대책

data 전기안전기술사 23-129-4-4

답안 1. 정전기 발생(11가지) 형태

(1) 마찰(산업현장에서 발생되는 정전기의 가장 큰 원인)

① 두 물체의 마찰이나 마찰에 의한 접촉위치의 이동으로 전하의 분리 및 재배열

② 고체 · 액체류, 분체류에서 주로 발생한다.

③ 유리봉을 모직물로 마찰하면 발생하는 정전기 성질을 확인한다.

(2) 박리

① 서로 밀착되어 있는 물체가 떨어질 때 전하의 분리가 일어나 정전기가 발생한다.

② 접촉면적, 접촉면의 밀착력, 박리속도 등에 의해 정전기 발생량이 변화한다.

(3) 유동

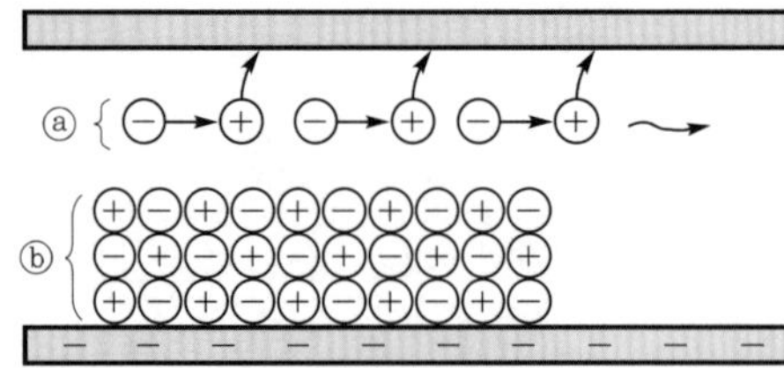

• ⓐ : 유체의 이동과 함께 이동
• ⓑ : 유체의 이동에 관계없이 고정
• ⓑ에서 전기적 이중층 발생. 즉, 액체류와 경계면에 전기 이중층 발생

▌유동대전 발생원리▐

① 액체류가 파이프 등 고체와 접촉하면 액체류와 고체와의 경계면에서 전기 이중층이 형성된다.

② 이때 발생된 전하의 일부가 액체류와 함께 유동하여 정전기가 발생한다.

③ 유동속도가 정전기 발생에 가장 큰 영향을 미친다.

(4) 분출

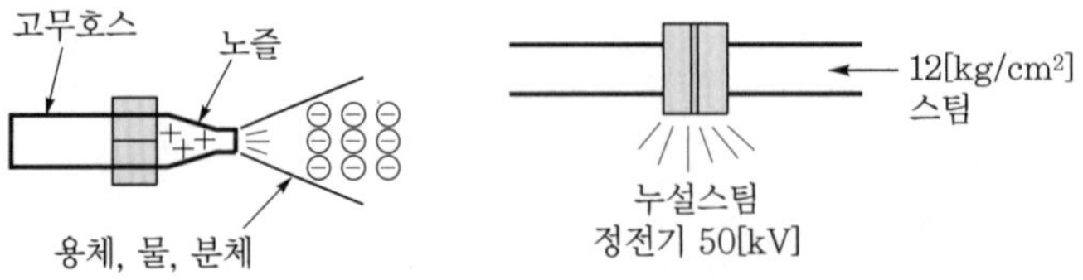

▌정전기 분출 대전원리▐

① 분체, 액체, 기체류가 단면적이 작은 분출구를 통해 공기 중으로 분출될 때 마찰로 발생된다.
② 분출되는 물질의 구성입자 등 물질 간의 상호 충돌로 많이 발생한다.

(5) 충돌대전

분체류가 같은 입자 상호 간이나 입자와 고체와의 충돌에 의해 빠른 접촉, 분리로 발생한다.

(6) 파괴대전

고체나 분체류가 파괴되었을 때 전하분리 또는 정 · 부 전하의 균형이 깨지면서 발생한다.

(7) 교반, 침강

① 액체가 교반될 때 대전된다.
② 탱크로리나 탱커는 수송 중에 대전하므로 접지하도록 규정한다.

(8) 유도대전

(9) 비말대전

(10) 적하대전

(11) 동결대전

2. 정전기 방전의 종류

(1) 코로나방전(corona discharge)

① 돌기형의 도체와 평판 도체 사이에 전압이 상승하면 코로나 방전이 발생한다.
② 돌기부에서 발생하기 쉽고, 발광현상을 동반한다.
③ 방전에너지가 작기 때문에 재해원인이 될 확률이 비교적 작다.

(2) 스트리머방전(streamer discharge)

① Brush 코로나에서 다소 강해져서 파괴음과 발광을 수반하는 방전이다.
② 공기 중에서 나뭇가지 형태의 발광이 진전되어 간다.
③ 대전량을 많이 가진 부도체와 평편한 형상을 갖는 금속과의 기상공간(air space)에서 발생한다.
④ 스트리머방전은 코로나방전에 비해서 점화원이 되기도 하고 전격을 일으킬 확률이 높다.
⑤ 날카로운 도체(반경 : 0.1 ~ 1,000[mm])와 다른 도체 또는 대전된 절연 표면 사이의 방전

(3) 불꽃방전

① 전극 간의 전압을 더욱 상승시키면 코로나방전에 의한 도전로를 통하여 강한 빛과 큰 소리로 공기절연이 완전 파괴되거나 단락되는 과도현상

② 평형판 전극의 경우 30[kV/cm], 침대침 전극인 경우 5[kV/cm]에 공기 절연파괴

(4) 연면방전

① 정전기가 대전되어 있는 부도체에 접지체가 접근한 경우 발생

② 대전물체와 접지체 사이에서 발생하는 방전과 거의 동시에 부도체 표면을 따라 발생

③ 부도체 대전량이 극히 큰 경우 대전된 부도체의 표면 가까이 접지체가 있는 경우 발생

(5) 뇌상방전(번개방전)

공기 중에 뇌상으로 부유하는 대전입자의 규모가 커졌을 때 대전운에서 번개형의 발광을 수반하여 발생하는 방전

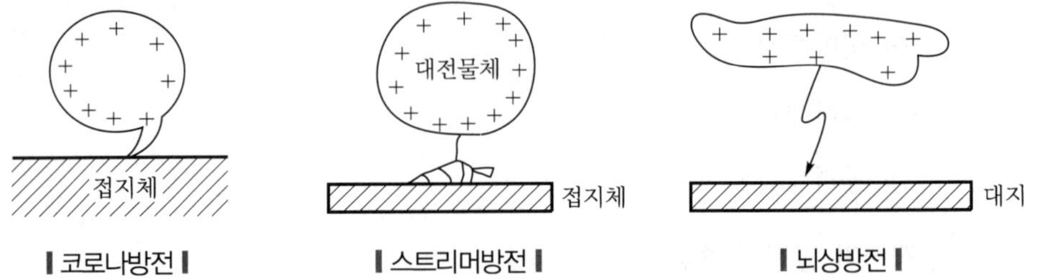

▌코로나방전▐ ▌스트리머방전▐ ▌뇌상방전▐

(6) 전파브러시 방전(propagating brush discharge)

① 전도체에 의하여 지지된 대전절연체로 접근 시 접지전도체로부터의 방전이다.

② 방전의 위력이 커서 연소성 가스나 입자를 점화시킬 수 있다.

③ 절연체의 피괴전압이 4[kV] 이하일 때는 전파브러시 방전은 발생되지 않는다.

(7) 원뿔형 파일 방전(conical pile discharge)

분말더미의 원뿔형 표면에서 발생하는 방전형태이다.

3. 정전기 재해의 종류

(1) 전격재해

① 대전된 인체에서 접지체로 또는 대전된 물체에서 인체로 방전 시 전격이 발생한다.

② 전격에 의한 인체의 직접적인 상해와 Shock, 불쾌감, 공포감 등에 의한 추락, 전도, 화상 등 2차 재해를 일으킬 수 있다.

(2) 화재 및 폭발 재해

① 정전기 방전으로 착화원이 되어 가연성 물질에 연소를 개시해 화염전파에 따라 발생하는 재해이다.

② 정전기 방전에 의한 화재 · 폭발이 발생하기 위한 조건

㉠ 가연성 물질이 폭발한계에 있을 것

㉡ 정전에너지$\left(W=\frac{1}{2}QV=\frac{1}{2}CV^2=\frac{Q^2}{2C}\right)$가 가연성 물질의 최소 착화에너지 이상일 것

㉢ 방전하기에 충분한 전위차가 있을 것

(3) 생산장해

① 역학현상에 의한 장해

㉠ 정전기의 흡인력, 반발력에 의한 것

㉡ 분진에 의한 막힘, 실의 엉킴, 인쇄의 얼룩, 제품의 오염 등

② 방전현상에 의한 장해

㉠ 정전기 방전 시 발생하는 방전전류, 전자파, 발광에 의한 것

㉡ 방전전류 : 반도체소자 등의 전자부품 파괴

㉢ 전자파 : 전자기기, 장치의 오동작, 잡음 발생

㉣ 발광 : 사진, 필름 등의 감광

4. 정전기 방지대책

(1) 인체의 접지

① **정전화(antistatic shoes) 착용** : 구두의 바닥저항이 $10^5 \sim 10^8[\Omega]$ 정도로 인하여 인체에 대전된 정전기가 구두를 통해 방전한다.

② **제전용 팔찌(wrist strap) 착용 및 도전성 바닥 위에서 작업** : 인체에 대전된 정전기를 대지로 흘려주는 역할을 하며, 역전류에 의한 쇼크방지를 위한 $1[\mathrm{M\Omega}]$ 정도의 전류제한용 저항이 내장되어 있다.

③ **정전 작업복 착용** : 전도성 섬유를 넣어 이 전도성 섬유에서 코로나방전을 이용하여 전기에너지를 열에너지로 변환시키는 작업복

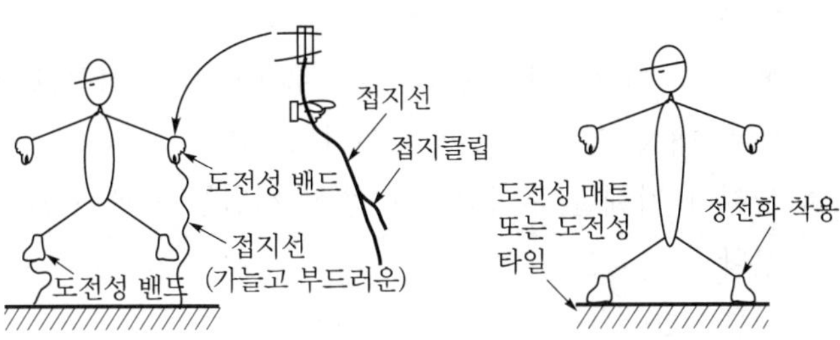

▎인체의 정전기 방지▎

(2) 제전복 착용

① 가연성 가스, 증발분진 발생 우려로 작업장에서 작업복의 대전에 의한 착화방지를 위해 착용한다.

② **대전전하량** : 0.6 [μC] 이하

(3) 접지 및 본딩

금속파이프 상호 접속 시 접지본딩을 실시한다.

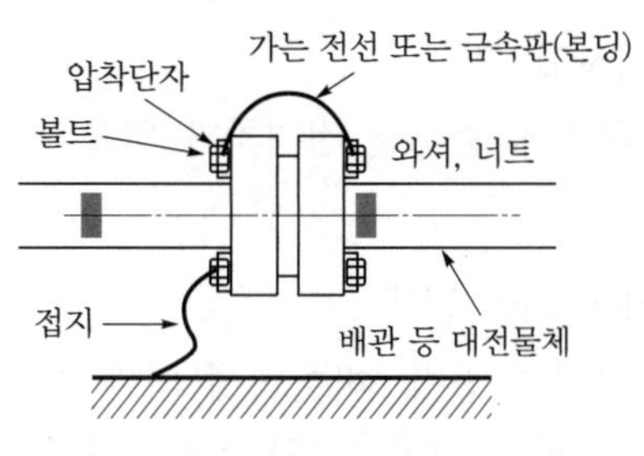

▌본딩방법▌

(4) 습도 유지

① 습도 60 ~ 70[%] 유지

② **종류** : 물분무식, 증기분무식, 증발법

(5) 제전기 설치

① 물체에서 발생하는 정전기, 대전되어 오는 정전기를 제거하는 부도체의 정전기 축적 방지 대책

② 제전기의 접지저항은 $10^6 \sim 10^8$[Ω]으로 방전전류를 수[μA] 정도의 누설전류로 억제한다.

③ **제전기 원리상 분류** : 전압 인가식 제전기, 이온식 제전기, 자기 방전식 제전기

(6) 유속제한

① 불활성화할 수 없는 탱크, 탱커, 탱크 로리, 탱크차, 드럼통 등에 위험물을 주입하는 배관은 정해진 데이터값 이하가 되도록 한다.

② 저항률이 10^{10}[Ω · cm] 미만의 도전성 위험물의 배관유속은 7[m/sec] 이하로 한다.

③ 에테르, 이황화탄소 등과 같이 유동대전이 심하고 폭발 위험성이 높은 것은 배관 내 유속을 1[m/sec] 이하로 한다.

④ 물이나 기체를 혼합한 비수용성 위험물은 배관 내 유속을 1[m/sec] 이하로 한다.

⑤ 저항률 10^{10}[Ω · cm] 이상인 위험물 배관 내 유속은 1 ~ 5[m/sec]로 하고, 저항률이 10^{10}[Ω · cm] 미만의 도전성 위험물의 배관유속은 7[m/sec] 이하로 한다.

005 작업장에서 정전기 발생에 영향을 주는 요인에 대하여 설명하시오.

data 전기안전기술사 22-126-1-11

답안 1. 개요

(1) 정전기란 공간의 모든 장소에서 전하의 이동이 전혀 없는 주파수(f)가 0인 전기이다.

(2) 실제적으로 정전기는 미소전류에 의한 자계효과가 정전기 자체의 전계효과보다 매우 작다.

(3) 정전기에 의한 효과란 통상적으로 전계효과에 의해 지배된 현상이다.

2. 정전기 발생에 영향을 주는 요인

(1) 물체의 대전서열 특성

① 대전서열, 물체 내 불순물의 함유량에 따라 정전기 발생량은 다르다.

② 대전서열의 차이가 클수록, 불순물이 많을수록 정전기 발생량은 크다.

(2) 물체의 대전 이력

정전기 발생량은 처음이 크고 발생횟수가 반복될수록 발생량이 감소한다.

(3) 접촉 면적 및 압력 : 접촉 면적 및 압력이 클수록 정전기 발생량이 크다.

(4) 분리속도 : 분리속도가 빠를수록 정전기의 발생량이 크다.

(5) 물체의 표면상태

표면이 거칠수록, 기름 · 수분 등에 의해 오염된 경우, 산화 · 부식된 경우에 정전기의 발생량이 크다.

3. 정전기 인체대전 방지대책

(1) 정전기 발생방지

① 대전방지제 : 섬유나 수지의 표면에 흡습성과 이온성을 부여한다.

② 차폐 : 대전된 물체의 표면금속을 도전성 물질로 덮어 역학 현상, 방전을 억제한다.

(2) 축적방지

① 손목 접지대, 정전화, 발 접지대, 제전복

② 정전기 방지용 접지저항 : $1\times10^3[\Omega]$ 이하

③ 등전위 접속 : 전기적으로 접속

(3) 위험조건에서 방전 방지

① 가습 : 습도 65[%] 이상 유지

② 주위 위험요소 제거

006 반도체 제조공정에서 정전기 발생원인과 대책을 설명하시오.

data 전기안전기술사 23-129-2-6

답안

1. 개요

반도체 디바이스는 입력단자가 매우 얇은 절연막을 사용하므로, 정전기에 의해 고전압 인가 시 절연파괴를 일으킨다.

2. 반도체 제조공정에서 정전기 발생원인

(1) 제조공정에서 제작기기 자체에서 발생

(2) 원재료 및 반도체 제조공정에서 발생

(3) 작업자, 생산자, 참여자에게서 발생

(4) 운반, 취급, 포장, 저장 과정에서 발생

(5) 접촉성 대전

① 가장 흔하고 중요한 요소이다.

② 재질의 종류, 근접도, 표면의 거칠, 접촉압력, 분리속도 등에 따라 다르게 발생한다.

(6) 유도성 대전 : 정전유도현상에 의한 대전

(7) Spray charging

Ion이나 전자, α-입자, X-ray 등의 Beam이 공기분자와 충돌하여 방출하는 자유전자가 주위의 중성의 공기분자에 결합대전을 일으키는 현상

3. 반도체 제조공정에서 정전기 발생 대책

(1) HBM(Human Body Model : 인체 대전모델)에 대한 대책

① 방전하는 정전기 대전물체가 디바이스를 취급하는 인체인 경우의 모델

② 대전된 인체가 수천~수만[V]로 대전된 상태에서 접촉되는 경우에 발생

③ Wrist strap : 몸 밀착, 전용 접지포인트에 접속

④ 정전화 : $10^5 \sim 10^8[\Omega]$

⑤ 대전방지복 : $0.6[\mu C]$ 이하

⑥ 정전기 방지용 접지 : $10^6[\Omega]$ 이하

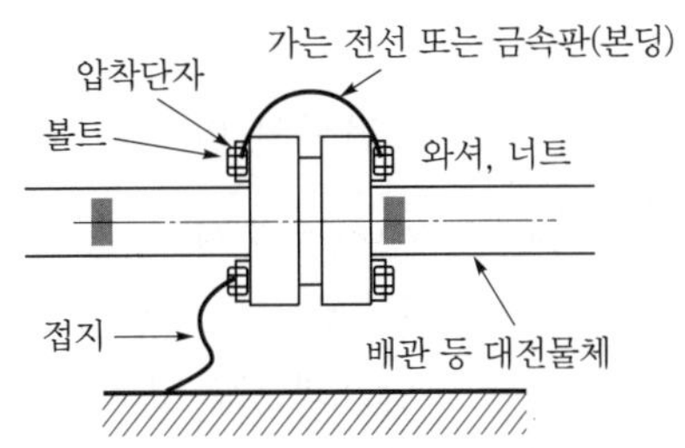

❙ 본딩방법 ❙

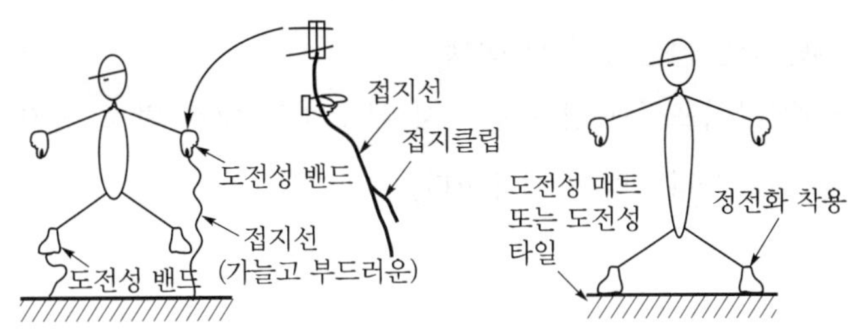

❙ 인체의 정전기 방지 ❙

(2) CDM(Charged Device Model : 디바이스 대전 모델)에 대한 대책

① 디바이스 금속이나 도체부에 정전기가 대전된 경우의 모델

② 정전기를 제거하거나 전위가 상승한 디바이스 단자를 고저항체로 접촉시켜 정전기가 발생될 때 발생하는 방전전류를 억제하여 디바이스 내의 산화막 등에 발생하는 과도전압을 저감시킨다.

(3) FIM(Filed Inducted Model : 유도모델)에 대한 대책

① 외부 전기장에 의해서 절연파괴(dielectric breakdown)된다.

② 순수 세정공정의 FIM 파괴현상

③ 전기장에 의해서 분극이 발생된 상태에서 접지되는 경우 정전기의 발생에 의해서 피해가 발생한다(CDM의 형태).

④ 분극 시 정전기 이동에 의한 전류에 의한 피해가 발생한다.

⑤ MOS 디바이스 케이트 산화막의 파괴 발생이 분포한다.

⑥ 웨이퍼가 대전상승이 되지 않도록 순수의 순도나 순수의 유속을 저하시킨다.

(4) 작업대 표면

① 작업대 표면은 Static-dissipative가 가장 이상적이다.

② Anti-static 물질은 자체 정전하를 함유하지 않지만 전하를 방전시키는 속도가 너무 느려서 바람직하지 않다.

(5) 운반상자

Anti-static box 또는 도전성의 Box를 사용하는 것이 좋다.

(6) 정전기 방지용 백(faraday cage bag)

① 정전기 방지용 백은 내부에서 접촉성 대전을 방지하여야 하며 외부의 전자기파에 대해서 적합한 차단효과(shielding)를 가지고 있어야 한다.

② 대전된 작업자와 접촉하는 경우 도전성 물질의 백은 피해가 크므로 Anti-static 물질과 도전성 물질을 복합하여 만든다.

(7) 일반적인 정전기 방지 대책

금속(파이프 등) 상호접속 시 부도체의 대전 방지 접지 및 본딩을 한다.

(8) 도전성 플라스틱을 사용한다.

007 분진에 의한 정전기 발생 특성과 대책에 대하여 설명하시오.

data 전기안전기술사 21-123-1-11

답안 1. 분진에 의한 정전기 발생 특성(분체의 착화 위험성)

(1) 가연성 고체가 미세하게 분쇄되어 공기 중에 부유하면 가연성 분진 – 공기의 혼합기가 형성될 위험이 있다.

(2) 분체의 착화성 평가는 최소 착화에너지에 의해 수행되며, 일반적으로 몇 [mJ] 이상으로서, 가연성 가스 · 증기의 최소 착화에너지보다 높다.

(3) 최소 착화에너지는 입경크기에 따라 달라지므로 반드시 측정을 통해서 확인하여야 한다.

(4) 분진의 가연성 분위기에 가연성 가스 또는 증기가 혼합된 하이브리드 혼합기에서는 최소 착화에너지가 현저하게 감소한다.

(5) 분진의 최소 착화에너지가 100[mJ]을 초과하면 가연성 가스나 증기가 함께 공존하지 않는 한 정전기방전에 의해 착화될 위험성은 매우 낮아지므로 이러한 경우에는 착화방지를 위한 정전기 대책은 불필요하게 된다.

(6) 분체는 액체보다 대전 위험성이 높다. 액체의 대전은 액체 내의 하전입자(이온)에 의한 것으로서, 분체의 접촉분리에 의한 전하분리와 대전 메커니즘과는 서로 다르다.

(7) 이온은 움직이기 쉽기 때문에 액체의 전하완화는 분체의 전하완화보다 증가한다.

(8) 분체는 전하분리(서로 다른 물체와의 접촉 · 분리)에 의해 대전되며 그 저항률이 증가하면 접지도체와 접촉하여 전하완화가 저하되므로 전하가 축적되어 대전이 증가한다.

(9) 대전은 접촉 · 분리가 일어나는 공정, 예를 들면 충전 · 배출, 혼합, 분쇄, 선별, 투입, 미분화, 공기 이송 등에서 일어난다.

(10) 분체의 정전기는 저항률에 의존하는데, 절연성 파이프, 호스, 용기, 포장지, 시트, 코트 등의 이용은 전하누설이 없기 때문에 대전을 촉진시켜 정전기 위험성을 증가시킨다.

(11) 분체의 공기 이송에서는 저밀도 이송의 경우가 입자의 관 내벽과의 충돌횟수가 증가하기 때문에 고밀도 이송보다 질량비 전하를 높이는 경향이 있다.

(12) 입경이 작을수록 마찰하는 접촉면적이 상대적으로 증가하여 질량비 전하가 높아진다.

2. 분진에 의한 정전기 발생 대책

인화성 물질 및 가연성 분체를 분무하는 공정 등(「정전기재해예방을 위한 기술상의 지침」 제6조)

유압 · 압축 공기 및 고압 정전기 등을 이용하여 인화성 물질 및 가연성 분체를 분무 또는 이송하는 설비는 다음의 조치를 한다.

(1) 스프레이 부스, 배기덕트, 배관 등 인화성 물질이 이송되는 모든 금속체는 접지시킬 것

(2) 스프레이 Gun과 도전성 대상물은 접지시킬 것

(3) 정전기식 스프레이 장치에 사용되는 페인트용기, 세정용기, 가드레일 등 모든 금속제는 접지시킬 것

(4) 컨베이어 또는 행거로 지지되는 도전성 스프레이 대상물은 정전기적 접지가 되도록 할 것

방폭공학

001 전기설비의 방폭구조에 대하여 다음 사항을 설명하시오.

1. 화재·폭발 재해의 원인현상인 연소(combustion)와 폭발(explosion)의 차이점
2. 방폭구조에 관계있는 위험특성
3. 폭발성 가스 분위기의 생성조건에 관계있는 위험특성

data 전기안전기술사 20-120-3-3

답안 **1. 화재 · 폭발 재해의 원인현상인 연소(combustion)와 폭발(explosion)의 차이점**

(1) 연소의 정의

① 연소란 화학반응의 일종으로, 반응열이 극히 크고 그 결과 열과 빛을 수반하는 급격한 산화반응의 현상이다.

② 이 경우 급격한 산화반응으로 물질 내 원자나 분자의 운동에너지가 증가되고 이로서 원자나 분자의 활발한 운동이 일어나며 그 온도에 적응하는 열복사선이 발생한다.

③ 복사선의 파장이 점점 짧아지면서 가시영역의 파장에서 인간은 발광반응을 감지하게 된다.

(2) 연소의 4요소

정상적인 연소의 반응유지를 위해서는 그림과 같은 3요소가 있어야 하고 또 이를 지속시키려면 연쇄반응이 포함된 연소의 4요소가 있어야 한다.

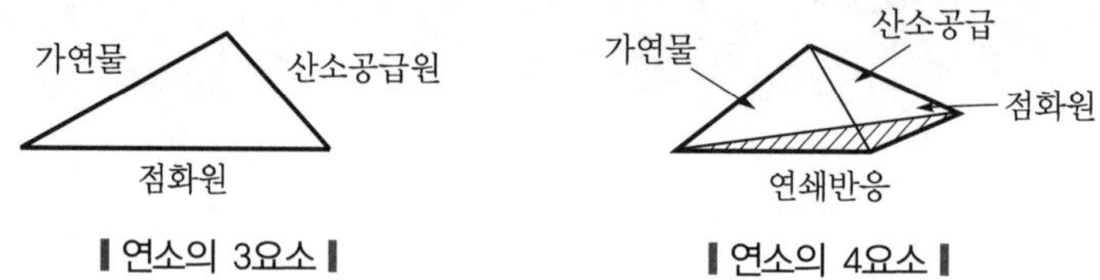

▌연소의 3요소▐ ▌연소의 4요소▐

(3) 폭발(explosion)

① 정의 : 급격한 화학반응, 물리적 팽창으로 폭음과 충격파가 발생하는 현상이다.

② 성립조건

㉠ 가연성 혼합기 형성

㉡ 발화성, 최소 발화에너지

㉢ 화염전파(자력)

㉣ 압력파 형성(과압)

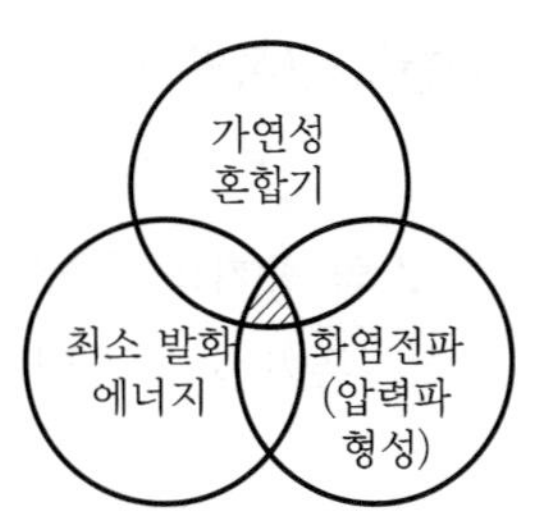

▌폭발의 성립조건▐

③ 영향요인

㉠ 가연물의 양 및 물성 : 방출된 양, 증발률

㉡ 연소속도 : 열 방출속도

㉢ 점화원 : 크기, 지연시간, 확률

㉣ 온도, 압력, 주위환경(개방계, 밀폐계)

(4) 폭발의 분류

① 전체 분류도

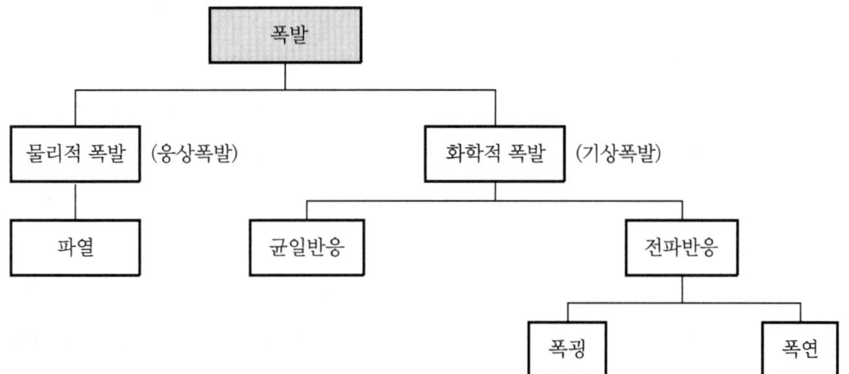

여기서, 균일반응 : 용기 내 폭발(반응폭주)

전파반응 : 배관 내 폭발

② 물리적 폭발과 화학적 폭발의 비교

구분	물리적 폭발	화학적 폭발
메커니즘	• 상변화(부피변화) • 원인계 = 생성계 • 양적 변화	• 화학적 변화(열 방출률) • 원인계 ≠ 생성계 • 질적 변화
종류	• 수증기 폭발 • 증기 폭발 • BLEVE	• 가스 폭발 • 분진 폭발 • UVCE • 반응폭주
결과	과압(상변화)	과압(열 방출률)
대책	예방	예방, 방화

2. 방폭구조에 관계있는 위험특성(폭발가스의 위험특성 3가지)

(1) 발화온도

발화온도는 폭발성 가스와 공기의 혼합가스에 온도를 높인 경우에 연소 또는 폭발을 일으키는 온도로서, 폭발성 가스의 종류에 따라 다르다.

(2) 화염일주한계

① 화염일주한계는 폭발성 분위기 내에 설치된 표준용기의 접합면 틈새를 통하여 폭발화염이 내부에서 외부로 전파되는 것을 저지할 수 있는 틈새의 최대 간격치로, 폭발성 가스의 종류에 따라 다르다.

② 화염일주한계는 폭발성 가스를 분류하는 데 필요한 수치이며, 내압 방폭구조의 분류와 관련이 있다.

③ 화염일주한계는 IEC 규격에서 말하는 실험적 최대 안전틈새(MESG : Maximum Experimental Safe Gap)이다.

④ MESG의 측정은 IEC 규격에 의한 규정된 시험방법에 의하여, 이를 측정하기 위한 표준용기도 IEC 규격에 지정된 것으로 한다.

(3) 최소 점화점류

① 최소 점화전류는 폭발성 분위기가 전기불꽃에 의하여 폭발을 일으킬 수 있는 최소의 회로전류로서, 이 수치는 폭발성 가스의 종류에 따라 다르다.

② 최소 점화전류는 폭발성 가스의 분류에 필요하고, 본질안전방폭구조의 분류와 관련된다.

③ 최소 점화전류(MIC : Minimum Ignition Currents)의 측정은 IEC 79-3 규격(본질안전방폭회로의 불꽃점 시험장치)에 규정된 시험장치에 의한다.

3. 폭발성 가스 분위기의 생성조건에 관계있는 위험특성 3가지

(1) 폭발한계

① 폭발한계는 점화원에 의하여 폭발을 일으킬 수 있는 폭발성 가스와 공기와의 혼합가스 농도범위의 한계치로서, 그 하한치를 폭발하한계(LFL), 상한치를 폭발상한계(UFL)라 한다.

② 폭발한계는 폭발성 가스의 종류에 따라 다르고, 일반적으로 그 범위가 넓고 하한치가 '0'에 가까울수록 폭발성 분위기를 생성하기 쉽다.

③ 폭발한계는 일반적으로 폭발성 분위기 중의 폭발성 가스의 체적분율(Vol%)로 표시한다.

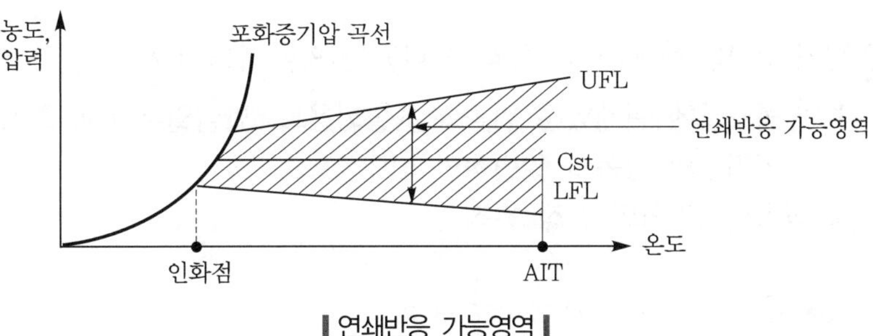

▌연쇄반응 가능영역▐

(2) 인화점

① 인화점은 공기 중에서 가연성 액체의 액면 가까이에 생기는 증기가 작은 불꽃에 의하여 연소될 때의 해당 가연성 액체의 최저 온도를 말한다.

② 인화점은 가연성 액체의 종류에 다라 다르고, 일반적으로 인화점이 낮을수록 폭발성 분위기가 생성되기 쉽다.

(3) 증기밀도

① 증기밀도는 가스 또는 증기밀도를 이와 동일한 압력 및 온도의 공기밀도를 '1'로 하여 비교한 수치이다.

② 실내에서 폭발성 가스의 방출이 발생할 경우 증기밀도가 1보다 작은 것은 천장 부근에, 증기밀도가 1보다 큰 것은 바닥부근에 폭발성 분위기를 생성하기 쉽다.

002 전기설비의 방폭구조에 대하여 다음 사항을 설명하시오.
1. 방폭구조에 관계있는 위험특성(발화온도, 화염일주한계, 최소 점화전류)
2. 전기기기의 방폭의 일반적인 방법
3. 방폭전기기기의 선정 원칙

data 전기안전기술사 22-128-3-2

답안 **1. 방폭구조에 관계있는 위험특성**

(1) 발화온도

규정된 조건하에서 공기와 가스 또는 증기의 형태로 혼합된 가연성 물질을 점화시키는 가열된 표면의 최저 온도이다.

(2) 화염일주한계

① 폭발성 가스분위기 내에 설치한 표준용기의 접합면 틈새를 통하여 폭발화염이 내부에서 외부로 전파되는 것을 저지할 수 있는 틈새의 최대 간격치를 말한다.

② 폭발성 가스를 분류하는 데 필요한 수치이며, 내압방폭구조의 분류와 관련이 있다.

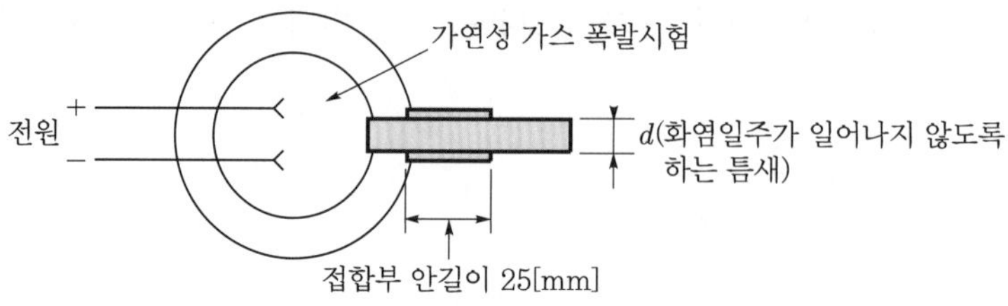

▌최대 안전틈새 측정▐

(3) 최소 점화전류

① 대상으로 한 가스 또는 증기와 공기와의 혼합가스에 대하여 점화가 발생하는 전류의 최솟값이다.

② 폭발성 가스분위기가 전기불꽃에 의하여 폭발을 일으킬 수 있는 최소의 회로전류로서, 그 수치는 폭발성 가스의 종류에 따라 다르다.

③ 표현식

$$\text{최소 점화전류비} = \frac{\text{측정가스의 최소 점화전류}}{CH_4\text{의 최소 점화전류}}$$

④ 최대 안전틈새 및 최소 점화전류비

구분	방폭기기	측정단위	그룹 ⅡA	그룹 ⅡB	그룹 ⅡC
최소 점화전류비	본질안전	메탄=1	0.8 초과	0.45~0.8	0.45 미만
가스 최대 안전틈새	내압형	mm	0.9 초과	0.50~0.9	0.50 미만

⑤ 본질안전방폭구조의 불꽃 점화 시험장치에 의해 측정한다.

2. 전기기기 방폭의 일반적인 방법

(1) 점화원의 방폭적 격리

① 전기기기에서의 점화원이 될 수 있는 부분을 주위 폭발성 가스와 격리하여 접촉하지 않도록 하는 방법

② 전기기기 내부에서 발생한 폭발이 전기기기 주위의 내압방폭구조, 유입방폭구조, 압력방폭구조, 충전형 방폭구조, 캡슐형 방폭구조 등의 전기기기가 있다.

③ '①'의 경우로 제작된 것이 압력방폭구조 및 유입방폭구조 등이 있고, '②'의 경우로 제작된 내압방폭구조의 전기기기가 있다.

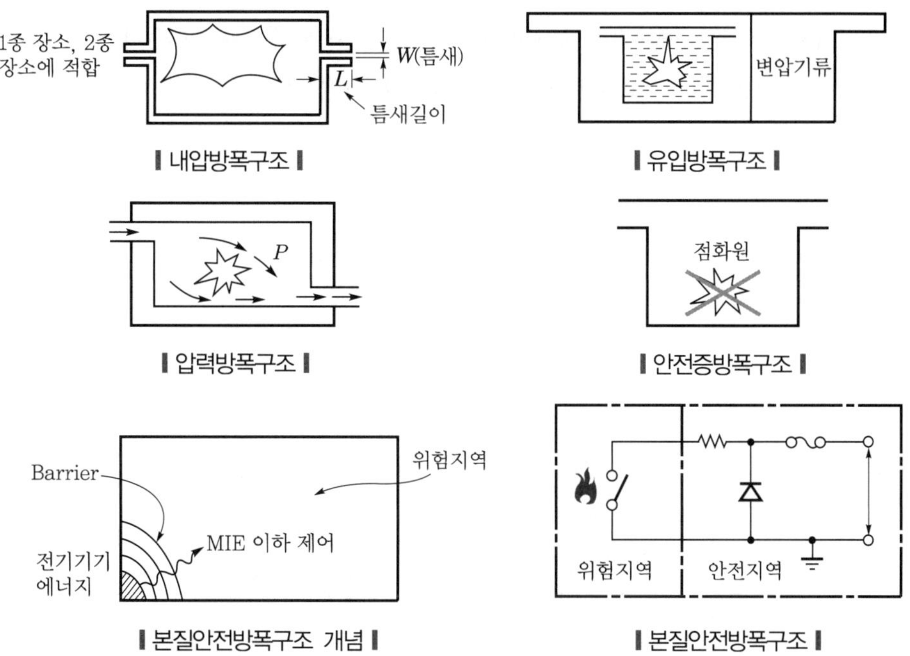

내압방폭구조	유입방폭구조
압력방폭구조	안전증방폭구조
본질안전방폭구조 개념	본질안전방폭구조

(2) 전기기기의 안전도 증강

① 정상상태에서 점화원인 전기불꽃 발생부 및 고온부가 존재할 가능성이 있는 전기기기에 대해서 특히 안전도를 증가시켜 고장을 일으키기 어렵게 함으로써 종합적으로 사고발생 확률을 0에 가까운 값으로 할 수 있다.

② 이러한 방법으로 제작된 것으로는 안전증방폭구조의 전기기기가 있다.

(3) 점화능력의 본질적 억제

① 약전류회로의 전기기기는 정상상태뿐만 아니라 사고 시 발생하는 전기불꽃 또는 고온부 폭발성 가스에 점화할 위험이 없다는 것을 시험 등 기타 방법에 의해 충분히 확인된 것이다.

② 1개 또는 2개의 고장을 가정하여 안전율을 증가시켜 준 것으로 본질적 점화능력이 억제된 기구로서 사용할 수 있다.

③ 이러한 방법에 의해 제작된 것으로는 본질안전방폭구조의 전기기기가 있다.

3. 방폭전기기기 선정의 원칙

위험장소의 종별에 대응한 방폭전기기기의 선정은 원칙적으로 다음과 같이 한다.

(1) 0종 장소에는 본질안전방폭구조에 적합한 전기기기 중 i_a 기기를 선정한다.

(2) 1종 장소에는 본질안전방폭구조(i_a 기기 또는 i_b 기기), 내압방폭구조, 압력방폭구조 또는 유입방폭구조, 충전방폭구조, 안전증 방폭구조 중 적합한 어느 하나를 선정한다.

(3) 2종 장소에는 1종에서 적용 가능한 구조 외에 하나의 전기기기 및 2종 장소에서 사용하도록 표시된 방폭전기기기를 선정한다.

003 방폭 전기 기계·기구의 선정 시 위험장소 분류에 대하여 설명하시오.

data 전기안전기술사 22-128-1-9

답안 1. 방폭의 기본

전기설비로 인하여 화재 및 폭발을 방지하기 위하여 위험분위기 생성 확률과 점화원으로 되는 확률과의 곱이 0을 유지하는 것이 방폭의 기본이다.

2. 방폭 전기 기계 · 기구의 선정 시 위험장소 분류

장소구분	해당 장소	방폭구조 선정	방폭 전기배선
0종	• 인화성 액체의 용기 또는 탱크 내 액면 상부 공간 • 가연성 가스의 용기 내부, 가연성 액체 내의 액중 펌프 등과 같은 장소	본질안전방폭구조	본질안전회로에 적합한 배선방식
1종	• 탱크로리 등에 인화성 액체를 충전 시 개구부 부근 • 탱크류의 벤트 부근, 가스가 체류할 수 있는 피트 부근	2종 장소에 설치할 수 있는 비점화방폭구조 외 방폭구조	• 본질안전회로에 적합한 배선방식 • 내압 방폭 금속관 배선 • 케이블 배선, 케이블 배선(고압)
2종	• 운전원의 오조작으로 가스 또는 액체가 방출될 우려가 있는 장소 • 강제 환기장치의 고장 등으로 가연성 가스가 체류할 수 있는 장소	0종, 1종, 2종 장소에 설치할 수 있는 모든 방폭기기 선정 가능	• 본질안전회로에 적합한 배선방식 • 내압방폭금속관 배선 • 안전증방폭금속관 배선 • 케이블 배선, 케이블 배선(고압)

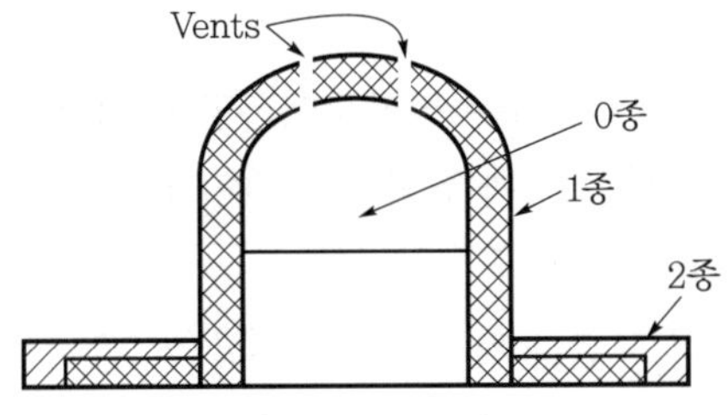

▌위험장소의 구분 개념도▐

004 폭발위험장소의 구분에 따른 전기 기계·기구 선정원칙에 대하여 설명하시오.

data 전기안전기술사 19-119-1-6

답안

1. 방폭대책에 대한 기본사항

(1) 위험분위기의 생성장소에서 전기설비로 인한 화재, 폭발이 발생하기 위해서는 위험분위기와 점화원이 공존하여야 한다.

(2) 이 조건이 성립되지 않도록 하는 것이 방폭의 기본이다.

(3) 전기설비로 인한 화재, 폭발을 방지하기 위해서는 위험분위기가 생성되는 확률과 전기설비가 점화원으로 되는 확률과의 곱이 0에 가까운 값을 가져야 한다.

(4) 그에 대한 구체적인 조치로서, 위험분위기의 생성방지 다음으로 방폭화를 하는 것이 바림직하다.

2. 방폭전기기기의 선정원칙

(1) 점화원의 방폭적 격리

① 전기기기에서의 점화원이 될 수 있는 부분을 주위 폭발성 가스와 격리하여 접촉하지 않은 방법으로 압력방폭구조 및 유입방폭구조를 적용한다.

② 전기기기 내부에서 발생한 폭발이 전기기기 주위의 내압방폭구조, 충전형 방폭구조, 캡슐형 방폭구조 등의 전기기기가 있다.

(2) 전기기기의 안전도 증강

① 정상상태에서 점화원인 전기불꽃 발생부 및 고온부가 존재할 가능성이 있는 전기기기에 대해서 특히 안전도를 증가시켜 고장을 일으키기 어렵게 하여 종합적으로 사고발생확률을 0에 가까운 값으로 할 수 있다.

② 이러한 방법으로 제작된 것으로는 안전증방폭구조의 전기기기가 있다.

(3) 점화능력의 본질적 억제

① 약전류회로의 전기기기는 정상상태뿐만 아니라 사고 시 발생하는 전기불꽃 또는 고온부 폭발성 가스에 점화할 위험이 없다는 것을 시험 등 기타 방법에 의해 충분히 확인된 것이다.

② 1개 또는 2개의 고장을 가정하여 안전율을 증가시켜 준 것으로 본질적 점화능력이 억제된 기구로서 사용할 수 있다.

③ 이러한 방법에 의해 제작된 것으로는 본질안전방폭구조의 전기기기가 있다.

005 방폭전기기기와 방폭전기배선의 선정원칙을 설명하시오.

data 전기안전기술사 21-123-1-4

답안 1. 방폭전기기기의 선정원칙

위험장소의 종별에 대응한 방폭전기기기의 선정은 원칙적으로 다음과 같이 한다.

(1) 0종 장소에는 본질안전방폭구조에 적합한 전기기기 중 i_a 기기를 선정한다.

(2) 1종 장소에는 내압방폭구조, 압력방폭구조, 본질안전방폭구조(i_a 기기 또는 i_b 기기) 또는 유입방폭구조 중 적합한 어느 하나를 선정한다.

(3) 2종 장소에는 내압방폭구조, 압력방폭구조, 안전증방폭구조, 본질안전방폭구조(i_a 기기 또는 i_b 기기), 유입방폭구조 중 적합한 어느 하나의 전기기기 및 2종 장소에서 사용하도록 표시된 방폭전기기기를 선정한다.

2. 방폭전기배선의 선정원칙

위험한 장소의 종별에 적합한 방폭전기배선의 선정은 원칙적으로 다음과 같다.

(1) 0종 장소에서는 본질안전회로의 배선에 적합한 배선방식을 선정한다.

(2) 1종 장소에는 내압금속관배선, 케이블배선, 케이블배선(고압) 또는 본질안전회로의 배선 중 적합한 것을 배전방식으로 선정한다.

(3) 2종 장소에는 내압방폭금속관배선, 안전증방폭 금속관배선, 케이블배선, 케이블배선(고압) 또는 본질안전회로의 배선 중 적합한 것을 배선방식으로 선정한다.

006 폭발위험장소에서 방폭 전기설비 보수 시 유의사항에 대하여 설명하시오.

data 전기안전기술사 23-129-1-5

comment 화재보험협회 자료를 발췌한 것이다.

답안

1. 개요

(1) 위험분위기 생성장소에서 전기설비가 점화원이 되는 조건이 성립되지 않게 한다.

(2) 방폭지역에서 위험분위기 생성을 방지하고, 전기설비의 방폭성능을 구비한다.

(3) 보수작업 시 유의사항은 전기기기의 종류, 방폭구조의 종류, 배선방법 등에 따라 다르지만 공통사항은 다음에 나오는 내용과 같다.

2. 보수작업 시 유의사항

(1) 작업 전 유의사항

① 보수내용의 명확화

② 공구, 재료, 교체부품 등의 준비

③ 정전 필요성과 정전범위의 결정 및 확인

④ 폭발성 가스의 존재 가능성과 비위험장소로서의 취급

⑤ 작업자의 지식 및 기능

(2) 작업 중 유의사항

① 통전 중에 점검할 경우 전기기기의 본체, 단자함, 점검창 등을 열지 않는다. 단, 본질안전방폭구조의 전기설비에서는 제외한다.

② 위험장소에서 보수하는 경우 공구 등에 의한 충격불꽃을 발생시키지 않아야 하고 전기계측기는 방폭구조이어야 한다.

③ 정비 또는 수리작업은 전기설비를 비위험장소로 옮겨서 실시하는 것이 바람직하지만, 부득이하게 위험장소에서 실시하는 경우는 폭발성 가스의 존재 가능성과 비위험장소로의 취급에 따라 조치하여야 한다.

④ 정비 및 수리할 경우 전기기기의 방폭성능과 관련있는 분해조립작업이 동반되므로 보수부분뿐 아니라 다른 부분도 방폭성능을 상실하지 않아야 한다.

(3) 작업 후 유의사항

① 전기설비 전체로서의 방폭성을 복원시켜야 한다.

② 방폭전기설비의 검사 및 조정으로 이상이 없어야 한다.

3. 전원 및 환경에 대한 유의사항

comment 향후 이 내용으로 10점 문제로 출제 가능하다.

전기기기의 방폭성능에 영향을 미치는 다음 사항을 확인한다.

(1) 전원 전압 및 주파수

(2) 주위 온도 및 습도

(3) 수분 및 먼지

(4) 부식성 가스 및 액체

(5) 설치장소의 진동

reference

폭발위험장소에서 방폭 전기설비 보수 시 전원 및 환경에 대한 유의사항을 설명하시오.

comment 2025년부터 출제가 예상된다.

전원 및 환경에 대한 유의사항

전기기기의 방폭성능에 영향을 미치는 다음 사항을 확인한다.

(1) 전원 전압 및 주파수

(2) 주위 온도 및 습도

(3) 수분 및 먼지

(4) 부식성 가스 및 액체

(5) 설치장소의 진동

comment 위험장소 그림 1개 정도 그리도록 한다.

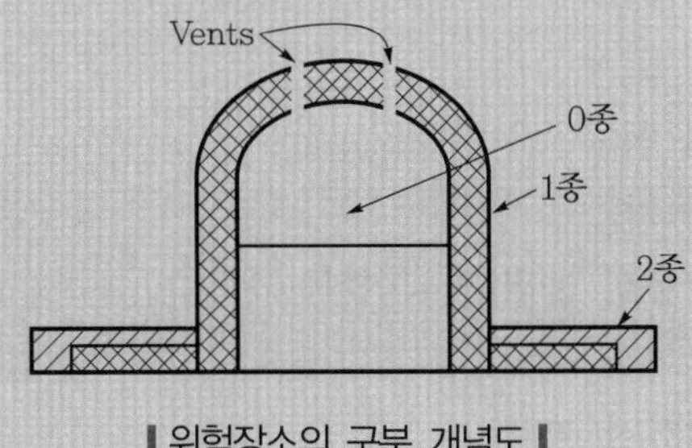

▎위험장소의 구분 개념도▎

007 물질안전보건자료(MSDS : Material Safety Data Sheet)의 표준작성항목을 10가지만 쓰시오.

data 전기안전기술사 20-120-1-13, 소방기술사 19-117-2-2

comment 소방기술사 19-117-2-2에 물질안전보건자료(MSDS) 작성대상 물질과 작성항목 관련해 출제되었다.

답안 1. 목적

(1) 유해화학물질의 취급사용으로 인한 화재, 폭발, 직업병 등의 산업재해를 예방하기 위한 기초자료를 근로자나 실수요자에게 제공하기 위해서이다.

(2) 유해화학물질을 판매-양도 시 MSDS 자료를 첨부하고 최종 사용자에게 전달해야 한다.

2. MSDS의 작성비치 대상 화학물질(작성대상물질)

(1) 물리적 위험성(17가지) 물질

① 폭발성 물질
② 에어로졸
③ 고압 가스
④ 인화성 고체
⑤ 인화성 액체
⑥ 인화성 가스
⑦ 산화성 고체
⑧ 산화성 액체
⑨ 산화성 가스
⑩ 자기반응성 물질 및 혼합물
⑪ 자연발화성 액체
⑫ 자연발화성 고체
⑬ 자기발열성 물질 및 혼합물
⑭ 물반응성 물질 및 혼합물
⑮ 유기과산화물
⑯ 금속부식성 물질

(2) 건강 유해성(10가지) 물질

① 급성 독성물질
② 피부 부식성 · 자극성 물질
③ 심한 눈 손상성 · 자극성 물질
④ 호흡기 또는 피부 과민성 물질
⑤ 생식세포 변이원성 물질
⑥ 발암성 물질
⑦ 생식독성 물질
⑧ 특정 표적장기 독성물질(1회 노출)
⑨ 특정 표적장기 독성물질(반복 노출)
⑩ 흡인 유해성 물질

(3) 환경 유해성(2가지) 물질

① 수생환경 유해성 물질
② 오존층 유해성 물질

3. 효과

(1) 근로자 및 사용자에게 알권리를 충족

(2) 취급자 관점, 직업병 예방과 산업안전보건에 대한 인식 전환 및 관심

(3) 관리자 관점, 화학물질 누출사고 시 신속한 대처 가능

(4) 제조사 관점, 인체 및 환경에 영향이 없는 물질로 대체물질 개발에 동기 부여

4. 기대효과

(1) 정보의 혼동방지로 정보의 표준화 도모

(2) 중복교육의 해소로 정보의 표준화 도모

(3) 근로자의 건강 및 환경보호 강화

(4) 화학물질의 국제교역 용이

(5) 화학물질의 시험, 평가 필요성 감소

5. MSDS 작성 비치

(1) 유해물질을 제조, 수입, 사용, 취급하고자 할 때 작성한다.

(2) 다른 사업주에게 양도제공할 때 MSDS도 함께 양도제공한다.

6. MSDS상에 포함되어야 할 항목

comment 표준작성항목 10가지를 묻는 문제에서는 표에서 선호하는 10가지만 기록하면 된다.

포함할 항목	내용
화학제품과 회사에 관한 정보	제품명, 일반적 특성, 유해성 분류, 제품의 용도, 제조자정보, 공급자/유통업자 정보, 작성일자
구성성분의 명칭 및 함유량	화학물질명, 함유량[%], CAS 번호/식별번호, 이명
유해성 · 위험성	긴급한 위험, 유해성 정보, 눈에 대한 영향, 피부에 대한 영향, 흡입 시 영향, 섭취 시 영향, 만성징후의 영향
응급조치요령	눈에 들어갔을 때, 피부에 접촉했을 때, 흡입했을 때, 먹었을 때, 의사의 주의사항
폭발 · 화재 시 대처방법	• 인화점, 자연발화점, 연소 상한/하한 값, 소방법에 의한 분류 및 규제내용 • 소화제, 소화방법 및 장비, 연소 시 발생 유해물질, 사용해서는 안 되는 소화제
누출사고 시 대처방법	• 인체를 보호하기 위해 필요한 조치사항, 환경을 보호하기 위해 필요한 조치사항 • 정화 또는 제거방법
취급 및 저장방법	안전 취급요령, 보관방법
노출방지 및 개인보호구	• 공학적 관리방법, 호흡기보호, 눈보호, 손보호, 신체보호, 위생상 주의사항 • 노출기준
물리화학적 특성	• 외관, 냄새, pH, 용해도, 끓는점, 녹는점, 폭발성, 산화성, 증기압 • 비중, 분자량, 점도, 증기밀도
안정성 및 반응성	• 화학적 안정성, 피해야 할 조건 및 유해물질, 분해 시 생성되는 유해물질 • 반응 시 유해물질 발생 가능성
독성에 관한 정보	• 급성 경구독성, 급성 경피독성, 급성 흡입독성, 이급성 독성, 만성독성 • 변이원성 영향, 생식독성, 발암성 영향, 기타 특이사항
환경에 미치는 영향	수생 및 생태 독성, 토양 이동성, 잔류성 및 분해성, 동식물의 생체 내 축척 가능성
폐기 시 주의사항	「폐기물 관리법」상 규제현황, 폐기방법, 폐기 시 주의사항
운송에 필요한 정보	• 「선박안전법」 '위험물 선박운송 및 저장 규칙'에 의한 분류 및 규제 • 운송 시 주의사항, 기타 외국 운송관련 규정에 의한 분류 및 규제
법적 규제현황	「산업안전보건법」에 의한 규제, 「유해화학물질관리법」 등 타 부처의 화학물질 관련법에 의한 규제, 기타 외국법에 의한 규제
기타 참고사항	자료의 출처

7. MSDS 활용범위

(1) 제조공정의 위험성 평가 기초자료

(2) 전기적 위험구역의 구분

(3) 화학물질 취급 안정작업 절차 작성 및 취급설비 구조 및 재질 선정

(4) 근로자의 보건대책 및 비상대책 수립

8. MSDS의 교육

(1) 교육시기

① 대상화학물질을 제조 · 사용 · 운반 또는 저장하는 작업에 근로자를 배치하게 된 경우

② 새로운 대상화학물질이 도입된 경우

③ 유해성 · 위험성 정보가 변경된 경우

(2) 방법

사업주는 '(1)'에 따른 교육을 하는 경우에 유해성 · 위험성이 유사한 대상 화학물질을 그룹별로 분류하여 교육할 수 있다.

(3) 기록 등

교육을 실시하였을 때에는 교육시간 및 내용 등을 기록하여 보존한다.

9. MSDS의 교육내용

아래 사항에 대하여 건설업 종사자일 경우 반드시 2시간 이상, 건설업 종사자가 아닐 경우 반드시 16시간 이상 교육하도록 한다.

(1) 취급물질의 성상 및 성질에 관한 사항

(2) 유해물질의 인체에 미치는 영향

(3) 국소배기장치 및 안전설비에 관한 사항

(4) 안전작업방법 및 보호구 사용에 관한 사항

(5) 기타 안전보건관리에 필요한 사항

comment 이 문제는 소방기술사에 나온 문항을 전기안전기술사에서 배점 10점으로 축소시켜 출제된 문제이다. 다음에 25점으로 재출제될 확률이 90[%] 이상이므로 반드시 숙지하도록 한다.

memo

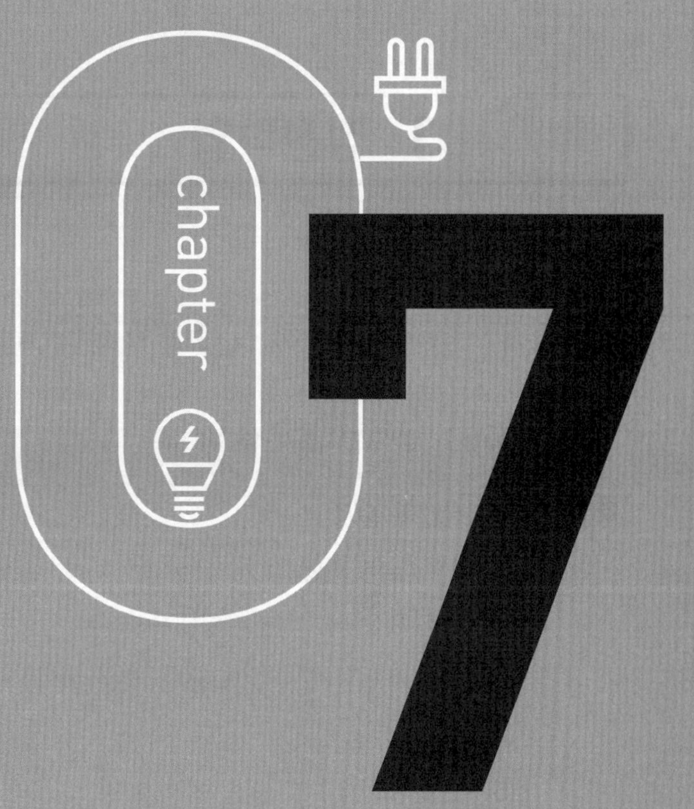

안전작업

section 01 정전작업

001 정전작업 계획 시(요령 시) 작성 및 정전작업 시의 조치사항에 대하여 설명하시오.

data 전기안전기술사 18-116-4-1

답안 1. 정전작업의 순서

(1) 작업 전의 회합

(2) 작업지휘자에 의한 작업내용의 주지

(3) 개로 개폐기의 시건 또는 표지판 설치

(4) 잔류전하의 방전

(5) 검전기로 개로의 충전 여부 확인

(6) 단락접지기구로 단락접지

(7) 근접활선에 대한 방호

(8) 일부 정전작업 시 정전선로 및 활선선로의 표시

2. 정전작업 전 · 정전작업 중 · 정전작업 후의 조치사항

(1) 작업 전의 회합

작업책임자나 운전책임자는 작업 또는 조작을 시작하기 전에 작업원을 집합시켜 반드시 그 절차, 주의사항에 관하여 설명하여야 하며 특히 다음 사항을 완전히 이해시켜야 한다.

① 작업의 목적과 범위
② 작업용구, 공구 및 재료 등의 점검 · 정비
③ 유해 · 위험 개소의 확인 및 방호조치
④ 안전장구의 사용방법
⑤ 안전표지물의 설치
⑥ 재해발생 우려 시 작업중지 또는 대피
⑦ 작업완료 시의 조치 및 확인
⑧ 작업지휘자의 임명

(2) 작업 전 확인사항

① 작업원에게 작업내용, 정전범위, 작업순서 및 조작순서, 주의사항 주지
② 각 작업원의 담당작업 부여
③ **보호구 착용 점검** : 안전모, 안전허리띠, 방전고무장갑, 고무소매 등
④ **방호구 설치 확인** : 고무시트, 전선커버, 애자커버 등 커버류
⑤ 개폐기 절체 확인
⑥ 접지 확인
⑦ 안전표지 설치 확인
⑧ 기타
　㉠ 개폐기의 위치
　㉡ 단락접지개소
　㉢ 계획변경에 관한 조치

(3) 작업 중

① 작업지휘자에 의한 지휘
② 개폐기의 관리
③ 근접활선의 방호상태 관리
④ 단락접지 상태 관리

(4) 작업 후(작업종료 시)

① 작업종료 상태 이상 유무 확인
② 작업종료 연락
③ 표지의 철거
④ 단락접지기구 철거
⑤ 인원확인
⑥ 작업자에 대한 위험 없음을 확인
⑦ 작업책임자에 작업완료 보고
⑧ 급전사령에게 작업완료 보고
⑨ 개폐기를 투입하여 송전재개

(5) 완료

① 개폐기 절체 확인
② 작업현장 정리정돈 확인
③ 기타
　㉠ 송전상태 확인(결상, 오결선 등)
　㉡ 전압 확인

㉢ 유효전력(조류) 확인
㉣ 무효전력 확인
㉤ 주파수 확인
㉥ 해당 작업에서 개선할 점에 대한 간단한 토의 시행 등

3. 정전작업 시 안전조치방법

(1) 작업지휘자에 의한 작업내용의 주지

(2) 개로 개폐기의 시건 또는 표지판 설치

(3) 잔류전하의 방전

(4) 검전기로 개로의 충전 여부 확인

(5) 단락접지기구로 단락접지

(6) 근접활선에 대한 방호

(7) 일부 정전작업 시 정전선로 및 활선선로의 표시

(8) 작업장 주변 구획로프 및 표지판 설치

reference

ISSA에서 제시하는 정전작업의 5대 안전수칙을 간단히 설명하시오.

국제사회보장협회(ISSA : International Social Security Association)
(1) 작업 전 전원 차단
(2) 전원투입의 방지
(3) 작업장소의 무전압 여부 확인
(4) 단락접지
(5) 작업장소의 보호

002 「산업안전보건기준에 관한 규칙」 제319조에서 정하는 정전전로에서의 전기작업에 대하여 설명하시오.

data 전기안전기술사 19-119-2-2

comment 문제 007번과 비교하여 기억하도록 한다.

답안 1. 정전작업의 순서

(1) 작업 전의 회합

(2) 작업지휘자에 의한 작업내용의 주지

(3) 개로 개폐기의 시건 또는 표지판 설치

(4) 잔류전하의 방전

(5) 검전기로 개로의 충전 여부 확인

(6) 단락접지기구로 단락접지

(7) 근접활선에 대한 방호

(8) 일부 정전작업 시 정전선로 및 활선선로의 표시

2 정전작업 전 · 정전작업 중 · 정전작업 후의 조치사항

(1) 작업 전의 회합

작업책임자나 운전책임자는 작업 또는 조작을 시작하기 전에 작업원을 집합시켜 반드시 그 절차, 주의사항에 관하여 설명하여야 하며 특히 다음 사항을 완전히 이해시켜야 한다.

① 작업의 목적과 범위

② 작업용구, 공구 및 재료 등의 점검 · 정비

③ 유해 · 위험 개소의 확인 및 방호조치

④ 안전장구의 사용방법

⑤ 안전표지물의 설치

⑥ 재해발생 우려 시 작업중지 또는 대피

⑦ 작업완료 시의 조치 및 확인

⑧ 작업지휘자의 임명

(2) 작업 전 확인사항

① 작업원에게 작업내용, 정전범위, 작업순서 및 조작순서, 주의사항 철저히 주지

② 각 작업원의 담당작업 부여

③ **보호구 착용 점검** : 안전모, 안전허리띠, 방전고무장갑, 고무소매 등

④ **방호구 설치 확인** : 고무시트, 전선커버, 애자커버 등 커버류

⑤ 개폐기 차단 및 절체 확인(즉, 충전부 또는 그 부근에서 작업 시 감전될 우려가 있는 경우에는 작업에 들어가기 전에 해당 전로를 차단할 것)

⑥ 접지 확인

⑦ 안전표지 설치 확인

⑧ 기타

㉠ 개폐기의 위치

㉡ 단락접지개소

㉢ 계획변경에 관한 조치

(3) 작업 중

① 작업지휘자에 의한 지휘

② 개폐기의 관리

③ 근접활선의 방호상태 관리

④ 단락접지상태 관리

(4) 작업 후(작업종료 시)

① 작업종료 상태 이상 유무 확인

② 작업종료 연락

③ 표지의 철거

④ 단락접지기구 철거

⑤ 인원확인

⑥ 작업자에 대한 위험 없음을 확인

⑦ 작업책임자에 작업완료 보고

⑧ 급전사령에게 작업완료 보고

⑨ 개폐기를 투입하여 송전재개

(5) 완료

① 개폐기 절체 확인

② 작업현장 정리정돈 확인

③ 기타

㉠ 송전상태 확인(결상, 오결선 등)

㉡ 전압 확인

㉢ 유효전력(조류) 확인

㉣ 무효전력 확인

ⓜ 주파수 확인

ⓑ 해당 작업에서 개선할 점에 대한 간단한 토의 시행 등

3. 정전작업 시 안전조치방법

(1) 작업지휘자에 의한 작업내용의 주지

(2) 개로 개폐기의 시건 또는 표지판 설치

(3) 잔류전하의 방전

(4) 검전기로 개로의 충전 여부 확인

(5) 단락접지기구로 단락접지

(6) 근접활선에 대한 방호

(7) 일부 정전작업 시 정전선로 및 활선선로의 표시

(8) 작업장 주변 구획로프 및 표지판 설치

reference

정전전로에서의 전기작업 전에 전로를 차단하지 않아도 되는 경우

(1) 생명유지장치, 비상경보설비, 폭발위험장소의 환기설비, 비상조명설비 등의 장치 · 설비의 가동이 중지되어 사고의 위험이 중지되는 경우

(2) 기기의 설계상 또는 작동상 제한으로 전로차단이 불가능한 경우

(3) 감전, 아크 등으로 인한 화상, 화재 · 폭발의 위험이 없는 것으로 확인된 경우

003 정전작업요령에 포함되어야 할 작업시작 전, 작업진행 중, 작업종료 후 조치사항과 5대 안전수칙을 각각 설명하시오.

data 전기안전기술사 21-123-1-12

답안 **1. 작업 전**

(1) 작업원에게 작업내용, 정전범위, 작업순서 및 조작순서, 주의사항 철저히 주지

(2) 각 작업원의 담당작업 부여

(3) **보호구 착용 점검** : 안전모, 안전허리띠, 방전고무장갑, 고무소매 등

(4) **방호구 설치 확인** : 고무시트, 전선커버, 애자커버 등 커버류

(5) 개폐기 절체 확인

(6) 접지 확인

(7) 안전표지 설치 확인

(8) 기타

① 개폐기의 위치

② 단락접지개소

③ 계획변경에 관한 조치

2. 작업 중

(1) 작업지휘자에 의한 지휘

(2) 개폐기의 관리

(3) 근접활선의 방호상태 관리

(4) 단락접지상태 관리

3. 작업 후의 회합(작업종료 시)

(1) 작업종료 상태 이상 유무 확인

(2) 작업종료 연락

(3) 표지의 철거

(4) 단락접지기구 철거

(5) 인원 확인

(6) 작업자에 대한 위험 없음을 확인

(7) 작업책임자에 작업완료 보고

(8) 급전사령에게 작업완료 보고

(9) 개폐기를 투입하여 송전재개 및 송전 후 전압 및 상 확인

4. 정전작업 5대 안전수칙

(1) 작업 전 전원차단

(2) 전원투입의 방지

(3) 작업장소의 무전압 확인

(4) 단락접지

(5) 작업장소의 확보

section 02 산업안전보건기준상의 작업안전

004 「산업안전보건기준에 관한 규칙」에서 사전조사 및 작업계획서를 작성해야 하는 13가지 대상작업과 전기작업에서의 작업계획서 내용을 설명하시오.

data 전기안전기술사 23-129-2-2

답안 1. 개요

(1) 사업주는 근로자의 위험을 방지하기 위한 목적으로, 해당 작업에 대한 사전조사를 실시하고, 그 결과를 기록 · 보존하며, 작업계획서를 작성하고 그 계획에 따라 작업을 하도록 한다.

(2) 관련 규정 : 「산업안전보건기준에 관한 규칙」 제38조

2. 사전조사 및 작업계획서 작성

(1) 13가지 대상작업

① 타워크레인을 설치 · 조립 · 해체하는 작업

② 차량계 하역운반기계 등을 사용하는 작업(화물자동차를 사용하는 도로상의 주행작업은 제외)

③ 차량계 건설기계를 사용하는 작업

④ 화학설비와 그 부속설비를 사용하는 작업

⑤ 제318조에 따른 전기작업(해당 전압이 50[V]를 넘거나 전기에너지가 250[VA]를 넘는 경우로 한정)

⑥ 굴착면의 높이가 2[m] 이상이 되는 지반의 굴착작업

⑦ 터널굴착작업

⑧ 교량(상부구조가 금속 또는 콘크리트로 구성되는 교량으로서, 그 높이가 5[m] 이상이거나 교량의 최대 지간길이가 30[m] 이상인 교량으로 한정)의 설치 · 해체 또는 변경 작업

⑨ 채석작업

⑩ 건물 등의 해체작업

⑪ 중량물의 취급작업

⑫ 궤도나 그 밖의 관련 설비의 보수 · 점검 작업

⑬ 열차의 교환 · 연결 또는 분리 작업

(2) 사업주는 '(1)'에 따라 작성한 작업계획서의 내용을 해당 근로자에게 알려야 한다.

(3) 사업주는 항타기나 항발기를 조립 · 해체 · 변경 또는 이동하는 작업을 하는 경우 그 작업방법과 절차를 정하여 근로자에게 주지시켜야 한다.

(4) 사업주는 '(1)'의 '⑫'의 작업에 모터카(motor car), 멀티플타이탬퍼(multiple tie tamper), 밸러스트 콤팩터(ballast compactor, 철도 자갈다짐기), 궤도안정기 등의 작업차량을 사용하는 경우 미리 그 구간을 운행하는 열차의 운행관계자와 협의한다.

3. 전기작업에서의 작업계획서 내용

(1) 전기작업의 목적 및 내용

(2) 전기작업 근로자의 자격 및 적정 인원

(3) 작업범위, 작업책임자 임명, 전격 · 아크 섬광 · 아크 폭발 등 전기위험요인 파악, 접근 한계거리, 활선접근 경보장치 휴대 등 작업시작 전에 필요한 사항

(4) 제319조에 따른 전로 차단에 관한 작업계획 및 전원(電源) 재투입 절차 등 작업상황에 필요한 안전작업요령

(5) 절연용 보호구 및 방호구, 활선작업용 기구 · 장치 등의 준비 · 점검 · 착용 · 사용 등에 관한 사항

(6) 점검 · 시운전을 위한 일시 운전, 작업 중단 등에 관한 사항

(7) 교대근무 시 근무인계(引繼)에 관한 사항

(8) 전기작업장소에 대한 관계 근로자가 아닌 사람의 출입금지에 관한 사항

(9) 전기안전작업계획서를 해당 근로자에게 교육할 수 있는 방법과 작성된 전기안전작업계획서의 평가 · 관리 계획

(10) 전기도면, 기기 세부사항 등 작업과 관련되는 자료

005 충전전로에서의 전기작업과 충전전로 인근에서의 차량 · 기계장치 작업 시 사업주가 조치해야 할 사항을 설명하시오.

data 전기안전기술사 23-129-3-2

comment 중요한 문제로서, 현장에서 인명사고 방지 및 막대한 재산상 손실방지를 위해서 철저한 감시감독이 요구된다.

답안 1. 개요

(1) 충전전로는 통상적인 운전상태에서 전압이 걸리도록 되어 있는 도체 또는 도전부를 말한다.

(2) 충전전로작업 중에는 감전사고 및 2차 재해위험이 높으므로 규정을 준수하도록 한다.

2. 충전전로에서의 전기작업 시 사업주의 조치

(1) 충전전로를 정전시키는 경우에는 '제319조 정전전로에서의 전기작업'에 따른 조치를 할 것

(2) 충전전로를 방호, 차폐하거나 절연 등의 조치를 하는 경우에는 근로자의 신체가 전로와 직접 접촉하거나 도전재료, 공구 또는 기기를 통하여 간접 접촉되지 않도록 할 것

(3) 충전전로를 취급하는 근로자에게 그 작업에 적합한 절연용 보호구를 착용시킬 것

(4) 충전전로에 근접한 장소에서 전기작업을 하는 경우에는 해당 전압에 적합한 절연용 방호구를 설치할 것. 단, 저압인 경우에는 해당 전기작업자가 절연용 보호구를 착용하되, 충전전로에 접촉할 우려가 없는 경우 절연용 방호구를 설치하지 아니할 수 있다.

(5) 고압 및 특고압의 전로에서 전기작업을 하는 근로자에게 활선작업용 기구 및 장치를 사용할 것

(6) 근로자가 절연용 방호구의 설치 · 해체 작업을 하는 경우에는 절연용 보호구를 착용하거나 활선작업용 기구 및 장치를 사용할 것

(7) 유자격자가 아닌 근로자가 충전전로 인근의 높은 곳에서 작업할 때에 근로자의 몸 또는 긴 도전성 물체가 방호되지 않은 충전전로에서 접근할 수 없게 할 것

① 대지전압이 50[kV] 이하인 경우에는 300[cm] 이내

② 대지전압이 50[kV]를 넘는 경우에는 10[kV]당 10[cm] 더한 거리 이내

comment 154[kV] 충전부 근처에서 작업하는 것은 대단히 위험하여 대형 사고로 이어지므로 한국전력 감시 하에 해야 한다.

(8) 유자격자가 충전전로 인근에서 작업하는 경우에는 다음의 경우를 제외하고는 노출 충전부에 다음 표에 제시된 접근 한계거리 이내로 접근하거나 절연손잡이가 없는 도전체에 접근할 수 없도록 할 것

① 근로자가 노출충전부로부터 절연된 경우 또는 해당 전압에 적합한 절연장갑을 착용한 경우

② 노출충전부가 다른 전위를 갖는 도전체 또는 근로자와 절연된 경우

③ 근로자가 다른 전위를 갖는 모든 도전체로부터 절연된 경우

충전전로의 선간전압[kV]	충전전로에 대한 접근 한계거리[cm]
0.3 이하	접촉 금지
0.3 초과 0.75 이하	30
2 초과 15 이하	60
15 초과 37 이하	90
37 초과 88 이하	110
145 초과 169 이하	170
242 초과 362 이하	380
550 초과 800 이하	790

(9) 절연이 되지 않은 충전부나 그 인근에 근로자에게 접근하는 것을 막거나 제한할 필요가 있는 경우 울타리를 설치하고 근로자가 쉽게 알아볼 수 있게 해야 하는데 예외사항은 다음과 같다.

① 전기와 접촉할 위험이 있는 경우에는 도전성 있는 금속제 울타리를 사용

② 상기 표에서 정한 접근 한계거리 이내에 작업하는 경우

(10) 사업주는 울타리 설치가 곤란한 경우 사전에 위험을 경고하는 감시인을 배치하여야 한다.

3. 충전전로 인근에서의 차량 · 기계장치 작업

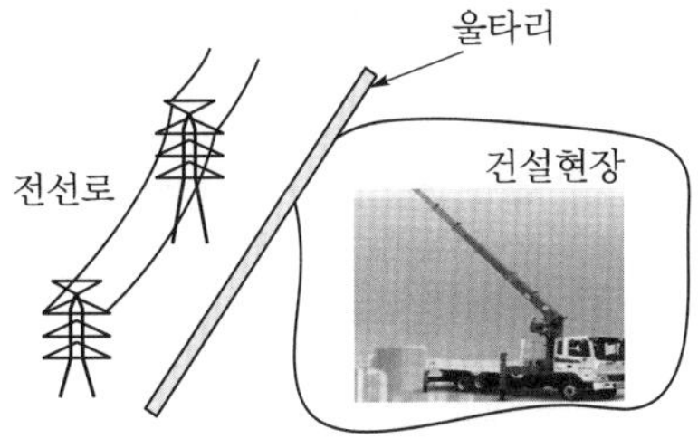

▌충전전로 인근 작업▐

comment 붐대가 송전선로 근접 시 차량의 타이어 펑크/전력선 아크/플래시 오버/최악의 경우 단선으로 선로차단이 안 되면 주변에 최소 실제 100억 이상의 피해도 줄 수 있다. 차량 하청업자는 파산하여 원청자에게 구상권을 행사하여 막대한 경영악화가 우려된다.

(1) 충전전로 인근에서 차량, 기계장치 등의 작업이 있는 경우 사업주 조치사항

① 차량 등을 충전전로의 충전부로부터 300[cm] 이상 이격

② 대지전압 50[kV] 초과 시 이격거리는 10[kV] 증가할 때마다 10[cm]씩 증가

③ 차량높이를 낮춘 상태에서 이동 시 120[cm] 이상 이격

(2) 충전전로 전압에 적합한 절연용 방호구 등을 설치한 경우 다음 내용에 따라 조치한다.

① 이격거리를 절연용 방호구 앞면까지 할 수 있다.

② 차량 등의 가공 붐대의 버킷이나 끝부분 등이 충전전로의 전압에 적합하게 절연되게 한다.

③ 유자격자가 작업을 수행하는 경우 붐대의 비절연부분과 충전전로 간 이격거리를 제321조 제1항 제8호의 표에 따라 할 수 있다(특히 154[kV] 근처 작업 시 매우 조심).

(3) 울타리나 감시인의 배치 예외

① 근로자가 해당 전압에 적합한 절연용 보호구 등을 착용하거나 사용하는 경우

② 차량 등의 절연되지 않은 부분이 접근 한계거리 이내로 접근하지 않도록 하는 경우

(4) 충전전로 인근에서 접지된 차량 등이 충전전로와 접촉할 우려가 있는 경우 지상 근로자가 접지점에 접촉하지 않도록 조치한다.

006 「산업안전보건기준에 관한 규칙」에 따라 충전전로에서 전기작업을 할 때 사업주가 취해야 할 조치사항에 대하여 설명하시오.

data 전기안전기술사 22-126-2-2

답안 1. 개요

(1) 충전전로는 통상적인 운전상태에서 전압이 걸리도록 되어 있는 도체 또는 도전부를 말한다.

(2) 충전전로작업 중에는 감전사고 및 2차 재해위험이 높으므로 규정을 준수하도록 한다.

2. 충전전로에서의 전기작업 시 사업주의 조치

(1) 충전전로를 정전시키는 경우에는 '제319조 정전전로에서의 전기작업'에 따른 조치를 할 것

(2) 충전전로를 방호, 차폐하거나 절연 등의 조치를 하는 경우에는 근로자의 신체가 전로와 직접 접촉하거나 도전재료, 공구 또는 기기를 통하여 간접 접촉되지 않도록 할 것

(3) 충전전로를 취급하는 근로자에게 그 작업에 적합한 절연용 보호구를 착용시킨다.

(4) 충전전로에 근접한 장소에서 전기작업을 하는 경우에는 해당 전압에 적합한 절연용 방호구를 설치할 것. 단, 저압인 경우에는 해당 전기작업자가 절연용 보호구를 착용하되, 충전전로에 접촉할 우려가 없는 경우에는 절연용 방호구를 설치하지 아니할 수 있다.

(5) 고압 및 특고압의 전로에서 전기작업을 하는 근로자에게 활선작업용 기구 및 장치를 사용하도록 할 것

(6) 근로자가 절연용 방호구의 설치 · 해체 작업을 하는 경우에는 절연용 보호구를 착용하거나 활선작업용 기구 및 장치를 사용하도록 할 것

(7) 유자격자가 아닌 근로자가 충전전로 인근의 높은 곳에서 작업할 때에 근로자의 몸 또는 긴 도전성 물체가 방호되지 않은 충전전로에서 접근할 수 없도록 할 것

① 대지전압이 50[kV] 이하인 경우에는 300[cm] 이내

② 대지전압이 50[kV]를 넘는 경우에는 10[kV]당 10[cm]씩 더한 거리 이내

(8) 유자격자가 충전전로 인근에서 작업하는 경우에는 다음의 경우를 제외하고는 노출 충전부에 다음 표에 제시된 접근 한계거리 이내로 접근하거나 절연손잡이가 없는 도전체에 접근할 수 없도록 할 것

chapter 07

① 근로자가 노출충전부로부터 절연된 경우 또는 해당 전압에 적합한 절연장갑을 착용한 경우
② 노출충전부가 다른 전위를 갖는 도전체 또는 근로자와 절연된 경우
③ 근로자가 다른 전위를 갖는 모든 도전체로부터 절연된 경우

충전전로의 선간전압[kV]	충전전로에 대한 접근 한계거리[cm]
0.3 이하	접촉 금지
0.3 초과 0.75 이하	30
2 초과 15 이하	60
15 초과 37 이하	90
37 초과 88 이하	110
145 초과 169 이하	170
242 초과 362 이하	380
550 초과 800 이하	790

(9) 절연이 되지 않은 충전부나 그 인근에 근로자에게 접근하는 것을 막거나 제한할 필요가 있는 경우 울타리를 설치하고 근로자가 쉽게 알아볼 수 있도록 해야 하는데 예외사항은 다음과 같다.
① 전기와 접촉할 위험이 있는 경우에는 도전성 있는 금속제 울타리를 사용
② 상기 표에서 정한 접근 한계거리 이내에 작업하는 경우

(10) 사업주는 울타리 설치가 곤란한 경우 사전에 위험을 경고하는 감시인을 배치하여야 한다.

007 「산업안전보건기준에 관한 규칙」에 따른 사업주의 전기작업 위험방지조치에 대하여 설명하시오.

1. 유자격자의 대상
2. 전로차단 절차
3. 전로를 차단하지 못하는 경우
4. 정전작업 완료 후 준수사항

data 전기안전기술사 23-129-4-3

comment 「산업안전보건기준에 관한 규칙」 제319조 '정전전로에서의 전기작업'에 의한 답안이다.

답안 1. 유자격자의 대상

(1) 자격 · 면허 · 경험 또는 기능을 갖춘 사람

(2) 해당 작업을 직접하는 사람에게만 적용하며, 해당 작업의 보조자에게는 적용하지 않는다.

2. 전로차단 절차

(1) 전기기기 등에 공급되는 모든 전원을 관련 도면, 배선도 등으로 확인할 것

(2) 전원을 차단한 후 각 단로기 등을 개방하고 확인할 것

(3) 차단장치나 단로기 등에 잠금장치 및 꼬리표를 부착할 것

(4) 개로된 전로에서 유도전압 또는 전기에너지가 축적되어 근로자에게 전기위험을 끼칠 수 있는 전기기기 등은 접촉하기 전에 잔류전하를 완전히 방전시킬 것

(5) 검전기를 이용하여 작업대상 기기가 충전되었는지를 확인할 것

(6) 전기기기 등이 다른 노출충전부와의 접촉, 유도 또는 예비동력원의 역송전 등으로 전압이 발생할 우려가 있는 경우에는 충분한 용량을 가진 단락 접지기구를 이용하여 접지할 것

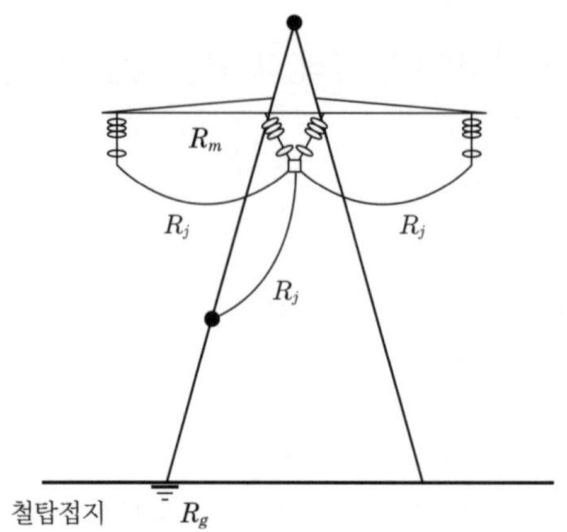

▌철탑공사의 단락 접지기구 설치▐

3. 전로를 차단하지 못하는 경우

(1) 생명유지장치, 비상경보설비, 폭발위험장소의 환기설비, 비상조명설비 등의 장치 · 설비의 가동이 중지되어 사고의 위험이 증가되는 경우

(2) 기기의 설계상 또는 작동상 제한으로 전로차단이 불가능한 경우

(3) 감전, 아크 등으로 인한 화상, 화재 · 폭발의 위험이 없는 것으로 확인된 경우

4. 정전작업 완료 후 준수사항

(1) 작업기구, 단락 접지기구 등을 제거하고 전기기기 등이 안전하게 통전될 수 있는지를 확인할 것

(2) 모든 작업자가 작업이 완료된 전기기기 등에서 떨어져 있는지를 확인할 것

(3) 잠금장치와 꼬리표는 설치한 근로자가 직접 철거할 것

(4) 모든 이상 유무를 확인한 후 전기기기 등의 전원을 투입할 것

(5) 작업에 종사하는 근로자 또는 그 인근에서 작업하거나 정전된 전기기기 등과 접촉할 우려가 있는 근로자에게 감전의 위험이 없도록 조치할 것

section 03 지하구 등 밀폐공간 작업안전

008 지하전력구(공동구) 또는 맨홀 등 밀폐공간 내에서 작업 시 작업자의 재해예방조치에 대하여 설명하시오.

data 전기안전기술사 18-116-3-6

답안 1. **준비사항** : 작업 시 소요공구

(1) 보호구

안전모, 방진안경, 방연 · 방독 및 산소마스크

(2) 방호구

격리판(separator), 방화막 비닐시트, 절연고무판

(3) 표지용구

작업구획망 또는 로프, 출입 및 접근금지 표시찰, 황색주의 등 전광표시판, 유도등

(4) 검출용구

검전기, 가스검지기, 매설물 탐지기

2. **작업 전 조치**

맨홀 및 통로 내에 작업 시에는 미리 내부의 배수 및 이물질을 완전히 제거 후 작업한다.

3. **맨홀뚜껑 열기와 표지**

(1) 작업원이 맨홀이나 지하실 또는 유사한 구조물에 들어 갈 때는 입구의 보호조치 유무에 관계없이 반드시 감시원을 배치하여 연락을 취할 수 있도록 한다.

(2) 맨홀 및 핸드홀의 뚜껑은 잠금장치를 하고 도구 없이 쉽게 열 수 있도록 충분한 하중의 덮개로 덮어야 한다.

4. **맨홀 내 환기**

(1) 맨홀 내 작업은 맨홀에 들어가기 전에 반드시 환기시켜야 한다.

(2) 원칙적으로 맨홀뚜껑을 2개소 이상 개방하고 강제환풍을 해야 하며, 작업 중에도 계속하는 것이 좋다.

5. 가스 검출(산소농도 포함)

(1) 맨홀뚜껑 개방 직후와 환기 후에는 반드시 가스를 검출하여 유해 여부를 확인한다.

(2) 가스검지기센서의 유효기간 경과 여부를 사용 전에 반드시 확인하여야 한다.

(3) 산소결핍의 우려가 있는 장소(터널, 맨홀, 탱크 등)에서 작업을 할 때에는 작업 전에 산소농도가 충분한 지를 측정하여야 하며, 공기 중의 산소농도가 약 21[%] 이상인 경우에 작업을 할 수 있다.

(4) 작업 중에 산소농도가 부족할 경우에는 최소한 18[%] 이상이 되도록 송풍 또는 환기를 시켜야 하며, 산소부족이 인체에 미치는 영향은 다음과 같다.

① 유해가스별 허용농도

유해가스	허용농도
CO	0.003[%] 미만(30[ppm])
H_2S	10[ppm] 미만
가연성 가스	10[%] 이하(폭발 하한계)
탄산가스	1.5[%] 미만(1,500[ppm])

② 산소부족이 인체에 미치는 영향

산소농도[%]	증상
12 ~ 16	맥박 및 호흡 증가, 두통, 정신집중 불가
10 ~ 12	현기증, 실신, 구토
8 ~ 10	의식불명, 중추신경장해
6 ~ 8	혼수 및 이상호흡
6 이하	호흡정지 및 6 ~ 8분 후 심장정지

6. 케이블의 취급

케이블을 취급하는 경우에는 작업자가 다음 사항을 지키도록 하여, 케이블의 손상방지와 작업자의 재해예방을 해야 한다.

(1) 관로 내 케이블 인입 시 관로 내에 청소, 돌기물 등 지장부의 유무를 확인한다.

(2) 케이블의 인입속도는 매분 5[m] 정도로 하고 주의해서 인입시킨다.

(3) 케이블의 도체에 장력이 가해지는 경우에서의 도체 단위면적당 허용장력은 구리의 경우 7[kg/mm^2], 알루미늄의 경우 4[kg/mm^2]이다.

7. 주위 활선부위의 방호

충전부 근접된 곳에서 케이블작업을 하는 경우에는 다음의 조치를 한다.

(1) 옥외 말단 접속작업을 하는 경우에는 고저압 배전선의 방호와 가공배전선 설비작업에 준하는 조치를 한다.

(2) 고압 공급용 배전함 등 지중선용 기기류는 적절한 방법으로 방호조치를 한다.

009 밀폐공간(전력구, 맨홀)작업으로 건강장해를 예방하기 위한 작업프로그램 수립에 대하여 설명하시오.

data 전기안전기술사 22-128-4-3

답안 **1. 개요**

전력구 및 맨홀 등은 지하에 존재하는 밀폐공간으로, 산소결핍 또는 유해가스로 인해 질식 피해를 예방하는데 그 목적으로 두고 작업프로그램을 수립하여야 한다.

2. 밀폐공간

(1) 정의

산소결핍, 유해가스로 인한 질식 · 화재 · 폭발 등의 위험이 있는 장소

(2) 산소결핍

공기 중의 산소농도가 10[%] 미만인 상태를 말한다.

(3) 적정공기

① 산소 농도 : 18[%] 이상 23.5[%] 미만

② 탄산가스 농도 : 1.5[%] 미만

③ 일산화탄소 농도 : 30[ppm] 미만

④ 황화수소 농도 : 10[ppm] 미만

3. 작업프로그램 수립

(1) 사업주는 밀폐공간에서 근로자에게 작업을 하도록 밀폐공간 작업프로그램을 수립하여 시행한다.

① 사업장 내 밀폐공간의 위치 파악 및 관리 방안

② 밀폐공간 내 질식 · 중독 등을 일으킬 수 있는 유해 · 위험 요인의 파악 및 관리 방안

③ 밀폐공간 작업 시 사전확인이 필요한 사항에 대한 확인 절차

④ 안전보건교육 및 훈련

⑤ 그 밖에 밀폐공간 작업근로자의 건강장해 예방에 관한 사항

(2) 사업주는 근로자가 밀폐공간에서 작업을 시작하기 전에 안전한 상태에서 작업하도록 한다.

① 작업 일시, 기간, 장소 및 내용 등 작업정보

② 관리 감독자, 근로자, 감시인 등 작업자 정보

③ 산소 및 유해가스 농도의 측정결과 및 후속조치 사항
④ 작업 중 불활성 가스 또는 유해가스의 누출, 유입, 발생 가능성 검토 및 후속조치 사항
⑤ 작업 시 착용하여야 할 보호구의 종류
⑥ 비상연락체계

(3) 사업주는 밀폐공간에서의 작업이 종료될 때까지 위 내용을 해당 작업장 출입구에 게시한다.

4. 프로그램의 운영

(1) 프로그램 추진절차

① 밀폐공간작업 대상의 작업방법 선정
② 질식 재해예방대책의 수립
㉠ 산소 및 유해가스 농도 측정, 환기대책의 수립
㉡ 보호구 선정 및 사용, 유지 관리 내용
㉢ 응급처치 및 비상연락체계 구축
③ 교육 및 훈련
㉠ 산소 및 유해가스 농도측정 방법
㉡ 작업절차, 대처요령, 보호구 사용방법 등
④ 밀폐공간작업 모니터링
㉠ 밀폐공간작업 출입 허가
㉡ 작업 관리감독 및 작업지시
⑤ 프로그램 평가
㉠ 재해발생 현황 분석
㉡ 교육 등 연간 업무수행 결과 및 개선내용

(2) 프로그램 평가

① 밀폐공간 허가절차의 적정성
② 산소 및 유해가스 농도 측정방법 및 결과의 적정성
③ 환기대책수립의 적합성
④ 공기호흡기 등 보호구의 선정, 사용 및 유지관리의 적정성
⑤ 응급처치체계 적정 여부
⑥ 근로자에 대한 교육·훈련의 적정성

010 지하 전력공동구에서 작업 시 「산업안전보건기준에 관한 규칙」에 따른 밀폐공간 작업프로그램과 관련하여 다음 사항에 대하여 설명하시오.

1. 적정공기
2. 산소결핍
3. 밀폐공간 작업프로그램에 포함될 내용
4. 작업시작 전 점검사항

data 전기안전기술사 21-125-1-2

답안 1. 적정 공기(「산업안전보건기준에 관한 규칙」 제618조)

(1) 산소 농도 : 18[%] 이상 23.5[%] 미만

(2) 탄산가스 농도 : 1.5[%] 미만

(3) 일산화탄소 농도 : 30[ppm] 미만

(4) 황화수소 농도 : 10[ppm] 미만

2. 산소결핍(「산업안전보건기준에 관한 규칙」 제618조)

(1) 밀폐공간

산소결핍, 유해가스로 인한 질식 · 화재 · 폭발 등의 위험이 있는 장소로서 다음 표에서 정한 장소를 말한다.

(2) 유해가스

탄산가스 · 일산화탄소 · 황화수소 등의 기체로서 인체에 유해한 영향을 미치는 물질을 말한다.

(3) 산소결핍

공기 중의 산소농도가 18[%] 미만인 상태를 말한다.

(4) 산소결핍증

산소가 결핍된 공기를 들이마심으로써 생기는 증상을 말한다.

chapter 07

❙ 밀폐공간 산소 농도별 위험도 ❙

산소 농도[%]	인체영향과 위험도
6	순간에 혼절, 경연, 호흡정지, 6분 이상이면 사망
8	실신, 혼절, 7~8분 이내에 사망
10	안면창백, 의식불명, 구토(토한 물질로 인한 기도폐색으로 질식사)
12	어지럼증, 구토, 근력 저하, 체중지지 불능으로 낙하 우려
16	호흡과 맥박의 증가, 두통, 메스꺼움
18	안전한 계(界)이나 연속적 환기가 필요함

3. 밀폐공간 작업프로그램에 포함될 내용

(1) 사업장 내 밀폐공간의 위치 파악 및 관리 방안

(2) 밀폐공간 내 질식 · 중독 등을 일으킬 수 있는 유해 · 위험 요인의 파악 및 관리 방안

(3) 밀폐공간 작업 시 사전확인이 필요한 사항에 대한 확인 절차

(4) 안전보건교육 및 훈련

(5) 그 밖에 밀폐공간 작업근로자의 건강장해 예방에 관한 사항

4. 작업시작 전 점검사항

(1) 작업 일시, 기간, 장소 및 내용 등 작업 정보

(2) 관리감독자, 근로자, 감시인 등 작업자 정보

(3) 산소 및 유해가스 농도의 측정결과 및 후속조치 사항

(4) 작업 중 불활성 가스 또는 유해가스의 누출 · 유입 · 발생 가능성 검토 및 후속조치 사항

(5) 작업 시 착용하여야 할 보호구의 종류

(6) 비상연락체계

section 04 건설공사 안전작업

011 가공송전설비의 가선공사에서 연선 및 긴선작업 시 안전관리대책에 대하여 설명하시오.

data 전기안전기술사 21-125-3-2

답안 1. 개요

대부분의 송전선로는 2회선 이상으로 되어 있고, 그 선로를 보수하는 경우에 전 회선을 정전시키기가 곤란하므로, 1회선만 정전시키고 작업하게 되는데 이때의 안전대책과 연선작업 및 긴선작업에 대하여 다음과 같이 설명하고자 한다.

2. 가선공사에서 연선작업과 긴선작업의 작업방법 비교

comment 면접시험에서 많이 출제된다.

(1) 연선작업

① 기계 철탑 가로대의 애자지지점에 활차를 가까이 붙이고 늘어놓은 메신저 선을 엔진으로 감아 끌어당기는 작업으로 전선 펴기작업(연선작업)이다.

② 와이어 펴기작업, 전력선 펴기작업, 조금차 공법, 가공지선 · 전력선의 가접속 작업, 가공지선 · 전력선의 본접속 작업, 조인트 프로텍터의 부착작업

(2) 긴선작업(전선 당기기작업)

① 긴선작업은 연선된 전선과 가공지선을 내장철탑 간에서 소정의 장력으로 내장 애자장치에 취부하고 현수철탑에서 전선 등을 현수장치에 고정하는 작업이다.

② 긴선은 연선된 전선을 내장구간별로 설계도에 맞게 전선장력을 조정하고 애자장치와 전선을 연결한 뒤 스페이서, 점퍼선 등의 부속품을 취부하는 것을 말한다.

③ 긴선의 순서는 상부로부터 가공지선, 전선의 순으로 하며, 2회선 이상의 대칭배열의 경우는 좌우전선을 동시에 긴선하며, 1회선 수평배열의 경우는 양외선, 중선의 순으로 한다.

④ 긴선용 Wire rope는 사용장력에 대하여 안전율 4 이상의 강도를 갖는 것이라야 한다.

⑤ 긴선작업 진행순서 : 가공지선의 당기기 작업 → 전력선의 당기기 작업 → 이도자

부착 및 전선처짐 측정작업 → 애자장치 설치 → 부속품 취부 → 점퍼선 취부 → 스페이서 및 스페이서댐퍼 설치작업

❙엔진풀러❙

❙텐셔너❙

❙스페이서 설치❙

3. 연선작업 시 안전관리대책

(1) 작업책임자는 다음 사항에 대하여 작업관계자들에게 철저히 주시시켜야 한다.

① 공사내용, 안전대책, 시공방법
② 정전 선로명, 회로명, 구간
③ 정전 일시
④ 정전범위, 작업범위, 작업시간
⑤ 접지의 취부 개소 및 취부 방법
⑥ 시공 시의 연락선, 연락 방법 등

(2) 고소작업 시 안전대책

주상 또는 철탑 위에서 작업 시에는 추락사고방지를 위해 안전대, 추락방지기구 등(특히, 추락방지망 설치 : 1개소당 약 200만원 공사비)을 착용한다.

(3) 정전의 확인

정전작업 시에는 정전 여부를 검전기를 사용하여 확인한다.

(4) 접지기구 설치

정전확인 후 선로에 단락접지를 설치하되 먼저 접지측 금구를 철탑 및 전선 등에 접속하고 접지표시기를 부착하여 오인을 방지하도록 한다.

(5) 연선작업 시 안전대책

① 전선드럼 또는 엔진을 설치한 장소에서는 연선구간 배치도를 비치하고 전선펴기 구간의 전선 1조당 길이 및 전선접속위치, 엔진장소 구간 내의 철탑각도 및 고저차, 작업자의 배치상황을 명확히 구분해 이로 인한 사고를 예방해야 한다.
② 연선구간 내에서는 항상 연락이 확실하고 신속하게 되도록 유선 또는 무선전화 설비를 전선설치장비, 철탑, 전기적인 유도가 예상되는 곳, 기타 중요개소에 설치하여 위험방지조치를 하여야 한다.

③ 연선구간 경계철탑은 원칙적으로 가지선을 설치하여야 하며, 가지선은 주주재와 암주재의 교점 또는 암의 끝부분에 취부해야 하고 취부방향은 원칙적으로 선로 중심방향과 평행으로 하고 취부각도는 수평지면과 가지선이 이루는 각이 45° 이하가 되도록 한다. 단, 철탑암에 취부하는 가지선은 수평각도 30° 이하로 하여 암이 수직하중 증가로 인한 굴절을 방지하여야 한다.

④ 가지선의 굵기 및 조수는 철연선 38[mm^2] 2조 이상 또는 동등 이상의 강연선으로 하고 각 암마다 개별로 매설된 근가에 고정한다.

⑤ 가지선의 회전방지를 위하여 턴버클에는 통나무나 각재를 끼워야 하며 외부인의 접근을 방지하기 위하여 구획로프나 표지를 설치해야 한다.

⑥ 기설 송전선과 접근 또는 교차하는 경우에는 전자유도작용에 의해 전선 등에 고전압이 유기될 수 있으므로 유도방지장치(접지로라 등)를 설치해야 한다.

⑦ 활차사용 시 활차걸이에 걸리는 힘은 연선와이어가 형성하는 각도 및 와이어 장력에 의하여 크게 변하므로 충분한 강도가 있는 것을 사용해야 한다.

⑧ 전선설치용 블록은 홈이 마모, 손상되었거나 회전이 불량한 것을 사용해서는 안 되며, 사용 전에 홈을 깨끗이 청소하여야 한다.

⑨ 연선장비는 다음에 유의하여 사용하여야 한다.

㉠ 운반 시 그 기능이 손상되지 않도록 특히 주의해야 하며 사용 전 · 후 또는 사용 중 점검 및 손질을 철저히 하여야 한다.

㉡ 전선펴기 차는 드럼대와의 거리를 10[m] 이상으로 하고 충격에 의하여 위치 변동이 없도록 견고하게 고정한다.

㉢ 전선펴기 차의 제동장치는 방습에 특히 유의하여야 하며 정상상태에서만 사용한다.

㉣ 장시간 연선을 중지할 경우는 캄아롱 등으로 연선차 앞에 전선을 붙들어 매어 전선이 미끄러져 풀리는 것을 방지해야 한다.

⑩ 연선작업을 원활하게 행하고 사고를 방지하기 위하여 다음 장소에는 반드시 감시원을 배치해야 한다.

㉠ 발받침 설치개소

㉡ 인하블록 및 연선롤러(roller) 설치개소

㉢ 인상 및 인하각 수평각이 큰 철탑

㉣ 공공에 위해를 미칠 우려가 있는 곳

㉤ 연선 중 메신저 와이어나 전선이 수목에 접촉할 우려가 있는 곳

(6) 긴선작업 시 안전관리대책

① 작업자는 장력이 걸린 전선이나 와이어가 만든 각도 밖에서 작업해야 한다.

② 전선설치작업이 높은 곳에서 이루어질 때는 감시원을 임명하여 감시하도록 해야 한다.

③ 전선설치용 사다리를 철구 위에서 사용할 때는 한쪽 끝을 철구에 단단히 묶은 후 사용하되 가벼운 사다리만을 사용하여야 한다.

④ 메신저 와이어를 사용하여 가선할 때는 충분한 강도의 와이어로프를 사용하고 전선이 늘어져 지면에 닿지 않도록 조치하여야 한다.

⑤ 지지물 위에서 작업자가 애자련 끝으로 나갈 경우나 이동할 때는 반드시 보조로프와 안전허리띠 로프를 사용해야 한다.

⑥ 전선을 설치하거나 철거 시에는 한쪽 암의 전선만 설치 또는 철거하여 불평형 장력으로 인하여 철탑이 회전·굴절, 넘어지지 않도록 하여야 하며, 접지가 되지 않은 금구류는 충전된 도체로 취급해야 한다.

⑦ 전선이 설치될 때는 항상 감시원을 두어 전선설치장력의 급격한 변화를 방지하여야 하며, 장력변화로 인하여 인접설비나 작업자가 손상되지 않도록 이격거리를 충분하게 유지하여야 한다.

⑧ 애자금구류를 인상작업 시 심부름 바를 직하에서 당기는 것은 피해야 한다.

⑨ 볼트, 너트 및 공구류는 전용 가방이나 견고한 주머니 등을 사용하여 떨어지는 일이 없도록 해야 한다.

⑩ 권상용 윈치가 작업 중 주재, 부재, 발판볼트 등에 접촉되지 않도록 확인 후 작업하도록 한다.

⑪ 와이어, 접속공구 등은 사전에 점검하여 이상 유무를 확인해야 한다.

⑫ 긴선작업을 할 때에는 철탑암의 가지선, 활차걸이 취부점을 점검하고 활차의 회전, 전선의 이탈, 전선당기기의 원활상태 등에 대하여 긴밀한 연락을 취할 수 있도록 작업자를 배치해야 한다.

⑬ 충전된 선로가 근접하여 있고 유도전압이 발생될 가능성이 있는 곳에서 전선을 설치하거나 철거할 때에는 휴전작업 관련 사항에 준하여 시행한다.

4. 작업종료 후의 주의사항

(1) 작업완료 후에는 작업책임자는 작업자와 자재·공구 등의 상태를 확인하고 접지기구와 접지표시기를 철거한 후 작업자를 철수시킨 다음 선로의 상태를 다시 한 번 점검한다.

(2) 접지기구를 철거할 경우에는 전원측 금구를 제거하고 접지측 금구를 제거한다.

(3) 설비관리자에게 작업종료를 보고한다.

(4) 송전을 시작할 경우에는 작업자를 현장에 대기시켜 만일의 사고에 대비하여야 한다.

012 건설현장의 가설전기에 대한 감전사고의 원인과 예방대책에 대하여 설명하시오.

data 전기안전기술사 19-119-2-3

답안 1. 감전사고의 원인별 형태

(1) 가공전선로에 의한 감전사고

① 도전체인 철근, 파이프 등의 공사용 자재 및 철사다리 등의 공사용 기구의 운반 또는 취급 시 전선로 및 충전부에 접촉하는 경우

② 항타기, 이동식 크레인 등 건설장비를 사용 중 전선로에 접촉한 경우

③ 전기시설 및 가공전선로에 대한 교체, 점검, 보수 시 보호구 미착용 또는 안전작업 수칙 미준수로 인한 감전

(2) 임시배선에 의한 감전사고

① 물 또는 습기가 있는 장소에 설치된 전선의 절연불량으로 인한 감전

② 불량한 배전선이나 전선의 도체부분에 인체가 접촉된 경우

③ 임시전선 위로 중량물이 통과하면서 피복손상으로 인한 감전

(3) 이동식 전기설비에 의한 감전

① 양수기, 전기드릴 등의 사용 시 절연불량으로 인한 금속제 외함에 누전발생 시 감전

② 교류 아크용접기에 의한 감전

③ 임시조명기구에 의한 감전

④ 절연불량인 꽂음접속기 사용 시의 감전

2. 건설현장의 가공전선로에 대한 감전사고 방지대책

(1) 충전부의 방호조치

① 사람이 접근할 우려가 있는 전기시설의 충전부는 담, 울타리 등으로 격리

② 사람이 쉽게 접근되는 전기기기의 외함은 충분한 강도를 보유하여 충격에 견디고, 반드시 접지할 것

③ 전기시설이 노출된 충전부가 있는 장소에는 시건장치 및 주의표지를 하고, 유자격자에 대하여만 출입을 허용할 것

④ 유자격자가 충전부에 접근할 때는 반드시 절연용 보호구나 방호구를 사용할 것

(2) 작업자 등의 무의식적 접근에 대한 대책

① 가능하다면 가공전선로를 이설할 것

② 감전위험 방지용 울타리 설치
③ 가공전선로에 임시로 절연용 보호구 설치
④ 감시감독의 확실
⑤ 작업원에 대한 감전자 사고의 심각성 및 방지교육, 지도를 철저히 할 것

(3) 가공전선로 부근에서의 안전작업

① 공사 전 감전사고 방지를 위한 기본계획 수립
② 작업착수 전 사고방지를 위한 감시자의 배치
③ 감전방지를 위한 작업 방법 및 순서의 숙지를 작업자에게 시행
④ 정전작업 작업 시 작업자와 작업책임자 간의 연락체계 확실성 확보
⑤ 활선작업 시는 반드시 절연용 보호구와 방호구의 사용 의무화
⑥ 절연용 방호구는 유경험자가 부착기구를 사용하여 정확히 설치할 것
⑦ 전선로의 부근에 위험 또는 주의표지를 설치할 것

(4) 크레인 등 건설장비 사용 시 안전성 확보

① 가공전선로에 대한 안전성을 확보하도록 방호장치 설치
② 가공전선로에 대한 접근방지용 장치나 인터록 시행
③ 감시자 배치로 가공전선로에 접근하는 것을 감시
④ 작업계획의 사전협의, 장비의 통행로를 명확히 설정할 것(공사비용 감시 및 하도급자 간의 도급비 분쟁 방지차원)
⑤ 관계작업원에 작업표준을 주지시키고, 전격의 위험성에 대한 교육 시행
⑥ 장비의 유도에는 유도원을 배치하여 운전자와의 신호관계를 명확히 해 통행구간의 지반의 강약에 주의할 것(크레인의 전도방지 목적)

3. 임시배선의 안전대책

(1) 모든 배선은 반드시 배전반 또는 분전반에서 인출할 것

(2) 분전반 또는 배전반에 설치된 차단기나 퓨즈의 정격용량을 초과하지 않도록 부하를 안배시킬 것

(3) 임시배선용 전선은 다심 케이블로 할 것

(4) 케이블은 외부가 손상되지 않는 장소에 포설하고, 3[m] 이내의 간격으로 구조물 또는 애자에 고정시킬 것

(5) 중량물의 압력 또는 현저한 기계적 충격을 받을 우려가 있는 장소에는 적절한 방호조치를 할 것

(6) 지상 등에서 금속관으로 방호할 경우는 그 금속관을 접지할 것

(7) 케이블 접속은 접속함을 사용할 것

(8) 케이블 접속 시는 적정 공구로 접속시키며, 연결 후에는 절연테이프로 원래 절연두께의 1.5배 이상의 두께로 감을 것

(9) 전기기기에 연결되는 배선은 항상 접지 가능하도록 접지선이 있어야 하며, 외함은 접지

4. 이동식 전기설비의 안전대책

(1) 이동식 전기기계의 안전대책

① 전원코드에 손상된 부분은 즉시 교체 또는 원래보다 우수한 절연성능 보강

② 전원플러그가 노출된 경우 즉시 교체

③ 금속제 외함은 반드시 접지 처리

④ 습기 또는 철구조물 근처에서 사용 시 회로에 누전차단기 설치

⑤ 작업 종료 시는 플러그를 반드시 뽑아서 전원을 차단할 것

(2) 교류 아크용접 작업의 안전대책

① **자동전격방지장치 사용**

㉠ 전기용접에는 용접작업 시 작업자가 전격을 받게 되는 경우를 방지하기 위하여 자동전격방지장치를 필수적으로 부착해야 한다.

㉡ 용접기 외함은 접지를 실시하여야 한다.

② **용접기용 개폐기의 설치** : 용접기 1차 전원측에는 누전차단기를 부착하고 용접기 가까운 곳에 전용 개폐기 또는 안전스위치를 설치한다.

③ 용접기를 연결한 배선의 연결점은 충전부가 노출되지 않도록 테이핑 또는 절연 커버를 설치하여 완전히 절연한다.

(3) 임시조명기구에 대한 대책

① 모든 조명기구는 보호망 설치

② 이동식 기구의 배선은 유연성이 좋은 코드선을 사용할 것

③ 이동식 조명기구의 손잡이는 절연체로 할 것

④ 일정 장소에 고정 시 견고한 받침대를 사용할 것

(4) 콘센트에 대한 대책

① 접지형 콘센트를 사용할 것

② 콘센트의 접지극은 접지선으로 연결할 것

③ 임시조명회로에서 콘센트를 인출해서는 안 됨

④ 누전 우려 개소에는 누전차단형 콘센트를 설치할 것

013 대규모 건설현장에서 전기에 의하여 발생될 수 있는 사고의 형태와 안전대책에 대하여 설명하시오.

data 전기안전기술사 21-123-3-6

답안 1. 개요

대규모 건설현장에서 전기에 의하여 발생될 수 있는 사고의 형태는 감전, 전기화재, 전기설비 트러블 등으로 크게 구분된다.

2. 전기에 의하여 발생될 수 있는 사고의 형태

(1) 충전부 노출, 보호접지 미설치, 누전차단기 미사용 등의 불안전한 전기설비에서 발생한 누전에 의한 감전사고

(2) 부적정한 배선 또는 전열설비 과다 사용으로 인한 전기화재

(3) 크레인 등 대형 장비의 전력선 접근에 의한 아크 사고와 전기트러블

(4) 과전류, 반단선, 누전 등에 의한 전기화재

3. 사고의 형태와 안전대책

(1) 가공전선로에 대한 감전사고 방지대책

① 충전부의 방호조치

㉠ 사람이 접근할 우려가 있는 전기시설의 충전부는 담, 울타리 등으로 격리할 것

㉡ 사람이 쉽게 접근되는 전기기기의 외함은 충분한 강도를 보유하여 충격에 견디고, 반드시 접지할 것

㉢ 전기시설이 노출된 충전부가 있는 장소에는 시건장치 및 주의표지를 하고, 유자격자에 대하여만 출입을 허용할 것

㉣ 유자격자가 충전부에 접근할 때는 반드시 절연용 보호구나 방호구를 사용할 것

㉤ 충전부에 대한 방호조치 우선 시행(방호관 등 설치)

② 작업자 등의 무의식적 접근에 대한 대책

㉠ 가능하다면 가공전선로를 이설할 것

㉡ 감전위험 방지용 울타리 설치

㉢ 가공전선로에 임시로 절연용 보호구 설치

㉣ 감시감독의 확실

㉤ 작업원에 대한 감전자 사고의 심각성 및 방지교육, 지도를 철저히 할 것

③ 가공전선로 부근에서의 안전작업

㉠ 공사 전 감전사고 방지를 위한 기본계획 수립

㉡ 작업착수 전 사고방지를 위한 감시자를 배치

㉢ 감전방지를 위한 작업방법 및 순서의 숙지를 작업자에게 시행

㉣ 정전작업 작업 시 작업자와 작업책임자 간의 연락체계 확실성 확보

㉤ 활선작업 시에는 반드시 절연용 보호구와 방호구의 사용 의무화

㉥ 유경험자가 부착기구를 사용하여 정확히 절연용 방호구를 설치할 것

㉦ 전선로의 부근에 위험 또는 주의표지를 설치할 것

④ 크레인 등 건설장비 사용 시의 안전성 확보

㉠ 가공전선로 근접 시 플래시오버에 대한 안전성을 확보하도록 방호장치 설치

㉡ 가공전선로에 대한 접근방지용 장치나 인터록 시행

㉢ 감시자 배치로 가공전선로에 접근하는 것을 감시

㉣ 관계 작업원에 작업표준을 주지시키고, 전격의 위험성에 대한 교육 시행

(2) 임시배선의 안전대책

① 모든 배선은 반드시 배전반 또는 분전반에서 인출하게 하고 각 분기회로마다 누전차단기의 적정 설치 및 점검 일상화

② 분전반 또는 배전반에 설치된 차단기나 퓨즈의 정격용량을 초과하지 않도록 부하 안배

③ 임시배선용 전선은 다심 케이블로 할 것

④ 케이블은 외부가 손상되지 않는 장소에 포설하고, 3[m] 이내의 간격으로 구조물 또는 애자에 고정시킬 것

⑤ 중량물의 압력 또는 현저한 기계적 충격을 받을 우려가 있는 장소에는 적절한 방호조치를 할 것

⑥ 지상 등에서 금속관으로 방호할 경우는 그 금속관을 접지할 것

⑦ 케이블 접속은 접속함을 사용할 것

⑧ 케이블 접속 시 적정 공구로 접속시키며, 연결 후에는 절연테이프로 원래 절연두께의 1.5배 이상의 두께로 감을 것

⑨ 전기기기에 연결되는 배선은 항상 접지 가능하도록 접지선이 있어야 하며, 모든 전기기기의 외함은 접지할 것

(3) 이동식 전기설비의 안전대책

① 이동식 전기기계의 안전대책

㉠ 전원코드에 손상된 부분은 즉시 교체 또는 원래보다 우수한 절연성능 보강

㉡ 전원플러그가 노출된 경우 즉시 교체

ⓒ 금속제 외함은 반드시 접지 처리

ⓓ 습기 또는 철구조물 근처에서 사용 시 회로에 누전차단기 설치

ⓔ 작업 종료 시 플러그를 반드시 뽑아서 전원을 차단할 것

② 교류 아크용접 작업의 안전대책

㉠ 자동전격방지장치 사용

- 전기용접에는 용접작업 시 작업자가 전격을 받게 되는 경우를 방지하기 위하여 자동전격방지장치를 필수적으로 부착해야 한다.
- 용접기 외함은 접지를 실시하여야 한다.

㉡ 용접기용 개폐기의 설치 : 용접기 1차 전원측에는 누전차단기를 부착하고 용접기 가까운 곳에 전용 개폐기 또는 안전스위치를 설치한다.

㉢ 용접기를 연결한 배선의 연결점은 충전부가 노출되지 않도록 테이핑 또는 절연커버를 설치하여 완전히 절연한다.

③ 임시조명기구에 대한 대책

㉠ 모든 조명기구는 보호망 설치

㉡ 이동식 조명기구의 손잡이는 절연체로 할 것

㉢ 이동식 기구의 배선은 유연성이 좋은 코드선을 사용할 것

㉣ 일정 장소에 고정 시 견고한 받침대를 사용할 것

④ 콘센트에 대한 대책

㉠ 접지형 콘센트를 사용할 것

㉡ 누전 우려 개소에는 누전차단형 콘센트를 설치

㉢ 임시조명회로에서 콘센트를 인출하지 말 것

㉣ 콘센트의 접지극은 접지선으로 연결할 것

⑤ 보호접지와 누전차단기의 우선 적용

(4) 전기화재 예방대책 강구

comment 건설현장의 문항이므로 다음의 ①·②·③·④·⑤·⑧·⑨만 기록해도 된다.

원인	내용	방지대책
① 과전류	• 전선, 케이블 등의 과전류로 줄열에 의한 열축적으로 발화 • 줄열 $Q=I^2Rt$[J] • 정격전류의 200~300[%] : 피복 변질 정격전류의 500~600[%] : 적열 후 용융	• 배선용 차단기 설치 • 문어발식 배선사용금지

원인	내용	방지대책
② 단락	• 전선, 케이블 등의 합선으로 단락 시 스파크에 의해 주위 인화성 물질이 발화 • 접속부의 저저항에 의해 1,000[A]의 단락전류 발생	• 정격전선 사용 : $S=\frac{I_S\sqrt{t}}{143}$ 여기서, S : 케이블 허용 도체 단면적[mm^2] I_S : 단락전류 t : 단락지속시간[sec] • 절연강화
③ 누전	전선, 절연기기의 절연파괴로 누설전류에 의한 발열 누적으로 발화	• 누전차단기 설치 • 누전경보기
④ 지락	• 전선로 중 전선의 하나 또는 두 선이 대지에 접촉하여 전류가 대지로 통전 • 지락전류가 금속체, 목재 등의 지락면과 접촉된 경우에 전류가 흐를 때 발화	• 과전류차단기 사용 • 누전차단기 사용 • 유지관리, 접지 및 본딩
⑤ 스파크	• 스위치의 개폐 시 Spark로 인해 주위 가연성 가스에 인화하여 발화 • 최소 착화에너지 전류는 약 0.02~0.3[mA]	• 스위치 절연화 • 점화 관리
⑥ 접속부 과열	• 아산화동 발열 현상 • 접촉저항 등 접촉상태가 불완전 시 발열	• 정기적인 안전점검 • 주기적인 예방정비
⑦ 아산화동 증식 발열	통전된 금속(동 또는 동합금)의 접촉부에 가까운 곳에 저항 급감, 전류 급격 증가 시 줄열에 의한 가연물에 발열	• 접촉압력과 면적을 증가 • 고유저항이 낮은 재료 사용 • 접촉면의 청결유지 • 접촉단자는 부식방지재료 사용
⑧ 열적 경과로 인한 열의 누적	전등, 전열기 등을 가연물 주위에서 사용하거나 열의 방산이 잘 안 되는 상태에서 사용하면 열의 축적이 일어나 가연물을 발화	• 저발열 조명등 사용(LED 램프) • 공조 조명 적용
⑨ 절연열화 또는 탄화에 의한 발화	• 배선기구의 절연체가 시간경과에 의해 절연성 저하 • 미소전류에 의한 국부가열과 탄화현상의 누적에 의해 도전성이 되어 누전으로 발열량 증대로 발화	• 누전차단기 사용 • 정기적인 안전점검 • 주기적인 예방정비
⑩ 정전기	정전기 스파크에 의해 가연성 가스, 증기 등에 인화할 위험이 큼	• 단락전류 이상 배선 설계 • 과전류, 누전차단기 사용 • 접지 및 본딩
⑪ 낙뢰	• 구름과 대지 간의 방전현상 • 낙뢰발생 시 전기회로에 이상전압이 유기되면 절연파괴 및 수만[A] 이상 발생	• 피뢰설비 설치 • 접지 및 본딩 • SPD 설치

memo

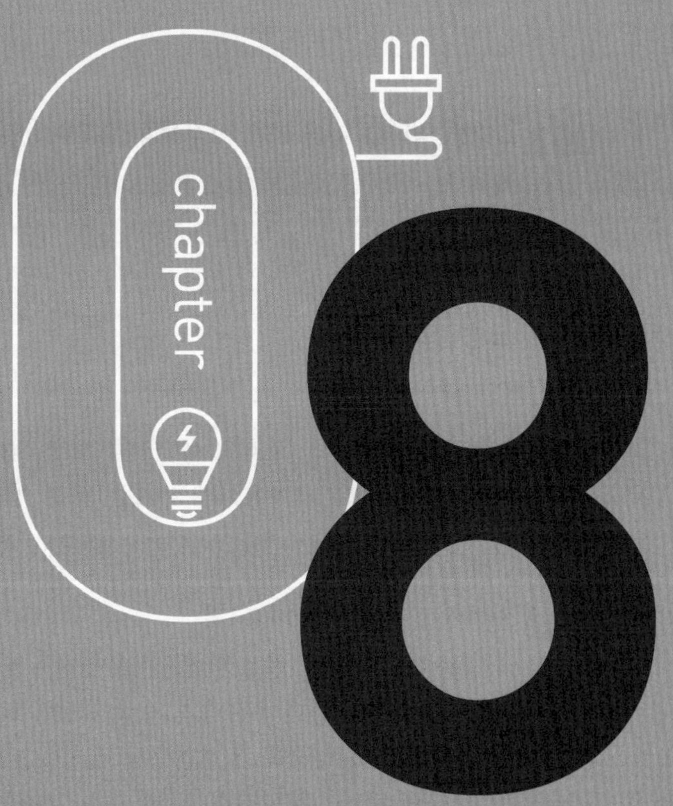

피뢰설비

001 뇌방전 형태를 분류하고, 뇌격전류 파라미터의 정의와 뇌전류의 구성요소를 설명하시오.

data 전기안전기술사 20-122-2-1

답안 1. 뇌방전의 종류

(1) 뇌운에서 대지로 전하를 방출하는 낙뢰(cloud-to-ground lightning discharges)

(2) 뇌운 내부에서 방전이 일어나는 운내 방전(intracloud lightning discharges)

(3) 뇌운과 뇌운 사이에서 일어나는 운간 방전(intercloud lightning discharges)

(4) 뇌운과 주위 대기 사이에서 일어나는 대기방전(cloud-to-air lightning discharges)

2. 뇌방전의 형태

뇌방전 현상 중에서 가장 빈번하게 발생하는 방전형태는 운방전이지만, 여러 가지 형태의 뇌방전 현상 중에서 사람과 가축의 생명 또는 시설물에 직접적으로 영향을 미치는 요인이 되는 뇌방전의 진전기구와 특성에 대해서 가장 많이 연구된 분야는 뇌운과 대지 간의 방전, 즉 낙뢰현상이며, 이의 발생과 진전 형태는 다음의 4가지로 분류할 수 있다.

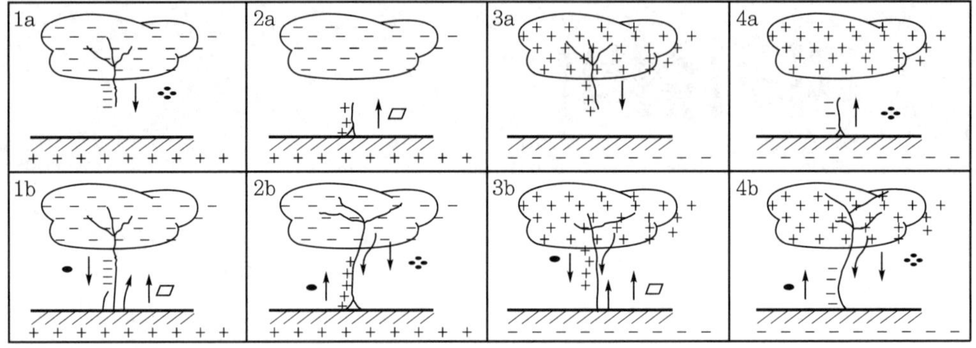

▌낙뢰의 종류▐

(1) 부(-)극성 하향 리더에 의한 낙뢰

① 위 그림의 1a, 1b의 경우로, 뇌운의 부(-)전하의 부분이 대지를 향해 리더방전이 하향으로 진전된 후 지면으로부터 귀환뇌격이 발생하는 형태이다.

② 가장 일반적인 대지방전이다.

(2) 정(+)극성 상향 리더에 의한 낙뢰

① 그림의 2a, 2b의 경우로, 대지의 정(+)전하의 리더가 뇌운을 향해 상향으로 진전하여 발생하는 뇌격이다.

② 이 형태의 뇌격은 높은 철탑이나 산 정상 등의 뢰에서 볼 수 있다.

(3) 정(+)극성 하향 리더에 의한 낙뢰

그림의 3a, 3b의 경우로, 정(+)극성의 리더가 대지를 향하는 진전의 발생 뇌격이다.

(4) 부(−)극성 상향 리더에 의한 낙뢰

그림의 4a, 4b의 경우로, 대지로부터 부(−)극성의 리더가 뇌운을 향하는 방향으로 진전하여 발생한다.

3. 뇌격전류의 파라미터

comment '3.'의 내용을 압축하여 반 페이지 정도로 작성한다.

(1) 뇌격전류 파형의 표시법

① 일반적으로 뇌격전류 파형은 다음 그림에서 나타낸 바와 같이 2중 지수형의 펄스형상을 가진다.

② 뇌격전류 파형은 $\dfrac{\text{파두시간}}{\text{파미시간}}\left(\pm\dfrac{T_f}{T_t}[\mu\text{s}]\right)$으로 나타내며, 크기는 파고값으로 표시한다.

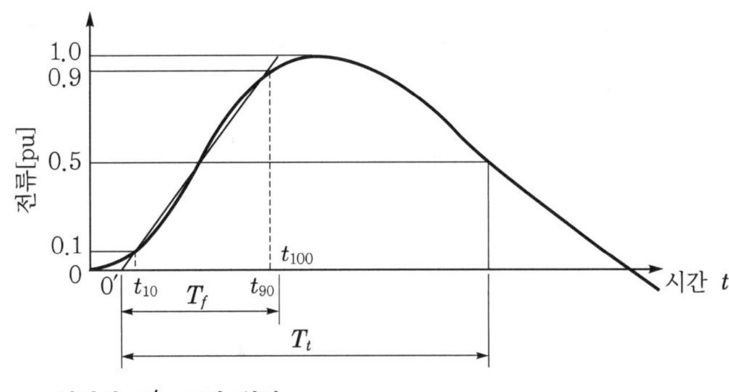

여기서, 0′ : 규약 원점
T_f : 파두시간
T_t : 파미시간
$t_{90}-t_{10}$: 상승시간

▌뇌격전류 파형의 파라미터▐

(2) 뇌격전류 파라미터

일시적 충격전류 및 지속전류로 구성된 뇌격전류 파형은 뇌격이 입사하는 물체에는 거의 영향을 받지 않으나 뇌격전류가 흐르는 경로에는 영향을 받는다. 또한, 뇌방전의 형태나 극성에 따라 뇌격전류 파형은 다양하며, 피뢰기술에 있어서 특히 중요한 요소인 뇌격전류의 작용 파라미터는 다음과 같다.

① 뇌격전류의 최댓값

㉠ 뇌격전류의 최댓값 i_{max}[A]는 뇌격을 받은 물체의 접지저항 R[Ω]에 나타나는 저항강하의 최대치 V_{max}[V]를 접지저항으로 나눈 값으로, $i_{max} = \frac{V_{max}}{R}$ 이다.

㉡ 뇌격지점의 무한원점에 대한 전위상승의 척도이다.

㉢ 다중 뇌격의 경우에는 임펄스 전류의 최초의 최댓값으로 나타낸다.

② 뇌격전류의 전하량

㉠ 뇌격전류에 의해서 대지로 방출되는 전하량으로 [A · sec] 또는 [C]의 단위로 나타낸다.

㉡ 뇌격전류의 시간에 대한 적분으로, 그리고 지속뇌격전류의 전하량은 지속전류의 시간에 대한 적분으로 구해진다. 즉, 뇌격전류의 전하량은 $Q = \int i\, dt$ 이다.

㉢ 뇌격전류가 아크상태로 뇌격점 및 절연된 경로를 통과할 때 발생하는 에너지의 척도이다.

㉣ 이 전하량은 수뢰장치의 끝단이나 피뢰용 방전갭의 전극을 용융시키게 된다.

㉤ 아크방전의 발생점에 공급되는 에너지는 뇌격전류의 전하량과 수뢰장치의 끝단 미소영역에 발생하는 양극 강하 또는 음극 강하 $V_{A,K}$의 곱이다.

㉥ 다음 그림과 같이 뇌격점에서의 전압강하, 즉 양극 강하 또는 음극 강하 $V_{A,K}$는 뇌격전류의 최댓값과 파형에 의해서 결정되며, 대략 수십[V] 정도이다.

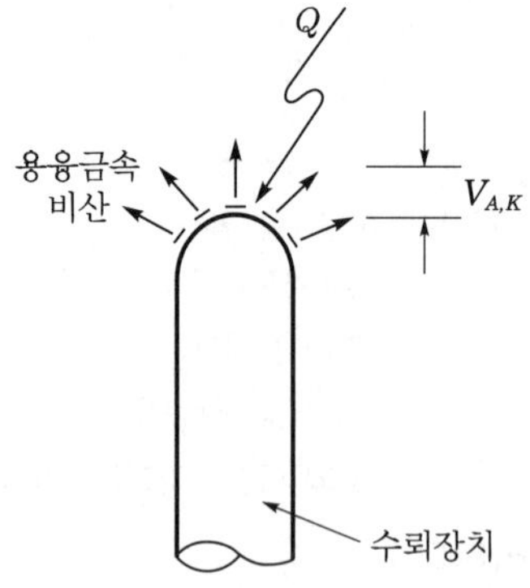

▌뇌격점의 전압강하▐

③ 뇌격전류의 비에너지

㉠ 전기저항이 R[Ω]인 도선에 전류 i[A]가 흐를 때 소비되는 에너지 W[J]는 $W = R\int i^2\, dt$ 이다.

㉡ 전기저항이 1[Ω]일 때의 에너지, $\frac{W}{R}=\int i^2 dt$는 비에너지(specific energy)이다.

㉢ 뇌격전류의 흐름에 의한 금속체의 온도상승 및 전자역학적 작용의 척도이며, 뇌격전류 파라미터인 뇌격전류 최댓값, 전하량, 비에너지의 개략을 나타낸 것이 다음의 그림이다.

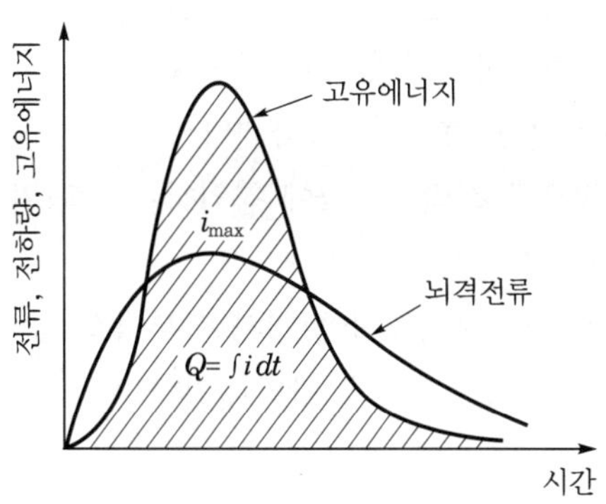

▌뇌격전류 파라미터▐

㉣ 뇌격점에 지속전류가 흐르고 있을 때는 전류의 제곱에 비례하는 전자력이 전류가 흐르는 도선에 작용하지만 임펄스와 같이 도선의 기계적 진동주기에 비해서 대단히 짧은 시간동안 전류작용의 경우에는 전류의 제곱임펄스 $\int i^2 dt$, 즉 뇌격전류의 비에너지에 비례하는 임펄스력이 작용한다.

④ **뇌격전류의 상승률** : 뇌격전류 파두의 상승부분의 시간 Δt 동안의 전류상승률 $\frac{\Delta i}{\Delta t}$는 뇌격전류가 흐르는 도체 주변에 있는 설비 내의 개회로 또는 폐회로에 전자유도작용에 의해 고전압을 유도시키는 원인이 되므로 내부 피뢰설비에 있어 이에 대하여 규제하고 있다.

(3) 이들 4가지 뇌격전류 파라미터, 즉 뇌격전류의 최댓값, 전하량, 비에너지, 전류상승률 등에 대하여 피뢰설비의 보호등급별 한계값이 규정되어 있으며, 피뢰설비를 설계할 때에는 이를 적용하여야 한다.

4. 뇌격전류의 구성요소

(1) 뇌격전류의 극성

① 뇌운을 형성하고 있는 전하가 이동하여 뇌격전류가 흐르게 되며, 뇌운으로부터 대지로 향하여 이동하는 전하의 극성을 기준으로 뇌격전류의 극성을 나타낸다.

② 운방전에서도 이동하는 전하의 극성을 기준으로 뇌격전류의 극성을 나타낸다.

③ 대개의 경우 뇌운의 상부에는 정(+)전하가, 하부에는 부(−)전하가 위치하게 되므로 부전하의 이동에 의한 대지뇌격이 많이 발생하기 때문에 부극성 낙뢰의 발생빈도가 많다.

④ 특히 기온이 높은 하절기에는 부극성 낙뢰의 비율이 매우 높다.

(2) 뇌격전류의 파형

① 뇌운에 존재하는 전하의 대지뇌격에 의해서 흐르는 뇌격전류의 파형은 뇌운의 규모, 뇌격지점의 형상과 도전율 등 여러 가지 요소에 의해 영향을 받게 되며, 매우 다양한 형상을 나타낸다.

② 일반적으로 전력시설물에 침입하는 낙뢰의 전류파형은 대지뇌격의 전류파형과는 매우 다르다.

③ 피뢰설비의 수뢰장치에 입사한 부극성 낙뢰에 의한 뇌격전류의 개략적인 파형의 예를 다음 그림에 나타내었다.

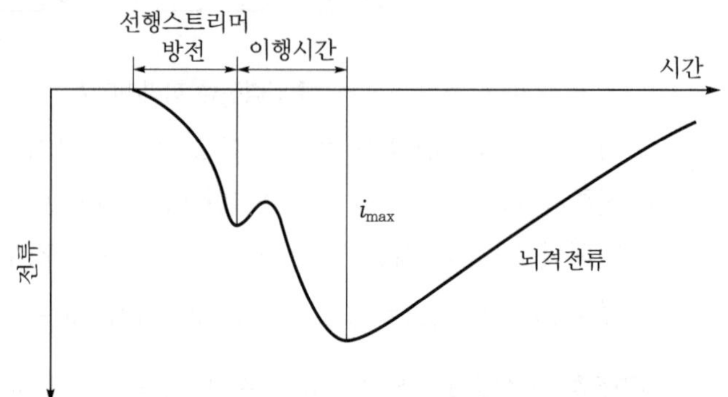

▎수뢰장치에 입사한 부극성 낙뢰에 의한 뇌격전류 파형의 개략도 ▎

④ 귀환뇌격을 이루는 대지 또는 수뢰장치에서 방사된 상향 스트리머와 최종 하향 리더와의 접합 이후 선행 계단상 리더의 도전통로를 이루고 있는 전하축적통로의 방전에 의해서 주방전이 개시된다.

⑤ 선행의 계단상 리더의 도전통로에 축적된 전하는 광속의 약 $\frac{1}{3}$ 의 속도로 수뢰장치를 경유하여 대지로 방출된다.

002 피뢰설비의 종류, 설치조건 및 설치기준을 설명하시오.

data 전기안전기술사 21-123-4-2

답안 1. 피뢰방식의 종류

(1) 프랭클린 돌침방식 : 인하도선은 알루미늄선 사용 가능

① 설치방법 : 선단에 첨형 금속도체를 설치하여 뇌격전류를 흡인하는 방식

② 시설방법 : 건축물에 직접 설치하는 방식, 건축물에 이격하여 설치하는 방식

③ 적용 : 일반건축물, 위험물 저장·처리 시설

④ 경제성 : 개체당 단가는 저렴하나 적정한 뇌보호를 위해 개체수가 많이 소요되므로 비경제적이다.

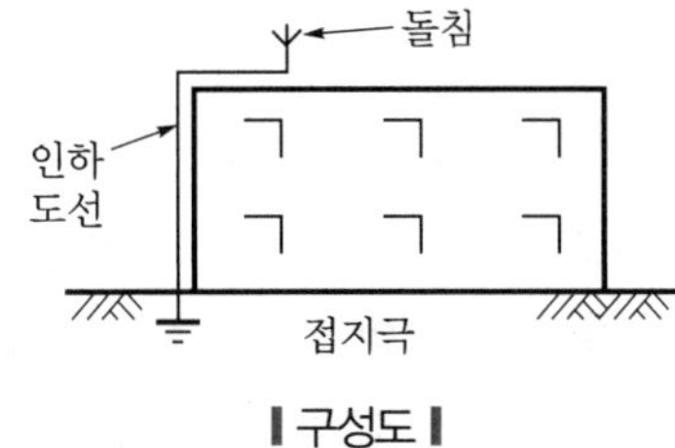

┃구성도┃

(2) 수평도체방식 : 수평도체와 인하도선은 알루미늄선 사용 가능

① 설치방법 : 보호대상물 상부에 수평도체를 가설하고 뇌격전류를 흡인하는 방식

② 시설방법 : 건축물에 밀접하게 설치하는 방식, 건축물 옥상에 수직거리를 두고 가설한 방식

③ 적용 : 증강 보호건축물

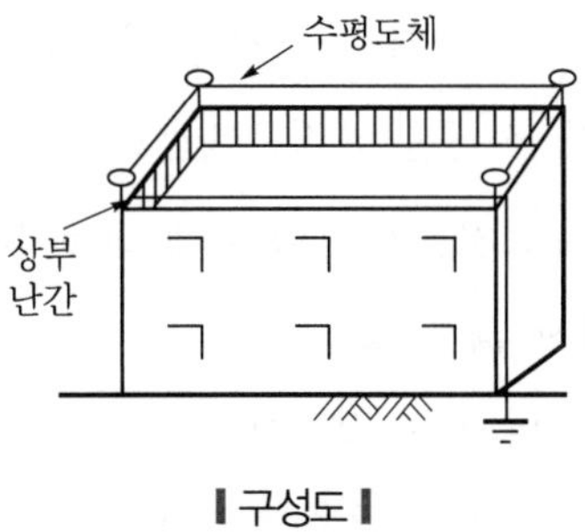

┃구성도┃

(3) 메시도체방식

① 설치방법 : 건축물 주변에 메시도체를 포위하여 전체가 등전위가 되는 방식

② 시설방법 : 보호대상물 주위를 적당한 간격의 망상도체(1.5~2[m])로 감싸는 방식으로 거의 완전한 방식

③ **원리** : 케이지 방식에서는 뇌격전류 파두치가 급격하게 변하지 않으면 케이지 전체가 항상 등전위가 되고 내부전계는 0이 되어 내부의 사람 또는 문서에는 뇌격전류가 흐르지 않는다.

④ **적용** : 건축물의 미관 유지 · 보수, 경제성 등을 고려할 때 일부 특수목적으로만 사용하고, 초고층 건축물, 중요 건축물(IT 관련)에 적용한다.

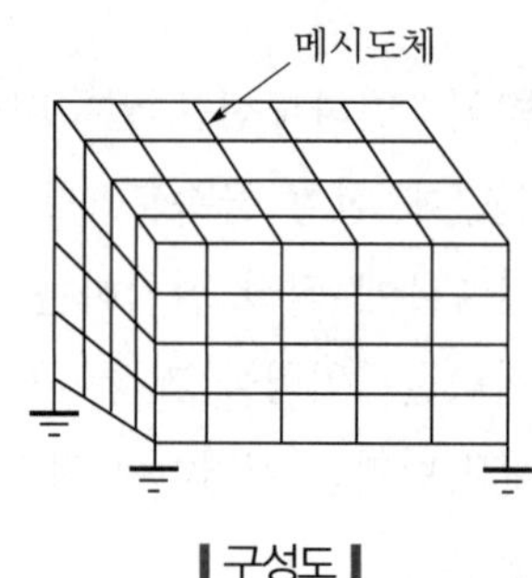

▎구성도 ▎

(4) 기타 방식

① **회전구제법을 적용한 ESE 방식** : 프랑스, 스페인 유럽의 기술표준(NF 17-1025)으로 국제적으로 널리 적용되어 사용 중이다.

② **포집 공간법을 적용한 방식** : 호주의 대평원에서 실험한 실험식을 이용한 것으로서, 구조물이 많은 도심공간에 적용의 한계를 가지고 있이 국제적으로 적용의 어려움이 많은 방식이다.

2. 피뢰설비의 설치조건

피뢰설비란 수뢰부, 피뢰도선, 접지극으로 이루어진 피뢰용 설비를 말하며, 건축물 등 대상물에 접근하는 뇌격을 막아내고 뇌격전류를 대지로 방류하는 동시에 낙뢰에 의하여 생기는 화재, 파괴 또는 사람과 동식물의 보호를 목적으로 하는 설비를 말하며, 피뢰설비는 가능한 한 다음 조건을 만족하여야 한다.

(1) 보호대상물에 접근한 뇌격은 반드시 피뢰설비로 막을 것

(2) 피뢰설비에 뇌격전류가 흘렀을 때 피뢰설비와 보호대상물 사이에 불꽃 Flash over를 발생시키지 않을 것

(3) 피뢰설비로의 낙뢰 시 접지점 근방에 있는 사람 및 동물에 장애를 미치지 않을 것

(4) 낙뢰 시 건축물 안의 전위를 균등하게 유지할 것

(5) 건축물 내의 전기, 전자, 통신용 전기회로 및 기기는 낙뢰에 의해 유도되는 전자기 에너지로 인한 2차 재해로부터 보호할 것

3. 피뢰설비의 설치기준(「건축물의 설비기준 등에 관한 규칙」 제20조)

구분	설치기준
피뢰레벨 등급	• KS 규정 피뢰레벨 등급에 적합 • 위험물 저장 · 처리 시설 : 피뢰시스템 레벨 Ⅱ 이상
돌침	• 건축물 맨 윗부분에서 25[cm] 이상 돌출 • 설계하중에 견딜 수 있는 구조
재료	• 피복이 없는 동선 기준 • 수뢰부, 인하도선, 접지극 크기 : 50[mm^2] 이상
전기적 연속성	• 인하도선 대체 시 철골조와 철근 구조체 사용 • 판정 : 건축물 금속 구조체의 최상단에서 지표레벨 접지저항은 0.2[Ω] 이하
측뢰방지	• 건물높이 60[m] 초과 : 높이 $\frac{4}{5}$에서 최상단부 측면 수뢰부(그림 참조) • 건물높이 150[m] 초과 : 120[m] 지점에서 최상단부 측면
접지	• 환경오염 시공방법 금지 • 화학 첨가물 사용금지
금속재	급수, 급탕, 난방, 가스 등 공급배관은 전위가 균등하도록 전기적 접속(등전위)
통합접지 공사	전기설비 접지계통, 건축물 피뢰설비, 통신설비의 접지극을 공용하는 통합접지 공사 시 낙뢰에 의한 과전압으로부터 전기설비를 보호하기 위해 KS에 의한 설비보호기(SPD) 설치
기타	KS 기준에 적합하게 설치

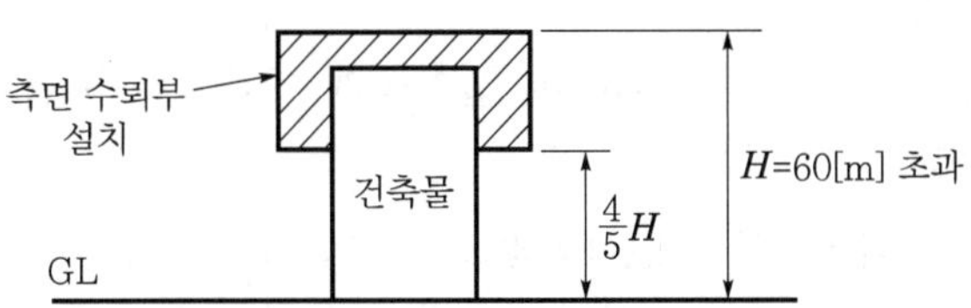

▮측면 수뢰부 설치▮

003 직격뢰로부터 대상물을 보호하기 위한 피뢰시스템의 수뢰부, 인하도선, 접지극, 부품 및 접속에 대하여 설명하시오.

data 전기안전기술사 21-125-2-5

답안 1. 개요

피뢰침설비는 낙뢰로 인하여 발생할 수 있는 화재, 파손 및 인축의 상해를 방지할 목적으로 피대상물에 설치하는 설비이며, 수뢰부, 인하도선, 접지극으로 구성된다.

2. 피뢰설비 구성요소의 부품 및 접속

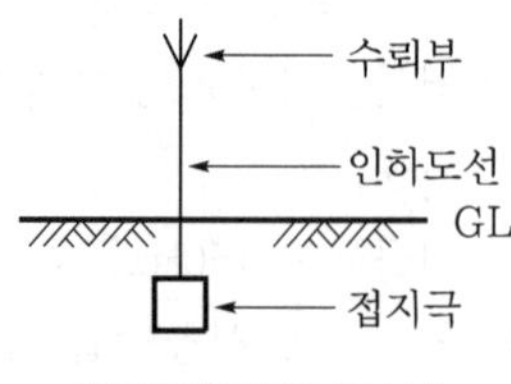

▌피뢰설비의 구성▐

(1) 수뢰부

① 피뢰침의 최첨단 부분으로서 뇌격을 잡기 위한 금속체

② 돌침의 직격은 12[mm] 이상으로 동봉, 알루미늄 도금을 한 철봉

③ 돌침의 높이는 피보호대상물로부터 돌침 간격이 6[m] 이하인 경우는 25[cm] 이상, 돌침 간격이 7.5[m] 이상인 경우는 60[cm] 이상 돌출시킬 것

(2) 인하도선

① 뇌전류를 통하기 위하여 접지극과 연결되는 도선

② 재료

㉠ 인하도선은 단면적 30[mm^2] 이상의 동 또는 50[mm^2] 이상의 알루미늄 또는 동등 이상의 도전성의 것을 사용함(옥상에 수평도체로 알루미늄선 사용도 좋으나 동선 사용 시 오래되면 동의 녹청이 건물 외벽을 흉하게 하여 어려움이 많음)

㉡ 최근에는 동선의 경우 60[mm^2] 이상을 많이 사용함

③ 배선

㉠ 인하도선의 수는 하나의 보호대상물에 대해 2조 이상 설치함

㉡ 시설물의 둘레가 긴 경우에는 평균 30[cm] 이하 간격으로 균등배치함

㉢ 도선과 돌침과의 접속은 나사고정과 납땜을 병용함

㉣ 설치방법 : 피뢰 도선은 가능한 접지극과 최단거리의 경로를 선정하여 설치하고, 굴곡부는 내측각이 90도 이상이고, 또한 곡률반경이 20[cm] 이상 되도록 하여 90[cm] 간격으로 견고하게 고정할 것

(3) 접지극

① 피뢰도선과 대지를 전기적으로 접속하기 위해여 지중에 매설하는 도체

② 접지저항은 10[Ω] 이하일 것(인하도선이 2조 이상이면 각 단독 저항값은 20[Ω] 이하)

③ 시공방법

㉠ 인하도선마다 접지극을 1개 이상 접속함

㉡ 병렬로 매설할 경우 전극길이의 3배, 최저라도 2[m] 이상으로 함

㉢ 접지극은 0.75[m] 이상 매설하고, 주변에 수도관 등 매설금속과는 역섬락 피해 우려로 1.5[m] 이상 이격할 것

④ 접지극의 종류

㉠ A형 접지극 : 판상, 수직, 수평 방사형

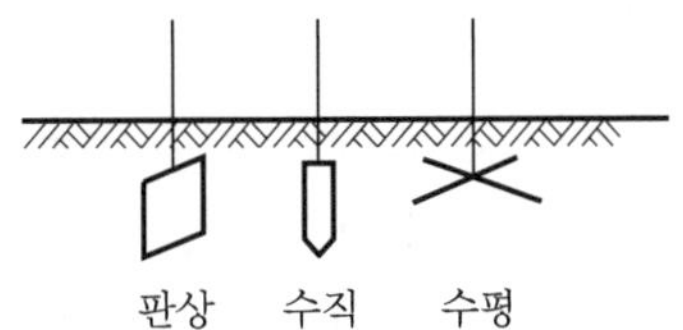

㉡ B형 접지극 : 환상, 망상, 또는 기초 접지극 이용함

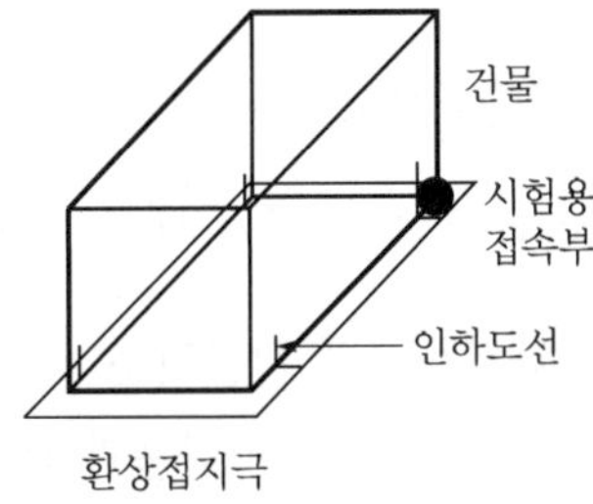

환상접지극

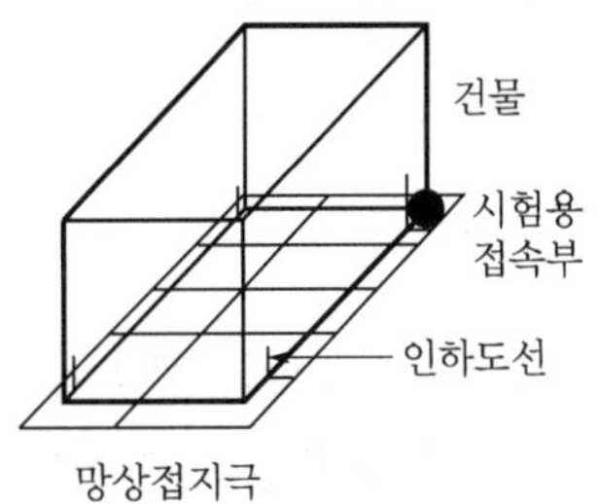

망상접지극

reference

피뢰등급

comment 난이도 10점으로 출제가 예상된다.

피뢰등급	적용장소	보호효율	회전구체 반경	메시법 (간격)	보호각법 (25도 기준)
Ⅰ	화학공장, 원자력발전소 등 환경적으로 위험한 건축물	0.98	20[m]	5[m]	20[m]
Ⅱ	정유공장, 주유소 등 주변에 위험한 건축물	0.95	30[m]	10[m]	30[m]
Ⅲ	전화국, 발전소 등 위험을 내포한 건축물	0.9	45[m]	15[m]	45[m]
Ⅳ	주택, 학교 등 일반건축물	0.8	60[m]	20[m]	60[m]

004 한국전기설비규정(KEC)의 피뢰시스템에 대한 다음 사항을 설명하시오.

1. 피뢰시스템의 적용범위(KEC 151.1)
2. 피뢰시스템의 구성(KEC 151.2)
3. 건축물·구조물과 분리되지 않은 수뢰부시스템의 시설기준(KEC 152.1.4)
4. 인하도선시스템 중 건축물·구조물과 분리된 피뢰시스템인 경우의 시설기준(KEC 152.2.2)
5. 수뢰부시스템과 접지극시스템 사이에 전기적 연속성이 형성되도록 하기 위한 시설(KEC 152.2.3)

data 전기안전기술사 22-128-2-3

답안

1. 피뢰시스템의 적용범위

(1) 전기전자설비가 설치된 건축물 · 구조물로서 낙뢰로부터 보호가 필요한 것, 또는 지상으로부터 높이가 20[m] 이상인 것

(2) 전기설비 및 전자설비 중 낙뢰로부터 보호가 필요한 설비

2. 피뢰시스템의 구성

(1) 직격뢰로부터 대상물을 보호하기 위한 외부 피뢰시스템

(2) 간접뢰 및 유도뢰로부터 대상물을 보호하기 위한 내부 피뢰시스템

3. 건축물 · 구조물과 분리되지 않은 수뢰부시스템의 시설기준

지붕 마감재가 높은 가연성 재료로 된 경우 지붕재료와 다음과 같이 이격하여 시설한다.

(1) 초가지붕 또는 이와 유사한 경우 0.15[m] 이상

(2) 다른 재료의 가연성 재료인 경우 0.1[m] 이상 마감재가 불연성 재료로 된 경우 지붕표면에 시설할 수 있음

4. 인하도선시스템 중 건축물 · 구조물과 분리된 피뢰시스템인 경우의 시설기준

(1) 뇌전류의 경로가 보호대상물에 접촉하지 않도록 하여야 한다.

(2) 별개의 지주에 설치되어 있는 경우 각 지주마다 1가닥 이상의 인하도선을 시설한다.

(3) 수평도체 또는 메시도체인 경우 지지구조물마다 1가닥 이상의 인하도선을 시설한다.

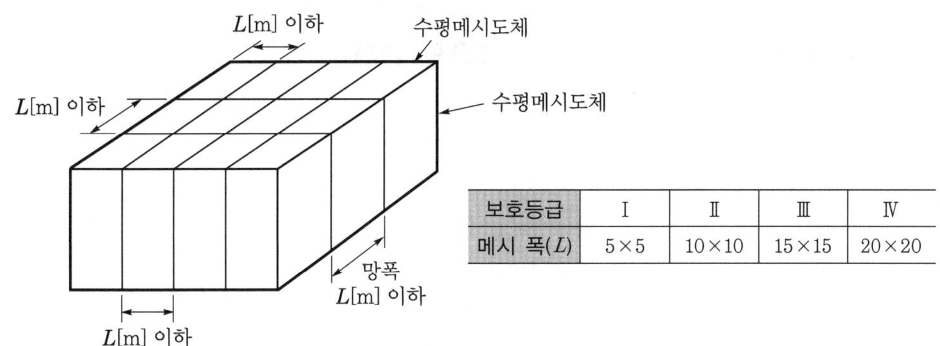

보호등급	Ⅰ	Ⅱ	Ⅲ	Ⅳ
메시 폭(L)	5×5	10×10	15×15	20×20

▌메시도체의 보호범위▐

5. 수뢰부시스템과 접지극시스템 사이에 전기적 연속성이 형성되도록 하기 위한 시설

(1) 경로는 가능한 한 루프형성이 되지 않도록 하고, 최단거리로 곧게 수직으로 시설한다.

(2) 다음 그림과 같이 처마 또는 수직으로 설치된 홈통 내부에 시설하지 않아야 한다.

(3) 철근콘크리트 구조물의 철근을 자연적 구성부재의 인하도선으로 사용하기 위해서는 해당 철근 전체 길이의 전기저항값은 0.2[Ω] 이하이어야 한다.

(4) 전기적 연속성은 KS C IEC 62305-3(피뢰시스템-제3부 : 구조물의 물리적 손상 및 인명위험)의 '4.3 철근콘크리트 구조물에서 강제 철골조의 전기적 연속성'에 따라야 한다.

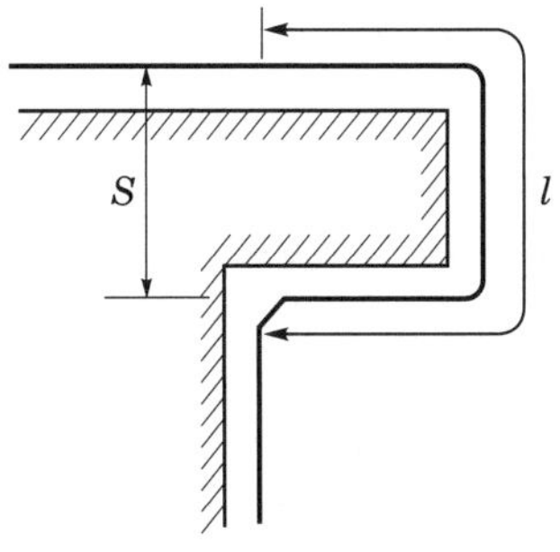

▌인하도선의 연속성▐

① 그림과 같이 S구간을 통과하지 않고 건축물 외벽을 따라 인하도선을 설치(l구간)한다.

② 즉, 처마 또는 수직으로 설치된 홈통 내부에 시설하지 않아야 한다.

(5) 시험용 접속점을 접지극시스템과 가까운 인하도선과 접지극시스템의 연결부분에 시설한다.

(6) 이 접속점은 항상 폐로되어야 하며 측정 시 공구 등으로만 개방할 수 있어야 한다. 단, 자연적 구성부재를 이용하거나 자연적 구성부재 등과 본딩을 하는 경우에는 예외로 한다.

memo

옥내 배전

001 저압 배전방식에서 일어나는 캐스케이딩(cascading) 현상과 대책을 설명하시오.

data 전기안전기술사 21-123-1-8

답안

1. 캐스케이딩(cascading) 현상

변압기 또는 선로의 사고에 의해서 Banking 내 건전한 변압기의 일부 또는 전부가 연쇄적으로 회로로부터 차단되는 현상을 말한다.

2. 캐스케이드 차단방식의 필요성

(1) 저압 변압기의 용량이 증가하면 단락전류도 동시에 증가한다.

(2) 증가된 단락전류를 차단할 수 있는 MCCB를 모든 회로에 설치한다는 것은 경제적으로 큰 부담이 되므로 캐스케이드 차단방식을 선정한다.

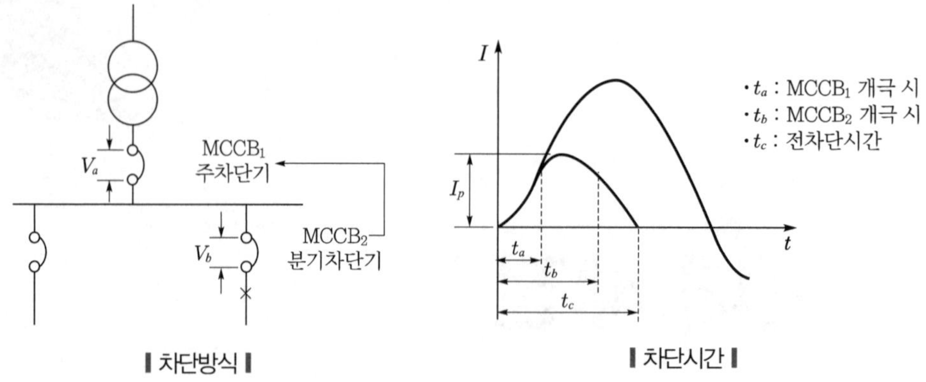

▌차단방식▌ ▌차단시간▌

3. 캐스케이드 차단의 원리

(1) 분기회로의 MCCB 설치점에서 추정단락전류가 분기회로의 MCCB의 차단용량보다 큰 경우 주회로용 MCCB로 후비보호하는 방식이다.

(2) 두 개의 차단기를 조합하여 동시에 단락회로를 차단하는 방식이다.

$\therefore$ 주회로용 MCCB의 차단시간 $\leq$ 분기회로의 차단시간

4. 대책

(1) 다음과 같은 Cascade 차단방식조건을 준수한 시스템을 구성한다.

① $MCCB_1$의 개극시간이 $MCCB_2$의 개극시간 보다 같거나 빠를 것

② $MCCB_1$의 차단용량이 사고지점의 단락용량보다 클 것

③ $MCCB_1$은 개극시간이 짧고, 아크전압이 높을 것

④ 통과에너지 I^2t는 $MCCB_2$ 허용값 이하일 것(열적 강도)

⑤ 통과전류 파고치 I_p가 $MCCB_2$ 허용값 이하일 것(기계적 강도)

⑥ 아크 에너지가 $MCCB_2$ 허용값 이하일 것

(2) 다음과 같은 Cascade 방식 채용 시 주의사항을 준수한다.

① 보호협조가 중요하므로 Maker측에 의뢰

② 단락전류가 10[kA] 이상인 곳에 적용(경제성)

③ $MCCB_1$ 순시트립치는 $MCCB_2$ 차단용량의 80[%] 이하 유지

④ 회로의 단락전류는 Cascade를 넘어선 안 됨

002 저압 전로에 사용하는 과전류차단기의 시설기준에 대하여 다음 사항을 설명하시오.
1. 과전류차단기로 저압 전로를 사용하는 배선용 차단기
2. IEC 표준을 도입한 과전류차단기로 저압 전로에 사용하는 배선용 차단기

data 전기안전기술사 20-120-3-4

답안 **1. 과전류차단기로 저압 전로를 사용하는 배선용 차단기(판단기준 제38조)**

(1) 과전류차단기로 저압 전로에 사용하는 퓨즈(「전기용품 및 생활용품 안전관리법」의 적용을 받는 것, 배선용 차단기와 조합하여 하나의 과전류차단기로 사용하는 것 및 제5항에 규정하는 것은 제외)는 수평으로 붙인 경우(판상 퓨즈는 판면을 수평으로 붙인 경우)에 다음에 적합한 것이어야 한다.

① 정격전류의 1.1배의 전류에 견딜 것

② 정격전류의 1.6배 및 2배의 전류를 통한 경우에 다음 표에서 정한 시간 내에 용단될 것

▌저압 전로 중의 과전류차단기의 정격전류구분▐

정격전류의 구분	시간	
	정격전류 1.6배의 전류를 통한 경우	정격전류 2배의 전류를 통한 경우
30[A] 이하	60분	2분
30[A] 초과 60[A] 이하	60분	4분
60[A] 초과 100[A] 이하	120분	6분
100[A] 초과 200[A] 이하	120분	8분
200[A] 초과 400[A] 이하	180분	10분
400[A] 초과 600[A] 이하	240분	12분
600[A] 초과	240분	20분

(2) '(1)' 이외의 IEC 표준을 도입한 과전류차단기로 저압 전로에 사용하는 퓨즈(「전기용품 및 생활용품 안전관리법」 및 제5항에 규정하는 것을 제외)는 다음 표에 적합한 것이어야 한다. 여기서, 제5항이란 과전류차단기로 저압 전로에 시설하는 과부하보호장치 및 단락보호 전용 퓨즈에 대한 설치규정을 말한다.

▎IEC 표준안에 의한 저압 전로의 사용퓨즈의 정격전류▎

정격전류의 구분	시간	정격전류의 배수	
		불용단전류	용단전류
4[A] 이하	60분	1.5배	2.1배
4[A] 초과 16[A] 미만	60분	1.5배	1.9배
16[A] 이상 63[A] 이하	60분	1.25배	1.6배
63[A] 초과 160[A] 이하	120분	1.25배	1.6배
160[A] 초과 400[A] 이하	180분	1.25배	1.6배
400[A] 초과	240분	1.25배	1.6배

(3) 과전류차단기로 저압 전로에 사용하는 배선용 차단기(「전기용품 및 생활용품 안전관리법」의 적용을 받는 것 및 제5항에 규정하는 것을 제외)는 다음에 적합한 것이어야 한다.

① 정격전류에 1배의 전류로 자동적으로 동작하지 아니할 것

② 정격전류의 1.25배 및 2배의 전류를 통한 경우에 다음 표에서 정한 시간 내에 자동적으로 동작할 것

▎과전류차단기로 저압 전로에 사용하는 배선용 차단기의 정격전류▎

정격전류의 구분	시간	
	정격전류 1.25배의 전류를 통한 경우	정격전류 2배의 전류를 통한 경우
30[A] 이하	60분	2분
30[A] 초과 50[A] 이하	60분	4분
50[A] 초과 100[A] 이하	120분	6분
100[A] 초과 225[A] 이하	120분	8분
225[A] 초과 400[A] 이하	120분	10분
400[A] 초과 600[A] 이하	120분	12분
600[A] 초과 800[A] 이하	120분	14분
800[A] 초과 1,000[A] 이하	120분	16분
1,000[A] 초과 1,200[A] 이하	120분	18분
1,200[A] 초과 1,600[A] 이하	120분	20분
1,600[A] 초과 2,000[A] 이하	120분	22분
2,000[A] 초과	120분	24분

2. IEC 표준을 도입한 과전류차단기로 저압 전로에 사용하는 배선용 차단기

(1) IEC 표준을 도입한 과전류차단기로 저압 전로에 사용하는 배선차단기(「전기용품 및 생활용품 안전관리법」 및 제5항에 규정하는 것을 제외) 중 산업용은 다음 [산업용 저압 전로에 사용하는 배선용 차단기 정격전류 표]에, 주택용은 [주택용 저압 전로의 Type에 따른 순시트립범위 표] 및 [정격전류에 따른 배선용 차단기 정격전류의 배수 표]에 적합한 것이어야 한다.

(2) 단, 일반인이 접촉할 우려가 있는 장소(세대 내 분전반 및 이와 유사한 장소)에는 주택용 배선차단기를 시설하여야 한다.

▎산업용 저압 전로에 사용하는 배선용 차단기 정격전류▐

정격전류의 구분	시간	정격전류의 배수(모든 극에 통전)	
		부동작 전류	동작 전류
63[A] 이하	60분	1.05배	1.3배
63[A] 초과	120분	1.05배	1.3배

▎주택용 저압 전로의 Type에 따른 순시트립범위▐

Type	순시트립범위
B	$3I_n$ 초과 $5I_n$ 이하
C	$5I_n$ 초과 $10I_n$ 이하
D	$10I_n$ 초과 $20I_n$ 이하

[비고] 1. B · C · D : 순시트립전류에 따른 차단기분류
2. I_n : 차단기 정격전류

▎정격전류에 따른 배선용 차단기 정격전류의 배수▐

정격전류의 구분	시간	정격전류의 배수(모든 극에 통전)	
		부동작전류	동작전류
63[A] 이하	60분	1.13배	1.45배
63[A] 초과	120분	1.13배	1.45배

003 한국전기설비규정(KEC)에 의한 과전류보호장치 중 배선용 차단기에 관한 다음 항목을 설명하시오.

1. 배선용 차단기의 종류별 설치장소
2. 주택용·배선용 차단기의 주된 용도
3. 배선용 차단기의 전류-시간 동작특성

data 전기안전기술사 21-123-4-3

답안 1. 배선용 차단기의 종류별 설치장소

구분	적용장소	
주택용 배선차단기	일반인이 접촉할 우려가 있는 장소	주택(단독주택, 공동주택), 준주택(기숙사, 고시원, 노인복지주택, 오피스텔)의 세대 내 분전반 및 이외 유사한 장소
산업용 배선차단기	일반인이 접촉할 우려가 없는 장소	주택용 배선차단기에서 정하는 장소 중 세대 내 이외의 장소(계단, 주차장, 공용설비 등)

2. 주택용 · 배선용 차단기의 주된 용도(KS C IEC 60947-2)

Type	순시동작 범위 정격전류(I_n)×배수	적용부하
B	3 ~ 5배 범위	조명설비, 기동전류가 낮은 부하(조명설비, 저항성 부하)
C	5 ~ 10배 범위	기동전류가 보통인 부하(유도전동기 등)
D	10 ~ 20배 범위	돌입전류가 큰 부하(부하측 변압기, X선 발생장치 등)

3. 배선차단기의 전류-시간 동작특성

정격전류	규정시간	정격전류(I_n)×배수			
		주택용		산업용	
		부동작전류	동작전류	부동작전류	동작전류
63[A] 이하	60분	1.13배	1.45배	1.05배	1.3배
63[A] 초과	120분	1.13배	1.45배	1.05배	1.3배

chapter 09

004 대기현상 또는 설비 내 기기에서 발생한 과전압에 대한 저압 전기설비의 보호방법에 대하여 설명하시오.

data 전기안전기술사 20-122-2-6

답안 **저압용 서지보호기**

(1) 종류

① 서지옵서버

② 사이리스트 소자

③ 실리콘 서지억제 소자

④ Gas tub

⑤ MOV소자

⑥ 탄소피뢰기

⑦ 제너다이오드

'①'은 저압 ~ 3.3[kV] ~ 22.9[kV]의 전력기기에 대한 개폐서지 및 뇌서지 보호용이고 '②' ~ '⑧'은 1,000[V] 이하 전력기기에 대한 뇌서지 및 개폐서지 보호용이다.

(2) SPD(Surge Protective Device)

① **개념** : SPD는 저압 배전선 및 전기설비신호, 통신설비 등의 부근에 낙뢰에 의한 과전압이 설비 내의 기기에서 발생되는 과전압으로부터 전기설비를 보호하는 것이다.

② **SPD의 기본조건** : SPD의 기본 성능에서 내부 뇌보호시스템은 등전위검출이 매우 중요하고, SPD는 전력 및 통신설비 등 직접 본딩할 수 없는 경우 적용한다.

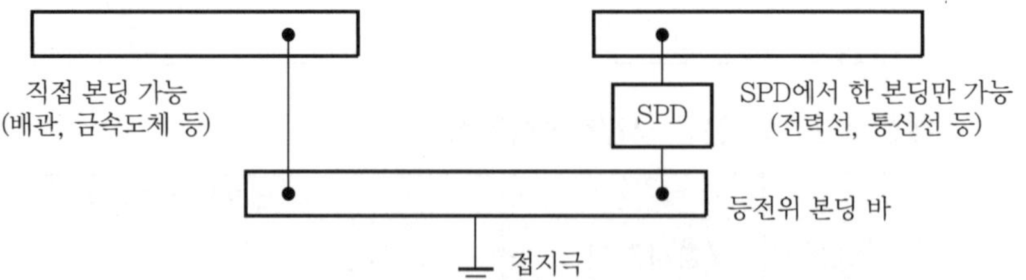

㉠ 생존성 : 설계환경에 잘 견디고 자체 수명을 고려한다.

㉡ 보호성 : 보호대상기기가 파괴되지 않을 정도로 과도현상이 감소한다.

㉢ 적합성 : 보호대상 시스템에 대하여 물리 · 법률적으로 만족한다.

- 상시 : 정전용량이 작고, 전압강하가 작으며, 손실이 작다.
- 이상 시
  - 낮은 동작 전압, 빠른 용량으로 Surge 차단
  - 계통을 원래대로 회복시키는 능력이 클 것

③ SPD의 방전전류 내량

㉠ SPD를 통해 유출되는 전류는 뇌전류분포에 따라 다르며 뇌격전류 파라미터는 다음과 같다.

▌뇌격전류 파라미터▐

전류	보호레벨		
파라미터	Ⅰ	Ⅱ	Ⅲ~Ⅳ
전류파고치 I[kA]	200	150	100
파두장 T_1[μs]	10	10	10
파미장 T_2[μs]	350	350	350
뇌격전하 Q_S[C]	100	75	50
비에너지 W/R[MJ/Ω]	10	5.6	2.6

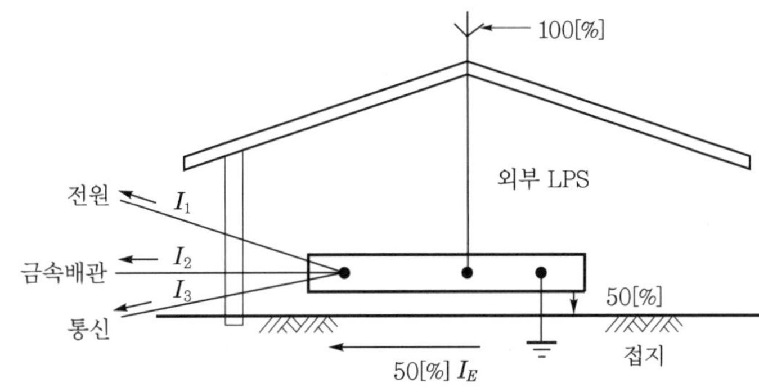

▌뇌전류분포▐

㉡ 적용 예 : 직격뢰용 SPD는 200[kA](10/350) 유입하면, 전원선(40[%])에 80[kA], 통신선에서는 5[%]인 10[kA]에서 방전을 실행한다.

④ SPD 분류

㉠ 사용 용도별

- 직격뢰용 SPD(전원용, 통신용)
- 유도뢰용 SPD(전원용, 통신용)

㉡ 구조별(포트수)

- 1포트 SPD
  - 1단자대(또는 2단자)를 갖는 SPD
  - 보호할 기기에 서지를 분류하도록 접속
- 2포트 SPD
  - 2단자대(또는 4단자)를 갖는 SPD
  - 통신 · 신호 계통에 적용

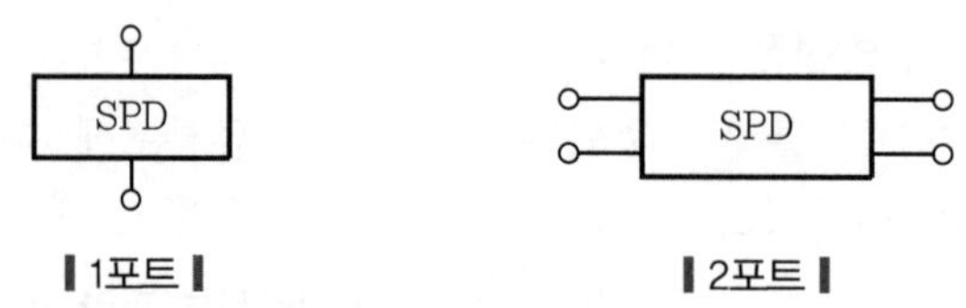

❙1포트❙ ❙2포트❙

㉢ SPD형 식별

SPD 형식	시험종류	시험항목	비고
Class Ⅰ	등급 Ⅰ 시험	I_{imp}, I_n	고 피뢰장소, 직격뢰 보호
Class Ⅱ	등급 Ⅱ 시험	I_{max}, I_n	저 피뢰장소, 유도뢰 보호
Class Ⅲ	등급 Ⅲ 시험	U_{oc}	저 피뢰장소, 유도뢰 보호

㉣ SPD 기능별 분류

- 전압스위치형 SPD : 서지인가 시 급격히 임피던스값 변화
- 전압제한형 SPD : 서지인가 시 임피던스 연속적 변화
- 복합형 SPD : 제한, 스위치 기능 모두 가능

005 자가용 전기설비의 저압 구내 배전선로를 케이블트레이 공사로 할 경우 한국전기설비규정(KEC)에 따른 케이블트레이 선정기준을 설명하시오.

data 전기안전기술사 21-123-1-13

답안 케이블트레이의 선정(KEC 232.41.2)

(1) 수용된 모든 전선을 지지할 수 있는 적합한 강도의 것이어야 한다. 이 경우 케이블트레이의 안전율은 1.5 이상으로 하여야 한다.

(2) 지지대는 트레이 자체 하중과 포설된 케이블 하중을 충분히 견딜 수 있는 강도를 가져야 한다.

(3) 전선의 피복 등을 손상시킬 돌기 등이 없이 매끈하여야 한다.

(4) 금속재의 것은 적절한 방식처리를 한 것이거나 내식성 재료의 것이어야 한다.

(5) 측면 레일 또는 이와 유사한 구조재를 부착하여야 한다.

(6) 배선의 방향 및 높이를 변경하는 데 필요한 부속재, 기타 적당한 기구를 갖춘 것이어야 한다.

(7) 비금속제 케이블트레이는 난연성 재료의 것이어야 한다.

(8) 금속제 케이블트레이 시스템은 기계적 및 전기적으로 완전하게 접속하여야 하며 금속제 트레이는 211과 140에 준하여 접지공사를 하여야 한다.

(9) 케이블이 케이블트레이 시스템에서 금속관, 합성수지관 등 또는 함으로 옮겨가는 개소에는 케이블에 압력이 가하여지지 않도록 지지하여야 한다.

(10) 별도로 방호를 필요로 하는 배선부분에는 필요한 방호력이 있는 불연성의 커버 등을 사용하여야 한다.

(11) 케이블트레이가 방화구획의 벽, 마루, 천장 등을 관통하는 경우 관통부는 불연성의 물질로 충전(充塡)하여야 한다.

(12) 케이블트레이 및 그 부속재의 표준은 KS C 8464(케이블트레이) 또는 전력산업기술기준(KEPIC) ECD 3100을 준용하여야 한다.

006 저압 전기설비(KS C IEC 60364)에서 규정하는 다음 용어를 설명하시오.

1. 케이블트렁킹 시스템(cable trunking system)
2. 케이블래더(cable ladder)
3. 케이블브래킷(cable bracket)
4. 전기설비(electrical equipment)
5. 전기사용설비(current using equipment)

data 전기안전기술사 23-129-1-7

답안

1. 케이블트렁킹 시스템(cable trunking system)

건축물에 고정된 본체부와 벗겨내기가 가능한 커버(cover)로 이루어진 절연전선, 케이블 또는 코드를 완전히 수용할 수 있는 크기의 것을 말한다.

comment 트렁킹은 여행용 가방처럼 트렁크에 내용을 넣어 필요 시 개방할 수 있다는 의미로, 덕트를 연상하면 된다.

2. 케이블래더(cable ladder)

케이블 지지용 자재의 종류로써 길이방향으로 사이드레일에 케이블 지지용 가로대(rung)를 고정시킨 사다리 모양의 것을 말한다.

3. 케이블브래킷(cable bracket)

케이블을 포설하기 위한 수평의 지지대로 한쪽만을 벽 등에 시설한 것으로, 케이블의 길이방향에 균등 간격으로 시설한 것을 말한다.

4. 전기설비(electrical equipment)

기계, 변압기, 기구, 계측기, 보호기, 배선용 기기, 발전, 변전, 송전, 배전 또는 전기에너지의 이용을 목적으로 사용되는 모든 기기를 말한다.

5. 전기사용설비(current using equipment)

IEC 규격에서는 전력을 빛, 열, 원동력 등 다른 에너지로 변환하는 목적의 기기를 말한다.

007 한국전기설비규정(KEC)의 열 영향에 대한 보호에 대하여 다음 각 사항을 설명하시오.
1. 적용범위
2. 화재 및 화상방지에 대한 보호
3. 열 영향에 대한 보호

data 전기안전기술사 21-123-3-4

comment KEC 214

답안 1. 적용범위

다음과 같은 영향으로부터 인축과 재산의 보호방법을 전기설비에 적용하여야 한다.

(1) 전기기기에 의한 열적 영향, 재료의 연소 또는 기능 저하 및 화상의 위험

(2) 화재재해의 경우 전기설비로부터 격벽으로 분리된 인근의 다른 화재구획으로 전파되는 화염

(3) 전기기기 안전기능의 손상

2. 화재 및 화상방지에 대한 보호

(1) 전기기기에 의한 화재방지

① 전기기기에 의해 발생하는 열은 근처에 고정된 재료나 기기에 화재위험을 주지 않아야 한다.

② 고정기기의 온도가 인접한 재료에 화재의 위험을 줄 온도까지 도달할 우려가 있는 경우에 이 기기에는 다음과 같은 조치를 취하여야 한다.

㉠ 이 온도에 견디고 열전도율이 낮은 재료 위나 내부에 기기 설치

㉡ 이 온도에 견디고 열전도율이 낮은 재료를 사용하여 건축구조물로부터 기기 차폐

㉢ 이 온도에서 열이 안전하게 발산되도록 유해한 열적 영향을 받을 수 있는 재료로부터 충분히 거리를 유지하고 열전도율이 낮은 지지대에 의한 설치

③ 정상운전 중 아크 또는 스파크가 발생할 수 있는 전기기기에는 다음 중 하나의 보호조치를 한다.

㉠ 내아크재료로 기기 전체를 둘러쌈

㉡ 분출이 유해한 영향을 줄 수 있는 재료로부터 내아크재료로 차폐

㉢ 분출이 유해한 영향을 줄 수 있는 재료로부터 충분한 거리에서 분출을 안전하게 소멸시키도록 기기 설치

④ 열의 집중을 야기하는 고정기기는 어떠한 고정물체나 건축부재가 정상조건에서 위험한 온도에 노출되지 않도록 충분한 거리를 유지하도록 하여야 한다.

⑤ 단일 장소에 있는 전기기기가 상당한 양의 인화성 액체를 포함하는 경우 액체, 불꽃 및 연소생성물의 전파를 방지하는 충분한 예방책을 취하여야 한다.

㉠ 누설된 액체를 모을 수 있는 저유조를 설치하고 화재 시 소화를 확실히 한다.

㉡ 기기를 적절한 내화성이 있고 연소액체가 건물의 다른 부분으로 확산되지 않도록 방지턱 또는 다른 수단이 마련된 방에 설치한다. 이러한 방은 외부공기로만 환기되는 것이어야 한다.

⑥ 설치 중 전기기기의 주위에 설치하는 외함의 재료는 그 전기기기에서 발생할 수 있는 최고 온도에 견디어야 한다. 이 외함의 구성재료는 열전도율이 낮고 불연성 또는 난연성 재료로 덮는 등 발화에 대한 예방조치를 하지 않는 한 가연성 재료는 부적합하다.

(2) 전기기기에 의한 화상 방지

① 접촉범위 내에 있고, 접촉 가능성이 있는 전기기기의 부품류는 인체에 화상을 일으킬 우려가 있는 온도에 도달해서는 안 되며, 표에 제시된 제한값을 준수해야 한다.

② 이 경우 우발적 접촉도 발생하지 않도록 보호하여야 한다.

▌접촉범위 내에 있는 기기에 접촉 가능성이 있는 부분에 대한 온도 제한▐

접촉할 가능성이 있는 부분	접촉할 가능성이 있는 표면의 재료	최고 표면 온도[℃]
손으로 잡고 조작시키는 것	금속	55
	비금속	65
손으로 잡지 않지만 접촉하는 부분	금속	70
	비금속	80
통상 조작 시 접촉할 필요가 없는 부분	금속	80
	비금속	90

(3) 과열에 대한 보호

① 강제 공기 난방시스템

㉠ 강제 공기 난방시스템에서 중앙축열기의 발열체가 아닌 발열체는 정해진 풍량에 도달할 때까지는 동작할 수 없고, 풍량이 정해진 값 미만이면 정지되어야 한다.

㉡ 공기덕트 내에서 허용온도가 초과하지 않도록 하는 2개의 서로 독립된 온도 제한장치가 있어야 한다.

㉢ 열소자의 지지부, 프레임과 외함은 불연성 재료이어야 한다.

② 온수기 또는 증기발생기

㉠ 온수 또는 증기를 발생시키는 장치는 어떠한 운전상태에서도 과열보호가 되도록 설계 또는 공사하여야 한다. 보호장치는 기능적으로 독립된 자동 온도조절장치로부터 독립적 기능을 하는 비자동 복귀형 장치이어야 한다. 단, 관련된 표준 모두에 적합한 장치는 제외한다.

㉡ 장치에 개방 입구가 없는 경우에는 수압을 제한하는 장치를 설치하여야 한다.

③ 공기난방설비

㉠ 공기난방설비의 프레임 및 외함은 불연성 재료이어야 한다.

㉡ 열복사에 의해 접촉되지 않는 복사난방기의 측벽은 가연성 부분으로부터 충분한 간격을 유지하여야 한다.

㉢ 불연성 격벽으로 간격을 감축하는 경우, 이 격벽은 복사난방기의 외함 및 가연성 부분에서 0.01[m] 이상의 간격을 유지하여야 한다.

㉣ 제작자의 별도 표시가 없으며, 복사난방기는 복사방향으로 가연성 부분으로부터 2[m] 이상의 안전거리를 확보할 수 있도록 부착하여야 한다.

memo

전기화재

001 전기화재 메커니즘과 발생원인에 대하여 설명하시오.

002 전기화재의 발생원인 중 발화원에 의거하여 설명하시오.

003 발화개소(발화원) 및 출화의 경과에 의한 전기화재를 분류하여 설명하시오.

004 전기화재의 원인과 예방대책에 대하여 설명하시오.

005 전기화재 예방대책에 대하여 설명하시오.

data 전기안전기술사 16–118–4–2 · 19–117–1–13 · 19–119–3–2 · 20–122–3–6 · 22–126–4–3

답안 1. 전기화재의 메커니즘

(1) 개념

① 전기화재의 발생원인은 출화경과에 따라 과전류, 단락, 누전, 지락, 스파크, 접속부 과열, 절연열화, 정전기, 열적 경과, 낙뢰 등으로 분류된다.

② 과전류에 의하여 발열과 방열의 평형이 깨져서 발화의 원인이 된다.

③ 과전류를 일으키는 주요 원인은 과부하, 단락, 지락이다.

(2) 전류에 의한 화재발생 메커니즘

① 전류 증가에 따른 발열량 증가

㉠ Joule의 법칙 : 발열량은 전류의 통전시간과 저항과 전류의 제곱에 비례한다.

$$W = I^2RT[\text{J}] = 0.24I^2RT[\text{cal}]$$

여기서, W : 발열량

I : 전류[A]

R : 저항[Ω]

T : 전류가 흐르는 시간[sec]

㉡ 발열량(전열량)과 전류 간의 관계

- 그림과 같이 정격전류(I_1)가 과전류(I_3)가 되면 발열량은 전류의 제곱에 비례하여 $W_1 \rightarrow W_3$로 증가된다.

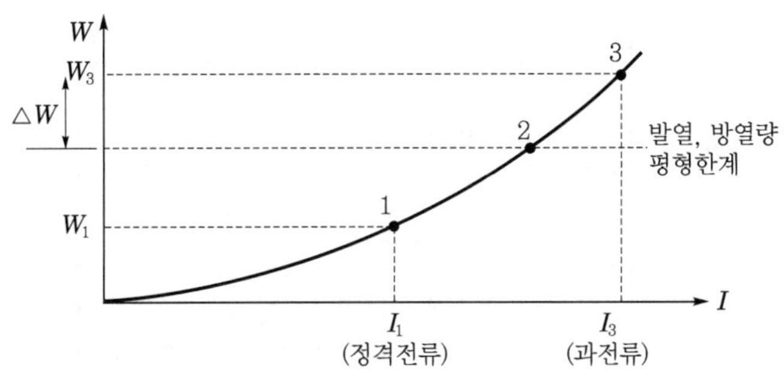

▌발열량(W)과 전류(I)의 관계▐

- 발열량과 방열량의 평형한계가 2점이라면, 그 한계를 초과한 ΔW만큼 계속적으로 열축적이 된다.

② 열축적에 의한 화재발생(과전류에 의한 상태 정도, 즉 과전류의 위험성)

㉠ 발열량의 축적에 의해 기기가 과열되면, 절연피복의 용융연소 또는 주위 가연물에 대해 열면 역할을 하게 되어 발화한다.

㉡ 정격전류의 200~300[%]에서 피복이 변질, 변형된다.

㉢ 500~600[%] 정도의 과전류이면 적열 후 용융되는 결과가 나온다.

③ 이후, 열의 평형이 깨져 온도 상승으로 기기가 과열소손 및 이로 인한 기기주변에 가연물이 있으면 화재로 발전하게 되며, 주변에 가연성 가스 또는 증기 등이 있는 경우에는 폭발로 이어질 위험이 있다.

2. 전기화재의 발화원인과 대책

구분	내용	방지대책
과전류	• 전선, 케이블 등의 과전류로 줄열에 의한 열축적으로 발화 • 줄열 $Q=I^2Rt$[J] • 정격전류의 200~300[%] : 피복 변질 정격전류의 500~600[%] : 적열 후 용융	• 배선용 차단기 설치 • 문어발식 배선 사용금지
단락	• 전선, 케이블 등의 합선으로 단락 시 스파크에 의해 주위 인화성 물질 발화 • 접속부의 저저항에 의해 1,000[A]의 단락전류 발생	• 정격전선 사용 : $S=\dfrac{I_S\sqrt{t}}{143}$ 여기서, S : 케이블 허용 도체단면적[mm^2] I_S : 단락전류 t : 단락지속시간[sec] • 절연강화 • AFCI 적극 적용
누전	전선, 절연기기의 절연파괴로 누설전류에 의한 발열 누적으로 발화	• 누전차단기 설치 • 누전경보기

구분	내용	방지대책
지락	• 전선로 중 전선의 하나 또는 두 선이 대지에 접촉하여 전류가 대지로 통전 • 지락전류가 금속체, 목재 등의 지락면과 접촉된 경우에 전류가 흐를 때 발화	• 과전류차단기 사용 • 누전차단기 사용 • 유지관리, 접지 및 본딩
스파크	• 스위치의 개폐 시 Spark로 인해 주위 가연성 가스에 인화하여 발화 • 최소 착화에너지 전류는 약 0.02 ~ 0.3[mA]	• 스위치 절연화 • 점화 관리 • AFCI 적극 적용
접속부 과열	• 아산화동 발열 현상 • 접촉저항 등 접촉상태가 불완전 시 발열	• 정기적인 안전점검 • 주기적인 예방정비
아산화동 증식 발열	통전된 금속(동 또는 동합금)의 접촉부에 가까운 곳에 저항 급감, 전류 급격 증가 시 줄열에 의한 가연물에 발열	• 접촉압력과 면적 증가시킴 • 고유저항이 낮은 재료 사용 • 접촉면의 청결유지 • 접촉단자는 부식방지재료 사용
열적 경과로 인한 열의 누적	전등, 전열기 등을 가연물 주위에서 사용하거나 열의 방산이 잘 안 되는 상태에서 사용하면 열의 축적이 일어나 가연물을 발화	• 저발열 조명등 사용(LED 램프) • 공조조명 적용
절연열화 또는 탄화에 의한 발화	• 배선기구의 절연체가 시간경과에 의해 절연성 저하 • 미소전류에 의한 국부가열과 탄화현상의 누적에 의해 도전성이 되어 누전으로 발열량 증대로 발화	• 누전차단기 사용 • 정기적인 안전점검 • 주기적인 예방정비
정전기	정전기 스파크에 의해 가연성 가스, 증기 등에 인화할 위험이 큼	• 단락전류 이상 배선 설계 • 과전류, 누전차단기 사용 • 접지 및 본딩
낙뢰	• 구름과 대지 간의 방전현상 • 낙뢰발생 시 전기회로에 이상전압이 유기되어 절연파괴 및 수만[A] 이상 발생	• 피뢰설비 설치 • 접지 및 본딩 • SPD 설치

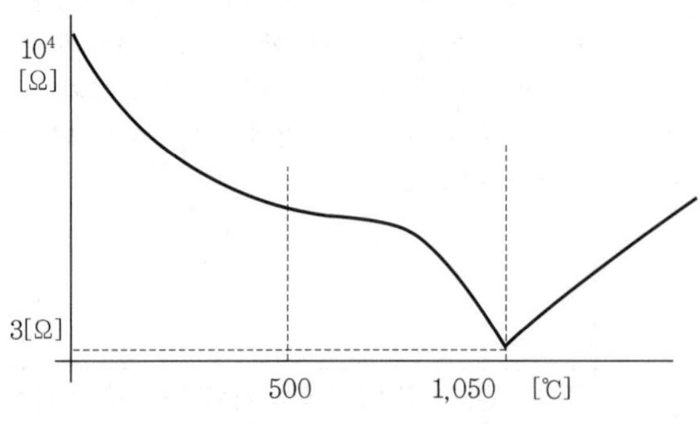

❙ 아산화동 진행온도와 저항 ❙

006 줄(Joule)의 법칙을 설명하고, 옥내 배선에서 전기화재의 원인 및 예방대책을 설명하시오.

data 전기안전기술사 22-126-1-9

답안 1. 줄(Joule)의 법칙

(1) 전류가 단위시간 동안 흘렀을 때 발생한 열량은 전류의 세기 제곱과 저항에 비례한다.

(2) 1840년 제임스 줄이 이 사실을 발견하여 줄의 법칙이라 하고 $Q = 0.25 \times I^2 \times R$로 나타낼 수 있다

여기서, Q : 열량

I : 전류

R : 저항

(3) 여기서, 전류가 흐를 때 발생하는 에너지는 열량으로 변하는데 에너지로 단위 줄[J]을 열량의 단위 칼로리[cal]로 바꾸어 사용해야 하며, 1[cal]는 4.18[J]과 같고, 열량은 단위시간동안 발생하므로, 열량 Q의 단위는 [J/sec] 또는 [cal/sec]가 사용된다.

2. 옥내 배선에서 전기화재의 원인 및 대책

(1) 과전류가 원인이 되는 화재의 대책

상시허용 전류, 주위온도, 전선수에 따라 허용전류 감소계수를 계산한다.

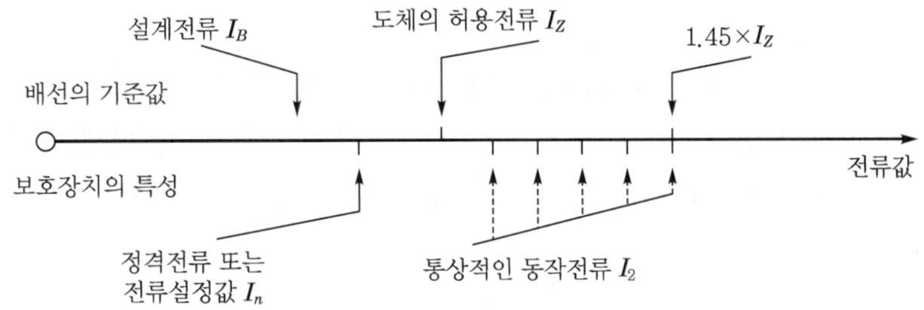

(2) 전선의 안전장치 적용(즉, 도체와 과부하 보호장치 사이의 협조)

① 과부하보호 장치와 단락보호 전용 차단기, 단락보호 전용 퓨즈를 조합한 장치가 있다.

② 보호장치는 정격전류의 1배에서 자동동작하지는 않고, 전류의 크기에 따라 정해진 시간에 동작한다.

③ 과부하 보호장치와 단락보호 전용 퓨즈는 보호협조가 이루어져야 한다.

chapter 10

④ 과부하에 대해 케이블(전선)을 보호하는 장치의 동작특성은 다음 두 조건을 충족해야 한다.

㉠ $$I_B \le I_n \le I_Z$$

여기서, I_B : 회로의 설계전류
I_n : 보호장치의 정격전류
I_Z : 케이블의 허용전류
I_2 : 통상적인 동작전류

㉡ $$I_2 \le 1.45 \times I_Z$$

여기서, I_2 : 통상적인 동작전류
I_Z : 케이블의 허용전류

(3) 저압 옥내 분기선로 및 배선용 차단기 선정 시 시설제한 규정을 철저히 준수한다. 과전류차단기 또는 개폐기 설치기준은 다음과 같다.

① 간선으로부터 분기한 분기선로에는 3[m] 이내
② 분기선의 허용전류가 간선의 과전류차단기 정격의 35[%] 이상일 때는 8[m] 이내
③ 분기선의 허용전류가 간선의 과전류차단기 정격의 55[%] 이상일 때는 임의의 길이

(4) 누전화재 방지대책

① 전기설비기술기준 및 「산업안전보건법」의 준수규정에 의한 누전차단기 및 누전경보기 적정 설치
② 전기설비 절연등급의 적정화 및 상향 조정
③ 절연저항의 측정을 통하여 기준치 이상의 잘연저항값을 갖도록 할 것

(5) 전기설비기술기준에 적정한 접지시공을 철저히 한다.

007 누전경보기 화재안전기준(NFPC 205)에 정한 용어 3가지를 정의하고, 누전경보기 설치방법에 대하여 설명하시오.

1. 용어의 정의
   (1) 누전경보기
   (2) 수신부
   (3) 변류기
2. 설치방법

data 전기안전기술사 20-122-2-4

답안 1. 용어의 정의

(1) 누전경보기란 내화구조가 아닌 건축물로서, 벽, 바닥 또는 천장의 전부나 일부를 불연재료 또는 준불연재료가 아닌 재료에 철망을 넣어 만든 건물의 전기설비로부터 누설전류를 탐지하여 경보를 발하며 변류기와 수신부로 구성된 것

(2) 수신부란 변류기로부터 검출된 신호를 수신하여 누전의 발생을 해당 특정소방대상물의 관계인에게 경보하여 주는 것(차단기구를 갖는 것을 포함)

(3) 변류기란 경계전로의 누설전류를 자동적으로 검출하여 이를 누전경보기의 수신부에 송신하는 것

2. 누전경보기의 설치대상

계약전류용량이 100[A]를 초과하는 특정소방대상물에 설치한다.

3. 누전경보기의 설치방법

(1) 경계전로의 정격전류

① 60[A] 초과 시 : 1급 누전경보기

② 60[A] 이하 시 : 1급 또는 2급 누전경보기

③ 60[A]를 초과하는 전로가 분기되어 60[A] 이하로 되는 경우 : 2급 누전경보기를 1급 누전경보기로 본다.

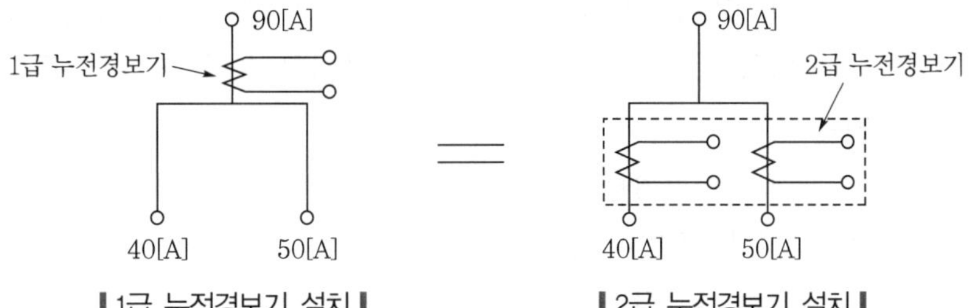

▌1급 누전경보기 설치▐ ▌2급 누전경보기 설치▐

(2) 변류기 설치방법

① 특정소방대상물의 형태, 인입선의 시설방법 등에 따라 옥외 인입선의 제1지점의 부하측 또는 제2종 접지선측의 점검이 쉬운 위치에 설치할 것

② 인입선의 형태 또는 특정소방대상물의 구조상 부득이한 경우에는 인입구에 근접한 옥내에 설치 가능

③ 변류기를 옥외의 전로에 설치하는 경우에는 옥외형으로 설치할 것

(3) 수신부

① 수신기 설치 제외장소

㉠ 습도가 높은 곳

㉡ 대전류 회로, 고주파 발생회로 등에 의해 영향을 받을 우려가 있는 장소

㉢ 가연성의 증기 · 먼지 · 가스 등이나 부식성의 증기 · 가스 등이 다량 체류하고 있는 장소

㉣ 온도변화가 급격한 곳

㉤ 화약류 제조 · 저장 · 취급소

② 누전경보기의 수신부는 옥내의 점검에 편리한 장소에 설치하되, 가연성의 증기 · 먼지 등이 체류할 우려가 있는 장소의 전기회로에는 해당 부분의 전기회로를 차단할 수 있는 차단기구를 가진 수신부를 설치할 것. 이 경우 차단기구의 부분은 해당 장소 외의 안전한 장소에 설치할 것

③ 음향장치는 수위실 등 상시 사람이 근무하는 장소에 설치하여야 하며, 그 음량 및 음색은 다른 기기의 소음 등과 명확히 구별할 수 있을 것

4. 누전경보기의 전원

(1) 전원은 분전반으로부터 전용 회로로 하고, 각 극에 개폐기 및 15[A] 이하의 과전류차단기(배선용 차단기에 있어서는 20[A] 이하의 것으로 각 극을 개폐 가능할 것)를 설치할 것

(2) 전원을 분기할 때에는 다른 차단기에 따라 전원이 차단되지 아니하도록 할 것

(3) 전원의 개폐기에는 누전경보기용임을 표시한 표지를 할 것

(4) 변류기

① 옥외 인입선 제1지점의 부하측 또는 제2종 접지선측에 설치

② 옥외의 전로에 설치하는 경우는 옥외형 설치

(5) 전원

① 전원은 누전경보기 전용일 것

② 각 극에 개폐기 및 15[A] 이하의 과전류차단기 설치

③ 배선용 차단기의 경우는 20[A] 이하 설치

008 누전경보기의 설치대상과 설치기준 및 동작원리에 대하여 설명하시오.

data 전기안전기술사 21-125-2-3

답안 1. 개요

(1) 누전경보기는 교류 600[V] 미만의 전기설비에서 절연불량 등으로 누설전류가 흘러 화재 및 재해의 발생을 예방하는 목적으로 전로에 설치하는 것이다.

(2) 누설전류를 검출하는 영상 변류기, 그 전류를 증폭하는 수신기 및 경보를 발하는 음향장치로 구성되며, 그에 대하여 설치대상, 설치기준, 동작원리 등을 설명한다.

2. 누전경보기의 설치대상

건축물로서 벽, 바닥 또는 반자의 전부나 일부를 불연재료 또는 준불연재료가 아닌 재료에 철망을 넣어 만든 것에 한한다.

(1) 계약전류용량이 100[A] 이상으로 내화구조가 아닌 건축물에서 불연재료, 준불연재료가 아닌 재료에 철망을 넣어서 만든 것

(2) 설치면제 대상
누전경보기 설치대상의 유효범위 내에 전기설비기술기준에 의한 유효한 지락차단장치가 있는 경우에는 누전경보기를 설치할 필요가 없다.

3. 누전경보기의 설치기준

(1) 누전경보기의 종류

경계선로의 정격전류	종별
60[A] 초과하는 전로	1급 누전경보기
60[A] 이하 전로	1급 또는 2급 누전경보기

(2) 수신기 설치

① 옥내의 점검에 편리한 장소에 설치하되, 가연성의 증기 · 먼지 등이 체류할 우려가 있는 장소의 전기회로에는 당해 부분의 전기회로를 차단할 수 있는 차단기구를 가진 수신부를 설치한다. 이 경우 차단기구의 부분은 당해 장소 외의 안전한 장소에 설치한다.

② 설치 제외장소

㉠ 가연성의 증기 · 먼지 · 가스 등이나 부식성의 증기 · 가스 등이 다량으로 체류하는 장소

㉡ 화약류를 제조하거나 저장 또는 취급하는 장소
㉢ 습도가 높은 장소
㉣ 온도의 변화가 급격한 장소
㉤ 대전류 회로, 고주파 발생회로 등에 의해 영향을 받을 우려가 있는 장소

(3) 음향장치

① 수위실 등 상시 사람이 근무하는 장소에 설치할 것
② 그 음량 및 음색은 다른 기기의 소음 등과 명확히 구별할 수 있는 것일 것

(4) 전원

① 전원은 분전반으로부터 전용 회로로 하고, 각 극에 개폐기 및 15[A] 이하의 과전류차단기를 설치할 것
② 전원을 분기할 때에는 다른 차단기에 의하여 전원이 차단되지 아니하도록 할 것
③ 전원의 개폐기에는 누전경보기용임을 표시한 표지를 할 것

(5) 옥외 설치

옥외에 시설하는 변류기 또는 경보기는 방수함에 넣어 시설하거나 적절한 방수 시설을 하여 우수의 침입을 방지해야 한다.

4. 동작원리

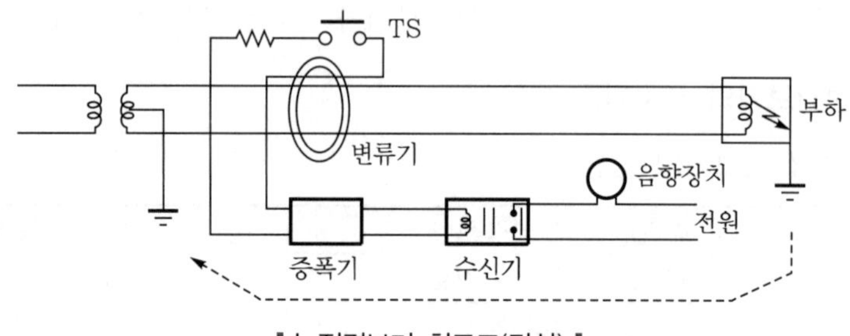

▌누전경보기 회로도(단상)▐

(1) 단상 영상변류기는 상기 그림과 같이 부하에 접속되는 2선을 영상변류기를 관통시킨다.

(2) 전선에 전류가 흐르면 암페어의 오른 나사법칙에 의해서 전선 주위에는 자계가 형성되고 주위에 철심이 있으면 이 자속은 철심 속을 흐르게 된다.

(3) 부하에 흘러 들어가는 전류와 유출되는 전류가 같은 때에는 자속의 방향이 반대가 되어 두 자속이 서로 상쇄해서 철심 속을 흐르는 자속 ϕ는 0이 되므로 2차 코일에 유기되는 전압도 0이 되며, 변류기 2차 코일에는 전류가 흐르지 않는다.

(4) 만일 부하측에서 누전이 발생하면 부하에 흘러 들어가는 전류의 일부가 대지를 통해서 전원으로 흘러가므로 유입전류와 유출전류가 일치하지 않아 이들이 만드는 자속은 완전 상쇄되지 않아 그 차에 해당하는 자속이 철심 속을 흐르게 된다.

(5) 철심 속에 흐르는 자속은 변류기의 2차 코일과 쇄교하여 패러데이의 전자유도법칙에 의해서 $e=-n\frac{d\Phi}{dt}$ [V]의 전압이 유기되고 이 전압에 의해서 2차 코일에 전류가 흐른다.

(6) 이러한 원리를 이용하여 누전 시 경보를 울리도록 한 것이 누전경보기이다.

(7) 증폭기는 변류기 2차 전류가 수[mA] 정도로 작으므로 이를 증폭하기 위한 것이고, 증폭된 전류가 수신기의 코일을 흐르면 전자석의 힘에 의해서 접점이 닫히고, 접점이 닫히면 음향장치에 +, − 전원이 모두 가해지게 되므로 경보가 울리게 된다.

(8) 3상 누전경보기는 전원이 3상으로, 변류기를 통과하는 전선이 3가닥이라는 점과 부하가 3상 부하라는 점을 제외하고는 단상 누전경보기와 동작원리가 동일하다.

5. 최근 동향

(1) 1개의 수신기로 여러 회로를 사용하는 집합형이 주로 사용된다.

(2) 디지털방식이 개발되어 사용되고 있으며 그 특징은 아래와 같다.

① 동작시간이 빠르고, 다기능화되어 사고시간, 동작전류, 실시간 지락전류값 확인이 가능하다.

② 고감도부터 대전류의 누전까지 정정범위가 광범위하다.

③ 동작지연시간을 적절하게 정정하여 보호협조가 가능하다.

④ 기존의 아날로그방식에 비해 여러 가지 기능이 향상된다.

009 전기화재 시 전기배선의 금속부분에서 발생되는 용융흔에 대하여 설명하시오.

data 전기안전기술사 21-125-4-4

답안 1. 개요

(1) 용융흔(molten mark)은 단락을 발생하는 금속부분의 흔적이다.

(2) 용융흔은 1 · 2 · 3차로 구분하여 화재감식에 주요 화재원인분석에 이용하고 있다.

2. 화재 시 전선의 1차 용융흔

(1) 정의

① 전선피복의 절연열화에 의한 단락 시 스파크로 주위의 가연물에 착화하여 화재가 된 전기용융흔을 말한다.

② 전선피복은 염화비닐이나 고무 등으로 되어 있고 이 피복이 오래되거나 손상되면 절연성이 나빠져 심선접촉에 의한 단락이 발생되고 소선을 꼬아 제작된 전선의 경우 외력 등에 의해 반단선에 의한 단락에 의해서도 발생한다.

(2) 특징

① 단락되기 전 환경은 상온이고, 단락 순간 수천[℃]에 이르러 고온에서 순간적으로 표면이 용융된다.

② 동시에 단락부는 전자력에 의해 비산되어 떨어지거나 전원이 차단되는 경우 짧은 시간에 응고되어 용융부 조직의 금속 본연의 광택을 보인다.

③ 꼬임선의 경우 국부적인 과열로 인해 선단에 용착이 생기고 반대편 소선에는 용착 등의 변화가 없는 경우가 많다.

④ 단락 전 주위 피복 등이 탄화되지 않은 상태이므로 용융흔 중 탄화물 등의 이물질이 없다.

(3) 감식방법

① 소선 : 단락부가 한 덩어리로 뭉치거나 망울이 방울의 반구형으로 광택을 보인다.

② 굵은 전선

㉠ 단락 강도에 따라 바늘처럼 뾰족한 모양이 발생한다.

㉡ 단락부의 일부 비산 또는 용융 침식으로 무딘 송곳 및 대각선으로 갈라진 형태나 용융 비산된 작은 망울이 단락부 옆에 부착되는 경우 용융 망울은 대부분 둥글고 매끄러우며 광택을 보인다.

③ 전선이 용단 전 목재 등에 접촉된 경우 접촉부가 빨리 용융되어 촛농형태의 방울이 발생한다.

3. 화재 시 전선의 2차 용융흔

(1) 정의

1차 원인에 의해 화재가 발생하여 전선피복이 소손된 후 심선이 단락된 경우로서, 절연피복 소실 후 발생된 것으로 화재의 직접적인 원인이 될 수 없다.

(2) 특징

① 화재발생 후 화세에 의한 영향을 받는다.
② 단락 전 전선이 과열되어 금속이 연화된 상태에서 단락되기 때문에 금속 본연의 광택이 없고 망울이 아래로 늘어지는 형태이다.
③ 연선의 경우 용해범위가 넓고 용착되어 있으며 용융조직이 거칠다.
④ 단락 전 피복이 탄화되어 탄화물 등의 이물질이 포함된다.

(3) 감식방법

① 용융 망울이 타원형으로 형성되고 망울에 작은 구멍이 있으며 색상은 검은 회색을 띤 적갈색이다.
② 연선의 경우 끝부분에 달걀(타원)모양의 용융흔의 형성과 약간의 광택이 있다.
③ 화재발생 후 수일이 지나면 용융점 및 용융되지 않은 부분의 동선도 산화되어 검푸른 빛으로 변한다.
④ 전선 중간에 발생된 용융 망울은 끝부분이 둥글고 비용융부와 전반적으로 색상이 유사하다.

4. 화재 시 전선의 3차 용융흔

(1) 정의

전원이 차단된 상태에서 어떤 원인으로 화재가 발생하여 화열에 의해 전선 및 금속이 용융된 흔적으로, 화재의 직접 원인과는 무관하다.

(2) 특징

① 전체적으로 용해범위가 넓고 절단면이 가늘고 거칠며 광택이 없다.
② 전선이 녹아 여러 개소에 망울이 생겨 밑으로 늘어지거나 눌러 붙는 경우가 발생한다.
③ 굵기가 균일하지 않고 형상이 분화구처럼 표면이 거칠고 전성을 잃어 끊어진다.
④ 금속 표면에 이물질 부착이 많아 쉽게 구별된다.

(3) 감식방법

① 전반적으로 용해범위가 넓고 요철이 있어 표면이 거칠고 광택이 없다.

② 전선의 중간에서 녹아 흘러내리는 형태의 결정체가 덮여 있으며 전선 끝부분이 물방울이 떨어지기 직전의 형태를 형성한다.

③ 전선이 외부화염에 노출 연화되어 장력을 받는 쪽으로 길게 늘어나며 끝부분이 가늘고 표면이 거칠고 여러 형상이 나타난다.

010 아크차단기(AFCI : Arc Fault Circuit Interrupters)를 설명하시오.

답안 1. 개요

(1) AFCI는 미국에서 1997년부터 본격적으로 개발되었으며 아크재해를 방지하는 전기 안전장치이다.

(2) 2023년 현재 전국 곳곳에 IDC가 건설 중 및 운영 중인바, IDC의 전기화재 발생 시 피해가 막대할 것으로 대단히 우려되어 건설 당시부터 아크차단기 적용은 필수적으로 생각된다.

2. 전기화재 대비책으로서 아크차단기의 중요성

(1) 직렬 · 병렬 전기 아크에너지는 일반 MCCB로 차단이 어렵다.

(2) AFCI 차단기를 이용하여 고주파진동, 수하특성, 어깨현상 등의 아크특성과 부하특성의 차이를 구분하여 화재로 발전하기 전에 신속히 차단하도록 전기설비를 보강한다.

3. 적용현황

(1) 2002년 NEC(National Electrical Code, 미국전기설비기준)에서는 주거시설의 침실에 125[V] 단상 15[A]와 20[A]의 모든 분기회로에 AFCI의 보호를 요구하고 있다.

(2) 아크로부터 발생되는 열은 전선 절연체와 다른 근처 물질들을 연소시킬 수 있는 섭씨 약 5,000[℃](화씨 9,000[°F]) 이상이다.

(3) 주거시설에서 Arc에 의한 화재가 발생하는 지역을 Zone 1 ~ Zone 4로 구분하여 조사하였다.

4. AFCI의 구성 및 회로

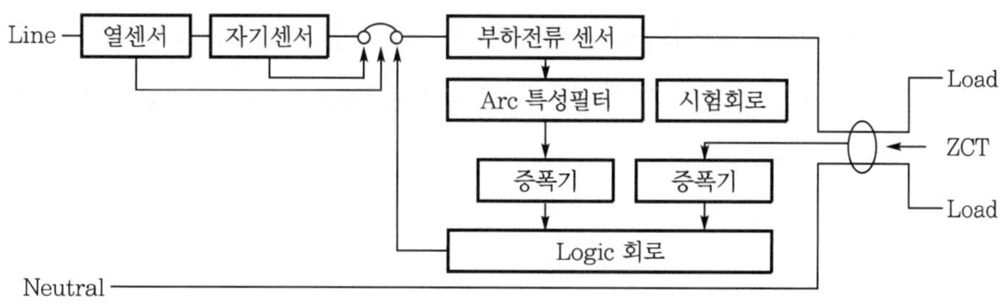

▌AFCI의 구성 및 회로▐

chapter 10

(1) 그림에서 열센서와 자기센서(magnetic sensor)는 재래식 차단기와 동일하다.

(2) 영상변류기(ZCT)는 지락전류를 감지하여 차단하기 위한 것으로, 현재 사용되고 있는 누전차단기에 내장된 것과 동일한 기능이다.

(3) 부하전류센서는 아크파형의 주파수만을 통과시키는 아크필터로 보내지고, 아크필터의 출력은 증폭기를 거쳐 논리회로(logic circuit)로 보내진다.

(4) 아크전류의 크기를 근거로 하여 부하전류센서에서 아크신호필터로 정보를 보내게 된다. 이후 신호는 증폭되어 논리회로로 연결시킨다.

(5) 논리회로에서는 불안전한 파형의 존재 여부를 판단하여 회로를 차단해야 한다고 판단되면 차단기접점을 개방하기 위한 솔레노이드를 여자시킨다.

(6) 정상적일 때는(아크가 없을 때) 전류를 보내다가, 정상적인 전류파형과 위험한 아크파형을 구별하여 전자회로를 통하여 트립한다.

5. 아크차단기의 특성

(1) 회로차단기는 과부하와 단락상태에서 전도체를 보호하지만 화재를 발생하는 아크재해에 대해서는 보호가 되지 않는다.

(2) AFCI는 화재를 예방할 수 있다.

(3) 직렬 아크에너지, 병렬 전기아크에너지도 감지하여 트립이 가능한 것이 아크차단기의 가장 큰 장점이다.

(4) 이 장치는 전선 등의 결함으로 인하여 아크(직렬 아크, 병렬 아크)가 발생되었을 때 이를 감지하여 회로의 전류를 차단시키는 특성을 가지고 있다.

6. 아크차단기의 성능 검증방법

(1) 아크차단기는 전압·전류 신호를 분석해 발생한 유해아크를 차단하고, 정상아크는 차단하지 않아야 한다.

(2) 유해아크는 전기화재를 유발할 수 있는 아크를 말한다.

(3) 정상아크는 스위치 개폐와 전기드릴브러시(brush) 등에서 정상적으로 발생하는 아크를 말한다.

011 내화전선과 내열전선에 대하여 설명하시오.

data 전기안전기술사 23-129-1-4

답안 내화전선과 내열전선의 특성 비교

<table>
<tr><th rowspan="2">구분</th><th colspan="2">소방용 전선</th></tr>
<tr><th>FR-8(내화전선)</th><th>FR-3(내열전선)</th></tr>
<tr><td>구조도</td><td>내화보강층
시스체
도체
절연체
내화층
게재물
▌내화케이블(FR-8)▐</td><td>내열보강층
시스체
도체
절연체
내열층
게재물
▌내열케이블(FR-3)▐</td></tr>
<tr><td>구성 특성</td><td>도체와 절연체 위에 무기질인 유리섬유를 감아 내화특성을 지닌 전선
• 내화층 0.4[mm]
• 내화 보강층
• XLPE 절연체
• 난연성 시스</td><td>• 내열보호층
• XLPE 절연체
• 난연성 시스</td></tr>
<tr><td>용도</td><td>• 소방법상의 비상부하 간선
• 소방설비 전원선, 내화성 요구장소</td><td>화재경보 및 비상경보장치 회로의 제어 및 신호</td></tr>
<tr><td>성능</td><td>내화전선(FP)의 내화성능 시험방법
• 버너의 노즐에서 75[mm]의 거리에서 온도가 830±5[℃]인 불꽃으로 2시간 동안 가열
• 다음 12시간 경과한 후 전선 간에 허용전류 3[A]의 퓨즈를 연결하여 내화시험전압을 가한 경우 퓨즈가 단선되지 아니하는 것
• 또는 소방청장이 정하여 고시한 내화전선의 성능시험기준에 적합한 것</td><td>내열전선(HP)의 내열성능 시험방법
• 온도가 816±10[℃]인 불꽃을 20분간 가한 후 불꽃을 제거하였을 때 10초 이내에 자연소화가 되고, 전선의 연소된 길이가 180[mm] 이하
• 가열온도의 값을 한국산업규격에서 정한 건축부분의 내화시험방법으로 15분 동안 380[℃]까지 가열한 후 전선의 연소된 길이가 가열로의 벽으로부터 150[mm] 이하일 것
• 또는 소방청장이 정하여 고시한 내열전선의 성능시험기준에 적합한 것</td></tr>
</table>

chapter 10

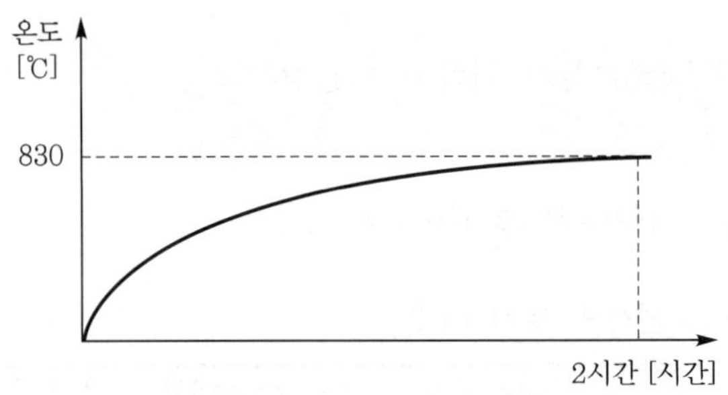

▌내화전선의 성능시험 가열곡선▐

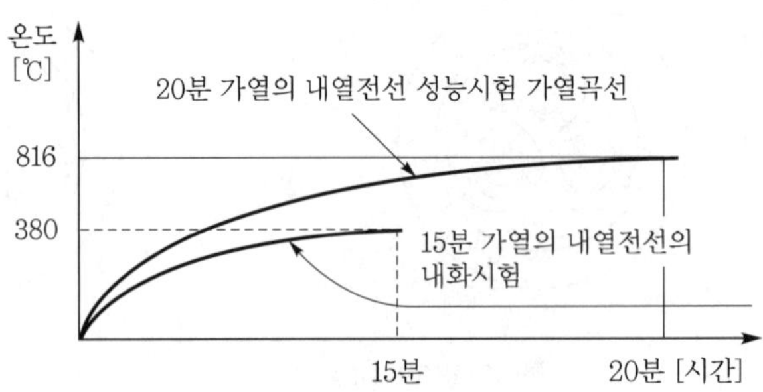

▌내열전선의 내화 · 성능 시험 가열곡선▐

012 화재확산을 최소화하는데 필요한 배선설비의 시설요건을 설명하시오.
1. 배선설비의 성능사항
2. 관통부 배선설비의 시설 및 내화 밀폐재료

data 전기안전기술사 23-129-4-5
comment KEC 232.3.6에 의한 문제이다.

답안 **1. 화재확산의 최소화를 위한 배선설비의 성능사항**

(1) 배선설비는 건축구조물의 일반성능과 화재에 대한 안정성을 저해하지 않도록 설치한다.

(2) 최소한 '화재 조건에서의 전기/광섬유케이블 시험'에 적합한 케이블 및 자소성으로 인정받은 제품은 특별한 예방조치 없이 설치할 수 있다.

(3) '화재조건에서의 전기/광섬유케이블 시험'의 화염확산을 저지하는 요구사항에 적합하지 않은 케이블을 사용하는 경우
① 기기와 영구적 배선설비의 접속을 위한 짧은 길이에만 사용할 수 있다.
② 어떠한 경우에도 하나의 방화구획에서 다른 구획으로 관통시켜서는 안 된다.

(4) '저전압 개폐장치 및 제어장치 부속품', '케이블 관리 - 케이블트레이 시스템 및 케이블래더 시스템', '전기설비용 케이블 트렁킹 및 덕트시스템' 시리즈 및 '전기설비용 전선관 시스템' 시리즈 표준에서 자소성으로 분류되는 제품은 특별한 예방조치없이 시설할 수 있다.

(5) 화염전파를 저지하는 유사요구사항이 있는 표준에 적합한 그 밖의 제품은 특별한 예방조치 없이 시설할 수 있다.

(6) '저전압 개폐장치 및 제어장치 부속품', '등기구 전원공급용 트랙시스템', '케이블 관리 - 케이블트레이 시스템 및 케이블래더 시스템', '전기설비용 케이블트렁킹 및 덕트시스템' 시리즈 및 '전기설비용 전선관 시스템' 시리즈 및 '파워트랙시스템' 시리즈 표준에서 자소성으로 분류되지 않은 케이블 이외의 배선설비의 부분은 그들의 개별 제품표준의 요구사항에 모든 다른 관련 사항을 준수하여 사용하는 경우 적절한 불연성 건축부재로 감싸야 한다.

2. 관통부 배선설비의 시설 및 내화 밀폐재료

(1) 배선설비가 바닥, 벽, 지붕, 천장, 칸막이, 중공벽 등 건축구조물을 관통하는 경우 배선설비가 통과한 후에 남은 개구부는 관통 전의 건축구조 각 부재에 규정된 내화등급에 따라 밀폐하여야 한다.

chapter 10

(2) 내화성능이 규정된 건축구조부재를 관통하는 배선설비는 '(1)'에서 요구한 외부의 밀폐와 마찬가지로 관통 전에 각 부의 내화등급이 되도록 내부도 밀폐하여야 한다.

(3) 관련 제품표준에서 자소성으로 분류되고 최대 내부단면적이 710[mm^2] 이하인 전선관, 케이블트렁킹 및 케이블덕팅 시스템은 다음과 같은 경우라면 내부적으로 밀폐하지 않아도 된다.

① 보호등급 IP33에 관한 '외곽의 방진보호 및 방수보호 등급'의 시험에 합격한 경우

② 관통하는 건축구조체에 의해 분리된 구획의 하나 안에 있는 배선설비의 단말이 보호등급 IP33에 관한 '외함의 밀폐 보호등급 구분(IP 코드)'의 시험에 합격한 경우

(4) 배선설비는 그 용도가 하중을 견디는 데 사용되는 건축구조부재를 관통해서는 안 된다.

(5) '(1)' 또는 '(2)'를 충족시키기 위한 밀폐조치는 그 밀폐가 사용되는 배선설비와 같은 등급의 외부영향에 대해 견디고, 다음 요구사항을 모두 충족하여야 한다.

① 연소생성물에 대해서 관통하는 건축구조부재와 같은 수준에 견딜 것

② 물침투에 대해 설치되는 건축구조부재에 요구되는 것과 동등한 보호등급을 갖출 것

③ 밀폐 및 배선설비는 밀폐에 사용된 재료가 최종적으로 결합조립되었을 때 습성을 완벽하게 막을 수 있는 경우가 아닌 한 배선설비를 따라 이동하거나 밀폐 주위에 모일 수 있는 물방울로부터의 보호조치를 갖출 것

④ 다음의 어느 한 경우라면 '③'의 요구사항이 충족될 수 있다.

㉠ 케이블클리트, 케이블타이 또는 케이블지지재는 밀폐재로부터 750[mm] 이내에 설치

㉡ 그것들이 밀폐재에 인장력을 전달하지 않을 정도까지 밀폐부의 화재측의 지지재가 손상되었을 때 예상되는 기계적 하중에 견딜 수 있음

㉢ 밀폐방식 그 자체가 충분한 지지기능을 갖도록 설계

(6) 배선설비 관통부의 밀폐재료

① 화재 시 열팽창의 성능을 가진 방화보드, 방화폼 사용

② 정상 상태 케이블에서 열의 발산을 줄여 허용전류를 감소시킴

③ 방화 폼패드, 방화 실란트, 방화퍼티, 방화보드, 방화로드

013 지중전선로의 전력구 화재예방을 위한 난연케이블의 필요성과 전력구 상시 감시시스템에 대하여 설명하시오.

data 전기안전기술사 19-117-2-4

답안 1. 전력구 화재예방을 위한 난연케이블의 필요성

(1) 정의

난연케이블이란 화재발생을 최대한 억제하고 일단 화재가 발생하였을 경우에도 연소파급을 일정시간 지연시킬 수 있도록 제어케이블을 난연화한 케이블이다.

(2) 케이블화재의 현상과 난연케이블의 필요성

① 케이블의 절연재료 및 외장재료는 유기물의 합성수지가 많이 사용되고 있다. 유기물을 사용한 통상의 케이블은 열에 약하고 불에 타기 쉬운 성질을 가지고 있어서 케이블을 따라 화재가 파급되거나 연소 시 케이블에서 연기나 유독가스가 발생한다.

② 염화비닐을 사용한 케이블이 연소하면 다량의 염화수소가 발생하는데 이것이 물에 용해하여 염산이 되며 배전반이나 전기기기에 침투하여 금속부분을 부식시키게 된다.

③ 케이블이 다수 배선된 덕트에서는 일단 화재가 발생하면 외장재료가 서로 연료를 공급하며 덕트가 연통역할을 하여 특히 연소하기 쉽다.

④ 상기와 같은 일반케이블의 화재 시 영향을 예방하기 위하여 난연케이블을 적용시켜 전력구 등의 화재 시 피해를 최소화해야 한다.

(3) 케이블의 난연화 방법

① Sheath 재료만을 난연화하는 방법 : 일반적으로 많이 적용된다.

② Sheath 재료와 절연재료를 동시 난연화하는 방법

(4) 케이블 난연성의 특성

① 케이블의 난연성은 Sheath의 산소지수를 30 이상으로 하는 것이 바람직하다. 여기서, 산소지수(oxygen index)란 물질의 연소성을 주위 산소량의 대소에 따라 달라지므로 어느 물질이 연소를 지속하는 산소의 양으로서, 그 물질의 연소성을 나타낸다.

$$\text{산소지수} = \frac{\text{산소량}}{\text{산소량} + \text{질소량}} \times 100[\%]$$

② 케이블의 난연화는 Sheath 재료에 할로겐족 원소(염소, 취소, 옥소) 또는 무기 화합물(산화안티몬, 수산화 알루미나) 등을 첨가하여 만들고 있다.
③ 연소 시 염화수소의 발생을 줄이기 위해 일반적으로 비닐 컴파운드에 탄산칼슘을 혼합하고 있다.

2. 전력구 상시 감시시스템

(1) 개요

전력구 감시시스템이란 전력구 내에서 발생하는 각종 사고를 미연에 방지하고, 사고발생 시 신속한 대처가 가능하도록 구축한 시스템을 말한다.

(2) 주요 기능

① 전력구 내 케이블 유압, 온도 및 출입자, 침수, 가스, 환경, 화재 등 상시 전력구의 운전상태 감시
② 케이블 표면온도, 접속함 온도 측정
③ 펌프, 환풍기 등의 원방 제어
④ 측정 Data trend 분석

(3) 시스템의 구성

① 주국(MS : Mster Station) : 컴퓨터, 프린터, 제어장치, 무정전 접속장치
② 자국(CLS : Compact Local Station) : 광다중 전송장치, 광접속함
③ 전송로 : 광케이블
④ 감지센서
㉠ 온도센서 : 접속함 온도센서, 분포온도 측정장치
㉡ 유류센서 : 유압, 유위센서
㉢ 출입자센서 : 근접센서, 적외선센서, ITV
㉣ 침수센서 : 수위센서
㉤ 화재센서 : 정온식 감지선형 감시기
㉥ 환경센서 : 산소, 메탄, 가연성 가스, 감시카메라 등

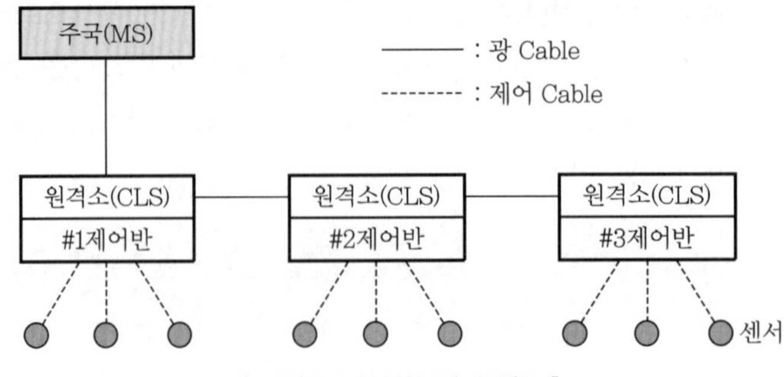

▌전력구 감시시스템 구성도▌

3. 지중설비 화재방지 시설기준

(1) 난연케이블(FR-CNCO-W) 시설

① 성능 : 3.5[m]×3조 시료에 20분간 화염인가 → 탄화거리가 2.5[m] 이내

② FR(Flame Retardant) : CNCO-W → (외피) 할로겐프리 폴리올레핀 무독 난연 처리

(2) 케이블 방재시공

전력구, 공동구, 덕트, 건물구 내 등에 난연테이프, 난연커버 등을 시공한다.

(3) 전력구 방재설비시설

구분	시설기준
소화기 비치	전력구의 출입구, 환기구 등
자동소화설비	전력구 내 분전반, 제어반, 접속개소(10회선 이상 시설)
자동화재 탐지설비	전력구 천장 또는 케이블 선반(정온식 감지기)
송수설비	구경 65[mm] 송수구를 350[m] 이하마다 1개 이상 시설

※ 송수설비 : 길이 500[m] 이상 전력구 내(350[m] 이상은 필요 시 시설)

(4) 전력구 감시시스템

국가행사 등과 연계해 주요 전력구에 시설하고 전력구 내 출입자, 온도, 화재, 배수펌프, 환풍기 등 원격감시한다.

▮ 케이블 난연시공 ▮

▮ 자동소화설비 ▮

▮ 전력구 감시시스템 ▮

4. 화재예방 추가대책

(1) 전력구 내 화재감시장치 설치기준 강화

구분	소화장치	감지센서
개선	• 10회선 이상 2~3개 • 10회선 미만 1개 이상	케이블 시설단별 추가 설치

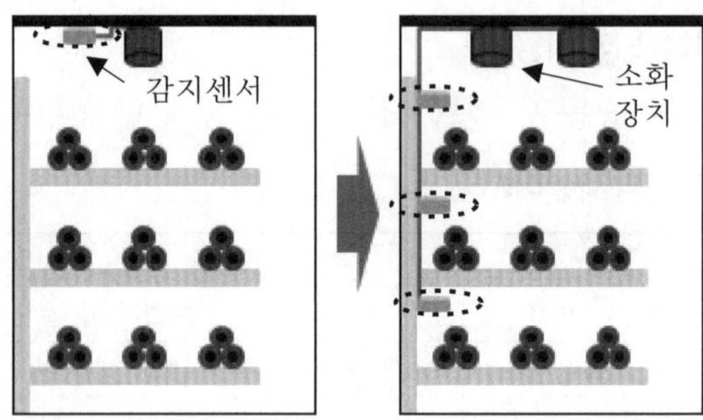

(2) 배전케이블용 난연재질 접속재 시설로 난연성능 강화

(3) 접속개소 화재확산 방지용 차화판 설치

(4) 화재발화 시 상·하단 케이블의 소손 확산방지

014 열전달(heat transfer)에 대한 다음 사항에 대하여 설명하시오.
1. 열전달의 정의 및 열전달계수
2. 각각의 열전달형태의 특성 및 법칙

data 전기안전기술사 20-120-4-3

답안 1. 열전달의 정의 및 열전달계수

(1) 열전달의 정의

① 열은 온도차에 의해 한 시스템에서 다른 시스템으로 전달되는 에너지의 형태라고 정의된다.

② 열역학적 해석은 시스템이 어떤 평형상태에서 다른 평형상태로 변하는 과정에서 발생하는 열전달의 양을 다루고 있다.

③ 이러한 에너지 전달과정의 시간에 따른 비율을 연구하는 학문이 열전달이다.

④ 크게 열은 전도, 대류, 복사의 세가지 방식으로 전달된다.

(2) 열전달계수

① 열전달계수(heat transfer coefficient)는 열역학, 기계공학, 화학공학 분야에서 유체와 고체 사이에 대류, 상전이 등을 통한 열전달을 계산하기 위해 쓰인다.

② 식 : $h = \dfrac{q}{A \cdot \Delta T}$ [W/m^2 · K]

여기서, A : 열이 전달되는 평면
h : 열전달계수
q : 들러오거나 나가는 열류[J/s = W]
ΔT : 고체표면과 주변 유체의 온도 차이

③ 식에서 열전달계수는 열류에 비례하는 계수이다.

④ 즉, 표면적 당 열류 q/A와 열의 이동에 관한 열역학적 추력(온도차, ΔT)에 비례한다.

⑤ 열전달계수의 단위는 SI 단위로 [W/m^2 · K]이다.

2. 각각의 열전달 형태의 특성 및 법칙

(1) 전도의 특성과 법칙

① 고체에 관련된 전열로서 열은 높은 곳에서 낮은 온도영역으로 흐른다.

② 열흐름속도는 온도차에 비례한다.

③ 전도에 관련된 법칙 : Fourier's low(정상 상태의 흐름)

$$q = \frac{kA(T_2 - T_1)}{L} [\text{kW, kJ/sec}]$$

여기서, k : 열전도도[W/m · K]

q : 열류[W/m^2]

T : 온도[K 또는 ℃]

L : 전열거리[m]

(2) 대류(convection)의 특성과 법칙

① 고체와 움직이는 유체와의 열전달의 형태

② 밀도차, 온도차, 부력차에 따라 이동

③ 대류에 적용되는 법칙

㉠ Newton의 냉각법칙

㉡ 관련 식

$$\dot{q} = kA\frac{T_2 - T_1}{l}$$

$$\dot{q}'' = A\frac{T_2 - T_1}{l} = h(T_2 - T_1)$$

여기서, h : 대류전열계수, 공기의 특성과 유속에 의존함$\left(h = \frac{A}{l}\right)$

㉢ 전도와 대류의 복합적용(열통과율) : T_h부터 T_c까지의 전달열류

$$\dot{q}'' = \frac{T_h - T_c}{\frac{1}{h_h} + \frac{L_1}{k_1} + \frac{L_2}{k_2} + \frac{L_3}{k_3} + \frac{1}{h_c}}$$

여기서, h_h, h_c : 고온부와 저온부의 대류전열계수[W/m^2 · K]

k_1, k_2, k_3 : 각 층의 전열계수(열전도도)[W/m^2 · K]

T_h, T_c : 고온부와 저온부의 온도[K]

④ 대류전열계수(h)

㉠ h는 k(열전도도)와는 달리 물질에 따른 상수가 아니라 시스템 특성, 고체의 기하학적인 현상, 유동변수와 관련된 유체특성에 의존한다.

㉡ h값의 크기

- 자연대류 : 5 ~ 25[W/m² · K]
- 강제대류 : 10 ~ 500[W/m² · K]

⑤ 대류의 식은 기본적으로 전도의 식이라고 할 수 있다.

㉠ $q = \frac{kA\Delta T}{L}$

여기서, L : 온도차에 상응하는 거리

㉡ $q = \frac{k}{L} A \Delta T$

㉢ $\frac{k}{L} = h\,[\mathrm{W/m^2 \cdot K}]$

(3) 복사(radiation)의 특성과 법칙

① 일정한 속도와 주파수를 갖는 전자기파에 의해 공간을 통해 전달되는 에너지

② 복사는 빈 공간을 통과한다면 열이나 다른 형태로 변경되지 않고 경로도 변경되지 않는다.

③ 대기 중에서 복사열을 흡수하는 것은 CO_2, H_2O이다.

④ 절대온도가 0 이상인 모든 물질은 외부요인과 무관하게 복사를 방출한다.

⑤ **복사에 적용되는 법칙** : 스테판 볼츠만 법칙

㉠ $$q'' = \varepsilon \sigma T^4$$

여기서, ε : 복사능[1−exp(−kl)]
T : 절대온도[K]
σ : 스테판 볼츠만 상수(5.67×10^{-8}[W/m^2 · K^4])

㉡ 복사체로부터의 열전달률은 절대온도의 4승에 비례하는데 이를 Stefan-Boltzmann의 법칙이라 한다.

여기서, σ : 스테판 볼츠만 계수(5.67×10^{-8}[W/m^2 · K^4])

㉢ 복사는 화재성장과 확산, 원격발화의 열전달로 작용하고 특히 건물화재의 플래시오버를 일으키는 조건을 만들기도 한다.

⑥ 물체는 반드시 최고 출력만 복사되는 것은 아니다.

⑦ 표면효과나 흡수효과에 의하여 출력이 감소한다.

⑧ **실제출력의 최곳값에 대한 분율** : 0.8 ± 0.2

⑨ 연기가 열을 흡수하여 복사에너지를 방출한다.

⑩ 복사열은 구획화재에서 플래시오버 조건으로 바닥 수열량이 20[kW/m^2]이다.

$$q'' = \frac{XQ}{4\pi C^2}$$

여기서, Q : 에너지 방출률[kW]
C : 거리[m]
X : 전체 방출에너지 중 방사된 에너지분율

3. 3가지 열전달형태의 관계식과 법칙 비교

구분	관계식	파라미터	비고
전도열전달	$\dot{q}'' = \frac{k}{\Delta L}\Delta T$	열전도율 k (물질의 고유성질)	프리에의 열전도법칙
대류열전달	$\dot{q}'' = h\ \Delta T$	열전달계수 h (유체의 상황)	뉴턴의 냉각법칙
복사열전달	$\dot{q}'' = \varepsilon\ \sigma\ \Delta T^4$	방사율 ε (물체 표면 특성)	스테판-볼츠만의 법칙

열전도율 $k = \frac{q \cdot \Delta L}{\Delta T}$ [W/m · K] → $\dot{q}'' = \frac{k}{\Delta L}\Delta T$

열전달계수 $h = \frac{q}{A \cdot \Delta T}$ [W/m² · K] → $\dot{q}'' = h \cdot A \cdot \Delta T$

015 최근에 태양광발전소, 풍력발전소 등에 설치된 ESS(Energy Storage System)로 인해 화재사고가 발생하고 있는데 시공(설치)상 기술적 문제와 설비 운영상의 문제점에 대하여 설명하시오.

data 전기안전기술사 18-116-2-1

답안 1. ESS의 구성도

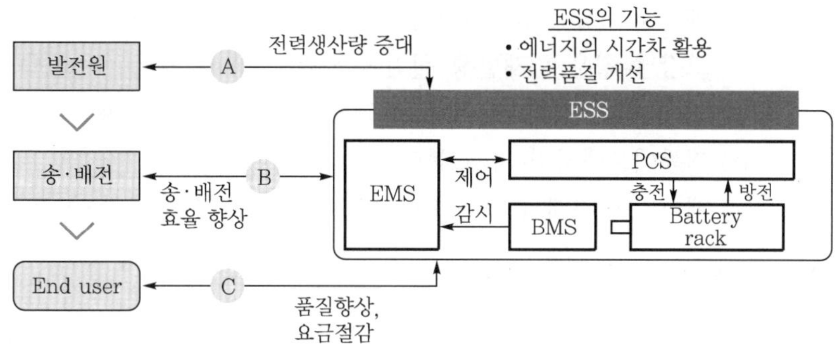

2. 최근 ESS 화재발생 개요

(1) 배터리 컨테이너 내부구조 및 화재발생

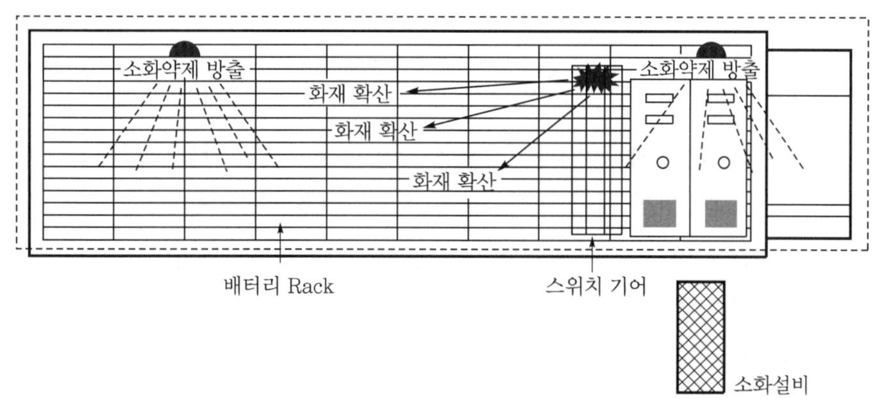

▌배터리 컨테이너 내부화재 발생▐

① 스위치 기어 화재발생 후 배터리로 확산

② 화재 발생 직후 소화약제(고체에어로졸, 3[kg]) 방출

(2) ESS 장치의 설비 단선도 및 화재발생 위치

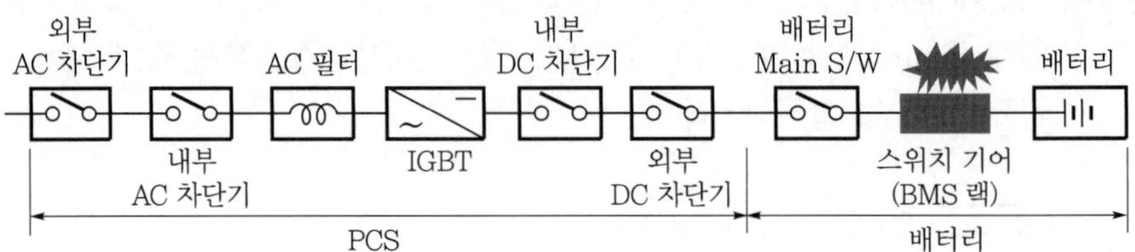

(3) ESS실의 화재 주요 원인 추정

① 에너지 저장장치가 가동될 경우 고열이 발생하는데 이를 제어하는 에어컨 등이 고장날 경우 화재발생 원인이 된다.

② BMS 랙의 접점 및 제어 부적정으로 인한 전기화재

③ 리튬이온배터리 자체 불량

④ 배터리 연결배선 및 접속단자의 접촉불량으로 아크저항 증대로 전기화재 발생

3. 시공(설치)상 기술적 문제점

(1) 배터리 시설장소 및 공간에 대한 열역학적 이해 부족과 시공기술력이 부적정하다. 즉, 전지 열 상호 간 그리고 점검면도 최소 600[mm] 이상을 확보해야 한다. 예로 실내온도를 0~25[℃](28[℃])를 유지하기 위해서는 제조사가 발열량 자료를 자세히 제공하여 이를 설계하는 엔지니어링 회사에서 실내온도 상승 억제를 위한 공기량을 계산하도록 해야 한다.

(2) 2차 전지의 수명과 열화에 대한 적정 시공기술력이 부족하다.

(3) 리튬이온 배터리 화재 발생 시 소화가 불가하여 건물 내부에 설치된 ESS는 별도의 소화구획의 설치로 화재예방 시공기술을 미적용한다.

(4) 화재 발생 당시 작업자는 수동으로 분말소화기를 분사했으나 진화 실패로 설비 내부로 약제 침투가 불가했다.

(5) ESS 단독설치가 필요한데도 이에 대한 시공 및 설계가 부적정하다.

(6) ESS용 가건물 건축 시 샌드위치 패널 사용 등 화재 취약구조이나 화재 차단시스템 시공기술력을 미적용한다.

(7) 전기회로 화재가 배터리로 확산되어 피해가 커지므로, 회로시스템 보완이 필요하다.

4. 설비운영상의 문제점

(1) 대용량 배터리 문제(대전력 에너지 저장용)

(2) 전력계통 문제도 전문지식이 있는 기술사가 반드시 설계해야 한다.

(3) 전기실, 축전지실 소방설비가 부적정하므로 소화시스템의 재검토가 필요하다.

(4) 리튬이온 전지의 안전성 보증이 부적정하고 과충전과 과방전에서 안정성 보증이 불확실하다.

(5) 충방전 관리시스템의 운영이 부적정하다.

(6) 배터리 불량문제의 정확한 검토가 매우 필요하다.

(7) 비접지식 선로의 지락보호

① 승압용 변압기와 PCS 사이 비접지계통에서 시스템 보호를 위해 전력계통에 GPT를 사용하게 되는데 이 방식으로는 ESS의 PCS와 배터리 사이의 DC(직류) 계통 지락사고를 검출하지 못한다.

② ESS 시스템에 GPT를 사용하여 64(ground protective relay) Protection function을 사용하고 있으나, 이를 적용할 경우 GPT에 의한 64(ground protective relay) Protection function은 ESS의 DC 계통의 지락검출과 보호가 안 된다.

③ GPT Fuse 소손으로 계전기 기능이 상실되는 문제점과 높은 Noise 전압에 의하여 SPD 열화로 사고가 발생될 수 있다.

④ 높은 Common mode 전압에 의한 BMS 통신 에러 발생과 높은 Common mode 전압에 의한 취약계통의 절연파괴 등의 문제점도 있다.

⑤ 이를 해결하기 위해서 반드시 DC 선로에 지락이나 누설전류 발생 시 이를 경보하는 장치나 상시 감시하는 장치를 해야 한다.

⑥ 만약 선로에 이상이 발생하면 사고가 확산되기 이전에 해당 선로를 철저히 점검해서 대형 사고를 사전에 방지해야 한다.

5. 종합적인 방안 검토

(1) 대용량으로 에너지밀도를 높인 이유와 그에 대한 안전대책은 있는가?

(2) ESS 설치환경은 적정한가?

(3) 전지 각각에 과충전 · 과방전 방지 보호회로는 잘 되어 있는가?

(4) 각각의 설비의 시설용량과 기기 선정은 적정했는가?

(5) 배터리 제조사에서 각종 데이터를 충분히 제공해주고 이에 대한 교육과 시스템 안정화 때까지 관리는 잘 되고 있는가?

(6) DC 회로(배터리에서 PCS 사이)에 대한 보호대책(지락, 누설전류)은 했는가?

(7) 직류와 교류에 대한 접지시스템은 적절한가?

(8) 사고 시 사전에 화재를 진화할 수 있는 소화설비는 잘 되어 있는가?

(9) ESS에 대한 규정은 단체규격이 아닌 국가규격으로 만들고 이를 강력히 지킬 수 있도록 하고 있는가?

(10) 대용량 ESS 저장장치를 다양화해야 하는데 이에 대한 준비는 하고 있는가?

6. 문제해결 대책

(1) 위 모든 사항을 해당 용역회사 기술사의 기획 아래 설계와 감리를 할 수 있도록 관련 규정을 강화해야 한다.

(2) 한국전기안전공사의 사용 전 검사를 위한 상세한 검사규정(배터리까지)과 매뉴얼을 만들어서 검사 시 철저하게 검사를 하여야 한다.

(3) 보호회로 기능으로서 전지 군별로 이상감시기능(과전류 감시, 과전압 감시), 단전지의 이상감시기능(과충전 감시, 과방전 감시, 온도 이상)을 두고, 각 단전지 간의 전압 차이를 억제하여 과충전과 과방전을 방지하는 셀 밸런스 기능도 필요하다.

(4) 특히 DC 선로의 절연감시장치를 두고 상시 감시할 수 있는 장치를 두어야 한다.

(5) 공조시스템과 소화설비시스템과 전기설비시스템에 대한 복합적 개념설계에 기반한 설비의 설계적용과 안전관리를 철저히 한다.

016 전기화재 예방을 위한 합성수지관 공사의 적용범위를 설명하시오.

data 전기안전기술사 23-129-1-11

답안 1. 개요

(1) 2018년 하반기 정부감사결과 건축물 화재의 주요 원인으로 천장 은폐배선이 지적되어 화재확산의 원인으로 평가되었다.

(2) 이에 관련 규정을 다음과 같이 개정하여 시행한다.

2. 관련 규정 개정 사유

(1) 건물 내 이중 천장 및 은폐장소에 불연성 소재 사용 의무화

(2) 합성수지관 공사의 제한

(3) 화재확산 방지

(4) 화재로 인한 인명피해 최소화

3. 합성수지관 공사의 적용범위

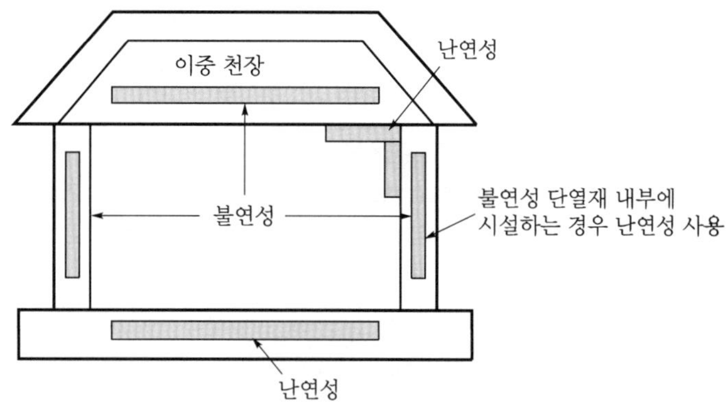

▌이중 천장 배선공사 예시▐

(1) 화재에 취약한 합성수지관 등 이중 천장 및 벽체 내 시설기준 개정

(2) 합성수지관 등 공사방법의 이중 천장 내 시설제한 : 가능한 설치 불가

(3) 콤바인 덕트 관 옥내 전개장소 이외 시설 시 불연성 마감

(4) 경량 벽체 및 칸막이 시설

① 불연성 마감재 내부, 전용 불연성 관 또는 덕트에 넣어 시설

② 벽체, 단열재가 불연재인 경우 : 전선관, 스위치 박스는 난연재일 것

③ 벽체, 단열재가 비불연재인 경우 : 전선관, 스위치 박스는 불연재일 것

4. 의견

소규모 전기공사에서 원가절감을 우선하여 법 개정의 약점을 이용할 수 있으므로 가능한 예외규정을 두지 않는 Fool proof safety 배선공사를 시공하도록 관리한다.

017 산업통상자원부공고(제2023-364호, 23년 4월 17일)에 공고한 ESS 안전강화대책에 대한 KEC 규정을 설명하시오.

답안 1. 개정 이유

(1) 정부의 2차례(19년 6월, 20년 2월)에 걸친 ESS 안전대책과 제조사 노력에도 불구하고 ESS 화재가 지속해서 발생하여, 이에 「ESS 안전 강화대책(22.5.)」의 신속한 이행으로 ESS 화재 예방 및 ESS 산업의 지속 가능한 경쟁력 확보를 지원

(2) 무정전 전원장치의 용량 선정 및 화재확산 방지 등 전기저장장치 수준의 운영 및 안전성 확보를 위한 미비점 보완

2. 주요 내용

(1) 특정기술을 이용한 무정전 전원장치의 안전 확보를 위한 기준 개정(245.3의 1호)
20[kWh] 초과 리튬 · 나트륨 계열 2차 전지를 이용한 UPS의 용량, 시설요건 등을 ESS 수준으로 관련 조항(512.1.2 및 512.1.3)을 따르도록 규정

(2) ESS 2차 전지 충전율 제한을 보증수명으로 변경(512.1.2)
① 글로벌 추세를 반영하여 충전율을 제한하고 '보증수명'으로 변경
② 보증수명(EOL : End Of Life) : 2차 전지 제조사가 ESS 사업자에게 경화 · 열화되는 것을 감안하여 ESS 설비의 보증기간까지의 2차 전지 용량(ESS 2차 전지의 최초 설계용량이 보증수명까지 소유자가 요구하는 용량을 만족하도록 하여야 하며 운영 중간에 보증수명의 연장목적으로 설계용량을 추가하지 않아야 함)

(3) IT 접지계통의 절연저항 등에 대한 기준 개선(511.2.7의 6호)
절연저항이 제조사 기준치 이하일 때 경보 및 자동 차단 기능을 갖추도록 규정

(4) 2차 전지실 내 배기시설 설치 의무화(512.1.3의 1호)
리튬전지를 이용한 ESS는 2차 전지 파열 또는 폭발을 예방하기 위해 내부압력 감압을 위한 배출기능을 설치하도록 안전기준 개선

(5) 제조사 자체 소화설비 설치 및 설비별 오결선 방지기준 마련
전기저장장치에는 화재확산 방지 자체 소화시스템을 설치하고, 그룹별 명판 부착 및 설비별 오결선을 방지하도록 개선

(6) 화재확산 방지를 위한 내화구조 격벽 설치 의무화(512.1.5의 '사')
2차 전지 5[MWh] 이하 단위로 내화구조 격벽 설치 의무화

(7) 옥외 ESS 설비 침수사고 방지를 위한 안전기준 개선(512.1.5의 '다' (5))

ESS 설치 높이(지표면에서 30[cm] 이상) 및 침수사고 현장조사 결과를 안전기준에 반영(염전 또는 간척지는 지표면에서 60[cm] 이상)

(8) ESS 안전관리를 위한 운영관리 기준 개선

비상정지시간(5초 이내), 가연성 · 인화성 가스 모니터링, 2차 전지실 CCTV 설치 및 보관(시간동기화, 7일), 전력관리시스템 시설 등을 규정

(9) 2차 전지 종류별 특성을 고려한 세부 기준 마련(512)

열폭주 위험이 작은 바나듐계 2차 전지와 흐름전지는 그 특성을 고려한 시설기준 신설(전해질 유출방지, 내부식성, 환기 등)

(10) 사용 후 2차 전지 안전 확보를 위한 규정 신설(511.2.5)

초기용량, 잔존용량 등에 대해 인증기관에서 시스템 단위로 적합성 인증을 받도록 규정

(11) 이동형 ESS 특성을 고려한 안전기준 신설(513.1)

① 국제규정(IFC, NFPA 855)을 준용하여 운송 · 보관 등에 필요한 안전기준을 준수할 것

② 같은 장소 사용기간(30일 이내), 설치장소(옥내 금지), 이격거리(위험물 3[m] 이상, 울타리 1.5[m] 이상), 진동 계측 등 안전기준 신설

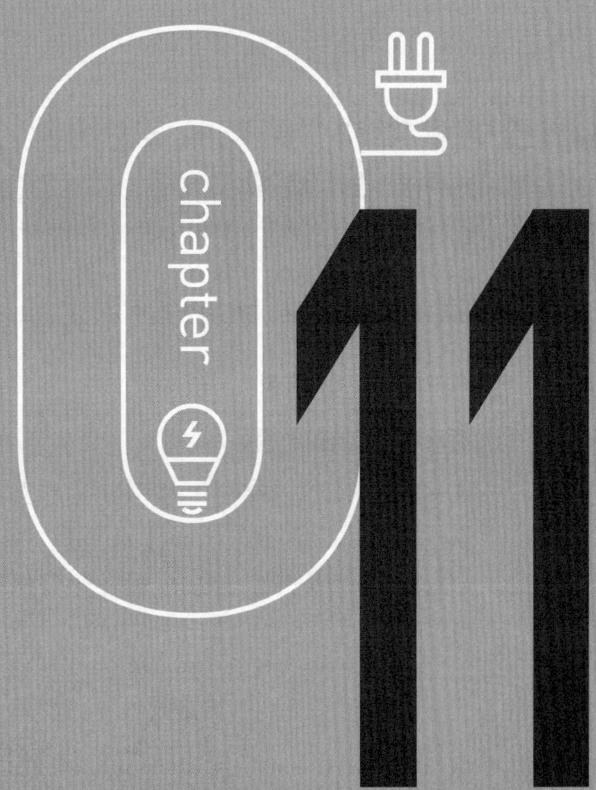

전자파

001 전자파에 대하여 다음 사항을 설명하시오.
1. 전자파의 종류 및 특징
2. 극저주파(ELF : Extremely Low Frequency)의 저감대책

data 전기안전기술사 22-128-2-4

답안 **1. 전자파의 종류 및 특징**

(1) 전자파의 개념과 종류

① 서로 수직인 진동하는 전기장과 자기장으로 이루어진다.

② 빛의 속도(3×10^8[m/sec])로 전파되며, 전기장, 자기장은 전파방향에도 수직 공간을 이동하는 일종의 에너지이다.

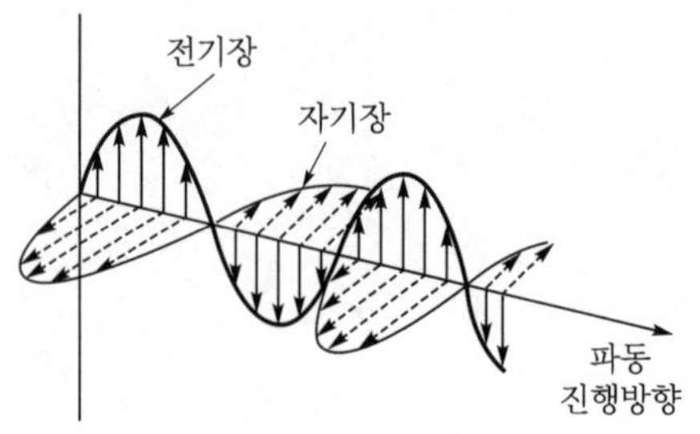

▌전자파의 전파▐

③ 전자파의 종류(물질과의 상호작용에 따라)

주파수[Hz]	10^{20}	10^{18}	10^{16}	10^{15}	10^{12}	10^{8}
종류	γ선	X선	자외선	가시광선	적외선	마이크로파

㉠ 전리성 전자파
- 물질에 작용하여 원자로부터 전자를 떼어내서 전하를 띤 이온을 생성할 수 있는(전리작용을 일으키는) 능력을 갖는 전자파
- 종류 : X선, 감마선, 핵방사선

㉡ 비전리성 전자파
- ELF(Extremely Low Frequency) : 극저주파
- RF(Radio Frequency) :라디오파
- Micro wave : 마이크로파
- 이온을 생성할 수 있는 전리능력이 없거나 약한 전자파
- Laser wave : 레이저
- 적외선, 가시광선, 자외선

(2) 전자파의 종류별 특징

comment 표와 뒷 페이지의 내용을 합하여 본인의 것으로 만들도록 한다.

전리성 구분	구분	주파수[Hz]	파장[m]	발생원	주요 특징
전리성 전자파 (ionizing)	γ선	10^{19}~10^{24}	10^{-16} ~ 10^{-11}	방사성 동위원소	• 광량자 에너지가 매우 큼 • 전리작용이 가장 큰 전리방사선 • 물질에의 투과력이 특히 커서 매우 위험
	X선	3×10^{16} ~ 10^{19}	10^{-11} ~ 10^{-8}	공업용 및 의료용 X선 장치	• X선은 고속전자가 물질 속으로 통과 시 그 물질의 내부전자와 상호작용으로 에너지변환을 일으킴 • 감마선 다음으로 투과력이 높음 • 전리작용, 화학작용이 있음
비전리성 전자파 (non-ionizing)	자외선 (ultra violet radiation)	7.9×10^{14} ~ 3×10^{16}	1×10^{-8} ~ 3.8×10^{-7}	자외선등, 용접 Arc, Gas 방전관	• 화학작용 • 이 파장은 원자핵을 둘러싸고 있는 최외각 전자와의 상호작용에 의한 에너지 변환 • 살균작용, 홍반효과, 형광, 광전효과 등
	가시광선 (visible light)	4.0×10^{14} ~ 7.9×10^{14}	3.8×10^{-7} ~ 7.6×10^{-7}	전등, 고온 물체, 용접 Arc	• 380~760[nm]의 전자파로, 1.5~3.1[eV]의 에너지 보유 • 인간의 눈에 감지됨 • 시각작용, 광전효과
	적외선 (infrared radiation)	3.0×10^{11} ~ 4.0×10^{14}	7.6×10^{-7} ~ 1.0×10^{-3}	적외선 전구, 용접 Arc 고온 물체	• 산업분야에 이용되는 파장은 2.5~30[μm] 대역임 • 온열작용 • 적외선 표면건조에 많이 사용
	레이저파 (laser beam)	3.0×10^{11} ~ 4.0×10^{14}	8.0×10^{-8} ~ 1.0×10^{-3}	아르곤 레이저, CO_2 레이저, He-Ne 레이저 등	• 유도방출에 의한 광선증폭임 • 단일 파장의 순수한 광선
	마이크로파	3.0×10^{8} ~ 3.0×10^{11}	1.0×10^{-3} ~ 1.0	크리스토론, 마그네트론	• 물체에 대해서 분자의 회전운동이나 반전운동 • 전자레인지에 이용하여 도체가 아닌 물체의 가열 • 생체에 열작용 • 전신 SAR은 0.4[W/kg] 이하로 제한할 것

전리성 구분	구분	주파수 [Hz]	파장[m]	발생원	주요 특징
비전리성 전자파 (non-ionizing)	라디오파 (RF)	3.0×10^3 ~ 3.0×10^8	1.0~ 1.0×10^5	플라스틱 봉인 가구 접착기	• 생체에 열작용 • 운동하지 않은 사람에게는 SAR이 1[W/kg], 단시간 내는 4[W/kg] 이하일 것 • 전신 SAR은 0.4[W/kg] 이하일 것
	극저주파 (ELF)	주파수< 3.0×10^3	파장> 1.0×10^5	전력선, 전기기기	전기장, 자기장, 일반적으로 50/60[Hz]

① 극저주파(ELF : Extremely Low Frequency)

㉠ 전기 · 자기장(electric and magnetic fields)이라 한다.

㉡ 전자기 스펙트럼에서 주파수가 가장 낮은 영역인 0 ~ 3[kHz] 사이에 있다.

㉢ 전자파를 발생하는 전기 · 자기장이다.

㉣ 고전압 가공전력선 아래서 20[kV/m]의 전기장이 형성될 수 있다.

㉤ 지상에서의 자속밀도는 40[μT]까지 발생한다.

② 라디오파(radio-frequency radiation)

㉠ 무선주파, 극초단파 또는 전파라고 불리는 전자파로, 주파수 범위가 3 ~ 300[kHz]이다.

㉡ 파장이 1[m] ~ 100[km]로 에너지가 약하다.

㉢ 안테나에서 수신할 수 있는데 이는 전파가 안테나선 중의 자유전자와 상호작용으로 가능하다.

③ 마이크로파(microwave)

㉠ 주파수대역은 300[MHz] ~ 300[GHz]인 전자파로, 분자의 회전운동이나 반전운동에 관련된다.

㉡ 전자레인지에서 사용되고 있는 주파수는 물분자의 쌍극자능률이 공명하여 심하게 반전한다.

㉢ 주파수로써 이러한 반전작용으로 전자레인지 속에 놓은 식품에 선택적으로 에너지를 전달한다.

④ 적외선(infrared radiation)

㉠ 파장은 0.76 ~ 10[μm]로서, 가시광선과 마이크로파 사이에 있는 전자파이다.

ⓛ 산업분야에서는 주로 2.5 ~ 30[μm]를 사용한다.

⑤ 가시광선(visible light)

㉠ 파장은 380 ~ 760[nm] 전자파로서, 1.5 ~ 3.1[eV]의 에너지를 갖는다.

ⓛ 사람의 눈에 빛이 감지되는 물질과 상호작용하며, 광전효과를 일으킨다.

⑥ 자외선(ultraviolet rays)

㉠ 파장은 100 ~ 400[nm]로서 화학작용이 큰 특징이 있다.

ⓛ 원자핵을 둘러싸고 있는 최외각 전자와의 상호작용에 의한 에너지 변환에 의하여 발생한다.

ⓒ 태양 자외선은 대기권 상층부나 성층권에서 흡수되고, 살균작용, 홍반작용, 광전효과가 발생한다.

⑦ X선(X-rays)

㉠ 파장은 0.1[pm] ~ 10[nm]로 짧고, $1.2 \times 10^2 \sim 10^5$[eV] 에너지를 갖는다.

ⓛ 고에너지로 가속된 전자를 금속표적에 충돌시킬 때 발생하고 작용하는 물질의 원자핵에 비교적 강하게 속박되어 있는 내각전자와의 상호작용에 따른 에너지 변환에 의해 발생한다.

⑧ 감마선(γ-rays)

㉠ 파장은 1[pm] 이하로서 전자파 중에서 가장 짧은 파장으로, 에너지가 매우 크다.

ⓛ 원자핵 자체와의 상호작용을 일으키기에 충분한 에너지 영역이다.

ⓒ 전리작용이 강한 대표적인 전리방사선으로 투과력이 강하고, 생체조직 흡수 시 매우 위험하다.

⑨ 레이저 광선(laser beam)

㉠ Light amplification by stimulated emission of radiation은 유도방출에 의한 광선 증폭을 의미한다.

ⓛ 에너지를 어떤 물질에 가하여 그 물질을 구성하고 있는 원자를 연기시켜 발생한다.

ⓒ 원자와 분자에 따라 특유의 성질을 갖는 단일파장의 순수한 광선이다.

ⓔ 고출력 레이저는 산업용과 군사무기에 적용한다.

2. 극저주파(ELF : Extremely Low Frequency)의 저감대책

reference

전파장해의 방지(KEC 331.1)

(1) 가공전선로는 무선설비의 기능에 계속적이고 또한 중대한 장해를 주는 전파를 발생할 우려가 있는 경우에는 이를 방지하도록 시설하여야 한다.

(2) '(1)'의 경우에 1[kV] 초과의 가공전선로에서 발생하는 전파장해 측정용 루프안테나의 중심은 가공전선로의 최외측 전선의 직하로부터 가공전선로와 직각방향으로 외측 15[m] 떨어진 지표상 2[m]에 있게 하고 안테나의 방향은 잡음 전계강도가 최대로 되도록 조정하며 측정기의 기준 측정주파수는 0.5[MHz] ± 0.1[MHz] 범위에서 방송주파수를 피하여 정한다.

(3) 1[kV] 초과의 가공전선로에서 발생하는 전파의 허용한도는 531[kHz]에서 1,602[kHz]까지의 주파수대에서 신호대 잡음비(SNR)가 24[dB] 이상 되도록 가공전선로를 설치해야 하며, 잡음강도(N)는 청명시의 준첨두치(QP)로 측정하되 장기간 측정에 의한 통계적 분석이 가능하고 정규분포에 해당 지역의 기상조건이 반영될 수 있도록 충분한 주기로 샘플링 데이터를 얻어야 하며, 또한 지역별 여건을 고려하지 않은 단일 기준으로 전파장해를 평가할 수 있도록 신호강도(S)는 저잡음지역의 방송전계강도인 71[dBμV/m](전계강도)로 한다.

(1) 송 · 배전 방법의 개선으로 일정한 거리를 이격한다.

(2) 전자파 발생원인을 제거 또는 차폐한다.

(3) 피폭한계를 초과하지 않도록 환경에 노출을 최소화한다.

(4) 헤어드라이어, 전기면도기 등은 원거리에서 사용한다.

(5) 사업장 전체의 전자파 측정 등의 역학조사를 실시한다.

(6) 전자파 다량 방출기기의 상용거리를 확보하고 사용시간을 제한한다.

002 방출전계강도와 자계강도의 영향에 대하여 설명하시오.

data 전기안전기술사 20-122-2-2

답안 1. 전자파의 정의

(1) 전자파의 원래 명칭은 전기자기파로서, 이것을 줄여서 전자파라고 부른다.

(2) 전기장은 전압에 의해 생성되고 쉽게 차폐되어 별로 문제되지 않지만 자기장은 전류에 의해 생성되고 쉽게 차폐되지 않으며 몸에 침투하면 몸에 와류가 생겨 위해성이 높아 대책이 필요하다.

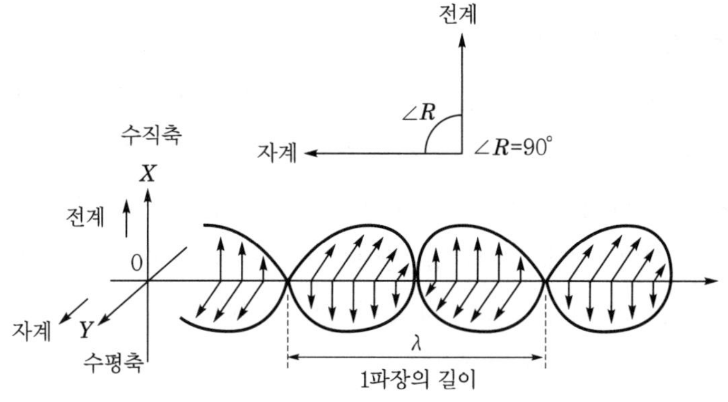

❙ 전자파의 개념도 ❙

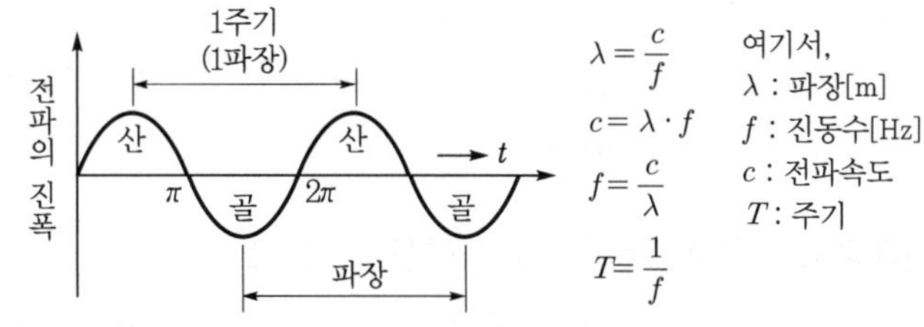

❙ 파장과 주파수의 관계도 ❙

2. 전자파의 발생원인

(1) 전력설비 : 송 · 배전 설비 및 선로, 변전 설비 및 선로

(2) 가전제품 : 전자렌지, 드라이어, 전기장판, 믹서, TV, 컴퓨터 등

(3) 무선제품 : 휴대폰 단말기, 기지국

(4) 산업용 기기 : Inverter, UPS 등 전력전자기기

(5) 사무정보 처리기기 : 컴퓨터, FAX, 프린터, 복사기 등

(6) 조명기기 : 전자식 안정기, 방전램프용 안정기 등

3. 방전 전계강도의 정의

(1) 전장(電場) · 전계(電界)라고도 하며, 플라스틱 책받침을 스웨터 등으로 문질러 머리 위에 대면 머리카락이 서는데 이것은 마찰에 의해 책받침의 표면에 정전기가 발생하고 그 주위에 전계가 생겼기 때문이다.

(2) 전계는 전압기에 걸려 있는 물체의 주변에 발생한다.

(3) 자연계의 예로 번개가 치기 직전 구름과 지면 사이에 큰 전계가 발생한다.

(4) 전계의 세기는 [V/m]로 표현한다.

(5) 전기장의 세기는 크기와 방향을 가지는 Vector량으로, 크기는 일정한 거리에 대한 전위차에 비례하며, 방향은 전위가 낮아지는 방향으로 향한다.

4. 방전자계강도의 정의

(1) 자계(磁界) · 자장(磁場)이라고 하며, 자석 위에 책받침을 올려놓고 그 위에 쇳가루를 뿌리면 N극과 S극을 연결한 모양이 된다. 이것이 자계의 모양이다.

(2) 그 안에 놓은 다른 자극에 힘을 미칠 뿐만 아니라 그 곳을 지나는 전류에도 힘을 미치며, 반대로 자기장 안에서 도체를 움직이면 도체 내에 기전력이 유발된다.

(3) 즉, 자극이나 전류에 의해 특수한 성질이 주어지는 공간으로 전류가 흐르고 있는 물건의 주위에 발생한다.

(4) 자연현상 중에서는 지구도 큰 자석이며 지표에는 지자기가 있는 것을 알 수 있다.

(5) 자계 세기는 테슬라[T] 또는 가우스[G]로 표현하며, 1가우스는 500[A]가 흐르는 전선으로부터 1[m] 떨어진 지점의 자계의 세기를 말한다.

(6) 단위는 [A/m]로 표현한다.

5. 방출전계강도의 영향(765[kV] 송전선로 기준)

(1) 직접 활선작업, 간접 활선작업 등 활선작업에 있어서 전계영향을 쉽게 받을 수 있다.

(2) 초고압 선로의 전선 주위에는 매우 높은 전계강도가 나타나게 되는데, 선로 주변에서 작업하는 작업자에 대한 영향도 크다.

(3) 일반인에 대해 적용되는 전계강도는 다음 첫 번째 표와 같이 매우 낮은 값을 요구하며, 활선 작업 시 근로자에 대해 요구되는 전계강도 규제치는 다음 두 번째 표와 같이 다소 높게 규제되고 있다.

▌일반인 기준전계강도 규제치▐

기관	WHO 견해	ICNIRP	CENELEC	러시아	한국
규제치	10[kV/m] 이하에서는 출입을 제한할 필요가 없음	4.17[kV/m]	10[kV/m]	5[kV/m]	3.5[kV/m] 전기설비 기술기준

[비고] • ICNIRP : 국제 비이온화 방사 보호위원회
• CENELEC : 유럽 전기표준화 위원

▌765[kV] 송전선로 주변 전계강도[kV/m] 계산 결과▐

구분		선로에서 7.3[m] 지점	선로에서 1[m] 지점	선로에서 0.5[m] 지점	선로에서 0.1[m] 지점	지상 1[m] 지점
2회선 활선	765[kV]	13.3	82	127	307	3.6
1회선만 활선	765[kV]	–	5.5	7.6	16.7	5.0

[비고] 계산 조건 : 수직 2회선 역상 배열, 최저 지상고 28[m]

(4) 활선작업자는 근본적으로 활선에 접촉된 상태로 작업을 하는 관계로 적정한 대책을 세울 수밖에 없다.

6. 방출자계강도의 영향(765[kV] 송전선로 기준)

(1) 송전선로에 흐르는 부하전류에 의한 자계영향으로부터 인체보호를 위해 각 기관에서는 다음 표와 같이 자계강도에 대한 규제를 하고 있다.

▌일반인 기준자계강도 규제치▐

기관	NPRB	ICNIRP	CENELEC	한국
규제치	5,330[mG] (533[μT])	833[mG] (83.3[μT])	5,330[mG] (533[μT])	833[mG]

[비고] NPRB : 영국 방사선 보호위원회

(2) 765[kV] 송전선로에서 나타나는 자계강도의 해석결과 예를 보면 다음 표와 같다.

(3) 해석결과로부터 활선 작업범위로 볼 수 있는 선로 주변에서의 자계강도는 일반인에 대한 규제치보다 훨씬 큰 것으로 나타났다.

▌765[kV] 송전선로 주변 자계강도[mG] 해석 결과▐

구분		선로에서 7.3[m] 지점		선로에서 1[m] 지점		선로에서 0.5[m] 지점		선로에서 0.1[m] 지점		지상 1[m] 지점	
설비이용률[%]		60	100	60	100	60	100	60	100	60	100
2회선 활선	765[kV]	755	1,257	6,451	10,709	13,035	21,729	65,993	109,945	144	240

003 전자파장해와 유도장해를 경감하기 위한 기술적 대책을 설명하시오.

data 전기안전기술사 19-119-2-6

답안 1. 전자파의 정의

(1) 서로 수직인 진동하는 전기장과 자기장으로 이루어진다.

(2) 빛의 속도(3×10^8[m/sec])로 전파되며, 전기장, 자기장은 전파방향에도 수직공간을 이동하는 일종의 에너지이며, 특히 정밀한 전력 전자기기에 문제되는 것은 정전기 장해 및 노이즈 장해 등을 들 수 있다.

2. 전자파 장해의 대책

(1) 기본개념

① 전원선이나 공중을 통한 전자복사의 형태로 전달된다.

② 다음의 노이즈 3요소를 통한 노이즈의 전달로 이루어진다.

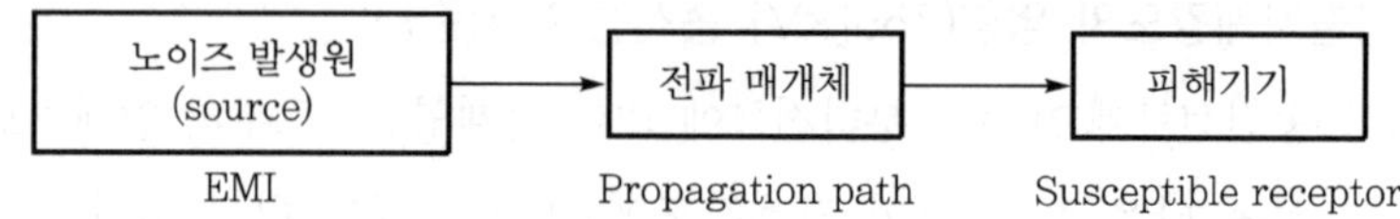

▌전자파 및 노이즈 전파과정▐

③ 노이즈 3요소 중 1부분의 경로차단

(2) 노이즈현상의 3요소를 통한 노이즈 내량 강화로 기기의 노이즈 내력을 높인다.

(3) 인체에서의 대책

SAR(Specific Absorption Rate)에 맞춘 안전기준을 철저하게 준수한다.

(4) 전기설비에서의 대책

① 기본원칙

㉠ 차폐 : 방사적인 장해(노이즈)대책

㉡ 접지 : 방사 및 전도 노이즈대책

㉢ Line 노이즈 방지부품 사용 : 전도노이즈 방지 대책강구

② 기본개념

㉠ 잡음원의 최소화 : 결합의 최소화

㉡ 회로의 노이즈에 대한 내력 증가

㉢ 잡음장해방지

③ 차폐대책

㉠ 실드(전자실드 등) : 자기실드, 전자실드

㉡ 차폐선 설치

④ 접지에 대한 대책

㉠ 전자실드용 접지 : 실드룸, 실드접지

㉡ 유도장해 방지용 접지 : 노멀모드, 코먼모드 장해방지

⑤ Line 노이즈 방지

㉠ 필터링 : 노이즈필터 설치

㉡ 실드링 : 금속관 배관

㉢ Wiring : Twist pair선, 동축 케이블, 차폐선, 프린트배선 등 활용

㉣ Grounding : 안전하고, 확실한 접지시공

㉤ 노이즈 방지용 트랜스 사용

절연트랜스	저주파대의 왜형, 고주파 Common mode noise 방지용
실드트랜스	고주파와 저대역의 Common mode noise 방지용
노이즈컷 트랜스	저주파~고주파의 Common mode noise 방지 및 고주파 이외는 Normal mode noise
서지컷 트랜스	뇌서지전류에 의한 노이즈 방지

004 EMF(Electric & Magnetic Field)의 생체영향과 대책에 대하여 설명하시오.

data 전기안전기술사 21-125-4-1

답안 1. 개요

comment 자계와 전계 직각으로 전파되는 그림을 작성한다.

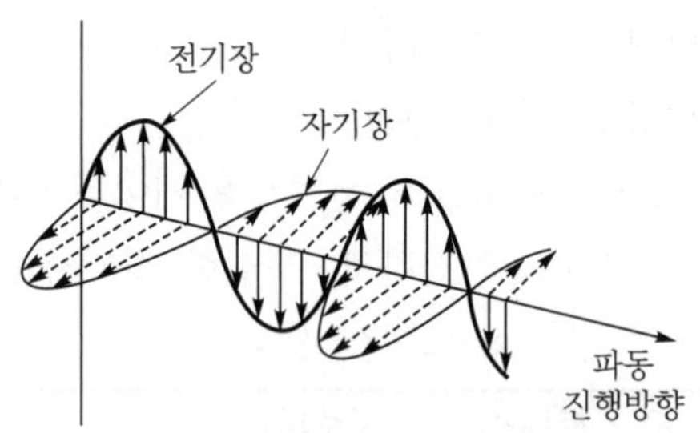

▍전자파의 진행▍

(1) EMF(Electric & Magnetic Field)란 전기장과 자기장의 영역 내에서 전파와 자파의 영향을 미치는 공간을 말한다.

(2) 인체에 열적 · 자극 · 비열적으로 영향을 미치므로 그 한계치를 제한하고 있다.

2. EMF의 생체영향

(1) 열작용

① 생체작용 : RF파 및 마이크로웨이브의 조직 가열작용은 인체표면에서 지각신경이 분포되어 있어서 체표면에 흡수된 라디오파 및 마이크로파가 조기에 온감을 불러일으키는 반면에, 심부에 흡수된 것은 그 효과가 늦게 나타나므로 불쾌감을 느낄 때 이미 장해가 일어났다고 볼 수 있다.

② 제한치 : 보통의 환경조건에서 운동을 하지 않은 사람에게 SAR이 1[W/kg], 단시간 내에 4[W/kg] 이하일 경우 1[℃] 정도의 신체온도 상승을 일으킨다. 따라서, 충분한 Margin을 두어 사람의 전신 SAR을 0.4[W/kg] 이하로 제한한다.

(2) 눈에 대한 작용

① 눈의 수정체는 혈액을 잘 공급받지 않아 냉각능력이 부족하고, 파괴된 세포의 노폐물이 잘 축적되는 관계로 열에 민감하고 약하다.

② 열작용이 강한 라디오파 및 마이크로파에 노출될 경우 수정체에 백내장을 유발할 가능성이 많다.

③ 특히 1 ~ 10[GHz]의 마이크로파는 백내장을 잘 일으킨다.

(3) 중추신경에 대한 작용

① 사람에게는 300 ~ 1,200[MHz]의 주파수 범위에서 가장 민감히 나타난다.

② 중추신경계의 증상으로는 두통, 피로감, 지적 능력 둔화, 기억력 감퇴, 성적 흥분 감퇴, 불면, 정서불안 등이 기록되었다.

(4) 혈액의 변화

일부 연구결과에서 임파구 독소 감소, 호르몬, 효소, 면역요소 등의 변동이 나타나며 백혈구의 증가, 망상 적혈구의 출현, 혈소판의 감소가 나타난다고 보고되어 있으나 일반적인 공인을 받지 못하고 있다.

(5) 유전 및 생식성능에 미치는 영향

① 많은 동물실험 결과 라디오파 및 마이크로파의 피폭은 돌연변이성이 아니어서 체세포의 돌연변이는 일으키지 않는다.

② 발암의 가능성은 없으나 생식기능상의 장애를 유발할 가능성이 보고되고 있는데 특히 여성의 경우가 이 가능성이 더욱 크다.

③ 고환도 열에 민감한데 고환의 온도는 체온보다 수[℃] 낮아서, 온도가 높아질 경우 이 온도가 남성의 생식세포 특히 감수분열이 진행되는 생식세포에 나쁜 영향을 미친다고 알려져 있다.

3. 전자파 방지대책

(1) 인체흡수의 제한

① $$\text{SAR(Specific Absorption Rate)} = \frac{\sigma}{2\rho}|E|^2\,[\text{W/kg}]$$

여기서, σ : 인체의 도전율
ρ : 밀도
E : 국부전계의 벡터 실효치

② SAR을 0.4[W/kg] 이하로 제한한다.

③ 전자파흡수율(SAR, [W/kg])은 생체조직에 흡수되는 단위질량당 에너지율이다.

(2) 전기설비에서의 대책

특고압 가공전선로에서 발생하는 극저주파 전자계는 지표상 1.0[m]에서 전계가 3.5[kV/m] 이하, 자계가 83.3[μT] 이하가 되도록 시설하는 등 상시 정전유도 및 전자유도 작용에 의하여 사람에게 위험을 줄 우려가 없도록 시설한다.

chapter 11

① 차폐에 의한 대책

㉠ 실드(전자실드 등) : 자기실드, 전자실드

㉡ 차폐선 설치

② 접지에 의한 대책

㉠ 전자실드용 접지 : 실드룸, 실드접지

㉡ 유도장해 방지용 접지 : 노멀모드, 코먼모드 장해방지

③ Line 노이즈 방지부품 사용 : 전도노이즈 방지 대책강구

㉠ 필터링 : 노이즈필터 설치

㉡ 실드링 : 금속관 배관

㉢ Wiring : Twist pair선, 동축 케이블, 차폐선, 프린트배선 등 활용

㉣ Grounding : 안전하고, 확실한 접지시공

㉤ 노이즈 방지용 트랜스 사용

절연트랜스	저주파대의 왜형, 고주파 Common mode noise 방지용
실드트랜스	고주파와 저대역의 Common mode noise 방지용
노이즈컷 트랜스	저주파~고주파의 Common mode noise 방지 및 고주파 이외는 Normal mode noise
서지컷 트랜스	뇌서지전류에 의한 노이즈 방지

발전공학

section 01 분산형 전원

001 「신에너지 및 재생에너지 개발·이용·보급 촉진법」에서 정한 신에너지 및 재생에너지를 구분하여 설명하고, 신에너지 및 재생에너지 설비에 대하여 각각 설명하시오.

data 전기안전기술사 20-122-3-1

comment
- 신에너지 및 재생에너지의 구분(「신에너지 및 재생에너지 개발・이용・보급 촉진법」 제2조에 의함)
- 신재생에너지설비의 구분(「신에너지 및 재생에너지 개발・이용・보급 촉진법 시행규칙」 제2조에 의함)

답안 **1. 신에너지와 신에너지설비(「신에너지 및 재생에너지 개발 · 이용 · 보급 촉진법」 제2조)**

(1) 신에너지

신에너지란 기존의 화석연료를 변환시켜 이용하거나 수소 · 산소 등의 화학반응을 통하여 전기 또는 열을 이용하는 에너지(수소에너지, 연료전지, 석탄액화 · 가스에너지, 그 밖의 대통령령으로 정한 것)

(2) 수소에너지 설비

물이나 그 밖에 연료를 변환시켜 수소를 생산하거나 이용하는 설비

(3) 연료전지 설비

수소와 산소의 전기화학반응을 통하여 전기 또는 열을 생산하는 설비

(4) 석탄을 액화 · 가스화한 에너지 및 중질잔사유(重質殘渣油)를 가스화한 에너지 설비

석탄 및 중질잔사유의 저급 연료를 액화 또는 가스화시켜 전기 또는 열을 생산하는 설비

2. 재생에너지와 재생에너지설비(「신에너지 및 재생에너지 개발 · 이용 · 보급 촉진법」 제2조)

(1) 재생에너지

햇빛 · 물 · 지열(地熱) · 강수(降水) · 생물유기체 등을 포함하는 재생 가능한 에너지를 변환시켜 이용하는 에너지

(2) 태양에너지 설비

① 태양열 설비 : 태양의 열에너지를 변환시켜 전기를 생산하거나 에너지원으로 이용하는 설비

② **태양광 설비** : 태양의 빛에너지를 변환시켜 전기를 생산하거나 채광(採光)에 이용하는 설비

(3) **풍력설비**

바람의 에너지를 변환시켜 전기를 생산하는 설비

(4) **수력설비**

물의 유동(流動) 에너지를 변환시켜 전기를 생산하는 설비

(5) **해양에너지 설비**

해양의 조수, 파도, 해류, 온도차 등을 변환시켜 전기 또는 열을 생산하는 설비

(6) **지열에너지 설비**

물, 지하수 및 지하의 열 등의 온도차를 변환시켜 에너지를 생산하는 설비

(7) **바이오에너지 설비**

「신에너지 및 재생에너지 개발 · 이용 · 보급 촉진법 시행령」 [별표 1]의 바이오에너지를 생산하거나 이를 에너지원으로 이용하는 설비

(8) **폐기물에너지 설비**

폐기물을 변환시켜 연료 및 에너지를 생산하는 설비

(9) **전력저장 설비**

신에너지 및 재생에너지를 이용하여 전기를 생산하는 설비와 연계된 전력저장 설비

(10) **수열에너지 설비**

① 해수표층에 저장된 열에너지로, 주로 건물의 냉난방, 농가 등에 필요한 열원에 이용한다.

② 자연상태에 존재하는 에너지원으로써 무한하여 대규모의 열수요를 충족시킨다.

③ 수열 냉난방 시스템에 이용할 경우 연료의 연소과정이 필요 없다.

3. 신 · 재생 에너지의 특징

(1) 화석연료 사용에 따른 CO_2 발생이 없는 환경친화성

(2) 주로 재생 가능한 비고갈성

(3) 연구개발에 의해 확보가 가능한 기술주도형

(4) 장기적으로 선행투자와 정부지원이 필요한 공공성이 강한 미래에너지

reference

신 · 재생 에너지의 종류와 설비

(1) 신에너지 : 4가지
① 수소에너지
② 연료전지
③ 석탄액화
④ 가스화 · 중질잔사유의 가스화 에너지

(2) 재생에너지 : 8가지
① 태양에너지
② 풍력에너지
③ 수력에너지
④ 해양에너지
⑤ 지열에너지
⑥ 바이오에너지
⑦ 폐기물에너지
⑧ 그 밖에 대통령령으로 정한 에너지

(3) 신에너지 설비 : 3가지
① 수소에너지 설비
② 연료전지 설비
③ 석탄액화가스화 · 중질잔사유의 가스화에너지 설비

(4) 재생에너지 설비 : 9가지
① 태양에너지 설비
② 풍력 설비
③ 수력 설비
④ 해양에너지 설비
⑤ 지열에너지 설비
⑥ 바이오에너지 설비
⑦ 폐기물에너지 설비
⑧ 수열에너지 설비
⑨ 전력저장 설비

002 「분산형 전원 배전계통 연계 기술기준」에 따라 비정상 전압에 대하여 다음 사항을 설명하시오.

1. 분산형 전원 분리시간
2. 분산형 전원 운전지속시간

data 전기안전기술사 21-125-1-1

답안 1. 분산형 전원 분리시간(clearing time)

(1) 정의

비정상 상태의 시작부터 분산형 전원의 계통가압 중지까지의 시간을 말한다.

(2) 조건

① 필요한 경우 전압, 주파수 범위 정정치와 분리시간을 현장에서 조정할 수 있어야 한다.

② 저주파수 계전기 정정치 조정 시에는 한전계통 운영과의 협조를 고려하여야 한다.

2. 분산형 전원 운전지속시간

(1) 정의

비정상 상태의 시작부터 분산형 전원의 계통가압 중지 전까지 운전을 유지해야 하는 최소한의 시간을 말한다.

(2) 조건

① 분산형 전원은 운전지속시간 동안 분산형 전원의 정격을 초과한 출력의 발생은 안 된다.

② 계통전압 및 주파수의 변동으로 인한 연속적으로 범위조건이 변동되는 경우 변경된 조건으로 운전지속 및 분리를 할 수 있을 것

3. 비정상 전압에 대한 분산형 전원 분리시간 및 운전지속시간

comment 다른 종목에서도 여러 번 출제되었다.

전압범위	분리시간[sec]	운전지속시간[sec]
$V < 50$	0.5	0.15
$50 \leq V < 70$	2.00	0.16
$70 \leq V < 90$	2.00	1.5
$110 < V < 120$	1.00	0.2
$V \geq 120$	0.16	-

4. 비정상 주파수에 대한 분산형 전원 분리시간 및 운전지속시간

분산형 전원용량	주파수 범위[Hz]	분리시간[초]
용량 무관	$f > 61.5$	0.16
	$f < 57.5$	300
	$f < 57.0$	0.16

[비고] • 분리시간 : 비정상상태의 시작부터 분산형 전원의 계통가압 중지까지의 시간을 말하며, 필요할 경우 주파수 범위 정정치와 분리시간을 현장에서 조정할 수 있을 것, 저주파수 계전기 정정치 조정 시에는 한전계통 운영과의 협조를 고려할 것

003 지능형 전력망(smart grid)에 대한 다음 사항을 설명하시오.
1. 개념
2. 기존 전력망과 지능형 전력망의 비교

data 전기안전기술사 22-126-1-6

답안 1. 스마트그리드의 정의

(1) 지능형 전력망이라는 뜻으로, 기존 전력망에 정보기술(IT)을 접목하는 것이 기본 골자이다.

(2) 즉, 전력공급자와 소비자가 양방향으로 실시간 정보를 교환해 에너지효율을 최적화하는 차세대 전력망이다.

2. 스마트그리드의 구성요소

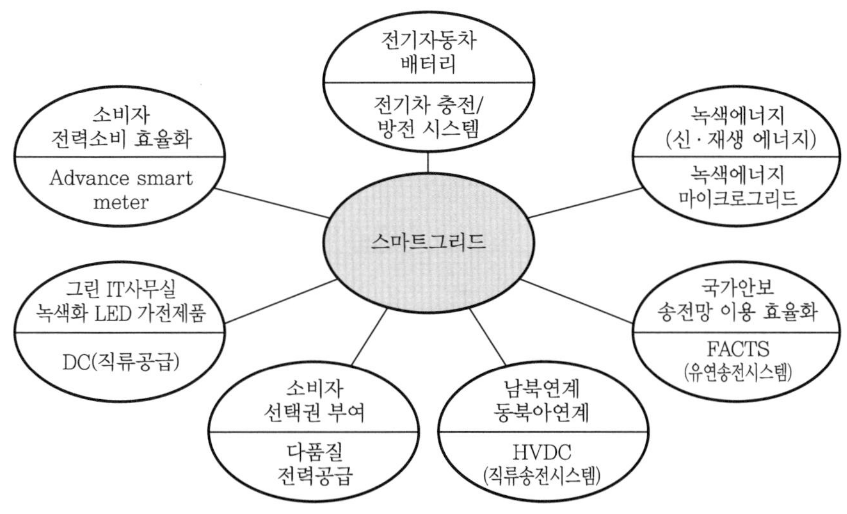

▌한국형 스마트그리드의 구성요소▐

3. 기존 전력망과 지능형 전력망의 비교

구분	기존 전력망	Smart grid(지능형 전력망)
구조	방사상 구조	네트워크 구조
기술기반	아날로그 / 전기 기계적	디지털/지능형
전력요금	고정요금	실시간 요금
통신방식	단방향 흐름	양방향 흐름

구분	기존 전력망	Smart grid(지능형 전력망)
소비자 선택권	없음	있음
에너지 주체	화석연료	신 · 재생 에너지
사고복구	수동복구	자동복구
전원체계	중앙집중체계	분산체계
전력회사 미래	민영화 곤란	민영화 용이
통신회사 진출	진출 곤란	통신회사가 전력시장까지 진출 확장 가능

section 02 태양광 발전

004 사업용 태양광 발전소에서 전력회사로 계통을 연계할 경우 다음 사항에 대하여 설명하시오.

1. 계통전압(저압 계통, 특고압 계통)에 따른 보호계전기의 설치기준
2. 연계 계통 이상 시 태양광 발전시스템의 분리와 투입조건

data 전기안전기술사 19-117-3-6

답안 **1. 저압 · 특고압 연계기준의 개요**

(1) 저압 연계기준의 개념

분산형 전원의 연계용량이 10,000[kW] 이하로 특고압 한전계통에 연계되거나 500[kW] 미만으로 전용 변압기(상계거래용 변압기 포함)를 통해 저압 한전계통에 연계되고 해당 특고압 일반선로 누적 연계용량이 상시 운전용량 이하인 경우 다음에 따라 해당 한전계통에 연계할 수 있다. 단, 분산형 전원의 출력전류의 합은 해당 특고압 전선의 허용전류를 초과할 수 없다

① **간소검토** : 주변압기 누적 연계용량이 해당 주변압기 용량의 15[%] 이하이고, 특고압 일반선로 누적 연계용량이 해당 특고압 일반선로 상시 운전용량의 15[%] 이하인 경우 간소검토용량으로 하여 특고압 일반선로에 연계가 가능하다.

② **연계용량 평가** : 주변압기 누적 연계용량이 해당 주변압기 용량의 15[%]를 초과하거나 특고압 일반선로 누적 연계용량이 해당 특고압 일반선로 상시 운전용량의 15[%]를 초과하는 경우에 대해서는 「분산형 전원 배전계통 연계 기술기준」 제2장 제2절에서 정한 기술요건을 만족하는 경우에 한하여 해당 특고압 일반선로에 연계가 가능하다.

③ 분산형 전원의 연계로 인해 제2장 제1절 및 제2절에서 정한 기술요건을 만족하지 못하는 경우 원칙적으로 전용 선로로 연계하여야 한다. 단, 기술적 문제를 해결할 수 있는 보완대책이 있고 설비보강 등의 합의가 있는 경우에 한하여 특고압 일반선로에 연계할 수 있다.

(2) 특고압 연계기준의 개념

분산형 전원의 연계용량이 10,000[kW]를 초과하거나 특고압 일반선로 누적 연계용량이 해당 선로의 상시 운전용량을 초과하는 경우 다음에 따른다.

① 개별 분산형 전원의 연계용량이 10,000[kW] 이하라도 특고압 일반선로 누적 연계용량이 해당 특고압 일반선로 상시 운전용량을 초과하는 경우에는 접속설비를 특고압 전용 선로로 함을 원칙으로 한다.

② 개별 분산형 전원의 연계용량이 14,000[kW] 초과 20,000[kW] 미만인 경우에는 접속설비를 대용량 배전방식에 의해 연계함을 원칙으로 한다.

③ 접속설비를 전용 선로로 하는 경우 향후 불특정 다수의 다른 일반 전기사용자에게 전기를 공급하기 위한 선로경과지 확보에 현저한 지장이 발생하거나 발생할 우려가 있다고 한전이 인정하는 경우에는 접속설비를 지중 배전선로로 구성함을 원칙으로 한다.

④ 접속설비를 전용선로로 연계하는 분산형 전원은 제2장 제2절 제23조에서 정한 단락용량 기술요건을 만족해야 한다.

2. 분산형 전원 이상 시 보호협조(「분산형 전원 배전계통 연계 기술기준」 제14조)

(1) 분산형 전원의 이상 또는 고장 시 이로 인한 영향이 연계된 한전계통으로 파급되지 않도록 분산형 전원을 해당 계통과 신속히 분리하기 위한 보호협조를 실시한다.

(2) 계통연계하는 분산형 전원을 설치하는 경우 다음 중 하나에 해당하는 이상 또는 고장 발생 시 자동적으로 분산형 전원을 전력계통으로부터 분리하기 위한 장치를 시설하여야 한다.

① 분산형 전원의 이상 또는 고장

② 연계한 전력계통의 이상 또는 고장

③ 단독운전상태

(3) 분산형 전원 연계시스템의 보호도면과 제어도면은 사전에 반드시 한전과 협의해야 한다.

3. 보호장치 설치(「분산형 전원 배전계통 연계 기술기준」 제18조)

(1) 분산형 전원 설치자는 고장 발생 시 자동적으로 계통과의 연계를 분리 가능하도록 다음의 보호계전기 또는 동등 이상의 기능 및 성능을 가진 보호장치를 설치한다.

① 계통 또는 분산형 전원측의 단락 · 지락 고장 시 보호를 위한 보호장치를 설치한다.

② 적정한 전압과 주파수를 벗어난 운전을 방지하기 위하여 과 · 저 전압 계전기, 과 · 저 주파수 계전기를 설치한다.

③ 단순병렬 분산형 전원의 경우에는 역전력 계전기를 설치한다.
단, 「신에너지 및 재생에너지 개발 · 이용 · 보급 촉진법」 제2조 제1호의 규정에 의한 신 · 재생 에너지를 이용하여 전기를 생산하는 용량 50[kW] 이하의 소규모 분산형 전원으로서 제17조에 의한 단독운전 방지기능을 가진 것을 단순병렬로 연계하는 경우에는 역전력 계전기 설치를 생략할 수 있다(단, 해당 구내 계통 내의 전기사용부하의 수전계약전력이 분산형 전원용량을 초과하는 경우).

④ 역전력 계전기 설치사유
㉠ 역전력 계전기 미설치 시 배전계통에 상시 역조류 발생 가능성이 있다.
- 자가발전기 상시 배전계통 병입에 따른 전압 상승 및 고조파 발생
- 한전과 전기안전공사의 점검범위 상이로 관련 규정 위반 사각지대 발생

㉡ 연계 현황 미파악 시 안전작업대책 수립 및 피해원인 파악이 곤란하다.
정전작업 시 선로 역충전에 의한 작업자 감전 유발요인 내재, 상호 책임소재가 불분명하다.

(2) 역송병렬 분산형 전원의 경우
① 제17조에 따른 단독운전 방지기능에 의해 자동적으로 연계를 차단하는 장치를 설치하여야 한다.
② 단순병렬 분산형 전원의 경우 '(1)'의 '①', '②'에 따른 보호장치 설치로 제17조에 의한 단독운전 방지기능을 가진 것으로 볼 수 있다.

(3) 인버터를 사용하는 저압 계통 연계 분산형 전원의 경우
① 인버터를 포함한 연계시스템에 '(1)' 내지 '(2)'에 준하는 보호기능이 내장되어 있을 때에는 별도의 보호장치 설치를 생략할 수 있다.
② 다음의 경우는 보호장치를 설치하여야 한다.
㉠ 개별 인버터의 용량과 총연계용량이 상이하여 단위 분산형 전원에 2대 이상의 인버터를 사용하는 경우에는 해당 분산형 전원의 연계시스템 전체에 대한 보호기능을 수행할 수 있는 별도의 보호장치를 설치하여야 한다.
㉡ 100[kW] 이상 저압 계통 연계 분산형 전원은 각각의 연계시스템에 보호기능이 내장되어 있는 경우라 하더라도 해당 분산형 전원의 연계시스템 전체에 대한 보호기능을 수행할 수 있는 별도의 보호장치를 설치하여야 한다.

(4) 분산형 전원의 특고압 연계 또는 전용 변압기(상계거래용 변압기 포함)를 통한 저압 연계의 경우
세부사항은 한전이 계통에 적용하는 '계통보호업무처리 지침' 또는 '계통보호업무 편람'에 준한다.

(5) '(1)' 내지 '(4)'에 의한 보호장치는 접속점에서 전기적으로 가장 가까운 구내 계통 내의 차단장치 설치점(보호배전반)에 설치함을 원칙으로 하되, 해당 지점에서 고장 검출이 기술적으로 불가한 경우에 한하여 고장검출이 가능한 다른 지점에 설치할 수 있다.

(6) Hybrid 분산형 전원설치자는 ESS 설비 및 분산형 전원에 '(1)' 내지 '(2)'에 준하는 보호기능이 각각 내장되어 있더라도 해당 Hybrid 분산형 전원의 연계시스템 전체에 대한 보호기능을 수행할 수 있는 별도의 보호장치를 설치한다.

4. 계통전압(저압 계통, 특고압 계통)에 따른 보호계전기의 설치기준

(1) 계통 이상상태가 있을 경우의 보호계전

고장구분 \ 연계구분		저압 연계	특고압 연계
신·재생 에너지 전원 고장		과전압 검출기능	과전압 계전기
		부족전압 검출기능	부족전압 계전기
연계계통 고장	단락 고장	• 부족전압 검출기능 • 방향과전류 검출기능	단락방향 계전기
	순시전압 저하	저전압 검출기능	저전압 계전기
	지락 고장	–	지락과전압 계전기 지락과전류 계전기

(2) 단독운전 방지를 위한 저압 및 특고압 연계 시 보호계전

구분	저압 연계	특고압 연계
역조류 있는 경우	• 저전압/과전압, 주파수 하락/상승 검출기능(역변환장치에 내장) • 옥외 개폐기 설치	• 저전압/과전압 계전기 설치 • 주파수 하락/상승 계전기 설치 • 전송 차단장치 또는 단독운전 검출기능 설치
역조류 없는 경우	• 역전류 검출기능 • 주파수 하락 검출기능	• 역전력 계전기 설치 • 주파수 하락 계전기 설치

5. 연계계통 이상 시 태양광 발전시스템의 분리와 투입조건

(1) 계통의 고장

① 연계된 계통의 선로고장 시 해당 계통의 가압을 즉시 중지한다.

② '①'에 의한 신·재생 발전기 분리시점은 해당 배전계통의 재폐로 시점 이전이어야 한다.

③ 단독운전 발생 후 최대 0.5[sec] 이내 계통에 대한 가압을 중지한다.

(2) 계통 재폐로 협조

분산형 전원 분리시점은 해당 계통의 재폐로 이전 시점이다.

(3) 계통 전압 이상으로 인한 분산형 전원 분리

전압범위(기준전압에 대한 비율[%])	고장제거 시간[초]
$V < 50$	0.5

(4) 계통 주파수 이상으로 인한 분산형 전원 분리

분산형 전원용량	주파수 범위[Hz]	분리시간[초]
용량 무관	$f > 61.5$	0.16
	$f < 57.5$	300
	$f < 57.0$	0.16

[비고] • 분리시간 : 비정상상태의 시작부터 분산형 전원의 계통가압 중지까지의 시간을 말하며, 필요할 경우 주파수 범위 정정치와 분리시간을 현장에서 조정할 수 있을 것, 저주파수 계전기 정정치 조정 시에는 한전계통 운영과의 협조를 고려할 것

(5) 주파수

① 계통의 이상발생 후 계통의 전압 및 주파수가 정상범위 내에 들어올 때까지 재병입을 금지한다.

② 계통 전압 및 주파수의 정상범위로 복원 후 범위 내에서 5분간 유지되지 않는 한 재병입이 발생하지 않도록 하는 지연기능을 갖춰야 한다.

chapter 12

005 한국전기설비규정에 따른 태양광 발전설비에 대한 다음의 내용을 설명하시오.

1. 태양전지모듈의 직렬군 최대 개방전압이 직류 750[V] 초과 1,500[V] 이하인 시설장소의 울타리 등 안전조치사항
2. 태양전지모듈의 시설(모듈, 전력변환 장치, 모듈이 지지하는 구조물)기준
3. 과전류 및 지락보호장치, 계측장치의 시설

data 전기안전기술사 21-125-2-6

답안 **1. 태양광 발전설비 설치장소의 요구사항(KEC 521.1)**

(1) 인버터, 제어반, 배전반 등의 시설은 기기 등을 조작 또는 보수점검할 수 있는 충분한 공간을 확보하고 필요한 조명설비를 시설하여야 한다.

(2) 인버터 등을 수납하는 공간에는 실내온도의 과열 상승을 방지하기 위한 환기시설을 갖추어야 하며 적정한 온도와 습도를 유지하도록 시설하여야 한다.

(3) 배전반, 인버터, 접속장치 등을 옥외에 시설하는 경우 침수의 우려가 없도록 시설하여야 한다.

(4) 태양전지모듈을 지붕에 시설하는 경우 취급자에게 추락의 위험이 없도록 점검통로를 안전하게 시설하여야 한다.

(5) 태양전지모듈의 직렬군 최대 개방전압이 직류 750[V] 초과 1,500[V] 이하인 시설장소는 다음에 따라 울타리 등의 안전조치를 하여야 한다.

① 태양전지모듈을 지상에 설치하는 경우는 351.1의 1에 의하여 울타리 · 담 등을 시설하여야 한다.

reference

발전소 등의 울타리 · 담 등의 시설(KEC 351.1)

(1) 고압 또는 특고압의 기계기구 모선 등을 옥외에 시설하는 발전소, 변전소, 개폐소 또는 이에 준하는 곳에는 다음에 따라 구내에 취급자 이외의 사람이 들어가지 아니하도록 시설할 것
① 울타리 · 담 등을 시설할 것
② 출입구에는 출입금지표시를 할 것
③ 출입구에는 자물쇠 장치, 기타 적당한 장치를 할 것

(2) 단, 토지의 상황에 의하여 사람이 들어갈 우려가 없는 곳은 그러하지 아니한다.

(3) 울타리 · 담 등의 높이는 2[m] 이상, 지표면과 울타리 · 담 등의 하단 사이는 0.15[m] 이하로 시공할 것

② 태양전지 모듈을 일반인이 쉽게 출입할 수 있는 옥상 등에 시설하는 경우 : '①' 또는 341.8의 1의 '바'에 의하여 다음에 의하여 시설할 것
- 고압용 기계기구는 시설하지 않을 것
- 충전부분이 노출하지 아니하는 기계기구를 사람이 쉽게 접촉할 우려가 없도록 시설
- 식별이 가능하도록 위험표시를 할 것

③ 태양전지모듈을 일반인이 쉽게 출입할 수 없는 옥상 · 지붕에 설치하는 경우 모듈프레임 등 쉽게 식별할 수 있는 위치에 위험표시를 하여야 한다.

④ 태양전지모듈을 주차장 상부에 시설하는 경우
㉠ '②'와 같이 시설할 것
㉡ 차량의 출입 등에 의한 구조물, 모듈 등의 손상이 없게 할 것

⑤ 태양전지모듈을 수상에 설치하는 경우는 '③'과 같이 시설하여야 한다.

2. 태양전지모듈의 시설기준(KEC 522.2)

(1) 태양전지모듈의 시설

① 모듈은 자중, 적설, 풍압, 지진 및 기타의 진동과 충격에 대하여 탈락하지 아니하도록 지지물에 견고하게 설치할 것
② 모듈의 각 직렬군은 동일한 단락전류를 가진 모듈로 구성할 것
③ 1대의 인버터(멀티스트링 인버터의 경우 1대의 MPPT 제어기)에 연결된 모듈 직렬군인 2병렬 이상일 경우에는 각 직렬군은 출력전압 및 출력전류가 동일하게 형성되도록 배열할 것

(2) 전력변환장치의 시설

인버터, 절연변압기 및 계통 연계 보호장치 등을 말한다.
① 인버터는 실내 · 실외용을 구분할 것
② 각 직렬군의 태양전지 개방전압은 인버터 입력전압 범위 이내일 것
③ 옥외에 시설하는 경우 방수등급은 IPX 4 이상일 것

(3) 모듈을 지지하는 구조물

① 자중, 적재하중, 적설 또는 풍압, 지진 및 기타의 진동과 충격에 대하여 안전한 구조이어야 한다.
② 부식환경에 의하여 부식하지 않도록 다음 재질로 제작한다.
㉠ 용융아연 또는 용융아연 - 알루미늄 - 마그네슘합금 도금된 형강
㉡ 스테인리스 스틸(STS)
㉢ 알루미늄 합금
㉣ 상기와 동등 이상의 성능(인장강도, 항복강도, 압축강도, 내구성 등)을 가지는 재질로서, KS 제품 또는 동등 이상의 성능의 제품일 것

③ 모듈 지지대와 그 연결부재의 경우 용융아연도금 처리 또는 녹방지 처리를 하여야 하며, 절단가공 및 용접부위는 방식처리를 할 것

④ 설치 시에는 건축물의 방수 등에 문제가 없도록 설치하여야 하며, 볼트조임은 헐거움이 없이 단단히 조립할 것

⑤ 모듈 – 지지대의 고정볼트에는 스프링 와셔 또는 풀림방지너트 등으로 체결할 것

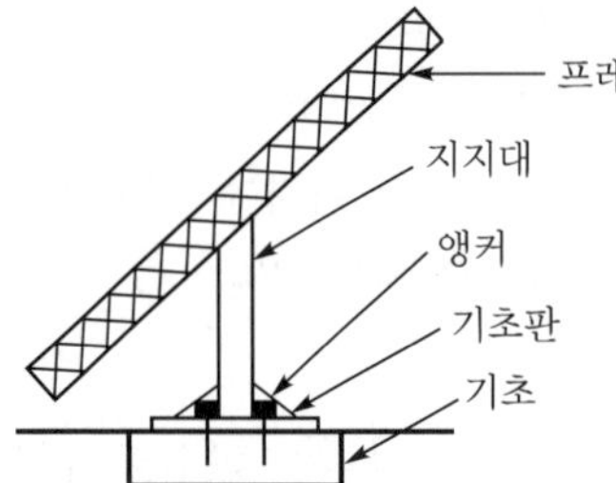

• 가대 : 프레임+지지대+기초판
• 요주의 사항 : 구조기술사 검토요청

3. 태양광 발전설비의 제어 및 보호장치(KEC 522.3)

(1) 과전류 및 지락 보호장치

① 모듈을 병렬로 접속하는 전로에는 그 전로에 단락전류가 발생할 경우 전로를 보호하는 과전류차단기 또는 기타 기구를 시설하여야 한다. 단, 그 전로가 단락전류에 견딜 수 있는 경우에는 그러하지 아니하다.

② 태양전지 발전설비의 직류 전로에 지락이 발생했을 때 자동적으로 전로를 차단하는 장치를 시설하고 그 방법 및 성능은 IEC 60364-7-712(2017) 712.42 또는 712.53에 따를 수 있다.

(2) 태양광 발전설비의 계측장치

태양광 발전설비에는 전압과 전류 또는 전압과 전력을 계측하는 장치를 시설할 것

reference

1. 태양광설비의 안전요구사항(KEC 521.2)

(1) 태양전지 모듈, 전선, 개폐기 및 기타 기구는 충전부분이 노출되지 않도록 시설하여야 한다.

(2) 모든 접속함에는 내부의 충전부가 인버터로부터 분리된 후에도 여전히 충전상태일 수 있음을 나타내는 경고가 붙어 있어야 한다.

(3) 태양광 발전설비의 고장이나 외부 환경요인으로 인하여 계통연계에 문제가 있을 경우 회로분리를 위한 안전시스템이 있어야 한다.

2. 옥내 전로의 대지전압 제한(KEC 521.3)

주택의 태양전지모듈에 접속하는 부하측 옥내 배선(복수의 태양전지모듈을 시설하는 경우에는 그 집합체에 접속하는 부하측의 배선)의 대지전압 제한은 511.3에 따른다.

006 태양광 발전설비의 점검 및 설치기준에 대하여 설명하시오.

data 전기안전기술사 21-125-3-1

답안 1. 개요

태양광 발전설비는 분산형 전원의 한 종류이며, 한국은 정책상 장려하고 있어, 이에 그 설비의 점검 및 설치기준은 KEC 규정으로 제한하고 있다.

2. 점검 및 설치기준

(1) 설치장소의 요구사항

① 인버터, 제어반, 배전반 등의 시설은 기기 등을 조작 또는 보수점검할 수 있는 충분한 공간을 확보하고 필요한 조명설비를 시설할 것

② 인버터 등을 수납하는 공간에는 실내온도의 과열 상승을 방지하기 위한 환기시설을 갖추어야 하며 적정한 온도와 습도를 유지하도록 시설할 것

③ 배전반, 인버터, 접속장치 등을 옥외에 시설하는 경우 침수의 우려가 없게 시설함

④ 태양전지모듈을 지붕에 시설하는 경우 취급자에게 추락의 위험이 없도록 점검통로를 안전하게 시설할 것

⑤ 태양전지모듈의 직렬군 최대 개방전압이 직류 750[V] 초과 1,500[V] 이하인 시설장소는 규정에 의한 울타리 등의 안전조치를 하여야 함

(2) 설비의 안전요구사항

① 태양전지모듈, 전선, 개폐기 및 기타 기구는 충전부분이 노출되지 않게 시설함을 요함

② 모든 접속함에는 내부의 충전부가 인버터로부터 분리된 후에도 여전히 충전상태일 수 있음을 나타내는 경고가 붙어 있어야 함

③ 태양광 발전설비의 고장이나 외부 환경요인으로 인하여 계통연계에 문제가 있을 경우 회로분리를 위한 안전시스템이 있을 것

(3) 전기배선의 시설

① 모듈 및 기타 기구에 전선을 접속하는 경우는 나사로 조이고, 기타 이와 동등 이상의 효력이 있는 방법으로 기계 · 전기적으로 안전하게 접속하며, 접속점에 장력이 가해지지 않도록 할 것

② 배선시스템은 바람, 결빙, 온도, 태양방사와 같이 예상되는 외부 영향을 견딜 것

③ 모듈의 출력배선은 극성별로 확인할 수 있도록 표시할 것

④ 직렬 연결된 태양전지모듈의 배선은 과도과전압의 유도에 의한 영향을 줄이기 위하여 스트링 양극 간의 배선간격이 최소가 되도록 배치할 것

⑤ 전선은 공칭단면적 2.5[mm^2] 이상의 연동선 또는 이와 동등 이상의 세기 및 굵기의 것일 것

⑥ 단자의 접속

㉠ 기계 · 전기적 안전성을 확보하도록 하여야 함

㉡ 단자를 체결 또는 잠글 때 너트나 나사는 풀림방지 기능이 있는 것을 사용할 것

㉢ 외부 터미널과 접속하기 위해 필요한 접점의 압력이 사용기간 동안 유지될 것

㉣ 단자는 도체에 손상을 주지 않고 금속표면과 안전하게 체결될 것

(4) 태양전지모듈의 시설

① 모듈은 자중, 적설, 풍압, 지진 및 기타의 진동과 충격에 대하여 탈락하지 아니하도록 지지물에 견고하게 설치할 것

② 모듈의 각 직렬군은 동일한 단락전류를 가진 모듈로 구성할 것

③ 1대의 인버터에 연결된 모듈 직렬군이 2병렬 이상일 경우에는 각 직렬군은 출력전압 및 출력전류가 동일하게 형성되도록 배열할 것

(5) 전력변환장치의 시설

인버터, 절연변압기 및 계통연계 보호장치 등을 말한다.

① 인버터는 실내 · 실외용을 구분할 것

② 각 직렬군의 태양전지 개방전압은 인버터 입력전압 범위 이내일 것

③ 옥외에 시설하는 경우 방수등급은 IPX 4 이상일 것

(6) 모듈을 지지하는 구조물

① 자중, 적재하중, 적설 또는 풍압, 지진 및 기타의 진동과 충격에 대하여 안전한 구조일 것

② 부식환경에 의하여 부식하지 않도록 다음 재질로 제작할 것

㉠ 용융아연 또는 용융아연-알루미늄-마그네슘 합금 도금된 형강

㉡ 스테인리스 스틸(STS)

㉢ 알루미늄 합금

㉣ 상기와 동등 이상의 성능(인장강도, 항복강도, 압축강도, 내구성 등)을 가지는 재질로서, KS 제품 또는 동등 이상의 성능의 제품일 것

③ 모듈 지지대와 그 연결부재의 경우 용융아연도금 처리 또는 녹 방지 처리하며, 절단가공 및 용접부위는 방식처리를 할 것

④ 설치 시에는 건축물의 방수 등에 문제가 없도록 설치하여야 하며, 볼트조임은 헐거움이 없이 단단히 조립할 것

⑤ 모듈 – 지지대의 고정 볼트에는 스프링 와셔 또는 풀림방지너트 등으로 체결할 것

(7) 과전류 및 지락 보호장치

① 모듈을 병렬로 접속하는 전로에는 그 전로에 단락전류가 발생할 경우 전로를 보호하는 과전류차단기 또는 기타 기구를 시설해야 한다. 단, 그 전로가 단락전류에 견딜 수 있는 경우에는 그러하지 아니하다.

② 태양전지 발전설비의 직류 전로에 지락이 발생했을 때 자동적으로 전로를 차단하는 장치를 시설하고 그 방법 및 성능은 IEC 60364-7-712(2017) 712.42 또는 712.53에 따를 수 있다.

comment '2. 점검 및 설치기준'이 22년도 126회 25점으로 출제되었다(전국에 태양광 발전설비 관련 화재발생 때문에).

(8) 계측장치

태양광 발전설비에는 전압과 전류 또는 전압과 전력을 계측하는 장치를 시설할 것

007 한국전기설비규정(KEC)에 따른 태양광 발전설비의 직류 지락사고의 검출 및 보호방법에 대하여 설명하시오.

data 전기안전기술사 22-126-3-4

comment 시험 시 1·4·5·6·7 내용을 최대한 정리하여 3페이지 정도 답안을 작성하도록 한다.

답안

1. 개요

(1) 태양광 발전설비에서 생산된 직류전원은 비접지계통의 특성상 지락전류가 작아서 검출이 어렵고, 전류 0점이 없어서 보호의 어려움이 있다.

(2) 관련 규정

KEC 522.3.2 과전류 및 지락 보호장치, IEC 60364-7-712

(3) DC 지락차단장치의 설치 목적

① 직류전로의 지락사고에 의한 화재방지를 위해 이를 검출하고 차단장치를 시설한다(야외에 노출된 태양광은 바람, 폭우 등에 오랜 기간 있어서 스트링 간 전선 피복전선 및 접속금구의 탈락에 의한 아크, IGBT 노이즈 등에 의한 누설전류로 인한 누전전류 화재가 발생).

② 전로의 차단 이후에도 태양광의 특성상 전원이 제거되지 않기 때문에 신속한 점검을 통해 사고원인을 완전하게 제거하는 것이 필요하다.

2. 태양광 발전의 선로정수와 직류차단장치의 필요성

(1) 직류를 교류로 변환시키는 인버터의 전력소자가 대부분 IGBT이어서 IGBT를 온오프할 때 매우 큰 고주파 노이즈가 발생한다.

(2) 태양광 모듈은 넓은 면적에 설치돼 있고 케이블도 길게 배선돼 있어, 전기가 흐르는 부분과 대지 사이에 커패시턴스 성분인 기생커패시턴스가 존재한다.

(3) 이러한 고주파 노이즈와 커패시턴스 사이에 누설전류가 흐르게 되는데 이 전류가 상당히 커서 실제 지락전류와 고주파 노이즈전류와의 구별이 매우 어렵다.

(4) 결과적으로 지락이 발생하지 않아도 차단되거나 실제 지락이 발생해도 큰 노이즈 전류에 묻혀서 검출이 어려운 경우가 발생하게 된다.

(5) 태양광 지락차단장치는 노이즈를 구분하는 것이 핵심이다.

3. 직류 저압 설비의 화재보호

(1) 화재보호의 근본기술은 아크보호기술이다.

(2) 교류는 교번자계에 의해 1초에 120번 영점을 거치면서 아크가 소호될 수 있다.

(3) 직류는 영점이 없어 아크가 발생하기 시작하면 위험하다.

(4) 전선접속점 등 직렬로 연결되는 부분이 헐거워지면 직류아크가 발생해 3,000[℃]까지 온도가 올라갈 수 있고, 합선 등으로 병렬아크가 발생하면 더 위험해진다.

(5) 이것이 플라즈마 방전으로 확대되면 19,400[℃]까지 온도가 상승해 화재로 이어지게 된다.

(6) 직류의 저압 설비의 화재보호를 위해 직류 저압 지락전류를 차단하는 직류지락차단장치를 적용함으로써 화재보호를 해야 된다.

4. 지락차단장치의 구성

지락전류센서 (flux gate)	신호처리장치	차단기 Trip 기구	차단기(기존의 교류용 MCCB)
→	→	→	
지락전류검출(직류 및 교류 2[kHz] 이하)	노이즈 게이팅 및 지락전류 신호처리	차단기 트립신호	기존에 사용하는 교류차단기(차단기 트립신호를 받아서 차단실행)

5. 태양광 발전설비의 직류지락사고 검출 및 보호방법

방식	회로도	개념
트랜스리스 (trans less) 방식	DC-DC DC-AC PV 컨버터 인버터	태양전지의 직류출력을 DC-DC 컨버터로 승압하고 인버터에서 상용주파의 교류로 변환하는 방식
상용주파 절연변압기 방식	PV 인버터 상용주파 절연변압기	태양전지 직류출력을 상용주파의 교류로 변환한 후 변압기로 절환하는 방식
고주파 변압기 절연방식	PV 고주파 인버터 고주파 절연변압 컨버터 인버터	태양전지의 직류출력을 고주파의 교류로 변환한 후 소형의 고주파변압기로 절연을 함. 그 후 일단 직류로 변환하고 재차 상용주파의 교류로 변환하는 방식

(1) 비절연 인버터 계통[트랜스리스(trans less) 방식]의 지락보호

① 비절연 인버터(무변압기형)을 설치하고 그 전원측의 교류전로를 접지(저항접지 포함)하는 경우는 직류성분과 교류성분 모두에 동작하는 지락차단기(B형 RCD)를 다음과 같이 교류측에 시설하고 인버터용량이 250[kW]를 초과하는 경우 지락전류 모니터링 장치를 차단기와 조합하여 다음의 성능을 만족하도록 한다.

㉠ B형 RCD의 특성

- 인버터용량(연속 출력정격)이 30[kA] 이하인 경우는 300[mA]에서 300[ms] 이내에 동작한다.
- 인버터용량이 30[kA]를 초과하는 경우 [kVA]당 10[mA]를 가산한다.

㉡ 급변하는 지락전류의 B형 RCD 동작

지락전류의 급격한 변화	동작시간
ΔI_g = 30[mA/sec]	< 300[ms]
ΔI_g = 60[mA/sec]	< 150[ms]
ΔI_g = 150[mA/sec]	< 40[ms]

② RCD(Residual Current Device) : 잔류 전류감지기

㉠ 정상적인 서비스조건에서 전류를 생성, 운반 및 차단하며 잔류 전류가 특정한 조건에서 주어진 값에 도달하는 경우 접촉이 열리는 기계식 개폐장치

㉡ B형 RCD : 직류성분과 교류성분 모두에 동작하는 지락차단기

㉢ B형 RCD 설치 : 비절연 인버터(무변압기형)의 전원측 교류전로를 접지하는 경우

(2) 절연 인버터방식의 지락보호

절연 인버터(변압기 내장형)를 설치하고 그 전원측의 교류전로를 비접지하는 경우는 다음과 같은 절연저항 감시장치를 설치한다.

① 절연저항은 운전을 시작하기 전 또는 24시간마다 한 번씩 측정한다.

② 절연저항값은 다음 표에서 정한 값 이상이어야 한다.

어레이 정격용량[kW]	최소 절연저항[kΩ]
Prated ≤ 20	30
20 < Prated ≤ 30	20
30 < Prated ≤ 50	15
50 < Prated ≤ 100	10
100 < Prated ≤ 200	7
200 < Prated ≤ 400	4
400 < Prated ≤ 500	2
Prated > 500	1

6. 직류 기능접지의 지락차단장치 설치

(1) 직류 기능접지에 지락차단장치를 설치하는 경우 정격전류가 다음 표에 주어진 값을 초과하지 않아야 한다.

총태양전지 어레이 정격용량[kWp]	정격전류 I_n[A]
0 < Prated ≤ 25	1
25 < Prated ≤ 50	2
50 < Prated ≤ 100	3
100 < Prated ≤ 250	4
Prated > 250	5

(2) 설치방식

① **인버터 내장형 방식** : 전력계통에 직접 연결된 태양광 발전설비의 인버터에 DC 지락검출 및 차단(정지)기능이 내장된 경우 인정

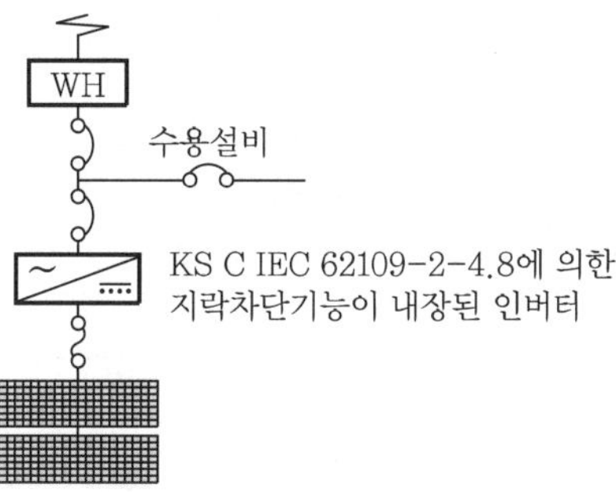

② **개별 지락차단장치** : 계통연계점의 접지방식에 적정한 별도의 지락차단장치를 적용한 방식

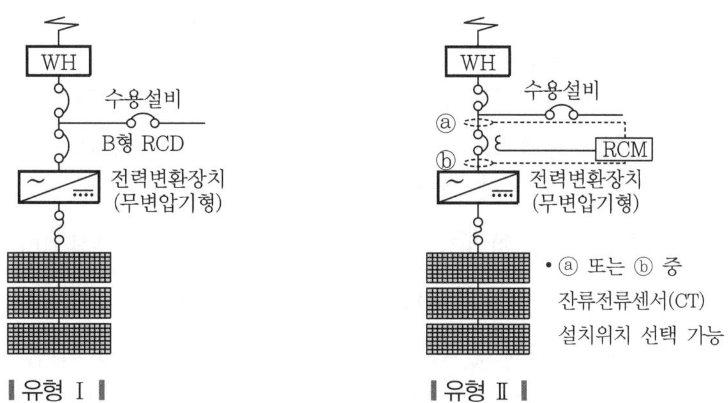

▮유형 Ⅰ▮ ▮유형 Ⅱ▮

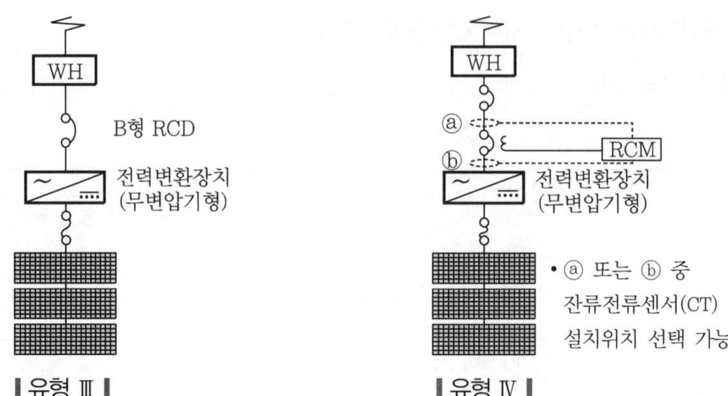

▌유형 Ⅲ ▌ ▌유형 Ⅳ ▌

(3) IMD(Insulation Monitoring Device)와 RCD에 관한 다음 표와 같이 특성을 비교하여 적용 개소의 경제성과 화재방호 특성을 중점적으로 고려한 선택일 것

▌IMD와 RCD의 특성 비교▐

특성	IMD	RCD
동작기능	절연저항을 모니터링	잔류전류 측정
추가 보완기능	운전 전에 절연저항 측정 (24기간마다 측정)	추가 요구기능 없음
설치위치	직류전로에 설치	교류측에 설치
설비가격	고가	IMD에 비해 현저히 저가
고장 시	Main 차단(전체가 발전 중단)	Main 차단(전체가 발전 중단)
설치의 장단점	1시스템에 1개 설치	인버터 분산시공 시 중복설치 가능

7. 지락차단장치의 구분과 직류차단장치의 센서 및 저압 직류지락차단기의 요구조건

(1) 교류지락전류를 검출하는 A형 RCD이다.

① 기존의 지락전류를 검출하는 센서로 ZCT를 사용한다.

② 이 센서로 직류회로에 적용하면 포화돼 지락전류를 제대로 검출하지 못한다.

③ 직류전류를 검출하는 센서로 홀센서(hall)가 있는데 이는 작은 지락전류를 검출하는데 한계가 있다.

(2) 교류 및 직류 지락전류를 검출하는 B형 RCD로 구분된다.

직류지락전류를 검출하는 센서로 플럭스 게이트(flux gate)를 사용한다.

(3) 직류차단장치에 플럭스 게이트센서는 3가지가 중요하다.

① 직류전류에서 신호검출 및 연산시간을 단축시켜야 한다.

② 주파수 특성, 즉 태양광에 적용하는 지락전류 검출센서는 B형으로 직류, 60[Hz] 교류, 고주파 전류(2[kHz], B+형은 20[kHz])를 검출해야 한다.

③ 옵셋 특성이 우수해야 한다.

(4) 저압 직류지락차단장치의 요구조건

① 지락전류센서가 있을 것

② 직류전류에서 신호검출이 될 것

③ 연산시간이 단축될 것

④ 전력전자소자의 동작으로 발생되는 노이즈 전류를 구분해 실제 지락사고에만 동작할 것

8. 향후 전망

(1) 현재 국내의 태양광이 해안가와 호수, 임야, 건물가옥에 우후죽순처럼 설치하여 향후 직류지락전류로 인한 화재가 연속발생되어 사회적 문제로 비화될 것으로 예상하므로 중요 공장의 지붕형 태양광은 세심한 유지보수가 필요하다(중요 공장은 처음부터 지붕형 태양광 시설은 설치하지 않는 것을 권장함).

(2) 기존의 시설에는 철저한 태양광 설비의 점검은 필수적으로 실행하고, Fool safety 개념으로 직류지락전류 차단기를 설비에 알맞게 교체 또는 신설함이 태양광 설비화재 방지대책으로 경제적일 것이다.

(3) 국내 해안가에 대형 태양광이 산재되어 태풍때 항상 안전관리에 고심하고, 열악한 외부환경(염전 부식피해 우려)으로 직류지락전류로 인한 금속부식현상 및 대형 화재가 발생할 가능성이 대단히 높기에 유지보수 및 저압 지락차단장치를 의무적으로 설치해야 할 것이다.

008 전기안전관리법의 태양광 발전설비 원격 감시 · 제어 시스템 설치 및 운영기준에서 정하는 원격 감시 · 제어 시스템 기능을 설명하시오.

data 전기안전기술사 22-126-4-1

comment 21년 5월 31일 산자부 보도자료에 기재되었다.

답안 1. 개요

(1) 태양광 발전(PV : Photovoltaic)은 무한정, 무공해의 태양에너지를 직접 전기에너지로 변환하는 발전방식이다.

(2) 반도체 혹은 염료, 고분자 물질로 이루어진 태양전지를 이용하여 태양 빛을 받아 바로 전기를 생성한다.

(3) 태양광 발전설비의 실시간 안전관리를 위한 「태양광 발전설비 원격 감시, 제어 시스템 설치 및 운영기준」 안전기준이 2022년 6월 1일부터 시행된다. 이 기준에는 아래의 사항이 포함되어 있다.

① 원격 감시 · 제어 시스템이 갖춰야 할 전기적 성능(계통연계, 감시-경보-제어, 통신 등)

② 설치환경(부지, 시설 등) 등 안전관리에 필수적 요건

2. 태양광 발전설비 원격 감시 · 제어 시스템 설치 및 운영기준의 원격 감시 · 제어 시스템 기능

(1) 개념도

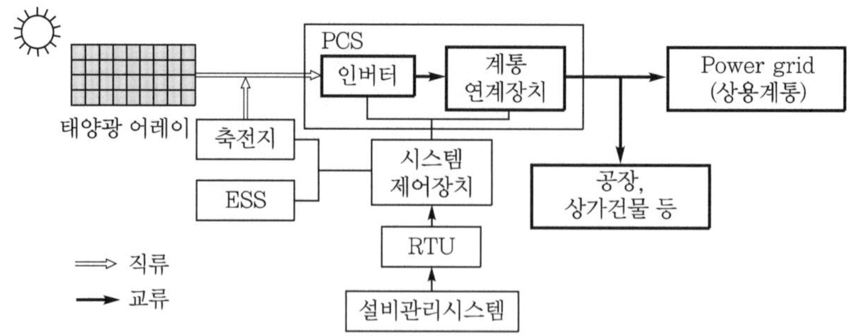

① RTU : Remote Terminal Unit

② ESS : Energy Storage System

③ PCS : Power Conversion System

④ BMS : Battery Management System

(2) 원격 감시 · 제어 시스템 기능의 정의

전기사업자나 발전설비 소유자 또는 점유자가 안전관리업무를 효율적으로 수행하고 안전성을 확보하도록 전압 · 주파수 등 전력품질 사항과 지락 · 과부하 등 안전요소 및 부지 등 주변환경을 감시하여, 원격지에서 차단기 또는 개폐기를 통해 전원을 제어할 수 있는 시스템이다.

(3) 원리

기존의 태양광 발전설비에서 측정된 데이터를 수집하여 원격 설비관리시스템에 전송하는 장비인 RTU(Remote Terminal Unit)를 설치하여 시스템운영에 관한 사항을 감시 및 제어하게 된다.

(4) 태양광설비의 원격 감시 · 제어 시스템 기능

① 감시

㉠ 태양광설비(태양전지 모듈 ~ 인버터) 및 전기설비계통(책임분계점 ~ 인버터 접속점)의 운영상태를 원격지에서 실시간 감시할 수 있는 기능

㉡ 감시항목 : 전압 · 전류 또는 전력 · 주파수 · 지락전류, 차단기 상태

㉢ 부지 등 주변환경의 취약구간(전기실, 인버터 등)에는 영상감시설비(해상도 200만 화소 이상 CCTV 등)를 설치하도록 규정

② **제어** : 과부하 · 전기적 측정치 이상 등 이상신호 발생 시 전기안전관리자가 원격으로 차단기 및 인버터를 차단할 수 있는 기능

③ **경보** : 태양광설비 · 전기설비 계통의 이상 발생 시 알람 및 소유자 · 안전관리자에게 통보 기능

㉠ 설정치 초과 시 경보

㉡ 10분 이상 데이터 미전송 시 경보

④ **통신** : 설비운영상태 감시 · 제어 등 상태 실시간 데이터 전송 기능

⑤ **보안**

㉠ 네트워크 보안을 위해 국제공통평가기준(common criteria)을 갖춘 보안솔루션 탑재

㉡ 비인가자의 시스템 접근방지를 위한 기능 : 비인가자 접근방지 2단계 이상의 단말기 접근제어 및 비밀번호 암호화

3. 효과

(1) 태양광 발전설비의 원격 감시 및 제어 시스템이 설치된 경우에는 태양광발전의 안전관리대행 가능범위가 1[MW]에서 3[MW] 확대로 대행업체의 매출 증가

(2) 예방중심의 지능형 전기안전관리체계 구축 가능

(3) 4차 산업혁명의 혁신기술(ICT, IoT)을 기반으로 전기안전분야의 디지털 전환을 지속적으로 확대 적용 가능

(4) 태양광 발전설비의 원격 감시 및 제어 기준을 통해 예방중심의 지능형 전기안전관리 체계 구축 가능

4. 특별히 주의할 사항

(1) 디지털시스템은 해킹에 매우 취약하므로 반드시 보안시스템을 적용시킨다.

(2) 스마트폰에 원격제어시스템을 도입한 APP 사용 시 불순국가의 해킹에 취약하므로 사전에 철저한 보안시스템의 적용이 필요하다.

section 03 풍력발전

009 발전용 풍력터빈의 구조에 대한 시설기준을 「전기설비기술기준」에 근거하여 7가지만 쓰이오.

data 전기안전기술사 20-120-1-12

답안 **풍력터빈 구조의 시설기준(「전기설비기술기준」 제169조)**

(1) 부하를 차단하였을 때에도 최대 속도에 대하여 구조상 안전할 것

(2) 풍압에 대하여 구조상 안전할 것

(3) 운전 중 풍력터빈에 손상을 주는 진동이 없도록 할 것

(4) 설계허용 최대 풍속에 있어서 취급자의 의도와 다르게 풍력터빈이 기동하지 않도록 할 것

(5) 운전 중에 다른 시설물, 식물 등에 접촉하지 않도록 할 것

(6) 풍력터빈의 점검 또는 수리를 위하여 회전부의 정지 및 고정할 수 있는 구조일 것

(7) 한랭지에 시설하는 경우 눈·비에 의한 착빙을 고려할 것

(8) 분진 등에 의한 소모를 고려할 것

(9) 지진에 대하여 안전할 것

(10) 해상 및 해안가에 시설하는 경우 염분 및 파랑하중에 대한 영향을 고려할 것

section 04 연료전지

010 연료전지의 특징, 설비 구성요소, 연료전지의 종류에 대하여 설명하시오.

011 연료전지의 발전원리, 종류 및 특징에 대하여 설명하시오.

data 전기안전기술사 21-125-2-2 · 22-126-3-6

답안 1. 발전원리와 구성요소

(1) 연료전지는 천연가스 등의 연료가 갖는 화학적 에너지를 직접 전기에너지로 변환하는 에너지 변환장치이다.

(2) 원리적으로 화력발전방식에 비하여 대단히 높은 발전효율이 가능하며, 배열이용으로(급탕 등) 한층 더 높은 에너지의 유효이용이 가능하다.

(3) 연료전지의 발전원리는 다음 그림과 같이 설명된다.

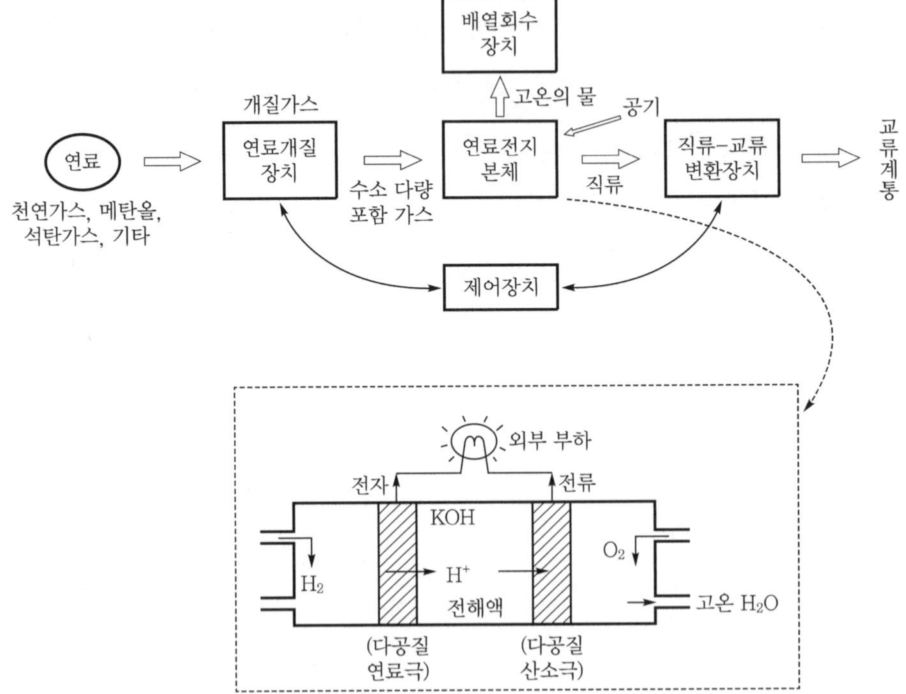

▎일반 연료전지 발전시스템의 구성▎

① 천연가스를 개질해서 얻는 수소가 (−)극에서 산화되어 (−)전극에 전자(e^-)를 주고 스스로는 수소이온(H^+)으로 되어 인산 수용액의 전해질 속을 지나 (+)전극으로 이동한다.

② 외부회로를 통과한 전자와 전해질 중의 수소이온은 (+)전극 상에서 외부에서 공급되는 공기 중의 산소와 반응해서 물을 생성한다.

③ 이 반응 중 외부회로에 전자의 흐름이 형성되어 전류가 흐른다.

2. 연료전지의 종류

구분	제1세대형 (인산형) PAFC	제2세대형 (용융탄산염형) MCFC	제3세대형 (고체 전해질형) SOFC	제4세대형 (고체 고분자형) PEFC
전해질	인산수용액 H_3PO_4	• 리튬−나트륨계 탄산염 • 리튬−칼륨계 탄산염	질코니아계 세라믹스(질코니아 ZrO_2 산화칼슘의 혼합물 등)	고분자막
작동 온도	200[℃]	650~700[℃]	900~1,000[℃]	70~90[℃]
연료	천연가스(개질) 메탄올(개질)	천연가스 석탄 가스화 가스	천연가스 석탄 가스화 가스	수소 메탄올(개질) 천연가스(개질)
발전 효율	35~42[%] 정도	45~60[%]	45~65[%]	30~40[%] (개질가스 사용의 경우)
용도	• 분산배치형 • 수용가 근처	• 분산배치형 • 대용량 화력 대체형	• 수용가 근처 • 분산배치형	• 수용가 근처, 전기자동차 용 • 분산배치형
특징	실용화에 가장 가까움	• 고발전 효율 • 내부개질이 가능	• 고발전 효율 • 내부개질이 가능 • 향후 가장 실용화 가능성 높음 • 스텍이 세라믹계통의 고체로 유지, 수명 우수	• 저온에서 작동 • 고에너지 밀도 • 이동용 동력원 및 소용량 전원에 적합

구분	제1세대형 (인산형) PAFC	제2세대형 (용융탄산염형) MCFC	제3세대형 (고체 전해질형) SOFC	제4세대형 (고체 고분자형) PEFC
현재의 개발 상황	• 5,000[kW] 및 11,000[kW]급 플랜트의 운전시험 완료 • 실용화 단계 • 지역공급용 연료전지로서 설치, 운전	• 1,000[kW]급 파일럿 플랜트 및 200[kW]급 내부개질형 스택의 연구개발 실시 중 • 소규모(100~250[kW]) 개발로 발전주식회사에서 실증시험 중	• 기초 연구단계 • 향후 도심부에 적응 기대성이 높음	• 수[kW] 가정용 • 수십[kW] 빌딩용 전원의 개발 실시 중 • 수[kW]의 모듈 개발 중

3. 특징

(1) 장점

① 고에너지 변환효율(60~65[%])

② 부하추종성이 양호하고 Peak 부하 시에 유효하며, 저부하에서 발전효율 저하가 작다.

③ Module 구성이므로 고장 시 교환수리가 용이하다.

④ 전지의 규모에 효율이 의존하지 않고, 발전소의 수준까지 높은 에너지 변환이 가능하다.

⑤ CO_2, NO_x 등의 유해가스 배출량 및 소음이 작고 환경보전성이 양호하다.

⑥ 배열의 이용이 가능하여 종합효율이 80[%]에 달한다.

⑦ 단위출력당의 용적 또는 무게가 작다.

⑧ 연료로는 천연가스, 메타놀로부터 석탄가스까지 사용 가능하여 석유대체 효과가 기대된다.

(2) 단점

① 반응가스 중에 포함된 불순물에 민감하여, 불순물 제거가 필요하다.

② 비용이 많이 들고, 내구성이 충분하지 않다.

4. 향후 전망

핵 추진 잠수함 대신 메탄올을 개질화시켜 발생한 전기로 잠수함 내 해수를 수전해 분해시켜 수소를 발생시키는 연료전지의 연구개발이 군사적인 일반 잠수함 건조에 상당한 관심사로 연구개발 중이며 이를 민수용으로 상용화할 가능성이 매우 크다(5년 이내).

section 05 전기자동차

012 전기자동차 충전설비의 시설에 대하여 다음을 설명하시오.

1. 저압 전로
2. 전기기계적 조건, 설치환경
3. 충전케이블 및 부속품
4. 부대설비

data 전기안전기술사 19-119-4-6

답안 1. 저압 전로(전원공급설비의 시설기준)

(1) 사용전압

전기자동차의 전원공급설비에 사용하는 전로의 전압은 저압으로 한다.

(2) 전기자동차에 전기를 공급하기 위한 저압 전로는 분전반 및 구내 배선으로 한다.

(3) 저압 전로의 시설

전기자동차 전원공급설비에서 충전장치에 이르는 전로는 다음에 의해 시설한다.

① 수용장소의 구내에 시설하는 전선로 인입선의 시설은 전선로의 규정으로 시설할 것

② 일반장소에서 저압의 옥내, 옥측 및 옥외 배선은 배선설비의 규정에 따라 시설할 것

③ 전로의 절연은 전로의 절연 및 저압 전로의 절연저항에 따를 것

④ 전기자동차 전원공급설비의 인입구에서 충전장치에 이르는 전로는 전용 시설할 것

(4) 개폐기 등의 시설

① 전기자동차 전원공급설비에 전기를 공급하는 전로는 옥내의 인출구 가까이에서 쉽게 개폐할 수 있는 장소에 전용 개폐기 및 과전류차단기를 각 극에 시설한다.

② 전로에 지락이 생겼을 때 자동으로 그 전로를 차단하는 장치를 누전차단기 시설에 따라 시설하여야 한다.

③ 배선기구의 시설은 판단기준에 따라 시설하여야 한다.

(5) 접지

전기자동차 충전장치의 철대, 금속제 외함 및 금속 프레임 등은 사용전압에 따라 접지하여야 한다.

2. 전기기계적 조건, 설치환경(전기자동차 충전장치의 시설)

(1) 충전장치는 노출된 충전부가 없을 것

(2) 외부 기계적 충격에 대한 충분한 기계적 강도를 갖는 구조일 것

(3) 충전장치는 침수 등의 위험이 있는 곳에 시설하지 말아야 하며, 충전장치를 옥외에 설치 시 강우, 강설에 대하여 충분한 방수보호등급(IPX 4 이상)을 가질 것

(4) 분진이 많은 장소, 가연성 가스나 부식성 가스 또는 위험물 등이 있는 장소에 시설 시 통상의 사용상태에서 부식이나 감전, 화재, 폭발의 위험이 없게 시설할 것

(5) 전기자동차의 충전장치는 쉽게 열 수 없는 구조의 것일 것

(6) 충전장치에는 전기자동차 전용임을 나타내는 표지를 쉽게 보이는 곳에 설치할 것

(7) 전기자동차의 충전장치 또는 충전장치를 시설한 장소에는 위험표시를 쉽게 보이는 곳에 표지할 것

(8) 전기자동차의 충전장치는 부착된 충전케이블을 거치할 수 있는 거치대 또는 충분한 수납공간(옥내 45[cm] 이상, 옥외 60[cm] 이상)을 갖는 구조일 것

(9) 충전장치의 충전케이블 인출부는 옥내용의 경우 지면으로부터 45[cm] 이상 120[cm] 이내이며, 옥외용의 경우 지면으로부터 60[cm] 이상에 위치할 것

3. 충전 케이블 및 부속품

(1) 충전 케이블 및 부속품(플러그와 커플러)의 구성

① 커플러(coupler)란 전기자동차용 충전장치에서 충전케이블과 전기자동차의 접속을 가능하게 하는 장치로, 충전케이블에 부착된 커넥터와 전기자동차의 접속구(inlet, 인렛)로 구성된 것을 말한다.

② 커넥터(connector)란 충전장치에서 전기자동차로 연결하기 위한 충전케이블의 부속품으로, 전기자동차의 접속구(inlet, 인렛)에 접속하기 위한 장치이다.

③ 플러그(plug)란 전기자동차의 충전케이블에 부착되어 있으며, 전기자동차에서 충전장치로 연결하기 위한 충전케이블의 부속품을 말한다.

④ 접속구(inlet, 인렛)란 충전장치의 커플러를 구성하는 부분으로, 전기자동차에 부착되어 전원공급설비 충전케이블의 커넥터와 연결되는 부분을 말한다.

(2) 충전 케이블 및 부속품의 설치기준

① 충전장치와 전기자동차의 접속에는 전용의 충전케이블을 사용하여야 하며, 연장코드를 사용하지 말 것

② 충전케이블 길이는 규정하지 않은 한 7.5[m] 이내일 것

③ 충전케이블은 유연성이 있는 것으로 통상의 충전전류를 흘릴 수 있는 충분한 굵기의 것일 것

④ 커넥터 및 플러그(충전케이블에 부착되어 전원측에 접속하기 위한 장치)는 낙하충격 및 눌림에 대한 충분한 기계적 강도를 가질 것

4. 충전장치의 부대설비

(1) 충전장치 부대설비의 구성

차량유동 방지장치, 환기설비, 충전상태 표시장치, 조명설비 등

(2) 충전장치 부대설비의 설치기준

① 충전 중 차량의 움직임을 방지하기 위한 장치(차량유도 방지장치)를 시설할 것

② 충전 중 환기가 필요한 경우에는 충분한 환기설비를 갖추어야 하며, 환기설비를 나타내는 표지를 쉽게 보이는 곳에 설치할 것

③ 충전 중에는 충전상태를 확인할 수 있는 표시장치를 쉽게 보이는 곳에 설치할 것

④ 충전 중 안전과 편리를 위하여 KS 조도기준에 따라 적절한 밝기의 조명설비를 설치

013 전기자동차 충전설비 설치 시 검토사항에 대하여 설명하시오.

data 전기안전기술사 21-125-4-3

comment 126회에서도 전기자동차 문제가 출제되었다.

답안 1. 개요

(1) 전기자동차의 충전설비는 분전반, 구내 배전, 충전장치 케이블 등으로 구성된다.

(2) 설치 시 검토사항은 관로, 배관, 접지, 배선, 기초, 분전반, 충전시설 공사이다.

(3) 관련 기준

2021년 전기자동차보급 및 충전인프라 구축사업 충전인프라 설치운영지침

2. 전기자동차 충전설비 설치 시 검토사항

(1) 관로공사(터파기, 되메우기)

① 지중매설물은 사전에 충분히 조사하여 급수관, 가스관 및 지중배선 등이 터파기 작업 시 손상되지 않도록 주의하여 시설할 것

② 충전시설 설치를 위한 기초공사 시 관로를 통해 기본 전기공사를 동시에 실시함

③ 되메우기 시 설치된 배관이 손상되지 않도록 하며, 석재, 벽돌 등이 섞이지 않은 양질의 흙을 사용하여 다짐시공할 것

④ 지하관로시설 구간에 각종 굴착사업 등으로 인한 전기선로 피해를 방지하기 위해 관로 상단에 '주의 전기케이블'이라고 기재된 경고용 표시테이프를 설치할 것

⑤ 이때, 관로길이방향의 중앙점을 중심으로 관로 상단으로부터 30~40[cm] 위 지점을 기준으로 표시테이프를 매설할 것

(2) 배관공사

① 전선관은 외부의 압력 또는 충격 등으로부터 선로를 보호할 수 있는 기계적 강도를 가진 내부식성 금속관을 우선으로 사용하고 현장여건에 따라 합성 수지관 등 KS 표시공인품을 사용할 수 있으며, 부속품은 이에 적합한 것일 것

② 노출배관은 외관상 미려하게 주위의 구조물과 평행 또는 직각이 되도록 배열하여야 하며, 충분한 기계적 강도를 갖도록 지지물로 견고하게 지지할 것

③ 포설작업은 관련 제규정에 의하되 건축구조물에 붙여서 시공하는 전선관은 구부린 부분이나 전선관의 지지점에 무리한 힘을 받지 않도록 시설할 것

④ 옥측 또는 옥외에 설치할 경우 사람이 쉽게 접촉할 우려가 있거나 손상을 받을 우려가 있는 부분은 「전기설비기술기준의 판단기준」 제184조의 규정에 준하는 금속관 공사에 의하여 시설할 것

⑤ 습기, 물기가 많은 장소와 옥외로 연결되는 관로는 U형 배관을 지양하며, 방습 · 방수 장치를 보완하여 단말부에 빗물 등이 유입되지 않게 조치할 것
⑥ 분전반에 연결되는 전선관의 절단면과 분전반의 타공부는 전선의 피복을 손상시킬 수 있으므로 부싱처리할 것

(3) 접지공사

① 전기설비에 대한 전기안전을 위해 접지공사 시공
② 「전기설비기술기준의 판단기준」에 따라 완속충전시설은 3종 접지공사, 급속충전 시설은 특별 제3종 접지공사를 실시한다(충전시설과 분전반 모두 적용).
㉠ 제3종 접지공사 : KEC 140(접지시스템 규정)에 의한 접지공사를 할 것
㉡ 특별 제3종 접지공사 : KEC 140(접지시스템 규정)에 의한 접지공사를 할 것

(4) 배선공사

① 배선에 사용하는 절연전선, 케이블 및 캡타이어 케이블은 시설장소에 적합한 피복을 갖는 것이고, 전선의 접속은 전선로의 전기저항, 절연저항, 인장강도의 저하가 발생하지 않을 것
② 충전시설배선의 절연저항은 완속충전시설은 0.2[MΩ] 이상, 급속충전시설은 0.3[MΩ] 이상 유지할 것

(5) 기초공사

충전시설 설치 및 침수방지를 위한 기초 하부 설치공사를 실시하고 기초 공사 시 충전시설이 기울어지지 않도록 수평을 유지할 것

(6) 전력공급설비 분전반 공사

① 전기차 충전시설 설치 시 전력공급원(전기실)으로부터 전력공급을 원칙으로 하며 분전반을 설치할 것
② 분전반과 충전시설 간의 배선 연결 및 단락 · 지락 보호기능을 구비할 것
③ 배선기구에 전선을 접속하는 경우에는 나사로 고정시키거나 기타 이와 동등 이상의 효력이 있는 방법에 의하여 견고하고 또한 전기적인 완전접속으로 접속점에 장력이 없을 것
④ 분전반 외함은 일반인의 감전위험이 있으므로 반드시 잠금장치를 설치하고 상시 잠금상태를 유지할 것
⑤ 기설분전반에서 충전시설용 분전반까지는 과부하 및 단락으로부터 충전시설을 보호하기 위하여 배선용 차단기를 설치하고 충전시설 분전반에서 충전시설로 연결된 배선은 누전 및 감전 보호를 위하여 누전차단기를 설치하여야 하며, 정격용량이 배선의 단면적에 비해 지나치게 크지 않도록 하여야 함
⑥ 충전시설 분전반의 차단기 정격용량은 기설분전반의 차단기용량에 비하여 크지 않을 것

⑦ 충전시설 분전반은 기설분전반 내 Main 차단기의 2차측에 연결하도록 하며, 기설분전반에서 별도의 분기차단기가 없이 모선에서 직결하거나 메인차단기 2차측에서 직결하는 등의 시설을 하지 않을 것

⑧ 충전시설 분전반을 옥외에 설치할 경우 빗물 유입에 의한 절연불량, 단락 등의 사고가 발생하지 않도록 SUS 등 비부식성 금속재질의 방수형 분전반을 설치할 것

(7) 충전시설 설치

① 기초공사를 완료한 후 충전시설을 설치할 경우 충전 중 차량의 유동을 방지하기 위한 장치를 갖출 것

② 자동차에 의한 물리적 충격의 우려가 있는 경우에는 이를 방호하는 장치를 시설할 것

reference

전기자동차 충전설비

(1) 충전설비의 구성요소

① 전기공급 저압 전로
② 전기자동차 충전장치
③ 충전 케이블 및 부속품
④ 충전장치의 부대설비

(2) 충전설비 설치기준 요약

① 충전부분이 노출되지 않도록 시설하고 외함은 접지공사를 할 것
② 외부 기계적 충격에 대한 충분한 기계적 강도를 갖는 구조일 것
③ 침수 등의 위험이 있는 곳에 시설하지 말아야 하며, 충전장치를 옥외에 설치 시 강우, 강설에 대하여 충분한 방수보호등급(IPX 4 이상)을 가질 것
④ 분진이 많은 장소, 가연성 가스나 부식성 가스 또는 위험물 등이 있는 장소에 시설하는 경우에는 통상의 사용상태에서 부식이나 감전 · 화재 · 폭발의 위험이 없도록 시설할 것
⑤ 전기자동차의 충전장치는 쉽게 열 수 없는 구조의 것일 것
⑥ 충전장치에는 전기자동차 전용임을 나타내는 표지를 쉽게 보이는 곳에 설치할 것
⑦ 전기자동차의 충전장치 또는 충전장치를 시설한 장소에는 위험표시를 쉽게 보이는 곳에 표지할 것
⑧ 전기자동차의 충전장치는 부착된 충전케이블을 거치할 수 있는 거치대 또는 충분한 수납공간(옥내 45[cm] 이상, 옥외 60[cm] 이상)을 갖는 구조일 것
⑨ 충전장치의 충전케이블 인출부는 옥내용의 경우 지면으로부터 45[cm] 이상 120[cm] 이내이며, 옥외용의 경우 지면으로부터 60[cm] 이상에 위치할 것

014 전기자동차의 충전장치 시설기준에 대하여 설명하시오.

data 전기안전기술사 22-128-1-13

답안 1. 개요

(1) 전기자동차 충전설비는 수용장소의 책임분기점, 즉 전력량계로부터 충전용 케이블의 커플러까지이다.

(2) 충전설비는 구내 전력설비, 충전장치, 케이블 및 부속품, 부대시설로 구분할 수 있다.

2. 충전설비의 구성

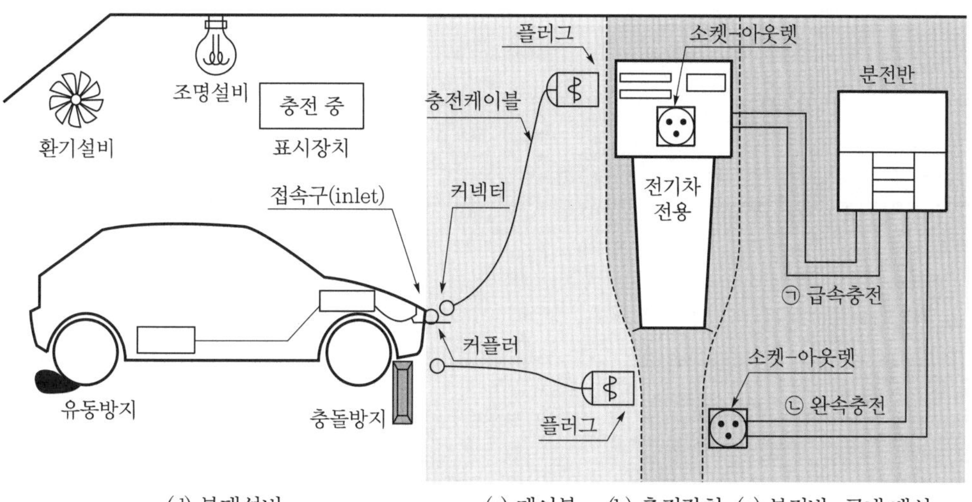

▌전기자동차 충전설비 구성▌

(1) **구내 전력설비** : 분전반, 구내 배선 등

(2) **충전장치** : 급속 충전기, 완속 충전 스탠드, 홈충전장치 등

(3) **케이블 및 부속품** : 충전케이블, 커넥터, 플러그 등

(4) **부대설비** : 유동방지장치, 충돌방지장치, 조명, 환기설비, 표시장치 등

3. 충전설비의 시설 기술기준

도로운행용 자동차로서 재충전이 가능한 축전지, 연료전지, 광전지 또는 그 밖의 전원장치에서 전류를 공급받는 전동기에 의해 구동되는 전기자동차에 전원을 공급하기 위한 전기설비는 감전, 화재 그 밖에 사람에게 위해를 주거나 물건에 손상을 줄 우려가 없도록 시설해야 된다.

4. 전기자동차 충전장치의 시설기준

(1) 충전부분이 노출되지 않도록 시설하고, 외함은 접지공사를 할 것

(2) 외부 기계적 충격에 대한 충분한 기계적 강도(IK07 이상)를 갖는 구조일 것

(3) 침수 등의 위험이 있는 곳에 시설하지 말하야 하며, 옥외에 설치 시 강우 · 강설에 대하여 충분한 방수보호등급(IPX 4 이상)을 갖는 것일 것

(4) 분진이 많은 장소, 가연성 가스나 부식성 가스 또는 위험물 등의 장소에 시설하는 경우에는 통상의 사용상태에서 부식이나 감전 · 화재 · 폭발의 위험이 없도록 규정에 따라 시설할 것

(5) 충전장치에는 전기자동차 전용임을 나타내는 표지를 쉽게 보이는 곳에 설치할 것

015 전기자동차 충전케이블 및 부속품 시설과 충전장치 등의 방호장치시설에 대하여 설명하시오.

data 전기안전기술사 23-129-3-3

답안 1. 개요

(1) 전기자동차의 전원공급설비는 분전반 및 구내 배선을 포함한 저압 전로, 충전장치, 충전케이블 등으로 구분

(2) 방호장치는 유동방지, 충돌방지, 환기설비, 표시장치, 조명설비를 말함

(3) 관련 기준은 전기자동차 보급 및 충전인프라 구축사업 충전인프라 설치 운영지침에 따름

2. 전기자동차 충전케이블 및 부속품 시설

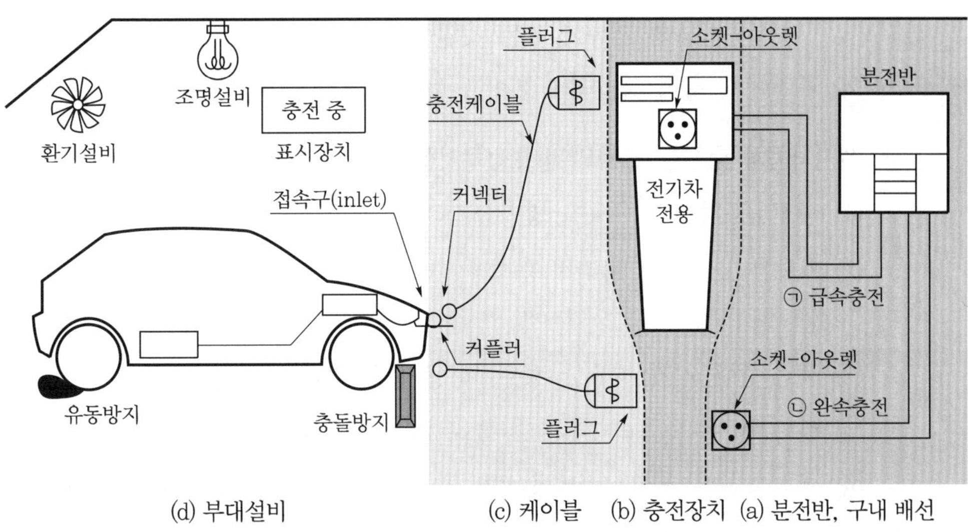

▌전기자동차 충전케이블 및 부속품 시설▐

(1) 충전장치 시설

① 충전부분이 노출되지 않도록 시설하고, 외함은 접지공사를 할 것

② 외부 기계적 충격에 대한 충분한 기계적 강도(IK07 이상)를 갖는 구조일 것

③ 침수 등의 위험이 있는 곳에 시설하지 말아야 하며, 옥외에 설치 시 강우 · 강설에 대하여 충분한 방수보호등급(IPX 4 이상)을 갖는 것일 것

④ 분진이 많은 장소, 가연성 가스나 부식성 가스 또는 위험물 등의 장소에 시설할 경우 통상의 사용상태에서 부식이나 감전 · 화재 · 폭발 위험이 없도록 규정에 따라 시설할 것

⑤ 충전장치에는 전기자동차 전용임을 나타내는 표지를 쉽게 보이는 곳에 설치할 것

(2) 충전케이블 및 부속품(플러그, 커플러)의 시설

① 충전장치와 전기자동차의 접속에는 연장코드를 사용하지 말 것

② 충전케이블은 유연성이 있는 것으로서 통상의 충전전류를 흘릴 수 있는 충분한 굵기일 것

(3) 커플러의 시설기준

① 다른 배선기구와 대체 불가능한 구조로서, 극성이 구분되고 접지극이 있는 것일 것

② 접지극은 투입 시 먼저 접속되고, 차단 시 나중에 분리되는 구조일 것

③ 의도하지 않은 부하의 차단을 방지하기 위해 잠금 또는 탈부착을 위한 기계적 장치가 있을 것

④ 커넥터가 전기자동차 접속구로부터 분리될 때 충전케이블의 전원공급을 중단시키는 인터록 기능이 있는 것일 것

(4) 커넥터 및 플러그는 낙하 충격 및 눌림에 대한 충분한 기계적 강도를 가진 것일 것

3. 전기자동차 충전장치 등의 방호장치시설

(1) 충전 중 차량의 유동을 방지하기 위한 장치를 갖출 것

(2) 자동차 등에 의한 물리적 충격의 우려가 있는 경우에는 이를 방호하는 장치를 시설할 것

(3) 충전 중 환기가 필요한 경우에는 충분한 환기설비를 갖출 것

(4) 환기설비임을 나타내는 표지를 쉽게 보이는 곳에 설치할 것

(5) 충전 중에는 충전상태를 확인할 수 있는 표시장치를 쉽게 보이는 곳에 설치할 것

(6) 충전 중 안전과 편리를 위하여 적절한 밝기의 조명설비를 설치할 것

① **조도분류** : 잠시 동안의 단순 작업장(D)

② **조도범위** : 최고(60[lx]), 표준(40[lx]), 최저(30[lx])

③ **장소** : 전기자동차 커플러 및 접속구

(7) 전기자동차 전원공급설비에 사용하는 전로의 전압은 저압으로 한다.

016 전기자동차의 전원공급설비에 대한 다음 사항을 설명하시오.
1. 저압 전로시설
2. 충전장치시설
3. 충전케이블 및 부속품 시설
4. 충전장치 등의 방호장치 시설

data 전기안전기술사 22-126-4-2

답안 1. 개요

(1) 전기자동차의 전원공급설비는 분전반 및 구내 배선을 포함한 저압 전로, 충전장치, 충전케이블 및 부속품, 충전장치 등의 방호장치시설로 구분한다.

(2) 관련 기준은 전기자동차 보급 및 충전인프라 구축사업 충전인프라 설치 운영지침에 따른다.

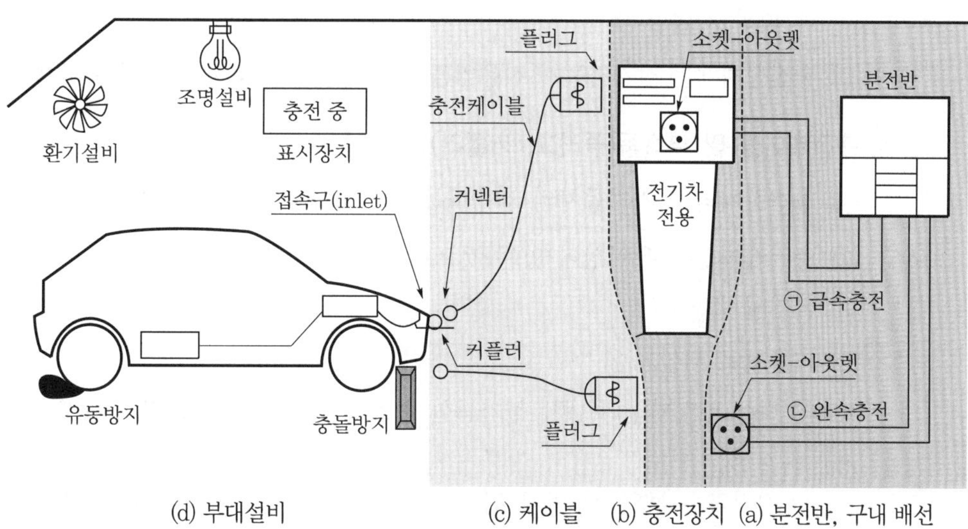

▎전기자동차의 전원공급설비 구성▎

2. 저압 전로시설

(1) 전용의 개폐기 및 과전류차단기를 각 극에 시설하고, 또한 전로에 지락이 생겼을 때 자동적으로 그 전로를 차단하는 장치를 시설할 것

(2) 배선기구의 시설

① 수용장소의 구내에 시설하는 전선로 인입선의 시설은 전선로의 규정에 따라 시설할 것

② 일반장소에서 저압의 옥내 · 옥측 및 옥외 배선은 배선설비의 규정에 따라 시설할 것
③ 전로의 절연 및 저압 전로의 절연저항에 따를 것
④ 전기자동차 전원공급설비의 인입구에서 충전장치에 이르는 전로는 전용으로 시설할 것

3. 충전장치시설

(1) 충전부분이 노출되지 않도록 시설하고, 외함은 접지공사를 할 것

(2) 외부 기계적 충격에 대한 충분한 기계적 강도(IK07 이상)를 갖는 구조일 것

(3) 침수 등의 위험이 있는 곳에 시설하지 말아야 하며, 옥외에 설치 시 강우 · 강설에 대하여 충분한 방수보호등급(IPX 4 이상)을 갖는 것일 것

(4) 분진이 많은 장소, 가연성 가스나 부식성 가스 또는 위험물 등의 장소에 시설하는 경우에는 통상의 사용상태에서 부식이나 감전 · 화재 · 폭발의 위험이 없도록 규정에 따라 시설할 것

(5) 충전장치에는 전기자동차 전용임을 나타내는 표지를 쉽게 보이는 곳에 설치할 것

4. 충전케이블 및 부속품(플러그, 커플러)의 시설

(1) 충전장치와 전기자동차의 접속에는 연장코드를 사용하지 말 것

(2) 충전케이블은 유연성이 있는 것으로서 통상의 충전전류를 흘릴 수 있는 충분한 굵기일 것

(3) 커플러의 시설기준

① 다른 배선기구와 대체 불가능한 구조로서, 극성이 구분되고 접지극이 있는 것일 것
② 접지극은 투입 시 먼저 접속되고, 차단 시 나중에 분리되는 구조일 것
③ 의도하지 않은 부하의 차단을 방지하기 위해 잠금 또는 탈부착을 위한 기계적 장치가 있을 것
④ 커넥터가 전기자동차 접속구로부터 분리될 때 충전케이블의 전원공급을 중단시키는 인터록 기능이 있는 것일 것

(4) 커넥터 및 플러그는 낙하 충격 및 눌림에 대한 충분한 기계적 강도를 가진 것일 것

5. 충전장치의 부대설비의 시설

(1) 충전 중 차량의 유동을 방지하기 위한 장치를 갖추어야 하며, 자동차 등에 의한 물리적 충격의 우려가 있는 경우에는 이를 방호하는 장치를 시설할 것

(2) 충전 중 환기가 필요한 경우에는 충분한 환기설비를 갖추어야 하며, 환기설비임을 나타내는 표지를 쉽게 보이는 곳에 설치할 것

(3) 충전 중에는 충전상태를 확인할 수 있는 표시장치를 쉽게 보이는 곳에 설치할 것

(4) 충전 중 안전과 편리를 위하여 적절한 밝기의 조명설비를 설치할 것

(5) 전기자동차 전원공급설비에 사용하는 전로의 전압은 저압으로 한다.

section 06 ESS

017 2차 전지를 이용한 전기저장장치 시설장소의 요구사항에 대하여 설명하시오.

data 전기안전기술사 22-128-1-12

comment 출제문제 배점이 10점이면 다음의 답안 중 '1.'만 작성하고 25점이면 전부 작성한다.

답안 1. 시설장소의 요구사항

(1) 2차 전지, 제어반, 배전반의 시설기기 등을 조작 또는 보수 · 점검할 수 있는 충분한 공간을 확보하고 조명설비를 설치하여야 한다.

(2) 폭발성 가스의 축적을 방지하기 위한 환기시설을 갖춰야 한다.

(3) 제조사가 권장하는 온도 · 습도 · 수분 · 분진 등 적정 운영환경을 상시 유지하여야 한다.

(4) 침수의 우려가 없도록 시설하여야 한다.

(5) 외벽 등 확인하기 쉬운 위치에 '전기저장장치 시설장소' 표지를 해야 한다.

(6) 관계자 외 일반인의 출입을 통제하기 위한 잠금장치 등을 시설한다.

2. 특정기술을 이용한 전기저장장치의 시설(KEC 515)

(1) 적용범위

20[kWh]를 초과하는 리튬 · 나트륨 · 레독스플로우 계열의 2차 전지를 이용한 전기저장장치의 경우 기술기준 제53조의3 제2항의 적절한 보호 및 제어장치를 갖추고 폭발의 우려가 없도록 시설하는 것은 511, 512 및 515에서 정한 사항을 말한다.

(2) 시설장소의 요구사항

① 전용 건물에 시설하는 경우

㉠ '(1)'의 전기저장장치를 일반인이 출입하는 건물과 분리된 별도의 장소에 시설하는 경우에는 '(2)'의 '①'에 따라 시설하여야 한다.

㉡ 전기저장장치 시설장소의 바닥, 천장(지붕), 벽면재료는 「건축물의 피난 · 방화구조 등의 기준에 관한 규칙」에 따른 불연재료이어야 한다. 단, 단열재는 준불연재료 또는 이와 동등 이상의 것을 사용할 수 있다.

㉢ 전기저장장치 시설장소는 지표면을 기준으로 높이 22[m] 이내로 하고 해당 장소의 출구가 있는 바닥면을 기준으로 깊이 9[m] 이내로 하여야 한다.

㉣ 2차 전지는 전력변환장치(PCS) 등의 다른 전기설비와 분리된 격실에 설치하고 다음에 따라야 한다.

- 2차 전지실의 벽면재료 및 단열재는 '㉡'의 것과 같아야 한다.
- 2차 전지는 벽면으로부터 1[m] 이상 이격하여 설치하여야 한다. 단, 옥외의 전용 컨테이너에서 적정거리를 이격한 경우에는 규정에 의하지 않을 수 있다.
- 2차 전지와 물리적으로 인접 시설해야 하는 제어장치 및 보조설비(공조설비 및 조명설비 등)는 2차 전지실 내에 설치할 수 있다.
- 2차 전지실 내부에는 가연성 물질을 두지 않아야 한다.

㉤ 511.1의 2에도 불구하고 인화성 또는 유독성 가스가 축적되지 않는 근거를 제조사에서 제공하는 경우에는 2차 전지실에 한하여 환기시설을 생략할 수 있다.

㉥ 전기저장장치가 차량에 의해 충격을 받을 우려가 있는 장소에 시설되는 경우에는 충돌방지장치 등을 설치하여야 한다.

㉦ 전기저장장치 시설장소는 주변시설(도로, 건물, 가연물질 등)로부터 1.5[m] 이상 이격하고 다른 건물의 출입구나 피난계단 등 이와 유사한 장소로부터는 3[m] 이상 이격하여야 한다.

② 전용 건물 이외의 장소에 시설하는 경우

㉠ '(1)'의 전기저장장치를 일반인이 출입하는 건물의 부속공간에 시설(옥상에는 설치할 수 없음)하는 경우에는 '(2)'의 '①' 및 '②'에 따라 시설하여야 한다.

㉡ 전기저장장치 시설장소는 「건축물의 피난·방화구조 등의 기준에 관한 규칙」에 따른 내화구조이어야 한다.

㉢ 2차 전지모듈의 직렬 연결체의 용량은 50[kWh] 이하로 하고 건물 내 시설 가능한 2차 전지의 총용량은 600[kWh] 이하이어야 한다.

㉣ 2차 전지 랙(rack)과 랙 사이 및 랙과 벽면 사이는 각각 1[m] 이상 이격하여야 한다. 단, '㉡'에 의한 벽이 삽입된 경우 2차 전지 랙과 랙 사이의 이격은 예외로 할 수 있다.

㉤ 2차 전지실은 건물 내 다른 시설(수전설비, 가연물질 등)로부터 1.5[m] 이상 이격하고 각 실의 출입구나 피난계단 등 이와 유사한 장소로부터 3[m] 이상 이격하여야 한다.

㉥ 배선설비가 2차 전지실 벽면을 관통하는 경우 관통부는 해당 구획부재의 내화성능을 저하시키지 않도록 충전(充塡)하여야 한다.

018 비상전원겸용 전기저장장치의 구성요소와 시설기준을 설명하시오.

data 전기안전기술사 19-117-1-11

답안 1. 에너지 저장장치(ESS : Energy Storage System) 구성요소

(1) 개요

생산된 전력을 저장하였다가 전력이 필요할 때 공급하는 전력시스템을 말하며 전력저장장치, 전력변환장치 및 제반운영시스템으로 구성된다.

(2) PCS(Power Conversion System), ESS의 구성요소

① 전력변환장치(교류와 직류 간의 변환, 전압 · 전류 · 주파수 변환)

② 전력변환장치로 컨버터와 인버터로 구성되며 에너지 저장 시와 전력사용처에 공급 시로 나누어 사용함

③ 전력저장 시 : 교류 → 직류(컨버터로 사용)

④ 사용처 전력공급 시 : 직류 → 교류(인버터로 사용)

(3) 구성도(ESS)

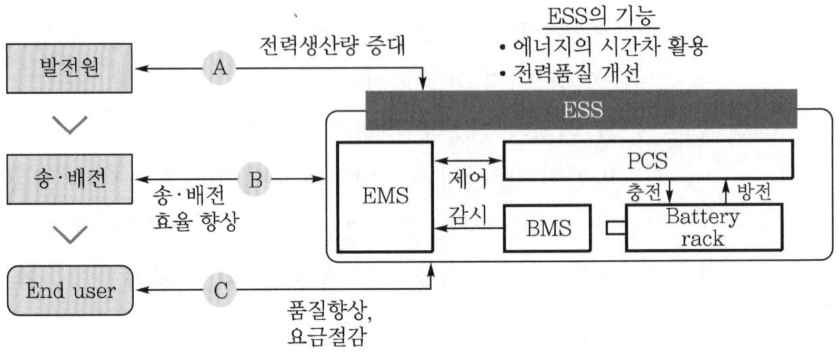

(4) BMS(Battery Management System)

① 배터리 랙에 있는 각각의 셀마다 특성이 달라 이를 제어하는 장치

② 셀용량 보호 및 수명예측, 충 · 방전 등을 통해 에너지 저장장치가 최대의 성능 발휘 및 안전성 확보를 위한 제어 시행

(5) EMS(Energy Management System)

전력의 생산 · 변환 · 소비 등을 제어 및 모니터링하는 시스템

(6) Battery 및 Rack

① 작은 리튬이온 배터리 셀이 모여 모듈을 이루고 이 모듈이 Rack을 구성

② 에너지 저장장치의 핵심부품으로 실질적으로 전력을 저장하는 장치임

2. 시설기준

2차 전지를 이용한 전기저장장치는 다음에 따라 시설하여야 한다.

(1) 충전부분이 노출되지 않도록 시설하고, 금속제의 외함 및 2차 전지의 지지대는 기계기구의 철대, 금속제 외함 및 금속프레임 등의 접지규정에 따라 접지공사를 할 것

(2) 2차 전지를 시설하는 장소는 폭발성 가스의 축적을 방지하기 위한 환기시설을 갖추고 적정한 온도와 습도를 유지할 것

(3) 2차 전지를 시설하는 장소는 보수점검을 위한 충분한 작업공간을 확보하고 조명설비를 시설할 것

(4) 2차 전지의 지지물은 부식성 가스 또는 용액에 의하여 부식되지 아니하도록 하고 적재하중 또는 지진 등 기타 진동과 충격에 대하여 안전한 구조일 것

(5) 침수의 우려가 없는 곳에 시설할 것

019 특정 기술을 이용한 전기저장장치(ESS : Energy Storage System)를 일반인이 출입하는 건물과 분리된 별도의 장소에 시설하는 경우 아래 사항을 전기설비기술기준의 판단기준에 근거하여 설명하시오.

1. 전기저장장치 시설의 일반요건
2. 20[kWh]를 초과하는 리튬 · 나트륨 · 레독스플로우 계열의 2차 전지를 이용한 전기저장장치의 추가 설치요건
3. 전기저장장치의 보호장치 및 제어장치의 시설요건

data 전기안전기술사 20-120-4-1

답안 **1. 전기저장장치 시설의 일반요건**

(1) 2차 전지를 이용한 전기저장장치는 다음에 따라 시설하여야 한다.

① 충전부분이 노출되지 않도록 시설하고, 금속제의 외함 및 2차 전지의 지지대는 제33조에 따라 접지공사를 할 것

② 전기저장장치를 시설하는 장소는 폭발성 가스의 축적을 방지하기 위한 환기시설을 갖추고 제조사가 권장하는 온도 · 습도 · 수분 · 분진 등 적정 운영환경을 상시 유지

③ 2차 전지를 시설하는 장소는 보수점검을 위한 충분한 작업공간을 확보하고 조명설비를 시설할 것

④ 2차 전지의 지지물은 부식성 가스 또는 용액에 의하여 부식되지 않게 하고 적재하중 또는 지진 등 기타 진동과 충격에 대하여 안전한 구조일 것

⑤ 침수의 우려가 없는 곳에 시설할 것

⑥ 전기저장장치 시설장소에는 기술기준 제21조 제1항과 같이 외벽 등 확인하기 쉬운 위치에 '전기저장장치 시설장소' 표지를 하고 일반인의 출입을 통제하기 위한 잠금장치 등을 시설

(2) 제8장 제4절에서 정하지 않은 전기저정장치의 시설은 관련 판단기준을 준용하여 시설하여야 한다.

2. 20[kWh]를 초과하는 리튬 · 나트륨 · 레독스플로우 계열의 2차 전지를 이용한 전기저장장치의 추가 설치요건(「전기설비기술기준의 판단기준」 제298조 특정 기술을 이용한 전기저장장치의 추가 설치요건)

(1) 20[kWh]를 초과하는 리튬 · 나트륨 · 레독스플로우 계열의 2차 전지를 이용한 전기저장장치의 경우 기술기준 제53조의3 제2항의 적절한 보호 및 제어장치를 갖추고 폭발의 우려가 없도록 시설하는 것은 제295조부터 제297조 및 이 조에서 정한 사항을 말한다.

(2) 전기저장장치는 일반인이 출입하는 건물과 분리된 별도의 장소에 다음에 의한다.

① 전기저장장치 시설장소의 바닥, 천장(지붕), 벽면 재료는 「건축물의 피난 · 방화구조 등의 기준에 관한 규칙」에 따른 불연재료로 한다. 단, 단열재는 준불연재료 또는 이와 동등 이상의 것

② 전기저장장치 시설장소는 지표면을 기준으로 높이 22[m] 이내로 하고 해당 장소의 출구가 있는 바닥면을 기준으로 깊이 9[m] 이내일 것

③ 2차 전지는 전력변환장치(PCS) 등의 다른 전기설비와 분리된 격실(이하 여기서 2차 전지실)에 다음에 따라 시설할 것

㉠ 2차 전지실의 벽면 재료 및 단열재는 '①'의 것과 동일한 재료

㉡ 2차 전지는 벽면으로부터 1[m] 이상 이격. 단, 옥외의 전용 컨테이너에서 적정 거리를 이격한 경우에는 제외

㉢ 2차 전지와 물리적으로 인접 시설해야 하는 제어장치 및 보조설비(공조설비 및 조명설비 등)는 2차 전지실 내에 시설 가능

㉣ 2차 전지실 내부에는 가연성 물질을 두지 않음

④ 제295조 제1항 제2호에도 불구하고 인화성 또는 유독성 가스가 축적되지 않는 근거를 제조사에서 제공하는 경우에는 2차 전지실에 한하여 환기시설 생략이 가능

⑤ 전기저장장치가 차량에 의해 충격을 받을 우려가 있는 장소에 시설되는 경우에는 충돌방지장치 등을 시설

⑥ 전기저장장치 시설장소는 주변시설(도로, 건물, 가연물질 등)로부터 1.5[m] 이상 이격하고 다른 건물의 출입구나 피난계단 등 이와 유사한 장소로부터는 3[m] 이상 이격

(3) 전기저장장치는 다음에 따른 보호장치 및 제어장치 등을 시설한다.

① 낙뢰 및 서지 등 과도 과전압으로부터 주요 설비를 보호하기 위해 직류 전로에 직류 서지보호장치(SPD)를 시설할 것

② 제조사가 정하는 정격 이상의 과충전, 과방전, 과전압, 과전류, 지락전류 및 온도 상승, 냉각장치 고장, 통신 불량 등 긴급상황이 발생한 경우에는 관리자에게 경보하고 즉시 전기저장장치를 자동 및 수동으로 정지시킬 수 있는 비상정지장치를 시설하며 수동 조작을 위한 비상정지장치는 신속한 접근 및 조작이 가능한 장소에 시설할 것

③ 전기저장장치의 상시 운영정보 및 '②'의 긴급상황 관련 계측정보 등은 2차 전지실 외부의 안전한 장소에 안전하게 전송되어 최소 1개월 이상 보관

④ 전기저장장치의 제어장치를 포함한 주요 설비 사이의 통신장애를 방지하기 위한 보호대책을 고려하여 시설

⑤ 전기저장장치는 정격 이내의 최대 충전범위를 초과하여 충전하지 않고, 만(滿)충전 후 추가충전이 되지 않도록 설정

(4) 전기저장장치를 일반인이 출입하는 건물의 부속공간에 시설(옥상 설치 불가)하는 경우 다음에 따른다.

① 전기저장장치 시설장소는 「건축물의 피난 · 방화구조 등의 기준에 관한 규칙」에 따른 내화구조

② 2차 전지 모듈의 직렬 연결체(이하 여기서 2차 전지 랙)의 용량은 50[kWh] 이하, 건물 내 시설 가능한 2차 전지의 총용량은 600[kWh] 이하

③ 2차 전지 랙과 랙 사이 및 랙과 벽 사이는 각각 1[m] 이상 이격. 단, '①'에 의한 벽이 삽입된 경우 2차 전지 랙과 랙 사이의 이격은 예외

④ 2차 전지실은 건물 내 다른 시설(수전설비, 가연물질 등)로부터 1.5[m] 이상 이격하고 각 실의 출입구나 피난계단 등 이와 유사한 장소로부터 3[m] 이상 이격

⑤ 배선설비가 2차 전지실 벽면을 관통하는 경우 관통부는 해당 구획부재의 내화성능을 저하시키지 않도록 충전(充塡)할 것

3. 제어 및 보호장치(제296조)

(1) 전기저장장치를 계통에 연계하는 경우 제283조 제1항 및 제2항에 따라 시설할 것

(2) 전기저장장치가 비상용 예비전원용도를 겸할 시 다음에 따라 시설할 것

① 상용전원이 정전되었을 때 비상용 부하에 전기를 안정적으로 공급할 수 있는 시설

② 관련 법령에서 정하는 전원유지시간 동안 비상용 부하에 전기를 공급할 수 있는 충전용량을 상시 보존하도록 시설

(3) 전기저장장치의 접속점에는 쉽게 개폐할 수 있는 곳에 개방상태를 육안으로 확인할 수 있는 전용의 개폐기를 시설하여야 한다.

(4) 전기저장장치의 2차 전지에는 다음에 따라 자동적으로 전로로부터 차단하는 장치를 시설하여야 한다.
   ① 과전압 또는 과전류가 발생한 경우
   ② 제어장치에 이상이 발생한 경우
   ③ 2차 전지 모듈의 내부온도가 급격히 상승할 경우

(5) 「전기설비기술기준의 판단기준」 제38조에 의하여 직류전로에 과전류차단기를 설치하는 경우 직류 단락전류를 차단하는 능력을 가지는 것이어야 하고 '직류용' 표시를 하여야 한다.

(6) 「전기설비기술기준」 제14조에 의하여 전기저장장치의 직류전로에는 지락이 생겼을 때에 자동적으로 전로를 차단하는 장치를 시설한다.

020 전기저장장치(ESS)의 직류(DC) 전로에서 지락검출방식을 설명하시오.
020-1 저압 직류 지락차단장치의 시설방법과 구성, 원리에 대하여 설명하시오.

data 전기안전기술사 14-102-1-8 · 21-123-1-9

답안 1. 개요

(1) 직류전류는 지락 시 대지로 흐르는 전류가 고임피던스로 인하여 매우 작은 지락전류가 흐르므로 그 검출에 교류와 달리 어려움이 있다.

(2) DC 지락차단장치 설치방법의 기준
① 직류 지락검출 및 차단(정지)기능이 있는 인버터 설치
② 계통접지방식별 DC 지락차단장치 별도 설치

(3) 직류전로의 1점 고장 시 고장전류가 작기 때문에 계속적으로 전원공급이 가능하나 2점 고장 시 단락상태가 되어 큰 고장전류로 인하여 감전 및 화재위험이 증가한다.

2. 전기저장장치(ESS)의 직류전로의 지락검출방식

지락차단장치의 구성은 다음과 같다.

지락전류센서 (flux gate)	신호처리장치	차단기 Trip 기구	차단기(기존의 교류용 MCCB)
→	→	→	
지락전류검출(직류 및 교류 2[kHz] 이하)	노이즈 게이팅 및 지락전류 신호처리	차단기 트립신호	기존에 사용하는 교류차단기(차단기 트립신호를 받아서 차단실행)

3. 직류(DC) 전로에서 지락검출방식

지락차단장치는 다음 중 한 가지를 선택하여 설치한다.

(1) 비절연 인버터방식의 지락차단장치
① 비절연 인버터(무변압기형)를 설치하고 그 전원측의 교류전로를 접지(저항접지 포함)하는 경우는 직류성분과 교류성분 합성 실효치(RMS)에 동작하는 지락차단장치(B형 RCD)를 다음 그림과 같이 교류측에 시설하여야 한다.

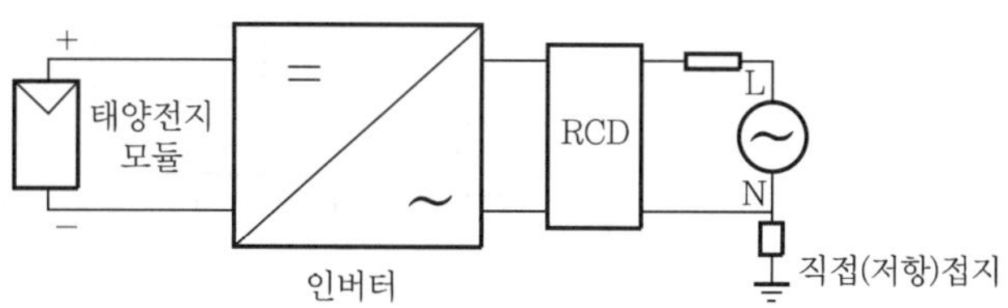

▌RCD 설치위치▐

② RCD(Residual Current Device)의 종류

㉠ AC형 : 교류계통에 사용

㉡ A형 : 교류와 맥류에 사용

㉢ B형 : 교류와 맥류 및 직류에 사용

③ B형 RCD 특징

㉠ 직류 두 선에 흐르는 전류의 벡터합을 실효값으로 나타낸 것이다.

㉡ 정상적일 경우 벡터합은 0이지만 지락사고가 발생하면 차전류가 검출되어 지락전류를 검출할 수 있다.

㉢ 직류/교류의 지락전류를 검출하기 위하여 일반적으로 플럭스 게이트(flux gate) 센서를 사용한다.

reference

지락전류 검출센서[플럭스 게이트(flux gate) 센서 원리]

(1) 코어가 3개 있고 이 중 2개의 코어를 서로 반대극성으로 자화하기 위한 발진신호를 인가한다. LC 발진한 신호를 180도 위상차를 갖도록 하여 2개의 코어에 권선한 코일(W_1, W_2)에 인가하여 직류성분을 검출한다(권선은 4개가 있음).

(2) 또 다른 코어에 감긴 코일(W_3)을 이용하여 교류성분을 검출한다.

(3) 검출한 직류 및 교류 성분에 상응하는 보상전류를 상기 3개의 코어를 공유하도록 권선한 코일(W_4)에 인가한다(이때의 보상전류는 피측정전류에 의한 자속을 상쇄하는 조건으로 한다).

(4) 보상전류를 측정하여 피측정전류를 계측한다.

(2) 절연 인버터방식의 절연저항 모니터링(IMD)과 차단기 조합

절연 인버터(변압기 내장형)를 설치하고 그 부하측의 직류전로를 접지(저항접지 포함)하지 않는 경우는 절연저항을 모니터링하고 필요 시 차단하는 절연저항 모니터링장치(IMD)를 다음 그림과 같이 직류측에 시설하여야 한다.

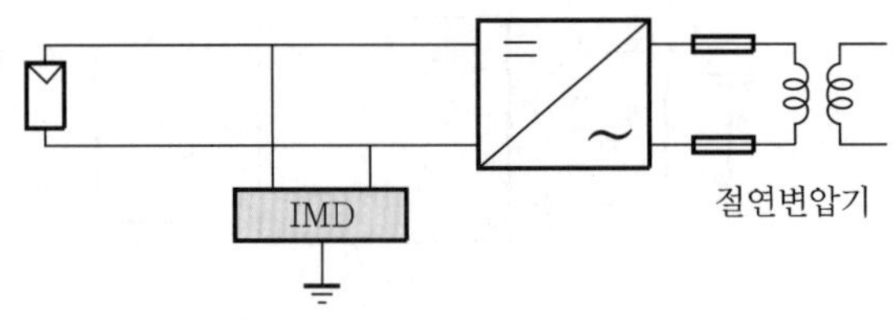

▌IMD 설치▐

(3) 직류 기능접지의 지락차단장치

① 하나의 도체가 기능접지에 직접 연결된 태양전지 어레이에는 직류전로의 기능접지에 지락차단장치를 설치하여 지락전류를 차단할 수 있다. 이 경우 지락차단장치 정격전류가 주어진 값을 초과하지 않아야 한다.

② 이 방식은 주로 미국에서 사용하는 방식이다.

③ 최근 연구보고서에 지락보호의 사각지대가 존재한다고 발표되고 있다.

4. 저압 직류 지락차단장치의 시설방법과 구성, 원리

(1) 한국전기설비규정(KEC) 522.3.2에 의해 태양전기 발전설비의 직류 전로에 지락이 발생하였을 때, 자동적으로 전로를 차단하는 장치를 시설하고 그 방법 및 성능은 IEC 60364-7-712(2017) 712.42 또는 712.53에 따를 수 있다.

(2) 저압 옥내 직류전기설비 시설기준(KEC 243.1)

① 저압 옥내 직류전로에 교류를 직류로 변환하여 공급하는 경우 직류는 리플프리 직류일 것

② KS C IEC 61000-3-2 : 고조파 방사전류 한계값(상당 입력전류 16[A] 이하 기기)과 KS C IEC 61000-3-12 : 저압계통에 연결된 기기에서 발생되는 고조파전류의 한계값(상당 입력전류 16[A] 초과 75[A] 이하 기기)에서 정한 값이 되게 할 것

③ 저압 직류지락차단장치(KEC 243.14)

㉠ 직류전로에는 지락이 생겼을 때에 자동으로 전로를 차단하는 장치를 시설할 것

㉡ '직류용' 표시를 하여야 한다.

㉢ 저압 직류지락차단장치 설치의 예 : 직류전류 지락검출 원리

- 직류전로는 고임피던스로 인하여 지락전류가 아주 작은 상태로 유입된다.
- (+)선로 지락발생 시 접지를 통하여 다음 그림과 같이 64D, R_2로 지락전류가 유입된다(64D : 직류접지계전기).
- (−)선로 지락발생 시 접지를 통하여 64D, R_1로 지락전류가 유입된다.

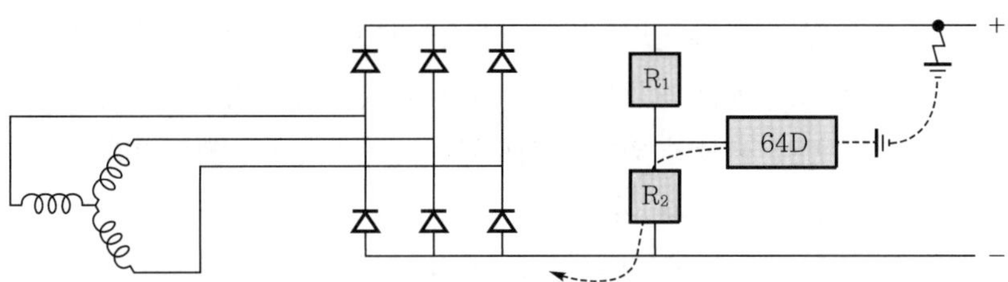

④ 저압 옥내 직류전기설비의 접지(KEC 243.1.8)

㉠ 저압 옥내 직류전기설비는 전로 보호장치의 확실한 동작의 확보, 이상전압 및 대지전압의 억제를 위하여 직류 2선식의 임의의 한 점 또는 변환장치의 직류측 중간점, 태양전지의 중간점 등을 접지할 것. 단, 직류 2선식을 다음에 따라 시설하는 경우는 그러하지 아니하다.

- 사용전압이 60[V] 이하인 경우
- 접지검출기를 설치하고 특정구역 내의 산업용 기계기구에만 공급하는 경우
- 교류전로로부터 공급받는 정류기에서 인출되는 직류계통
- 최대 전류 30[mA] 이하의 직류화재경보회로
- 절연감시장치 또는 절연고장점검출장치를 설치하여 관리자가 확인할 수 있도록 경보장치를 시설하는 경우

㉡ 제1의 접지공사는 접지시스템(KEC 140)의 규정에 의하여 접지하여야 한다.

㉢ 직류전기설비를 시설하는 경우는 감전에 대한 보호를 하여야 한다.

㉣ 직류전기설비의 접지시설은 전기부식방지를 하여야 한다.

㉤ 직류접지계통은 교류접지계통과 같은 방법으로 금속제 외함, 교류접지도체 등과 본딩하여야 하며, 교류접지가 피뢰설비 · 통신접지 등과 통합접지되어 있는 경우는 함께 통합접지공사를 할 수 있다. 이 경우 낙뢰 등에 의한 과전압으로부터 전기설비 등을 보호하기 위해 KS C IEC60364-5-53(전기기기의 선정 및 시공－절연, 개폐 및 제어)의 '534 과전압 보호장치'에 따라 서지보호장치(SPD)를 설치하여야 한다.

⑤ 저압 직류개폐장치(KEC 243.1.5)

㉠ 직류전로에 사용하는 개폐기는 직류전로 개폐 시 발생하는 아크에 견디는 구조이어야 한다.

㉡ 다중 전원전로의 개폐기는 개폐할 때 모든 전원이 개폐될 수 있도록 시설하여야 한다.

⑥ 저압 직류전기설비의 전기부식방지(KEC 243.1.6) : 저압 직류전기설비를 접지하는 경우에는 직류누설전류에 의한 전기부식작용으로 인한 접지극이나 다른 금속체에 손상의 위험이 없도록 시설할 것. 단, 직류지락차단장치를 시설한 경우에는 그러하지 아니하다.

⑦ 축전지실 등의 시설(KEC 243.1.7)

㉠ 30[V]를 초과하는 축전지는 비접지측 도체에 쉽게 차단할 수 있는 곳에 개폐기를 시설할 것

㉡ 옥내 전로에 연계되는 축전지는 비접지측 도체에 과전류보호장치를 시설할 것

㉢ 축전지실 등은 폭발성 가스가 축적되지 않도록 환기장치 등을 시설할 것

reference

EMS 영역

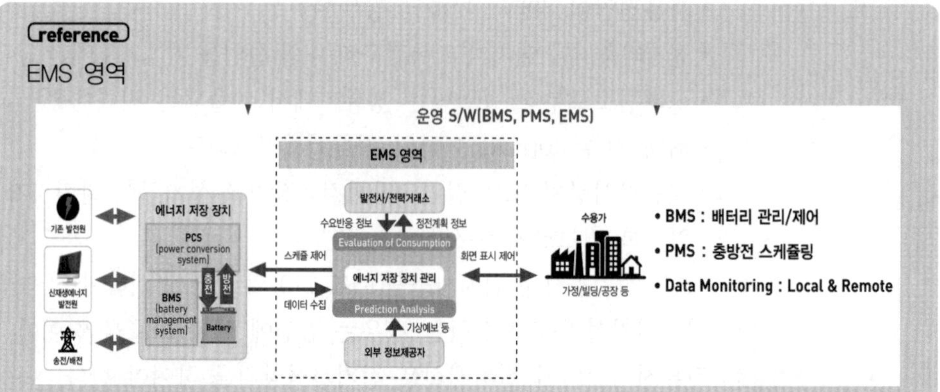

(1) 바나듐 흐름전지는 전해질에 에너지가 저장되고, 스택에서 출력을 담당하는 시스템이다.
(2) 출력 및 용량의 독립적인 설계가 가능한 특징이 있다.
(3) 흐름전지 기반 에너지 저장시스템의 가장 큰 장점은 폭발 위험성이 없는 가장 안전한 시스템이므로 대용량 ESS로 적합하다.
(4) 높은 안전성(수계 전해액 사용)과 전해액의 재사용이 가능하며 15년 이상(15,000사이클 이상)의 긴 수명이 특징이다.
(5) 주목할 점 : 이 회사의 배터리는 바나듐 흐름전지인데 향후 리튬이온전지보다 더 주목받을 가능성이 높다.

section 07 기계식 발전기 등

021 동기발전기의 병렬운전조건을 설명하시오.

data 전기안전기술사 18-116-1-4

답안 동기발전기의 병렬운전 조건

(1) 기전력의 크기가 같을 것

① 기전력의 크기가 다른 경우 전압차에 의한 무효순환전류가 발생한다.

② 무효순환전류로 인한 영향

㉠ 기전력이 작은 발전기 → 증자작용(용량성) → 전압 증가

㉡ 기전력이 큰 발전기 → 감자작용(유도성) → 전압 감소

㉢ 전압크기가 다를 경우 전압차에 의한 무효순환전류(무효횡류)가 발생하며, 저항손 발생 → 발전기의 온도상승으로 과열 → 소손

③ 확인방법 : 전압계로 검출

④ 대책 : 횡류보상 장치 내의 자동전압조정기(AVR)를 적용하여 출력전압을 항상 정격전압과 일정하게 유지할수 있도록 횡류보상장치를 설치한다.

(2) 기전력의 위상이 같을 것 : 엔진속도 조정

① 기전력의 위상이 다른 경우 위상차에 의한 동기화전류가 발생한다.

② 동기화전류로 인한 영향

㉠ 위상이 다를 경우 순환전류(유효횡류)가 발생하면 위상이 늦은 발전기는 부하가 감소되고, 회전속도를 증가시키며, 위상이 앞선 발전기는 부하가 증가되어 회전속도가 감소되며 두 발전기 간의 위상이 같아지도록 작용한다.

㉡ 위상이 빠른 발전기는 부하증가로 과부하 발생이 우려된다.

③ 확인방법 : 동기검정기(synchroscope)를 사용하여 계통의 위상일치 여부를 검출한다.

(3) 기전력의 주파수가 같을 것

① 다른 경우 기전력의 크기가 달라지는 순간이 반복하여 생기게 된다.

② 주파수가 다를 때의 영향

㉠ 무효횡류가 두 발전기 간을 교대로 주기적으로 흐르게 되어 난조의 원인이 되며, 탈조까지 이르게 된다.

㉡ 발전기 단자전압 상승(최대 2배) → 권선가열 → 소손

③ **대책** : 조속기(governor) 적용으로 부하 및 엔진회전수에 따라 엔진속도를 조정할 수 있도록 연료분사량을 조절한다.

(4) 기전력의 파형이 같을 것

① 위상이 같아도 파형이 틀린 경우 각 순간의 순시치가 달라서 양 발전기 간에 무효횡류가 흐르게 된다(발전기 제작상 문제임).

② **영향** : 이 무효횡류는 전기자의 동손을 증가시키고, 파열의 원인이 된다.

(5) 상회전 방향이 같을 것

① 다를 경우 어느 순간에는 선간단락 상태가 발생한다.

② **확인방법** : 상회전 방향검출기로 파악한다.

022 사업장에서 비상용 예비전원설비를 설치할 경우 다음 사항을 설명하시오.
1. 비상용 예비전원 공급방법
2. 비상용 예비전원설비의 시설기준
3. 비상용 예비전원설비의 배선기준

data 전기안전기술사 21-123-4-6

답안 1. 비상용 예비전원 공급방법(KEC 244)

(1) 적용범위

① 상용 전원이 정전되었을 때 사용하는 비상용 예비전원설비를 수용장소에 시설하는 것

② 비상용 예비전원으로 발전기 또는 2차 전지 등을 이용한 전기저장장치 및 이와 유사한 설비를 시설하는 경우에는 해당 설비에 관련된 규정을 적용할 것

(2) 비상용 예비전원설비의 조건 및 분류

① 비상용 예비전원설비는 상용 전원의 고장 또는 화재 등으로 정전되었을 때 수용장소에 전력을 공급하도록 시설할 것

② 화재조건에서 운전이 요구되는 비상용 예비전원설비에 대한 추가 충족조건

㉠ 비상용 예비전원은 충분한 시간 동안 전력공급이 지속되도록 선정할 것

㉡ 모든 비상용 예비전원의 기기는 충분한 시간의 내화보호성능을 갖도록 선정할 것

③ 비상용 예비전원설비의 전원공급방법은 다음과 같이 분류한다.

㉠ 수동 전원공급

㉡ 자동 전원공급

④ 자동 전원공급은 절환시간에 따라 다음과 같이 분류된다.

㉠ 무순단 : 과도시간 내에 전압 또는 주파수 변동 등 정해진 조건에서 연속적인 전원공급이 가능한 것

㉡ 순단 : 0.15[sec] 이내 자동전원공급이 가능한 것

㉢ 단시간 차단 : 0.5[sec] 이내 자동전원공급이 가능한 것

㉣ 보통 차단 : 5[sec] 이내 자동전원공급이 가능한 것

㉤ 중간 차단 : 15[sec] 이내 자동전원공급이 가능한 것

㉥ 장시간 차단 : 자동전원공급이 15[sec] 이후에 가능한 것

⑤ 비상용 예비전원설비에 필수적인 기기는 지정된 동작을 유지하기 위해 절환시간과 호환되어야 한다.

2. 비상용 예비전원설비의 시설기준(KEC 244.2.1)

(1) 비상용 예비전원은 고정설비로 하고, 상용 전원의 고장에 의해 해로운 영향을 받지 않는 방법으로 설치하여야 한다.

(2) 비상용 예비전원은 운전에 적절한 장소에 설치해야 하며, 기능자 및 숙련자만 접근 가능하도록 설치하여야 한다.

(3) 비상용 예비전원에서 발생하는 가스, 연기 또는 증기가 사람이 있는 장소로 침투하지 않도록 확실하고 충분히 환기하여야 한다.

(4) 비상용 예비전원은 비상용 예비전원의 유효성이 손상되지 않은 경우에만 비상용 예비전원설비 이외의 목적으로 사용할 수 있다.

(5) 비상용 예비전원설비는 다른 용도의 회로에 일어나는 고장 시 어떠한 비상용 예비전원설비 회로도 차단되지 않도록 하여야 한다.

(6) 비상용 예비전원으로 전기사업자의 배전망과 수용가의 독립된 전원을 병렬운전이 가능하도록 시설 시 독립운전 또는 병렬운전 시 단락보호 및 고장보호가 확보될 것. 이 경우 병렬운전에 관한 전기사업자의 동의를 받아야 하며 전원의 중성점 간 접속에 의한 순환전류와 제3고조파의 영향을 제한하여야 한다.

(7) 상용 전원의 정전으로 비상용 전원이 대체되는 경우에는 상용 전원과 병렬운전이 되지 않도록 다음 중 하나 또는 그 이상의 조합으로 격리조치를 하여야 한다.
  ① 조작기구 또는 절환 개폐장치의 제어회로 사이의 전기·기계적 또는 전기·기계적 연동
  ② 단일 이동식 열쇠를 갖춘 잠금계통
  ③ 차단 – 중립 – 투입의 3단계 절환 개폐장치
  ④ 적절한 연동기능을 갖춘 자동 절환 개폐장치
  ⑤ 동등한 동작을 보장하는 기타 수단

3. 비상용 예비전원설비의 배선기준(KEC 244.2.2)

(1) 비상용 예비전원설비의 전로는 다른 전로로부터 독립되어야 한다.

(2) 비상용 예비전원설비의 전로는 그들이 내화성이 아니라면, 어떠한 경우라도 화재의 위험과 폭발의 위험에 노출되어 있는 지역을 통과해서는 안 된다.

(3) 과전류 보호장치는 하나의 전로에서의 과전류가 다른 비상용 예비전원설비 전로의 정확한 작동에 손상을 주지 않도록 선정 및 설치하여야 한다.

(4) 독립된 전원이 있는 2개의 서로 다른 전로에 의해 공급되는 기기에서는 하나의 전로 중에 발생하는 고장이 감전에 대한 보호는 물론 다른 전로의 운전도 손상해서는 안 된다. 그런 기기는 필요하다면 두 전로의 보호도체에 접속하여야 한다.

(5) 소방전용 엘리베이터 전원케이블 및 특수 요구사항이 있는 엘리베이터용 배선을 제외한 비상용 예비전원설비 전로는 엘리베이터 샤프트 또는 굴뚝같은 개구부에 설치해서는 안 된다.

(6) 다음 배선설비 중 하나 또는 그 이상을 화재상태에서 운전하는 것이 요구되는 비상용 예비전원설비에 적용하여야 한다.

① KS C IEC 60702-1과 -2에 규정된 케이블 및 단말부에 적합한 무기 절연케이블이어야 한다.

㉠ KS C IEC 60702-1 : 정격전압 750[V] 이하 무기물 절연케이블 및 그 단말부 - 제1부

㉡ KS C IEC 60702-2 : 정격전압 750[V] 이하 무기물 절연케이블 및 단말부 - 제2부

② KS C IEC 60331-11, KS C IEC 60331-21, KS C IEC 60332-1-2에 적합한 내화케이블이어야 한다.

㉠ KS C IEC 60331-11

- 화재조건에서의 전기케이블 시험 - 회로 보전성 - 제11부
- 시험설비-최소 750[℃] 화염온도의 불꽃

㉡ KS C IEC 60331-21

- 화재조건의 전기케이블 시험-회로 보전성-제21부
- 절차 및 요구사항 : 정력전압 0.6/1.0[kV] 이하 케이블

㉢ KS C IEC 60332-1-2

- 화재조건에서의 전기/광섬유 케이블 시험-제1-2부
- 단심 절연전선 또는 케이블 수직 불꽃 전파시험-1[kW] 혼합불꽃 시험절차

③ 화재 및 기계적 보호를 위한 배선설비

(7) 배선설비는 화재 및 기계적 보호를 유지하기 위한 구조적인 외함 또는 개별 화재구획 등 화재 시 손상되지 않는 회로보전방법으로 고정 및 설치되어야 한다.

(8) 비상용 예비전원설비의 제어 및 간선 배선은 비상용 예비전원설비에 사용되는 배선과 동일한 요구사항에 따라야 한다. 이것은 비상용 예비전원이 필요한 기기의 운전에 악영향을 미치지 않는 회로에는 적용하지 않는다.

(9) 직류로 공급될 수 있는 비상용 예비전원설비 전로는 2극 과전류 보호장치를 구비할 것

(10) 교류전원과 직류전원 모두에서 사용하는 개폐장치 및 제어장치는 교류조작 및 직류조작 모두에 적합하여야 한다.

023 한국전기설비규정(KEC)에서 정하는 발전기의 보호장치에 대하여 발전기 이상 시 자동으로 전로를 차단해야 하는 조건을 설명하시오.

data 전기안전기술사 22-126-1-4

답안 **발전기의 이상 시 자동으로 전로를 차단하는 조건(KEC 351.3)**

(1) 발전기에 과전류나 과전압이 생긴 경우

(2) 용량이 500[kVA] 이상의 발전기를 구동하는 수차의 압유장치의 유압 또는 전동식 가이드밴 제어장치, 전동식 니들 제어장치 또는 전동식 디플렉터 제어장치의 전원전압이 현저히 저하한 경우

(3) 용량이 100[kVA] 이상의 발전기를 구동하는 풍차(風車)의 압유장치의 유압, 압축 공기장치의 공기압 또는 전동식 브레이드 제어장치의 전원전압이 현저히 저하한 경우

(4) 용량이 2,000[kVA] 이상인 수차발전기의 스러스트 베어링의 온도가 현저히 상승

(5) 용량이 10,000[kVA] 이상인 발전기의 내부에 고장이 생긴 경우

(6) 정격출력이 10,000[kW]를 초과하는 증기터빈은 그 스러스트 베어링이 현저하게 마모되거나 그의 온도가 현저히 상승한 경우

reference

특고압용 변압기의 뱅크용량별 보호장치의 동작조건과 장치를 종류별로 설명하시오.

1. 개요
   (1) 특고압용의 변압기에는 그 내부에 고장이 생겼을 경우 보호하는 장치를 표와 같이 시설한다.
   (2) 단, 변압기의 내부에 고장이 생겼을 경우 그 변압기의 전원인 발전기를 자동적으로 정지하도록 시설한 경우 그 발전기의 전로로부터 차단하는 장치를 하지 않아도 된다.
2. 변압기 뱅크용량별 동작조건, 보호장치의 종류

뱅크용량의 구분	동작조건	장치의 종류
5,000[kVA] 이상 10,000[kVA] 미만	변압기 내부고장	자동차단장치 또는 경보장치
10,000[kVA] 이상	변압기 내부고장	자동차단장치
타냉식 변압기(변압기의 권선 및 철심을 직접 냉각시키기 위하여 봉입한 냉매를 강제 순환시키는 냉각방식을 말함)	냉각장치에 고장이 생긴 경우 또는 변압기의 온도가 현저히 상승한 경우	경보장치

024 예비전원설비(KDS 31 60 20)에 대한 다음 사항을 설명하시오.
1. 자가발전설비의 고려사항 및 용량산정방법
2. 축전지설비의 용량산정 시 고려사항

data 전기안전기술사 22-126-4-4

comment 예비전원설비는 중요한 문항이고, UPS와 ESS에 관한 설명도 배점 10점으로 나올 확률이 높다.

답안 1. 개요

(1) 예비전원설비(KDS 31 60 20)는 건축물에 설치되는 비상용 예비전원이다.

(2) KDS 31 60 20 규정은 발전기 또는 2차 전지 등을 이용한 전기저장장치, 축전지설비, 무정전 전원설비의 설계에 적용한다.

(3) 토목공사에 있어서 구내 예비전원설비의 설계에 관한 사항도 이 기준에 준한다.

2. 자가발전설비의 고려사항 및 용량산정방법

(1) 자가발전설비용량 산정의 고려사항

① 자가발전설비용 구동장치는 일반적으로 디젤엔진, 가스엔진, 가스터빈 방식 등이 있으며, 부하의 운전조건, 특성, 현장상황 등을 고려하여 선정하여야 한다.

② 발전장치는 신뢰성, 유지·보수성, 경제성 등을 고려하여 선정하여야 한다.

③ 발전기에서 부하에 이르는 전로는 발전기 가까운 곳에서 쉽게 개폐 및 점검을 할 수 있는 곳에 개폐기, 과전류차단기, 전압계 및 전류계 등을 시설하여야 한다.

④ 발전기의 철대, 금속제 외함 및 금속 프레임 등은 전기설비기술기준에 따라 접지할 것

⑤ 자가발전설비의 보호장치 등의 시설은 「전기안전관리법 시행규칙」 및 「전기설비기술기준」 등에 따른다.

⑥ 발전기용량

㉠ 발전기용량을 산정할 때에는 관계 법령에서 정하고 있는 부하의 용량 및 공급시간 등을 검토하여 계산하여야 한다.

㉡ 발전기용량은 스프링클러설비의 화재안전기술기준(NFTC 103)에서 정하고 있는 기준을 충족하여야 한다.

㉢ 발전기용량은 해당 건축물에서 발전기 연결부하의 특성을 고려하여 조정할 수 있으며, 화재 및 예고 없는 정전 시에도 소방 및 비상부하 가동에 지장이 있어서는 안 된다.

(2) 자가발전설비의 고려사항 및 용량산정방법

① 발전기용량 산정은 다음과 같이 계산할 수 있으며, 해당 건축물의 소방부하, 비상부하 및 그 밖의 정전 시에 운전이 필요한 부하 등의 특성을 고려하여 산정할 수 있다.

$$GP \geq \{\sum P + (\sum P_m - P_L) \times a + (P_L \times a \times c)\} \times k$$

여기서, GP : 발전기용량[kVA]

P : 전동기 이외 부하의 입력용량 합계[kVA]

$\sum P_m$: 전동기 부하용량 합계[kW]

P_L : 전동기 부하 중 기동용량이 가장 큰 전동기 부하용량[kW], 단, 동시에 기동될 경우에는 이들을 더한 용량으로 함

a : 전동기의 [kW]당 입력용량계수(a의 추천값은 고효율 1.38, 표준형 1.45임) 단, 전동기 입력용량은 각 전동기별 효율, 역률을 적용하여 입력용량 환산 가능함

c : 전동기의 기동계수

k : 발전기 허용전압 강하계수

② 발전기용량 계산식의 요소설명

㉠ 입력용량(P)의 구체적 설명

- 입력용량(고조파 발생부하 제외) : $P = \dfrac{\text{부하용량[kW]}}{\text{부하효율} \times \text{역률}}$
- 고조파 발생부하의 입력용량 합계[kVA]
  - UPS의 입력용량 : $P = \dfrac{\text{부하용량[kW]}}{UPS\ \text{효율}} \times \lambda + \text{축전지 충전용량}$

    ※ 축전지 충전용량은 UPS 용량의 6~10[%] 적용
  - 입력용량(UPS 제외) : $P = \dfrac{\text{부하용량[kW]}}{\text{효율} \times \text{역률}} \times \lambda$

    ※ λ(THD 가중치)는 KS C IEC 61000-3-6의 [표 6]을 참고한다. 단, 고조파 저감장치를 설치할 경우에는 가중치 1.25를 적용할 수 있다.

㉡ c : 전동기의 기동계수

- 직입기동 : 추천값 6(범위 5~7)
- Y-Δ 기동 : 추천값 2(범위 2~3)
- VVVF(인버터) 기동 : 추천값 1.5(범위 1~1.5)
- 리액터 기동방식의 추천값

구분	탭(tap)		
기동계수(c)	50[%]	65[%]	80[%]
	3	3.9	4.8

㉢ k : 발전기 허용전압 강하계수는 아래 표를 참조한다. 단, 명확하지 않은 경우 1.07~1.13으로 할 수 있다.

구분		발전기 정수 x_d'' [%]					
		20	21	22	23	24	25
발전기 허용 전압 강하율 [%]	15	1.13	1.19	1.25	1.30	1.36	1.42
	16	1.05	1.10	1.16	1.20	1.26	1.31
	17	0.98	1.13	1.087	1.12	1.17	1.22
	18	0.91	0.95	1.00	1.05	1.09	1.14
	19	0.95	0.99	0.94	0.98	1.02	1.07
	20	0.80	0.84	0.88	0.92	0.96	1.00

3. 축전지설비의 용량산정 시 고려사항

comment 별도로 배점 10점 문제로 출제가 예상된다.

(1) 축전지의 종류 선정은 축전지의 특성, 유지 · 보수성, 수명, 경제성과 설치장소의 조건 등을 검토하여 선정하여야 한다.

(2) 용량 산정

① 축전지의 출력용량 산정 시에는 관계 법령에서 정하고 있는 예비전원 공급용량 및 공급시간 등을 검토하여 용량을 산정하여야 한다.

② 축전지 출력용량은 부하전류와 사용시간이 반영되어야 한다.

③ 축전지는 종류별로 보수율, 효율, 방전 종지전압 및 기타 필요한 계수 등을 반영하여 용량을 산정하여야 한다.

(3) 축전지에서 부하에 이르는 전로는 개폐기 및 과전류차단기를 시설하여야 한다.

(4) 축전지설비의 보호장치 등의 시설은 전기설비기술기준 등에 따른다.

4. 무정전 전원장치(UPS) 용량 산정 시 고려사항

comment 별도로 배점 10점 문제로 출제가 예상된다.

(1) 무정전 전원장치(uninterruptible power supply system)는 백업 전원으로 축전지 방식 또는 관성에너지 저장장치(엔진 포함) 등을 이용하는 회전형 등으로 계획한다.

(2) 공급대상 부하에 대한 고려사항

① 전산장비에 전원 공급 시 무정전 전원장치의 전압변동은 해당 전산장비의 전압변동 허용범위 이내로 하여야 한다.

② 통신장비에 전원공급 시 각 통신장비에서 개별적으로 요구하는 사항을 고려해야 한다.

③ 계측장비에 전원공급 시 P & ID(Pipe & Instrumentation Diagram) 등을 검토하여 각 단말장치 및 제어장치에서 요구하는 허용전압강하 · 주파수 · 순시전압강하 등에 만족하여야 한다.

(3) 수량의 선정

① 부하용량이 작은 경우 무정전 전원장치는 1대를 설치하여 운전할 수 있다.

② 부하용량이 큰 경우 전원의 신뢰성 확보를 위하여 2대 이상을 설치하여 운전할 수 있다. 단, 설치수량은 신뢰성 · 경제성 · 유지보수성 · 설치면적 · 시스템의 확장성 등을 종합적으로 검토하여 선정하여야 한다.

(4) 운전방식

① 무정전 전원장치 운전방식에는 개별 또는 병렬 운전방식 등이 있으며, 설계자가 판단하여 부하의 요구조건에 적합하게 채택한다.

② 병렬운전방식으로 하는 경우 상기 (3)의 ②의 검토사항에 따라 예비장치를 1대 또는 2대를 설치하는 방법, 예비장치와 바이패스회로로 구성하는 방법 등으로 구성할 수 있다. 대용량 무정전 전원장치를 시설하는 경우는 무정전 전원장치군을 구성하고 이를 이중화 시스템으로 구성하여 상호 간을 백업하도록 할 수 있다.

(5) 무정전 전원장치는 「고효율 에너지 기자재 보급촉진에 관한 규정」 제3조에 따른다.

(6) 무정전 전원장치의 보호장치, 배관배선 등의 시설은 전기설비기술기준 등에 따른다.

5. 전기저장장치 용량 산정 시 고려사항

comment 별도로 배점 10점 문제로 출제가 예상된다.

(1) 전기저장장치는 「고효율 에너지 기자재 보급촉진에 관한 규정」 제3조에 따른다.

(2) 전기저장장치의 시설요건에 관한 사항(일반 요건, 제어 및 보호장치, 계측장치, 특정기술을 이용한 설치요건 등)은 전기설비기술기준 등에 따른다.

(3) 용량 산정

① **전력변환장치** : 전력변환장치의 용량은 용도(수요관리 등 포함)에 따라 관계 법령에서 요구하는 예비전원설비의 운전에 지장이 없도록 산정하여야 한다.

② **배터리** : 배터리 용량 산정 시에는 배터리의 연간 열화율, 배터리의 충전과 방전에 의한 에너지 변환손실, 관련 법령에서 정하고 있는 부하기기에 공급할 수 있는 용량 확보 등의 사항을 고려하여 산정하여야 한다.

reference

1. 자가발전설비의 고려사항

(1) 자가발전설비용 구동장치별 특징을 비교하여 적용 장소에 최적화된 경제성을 고려한 종류일 것. 구동장치는 일반적으로 디젤엔진, 가스엔진, 가스터빈 방식 등이 있다.

① 디젤 엔진형 발전기 : 발전용량의 소용량화가 가능하기 때문에 디젤발전기가 무난하고 비상전원의 중요도가 낮은 부하설비에서도 설치하고 유지·보수에 무난하다.

② 가스엔진형 발전기 : 비상전원의 의존도는 높지 않으나 양질의 전원이 요구되며, 폐열을 이용하여 Co-Generation system을 구축하고자 할 때 적용하며 상시 가동을 하거나 비상전원으로 사용 시 모두 가능하다.

③ 가스터빈형 발전기 : 비상전원의 의존도가 높고 양질의 전원이 요구되는 전원, 건축물을 Modernization화 할 경우 냉각수 확보가 어렵고 진동방지용 별도 기초가 어려운 건축물 고산지대의 특수설비 비상전원 등에 적합하다.

④ 자가발전설비용 구동장치별 일반적인 특징 비교

구분	디젤	가스엔진	가스터빈
작동 원리	단속연소, 왕복운동	연료가스와 공기의 혼합기를 압축하여 불꽃점화, 왕복운동	연속연소, 회전운동
출력 특성	주위조건과 출력감소가 관련 없다.	연료가스와 공기의 혼합비가 영향을 준다.	흡입공기의 온도가 수명, 출력에 악영향을 준다.
경부하 운전	엔진 내부에 흑화현상	문제없다.	문제없다.
진동	대책 필요	진동이 작다.	별도 기초 불필요
소음	105 ~ 115[dB/M]	68 ~ 75[dB/M]	80 ~ 95[dB/M]
체적, 중량	체적 1.5 ~ 2배, 중량 3배	콤팩트하고 설치 용이	체적이 작고 가볍다.
냉각수	필요	불필요	불필요(공랭식)
몸체 가격	–	디젤의 1.5 ~ 3배	디젤의 1.5 ~ 4배

(2) 부하의 운전조건, 특성, 현장상황 등을 고려하여 선정할 것

(3) 발전장치는 신뢰성, 유지·보수성, 경제성 등을 고려하여 선정할 것

(4) 발전기에서 부하에 이르는 전로는 발전기 가까운 곳에서 쉽게 개폐 및 점검을 할 수 있는 곳에 개폐기, 과전류차단기, 전압계 및 전류계 등을 시설할 것

(5) 발전기의 철대, 금속제 외함 및 금속 프레임 등은 전기설비기술기준에 따라 접지할 것

(6) 자가발전설비의 보호장치 등의 시설은 「전기안전관리법 시행규칙」 및 「전기설비기술기준」 등에 의한다.

2. 축전지설비의 용량 산정 시 고려사항

comment 25점으로 자주 출제되는 내용으로, 반드시 숙지하기 바란다.

(1) 축전지의 종류 선정은 축전지의 특성, 유지 · 보수성, 수명, 경제성과 설치장소의 조건 등을 검토하여 선정한다.

(2) 용량 산정 시 고려사항

① 축전지의 출력용량 산정 시에는 관계 법령에서 정하고 있는 예비전원 공급용량 및 공급시간 등을 검토한다.

② 축전지 출력용량은 부하전류와 사용시간이 반영되어야 한다.

③ 축전지는 종류별로 보수율, 효율, 방전 종지전압 및 기타 필요한 계수 등을 반영하여 용량을 산정한다.

(3) 용량 산정 시 검토순서

① 부하종류의 결정 : 상시부하, 순시부하

② 방전전류(I) 결정 : $I=\dfrac{P}{V}[\mathrm{A}]$

③ 방전시간(t) 결정 : 30분, 20분, 1분 등

④ 예상 부하특성곡선 작성 : 방전 말기 예상 대전류 사용 그래프

⑤ 축전지 종류의 결정 : 연축전지(Cs, HS형), 알칼리(소결, 포켓식), 리튬이온전지

⑥ 축전지 Cell수 결정 : 연(50~55셀), 알칼리(80~86셀)

⑦ 허용 최저 전압 결정 : $V=\dfrac{V_a+V_c}{n}$

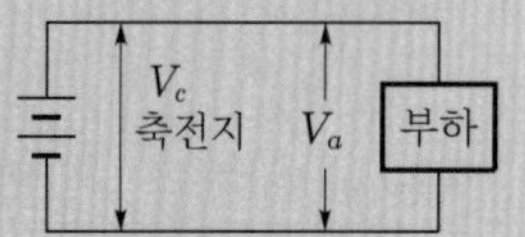

여기서, V_a : 부하의 허용 최저 전압[V]

V_c : 축전지와 부하 간 전압강하[V]

n : 축전지 직렬 접속개수[cell]

⑧ 최저 축전지 온도 결정 : 실내(5[℃]), 옥외(5~10[℃]), 한냉(-5[℃])

⑨ 용량 환산시간 K값 결정 : Table에 의해 K값 구함

⑩ 축전지 용량 산출 : $C=\dfrac{1}{L}\left[K_1I_1+K_2(I_2-I_1)+\cdots\cdots K_n(I_n-I_{n-1})\right]$

(4) 축전지에서 부하에 이르는 전로는 개폐기 및 과전류차단기를 시설하여야 한다.

(5) 축전지 설비의 보호장치 등의 시설은 「전기설비기술기준」 등에 따른다.

025 비상발전기용량 산정방법과 용량 산정 시 고려사항에 대하여 설명하시오.

data 전기안전기술사 21-125-4-5

comment 124~126회 전기응용기술사, 건축전기기술사 등에서 연속적으로 출제되었다.

답안 KDS 31 60 20 예비전원설비 설계기준(발전기용량)

(1) 자가발전설비용량 산정의 고려사항

① 자가발전설비용 구동장치는 일반적으로 디젤엔진, 가스엔진, 가스터빈 방식 등이 있으며, 부하의 운전조건, 특성, 현장상황 등을 고려하여 선정하여야 한다.

② 발전장치는 신뢰성, 유지 · 보수성, 경제성 등을 고려하여 선정하여야 한다.

③ 발전기에서 부하에 이르는 전로는 발전기 가까운 곳에서 쉽게 개폐 및 점검을 할 수 있는 곳에 개폐기, 과전류차단기, 전압계 및 전류계 등을 시설하여야 한다.

④ 발전기의 철대, 금속제 외함 및 금속 프레임 등은 전기설비기술기준에 따라 접지해야 한다.

⑤ 자가발전설비의 보호장치 등의 시설은 「전기안전관리법 시행규칙」 및 「전기설비기술기준」 등에 따른다.

⑥ 발전기용량

㉠ 발전기용량을 산정할 때에는 관계 법령에서 정하고 있는 부하의 용량 및 공급시간 등을 검토하여 계산하여야 한다.

㉡ 발전기용량은 스프링클러설비의 화재안전기술기준(NFTC 103)에서 정하고 있는 기준을 충족하여야 한다.

㉢ 발전기용량은 해당 건축물에서 발전기 연결부하의 특성을 고려하여 조정할 수 있으며, 화재 및 예고 없는 정전 시에도 소방 및 비상부하 가동에 지장이 없을 것

(2) 발전기용량(예비전원발전기) 산정방식

① 발전기용량 산정은 다음과 같이 계산할 수 있으며, 해당 건축물의 소방부하, 비상부하 및 그 밖의 정전 시 운전이 필요한 부하 등의 특성을 고려하여 산정할 수 있다.

$$GP \geq \{\sum P + (\sum P_m - P_L) \times a + (P_L \times a \times c)\} \times k$$

여기서, GP : 발전기용량[kVA]

P : 전동기 이외 부하의 입력용량 합계[kVA]

$\sum P_m$: 전동기 부하용량 합계[kW]

P_L : 전동기부하 중 기동용량이 가장 큰 전동기 부하용량[kW], 단, 동시에 기동될 경우에는 이들을 더한 용량으로 함

a : 전동기의 [kW]당 입력용량계수(a의 추천값은 고효율 1.38, 표준형 1.45)

단, 전동기 입력용량은 각 전동기별 효율, 역률을 적용하여 입력용량을 환산 가능함

c : 전동기의 기동계수

k : 발전기 허용전압 강하계수

② 발전기용량 계산식의 요소설명

㉠ 입력용량(P)의 구체적 설명

- 입력용량(고조파 발생부하 제외) : $P = \dfrac{\text{부하용량[kW]}}{\text{부하효율} \times \text{역률}}$
- 고조파 발생부하의 입력용량 합계[kVA]

– UPS의 입력용량 : $P = \dfrac{\text{부하용량[kW]}}{UPS\ \text{효율}} \times \lambda + \text{축전지 충전용량}$

※ 축전지 충전용량은 UPS 용량의 6~10[%] 적용

– 입력용량(UPS 제외) : $P = \dfrac{\text{부하용량[kW]}}{\text{효율} \times \text{역률}} \times \lambda$

※ λ(THD 가중치)는 KS C IEC 61000-3-6의 [표 6]을 참고한다. 단, 고조파 저감장치를 설치할 경우에는 가중치 1.25를 적용할 수 있다.

㉡ c : 전동기의 기동계수

- 직입기동 : 추천값 6(범위 5~7)
- Y-△ 기동 : 추천값 2(범위 2~3)
- VVVF(인버터) 기동 : 추천값 1.5(범위 1~1.5)
- 리액터 기동방식의 추천값

구분	탭(tap)		
기동계수(c)	50[%]	65[%]	80[%]
	3	3.9	4.8

㉢ k : 발전기 허용전압 강하계수는 다음 표를 참조한다. 단, 명확하지 않은 경우 1.07~1.13으로 할 수 있다.

구분		발전기정수 x_d'' [%]					
		20	21	22	23	24	25
발전기 허용 전압 강하율 [%]	15	1.13	1.19	1.25	1.30	1.36	1.42
	16	1.05	1.10	1.16	1.20	1.26	1.31
	17	0.98	1.13	1.087	1.12	1.17	1.22
	18	0.91	0.95	1.00	1.05	1.09	1.14
	19	0.95	0.99	0.94	0.98	1.02	1.07
	20	0.80	0.84	0.88	0.92	0.96	1.00

reference

1. 용어의 정의
   (1) 상용 전원 : 평상시에 사용하는 전원
   (2) 소방부하 : 화재안전기술기준에서 예비전원 공급을 정하고 있는 부하
   (3) 비상부하 : 소방부하 이외의 부하로서 관련 타 법령에서 예비전원 공급을 정하고 있는 부하
   (4) 예비전원설비 : 상용 전원이 정전되었을 때 소방부하, 비상부하 및 그 밖에 정전 시 운전이 필요한 부하에 전기를 공급하는 독립된 예비의 전원을 말하며, 자가발전설비, 축전지설비, 무정전 전원장치, 전기저장장치 등
   (5) 전기저장장치(electrical energy storage system) : 전기를 저장하고 공급하는 시스템을 말하며, 전력변환장치(PCS), 전력관리장치(PMS), 배터리 관리장치(BMS) 등으로 구성
   (6) 그 밖의 정전 시 운전이 필요한 부하 : 소방부하 및 비상부하를 제외하고 해당 건축물에서 정전 시에도 전기를 공급해야 하는 부하
   (7) 중요 부하 : 소방부하, 비상부하, 그 밖에 정전 시 운전이 필요한 부하
2. 화재안전기술기준(NFTC 103)에 의한 전원
   (1) 스프링클러설비에는 다음의 기준에 따른 상용 전원회로의 배선을 설치하여야 한다. 단, 가압 수조방식으로서 모든 기능이 20분 이상 유효하게 지속될 수 있는 경우에는 그렇지 않다.
      ① 저압 수전인 경우에는 인입개폐기의 직후에서 분기하여 전용 배선으로 하여야 하며, 전용의 전선관에 보호되도록 한다.
      ② 특고압 수전 또는 고압 수전일 경우에는 전력용 변압기 2차측의 주차단기 1차측에서 분기하여 전용 배선으로 하되, 상용 전원의 상시 공급에 지장이 없을 경우에는 주차단기 2차측에서 분기하여 전용 배선으로 한다. 단, 가압 송수장치의 정격입력 전압이 수전전압과 같은 경우에는 '①' 기준에 따른다.

(2) 스프링클러설비에는 자가발전설비, 축전지설비 또는 전기저장장치에 따른 비상전원을 설치하여야 한다. 단, 차고 · 주차장으로서 스프링클러설비가 설치된 부분의 바닥면적(「포소화설비의 화재안전기술기준(NFTC 105)」의 2.10.2.2에 따른 차고 · 주차장의 바닥면적을 포함)의 합계가 1,000[m^2] 미만인 경우에는 비상전원 수전설비로 설치할 수 있으며, 둘 이상의 변전소(「전기사업법」 제67조에 따른 변전소를 말한다. 이하 같다)에서 전력을 동시에 공급받을 수 있거나 하나의 변전소로부터 전력의 공급이 중단되는 때에는 자동으로 다른 변전소로부터 전력을 공급받을 수 있도록 상용 전원을 설치한 경우와 가압 수조방식에는 비상전원을 설치하지 않을 수 있다.

(3) '(2)'에 따른 비상전원 중 자가발전설비, 축전기설비(내연기관에 따른 펌프를 설치한 경우에는 내연기관의 기동 및 제어용 축전지를 말한다) 또는 전기저장장치(외부 전기에너지를 저장해 두었다가 필요한 때 전기를 공급하는 장치)는 다음의 기준을, 비상전원 수전설비는 「소방시설용 비상전원 수전설비의 화재안전기술기준(NFTC 602)」에 따라 설치하여야 한다.

① 점검에 편리하고 화재 및 침수 등의 재해로 인한 피해를 받을 우려가 없는 곳에 설치할 것
② 스프링클러설비를 유효하게 20분 이상 작동할 수 있어야 할 것
③ 상용 전원으로부터 전력의 공급이 중단된 때에는 자동으로 비상전원으로부터 전력을 공급받을 수 있도록 할 것
④ 비상전원(내연기관의 기동 및 제어용 축전기를 제외한다)의 설치장소는 다른 장소와 방화구획하고, 비상전원의 공급에 필요한 기구나 설비가 아닌 것(열병합 발전설비에 필요한 기구나 설비는 제외한다)을 두지 않을 것
⑤ 비상전원을 실내에 설치하는 때에는 그 실내에 비상조명등을 설치할 것
⑥ 옥내에 설치하는 비상전원실에는 옥외로 직접 통하는 충분한 용량의 급배기 설비를 설치할 것
⑦ 비상전원의 출력용량은 다음의 기준을 갖출 것
㉠ 비상전원설비에 설치되어 동시에 운전될 수 있는 모든 부하의 합계 입력용량을 기준으로 정격출력을 선정할 것. 단, 소방전원 보존형 발전기를 사용할 경우에는 그렇지 않다.
㉡ 기동전류가 가장 큰 부하가 기동될 때에도 부하의 허용 최저 입력전압 이상의 출력전압을 유지할 것
㉢ 단시간 과전류에 견디는 내력은 입력용량이 가장 큰 부하가 최종 기동할 경우에도 견딜 것
⑧ 자가발전설비는 부하의 용도와 조건에 따라 다음의 하나를 설치하고 그 부하용도별 표지를 부착할 것. 단, 자가발전설비의 정격출력용량은 하나의 건축물에 있어서 소방부하의 설비용량을 기준으로 하고, 비상부하는 국토해양부장관이 정한 「건축전기설비설계기준」의 수용률 범위 중 최댓값 이상을 적용함

㉠ 소방전용 발전기 : 소방부하용량을 기준으로 정격출력용량을 산정하여 사용하는 발전기
㉡ 소방부하 겸용 발전기 : 소방 및 비상부하 겸용으로서, 소방부하와 비상부하의 전원용량을 합하여 정격출력용량을 산정하여 사용하는 발전기
㉢ 소방전원 보존형 발전기 : 소방 및 비상부하 겸용으로서, 소방부하의 전원용량을 기준으로 정격출력용량을 산정하여 사용하는 발전기

⑨ 비상전원실의 출입구 외부에는 실의 위치와 비상전원의 종류를 알아볼 수 있도록 표지판을 부착할 것

memo

송전공학

section 01 가공송전선로와 직류송전

001 HVDC 송전계통에 대하여 다음 사항을 설명하시오.

1. 직류송전 계통구성의 개요
2. 직류송전의 장점과 단점

data 전기안전기술사 20-120-3-2

답안 **1. 직류송전 계통구성의 개요**

(1) 구성도

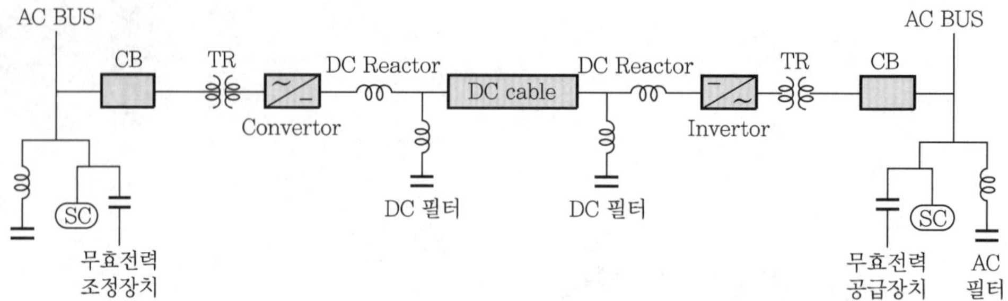

(2) HVDC의 구성설비

① 변환장치(사이리스터 밸브)

㉠ 종류 : 수은 아크 밸브, 사이리스터 밸브(전기점호식, 광직접 점호식, GTO식)

㉡ 사이리스터 밸브의 특성

- 수은 아크 밸브(valve)에서 생기는 이상현상(arc back)이 없어지고, 보수가 간단하며 회로구성의 자유도가 높아 대부분의 직류송전방식에서 채용
- 구성 : 여러 개의 소자를 병렬로 접속한 모듈을 필요한 만큼 직렬로 접속시킴
- 변환기의 밸브 접속방식 : 밸브의 역내전압, 변압기의 이용률 및 고조파 발생을 고려하여 6펄스, 12펄스식이 있고, 대부분 경제성을 감안하여 12펄스식을 채용함

㉢ 광직접 점호식 사이리스터 밸브

- 상기 전기점호식의 사이리스터 밸브를 대신하여 광직접 점호식 사이리스터로 개발된 것임

- 특성 : 광펄스신호로 직접 점호되므로, 모듈 부품수를 10~20[%] 줄일 수 있고, 내잡음성이 향상되어 모듈의 부피가 약 60[%] 정도 축소됨

㉣ GTO 사이리스터 밸브 : GTO(Gate-Turn-Off) 사이리스터는 종래의 전력용 사이리스터에 비하여 자기소호기능을 가진 것으로, 직류송전에 적용하면 유효 및 무효 전력을 제어하여 HVDC의 경제적 운전에 기여함

② **변환기용 변압기** : 변환용 변압기는 3상, 옥외형으로 Y-Y-△ 결선방식, 1차측 중성점을 접지함

③ **직류차단기**

㉠ 직류에서는 전류 0점이 없어 직류차단을 하려면 전류 0점을 발생시켜야 함

㉡ 과전압 억제와 대용량 에너지를 흡수할 수 있는 능력이 요구되어, 전류 0점 발생장치, 과전압 억제와 에너지를 흡수하는 산화아연 등이 조합된 복합장치로 됨

④ **직류피뢰기** : 직류전류, 직류모선, Thyrister 등에 대한 뇌와 개폐서지 보호 및 이상전압 보호용으로 직류송전용 변환소에 설치되며, 고성능 산화아연 LA가 적용됨

⑤ **직류리액터**

㉠ 직류송전계통의 순 · 역 변환소에 설치하여 직류전류 맥동을 감쇠시켜 평활한 전류가 되도록 함

㉡ 경부하 시 직류전류의 단속이나 직류송전계통 사고 시의 전류상승률을 억제시킴

㉢ 고조파 억제의 목적도 있음

⑥ **고조파 필터(filter)**

㉠ 변환장치에서 발생되는 고조파 및 교류전압의 불평형 및 전압 왜곡 등에 의한 비이론 고조파가 발생됨

- 교류측 : $X = kp \pm 1$
- 직류측 : $n = kp$

여기서, p : 펄스수

n : 이론고조파 차수

k : 1, 2, 3……

㉡ 교류측에는 변환기용 변압기의 교류측에 설치하여 변환장치에서 발생하는 고조파를 흡수시키고 직류필터는 직류회로의 전압선과 중성점 사이에 설치

⑦ **직류케이블** : 유침지 SOLID 케이블을 주로 사용함

chapter 13

⑧ 블록장치

㉠ 변환기의 ON, OFF 현상에 의한 고조파 전류가 변환소 내 순환하며 각 모선이 Loop 안테나 작용을 하여 라디오 주파수대에서 잡음이 발생됨

㉡ 방지 : 고조파 전류치를 실용상 지장 없는 정도까지 억제시키기 위해 Block 장치 사용

⑨ 직류애자

㉠ 내무애자 사용

㉡ 우천 시나 습윤 시 누설전류에 의해 전식의 악영향이 있으므로, 금속제관을 핀 측부에 취부함

⑩ **접지전극** : 대지귀로 또는 해수귀로 송전방식에서는 변환소 가깝게 접지전극을 설치하고, 이것과 변환소와의 사이에 전극선을 연결하여 귀로회로를 구성

2. 직류송전의 장점과 단점

(1) 직류송전방식의 장점

① 전압의 최대치가 낮다.

㉠ 직류전압 = 교류의 최곳값의 $\dfrac{1}{\sqrt{2}}$ 로 절연이 용이하여 AC보다 유리하다.

㉡ 가공전선로의 애자수 감소, 전선 소요량 감소, 특히 초고압 가공 T/L 및 케이블에서 유리하다.

② 표피효과가 없다.

㉠ 표피효과란 전선의 중심부일수록 리액턴스가 커져서 통전이 어려워 도체 표면의 리액턴스가 작은 곳으로 통전이 많다.

㉡ 표피효과의 깊이 $\delta = \dfrac{1}{\sqrt{\pi f \mu k}}$ 에서 $f = 0$ 이므로, 전선 전체 단면의 모든 부분을 통전한다는 의미이다.

여기서, δ : 표피효과의 깊이
f : 주파수[Hz]
k : 도전율
μ : 투자율[H/m]

③ 유전손이 없다.

㉠ 유전체손 : $W_d = E\,I_R = 2\pi f C E^2 \tan\delta [\mathrm{W/m^2}]$ 에서 $f = 0$ 이므로 $W_d = 0$

㉡ 케이블의 온도상승 요인이 저항손, 유전체손, 연피손(시스손)에 기인하므로, 직류의 유전체손이 없는 만큼 DC Cable의 온도상승은 감소한다.

④ 정전용량에 무관하여 송전선로의 충전이 불필요하다.

⑤ 직류의 전압과 전류는 동위상이어서 $\sin\theta = 0$이기 때문에 무효전력을 필요로 하지 않는다. 따라서, 자기여자현상이 없고, 페란티 효과도 없다.

⑥ 역률 1로 송전효율이 높다.

⑦ 계통의 안정도 향상

㉠ 교류계통은 송전전력 한계에 의해 제한되나 DC는 안정도에 영향이 없어 계통의 안정도 향상 효과가 발생한다.

㉡ 신속한 조류제어 가능으로 교류계통의 사고에 의해 발생된 주파수 교란을 직류전력제어를 통하여 제어가 가능하므로, 연계계통의 과도안정도가 향상된다.

㉢ 송수전단이 각각 독립운전이 가능하다.

⑧ 주파수가 다른 계통과 비동기 연계(back to back system 적용 가능)가 가능하다.

⑨ 교류계통 간을 연계할 경우 직류연계에 의해 단락용량의 증가는 없다.

⑩ 대지귀로 송전 가능한 경우는 귀로도체를 생략한다.

(2) 직류송전방식의 단점

① 변환장치는 유효전력 50 ~ 60[%]로 무효전력을 소비하므로 무효전력 보상설비의 경비가 크다.

② 단락전류가 작은 교류계통에 연계 시 교류연계점에서 전압 불안정 현상이 발생한다.

③ 교류계통보다 자유도가 작고 제어방식 및 차단기의 신뢰성이 제고되어야 한다.

④ 변환장치가 고가로, 소용량 단거리 송전계통에 적용은 비경제적이다.

⑤ 변환장치에서 고조파가 발생하므로 이의 방지대책이 요구된다.

⑥ 전기부식의 우려가 크다.

002 직류송전방식과 교류송전방식의 특징에 대하여 설명하시오.

data 전기안전기술사 21-125-3-5

답안 1. 직류송전방식의 특징

(1) 개념도

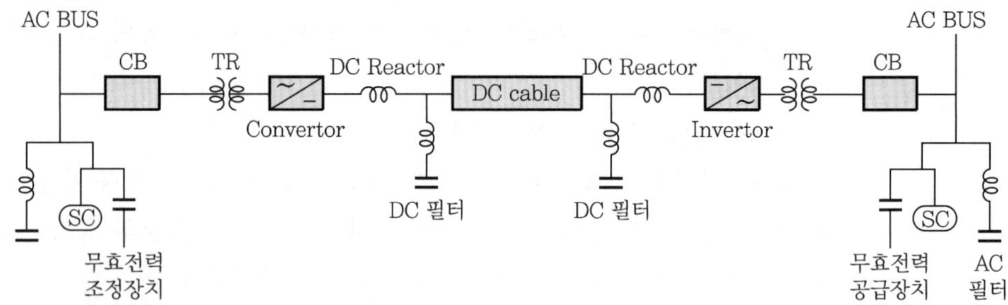

(2) 직류송전방식의 장점

① 전압의 최대치가 낮다.

㉠ 직류전압 = 교류의 최곳값의 $\dfrac{1}{\sqrt{2}}$로 절연이 용이하여 AC보다 유리하다.

㉡ 가공전선로의 애자수 감소, 전선 소요량 감소, 특히 초고압 가공 T/L 및 케이블에서 유리하다.

② 표피효과가 없다.

㉠ 표피효과란 전선의 중심부일수록 리액턴스가 커져서, 통전이 어려워 도체 표면의 리액턴스가 작은 곳으로 통전이 많다.

㉡ 표피효과의 깊이 $\delta = \dfrac{1}{\sqrt{\pi f \mu k}}$에서 $f = 0$이므로 전선 전체 단면의 모든 부분을 통전한다는 의미이다.

여기서, δ : 표피효과의 깊이
f : 주파수[Hz]
k : 도전율
μ : 투자율[H/m]

③ 유전손이 없다.

㉠ 유전체손 : $W_d = E\,I_R = 2\pi f C E^2 \tan\delta$[W/m²]에서 $f = 0$이므로 $W_d = 0$

㉡ 케이블의 온도상승 요인이 저항손, 유전체손, 연피손(시스손)에 기인하므로, 직류의 유전체손이 없는 만큼, DC Cable의 온도상승은 감소된다.

④ 정전용량에 무관하여 송전선로의 충전이 불필요하다.

⑤ 직류의 전압과 전류는 동위상이어서 $\sin\theta = 0$이기 때문에 무효전력을 필요로 하지 않는다. 따라서, 자기여자현상이 없고, 페란티 효과도 없다.

⑥ 역률 1로 송전효율이 높다.

⑦ 계통의 안정도 향상

㉠ 교류계통은 송전전력 한계에 의해 제한되나 DC는 안정도에 영향이 없어 계통의 안정도 향상 효과가 발생한다.

㉡ 신속한 조류제어 가능으로 교류계통의 사고에 의해 발생된 주파수 교란을 직류전력제어를 통하여 제어 가능하므로, 연계계통의 과도안정도가 향상된다.

㉢ 송수전단이 각각 독립운전이 가능하다.

⑧ 주파수가 다른 계통과 비동기 연계(back to back system 적용 가능)가 가능하다.

⑨ 교류계통 간을 연계할 경우 직류연계에 의해 단락용량의 증가는 없다.

⑩ 대지귀로 송전 가능한 경우는 귀로도체를 생략한다.

(3) 직류송전방식의 단점

① 변환장치는 유효전력 50 ~ 60[%]로 무효전력을 소비하므로 무효전력 보상설비의 경비가 크다.

② 단락전류가 작은 교류계통에 연계 시 교류연계점에서 전압 불안정 현상이 발생한다.

③ 교류계통보다 자유도가 작고 제어방식 및 차단기의 신뢰성이 제고되어야 한다.

④ 변환장치가 고가로, 소용량 단거리 송전계통에 적용은 비경제적이다.

⑤ 변환장치에서 고조파가 발생하므로 이의 방지대책이 요구된다.

⑥ 전기부식의 우려가 크다.

2. 교류송전방식의 특징

(1) 장점

① 승압과 감압이 자유롭다.

② 직류발전기보다 기기가 간단하고, 보수가 간단하다.

③ 회전기에서는 3상의 회전자계를 이용하므로 직류보다 유리하다.

④ 직류송전보다 차단성이 우수하다. 교류전류는 0으로 되는 점이 1주기에 2회 있어서 회로의 차단이 용이하다.

⑤ 현재 부하가 대부분 AC로, 통일된 방식이다.

⑥ 실 적용에서 합리 · 경제적 운용이 가능하다.

⑦ 교류는 전기화학적 작용이 작아서 도선의 부식이 쉽게 일어나지 않는다.

(2) 단점

① 무효전력 및 표피효과로 송전손실이 크다.

② 송전전력 한계가 $P=\frac{V_S V_R}{X}\sin\delta$에 의해 제한된다.

③ 주파수가 다른 교류계통의 연계운전이 불가능하다.

④ 초고압이 될수록 유도장해 유발 가능성이 높다.

⑤ 기기 및 선로의 절연비용이 HVDC에 비해 크다.

⑥ 동일 값의 실효값에 대해 파고값이 높아서 큰 절연내력 · 순시전류용량이 필요하다.

⑦ 리액턴스의 작용에 의해 송전 가능거리가 한정되고 전압강하도 커져서 송전손실도 커진다.

3. HVDC와 HVAC 건설의 투자비 Break even

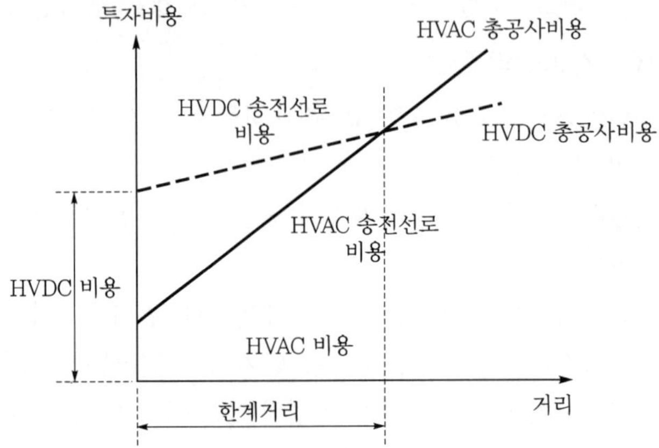

(1) 한계거리(break even)

① HVDC는 지중송전선로에서는 약 45[km] 초과 시 교류보다 유리하다.

② HVDC는 가공송전선로에서는 약 450[km] 초과 시 교류보다 유리하다.

(2) 예

전남 해남시에서 북제주 간에 해저송전 HVDC를 운영 중이다.

(3) 현재

동해안 발전단지에서 태백산맥을 거쳐 수도권의 HVDC 가공송전 500[kV]가 건설설계완료 후 시공예정이다.

003 장애물제한구역 밖에 있는 물체의 항공구역 표시등과 관련하여 다음을 설명하시오.

1. 항공장애 표시등과 항공장애 주간표지 설치대상
2. 항공장애 표시등과 항공장애 주간표지 설치면제대상(3가지)
3. 항공장애 표시등을 설치한 자가 관리하여야 할 사항

data 전기안전기술사 20-120-4-2

comment
- 실 감리현장에서는 항공청의 승인사항에 준하여 시공 및 감리한다.
- 철탑높이가 60.5[m]에서 59.5[m]로 감소 시 재승인신청하면 재승인받을 수 있어 다른 관공서보다 행정처리가 상당히 원활하다.

답안 1. 항공장애 표시등의 설치대상

(1) 장애물 제한구역 안에 있는 물체

① 비행장의 진입표면 또는 전이표면에 해당하는 장애물 제한구역에 위치한 물체의 높이가 진입표면 또는 전이표면보다 높을 경우에는 표지를 설치하여야 하며, 비행장이 야간에 사용될 경우에는 표시등도 설치하여야 한다.

② 비행장의 수평표면 또는 원추표면에 해당하는 장애물 제한구역에 위치한 물체의 높이가 수평표면 또는 원추표면보다 높을 경우에는 표지를 설치하여야 하며, 비행장이 야간에 사용될 경우에는 표시등도 설치하여야 한다.

③ 비행장 이동지역에서 이동하는 차량과 그 밖의 이동물체에는 표지를 설치하여야 하고, 차량과 비행장이 야간이나 저시정 조건에서 사용되는 경우에는 표시등도 설치해야 한다. 단, 항공기, 계류장에서만 사용되는 항공기 조업장비와 차량은 제외한다.

④ 유도로 중심선(center line of taxiway), 계류장 유도로(apron taxiway) 또는 항공기 주기장 주행로(aircraft stand taxilane)의 중심선으로부터 다음 표에서 정한 거리 이내에 있는 장애물에는 표지를 설치하여야 하며, 유도로(taxiway), 계류장 유도로(apron taxiway) 또는 항공기 주기장 주행로(aircraft stand taxilane)가 야간에 사용되는 경우에는 표시등을 설치하여야 한다.

분류문자	유도로 중심선, 계류장 유도로 중심선과 장애물 간 거리[m]	항공기 주기장 주행로 중심선과 장애물간 거리[m]
A	15.5	12
B	20	16.5
B	26	22.5
B	37	33.5
E	43.5	40
F	51	47.5

[비고] 분류문자는 「공항시설법 시행규칙」 제16조에 의한 분류문자를 기준으로 함

⑤ 비행장 이동지역 내의 지상으로 노출된 항공등화에는 표지를 설치하여야 한다. 단, 지방항공청장이 항공기의 항행안전을 해칠 우려가 없다고 인정하는 경우에는 표지를 설치하지 아니할 수 있다.

⑥ 지표 또는 수면으로부터 높이가 60[m] 이상인 물체에는 표시등과 표지를 설치해야 한다.

⑦ 그 밖의 물체들(수로나 고속도로와 같은 시계비행로에 인접한 물체 포함) 중에서 지방항공청장의 항공학적 검토결과 항공기에 대한 위험요소라고 판단되는 물체에는 표시등이나 표지를 설치하여야 한다.

(2) 장애물 제한구역 밖에 있는 물체

① 높이가 지표 또는 수면으로부터 150[m] 이상인 물체나 구조물에는 표시등과 표지를 설치하여야 한다.

② 높이가 지표 또는 수면으로부터 60[m] 이상인 다음의 물체나 구조물에는 표시등과 표지를 설치하여야 한다.

㉠ 굴뚝, 철탑, 기둥, 그 밖에 높이에 비해 그 폭이 좁은 물체 및 이들에 부착된 지선

㉡ 철탑, 건설크레인 등 뼈대로 이루어진 구조물

㉢ 건축물이나 구조물 위에 추가로 설치한 철탑, 송전탑 또는 공중선 등

㉣ 가공선이나 케이블·현수선 및 이들을 지지하는 탑

㉤ 계류기구와 계류용 선(주간에 시정이 5,000[m] 미만인 경우와 야간에 계류하는 것)

㉥ 풍력터빈

③ 그 밖의 물체들(수로나 고속도로와 같은 시계비행로에 인접한 물체를 포함) 중에서 지방항공청장의 항공학적 검토결과 항공기에 대한 위험요소라고 판단되는 물체에는 표시등이나 표지 중 적어도 하나를 설치해야 한다.

2. 항공장애 표시등과 항공장애 주간표지 설치면제대상(3가지)

(1) 다음에 해당하는 경우에는 표시등을 설치하지 아니할 수 있다.

① 표시등이 설치된 물체로부터 반지름 600[m] 이내에 위치한 물체로서, 그 높이가 장애물 차폐면보다 낮은 물체

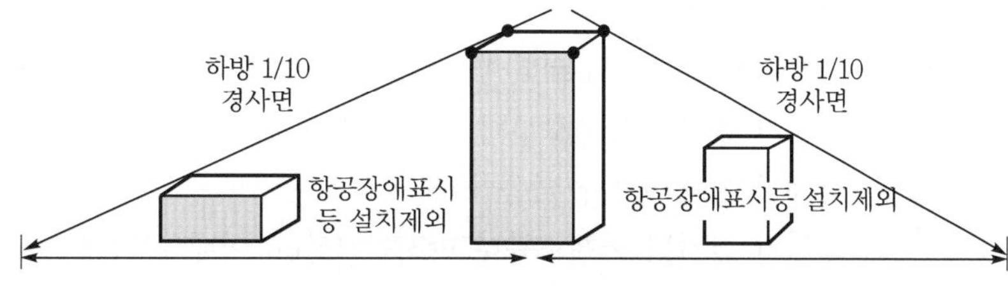

▌표시등 설치제외 대상 물체▐

② 표시등이 설치된 물체로부터 반지름 45[m] 이내의 지역에 위치한 물체로서, 그 높이가 표시등이 설치된 물체와 같거나 그보다 더 낮은 물체

③ 등대로서 지방항공청장이 이 기준에서 정한 광도기준을 충족한다고 인정한 경우

④ 비행장 이동지역 내에 설치되는 항공등화 및 표지. 단, 지방항공청장이 항공기 안전운항을 위하여 표시등의 설치가 필요하다고 인정 시 그러하지 아니함

⑤ 진입표면 또는 전이표면보다 높게 위치한 고정물체가 다른 고정장애물 또는 수목 등 자연장애물의 장애물 차폐면보다 낮은 경우. 단, 지방항공청장이 항공기의 항행안전을 해칠 우려가 있다고 인정하는 물체 또는 다른 고정장애물, 수목 등 자연장애물에 의하여 부분적으로 차폐되는 경우는 제외

⑥ 수평표면 또는 원추표면보다 높게 위치한 이동이 불가능한 물체 또는 지형에 의하여 광범위하게 장애가 되는 곳에서는 공고된 비행로 미만으로 안전한 수직간격이 확보된 비행절차가 정해져 있는 경우

⑦ 수평표면 또는 원추표면보다 높게 위치한 고정물체가 고정장애물 또는 수목 등 자연장애물에 의하여 차폐되는 경우. 단, 그 고정물체가 다른 고정장애물 또는 수목 등 자연장애물에 의하여 부분적으로 차폐되는 경우 차폐가 되지 않는 부분은 제외하고 지방항공청장이 항공기의 항행안전을 해칠 우려가 없다고 인정하는 부분에만 적용

⑧ 수평표면 또는 원추표면보다 높게 위치한 고정물체가 지방항공청장의 항공학적 검토결과 항공기의 항행안전을 해칠 우려가 없다고 판단되는 장애물

⑨ 장애물 제한구역 밖에서 지표 또는 수면으로부터의 높이가 150[m] 미만인 가공선이나 케이블 · 현수선, 지선, 계류용 선

⑩ 교량(橋梁) 중 사장교나 현수교의 현수선과 행어

⑪ 지표 또는 수면으로부터의 높이가 150[m] 이상인 전력전송용 케이블로서, 케이블을 지지하는 탑에 제37조 제4항에 따른 고광도 B형태 표시등을 설치하는 경우
⑫ 지표 또는 수면으로부터의 높이가 150[m] 미만인 플레어 스택으로서, 스택에서 나오는 불길이나 스택 주위의 조명만으로도 플레어 스택이 잘 보인다고 지방항공청장이 판단하는 경우

(2) 규정에도 불구하고 다음에 해당하는 경우에는 표지를 설치하지 아니할 수 있다.
① 표지가 설치된 물체로부터 반지름 600[m] 이내에 위치한 물체로서, 그 높이가 장애물 차폐면보다 낮은 물체
② 표지가 설치된 물체로부터 반지름 45[m] 이내의 지역에 위치한 물체로서, 그 높이가 표지가 설치된 물체와 같거나 그보다 더 낮은 물체
③ 고정물체가 주간에 중광도 A형태 표시등에 의하여 조명되고, 그 높이가 지표 또는 수면으로부터 150[m] 미만인 경우. 단, 고정물체 중 가공선이나 케이블 · 현수선 등을 지지하기 위한 뼈대로 이루어진 구조물은 제외
④ 고정물체가 주간에 고광도 표시등을 설치하여 운용하는 경우
⑤ 전압 400[kV] 이상의 전력선을 지지하는 구조물로써 안전상 표지설치가 곤란한 전선지지대(Arm) 부분. 단, 표지를 설치하지 않더라도 구조물의 전체 형상 인식에 지장이 없어야 한다.
⑥ 수평표면 또는 원추표면보다 높게 위치한 고정물체가 지방항공청장의 항공학적 검토결과 항공기의 항행안전을 해칠 우려가 없다고 판단되는 장애물
⑦ 수평표면 또는 원추표면보다 높게 위치한 이동이 불가능한 물체 또는 지형에 의하여 광범위하게 장애가 되는 곳에서는 공고된 비행로 미만으로 안전한 수직간격이 확보된 비행절차가 정해져 있는 경우
⑧ 수평표면 또는 원추표면보다 높게 위치한 고정물체가 고정장애물 또는 수목 등 자연장애물에 의하여 차폐되는 경우. 단, 그 고정물체가 다른 고정장애물 또는 수목 등 자연장애물에 의하여 부분적으로 차폐되는 경우 차폐가 되지 않는 부분은 제외하고 지방항공청장이 항공기의 항행안전을 해칠 우려가 없다고 인정하는 부분에만 적용
⑨ 교량(橋梁) 중 사장교나 현수교의 현수선과 행어
⑩ 지표 또는 수면으로부터의 높이가 150[m] 미만인 플레어 스택으로서, 스택에서 나오는 불길이나 스택 주위의 조명만으로도 플레어 스택이 잘 보인다고 지방항공청장이 판단하는 경우

3. 항공장애 표시등을 설치한 자가 관리할 사항

표시등의 소유자 또는 관리자는 다음에 따라 표시등을 관리하여야 한다.

(1) 표시등은 보수 · 청소 등을 하여 항상 완전한 상태로 유지할 것

(2) 건축물, 식물 또는 그 밖의 물체에 의하여 표시등의 기능이 저해될 우려가 있는 경우에는 지체 없이 해당 물체의 제거 등 필요한 조치를 취할 것

(3) 천재지변, 그 밖의 사유로 인해 표시등이 고장난 경우에는 지체 없이 표시등을 복구할 것

(4) 표시등의 유지 및 관리를 위한 전구 등 필요한 예비품을 갖추어 둘 것

(5) 표시등이 다음의 요건을 모두 충족하도록 유지할 것

① 중광도 A형태, 고광도 A형태 및 고광도 B형태의 표시등은 24시간 동안 점등을 유지할 것. 단, 해당 표시등이 이중 등화시스템으로 운영되는 경우에는 배경휘도별 최고 광도의 구분에 따른 주간 및 박명에만 점등을 유지하여야 함

② 저광도 C형태 및 저광도 D형태의 표시등은 배경휘도별 최고 광도의 구분에 따른 박명 및 야간에 항상 점등을 유지할 것

③ 그 밖의 표시등은 배경휘도별 최고 광도의 구분에 따른 야간에 항상 점등을 유지할 것

(6) 표시등의 운용을 감시할 수 있는 시각 감시기 또는 청각 감시기를 감시자가 상시 감시할 수 있는 곳에 설치할 것

(7) 표시등에 장애가 발생하여 복구가 7일 이상 소요될 것으로 예상되는 경우에는 지체 없이 그 사실을 지방항공청장에게 별지 제10호 서식으로 통지하고, 복구 예정일자에 복구가 불가능할 경우에는 복구 예정일자를 유선 또는 기타의 방법으로 재통지할 것

(8) 표시등의 운용을 재개하거나 기능이 복구된 경우에는 지체 없이 그 사실을 지방항공청장에게 유선 또는 기타의 방법으로 통지할 것

(9) 운영 중인 표시등을 철거하려는 경우에는 지방항공청장과 미리 협의하여야 하며, 철거 후 15일 이내에 그 사실을 지방항공청장에게 별지 제11호 서식으로 신고할 것

(10) 운영 중인 표시등의 규격, 수량, 배치 등을 변경하려는 경우에는 지방항공청장과 미리 협의하여야 하며, 변경 후 15일 이내에 그 사실을 지방항공청장에게 별지 제11호 서식으로 신고할 것

section 02 지중전선로

004 케이블을 동상 다조 포설할 경우 시설방법과 이상현상에 대하여 설명하시오.

data 전기안전기술사 19-117-3-4

답안 1. 케이블을 동상 다조 포설할 경우 시설방법(대책)

여러 가닥의 전선을 병렬로 하여 사용할 경우 선로정수의 평형을 위해 다음 조건이 필요하다.

(1) 동일 굵기의 케이블 사용

(2) 동일 종류의 케이블 사용

(3) 동일한 길이

(4) 선로정수가 평형이 되도록 Cable 포설을 다음과 같이 시공함

① 연가 : 선로의 전 구간을 3등분하여 각 선로를 일주시킨 것

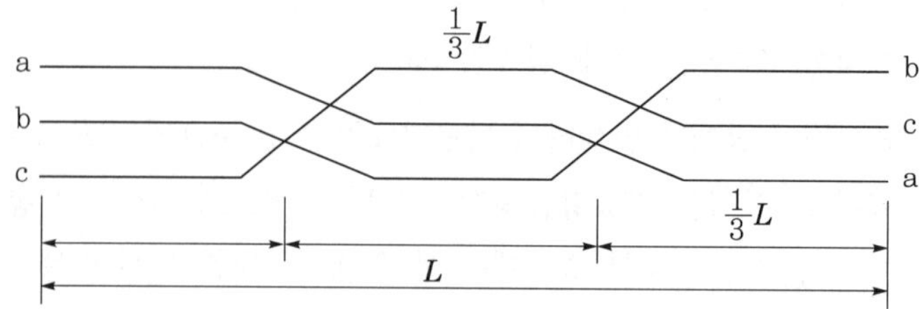

② Cable의 3각 배치

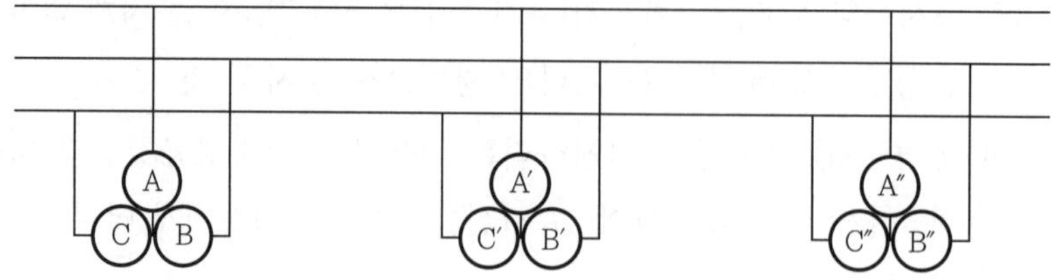

③ 케이블 배열방식을 아래같이 동상 다조 포설 시행하여 전류불평형을 없게 함

동상 다조 포설 케이블 배열
ⓐ ⓑ ⓒ ⓐ' ⓑ' ⓒ'
ⓐ ⓑ ⓒ ⓒ' ⓑ' ⓐ'
ⓐⓑⓒ ⓒ' ⓑ' ⓐ'
ⓐ ⓐ' ⓑⓒ ⓒ'ⓑ'
ⓐⓑⓒⓒ'ⓑ'ⓐ' ⓐ"ⓑ"ⓒ"ⓒ"'ⓑ"'ⓐ"'

2. 동상 다수조로 포설할 경우 케이블 불평형이 미치는 영향

3상 평형 부하에도 선로정수의 불평형, 즉 인덕턴스의 불평형으로 케이블의 각 임피던스가 심하게 달라지며 아래와 같은 영향이 발생한다.

(1) 임피던스가 작은 케이블에는 과전류현상이 발생함

(2) 임피던스값 중 유효성분이 감소하고 무효성분이 증가함

(3) 전체 Power factor의 저하로 전압강하 및 전체 Power loss 증대. 즉, 임피던스 $Z = R + jX_L$에서 무효성분 X_L의 증가로 무효분 전류가 증가하여 전체 역률이 저하됨

(4) 각 Cable의 전류 위상차로 케이블 이용률이 저하됨

(5) 3상에서 불평형률이 30[%] 넘을 경우 계전기 동작 우려

chapter 13

005 154[kV] 지중케이블(XLPE)의 시스 유기전압과 유기전압 저감대책에 대하여 설명하시오.

data 전기안전기술사 19-117-4-2

답안 1. 금속시스의 기능(설치목적)

(1) 내부에 있는 절연체의 보호

(2) 절연유의 압력유지

(3) 대기 중 습기의 절연체의 혼입방지

(4) 고장전류의 귀로

(5) 전기적 차폐효과(납, 알루미늄, 철, stainless 등을 사용)

2. 금속시스의 유기전압 발생

(1) 다수도체의 전류로부터 전자유도에 의해 금속시스에 유기된 도체 전압의 발생

$$E = \sum jX_{mi} \cdot I_i \,[\mathrm{V/km}]$$

여기서, X_{mi} : 도체(i)와 sheath 간의 상호 리액턴스[Ω/km]

I_i : 도체(i)의 전류[A]

① 시스유기전압은 케이블의 배치상태와 상호 이격거리 등에 따라 달라지며, 손실 등을 고려한 경제성의 관점으로부터 어느 정도의 유기전압 발생은 감수해야 한다.

② 현재는 방식케이블을 사용하기 때문에 금속시스의 교류전류에 의한 부식을 고려하지 않아도 되며, 주로 인체에 대한 안전의 관점에서 제한치를 설정한다.

(2) 단심 케이블 시스유기전압에 대한 위험성과 설비운용

① 시스유기전압의 제한치는 인체에서의 안전확보의 관점에서 결정되며, 절연에는 영향을 끼치지 않는다.

② 시스의 전류는 손실의 저감을 위해 제한하며, 주어진 계통에서는 유기전압을 낮출수록 전류가 증가하여 손실이 커진다.

③ 인체의 위험을 배제할 수 있다면 시스의 전류를 줄이는 것이 유리하다.

④ 케이블시스에 전압이 유기되면 인체에 위험을 주며 또한 시스의 노출부분에서 아크를 발생하여 케이블을 손상시킬 위험이 있다.

⑤ 맨홀 간의 거리와 부하전류가 증가할 것이므로, 유기전압이 더 증가될 것이다.

⑥ 시스유기전압을 저감하기 위해서는 전력구의 케이블 시스유기전압을 100[V] 이하로 하기 위하여 시스접지를 하고 있다.

⑦ 보호대책에 의해 시스 충전부의 절연을 충분히 확보할 수 있다면, 시스유기전압을 엄밀히 규제하는 것보다는 보호대책을 강화하고, 작업환경을 개선하는 것이 합리적인 설비운용 방안으로 판단된다.

3. 저감대책

(1) 케이블의 적절한 배열은 정삼각형의 배열이고, 케이블 사이의 간격을 작게 하여 시스유기전압을 낮출 수 있으나 시스의 와류손실, 케이블의 허용전류 등과의 관계를 검토해야 한다.

(2) 케이블 연가 케이블 도체 자체를 연속적으로 연가하여, 시스의 유기전압을 매우 낮게 유지할 있으나, 이는 케이블의 제조 및 포설작업 등에 어려움이 있어 현재로는 곤란하다.

(3) 접지방식의 적정 선정(시스의 안전상 접지방식)

① Solid bond 접지방식(완전접지, 양단접지)

㉠ 케이블 시스를 2개소 이상에서 일괄 접지하는 방식이다.

㉡ 시스전위는 낮지만 긴 선로에서는 시스전류가 크게 되어 시스회로손이 많아지기 때문에 다음과 같은 경우에 적용한다.

- 허용전류의 면에서 충분한 여유가 있으며 시스회로손이 문제가 되지 않는 경우
- 장거리 해저 케이블 등과 같이 시스전압 저감법을 적용하지 못하는 경우

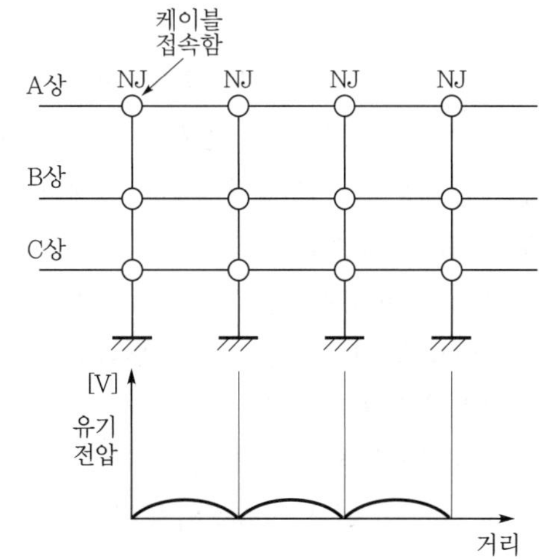

▌완전접지방식과 시스유기전압▐

② Single point bonding(편단접지)

㉠ 발 · 변전소 인출용 선로와 같이 긍장이 짧은 곳에 적용되는 방식이다.

㉡ 케이블 편단에서 시스를 접지하고 다른 단을 개방하여 시스회로손을 '0'이 되게 한다.

㉢ 양단을 접지하면 시스유기전압은 현저히 감소되지만, 시스에 큰 전류가 흘러 시스손실이 커지고 송전용량이 감소되므로 장거리 케이블 및 양단 접지방식으로는 적용하지 않는다.

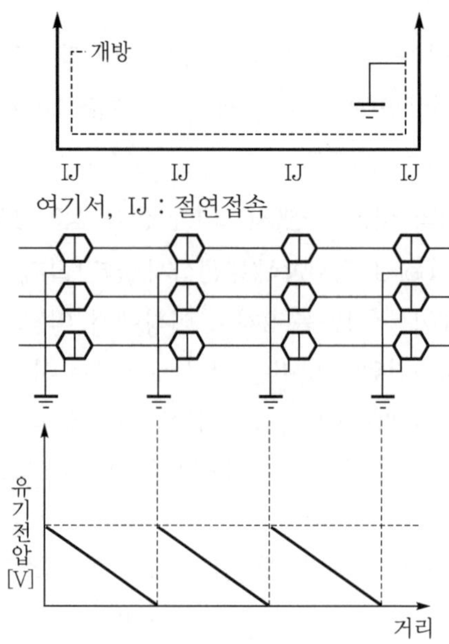

▌편단접지방식과 시스유기전압▐

③ Cross bonding(크로스본드 접지)

㉠ 편단접지방식과 같이 단식 케이블에서 금속시스의 유기전압을 저하시키기 위한 접지방식이다.

㉡ 금속시스 유기전압은 심선에 흐르는 전류의 크기와 선로긍장에 비례하여 증대하므로 선로긍장이 길어 편단접지는 효과가 없을 때 주로 크로스본드 접지방식을 채용한다.

㉢ 이 접지방식은 본드(bond)선으로 3상을 연가한 후 접지하는 것으로, 각 경간이 다른 경우에는 잔류전압을 작게 한다.

㉣ 현재 적용하고 있는 Cross bond 접지방식이 다른 접지보다 유기전압 및 상시 전류의 종합적인 판정에서 유리하다.

㉤ 주의점 : Cross bond 접지의 경우는 중간접속부에서 발생하는 서지 억제대책으로 방식층 보호장치(CCPU)를 사용한다.

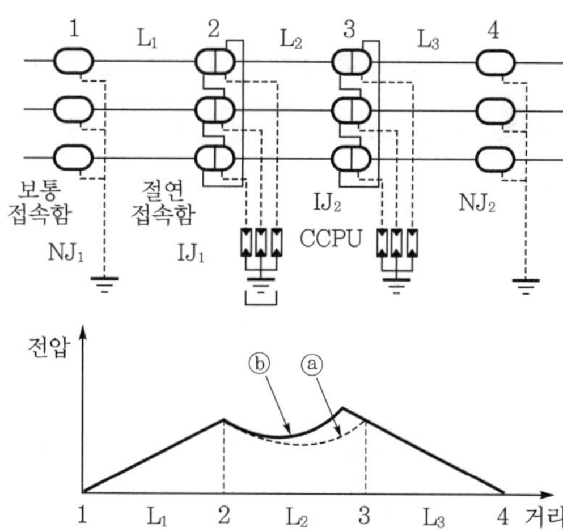

ⓐ 이상적인 유기전압 : 시스연가길이가 완전히 동일할 경우($L_1=L_2=L_3$)

ⓑ 실제 유기전압 : 시스연가길이가 이상적으로 동일하지 않기 때문($L_1 \fallingdotseq L_2 \fallingdotseq L_3$)

‖ 크로스본드 접지방식과 시스유기전압 ‖

4. 시스회로 전류 및 손실 감소대책

(1) 시스유기전압을 작게 하는 방법

(2) 시스순환회로를 제거하는 방법

(3) 시스순환회로에 가포화 리액터를 삽입하여 평상시는 순환전류를 억제하고 고장 시에는 가포화 특성을 이용하여 또는 시스순환회로를 제거하는 방법

(4) 고장전류 귀로에 저항을 받지 않게 하는 방법

5. 이상발생 시 시스전압에 대한 대책

(1) 송전선로

크로스본드 접지방식을 택하여 시스선을 연가하여 시스유기전압의 합을 0에 접근시켜 순환전류를 억제하고 있다.

(2) 22.9[kV] 다중 접지계통의 배전선로의 대책으로는 시스접지방식을 아래와 같이 시공한다.

① 우리나라 배전계통의 중성점 접지방식은 초기에는 직접 접지방식을 채택하여 운용하여 왔으나 지락고장 시 지락전류가 3상 단락전류보다도 과대한 경우가 있어 변압기의 파손원인, 차단기의 차단용량 부족 등의 문제가 발생하여 0.6[Ω] 정도의 리액터(NGR)를 연결하여 사용하고 있다.

② 중성선 접지방식은 케이블의 연결지점마다 동심 중성선 A · B · C상을 일괄로 하여 접지하는 다중 접지방식을 사용하고 있다.

006 전력케이블의 유전체 손실에 관하여 단심 케이블과 3심 케이블로 나누어 설명하시오.

data 전기안전기술사 19-119-1-7

답안 1. 유전체 손실의 기초

(1) 유전체(절연물)를 전극 간에 끼우고 교류전압을 인가했을 때 발생하는 손실을 말한다.

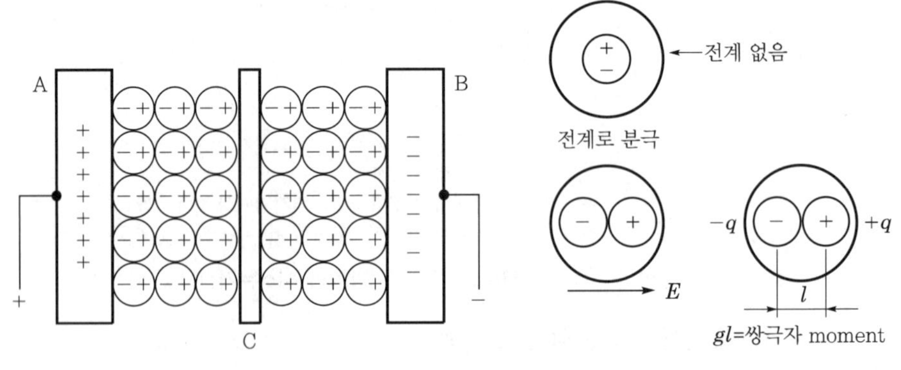

▌전계로 인해 분극된 유전체▐ ▌원자의 분극▐

(2) 케이블에 전압을 인가했을 때 흐르는 전류는 정전용량에 의한 충전전류 I_C와 누설저항에 의한 전압과 동상분의 손실전류 I_R로 이루어진다.
이때, 유전체 손실 $W_d = EI_R$이다.

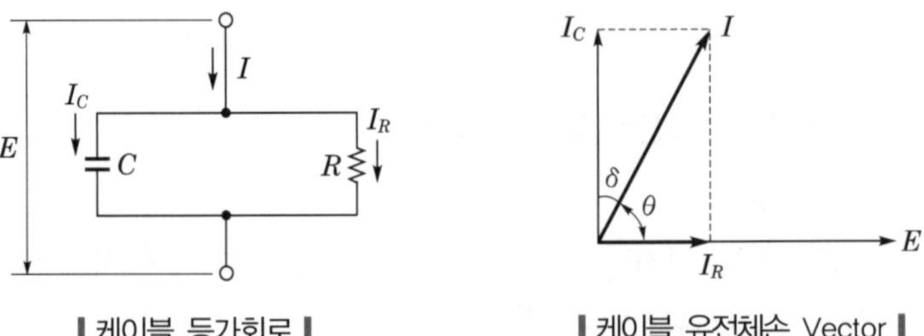

▌케이블 등가회로▐ ▌케이블 유전체손 Vector▐

(3) 위 그림과 같이 등가적으로 정전용량 C와 누설저항 R의 병렬회로라 생각할 수 있으며 I_R이 작을수록 절연물의 절연성은 우수하다고 할 수 있다.

(4) 전류 I는 충전전류 I_C보다 약간 뒤진 위상으로, 이 뒤진 각 δ를 유전손실각이라 하며 $\tan\delta$를 유전정접이라 한다.

2. 유전체 손실

(1) 단심 케이블의 유전체손

① $W_d = EI\cos\theta = EI\sin\delta$ ………… 식 1)

② 일반적으로 손실각 δ는 매우 작아서 $\sin\delta \fallingdotseq \tan\delta$

∴ 식 1)은 $W_d = EI\tan\delta$가 된다.

③ 전류 $I = \dfrac{E}{\dfrac{1}{\omega C}} = \omega CE$ 이다. ………… 식 2)

④ 단심 케이블의 유전체손은 식 2)를 대입하면 다음과 같다.

$W_d = \omega CE^2\tan\delta = 2\pi fCE^2\tan\delta$ ………… 식 3)

여기서, ω : 각속도(=$2\pi f$)

f : 주파수[Hz]

C : 정전용량[F]

E : 케이블의 상전압[V]

$\tan\delta$: 유전정접

(2) 3심 케이블의 유전체손

① 단심 케이블의 유전체손은 $W_d = \omega CE^2\tan\delta = 2\pi fCE^2\tan\delta$

② 3심이므로 3심 케이블의 유전체손은 다음과 같다.

$$W_d = 3\omega CE^2\tan\delta$$
$$= 3\times 2\pi fCE^2\tan\theta$$
$$= 6\pi fCE^2\tan\delta$$
$$= 6\pi fC\left(\frac{V}{\sqrt{3}}\right)^2\tan\delta$$
$$= 2\pi fCV^2\tan\delta[\mathrm{W}]$$ ………… 식 4)

여기서, V : 선간전압[V]

3. 유전정접과 유전체손의 관계

(1) 유전체손과 $\tan\delta$가 비례함을 알 수 있다.

(2) $\tan\delta$는 온도, 습도, 상태 등에 관계되는 고유의 값으로 형상이나 치수에 관계없기 때문에 케이블 등의 절연물 상태를 파악하는 데 유용하다.

(3) 국부적인 결함검출은 부적합하다. 왜냐하면 절연물의 평균적인 특성을 나타내기 때문이다.

(4) 절연진단 대상으로는 고압 케이블, 고압 유입변압기, 고압 전동기 등이 있다.

reference

154[kV] XLPE 시공 후 검사

(1) 절연저항 측정 : 1,000[V] 이상 메거로 측정치 2,000[MΩ] 이상일 것

(2) 절연내력시험

① AC 내전압시험(154는 150[kV]로 60분, 345는 250[kV]로 60분)

② 기설선로와 연결 시에는 24시간 무부하시험으로 AC 내전압시험 대체 가능함

③ 그럼 순수 신규 공사 시는 무슨 시험을 하는가?

☞ AC 내전압시험(154는 150[kV]로 60분, 345는 250[kV]로 60분) 대상임

※ AC 내전압 시험장비 : 중량 36[ton], 트레일러 11[m], 높이 4[m], 폭 2.55[m]의 대형 장비임

007 전력케이블의 고장장소 탐색법으로 적용되는 머레이루프법(murrey loop method)에 대하여 설명하시오.

data 전기안전기술사 19-119-1-8

답안 1. 목적

사고점을 조기에 발견하여 사고구간 분리 및 이를 통한 정전구간과 정전시간을 최소화하기 위함이다.

2. 지중 케이블의 고장검출방법

(1) 머레이루프법

(2) 정전용량측정에 의한 방법

(3) Pulse에 의한 측정법

(4) 수색코일법과 음향 검출법

3. 머레이루프법

(1) 원리 : 고장점까지의 거리계산

지락고장일 경우	선간 단락사고의 고장
r_1 L x 단락선 G 12[V] r_2 R 고장점 G : 검류계	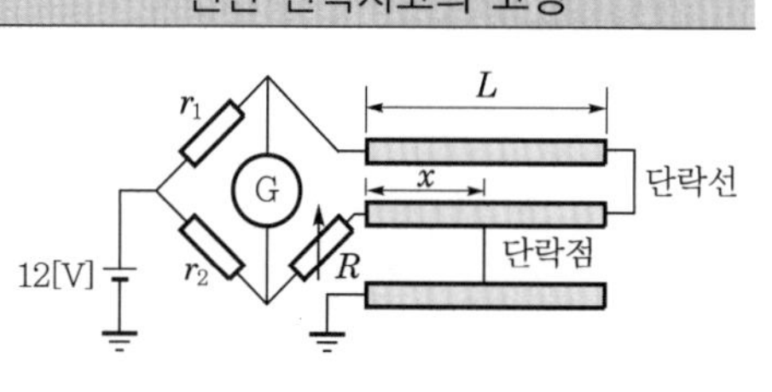
저항은 케이블의 길이에 비례하므로 길이 L과 x를 저항으로 취급함 여기서, r_1, r_2 : 머레이루프 저항 R : 가변저항 L : 케이블의 긍장 x : 고장점까지의 거리 $r_1 \times (R+x) = r_2 \times (2L-x)$ $\therefore\ x = \dfrac{2 \cdot r_2 L - r_1 R}{r_1 + r_2}$	$r_1 \times (R+2x) = r_2 \times 2L$ $\therefore\ x = \dfrac{2 \cdot r_2 L - r_1 R}{2r_1}$

① 휘트스톤브리지 원리를 이용하여 사고점까지의 거리를 측정한다.

② 케이블 지락상과 건전상을 단락한다.

③ 타단에서 측정회로를 접속하고 가변저항 R_1, R_2를 조정한다.

④ 브리지회로가 평형을 이루면 검류계 G의 눈금이 0이다.

(2) 특징

① 1선 지락고장 및 선간 단락고장을 측정한다.

② 측정정밀도가 높다(오차 $0.1 \sim 0.5$[%]).

③ 측정범위가 넓고 사용실적이 가장 많다.

④ 단선사고 시에는 적용이 불가하다.

⑤ 지락저항이 높고 사고점이 방전하는 경우 측정이 곤란하다.

008 「전기설비기술기준의 판단기준」에서 정한 특고압 전로에 적합한 케이블과 수밀형 케이블에 대하여 각각 설명하시오.

data 전기안전기술사 20-122-4-4

comment 고득점을 위해서는 반드시 그림을 그리도록 한다.

답안 **1. 고압 전로(전기기계기구 안의 전로를 제외)의 전선으로 사용하는 케이블의 구조**

(1) KS에 적합한 것으로 연피케이블 · 알루미늄피케이블 · 클로로프렌 외장케이블 · 비닐 외장케이블 · 폴리에틸렌 외장케이블 · 저독성 난연 폴리올레핀 외장케이블 · 콤바인 덕트 케이블 또는 KS에서 정하는 성능 이상의 것을 사용하여야 한다.

(2) 단, 고압 가공전선에 반도전성 외장 조가용 고압 케이블을 사용하는 경우, 비행장등 화용 고압 케이블을 사용하는 경우 또는 물밑전선로의 시설에 따라 물밑케이블을 사용하는 경우에는 그러하지 아니하다.

2. 특고압 전로(전기기계기구 안의 전로를 제외)에 사용하는 케이블 구조

(1) 케이블은 절연체가 에틸렌 프로필렌고무혼합물 또는 가교폴리에틸렌 혼합물인 케이블로서, 선심 위에 금속제의 전기적 차폐층을 설치한 것

(2) 또는 파이프형 압력 케이블 · 연피케이블 · 알루미늄피케이블, 그 밖의 금속피복을 한 케이블을 사용할 것

(3) 단, 물밑전선로의 시설에서 특고압 물밑전선로의 전선에 사용하는 케이블에는 절연체가 에틸렌 프로필렌고무혼합물 또는 가교폴리에틸렌 혼합물인 케이블로서, 금속제의 전기적 차폐층을 설치하지 아니한 것도 사용할 수 있다.

3. 특고압 전로의 다중 접지 지중배전계통에 사용하는 동심중성선 전력케이블의 구조

(1) 최대 사용전압은 25.8[kV] 이하일 것

(2) 도체는 연동선 또는 알루미늄선을 소선으로 구성한 원형 압축연선으로 할 것. 연선 작업 전의 연동선 및 알루미늄선의 기계 · 전기적 특성은 각각 KS C 3101(전기용 17 제1장 공통사항 연동선) 및 KS C 3111(전기용 경알루미늄선) 또는 이와 동등 이상이어야 한다. 도체 내부의 홈에는 물이 쉽게 침투하지 않도록 수밀 혼합물(컴파운드, 파우더 또는 수밀테이프)을 충전할 것

(3) 절연체는 동심원상으로 동시압출(3중 동시압출)한 내부 반도전층, 절연층 및 외부 반도전층으로 구성하여야 하며, 건식 방식으로 가교할 것

chapter 13

① 내부반도전층은 흑색의 반도전 열경화성 컴파운드를 사용하며, 도체 위에 동심원상으로 완전 밀착되도록 압출성형하고, 도체와는 쉽게 분리되어야 한다. 도체에 접하는 부분에는 반도전성 테이프에 의한 세퍼레이터를 둘 수 있다.

② 절연층은 가교폴리에틸렌(XLPE) 또는 수트리억제 가교폴리에틸렌(TR-XLPE)을 사용하며, 도체 위에 동심원상으로 형성할 것

③ 외부 반도전층은 흑색의 반도전 열경화성 컴파운드를 사용하며, 절연층과 밀착되고 균일하게 압출성형하며, 접속작업 시 제거가 용이하도록 절연층과 쉽게 분리되어야 한다.

(4) 중성선 수밀층은 물이 침투하면 자기부풀음성을 갖는 부풀음 테이프를 사용하며, 구조는 다음 중 하나에 따라야 한다.

① 충실 외피를 적용한 충실 케이블은 반도전성 부풀음 테이프를 외부 반도전층 위에 둘 것

② 충실 외피를 적용하지 않은 케이블은 중성선 아래 및 위에 두며, 중성선 아래층은 반도전성으로 할 것

(5) 중성선은 반도전성 부풀음 테이프 위에 형성하여야 하며, 꼬임방향은 Z 또는 S-Z 꼬임으로 할 것. 충실 외피를 적용한 충실 케이블의 S-Z 꼬임의 경우 중성선 위에 적당한 바인더 실을 감을 수 있고 피치는 중성선 층 외경의 6~10배로 꼬임할 것

(6) 외피

① 충실 외피를 적용한 충실 케이블은 중성선 위에 흑색의 폴리에틸렌(PE)을 동심원상으로 압출 피복하여야 하며, 중성선의 소선 사이에도 틈이 없도록 폴리에틸렌으로 채울 것. 외피 두께는 중성선 위에서 측정하여야 함

② 충실 외피를 적용하지 않은 케이블은 중성선 위에 흑색의 폴리염화비닐(PVC) 또는 할로겐 프리 폴리올레핀을 동심원상으로 압출 피복할 것

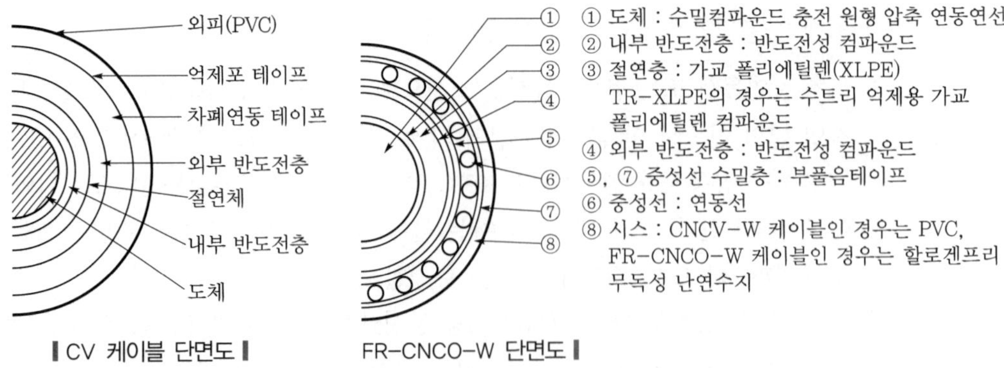

▌CV 케이블 단면도 ▌ FR-CNCO-W 단면도 ▌

009 전력케이블 절연열화 진단방법 중 교류(AC) 진단법에 대하여 설명하시오.

data 전기안전기술사 21-123-2-4

답안 1. 정전상태에서 케이블 절연열화 진단방법

(1) 절연저항법

① 절연체저항 측정은 1,000[V] 메거를 사용하고, 각 도체와 차폐 동테이프(대지) 간 절연저항을 측정하여 측정값이 규정값 이상(1분 정도 후의 값)이어야 한다.

② 측정 시 주의사항

㉠ 양 단말에 접속되어 있는 기기류를 분리하고 측정한다.

㉡ 측정 후에는 케이블의 도체를 접지하고 잔류전하를 방전시킨다.

③ 판정 : 도체와 대지 간에는 500[MΩ] 이상, 실드와 대지 간에는 500[MΩ] 이상

(2) 부분방전시험

절연체에 상용주파 교류전압을 인가하여 절연체 중 Void, 이물질 흡입 등의 결함에서 발생하는 부분방전 크기와 빈도를 측정하여 열화를 분석한다.

(3) 유전정접법($\tan\delta$)

① 케이블 절연체에 상용주파 교류전압을 인가한다.

② Shelling Bridge법에 의해 유전체 손실각 $\tan\delta$를 측정하여 절연상태를 진단한다.

③ 가장 정확한 방법이지만 시험설비가 커서 이동이 어렵다.

④ 절연이 양호 : 전류가 전압보다 90° 가까이 앞선다(즉, $I_c \gg I_r$).

⑤ $\tan\delta$ 값이 0.5[%] 이상이면 불량이다.

(4) VLF법

comment 최근 적용이 가장 많은 방법이다.

① VLF(Very Low Frequency)는 사용주파수(60[Hz])보다 매우 낮은 주파수인 초저주파수(0.01 ~ 1[Hz])를 인가하여 XLPE Cable의 절연내력 또는 열화의 정도를 진단하는 데 사용하는 전원을 말한다.

② VLF 시험장치 도입 이유

㉠ XLPE Cable의 열화진단 중 유전정접측정은 상용주파수 60[Hz] 이용 시 장비의 대형화로 인하여 제조사 현장에서만 진단이 가능했다.

㉡ 최근에는 VLF(0.01 ~ 1[Hz])를 이용해 진단할 경우 장비를 1/600까지 축소할 수 있으므로 Cable 설치 사용현장에서 진단측정이 가능해 적용이 많이 되고 있다.

2. 고압 케이블의 AC 활선진단법

구분	진단방법 및 특징
활선 tanδ법	• 케이블 리드선에 분압기를 접속하여 활선상태로 측정한 전압요소와 케이블 절연체와 접지선에 흐르는 전류를 측정하여 그 위상차에 의해서 자동평형회로로부터 tanδ를 구하는 방법 • 특별한 고압 전원장치가 필요 없으며 측정장비가 간편 • 측정전압 한계(6.6[kV])
저주파 중첩 누설전류 측정법	운전 중인 케이블의 도체와 차폐층 간에 저주파(7.5[Hz], 20[V])의 전압을 중첩하면 절연체에 유효분 및 무효분 전류가 흐르는데 유효분 전류를 검출하여 절연저항을 측정
접지선 전류법	• 운전 중 케이블의 수트리상태에 따라 정전용량의 증가율 ΔC 간에는 상관관계가 있으며, 이때 접지선에 흐르는 전류가 증가하는데 이를 측정함 • 측정기가 소형이고 조작이 간편 • 측정전압 한계(6.6[kV])
활선 부분방전법	• 운전 중 케이블이 실드접지선에 흐르는 충전전류를 검출하여 케이블 내의 부분방전 크기를 분석하여 판정 • 측정이 비교적 간편하고 측정전압의 범위가 넓음 • 노이즈의 영향을 받을 우려가 있음

section 03 선로정수와 송전선로의 특성

010 선로정수인 저항, 인덕턴스, 정전용량, 누설컨덕턴스를 각각 설명하시오.

data 전기안전기술사 18-116-4-4

답안 1. 저항(resistance)

(1) 개념

① 직류의 경우 전류가 흐르는 도선의 두 점 사이의 전위차 V는 도선에 흐르는 전류 I에 비례하며, 그 비례상수를 R이라고 하면 $V=RI$로 주어진다.

② 이 식에서 R이 클수록 같은 전위차에 대한 전류는 작아지므로 R은 전류가 흐르기 힘든 정도를 표시하는 양이며 이를 저항이라 한다.

(2) 저항의 단위

[Ω]으로 표시하고, 1[Ω]은 1[V]의 전위차에 대하여 1[A]의 전류를 흐르게 하는 값이다.

(3) 굵기가 균일한 도선의 단면적을 S[mm^2], 길이를 l[m]이라 하고 도체의 고유저항을 ρ라고 하면 도선의 저항 R은 $R=\rho\dfrac{l}{S}$[Ω]이다.

(4) 저항과 온도의 관계

ρ, l, S는 온도에 따라 변화하므로 저항 역시 온도에 따라 변화한다.

$$R=R_0(1+\alpha t)$$

여기서, R_0 : 기준온도에서의 저항

α : 기준온도에서의 온도계수

t : 기준온도와 차

(5) 교류의 저항과 표피효과

교류에서 전류가 표면에 가까운 부분으로만 흐르려고 하는 표피효과로 인해 도선에 전류가 균일하게 분포하지 않으므로 직류에서 보다 저항이 증가하는데 이러한 현상은 주파수가 높을수록 두드러지게 나타난다.

2. 인덕턴스(inductance)

(1) 인덕턴스의 정의

① 회로전류 I가 통전 시 자체의 전류에 의해 생긴 자속(ϕ)과 항상 쇄교하며, 전류가 변화할 경우 쇄교수도 변화되며, 이 자속의 변화에 방해하려는 역기전력 $\left(e=-L\dfrac{di}{dt}\right)$이 유도된다.

② 이때의 L을 자기인덕턴스라 하며 단위는 [H]이고, 자속과의 관계는 $d\phi = L\,di$가 된다.

(2) 송전선로의 인덕턴스 구분

① 대지귀로 자기인덕턴스(L_e)

② 대지귀로 상호인덕턴스(L_e')

③ 작용 인덕턴스(L)

④ 영상 인덕턴스가(L_0) 있다.

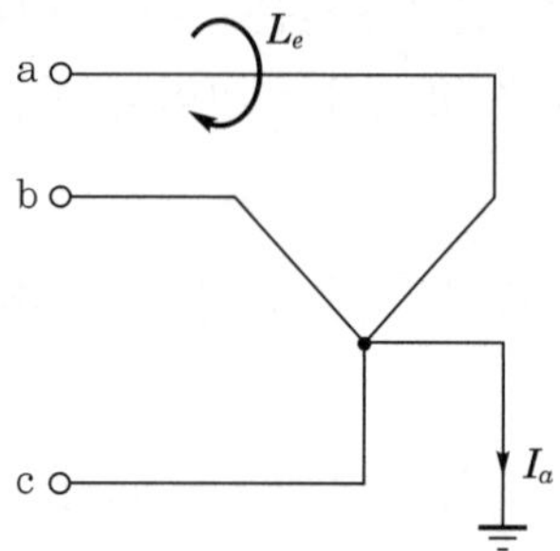

▌대지귀로 자기인덕턴스▐

(3) 송전선로에서 인덕턴스 적용 예

① 다도체의 인덕턴스는 $L_n = \dfrac{0.05}{n} + 0.4605\log_{10}\dfrac{D}{r_e}$에서 등가반경이 커져 감소한다.

② 리액턴스는 감소하고, 이로써 전력계통의 안정도는 향상된다.

3. 정전용량

(1) 정의

다수의 도체가 존재할 경우 모든 도체를 영전위로 하고, 임의의 도체에 Q라는 전하를 주었을 때 나타나는 전위를 V라고 할 때 이 도체의 정전용량 C는 다음과 같다.

$$C=\frac{Q}{V}$$

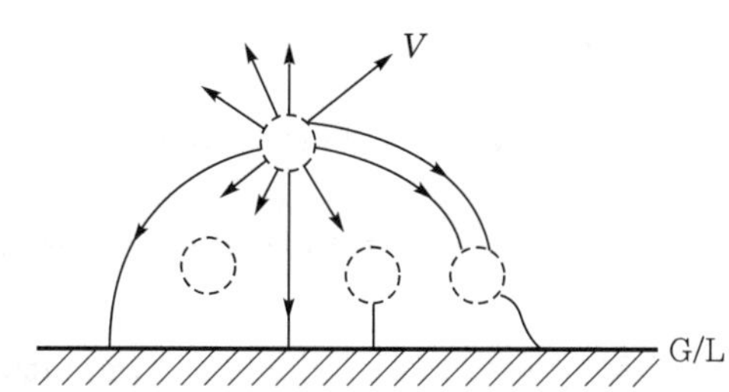

▌1개의 도체에 전하를 주고 다른 도체가 영전위일 때▐

(2) 정전용량의 송전선로 적용 예

① 복도체의 정전용량은 20 ~ 30[%] 증가하므로 전체 계통리액턴스(유도성 – 용량성)는 감소된다.

② $C = \dfrac{0.02413}{\log_{10}\dfrac{D}{r}}$ [μF/km]에서 다도체의 r(반경) → r'로 됨에 따라 C(정전용량)는 증가의 결과로 되며, $X_{\text{total}} = X_L - X_C$이므로 전체 계통리액턴스가 감소한다.

③ 복도체 사용으로 계통의 안정도는 향상된다.

$P = \dfrac{V_S V_r}{X}\sin\delta$에서 X의 감소는 P의 증가로 되어 안정도는 향상된다.

4. 누설컨덕턴스(leakage conductance)

(1) 송전선은 애자로 전선 상호 간 또는 대지와 절연되지만 완전한 절연은 안 되므로 약간의 누설전류손실이 있게 마련이며 애자에도 유전손실이 있다.

(2) 전선을 지지하는 Clamp가 자기회로로 형성되므로 Hysteresis손과 Corona가 발생하면 Corona 손실도 발생하게 된다.

(3) 전선의 저항 이외에 이와 같은 손실을 표시하기 위해서는 1선과 중성선 간에 용량과 병렬로 되어 있는 누설저항 R_i를 등가적으로 나타낼 수 있다.

(4) 이때, 1상의 전압을 V라고 하면 다음과 같다.

$$I_{c1} = \frac{V}{R_i} = V \cdot g \left(\text{단, } g = \frac{1}{R_i}\right)$$

여기서, g를 누설컨덕턴스(conductance)라고 하고 누설저항의 역수로 나타내며 단위로는 [℧]로 표시한다.

(5) $I_{c2} = \dfrac{V}{\dfrac{1}{j\omega C}} = j\omega C = jVb$

단, $b = \omega C$, $\omega = 2\pi f$, b를 서셉턴스(suseptance)라 하고 단위는 역시 [℧]이다.

chapter 13

(6) A, B점 간의 어드미턴스(admittance) Y[℧]는 $I_c = VY$이므로 $I_c = I_{c1} + I_{c2}$에 의해서 $VY = V_g + jV_b$이므로 다음과 같다.

$$Y = g + jb = g + j\omega C[℧]$$

(7) 이와 같이 송전선에는 병렬로 어드미턴스(admittance) $Y = \sqrt{g^2 + b^2}$이 존재하는데 g는 대단히 작으므로 특별한 경우를 제외하고는 $g = 0$로 놓고 $Y = \omega C$로 하는 것이 보통이다.

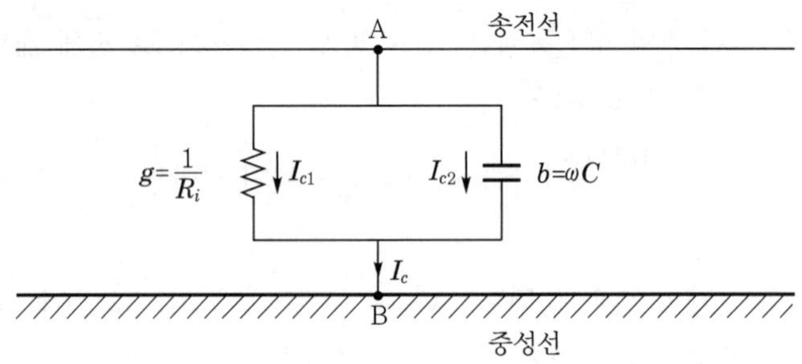

▌송전선의 어드미턴스▐

011 가공전선의 부식현상을 설명하시오.

data 전기안전기술사 19-117-2-1

답안 가공전선 부식의 요인

(1) 대기부식(atmospheric corrosion)

① 대기 중의 가스(NO_x, SO_x)와 전선표면의 접촉에 따라 발생하는 부식이다.

② Uniform corrosion과 Pit corrosion으로 구분할 수 있다.

③ 대기 중에 노출된 모든 송전선로는 영향이 있다.

④ 접촉전위에 의한 부식이 발생한다.

(2) 전해부식(galvanic corrosion, 이종금속 접촉부식)

ACSR 전선의 아연도강연선과 경알루미늄 소선이 서로 접촉함에 따라 발생하는 이종금속 간의 접촉전위에 의한 부식이 발생한다.

(3) 간극부식(crevice corrosion)

빗물에 내포된 염소이온 등이 ACSR 전선 내부에서 스며들어 국부적으로 금속표면과 반응함으로써 취약부를 형성하여 발생하는 부식이다.

(4) 코로나에 의한 전선의 부식촉진

코로나에 의한 오존(O_3) 및 산화질소가 공기 중의 수분과 흡수 화합하여 초산(HNO_3)이 되어 전선과 바인드선을 열화 부식시킨다.

(5) 응력부식

① 금속재료에 응력이 가해진 상태에서 특정의 부식환경이 조성되면 갈라진 면에서 부식이 진행되어 결국은 파단에 이르게 된다.

② 응력부식에 의한 파단현상은 응력과 부식이 중첩되어 발생하는 현상으로, 사용조건에 따라 발생시기가 매우 다르다.

③ 응력부식은 파단될 때까지 외견적인 징후가 나타나지 않아 현장에서 조기발견이 어렵다.

(6) 피로부식

① 부식환경 하에서 금속에 가해지는 응력에 변동이 있는 경우 발생하는 부식이다.

② 응력부식과 다른 점은 금속에 가해지는 응력이 동적으로 변한다는 것이다.

③ 주로 대전류와 같이 항상 진동이 발생하는 개소에서 발생한다.

(7) 대책

① 시공감리 및 품질 검수감리에 만전을 기한다.
② 기계적 강도가 품질업무지침에 합격한 제품을 사용한다.
③ 시공 시 이물질이 접속금구 등에 침입하지 않게 시공을 철저히 하고 감리를 강화한다.
④ On-line상에서 부식을 사전에 발견할 수 있는 센서개발과 적용을 시행한다.
⑤ 유효 적정한 코로나 대책을 강구한다.

012 3상 선로인덕턴스를 구하는 식을 설명하시오.

1. 정삼각형으로 배치된 3상 선로인 경우 자기인덕턴스를 구하는 식
2. 비정삼각형으로 배치된 경우 위 식을 이용하여 3상 선로의 인덕턴스를 구하는 식

data 전기안전기술사 19-119-2-5

comment 이 문제는 발송배전기술사 문항으로 전기안전기술사는 접근이 곤란하므로 읽어보고 넘어가도록 한다.

답안 1. 인덕턴스의 정의

(1) 하나의 회로에 전류 i를 흘리면 그 회로는 자체의 전류에 의해서 생긴 자속과 항상 쇄교하게 된다. 이때, 전류 I를 변화시키면 그 전류에 의한 자속과 화로와의 쇄교수가 변화하고 그 회로 내에 자속의 변화를 방해하려는 방향으로 기전력 e가 유도된다. e는 $e=-L\dfrac{di}{dt}$로 표시되고, 여기서 비례정수 L을 그 회로의 자기인덕턴스라 한다.

(2) 역기전력 e는 자속 ϕ의 시간적 변화의 비율이므로 $e=-\dfrac{d\phi}{dt}$이다. 따라서, $e=-L\dfrac{di}{dt}=-\dfrac{d\phi}{dt}$이므로, $L=\dfrac{d\phi}{di}$이다.

여기서, 투자율이 일정하면 $L=\dfrac{\phi}{i}$가 되며, 또는 $\phi=Li$ 관계가 된다. 이때의 자속과 전류의 비 L을 자기인덕턴스라 한다.

(3) A, B 두 회로가 있고 여기에 각각 전류 ia, ib가 흐르고 있을 때 ib에 의해서 A회로에 유기되는 기전력 $e_a=-M\dfrac{di_b}{dt}$로 표시된다. 또한, 같은 원리로 $e_b=-M\dfrac{di_a}{dt}$가 된다. 여기서, M을 상호인덕턴스라 한다.

(4) 송전선로에서는 편의상 상호인덕턴스와 자기인덕턴스를 하나로 묶어서 전선 1가닥당의 값을 쓰도록 하는데 이것을 그 전선의 인덕턴스라 한다.

2. 직선상의 인덕턴스

(1) 도체 외부의 자속쇄교수

① 자기저항 R은 그림과 자기회로의 길이 $2\pi x$에 비례하고 단면적 $A=1\times dx\,[\mathrm{m}^2]$와 자기저항 μ에 반비례한다.

$$R = \frac{2\pi x}{\mu \times A} = \frac{2\pi x}{\mu dx} = \frac{2\pi x}{4\times 10^{-7}dx} = \frac{x}{2\times 10^{-7}dx}\,[\text{AT/Wb}]$$

여기서, μ : 투자율($\mu_0 \times \mu_s$)

x : 도체의 반지름

μ_0 : 진공의 투자율($4\pi \times 10^{-7}$[H/m])

μ_s : 비투자율(진공의 경우 ≒ 1)

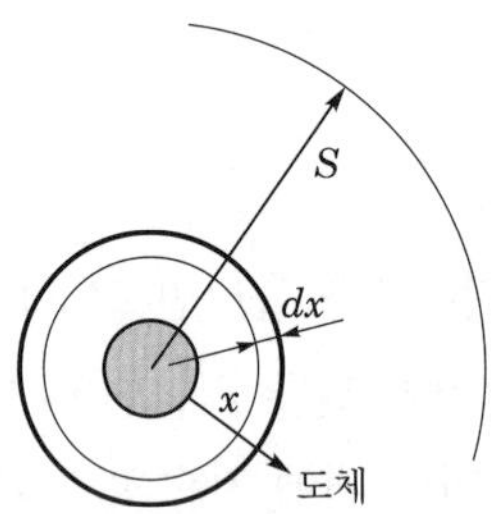

▌도체 외부의 자속쇄교▐

② $i(AT)$의 기자력 인가 시 이 부분에서 발생되는 자속 $d\psi$는 다음과 같다.

$$d\psi = \frac{i}{R} = \frac{i}{\dfrac{x}{2\times 10^{-7}}} = \frac{2i}{x}\times 10^{-7}dx\,[\text{Wb}] \cdots\cdots\cdots\cdots \text{식 1)}$$

③ 도체 외부에서 반지름 S[m]까지 범위 내의 자속은 다음과 같다.

$$\phi_{rs} = \int_r^s d\phi = \int_r^s \frac{2i}{x}\times 10^{-7}dx = 2i\times 10^{-7}\int_r^s \frac{1}{x}dx$$

$$= 2i\times 10^{-7}\log\frac{s}{r}\,[\text{Wb}]$$

④ 전류와 자속과의 쇄교수

$$\psi_{rs} = i\phi_{rs} = 2i^2\times 10^{-7}\log\frac{s}{r}\,[\text{A}\cdot\text{Wb}] \cdots\cdots\cdots\cdots \text{식 2)}$$

(2) 도체 내부의 자속쇄교수

① 도체에 흐르고 있는 전류 i[A]는 반지름 r[m]의 단면에 균일하게 분포되는 조건으로 가정한다.

② 반지름 r의 원의 단면적은 $s = \pi r^2$이고 반지름 x[m]의 원의 단면적은 $s = \pi x^2$이다. 따라서, 전류는 균일분포로 가정된 조건이므로 반지름 r[m]에 흐르는 전류 i와 반지름 x에 흐르는 전류 i_x의 비를 구하면 다음과 같다.

$$\frac{i}{i_x} = \frac{\pi r^2}{\pi x^2} = \frac{r^2}{x^2}$$

$$\therefore\ i_x = i\cdot\frac{x^2}{r^2}$$

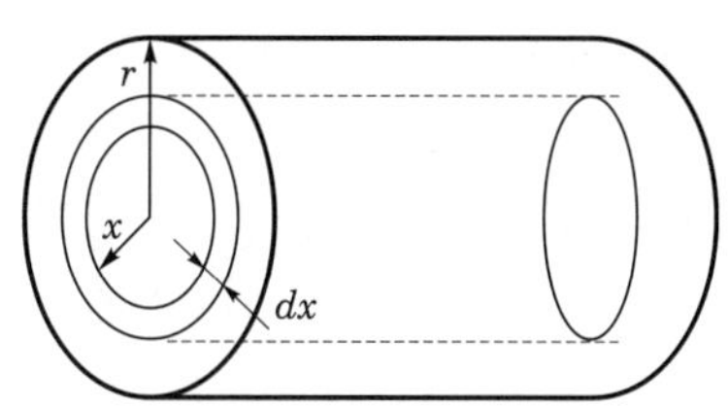

▌도체 내부의 자속▐

③ 이 전류가 중심축에 집중해서 흐른다고 볼 때 중심으로부터 x인 거리에서의 자계 H_x는 암페어의 주회법칙으로부터 $H_x = \dfrac{i_x}{2\pi x}$[A/m]이며, 전류의 방향과 수직으로 생기는 B는 $B=\mu H$의 관계로부터(B : 자속밀도[Wb/m²], μ : 투자율[H/m]) 다음의 식이 도출된다.

$$B = \mu \times \frac{i_x}{2\pi x} = 4\pi \times 10^{-7} \times \mu_s \times \frac{i \cdot \dfrac{x^2}{r^2}}{2\pi x}$$

$$= \frac{2\mu_s \times i \times x}{r^2} \times 10^{-7} [\text{Wb/m}^2] \text{ ………… 식 3)}$$

④ 위 그림과 같이 두께 dx의 분분을 도선에 따라서 1[m] 길이의 단면에 i_x를 둘러싸고 발생하는 자속 $d\phi = B \times (1 \times dx) = \dfrac{2\mu_s \times i \times x}{r^2} \times 10^{-7} \times dx$[Wb]이다.

⑤ 전류 i_x와의 쇄교수

$$d\psi = i_x \cdot d\phi = i \cdot \frac{x^2}{r^2} \cdot d\phi = \frac{2\mu_s \cdot i^2 \cdot x^3}{r^4} \times 10^{-7} \text{ [A} \cdot \text{Wb]}$$

⑥ 도체 내부 전체의 쇄교수

$$\psi_{\text{or}} = \int_0^r d\phi = \int_0^r \frac{2\mu_s \cdot i^2 \cdot x^3}{r^4} \times 10^{-7} dx$$

$$= \frac{2\mu_s \cdot i^2 \cdot 10^{-7}}{r^4} \int_0^r x^3 dx = \frac{2\mu_s \cdot i^2 \times 10^{-7}}{r^4} \left[\frac{1}{4} \times x^4 \right]^r$$

$$= \frac{\mu_s i^2 \cdot 10^{-7}}{2} [\text{A} \cdot \text{Wb}] \text{ ………… 식 4)}$$

(3) 결과적으로, 도체 내 · 외부의 단위길이당 총자속 쇄교수는 다음과 같다.

ψ= 도체 외부 쇄교수 + 도체 내부 쇄교수

$$= \psi_{rs} + \psi_{\text{or}} = 2i^2 \times 10^{-7} \log \frac{s}{r} + \frac{\mu_s i^2 \cdot 10^{-7}}{2}$$

$$= i^2 \times 10^{-7} \left(2 \log \frac{s}{r} + \frac{\mu_s}{2} \right) [\text{A} \cdot \text{Wb}] \text{ ………… 식 5)}$$

3. 왕복 2도선의 인덕턴스

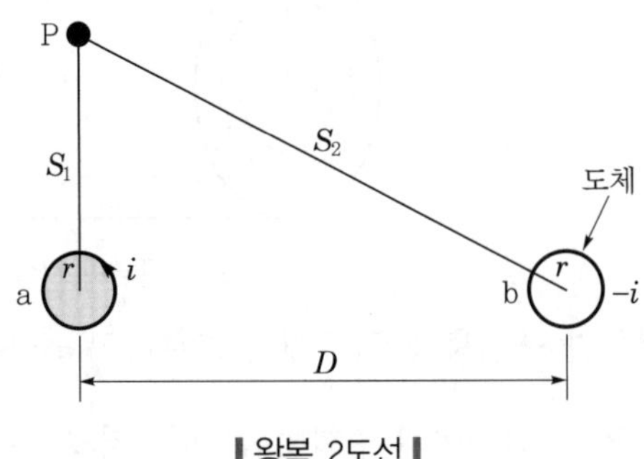

▌왕복 2도선▌

(1) 도체 a에 흐르는 $+i$ 전류에 의해 도체 a의 내 · 외부 자속 쇄교수는 식 5)로부터 다음의 식을 도출할 수 있다.

$$\psi_{aa} = i^2 \times 10^{-7}\left(2\log\frac{S_1}{r} + \frac{\mu_s}{2}\right)[\text{A} \cdot \text{Wb}]$$

(2) 도체 b에 흐르는 $-i$ 전류에 의한 $x = D$로부터 $x = S_2$까지의 범위 내에서 발생하는 자속은 $\phi DS_2 = 2(-i)\times 10^{-7}\int_D^{S_2}\frac{1}{x}dx = -2i\times 10^{-7}\log\frac{S_2}{D}$[Wb]이므로, a선과의 쇄교수는 다음과 같다.

$$\psi_{ab} = i\phi DS_2 = -2i^2 \times 10^{-7}\log\frac{S_2}{D}[\text{A} \cdot \text{Wb}]$$

(3) $S_1 = S_2 = S$라고 볼 수 있을 정도로 거리 S를 2선의 간격 D보다 훨씬 크게 잡아두면, a선의 전류와의 총자속 쇄교수 ψ_a는 길이 1[m]마다 다음과 같이 된다.

$$\psi_a = \psi_{aa} + \psi_{ab} = i^2 \times 10^{-7}\left(2\log\frac{S_1}{r} + \frac{\mu_s}{2}\right) + \left(-2i^2 \times 10^{-7}\log\frac{S_2}{D}\right)$$

$$= i^2 \times 10^{-7}\left\{\left(2\log\frac{S_1}{r} + \frac{\mu_s}{2}\right) - 2\log\frac{S_2}{D}\right\}$$

$$= i^2 \times 10^{-7}\left\{\frac{\mu_S}{2} + 2\log\frac{\frac{S_1}{r}}{\frac{S_2}{D}}\right\}$$

$$= i^2 \times 10^{-7}\left\{\frac{\mu_S}{2} + 2\log\frac{D_1 S_1}{rS_2}\right\}$$

여기서, $i = 1$[A], $S_1 = S_2 = S$라고 하면, $\mu_s = 1$(ACSR 및 경동선의 비투자율)이므로 결론적으로, 1선의 인덕턴스 L_a는 다음과 같다.

$$L_a = \left\{\frac{\mu_S}{2} + 2\log\frac{D}{r}\right\} \times 10^{-7}[\text{H/m}] = 0.05 + 0.4605\log_{10}\frac{D}{r}[\text{mH/km}]$$

4. 3상 1회선 송전선로의 인덕턴스

(1) 정삼각형 배치의 경우

① 3상 회로를 이루고 있으므로 어떤 순간에 있어서도 항상 $I_a + I_b + I_c = 0$ 또는 $I_b + I_c = -I_a$이다.

② 전선 b와 c는 다같이 전선 a로부터 D인 등가거리에 있으므로 I_b에 의해서 발생하는 자속과 I_a와의 쇄교수와, I_c에 의해서 발생하는 자속과 I_a와의 쇄교수와의 합계는 $(I_b + I_c) = -I_a$인 전류가 전선 b 또는 전선 c에 집중되어 이로 인해서 발생하는 I_a와의 쇄교수와 같다고 볼 수 있다.

③ 전선 a의 단위길이당의 인덕턴스는 다음 그림 (b)와 같이 왕복 2도선의 경우로 취급할 수 있어 $L = L_a = L_b = L_c = 0.05 + 0.4605\log_{10}\dfrac{D}{r}$ [mH/km]로 구한다.

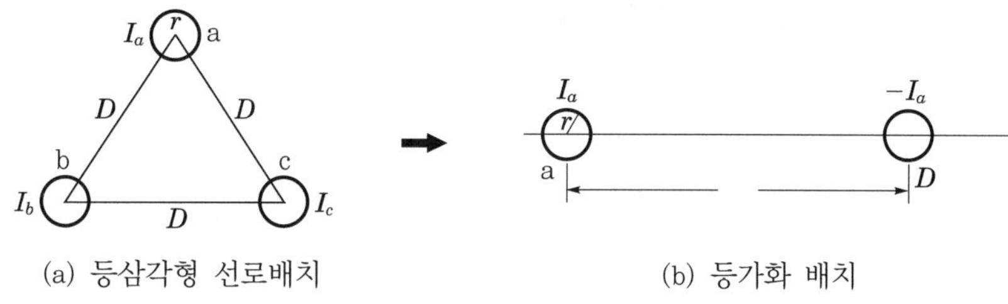

(a) 등삼각형 선로배치 (b) 등가화 배치

▌정삼각형 배치▐

(2) 비정삼각형의 경우

① 일반적인 3상 3선식 선로는 다음 그림과 같이 각 전선의 선간거리는 같지 않고 지표상의 높이도 다르므로 각 전선의 인덕턴스, 정전용량은 각각 다르게 된다. 이로 인해 송전단에서 대칭전압을 인가하더라도 수전단에서는 전압이 비대칭으로 된다.

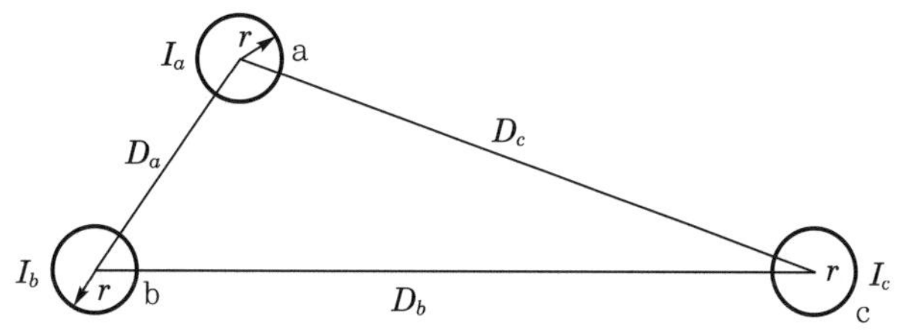

▌비정삼각형 배치▐

② 이를 방지하기 위하여 선로 전체로서 정수가 평형이 되도록 하는데 이것을 연가(transposition)라고 한다. 송전선로 30 ~ 50[km]마다 연가를 시행(회전식 및 점퍼식이 있음)한다.

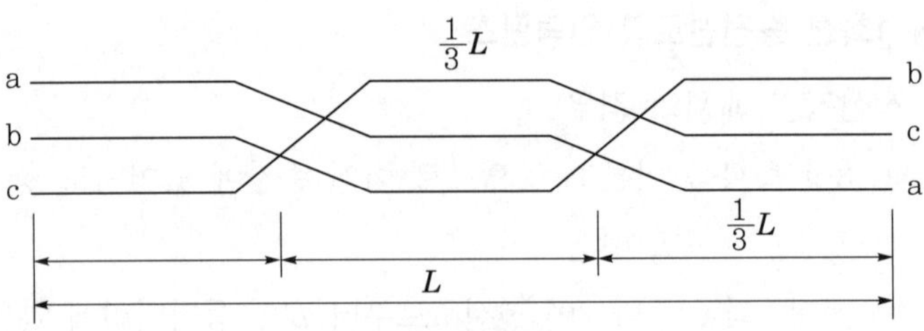

▮ 연가의 개념도 ▮

③ 인덕턴스의 계산식에는 대수항이 포함되어 있으므로 거리 및 높이는 산술적인 평균값이 아니고 기하평균거리를 구해서 계산하므로 비정삼각형 배치에서의 인덕턴스계산은 다음과 같다.

$$L = L_a = L_b = L_c = 0.05 + 0.4605 \log_{10}\frac{D}{r}\,[\mathrm{mH/km}]$$

여기서, D : 기하학적 평균거리, $D = \sqrt[3]{D_{ab}D_{bc}D_{ca}}$

013 장거리 송전선로에서 발생하는 페란티현상에 대하여 설명하시오.

data 전기안전기술사 21-125-1-9

답안 1. 페란티현상의 정의

(1) 일반적으로 부하의 역률은 지상이나 장거리 T/L에서는 분포정전용량이 용량이 크게 나타나서 부하가 경부하 및 무부하일 경우 선로의 정전용량으로 위상이 거의 90° 진상인 충전전류 I_C가 흐르게 된다.

(2) 이때, 충전전류 I_C 와 선로의 자기인덕턴스에 의한 기전력 때문에 수전단전압 E_r이 송전단전압 E_S보다 높게 되는 현상을 페란티효과(현상)라 한다.

2. 페란티현상 Vector도

(1) Vector도를 활용한 페란티현상의 발생 이유

① 장거리 T/L에서는 정전용량(C)의 영향으로 특히 무부하 T/L의 충전 시 문제가 된다.

② 일반적으로 부하의 역률은 지상부하로 전류가 전압의 위상보다 뒤져 다음 왼쪽 그림과 같다.

③ 주간 또는 심야 시 경부하의 경우 정전용량으로 인한 충전전류가 전압보다 거의 90도 진상 됨으로써, 충전전류 I_c와 선로의 자기인덕턴스에 의한 기전력 때문에 수전단전압이 송전단전압보다 높게 되는 현상을 다음 오른쪽 그림 같은 Vector도를 통해 알 수 있다.

(2) Vector도 비교

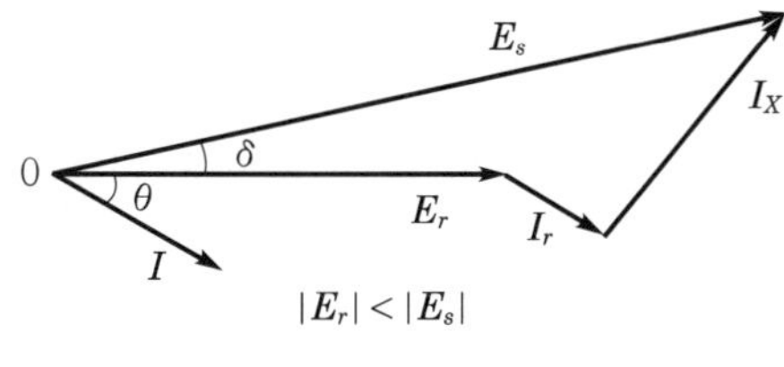

▌지상전류의 Vector도▐

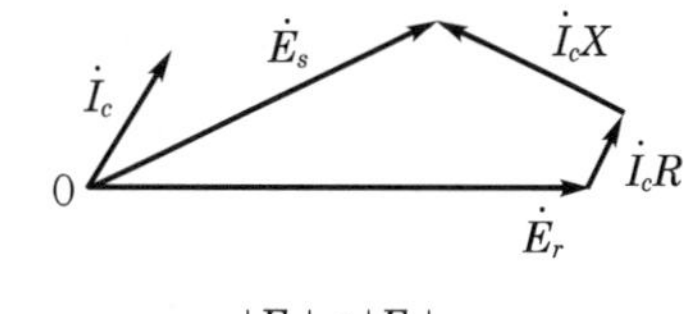

▌진상전류의 Vector도▐

(3) 페란티현상의 특성

송전선로의 단위길이당 정전용량이 클수록, 선로의 길이가 길어질수록 현저하다.

3. 특성(영향)

(1) 송전단의 전압이 제일 낮고, 송전단에서 갈수록 수전단의 개방단에서 최곳값의 전압이 나타나 전력품질의 저하요인이 된다(규정전압 유지 불능 등).

(2) 선로의 충전용량이 높게 될 경우는 계통의 절연 또한 문제가 되어 계통사고 발생 우려가 높다.

(3) 무부하 송전선로를 차단할 경우 차단기에 가혹차단 악영향을 더욱 심화시킨다.

014 초고압 송전선로에 다도체를 사용하는 이유를 설명하고, 또한 다도체의 단점에 대하여도 기술하시오.

답안 1. 다도체의 정의

단도체의 개수가 2개 이상(즉, a상, b상, c상이 2가닥 이상)이다.

2. 전압별 복도체 형식

(1) 154[kV] : 2도체(~~수용가용은~~ 아직 단도체 사용 중)

(2) 345[kV] : 2 · 4도체

(3) 765[kV] : 6도체

comment Spacer : 단락전류 등 강한 전류가 동일 방향으로 흐르면 플레밍의 법칙에 의해 흡인력이 소도체 간에 발생하므로 이에 대한 충돌(sticking) 방지용이다.

3. 다도체의 사용 이유(장점)

(1) 동일 단면적의 단도체에 비해서 선로리액턴스가 20 ~ 30[%] 정도 감소된다.

① 복도체의 인덕턴스 : $L_n = \dfrac{0.05}{n} + 0.4605 \log_{10} \dfrac{D}{\sqrt[n]{r S^{n-1}}}$ [mH/km]

여기서, D : $\sqrt[3]{D_{12} D_{23} D_{31}}$: 등가 선간거리

② 복도체의 등가 반지름

㉠ $R_E = \sqrt[n]{r \times S^{n-1}}$

여기서, n : 소도체의 개수
S : 소도체 간의 간격
r : 소도체의 반경

㉡ 소도체의 간격 : 154(2B)에서는 400[mm], 345(2B)에서는 457[mm], 345(4B)에서는 400[mm]

③ 단도체의 r, 다도체 R_E로써 L은 감소됨에 따른 리액턴스가 감소한다.

(2) 송전용량이 20[%] 정도 증가(안정도증가)한다.

$P = \dfrac{V_s V_r}{X} \sin\delta$에서 $X(=2\pi f L)$이므로 증가한다.

(3) 복도체의 정전용량은 20 ~ 30[%] 증가하므로 전체 계통리액턴스(유도성-용량성)는 감소된다.

① $C_n = \dfrac{0.02413}{\log_{10} \dfrac{D}{\sqrt[n]{r S^{n-1}}}}$ [μF/km]에서 다도체의 반경이 증가된다.

chapter 13

② C(정전용량)는 증가의 결과로 되며, $X_{\text{total}} = X_L - X_C$이므로 전체 계통리액턴스는 감소한다.

(4) 코로나 임계전압 상승으로 인한 코로나 손실의 감소

① 코로나 임계전압 증가

$$E_0 = 24.3 m_0 m_1 \delta d \log_{10} \frac{D}{r'}$$

여기서, m_0 : 날씨계수

m_1 : 전선표면계수

r' : 복도체의 전선반경

D : 등가선간 거리

δ : 상대공기 밀도, $\delta = \dfrac{0.386b}{273+t}$ (여기서, b : 기압[mmHg], t : 기온[℃])

이 식에서 d(전선직경)의 증가로 E_0가 증가한다(약 15 ~ 20[%] 증가).

② 상기 식에서 d와 r'가 동시에 들어 있으나 d는 대수적으로 증가하나 r'는 log함수적으로 감소하여 전체적으로 코로나 임계전압은 증가된다.

③ Peak식에 의한 코로나손실은 감소된다.

$$P = \frac{241}{r'}(f+25)\sqrt{\frac{r}{D}}\,(E-E_0)^2 \times 10^{-5}\,[\text{kW/km/line}]$$

여기서, f : 주파수[Hz]

D : 등가선간 거리[cm]

r : 전선의 반지름[cm]

E : 전선의 대지전압[kV]

E_0 : 코로나 임계전압[kV]

(5) 등가단면적의 단도체에 비해서 실효저항이 감소하고 허용전류가 증가하며 중공연선이 불필요하다.

① 교류전류의 표피효과의 두께

$$\delta = \sqrt{\frac{1}{\pi f \mu k}}\,[\text{m}]$$

여기서, k : 도전율[℧/m]

μ : 투자율[H/m]

즉, $\delta < D$이면 전류는 표면에만 흐르고(표피효과가 크고), $\delta > D$이면 전류는 균일하게 통전된다.

② 표피효과(현상)는 전선이 굵을수록, 도전율과 투자율, 주파수가 클수록 증가한다.

③ 상기에 의하여 다도체 사용 시 등가 단면적이라도 각 도체의 반경은 단도체보다 훨씬 작아져서 표피효과가 없어지고, 전선의 실효저항은 감소된다.

④ 결과적으로 다도체의 허용전류는 단도체에 비하여 증가시킬 수 있다.

⑤ 표피효과를 줄이기 위하여 중공도체는 필요치 않다.

⑥ 굵은 연선 대신에 동일 반경의 복도체를 사용함으로써 표피효과를 방지한다.

(6) 대용량 전력의 전송

4. 고압 T/L에 다도체 사용 시 단점

(1) 정전용량의 증가로 페란티현상 시 전압의 상승이 크다.

① 선로의 정전용량

$$C_n = \frac{0.02413}{\log_{10}\frac{D}{\sqrt[n]{rS^{n-1}}}}[\mu\text{F/km}]$$

㉠ $R_E = \sqrt[n]{r \times S^{n-1}}$ 에서 n은 복도체수이므로 C는 단도체에 비해 증가된다.

㉡ 충전전류 증가($I = \omega CE$에서 C 증가는 I의 증가)

② 페란티현상 증가로 인한 전압상승의 우려

㉠ 페란티효과란 심야 등 경부하 시 충전전류 I_c가 수전단전압에 비해 위상이 90° 가까이 진상이 될 때(수전단 전압 > 송전단 전압) 발생한다.

㉡ 페란티효과 발생 벡터도

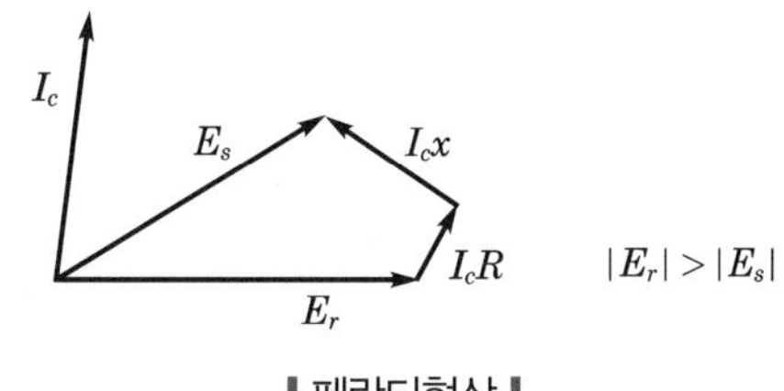

▌페란티현상▐

㉢ 대책 : 발전기 단락비 증대 등

(2) 강풍이나 부착빙설 등에 의한 전선의 진동과 동요가 증가하는데 이에 대한 대책은 Damper 취부, Spacer 설치 등이 있다.

(3) 단락사고 등에 각 소도체에 같은 방향의 대전류가 흘러서 선로 간의 흡인력이 발생한다.

① 단락전류 등 강한 전류가 동일 방향으로 흐르면 플레밍의 법칙에 의해 흡인력이 소도체 간에 발생하므로 이에 대한 충돌(sticking)현상이 발생한다.

② 흡인력

$$F = \frac{2 I_1 I_2 \mu_s \times 10^{-7}}{r} [\mathrm{N/m}]$$

여기서, r : 소도체 간의 간격[m]

μ_s : 비투자율[H/m]

③ 대책 : Spacer 취부

015 송전선로에 발생하는 코로나의 악영향을 5가지 이상 들고, 방지대책을 설명하시오.

답안

1. 코로나의 개념

전선에 고전압을 가하게 되면 전선표면 및 부근의 전계가 공기의 파열극한 전위경도(직류 : 30[kV/cm], 교류 : 21.1[kV/cm]) 이상이 되어 공기의 전리를 일으키고, 낮은 소리(코로나 소음), 엷은 빛을 수반하는 방전현상이다.

2. 코로나의 악영향(장해)

(1) 코로나 손실(corona loss)

① 코로나 손실은 Peek 실험식으로 주어지는 전력손실이 발생하고 송전효율이 저하된다.

$$P=\frac{241}{\delta}(f+25)\sqrt{\frac{r}{D}}(E-E_0)^2\times10^{-5}[\text{kW/km/1선}]$$

여기서, f : 주파수[Hz]

E_0 : 코로나 임계전압[kV]

E : 전선의 대지전압[kV]

② 상기 식은 $1\phi\ 2\omega$식 혹은 정삼각형 배치에 3상 식에만 적용되며, 3상 식 비대칭 배치 혹은 병행 2회선의 경우 각도체의 전위경도가 다르다.

$$P=\frac{1,276}{\delta}(f+25)\sqrt{\frac{r}{D}}\left(\log_{10}\frac{D}{r}\right)^2(G_0-G_D)^2\times10^{-5}[\text{kW/km/1선}]$$

여기서, r : 전선의 반지름[cm]

D : 선간거리[cm]

G_0 : 주어진 전위경도[keff/cm]

δ : 상대공기밀도, $\delta=\dfrac{0.386b}{273+t}$

b : 기압[mmHg]

G_D : 파열한계 전위경도, 21.1[keff/cm]

(2) 통신선에의 유도장해

코로나에 의한 고조파 전류 중 제3고조파 성분이 중성점 전류로 나타나고, 중성점 직접 접지방식에는 인근 통신선에 유도장해를 주고 파형을 일그러뜨린다.

(3) 소호리액터의 소호능력 저하

1선 지락 시 건전상의 대기전압 상승으로 Corona는 고장점의 잔류전류의 유효분을 증가시켜서 소호능력을 저하시킨다.

(4) 코로나의 전기적 잡음 발생[(noise 장해(RFI EMI, 장해)]

① 코로나 방전은 전선표면의 전위경도가 30[kV/cm] 초과 시에만 발생한다.

② 교류전압의 반파마다 간헐적으로 코로나가 발생하며, 고조파 펄스를 발생시켜, 고조파는 선로에 따라 전파되어, 근처의 라디오, TV 수신에 장해, 반송계전기 및 방송설비에 잡음장해를 발생시킨다.

(5) 전선의 부식 촉진

코로나에 의한 오존(O_3) 및 산화질소가 공기 중의 수분과 흡수 화합하여 초산(HNO_3)이 되어 전선과 바인드선을 열화 부식시킨다.

(6) 가청 코로나 소음발생(AN) → 기계적 장해

코로나 방전 시 가청주파수 성분이 많이 있어 인근 주민들에게 피해를 준다.

(7) 전선의 코로나 진동

우천 시의 코로나로 인해 전선의 진동현상(코로나 진동)이 발생하는 경우 미약하지만 전선의 피로열화에 연결된다.

(8) 이온류의 대전현상

HVDC에서는 전선표면에 발생하는 코로나 방전으로 인하여 대지로 향하는 이온류가 생기며, 선 아래 물체에 전하를 부여해서 전압을 유기한다.

(9) 진행되는 파고값 감쇠

악영향은 아니나 Surge(진행파)는 전압이 높아서 코로나를 발생시키면서 진행되므로, Surge 감쇠효과는 대부분 코로나 방전에 의한 것이다.

3. 코로나 방지대책

(1) 굵은 전선을 사용하여 코로나 임계전압을 높인다.

① 임계전압 : G_0(주어진 전위경도)와 파열극한 전위경도 G_D가 같게 되는 점에서는 중성점(대지)에 대한 상전압의 크기

여기서, G_0 : 주어진 전위경도[keff/cm]

G_D : 파열한계 전위경도, 21.1[keff/cm]

② 임계전압 공식

$$E_0 = 24.3 m_0 m_1 \delta d \log_{10} \frac{D}{r} [\text{kV}]$$

여기서, m_0 : 전선 표면계수

m_1 : 날씨계수(맑은 날은 1.0, 비가 오면 0.8)

D : 선간거리[cm]

r : 전선 반경[cm]

δ : 상대공기밀도, $\delta = \dfrac{0.386b}{273+t}$(여기서, b : 기압[mmHg]), t : 기온[℃])

③ 앞의 식에서 반경(r)은 두 번 들어갔으나 뒤의 $\left(r = \dfrac{d}{2}\right)$ 전선반경은 지수함수적 변화되어, 전체적으로는 굵은 전선 사용 시 E_0은 상승한다.

④ 765[kV]에서는 굵은 전선을 사용하면 건설비가 비싸지나 코로나 손실 감소의 양자에 대한 경제성을 고려해서 480[mm^2]로 채용하고 있다.

⑤ ACSR은 경동연선에 비해서 가볍고 굵어서 코로나 방지면에서 우수하다.

(2) 다도체의 사용

① 다도체 사용 시 임계전압의 r이 r'로 되어 $r' > r$이 되므로 임계전압이 상승하고 코로나 발생이 감소한다.

$$r' = \sqrt[n]{rs^{n-1}}$$

여기서, n : 다도체수

r : 다도체 각각의 반경

s : 다도체의 간격

② 즉, 다도체 사용 시 등가반경(r')이 훨씬 크게 되어 임계전압을 상당히 높일 수 있다.

③ 765[kV] T/L에서는 480[mm^2]×6도체를 사용한다(소음기준 50[dB] 이하).

(3) 매끈한 전선표면의 유지

앞의 임계전압(E_0) 식에서 m_0는 전선표면이 매끄러울수록 임계전압은 상승한다.

(4) 아크론, 아킹링의 사용

아크론, 아킹링을 사용해서 현수애자련의 전위분포로 균등하게 하여 애자금구에서 발생하는 Corona를 감소시킨다.

(5) 반도체 유약의 사용

핀애자의 경우에 반도체 유약을 바르면 Corona 손실이 저감된다.

(6) 가선금구의 개량

가선금구를 개량하여 특정 부위에서 전위 경도가 완만하게 하여 코로나를 방지한다(국부 코로나 방지).

chapter 13

(7) 고조파에 의한 유도장해

765[kV] T/L은 직접 접지방식이므로 중성선 전류에 의한(제3고조파) 유도장해의 문제가 있어 OPGW의 광섬유 Cable을 사용하여 통신선의 장해를 방지시킨다.

(8) TV 및 Radio 잡음

765[kV] T/L에서 가청소음(50[dB])을 만족하도록 480[mm^2]×6도체를 사용한다.

016 가공송전선로의 코로나 임계전압에 영향을 미치는 요소에 대하여 설명하시오.

data 전기안전기술사 22-128-1-7

답안 1. 개요

(1) 코로나의 개념

전선에 고전압을 가하게 되면 전선표면 및 부근의 전계가 공기의 파열극한 전위경도(직류 : 30[kV/cm], 교류 : 21.1[kV/cm]) 이상이 되어 공기의 전리를 일으키고, 낮은 소리(코로나 소음), 엷은 빛을 수반하는 방전현상을 말한다.

(2) 코로나의 종류

① **기중코로나** : 전선표면, 소호각, 클램프 등에서 발생하는 현상이다.

② **연면코로나** : 애자갭 및 핀의 쇠붙이와 자기의 접합수 사이에 발생한다.

(3) 765[kV] T/L에서의 코로나현상은 전선 주위의 전위경도가 전압에 비례하므로, 과거 345[kV] T/L보다 2배 이상의 코로나 발생빈도나 강도면에서 높아질 것으로 예상되어 별도의 대책이 필요하다.

(4) 결정코로나

T/L의 전선표면의 근방에서 전위경도가 한도를 넘을 때는 그곳만의 공기절연파괴가 되나 전압을 더욱 올리면 전(全)전선에 걸쳐 코로나가 발생하는 것이다.

2. 코로나의 방전특성

(1) 공기는 보통 절연물을 취급하고 있지만 실제에는 그 절연내력에 한도가 있다.

(2) 즉, 기온 기압의 표준상태(20[℃], 760[mmHg])에 있어서는 직류에서 약 30[kV/cm], 교류(실횻값에서는 그 $1/\sqrt{2}$ 인 약 21[kV/cm])의 전위경도를 가하면 절연이 파괴되는데 이것을 파열극한 전위경도 g_0라고 말한다.

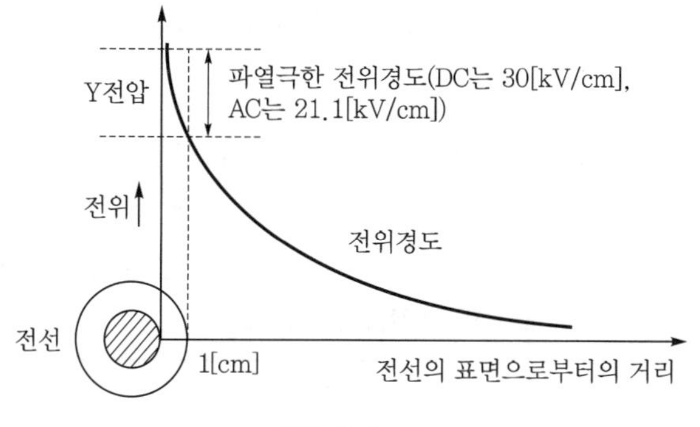

┃전위경도┃

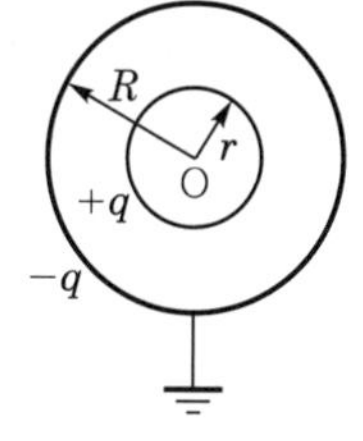

┃동심원통의 전극┃

(3) 일반적으로 전극의 어느 일부분에 있어서 전위경도가 위에서 보인 한도를 넘으면 그 부분만의 공기절연이 파괴되어 전체로서는 섬락에까지 이르지 않는다.

(4) 이와 같이 공기의 절연성이 부분적으로 파괴되어서 낮은 소리나 엷은 빛을 내면서 방전하게 되는 현상을 코로나 또는 코로나 방전이라고 한다.

(5) 코로나는 불꽃방전 일보직전의 국부적인 방전현상이다.

3. 코로나 임계전압

임계전압 E_0[kV]은 G_0(주어진 전위경도)와 파열극한 전위경도 G_D가 같게 되는 점에서는 중성점(대지)에 대한 상전압의 크기를 말한다.

$$E_0 = 24.3 m_0 m_1 \delta d \log_{10} \frac{D}{r} [\mathrm{kV}]$$

4. 임계전압에 영향을 미치는 요소

(1) m_0

전선의 표면상태에 의해서 정해지는 계수로서 다음 표의 값을 취한다.

▎전선의 표면계수▕

전선의 표면상태	m_0	비고
잘 다듬어진 단선	1	표면의 국부 돌출부에 의해서 코로나 임계전압은 낮아진다.
표면이 거친 단선	0.93 ~ 0.98	
7개 연선	0.83 ~ 0.87	
19 ~ 61개 연선	0.80 ~ 0.85	

(2) m_1

일기에 관계하는 계수로서, 공기의 절연내력의 저하도를 나타내고 맑은 날은 1.0, 우천 시(비, 눈, 안개 등)는 0.8로 잡고 있다. 즉, 흐린 날에는 코로나 발생이 쉽다.

(3) δ

① 상대공기밀도로서, 기온 t[℃]에서의 기압은 b[mmHg]로 하면 $\delta = \frac{0.386b}{273+t}$ 이다.

② 표준기압 $b = 760$[mmHg], 표준기온 $t = 20$[℃]의 경우 $\delta = 1$로 된다.

③ 즉, 기압이 낮을수록, 온도가 높을수록 임계전압은 낮아진다.

④ b의 값은 토지의 높이에 따라 달라지는데 그 개략값은 다음 표와 같다.

▎표고와 대기압과의 관계▕

표고[m]	0	500	1,000	1,500	2,000	2,500	3,000	3,500
기압 b[mmHg]	760	711	688	627	500	555	521	489

(4) d : 전선의 지름($d=2r$)

(5) r

전선의 반지름[m]으로, r이 클수록 임계전압은 높아진다. 즉, 코로나 발생이 어려워진다.

(6) $\log_{10}\frac{D}{r}$

선간거리 D[m]와 전선의 반지름 r[m]과의 관계는 그 영향이 대수적이어서 앞의 그림과 같이 변하므로, D가 일정하고 r이 변하든지, r이 일정하고 D가 변하든지 간에 그 영향은 r 자체에 의해 직선적으로 변하는 부분보다는 작다.

(7) D[m] : 전선의 선간거리

section 04 중성점 접지방식과 유도장해

017 전력계통에서 중성점 접지방식의 종류에 대하여 설명하시오.

data 전기안전기술사 22-126-1-7

답안 1. 중성점 접지방식의 정의(종류)

변압기의 중성점을 접지하는 접지임피던스 Z_n의 크기와 종류에 따라 구분한다.

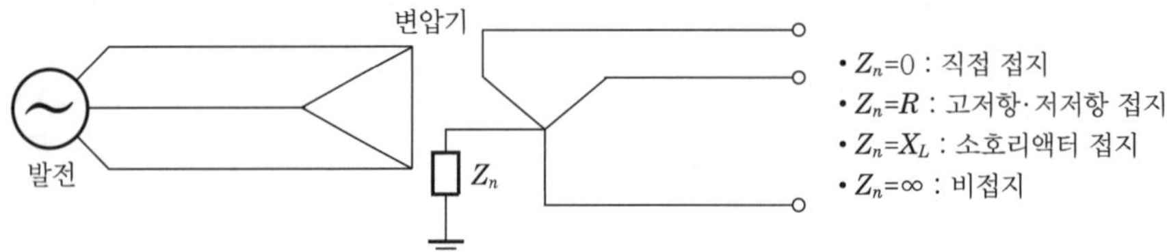

2. 중성점 접지의 4대 목적

(1) 전력계통의 지락고장 시 건전상의 대지전위 상승을 억제하여 전선로 및 기기의 절연 Level을 경감시킨다.

(2) 낙뢰 침입 시 Arc 지락에 의한 이상전압이 경감하고 발생을 방지한다.

(3) 전력계통의 지락고장 시 접지계전기 동작에 대한 확실성을 확보한다.

(4) 소호리액터 접지방식 시스템의 1선 지락 시에 Arc 지락을 신속하게 소멸시켜 지속적인 송전이 가능하다.

3. 중성점 접지방식의 비교

구분	비접지	직접 접지	저항 접지	소호리액터 접지
지락전류	• 작다. • 지락전류는 $I_g \fallingdotseq \sqrt{3}\omega C_a V$에서 대지정전용량 C_a가 매우 작아 [μF]이어서 I_g는 매우 작다.	• 가장 크다. • $I_g = \dfrac{3E_a}{Z_0+Z_1+Z_2+3R_f}$ 여기서, I_g : 지락전류[A] E_a : 상전압[V] R_f : 고장점의 지락저항 I_n : 기준전류 • 또는 $I_g = \dfrac{3\times100\times I_n}{\%Z_0+\%Z_1+\%Z_2+3\%R_f}$	중간 정도(중성점 접지저항에 따라 달라짐) [그림: R_g, I_g] • 저저항 접지 → 직접 접지에 가까운 I_g • 고저항 접지 → 비접지에 가까운 I_g	• 최소(거의 통전 안 됨) • 소호리액터의 L과 C 병렬공진을 이용하므로 지락전류가 가장 작음

구분	비접지	직접 접지	저항 접지	소호리액터 접지
건전상전압 상승	• $R_n = \infty$ 여기서, R_n : 중성점의 저항 • $Z_0 = X_0 = -\dfrac{1}{\omega C_0}$ • 건전상전압(V')는 $V' \geq \sqrt{3}$	• $\dfrac{R_0}{X_1} \leq 1$, $\dfrac{X_0}{X_1} \leq 3$일 경우 • 건전상전압(V')는 $V' \leq 1.3$배 이하 → (실효치)기준	• 고저항 접지 경우 $R_n = X_C$로 $R_n = \dfrac{1}{3\omega C_S}$ • 건전상전압(V')는 $V' \leq (1.3\sim1.7)\,V$ → (실효치)기준	• 소호리액터의 크기 $\omega_L = \dfrac{1}{3\omega C}$ • 건전상전압 $V' = \sqrt{3}\,V$ • 단선 시 이상전압이 가장 크다.
과도안정도	크다.	최소(고속도 차단, 고속도 재폐로를 적용하여 향상시킴)	크다.	크다.
유도장해	• 유도장해 : 작다. • 건설비 : 가장 싸다(4순위).	• 유도장해 : 최대 • 건설비 : 비싸다(순위 : 3).	• 유도장해 : 중간 • 건설비 : 비싸다(2순위).	• 유도장해 : 최소 • 건설비 : 가장 비싸다.
계전방식	• 단락 : OCR×3 • 지락 : SGR+GPT	• 단락 : OCR×3 • 지락 : OCGR 또는 SGR+GPT	• 단락 : OCR×3 • 지락 – 저저항 : OCGR – 고저항 : SGR+GPT	• 단락 : OCR • 지락 : SGR+GPT • R/Y 동작이 불확실

018 전력계통의 중성점 접지방식에 대하여 설명하시오.

data 전기안전기술사 20-120-3-6

comment 문제 017번 문항 '3.'과 문제 018번 문항 '3.' 중 하나를 선택해 숙지한다.

답안

1. 중성점 접지방식의 정의(종류)

변압기의 중성점을 접지하는 접지임피던스 Z_n의 크기와 종류에 따라 구분한다.

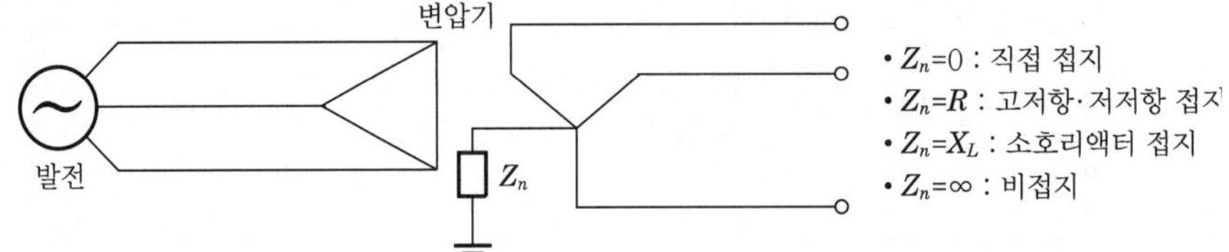

2. 중성점 접지의 4대 목적

(1) 전력계통의 지락고장 시 건전상의 대지전위 상승을 억제하여 전선로 및 기기의 절연 Level을 경감시킨다.

(2) 낙뢰 침입 시 Arc 지락에 의한 이상전압이 경감하고 발생을 방지한다.

(3) 전력계통의 지락고장 시 접지계전기 동작에 대한 확실성을 확보한다.

(4) 소호리액터 접지방식 시스템의 1선 지락 시에 Arc 지락을 신속하게 소멸시켜 지속적인 송전이 가능하다.

3. 전력계통의 중성점 접지방식의 비교

비교항목	비접지식	고저항 접지식	저항 접지식	직접 접지식	소호리액터식
결선도	C_a C_b C_c I_g	R I_g	R I_g	I_g	I_L $\dot{I}_g$ $\dot{I}$ $\dot{I}$
유효접지전류 (지락전류)	수백[mA] 정도	5~100[A] 정도	200[A] 이상	수십~수천[A]	수[mA]
적용 계통	고압 회로	특고압 회로 고압 회로	특고압 회로	특고압 회로 저압 회로	특고압 회로

비교항목	비접지식	고저항 접지식	저항 접지식	직접 접지식	소호리액터식
1선 지락 시 건전상의 전압 상승	케이블 계통에서 간헐 아크 지락에 의한 과전압이 발생	약간 크다.	작다.	작다. 평상시와 거의 같다.	크다. 적어도 $\sqrt{3}$ 배까지 올라간다.
1선 지락 시 통신선의 유도장해 정도	작다.	일반적으로 작다.	일반적으로 크다.	가장 크다. 고속도 차단 시스템 채용으로 보상	가장 작다.
1선 지락 시 계통안정도	좋다.	좋다.	약간 좋다.	나쁘다.	좋다.
지락고장 시 회로 차단	자연소호되므로 차단 불요. 단, 영구 고장 시 회로차단 필요	차단 필요	차단 필요	차단 필요	자연소호되므로 차단 불요. 단, 영구 고장 시 회로차단 필요
지락고장 시 계전기 동작	곤란할 경우가 있다.	확실하다.	확실하다.	가장 확실하다.	불가능하다.
지락고장 시 기기손상	작다.	일반적으로 작다.	일반적으로 크다.	가장 크다.	가장 작다.
계통운전	계전기 적용이 곤란하므로 운전에 불편할 때가 있다.	용이하다.	용이하다.	용이하다.	• 운전상황에 따라 탭 변경을 요한다. • 직렬공진에 주의를 요한다.
기기의 절연 비용	크다.	일반적으로 크다.	일반적으로 작다.	가장 작다.	크다.
초기 설비비	작다.	크다.	크다.	작다.	가장 크다.
접지기기 설치공간	작다.	크다.	크다.	작다.	가장 크다.

chapter 13

019 접지계통에서 유효접지계통과 비유효접지계통을 비교 설명하시오.

data 전기안전기술사 19-117-1-2

답안

1. 중성점 접지방식의 종류

(1) 중성점을 접지하는 접지임피던스 Z_n의 크기와 종류에 따라 구분된다.

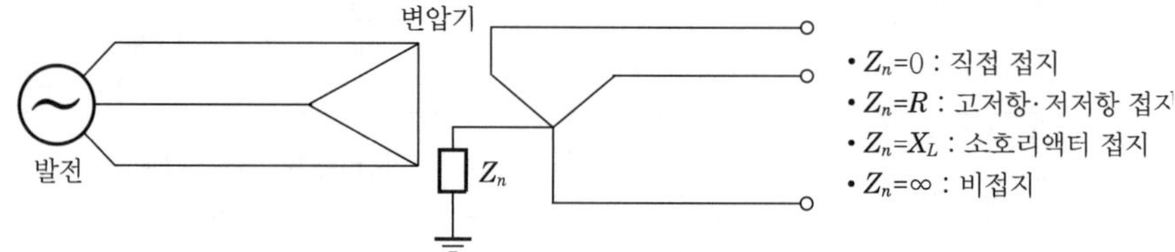

(2) 유효접지와 비유효접지방식의 구분

직접 접지방식을 포함한 1선 지락 시 건전상의 전위가 건전 시 상전압의 1.3배 이하인 경우를 유효접지방식으로 말하며, 그 외의 방식(비접지, 저항접지, 소호리액터접지)을 비유효접지방식이라 한다.

2. 중성점 접지의 목적

(1) 지락고장 시 건전상의 대지전위 상승을 억제하여 전선로 및 기기의 절연레벨 경감

(2) 뇌 Arc 지락에 의한 이상전압 경감 및 발생방지

(3) 지락고장 시의 접점계전기 동작의 확실성 확보

(4) 소호리액터 접지방식의 1선 지락 시 Arc 지락을 신속 소멸시켜, 그대로 송전 가능

3. 유효접지

(1) 유효접지의 개념(유효접지방식의 의미)

① 1선 지락 시 건전상의 전위 ≤ 1.3×상전압 : 전력계통에서 1선 지락 고장 시 건전상의 전위가 상전압의 1.3배 이하가 되도록 중성점 임피던스를 억제한 중성점 직접 접지방식

② 1선 지락고장 시 건전상의 대지전위 ≤ 정상 시 선간전압×1.75 : 1선 지락고장 시 건전상의 대지전위가 정상 시의 선간전압의 75[%] 이하로 하기 위해 중성점 임피던스를 억제한 중성점 직접 접지방식

③ 예시

㉠ 154[kV]의 대지전압은 $\dfrac{154}{\sqrt{3}} = 88.91\,[\mathrm{kV}]$

㉡ 대지전압×1.3 = 88.91×1.3 = 115.58[kV]

㉢ 154×0.75 = 115.5[kV](즉, ㉡값 = ㉢값)

(2) 유효접지의 조건

① 1선 지락 시 건전상의 전위가 상전압의 1.3배 이하로 되도록 건전상 조건하에서의 어느 점에서든지 영상·정상 임피던스 비는 다음과 같다.

$$0 < \frac{R_0}{X_1} \leq 1$$

$$0 \leq \frac{X_0}{X_1} \leq 3$$

여기서, R_0 : 영상저항

X_0, X_1 : 영상·정상 리액턴스

② 중성점의 접지는 전체 계통이 유효접지 내(접지계수가 80[%] 이내)에 있어야 한다.

$$\text{접지계수} = \frac{\text{1선 지락사고 시 고장점에서의 건전상 대전압}}{\text{사고제거 후의 선간전압}}$$

③ 어느 점에서도 1선 지락전류는 3상 단락전류의 60[%]보다 커야 한다.

④ 접지하지 않은 중성점의 전위상승은 154[kV]의 경우 73[kV] 이내로 유지한다.

(3) 유효접지를 적용하는 이유(장점)

① 절연레벨의 경감

② 변압기의 단절연(graded insulation)

③ 피뢰기 책무 경감

④ 개폐서지의 제한

⑤ 보호계전기 동작 확실

(4) 계통에 적용 시 검토(단점)

① 계통에 주는 영향으로 고장 시 계통의 안정도 저하가 크다.

㉠ 1선 지락전류가 타 방식보다 커서 계통충격이 큼

㉡ 계통의 안정도 저하

㉢ 대책 : 고속도 차단, 고속도 재폐로 시행 연계력 강화 등

② 유도장해 발생 : 1선 지락 시 인근 통신선에 유도장해 발생(전자유도)

chapter 13

4. 비유효접지

(1) 정의

접지계수가 75[%]를 초과하는 계통으로서, 즉 1선 지락 시 상전압이 건전 시의 1.3배를 초과하는 계통

(2) 종류

고저항 접지, 저저항 접지, 소호리액터 접지, 비접지 방식

(3) 장점

① 지락전류가 작다.
② 안정도가 우수하다.
③ 유도장해가 작다.
④ 고장 시 기기의 충격이 작다.

(4) 단점

① 고장 시 건전상의 높은 이상전압이 발생한다.
② 보호계전기의 동작이 불확실하다.
③ 장거리 선로는 정전용량이 증대될 수 있다.

020 저항접지계통의 지락보호방법을 설명하시오.

data 전기안전기술사 19-117-3-5

답안 1. 개요

저항접지계통이란 변압기 중성점을 저항으로 접지하는 방식을 말한다.

2. 저항접지계통의 종류

(1) 저저항 접지 : $R=30[\Omega]$ 정도

(2) 고저항 접지 : $R=100\sim1,000[\Omega]$ 정도

3. 저항접지계통의 지락고장 시 지락전류와 과도안정도

(1) 지락전류

① 고저항 접지방식의 지락전류 : 고저항 접지방식은 지락 고장전위가 작아 비접지에 준하여 계산(비접지에 가까운 I_g)한다.

$$I_g = \frac{\frac{V}{\sqrt{3}}\times 1,000}{R_f + \frac{1}{3j\omega C_S}}[\text{A}],\ \ C_a = \frac{0.02413}{\log_{10}\frac{16h^3}{dD^2}}[\mu\text{F/km}]$$

여기서, I_g : 지락전류[A]

V : 선간전압[kV]

C_a : 각 상에 대지정전용량[μF]

R_f : 지락점의 지락저항[Ω]

d : 전선의 외경[mm]

ω : 각속도($2\pi f$)

D : 등가선간거리[mm]

② 저저항 접지방식 : 직접 접지에 가까운 I_g

$$I_g = \frac{3E_a}{Z_0 + Z_1 + Z_2 + 3R}$$

(2) 과도안정도 : 크다.

4. 지락 시 건전상 전압상승

(1) 고저항 접지의 경우 $R_n = X_C$로 $R_n = \frac{1}{3\omega C_S}$

(2) 건전상 전압(V')은 실효치 기준으로 $V' \le (1.3\sim1.7)V$

5. 유도장해(타 접지방식에 비해 유도장해영향이 중간 정도)

(1) 유도전압 $E_m = j\omega Ml \cdot (3I_o)$

(2) 저저항 접지 : 유도장해 영향이 크다.

(3) 고저항 접지 : 유도장해 영향이 작다.

6. 저항접지계통의 특성

(1) 장점

① 접지개소가 2개소 이상의 중성점을 동시에 접지하는 복저항 접지방식으로 구성 시 지락전류를 2개소 이상으로 분산시켜서 유도전압의 감소가 가능하다.

② 비접지방식에 비해 건전상 전압 상승이 작다.

③ 직접 접지방식에 비해 1선 지락전류가 작아 유도장해가 작다.

(2) 단점

① 접지저항이 작으면 1선 지락사고 시 지락전류가 커져 유도장해가 증대한다.

② 접지저항이 너무 크면 지락전류가 작아져 계전기동작이 어려워진다.

7. 저항접지계통의 보호방법과 저항접지계통의 지락보호방법

(1) 단락보호 : 과전류 계전기 OCR에 의한다.

(2) 지락보호방법

① 저저항 : OCGR

② 고저항 접지계통

㉠ ZCT 또는 GPT를 사용하는 방법

㉡ SGR + ZCT + GPT

- 중성점 고저항 접지의 경우는 ZCT 또는 GPT를 사용하는 방법과 이 둘을 모두 사용하는 방법(SGR)의 단선도이다.
- 고저항 접지방식에서의 정정방법도 OCGR을 사용하는 경우와 유사하게 감도의 차이를 둔다.
- 예를 들어 CKT-2에서 지락사고가 발생한 경우 SGR-4보다 SGR-1이나 SGR-2가 먼저 동작해서는 안 된다.
- 따라서, 계전기의 동작감도는 그림과 같이 SGR4-SGR-2-SGR-1의 순으로 예민하게 정정한다.

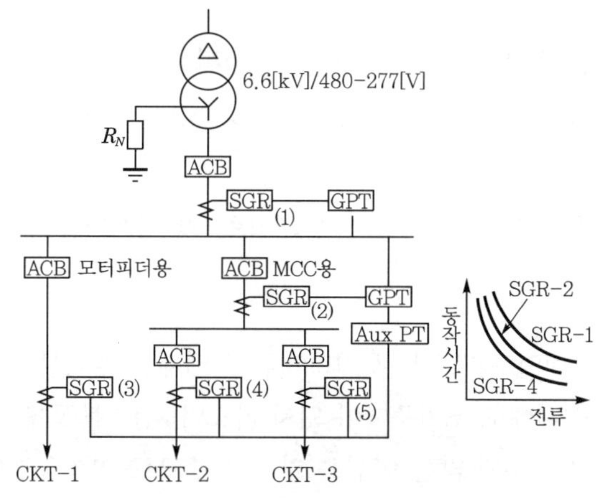

‖ SGR 사용의 지락보호방식 단선도 ‖

㉢ GPT + ZCT + 67G + 64G + 51N 방식

- 지락고장 시 전력부하의 공급신뢰도 : NGR을 사용하여 직접 접지나 저저항 접지의 경우와 달리 지락전류를 억제하며, 지락사고 시에 발생하는 과도 이상전압의 억제로 지락전류가 작아 공급 신뢰도가 높다.
- 51N : 지락과전류계전기
- 67G : 방향지락계전기(DGR)
- 64G : 지락과전압 계전기(OVGR)

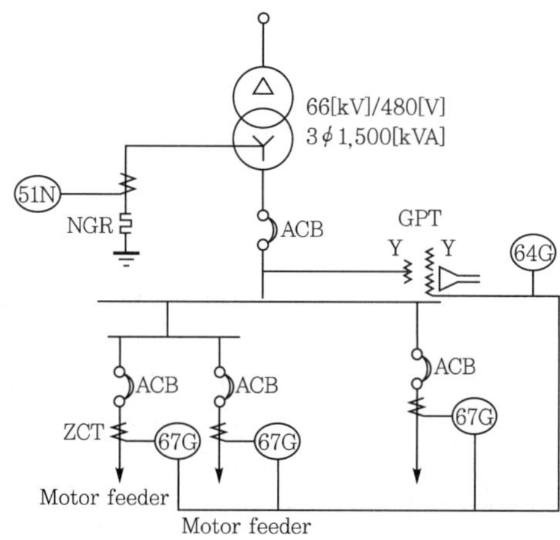

‖ GPT+ZCT+67G+64G+51N 방식의 고저항 방식 ‖

021 저항접지방식의 종류와 특징을 설명하시오.

data 전기안전기술사 19-119-1-9

comment 실제 공장에서 많이 적용되므로 매우 중요하다.

답안 1. 개요

과도이상전압 억제 및 큰 지락전류를 배제할 수 있는 고저항 접지방식을 잘 이용하면 지락사고 시에도 조업중단이 되지 않으며, 전기불꽃에 의한 화상을 최소화하는 등 전력설비 유지보수에 많은 이점을 가져다 주므로 연속공정의 대규모 공장에 적용 시 매우 유리한 접지방식이라 할 수 있다.

2. 산업용으로 가능한 저압용 접지방식

접지방식	저압 계통(600[V] 이하)
• $I_g = 1\sim5[A]$ • R : 100~1,000[Ω] ▌고저항 접지(연속공정에 사용)▐	• 지락사고전류 : 일반적으로 1~5[A] • 첫 지락에 한해서 사고에 의한 피해 없음 • 전력공급의 신뢰성 : Trip 없음. 모든 기기 정상운전 • 과도이상전압 : 효과적으로 제한 • Arc 지락사고 없음 • 사고지점 색출 Pulse 장치가 있으면 쉬움 노련한 전공에 의하여 사고지점을 빨리 찾는 것이 요구됨
• $R = 30[Ω]$ • $I_g = 15\sim150[A]$ ▌저저항 접지▐	• 지락사고전류 : 일반적으로 15~150[A] • 사고에 의한 피해, 사고 시 Trip이 되지 않거나 즉시 찾아내지 못하면 피해가 커질 수 있음 • 전력공급의 신뢰성 : 소규모 회로는 Trip시키고, 그 이외에는 경보나 보호계전기 Trip • 과도이상전압 : 효과적으로 제한 • Arc 지락사고 : 대규모 피해의 원인이 될 수 있음 • 사고지점 색출 : 선택 접지계전기로 감지

접지방식	저압 계통(600[V] 이하)
$Z_n = \infty[\Omega]$ ▎비접지▕	• 지락사고전류 : 없음 • 전력공급의 신뢰성 : Trip 없음 • 사고에 의한 피해 : 첫 지락에 한하여 없음 • 과도이상전압 : Arc 지락사고 시 정상전압의 600[%]의 이상전압 유기 • Arc 지락사고 : 과도이상전압은 크나 Arc 지락 시 불꽃 소손 피해는 없음 • 사고지점 색출 : 매우 어려움. 노련한 전공이 빨리 찾아 내어야 하는데, 왜냐하면 2번째 지락사고 시에는 선간 단락으로 확대되기 때문
$Z_n = 0[\Omega]$ ▎직접 접지▕	• 지락사고전류 : 대단히 큼. 단지 변압기나 전선 굵기, 과전류 보호장치에 의해 제한될 뿐임 • 사고에 의한 피해는 일반적으로 매우 큼 • 전력공급의 신뢰성 : 일반적으로 없음. 차단기 Trip • 과도이상전압 : 가장 효과적으로 제한 • Arc 지락사고 : 가공할 피해로 연결 가능성 가장 많음 통상 보호계전기에 의한 보호 필요 • 사고지점 색출 : 스스로 해당 회로 차단

022 송전선로 부근에서 발생하는 전계로 인하여 정전유도에 대하여 설명하시오.

1. 정전유도를 받고 있는 물체에 접촉한 경우의 전격현상
2. 정전유도를 받고 있는 인체의 방전에 의한 전격현상

data 전기안전기술사 19-119-3-3

답안 1. 개요

(1) 송전선 부근에는 송전전압, 송전선의 전선배치, 전선의 구성 및 상 배치 등에 의해 전계가 발생하고 있다.

(2) 이 전계 중에 대지로부터 절연된 물체가 놓여 있다면 그 물체에 전하가 유도되어 전압이 생긴다. 이 현상을 정전유도라 한다.

2. 정전유도를 받고 있는 물체에 접촉한 경우의 전격현상

(1) 송전선 밑의 자동차, 펴진 우산 등의 정전유도를 받는 경우의 전기적 등가회로는 아래 그림과 같다.

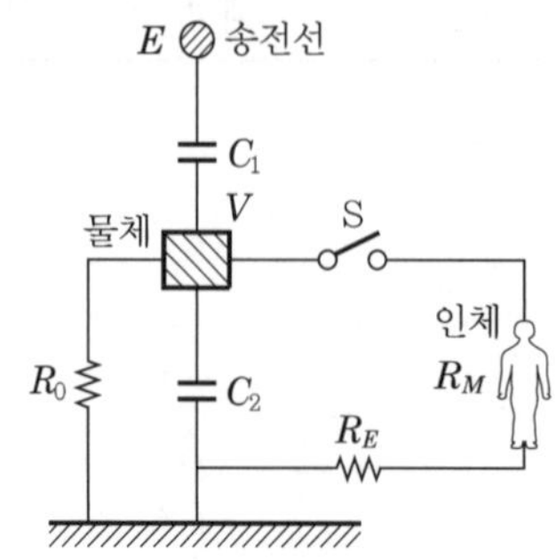

▌물체의 정전유도 등가회로▌

펄스형태 전류
정상전류
접촉 시

▌유도물체 접촉 시 흐르는 전류▌

여기서, C_1 : 송전선과 물체 간의 정전용량

R_0 : 물체의 대지절연저항

C_2 : 물체와 대지 간의 정전용량

E : 송전선의 대지전압

R_M : 인체저항

V : 정전유도전압

R_E : 인체와 대지 간의 접촉저항

(2) 이 경우 물체에 유도된 전압 V는 식 1)과 같이 표시한다.

여기서, R_0는 무한대로 보고 무시한다.

① $V = \dfrac{C_1}{C_1 + C_2} E$ ………… 식 1)

② 만약 이 경우 인체가 이 물체에 접촉하면(S를 닫는 경우) 흐르는 과도전류는 식 2)로 얻어지고, 접촉하면 식 3)으로 표시되는 정상전류가 인체에 흐른다.

③ 즉, 접촉하는 순간 극히 짧은 시간에 파고치가 높은 펄스형태의 과도전류가 흐르고 계속해서 C_1을 통해서 정상적인 상용주파수의 교류전류가 흘러 전격을 받는다.

(3) 과도전류

$$I_t = \frac{V}{R_M + R_E} \exp \frac{-t}{C_2(R_M + R_E)} \quad \cdots\cdots\cdots\cdots \text{식 2)}$$

(4) 정상전류

$$\dot{I}_S = \frac{j\omega C_1}{1 + j\omega C_1(R_M + R_E)} \dot{E}_S \quad \cdots\cdots\cdots\cdots \text{식 3)}$$

여기서, $\omega = 2\pi f$ (f : 주파수)이며 $\dot{I}_S$, $\dot{E}_S$는 상용주파 교류전류 및 전압의 페이저(phasor) 표현이다.

(5) 일반적으로 R_M 및 R_E에 비해 $\frac{1}{\omega C_1}$이 대단히 크고, C_1에 흐르는 전류가 정해지는 경우가 많아서 이 경우 정상전류는 다음과 같이 된다.

$\dot{I}_S = j\omega C_1 \dot{E}_S$[A] ………… 식 4)

3. 정전유도를 받고 있는 인체의 방전에 의한 전격

(1) 송전선 및 고압 기기의 부근에 인체가 있을 경우 혹은 활선작업의 경우 인체 자신이 정전유도를 받게 되는 경우의 등가회로는 다음과 같다.

① 다음 그림의 기호 E, C_1, V, R_0, R_E, C_2는 앞에서의 등가회로 그림과 같다.

② $\dot{I}_S = \frac{V}{R_E} \exp\left(\frac{-t}{C_2 R_E}\right)$ ………… 식 5)

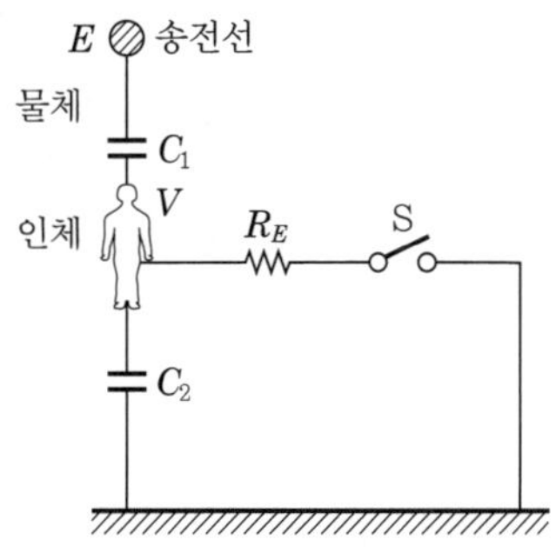

▌인체의 정전유도 등가회로▐

(2) 정전유도를 받고 있는 인체가 접지체에 접속할 때(S를 ON) 식 5)와 아래 식 6)에 의해서 얻어진다.

(3) 정상전류

$\dot{I}_S = \dfrac{j\omega C_1}{1 + j\omega C_1 R_E} \dot{E}_S$ ………… 식 6)

특히, $R_E < \dfrac{1}{C_1}$ 이라 하면 $\dot{I}_S = j\omega C_1 \dot{E}_S$ ………… 식 7)

(4) 정전유도에 의한 전격의 경우는 과도전류와 정상전류의 양자의 전류에 대한 위험성을 검토할 필요가 있다.

(5) 일반적으로 과도전류는 순간적으로 흐르고 그 크기가 상당히 크지만 시간이 아주 짧고 급히 감쇄하기 때문에 인체에 대한 위험성을 고려할 때는 오히려 지속적으로 흐르는 상용주파수의 정상전류에 대해서 더 중요하게 고찰해야 한다.

section 05 고장계산과 안정도

023 전력계통의 단락(고장) 전류 계산순서, 계산방법 및 계산에 필요한 주요 항목을 설명하시오.

data 전기안전기술사 20-120-2-3

답안 1. 개요

계통에서 단락사고가 발생되면 단락전류가 전계통에 흐르게 되고 장시간 지속될 경우 계통에 연결된 모든 기기들을 손상시키므로 이를 방지하기 위해서는 단락전류의 크기를 감소시키고 고장을 신속히 차단시켜야 한다.

2. 단락전류 계산의 목적

(1) 차단기의 차단용량 선정

(2) 기기의 열적 · 기계적 강도 선정

(3) 보호계전기의 형식, 정정

(4) 시스템의 경제성, 안정성

(5) 순시전압강하 검토

(6) 직접 접지계통에서의 유효접지계수 검토

(7) 계통안전도에 미치는 영향

(8) 근접 통신선에서의 유도장해 검토

3. 단락(고장) 전류 계산순서

단락지점에서 전원측으로 본 %Impedance 산출과 단락전류의 계산 Flow

(1) 각 기기나 선로의 표준 Impedance 결정

(2) 각 임피던스를 기준 Base로 환산

(3) 임피던스 MAP을 작성

(4) 임피던스 합성

① $\%Z = \dfrac{P \cdot Z}{10\,V^2}$

② $Z[\mathrm{PU}] = \%Z \times \frac{1}{100}$

(5) 단락전류계산

$$I_S = \frac{100}{\%Z} \times I_n$$

(6) 적용 차단기 결정

① 차단용량 : $P_S = \sqrt{3} \times$ 정격전압$\times$정격차단전류

② 다른 차단용량 : $P_S = \frac{\mathrm{Base}[\mathrm{MVA}]}{\%Z} \times 100$

(7) 적용 차단기 결정(시제품결정)

4. 단락전류 계산의 방법

(1) 평형 고장(3상 단락고장) : Ohm법, %Z법, PU법

① Ohm법

㉠ 방법론상 전압을 동일하게 두어야 하므로, 전력계통의 각 부분에서의 전압을 변압비에 따라 동일하게 변환시켜야 한다.

㉡ 번거로운 계산처리가 따른다.

㉢ 단락전류 산출공식 : $I_S = \frac{E}{Z_g + Z_t + Z_l}$

여기서, E : 회로의 상전압[V]

Z_g, Z_t, Z_l : 발전기, 변압기, 선로의 임피던스[Ω]

② %Impedanc법

㉠ 전류를 일정하게 한 후 기준용량을 일정하게(예 100[MVA]) 둘 수 있어, 계산상 전압을 동일하게 하기 위한 변환과정이 생략될 수 있어 계산이 용이하고, Ohm법보다 실제계통상 적용이 쉽다.

㉡ 단락전류 산출공식 : $I_S = \frac{100}{\%Z} \times I_n$

단, $\%Z = \frac{PZ}{10V^2}$

여기서, P : 기준용량[kVA]

Z : 선로 1상당 임피던스[Ω]

V : 선간전압[kV]

I_n : 정격전류(전부하전류)[A]

③ PU법(단위법) : %임피던스법의 100[%]를 1.0[PU]로 환산한 계산이 편리한 방법이다.

(2) 불평형 고장(1선 지락, 2선 지락, 선간 단락고장) : 대칭좌표법

① **대칭좌표법의 정의** : 전력계통의 3상 단락고장은 평형상태로 보아 단락전류, 전압산출은 용이하나 1선 지락 같은 불평형 고장은 비대칭인 경우가 많아 불평형 3상 회로를 대칭인 3개 회로로 분해한 후 그 평형회로에 전압성분, 전류성분으로 다루고 다시 이것을 겹쳐서 실제의 회로를 해석하는 방법

② **대칭좌표법을 이용한 계산법의 개념**

㉠ 개념도

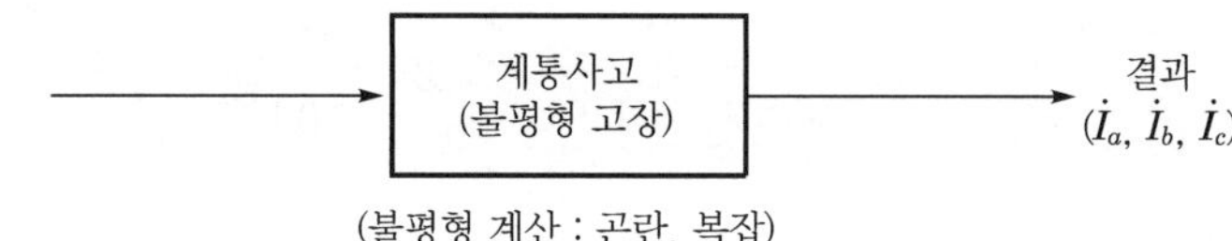

‖ 불평형 고장을 직접 계산하는 방법 ‖

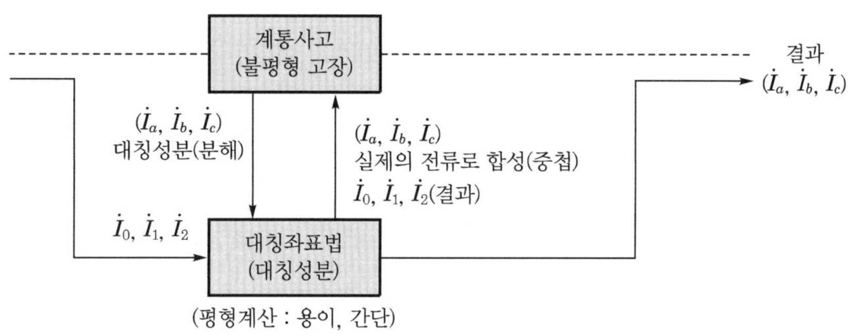

‖ 불평형 고장을 간접적으로 해석하는 방법 ‖

㉡ 대칭좌표법을 사용한 고장계산방법의 흐름

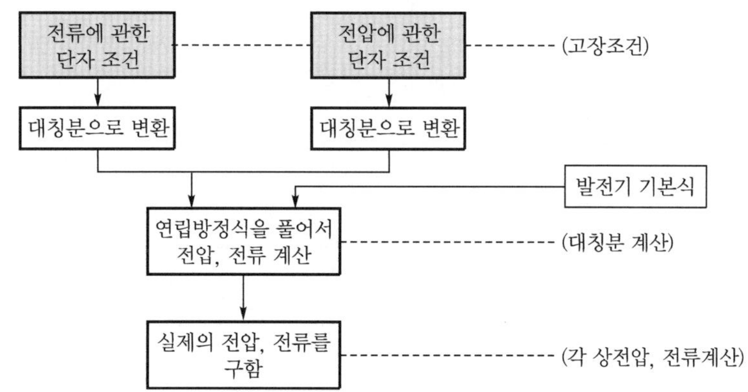

‖ 대칭좌표법을 이용한 고장계산 흐름도 ‖

5. 단락전류 계산에 필요한 주요 항목

(1) 기준전압 및 기준용량으로 환산한 Data

변압기는 1차와 2차 전압이 다르고 용량도 다르므로, 단락전류가 발생한 예상개소에서 전원측으로 본 해당 데이터를 기준용량 및 기준전압에 맞게 모두 통일시킨다.

(2) 발전기의 임피던스

(3) 고장점까지의 선로임피던스

$$\% Z = \frac{P \cdot Z}{10 V^2}$$

(4) 표준 차단기의 규격

024 전력계통의 단락사고 발생 시 시간에 따른 고장전류의 변화를 설명하시오.

data 전기안전기술사 19-117-1-3

답안 **1. 개요**

(1) 전력계통에 고장 발생 시 고장전류는 비대칭전류로 흐른다.

(2) 이 비대칭전류는 가로축에 대하여 대칭분 교류전류와 직류성분으로 구분된다.

(3) 고장전류 속에 포함되어 있는 직류분은 회로정수$\left(\dfrac{X}{R}\right)$에 따라 정해지며, 시간경과에 따라 시정수에 의해 감쇄한다.

(4) 3가지로 분류된다(초기 과도, 과도, 정상상태).

2. 고장전류의 시간적 변화그래프

(1) 고장전류의 크기는 고장발생 시의 전압위상에 따라 다르며, DC 성분이 존재하는 동안에는 AC 대칭성분과 DC 성분의 합이 나타난다.

(2) 이로 인해 고장전류의 다음 그림과 같이 가로축에 대해 비대칭형 파형이 된다.

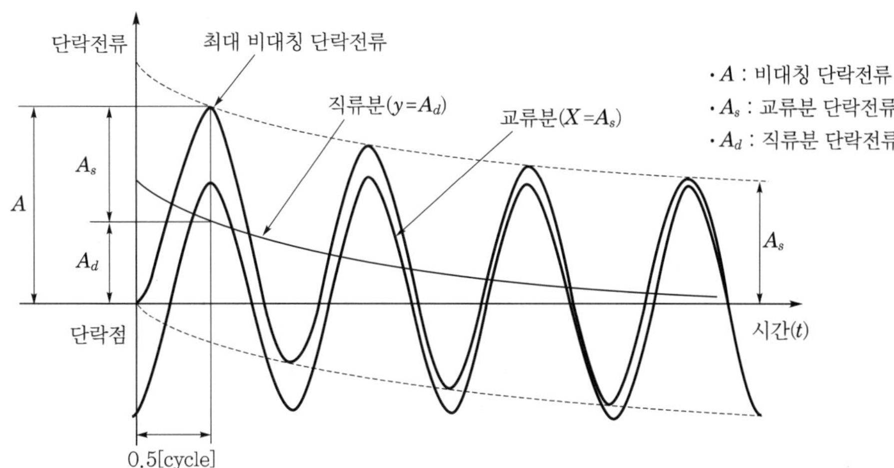

3. 고장전류의 변화(고장전류의 종류와 적용)

구분	초기 과도전류 (first fault current)	과도전류 (interrupting fault current)	정상상태전류 (steady state fault current)
개념 및 경과 시간	• 고장 발생 후 초기 0.5 cycle까지의 전류 • 0.5cycle에서 가장 큼 • 발전기, 전동기, 계통 등 모든 단락전류에 대해 고려	• 차단기가 동작하는 3~8 cycle의 고장전류 • 발전기, 전동기, 계통 등 모든 단락전류에 대해 고려	• 회전기에 의한 영향이 없어지는, 즉 계통의 임피던스가 안정된 시점의 고장전류 • 보호계전기 동작시점(30 cycle 이후)의 고장전류
적용 리액턴스	회전기기 : x_d'' 적용(차과도 리액턴스)	• 발전기 : x_d'' 적용(차과도 리액턴스) • 기타 회전기 : x_d'(과도 리액턴스)	• 발전기 : x_d' 적용(과도 리액턴스) • 계통의 단락전류 계산 시 : x_d(동기리액턴스)
용도 (적용)	• 케이블의 굵기 검토 • 변성기의 정격검토 • 보호계전기의 순시탭 • 저압 차단기의 용량 선정 • PF의 용량 선정	• 고압 차단기의 차단용량 선정 • 특고압 차단용량 선정	보호계전기의 한시탭 정정값 선정

025 최근 전력계통의 대용량화와 신·재생 에너지 활용으로 인한 분산전원의 투입이 증가되고 있다. 이에 따른 전력계통의 안정화 대책에 대하여 설명하시오.

026 전력계통의 안정도 향상 대책에 대하여 설명하시오.

data 전기안전기술사 18-116-3-3 · 19-117-1-8

답안 1. 개념

(1) 사고가 발생하면 발전기는 탈조까지 이르게 되므로, 과도안정도 향상을 위해서는 무엇보다도 발전기 가속을 억제하는 대책을 취해야 한다.
과도안정도란 계통의 주어진 과도안정도 운전조건하에서 안정운전을 지속할 수 있는가의 여부를 결정하는 능력을 말한다.

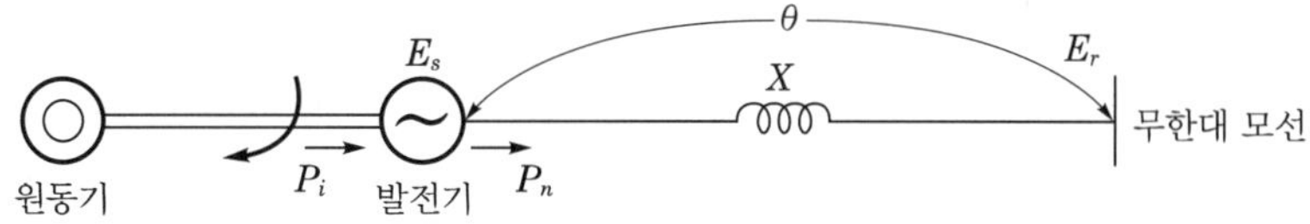

(2) $\dfrac{d^2\theta}{dt^2} = \dfrac{d\omega}{dt} = \dfrac{\omega}{M}(P_i - P_n) = \dfrac{\omega}{M}\left(P_i - \dfrac{E_s E_r}{x}\sin\theta\right)$

발전기가 탈조한다는 것은 위 식의 우변이 고장 중 급격히 커지든지 고장제거 후 (1회선 차단)에도 상당한 시간 동안 정의 값을 취하기 때문에 일어난다.

$$P_i > \frac{E_s E_r}{x}\sin\theta$$

2. 전력계통 안정도 향상대책

(1) 계통 직렬리액턴스의 감소

① 발전기와 변압기의 리액턴스는 단락비가 커지면 관성점수도 커지므로 과도안정도가 향상된다.

㉠ 대용량 발전기를 채용하면 단락비가 커진다.

㉡ 단권변압기 채용으로 리액턴스가 감소되어 과도안정도가 향상된다.

② 선로의 병행회선을 증가시키거나 복도체를 사용하면 리액턴스가 20[%] 정도 감소되고, 코로나 개시전압이 높아지므로 안정도가 향상된다.

㉠ $L_n = \dfrac{0.05}{n} + 0.4605\log_{10}\dfrac{D}{\sqrt[n]{r S^{n-1}}}$ [mH/km]

chapter 13

여기서, S : 소도체간격[m]

n : 소도체수

r : 소도체반지름[m]

㉡ $C_n = \dfrac{0.02413}{\log_{10}\dfrac{D}{\sqrt[n]{r\,S^{n-1}}}}$ [μF/km]

㉢ L은 20[%] 감소하고, 코로나 개시전압이 증가하며 정전용량은 20~30[%] 정도 증가되어 안정도가 향상된다.

③ **직렬콘덴서의 삽입으로 선로의 리액턴스 보상** : 선로정수를 변화시켜서 선로의 전압강하를 감소하거나 수전단 전압의 맥동을 작게 하는 것으로 선로의 중앙점 부근에 두는 것이 좋다.

(2) 전압변동의 억제

① 속응여자방식의 채용

② **계통연계** : 여러 계통을 적당한 장소에서 서로 연락하면 계통용량이 증대되어 튼튼해지므로 고장 시 전압변동이 감소된다.

③ 대용량 ESS의 분산전원에 적용과 더불어 일정규모 이상(20[kW] 이상)의 소규모 분산형 전원설비에도 ESS 적용 의무화 및 정부 제원 투자

④ 여자계를 제어해서 계통의 전압변동을 억제하기 위한 속응여자방식의 채용

(3) 사고 시 계통에 주는 충격의 경감

① **적당한 중성점 방식의 채용** : 소호리액터 방식 > 비접지 > 고저항접지 > 직접접지

② **보호계전방식 중 고속차단방식 채용**

㉠ 보호계전방식을 완비해서 고장구간의 양단을 신속하게 동시에 차단한다.

㉡ 차단시간이 늦어지면 늦어질수록 양단의 동기상차각은 벌어지게 되어 과도안정도가 저하된다.

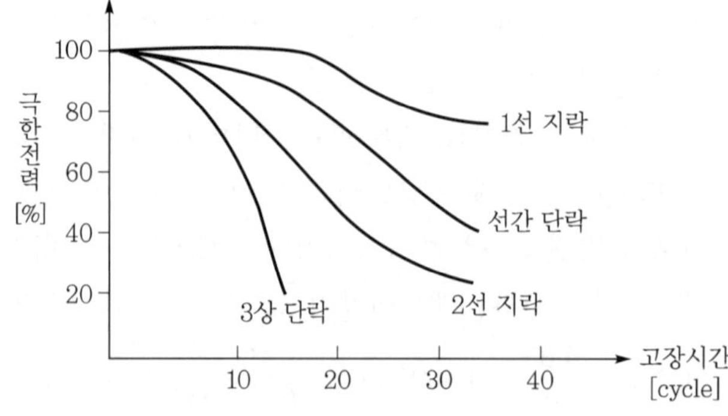

▌고장차단시간이 과도안정도에 미치는 영향▌

③ 재폐로방식을 채용한다.

④ 고장 중 발전기의 기계적 입력과 전기적 출력 차이를 최소화한다.

(4) 고장 시 전력변동 억제대책

① **초고속 조속기채용** : 동작이 빠른 조속기가 나오면 그만큼 안정도 증진에 유효하다.

② **동적 제동(dynamic braking) 및 TCBR(Thyrister Control Braking Resistor)** : 고장과 동시에 발전기 회로에 직렬로 저항을 넣어줌으로써 출력의 불평형을 완화한다.

③ **EVA(고속터빈 밸브제어) 채용** : 차단이 너무 늦으면 안정도 회복이 안 되므로 EVA를 사용하고 기계적 입력(터빈 입력)을 경감시켜 등면적법에 의한 과도안정도 향상에 유효하다.

(5) 발전기의 가속에 의한 탈조현상 방지대책

① 부하증대에 대한 대책

㉠ 상차각이 30~40° 수준에서 운전할 수 있도록 부하증대에 대응하여 충분한 예비력 확보

㉡ 부하증대에 의해 예비력이 부족해질 때에는 단계적으로 부하절체 진행

㉢ 부하증대에 대응하여 에너지 세이빙 설비를 적극 활성화하고 신 · 재생 에너지 보급을 적극 장려하여 예비력 증대

㉣ 수요관리 등을 통하여 부하율을 향상시켜 예비력 확보

② 사고에 대한 대책

㉠ 발전기의 가속을 억제하기 위한 대책을 시행한다.

㉡ 계통의 전달리액턴스를 감소시킨다.

- 발전기 · 변압기 리액턴스의 감소 : 발전기의 리액턴스를 감소시키면 단락비(K_s)가 커져서 관성정수 M이 증대하여 안정도가 향상된다.
- 그러나 단락비가 커지면 발전기가 대형, 고가가 되므로 경제성이 나빠진다.

section 06 이상전압과 절연협조

027 전력계통 등에서 유입되는 서지를 발생원에 대하여 분류하고, 대책에 대하여 설명하시오.

data 전기안전기술사 19-117-3-3

답안 **1. 전력계통에 발생되는 이상전압의 원인과 절연설계의 관련**

(1) 이상전압의 원인이 계통 내부에 있는 경우

계통 조작 시(차단기의 투입 또는 개방 시)에 나타나는 과도전압으로 개폐서지로 내부 이상전압 또는 내뢰가 발생한다.

(2) 이상전압의 원인이 계통 외부에 있는 경우

뇌가 송전선 또는 가공지선을 직격할 때 발생하는 이상전압과 송전선에 유도된 구속전하가 뇌운 간 또는 뇌운과 대지 간의 방전을 통한 자유전하로 되어 송전선로를 진행파로 하여 전파하는 이상전압이 발생한다.

2. 전력계통 등에서 유입되는 서지 발생원

(1) 외부 이상전압 : 뇌 Surge(직격뢰, 유도뢰)

(2) 내부 이상전압

과도진동전압(개폐 surge)		상용주파 지속성 이상전압	
계통조작 시	고장 발생 시	계통조작 시	고장 발생 시
• 무부하 선로개폐 시 이상전압 • 유도성 소전류 차단 시 이상전압 • 변압기 3상 비동기 투입 시 이상전압 • 급준과도전압(VFTO)	• 고속도 재폐로 시 이상전압 • 고장전류 차단 시의 이상전압 • 탈조차단 시의 이상전압 • 영구지락에 의한 과도진동전압 • 충격성 지락에 따른 과도진동전압	• 무부하 송전선의 페란티효과 • 발전기 자기여자 • 수차발전기의 부하차단 시 이상전압	• 1선 및 2선 지락 시 이상전압 • 기본파 공진전압 • 고조파 공진전압 • 소호리액터 1선 단선 이상전압 • 소호리액터계 이계통 병가

3. 개폐 시 과전압의 발생원인과 감소대책

(1) 단락전류의 차단(재기전압=재발호)

① 단락전류 i는 전원전압 e에 비하여 90° 정도 지상인 전류이므로 $t=0$에서 전류 I가 영점 소호되었을 때 V_r은 전원측의 RLC 회로에서의 과도진동에 의해 감쇄진동파형(재기전압)이 된다.

② 재발호(재기전압)는 차단기의 차단능력을 저하시키지만 이상전압은 작다.

③ 방지대책 : 중성점 저항접지

(2) 무부하 충전전류 차단(재점호)

① 충전전류는 차단하기 쉽지만 재점호를 여러 번 일으키고 그 때마다 Surge에 의해 3~5배의 이상전압이 발생한다.

② 방지대책

㉠ 재점호를 방지하기 위해 차단속도를 신속하게 함(VCS 사용)

㉡ 중성점을 저저항 접지(직접 접지계통, 임피던스 접지계통)

㉢ LA 설치

㉣ 병렬회선 설치 : 복도체

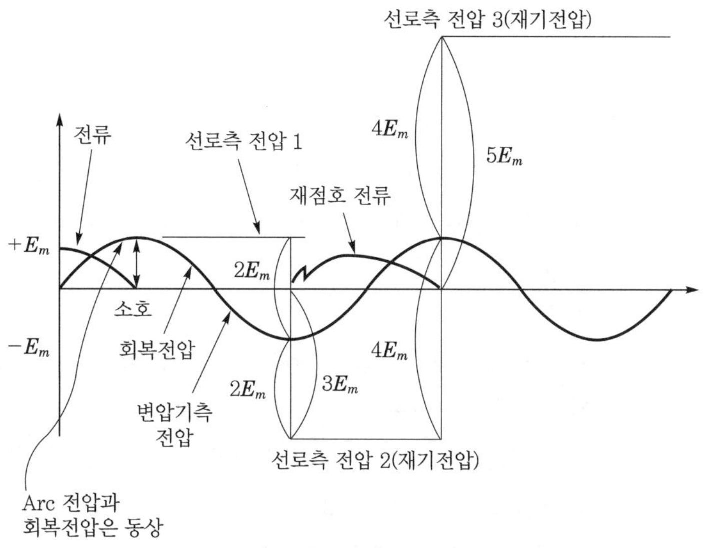

▌무제동 이상전압의 충전전류 차단(고주파 소호)▐

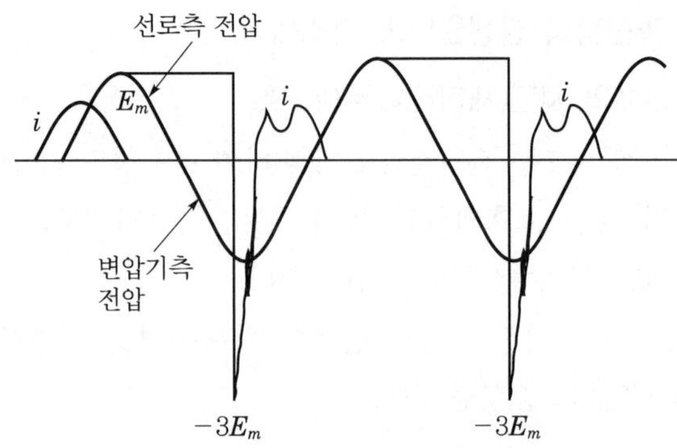

▌제동작용이 있을 경우의 충전전류차단(저주파 소호)▐

(3) 유도성 소전류 차단(전류재단 설명)

① 전류재단은 변압기 여자전류 등의 지상 소전류를 진공차단기 등 소호력이 강한 차단기로 차단할 때 전류가 자연 0점 전에 강제 소호되는 현상이다.

② TR 유도성 $e = -L\dfrac{di}{dt}$ → 전류 0점 차단 → $t=0$, $e=\infty$ → 철심, 권선에 스트레스 영향

③ 방지대책

㉠ 단로기로서 차단

㉡ 변압기와 병렬로 적당한 콘덴서 설치

㉢ 변압기측에 피뢰기 설치

(4) 고속도 재폐로 시 차단(무부하 선로의 투입 및 재투입 surge)

① 재폐로 시에 선로측에 잔류전하가 있고, 재폐로 시 재점호가 일어나면 큰 surge가 발생한다.

② 방지대책

㉠ 차단 후 충분한 소이온시간이 지난 후에 재투입함 : 재폐로 시의 재점호 방지

㉡ 저항투입방식 채용

㉢ HSGS(High Speed Ground Switch) 설치 : 선로의 잔류전하를 대지로 방전 후 재투입(765[kV] 적용)

(5) 3상 동시 투입 실패 시 개폐서지 원인과 대책

① 원인

㉠ 차단기 각 상의 전극은 보통 동시에 투입되지 않고 근소한 시간적 차이가 생긴다.

㉡ 이 차이가 심한 경우 정상 대지전압 파고치의 3배 전후의 서지가 발생한다.

㉢ 이 Surge가 변압기 전원측에 유입되면 부하측에 위험하다.

② 감소대책

㉠ 변압기 저압측에 보호콘덴서 설치

㉡ LA 설치

(6) 고장전류 차단 시 Surge 원인과 대책

① 원인

㉠ 중성점을 리액터 접지시킨 영상임피던스가 큰 계통의 고장전류(단락전류)는 90° 지상에 근접한다.

㉡ 이것을 전류 '0'에서 차단 시 차단기의 전원측 전압이 차단 직전의 최대 Arc 전압에서 전원전압으로 이행되는 과정에서 과도진동에 의해 Surge가 발생한다.

㉢ 이때 Surge의 크기는 상규 대지전압 파고치의 2배 정도이다.

② 대책

㉠ 일반적으로 방지대책이 불필요하다.

㉡ 만일 높은 값이 걸리는 경우 중성점에 저항접지(NGR 이용 등)를 실시한다.

(7) 직류 차단

① 직류는 맥류이므로 전류 0점이 없어 차단 시 전류 절단현상이 발생하여 강한 Arc가 발생하고 폭발음이 크다.

② 차단기 접촉자의 마모가 쉬워 접촉자 간에 바리스터나 ZNR 등을 삽입시킨다.

③ 직류차단기로는 HSCB(High Speed CB)가 사용된다.

4. 뇌 Surge의 이상전압 방지대책

(1) 외부 대책(직격뢰 대책)

① A-W 이론에 의한 가공지선 설치

② 철탑의 접지저항 저감

③ 건조물에 적합한 피뢰설비 설치

(2) 내부 대책(간접뢰 또는 유도뢰에 대한 대책)

① 피뢰기 적정 설치

㉠ 이상전압을 제한전압까지 내린다.

㉡ 특히 345[kV]까지의 야외 송전철탑에는 산화아연 갭레스타입의 피뢰기를 각 철탑마다 설치하여 차단기가 차단동작 전에 피뢰기를 통한 방전(0.5사이클)을 시킨다(345[kV] 차단기의 동작시간은 3사이클이므로).

② 매설지선 설치로 탑각 접지저항 저감

③ 발 · 변전소의 Mesh 접지 시행

④ 변전소 내 출입문 등에 본딩접지

⑤ 협조된 SPD 시스템 적용

⑥ 절연인터페이스 설치

⑦ 선로경로의 자기차폐

028 개폐 Surge의 종류와 그 대책을 설명하시오.

data 전기안전기술사 22-128-3-1

comment 그림은 수험생이 스스로 적정공간에 2개 정도 작성한다.

답안 1. 이상전압의 구분

(1) 외부 이상전압 : 뇌 Surge(직격뢰, 유도뢰)

(2) 내부 이상전압

과도진동전압(개폐 surge)		상용주파 지속성 이상전압	
계통조작 시	고장 발생 시	계통조작 시	고장 발생 시
• 무부하 선로개폐 시 이상전압 • 유도성 소전류 차단 시 이상전압 • 변압기 3상 비동기 투입 시 이상전압 • 급준과도전압(VFTO)	• 고속도 재폐로 시 이상전압 • 고장전류 차단 시의 이상전압 • 탈조차단 시의 이상전압 • 영구지락에 의한 과도진동전압 • 충격성 지락에 따른 과도진동전압	• 무부하 송전선의 페란티효과 • 발전기 자기여자 • 수차발전기의 부하차단 시 이상전압	• 1선 및 2선 지락 시 이상전압 • 기본파 공진전압 • 고조파 공진전압 • 소호리액터 1선 단선 이상전압 • 소호리액터계 이계통 병가

2. 주요 개폐서지별 종류와 대책

(1) 무부하 송전선로(진상 소전류)를 투입 시 개폐 Surge 이상전압과 방지대책

① 원인

㉠ 무부하 송전선에 전하가 남아 있는 상태일 때 전원측에서 차단기를 투입하면 재점호에 의한 과전압이 발생한다.

㉡ 전원투입 Surge는 최고치가 $2E_m$ 정도로, 차단 시 Surge에 비하여 작기 때문에 계통전압이 낮을 때는 문제가 되지 않는다.

② 대책

㉠ 345[kV] 이상 계통에서는 고려되어 345[kV] 이상 계통에서는 처음에 수백 [Ω]의 저항을 삽입해 투입한 후 주접점을 투입하는 투입저항방식을 적용한다.

reference
투입저항(closing resistor)의 목적
초고압계통에서 개폐 과전압의 최댓값을 억제시키기 위함이다.

㉡ 800[kV] 계통에서는 투입저항과 선로 양쪽에 분로리액터(shunt reactor)를 추가적으로 투입한다.

(2) 무부하 송전선로(진상 소전류)를 개방 시(차단 시) 이상전압과 방지대책

① 원인

comment 그림을 적절히 작성한다.

㉠ 무부하 T/L에는 차단기 개방 전에는 90° 앞선 진상인 충전전류가 흐른다.

㉡ 충전전류는 진상이므로 Arc 전압과 회복전압의 위상이 동상이다.

㉢ 재기전압(TRV)은 낮아져 아크는 쉽게 꺼진다. 즉, 전극이 많이 열리지 않은 상태로 아크는 소호된다.

㉣ 과도진동전압이 나타나서 $-E_m$을 중심으로 $2E_m$을 진폭으로 하는 고주파 진동$\left(f=\dfrac{1}{2\pi\sqrt{LC}}\right)$을 발생하며, $3E_m$의 이상전압이 발생한다. 이 같은 진행으로 다음의 0.5cycle 이후에도 반복되어 5배, 7배, ~로 이상전압이 차단기의 전극 간에 발생한다.

② 대책

㉠ 부하 충전전류차단 시 재점호를 방지하기 위해 차단기의 고속차단을 시행한다.

㉡ 중성점을 직접 접지 또는 임피던스 접지하여 선로의 잔류전하를 속히 대지로 방전시킨다.

㉢ 병렬회선을 설치한다.

㉣ 전극의 개리속도를 빠르게 하거나 다중 차단방식, 저항차단방식 등을 적용한다.

(3) 지상 소전류차단의 개폐서지의 원인과 대책(유도성 소전류 차단 시 surge 원인과 대책)

① 원인

㉠ 변압기 여자전류, 리액터와 전동기 전류를 차단할 때 교류전류의 자연 0점 이전에 강제적으로 전류를 재단하는 Arc chop-ping현상을 일으키고 이로 인해 개폐 Surge가 발생한다.

㉡ 무부하 변압기, 발전기의 여자전류와 같이 소전류를 소호력이 큰 대용량의 타력형 차단기로 전류 '0'을 기다리지 않고, 차단 시 $e=L\dfrac{di}{dt}$에 의한 과도성의 이상전압이 발생한다.

② 방지대책

㉠ 단로기로 여자전류 차단

㉡ 병렬콘덴서 설치

㉢ TR측에 LA 설치

㉣ 콘덴서와 저항을 조합한 Surge 억제 피뢰기 설치

(4) 고속도 재폐로 시 Surge 원인과 대책

① 원인 : 재폐로 시 선로측에 잔류전하로, 재폐로 시 재점호가 일어나면 큰 Surge가 발생한다.

② 대책

㉠ 재점호방지를 위해 차단 후 충분한 소이온시간이 지난 후에 재투입함

㉡ 소이온시간은 345[kV]에서 20cycle, 765[kV]에서 33cycle 정도임

㉢ HSGS(High Speed Ground Switch)를 이용하여 선로의 잔류전하를 대지로 방전시킨 후 재투입함 → 765[kV] 적용

㉣ 차단기에 저항 2단 투입방식 채택

(5) 변압기 3상 비동기 투입 Surge의 원인과 대책

① 원인

㉠ 차단기의 각 상 전극은 정확히 동일 시각에 투입되지 않고 근소하나마 시간차가 있음

㉡ 차이가 좀 심한 경우는 상규 대지전압의 파고치 3배의 Surge 발생

② 대책 : 필요한 경우 변압기에 보호콘덴서나 피뢰기 설치

(6) 고장전류 차단 시 Surge 원인과 대책

① 원인

㉠ 중성점을 리액터 접지시킨 영상임피던스가 큰 계통의 고장전류(단락전류)는 90° 지상에 근접

㉡ 이것을 전류 '0'에서 차단 시 차단기의 전원측 전압이 차단 직전의 최대 Arc 전압에서 전원전압으로 이행되는 과정에서 과도진동에 의해 Surge 발생

㉢ 이때 Surge의 크기는 상규 대지전압의 파고치 2배 정도임

② 대책

㉠ 일반적으로 방지대책이 불필요함

㉡ 만일 높은 값이 걸리는 경우는 중성점에 저항접지(NGR 이용 등)를 설치함

029 다음의 용어에 대하여 설명하시오.
1. 표준 충격전압파형
2. 표준 충격전류파형

data 전기안전기술사 21-125-1-7

답안 **1. 표준 충격 전압 · 전류 파형의 정의 및 이용**

전력설비가 직격뢰를 받게 될 때 과도적으로 단시간에 나타나게 되는 충격전압, 충격전류 파형을 진동파가 겹치지 않는 단극성의 전압, 전류만을 설정하여, 각종 전기기기의 절연강도, 절연협조에 이용하는 파형을 말한다.

2. 충격파의 파형

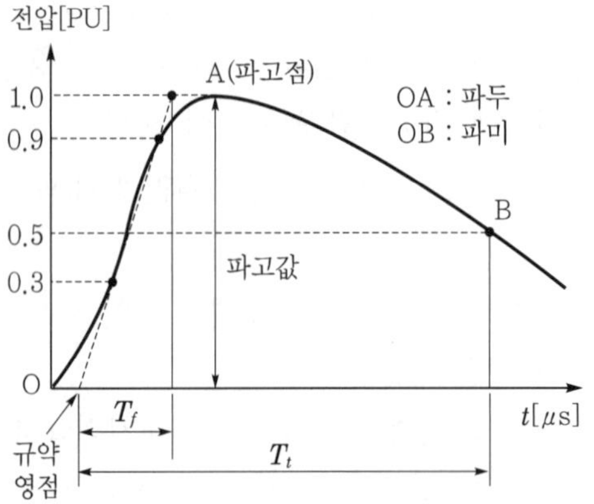

▌표준 충격전압파형▐

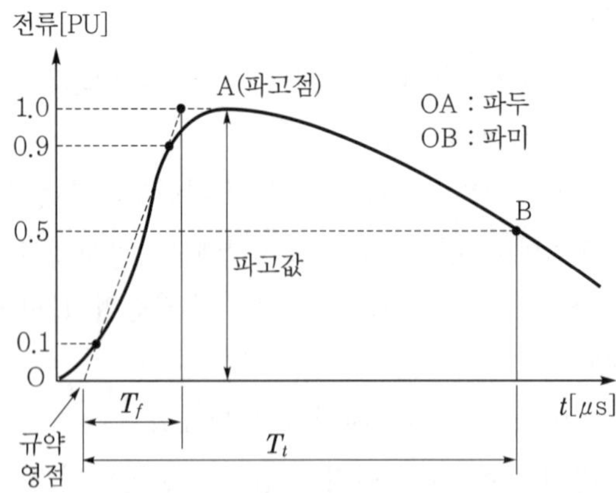

▌표준 충격전류파형▐

3. 표준파형

(1) 파두시간(파두장)을 1.2[μs], 파미시간(파미장)을 50[μs]로 한다.

(2) 1.2×50[μs]를 표준충격으로 사용하고 있다.

4. 규약원점(virtual origin of an impulse)

(1) **전압파에서 규약원점** : 파고치의 30[%] 및 90[%] 점을 통하는 시간 좌표축의 교점

(2) **전류파에서 규약원점** : 파고치의 10[%]되는 시각보다 $0.1T_f$ 앞선 시간이다.

5. 규약파두준도(virtual steepness of the front)

파고치를 규약파두시간으로 제한한 값을 말한다.

즉, $\dfrac{E}{T_f}$

여기서, E : 전압파고치

030 송전선로의 철탑에 낙뢰로 인한 역플래시오버가 생겼을 경우 발생할 수 있는 역섬락의 크기에 대하여 설명하고, 역섬락에 의한 피해를 최소로 하기 위한 대책에 대하여 설명하시오.

data 전기안전기술사 19-117-1-7

답안 1. 원인 및 정의

(1) 송전선의 가공지선(ground wire)이 뇌격을 받거나 또는 철탑에서 전격을 받을 경우 뇌전류는 가공지선 위를 뇌격점의 좌우로 2분하여 근접 철탑에 도달한다.

(2) 철탑에서 일부는 철탑을 통하여 대지로 흐르고, 나머지는 다음 경간으로 가공지선 위를 전파한다.

(3) 이때 가공지선의 전위는 그 서지 임피던스와 가공지선을 흐르는 전류와의 곱에 상당하는 값으로 된다.

(4) 가공지선의 전위와 이 전위로 인하여 송전선에 유도되는 전위와의 차에 상당하는 전압이 가공지선(또는 철탑)과 송전선과의 사이를 섬락할 만한 값으로 되면 여기에 섬락이 일어나는데 이것을 역섬락이라 한다.

(5) 즉, 철탑의 정부(최상부) 또는 가공지선에 직격뢰가 있을 경우 철탑으로부터 도체를 향해서 생기는 섬락을 말한다.

2. 영향

(1) 철탑의 접지저항이 낮으면 낮을수록 가공지선상 뇌격점의 전위는 부의 방사전위(放射電位)에 의하여 저하되어 섬락이 일어나지 않게 된다.

(2) 가공지선과 송전선 사이에 역섬락이 일어나지 않은 경우에는 가공지선을 따라 철탑에 도달한 진행파 전압으로 인하여 철탑의 전위가 상승하게 되어 철탑에서 송전선으로 역섬락을 일으킬 수도 있다.

3. 형태

(1) 송전선로의 가공지선이 낙뢰를 차폐하고 있지만 이 경우에도 역섬락이 발생할 수 있다.

(2) 역섬락은 다음과 같이 2가지 형태로 구분한다.

① 첫 번째의 경우는 철탑 또는 가공지선에 뇌가 직격(直擊)할 때 철탑의 전위가 현저히 상승하여 철탑에서 전력선으로 역섬락하는 경우이다.

② 두 번째는 가공지선에 뇌가 직격할 때 뇌격전류의 파두부(波頭部)가 급준하기 때문에 송전선의 경간에서 가공지선으로부터 전력선으로 역섬락을 하는 경우이다.

4. 역섬락의 구분

(1) 철탑 역섬락 전류

$$I = \frac{V - E}{(K - C) \cdot Z_r}[\text{kA}]$$

여기서, V : 아킹혼(50[%]) 임펄스 섬락전압[kV]$\left(V = \frac{V_{F50} \cdot k}{L}\right)$

V_{F50} : 표준충격파 50[%] 섬락전압(FOV)[V]

k : 파형계수

L : 섬락전압 저하계수(대기조정계수), 1.1

E : 교류 대지전압 파고치[kV], $\frac{\text{최대치} \times \sqrt{2}}{\sqrt{3}}$

Z_r : 철탑정부 전위상승을 임피던스로 표시한 값[Ω]

C : 결합률(0.3)

K : 상단암 철탑 내 전위상승률(0.8)

(2) 가공지선 역섬락 전류

$$I = \frac{V}{(1 - C') \cdot Z_L}[\text{kA}]$$

여기서, V : 경간 내 가공지선과 전력선 간 Surge 섬락전압[kV]

Z_L : 경간 내 전위상승을 고려한 등가 Surge 임피던스[Ω]

C' : 가공지선부터 본선에의 유도계수

5. 뇌전류가 철탑으로부터 대지로 흐를 경우 철탑전위의 파고값 E

(1) 파고값

$$E = R \cdot I \cdot (1 - C) \cdot \alpha$$

여기서, R : 철탑의 탑각접지저항[Ω]

I : 철탑 뇌격전류의 파고값[A]

C : 가공지선과 전선과의 정전유도의 정도를 나타내는 결합계수(0.2~0.4)

α : 인접철탑으로부터의 반사파에 의한 파고 저감률

(2) 뇌격 시 IR 강하로 철탑전위가 상승하고, 철탑으로부터 전선을 향하여 거꾸로 섬락이 발생한다.

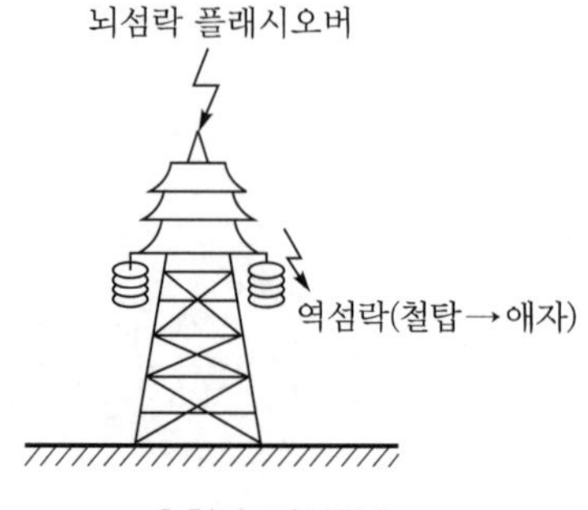

▮철탑 역섬락▮

6. 역섬락 대책

(1) 탑각접지저항(R)을 감소시킨다. 154[kV]는 15[Ω] 이하, 345[kV]는 20[Ω] 이하, 765[kV]는 15[Ω] 이하로 한다.

(2) 매설지선 설치
동복강선을 지면 밑 50[cm]에 1가닥 30~50[m] 방사상으로 매설한다.

(3) 침상접지봉을 탑각마다 4개씩 매설한다(1개 산형강 철탑에는 4각×4개=16개 소요).

(4) C/H 철탑 기초에 메시접지를 시행한다.

(5) 가공지선의 2조 설치 및 보호각 축소
보호각은 154[kV]는 5도 이하, 345[kV]는 0도 이하, 765[kV]는 −8도 이하로 한다.

031 다음은 피뢰기에 관한 사항이다. 다음 각 사항에 대하여 설명하시오.

1. 피뢰기의 역할과 구비조건
2. 피뢰기의 제한전압
3. 방전개시전압

data 전기안전기술사 18-116-4-3

답안 1. 피뢰기의 역할과 구비조건

(1) 피뢰기(LA : Lighting Arrester)의 역할

① 전력계통에서 발생하는 이상전압은 크게 외뢰와 내뢰로 구분된다.

② 외뢰는 전력계통 외부의 요인인 직격뢰, 유도뢰 등이고 내뢰는 전력계통 내부에서 발생하는 것으로 선간단락 또는 차단기 개폐 시에 발생되는 개폐서지가 있다. 이러한 이상전압은 상규전압의 수배에 달하므로 여기에 견딜 수 있는 전기기기의 절연을 설계한다는 것은 경제적으로도 불가능하다.

③ 일반적으로 내습하고 이상전압의 파고값을 낮추어 기기를 보호하도록 피뢰기를 설치하고 있으며, 대부분 특성요소를 산화아연소자로 된 폴리머 갭레스타입을 사용한다.

④ 전력계통 및 기기에 있어서 외뢰(직격뢰 및 유도뢰)에 대한 절연협조를 반드시 해야 하나 절연강도 유지 상 외뢰에 견딜 수 있게 하는 것은 경제적 여건상 문제점이 많다.

⑤ 피뢰기를 통한 외뢰 및 내뢰를 억제시키는 것을 전제로 절연협조를 검토한다. 즉, 내습하는 이상전압의 파고값을 저감시켜 기기를 보호하기 위함이다.

⑥ 전력계통에서 발생하는 내뢰의 이상전압 방지역할을 피뢰기가 한다.

(2) 피뢰기의 구비조건

① 충격방전 개시전압이 낮을 것

② 상용주파 방전개시전압이 높을 것

③ 방전내량이 크고, 제한전압이 낮을 것

④ 속류차단능력이 신속할 것

⑤ 경년변화에도 열화가 쉽게 안 될 것

⑥ 우수한 비직선성 전압-전류 특성을 갖출 것

⑦ 경제적일 것

2. 피뢰기의 제한전압

comment 이 자체가 25점 문제이니 완전 이해해 숙지하기 바란다.

(1) 정의

피뢰기 방전 중 이상전압이 제한되어 피뢰기의 양단자 사이에 남는 (충격)임펄스 전압으로, 방전 개시의 파고값과 파형으로 정해지며, 파고값으로 표현한다.

(2) 제한전압의 결정요소

① 충격파의 파형

② 피뢰기의 방전특성, 피보호기기에 가해지는 전압

③ 피뢰기의 접지저항

④ 피보호기기의 특성

⑤ LA와 피보호기기까지의 거리 등

(3) 피뢰기의 동작특성상 제한전압

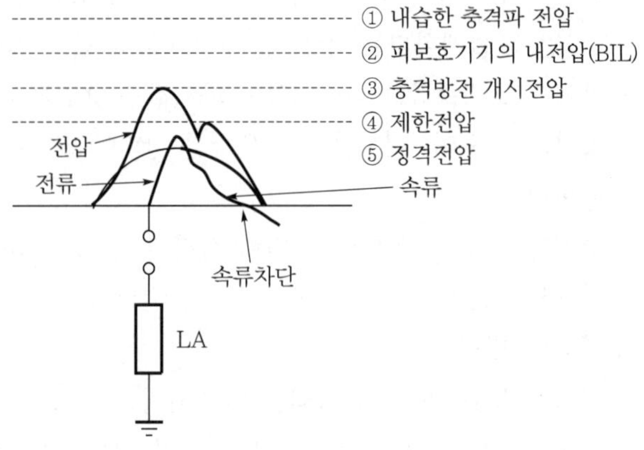

▌LA 동작특성과 제한전압▐

(4) 피뢰기 제한전압 e_a의 표현

① $e_i + e_r = e_t$ ………… 식 1)

$i_i - i_r - i_a - i_t = 0$

$i_i = \dfrac{e_i}{Z_1}$, $i_r = \dfrac{e_r}{Z_1}$, $i_t = \dfrac{e_t}{Z_2}$ ………… 식 2)

여기서, Z_1, Z_2 : 피뢰기 설치점(변이점) 전후의 특성임피던스

e_i, i_i : 입사파 전압 · 전류

e_r, i_r : 반사파 전압 · 전류

e_t, i_t : 투과파 전압 · 전류

② 식 2)를 식 1)에 대입하면 $\dfrac{e_i}{Z_1}-\dfrac{e_r}{Z_1}-i_a-\dfrac{e_t}{Z_2}=0$

즉, $\dfrac{e_i}{Z_1}-\dfrac{e_r}{Z_1}=i_a+\dfrac{e_t}{Z_2}$ ………… 식 3)

또, 식 1)의 양변을 Z_1으로 나누면

$\dfrac{e_i}{Z_1}+\dfrac{e_r}{Z_1}=\dfrac{e_t}{Z_1}$ ………… 식 4)

③ 식 3) + 식 4)하면

$$2\frac{e_i}{Z_1}=i_a+e_t\left(\frac{1}{Z_1}+\frac{1}{Z_2}\right)$$

④ $\therefore\ e_a=e_t=\dfrac{2Z_2}{Z_1+Z_2}\left(e_i-\dfrac{Z_1}{2}i_a\right)$

$$=\frac{2Z_2}{Z_1+Z_2}e_i-\frac{Z_1Z_2}{Z_1+Z_2}i_a$$

여기서, e_i, i_i : 입사파의 전압 · 전류

e_r, i_r : 반사파의 전압 · 전류

e_a : 제한전압($e_a=e_t$)

i_a : 피뢰기의 방전전류

e_t, i_t : 투과파의 전압 · 전류

Z_1, Z_2 : 파동임피던스$\left(Z_1=\sqrt{\dfrac{L_1}{C_1}}\cdot Z_2=\sqrt{\dfrac{L_2}{C_2}}\right)$

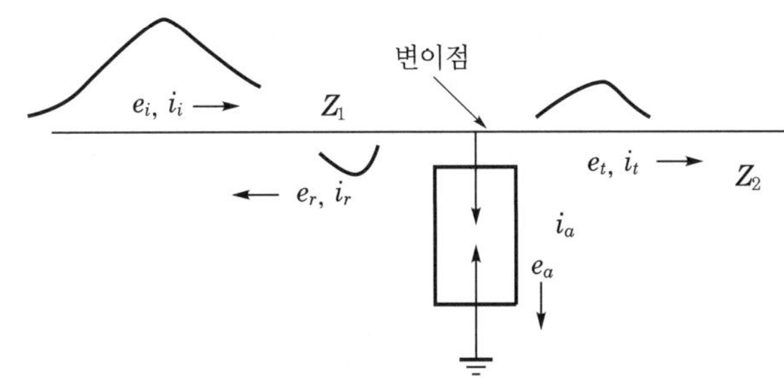

▌LA 제한전압 결정원리▐

(5) 피뢰기를 통한 절연협조의 합리화

변압기의 절연강도 > (피뢰기의 제한전압 + 피뢰기 접지저항의 저항 강하)

3. 방전개시전압

(1) 상용주파 방전개시전압

① 상용주파수의 방전개시전압(실효값)을 상용주파 방전개시전압이라고 하는데 보통 이 값은 피뢰기의 정격전압의 1.5배 이상이 되도록 잡고 있다.

② 154[kV] 경우 $138 \times 1.5 \fallingdotseq 207$[kV]

(2) 충격 방전개시전압

① 피뢰기의 단자 간에 충격전압을 인가하였을 경우 방전을 개시하는 전압을 충격 방전개시전압이라고 한다.

② 충격비는 다음과 같이 나타낸다.

$$\text{충격비} = \frac{\text{충격 방전개시전압}}{\text{상용주파 방전개시전압의 파고값}}$$

032 피뢰기의 구비조건에 대해 설명하시오.

data 전기안전기술사 19-119-1-3

답안 1. 피뢰기의 설치위치(「전기설비기술기준」 제42조)

(1) 발전소, 변전소 또는 이에 준하는 장소의 가공전선 인입구 및 인출구

(2) 가공전선로에 접속하는 배전용 TR의 고압측 및 특고압측

(3) 고압 및 특고압 가공전선으로부터 공급을 받는 수용장소의 입구

(4) 가공전선로와 지중전선로가 만나는 곳

reference
피뢰기는 왕복 진행하는 진행파이기 때문에 가능한 한 피보호기에 근접해서 설치하는 것이 유효하다.

2. 피뢰기의 구비조건

(1) 충격 방전개시전압이 낮을 것

(2) 상용주파 방전개시전압이 높을 것

(3) 방전내량이 크고, 제한전압이 낮을 것

$$e_a = e_t = \frac{2Z_2}{Z_1 + Z_2}\left(e_i - \frac{Z_1}{2} \cdot i_a\right) = \frac{2Z_2}{Z_1 + Z_2} e_i - \frac{Z_1 \cdot Z_2}{Z_1 + Z_2} i_a$$

여기서, e_i, i_i : 입사파의 전압 · 전류

e_r, i_r : 반사파의 전압 · 전류

e_a : 제한전압

i_a : 피뢰기의 방전전류

e_t, i_t : 투과파의 전압($e_a = e_t$) · 전류

Z_1, Z_2 : 파동임피던스, $Z_1 = \sqrt{\frac{L_1}{C_1}}$, $Z_2 = \sqrt{\frac{L_2}{C_2}}$

(4) 속류차단능력이 신속할 것

(5) 경년변화에도 열화가 쉽게 안 될 것

(6) 우수한 비직선성 전압-전류 특성을 갖출 것

(7) 경제적일 것

033 전력설비에서 피뢰기의 기능을 수행하기 위한 구비조건과 설치기준을 설명하시오.

data 전기안전기술사 20-120-2-6

comment 피뢰기에 관한 문제는 매년 유사하게 출제된다.

답안 1. 피뢰기의 구비조건

(1) 충격 방전개시전압이 낮을 것

① 피뢰기의 단자 간에 충격전압을 인가하였을 경우 방전을 개시하는 전압을 충격 방전개시전압이라고 한다.

② $\text{충격비} = \dfrac{\text{충격 방전개시전압}}{\text{상용주파 방전개시 전압의 파고값}}$

(2) 상용주파 방전개시전압이 높을 것

① 상용주파수의 방전개시전압(실효값)을 상용주파 방전개시전압이라고 하는데 보통 이 값은 피뢰기 정격전압의 1.5배 이상이 되도록 잡고 있다.

② 154[kV] 경우 $138 \times 1.5 \fallingdotseq 207$[kV]

(3) 방전내량이 크고, 제한전압이 낮을 것

① 방전내량

㉠ 방전내량의 정의 : Gap의 방전에 따라 피뢰기를 통해서 대지로 흐르는 충격전류를 피뢰기의 방전전류

㉡ 피뢰기의 방전전류의 허용 최대 한도를 방전내량이라 하며, 파고값이다.

㉢ 방전전류의 적용 예

적용 개소	공칭 방전전류
발전소, 154[kV] 이상 전력계통, 66[kV] 이상 S/S, 장거리 T/L용	10[kA]
변전소(66[kV] 이상 계통, 3,000[kVA] 이하 뱅크에 적용)	5[kA]
배전선로용(22.9[kV], 22[kV]), 일반수용가용(22.9[kV]용)	2.5[kA]

㉣ 선로 및 발·변전소의 차폐 유무와 그 지방의 IKL을 참고로 하여 결정한다.

② 제한전압

㉠ 정의 : 피뢰기 방전 중 이상전압이 제한되어 피뢰기의 양단자 사이에 남는 (충격)임펄스 전압으로, 방전개시의 파고값과 파형으로 정해지며, 파고값으로 표현한다.

㉡ $e_a = e_t = \dfrac{2Z_2}{Z_1 + Z_2}\left(e_i - \dfrac{Z_1}{2} \cdot i_a\right) = \dfrac{2Z_2}{Z_1 + Z_2}e_i - \dfrac{Z_1 \cdot Z_2}{Z_1 + Z_2}i_a$

여기서, e_i, i_i : 입사파의 전압 · 전류

e_r, i_r : 반사파의 전압 · 전류

e_a : 제한전압

i_a : 피뢰기의 방전전류

e_t, i_t : 투과파의 전압($e_a = e_t$) · 전류

Z_1, Z_2 : 파동임피던스, $Z_1 = \sqrt{\frac{L_1}{C_1}}$, $Z_2 = \sqrt{\frac{L_2}{C_2}}$

㉢ 피뢰기를 통한 절연협조의 합리화 조건

변압기의 절연강도 > (피뢰기의 제한전압 + 피뢰기 접지저항의 저항강하)

(4) 속류차단능력이 신속할 것

① 방전전류에 이어서 전원으로부터 공급되는 상용주파수의 전류를 속류라 한다.

② 속류는 특성요소에 의해서 어느 일정값 이하로 억제되어야 하기 때문에 직렬 갭으로 차단하고 있다.

(5) 경년변화에도 열화가 쉽게 안 될 것

(6) 우수한 비직선성 전압-전류 특성을 갖을 것

다음 그래프는 Gap형과 Gapless형을 특성요소별로 비교하는 것이다.

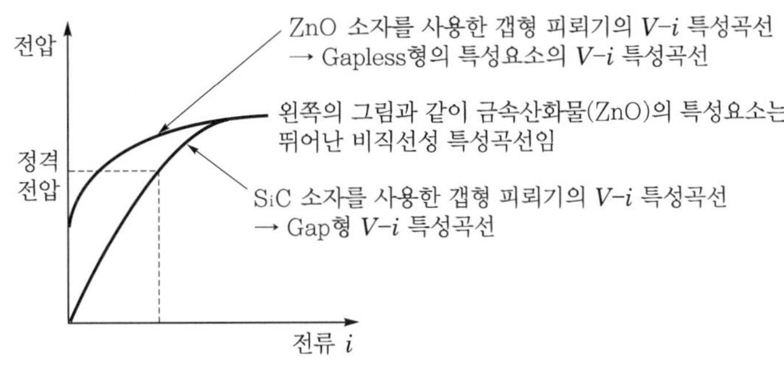

▮피뢰기의 특성요소별 $V-i$ 특성곡선▮

(7) 경제적일 것

2. 피뢰기의 설치기준

(1) 고압 및 특고압의 전로 중 다음에 열거하는 곳 또는 이에 근접한 곳에는 피뢰기를 시설하여야 한다.

① 발전소, 변전소 또는 이에 준하는 장소의 가공전선 인입구 및 인출구

② 가공전선에 접속하는 배전용 TR의 고압, 특고압 측

③ 고압 및 특고압 가공전선으로부터 공급받는 수용장소 입구

④ 가공전선로와 지중전선로가 만나는 곳(cable head)

⑤ Surge impedance가 다른 지점

㉠ 가공전선의 선종 또는 굵기가 바뀌는 곳

㉡ 선로 말단

reference

피뢰기는 왕복 진행하는 진행파이기 때문에 가능한 한 피보호기에 근접해서 설치하는 것이 유효하다.

(2) 다음의 어느 하나에 해당하는 경우에는 '(1)'의 규정에 의하지 않을 수 있다.

① 직접 접속하는 전선이 짧은 경우

② 피보호기기가 보호범위 내에 위치하는 경우

034 피뢰기의 구비조건과 종류에 대하여 각각 설명하시오.

data 전기안전기술사 20-122-1-2

답안 1. 피뢰기의 구비조건

(1) 충격 방전개시전압이 낮을 것
(2) 상용주파 방전개시전압이 높을 것
(3) 방전내량이 크고, 제한전압이 낮을 것
(4) 속류차단능력이 신속할 것
(5) 경년변화에도 열화가 쉽게 안 될 것
(6) 우수한 비직선성 전압-전류 특성을 갖을 것
(7) 경제적일 것

2. 피뢰기의 종류

(1) 갭리스 피뢰기

금속산화물(ZnO) 특성요소의 뛰어난 비직선 저항곡선을 이용하여 내부는 특성요소만으로 제작되는 피뢰기로 대부분 갭리스 피뢰기를 사용 중이다.

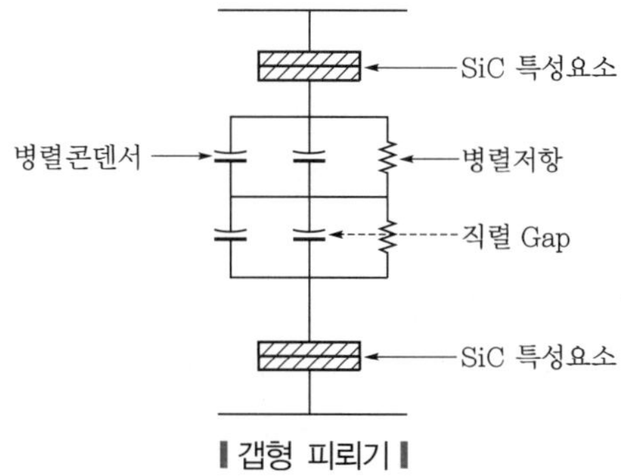

▎갭형 피뢰기▎

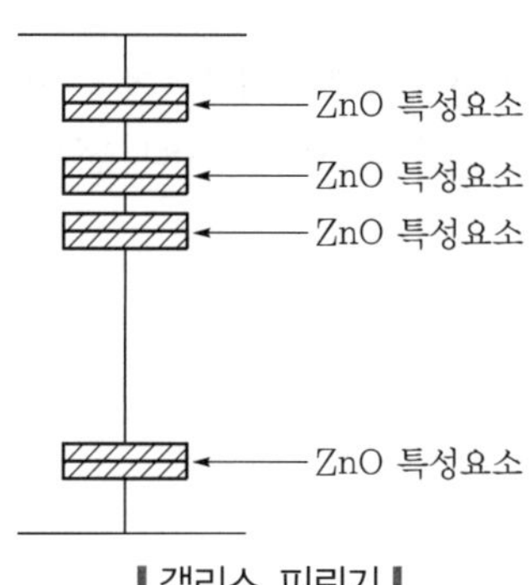

▎갭리스 피뢰기▎

(2) 갭형 피뢰기

SiC 특성요소와 직렬 Gap으로 구성된다.

(3) 특성요소별 $V-i$ 곡선 특성 비교

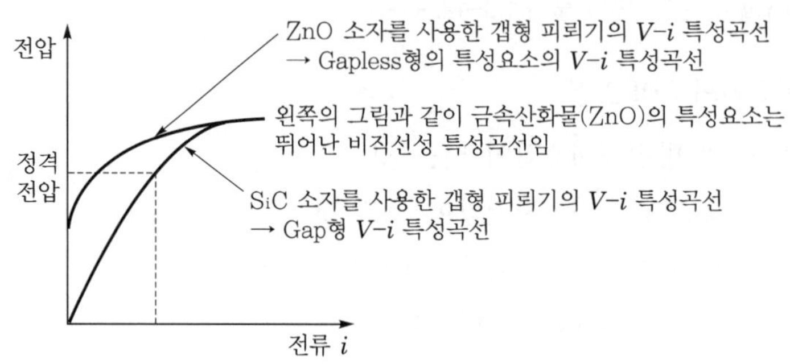

▌특성요소별 곡선▐

① 장점

㉠ 방전 Gap(직렬갭)이 없어 구조가 간단, 소형, 경량화

㉡ 소손위험이 작고, 뛰어난 성능 기대

㉢ 속류가 없어 빈번한 작동에 잘 견디며, 광범위한 절연매체 내에서도 특성요소의 변화가 작음

㉣ ZnO 소자의 뛰어난 비직선 특성으로 속류가 없어 다중 뢰, 다중 Surge에 강함

㉤ 직렬 Gap이 없어 ZnO 소자의 병렬배치 가능

㉥ 저전류영역을 제외하고 보호특성은 온도에 의해 영향을 받지 않음

㉦ 대전류 방전 후에도 보호특성의 변화가 없음

② 갭리스 피뢰기의 단점

㉠ 열화발생 가능 : 직렬 Gap이 없어 특성요소에는 항상 회로전압이 인가되어 있어 특성요소에 의한 열화 발생이 가능하므로, 신뢰성 검토

㉡ 특성요소로만 구성되어서 특성요소 사고 시 단락사고 유발 가능성이 높음

㉢ 상시 누설전류 전류로 인한 열폭주 현상의 발생이 높음

comment
- 배점 10점이므로 위 내용에서 중요내용으로 요약해 작성한다.
- 고전적인 문항으로서, 출제자의 연령을 생각하면 역발상으로 25점용으로 출제가능성이 높다.

035 한국전기설비규정(KEC)에서 정하는 특고압 전로에서 피뢰기의 시설장소와 구비조건에 대하여 설명하시오.

data 전기안전기술사 22-126-1-8

답안

1. 피뢰기의 시설장소

(1) 발전소, 변전소 또는 이에 준하는 장소의 가공전선 인입구 및 인출구

(2) 가공전선에 접속하는 배전용 TR의 고압, 특고압 측

(3) 고압 및 특고압 가공전선으로부터 공급받는 수용장소 입구

(4) 가공전선로와 지중전선로가 만나는 곳(cable head)

(5) Surge impedance가 다른 지점

① 가공전선의 선종 또는 굵기가 바뀌는 곳

② 선로 말단

2. 피뢰기의 구비조건

(1) 충격 방전개시전압이 낮을 것

(2) 상용주파 방전개시전압이 높을 것

(3) 방전내량이 크고, 제한전압이 낮을 것

(4) 속류차단능력이 신속할 것

(5) 경년 변화에도 열화가 쉽게 안 될 것

(6) 우수한 비직진성 전압 · 전류 특성을 갖을 것

(7) 경제적일 것

3. 현장실무 의견

(1) 피뢰기는 전기설비에 있어 외뢰방지대책의 가장 기본이다.

(2) 현장에서 보면 피뢰기 불량으로 피뢰기 접속단자를 분리운전하여 외뢰에 전기설비가 충격받는 경우가 많아 실무자들은 이를 신속히 개선하여 절연협조 차원의 전기설비 유지에 최선을 다해야 한다.

(3) 피뢰기 접지단자에 접속되는 전선은 피뢰기 하부의 DS가 탈락 시 반드시 접속전선이 완전분리되는 종류의 동 피복선을 연결 접속해야만 2 · 3차 반사파 충격서지 피해를 줄일 수 있음을 충분히 인지하고 반드시 현장확인이 필요하고, 관리감독에 신중을 기해야 한다.

036 피뢰기의 종류와 기능 및 구비조건, 속류와 정격전압에 대하여 설명하시오.

data 전기안전기술사 21-125-3-3

comment 이 문제는 항목을 구분하여 바로 본론을 작성하는 것이 좋다.

답안 1. 피뢰기의 종류

(1) Gap 유무에 의한 구분

① Gapless 피뢰기 : 금속산화물(ZnO) 특성요소의 뛰어난 비직선 저항곡선을 이용하여 내부는 특성요소만으로 제작되는 피뢰기

② Gap형 LA 구조

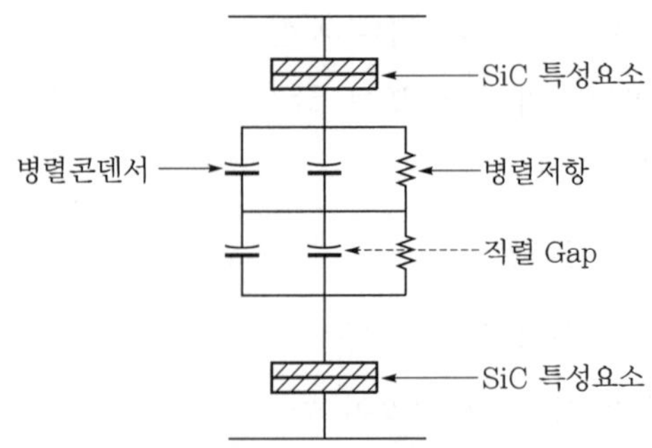

③ Gapless형 LA 구조

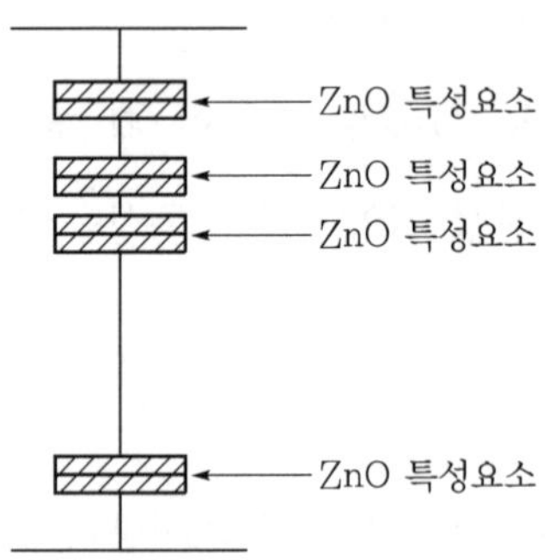

(2) 특성요소별 $V-i$ 곡선 특성 비교

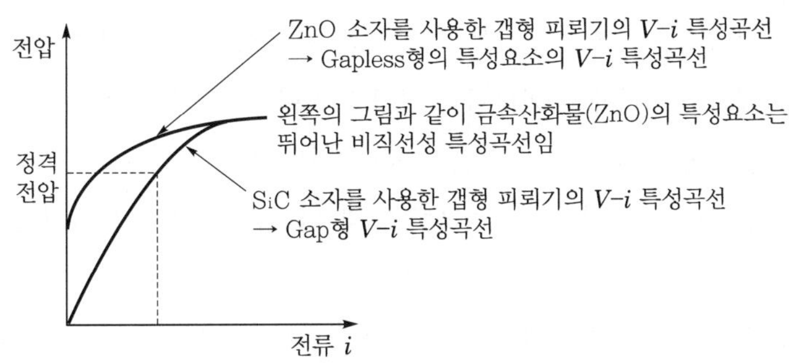

▌피뢰기의 특성요소별 $V-i$ 특성곡선▐

(3) 동작특성 비교

① Gap 피뢰기

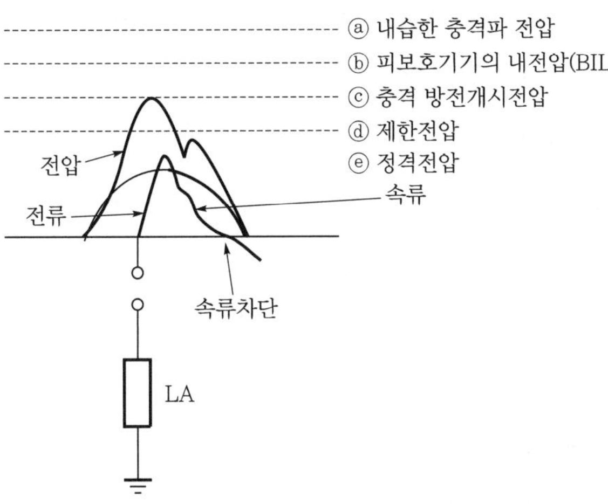

② Gapless 피뢰기

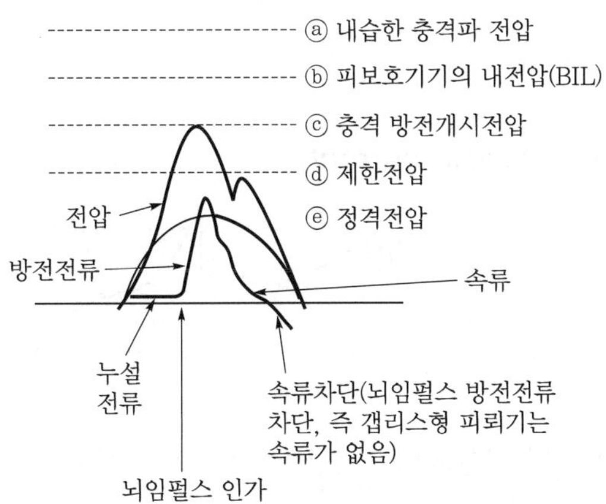

(4) 하우징 종류에 따른 구분

자기형(154[kV]급 이상), 폴리머형(대부분 22.9[kV]급은 폴리머형)

2. 피뢰기의 기능

(1) 전력계통에서 발생하는 이상전압은 크게 외뢰와 내뢰로 구분된다.

(2) 외뢰는 전력계통 외부의 요인인 직격뢰, 유도뢰 등이고, 내뢰는 전력계통 내부에서 발생하는 것으로 선간단락 또는 차단기 개폐 시에 발생되는 개폐서지가 있다.

(3) 일반적으로 내습하고 이상전압의 파고값을 낮추어 기기를 보호하도록 피뢰기를 설치하고 있다.

(4) 전력계통 및 기기에 있어서 외뢰(직격뢰 및 유도뢰)에 대한 절연협조를 반드시 해야 하나 절연강도 유지 상 외뢰에 견딜 수 있게 하는 것은 경제적 여건상 문제점이 많기에 피뢰기를 통한 외뢰 및 내뢰를 억제시키는 것을 전제로 절연협조의 기본으로 한다.

(5) 전력계통에서 발생하는 외뢰 및 내뢰의 이상전압 방지의 역할을 LA(Lighting Arrester)가 한다. 즉, 이상전압의 신속한 방전과 속류를 차단한다.

(6) 이상전압이 사라진 뒤 정상상태로 회복 및 반복동작의 수행이 가능하다.

3. 피뢰기의 구비조건

(1) 충격 방전개시전압이 낮을 것

(2) 상용주파 방전개시전압이 높을 것

(3) 방전내량이 크고, 제한전압이 낮을 것

(4) 속류차단능력이 신속할 것

(5) 경년 변화에도 열화가 쉽게 안 될 것

(6) 우수한 비직진성 전압 · 전류 특성을 갖을 것

(7) 경제적일 것

4. 피뢰기의 속류(follow-current)

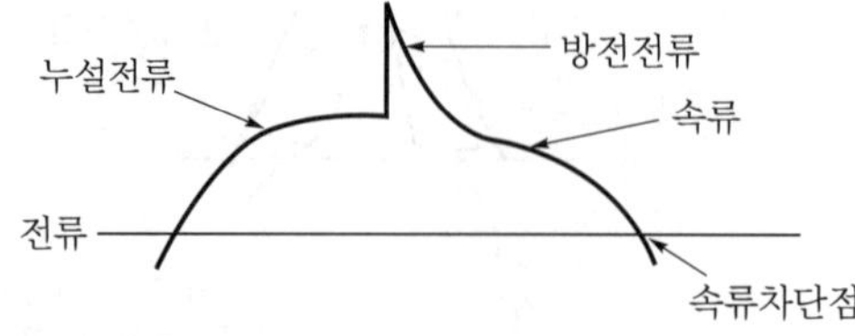

(1) 스파크 오버 현상으로 인한 방전전류 흐름 종료 이후 계속하여 전원으로부터 피뢰기를 통해 대지로 흐르는 전류를 의미한다.

(2) 갭리스(gapless) 피뢰기는 속류가 없어 빈번한 동작에도 잘 견딘다.

5. 피뢰기의 정격전압(상용주파 허용단자전압)

(1) 정의

① LA의 정격전압이란 상용주파 허용단자전압으로 피뢰기에서 속류를 차단할 수 있는 최고의 상용주파수의 교류전압으로 실훗값으로 나타낸다.

② 피뢰기 양단자 간에 인가한 상태에서 소정의 단위동작책무를 소정의 횟수만큼 반복수행할 수 있는 정격주파수의 상용주파 전압실훗값이다.

(2) 정격전압 4가지 방법

① 정격전압 Ⅰ : 공칭전압×1.4 / 1.1(비유효접지 계통)

② 정격전압 Ⅱ : $E = \alpha\beta V_m$

㉠ 접지계수 $\alpha = \dfrac{\text{고장 시 건전상의 대지전압}}{\text{정격선간전압}} \fallingdotseq 0.65 \sim 1.1$

㉡ 여유도(margin) $\beta = 1.04 \sim 1.15$

㉢ V_m : 계통 최고 전압 = 공칭 선간전압 × (1.05~1.1)

계통 최고 전압(선간전압)은 154[kV]는 169[kV], 345[kV]는 362[kV], 765[kV]는 800[kV]

③ 정격전압 Ⅲ : 공칭전압의 0.9, 1.0배(직접 접지계통의 경우), 22.9[kV]는 18[kV]

④ 정격전압 Ⅳ : 공칭전압의 1.4, 1.6배(저항접지계통의 경우)

(3) LA의 정격전압 적용

① 보통 선간전압의 1.4배 정도이다.

② 적용 예 : $E = \alpha\beta V_m = 1.2 \times 1.15 \times \dfrac{1.05 \times 345}{\sqrt{3}} = 1.2 \times 1.15 \times 362 = 288$

reference

피뢰기의 제한전압

(1) 피뢰기의 제한전압 정의 : 피뢰기에 충격파 전류가 흐르고 있을 때 피뢰기의 단자전압으로서, 충격전압의 파고값으로 표현한다.

(2) 표현식 : 제한전압 $e_a = \dfrac{2Z_2}{Z_1 + Z_2}\left(e_i - \dfrac{Z_1}{2} i_a\right)$

여기서, Z_1, Z_2 : 피뢰기 설치점(변이점) 전후의 특성 임피던스

e_i, i_i : 입사파 전압 · 전류

i_a : 방전전류

e_r, i_r : 반사파 전압 · 전류

e_t, i_t : 투과파 전압 · 전류

037 전력계통에서 절연협조의 목적과 방법을 설명하시오.

data 전기안전기술사 21-123-3-5

comment 이 문제는 절연협조, 피뢰기, BIL 관련하여 매우 좋은 문제이다.

답안 1. 절연협조(coordination of insulation)의 목적(정의)

(1) 계통 내의 각 기기, 기구, 애자 등의 상호 간에 적정한 절연강도를 갖게 하여, 계통설계를 합리 · 경제적으로 할 수 있게 한 것을 말한다.

(2) 하나의 전력계통에서 피뢰기 제한전압을 기준으로, 이것에 대해 어느 정도 여유를 가진 절연강도를 구비해서 모든 기기에 이것 이상의 내압을 갖도록 한다.

(3) 동시에 기기의 중요도, 특수성 및 피뢰기의 원근에 따라 합리적인 격차를 두어 계통 전체로서의 정연한 합리적 절연체계를 갖도록 하는 것을 말한다.

2. 전력계통에서 절연협조의 방법

(1) 발 · 변전소에서의 절연협조

① 가공지선 설치 : 구내 및 그 부근 1~2[km] 정도에 송전선에 설치하여 충분한 차폐효과를 갖게 한다.

② 피뢰기 설치 : 이상전압을 제한전압까지 저하시킨다.

㉠ 피뢰기의 보호효과는 피보호기기에 근접 할수록 유리하다.

$$e_t = e_a + \frac{2Sl}{V} = e_a + 2S \cdot t[\text{kV}]$$

여기서, e_a : 제한전압[kV]

S : 파두전도[kV/μs]

t : 진입파의 전파시간[μs]

V : 진행파의 전파속도[m/sec]

l : LA와 피보호기와의 거리[m] → 345[kV] : 85[m], 154[kV] : 65[m]

㉡ 변압기의 절연강도 > 피뢰기의 제한전압 + 접지저항강하

㉢ 피뢰기의 접지저항을 작게 하는데 접지저항 5[Ω] 이하로 한다.

항목 / 전압	LA 정격전압	변압기와의 이격	LA 제한전압	공칭방전전류
345[kV]	288[kV]	85[m] 이하	735[kV]	10[kA]
154[kV]	144[kV]	65[m] 이하	460[kV]	5[kA]
22.9[kV]	21[kV]	20[m] 이하	-	2.5~5[kA]

③ Mesh 접지

(2) 송전선에서의 절연협조

① **목표** : 애자로 절연하며, 애자의 절연강도는 내부서지, 고장서지에 섬락 없게 설계한다.

② 가공지선 설치

㉠ 가공지선으로 뇌서지에 대한 차폐를 A-W 이론에 의한 것을 원칙으로 한다.

㉡ 가공지선의 목적 : 뇌차폐, 진행파의 감쇠, 유도장해가 감소한다.

㉢ 유도뢰에 대한 차폐

㉣ 직격뢰 차폐

- 가공지선의 보호각을 전압에 따라 달리 적용되도록 가공지선을 설치함 (765[kV] : −8°, 345[kV] : 0°,154[kV] : 5°)
- 가공지선의 보호효율을 높여, 직격뢰에 대한 확률을 줄임
- 진행파의 감쇠촉진 : 전선상의 이상전압에 의한 전자유도 작용이 가공지선에도 진행파로 나타나서 철탑에 이르면 좀의 일부반사가 될 때, 전선상에 전자유도작용을 나타내어 결과적으로 전선상의 진행파를 감쇠시킴

③ 송전용 LA 적용 : 갭리스형 피뢰기 적용

comment
- 가장 큰 효과를 발휘한다.
- 면접시험에도 나오는 내용이다.
  154[kV] 송전 철탑에 피뢰기는 몇 개인가?
  12개(3상 2 = 6개소, 1개소마다 피뢰기 2개씩 설치, 즉 6개소 2 = 12개)

④ 철탑의 탑각에 매설지선 시공으로 탑각접지저항을 저감시킨다.

㉠ 철탑전위의 파고값(E) : $E = RI(1-C)\alpha\,[\text{kV}]$

여기서, R : 철탑의 탑각 접지저항[Ω]
I : 철탑의 뇌격전류 파고값[A]
C : 가공지선과 전선과의 정전유도 정도를 나타내는 결합계수(0.2~0.4)
α : 인접철탑으로부터 반사파에 의한 파고값 저감률

㉡ 철탑과 전선 사이의 역섬락이 발생하지 않도록 탑각접지저항을 매설지선으로 이용하여 탑각을 기준으로 적정한 방법으로 대지에 도선(주로 동복강선 38[mm^2] 이상)하고, 지표면에서 깊이를 30~50[cm], 30~50[m] 길이로 적정한 방법으로 매설한다.

㉢ '㉡'은 과거방식이고 요즘은 침상접지봉을 탑각마다 4개씩 설치(철탑 1개소에 4각×4개=16개)한다.

㉣ 매설지선 시공의 철탑 접지저항 표준

- 154[kV] 철탑의 접지저항 : 15[Ω] 이하
- 345[kV] 철탑의 접지저항 : 20[Ω] 이하
- 765[kV] 철탑의 접지저항 : 15[Ω] 이하

⑤ **경간 역섬락 방지** : 가공지선과 전선과의 이격을 충분히 유지시키거나, 2선의 가공지선일 경우는 교락편을 적정 개소에 설치한다.

⑥ **재폐로 방식 적용** : 뇌와 같은 순간적 과도전류의 고장 시 속류를 신속히 차단하고, 아크가 소멸하면 송전한다.

⑦ **불평형 절연 실시(765[kV] T/L에서 적용)** : 2회선 동시 지락사고가 많으므로 2회선 송전 시 한쪽 회선의 절연강도를 낮게 하기 위해 애자 개수를 어느 한쪽을 1개 줄인다.

(3) 가공배전선로에서의 절연협조

① **절연협조의 주안점** : 다수 분산배치되어 있는 배전용 변압기의 보호

② **피뢰기 선택과 적용** : 양호한 동작, 저렴한 가격, 사용이 편리한 피뢰기 선택

③ **가공지선의 효과적 시공** : 1개 변전소에서 인출된 해당 고압 가공배전선로의 가공지선을 완전히 시공함과 동시에 타 배전선로와도 가공지선을 루프화시켜, 뇌격 등의 이상전압을 접지선으로 다중적 분류시킴으로써 뇌격전류의 분류효과를 극대화함

④ **가공지선의 차폐각 45도 이내 유지** : 완금 편출개소의 가공지선 지지대는 곡형으로 사용

⑤ **접지시공 철저** : 다중 접지의 고압 전주 매개소당 접지저항을 25[Ω] 이하로 시공하여 이상전압의 신속한 대지로의 방전통로 확보

⑥ **절연전선 시공개소의 피뢰기 및 가공지선의 2중 적용** : 가공지선과 피뢰기를 이중적으로 해당 개소에 설치 적용함으로써 완벽한 뇌격피해 방지

reference

절연협조 관련

(1) 절연협조의 요건

① 뇌 외의 서지 : 플래시-오버, 절연파괴 없을 것

② 직격뇌를 받을 시 피해를 최소화할 수 있을 것

(2) 절연협조의 방법(종류) : 전절연, 저감절연, 단절연, 균등절연

comment 10점 문제로 출제 예상된다.

① 전절연(full insulation)

㉠ 개념 : $\left(\dfrac{\text{계통의 공칭전압}}{1.1} = \text{절연계급}\right)$ 인 경우의 절연

㉡ 특징 : 비유효접지 계통에 접속되는 권선의 채용

② 저감절연(reduced Insulation)

㉠ 개념 : $\left(\dfrac{\text{계통의 공칭전압}}{1.1} > \text{절연계급}\right)$ 인 경우의 절연

㉡ 특징

- 유효접지계통에서 1선 지락사고 시는 건전상의 대지전압이 비유효접지 계통의 절연협조 적용 시의 경우보다 건전상의 대지전압이 낮으므로 피뢰기 제한전압을 적용시켜 계통의 절연레벨을 저감시킬 수 있다.
- 위의 사유에 의해 변압기 및 관련 기기의 절연레벨을 낮출 수 있다.

③ 단절연(graded insulation)

㉠ 개념 : 유효접지계통 중성점의 절연강도를 선로단자전압의 $\frac{1}{3}$ 정도로 한 절연

㉡ 특징 : 유효접지계통 중성점 단자의 절연강도는 전력선측보다 낮게 잡아도 된다.

④ 균등절연(uniform insulation)

㉠ 개념

- 중성점 단자의 절연강도 = 선로단자의 절연강도인 경우의 절연
- Δ 결선 시 권선절연을 균등절연이라 한다.

㉡ 특징 : 단절연의 반대이다.

(3) 전력계통의 절연협조의 기본방안

① 절연의 합리화를 이룰 것

㉠ 개념 : 전력계통에서 피뢰기의 제한전압을 기준으로 모든 기기에 절연강도의 격차를 두어 계통 전체를 정연한 합리적 체계를 갖도록 하는 것

㉡ 합리화 방안

- 계통의 절연
  - 상용주파서지, 개폐서지는 견딜 것
  - 뇌서지는 피뢰기로 기기의 절연확보
- 내뢰는 상규대지전압 파고값의 4배 이하이므로, 기기 자체의 내력으로 견디도록 설계하여 특별한 보호장치 없이 섬락, 절연파괴가 발생되지 않을 정도의 절연강도 확보
- 외뢰에는 기기 자체의 절연강도를 이에 견딜 수 있게 한다는 것은 경제적으로 불가하므로, 피뢰장치로 기기의 절연강도 확보

㉢ 절연협조의 일례

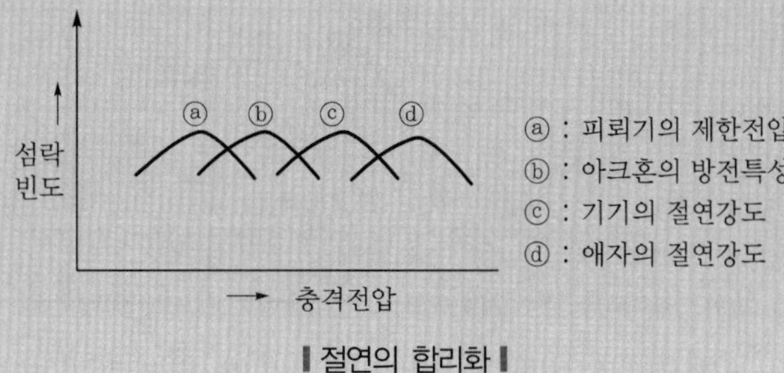

‖ 절연의 합리화 ‖

(4) 절연계급과 기준충격 절연강도(BIL)

comment 배점 10점으로 출제예상된다.

① 절연계급

㉠ 전력계통에 사용되는 기기(직류회전기, 건식 변압기, 정류기는 제외)의 절연강도에 대하여 구분한 것으로 계급을 단지 호수로 나타낸 것

㉡ 또는 계통의 최저 전압을 나타낸 것

② 기준충격 절연강도(BIL : Basic Impulse Insulation Level)

㉠ 개념

- 기기절연을 표준화하여 통일된 절연체계를 구성한다는 목적에서 설정된 절연계급에 대응해서 기준충격 절연강도를 정한다.
- BIL = 5 · E + 50[kV] (단, 직류회전기, 건식 변압기, 정류기는 제외)

여기서, E : 최저 전압[kV] = $\dfrac{\text{공칭전압}}{1.1}$ 또는 절연계급(호수)

㉡ BIL과 절연협조

절연계급(호)	전력계통				변압기의 BIL [kV]	신형 LA에 의해 가능한 보호 BIL[kV]	피뢰기 정격전압 [kV] 10[kA]용	피뢰기 유효 이격거리 [m]
	공칭전압 [kV]	중성점 접지 방식	애자 수	BIL [kV]				
300	345	유효접지	20	1,550	1,050 (2단 저감)	950 (3단 저감)	144	85
140	154	유효접지	10	750	650 (1단 저감)	550 (2단 저감)	21 배전선로 (18)	65
20	22.9	3φ 4W 다중 접지	2	150	150	–	–	20

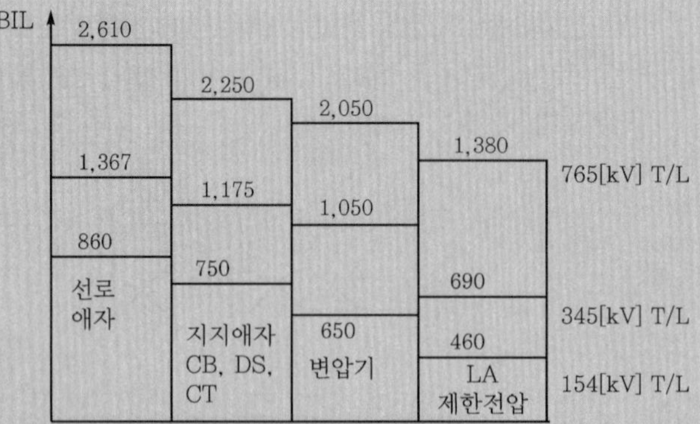

▌절연강도 비교표▌

comment 참고자료에서 그림 및 표는 타 수험생과의 변별력이 있어 고득점을 얻을 수 있는 자료이므로 절연협조 관련 문항에 적절히 첨가하는 전략을 구사하도록 한다.

038 전력계통의 BIL(Basic Impulse Insulation Level)과 절연협조에 대하여 설명하시오.

data 전기안전기술사 20-120-1-5

답안 1. BIL(Basic Impulse Insulation Level)

(1) 정의

Basic Impulse Insulation Level의 약자로서, 기준 충격절연강도를 말한다.

(2) BIL을 정하는 이유

① 기기절연을 표준화하여 통일된 절연체계를 구성한다는 목적에서 설정된 절연계급에 대응해서 기준 충격절연강도를 정한다.

② 기기나 전기설비의 절연설계를 표준화한다.

③ 통일된 절연개체로 구성하여 피뢰기의 제한전압보다 높은 충격전압을 설정함으로써 변압기와 기기의 절연강도를 정할 수 있다.

④ 계통 전체의 절연설계를 보호장치와의 관계에서 합리화 및 절연비용을 최소화, 최대 효과를 얻기 위한 절연협조(insulation co-ordination)에 있다.

(3) 표현식

$$\mathrm{BIL} = 5 \cdot E + 50\,[\mathrm{kV}]$$

단, 직류기, 건식 변압기, 정류기는 제외한다.

여기서, E : 최저 전압[kV] $= \dfrac{\text{공칭전압}}{1.1}$ 또는 절연계급(호)

(4) BIL 적용 예

항목 \ 전압	22.9[kV] 유입식 TR BIL[kV]	154[kV]급 TR BIL[kV]	345[kV]급 TR BIL[kV]	BIL[PU]
BIL 계산식	BIL=5×E+50	BIL=5×E+50	BIL=5×E+50	BIL[PU] $= \dfrac{\mathrm{BIL}}{\text{상용주파시험전압}} = \dfrac{\mathrm{BIL}}{\text{공칭전압} \times 1.5 \times \sqrt{2}}$
E(절연계급)	20호	140호	300호	
계산값(BIL)	BIL=5×20+50 =150	BIL=5×140+50 =750	BIL=5×300+50 =1,550	
유효접지 방식 BIL	150[kV]	650[kV] (1단 저감)	1,050[kV] (2단 저감)	
BIL의 PU 수치	2.2	2.2	2.2~2.3	

comment 그림은 문제 037번의 그래프를 이용해 답안을 작성하여 고득점을 바라보도록 한다.

2. 절연협조(coordination of insulation)

(1) 정의

① 계통 내의 각 기기 · 기구 · 애자 등의 상호 간에 적정한 절연강도를 갖게 하여, 계통설계를 합리 · 경제적으로 할 수 있게 한 것을 말한다.

② 하나의 전력계통에서 피뢰기 제한전압을 기준으로, 이것에 대해 어느 정도 여유를 가진 절연강도를 구비해서 모든 기기에 이것 이상의 내압을 갖도록 한다.

③ 동시에 기기의 중요도, 특수성 및 피뢰기의 원근에 따라 합리적인 격차를 두어 계통 전체로서의 정연한 합리적 절연체계를 갖도록 하는 것을 말한다.

(2) 절연협조의 요건

① 뇌 외의 서지 : 플래시-오버, 절연파괴 없을 것

② 직격뇌를 받을 경우 피해를 최소화할 수 있을 것

변전공학

section 01 변압기 관련

001 변압기 결선방식 중 중성점 접지 여부에 따른 결선방식의 종류 및 고려사항에 대하여 설명하시오.

data 전기안전기술사 18-116-4-5

답안 중성점 접지 여부에 따른 결선방식의 종류 및 고려사항

변압기 결선방식 중 중성점 접지 여부에 따른 결선방식의 종류	고려사항(특징)
• I_g=1~5[A] • R : 100~1,000[Ω] ▌고저항 접지(연속공정에 사용)▌	• 지락사고전류 : 일반적으로 1~5[A] • 첫 지락에 한하여 사고에 의한 피해 없음 • 전력공급의 신뢰성 : Trip 없음. 모든 기기 정상운전 • 과도이상전압 : 효과적으로 제한 • Arc 지락사고 없음 • 사고지점 색출 Pulse 장치가 있으면 쉬움. 노련한 전공에 의하여 사고지점을 빨리 찾는 것이 요구됨
$Z_n = 0[\Omega]$ ▌직접 접지▌	• 지락사고전류 : 대단히 큼. 단지 변압기나 전선 굵기, 과전류 보호장치에 의해 제한될 뿐임 • 사고에 의한 피해는 일반적으로 매우 큼 • 전력공급의 신뢰성 : 일반적으로 없음. 차단기 Trip • 과도이상전압 : 가장 효과적으로 제한 • Arc 지락사고 : 가공할 피해로 연결 가능성 가장 많음. 통상 보호계전기에 의한 보호 필요 • 사고지점 색출 : 스스로 해당회로 차단
$Z_n = \infty[\Omega]$ ▌비접지▌	• 지락사고 전류 : 없음 • 전력공급의 신뢰성 : Trip 없음 • 첫 지락에 한하여 사고에 의한 피해 없음 • 과도이상전압 : Arc 지락사고 시 정상전압의 600[%]의 이상전압 유기 • Arc 지락사고 : 과도이상전압은 크나, Arc 지락 시 불꽃 소손피해는 없음 • 사고지점 색출 : 매우 어려움. 2번째 지락사고 시에는 선간단락으로 확대되기 때문에 노련한 전공이 빨리 찾아내어야 함

변압기 결선방식 중 중성점 접지 여부에 따른 결선방식의 종류	고려사항(특징)
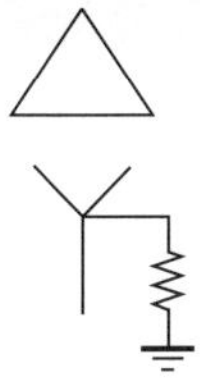 • $R = 30[\Omega]$ • $I_g = 15 \sim 150[A]$ ▌저저항 접지▌	• 지락사고 전류 : 일반적으로 15~150[A] • 사고 시 Trip이 되지 않거나 즉시 찾아내지 못하면 사고에 의한 피해가 커질 수 있음 • 전력공급의 신뢰성 : 소규모 회로는 Trip시키고, 그 이외에는 경보나 보호계전기 Trip • 과도이상전압 : 효과적으로 제한 • Arc 지락사고 : 대규모 피해의 원인이 될 수 있음 • 사고지점 색출 : 선택 접지계전기로 감지

002 변압기용량을 산정할 때 검토사항에 대하여 설명하시오.

data 전기안전기술사 20-122-1-10

답안 **1. 수용률의 정의**

(1) 부하설비가 동시에 사용되지는 않으므로 동시에 사용되는 정도를 최대 수요전력의 설비용량에 대한 백분율로 나타낸다. 따라서, 수용률은 항상 100보다 작다.

(2) 수용률 $= \dfrac{\text{최대 수요전력}}{\text{부하설비용량}} \times 100[\%]$

2. 부등률의 정의

(1) 부하 집단 간에서 각각 최대 수요전력은 나타나는 시각이 다르므로, 그 상이한 정도를 최대 수요전력의 합계로 하고, 이를 합성 최대 전력으로 나눈 값을 부등률이라 하며 항상 1보다 크다.

(2) 부등률 $= \dfrac{\text{각각의 최대 수요전력의 합계}}{\text{합성 최대 수요전력}}$

3. 부하율의 정의

(1) 일정기간 중의 평균전력을 최대 수요전력으로 나눈 값으로, 설비의 이용률을 나타낸다.

(2) 부하율 $= \dfrac{\text{평균전력}}{\text{최대 수요전력}} \times 100[\%]$

4. 변압기용량의 산출 및 배전용 변압기용량

(1) 변압기용량 산출의 기준은 합성 최대 수요전력으로 수용률과 부등률을 이용하여 변압기용량을 산출한다.

즉, 변압기용량(합성 최대 수요전력) $= \dfrac{\text{수용률}[\%] \times \text{부하의 설비용량}}{\text{부등률} \times 100}$

(2) 실제 변압기의 용량은 상기 식에서 여유분을 두어 산정한다.

(3) 부하율은 산출된 용량의 변압기 이용률을 나타내는 지표가 된다.

(4) 일반적으로 고객수가 많으면 수용률은 감소하고, 부등률은 증가되므로 소용량으로 많은 부하에 공급이 가능하다.

003 K-Factor 적용 변압기에 대하여 설명하고, 와류손[PU] = 13, K-Factor = 25인 경우 여유율을 구하시오.

data 전기안전기술사 20-122-4-3

답안 1. K-Factor의 적용 변압기

(1) K-Factor란 비선형 부하로 인해 고조파를 함유한 부하전류가 변압기에 와류손을 증가시켜 변압기 온도 상승에 초래하는 영향을 수치화한 것이다.

(2) K-Factor 변압기

① K-Factor 변압기란 비선형 부하들에 의한 고조파영향에 대하여 변압기가 과열현상 없이 전원을 안정적으로 공급할 수 있는 능력을 부여한 변압기로서, 고조파를 상쇄하는 것이 아니라 고조파에 견디도록 강화시킨 변압기이다.

② 비선형 부하로 인해 고조파를 함유한 부하전류가 주로 변압기에 와류손을 증가시켜 변압기 온도 상승을 초래하게 되는데 이 영향을 수치화해서 내량을 강화시킨 변압기이다.

③ 변압기의 부하전류 중 고조파 함유량을 직접 실측 · 평가하여 변압기가 과열되지 않는 허용부하율을 결정하여 용량을 저감시키는 방법과 설계단계에서 이 K-Factor를 고려하여 변압기를 설계하는 방법으로 구분된다.

(3) K-Factor 변압기 제작

① 권선연가 : 권선을 연속적으로 연가

② △결선 시 결선 내 3배수 고조파가 순환하므로 권선굵기를 표준변압기보다 굵게 한다.

③ Y결선 시 중성점에 영상전류가 흐르므로 중성점 접속부의 굵기를 상권선의 3배로 한다.

④ K-Factor 변압기의 %임피던스(22.9[kV] 기준)

㉠ 표준변압기 : %임피던스 5 ~ 6[%]

㉡ K-Factor 변압기 : %임피던스 2 ~ 3[%]

(4) 변압기 고조파 저감계수(THDF, K-Factor로 인한 변압기 출력감소율)

$$\text{THDF} = \sqrt{\frac{P_{LL-R}\,[\text{PU}]}{P_{LL}\,[\text{PU}]}} \times 100\,[\%]$$

$$= \sqrt{\frac{1 + P_{EC-R}\,[\text{PU}]}{1 + (K-\text{Factor} \times P_{EC-R}\,[\text{PU}])}} \times 100\,[\%]$$

chapter 14

여기서, P_{LL-R}[PU] : 정격에서의 부하손실

$$P_{LL-R}[PU] = 1 + P_{EC-R}[PU]$$

P_{LL}[PU] : 고조파 전류를 감안한 부하손실(load loss)

P_{EC-R} : RM Eddy current loss(와전류손)

THDF : Transformer Harmonics Derating Factor

(5) 저감용량(derating power)[kVA] = Name plate[kVA] × THDF

2. 와류손[PU] = 1.3, *K* − Factor = 25인 경우 여유율 산출

(1) $\text{THDF} = \sqrt{\dfrac{1 + P_{EC-R}[PU]}{1 + (K - \text{Factor} \times P_{EC-R}[PU])}} \times 100[\%]$

$$= \sqrt{\frac{1+13}{1+25\times13}} \times 100 = 20.7[\%]$$

즉, 고조파 저감계수(THDF)는 20.7[%]이다.

(2) 실제 변압기의 용량은 THDF를 고려하여 (실제 변압기용량×0.207)이다.

(3) 변압기 여유율 $= \dfrac{100 - 20.7}{100} \times 100[\%] = 79.3[\%]$

004 특고압을 고압으로 변성하는 경우 변압기의 1차 권선과 2차 권선의 혼촉을 방지하기 위한 대책을 설명하시오.

data 전기안전기술사 19-117-1-6

comment 배점 10점 문제에서는 '2.' 내용만 작성한다.

답안 1. 개요

(1) 변압기 사용 시 단락고장으로 기계력이나 권선의 절연열화, 기타 원인으로 1차측의 고전압 선로와 2차측의 저압측이 혼촉되면, 1차측의 고전압이 저압측으로 침입하여 기기의 절연파괴 및 화재, 인축의 감전사고 등을 유발시킨다.

(2) 따라서, 고 · 저압 혼촉 시 2차측의 대지전위 상승을 150[V] 이내로 억제하도록 규정한다.

(3) 기타 : 지락 시 1초 이내에 고압측 전로를 차단하는 장치를 설치한다.

2. 특고압과 고압의 혼촉 등에 의한 위험방지 시설(KEC 322.3)

(1) 변압기에 의하여 특고압 전로에 결합되는 고압 전로에는(즉, 1차가 22.9[kV] 이상이고 2차가 6.6[kV]이나 3.3[kV]) 사용전압의 3배 이하인 전압이 가하여진 경우에 방전하는 장치를 그 변압기의 단자에 가까운 1극에 설치할 것

(2) '(1)'의 제외사항

① 사용전압의 3배 이하인 전압이 가하여진 경우에 방전하는 피뢰기를 고압 전로의 모선의 각 상에 시설할 것

② 특고압 권선과 고압 권선 간에 혼촉방지판을 시설하여 접지저항값이 10[Ω] 이하 또는 변압기 중성점 접지의 규정에 따른 접지공사를 한 경우

(3) '(1)'에서 규정하고 있는 장치의 접지는 KEC 140의 규정(접지시스템 규정)에 따라 시설할 것

3. 고압 또는 특고압과 저압의 혼촉에 의한 위험방지 시설

(1) 고압 전로 또는 특고압 전로와 저압 전로를 결합하는 변압기의 저압측의 중성점에는 변압기 중성점 접지규정(142.5)에 의한 접지공사를 하여야 함

① 사용전압이 35[kV] 이하의 특고압 전로로서 전로에 지락이 발생할 경우 1초 이내에 자동적으로 이를 차단하는 장치가 되어 있는 것 및 KEC 333.32의 1 및 4에 규정하는 특고압 가공전선로의 전로 이외의 특고압 전로와 저압전로를 결합하는 경우에 계산된 접지저항값이 10[Ω]을 넘을 때에는 접지저항값이 10[Ω] 이하인 것에 한함(KEC 333.32 : 25[kV] 이하인 특고압 가공전선로의 시설)

② 단, 저압 전로의 사용전압이 300[V] 이하인 경우에 그 접지공사를 변압기의 중성점에 하기 어려울 때에는 저압측의 1단자에 시행할 수 있음

(2) '(1)'의 접지공사는 변압기의 시설장소마다 시행할 것
단, 토지의 상황에 의하여 변압기의 시설장소에서 규정에 의한 접지저항값을 얻기 어려운 경우 인장강도 5.26[kN] 이상 또는 지름 4[mm] 이상의 가공 접지도체를 저압 가공전선에 관한 규정에 준하여 시설할 때에는 변압기의 시설장소로부터 200[m]까지 떼어놓을 수 있음

(3) '(1)'의 접지공사 시 토지 상황으로 '(2)'의 규정이 어려울 경우의 접지공사 방법은 다음과 같다.
① 가공공동지선을 설치하여 2 이상의 시설장소에 접지공사를 할 수 있음
② 가공공동지선은 인장강도 5.26[kN] 이상 또는 지름 4[mm] 이상의 경동선을 사용할 것
③ 접지공사는 각 변압기를 중심으로 하는 지름 400[m] 이내의 지역으로서, 그 변압기에 접속되는 전선로 바로 아래의 부분에서 각 변압기의 양쪽에 있을 것. 단, 그 시설장소에서 접지공사를 한 변압기에 대하여는 그렇지 않음
④ 가공공동지선과 대지 사이의 합성 전기저항값은 1[km]를 지름으로 하는 지역 안마다 접지저항값을 가지는 것으로 하고, 또한 각 접지도체를 가공공동지선으로부터 분리하였을 경우의 각 접지도체와 대지 사이의 전기저항값은 300[Ω] 이하로 할 것

(4) '(3)'의 가공공동지선에는 인장강도 5.26[kN] 이상 또는 지름 4[mm]의 경동선을 사용하는 저압 가공전선의 1선을 겸용할 수 있음

(5) 직류 단선식 전기철도용 회전변류기 · 전기로 · 전기보일러, 기타 상시 전로의 일부를 대지로부터 절연하지 아니하고 사용하는 부하에 공급하는 전용의 변압기를 시설한 경우에는 변압기 중성점 접지규정에 의하지 아니할 수 있음

reference

'3.'의 '(3)'의 경우란 현실적으로 변압기에서 접지공사를 할 수 없는 경우를 말한다.
이 경우에서 실제적으로는 변압기 설치점에서 접지보강에 의해 접지저항을 규정치 이하 값으로 시공한다.

4. 혼촉방지판 변압기의 장점

(1) 혼촉방지판을 사용하는 경우 변압기의 2차 측을 비접지로 할 수 있다.

(2) 비접지방식은 지락전류의 크기가 극히 작아, 병원, 가스, 증기위험장소, 석유화학 공장 등에서의 배전방식으로 많이 적용 중이다.

reference

혼촉방지판

(1) 혼촉방지판의 의미

① 혼촉방지판이란 고 · 저압 권선 사이에 0.1~0.2[mm] 정도의 도전체로 정전차폐를 하여 이것을 접지할 수 있도록 한 것이다.

② 이를 내장한 변압기를 혼촉방지판 내장변압기라고 한다.

(2) 혼촉방지판 내장의 목적

① 변압기 권선의 고 · 저압 사이에 절연이 파괴되었을 경우 저압측에 전달되는 접지전류는 혼촉방지판의 접지를 통해서 흐르게 되어 저압 회로의 전위상승을 방지하므로 저압 기기의 소손 및 감전을 막을 수 있다.

② 고압측에서 인입되는 뇌 임펄스전압 등의 이상전압은 형성된 철심의 자로를 통해 저압 권선에 전달될 수 있다. 이때, 혼촉방지판에 의하여 양 권선 사이를 차폐하면 저압측에 전이되는 이상전압을 낮출 수 있다.

③ 혼촉방지판 내장변압기의 적용

㉠ 반도체 전력변환 장치용 변압기

㉡ 방폭구조 변압기

㉢ 제어정보기기의 전원변압기

㉣ 접지할 수 없는 저압 회로의 전원변압기

005 변압기의 변압비 측정방법과 판정기준에 대하여 설명하시오.

data 전기안전기술사 19-117-3-2

답안

1. 목적

변압기 각 권선의 권수비가 올바른지 확인하여 정격전압 인가 시 요구된 출력전압으로 변환되는지 확인한다.

2. 측정방법

(1) 유기기전력의 비교방법

① 한쪽 권선에 전압을 인가하고 대응하는 상대측 권선의 유기전압을 측정하여 변압비를 확인하는 방법이다.

② 1~2차 간 및 1~3차 간 모든 Tap에 대해 변압비를 측정한다.

③ 2~3차 간은 탭권선이 없으므로 정격 변압비에 적합한지를 확인한다.

④ 탭이 설치된 변압기에 대해서는 모든 탭에 대해 변압비를 측정한다.

(2) 비오차시험기 이용방법

① 비오차시험기(ratio meter)는 Bridge 회로를 이용하여 변압비를 측정하는 시험기기이다.

② 기본원리

㉠ 일반적으로 비오차시험기를 사용하면 변압비뿐만 아니라 극성, 각변위, 상회전 시험이 동시에 가능하여 대부분의 제작사에서는 비오차시험기를 사용하고 있다.

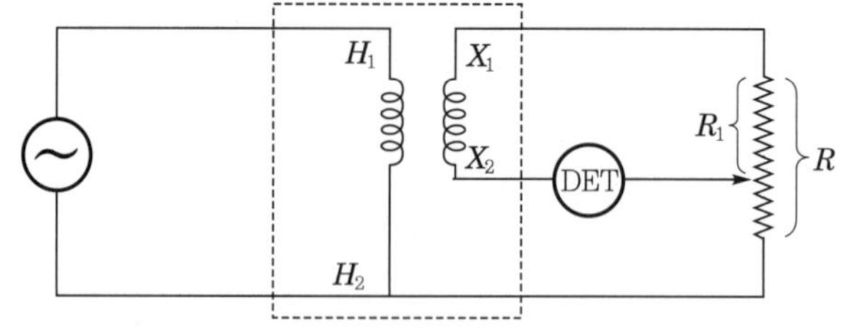

▌비오차시험기 기본회로▐

㉡ 위 그림에서 DET가 평형을 이루는 위치에서 변압비는 $\frac{R_1}{R}$과 같다.

3. 판정기준

각 탭에서의 정격변압비 계산값의 ±0.5[%] 이내이어야 한다.

006 정격전압 22.9[kV]/380-220[V], 정격용량 1,000[kVA]인 3상 변압기에 대한 임피던스 전압을 설명하시오.

data 전기안전기술사 20-120-1-4

답안 임피던스전압(V_e)

(1) 변압기 2차측을 단락하고 변압기 1차측에 정격주파수의 저전압을 인가했을 때 2차측에 정격전류가 흐를 때의 전압(V_e)을 말한다(변압기 내부에서의 전압강하전압).

(2) $V_e = I_{1n} \times Z[\text{V}]$

여기서, I_{1n} : 1차 정격전류, Z : 변압기 임피던스

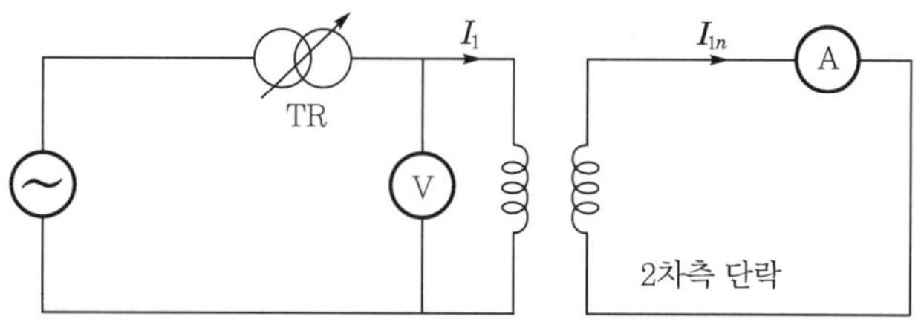

▌변압기 임피던스 전압 등가회로도▐

(3) 변압기의 임피던스는 누설자속에 의한 리액턴스분과 권선저항에 의한 저항분이 있으며 이러한 임피던스는 변압기 내부 전압강하를 발생시키는 전압을 말한다.

(4) 임피던스전압과 %Impedance 관계

① 임피던스전압 강하분이 정격전압의 몇 [%]인가를 나타낸 것을 %Impedance라 한다.

$$\%Z = \frac{Z[\Omega] \cdot I_n[\text{A}]}{V_n[\text{V}]} \times 100[\%] = \frac{P \cdot Z}{10V^2}$$

여기서, V_n : 정격 상전압[kV], V : 정격 선간전압[kV]

Z : 임피던스[Ω], I_n : 정격전류[A]

P : 변압기용량[kVA]

② 변압기의 2차 권선을 단락시키고 1차 권선에 저전압을 인가하여 정격 2차 전류(I_{2n})가 흐르는 경우의 정격 1차 전압(V_{1n})에 대한 임피던스전압(V_S)의 백분율비이다.

$$\%Z = \frac{V_S}{V_{1n}} \times 100[\%]$$

여기서, V_S : 전압계에 지시된 임피던스전압

007 유입변압기 고장 여부를 진단할 수 있는 방법에 대하여 설명하시오.

data 전기안전기술사 20-122-1-3

답안

1. 변압기 열화(劣化)의 종류

(1) 열에 의한 열화

(2) 흡습에 따른 열화

(3) 코로나에 의한 열화

(4) 기계적 응력에 의한 열화

2. 유입변압기의 고장 여부 진단방법

(1) 유중가스 분석법

① 구성도

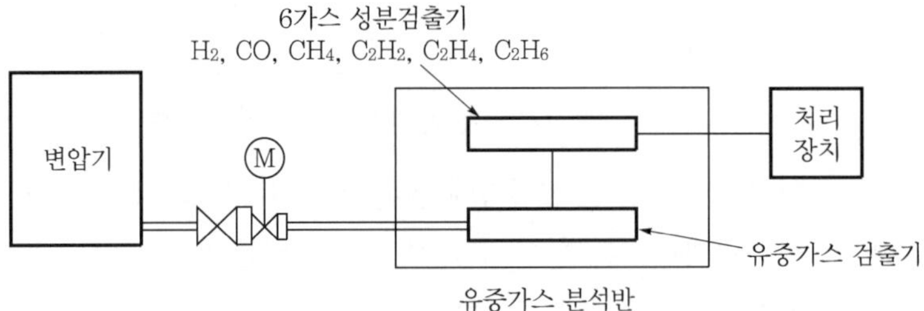

② 원리 : 변압기 내부에 이상이 발행하면 이상개소에 과열이 발생하게 되고, 절연유가 열에 의해서 분해되어 Gas가 발생되어 유중 Gas 분석을 시행하여 열화진단을 한다.

(2) 부분방전 측정법 – 접지선 전류법

① 변압기 내부에서 부분방전이 발생하고 있는 회로에서 펄스성의 방전전류가 환류하는데 이것을 확인하여 열화진단한다.

② 접지선에 흐르는 펄스전류를 검출하는 데 이용하는 기구는 로그스키 코일을 이용한 CT이다.

(3) 초음파 진단법

변압기 내부에서 부분방전이 발생할 때 생기는 음향신호를 탱크 외벽에 밀착 설치된 초음파센서로 압력진동파를 검출하여 전기신호로 변환하여 열화진단한다.

(4) 적외선 진단에 의한 방법

① 적외선 카메라로 열을 영상으로 변환하여 열화진단한다.

② 주로 배전용 TR의 과부하 또는 열화 정도 파악에 사용한다.

(5) 변압기 예방보전 시스템

① 상기의 여러 방법을 통합하여 신호 및 변환처리 프로세스를 경유 후 원방감시 시스템에서 인터넷을 통하여 ON-LINE 감시하는 시스템으로 현재 발전 중에 있다.

② 변압기 예방보전시스템 개념도

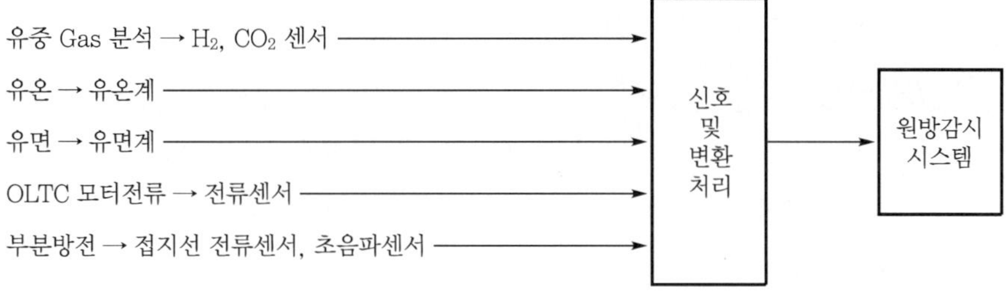

008 특고압으로 공급받는 수전방식의 종류와 특징을 설명하시오.

data 전기안전기술사 20-120-1-6

comment 22년도 126회에도 유사문제가 출제되었다.

답안 1. 1회선 수전

(1) 장점 : 가장 간단하고 경제적이다.

(2) 단점

① 신뢰도가 가장 낮아 설비사고 시 정전시간이 길다.

② 분기수전인 경우 계통운영상 자유도가 저하된다.

2. 2회선 수전

(1) 평행 2회선

① 장점 : 한쪽의 수전선사고에 의해 무정전공급하고 1회선에 비해 공급신뢰도가 향상된다.

② 단점 : 보호계전이 복잡하고 1회선 공사비가 추가된다.

(2) 루프수전

① 장점

㉠ 사고 시 사고구간 양단의 개폐기를 개방 후 건전구간은 무정전공급이 가능하다.

㉡ 전압변동률이 작고 배전선 손실이 감소하며 2회선 수전방식 중 가장 신뢰도가 높다.

② 단점

㉠ 수전방식, 보호방식이 복잡하고 전력회사의 공급지령에 따라야 한다.

㉡ 루프에 걸리는 용량은 전계통에 대한 부하를 고려해야 한다.

㉢ 각 수용가는 2개의 차단기를 추가하는 것이 필요하여 초기투자비가 증가한다.

(3) 본선+예비선 수전

① 장점

㉠ 단독 수전이 가능하다.

㉡ 선로고장에 대한 대비가 가능하다.

㉢ 동일계통의 본선예비선 방식보다 타(他) 계통의 본선예비선 수전방식이 공급신뢰도가 향상된다.

② 단점

㉠ 송전선 사고 시 일단 정전이 불가피하다.

㉡ 예비선 절환용 차단기(자동부하 절체스위치 : ALTS)가 필요하다.

㉢ 1회선분에 비하여 추가공사비가 소요된다.

3. Spot network 방식

(1) 장점

① 무정전공급이 가능하다(배전선 1회선, 변압기 펑크 사고에서 무정전임. 배전선 보수 때 1회선씩 정지함으로써 정전이 필요없음).

② 전압변동률 및 전력손실이 감소되며, 고신뢰성이 요구되는 중요 부하에 적용한다.

③ 배전선이 정지해 복구할 때 변압기 2차측 차단기의 개방, 투입이 자동적으로 이루어진다.

(2) 단점

초기투자비가 많이 들고, 보호장치를 수입에 의존한다.

009 수 · 변전 설비의 계획 및 설계 중 다음 사항에 대하여 설명하시오.

1. 수 · 변전 설비의 계획 시 고려사항
2. 수전전압 및 수전방식의 분류

data 전기안전기술사 22-126-3-2

comment 이 문제는 현업에서 자주 쓰이는 지식이므로, 시험에 관계없이 반드시 숙지해야 한다.

답안 1. 개요

(1) 전기설비시설 공간 중에서 수 · 변전실은 전력시설물의 핵심설비가 있는 주요 공간실이다.

(2) 건축물 외부로부터의 연계성과 기능성, 관리성, 안전성, 확장성 등을 중점 고려하여 수 · 변전실 계획을 한다.

(3) 이러한 수 · 변전실 설계 시 3가지 관점으로 설명하면 다음과 같다.

2. 수 · 변전 설비의 계획 시 고려사항

(1) 건축 관점의 고려사항

① 장비 반입 및 반출 통로가 확보되어야 한다.

② 장비의 배치에 충분하고 유지보수가 용이한 넓이를 갖고 장비에 대해 충분한 유효높이를 가져야 한다.

③ 수 · 변전 관련 설비실(발전기실, 축전지실, 무정전 전원장치실 등이 있는 경우)이 가능한 한 이와 인접되어야 한다.

④ 수 · 변전실은 불연재료를 사용하여 구획하고, 출입구는 방화문으로 한다.

(2) 환경적 고려사항

① 환기가 잘 되어야 하고 고온다습한 장소는 피하되, 부득이한 경우는 환기설비, 냉방 또는 제습장치를 설치한다.

② 화재, 폭발의 우려가 있는 위험물 제조소나 저장소 부근은 피한다.

③ 염해 우려가 있거나 부식성 가스 또는 유독성 가스가 체류 가능성이 있는 장소는 피한다.

④ 건축물 외부로부터의 홍수 유입 또는 내부의 배관 누수사고 시 침수나 물방울이 떨어질 우려가 없는 위치에 설치한다.

⑤ 가능한 한 최하층은 피해야 하며, 특히 변전실 상부층의 누수로 인한 사고가 없도록 한다. 단, 부득이하게 최하층 사용 시 침수에 대한 대책을 하는 경우(기계실 등 보다 60[cm] 이상 높게 하는 경우 등)에 한정한다.

⑥ 침수방지를 위하여 예상 침수높이 이상의 높이에 설치해야 하며, 장비 반입구 및 외부 환기구도 예상 침수높이 이상의 높이에 설치한다.

⑦ 고압 또는 특고압의 전기기계기구, 모선 등을 시설하는 수전실 또는 이에 준하는 곳에 시설하는 전기설비는 자중, 적재 하중, 적설 또는 풍압 및 지진, 그 밖의 진동과 충격에 대하여 안전한 구조이어야 한다.

(3) 전기적 고려사항

① 외부로부터의 수전이 편리한 위치로 선정한다.

② 사용부하의 중심에 가깝고, 간선의 배선이 용이한 곳으로 한다.

③ 용량의 증설에 대비한 면적을 확보할 수 있는 장소로 한다.

④ 수전 및 배전 거리를 짧게 하여 경제적이 될 수 있는 곳으로 한다.

(4) 수 · 변전실 면적 및 높이

① **수 · 변전실 면적** : 변전실 면적은 계획 시 이를 추정하고 실시설계 시 확정한다. 단, 동일용량이라도 변전실 형식 및 기기 시방에 따라 차이가 크므로 주의한다.

② **변전실 면적에 영향을 주는 요소**

㉠ 수전전압 및 수전방식

㉡ 변전설비 변압방식, 변압기용량, 수량 및 형식

㉢ 설치기기와 큐비클의 종류 및 시방

㉣ 기기의 배치방법 및 유지보수 필요면적

㉤ 건축물의 구조적 여건

③ **계획 시 면적의 산정방법**

㉠ 계획 시 개략 단선도에 의하거나 계산식으로 추정하며, 설계 시 실제 배치와 확장성에 의한 면적으로 확정한다.

㉡ 계산에 의한 추정 시에는 다음을 참고한다.

$A = k \cdot \text{변압기용량[kVA]}^{0.7}$

여기서, A : 변전실 추정면적[m^2]

k : 추정계수

④ **기기배치 시 최소 이격거리[mm]**

부위별 / 기기별	앞면 또는 조작, 계측면	뒷면 또는 점검면	열 상호 간 점검면	기타의 면
특고압 반	1,700	800	1,400	–
고압 배전반	1,500	600	1,200	–
저압 배전반	1,500	600	1,200	–
변압기 등	1,500	600	1,200	300

⑤ 수 · 변전실 높이

㉠ 수 · 변전실의 높이는 실내에 설치되는 기기의 최고 높이, 바닥트렌치 및 무근 콘크리트 설치 여부, 천장 배선방법 및 여유율을 고려한 유효높이로 한다.

㉡ 폐쇄형 큐비클식 수 · 변전 설비가 설치된 변전실인 경우로서 특고압 수전 또는 변전기기가 설치되는 경우 4.5[m] 이상, 고압의 경우 3[m] 이상의 유효높이로 한다.

3. 수전전압의 결정(한전 기본공급 약관 제23조)

(1) 고객이 새로 전기를 사용하거나 계약전력을 증가시킬 경우의 공급방식 및 공급전압은 1전기사용장소 내의 계약전력 합계를 기준으로 다음 표에 따라 결정하되, 특별한 사정이 있는 경우에는 달리 적용할 수 있다. 단, 고객이 희망할 경우에는 다음 표의 기준보다 상위전압으로 공급할 수 있다.

계약전력	공급방식 및 공급전압
1,000[kW] 미만	교류 단상 220[V] 또는 교류 3상 380[V] 중 한전이 적당하다고 결정한 한 가지 공급방식 및 공급전압
1,000[kW] 이상 10,000[kW] 이하	교류 3상 22,900[V]
10,000[kW] 이상 400,000[kW] 이하	교류 3상 154,900[V]
400,000[kW] 초과	교류 3상 345,000[V]

(2) '(1)'에 따라 1,000[kW] 미만까지 저압으로 공급 시에는 1전기사용계약단위의 계약전력이 500[kW] 미만이어야 하며, 공급기준은 세칙에서 정하는 바에 따른다.

(3) '(1)'에도 불구하고 다음의 어느 하나에 해당하는 경우에는 공급전압을 달리 적용할 수 있으며, 세부기준은 세칙에서 정하는 바에 따른다.

① 신설 또는 증설 후의 계약전력이 40,000[kW] 이하인 고객이 22,900[V]로 공급을 희망할 경우 한전변전소의 공급능력에 여유가 있고 전력계통의 보호협조, 선로구성 및 계량방법에 문제가 없으면 한전은 22,900[V]로 공급할 수 있다.

② 신설 또는 증설 후의 계약전력이 400,000[kW]를 초과하는 고객이 154,000[V]로 공급을 희망할 경우 전력계통의 공급능력에 여유가 있고 전력계통의 보호협조, 선로구성 및 계량방법에 문제가 없으면 한전은 154,000[V]로 공급할 수 있다.

③ '(1)'에 따라 고압 이상의 전압으로 공급받아야 하는 아파트고객이 저압 공급을 희망하고 개폐기 · 변압기 등 한전의 공급설비 설치장소를 무상으로 제공할 경우에는 한전은 저압으로 공급할 수 있다(예 아파트 2,000세대를 저압으로 공급 가능하다는 것임).

④ 해당 지역의 전기공급상황에 따라 변전소 건설이 필요한 지역에서 고객이 변전소 건설장소를 제공할 경우에는 '(1)'에도 불구하고 한전은 고객이 희망하는 특고압 중 1전압으로 공급할 수 있다(즉, 한전변전소를 고객 구내에 제공 시 60,000[kW]라도 154[kV]가 아닌 22.9[kV]로 공급한다는 의미).

4. 수전방식의 분류

(1) 1회선 수전

① **장점** : 가장 간단하고 경제적이다.

② **단점**

㉠ 신뢰도가 가장 낮아 설비사고 시 정전시간이 장시간 걸린다.

㉡ 분기수전인 경우 계통운영상 자유도가 저하된다.

(2) 2회선 수전

① **평행 2회선**

㉠ 장점 : 한쪽의 수전선 사고가 발생해도 무정전공급이 가능하고 1회선에 비해 공급신뢰도가 향상된다.

㉡ 단점 : 보호계전 복잡하고 1회선 공사비가 추가된다.

② **루프수전**

㉠ 장점

- 사고 시 사고구간 양 단의 개폐기를 개방 후 건전구간은 무정전 공급이 가능하다.
- 전압변동률이 작고 배전선 손실이 감소하며 2회선 수전방식 중 가장 신뢰도가 높다.

㉡ 단점

- 수전방식, 보호방식이 복잡하고 전력회사의 공급지령에 따라야 한다.
- 루프에 걸리는 용량은 전 계통에 대한 부하를 고려해야 한다.
- 각 수용가는 2개의 차단기를 추가해야 하며 초기투자비가 증가한다.

③ **본선+예비선 수전**

㉠ 장점

- 단독 수전이 가능하다.
- 선로고장에 대한 대비가 가능하고 동일계통의 본선예비선 방식에 비해 타 계통의 본선예비선 수전방식이 공급신뢰도가 향상된다.

㉡ 단점

- 송전선 사고 시 일단 정전이 불가피하다.

• 예비선 절환용 차단기(자동부하 절체스위치 : ALTS)가 필요하다.
• 1회선 분에 비하여 추가 공사비가 소요된다.

(3) Spot network 방식

① 장점

㉠ 무정전 공급이 가능하다(배전선 1회선, 변압기 펑크 사고에서 무정전임. 배전선 보수 때 1회선씩 정지함으로써 정전이 필요없음).

㉡ 전압변동률 및 전력손실이 감소되며, 고신뢰성이 요구되는 중요 부하에 적용한다.

㉢ 배전선을 정지해서 복구할 때의 변압기 2차측 차단기의 개방, 투입이 자동적으로 이루어진다.

② 단점 : 초기투자비가 많이 들고, 보호장치를 수입에 의존한다.

5. 수전방식별 인입계통도 비교

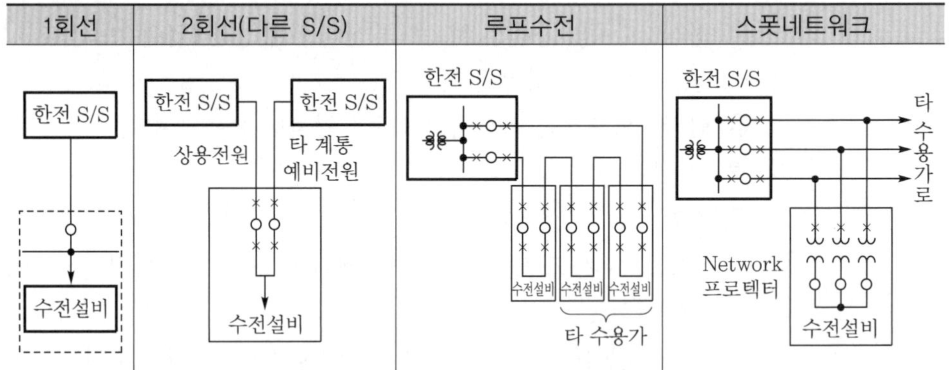

6. 결론

(1) 수 · 변전 설비 기획 시 부하조사를 면밀히 하고 향후 예상되는 부하를 충분히 감안해 수전전압의 선정이 필요하다.

(2) 특히 수 · 변전실의 환경적 영향도 고려한 위치선정은 전기담당자 근무조건과도 직결되므로 안전과 소방방재 및 침수피해가 없는 위치로 정한다.

(3) 경제성을 검토해야 되므로 특히 수전전압의 전기공급약관상의 조건을 세심하게 검토한다.

(4) 수전방식의 결정에서 현실적인 한전의 전력공급신뢰도가 가장 우수하므로 타 변전소의 2회선 방식이 아닌 동일 변전소의 루프수전방식도 적용하여 전력기본요금의 절감(50[%])도 충분히 검토하여야 한다(연 단위로 전기요금계상 시 금액이 상당함).

010 변압기와 유도전동기에서 발생하는 손실종류와 원인을 설명하시오.

data 전기안전기술사 18-116-2-3

답안 1. 변압기에서 발생하는 손실

(1) 변압기 손실의 종류

① 고정손(무부하손실)

㉠ 철손

- 히스테리시스손 : $P_h = kfB_m^2$
- 와류손 : $P_e = k(tfB_m)^2$

여기서, t : 철심두께

B_m : 최대 자속밀도

㉡ 여자전류에 의한 $I_o^2 r$ 손실

㉢ 절연체의 유전체손

② 가변손(부하손)

㉠ 동손(I^2R) $= m^2P_c$

여기서, m : 부하율

P_c : 전부하동손

㉡ 누설자속에 의한 표류부하손

③ 실제 TR의 손실 중 무부하손실의 대부분은 철손이며, 부하손 중 동손이 대부분이다.

(2) 변압기손실의 원인

① 고정손은 부하에 상관없이 발생하는 손실로 철손이 있다.
철손은 다시 철심에서 자기장의 변화에 의해 발생하는 히스테리시스손과 와류저항에 의해 발생하는 와류손이 있다.

② 가변손은 부하에 따라 발생하는 것으로, 권선저항에서 발생하는 동손과 그 외의 손실들을 표류부하손으로 분류한다.

③ 변압기의 동손 : 부하율과 전부하 동손에 의해서 계산되는데, 그 개념은 다음과 같다.

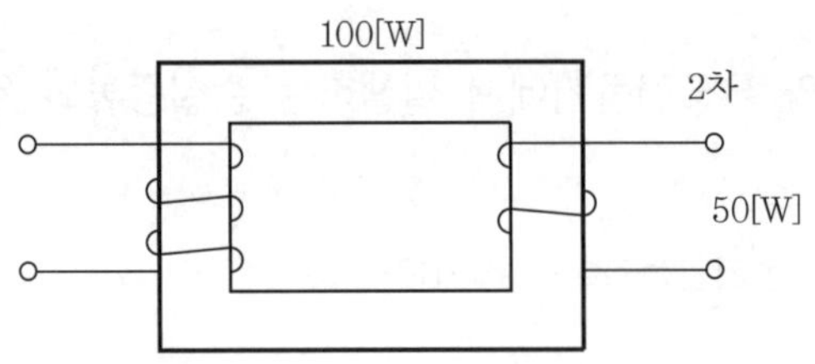

㉠ 예를 들어 전부하 100[W]에서의 동손을 P_c라고 가정한다.

㉡ 부하가 50[W]만 사용되고 있다면 동손은 $0.025P_c$가 된다.

㉢ 이것은 동손이 전류의 제곱에 비례하기 때문에 부하가 감소한 만큼 전류가 감소하기 때문이다.

2. 유도전동기의 손실

(1) 유도전동기 손실의 종류

① 고정손(W_o, 무부하손)

㉠ 철손, 기계손, 무부하 동손으로서 부하의 대소에는 관계없이 일정하다고 볼 수 있는 손실로 무부하 시에 발생된다.

㉡ 기계손(W_m)

- 마찰손 : 회전수에 비례
- 베어링 손실 : 회전수에 비례
- 풍손 : 회전수의 3승에 비례

㉢ 철손(W_i)

- 히스테리시스손 : $W_h \propto B_m^n \cdot f \propto \dfrac{E^n}{f^{n-1}}$

  여기서, n : 1.6~2

- 와전류손 : $W_e \propto B_m \cdot f^2 \propto E^2$

㉣ 무부하손 : $I_0^2 R$

② 부하손실

㉠ 부하의 대소에 따라서 변화하고 전동기 입력전력에 따라서 전동기 도체 내에 발생하는 손실로서, 1차 저항손(1차 동손), 2차 저항손이 있다.

㉡ 동손(W_c) : I^2R

㉢ 표유부하손(stray-load loss)

- 부하 시 도체(고정자 권선, 회전자 권선)나 철심에 생기는 손실로서 부하손에 포함되지 않는 것이다.
- 기기의 부하상태에서 부하전류 때문에 권선의 도체 및 권선에 가까운 철심 등에 표유자속의 발생으로 인하여 그 속에 와류손이 발생한다.

• 이것은 무부하상태에서는 측정할 수 없거나 또는 대단히 곤란하다.

③ 기타 : 냉각, 순환계 손실

④ 이들 손실은 열, 진동, 소음으로 변하고, 전동기 온도 상승의 원인이 된다.

(2) 유도전동기의 손실별 원인

① 동손(W_C)의 원인

㉠ 동손은 고정자 동손 및 회전자 동손으로 구성된다.

㉡ 고정자 동손은 고정자 권선에 흐르는 전류 및 권선저항의 함수로서, I^2R 손실

㉢ 도체에 통전되는 전류의 열작용인 I^2R에 생긴 저항손이다.

㉣ 표현식 : $W_C = W_{C1} + W_{C2} = m_1 I_1^{\ 2} R_1 + m_2 I_2^{\ 2} R_2^{\ 2}$[W]

여기서, I_1, I_2 : 1·2차 전류[A]

m_1, m_2 : 1·2차 상수

R_1, R_2 : 1·2차 저항[Ω]

② 철손의 원인

㉠ 철손은 와전류손 및 표면손을 포함하는 히스테리시스 손실로 구성된다.

㉡ 이러한 손실에 영향을 주는 요인은 다음과 같은 것이 있다.

• 자속밀도는 철손을 결정하는 중요한 요소이다.

• 철손은 자기회로의 길이를 증가시켜 철심의 자속밀도를 낮춤으로서 감소시킬 수 있다.

• 이것은 단위중량당 철손을 감소시키지만 전체적인 중량은 증가하기 때문에 손실의 개선은 단위손실 감소에 정비례하지 않는다.

• 또한, 전동기의 자계를 감소시켜 자화전류를 낮추면 역률에 영향을 주므로 검토를 충분히 해야 된다.

• 규소강판

- 철손은 자기회로에 얇은 규소강판을 이용함으로써 감소시킬 수 있다.
- 통상적으로 표준전동기에서 두께 0.5[mm] 강판을 이용한다.
- 얇은 강판을 이용함으로써 철손을 10~25[%]까지 감소시킬 수 있는데 이는 강판의 적층공정 및 조립방법에 따라 좌우된다.

㉢ 철손(W_i)의 구성

• 전동기의 고정자 및 회전자 철심의 철심 내 발생 손실

• 철손 : $W_i = W_h$(히스테리시스손) + W_e(와전류손)

$= k_1 f B^{1.6} + k_2 (t f B)^2$[W/kg]

여기서, k_1, k_2 : 상수

f : 주파수[Hz]

B : 자속밀도(테슬라)

t : 철심재료의 두께[mm]

③ 기계손(W_f, 마찰손 및 풍손)의 원인

㉠ 마찰손 및 풍손은 베어링의 마찰, 냉각팬의 풍손 및 기타 전동기의 회전요소 성분에 의해서 발생한다.

㉡ 베어링에서의 마찰손은 베어링의 크기, 속도, 베어링형식, 부하 및 윤활 등의 함수로서 작용한다.

㉢ 이러한 손실은 전동기 설계가 완성되면 상대적으로 고정되는 것이고, 전동기 전체의 손실에서 작은 부분을 차지하므로, 이 손실을 저감하기 위한 설계변경은 전동기효율에 큰 영향을 미치지 않는다.

㉣ 마찰손은 회전속도에 비례한다.

㉤ 풍손은 회전속도의 3제곱과 회전체의 대표치수의 곱에 비례한다.

④ 전동기의 표유부하손(stray load loss)의 원인(W_{si})

㉠ 표유부하손은 전동기에 있어서 직접적으로 측정이나 계산에 의해서 결정될 수 없는 나머지의 손실이다.

㉡ 표유부하손에 영향을 미치는 요소 중에는 고정자 권선설계, 공극길이에 대한 회전자 Slot opening의 비, 회전자 슬롯수에 대한 고정자 슬롯수의 비, 공극자속밀도, 고정자 및 회전자 공극표면의 상태, 회전자 도체의 회전자 적층에 대한 접착등 설계 및 제조공정의 많은 요소들이 함수로 작용하여 매우 복잡하다.

㉢ 표현식 : $W_{si} = \dfrac{0.005P^2}{{P_R}^2}$

여기서, P : 출력[W]

P_R : 정격출력[W]

(3) 유도전동기 손실의 종류별 비율과 일반적 경향

손실의 종류	비율	일반적 경향
고정자동손	15~30	• 전폐 왜형선은 다른 냉각방식에 비해 적음 • 용량에 비해 전압이 높은 경우에 크게 됨
회전자동손	15~30	• 슬립에 비례함 • 고시동 토크를 요구할 때 크게 됨
철손	20~40	자속밀도가 일정하다면 주파수, 철심의 중량에 비례
기계손	10~30	• 고속일수록 크게 됨 • 양방향인 경우는 냉각용 팬의 효율이 저하하므로 손실은 증가함
표유부하손	5~15	–

reference

1. 변압기 무부하손(no load loss)

(1) 변압기에 전압을 가하면 변압기 철심에는 교번자속을 발생시키기 위한 여자전류가 흐른다.

(2) 자속의 방향이 반대방향 때마다 철심 내에 남아 있는 잔류자기를 없애기 위해 불필요한 전력이 소모된다.

(3) 이 손실의 유효분이 무부하손에 대응되며, 그의 대부분이 철손이다.

(4) 그의 무효분은 철손의 자화에 대응되며, 이것이 히스테리시스 손실이다.

(5) 히스테리시스손의 크기는 자성체의 히스테리시스 곡선(Hysteresis loop) 내의 면적과 같다.

(6) 변압기의 무부하손 중에는 실제로 철손 이외에 동손과 유전체손도 포함되어 있으나 이 손실은 대단히 작다.

① 5[%]의 여자전류에 의해서 생기는 동손은 순환전류가 없는 것으로 한다면, 전부하시에 있어서 1차 권선의 0.25[%] 정도로 무시할 정도이다.

② 유전체손은 전압이 상당히 높을 경우 겨우 확인할 수 있을 정도로 작으며, 상용주파수에서 대용량기의 철손에 비하면 문제가 되지 않는다.

③ 여자용량(exciting volt-amperes)은 결국 철심에 소비되는 유효전력과 무효전력이므로 변압기의 여자특성은 철심의 자속밀도만으로도 권선설계의 영향을 끼치므로 철심설계에 결정된다.

(7) 히스테리손

① 히스테리손은 철심의 자화특성에 의한 자계를 방향이 서로 다른 자계로 변환시킬 때 손실로 Steinmetz의 실험식에서 사용되는 철심의 재질에 따라 변화한다.

② 사용주파수에 비례하고 철심에 통과하는 자력선밀도의 1.6승에 비례한다.

(8) 와전류손

① 와전류손은 변압기 철심에 교번자속이 흐르게 되면 철심 자체에 유도전압이 유기되고, 이에 따라 교번자속과 직각방향으로 자속의 주변에 맴도는 와전류가 흐르게 된다(플레밍의 오른손 법칙).

② 와전류 크기의 제곱 및 철심의 전기저항에 비례하는 줄열 손실을 발생시키는데, 이것이 철심의 와전류손이다.

③ 이러한 와전류손은 도전율에 비례하고 사용주파수의 2승에 비례하며, 철심 자속밀도 2승에 비례한다.

④ 와전류손을 줄이기 위해서는 철심을 흐르는 자속과 직각방향(즉, 와전류가 흐르는 방향)의 철심 전기저항을 증가시켜 와전류의 크기를 줄이는 방안으로서, 현재 모든 변압기 제작사들은 두께가 얇고(0.23 ~ 0.35[mm]), 그 양쪽 면은 무기(inorganic) 절연재로 코팅된 규소강판을 적층하여 변압기 철심을 제작함으로써, 철심의 와전류손을 줄이고 있다.

chapter 14

(9) 유전체손(dielectric loss) : 유전체손은 전압에 의한 절연물이 유전체 특성에 의해서 발생되는 손실로서, 보통 전력용 변압기에서는 무시해도 될 정도로 작다.

2. 변압기 부하손(load loss)

(1) 개념

① 변압기 2차측에 부하전류가 흐를 때 수반하는 손실(impedance loss)로서, 유효분과 지상무효분으로 구성되며, 전자는 실용상 동손으로, 후자는 1 · 2차 권선 간의 공간의 가역적 자화(reversible magnetization)에 각각 대응된다.

② 이때, 임피던스는 효율, 전압변동률, 온도상승 단락전류에 단락기계력의 계산, 변압기의 병렬운전에 적부를 판정하는 중요한 요소가 된다.

③ 부하전류가 증가하면 부하손도 증가하게 된다.

④ 부하손에는 변압기 권선 내 도체에서 발생하는 I^2R 손(copper loss)과 변압기 철심지지물(frame) 및 외함(tank)에서 발생하는 표유부하손이 있다.

⑤ 동손은 그 발생원인별로 구분하여 저항손, 와전류손, 순환전류손(circulating current loss) 등으로 구성된다.

(2) 동손

① 동손, 즉 저항손은 권선도체의 전기저항에 의해 발생하는 손실로서, 부하전류의 2승에 비례한다.

② 저항손이 과다할 경우 권선의 권수를 줄여 도체량을 줄이거나 또는 철심량을 증가시키면 권선의 회수는 도체단면적에 반비례하므로 도체단면적을 증가시켜 도체의 전기저항을 줄이면 권선의 길이가 작아지므로 저항손은 감소한다.

(3) 와전류손

① 권선 내를 흐르는 자속은 권선의 축방향으로 흐르는 것이 이상적이나 일부 자속은 권선의 반경방향으로 흐르게 된다.

② 이러한 반경방향으로 흐르는 자속에 의해 도체에는 와전류가 흐르게 되고, 이에 따라 발생하는 손실이 도체의 와전류손이며, 이를 줄이기 위해서는 도체를 여러 가닥으로 나누어, 이들 도체를 병렬로 하여 권선하게 된다.

(4) 순환전류손

① 도체의 각각은 절연하여 여러 가닥으로 나누어 병렬로 사용할 때 권선의 반경방향으로 병렬배치된 도체들은 각각의 길이가 다르게 되고, 또한 각 병렬도체와 쇄교하는 자속의 분포도 다르게 되어 병렬도체 간 전압 차이가 발생하게 된다.

② 이 전압 차이에 의해 병렬도체 간 순환전류가 흘러 발생하는 손실이 순환전류손이다.

③ 이를 줄이기 위해 도체에 감기는 병렬도체의 상대적 배치를 연속적으로 바꾸어 주는 방법을 전위라 하며, 연속전위권선(continuous transposed cable)이 용도에 적용한다.

(5) 표유부하손

① 변압기 권선에서 발생한 자속 중 일부 자속은 철심을 따라 흐르지 않고 누설(leakage flux)되어, 변압기 본체의 철구조물, 내부조임용 볼트류(clamp bolt)나 외함을 따라 흐르게 된다.

② 이에 따라 이들 부위에 와전류가 흐르게 되어 손실을 발생시키는 손실을 말한다.

③ 부하전류 2승에 비례하고, 일반적으로 본체의 철구조물에서 발생하는 표유부하손은 미미하나 주로 외함 상판에서 발생하는 표유부하손의 양은 상당히 문제가 크므로, 외함 내부를 차폐(shielding)하는 방법으로, 규소강판으로 자기차폐(magnetic shield)를 만드는 방법과 알루미늄판으로 도전차폐(conducting shield), 또는 스테인리스 스틸편을 붙히는 방법이 있다.

④ 한편, 대형 발전소에서 사용되는 대용량 변압기와 IPB로 연결되는 부위가 발열되어 문제가 되므로 발생되는 손실을 미리 계산하여 저감대책(비전도성 강제등 사용)을 강구하고 있다.

⑤ 주로 발전소의 전력용 대용량 변압기의 대전류가 인출되는 부분, 즉 Bushing이 취부되는 부분을 비자성체인 스테인리스 강판이나 알루미늄 판을 취부하여 표유부하손을 감소시키지 않으면 심한 발열과 함께 애자가 파손되는 경우가 있다.

011 변압기에서 여자돌입전류의 발생원인 및 대책에 대하여 설명하시오.

data 전기안전기술사 19-117-1-5

답안 **1. 변압기 돌입전류(여자충격전류)의 정의**

변압기의 한쪽 단자를 무부하로 하고 다른 쪽 단자를 전원에 연결할 때 여자전류가 흐르는데 전원투입 순간의 전압위상 및 변압기 철심의 잔류자속의 크기에 따라 그 크기는 달라지고 과도적인 전류를 말한다(즉, 과도현상에 의한 전류임).

2. 여자돌입전류의 발생원인(이유)

(1) 변압기를 운전하기 위해 $v_1 = V_{1m}\sin(\omega t + \phi)$의 전원이 $t = 0$일 때 1차측에 공급할 경우 그 투입위상 $\phi = 0$일 때 돌입전류는 정격전류의 수배에 달하는 최대치를 갖는다.

(2) 2차 돌발고장 발생에 의한 정상단락 시 약 두 배의 순시전류가 흐르는 경우 이는 정격전류의 수십 배이다.

(3) 변압기 2차를 개방하고 1차측 차단기를 투입하는 경우

① 철심에 잔류자기가 없고 전압 0 지점에서 S/W를 투입하면 1차 권선에 가해진 전압과 같은 유기기전력을 유기하기 위하여 자속은 정현파로 변화하여야 한다.

② 최초 변압기의 자속은 0이므로 0.5사이클 동안 $2\phi_m$의 자속변화를 하여야 하고 철심에 잔류자속 ϕ_r이 있다면 철심에 흐르는 자속의 최대치는 $2\phi_m + \phi_r$과 같게 된다. 이때, 철심은 포화되고 큰 여자전류가 흐르며, 이것을 돌입여자전류(inrush current)라 한다.

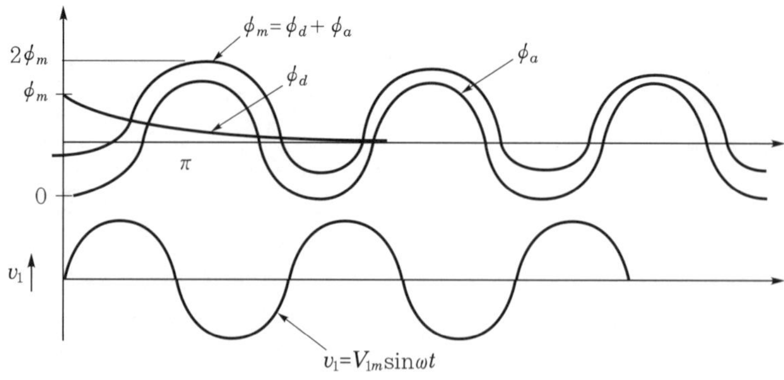

▌여자돌입전류에 의한 자속의 파형▐

3. 영향

(1) 돌입전류 중에는 제2고조파 성분이 많이 포함되어 있어 전류차동계전기의 오동작이 발생한다.

(2) 이와 같은 대전류가 흐르면 전자기계력에 의한 권선의 변형과 파손, 권선의 온도 상승, 내부압력 상승에 의한 외함의 파손 등을 초래할 수 있다.

(3) 돌입전류는 차단기 투입 시에 가해진 전압의 위상, 변압기 철심의 잔류자속에 의해 그 크기가 달라지고, 때로는 정격전류의 수배에 도달하여 계전기 오동작의 원인이 되기도 한다.

(4) 변압기 돌입전류 지속시간이 대용량 TR에서는 약 30초로 보호계전기가 오동작하는 경우가 생긴다. 제2고조파 성분이 비조파성분보다 높은 값으로 정상적인 데도 불구하고 비율차동계전기(87)는 내부고장으로 오인하여 오동작하게 된다.

4. 대책

(1) 비대칭 저지법

① 단상 변압기는 반드시 반파정류파형에 가까운 비대칭파를 발생한다.

② 3상 변압기는 2상이 동일한 파형이 발생된다.

③ 여자전류 돌입파형의 특징을 이용하여 변성기의 2차 출력에 차가 생기게 되어 트립회로를 쇄정시킨다.

(2) Trip lock법

변압기 투입 후 일정시간 동안 Trip 회로를 Lock시킨다.

(3) 감도저하법

① 여자돌입전류는 시간이 지남에 따라 감쇄하는 것을 이용한 방법이다.

② 비율차동계전의 동작코일에 분류저항을 넣어 일정시간 동안 계전기의 감도를 둔화시켜 돌입전류에 의한 오동작을 방지하는 방법이다.

(4) 고조파 억제법

변압기의 내부고장전류의 파형을 분석해 보면 제2고조파 성분이 비교적 적게 포함되어 있으므로 돌입전류 발생 시 변압기의 내부고장 보호계전기에 고조파필터를 설치하여 제2고조파 성분을 제거함으로써 오동작을 방지할 수 있다.

012 변압기 절연방식의 종류를 들고 설명하시오.

data 전기안전기술사 21-126-1-10, 건축전기설비기술사 12-97-1-12

답안 1. 유입변압기

(1) 100[kVA] 이하의 주상 변압기에서 1,500[MVA]의 대용량까지 제작된다.

(2) 신뢰성이 높고 가격이 싸며 용량과 전압의 제한이 작아 가장 많이 사용 중이다.

2. H종 건식 변압기

(1) 코일을 유리섬유 등의 내열성이 높은 절연물에 내열 니스처리한 변압기이다. 이 변압기는 절연열화가 적고 변압기에 사고가 생긴 경우에도 유입변압기와 달리 폭발, 화재 등의 위험이 없으나 과거에 사용했지만 현재는 거의 사용하지 않고 있다.

(2) 장점

① 전혀 기름을 사용하지 않으므로 화재의 위험성이 없다.

② 내습성, 내약품성이 우수하다.

③ 기름이 없기 때문에 보수, 점검이 용이하다.

④ 유입식에 비해서 소형, 경량이다.

⑤ 큐비클 내에 설치하기 좋아 미관상 좋다.

⑥ 절연유를 전혀 사용하지 않아 난연성, 비폭발성의 특징이 있어 과거 화재예방을 중요하게 요구하는 건물, 지하철 구내, 병원 등에 적용되었다(현재 거의 몰드타입임).

(3) 단점

① 유입식에 비해 값이 비싸며, 자외선에 매우 취약하다.

② 설치 시 흡습에 의한 절연의 저하 및 환기조건에 특히 유의해야 한다.

③ 건식 변압기의 용량은 주로 중용량 이하에 적합하며 소음이 크다.

④ 권선이 공기 중에 노출되어 있어 옥외나 먼지가 많은 곳에는 적합하지 않다.

⑤ 오일변압기에 비해 절연강도가 낮고, 소음이 크며 옥외에서 사용은 적당치 않다.

3. 가스절연변압기

(1) SF_6 가스를 사용한 변압기로서, 불연성이고 안정성이 높으며 건식 변압기보다 높은 절연계급까지 상용화되고 있어 5,000[kVA] 이상의 22[kA]급 변압기로의 적용이 늘고 있다(154[kV]용 대용량에도 적용 중임 : 한전 지하변전소용).

(2) 장점

① 불연성, 안정성이 높으며 보수가 간편하고 설치가 용이하며 소음이 작다.

② 가스를 가용하여 불연성이고 안정성이 높으며 건식 변압기보다 높은 절연계급까지 실용화되고 있으며, 오일리스화, 방재화를 할 수 있다.

(3) 단점

고가이고, 제작회사가 적어 품귀현상이 우려된다.

4. 몰드변압기

(1) 고압 및 저압 권선을 모두 에폭시로 몰드한 고절연방식을 채택하여 난연성, 절연의 신뢰성, 보수점검 용이, 에너지절약 등의 특징이 있어 많이 채택되고 있으나 가격이 비싼 결점이 있다.

(2) 몰드변압기를 채택하여 진공차단기(VCB)와 연결하여 사용할 때에는 VCB 개폐 시 발생하는 Surge에 대한 대책을 강구하기 위하여 서지흡수기를 설치하여야 한다.

013 전기설비 열화진단방법 중 활선진단방법에 대해 설명하시오.

data 전기안전기술사 19-117-2-5

답안 1. 케이블의 활선진단법

구분	진단방법 및 특징
직류성분 측정법 (활선 수트리 측정)	• 수트리 발생부위는 침 · 평판 전극의 정류작용이 나타나서 직류전류가 흐른다. 이 직류성분 전류를 검출하여 수트리를 알아내는 진단법이다. • $\tan\delta$ 측정치와 병용한다. • A급 : 직류성분 0.5[mA] 이하, $\tan\delta$=0.1[%] 이하 • B급 : 직류성분 0.5~30[mA], $\tan\delta$=0.1~0.15[%] • C급 : 직류성분 30[mA] 이상, $\tan\delta$=0.15[%] 이상
직류전압 중첩 누설전류 측정법	• 비접지계통에서 운전 중 GPT를 통해서 중성점으로부터 케이블에 직류 저전압을 인가하여 누설전류를 측정하여 절연저항에 의해 판정한다. • 50[V]의 직류전압을 인가하며 열화케이블의 경우에는 큰 누설전류가 흐른다. • 절연저항 5,000[MΩ] 이상 : 양호 • 절연저항 100[MΩ] 이하 : 불량
활선 $\tan\delta$법	• 케이블 리드선에 분압기를 접속하여 활선상태로 측정한 전압요소와 케이블 절연체와 접지선에 흐르는 전류를 측정하여 그 위상차에 의해서 자동평형회로로부터 $\tan\delta$를 구하는 방법이다. • 특별한 고압 전원장치가 필요 없으며 측정장비가 간편하다. • 측정전압 한계(6.6[kV])
저주파 중첩 누설전류 측정법	운전 중인 케이블의 도체와 차폐층 간에 저주파(7.5[Hz], 20[V])의 전압을 중첩하면 절연체에 유효분 및 무효분 전류가 흐르는데 유효분 전류를 검출하여 절연저항을 측정한다.
접지선 전류법	• 운전 중 케이블의 수트리 상태에 따라 정전용량의 증가율 ΔC 간에는 상관관계가 있으며, 이때 접지선에 흐르는 전류가 증가하는데 이를 측정한다. • 측정기가 소형이고 조작이 간편하다. • 측정전압 한계(6.6[kV])
온도측정법	광화이버 온도분포센서를 이용하여 Pulse가 도달하는 시간차에 의해 수트리가 발생한 위치를 특정할 수 있다.
활선 부분방전법	• 운전 중 케이블이 실드 접지선에 흐르는 충전전류를 검출하여 케이블 내의 부분방전크기를 분석하여 판정한다. • 측정이 비교적 간편하고 측정전압의 범위가 넓다. • 노이즈의 영향을 받을 우려가 있다.

구분	진단방법 및 특징
초음파법(AE : Acoustic Emission)	수트리 발생부분에서 부분방전 시 생기는 초음파를 측정한다.

2. 열화상장치에 의한 과열부분 파악

(1) 전기설비의 과열부분을 파악하기 위해서 일반적으로는 비가역 타입의 시온테이프가 사용되어 어느 일정한 온도에 도달하지 않으면 확인이 불가능하다는 단점이 있다.

(2) 이를 보완하기 위해 적외선 방사온도계를 이용한다.

(3) 최근에는 적외선 방사에너지를 화상으로 표시하여 온도 파악이 가능한 기기인 적외선 열화상 장치를 많이 사용 중이다.

(4) 단, 각 상의 전류치, 측정장소의 적외선 방사율 및 반사율에는 주의를 요한다.

(5) 측정개소의 전방에 아크릴판 등의 보호판이 있으면 적외선이 차단되어 측정이 불가능해지니 이 점을 유의한다.

(6) 상대온도 비교에 의한 이상현상을 파악한다. 측정장소의 방사율이 다르기 때문에 동일개소의 온도를 비교해 판단한다.

(7) 절대온도측정에 의한 이상 유무 확인용으로 많이 적용한다.

① 고압용 변압기, 리액터는 건식 또는 몰드 타입이 주류를 이루고 있다.

② 에폭시 레진몰드(짙은 갈색)의 적외선 방사율은 0.97~0.99로 매우 높으며, 표면온도는 적외선 열화상 장치로 용이하게 측정할 수 있다.

③ 이 경우는 절대온도를 측정하여 그 변압기 또는 리액터의 온도상승 레벨을 진단할 수 있게 된다.

㉠ 온도상승 : $102.9 - 25 = 77.9$[℃]

㉡ 예상 최고 온도 : $77.9 + 40 = 117.9$[℃] < 130[℃](B종)

3. 부분방전검출에 의한 절연물 열화부분 파악

절연물의 오손, 열화가 진행되던 부분방전이 발생되고 여러 가지 현상들이 나타난다.

(1) 초음파 검출법

① 고압 기기에서 절연물 표면의 열화 및 오손에 의해 부분방전현상이 일어나면 미소한 초음파(4~수백[kHz])가 발생하게 되는데 이를 집음장치(集音裝置) 및 AE 센서(어쿠스틱 이미션)로 파악하면 부분방전현상을 확인할 수 있다.

㉠ 집음장치에 의한 부분방전 검출

㉡ AE 센서를 이용한 부분방전 검출 측정

② 부분방전현상(코로나방전을 포함)은 주로 주파수 40[kHz] 부근에서의 측정에 적합하기 때문에 부분방전측정기로 주파수대를 한정시켜 현지진단을 실시한다.

(2) 방전펄스전류 검출방법

부분방전 발생 시 접지선에 흐르는 방전펄스전류를 검출하는 방법, 방사 전자계를 안테나로 검출하는 방법, 광센서, 특수 카메라에 의해 부분방전에서 발생하는 빛을 검출하는 방법 등이 있다.

4. 유입변압기의 절연유 가스분석 및 유중 푸르푸랄 분석

(1) 유입변압기에서는 절연유의 가스분석을 실시함으로써 변압기 내부의 양상을 진단할 수 있다.

(2) 밀폐형 변압기 한정으로 푸르푸랄 분석 및 $CO-CO_2$ 분석에 의해 절연지의 열화상태를 판단하여 잔여수명을 추정하는 방법도 있다.

(3) 장기간에 걸친 유중 가스량의 동향(추세) 및 변압기의 내부구조, 각 가스의 비율 등을 고려해 종합적으로 내부의 이상 유무 및 발생장소를 특정하면 보다 유효성을 증대시킬 수 있다.

(4) 유중 가스량이 다음 표의 값 이상일 경우는 이상으로 판정한다.

가스의 종류	유해가스 발생량[ppm]
가연성 가스 총량	500
수소	200
메탄	100
에탄	150
에틸렌	10
아세틸렌	0.5
일산화탄소	300

5. 기타 활선진단방법

(1) 갭리스 피뢰기(gapless arrester)의 누설전류 측정

ZnO 소자를 이용한 갭리스 피뢰기는 누설전류를 측정함으로써 양부 판정이 가능하다.

(2) 노후도(老朽) 평가표를 이용한 열화진단

수·변전 설비의 운전상태 감시에 있어 사용연수, 환경상태, 보전상태, 외관검사 등의 조사를 실시하여 기기 및 장치의 건전성을 평가하는 방법으로, 상대적인 영화 평가에 유효하다.

(3) 오손도 측정 및 부착이온에 의한 환경진단

① 수·변전 설비는 환경적인 요소가 열화진행의 큰 요인이 될 수 있다.

② 오순도 측정 및 부착이온을 분석하여 수·변전 설비의 상태를 파악함으로써 열화현상을 개선해 나갈 수 있는데 특히 오수탱크 근방에서는 황화가스에 의한 은도금(silver plating) 부식이 현저하게 나타나므로 주의를 요한다.

③ 오손된 상태에서 상대습도가 75[%]를 넘으면 절연특성이 급격하게 악화되기 때문에 수·변전 설비의 운전환경을 상시 관리하고 오손상태를 파악하는 일이 중요하다.

014 변압기 소음의 발생원인에 대하여 설명하시오.

014-1 변압기의 소음원인을 설명하시오.

data 전기안전기술사 18-116-1-13 · 19-119-1-12

답안 1. 개요

(1) 변전실 내에서의 소음은 변압기, 차단기, 송풍기, 공기압축기, 비상발전기 등이 원인이다.

(2) 변전소의 설계 시 화재 및 누유대책과 정전유도대책, 전파장해대책, 주위환경과의 대책을 수립하여 민원방지에 철저를 기해야 한다.

2. 변압기의 소음은 항상 있으며 환경관련 법상 규제를 다음과 같이 정한다.

▌환경관련 법상의 변압기 소음범위▐

소음지역	지역특성	소음기준[dB]	
		주간	야간
'가' 지역	자연환경 보존지역(국토이용)	50 이하	30 이하
'나' 지역	일반주거지역, 준주거지역	55 이하	45 이하
'다' 지역	상업지역	65 이하	55 이하
'라' 지역	공장	70 이하	65 이하

3. 변압기 소음의 발생원인

(1) 변압기권선의 소음 발생원인

① 권선은 전자유도현상으로 전자기장이 유도된다(즉, 권선의 전자력에 의한 진동).

② 교류전압이 인가되면 주파수대로 권선의 수축이완이 반복된다.

③ 진동소음에 의한 권선의 밀착도 감소와 권선 Gap에는 소음이 발생한다.

(2) 철심소음 발생원인

① 철판은 규소강판, 퍼멀로이드, 페라이트를 사용한다.

② 히스테리시스손과 철손이 발생한다.

③ 전류흐름에 의한 자기유도현상으로 철판떨림이 발생한다.

④ 철심의 자왜현상에 기인하는 진동에 의한 것이다.

㉠ 변압기소음의 주파수특성은 100 ~ 수천[Hz]이나 이중 저주파수인 100 ~ 500[Hz]가 주성분이다.

㉡ 철심의 이음새 및 성층 간에 작용하는 자기력에 의한 진동이다.

(3) 기타 소음의 발생원인

① 냉각용 Fan, 송유 Pump에 의한 소음이 발생함

② 고조파 부하유입에 따른 발열진동소음이 발생함

③ 변압기 수평이 안 맞아도 소음, 진동이 유난이 큰 경우도 있음

4. 변압기의 소음저하 대책

(1) 자속밀도의 저감

경제성을 고려하여 자속밀도 저감의 한계가 있다.

(2) 철심탱크 사이에 방진고무를 삽입하면 저감효과는 3[dB] 정도이다.

(3) 변압기탱크 주위에 방음차폐판 설치의 효과는 약 10[dB] 정도 저감된다.

(4) 변압기 둘레와 윗부분에 콘크리트 방음벽을 설치했을 때 효과는 약 30[dB] 저감된다.

015 수 · 변전 설비의 내진설계(耐震設計)에 대하여 설명하시오.

data 전기안전기술사 20-122-1-8

답안 수 · 변전 설비의 내진설계 요약

<table>
<tr><th colspan="2">항목</th><th>내진대책</th></tr>
<tr><td colspan="2">수전변압기</td><td>• 기초볼트의 정적하중이 최대 체크포인트임
• 방진장치가 있는 것은 내진 스토퍼를 설치함
• 애자는 0.3G, 공진 3파에 견디는 것일 것
• 기계적 계전기류의 불필요한 동작대책을 세움</td></tr>
<tr><td rowspan="2">가스절연
개폐장치</td><td>옥외 가스
절연개폐장치
(GIS)</td><td>• 일반적으로 기초부를 중심으로 한 정적 내진설계로 계획함
• 가공인입선의 경우 푸싱은 공진을 고려한 동적 설계를 함</td></tr>
<tr><td>큐비클형
가스절연개폐장치
(C-GIS)</td><td>• 기본적으로 스위치 기어와 동일한 내진설계
• 반(盤) 사이 및 변압기와의 접속에는 케이블 및 Flex conductor를 사용하고 가요성을 고려함
• 0.3G, 공진 3파에 견디는 것일 것</td></tr>
<tr><td colspan="2">보호계전기</td><td>• 정지형 계전기나 디지털 릴레이를 사용
• 판의 강성을 높여서 응답배율을 내림
• 기초부를 보강함
• 다른 종류의 계전기를 조합해서 사용
• 협조상 가능한 범위에서 타이머를 넣음</td></tr>
<tr><td colspan="2">자가발전 설비</td><td>• 발전기 연료는 외부 공급방식이 아닌 자체 저장시설에서 공급하는 방식일 것(가스연료는 지진이나 화재 시 공급차단 우려가 있음)
• 냉각방식은 외부의 물 이용방식이 아닌 자체 라디에이터 냉각방식일 것(외부의 물 이용방식은 지진 시 공급차단 우려 있음)
• 엔진과 발전기에 방진장치를 시설할 경우에는 지진하중이 엔진발전기의 중심에 작용한 경우 수평 2방향과 연직 방향의 변위에 대하여 유효하게 구속하는 스토퍼를 시설할 것
• 스토퍼와 본체 접촉면은 완충고무판을 설치하고 배기관지지 2[m]마다 고정, 스토퍼와 배기관 상하 좌우틈은 5[mm]로 함
• 엔진의 배기, 냉각수, 연료, 윤활유, 시동용 공기의 각 출입구 부분에는 변위량을 흡수하는 가요관을 시설할 것
• 보조기, 탱크류의 가대, 배관류, 배전반의 보강, 지지 방법을 구체적으로 명시할 것</td></tr>
</table>

항목	내진대책
축전지설비	• 앵글 프레임은 관통볼트에 의하여 고정시킴 • 내진가대의 바닥면 고정은 강도적으로 충분히 견딜 수 있게 처리함 • 축전지 상호 간의 틈이 없도록 내진가대를 적용할 것 • 축전지 인출선은 가요성이 있는 접속재로 충분한 길이의 것을 사용하고, S자형으로 배선하는 방법 등을 고려

016 변압기 이행전압의 개념과 보호방법을 설명하시오.

data 전기안전기술사 22-128-3-6

답안

1. 이행전압의 개요

변압기 1차측에 가해진 Surge가 정전적 혹은 전자적으로 2차측에 이행하는 현상을 말한다.

2. 이행전압의 종류

(1) 정전이행전압

변압기 권선에 가해지는 Surge 전압이 양 전선 간 및 2차 권선 대지 간 정전용량으로 분포되어 생기는 전압이다.

(2) 전자이행전압

변압기의 1차 권선을 흐르는 Surge 전류에 의한 자속이 2차 권선과 쇄교하여 유기되는 전압이며, 권선비가 그 Base가 된다.

(3) 저압 권선 2차 권선 고유진동전압

이행전압에 의해 2차 권선에 생기는 고유진동전압으로 '(1)', '(2)'의 과정을 거쳐 저압측으로 이행한 전압에 의해 생기는 저압 권선 고유진동전압이며 크기는 작으므로 무시해도 지장이 없다.

(4) 결과적으로 2차 권선에는 이상의 세 가지 합성된 전압이 발생된다.

3. 이행전압의 영향

(1) 변압기 2차 권선 및 2차측에 접속되는 발전기 등 전기기기의 절연에 악영향을 준다.

(2) 전압비가 큰 변압기에서는 이행전압이 2차측 BIL을 상회할 경우도 있어 보호장치가 필요하다.

4. 정전이행전압 개념과 보호방법

(1) 등가회로 및 내부전위 분포

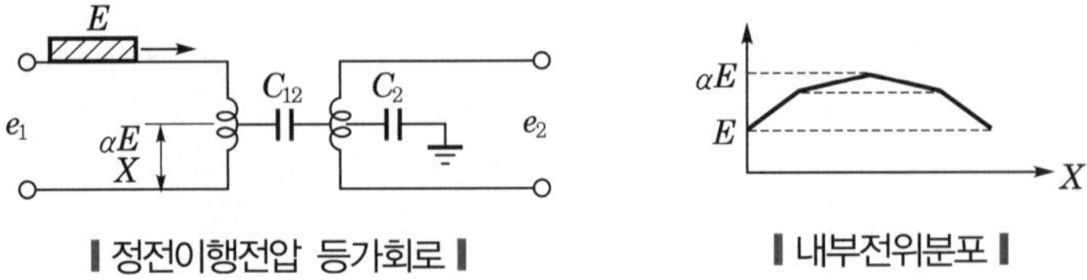

▎정전이행전압 등가회로 ▎ ▎내부전위분포 ▎

(2) 2차 권선으로 이행되는 전압

$$e_2 = E \cdot \frac{\alpha C_{12}}{C_{12} + C_{2e}}$$

여기서, E : 1차측 서지전압
C_{12} : 변압기 1 · 2차 권선 간 정전용량
C_{2e} : 변압기 2차 권선과 대지 간의 정전용량
α : 변압기구조에 따른 정수(보통 1.3~1.5)

(3) 고전압

전압이 높을수록, 권선 간의 절연거리가 증대되어 두 권선 간의 정전용량은 감소한다.

(4) 정전이행전압의 크기(단, $C_{12} \simeq 0.5 C_{2e}$일 경우)

① 단상 TR : 1차 권선에 가해진 Surge 전압의 40~50[%]가 이행된다.

② 3상 TR

㉠ 중성점 접지 시 $\alpha = 0.6$이므로 1차측 서지의 20[%]가 2차측으로 이행

㉡ 중성점 개방 시 $\alpha = 1.5$이므로 1차측 서지의 52[%]가 2차측으로 이행

(5) 정전이행전압의 보호방법

① 이행전압을 억제하기 위해서는 C_{2e}를 크게 하면 된다.

② 대체로 변압기 1차와 2차 사이의 정전용량은 10^{-2}[μF]을 넘지 않으므로 변압기 2차측과 대지 간에 0.02[μF] 이상의 보호콘덴서를 설치하면 된다.

③ 변압기 2차측 선로가 케이블인 경우에는 케이블의 정전용량이 이를 충분히 커버할 수 있는지를 검토할 필요가 있다.

㉠ 2차측에 LA 설치

㉡ 2차측에 보호 Condenser 설치

㉢ 2차측의 BIL의 향상 등

5. 전자이행전압 개념과 보호방법

(1) 전자이행전압의 개념

① 해석 모델

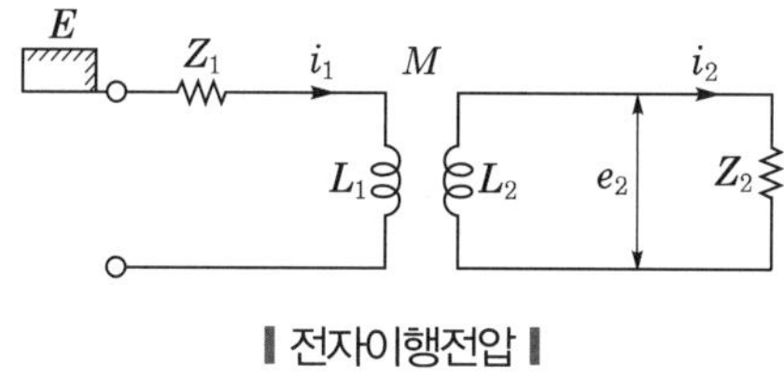

▍전자이행전압▍

② 개념 : 1차 권선을 흐르는 Surge 전류에 의한 자속이 2차 권선과 쇄교하여 유기되는 전압

③ 단상 변압기 2차 권선으로의 전자이행전압(e_2)의 크기

㉠ $e_2 = \dfrac{E}{r} \cdot \dfrac{Z_2}{Z_1 + Z_2}\left(1 - e^{\frac{Z_1 + Z_2}{L_S}}\right)$

여기서, r : 권수비

e_2 : 전자이행전압

E : 1차측 서지 전압파고치

Z_1 : 1차 권선측의 서지 임피던스

Z_2 : 2차 권선에 접속된 임피던스의 1차측 환산치($r^2 \cdot Z_2'$)

L_S : 변압기 권선의 임피던스($L_S = L_1 + L_2 - 2M$)

M : 상호 인덕턴스

L_1 : 1차 권선의 인덕턴스

L_2 : 2차 권선의 1차로 환산한 인덕턴스

㉡ 상기의 결과식과 같이 전자이행전압은 주로 권선비에 의해 정해진다.

㉢ 부하임피던스가 클수록, 전자이행전압은 큰 값이 된다.

㉣ 전자이행전압에 대해서 2차측 콘덴서는 진동분을 길게 하는 것뿐이므로 파고치를 억제하는 효과는 없다.

(2) 전자이행전압의 특성

① 전자이행전압은 주로 권선비에 의해 정해진다.

② 부하임피던스가 클수록 전자이행전압은 큰 값이 된다.

③ 전자이행전압에 대해서 2차측 콘덴서는 진동분을 길게 하는 것뿐이므로 파고치를 억제하는 효과는 없다.

(3) 전자이행전압 억제 대책(보호방법)

① 보통의 변압기 권선변압기 정전용량은 10 ~ 2[μF] 정도이다.

② 2차측 대지 간에는 5 ~ 10배인 0.05 ~ 0.1[μF]의 콘덴서를 설치하면 이행전압은 억제되므로, 실제 계통에서는 별 문제가 없다.

section 02 차단기와 단락전류

017 GIS 구성기기별 특성과 시공 및 운전 시 고려사항을 설명하시오.

data 전기안전기술사 19-117-4-1

답안 1. 개요

GIS(Gas Insulated Switchgear)란 철제통(알루미늄 합금 또는 steel) 속에 모선, 차단기, 단로기, 변류기, 피뢰기 등을 내장시키고 SF_6 가스를 주입한 가스절연개폐장치를 말한다.

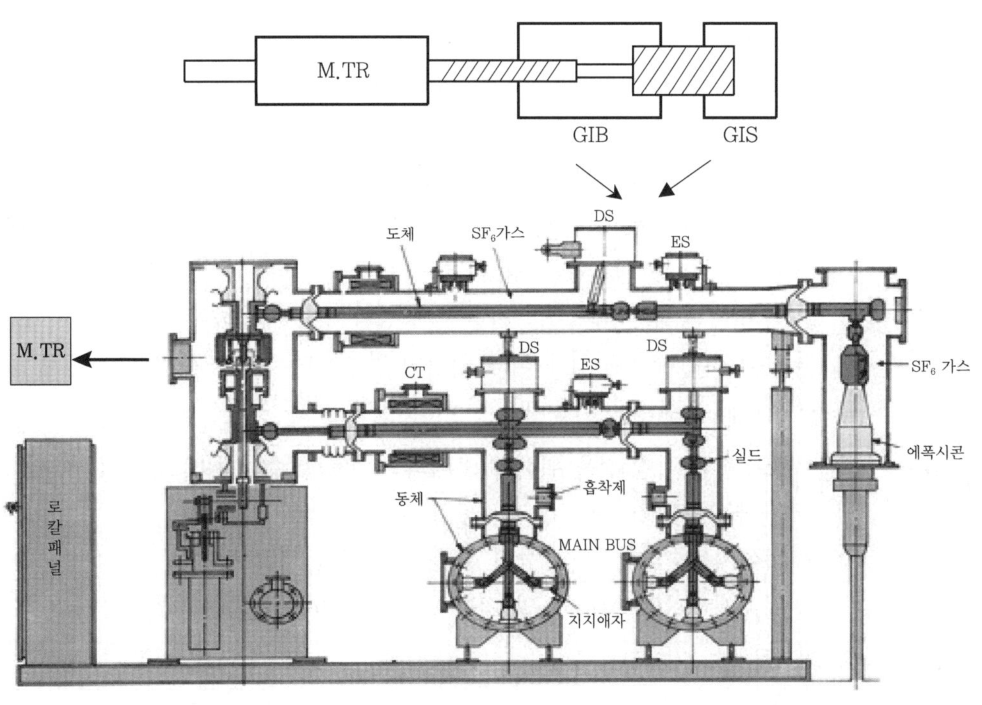

▌GIS 구성도▐

2. 주요 구성품과 기능

(1) 가스차단기

① SF_6 가스를 주소호 및 절연매질로 사용하는 GCB를 사용한다.

② 차단동작을 행할 때 Buffer 실린더가 동작 내부의 SF_6 가스를 압축한다.

③ 접촉자 간에 발생한 Arc는 압축된 SF_6 가스와 함께 불어나오며 소호한다.
④ 트립동작은 압축공기, 투입은 스프링에 의하여 동작한다.
⑤ SF_6 가스를 동입한 탱크 내 조작장치에 연결된 절연조작봉을 통하여 조작한다.

(2) GIS BUS

① 가스절연모선은 간소화, 안전성, 고신뢰도와 소형화 등을 목적으로 한다.
② 모선 내부의 압력은 5[kg/cm^2], SF_6 가스압이 대기압으로 떨어져도 견딜 것
③ 튤립형 접촉자는 Shield로 되어 코로나 발생을 방지한다.
④ 도체연결은 튤립형 접촉자로 서로 연결하고, 외함 조립의 경우 자동연결된다.

(3) 단로기(disconnecting switch)

① 단로기는 정격전압 이하에서 단지 충전된 전로를 개폐하기 위한 기기로 부하전류의 개폐는 원칙적으로 하지 않는다.
② 충전된 전로를 개폐하여 회로의 접속변경, 구분이나 차단기 등의 점검보수 시 전원으로부터 분리를 확실하게 하기 위하여 사용되며 고압에서 초고압까지 사용한다.
③ 명칭도 국가 또는 제작사에 따라 다르며 Line switch, Isolator, Air switch 등으로 한다.
④ 단로기는 도전부(브레이드), 접촉자, 지지애자 및 조작장치로 구성되며 소용량은 단순한 칼날형 접촉이 사용되지만 대전류용은 조작력 일부를 이용하여 접촉력을 높이는 방식을 채용한다.
⑤ 단로기 동작은 가동접촉자를 수평방향으로 작동하여 개폐한다.
⑥ 모선이나 다른 기기에 직접 연결이 가능하며 압축공기 및 수동으로 조작한다.

(4) 접지개폐기(earthing switch)

① 보수점검 시 안전을 위해 GIS 내의 가스를 회수하지 않고도 외부에서 접지하도록 하는 기기이다.
② **목적** : 부주의한 조작 등과 같은 우발적인 사고 방지
③ 접지개폐기와 단로기 및 차단기는 Interlock으로 설치한다.

(5) 계기용 변압기(VT)

① GIS 내에 설치하여 1차 회로의 고전압을 저전압(110[V], 110/$\sqrt{3}$[V])으로 변성하여 계측기와 보호계전기를 동작시키는 계기이다.
② 소형으로 격리되어 있어 절연 필요성이 없는 고신뢰성의 가스절연권선형으로 사용한다.

(6) 계기용 변류기(CT)

① 대전류를 변성시켜 소전류(정격 2차 전류 5[A])로 변성해서 계측기와 보호계전기를 동작시켜 준다.

② 케이스에 도전성 물질을 놓거나 CT를 둘러싼 부분을 폐로할 경우 전압이 유기된다.

(7) 피뢰기

① 대지 간의 절연을 위해 SF_6 가스로 밀봉되어 있고, 직렬갭을 없앤 Zino oxide형 피뢰기(ZLA)를 사용한다.

② 아크가 없고 뇌임펄스에 즉각 반응하여 개폐서지에 탁월하며 뇌 및 개폐서지 억제용이다.

(8) 붓싱과 Cable sealing end

① 송전선 연결 시 SF_6 가스가 채워진 부싱을 사용한다.

② 가스절연모선과 변압기연결은 관통 부싱으로 가스와 변압기 절연유가 격리되도록 시설한다.

③ Cable sealing end의 케이블 단말장치는 Epoxy cone을 사용한다.

3. 시공 및 운전 시 고려사항(적용 시 유의사항)

(1) 변전소 설계

comment 90[MVA] 정도의 변전소 기기 신설비는 18년도에 약 75억 소요되었다.

① **설비의 축소화 필요** : 송전선, 변압기, 조상설비 등의 인출회로를 효과적으로 배열하여 공간을 최대한 활용한다.

② **고신뢰성 보수의 생력화** : 증설계획을 고려하여 주모선용량을 선정하며 증설 공사 시 부분적으로 활용 가능한 구분장치를 설치한다.

③ **설치공간의 간소화** : 접속개소를 적게 한다.

(2) 시공

① 설치공사현장은 공장조립, 시험 시의 환경조건에 가깝도록 한다.

② 기초는 구조물의 부동침하와 내진대책을 고려한다.

③ 수분발생은 300[ppm] 이하로 유지한다.

④ 현장 조립 시 날씨가 맑은 날 외는 조립을 금지한다.

⑤ 변압기와 단 차이(변압기와 GIS의 접속위한 높이 차이)를 절대준수한다.

⑥ 작업자들은 안전관리를 철저(대형 크레인 동원으로 중량물 아래 작업금지)히 한다.

⑦ 접지는 당연히 메시접지로 시공한다.

⑧ 시공 관련자(토목 및 건축시공자와 감리자)와 사전에 작업 스케줄을 충분히 협의하고 작업일정을 정해 장비를 반입시킨다.

(3) 운전 및 유지보수

① 고성능을 유지하기 위해 조작기구의 동작확인, 가스압, 수분량, 가스누설 등 관리(정격가스압 0.3~0.6[MPa]이고, 경보압력은 0.05[MPa], 쇄정압력의 정격은 0.1[MPa]) 및 감시장치 적용(표 참조)

기기	종류
공통	부분방전, 내부 고장검출, 가스밀도 감시
GCB	유입장치, 개폐특성, 누적 차단전류
DS, ES	개폐특성, 누적 개폐전류
LA	누설전류, 동작특성 감시

② GIS의 기초 수평도를 유지할 것

③ 가스의 순도를 90[%] 이상 유지시킬 것

④ **조작공기압 감시** : 압축공기 조작 시 사용하는 차단기, 단로기, 접지개폐기 등을 감시

(4) 사고에의 대응

① GIS 내부에 Flash over 등의 사고발생 시 사고범위를 국한시키기 위해 내부도전부를 절연스페이서 등으로 분리한다.

② 신속한 복구를 위하여 복구용 비품을 상시 비치한다.

018 GIS(Gas Insulation Switch Gear) 설비의 안전진단방법에 대하여 설명하시오.

data 전기안전기술사 20-120-2-2

답안 1. 기본구조 및 원리

(1) GIS(Gas Insulated Switchgear)의 기본구조

철제통(알루미늄 합금 또는 steel) 속에 모선, 차단기, 단로기, 변류기, 피뢰기 등을 내장시키고 SF_6 가스를 주입한 가스절연 개폐장치를 말한다.

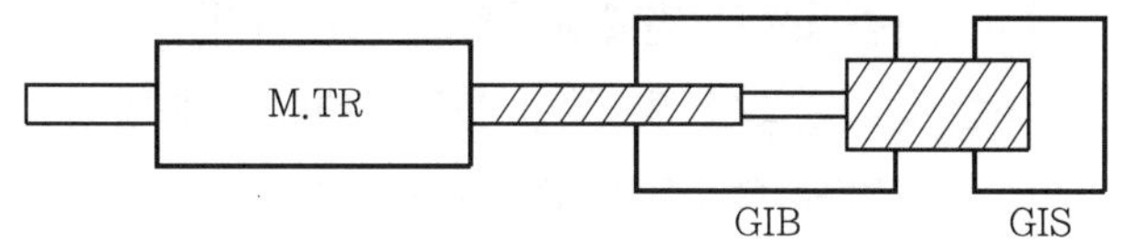

▌GIS 개념도▐

(2) 원리

SF_6 가스를 충진 밀폐한 것으로, 변전소 부피의 대폭 축소 및 고신뢰도 확보가 가능하고 GIS는 설비의 콤팩트화 및 신뢰도 향상을 도모하게 된다.

2. GIS의 특징

(1) 장점

① **설비의 축소화** : SF_6 Gas는 절연내력이 커서(공기의 7배) 충전부의 절연거리를 줄일 수 있어 종래 변전소보다 $\frac{1}{15} \sim \frac{1}{10}$ 정도로 축소가 가능하다.

② **주변 환경과 조화** : 소음이 작고, 소형이며, 외부환경에 미치는 악영향이 작다.

③ **고성능, 고신뢰성**

㉠ 우수한 절연특성 및 차단성능, 냉각 매체의 우수함

㉡ 염해, 오손, 기후 등의 영향을 적게 받음

④ **설치공사기간의 단축** : 공장에서 조립, 시험이 완료된 상태에서 수송, 반입되므로 설치가 간단하며 공사기간이 단축

⑤ **점검, 보수의 간소화** : 밀폐형 기기이므로 점검이 거의 필요 없음

⑥ **건설공사기간 단축** : Module 형태로 운반, 조립되므로 설치기간이 단축됨

⑦ **종합적인 경제성 우수** : GIS 자체 가격은 종래 기기보다 비싸지만 용지의 고가화 및 환경대책 비용 등을 고려하면 오히려 경제적임

(2) 단점

① 고장발생 시 초기 대응이 불충분하면 대형사고 유발 우려가 있음

② 고장발생 시 조기복구, 임시복구가 거의 불가능함

③ 육안점검이 곤란하며, SF_6 Gas의 세심한 주의가 필요함

④ 한냉지에서는 가스의 액화방지 장치가 필요함

3. GIS 설비안전진단(기술)

(1) 부분방전 검출법

① 가스절연기기의 절연파괴는 처음 국부적인 미소코로나에서 서서히 절연이 열화되고, 최종적으로 전로방전으로 확대된다.

② GIS는 정격가스압 및 상시 운전상태서 부분방전이 없는 상태로 설계되므로, 미소코로나를 검출하여 절연성능을 확인하거나 절연의 열화 정도를 예지하는 것이 중요하다.

③ GIS 내부의 미립자(particle) 또는 돌기부 등에서 발생하는 미소코로나를 UHF 센서를 이용하여 검출하여 절연성능을 확인하거나 절연의 열화 정도를 예지하는 방법으로는 GPT법, 진동검출법, 연피전극법, 전자커플링법 등이 있다.

(2) 초음파 검출법

① 절연성능을 저하시키는 원인으로 탱크 내에 도전성 이물이 있는 경우 이물이 탱크 내에 상용주파수 전계에 의해 운동하게 된다.

② 운동하는 이물이 탱크에 충돌하여 미약한 초음파가 발생하며, 이 초음파에 의한 탄성파를 측정하면 이물질 검출이 가능하다는 방법이다.

(3) SF_6 가스 압력측정법 : SF_6 가스누기 여부를 판정하게 된다.

① 가스절연기기 내의 가스성분 분석은 가스순도, 가스 중의 잔유수분량 측정법, 내부의 코로나 방전에 의한 분해가스의 분석법을 이용한 내부절연계의 이상 유무를 예측할 수 있다.

② 특히 내부아크를 수반하는 고장이 발생한 경우 다량의 분해가스가 발생되므로 고장범위를 판정할 수 있다.

(4) X선 촬영법

① X선을 투과하여 기기 내부의 파손, 볼트이완, 접촉부 상태 등을 진단한다.

② 가스절연기기를 분해하지 않고 내부의 구조적 상태를 판별하는 방법이다.

③ 동일한 강도의 X선을 촬영하여 기기 내부의 파손, 볼트이완, 접촉부 및 개극상태, 접촉자의 소모상태, 핀의 장착상태 등을 진단할 수 있다.

(5) 저속 구동법

개폐기의 구동부 외부에서 저속으로 조작하여 기계계통의 외부진단한다.

① 개폐기기의 구동계 외부에서 저속도로 조작하여 기계계통의 외부진단을 행한다.

② 원리는 운전을 정지한 개폐기기의 운동계를 통상 조작 시의 $\frac{1}{100}$ 정도 저속으로 구동하여 이때의 구동력과 스트로크를 측정하는 것이다.

③ 측정된 구동력은 거의 동작부의 마찰력을 나타내므로 내부 이상이 있는 경우 이들이 구체적으로 존재하는 위치와 정도를 검출할 수 있다.

(6) 피뢰기 누설전류 측정법

피뢰기의 누설전류를 측정하여 피뢰기의 열화상태를 측정한다.

019 수·변전 설비에서 사용하는 차단기에 관하여 다음 사항을 설명하시오.
1. 차단기 종류(5가지)와 특징
2. 차단기 소호메커니즘

020 고압 차단기의 종류와 소호원리 및 특징에 대하여 설명하시오.

data 전기안전기술사 19-119-4-4 · 23-129-4-6

답안

1. 차단기의 목적

보통의 부하전류 개폐 및 이상사태 발생 시 신속히 회로를 차단하고, 회로에 접속된 전기기기, 전선류를 보호한다.

2. 자가용 고압 차단기의 소호방식 분류 및 소호원리

소호방식의 분류	소호원리
유입차단기 (OCB : Oil Circuit Breaker)	• 절연유가 고온 Arc에 접촉 시 수소 아세틸렌메탄 등의 분해가스 중 수소가스의 높은 열전도도를 이용해 아크를 냉각 소호함 • 소호실 내의 아크압력으로 분해가스를 뿜어 차단 • 오일을 분사하여 절연유의 소호작용 이용
공기차단기 (ABCB 혹은 ABB : Air Blast Circuit Breaker)	개방 시 접촉자가 떨어지면서 발생하는 Arc를 강력한 압축공기(10~30[kg/cm^2])로 불어 소호
진공차단기 (VCB : Vacuum Circuit Breaker)	• 기체의 압력 저하 시 분자의 자유행정거리가 늘어나 다음 그림과 같이 파센의 법칙에 의해 절연내력이 저하됨 • 10^{-2}[Torr] 정도까지 내리면 오히려 절연내력이 상승함 • 파센의 법칙에 의거 10^{-4}[Torr] 이하의 진공밸브 안에서 Arc 금속증기는 주위로 급속히 확산 후 전류 영점에서 Arc 소호됨(다음 그림 참조) • 진공 중에 Arc를 확산시켜 소호
가스차단기 (GCB : Gas Circuit Breaker)	• SF_6 가스의 열화학적 특성, 전기적 특성을 이용한 자력소호 • Arc 시 생성된 금속입자를 SF_6 가스가 흡착환원함으로써 극간 절연내력 회복 • SF_6 가스를 불어서 소호 • SF_6 특성 : 소호능력은 공기의 100배, 매우 안정도가 높은 무독·무취의 가스이나 지구온난화 물질로 22.9[kV]용에는 사용 감소
자기차단기 (MCB : Magnetic Circuit Breaker)	대기 중에서 전자력에 의해 소호장치 안으로 Arc를 끌어들여 차단

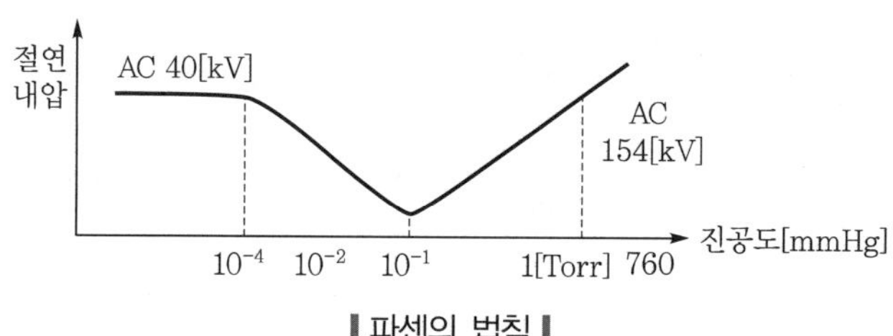

▌파센의 법칙▌

3. 수 · 변전 설비에서 사용되는 고압 차단기의 특징

comment 대부분 VCB와 GCB만 사용 중이다.

(1) VCB와 ABCB의 비교

항목	VCB	ABCB
사용회로	3.6 ~ 36[kV]	12[kV] 이상
서지발생	있음. Surge 대책 필요 (서지발생 대)	있음(서지발생 소)
재점호	없음	없음
아크시간	1cycle 이하	1cycle 이하
전차단	3 ~ 5cycle	3 ~ 5cycle
방재성	불연성	불연성
장점	소형, 경량, 구조 간단, 보수 용이, 성능 우수	차단능력 크고, 화재위험성 작음
단점	동작 시 높은 서지가 발생하므로 SA 설치	압축공기 컴프레서 등 부대설비 필요, 폭발음 있음. 차단 시 이상전압 발생
용도	22.9[kV] 빌딩용 수전차단기 개폐빈도가 많은 곳	대용량, 전기로 등 개폐빈도가 많은 곳
차단능력	차단시간 작고, 차단성능이 주파수의 영향을 받지 않음	대전류 차단용
수명	중	중
경제성	소	중

(2) GCB와 OCB의 비교

항목	GCB(Gas Circuit Breaker)	유입차단기(OCB : Oil Circuit Breaker)
사용회로	3.6[kV] 이상 초고압까지	3.6 ~ 300[kV]
서지발생	있음(차단기 중 가장 작음), 소	있음(차단기 중 중간 정도임) 중
재점호	있음	없음
아크시간	1cycle 이하	2 ~ 3cycle
전차단	3 ~ 5cycle	5 ~ 8cycle

항목	GCB(Gas Circuit Breaker)	유입차단기(OCB : Oil Circuit Breaker)
방재성	불연성	가연성
장점	보수점검 횟수가 적고, 차단성능의 우수함, 저소음, 성능 우수	사용범위가 넓고, 저가, 소음 없음 취급 간단
단점	설치면적 크고, 가스의 기밀구조가 필요하며, SF_6 가스는 액화(-60[℃])가 용이, 고가	광유사용으로 화재의 위험성 있으며, 보수가 번거롭고 특히 화재발생 고려해야 됨
용도	초고압 계통 차단기	옥외용 자가변전소용 또는 전력회사용
차단능력	재기전압 회복전압에 대한 성능이 안전함	높은 재기전압 상승률에 대하여 차단성능 저하가 없음
수명	대	대
경제성	대	소

4. 적용 시 유의사항

(1) VCB 적용 시 유의사항

① 동작 시 높은 서지가 발생하므로 서지옵저버를 설치한다.

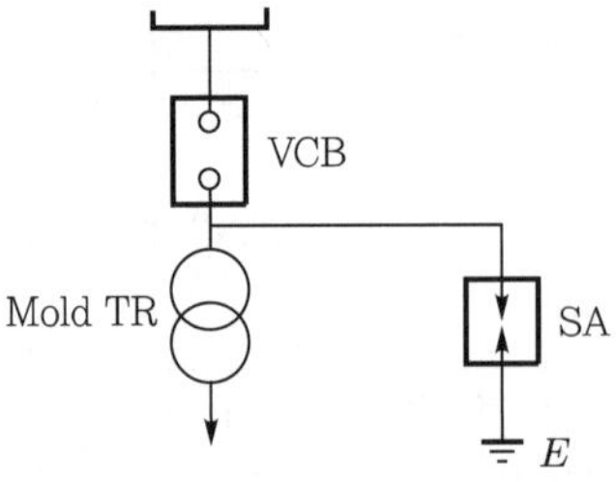

▌서지옵저버 설치 예▐

② 서지옵저버는 VCB 2차이면서 몰드 또는 건식 변압기의 1차측에 설치한다.

(2) ABCB의 적용 시 유의점

압축공기 컴프레서 등 부대설비가 필요하여, 타 설비들의 배치공간 조합이 적정한가를 파악하고, 폭발음이 있으므로 소음대책을 강구한다.

(3) GCB 적용 시 유의점

① 설치면적이 크므로 변전설비 배치공간이 설치면적에 충분한 지의 여부를 파악한다.

② SF_6 가스의 누출방지대책을 우선한 기밀구조가 필요하다.

③ SF_6 가스는 액화(-60[℃])가 용이하고, 지구온난화 물질이며, 고가이므로 한냉장소 여부를 확인할 것이며, Gas 누출에 따른 차단소호능력에 대한 보증이 요구된다.

(4) 유입차단기(OCB : Oil Circuit Breaker)

① 광유사용으로 화재의 위험성이 있고, 보수가 번거로운데 특히 화재발생을 고려해야 된다.

② 국가화재기준에 적정한 소방설비와 연동 여부를 확인한다.

reference

EFI(25.8[kV] 에폭시 절연 고장구간 차단기)

(1) 22.9[kV–Y] 가공배전선로에서 전력을 공급받는 고압 고객 또는 연계된 분산형 전원의 책임분기점에 설치하여 고객설비 고장발생 시 배전계통으로의 파급방지를 목적으로 한다.

(2) 종류

① 일반형 : 가공배전선로에서 부하측에 고장이 발생하였을 때 고장전류를 감지하여 지정된 시간에 고속차단 및 자동 재투입동작을 수행하여, 고장구간을 분리하는 곳에 사용한다.

② 방향형 : 과전류 계전요소를 탑재하여 고장전류의 크기와 방향에 따른 차단동작의 결정이 가능한 Recloser로서, 분산형 전원연계선로에서 Recloser의 전원측 고장 시 발생할 수 있는 역방향 고장전류로 인한 오동작을 방지하기 위하여 분산형 전원으로부터 계통 전원측에 설치, 운용한다.

(3) 정격사항

① 정격전압 : 25.8[kV], 정격전류 : 400[A], 정격차단시간전류 : 12.5[kA], 정격투입전류 : 32.5[kA]

② 상용주파수 내전압 : (건조, 1분) 60[kV], (주수, 10초) 50[kV]

③ 뇌충격 내전압 : 150[kV], 1.2×50[μs]

④ 조작방식 : 자동 / 수동 조작

⑤ 총중량 : 130[kg]

⑥ 절연매개물 : Epoxy

⑦ 정격제어전압 : DC 24[V], AC 220[V]

021 고압 및 특고압 차단기의 정격과 관련하여 다음 용어를 설명하시오.

1. 정격전압
2. 정격전류
3. 정격차단전류
4. 정격차단용량

data 전기안전기술사 21-123-1-7

답안 용어의 정의

(1) 정격전압

규정의 조건 아래에서 그 차단기에 과할 수 있는 사용회로전압의 상한값으로, 선간전압(실횻값)으로 표현한다.

(2) 정격전류

① 정격전압 및 정격주파수, 규정한 온도상승 한도를 초과하지 않는 상태에서 연속적으로 흐를 수 있는 전류의 한도를 말한다.

② 표준으로 적용하고 있는 차단기의 정격전류는 600, 1,200, 2,000, 3,000, 4,000, 8,000[A]가 있다.

(3) 정격차단전류

모든 정격 및 규정의 회로조건하에서 규정된 표준 동작책무와 동작상태에 따라서 차단할 수 있는 지상역률의 차단전류의 한도를 말한다.

(4) 정격차단용량

① 3상 교류일 경우 정격차단용량이란 그 차단기의 정격차단전류와 정격전압을 곱한 것에 $\sqrt{3}$ 을 곱한 것이다.

$$\text{정격차단용량} = \sqrt{3} \times \text{정격전압} \times \text{정격차단전류}$$

단, 단상의 경우에는 $\sqrt{3}$ 을 생략한다.

② 차단용량의 단위는 [kVA] 또는 [MVA]로 표현한다.

③ 실제 현장에서는 [kA]로 표현한다.

022 자가용 수전설비에서 설치되는 고압 차단기, 한류형 전력퓨즈, 비한류형 전력퓨즈의 특성을 비교하여 설명하시오.

data 전기안전기술사 20-120-1-10

답안 1. 개요

(1) 전력퓨즈는 차단기 변성기 릴레이의 역할을 수행할 수 있는 단락보호용 기기로서, 소호방식에 따라 한류형과 비한류형으로 구분된다.

(2) 전력퓨즈의 경우 차단기에 비해 가격이 저렴하고, 소형 · 경량이며, 한류특성이 우수해 많이 사용되고 있으나 일회성이므로 다른 개폐기와 보호협조에 신중을 기해야 한다.

2. 차단기와 퓨즈의 비교

(1) 차단기와 퓨즈의 특성 비교

구분	차단기	비한류형 퓨즈	한류형 퓨즈
전차단 시간	2 ~ 10cycle 765[kV]용은 2사이클	0.65cycle	0.5cycle
최대 통과 전류	단락전류 파고치(최대 단락 전류 실효치의 $2\sqrt{2}$ 배)	단락전류 파고치의 80[%]	단락전류 파고치의 10[%]
차단 I^2t	단락전류와 같이 증가	단락전류와 같이 증가	크게 증가하지 않음
소전류 차단기능	정격차단전류 이하에서 동작하면 반드시 차단됨	정격차단전류 이하에서 동작하면 반드시 차단됨	용단시간이 긴 소전류 영역에서 차단되지 않고 큰 고장전류에 차단이 용이
과부하 보호	과부하보호 가능함	과부하 보호 가능함	과부하보호에 사용 곤란
차단시간	고압 차단기의 차단 예 릴레이시간 2.9[cycle] 개극시간 5.8[cycle] 아크시간 1.5[cycle] 차단시간 7.3[cycle]	용단시간 : 0.1cycle 아크시간 : 0.55cycle 전차단시간 : 0.65cycle	용단시간 : 0.1cycle 아크시간 : 0.4cycle 전차단시간 : 0.5cycle

(2) 차단기 및 퓨즈의 차단(한류)작용 비교

① **차단기** : 차단기는 릴레이시간을 포함한 전차단시간이 10[cycle] 정도로 길어 차단 시까지는 단락전류가 계속 흐르지만 전력퓨즈는 최초 반파로 차단하여 그 전류파고치를 낮게 억제하는 한류작용을 한다.

② **한류형** : Arc 전압을 높여 단락전류를 한류억제 차단한다(전차단시간 0.5[cycle]).

③ **비한류형 퓨즈** : Arc에 소호가스를 불어서 단자 간 극간 절연내력을 재기전압 이상으로 높게 하여 차단한다(전차단시간 0.65[cycle]).

3. 전력퓨즈와 각종 개폐기 비교

구분	회로분리		사고차단	
	무부하	부하	과부하	단락
전력퓨즈	○	–	–	○
차단기	○	○	○	○
개폐기	○	○	○	–
단로기	○	–	–	–
전자접촉기	○	○	○	–

023 특 · 고압 전기설비에서 사용되는 전력퓨즈의 장점과 단점을 설명하시오.

data 전기안전기술사 23-129-1-13

답안 1. 개요

(1) 전력퓨즈는 단락전류를 차단하여 전로나 기기를 보호한다.

(2) 변성기, 릴레이, 차단기의 역할을 동시에 수행하여 경제적인 기기이다.

2. 전력퓨즈의 장단점

장점	단점
• 가격이 싸고 소형, 경량 • 소형으로 큰 차단용량 있음 • R/y 및 변성기 불필요 • 한류형 퓨즈는 차단 시 무음, 무방출 • 보수 간단 • 고속 차단 • 현저한 한류특성 • 후비호보에 완벽	• 재투입 못함 • 과전류에서 용단될 수 있음 • 동작시간-전류 특성을 계전기처럼 자유롭게 조정 불가능 • 한류형 퓨즈는 용단해도 차단되지 않는 전류범위를 가진 것도 있음 • 비보호영역 사용 중 열화해 동작하여 결상 우려 • 한류형은 차단 시 과전압 발생

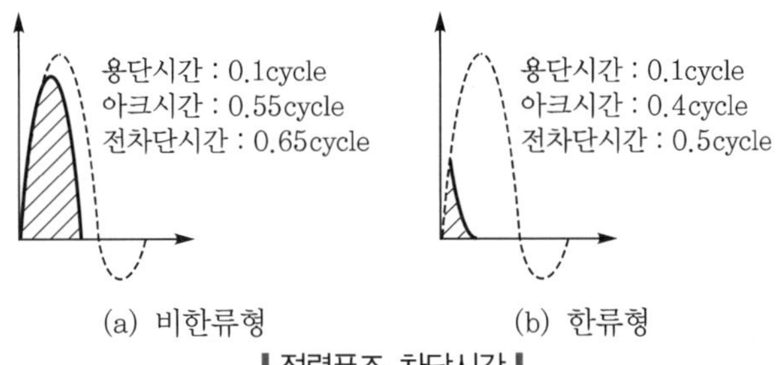

▌전력퓨즈 차단시간▐

3. 단점에 대한 대책

(1) 용도의 한정

단락 시에만 동작하는 정격전류를 선정하고 재투입이 필요한 개소는 사용이 불가하다.

(2) 과도전류 < 안전통전 특성일 것

(3) 절연강도 협조

(4) 과소정격의 배제

(5) 동작 시 전체상 교체

(6) 결상 계전기, 지락 Ry 취부

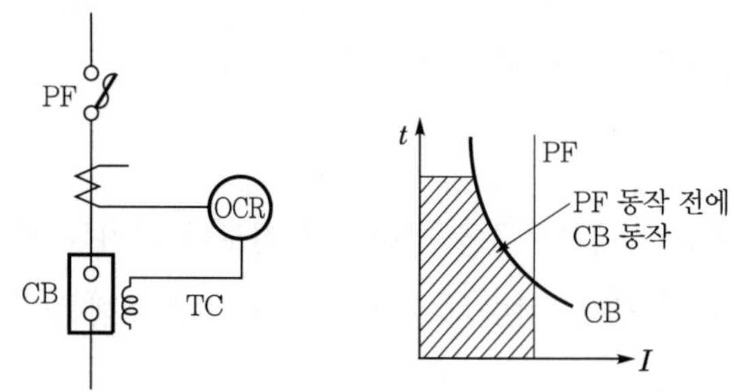

▌결상 계전기 및 지락계전기의 설치 개념도와 보호협조▐

024 차단기 트립프리(trip free)에 대하여 설명하시오.

data 전기안전기술사 20-122-1-4

답안 1. Trip free

(1) 정의

① Trip free란 최소한 접촉자의 접촉 또는 접촉자 간의 Arc에 의하여 차단기의 주회로가 통전상태가 되었을 때 설사 투입지령 중이라 할지라도 Trip 장치의 동작에 의해 그 차단기를 Trip할 수 있다.

② Trip 완료 후라도 계속 투입지령에 재차 투입동작을 하지 않고 일단 투입지령을 해제한 후 다시 투입지령을 주었을 때 비로소 투입동작이 행해지는 것을 말한다.

(2) Trip free 방식

① 기계적 Trip free

㉠ 투입기구가 전기적으로 투입측에 넣어져 있어도 트립기구가 동작되면 차단기를 Trip시킬 수 있다.

㉡ 차단기의 가동접촉부를 움직이는 조작로드와 투입기구의 피스톤, 플런저, 전동기 등의 연결기구를 풀어 투입동작을 방지한다.

② 전기적 Trip free

㉠ 전기적 투입조작의 차단기에서 투입조작회로가 여자되어 있어도 Trip 기구가 여자되면 차단기를 Trip시킬 수 있고 투입조작회로를 그대로 닫아둔 채로 있어도 재투입하지 않는 것이다.

㉡ 투입회로와 Trip 회로가 동시에 여자될 경우 투입회로는 Trip free relay에 의해 Open되는 것이다.

③ 공기적 Trip free

㉠ 압축공기 투입방식으로 압축공기에 의한 Trip free 기구를 가진 것이다.

㉡ 투입명령과 Trip 명령이 동시에 주어졌을 때 Trip free valve의 동작에 의하여 주 Cylinder의 압축공기가 외부로 방출되고 Piston 동작을 방지한다.

2. Trip free 장치

(1) Trip 우선장치

투입지령 중이라도 그 차단기를 Trip시킬 수 있는 기계적 장치이다.

(2) Pumping 방지장치

투입명령 중 Trip 명령에 의해 차단기 Trip 완료 후 계속해서 투입명령이 주어졌을 지라도, 일단 이 투입명령을 해제하고 다시 투입명령을 주어야 투입되도록 하는 장치이다.

025 차단기 시퀀스의 안티펌핑(anti-pumping)과 Trip free를 설명하시오.

data 전기안전기술사 19-117-1-4

답안 1. Trip free

(1) 정의

① Trip free란 최소한 접촉자의 접촉 또는 접촉자 간의 Arc에 의하여 차단기의 주회로가 통전상태가 되었을 때 설사 투입지령 중이라 할지라도 Trip 장치의 동작에 의해 그 차단기를 Trip할 수 있다.

② 또 Trip 완료 후라도 계속 투입지령에 재차 투입동작을 하지 않고 일단 투입지령을 해제한 후 다시 투입지령을 주었을 때 비로소 투입동작이 행해지는 것을 말한다.

(2) Trip free 방식

① 기계적 Trip free

㉠ 투입기구가 전기적으로 투입측에 넣어져 있어도 트립기구가 동작되면 차단기를 Trip시킬 수 있는 것이다.

㉡ 차단기의 가동접촉부를 움직이는 조작로드와 투입기구의 피스톤, 플런저, 전동기 등의 연결기구를 풀어 투입동작을 방지한다.

② 전기적 Trip free

㉠ 전기적 투입조작의 차단기에서 투입조작회로가 여자되어 있어도 Trip 기구가 여자되면 차단기를 Trip시킬 수 있고 투입조작회로를 그대로 닫아둔 채로 있어도 재투입하지 않는 것이다.

㉡ 투입회로와 Trip 회로가 동시에 여자될 경우 투입회로는 Trip free relay에 의해 Open되는 것이다.

③ 공기적 Trip free

㉠ 압축공기 투입방식으로 압축공기에 의한 Trip free 기구를 가진 것이다.

㉡ 투입명령과 Trip 명령이 동시에 주어졌을 때 Trip free valve의 동작에 의하여 주 Cylinder의 압축공기가 외부로 방출되고 Piston 동작을 방지한다.

2. Trip free 장치

(1) Trip 우선장치

투입지령 중이라도 그 차단기를 Trip시킬 수 있는 기계적 장치이다.

(2) Pumping 방지장치

투입명령 중 Trip 명령에 의해 차단기 Trip 완료 후 계속해서 투입명령이 주어졌을지라도 일단 이 투입명령을 해제하고 다시 투입명령을 주어야 투입되도록 하는 장치이다.

3. 반복투입 방지회로(anti-pumping)

(1) 개요

① 차단기의 Trip free는 차단기의 주회로가 통전 중이고 투입신호가 계속되더라도 트립지령이 있으면 차단기가 트립될 수 있는 것을 말한다.

② 트립 완료 후 투입지령이 계속되더라도 재차 투입동작은 하지 못하고 일단 투입신호를 해제한 후 다시 투입지령을 주었을 때 비로소 투입동작이 이루어지게 된다.

③ 차단기의 트립프리장치는 차단기의 펌핑작용을 방지하는 역할을 겸하게 된다.

(2) 차단기의 펌핑작용 방지 기본회로 및 동작설명

① 회로도

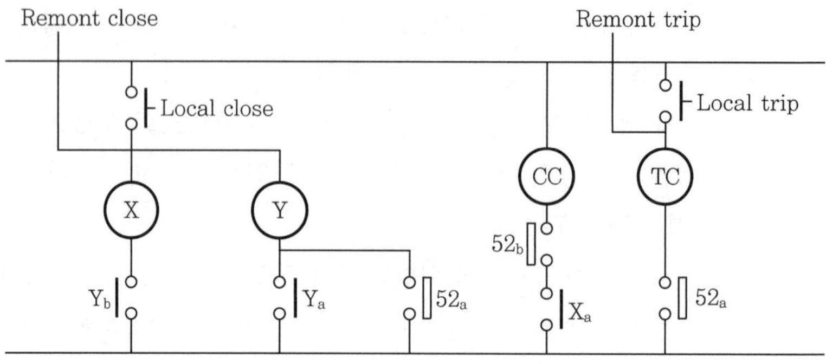

▌차단기 Trip free 회로도▐

여기서, RC, RT : Remote Close, Remote Trip
LC, LCT : Local Close, Local Trip
X : Closing 보조계전기
Y : Trip Free 및 펌핑방지용 계전기
CC : Closing Coil
TC : Trip Coil
$(\ )_a$: 해당 계전기 또는 차단기 기계적 'a' 접점
$(\ )_b$: 해당 계전기 또는 차단기 기계적 'b' 접점

② 회로설명

㉠ RC 또는 LC에 의해 투입지령이 주어지면 ⓧ코일이 여자된다.

㉡ ⓧ코일이 여자되면 52_b와 X_a 접점을 통하여 ⓒⓒ코일이 여자되어 차단기가 투입된다.

㉢ 차단기가 투입되면 52_a 접점에 의해 ⓨ코일이 여자되어 ⓨ코일의 Self holding 회로가 구성되고 Y_b 접점에 의해 ⓧ코일이 소자된다.

㉣ 이때, 투입지령이 계속되더라도 차단지령(RT 또는 LT)이 있으면 52_a 접점을 통해 ⓣⓒ코일이 여자되어 차단기는 트립하게 된다.

㉤ 투입지령이 계속된 상태에서는 ⓨ코일이 Y_a접점으로 Self holding을 하기 때문에 Y_b접접에 의해 ⓧ코일이 여자될 수 없어 차단기는 투입되지 않게 된다.

㉥ ⓨ코일이 차단기의 Trip free와 Anti-pumping 회로를 구성하게 된다.

026 전력계통의 단락(고장) 전류 계산순서, 계산방법 및 계산에 필요한 주요 항목을 설명하시오.

data 전기안전기술사 22-128-4-1

답안 1. 개요

(1) 전력계통에서 발생하는 지락과 단락 고장은 정격전류에 비하여 상당히 큰 전류가 발생한다.

(2) 직렬 · 병렬로 연결된 전기기기에 열적 · 기계적 충격을 가하게 된다.

(3) 적정 단락전류를 계산하여 전력계통의 보호체계를 마련하여야 한다.

2. 단락전류 계산순서

(1) 단선결선도에 의해 계통 파악

(2) 선로기기의 임피던스 조사(전원측 : 전력회사에 문의)

(3) 기준용량 결정(통상 100[MVA]로 함)

(4) Impedance map 작성

(5) 고장 Point 선정

(6) 임피던스(Z) 합성(직 · 병렬, $\triangle - \text{Y}$ 변환)

(7) 단락전류 계산

(8) 차단기 정격 결정

3. 단락전류 계산방법

(1) 평형 고장(3상 단락)

① Ohm법

㉠ 임피던스[Ω]로 나타내고 Ohm의 법칙에 의해 계산함

㉡ 단락전류 $I_S = \dfrac{E}{Z_g + Z_t + Z_l}$

여기서, E : 회로 상전압

Z_g, Z_t, Z_l : 발전기, 변압기, 선로의 임피던스

㉢ 전압을 변압비에 따라 환산해야 하므로 과정이 복잡함

② %Z법 : $\%Z = \dfrac{\text{전압강하}}{\text{계통전압}} = \dfrac{IZ}{V} \times 100 = \dfrac{PZ}{V^2} \times 100 = \dfrac{PZ}{10\,V^2}$ [%]

단락전류 $I_s = \dfrac{100}{\%Z} \times I_n \left(I_n = \dfrac{P_n}{\sqrt{3}\,V} \right)$

단락용량 $P_s = \dfrac{100}{\%Z} \times P_n$

③ PU법

㉠ 계산용량이 큰 전력회사에서 많이 사용함

㉡ 단락전류 $= \dfrac{1}{Z[\mathrm{PU}]} \times I_n$

㉢ $\%Z$법의 100 대신 1을 사용하여 계산을 단순화한 방법

(2) 불평형 단락(1선 지락, 2선 지락, 2선 단락)

대칭좌표법은 직류분을 포함한 비대칭 3상 계산은 복잡하여 대칭회로(영상분, 정상분, 역상분)로 분해하여 계산하는 방법이다.

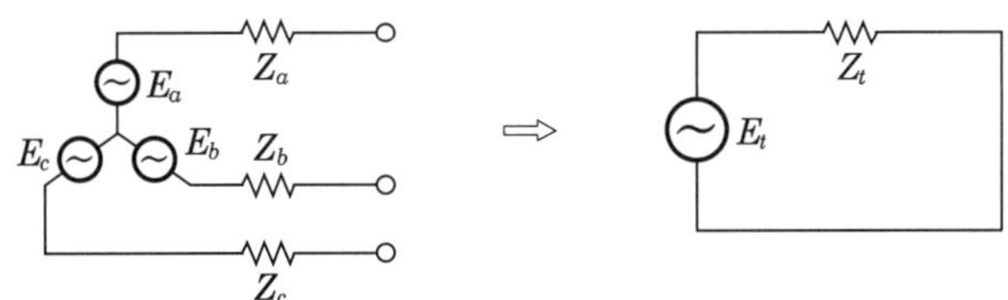

Ⅰ대칭좌표법 회로도와 등가도Ⅰ

(3) 3상 교류

① **영상분** : 지락사고 시 지락전류는 중성점에서 합류하게 됨

② **정상분** : 크기는 같고 120° 시계방향의 위상차를 나타냄

③ **역상분** : 행렬식으로 해석하며, 합성하여 0으로 표현함

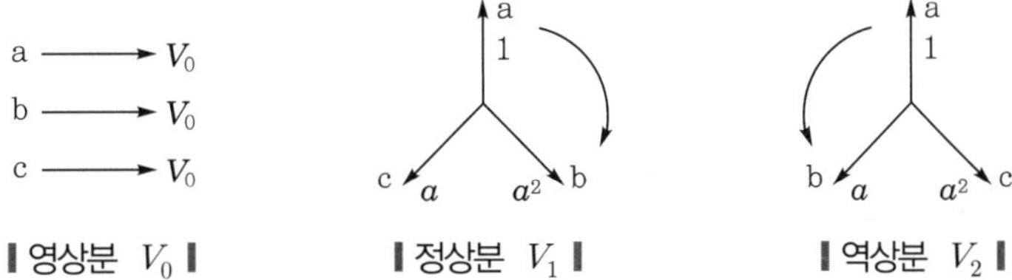

Ⅰ영상분 V_0Ⅰ Ⅰ정상분 V_1Ⅰ Ⅰ역상분 V_2Ⅰ

(4) 대칭분 전압

① 영상분 $V_0 = \dfrac{1}{3}(V_a + V_b + V_c)$

② 정상분 $V_1 = \dfrac{1}{3}(V_a + a\,V_B + a^2\,V_c)$

③ 역상분 $V_2 = \dfrac{1}{3}(V_a + a^2\,V_b + a\,V_c)$

(5) 각 상전압

① $V_a = V_0 + V_1 + V_2$

② $V_b = V_0 + a^2 V_1 + a V_2$

③ $V_C = V_0 + a V_1 + a^2 V_2$

4. 단락전류계산에 필요한 주요 항목

(1) 전원측 임피던스

① 전력회사에서 정기적으로 임퍼던스를 계산하여 제시한다.

② 한전에서 제시하는 임피던스는 100[MVA] 기준이다.

(2) 케이블 및 전선의 임피던스

① 제작사 카탈로그를 참조

② 일반적으로 [Ω/km]로 주어지므로 이를 $\%Z$로 환산한다.

(3) 변압기 $\%Z$

① 변압기 카탈로그 또는 명판을 참조한다.

② 22.9[kV] 변압기는 보통 6[%] 내외, 154[kV]는 11 ~ 15[%] 정도이다.

(4) 기여 전류원

① 전동기와 같이 회전기가 연결된 계통에 단락사고가 발생하면, 고장 후 수사이클 동안 회전기와 직결된 부하의 회전에너지에 의한다.

② 회전기는 발전기로 작용하고 자신의 과도리액턴스에 반비례한 고장전류를 사고점에 공급한다.

③ 전력회사시스템, 자가발전기, 동기전동기, 유도전동기 등이 해당된다.

027 전력계통의 규모확대에 따라 단락전류가 증가되는 원인, 문제점 및 억제대책에 대하여 설명하시오.

data 전기안전기술사 22-128-4-5

답안 1. 개요

단락전류 $I_s = \frac{100}{\%Z} \times I_n = \frac{100}{\%Z} \times \frac{P_n}{\sqrt{3}\,V}$ 으로 산출하며, 이에 따라 억제방법은 $\%Z$를 늘리는 방법, P_n을 줄이는 방법, V를 늘리는 방법, 신속히 차단하는 방법 등이 있다.

2. 단락전류의 증가원인

(1) 플랜트 설비 등에서 변압기 및 배전선의 증설

(2) 분산형 전원 계통의 연계

(3) 발전설비, 변전설비 병렬운전

(4) 기준용량의 증대

(5) 대형 전동기의 증가

3. 단락전류 증가 시 문제점

(1) 전기설비의 열적 · 기계적 강도

① 송전설비, 변압기, 변류기 등의 기기 및 설비가 큰 단락전류의 줄열로 인하여 열적으로 파손된다.

② 대전류에 의한 큰 전자기계력으로 기기의 왜형 또는 파손 등이 될 수 있다.

③ 열적 강도

$$\sum i^2 Rt$$

④ 기계적 강도

$$F = k \times 0.24 \times 10^{-8} \times \frac{{I_m}^2}{D}\,[\mathrm{kg/m}]$$

(2) 차단기 차단용량 증대

① 차단기가 대전류를 차단해야 하므로 차단용량이 커져야 하고, 차단뿐만 아니라 재투입 능력 및 접촉자 소손의 문제가 야기될 수 있다.

② 차단용량

$$I_s = \frac{100}{\%Z} \times I_n = \frac{100}{\%Z} \times \frac{P_n}{\sqrt{3}\,V}$$

(3) 지락전류 증대

지락사고 시 지락전류가 증대되어 인근 약전선에 전자유도장해가 커지고, 대지표면의 전위경도가 커져 보폭전압에 의해 감전 우려가 발생한다.

(4) 고장 시 과도 이상전압

고장전류를 차단하는 경우 큰 재기전압으로 재점호를 일으키기가 쉽고, 이에 따른 개폐서지를 발생시킨다.

4. 단락전류 억제대책

(1) $\%Z$ 증가

① 계통분리

㉠ 사고발생 시 CB D를 먼저 계통에서 분리한 후 CB B를 차단하여 계통의 피해를 줄이는 방법이다.

㉡ 장점 : 설치비가 비싸고 CB의 단락용량이 작아도 된다.

㉢ 단점 : 모선 연결차단기 차단 후 재투입이 필요하고, 계전기에 의한 보호협조가 필요하다.

② 변압기 $\%Z$ 조정

㉠ 변압기 임피던스를 증가시켜 단락전류를 억제시키는 방법이다.

㉡ 변압기 가격을 고려하여 적용하고, 변압기 특별주문제작이 필요하다.

㉢ 너무 크면 전압변동률이 커지게 된다.

③ 한류리액터 설치

㉠ 차단기를 그래도 사용하면서 큰 단락용량에 대응한다.

㉡ 설치면적, 운전 손실이 증가한다.

㉢ 전압변동이 증가되며, 저압 분기회로에 적용한다.

(2) 단락전류 한류 차단

① 한류퓨즈에 의한 백업 차단방식

㉠ 전력퓨즈에 한류특성에 의해 고속 차단을 실시(0.5[cycle])한다.

㉡ 장점 : 차단기 기기의 열적 · 기계적 손상이 감소한다.

㉢ 단점 : 결상사고의 위험이 존재한다.

㉣ 적용 : 고압 차단기의 후비보호용으로 사용한다.

② Cascade 보호방식 채용

㉠ 분기회로 차단기 설치점에서 회로의 단락용량이 분기회로 차단용량을 초과할 때 주회로 차단기에 의해 후비보호를 행하는 방식이다.

㉡ 기기용량 증설 시 경제적으로 대응이 가능하며, 제작사가 권장하는 조합 이외에는 사용을 삼간다.

③ 계통연계기 사용

㉠ 일종의 가변 임피던스 소자로 계통에 대해 직렬로 삽입한다.

㉡ Thyristor에 의해 고속 스위칭으로 회로를 변환한다.

㉢ 전압변동이 없고, 정전 최소화로 계통 신뢰도가 향상된다.

(3) 용량 감소

① 변압기용량 감소

② DC 계통의 연계로 용량 증대효과 기대

section 03 변성기

028 변류기(current transfomer) 2차 개방 시 위험한 이유를 설명하시오.

data 전기안전기술사 18-116-1-2

답안 1. CT 2차 개방 시 위험한 이유

(1) CT 철심 내 자속은 $\phi = \phi_1 - \phi_2$인데 CT가 개방되면 2차 자속 $\phi_2 = 0$이 되어 $\phi = \phi_1$이 된다.

(2) 1차 전류가 모두 여자전류가 되어 CT 철심은 포화되고, 패러데이 법칙에 의해 CT 2차측에 고전압이 유기되어 2차측 계기/계전기가 소손된다.

이때, $e = n \times \dfrac{d\phi}{dt}$이며, 발생하는 고전압 임펄스는 다음 그림과 같다.

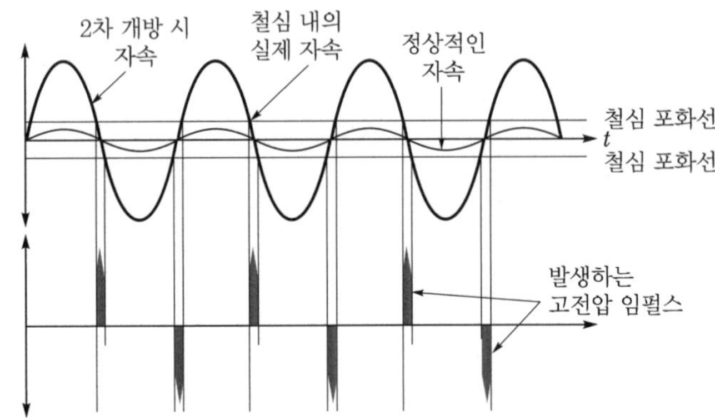

▍CT 개방 시 2차측 고전압 유기현상▍

① CT의 철심에 흐르는 자속은 $\phi = \phi_1 - \phi_2$[Wb]이다.

② 2차가 개방하면 $\phi_2 = 0$이 되고 1차 전류가 모두 여자전류가 되면 CT 철심은 포화된다.

③ 철심이 포화상태에 있는 구간에는 $\dfrac{d\phi}{dt} = 0$이므로 역기전력 $e = -n\dfrac{d\phi}{dt} = 0$이 된다.

④ 철심이 포화상태가 아닌 구간에는 $\frac{d\phi}{dt}$가 매우 커져 역기전력 $e=-n\frac{d\phi}{dt}$는 매우 커진다. 즉, 임펄스형태의 고전압이 불연속적으로 유기된다.

2. 대책

(1) CT 2차측의 접지

① 1차 권선과 2차 권선 사이의 정전용량에 의해 1차측 고압이 2차측으로 이행될 수 있다.

② 그 이행전압을 대지로 방전시키기 위해 2차측을 접지한다.

(2) 변류기 2차측은 1차 전류가 흐르고 있는 상태에서는 절대로 개로되지 않도록 주의한다.

(3) 2차 개로 보호용 비직선 저항요소를 부착한다.

(4) 셀렌 정류기를 사용한다.

(5) CT 작업 시 주의사항 준수

① CT 단자의 볼트를 주기적으로 조여준다.

② 가능한 CT 작업은 전원을 차단하고 한다.

③ 활선상태에서 작업 시 CT 2차를 단락시킨 후 작업한다.

④ CT 회로시험 후에는 오결선을 체크한다.

029 변성기(potential transformer, current transformer)의 사용목적에 대하여 설명하시오.

data 전기안전기술사 18-116-1-1

답안 1. 변성기(potential transformer, current transformer)의 사용목적

Potential transfomer	Current transfomer
• 고전압 회로를 측정하거나 감시할 경우 이들을 직접적으로 전압을 측정하는 것이 배전반에서 곤란하므로, 전압을 변성시켜 고전압을 측정, 감시하는 목적 • 어떤 전압값을 이것에 비례하는 계기용 전압값으로 변성하는 장치	• CT(Current Transformer)란 어떤 전류값을 이에 비례하는 전류값으로 변성하는 기기 • 목적에 따라 계측기용과 계전기용으로 구분함

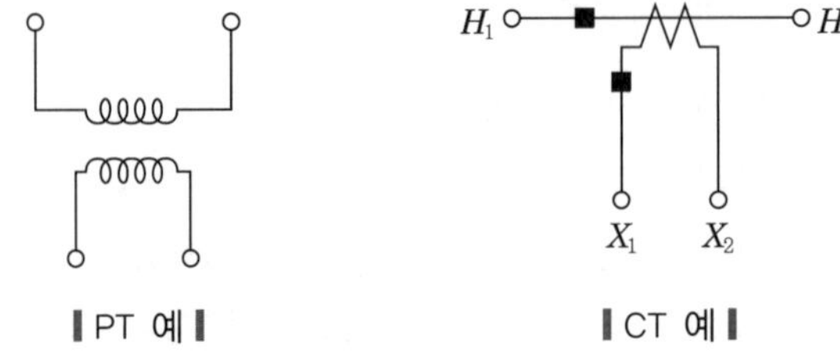

▎PT 예▎ ▎CT 예▎

2. PT와 CT의 사용법상의 차이

구분	PT	CT
1차측	주회로에 병렬	주회로에 직렬
2차 접속부하	전압계, 계전기의 전압코일, 임피던스가 큰 부하	전류계, 임피던스 작은 부하계전기의 전류코일
2차 유기전압	정격전압 110[V], 100[V]	저전압(2차 전류×2차 임피던스)
사용상 유의점	2차측은 단락하지 말 것	2차측을 개방하지 말 것

3. 계측기용 변류기(meter)와 계전기용 변류기(relay)의 차이점

comment 다음 내용은 암기, 작성, 연상, 마인드맵 등을 이용하여 숙지하도록 한다.

(1) 계측기용 변류기

① 평상시 정상부하에서 계측용으로 사용되고, 고장 시 대전류영역에서는 계측기 및 회로를 보호한다.

② CT 포화(saturation) 특성을 적용하지 않는다.

(2) 계전기용 변류기(relay)

① 계전기는 고장 시에 동작해야 하므로 상당한 대전류에서도 포화되지 않아야 한다.

② 정격전류의 20배 전류에 포화되지 않고 비오차 10[%] 이내로 유지되어야 한다.

③ CT 포화(saturation) 특성을 적용한다. Knee point voltage가 높은 특성의 CT를 계전기에 사용하여야 큰 고장전류에서도 확실한 보호계전기 동작을 기대할 수 있다.

④ 과전류정수를 적용한다.

(3) 용도에 따른 구분

CT 종류	특성
계측용	• 정상 시 정격부하상태에서 사용하므로, 정격 이내에서 오차가 작아야 함 • 사고 시에는 포화되어, CT 2차측에 대전류를 통하지 않도록 함으로써, 계측기와 회로를 보호함
계전기용	• 정상 시 동작하지 않음 • 사고 시 – 사고 시 동작해야 하므로 대전류에 포화되지 않는 특성이 필요함 – 사고 시에는 계전기를 신속정확하게 동작시켜야 함

chapter 14

030 계기용 변류기의 과전류강도와 과전류정수에 대하여 설명하시오.

data 전기안전기술사 20-120-3-1

답안 1. 계기용 변류기의 과전류강도

(1) 정의

CT 1차에 고장전류가 흐를 경우 정격 1차 전류값의 몇 배의 과전류까지 견딜 수 있는가를 정하는 것이다.

(2) 과전류강도의 설정사유

① 회로에 단락사고 발생 시 CT 1차 권선에도 단락전류가 흘러 권선용단, 변형 등이 일어날 수 있다.

② CT를 적정 사용하려면 과전류강도를 정하여 이에 대한 대비책을 마련한다.

(3) 정격 과전류강도의 표준

40배, 75배, 150배, 300배이며, 300배 이상은 주문제작한다.

(4) 과전류강도의 구분

① 열적 과전류강도

㉠ 정의 : 표준시간 1.0[sec]에서 정격 1차 전류의 몇 배까지 견딜 수 있는 것으로, 전선의 온도상승에 의한 용단에 대한 강도이다.

㉡ 표현식

$$S=\frac{S_n}{\sqrt{t}}$$

여기서, S : 통전시간 t초에 대한 열적 과전류강도
S_n : 정격 과전류강도[kA]
t : 표준시간 1.0[sec]

② 기계적 과전류강도

㉠ 정격과전류의 2.5배에 상당하는 초기 최대 순시치의 과전류에 견디는 것이다. 즉, 전자력에 의한 권선의 변형에 견디는 강도를 말한다.

㉡ 표현식

$$\text{CT의 기계적 과전류강도} \geq \frac{\text{회로의 최대 고장전류}}{\text{CT 1차 정격전류}}$$

(5) CT의 과전류강도 = 열적 과전류강도 + 기계적 과전류강도

(6) 한전 S/S로부터 거리별 과전류 강도

<table>
<tr><th>거리[km]</th><th>1</th><th>3</th><th>5</th><th>7</th><th>8</th><th>20</th><th>20이상</th></tr>
<tr><td>5/5[A]</td><td>$300I_n$</td><td colspan="3">$150I_n$</td><td colspan="2">$75I_n$</td><td>$40I_n$</td></tr>
<tr><td>15/5[A]</td><td>$150I_n$</td><td colspan="2">$75I_n$</td><td colspan="4">$40I_n$</td></tr>
<tr><td>50/5[A]</td><td colspan="7">$75I_n$</td></tr>
<tr><td>75/5[A]</td><td colspan="7">$40I_n$</td></tr>
</table>

2. 과전류정수(n)

(1) 과전류정수의 정의

과전류영역에서는 전류가 어느 한도를 넘어서면 철심에 포화가 생겨 비오차가 급격히 증가하는데 비오차가 −10[%]될 때의 1차 전류를 정격 1차 전류값으로 나눈 값이다.

(2) 비오차

$$\text{비오차}(\varepsilon) = \frac{K_n - K}{K} \times 100\,[\%]$$

여기서, K_n : 공칭변류비$\left(\dfrac{\text{정격 1차 전류}}{\text{정격 2차 전류}}\right)$

K : 측정한 참변류비$\left(\dfrac{\text{측정 1차 전류}}{\text{측정 2차 전류}}\right)$

(3) 과전류정수를 고려해야 되는 사유

사고 시 대전류영역에서의 계전기 작동은 변류기의 과전류영역에서의 특성을 고려하지 않으면 오동작되거나 예정된 시간에 동작하지 않을 우려가 있다.

(4) 보호용 CT에만 적용한다.

(5) 정격 과전류정수 표준 : $n > 5$, $n > 10$, $n > 20$, $n > 40$

(6) 과전류정수의 부하부담에 따른 변화(n')

① 2차 부담이 변화하면 과전류정수도 변화한다.

② 계산식

$$n' = n \times \frac{\text{변류기의 정격부담[VA]} + \text{변류기의 정격 내부손실}}{\text{변류기의 사용부담} + \text{변류기의 내부손실}}$$

(7) 정격 과전류정수 선정

$$\frac{\text{최대 사고전류}}{\text{1차 전류}} < \text{정격 과전류정수}$$

(8) 정격 과전류정수는 가급적 작은 것을 선택해야 2차 권선에 연결된 계기 및 보호계전기 등의 유입전류가 작아서 좋다.

(9) 정격부담과 과전류정수의 관계

과전류정수×정격부담 ≒ 일정하므로 과전류정수가 부족한 경우 비례로 정격부담을 증가시키는 방향으로 CT의 부담을 수정한다.

(10) CT 부담(burden)

① CT 2차의 계전기 입력회로의 Impedance로 소비(VA), 소비전력, 부담임피던스 중에서 하나로 표시된다.

② 표현방법

㉠ CT를 사용하는 전류회로와 계기용 변압기(PT)를 사용하는 전압회로의 부담은 정격(VA)으로 표시한다.

㉡ 직류회로의 부담은 정격치(소비전력)로 표시한다.

㉢ 기타 회로부담은 부담임피던스로 표시한다.

③ 정격부담 : CT 2차에 연결될 계전기의 총부담을 VA_1이라 할 때 CT의 정격부담을 VA라면 $VA > VA_1$이고, $VA_1 = \sum_{i=1}^{n} VA_i$이다.

④ 소비부담 : 계전기의 부담을 소비되는 VA로 나타낸 것이다.

⑤ 정격치 소비부담 : 소비부담을 나타낸 것으로, 계전기의 정격입력에 대한 소비(VA)이다.

⑥ 동작치 소비부담 : 계전기를 동작시키는 데 필요한 공칭 동작치에 대한 소비(VA)이다.

⑦ 부담임피던스

㉠ 부담을 옴(Ohm)으로 나타낸 것이다.

㉡ 이 값이 입력의 크기, 정정치, 비입력의 영향으로 변하는 경우의 관계는 다음과 같다.

$$VA_{(1)} = I^2 Z,\quad VA_{(2)} = \frac{V^2}{Z}$$

여기서, Z : 특별히 명시하지 않는 한의 최대 조건의 부담

$VA_{(1)}$: 전류계전기의 [VA]

$VA_{(2)}$: 전압계전기의 [VA]

031 변류기(CT) 포화전압의 정의와 포화전압과 부하임피던스(impedance)의 관계에 대하여 설명하시오.

data 전기안전기술사 21-122-1-7

답안

1. 포화전압의 정의

포화전압이란 1차측에 고장전류에 의한 대전류 또는 CT 2차 개방에 의한 누설자속의 통로가 없을 경우 철심포화현상에 의한 철심이 포화되기 직전까지의 높은 전압을 말한다.

2. 포화전압과 계전기의 동작관계

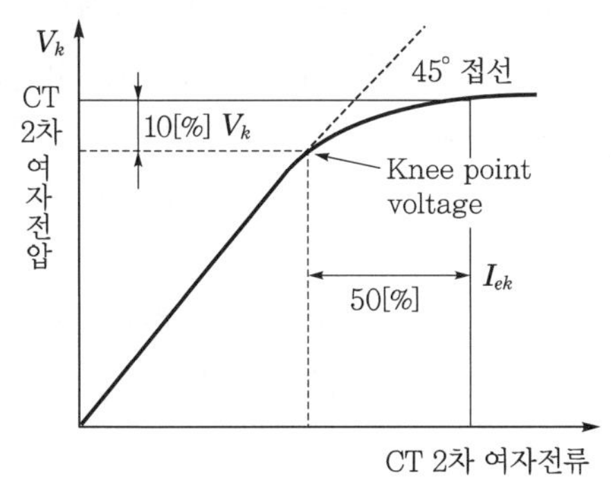

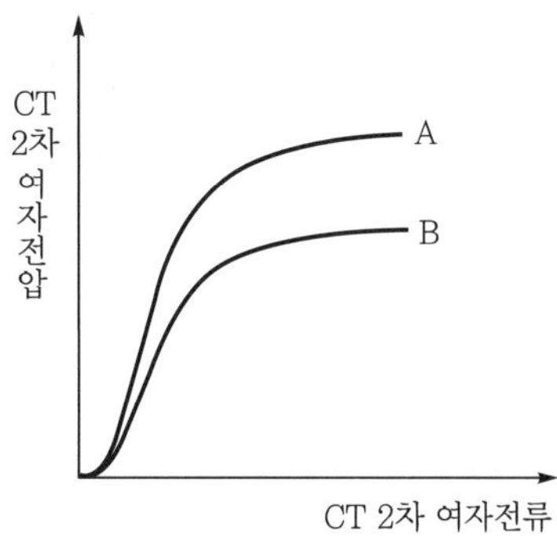

▎CT 2차 여자 포화특성곡선 ▎ ▎무릎전압 크기 비교 ▎

(1) 변류기가 포화되면 2차 전류가 감소하여 계전기를 제대로 동작시킬 수 없다.

(2) 위 오른쪽 그림에서 포화곡선 A는 B보다 Knee point voltage가 높다.

(3) 즉, A의 곡선을 가지는 변류기는 B의 곡선을 가지는 변류기보다 쉽게 포화되지 않으므로 CT는 Knee point voltage가 높은 것을 사용하는 것이 큰 고장전류에서도 확실한 계전기의 동작을 기대할 수 있다.

3. 포화전압과 임피던스와의 관계

(1) 포화전압(V)

포화전압(V) = 2차 전류(I_2)×과전류정수(n)×부하임피던스(Z)

(2) 포화전압과 임피던스와의 관계[CT 2차 전류(I_2)가 5[A]인 경우]

① C 100인 CT 포화전압(V) = 5[A]×20배×1[Ω] = 100[V]
② C 200인 CT 포화전압(V) = 5[A]×20배×2[Ω] = 200[V]
③ C 400인 CT 포화전압(V) = 5[A]×20배×4[Ω] = 400[V]
④ C 800인 CT 포화전압(V) = 5[A]×20배×8[Ω] = 800[V]

(3) 부하임피던스(Z)가 증가할수록 동일배수로 포화전압(V)은 증가한다.

032 CT(Current Transformer)의 포화특성에 대하여 설명하시오.

data 전기안전기술사 22-128-1-6

comment 배점이 10점인 경우 '1.', '2.', '3.'만 작성하고, 25점인 경우는 전체를 작성한다.

답안 1. CT의 포화특성(knee point voltage)의 정의

(1) 변류기의 1차 권선을 개방하고 2차 권선에 정격주파수의 교류전압을 인가하여 2차 여자전류를 측정하면 아래 그림과 같이 2차 여자포화곡선이 그려진다.

(2) 그림에서 포화되기 직전의 2차 여자전압, 즉 2차 전압이 +10[%] 증가될 때 2차 여자전류가 +50[%] 증가되는 점의 전압을 포화전압(knee point voltage)이라 한다.

① CT는 1차 전류가 증가하면 2차 전류도 변류비에 비례하여 증가한다.

② 어느 한계에 도달하면 1차 전류는 증가하여도 2차 전류는 포화되어 증가하지 않는다.

③ **포화점(knee point)** : CT의 1차 권선을 개방하고 2차 권선에 정격주파수의 교류전압을 서서히 증가시키면서 여자전류를 측정할 때 여자전압 10[%]가 증가하면 여자전류는 50[%] 증가하는 점을 말한다.

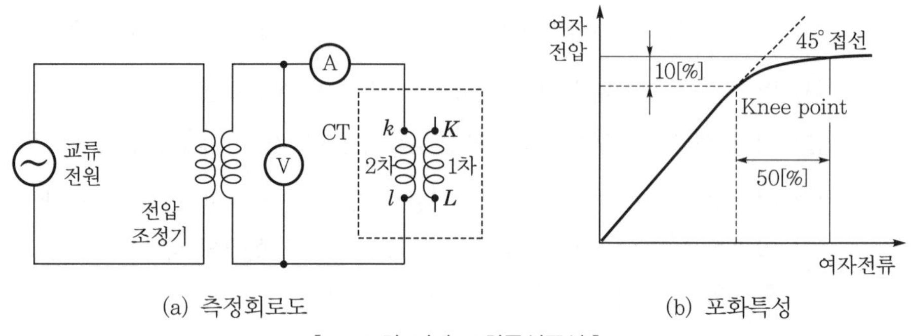

(a) 측정회로도 (b) 포화특성

▌CT 2차 여자 포화특성곡선▐

2. 포화특성의 발생 이유

CT 철심의 포화로 인하여 발생한다.

3. 포화특성의 영향

(1) 사고 시 대전류영역에서 보호용 계전기의 정확한 동작불능으로 보호계전기가 오동작한다.

(2) 철심포화 시 2차측 유기기전력은 감소되고 오차가 증가한다.

(3) CT의 정격 과전류정수의 영향을 주어, 과전류범위에서 CT의 철심포화 시 마이너스 오차가 발생한다.

4. CT 포화특성의 적용

comment 이 내용만으로 배점 25점이 예상된다.

(1) 보호계전기용 CT의 선정

과전류영역에서 포화되지 않고 보호계전기를 확실하게 동작시키도록 과전류정수가 충분한지 검토하여야 한다.

(2) 계측기용 CT의 선정

정격전류 범위에서 적용되므로 회로의 사고전류 시 포화되어 2차측 계기의 열적 내량에 문제가 없도록 검토하여야 한다.

(3) 적용

① 포화점의 인가점을 포화전압이라 하고 이것이 충분히 높아야 대전류영역에서 확실한 보호가 가능하다.

② 보호방식 중 차동계전방식 또는 Pilot wire 방식 등에서는 사용한 양단 CT의 포화특성 일치가 매우 중요한 요소가 된다.

5. CT 포화특성의 검토방법

comment 이 내용만으로 배점 25점이 예상된다.

(1) 과전류정수의 검토

① 과전류정수는 과전류범위에서의 비오차 특성을 표시한다.

② 보호계전기용 변류기는 과전류범위에서 비오차가 중요하게 되므로 과전류영역에서의 비오차를 보증하기 위한 방법으로 과전류정수라는 용어를 사용한다.

③ 변류비가 작아 CT 1차 정격전류(ICT_1)에 대한 CT 설치점의 최대 고장전류의 비대칭 실효치(IS : asymmetrical RMS)가 과전류정수 이상인 경우에는 최대 고장전류 발생 시 포화 또는 큰 비오차로 인하여 보호계전기의 보호동작이 실패할 수 있다.

④ CT 정격에 표시된 과전류정수는 CT 정격에 표시된 정격부담을 기준으로 적용된다.

⑤ 실제 사용되는 CT 2차측 연결부하의 부담은 정격부담에 비하여 작은 경우가 대부분이다.

⑥ 실제 적용되는 과전류정수의 계산을 위하여 ALF(Accuracy Limit Factor : 정확도 한계계수)를 계산하여 적용한다.

$$ALF = \text{정격 과전류정수} \times \frac{PI + PN}{PI + PR + PL}$$

여기서, PL : 정격부담
PI : CT 자체부담
PR : Relay 부담
PL : 연결 케이블부담

⑦ ALF에 따른 CT 포화의 변화

㉠ CT의 과전류정수와 CT 2차 부담의 곱은 거의 일정하다.

㉡ 부담이 커지면 과전류정수는 저하하는 것을 의미한다.

㉢ 반대로 큰 과전류정수가 필요할 때는 부담을 줄여 목적을 달성할 수 있다.

(2) CT 2차 여자전압에 따른 검토

① CT 2차 회로의 종합저항을 산정한다.

② CT 1차측에 고장전류(asymmetrical RMS)가 흐를 때 CT 2차측에 흐르는 전류를 계산한다.

③ CT 2차 회로의 종합저항을 고려하여 그 전류를 흘릴 수 있는 전압을 계산한다.

④ 이 전압과 해당 변류기의 CT 2차 전압의 한계보다 작은지 확인한다.

033 계기용 변류기(CT)에 대하여 설명하시오.

data 전기안전기술사 21-123-4-5

답안 1. 개요

(1) 계측 또는 보호를 위해서는 전력계통의 전류를 소전류상태로 변환하여 사용하는 것이 편리하고 안전하다.

(2) CT는 특성상 계측용과 보호용으로 나눌 수 있으며 여기서는 CT의 종류와 보호 CT의 설정에 필요한 정격부담, 과전류강도 및 과전류정수에 관하여 살펴보기로 한다.

2. CT의 종류

(1) 절연구조에 따른 분류

① 건식 CT

② Mold형 CT

③ 유입형 CT

④ 가스형 CT

(2) 권선형태에 따른 분류

① 부싱형 CT

② 권선형 CT

③ 관통형 CT

④ 봉형 CT

⑤ 분해형 CT

⑥ 광 CT

(3) 용도(특성)에 따른 분류

① 계측용 CT

㉠ 평상시 : 정상부하상태에서 사용하므로 정격 이내에서 정확하여야 한다.

㉡ 사고 시 : CT 2차측에 연결된 계측기 및 배선을 보호하는 특성을 구비한다.

② 보호(계전기)용 CT : 사고 시 응동해야 하므로 대전류에 포화되지 않고 계전기를 신속하고 정확하게 동작시켜야 한다.

3. CT의 계급

(1) 0.1급, 0.2급 : 표준용(표준기 또는 특별 정밀계측용)

(2) 0.5급, 1.0급, 3.0급 : 일반계기용(정밀계측, 배전반용)

4. CT의 최고 전압

규정 조건하에서 특성을 보증하는 회로의 최고 전압으로 기기의 명판에 표시된다.

‖ 공칭전압과 최고 전압 ‖

공칭전압[kV]	3.3	6.6	22	154	345
최고 전압[kV]	3.45	7.2	25.8	170	362

5. CT의 내부구조

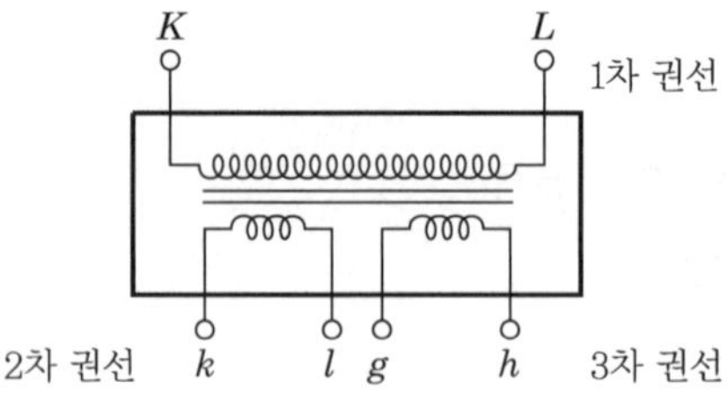

6. CT 정격전류

(1) 정격 1차 전류

① 정격 1차 전류는 그 회로의 최대 전류를 계산하여 그 값에 여유를 주어 결정한다.

② 수용가 인입회로나 전력용 변압기의 경우 최대 부하전류의 125~150[%]로 한다.

③ 전동기 부하는 최대 부하전류의 200~250[%]로 선정한다.

(2) 정격 2차 전류 : 5[A], 1[A], 0.1[A]

① 일반적인 계기, 보호계전기는 5[A], 디지털계전기는 1[A]로 한다.

② CT 2차에 직렬접속되는 부하의 정격입력전류와 일치시켜야 한다.

③ 원방계측의 경우

(3) 정격 3차 전류

① 다중 접지 또는 직접 접지계통의 영상전류를 얻기 위해 사용한다.

② CT 정격 1차 전류가 300[A] 이하에서는 Y회로의 정류회로를 이용하고 300[A] 초과에서는 3차 영상분도 이용하며 지락영상전류를 검출한다.

③ 정격 1차 전류가 300[A]를 초과하면 전류회로로는 충분한 영상전류가 얻어지지 않기 때문에 3차 영상 분로권선을 사용한다.

7. CT 정격부담

(1) 정의

① 변류기의 부담이란 2차 단자 간 또는 3차 단자 간에 접속되는 부하를 말하며, 2차 전류 또는 3차 전류하에서 부하로 소비되는 피상전력[VA] 시 그 부하의 역률로 나타낸다.

② 부담[VA] = $I^2 Z$

여기서, I : CT 2차 정격전류[A]

Z : 부하임피던스

(2) 변류기의 정격 2차 부담

계급	정격부담[VA]
0.5급	15, 25, 40, 100
1.0급	5, 10, 15, 25, 40, 100

① 일반적으로 40[VA]가 주로 사용된다.

② 부하가 정격부담보다 클 경우 오차가 증가하여 과전류 특성이 나빠진다.

8. CT 정격 과전류강도

(1) 정의

① 정격 1차 전류값의 몇 배의 과전류까지 견딜 수 있는가를 정하는 것이다.

② 회로에 단락사고 발생 시 CT 1차 권선에도 단락전류가 흘러 권선용단, 변형 등이 일어날 수 있다.

③ CT 1차에 고장전류가 흐를 경우 정격 1차 전류의 몇 배까지 견딜 수 있는가를 정한 것이 정격 과전류강도라고 한다.

(2) 정격 과전류강도의 표준

표준은 40배, 75배, 150배, 300배이며, 300배 이상은 주문제작한다.

(3) 정격 과전류강도의 구분

① 열적 과전류강도

㉠ 권선의 온도상승으로 인한 용단에 대한 강도이다.

㉡ KS에는 표준지속시간에 1.0초로 되어 있으나 실제로 과전류 통과시간에 따라 다르다.

㉢ 열적 과전류강도(S)

- 표준시간 1.0초에서 정격 1차 전류의 몇 배까지 견딜 수 있는 값

chapter 14

- 전선의 온도 상승에 의한 용단에 대한 강도 : $S = \frac{S_n}{\sqrt{t}}$ [kA]

  여기서, S : 열적 과전류강도

  S_n : 정격 과전류강도[kA]

  t : 통전시간(KS 표준시간 : 1.0[sec])

② 기계적 강도

㉠ 전자력에 의한 권선의 변형에 견디는 강도로서, 2차측 전류의 파고치(KA.peak)가 기준이다.

㉡ 정격과전류의 2.5배에 상당하는 초기 최대 순시치의 과전류에 견딜 것

㉢ CT의 과전류강도 = $\frac{\text{최대 비대칭 단락전류}}{\text{정격 2차 전류}}$

reference

CT의 과전류정수

(1) 정의

① 변류기의 1차 전류가 정격치를 크게 상회하면 철심에 포화가 생겨 비오차가 크게 상승한다.

② 사고 시 대전류영역에서의 계전기작동은 변류기의 과전류영역에서의 특성을 고려하지 않으면 오동작이 되거나 예정된 시간에 동작하지 않을 우려가 있다.

③ 이 과전류영역에서의 비오차특성을 과전류정수라 한다.

(2) 과전류정수가 클 경우 미치는 영향과 대책

① 영향 : 2차 회로에 사고전류에 비례하여 큰 전류가 흐르게 되므로 계기 및 계전기의 열적 · 기계적 내량에 문제가 발생한다.

② 대책 : 2차 회로에 직렬저항을 삽입한다.

(3) 정격 과전류정수 선정

① 정격 과전류정수는 CT 정격부담, 정격주파수에서 변성비 오차가 −10[%] 될 때의 1차 전류값과 정격 1차 전류의 비로써 n으로 표시(비오차가 −10[%]일 경우)한다.

② $n>5$, $n>10$, $n>20$, $n>40$이 표준

$$n = \frac{I_1}{I_{1n}} = \frac{\text{비오차가 −10[\%] 될 때의 1차 전류}}{\text{정격 1차 전류}}$$

③ 정격 과전류정수는 가급적 작은 것을 선택해야 2차 권선에 연결된 계기 보호계전기 등의 유입전류가 작아서 좋다.

section 04 보호계전기

034 154[kV] 이상 변전소에서 적용하고 있는 모선보호방식을 설명하시오.

1. 전류 차동방식
2. 전류 비율차동방식
3. 전압 차동방식

data 전기안전기술사 18-116-4-6

답안 1. 개요

(1) 모선(bus)의 정의

발 · 변전소의 주변압기 단자와 송 · 배전 선로의 인출구 사이의 기기를 접속할 수 있는 공통의 전선을 말한다.

(2) 154[kV] 이상에서는 2중 모선보호방식을 주로 적용시켜 모선측 단로기와 보호계전기를 연동시켜 고장모선을 보호하여, 모선보호에 신뢰도를 향상시킨다.

(3) 문제에서 주어진 3가지 방법을 아래와 같이 설명한다.

2. 전류 차동방식(과전류 차동방식)

(1) CT 2차 회로의 차동회로의 과전류를 검출하는 방식이다.

(2) CT 특성오차에 의한 불평형에 의해 오동작이 커서 중요 변전소에는 적용치 않는다.

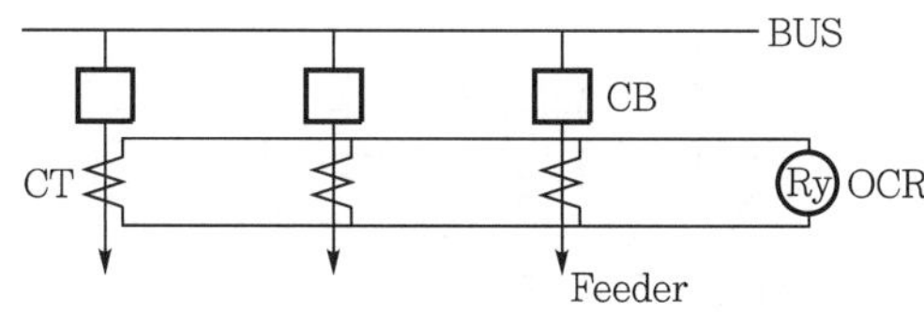

3. 전류 비율차동방식(비율차동방식)

(1) 비율차동방식 회로도

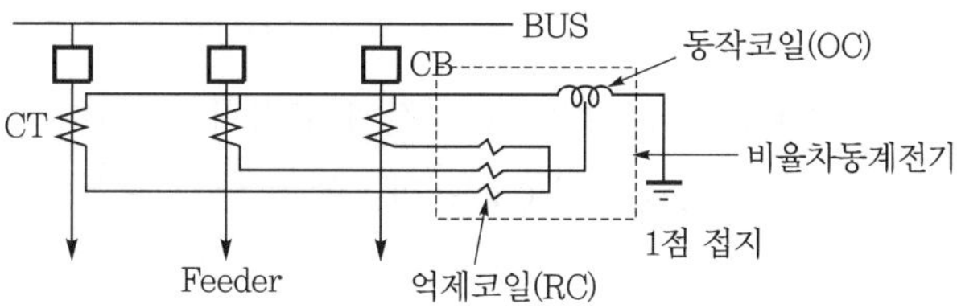

(2) 동작원리

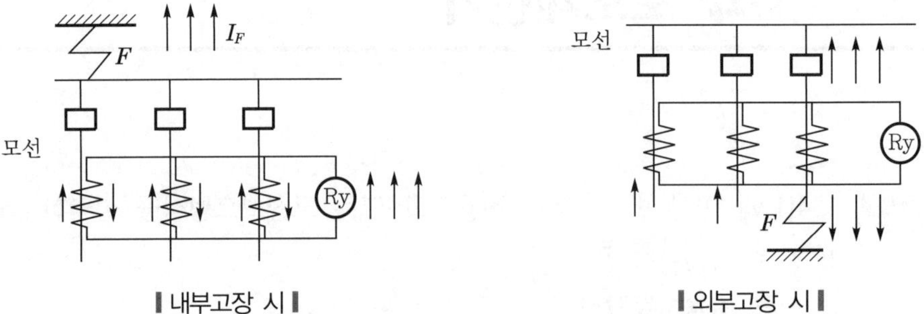

▌내부고장 시▌ ▌외부고장 시▌

① 전체 피더의 Vector 합전류의 유무로 고장을 판별한다.

즉, 모선사고 시 $\sum_{n=1}^{n} I_{Fn} = I_F$, 외부사고 시 $\sum_{n=1}^{n} I_{Fn} = 0$

② 각 피더의 CT 2차 회로를 일괄하여 비율차동회로를 구성, RC(억제코일)와 OC(동작코일) 비율에 따라 동작(비율차동 계전원리임)한다.

③ 모선의 회선수가 많아지면 몇 개의 비율차동계전기를 조합하고 차동회로를 직렬접속하여 보호하거나 다억제형 계전기를 사용한다.

④ 외부사고 시에는 차동회로에 흐르는 전류가 많이 왜형되어 있어 고조파 억제형을 사용한다.

(3) 특성

① CT 2차 회로의 차동회로에 억제코일과 동작코일이 있는 비율차동계전기를 사용한다.

② CT 특성오차에 의한 오동작을 방지할 수 있다.

4. 전압차동방식(주보호방식에 많이 사용됨)

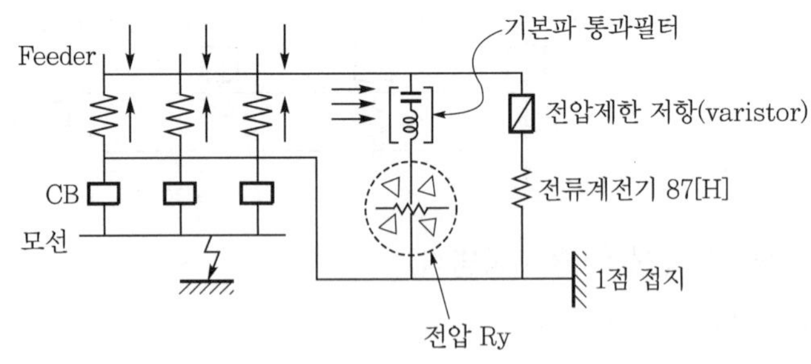

▌전압차동방식▌

(1) 변류기 차동회로에 전압차동계전기(고임피던스 내장) 삽입으로 차전류를 검출한다. 즉, 전류차동방식의 CT 포화특성에 따른 오동작 문제점을 해결할 수 있도록 차동계전기의 저항을 CT 포화 시의 회로저항보다 크게 하여 계전기에 유입하는 전류를 동작전류 이하로 제한한다.

(2) CT 오차전류에 의한 오동작을 방지할 수 있고 외부고장에서 CT 포화에 의한 오동작도 방지할 수 있다.

(3) CT 포화특성에 의한 오동작이 없고, 내부사고만을 검출하는 방식으로 대규모 S/S에서 많이 적용 중이다.

(4) CT 2차 회로의 전압을 과전압하지 않으려고 병렬로 전압제한 저항(varistor)을 설치한다.

(5) 전압계전기와 직 · 병렬로 필터를 설치하여 전압계전기는 CT 2차 전류의 기본파에만 응동한다.

(6) 내부고장

CT 2차 회로를 환류할 수 없어 차동회로에 높은 전압이 발생하여 전류계전기가 동작한다.

(7) 외부고장

차동회로의 높은 임피던스로 CT 2차 회로가 분류된다.

(8) 전압계기와 병렬로 전류계전기를 설치한다.

5. 모선방식 선정 시 고려사항

comment 시험장에서는 기록 안 해도 되나 향후 배점 10점 출제 예상된다.

(1) 발 · 변전소의 소요부지면적의 크기 및 기기배치 등을 정하기 위해 기본설계에 있어 제일 먼저 결정해야 할 것이 모선결선방식이다.

(2) 특히 초고압 변전소는 1차 계통의 중추가 되므로 계통운용, 보수 양면에 고려해야 하고 건설 초기에는 모선확장 및 증설에 대하여 편리한 구조이어야 한다.

(3) 중점적 고려사항

① 계통운용의 유연성

② 전력공급의 신뢰성

③ 설비증설의 용이성

④ 경제성

(4) 상기 사항에 대한 모선방식별의 일반적인 평가는 다음과 같다.

구분	운용 유연성	공급신뢰성	증설 용이성	경제성	비고
단모선방식	×	×	○	○	• × : 불리 • ○ : 유리 • ◎ : 아주 유리
Double bus 방식	○	○	○	○	
$1\frac{1}{2}$CB bus 방식	○	◎	○	×	

035 보호계전기로 사용되는 변류기에 관하여 다음 사항을 설명하시오.

1. 절연구조에 따른 분류 및 특징
2. 권선형태에 따른 분류 및 특징
3. 검출용도에 따른 분류 및 특징

data 전기안전기술사 19-119-2-4

답안 1. 개요

계측 또는 보호를 위해서는 전력계통의 전류를 소전류상태로 변환하여 사용하는 것이 편리하고 안전하다.

2. 절연구조에 따른 분류 및 특징

(1) 건식

① 절연재료로 종이, 면 등을 절연바니스에 진공함침한 방식이다.

② 저전압, 옥내용으로 많이 사용한다.

(2) 유입식

① 절연재료로 절연유를 사용한 것으로, 애자형, 탱크형 등이 있다.

② 고전압(22.9~345[kV]), 옥외용에 많이 사용한다.

(3) 몰드식

① 절연재료로 합성수지 또는 부틸고무 등을 사용하여 권선 또는 전체를 절연한다.

② 저전압 및 6.6[kV], 22.9[kV]에 사용한다.

(4) 가스식

① 절연유 대신 SF_6 Gas를 사용하여 탱크형으로 제작한다.

② 최근 GIS 설비용으로 많이 사용한다.

3. 권선형태에 따른 분류 및 특징

CT 종류	구조 및 특징
권선형	1·2차 권선이 모두 하나의 철심에 감겨 있는 구조
관통형	1차 권수가 1회인 도체가 철심 중심부를 관통하고, 철심에 2차 권선이 균일하게 감긴 구조
Bushing형	관통형 CT의 일종으로 Bushing 내의 도체를 CT의 1차 도체로 사용하므로 철심의 내경과 단면적이 커져 포화특성이 향상된 구조

CT 종류	구조 및 특징
봉형, 분해형	2차 권선을 감은 철심에 1차 전체를 넣어서 일체구조로 한 것이며, 1차 권선이 1 Turn이므로 절연이 용이하고 과부하에도 견딜 수 있으므로 1차 전류가 대전류에 적합한 구조
광형	전류에 의해 발생하는 자기장의 변화에 따라 측정광의 편광특성이 비례적으로 변하는 성질(자기광학효과)을 활용한 전류계측센서

4. 검출용도에 따른 분류 및 특징

CT 종류	특성
계측용	• 정상 시 : 정격부하상태에서 사용하므로, 정격 이내에서 오차가 적어야 함 • 사고 시 : 사고 시에는 포화되어 CT 2차측에 대전류를 통하지 않도록 함으로써, 계측기와 회로를 보호함
계전기용	• 정상 시 : 동작 않음 • 사고 시 : 사고 시에 동작해야 하므로 대전류에 포화되지 않는 특성이 필요함. 또, 사고 시에는 계전기를 신속정확하게 동작시켜야 함
C형	정격 시의 20배 전류에 포화되지 않고, 비오차범위가 −10[%] 이내의 규격일 것
T형	철심의 누설자속이 커서, 변류비에 영향을 주므로 시험에 의해서만 특성파악이 가능
X형	IEC 61850 디지털 변전소화에 의해 적용되는 CT로써, 보호 · 계측의 기능이 통합된 CT

5. CT의 계급

(1) 0.1급, 0.2급 : 표준용(표준기 또는 특별 정밀계측용)

(2) 0.5급, 1.0급, 3.0급 : 일반계기용(정밀계측, 배전반용)

036 전선로나 기기의 고장을 검출하여 동작하는 보호계전기에 대하여 다음 사항을 설명하시오.

1. 보호계전기를 동작시한에 따라 분류하고 설명
2. 한시특성의 구동전기량과 동작시간에 따른 특성을 그림으로 표현

data 전기안전기술사 19-119-3-4

답안 **1. 보호계전기의 동작시한에 따른 분류**

(1) 순한시 계전기

① 정정된 최소 동작전류 이상의 전류가 흐르면 즉시 동작하는 것으로서, 한도를 넘는 양과는 아무런 관계가 없다.

② 보통 0.3초 이내에서 동작하도록 하고 있으나 특히 그 중에서도 0.5~2cycle 정도의 짧은 시간에서 동작하는 것을 고속도계전기라 한다.

(2) 정한시 계전기

정정된 값 이상의 전류가 흘렀을 때 동작전류의 크기와는 관계없이 항상 정해진 시간이 경과한 후에 동작하는 것이다.

(3) 반한시 계전기

정정된 값 이상의 전류가 흘러서 동작할 때 동작시간을 조절하는 것으로, 예를 들어 전류값에 반비례시켜 전류값이 클수록 빨리 동작하고 반대로 전류값이 작으면 작은 만큼 느리게 동작하게 하는 것이다.

(4) 반한시성 정한시 계전기

위의 '(2)'와 '(3)'의 특성을 조합한 것으로서, 어느 전류값까지는 반한시성이지만 그 이상이 되면 정한시로 되는 것으로, 실용상 가장 적절한 한시특성이라고 할 수 있다.

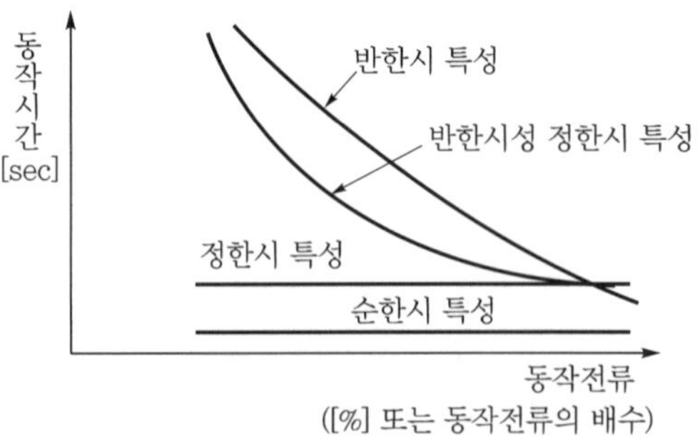

▌계전기의 한시특성▐

2. 한시특성의 전기구동량과 동작특성

(1) 유도원판형 계전기의 동작원리

① **동작원리** : 동작력($R_m \cdot \phi = NI$), 억제력(스프링 텐션) 이상일 때 동작

② **동작 메커니즘** : 8[A] 탭 정정 시 $N = 30$[turn]일 경우

㉠ 10[A] 입력 시 30×10 = 300AT(동작력) > 240AT(억제력) → 동작함

㉡ 보조접점 ON으로 표시기 동작, TC 여자 → CB 차단

③ **전류탭 정정** : 권수를 조정하여 동작전류 정정(4~12A 탭)

④ **타임레버(다이얼)** : 고정접점과 가동접점 간 간극조정(0~10) → TL(Time Lever) 5는 TL 10의 동작시간 $\frac{1}{2}$

(2) 구동전기량과 동작특성

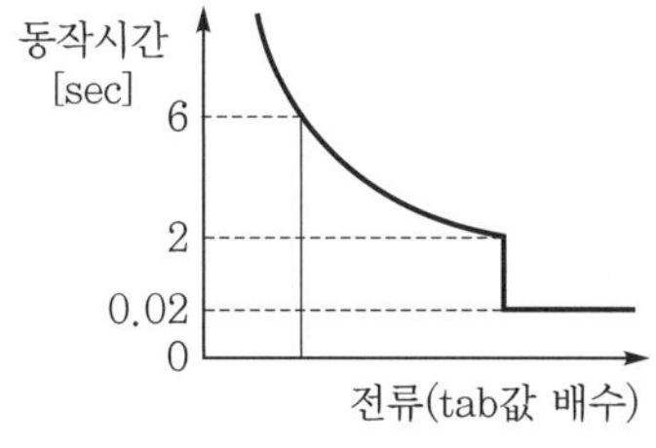

▌반한시-순시조합 특성▐

동작시간 [sec]
반한시
강반한시
초반한시
정한시
전류(tab값 배수)

▌Relay 동작시간 특성▐

① **반한시(NI) 특성** : 구동전기량과 동작시간은 반비례로 동작

② **강반한시(VI) 특성** : 반한시보다 동일 구동량 대비 더 짧은 시간에 동작

③ **초반한시(EV) 특성** : 강반한시보다 동일 구동량 대비 더 짧은 시간에 동작

④ **장한시(L) 특성** : 반한시보다 구동량 대비 더 긴 시간에 동작

⑤ **정한시 특성** : 구동전기량이 일정 이상일 경우 크기와 무관하게 일정시간에 동작

(3) 구동전기량과 동작시간 특성 정정

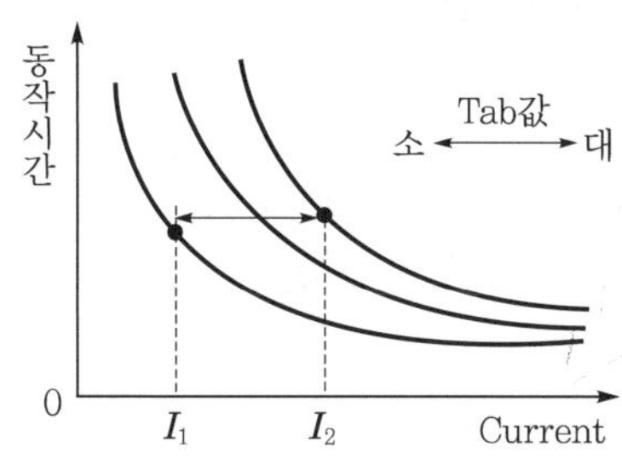

▌Tab 정정(레버고정)의 T-C 곡선▐

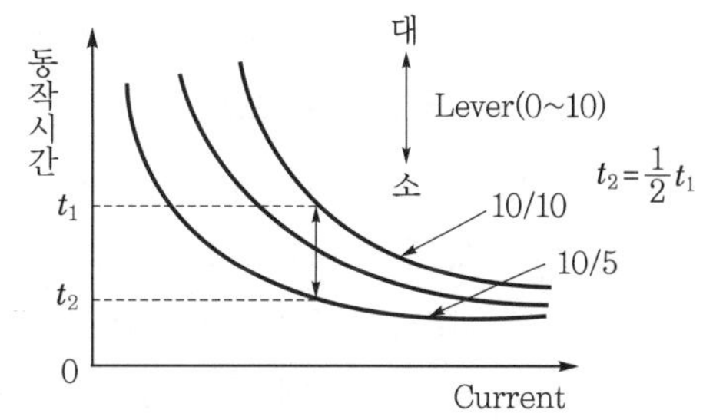

▌Lever 정정(tab 고정)의 T-C 곡선
10/5 : 10레버 중 5레버 적용▐

① **탭정정** : 구동전기량의 크기를 정정하면 동작시간은 특성곡선의 변화가 발생한다.

② **타임레버(TL) 정정** : 동일 구동전기량에 따른 동작시간 정정으로 특성곡선은 변화한다.

037 특고압용 유입변압기의 전기적 및 기계적 보호장치를 설명하시오.

data 전기안전기술사 22-128-4-2

답안 1. 개요

(1) 전력용 변압기는 수전설비 중 가장 중요한 설비이며, 이를 보호하기 위한 보호장치는 기계적 및 전기적 보호장치로 분류된다.

(2) 내부사고는 사전에 방지 또는 사고 시 파급범위를 최소화하고 외부 단락사고 또는 지락사고 시 변압기에 미치는 영향을 최소화하기 위해 설치된다.

2. 특고압용 유입변압기의 전기적 보호장치

(1) 과전압에 대한 보호장치

① LA : 뇌격의 유입에 대한 보호

㉠ 절연협조 : 피뢰기의 제1보호대상은 변압기이다.

㉡ $V_t = V_a + \dfrac{2\mu S}{v}$ [kV]

여기서, V_t : 기기에 인가되는 전압

V_a : 피뢰기 제한전압

μ : 파두준도

s : 이격거리

v : 전파속도

② SA : 개폐서지에 대한 보호

㉠ 개폐서지에는 TR 자체 절연으로 보호

㉡ VCB로 개폐되는 몰드 TR은 SA로 보호

(2) 과전류에 대한 보호

비율 차동 계전기(RDR)는 변압기 내부고장을 보호한다.

① 변압기 내부고장에 대하여 차동전류에 동작한다.

② CT의 극성을 확인하여야 한다.

③ 위상각 차에 대한 오차 보정 : TR $\Delta - Y$, CT $Y - \Delta$

④ 여자돌입전류에 대한 오동작대책으로 감도저하법, 고조파 억제법, 비대칭저지법을 시행한다.

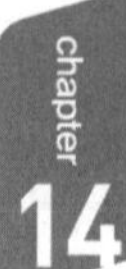

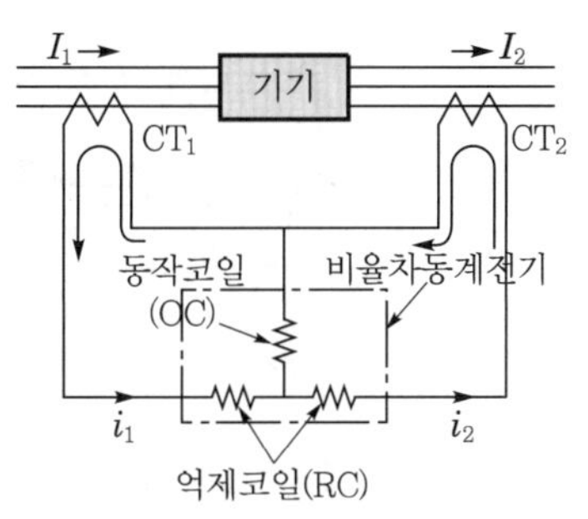

▌비율차동계전기의 원리▐

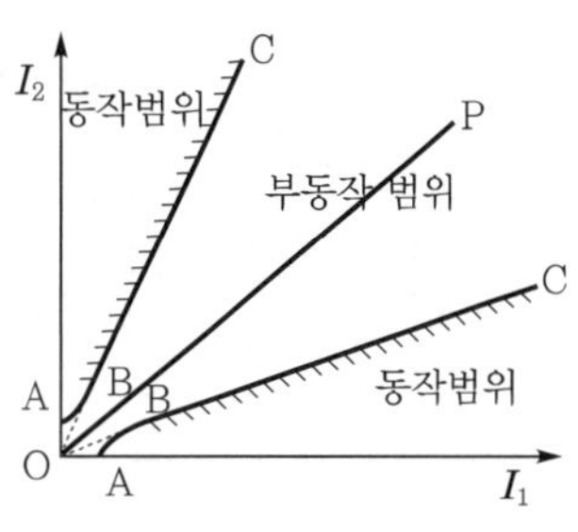

▌비율차동계전기의 동작특성▐

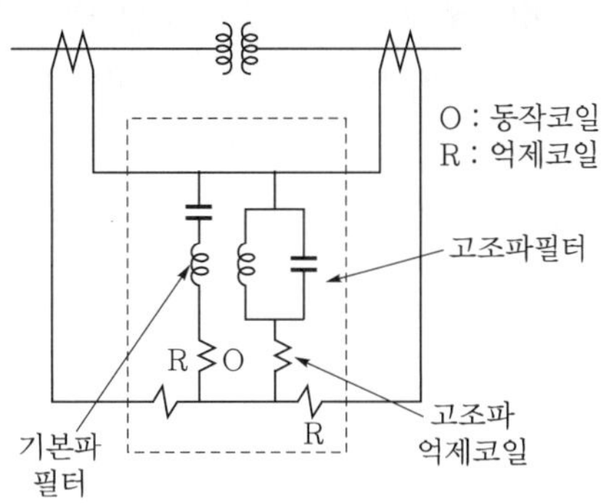

▌고조파 억제식 비율차동계전기▐

3. 특고압용 유입변압기의 기계적 보호장치

(1) 부흐홀츠 계전기(96B)

① 그림과 같이 Float B_1, Float B_2를 조합한 계전기이다.

② 동작

㉠ 과열 등으로 절연유가 분해해 가스화되어, 유면이 내려오면 B_1이 경보를 시행한다.

㉡ 유면이 급하강하면 B_2가 동작하여 회로를 차단한다.

③ 주탱크와 콘서베이터를 연결하는 중간에 설치한다.

(2) 충격압력계전기

① **변압기 내부사고 시** : 분해 Gas가 발생하여 충격성 이상압력을 검출하여 차단한다.

② **급격한 압력 상승** : Float를 밀어올려 접점 폐로

③ **완만한 압력상승** : Float의 가능구멍을 통해서 Float 양면의 압력이 균형화되어 동작하지 않는다.

④ **설치장소** : 유면 위의 Tank 내 또는 맨홀 뚜껑

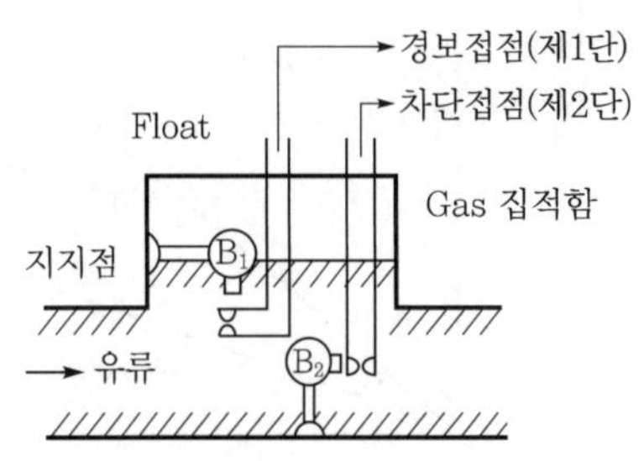

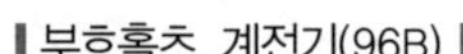
▎부흐홀츠 계전기(96B) ▎

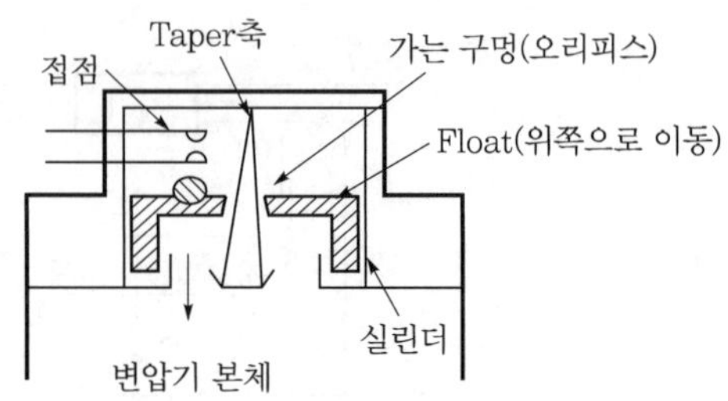

▎충격압력계전기(방압 안전장치) ▎

(3) 방출안전장치

① 변압기 커버에 취부되며 변압기 외함 내에 이상발생을 막아주는 장치로, 일정 압력 초과 시 방압변이 동작하여 변압기의 폭발을 막아준다.

② 여러 번 동작 시 손상되지 않고 충분히 견디도록 강하게 만들어졌다.

③ 동작부분은 방압막, 압축스프링, 가스켓 및 보호덮개로 구성되어 있다.

(4) 온도계

내부온도를 검출하며, 30[℃] 기준으로 1[℃] 하강 시 0.8[%] 과부하가 가능하다.

$y = ae^{b\theta m}$

(5) 유면계

유면 저하 시 경보를 발생시킨다.

038 특고압용 유입변압기의 보호장치와 전기설비기술기준의 판단기준 제48조에 의한 내부고장 보호장치 설치기준에 대하여 설명하시오.

data 전기안전기술사 20-120-3-5

답안 **1. 특고압용 유입변압기의 내부고장에 대한 전기적 보호장치**

(1) 정의

내부고장보호용으로 비율차동계전기를 사용하고 동작전류의 비율이 억제전류의 일정값 이상일 때 동작한다.

(2) 동작원리

① **평상시, 외부고장 시** : 차전류 $i_d = i_1 - i_2 = 0$이 되어 계전기는 부동작

② **내부고장 시** : 차전류 i_d가 큰 값이 되어 동작코일이 작동되어 계전기 동작

③ 동작비율 $= \dfrac{|I_1 - I_2|}{|I_1| \text{ or } |I_2|} \times 100$

단, $|I_1|$ or $|I_2|$ 중 작은 값 선택

④ **전류차동요소** : 억제코일과 동작코일 2개의 전자식 요소 부착

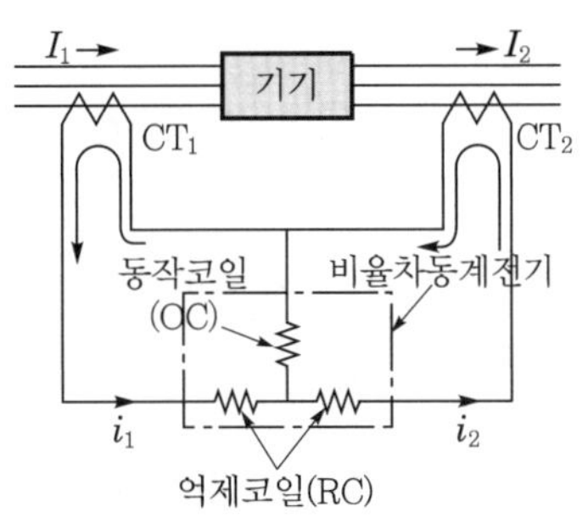

▌비율차동계전기의 원리▐

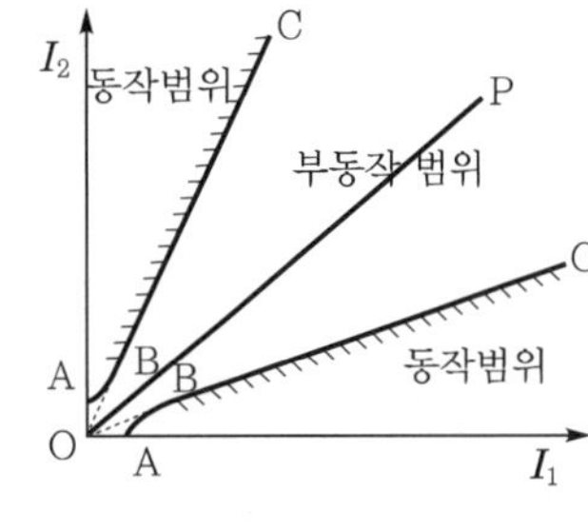

▌비율차동계전기의 동작특성▐

(3) 동작특성

비율차동계전기의 동작특성 그림을 참조한다.

(4) 적용 시 문제점 및 대책

① 여자돌입전류에 의한 오동작

㉠ 문제점 : 변압기 무부하 투입 시 여자돌입전류가 정격전류의 7~8배 흘러 오동작

㉡ 대책

- 감도저하법 : 변압기 투입 시 순간적 감도를 저하시킴(0.2[sec])
- Trip lock법 : 변압기 투입 후 일정시간 동안 Trip 회로 Lock

② 위상각차에 의한 오차

㉠ 문제점 : 변압기 Y-Δ 결선 시 1·2차 간에 30°의 위상차가 생겨 오동작

㉡ 대책 : 위상차 보정은 변압기결선이 Δ-Y이면 CT 결선을 Y-Δ로, 변압기 결선이 Y-Δ이면 CT 결선 Δ-Y

③ 고조파 발생 시 고조파에 의한 오동작

㉠ 문제점 : 기본파에 대한 고조파 함유율이 15~20[%] 이상이면 오동작

㉡ 대책 : 고조파 억제방식의 비율차동계전기 적용

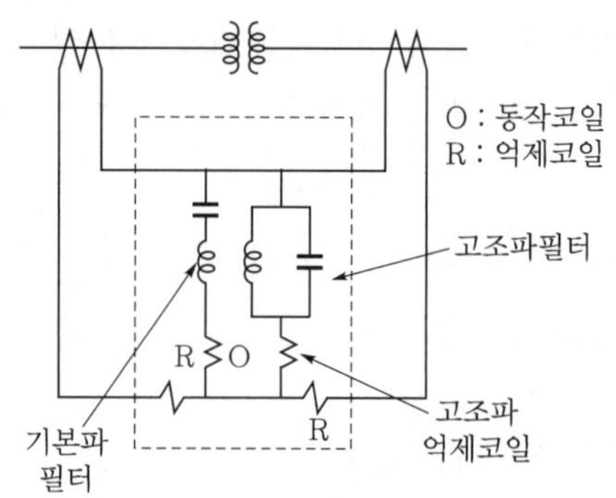

▎고조파 억제식 비율차동계전기▎

④ 전류 불일치 : 정합용 Tap 또는 계전기 외부에 보조변류 CCT를 설치하여 전류를 정합시킴

⑤ CT 회로의 접지확인 : 87계전기의 오동작을 우려하여 CT 회로접지는 1점 접지 시행

⑥ CT의 극성확인 : 극성이 오결선 시 상시 차동회로의 차동전류가 흘러서 고장 시 차동전류가 만족스럽지 않아 오동작됨

2. 특고압용 유입변압기의 내부고장에 대한 기계적 보호장치

(1) 원리

오일 또는 절연지의 열분해 시 발생된 가스를 검출 후 동작한다.

(2) 부흐홀츠 계전기(96B)

① 일종의 Float S/W와 Float 계전기를 조합한다.

② 과열 등으로 절연유가 분해되어 Gas화 해서 유면이 내려가면 B_1의 Float가 경보접점을 접촉한다.

③ 급격한 유류 또는 Gas의 이동이 생기면 B_2의 Float가 차단접점을 접촉한다.

④ 설치장소는 주탱크와 콘서베이트의 중간이다.

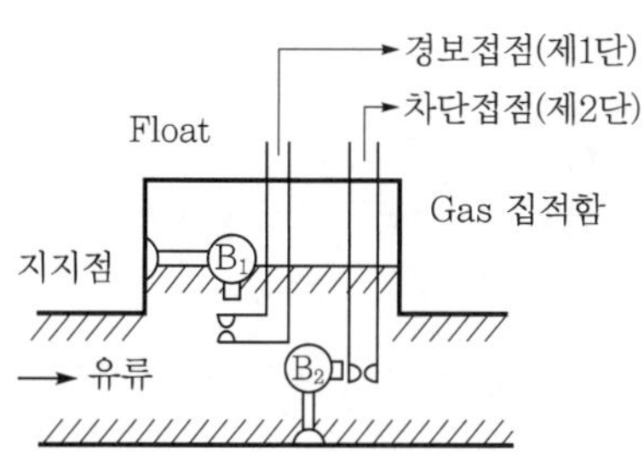

▌부흐홀츠 계전기(96B)▐

▌충격압력계전기(방압안전장치)▐

(3) 충격압력계전기(방압안전장치)

① 변압기 내부사고 시 Gas가 발생하여 충격성 이상 압력이 발생

② **급격한 압력 상승** : Float를 밀어올려 접점 폐로

③ **완만한 압력 상승** : Float의 가능구멍을 통해서 Float 양면의 압력이 균형화되어 동작하지 않음

④ 설치장소는 유면 위의 Tank 내 또는 맨홀 뚜껑

(4) **온도계** : 온도 상승값이 일정값 이상 시 경보

(5) **유면계** : 유면 저하 시 경보

(6) 적용 시 고려사항

차단기, 변압기 부싱회로에 발생된 사고에 대한 별도의 대책수립이 필요하다.

3. 내부고장 보호장치 설치기준(한국전기설비기준 KEC 351.4)

(1) 특고압용의 변압기에는 그 내부에 고장이 발생할 때 보호하는 장치를 다음 표와 같이 시설한다.

(2) 단, 변압기의 내부에 고장이 생겼을 경우에 그 변압기의 전원인 발전기를 자동적으로 정지하도록 시설한 경우에는 그 발전기의 전로로부터 차단하는 장치를 설치하지 않아도 된다.

▌특고압 변압기의 보호장치의 구분▐

뱅크용량의 구분	동작조건	장치의 종류
5,000[kVA] 이상 10,000[kVA] 미만	변압기 내부고장	자동차단장치 또는 경보장치
10,000[kVA] 이상	변압기 내부고장	자동차단장치
타냉식 변압기(변압기의 권선 및 철심을 직접 냉각시키기 위하여 봉입한 냉매를 강제순환시키는 냉각 방식을 말함)	냉각장치에 고장이 생긴 경우 또는 변압기의 온도가 현저히 상승한 경우	경보장치

reference

1. KEC 351.3 기준에서 발전기 등의 보호장치(를 설명하시오)

발전기를 자동적으로 이를 전로로부터 차단하는 장치의 시설기준

(1) 발전기에 과전류나 과전압이 생긴 경우

(2) 용량이 500[kVA] 이상의 발전기를 구동하는 수차의 압유장치의 유압 또는 전동식 가이드밴 제어장치, 전동식 니들 제어장치 또는 전동식 디플렉터 제어장치의 전원전압이 현저히 저하한 경우

(3) 용량이 100[kVA] 이상의 발전기를 구동하는 풍차의 압유장치의 유압, 압축공기장치의 공기압 또는 전동식 브레이드 제어장치의 전원전압이 현저히 저하한 경우

(4) 용량이 2,000[kVA] 이상인 수차 발전기의 스러스트 베어링의 온도가 현저히 상승한 경우

(5) 용량이 10,000[kVA] 이상인 발전기의 내부에 고장이 생긴 경우

(6) 정격출력이 10,000[kW]를 초과하는 증기터빈은 그 스러스트 베어링이 현저하게 마모되거나 그의 온도가 현저히 상승한 경우

2. KEC 351.3 기준에서 연료전지를 자동적으로 이를 전로로부터 차단하는 장치의 시설기준(을 설명하시오)

다음의 경우에 자동적으로 이를 전로에서 차단하고 연료전지에 연료가스 공급을 자동적으로 차단하며 연료전지 내의 연료가스를 자동적으로 배제하는 장치를 시설하여야 한다.

(1) 연료전지에 과전류가 생긴 경우

(2) 발전요소(發電要素)의 발전전압에 이상이 생겼을 경우 또는 연료가스 출구에서의 산소농도 또는 공기 출구에서의 연료가스 농도가 현저히 상승한 경우

(3) 연료전지의 온도가 현저하게 상승한 경우

3. KEC 351.54 기준에서 조상설비의 보호장치 설치기준(에 대하여 설명하시오)

(1) 개요

조상설비에는 그 내부에 고장이 생긴 경우에 보호하는 장치를 표 351.5-1과 같이 시설하여야 한다.

(2) 조상설비의 보호장치(표 351.5-1)

설비종류	뱅크용량의 구분	자동적으로 전로로부터 차단하는 장치
전력용 커패시터 및 분로리액터	500[kVA] 초과 15,000[kVA] 미만	내부에 고장이 생긴 경우에 동작하는 장치 또는 과전류가 생긴 경우에 동작하는 장치
	15,000[kVA] 이상	내부에 고장이 생긴 경우에 동작하는 장치 및 과전류가 생긴 경우에 동작하는 장치 또는 과전압이 생긴 경우에 동작하는 장치
조상기	15,000[kVA] 이상	내부에 고장이 생긴 경우에 동작하는 장치

039 전원설비 보호시스템을 설명하시오.

1. 주보호와 후비보호
2. 한시차 보호
3. 구간보호

data 전기안전기술사 23-129-1-6

답안

1. 주보호와 후비보호

(1) 주보호 계전방식(primary protective relay scheme)

① 계통에서 고장 발생 시 1차적으로 보호해야 할 보호장치에 의해 보호되는 방식

② 고장구간을 최소 범위로 한정해서 제거한다는 것을 책무로 한 방식

(2) 후비보호 계전방식(back-up protective relay scheme)

① 주보호장치의 실패 또는 운휴에 대비하여 인접구간의 차단기를 개방해서 사고를 제거하는 방식

② 주보호와 어느 정도 시간을 두고 동작하도록 Back up하여 사고파급의 확대를 방지하는 것으로 주보호 계전기와 병설되는 방식임

2. 한시차 방식

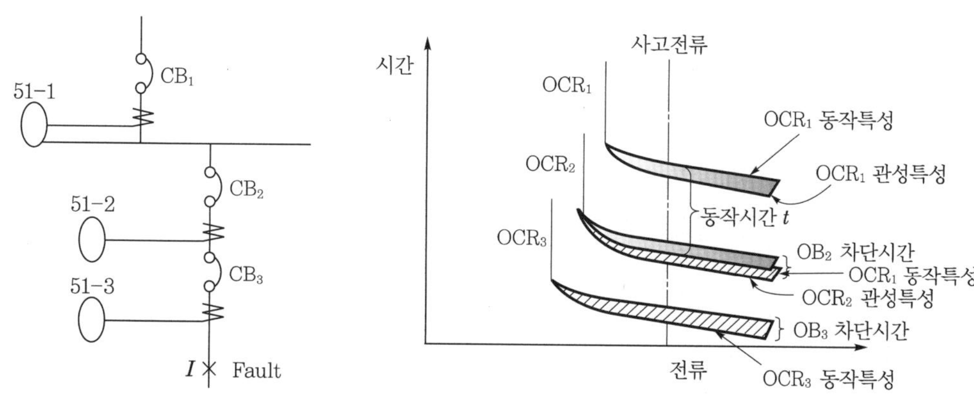

(1) 보호장치의 동작시한의 차이로 사고구간을 판별하는 방식이다.

(2) 전원에서 방사식으로 전력공급 시 동작시간의 차가 생겨 사고구간을 식별할 수 있는 방식이다.

(3) 그림과 같이 CB_3의 3측에서 사고가 발생하면, CB_2 차단기보다 51-3인 과전류계전기(OCR)의 동작으로 CB_3 차단기가 먼저 동작하고 CB_3의 차단기가 결함이 없는 상태에서 CB_2의 차단기는 Trip하지 않는다.

(4) 만약 CB_3가 결함이 있으면 CB_2가 시간차를 두고 트립하고, 또 CB_2가 결함이 있으면 CB_1은 그림과 같이 시간차를 두고 CB_1이 트립동작을 한다.

3. 구간보호방식

(1) 보호구간이 충첩되도록 CT를 설치한다.

(2) 보호구간의 양 끝에 차단기와 변류기를 설치하여 차전류로 동작한다.

(3) 즉, 보호구간은 맹점이 없도록 겹쳐서 구간을 형성한다.

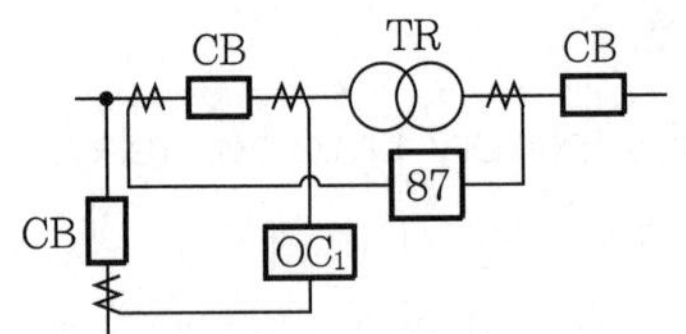

▌구간보호방식의 맹점보호방식 예▐

040 중성점 직접 접지방식 전로와 비접지방식 전로의 지락보호를 비교하여 설명하시오.

data 전기안전기술사 20-122-4-1

답안 1. 중성점 직접 접지방식 전로(22.9[kV-Y] 다중 접지계통의 배전선로 지락보호방식)

(1) 계통도

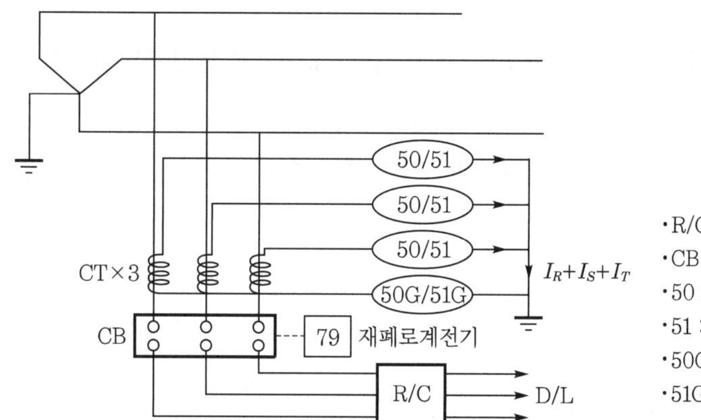

(2) 배전선은 일반적으로 방사상 또는 비상 시 Loop 계통방식으로 방향성 보호계전기는 사용하지 않는다.

(3) 22.9[kV-Y] 다중 접지식의 지락고장은 곧 상간 단락으로 OCR와 OCGR로 단락보호 및 지락보호를 수행한다.

(4) 배전선로에 설치되는 선로보호장치로는 Recloser, Sectionalizer, Line fuse 등이며 이와 변전소의 OCR 및 OCGR은 보호협조가 되어야 한다.

(5) 3상 결선도 및 적용 계전기 특성

① 순시요소부 OCR(50/51)을 각 상에 1개씩 3개 설치로 단락 및 과전류를 보호한다.

② CT의 잔류회로에 OCGR(50G/51G)을 1개 설치로 지락보호한다.

③ 재폐로계전기(79) : 재폐로계전기이며 Multi-start type으로 설치하고, 기능은 다음과 같다.

㉠ CB와 첫 번째 R/C 간 D/L 지락사고 시 재폐로 시행

㉡ R/C 이후 지락사고는 R/C에서 재폐로 시행

④ 고장 시 영상전류의 분포

㉠ $I_R = I_0 + I_1 + I_2$

㉡ $I_S = I_0 + a^2 I_1 + aI_2$

㉢ $I_T = I_0 + aI_1 + a^2 I_2$

여기서, $a = -\frac{1}{2} + j\frac{\sqrt{3}}{2}$

$a^2 = -\frac{1}{2} - j\frac{\sqrt{3}}{2}$

잔류회로의 전류 $I_N = I_R + I_S + I_T = 3I_0$, 즉 영상전류의 3배가 되는 지락전류가 발생한다.

(6) 수전설비의 지락보호는 1,000[kVA] 미만 300[kVA] 이상의 계약용량 경우는 ASS로 지락보호한다.

(7) 표준설비의 지락보호는 CT 잔류회로를 활용한 OCGR을 이용하여 CB와 일반전기사업자의 보호기기와 보호협조하면서 수·변전 설비의 지락사고를 보호한다.

2. 6.6[kV] or 22[kV] 비접지계통의 지락보호

(1) 지락보호 및 지락전류 발생 메커니즘

① **평상시** : 부하전류의 대지충전용량(C_s)을 통하여 접지된 것과 마찬가지로 대지충전전류(IC)가 흐르고 있다.

② **고장 시** : $I_g = \dfrac{\frac{V}{\sqrt{3}} \times 1,000}{R_f + \frac{1}{j3\omega C_s}}$

$\fallingdotseq j\sqrt{3}\,\omega C_s V \times 1,000\,[\text{A}]$

여기서, V : 선간전압[kV]

R_f : 지락점의 지락저항[Ω]

r : 전선의 반경

C_s : 각 상의 대지정전용량[μF/km]

$$C_s = \frac{0.02413}{\log_{10}\frac{8h^3}{rD^2}}$$

D : 등가선간거리

h : 전선의 지표높이

③ 고장 시 I_g는 C_s가 [μF]으로 매우 작아 결과적으로 I_g가 작으므로 지락전류 검출이 곤란하므로 영상전압을 검출하여 접지보호한다.

(2) 비접지계통의 지락보호방식

① 방향지락계전방식

㉠ 결선도

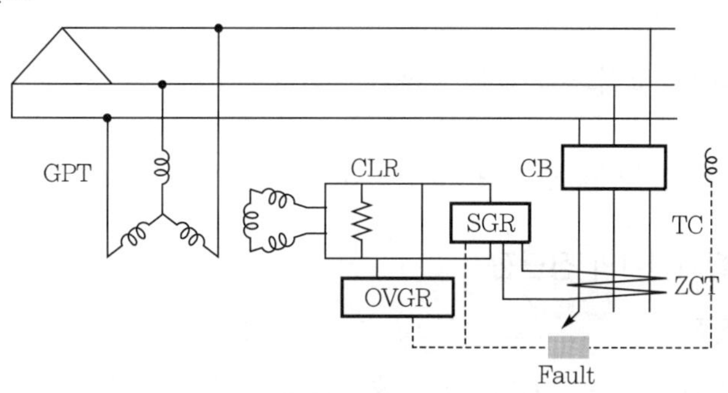

▌비접지계통의 SGR 결선▐

㉡ 한 선로에서 지락 시 그 사고발생선로에 접속된 계전기만을 동작하는 것으로, 영상전압과 영상전류에 의해 동작함(선택 지락고장보호방식임)

㉢ 접지계통에는 OCGR, 비접지계통에는 SGR을 사용함

㉣ GPT 1차는 Y결선, 3차는 Open delta 결선(broken △ 결선)하여 영상전압은 $3V_0$가 되어 동작시킴(즉, $V = V_A + V_B + V_C = 3V_0$)

㉤ 지락 시 GPT 3차는 190[V]로 되나 정상 시는 0[V]임(GPT 2차 : 110[V], GPT 3차 : 190/3[V])

㉥ GPT 철심이 갖는 Reactor 포화 시의 중성점 불안정현상을 방지시키기 위해 CLR을 GPT 3차 개방회로에 삽입함

㉦ OVGR의 최소 동작전압은 최대 영상전압의 30[%]를 표준함, 시한은 0.5[sec]

㉧ ZCT의 정격 : 1차는 20[mA], 2차는 1.5[mA]

② 지락과전압 방식

㉠ Open △ 개방회로에 CLR 및 OVGR을 설치하여 영상전압을 검출(고장 시) 경보 혹은 Trip하게 하는 방식

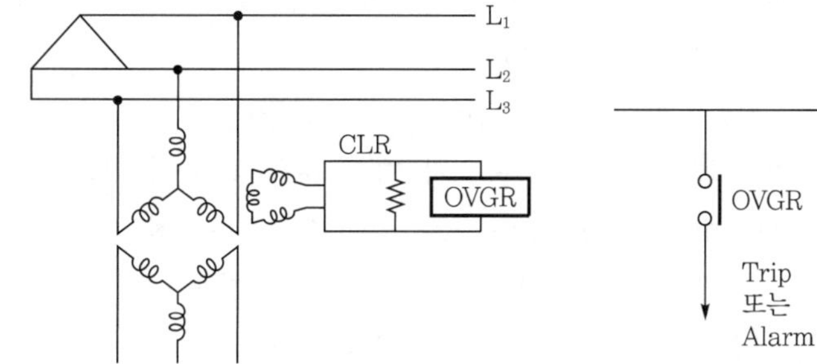

▌지락과전압 방식▐

㉡ 이 방식은 영상전압에 의하여 동작하나 방향성이 없으므로 보호구간 외의 지락사고에도 오동작 가능성이 높아서 일반적으로 잘 사용하지 않음

041 전력계통에 사용하는 디지털 보호계전기에 대한 다음 각 항목에 대하여 설명하시오.
1. 장단점
2. 설치환경
3. 서지와 노이즈에 대한 대책

data 전기안전기술사 21-123-2-3

답안 1. 디지털계전기의 장단점

(1) 장점

① **고도의 보호기능, 다기능화** : Analog에서는 실현하지 못하는 특성, 기능을 실현할 수 있다. 이로써 대용량의 정보와 복잡한 계전기 특성을 쉽게 처리한다.

② **소형화** : LSI 소자의 고집적화에 따라 장치가 소형화된다.

③ **고신뢰도** : 자기진단기능에 의한 신뢰도 확보로 자동점검, 상시 감시기능을 보유한다.

④ **고융통성** : 계통구성, 보조방식 변경 시 H/W 변경 없이 S/W 변경만으로 가능하다.

⑤ **표준화** : H/W 변경 없이 다양한 보호방식을 구성한다.

⑥ **저부담화** : 변성기의 부담이 적어진다.

⑦ **경제성** : 반도체소자의 가격 저하에 따른 계전기의 가격 저하가 기대된다.

⑧ **장래성** : 보호설비의 Digital화 추세이다.

(2) 단점

① 반도체소자로 구성되므로 Surge, Noise 대책이 필요하고 고 · 저온 시 오동작이 발생한다.

② Sampling 오차 등이 존재하며 컴퓨터를 활용해 Booting하므로 최초에 실적용 시 3분 정도 무응답이 된다.

③ H/W 자체 고장 시 긴급복구가 곤란하다.

④ 반도체기술의 발전속도가 빨라 부품 확보에 어려움이 발생한다.

⑤ 보호방식이 Program으로 되어 있어 문제점 발생 시 원인규명이 어렵다.

⑥ 온도 및 습도의 영향을 쉽게 받는다(항온 · 항습 장치 필요).

⑦ 계전기 자체 고장 시 원인규명이 어렵다.

2. 디지털계전기의 설치환경과 주위환(온도와 습도)

(1) 주위온도 0[℃] 이상 40[℃] 이하로 하며, 결로 · 결빙이 발생되지 않은 상태에서 −10~50[℃]로 1일 수 시간 정도 허용범위이다.

(2) 보관온도 : −20~60[℃]

(3) 상대습도 : 일 평균 30~60[%]

3. 디지털 보호계전기의 적용에 있어 노이즈 보호대책

comment 이것 자체로도 좋은 문제가 될 수 있다.

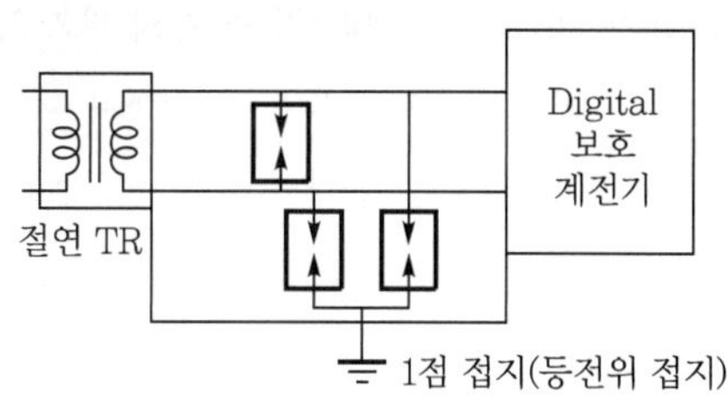

▌디지털 보호계전기의 노이즈 대책개념도▐

(1) Noise, Surge 발생부하를 분리한다.

(2) 노이즈필터 사용

전도성 노이즈 경감대책으로 주로 사용되는 방법으로, 선로를 타고 들어오는 노이즈를 필터로 분리하여 접지를 통해 방전시킨다.

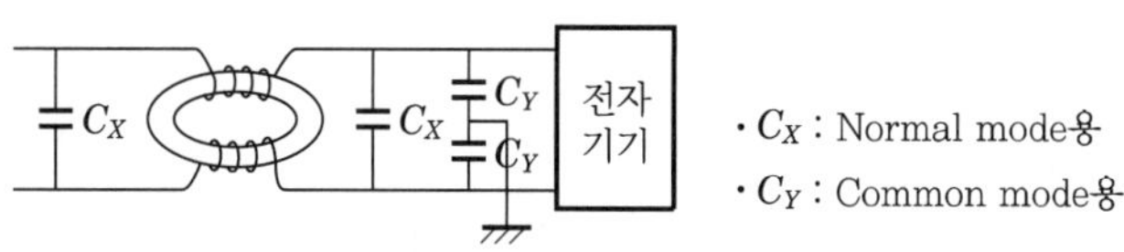

▌노이즈 필터 설치▐

(3) 대용량인 경우 광케이블을 사용한다.

(4) 제어선, 통신선은 Shield 케이블을 사용한다.

(5) 제어케이블 분리 포설

① 디지털계전기에 연결되는 신호선, 제어선에는 근접병행 포설된 전력 제어케이블로부터 Noise가 이행된다.

② 이 경우 Noise 발생이 우려되는 다른 선로와 분리하여 포설하여야 한다.

(6) 제어선 및 접지는 짧게 배선하고, 제어선은 양단 접지한다.

제어선로에 정전유도와 전자유도로 유도되는 Noise 방지를 위하여 양단 접지를 시행한다.

chapter 14

(7) Twist pair 사용

신호선의 불균형에 의한 Noise 침입을 방지하고 평형도를 높이기 위한 것으로 Normal mode에 의한 Noise 침입 및 발생 억제에 효과가 크다.

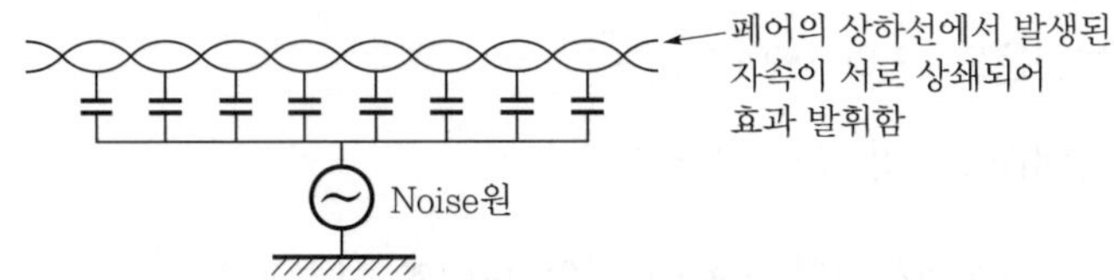

▌Twist pair선의 효과▐

(8) 외부 Noise 중 차단기, 단로기 등에 의한 개폐서지와 계통사고에 의한 접지점의 전압 상승을 방지하기 위하여 피뢰기를 설치하여 변전소 내부의 접지저항을 저감한다.

(9) 제어전원부에는 SA, Varistor, Filter를 설치한다.

(10) 외함의 차폐

도전성이 좋은 금속제 외함을 사용하거나 합성수지 외함이면 표면에도 전도성 물질을 도금하는 등의 방법으로 도전성을 부여하여 외함을 접지한다.

(11) 계전기 자체의 접지

디지털계전기는 자체 복수접지를 할 경우 외부 Noise 전류가 접지점의 한쪽으로 흘러들어와 타 접지점으로 흘러나가기 때문에 계전기는 일점접지를 시행한다.

(12) Noise cut TR 사용

① 외부의 노이즈로부터 기기를 보호함과 동시에 기기에서 발생하는 노이즈를 전원측에 전달되지 않도록 하는 기능을 가진다.
② 1·2차가 완전히 분리되어 접지측의 임피던스에 의한 영향을 받지 않는다.
③ 절연이 강화되어 있어 기본파의 누설전류가 거의 없다.
④ 결점 : 절연변압기와 실드변압기에 비해 고가이고 온도 상승이 약간 크며 부피가 커진다.

042 특고압 수전설비의 보호계전에 대한 다음 각 사항을 설명하시오.

1. 보호계전방식
2. 수전회로 보호방식
3. 보호계전기 정정
4. 전력회사 및 수용가에서의 보호협조

data 전기안전기술사 21-123-3-2

답안 1. 특고압 수전설비의 보호계전방식

종류	내용
주보호	사고점에서 가장 가까운 곳에서부터 신속히 우선 동작하여 이상 부분 최소화
후비 보호	주보호가 오 · 부동작 시 Back-up 분리하는 것
구간 보호	보호구간 양 끝에 CT를 설치하여 차전류로 동작(87계전기)
한시차 보호	동작시간에 차를 두어 사고구간을 구분

2. 수전회로 보호방식

수전회로	보호방식
1회선 수전	한시차 보호방식
평행 2회선	방향선택 계전방식
본선, 예비선	한시차 보호방식
Loop	표시선 계전방식
스폿 네트워크	네트워크 프로텍터 퓨즈, 차단기 보호

reference

보호계전시스템의 보호방식

보호방식	내용
과전류	반한시형 과전류계전기(51)
단락	순시 과전류계전기(50)
지락	전류동작형 : ZCT + OCGR, 중성점 접지 + ELB, GSC + ELB
	전압 동작형 : GPT + OVGR
	전압 · 전류 동작형 : ZCT + GPT + SGR, ZCT + GPT + DGR
과전압 및 부족전압	과전압 계전기(OVR), 부족전압 계전기(UVR)
결상	열동형 과전류계전기(2E), 정지형 과전류계전기(3E), EOCR(4E)
역상	정지형 과전류계전기(3E), 전자식 과전류계전기(4E)
주보호	VCB, GCB 사용
후비보호	한류형 전력퓨즈

3. 특고압 수전설비의 보호계전기 정정

(1) 보호계전기의 정정원칙

① 보호계전기 Setting은 사고 발생 시 사고의 근원을 신속히 제거하여 건전부분의 불필요한 차단을 피하기 위해 고장 시 동작하는 계전기에 대해 상호 간의 협조를 도모한다.

② 변성기나 차단기의 특성 또한 본래 동작해야 할 주보호계전기 혹은 차단기가 오작동할 경우의 후비보호를 포함하여 검토한다.

③ 사고지점별 단락, 지락전략을 정확히 예측 계산하여 Setting을 한다.

(2) 보호계전기 정정방법

① 각 기기별로 보호계전기 정정방법이 정해져 있는 것은 아니나 기본원칙을 지켜주면서 전체 전력계통을 보고 단계별로 기술자의 수용가에서 가장 합리적인 판단에 의해 정정한다.

② 일반적으로 수용가에서 Setting하고 있는 기기별 주요 계전기 Setting 방법은 다음 '(3)'과 같다.

(3) 수전회로용 보호계전기 정정

① 단락보호정정

㉠ 한시 Tap : 수전계약 최대 전류의 150[%]에 정정

㉡ 한시 Lever : 수전변압기 중 가장 큰 용량의 변압기 2차 3상 단락전류에 0.6[sec] 이내에 동작하도록 선정

㉢ 순시 Tap : 수전변압기 중 가장 큰 용량의 변압기 2차 3상 단락전류의 150 ~ 200[%]에 정정

② 지락보호정정

㉠ 한시 Tap : 수전계약전력의 30[%] 이하로서 평시 부하평형전류의 1.5배 이상에 정정

㉡ 한시 Lever : 수전보호구간 최대 1선 지락고장전류에서 0.2[sec] 이하로 선정

㉢ 순시 Tap : 후위계전기와 협조가 가능하고 최소치에 정정

③ 부족전압 보호정정

㉠ 한시 Tap : 정격전압의 70[%] 정도에 정정

㉡ 한시 Lever : 정정치의 70[%] 전압에서 2.0[sec] 정도로 조정

④ 과전압 보호정정

㉠ 한시 Tap : 정격전압의 130[%]에 정정

㉡ 한시 Lever : 정정치의 150[%] 전압에서 2.0[sec] 정도로 조정

4. 전력회사 및 특고압 수용가에서 수전설비의 보호협조

(1) 주보호 계전방식(primary protective relay scheme)

① 정의

㉠ 계통에서 고장 발생 시 1차적으로 보호해야 할 보호장치에 의해 보호되는 방식

㉡ 고장구간을 최소 범위로 한정해서 제거하는 것을 목적으로 한 방식

② 적용

㉠ 보호범위 내의 고장만을 신속하게 선택, 검출하는 보호장치를 중첩 적용

㉡ 각 전력설비 간에 차단기를 설치해서 계통사고 시 고장구간만을 신속 정확하게 계통에서 분리

(2) 후비보호 계전방식(back-up protective relay scheme)

① 정의 및 목적

㉠ 주보호장치의 실패 또는 운휴에 대비하여 인접구간의 차단기를 개방해서 사고를 제거하는 방식

㉡ 주보호와 어느 정도 시간을 두고 백업하여 사고파급의 확대를 방지하는 것으로, 주보호계전기와 병설되는 방식

② 적용되는 구간사고의 구분

㉠ 주보호 계전기가 그 어떤 이유로 정지해 있는 구간의 사고

㉡ 주보호 계전기에 결함이 있어 정상동작을 할 수 없는 상태에 있는 구간의 사고

㉢ 차단기 사고 등 주보호 계전기로 보호할 수 없는 장소의 사고

(3) 선택차단방식

① 보호장치의 동작시한의 차이로 사고구간을 판별하는 방식

② 전원에서 방사식으로 전력공급 시 동작시간의 차가 생겨 사고구간을 식별할 수 있는 방식

(4) 구간보호방식

① 보호구간의 양단에 전기량 또는 계전기의 동작상태를 전송하여 사고구간을 차단하는 방식이다.

② 평상시나 외부 고장 시에는 계전기 회로에는 전류가 흐르지 않는다.

③ 보호기기 내부의 전로에서 사고 발생 시에는 보호구간 양단에 설치된 CB_1, CB_2 차단기가 동작하여 사고구간을 제거한다.

④ 수 · 배전 설비에 적용한다(적용하는 계전기는 비율차동계전기가 대표적임). 변압기의 내부보호, 루프수전방식에서 선로와 모선을 보호한다.

(5) 변압기 보호

① 단락보호 정정

㉠ 한시 Tap : 변압기 정격전류의 150[%]에 정정

㉡ 한시 Lever : 변압기 2차 3상 단락전류에서 0.6[sec] 이내에 동작하도록 선정

㉢ 순시 Tap : 변압기 2차 3상 단락전류의 150 ~ 200[%]에 정정(돌입전류에 동작 않게 정정)

② 지락보호 정정

㉠ 한시 Tap : 변압기 정격전류의 30[%] 이하에 정정

㉡ 한시 Lever : 수전보호구간 최대 1선 지락고장전류에서 0.2[sec] 이하로 선정

㉢ 순시 Tap : 돌입 불평형 전류에 오동작하지 않게 최소치에 정정

③ 비율차동보호 정정

㉠ 한시 Tap : 최대 외부 사고 시 발생 가능한 오차를 검토하여 30 ~ 40[%]에 정정

㉡ 순시 Tap : 전류보상 Tap의 100[%]에 정정

(6) 수전변압기 2차 Main 보호계전기 정정

① 단락보호 정정

㉠ 한시 Tap : 변압기 2차 정격전류의 150[%]에 정정

㉡ 한시 Lever : 변압기 2차 모선 3상 단락전류의 0.4 ~ 0.6[sec]에 선정

㉢ 순시 Tap : 분기 Feeder 사고에 불필요한 오동작을 하지 않도록 순시제거

② 지락보호 정정(계통접지방식에 따라 구분)

㉠ 직접 접지계통의 경우

- 한시 Tap : 변압기 2차 정격전류의 30[%]에 정정
- 한시 Lever : 수전보호구간의 최대 1선 지락고장전류에서 0.2[sec] 이하에 선정
- 순시 Tap : 분기 Feeder 사고에 불필요한 오동작을 하지 않도록 순시제거

㉡ 저항접지계통의 경우 : 한시 Tap은 동일 계통에서 단계별로 최대 지락전류의 30[%], 20[%], 10[%], 5[%]를 정하여 정정

(7) 배전선 보호계전기 정정

① 단락보호

㉠ 한시 Tap : 최대 부하전류의 150[%] 또는 케이블 허용전류의 150 중 작은 값에 정정

㉡ 한시 Lever : 전 · 후위 계전기와 0.3[sec] 이상 협조가 가능하도록 선정

㉢ 순시 Tap

- 모선 2상 단락전류값의 1/1.5에 동작하고 연결 TR 2차 단락전류의 150 ~200[%]에 정정
- Feeder와 말단에 연결분기 Feeder가 많은 경우는 분기 Feerder 사고에 순시가 동작할 경우에는 순시제거

② 지락보호(계통접지방식에 따라 다름)

㉠ 직접 접지계통의 경우

- 한시 Tap : 최대 부하전류의 30[%] 이하에 정정
- 한시 Lever : 전 · 후위 계전기와 0.3[sec] 이상 협조가 가능하도록 선정
- 순시 Tap : 후단에 다시 분기 Feeder가 있는 경우 순시제거, 동일 전압계통에서 말단일 경우 오동작하지 않는 최소치에 정정

㉡ 저항접지계통의 경우

- 한시 Tap : 동일 계통에서 단계별로 최대 지락전류의 30[%], 20[%], 10[%], 5[%]를 정하여 정정
- 한시 Lever : 동일 전압, 동일 Bank 단계별 협조가 가능하도록 선정
- 순시 Tap : 후단에 다시 분기 Feeder가 있는 경우는 순시제거, 동일 전압계통에서 말단일 경우 오동작하지 않는 최소치에 정정

㉢ 비접지계통의 경우 : Main반의 OVGR과 분기반의 DGR을 AND 조건으로 동작되도록 정정

(8) 콘덴서 보호계전기 정정

① 단락보호

㉠ 한시 Tap : 콘덴서 정격전류의 120[%]에 정정

㉡ 한시 Lever : 돌입전류에 동작하지 않는 최소치에 선정

㉢ 순시 Tap : 콘덴서 투입 시 돌입전류에 오동작하지 않는 최소치에 정정

② 지락보호 : 계통접지방식에 따라 다르고 배전선 지락보호계전기 정정과 같으며 말단부하이므로 오동작하지 않는 최소치에 정정

(9) 전동기 보호계전기 정정

① 과부하 및 단락보호

㉠ 한시 Tap : 전동기 정격전류의 115[%]에 정정

㉡ 한시 Lever : 기동방식에 따라 기동전류 및 기동시간을 고려하고 기동전류에 계전기는 구동하지만 차단기는 동작하지 않도록 선정

㉢ 순시 Tap : 기동전류의 150[%]에 정정

② **지락보호** : 계통접지방식에 따라 다르고 배전선 지락보호계전기 정정과 같으며 말단부하이므로 오동작하지 않는 최소치에 정정

(10) 비상발전기 보호계전기 정정

① 단락보호

㉠ 한시 Tap : 발전기 정격전류의 110 ~ 130[%]에 정정

㉡ 한시 Lever : 발전기 내량 특성을 고려하고 부하분기 Feeder와 협조가 가능하도록 선정

㉢ 순시 Tap : 부하분기 Feeder MCCB와 협조가 가능하도록 정정

② 지락보호

㉠ 한시 Tap : 발전기 정격전류의 30[%]에 정정

㉡ 한시 Lever : 부하분기 Feeder와 협조가 가능하도록 선정

㉢ 순시 Tap : 부하분기 Feeder와 협조가 가능하도록 정정

(11) 연계 선로보호계전기 정정

① **역전력 보호** : 25[W]에 해당하는 전력 이하에 정정

② **외부사고 보호** : 15[VAR]에 해당하는 무효전력 이하에 정정

(12) 저압 회로보호 정정

① 단락보호

㉠ ACB 장한시 : 최대 부하전류의 110 ~ 120[%]에 정정

㉡ ACB 단한시 : 최대 부하전류의 400[%]에 정정

㉢ ACB 순시 : 분기 Feeder 3상 단락전류에 동작하지 않도록 정정

② 지락보호

㉠ ACB 지락 : 최대 부하전류의 30[%]에 정정

㉡ ACB 지락 Time : 분기 Feeder 차단기와 0.3[sec] 이상 협조가 가능하도록 선정

043 수·변전 설비에서 사용하는 디지털계전기에 대하여 다음 사항을 설명하시오.
1. 동작원리 및 특징
2. 기능 및 회로 구성
3. 디지털(digital) 계전기와 아날로그(analog) 계전기 비교

data 전기안전기술사 21-125-3-4

답안 **1. 디지털계전기의 동작원리와 특징**

(1) 디지털계전기는 아날로그 신호를 디지털로 변환하여 CPU에서 연산처리한다.

(2) Data 처리과정

디지털 전송방식인 PCM을 활용한 방식으로 표본화, 양자화, 부호화를 거쳐 Digital 신호로 변환·전송시킨다.

① Digital relay의 기본 개념은 Sampling이며, CT에서 얻은 Analog 전류를 일정 간격으로 Digital 변환(표본화 → 양자화 → 부호화)

② 이 Digital 변환값은 Micro-processor에 입력되어 연산처리 수행

③ 표본화(sampling)

㉠ CT에서 얻은 전류 Analog 신호를 표본화 정리를 이용해 PAM(펄스진폭변조) 신호로 변환하는 과정

㉡ PAM(Pulse Amplitude Modulation) : 진폭크기로써 변화를 주는 펄스변조 방식

④ 양자화(quantization) : 표본화를 수행하여 얻은 PAM 신호를 몇 개의 bit를 사용하여 이산적인 신호로 변환시키는 과정

⑤ 부호화(coding) : 양자화된 PAM 펄스 진폭의 크기를 2진 부호(0과 1)로 변환시키는 과정

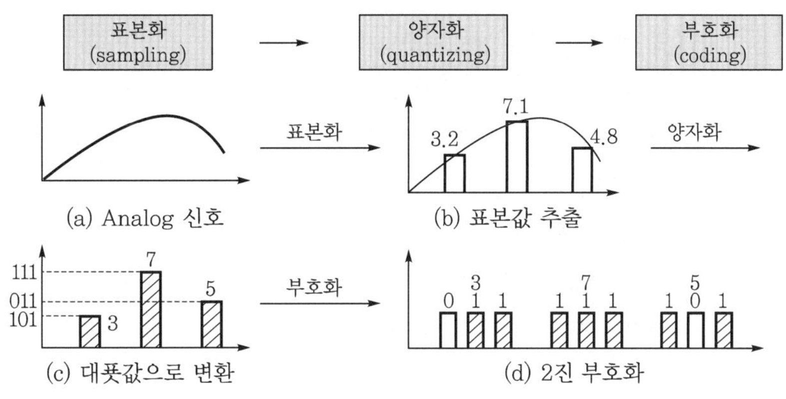

▌PAM 변조 과정▐

(3) 특징

① 장점

㉠ 고성능, 다기능화 : 디지털 연산처리 및 메모리 기능에 의해 아날로그에서 실현치 못했던 특성과 기능을 실현

㉡ 소형화 : Micro-computer를 구성하는 소자의 고집적화에 따라 장치를 소형화

㉢ 고신뢰화 : 자기진단 및 상시 감시기능이 있어 장치의 이상 유무를 조기 발견

㉣ 융통성 : 보호방식을 개선, 변경할 경우 H/W 변경 없이 Memery의 변경만으로 가능

㉤ 저부담화 : 변성기의 부담을 줄일 수 있음

㉥ 배선 용이 : 계기, 계전기를 한곳에 집합하므로 배전반 등 배선이 간단

㉦ 경제성 : 반도체소자의 가격 저하에 의하여 보호계전기의 가격 저하가 가능

② 단점

㉠ Surge, Noise에 약하고, 고조파, 왜형파에 따른 오동작이나 오차가 발생할 가능성이 있음

㉡ 기술의 발전속도가 빨라 단종되기 쉬우며, 부품 확보에 어려움이 있을 수 있음

㉢ 고도의 기술제품으로 내부문제가 발생할 경우 원인규명이 쉽지 않음

㉣ 유도형에 비해 제품이 아직은 고가이므로 초기 설치비가 고가임

2. 디지털계전기의 기능 및 회로 구성

(1) 기능

① **계전기 기능** : 기존의 과전류계전기, 지락계전기, 부족전압 계전기, 과전압 계전기, 역상계전기, 주파수계전기 등 모든 계전기의 기능을 집합화함

② **계기 기능**

㉠ 계기를 간소화하면서도 정밀화함

㉡ 기존 아날로그 계기에 비하여 전류, 전압, 역률 등 기록이 가능

③ **사고분석 기능** : 디지털계전기의 메모리기능으로 사고기록 및 분석이 명확해짐

④ **자기진단 기능** : 마이크로 프로세서에 의한 자기진단기능을 실현함

⑤ **데이터 통신 기능** : 각 Digital relay로부터 Data를 수집하여 중앙으로 고속전송함으로써 중앙감시반에서 Graphic 화면처리, 기록 작성을 가능하게 하고, 제어명령을 받아 동작함으로써 원방감시와 원격제어가 가능

(2) 회로의 구성

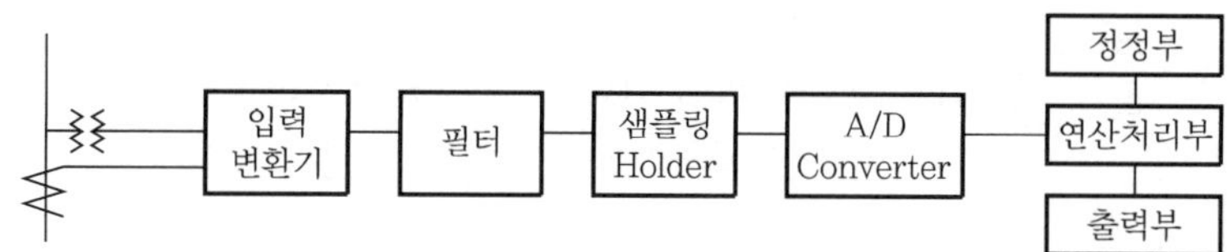

▌디지털계전기 구성도▐

① 입력변환기 : 전압, 전류 등의 입력정보를 보조 CT에서 처리하기 쉬운 값으로 변환

② Filter : 고조파 제거 및 샘플링에 따른 중첩성분 제거(LPF : Low Pass Filter, BPF : Band Pass Filter)

③ S/H(Sampling Holder) : 입력치를 일정시간 Hold하는 기능(표본화)

④ A/D Converter : 12bit 소자로서 1bit는 파형의 정부를 나타내며, 나머지 11bit는 입력정보를 표현함

⑤ 연산처리부 : 보호계전기의 동작을 실행하며, CPU에서 연산처리한 다음 Memory부에 전송, 기억함

⑥ 정정(입력)부 : 각종 원하는 데이터값 입력

⑦ 출력부 : 계전기 등이 작동하게 되면 차단기를 작동 또는 각종 데이터를 출력하는 부분

3. 디지털(digital) 계전기와 아날로그(analog) 계전기 비교

comment 배점 10점으로 많이 출제된다.

분류	Digital 계전기	Analog 계전기	
		정지형	유도형(전자계기형)
환경성	서지, 노이즈, 온도 상승에 대한 대책 필요, 진동에 강함	서지, 노이즈, 온도 상승에 대한 대책 필요, 진동에 강함	잡음에 강하나 진동에 약함
신뢰성	높음	높은	낮음
성능	고감도, 고속도, 고기능	고감도, 고속도	저속도, 저기능
크기	소	중	대
경제성	고가	중간	저가
기능확장	용이	곤란	불가능
자동점검	S/W로 가능	기능에 따라 다름	곤란

분류	Digital 계전기	Analog 계전기	
		정지형	유도형(전자계기형)
동작원리	CPU에 의해 입력을 Digital 신호로 계산	트랜지스터 증폭 스위칭 작용	입력전자력을 기계적 변위로 작용
사용소자	U-Processor, S/H	트랜지스터, Op-amp	가동철심, 유도원판
Noise, Surge	대책 필요	H/W에 따라 필요	대책 필요
보수성	자동점검(무보수 가능) 자기진단기능 구비	자동점검, 정기점검 필요	정기점검 필요

044 자가용 전기설비에서 과전류 보호계전기(OCR : Over Current Relay)의 정정(setting) 시 고려사항에 대하여 설명하시오.

data 전기안전기술사 22-126-2-5

답안 1. 보호계전기 정정의 정의

전력계통에 설치된 각종 계전기를 보호협조차원에서 보호계전시스템에 의해 정확한 동작값과 동작시간을 설정하여 전력계통에 이상 발생 시 사고구간만 신속히 제거할 수 있도록 계전기 동작치를 설정하는 것을 말한다.

2. 과전류계전기(OCR)의 정정(整定)기준

(1) 용도 : 단락보호(50/51)

(2) 한시요소의 동작치 정정

① 한시요소 : 계약 최대 전력의 150 ~ 170[%]

② 한시정정 : 수전변압기 2차 3상 단락 시 0.6[sec] 이하

③ 고려사항

㉠ 동작치 정정은 계약전력을 기준으로 하거나 수전설비용량을 기준으로 할 수 있음

㉡ 동작치는 수용가 수전 최소 단락전류의 1/1.5배 이하이어야 함

㉢ 수전부하가 변동부하일 경우 계약 최대 전력의 200 ~ 250[%]로 할 수 있음

㉣ 한시정정은 보호협조가 가능한 범위에서 최대한 단축 조정함

(3) 순시요소의 동작치 정정 시 고려사항

① 수전변압기가 두 Bank 이상일 경우 용량이 큰 Bank를 기준으로 함

② 순시요소는 수전변압기 1차측 사고에서는 확실히 동작하고 수전변압기 2차측 단락사고 및 여자돌입전류에는 동작하지 않도록 정정함(수전변압기 2차 3상 단락전류의 150 ~ 250[%] 범위에서 정정)

3. 수전용 회로용 과전류 보호계전기의 정정 시 고려사항

(1) 오동작하지 않는 범위 내에서 가장 예민한 검출감도를 가질 것

① 일반적으로 보호계전기의 검토감도를 예민하게 하면 계통사고가 아닌 작은 동요에도 오동작할 수 있고, 차동계전기의 경우에는 동작전류치를 작게 하면 외부사고 시 큰 통과전류에 의해 CT 오차전류가 생겨 오동작할 수 있다.

② 보호계전기의 정정에서 오동작은 절대로 되지 말아야 하므로 이와 같은 경우 외부사고를 상정하여 최대 통과전류가 흘러도 오동작하지 않도록 정정해야 한다.

(2) 가장 빠른 속도로 동작

사고가 발생했을 때 전기공작물의 피해를 최소로 하고 또 계통에 미치는 영향을 최소로 해서 계통의 안정성을 유지하기 위해서 사고는 최단시간 내에 제거되어야 한다.

(3) 계통의 일괄된 동작협조의 유지

① 주보호와 후비보호와의 보호협조

㉠ 주보호장치는 가장 예민한 감도로 가장 신속하게 동작해야 한다.

㉡ 후비보호계전기는 주보호 실패 시에만 동작하도록 한다.

② 검출감도 측면 : 후비보호계전기의 검출감도 < 주보호계전기의 검출감도

③ 전기설비의 감도에 대한 보호협조. 즉, 보호계전기의 보호범위 < 설비의 위험 한계선

④ 차단범위 제한을 위한 보호협조 : 계통에 고장이 발생할 경우 계통 전체에 영향이 파급되지 않도록 제한적으로 최소 부분만 차단해야 하는데 이는 주로 보호계전기의 검출감도와 동작시간을 상호 협조되도록 정정함으로써 가능해진다.

⑤ 보호구간별 보호협조가 필수적으로 가능해야 한다.

4. 수전용 회로용 과전류 보호계전기의 정정치 결정 시 고려사항

(1) 동작치 정정

① 보호구간의 고장에는 반드시 동작 : 보호구간 외의 고장에서 동작하도록 정정할 필요가 있는 경우 보호계전기는 감도협조를 취한다.

② 상시의 조류, 잔류전류 및 잔류전압, 계통변압기의 특성치에 의하여 오동작하지 않아야 한다.

③ 후비보호 또는 후비보호를 겸한 보호계전기는 인접구간의 사고에서 동작하도록 정정한다.

(2) 한시정정

① 고속도계전기와 한시계전기를 조합하여 시간을 조절하고자 할 때는 한시계전기에 의한다.

② 유도원판형 지락계전기에서 한시정정을 할 경우는 다음에 따른다.

㉠ 단락 및 지락과 전류계전기의 한시정정은 최대 고장전류로 결정한다.

㉡ 지락 과전류계전기의 한시정정은 최대 영상전압을 인가할 경우의 값에서 정한다.

㉢ 보호계전기 간의 협조시간 : $T = B + O + N$

여기서, N : 안전시간(여유시간)

T : 계전시간의 시간협조차

B : 전방차단기의 동작시간

O : 고장전류가 차단된 후 지락보호계전기 원판이 관성으로 회전하는 시간

(3) 기타 사항

과전류 계전기의 한시정정 시 재폐로계전기와 함께 사용하는 경우에는 과전류 계전기의 복귀시간 등을 충분히 고려하여 전위와 후위 보호계전기 간에 협조가 확실히 정정하도록 한다.

(4) 비율차동 계전기의 정정

① 동작비율 $= \dfrac{|I_1 - I_2|}{|I_1| \text{ or } |I_2|} \times 100[\%]$

여기서, $|I_1|$ 또는 $|I_2|$ 중 작은 값을 선택

$|I_1|$, $|I_2|$: 1차 전류, 2차 전류

② 전류 불일치 정합용 탭 또는 계전기 외부에 보조변류 CCT를 설치하여 전류를 정합시키도록 한다.

chapter 14

section 05 콘덴서 · 축전지

045 커패시터에 설치하는 개폐장치에 필요한 성능을 설명하시오.

data 전기안전기술사 19-117-1-12

답안 개폐장치에 요구되는 성능

(1) 접점용량

투입 시 정격전류의 2 ~ 2.5배가 흐르므로 개폐기의 정격전류는 콘덴서 정격전류의 1.5 ~ 2배의 것을 사용한다.

(2) 고속동작

재점호가 발생하기 전에 접점 간의 간격을 충분히 이격시키도록 하기 위해서 고속으로 동작하는 전자접촉기 또는 진공접촉기를 사용한다.

(3) 소호능력

재점호에 의한 아크발생을 억제하고 아크가 발생해도 이를 곧 소호할 수 있도록 하기 위해서 소호능력이 큰 진공차단기 또는 유입차단기 등을 사용한다.

(4) 투입 시 과대한 돌입전류에 견디며 개방 시에 회복전압에 견디고 재점호가 없어야 한다.

(5) 전기 · 기계적으로 다빈도의 개폐에 견디며, 보수가 간편하고 종합적으로 경제적이어야 한다.

(6) 돌입전류와 이상전압을 억제하기 위해 11[kV], 1,000[kVA] 이상의 콘덴서용으로는 보조접점이 있는 것을 사용하고 콘덴서의 용량성 리액턴스(X_C) 10~20[%] 정도의 억제저항을 개폐 시에만 직렬로 투입되게 한다.

(7) 억제저항을 사용치 않을 경우는 접점에 내호금속을 사용하고, 소호용 접점과 통전용 접점이 분리된 것을 사용한다.

(8) 보수점검 주기가 길고 수명이 길어야 한다.

(9) 조작용 콘덴서, 조작용 차단기 및 개폐기의 종류는 다음과 같이 구분을 적용한다.

① 단락보호용 차단기

㉠ 차단용량이 큰 것을 주회로에 설치한다.

㉡ 단락사고 시 전체 회로가 차단되어야 한다.

㉢ 일반적으로 VCB 또는 GCB를 설치한다.

② 콘덴서 조작용 차단기

㉠ 콘덴서 각 뱅크마다 설치한다.

㉡ 콘덴서 투입 및 차단용도에 국한한다.

㉢ 일반적으로 VCB 또는 GCB를 설치한다.

③ 콘덴서용 개폐기

㉠ 고압용은 진공개폐기 또는 가스개폐기를 사용한다.

㉡ 저압용은 MCCB 또는 전자개폐기를 사용한다.

046 전력용 콘덴서의 개폐 시 특이현상을 설명하시오.

답안 1. 개요

전력용 콘덴서는 무효전력 보상장치로 투입 시 여자돌입전류에 의해 차단기의 접점이 손상되고 개방 시 재점호에 의한 과전압이 발생된다. 여기에서는 콘덴서 개폐 시의 특이현상과 대책 및 콘덴서 보호용 개폐기에 대해서 언급하고자 한다.

2. 콘덴서 투입 시 현상

(1) 여자돌입전류와 주파수 배율

① 최대 여자돌입전류 배수$= I_c\left(1+\sqrt{\dfrac{X_c}{X_L}}\right)$배 ≒ 5배(6[%] SR)

② 주파수 배수$= f\sqrt{\dfrac{X_c}{X_L}}$ ≒ 4배(6[%] SR)

(2) 여자돌입전류에 의한 과전압 발생

원인	영향
• X_L(유도성 리액턴스)가 작은 경우 • 콘덴서 잔류전하가 있는 경우 • 직렬 리액터가 없는 경우 • 전원단락용량이 큰 경우	• 콘덴서 과열, 소손 • 전동기 과열, 소음, 진동 • 계기 오동작 및 계측기 오차 증대 • CT 2차 회로 과전압 발생

(3) 순시전압 발생

① 모선전압 강하(ΔV)

$$\Delta V = \frac{X_s}{X_s + X_L} \times 100\,[\%]$$

여기서, X_s : 전원측 리액턴스

X_L : 직렬 리액터 리액턴스

X_c : 콘덴서의 리액터

② 영향 : Thyristor zero crossing 실패

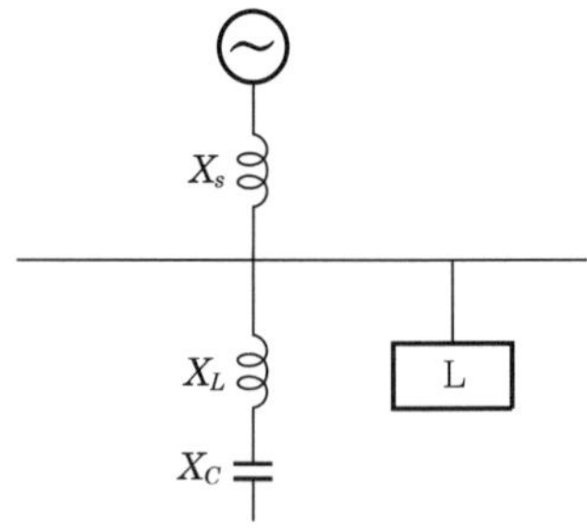

▌콘덴서 투입 시 모선전압 강하 개념도▐

3. 콘덴서 개방 시 현상

(1) 재점호에 의한 과전압

재점호에 의한 과전압	동작파형
• 콘덴서 개방 후 큰 회복전압 → 극간 절연파괴 → 재점호 발생 • 콘덴서 개방 $\frac{1}{2}$cycle 후 회복전압 최대 • 콘덴서 단자 3배, 전원측 1.5배 발생	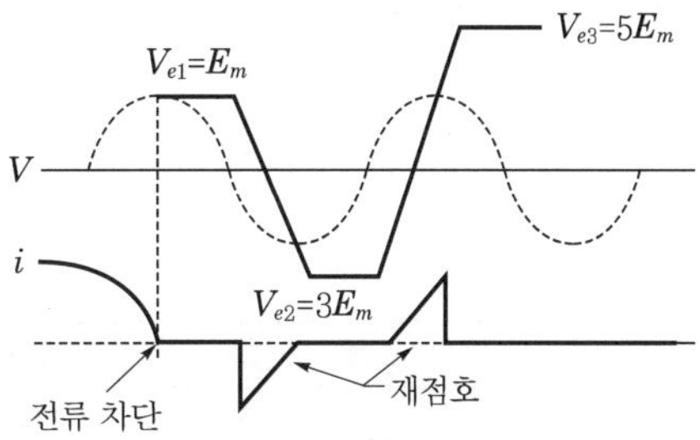 $V_{e3}=5E_m$ $V_{e1}=E_m$ V i $V_{e2}=3E_m$ 재점호 전류 차단

(2) 유도전동기의 자기여자현상

자기여자현상	구성도
• 개폐기 개방 후 전압이 즉시 '0'이 되지 않고, 상승하거나 지속시간이 길어지는 것 • 콘덴서용량을 전동기 여자용량보다 작게 설계 • Y－Δ 기동 시 콘덴서를 Δ－MC 2차측에 접속	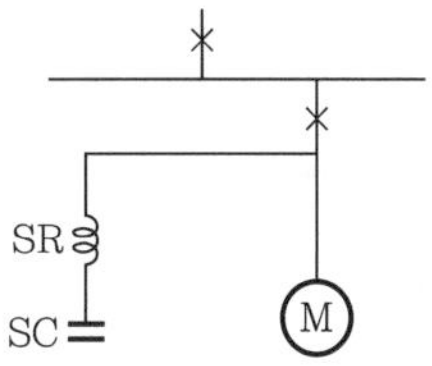 SR SC M

4. 콘덴서 개폐 시 대책

(1) 직렬 리액터 설치(고조파 대책)

구분	내용
설치효과	여자돌입전류 억제, 파형 개선, 고조파 억제
용량산출	• 제5고조파 존재 시 계산상 4[%], 실제 6[%] 적용 • 제3고조파 존재 시 13[%] 적용
주의사항	• 콘덴서 단자전압 상승 • 최대 사용전류는 정격전류의 130[%]

(2) 방전장치 설치(잔류전하 대책)

종류	고압	저압	설치위치
방전코일	방전 개시 5초 후 50[V] 이하(KS C 4804)		외부에 별도 설치
방전저항	5분 이내 50[V] 이하	3분 이내 75[V] 이하	내부에 설치

5. 콘덴서 보호용 개폐기의 성능요구조건 및 설치 시 주의사항

(1) 성능요구조건

① 투입 시 과도 여자돌입전류에 견디고 개방 시 재점호가 없을 것

② 많은 개폐에 견디고 수명이 길 것

③ 점검이 쉽고, 종합적으로 경제적일 것

④ 뱅크용량 500[kVA] 이상 시 자동차단장치 설치

(2) 설치 시 주의사항

종류	주의사항
차단기	• 전류 절단현상 없는 것 또는 VCB 2차측에 SA 설치 • 전력퓨즈로 설계하지 말 것
개폐기	• 고압 : 유입개폐기, 일반적으로 고압 전자접촉기 사용 • 특고압 : COS 또는 PF
전력퓨즈	• 돌입전류로 퓨즈가 손상되지 않을 것 • 콘덴서의 연속 최대 과부하전류를 안전하게 통전할 수 있을 것 • 콘덴서 파괴확률 10[%] 특성이 퓨즈 전차단 특성보다 우측에 있을 것

6. 결론

상기에서 살펴본 바와 같이 콘덴서 개폐 시에는 특이현상이 발생된다. 이를 고려한 고압 유입개폐기나 고압 전자접촉기를 사용하고, 직렬 리액터와 방전장치를 설치하여 특이현상에 따른 피해를 최소화해야 할 것이다.

047 진상용 콘덴서에 직렬로 설치하는 리액터의 효과에 대하여 설명하시오.

data 전기안전기술사 20-120-1-11

답안 1. 설치목적(설치효과)

(1) LC 공진에 의한 파형의 왜곡 방지

(2) 고조파 악영향 제거

특히 제5고조파를 제거한다. 즉, 콘덴서가 접속된 모선에 고조파 발생부하가 있는 경우 고조파전류의 이상확대가 발생되지 않도록 SR을 설치한다.

(3) 병렬로 결선된 콘덴서뱅크가 있는 경우는 아래와 같이 SR을 설치한다.

① 콘덴서회로에 설치하여 콘덴서 투입 시 과도 돌입전류에 의한 콘덴서 스트레스를 억제한다.

② 돌입전류의 억제용일 경우는 콘덴서용량의 0.5 ~ 1.0[%] 정도의 한류리액터의 설치도 무방하다.

③ 콘덴서회로를 개방 시 선로 이상전압을 방지한다.

(4) SC를 여러 군으로 분할하여 Automatic control을 할 경우에 SR을 설치한다.

(5) 특고압용 SR 설치장소

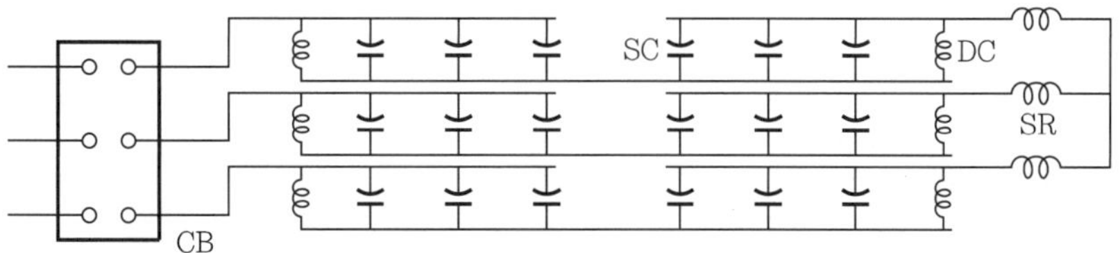

SR : 직렬리액터, DC : 방전코일, SC : 전력용 콘덴서, CB : 차단기

2. 직렬리액터 용량 산출

(1) 제3고조파 제거용

① 기본개념 : $Z = R + j\left(\omega_n L - \dfrac{1}{\omega_n C}\right)$에서 허수부가 0이 되면 임피던스는 최소이고, 전류는 최대로 되므로 $\omega_n L - \dfrac{1}{\omega_n C} > 0$이면 이러한 현상을 방지할 수 있다.

② 제3고조파가 전력전자기기 등에서 발생되면 $\omega_n L - \dfrac{1}{\omega_n C} > 0$로 하여 고조파의 영향을 감소시킬 수 있다.

그러므로 $\omega_n L > \dfrac{1}{\omega_n C} \rightarrow 2\pi(3f)L > \dfrac{1}{2\pi(3f)C}$

$\therefore\ \omega L > \dfrac{1}{3^2 \omega C} = 0.11\dfrac{1}{\omega C}$

③ 이론상 직렬리액터용량은 콘덴서용량의 11[%] 이상이나 실제적으로 주파수변동 등을 감안한 경제적인 측면에서 13[%]를 표준으로 한다.

(2) 제5고조파 제거용

① $\omega_n L > \dfrac{1}{\omega_n C} \rightarrow 2\pi(5f)L > \dfrac{1}{2\pi(5f)C} \rightarrow \omega L > \dfrac{1}{5^2 \omega C} = 0.04\dfrac{1}{\omega C}$

② 이론상 직렬리액터용량은 콘덴서용량의 4[%] 이상이나 실제적으로 주파수변동 등을 감안한 경제적인 측면에서 6[%]를 표준으로 한다.

(3) 직렬리액터 산정

예로 6[%]의 직렬리액터는 Capacitor 용량의 6[%]를 곱하면 직렬리액터용량이 산출된다.

(4) 직렬리액터는 고가로서, 보통 500[kVA] 이상인 것에 설치한다.

048 전력용 콘덴서에 대한 다음 각 항목을 설명하시오.

1. 열화 원인과 대책
2. 외부환경영향 및 내부사고에 대한 보호
3. 내부고장 검출방식

data 전기안전기술사 21-123-2-6, 건축전기설비기술사 15-105-1-3

답안 1. 열화 원인과 대책

구분	열화 원인(수명단축)	대책
전류	• 고조파전류 유입 • 투입 시 돌입전류($1.35I_n$)	• 직렬리액터 설치(고조파, 돌입전류, 억제) • 직렬리액터용량(제5고조파 : 6[%], 제3고조파 : 13[%])
온도	• 주위온도 최고 40[℃] 초과 • 일 평균 35[℃] 초과 • 연 평균 25[℃] 초과	• 발열기기(변압기)와 200[mm] 이상 이격 • 복수 설치 시 측면 100[mm], 상부 300[mm] 이상 이격 • 환기구 설치
전압	• 정격전압 최고 115[%] 초과 • 일 평균 110[%] 초과	• 진상 역률 금지, 자기여자현상 방지 • 완전방전 후 재투입 • 재점호 방지 개폐기 선정(VCS, GCS)

2. 외부환경영향 및 내부사고에 대한 보호

(1) 고압 콘덴서 보호방식

① 과전압 보호

㉠ 콘덴서 허용 과전압은 정격전압의 110[%]

㉡ OVR은 정격전압 130[%]에서 2[sec] Setting

② 부족전압 보호

㉠ 콘덴서 투입상태에서 전압 회복 시 전압 상승으로 타 기기 손상

㉡ UVR은 정격전압 70[%]에서 2[sec] Setting

③ 지락 보호

㉠ 계통별 차이로 일괄 보호방식 적용 곤란

㉡ 선택차단방식 적용

④ 단락 보호

㉠ OCR은 정격전류 150[%]에서 $\frac{1}{4}$cycle Setting

ⓛ PF 선정 시 고려사항
- 상시 부하전류의 안전통전
- 과부하 및 과도돌입전류는 단시간 허용특성 이하일 것
- 콘덴서 파괴확률 10[%] 특성이 퓨즈 전차단특성보다 우측에 있을 것

(2) 콘덴서 내부소자사고에 대한 보호

① 콘덴서에 고장이 발생할 경우 사고의 확대와 파급을 방지하기 위하여 콘덴서를 회로로부터 신속하게 제거하여야 한다.

② 콘덴서 내부소자사고에 대한 보호방식

㉠ 중성점 간 전류검출방식(NCS)

ⓛ 중성점 전위검출방식(NVS)

㉢ Open delta 보호방식

㉣ 전압차동보호방식

㉤ ARN Switch 보호방식

㉥ Lead cut 보호방식

③ 중성점 간 전류검출방식

㉠ Y로 결선된 콘덴서를 2조로 하여 콘덴서 고장 시 중성점 간에 흐르는 전류를 검출하는 방식

ⓛ 중성점 간 전류검출방식의 특징
- 검출 Speed가 빠르고 동작이 확실
- 회로전압의 변동 직렬 Reactor의 유무, 고조파의 영향을 받지 않음
- 콘덴서 회로투입 시 과도현상(돌입전류)에 의한 오동작 없음

④ 중성점 간 전압검출방식

㉠ 중성점 간 전류검출방식과 유사한 특성을 가지고 있으며 NVS(Neutral Voltage Sensor)를 결선하여 보호하는 방식으로, 6.6[kV], 3.3[kV] 계통에 널리 사용하고 있음

ⓛ 콘덴서 Bank의 구성은 단상 콘덴서 3대를 Y결선하여 사용

⑤ Open delta 보호방식

㉠ 각 상의 방전 Coil 2차 측을 Open delta로 결선한 것으로, 평형상태의 V_{ry} 전압은 0[V]이나 사고 시에는 V_{ry}에 이상전압이 검출됨

ⓛ 일반적으로 22.9[kV] 계통에 적용

⑥ 전압 차동보호방식 : Open delta 보호방식과 같은 전압검출방식이나 특히 절연처리의 이점으로 인하여 특고압(6.6 ~ 22.9[kV])에 적용된다.

⑦ ARN Switch 보호방식 : 콘덴서 외함의 팽창변위를 검출하여 고장을 판별하는 방식

⑧ Lead cut 보호방식 : 콘덴서가 절연파괴되면 내부의 압력이 상승하게 되어 외함이 변형을 일으켜 보호장치가 동작하는 방식

3. 내부고장 검출방식

(1) NCS(Neutral Current Sensor) 방식

① 개요도

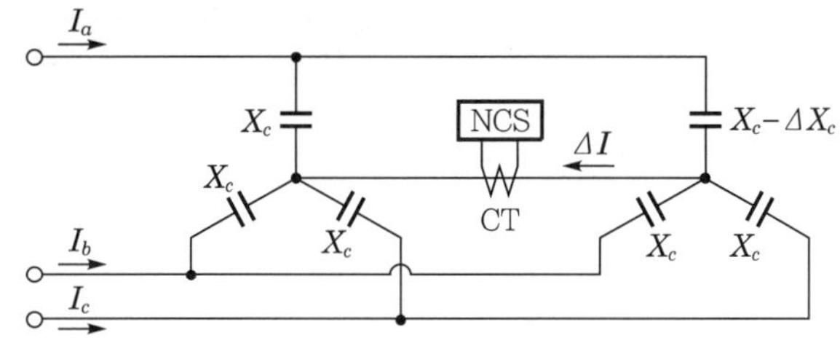

▌중성점 간 전류검출방식(NCS)▐

㉠ Y결선된 콘덴서 2조를 병렬로 결선

㉡ 2개 회로의 중성점을 연결한 중성선에 CT 설치 후 전류를 감지, 고장회로를 제거하는 방식

㉢ 3.3/6.6[kV] 계통에서는 150 ~ 500[kVA]까지 사용

㉣ 반드시 Y결선이 이중이어야만 적용 가능

② 동작원리

㉠ 정상상태에서는 중성선에 전류가 흐르지 않음($\Delta I = 0$)

㉡ 소자가 고장나면 3상 평형이 깨지므로 고장소자의 중성점 전압이 상승하여 중성점 연결선에 전류가 흐름

㉢ 이 전류를 검출하여 차단기를 차단시킴

㉣ 고장 시 중성점 간 전류

$$\Delta I = \frac{1.5K}{6-5K} I_a$$

여기서, $K = \frac{\Delta X_c}{X_c}$

ΔX_c : 고장분의 리액턴스

X_c : 정상상태에서의 리액턴스

I_a : 콘덴서의 정상전류

③ 특성

㉠ 이중 Y결선 중성선에 전류코일을 삽입해야 함

㉡ 검출 Speed가 빠르고 동작이 확실함

㉢ 고조파 및 돌입전류 영향을 받지 않음

(2) NVS(Neutral Voltage Sensor) 방식

① 개요도

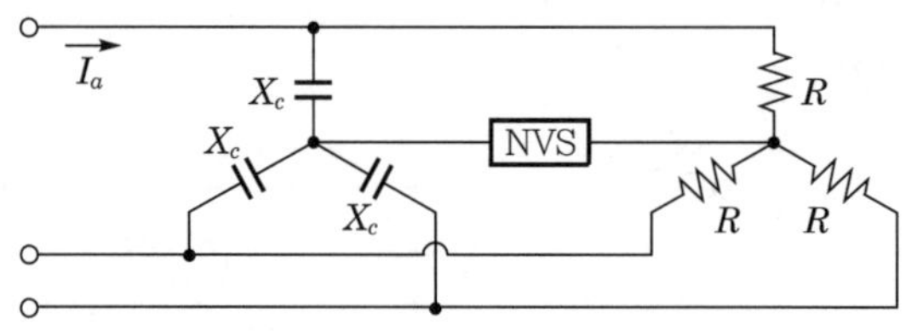

▌중성점 전위검출방식(NVS)▐

㉠ 콘덴서 소자 파손 시 중성점 간의 전압을 검출하는 방식

㉡ 보조저항을 Y결선 단자에 연결하여 보조중성점을 만들어 불평형 전압을 검출하는 방식으로서, 이중(double) Y결선 중성선에 NVS 삽입

㉢ 콘덴서 결선이 단일 Y결선이어도 적용 가능

② NVS 방식의 동작원리

㉠ 콘덴서 소자 고장 시 중성점 간의 전압이 상승하는 것을 감지하여 차단기를 차단

㉡ 중성점 전위 상승 : $V_N = \dfrac{E}{3P(S-1)+1}$

여기서, V_N : 중성점
E : 상전압
P : 병렬회로수
S : 직렬소자수

049 커패시터(capacitor)의 이상 유무에 대하여 설명하시오.

data 전기안전기술사 18-116-1-7

comment 배점 25점으로 출제가 예상된다.

답안 전력용 콘덴서의 고장과 원인

고장의 종류		원인
누유	부식, 외함 용접부의 누유	• 단자결선부의 과대한 조임에 의한 변형 • 외력에 의한 외함 손상 • 외함 부식 • 외부로부터 외함에 지락 발생 • 콘덴서 내부 이상
외함 변형	외함 팽창	• 주위온도가 높음 • 고조파전류가 유입되고 있음 • 외력에 의한 외함 손상 • 콘덴서 내부 이상
이음(異音) 발생		• 단자조임 불량 • 고조파전류 유입 • 돌입전류 과대 • 개폐기 투입상태 불량 • 콘덴서 내부 이상
이취(異臭) 발생		• 절연유 열화 • 절연유 부족 • 단자조임 불량 • 콘덴서 내부 이상
온도상승 과대		• 주위온도가 높음 • 과전압 인가 • 고조파전류 유입 • 콘덴서의 선정 부적당 • 콘덴서 내부 이상

050 2차 전지 중 연축전지와 알칼리축전지에 대하여 각각 설명하시오.

data 전기안전기술사 20-122-2-5

답안 1. 축전지의 종류

(1) 연축전지

① CS형 : 완방전형, 일반적인 경우에 사용함

② HS형 : 급방전형, 단시간 대전류부하에 사용하고, 사용장소는 UPS, 엔진시동 등

(2) 알칼리축전지

① 포켓식(AL, AM, ABH, AH-P형) : 장시간 부하, 대전류 부하에 사용

② 소결식(AH-S, AHH형) : 단시간 부하, 대전류 부하

2. 축전지의 비교

구분	연축전지	알칼리축전지
셀의 공칭전압	2.0[V/Cell]	1.2[V/Cell]
구조	• +극 : 이산화납 • −극 : 납 • 극판 : 페이스트식 • 전해액 : 황산 • 밀폐방법 : 음극 흡수방식	• +극 : 수산화니켈 • −극 : 카드뮴 • 극판 : 소결식 • 전해액 : 수산화칼륨 • 밀폐방법 : 촉매전 방식
화학반응	$PbO_2 + 2H_2SO_4 + Pb \leftrightarrow PbSO_4 + 2H_2O + PbSO_4$ (양극 + 전해질 + 음극 ↔ 양극 + 음극)	$2NiOOH + 2H_2O + Cd \leftrightarrow 2Ni(OH)_2 + Cd(OH)_2$ (양극 + 음극 ↔ 양극 + 음극)
셀수	54개	86개
정격전압[V]	2.0×54=108[V]	1.2×86=103[V]
단가	싸다.	비싸다.
충전시간	길다.	짧다.
전기적 강도	과충전, 과방전에 약하다.	과충전, 과방전에 강하다.
수명	10 ~ 20년	30년 이상
가스 발생	수소 발생	부식성 가스 없다.
최대 방전전류	1.5C	2C(포켓식), 10C(소결)
온도 특성	열등	우수
정격용량	10시간	5시간

구분	연축전지	알칼리축전지
용도	장시간, 일정 부하에 적당	• 단시간, 대전류 부하에 적당(전류 부하가 큰 부하) • 고율 방전특성이 좋다.
특징	• 균등충전 가능, 공칭전압이 알칼리 전지에 비해 커서 경제적이다. • 산업용으로 무보수 밀폐형에 주로 사용한다. • 축전지의 필요 cell수가 적어도 된다. • 충방전 전압의 차이가 작다. • 부피가 크고 무겁다. • 충방전 시 폭발성 가스(H_2)가 발생한다.	• 고율방전 특성, 저온 특성이 우수하다. • 수명이 길고, 견고, 과충전, 과방전에 유리하다. • 유지보수가 필요하고, 비경제적이다. • 극판의 기계적 강도가 강하다. • 저온특성이 좋다. • 부피가 작고 가볍다. • 충방전 시 폭발성 가스(H_2) 발생은 없다.

memo

배전공학

01 전기회로

02 전기품질

03 KEC 배전공학 관련

section 01 전기회로

001 전기회로해석에서 키르히호프 법칙 제1법칙과 제2법칙을 설명하시오.

data 전기안전기술사 18-116-1-3

답안 1. 개요

회로망에서 전류의 분포를 결정하는 법칙으로, 전류연속 법칙, 전압평형 법칙이 있다.

2. 키르히호프의 제1법칙(KCL 법칙)

(1) 회로망에 있어서 임의의 접속점에 유입 또는 유출되는 전류의 대수합은 0이다.

$$\sum_{K=1}^{n} I_K = 0$$

(2) 이 경우 유입전류는 (+)부호를, 유출전류는 (-)부호를 붙인다.

(3) 그림 KCL 법칙에서 $I_1 - I_2 - I_3 + I_4 + I_5 = 0$이 된다.

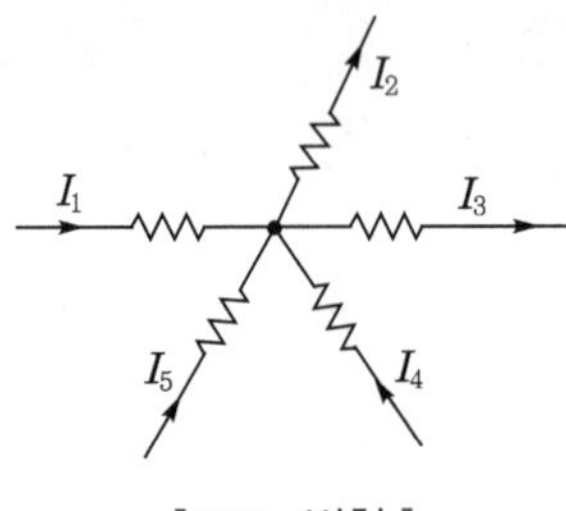

▌KCL 법칙▐

3. 키르히호프의 제2법칙(KVL 법칙)

(1) 회로망의 임의 폐회로에 있어서 기전력의 총화는 다음 그림과 같이 그 회로의 전압강하의 총화와 같다.

$$\sum_{K=1}^{n} R_K I_K = \sum_{K=1}^{n} E_K$$

(2) 먼저 폐로의 방향을 정하고, 각 전류의 방향을 임의로 정한다.

(3) 폐회로의 정방향과 동방향의 극성을 갖는 기전력 및 전류에는 (+)부호를 붙이고 반대반향의 경우는 (−)부호를 붙인다.

(4) 다음 왼쪽 그림과 같이 해석해 보면

$$R_1I_1 - R_2I_2 + R_3I_3 - R_4I_4 + R_5I_5 = E_1 - E_2 + E_3 - E_4 + E_5$$

(5) 다음 오른쪽 그림에서 폐로 abca, 폐로 abda, 폐로 adbca가 존재하며, 결합점(node)을 연결하는 지로가 있어 각 지로에 흐르는 전류의 결정은 지로의 수만큼의 KCL 법칙 KVL 법칙으로 연립방정식을 풀어 전류를 알 수 있다.

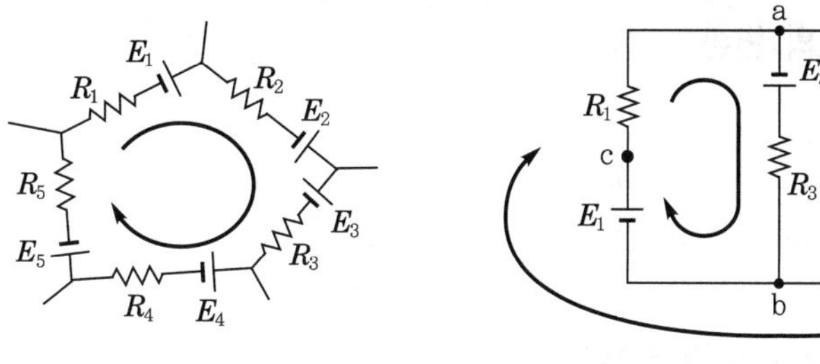

▌KVL 법칙▌ ▌키르히호프 법칙의 응용 예▌

002 다음 회로를 a-b측에서 바라본 테브난 등가회로로 변환하시오.

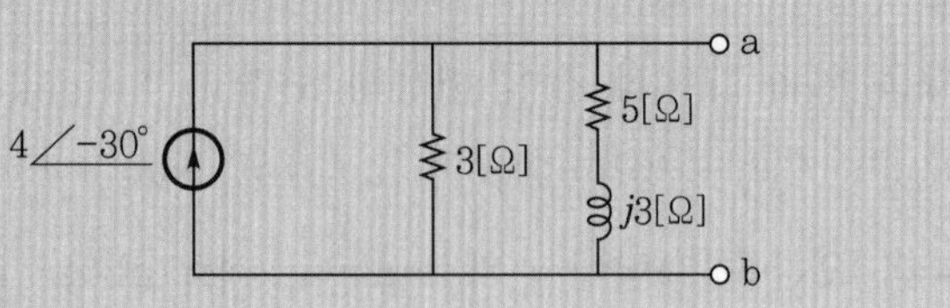

data 전기안전기술사 18-116-1-10

답안 테브난 등가회로의 변환

(1) 전류원

$$I = 4\angle 30° = \frac{E_T}{Z} = \frac{E_T}{\frac{3\times(5+j3)}{3+(5+j3)}} = \frac{E_T}{\frac{15+j9}{8+j3}} \quad \cdots\cdots\cdots\cdots \text{식 1)}$$

(2) 단자 a, b에서 전류원측으로 본 등가저항

$$Z_o = \frac{15+j9}{8+j3} = \frac{(15+j9)(8-j3)}{8^2+3^2} = \frac{147+j27}{73} \quad \cdots\cdots\cdots\cdots \text{식 2)}$$

(3) 등가 전압원

$$E_T = 4\angle -30° \times \frac{15+j9}{8+j3} = 4\angle -30° \times \frac{147+j27}{73}$$

$$= 4\angle -30° \times 2\angle 10.58° = 8\angle -19° \quad \cdots\cdots\cdots\cdots \text{식 3)}$$

(4) 테브난 등가회로 작성 및 변환

식 2)와 식 3)에 의해 작도하여 변환하면 아래 그림과 같다.

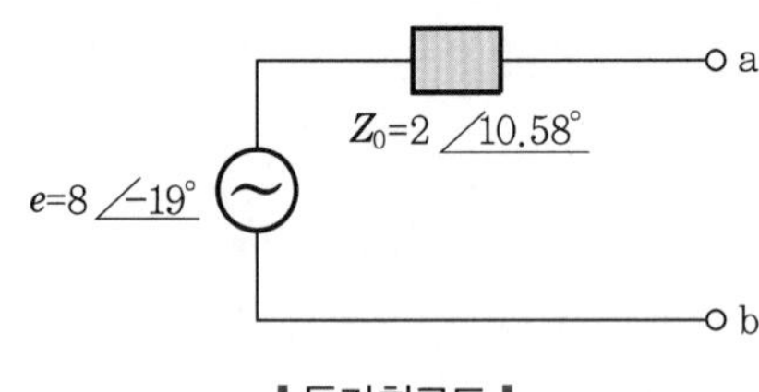

▍등가회로도▍

003 다음과 같은 회로에서 전압 V와 합성전류 I가 동상이 되기 위한 ω의 값을 구하시오.

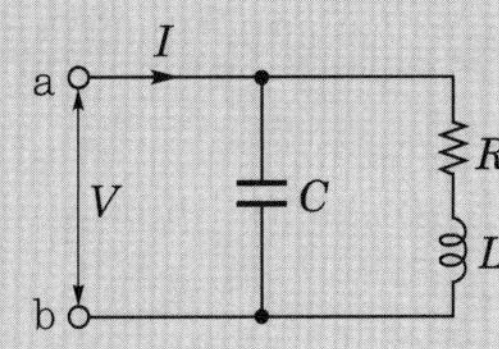

data 전기안전기술사 21-125-1-3

답안 **1. 전압 V와 합성전류 I가 동상이 되기 위한 조건**

$I=\frac{V}{Z}$ 또는 $I=Y\cdot V$에서 실수부분만 값이 나와야 된다.

2. 동상이 되기 위한 ω값 선정

(1) 문제의 그림에서 임피던스 Y를 구하면 다음과 같다.

$$Y_1=j\omega C,\quad Y_2=\frac{1}{Z_2}=\frac{1}{R+j\omega L}$$

$$\therefore\ Y=Y_1+Y_2=j\omega C+\frac{1}{R+j\omega L}=j\omega C+\frac{R-j\omega L}{R^2+(\omega L)^2}$$

(2) 어드미턴스의 합에서 허수부분이 없어야 전압과 전류가 동상이 된다.

$$j\omega C-\frac{j\omega L}{R^2+(\omega L)^2}=0$$

$$j\omega C(R^2+(\omega L)^2)=j\omega L$$

$$\rightarrow\ C(R^2+(\omega L)^2)=L$$

(3) ω의 값은 다음과 같다.

$$R^2+(\omega L)^2=\frac{L}{C}$$

$$(\omega L)^2=\frac{L}{C}-R^2$$

$$\omega L=\sqrt{\frac{L}{C}-R^2}$$

$$\therefore\ \omega=\sqrt{\frac{1}{LC}-\left(\frac{R}{L}\right)^2}$$

3. 병렬공진 시 임피던스

(1) 합성어드미턴스

$$Y_1 = \frac{1}{R + j\omega L}$$

$$Y_2 = j\omega C$$

$$Y = Y_1 + Y_2 = \frac{1}{R + j\omega L} + j\omega C$$

$$\therefore\ Y = \frac{1}{R + j\omega L} + j\omega C$$

$$= \frac{R}{R^2 + (\omega L)^2} + \left(j\omega C - \frac{\omega L}{R^2 + (\omega L)^2}\right) \cdots\cdots\cdots\cdots \text{식 1)}$$

(2) 공진 시 어드미턴스는 최소이므로 그 조건은 허수부 $\omega C - \dfrac{\omega L}{R^2 + (\omega L)^2} = 0$이어야 한다.

$$\therefore\ \omega C = \frac{\omega L}{R^2 + (\omega L)^2}$$

$$\rightarrow\ C = \frac{L}{R^2 + (\omega L)^2} \cdots\cdots\cdots\cdots \text{식 2)}$$

(3) 병렬공진 시 합성어드미턴스

① 식 1)은 $Y = \dfrac{R}{R^2 + (\omega L)^2}$이 된다.

② $R^2 + (\omega L)^2$은 식 2)에서 $R^2 + (\omega L)^2 = \dfrac{L}{C}$이므로 이것을 식 1)에 대입하면 병렬공진 시의 합성어드미턴스는 다음과 같다.

$$Y = \frac{R}{R^2 + (\omega L)^2} = \frac{R}{\frac{L}{C}} = \frac{RC}{L}\,[\mho]$$

(4) 병렬공진 시 합성임피던스 및 병렬공진주파수

병렬공진 시의 합성임피던스는 합성어드미턴스 Y의 역이므로

$$Z = \frac{1}{Y} = \frac{L}{RC}\,[\Omega]$$

(5) 병렬공진주파수

$\omega = \sqrt{\dfrac{1}{LC} - \left(\dfrac{R}{L}\right)^2}$ 이므로 $\omega = 2\pi f$에서 $f = \dfrac{1}{2\pi} \cdot \sqrt{\dfrac{1}{LC} - \left(\dfrac{R}{L}\right)^2}$

4. 병렬공진 시 전압과 전류의 동상의 의미

(1) 병렬공진주파수에서 어드미턴스는 최소가 되고 임피던스는 최대가 되어 전류는 최소가 된다.

(2) 병렬공진곡선

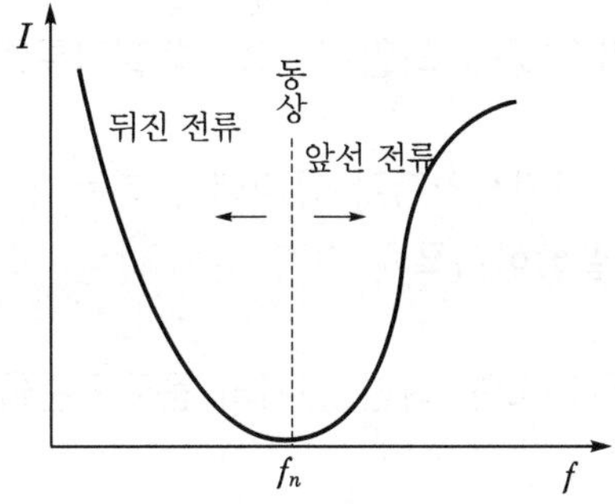

reference

출제예상문제

위의 그림에서 병렬공진 시 어드미턴스와 임피던스를 구하고 이때의 주파수를 구하시오.

section 02 전기품질

004 「전기사업법」 제18조에 의한 전기의 품질기준을 설명하시오.

004-1 「전기사업법」의 전기사업자가 유지해야 하는 전기의 품질기준과 전압 및 주파수 측정에 대하여 설명하시오.

005 「전기사업법」 제18조에 의한 전기의 품질기준을 설명하시오.

data 전기안전기술사 18-116-1-5 · 23-129-1-10

답안 1. 전기의 품질기준

표준전압 및 주파수의 허용오차는 다음 표와 같다.

표준전압 및 주파수	허용오차
110[V]	±6[V]
220[V]	±13[V]
380[V]	±38[V]
60[Hz]	±0.2[Hz]

[비고] 표준전압은 공칭전압(기준전압×1.1), 최고 전압$\left(\text{공칭전압}\times\frac{1.15}{1.1}\right)$으로 규정한다.

2. 전기사업자가 유지해야 하는 전압 및 주파수 측정

(1) 전기사업자 및 한국전력거래소는 다음의 사항을 매년 1회 이상 측정한다.

(2) 측정결과의 보존 : 3년 간 보존한다.

① 발전사업자 및 송전사업자 : 전압 및 주파수

② 배전사업자 및 전기판매사업자 : 전압

③ 한국전력거래소 : 주파수

(3) 전기사업자 및 한국전력거래소는 '(1)'에 따른 전압 및 주파수의 측정기준 · 측정방법 및 보존방법 등을 정하여 산업통상자원부장관에게 제출한다.

006 전원시스템에서 전력품질(power quality)의 저하 원인과 영향 및 향상대책에 대하여 설명하시오.

data 전기안전기술사 22-128-2-5

답안 1. 전원시스템에서 전력품질(power quality)의 저하 원인

종류	파형	기본특성			발생원인
		지속시간	전압크기	주파수	
순시전압 강하		0.5~30 사이클 (1분)	0.1~0.9 [PU]	-	• 낙뢰 • 대형 부하의 기동 • Brownout
순시전압 상승		0.5~30 사이클 (1분)	0.1~0.9 [PU]	-	• 갑작스런 부하차단 • 다른 상의 사고 • 부정확한 변압기 세팅
순시정전		0.5~30 사이클 (1분)	0.1~0.9 [PU]	-	• 차단기 동작 • 퓨즈절단 • 전력선 사고 • 변압기 사고 • 발전기 사고
고조파		Steady state	0~20 [%]	0~6 [kHz]	• 비선형 부하 • 컨버터 · 인버터 • 철공진
전압변동 (플리커)		간헐적	0.1~7 [%]	25[Hz] 이하	• 부하급변 • Arc로 • 무효전력 변동
전압 불평형	-	Steady state	0.5~2 [%]	-	• 단상 기기의 전력량 불평형 • 역률 불평형

2. 영향 및 향상 대책

(1) 정전(interruption)

① 정전은 전압이 순간 또는 장시간 존재하지 않는 현상을 말한다.

② 정전구분(한전기준)

㉠ 순간 정전 : 0.07 ~ 2초

㉡ 단시간 정전 : 2초 ~ 1분

㉢ 장시간 정전 : 30분 이상

③ 영향 : 업무용 건물의 업무 마비, 공장의 생산 차질, 병원의 수술 마비 등

④ 대책 : 밀폐기기 채택, 비상 발전기, 무정전 전원장치, 수·배전 이중화, 열화 진단

(2) 순시전압 강하(sag)

① 선로 사고 및 기타 원인으로 사고설비를 중심으로 광범위하게 전압이 저하되는 현상

② 영향 : 컴퓨터 오동작, 가·변속 전동기의 정지, 조명설비의 소등, 전자접촉기의 개방 등

③ 대책

㉠ 전력공급측의 전용 계통 및 전용 변압기, 변동부하측의 SVC, 3권선 변압기

㉡ DVR, 일반부하측의 UPS 설치, DPI 설치

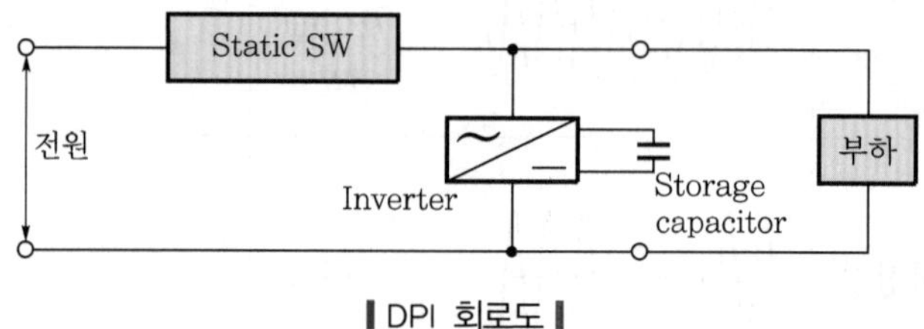

▌DPI 회로도▐

(3) 전압변동

① 선로 및 기기의 임피던스 영향에 의한 정상적인 전압변동과 순간정전, 계통의 사고

② 대용량 기기운전에 의한 과도적인 전압변동

③ 영향

㉠ 선로손실 증가, 유도전동기 토크변동, 조명부하 조도영향, 제어장치 및 전자기기의 부동작 등

㉡ 전자기기의 수명 저하, 전력손실, 생산성의 저하

④ 대책 : 전원측 리액턴스 감소, 전압조정(TR 탭조정), 무효전력보상(TSC, TCR), 부하측 UPS 설치

(4) 이상전압

① 원인 : 계통 외부의 이상전압(직격뢰, 유도뢰), 계통 내부의 이상전압(개폐 시 서지) 등

② 영향 : 기기의 절연파괴, 저압측에서 이행서지로 약전기기에 피해

③ 대책 : 피뢰기, 서지흡수기, 절연내력 강화, 공통접지

(5) 고조파

① 고조파(harmonics)란 기본파의 정수배를 갖는 전압, 전류를 말하며 일반적으로 제50고조파까지이고 그 이상은 고주파(high frequency) 혹은 Noise로 구분된다.

② 고조파전류의 크기

$$I_n = K_n \cdot \frac{I_1}{n}$$

여기서, K_n : 고조파 저감계수

I_1 : 기본파 전류

n : 발생고조파 차수

③ 영향

㉠ 통신선 유도장애, 전기기기에 악영향(고조파 가열, 기기의 오동작, 파형의 찌그러짐)

㉡ 고조파 공진 등 과열, 출력감소(손실 증가), 이상소음 발생

④ 대책

㉠ 계통측 대책

- 단락용량 증대
- 공급선로 전용화
- 계통절체
- 배전선 선간전압의 평형화
- 보호계전기의 디지털화
- HVDC 적용 시 다펄스변환장치를 적용(6펄스 방식보다는 12펄스 방식 적용)

㉡ 수용가측의 대책

- 변환기의 다펄스화 : 고조파전류의 크기$\left(I_n = K_n \cdot \frac{I_1}{n}\right)$는 n에 반비례, 즉 펄스수를 늘려 고조파 저감
- PWM 방식 채택
- 변압기의 △결선
- ACL, DCL 설치
- 위상변위
- Active filter 설치
- Passive filter

- 피보호기기 대책
  - 직렬리액터 설치
  - 변압기 설계 시 K-factor 개념 적용
  - 용량증대 : 고조파전류에 견딜 수 있도록 자체 내량 증대
  - 중성선 NCE(Neutral Current Elimination) 설치 등

(6) 전자파장해

① 전계 또는 자계의 주기적 변화에 의하여 전력선 및 신호선에 상호방해와 간섭 현상

② 영향

㉠ 전자파 양립성(EMC) : 전자환경으로부터 방해를 받는 동시에 자신도 전파나 잡음으로, 주변환경에 영향을 주는 것에 적용하여 성능을 확보할 수 있는 능력

㉡ 전자파 장해(EMI) : EMC로 인하여 기기나 장치가 받는 장해의 원인으로 전자파 발생기기

㉢ 전자파 내성(EMS) : 전자파 장해에 대하여 기기가 정상적으로 작동할 수 있는 내성

③ 대책 : 전자차폐, 기기접지, Noise 필터, EMC 기기 채택

007 전기품질용어 중 순시전압 강하와 순시전압 상승에 대하여 설명하시오.

data 전기안전기술사 21-125-1-6

답안 1. 순시전압 강하

(1) Voltage sag 정의

정격주파수에서 0.5cycle에서 30cycle의 지속시간으로 전압 · 전류 실효치의 0.1 ~ 0.9[PU] 정도의 전압강하를 말한다.

(2) 순시전압 강하의 원인

① 전력공급측

㉠ 사고 발생 후 보호계전기가 동작하여 고장 제거 이전

㉡ 배전선로에 일시적 지락

㉢ Recloser 동작

② 수용가측

㉠ 절연열화에 의한 단락, 지락 사고

㉡ 계통 Impedance가 높게 구성된 경우

㉢ 대용량 전동기 기동

㉣ 변압기 여자돌입전류

2. 순시전압 상승(voltage swell)

(1) 정의

정격주파수에서 0.5cycle에서 30cycle의 지속시간으로 전압 · 전류 실효치의 1.1 ~ 1.8[PU] 정도의 전압증가를 말한다.

(2) 원인

① 1선 지락사고 시 건전상의 순간적인 전압 상승

② 대형 부하의 스위칭 동작

③ Capacitor bank의 충전

3. 전원교란의 종류별 파형의 형태

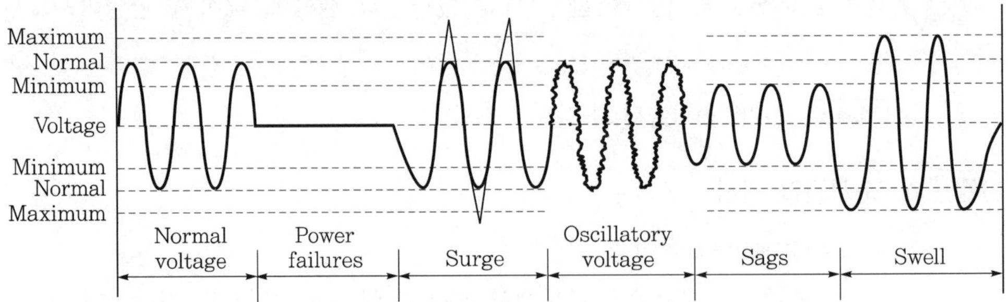

▌순시전압 강하와 순시전압 상승 개념도▐

(1) Normal voltage : 정상상태 전압

(2) Power failures : 정전상태의 전압(interruption outage)

(3) Oscillatory voltage : 진동전압(고조파전압 파형(harmonics distortion) 혹은 플리커 등)

(4) Sags : 전압 이도

(5) Swell : 전압 융기

008 전력계통에 유입되는 노이즈와 고조파에 대하여 각각 설명하시오.

data 전기안전기술사 19-117-4-4

답안 **1. 전력계통에 유입되는 고조파**

(1) 고조파 발생원인

① **변환장치(주원인)** : 변환장치(정류기, 인버터) 내의 전력전자에 의한 고조파는 2차 부하측의 DC, AC 변환 시 구형파가 전원으로 유입되어서 발생한다.

② **Arc로** : 3상 단락, 2상 단락, Arc 끊김과 같은 극단적인 변동의 Arc로 사용이 반복될 때 발생되며, 제3고조파가 현저하며, 변압기를 △결선해도 흡수되지 않는다.

③ **회전기** : 회전기 내의 Slot에 의한 Slot harmonics라 하며, 고차조파가 주가 되며 발생량은 작다.

④ **변압기** : 변압기의 자화특성(히스테리시스 현상)으로 여자전류에 고조파가 발생되며(제3 · 5고조파) 특히 변압기 최초 투입 및 재투입 시 과도돌입전류(제2고조파가 가장 많음)에 의해 일시적으로 발생한다. 이중 제3고조파는 TR 내에 △결선을 두어 흡수시킨다.

⑤ **과도현상** : 전압의 순시동요, 계통 Surge, 개폐 Surge 등에 의한 일시적 현상에 의해 발생한다.

⑥ **X_C 와 X_L의 공진** : 직접적인 발생원인은 아니나 X_C와 X_L의 직 · 병렬 공진 시 전력용 콘덴서로 유입된 고조파의 확대현상이 초래된다.

⑦ **송전선의 코로나** : 전선의 전위경도 교류 21[kV/cm] 이상 시 코로나가 발생되며, 교류전압의 반파마다 전압의 최대치 부근에서 고조파가 발생한다.

⑧ 일반전기 사업자측의 송출전압이 규정전압보다 과할 경우 발생한다.

(2) 고조파에 의한 주요한 영향 및 현상

영향요인		주요 현상	
고조파에 의한 과전류	전류실효값 증대	저항, 유전손실 증가	기기 과열
	전류 증대	철손 증가, 이상음, 진동	
고조파에 의한 전압파형 변형	등가회로 위상변형	사이리스터, 트라이액(triac) 등의 위상제어 오동작 or 불안정	
	전압파고값 저하	전압부족으로 인한 오동작, 부동작	
고조파에 의한 유도피해	유도노이즈	전자회로 오동작, 잡음	

(3) 고조파 저감대책 요약

계통측 대책	발생기기 대책	피보호기기 대책
• 단락용량 증대, 계통절체 • 공급선로 전용화 • 위상변위(phase shift) • Active filter • Passive filter	• 변환기의 다펄스화 • PWM 방식 도입 • 인버터 등에 리액터(ACL, DCL) 설치 • IGBT	• 직렬 리액터 설치 • K-factor 적용 • 용량 증대 • 중성선 NCE 적용

2. 전력계통에 유입되는 노이즈

comment '(1)', '(2)'가 전력계통에 침입하는 노이즈이다.

(1) 전원선 Noise와 대책

① 유도성 부하(전동기, 릴레이)가 접속된 전원선과 공용한 경우에 유도성 부하를 차단 시 전원 Line에 스파크 Noise가 생겨 기기를 오동작시킨다.

② 시스템 중 스위칭 전원에서 발생하는 스위칭 노이즈가 전원선으로 나와 다른 기기의 오동작을 유발하기도 하며, AC 전원에 혼입되는 Noise나 기기에서 외부로 나오는 Noise가 다른 기기에 영향을 주기도 한다.

③ **방지대책** : Noise의 유입과 유출을 방지하기 위해 Twist pair선 사용 또는 라인 필터를 삽입하고 그 접지단자를 접지한다.

(2) 낙뢰에 의한 Noise와 대책

① 피뢰침 또는 건물, 송전철탑, 배전선로에 낙뢰가 침입 시 뇌서지의 역섬락 또는 피뢰기의 소자에 역섬락으로 전력선측 및 통신선측으로 침입한다.

② **낙뢰의 영향** : 전력시스템 오동작, 심할 경우 시스템 파손 및 파괴

③ **대책** : 메시접지 시공, 가공시선 설치, 적정한 피뢰기 설치, 독립접지 등

(3) 정전기 Noise

① 축적된 정전기가 방전 시 발생되며, 화재, 폭발 등의 피해를 줄 수 있다.

② **방지대책** : 기기의 설치환경(도전성 바닥, 작업자의 옷, 도전성 신발, 습도조정 등)을 조정하고, 적절한 접지시공이 필요하다.

(4) 전계 Noise

① 주변에 큰 트랜시버를 사용하는 기기 근처에서는 전파에 의해 유기된 노이즈가 컴퓨터나 통신기기를 오동작시키기도 한다.

② **방지대책** : 기기의 외함 접지로 Shield 효과를 발휘하도록 한다.

(5) 대지성분 Noise와 선간성분 Noise 및 그 대책

① 대지성분 Noise는 두 선에 동일 위상으로 전달되는 Common mode noise이며, 공통모드 또는 비대칭 Noise라고도 한다.

② 선간성분 Noise는 선간신호와 같이 서로 다른 위상으로 전달되며 Normal mode noise 또는 대칭 Noise라고도 한다.

③ **방지대책** : Noise cut transformer 사용, 접지 시공

009 전력선에서 발생하는 고조파의 발생원인과 영향, 억제 대책에 대하여 설명하시오.

010 배전설비간선에서 고조파전류의 발생원인과 영향 및 대책에 대하여 설명하시오.

data 전기안전기술사 19-119-3-5 · 23-129-2-5

답안 1. 정의 및 고조파 허용치

(1) 정의

고조파(harmonics)란 기본파의 정수배를 갖는 전압 · 전류를 말하며 일반적으로 제50고조파까지이고 그 이상은 고주파(high frequency) 혹은 Noise로 구분된다.

(2) 전력계통에서 논의되는 고조파는 제5고조파에서 37고조파까지이다.

(3) 전기공급규정상 고조파 허용치

① THD란 식 같이 고조파 전압 실효치와 기본파 실효치의 비로써 백분율로 나타내며, 고조파 발생의 정도를 나타내는 데 사용된다.

$$V_{THD} = \frac{\sqrt{\sum_{n=2}^{n} V_n^2}}{V_1}$$

여기서, V_1 : 기본파 전압

V_2, V_3, V_4 …… V_n : 2 · 3 …… n차 고조파 전압

② 등가방해전류(EDC : Equivalent Disturbing Current)란 전력계통에서 발생한 고조파 전류가 인접한 통신선에 영향을 주는 고조파 전류의 한계를 말하며, 그 표현식은 다음과 같다.

$$EDC = \sqrt{\sum_{n=1}^{\infty} (S_n^2 \times I_n^{\ 2})}$$

여기서, S_n : 통신유도계수

I_n : 영상고조파 전류

전압 (계통 / 항목)	지중선로가 있는 S/S에서 공급하는 고객		가공선로가 있는 S/S에서 공급하는 고객	
	전압왜형률[%]	등가방해전류[A]	전압왜형률[%]	등가방해전류[A]
66[kV] 이하	3.0 이하	–	3.0 이하	–
154[kV] 이상	1.5 이하	3.8 이하	1.5 이하	–

(4) 고조파 전류의 크기

$$I_n = K_n \frac{I_1}{n}$$

여기서, K_n : 고조파 저감계수

I_1 : 기본파 전류

n : 발생고조파 차수

2. 고조파 발생원인

(1) 변환장치(주원인)

변환장치(정류기, 인버터) 내의 전력전자에 의한 고조파는 2차 부하측의 DC, AC 변환 시 구형파가 전원으로 유입되어서 발생한다.

(2) Arc로

3상 단락, 2상 단락, Arc 끊김과 같은 극단적인 변동의 Arc로 사용이 반복될 때 발생되며, 제3고조파가 현저하며, 변압기를 △ 결선해도 흡수되지 않는다.

(3) 회전기

회전기 내의 Slot에 의한 Slot harmonics라 하며, 고차조파가 주가 되며 발생량은 작다.

(4) 변압기

변압기의 자화특성(히스테리시스 현상)으로 여자전류에 고조파가 발생되며(제3·5고조파) 특히 변압기 최초 투입 및 재투입 시 과도돌입전류(제2고조파가 가장 많음)에 의해 일시적으로 발생한다. 이중 제3고조파는 TR 내에 △ 결선을 두어 흡수한다.

(5) 과도현상

전압의 순시동요, 계통 Surge, 개폐 Surge 등에 의한 일시적 현상으로 발생한다.

(6) X_C 와 X_L의 공진

직접적인 발생원인은 아니나 X_C와 X_L의 직·병렬 공진 시 전력용 콘덴서로 유입된 고조파의 확대현상을 초래한다.

(7) 송전선의 코로나

전선의 전위경도 교류 21[kV/cm] 이상 시 코로나가 발생되며, 교류전압의 반파마다 전압의 최대치 부근에서 고조파가 발생한다.

(8) 일반전기 사업자측의 송출전압이 규정전압보다 과할 경우 발생한다.

3. 고조파에 의한 주요 영향 및 현상

영향요인		주요 현상	
고조파에 의한 과전류	전류 실횻값 증대	저항, 유전손실 증가	기기 과열
	전류 증대	철손 증가, 이상음, 진동	
고조파에 의한 전압파형 변형	등가회로 위상변형	사이리스터, 트라이액(triac) 등의 위상제어 오동작 or 불안정	
	전압파고값 저하	전압부족으로 인한 오동작, 부동작	
고조파에 의한 유도피해	유도노이즈	전자회로 오동작, 잡음	

4. 대책(계통측, 수용가측, 피보호기기에 있어 고조파 대책)

(1) 계통측 대책

① **단락용량 증대** : SCR(Short Current Ratio)을 높여 허용기준강화(IEEE 519) 및 굵은 전선을 사용하여 저항과 리액턴스를 저감시킨다.

② **공급선로 전용화** : 타 기기에 영향을 최소화한다.

③ **계통절체** : 선로정수 변경 → 계통공진 회피

④ **배전선 선간전압의 평형화** : 정류기에 공급전원의 불평형될 경우는 제3고조파 발생이 크므로 정류기용 배전선로 선간전압을 평형화시킨다.

⑤ HVDC 적용 시 다펄스 변환장치를 적용한다(6펄스 방식보다는 12펄스 방식 적용).

예 제주 ↔ 육지(해남) 간 101[km], 181[kV], 150[MW]×2회선

(2) 수용가측의 대책

① **변환기의 다펄스화** : 고조파 전류 크기$\left(I_n = k_n \dfrac{I_1}{n}\right)$는 n에 반비례, 즉 펄스수를 늘려 고조파를 저감시킨다.

② **PWM 방식 채택** : Power transistor 등의 소자를 사용하여 인버터, 컨버터의 입출력 파형을 다수의 펄스로 변환하여 사용한다.

③ **변압기의 △결선** : 제3고조파를 델타결선 내에서 순환시켜, 고조파 에너지를 열로서 감소시킨다. 단, 용량의 여유를 15[%] 이상 감안하여 변압기용량을 선정한다.

④ **ACL, DCL 설치** : 인버터의 AC, DC측에 리액터를 설치하면 콘덴서에 의한 전류 피크값 완화효과가 있다(단, 리액터가 클수록 효과, 전압 강화).

⑤ **위상변위** : 변압기 2대를 각각 △ · Y 결선 시 위상차 30° 발생 → 제5 · 7고조파 상쇄

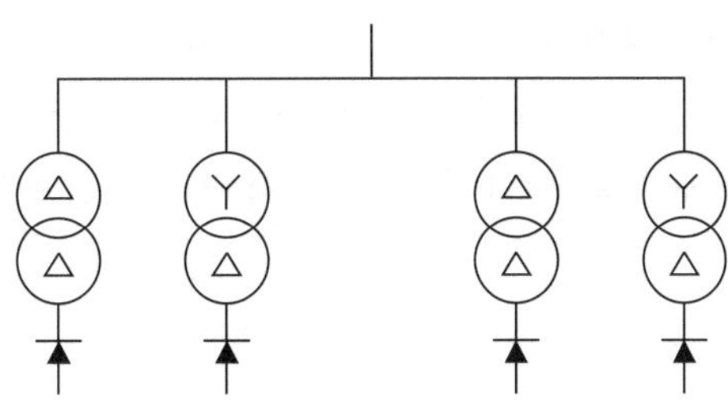

▌위상변위▌

⑥ Active filter 설치

㉠ 그림같이 기본파와 구형파가 혼합된 선로에 인버터기술을 응용하여 CT 및 PT를 통해 고조파성분을 검출해, 역위상 보상전류를 고조파 인버터로 발생시켜 고조파를 상쇄시킨다.

㉡ 특정차수 고조파 저감 가능, 역률보상

㉢ 기본파와 비선형 부하(고조파 발생부하)의 파형과 보상된 전류파형

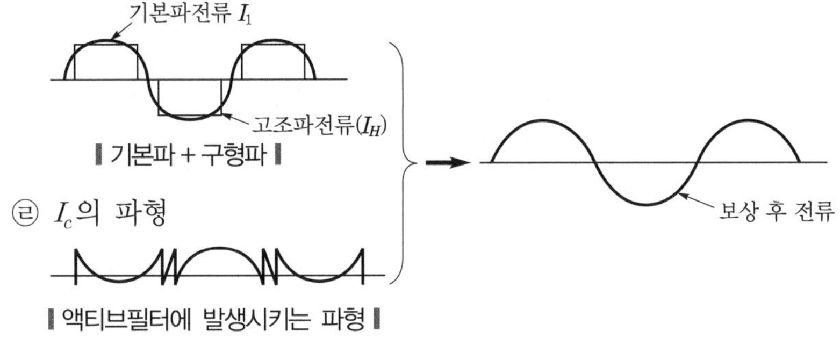

▌기본파 + 구형파▌

㉣ I_c의 파형

▌액티브필터에 발생시키는 파형▌

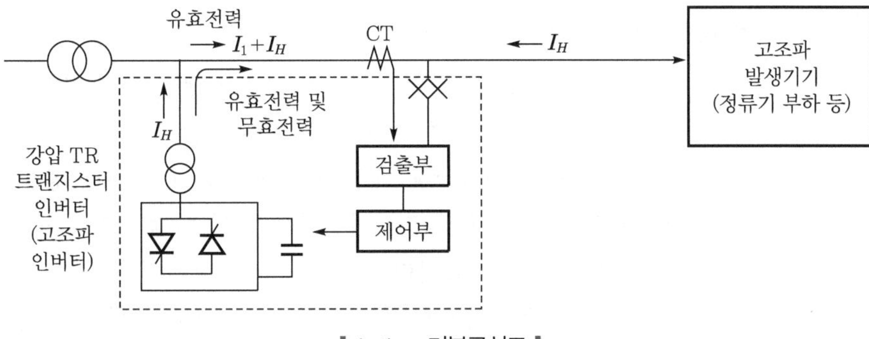

▌Active 기본구성도▌

⑦ Passive filter

㉠ LC 필터는 특정 고조파성분에 대하여 저임피던스로 되어 고조파전류를 끌어들임으로써 전원측의 고조파 양을 줄인다.

㉡ 용량 과부족 시 공진 우려가 있다.

㉢ 구성이 간단하고, 취급 및 보수가 용이하며 특정 주파수에는 큰 효과가 있으나 분로를 만들지 않는 주파수의 개선효과는 작다.

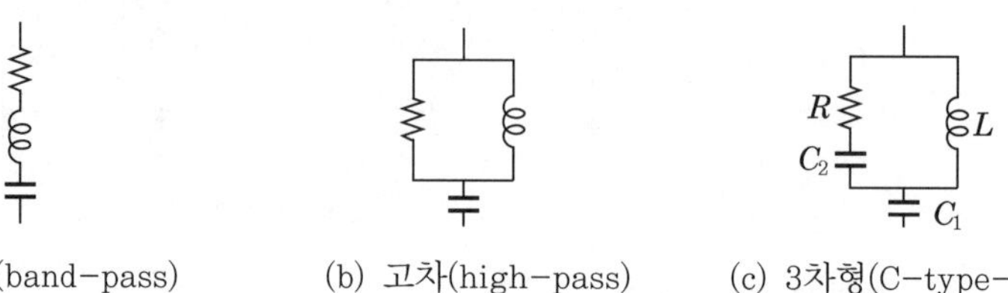

(a) 동조(band-pass) (b) 고차(high-pass) (c) 3차형(C-type-pass)

▌Passive filter▐

▌액티브필터와 수동필터 비교▐

구분	액티브필터	수동필터
억제 고조파 차수	임의 복수차 고조파 억제 가능	각 차수 고조파마다 설치
과부하보호 (고조파 발생량 증가 시)	과부하되지 않음	과부하됨
계통임피던스 영향	없음	있음(반공진(反共振)에 의한 고조파 확대)
기본파 무효분 조정 가능	제어방식에 따라 가능	있음(고정)
용적	100 ~ 200[%]	100[%]
증설	용이	필터 간 협조 고려
손실	용량의 8 ~ 10[%]	용량의 1 ~ 2[%]
가격	300 ~ 700[%]	100[%]

(3) 피보호기기에 있어 고조파대책

① **직렬리액터 설치** : 전력용 콘덴서에 적정 용량의 직렬리액터(유도성으로 조정)를 설치하고, 기기 자체 내량을 강화한다.

② **변압기 설계 시 K-factor 개념 적용** : K-factor란 비선형 부하들에 의한 고조파영향에 대하여 변압기가 과열현상 없이 안정적으로 공급할 수 있는 능력(ANSIC 57.110)을 말한다.

③ **용량증대** : 고조파전류에 견딜 수 있도록 자체 내량을 증대시킨다.

④ **중성선 NCE(Neutral Current Eliminator) 설치** : NCE는 일종의 Zig-Zag 결선으로 영상분에 대하여 임피던스를 낮게 하여 영상분은 NCE를 통해 순화되고, 정상 · 역상분은 통과시킨다.

reference

고조파 저감대책 요약

계통측 대책	발생기기 대책	피보호기기 대책
• 단락용량 증대 • 공급선로 전용화 • 계통절체 • 위상변위(phase shift) • Active filter • Passive filter	• 변환기의 다펄스화 • PWM 방식 도입 • 인버터 등에 리액터(ACL, DCL) 설치 • IGBT	• 직렬 리액터 설치 • K-factor 적용 • 용량 증대 • 중성선 NCE 적용

011 전력품질에서 고조파와 전자파를 비교하여 설명하시오.

data 전기안전기술사 23-129-1-2

답안 고조파와 전자파의 비교

구분	고조파	전자파
정의	Harmonics란 기본파에 대하여 정수배의 주파수 성분을 갖는 파형	Electromagnetic wave란 전계와 자계의 주기적 변동에 의해 공간을 통하여 전달되는 에너지파
파형	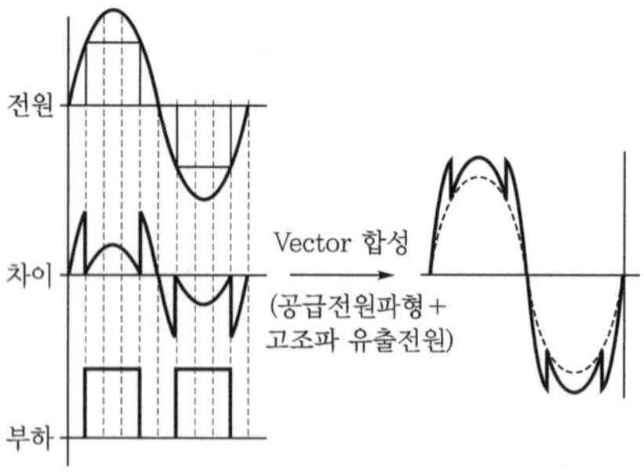 전원 차이 부하 Vector 합성 (공급전원파형+고조파 유출전원)	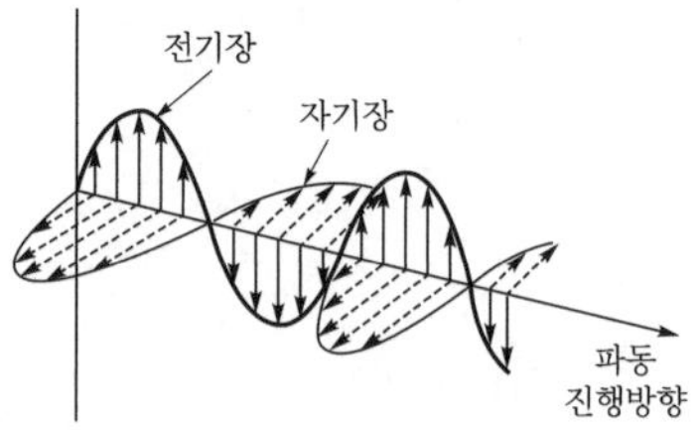 전기장 자기장 파동 진행방향 • 맥스웰 방정식에 의해 자계의 회전 : $\nabla \times H = J + \dfrac{dD}{dt}$ • 맥스웰 방정식에 의해 전계의 회전 : $\nabla \times E = -\dfrac{dB}{dt}$
원인	전력전자소자를 사용하는 기기에서 주로 발생	임의의 시기에 발생하여 정량적 파악 곤란
영향	• 기기에서의 악영향 – 변압기 절연열화, 과열 – 전력케이블의 절연열화, 과열 – 전력용 콘덴서의 과열, 고장 – 발전기 국부과열 • 통신선 유도장해 : 정전유도, 전자유도 • 고조파 공진 $f_r = f\sqrt{\dfrac{P_S}{Q_C}} = f\sqrt{\dfrac{\text{전원단락용량}}{\text{콘덴서용량}}}$ • 고조파는 전력계통의 전기품질에 왜란을 일으키는 요소	• 생체 영향 : 열적 · 비열적 현상 • 전자기기 영향 – 기능 저하, 소자소손 – 자동화설비 오동작 • 전자파는 EMC, EMI, EMS로 구분하여 영향을 줌

구분	고조파	전자파
대책	• 발생원측 대책 – 정류기 다펄스화 $n=mp+1,\ I_n=k_n\frac{I_1}{n}$ – 변압기 △결선 : 영상분 고조파 순환 – ZED, Phase shift TR • 유출방지대책 – 리액터 설치 : ACL, DCL – 필터 설치 : 수동 필터, 능동 필터 • 내량 강화 – 변압기 : 고조파 저감계수(THDF) $\sqrt{\frac{1+P_e}{1+kP_e}}\times 100[\%]$를 곱하여 용량 산출 – 전동기 : 출력감소율(HVF) $\sqrt{\sum_{n=5}^{\infty}\frac{Vn^2}{n}}$ 를 용량에 곱하여 산출 – 발전기 : 등가 역상전류(I_2eq) $\sqrt{\sum\left(\sqrt{\frac{N}{2}I_n^{\ 2}}\right)}$ 를 고려한 용량 산정	• 인체 대책 : SAR(Specific Absorption Rate) 1.6[W/kg] 안전기준 철저 준수 • 차폐 • 접지 : 실드, 차폐선 설치 • Line 노이즈 방지 – 필터링 : 노이즈필터 설치 – 실드링 : 금속관 배관 – Wiring : Twist pair선, 동축케이블, 차폐선, 프린트배선 등 활용 – Grounding : 안전하고 확실한 접지 시공 – 노이즈 방지용 트랜스 사용

012 무정전 전원장치(UPS)의 병렬운전시스템 선정 시 고려사항에 대하여 5가지만 설명하시오.

012-1 예비전원설비의 일종인 무정전 전원장치(UPS : Uninterruptible Power System)의 병렬시스템 선정 시 고려사항을 적으시오.

data 전기안전기술사 20-120-1-9

답안 **1. 무정전 전원설비의 운전방식의 종류**

(1) 무정전 전원설비의 운전방식은 다음과 같이 구분할 수 있다.

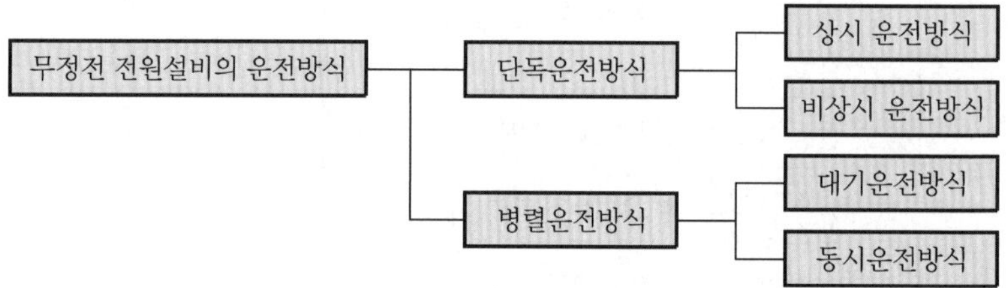

(2) 단독운전방식에서 상시 운전방식은 UPS를 상시 운전하다가 UPS 내부에 고장이 발생할 때에만 상용 전원으로 절환하는 방법이고, 비상시 운전방식은 상시에는 UPS를 운전하지 않고 있다가 정전 시에만 운전하는 방식이다.

(3) 병렬운전방식에서 대기운전방식은 두 대의 UPS에서 한 대는 상용 운전, 다른 한 대는 예비기로 운전하는 방식이며, 이는 상시 운전되고 있는 UPS는 한 대뿐이므로, 독립운전방식이라고 볼 수 있다.

(4) 동시운전방식은 여러 대의 UPS를 병렬로 동시에 운전하여 부하에 전력을 공급하다가 1대가 고장나면 고장난 UPS를 회로에서 분리하고, 건전한 나머지가 전부하에 급전하는 방식인데, 이 방식이 진정한 의미의 병렬운전방식이라고 보며, 이의 고려사항은 다음 같다.

2. 무정전 전원설비의 병렬운전시스템 선정 시 고려사항

(1) 출력용량의 여유가 있어야 한다.
병렬운전되고 있던 UPS 중에서 1대가 고장나면 나머지 UPS들이 그 부하를 부담해야 하므로 용량에 여유가 있어야 한다.

(2) 출력전압의 크기가 같아야 한다.
병렬운전되는 모든 UPS들의 출력전압이 동일하지 않으면 UPS 간에 순환전류가 흘러서 무효전력이 증가한다. 따라서, 출력전압의 제어편차를 최소화해야 한다.

(3) UPS의 출력임피던스의 크기가 같아야 한다.

UPS의 내부임피던스가 동일하지 않으면 부하전류의 크기에 따라서 출력전압에 차이가 발생해서 순환전류가 흐르게 된다.

(4) UPS의 출력임피던스 저항과 인덕턴스의 비가 같아야 한다.

① UPS의 출력임피던스는 저항보다 인덕턴스가 훨씬 크다.

② 저항과 인덕턴스의 비가 같지 않으면 전압과 전류에 위상차가 생겨서 순환전류가 흐르게 된다.

(5) 출력전압을 동기화시켜야 한다.

UPS 간의 출력전압이 동기화되지 않으면 최악의 경우 단락사고에까지도 이를 수 있다.

(6) 적절한 부하분담이 이루어져야 한다.

병렬운전되는 UPS 간에 부하가 적절하게 분담되기 위해서는 출력전압, %임피던스 등이 동일해야 한다.

(7) 출력파형이 정현파이어야 한다.

출력파형에 고조파가 포함되어 있으면 고조파 순환전류가 발생되어 UPS를 과부하시키게 된다.

(8) 정격이 같아야 한다.

정격전압, 전압조정범위, 정격역률, 단시간 과부하정격, 전압변동률, 파형왜곡률, 과도전압 변동률, 전압불평형률 등 모든 정격이 동일해야 한다.

section 03 KEC 배전공학 관련

013 한국전기설비규정(KEC)에서 정하는 2개 이상의 충전도체 또는 PEN 도체를 계통에 병렬로 접속할 때 시설기준에 대하여 설명하시오.

data 전기안전기술사 22-126-1-13

답안 1. PEN 도체의 개념

(1) 개념도

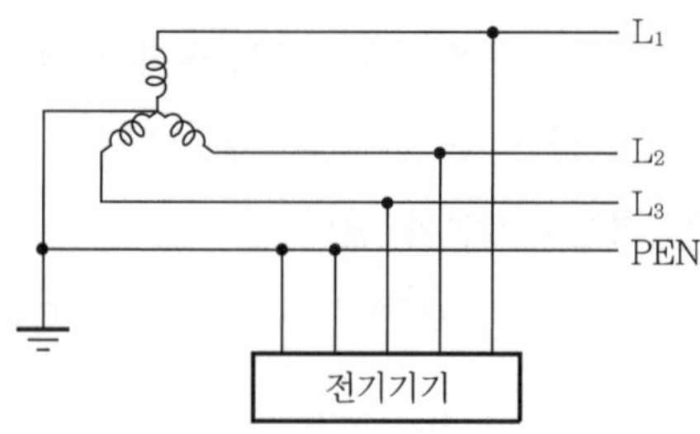

▌TN-C System의 PEN 도체▐

(2) 간선의 중성선과 보호도체를 겸용하는 도체를 말한다.

(3) 회로동작 특성상 누전차단기 사용이 불가하다.

(4) PEN = PE(보호도체) + 중성선(N) 조합
교류회로에서 중성선 겸용 보호도체
여기서, N : 중성선
PEN 도체(Protective Earthing conductor and Neutral conductor)

2. 병렬접속 시 시설기준(2개 이상의 선도체(충전도체) 또는 PEN 도체를 계통에 병렬로 접속하는 경우)

(1) 병렬도체 사이에 부하전류가 균등하게 배분될 수 있도록 조치를 취한다.

(2) 도체가 같은 재질, 같은 단면적을 가지고, 거의 길이가 같으며, 전체 길이에 분기회로가 없으며, 다음과 같을 경우 이 요구사항을 충족하는 것으로 본다.

① 병렬도체가 다심 케이블, 트위스트(twist) 단심 케이블 또는 절연전선인 경우

② 병렬도체가 비트위스트(non-twist) 단심 케이블 또는 삼각형태(trefoil) 혹은 직사각형(flat) 형태의 절연전선이고 단면적이 구리 50[mm^2], 알루미늄 70[mm^2] 이하인 것

③ 병렬도체가 비트위스트(non-twist) 단심 케이블 또는 삼각형태(tree foil) 혹은 직사각형(flat) 형태의 절연전선이고, 단면적이 구리 50[mm^2], 알루미늄 70[mm^2]를 초과하는 것으로 이 형상에 필요한 특수배치를 적용한 것

④ 특수한 배치법은 다른 상 또는 극의 적절한 조합과 이격으로 구성한다.

(3) 절연물의 허용온도규정에 적합하도록 부하전류를 배분하는 데 특별히 주의한다. 적절한 전류분배를 할 수 없거나 4가닥 이상의 도체를 병렬로 접속하는 경우에는 버스바 트렁킹시스템의 사용을 고려한다.

014 한국전기설비규정(KEC : Korea Electro-technical Code) 제정목적과 적용범위(적용전압과 적용 대상설비)에 대하여 설명하시오.

data 전기안전기술사 22-128-1-5

답안 **1. 한국전기설비규정의 제정목적**

(1) 한국전기설비규정(Korea Electro-technical Code ; KEC)은 「전기설비기술기준」 고시에서 정하는 전기설비의 안전성능과 기술적인 요구사항을 구체적으로 정하는 것을 목적으로 한다.

(2) 전기설비는 발전 · 송전 · 변전 · 배전 또는 전기사용을 위하여 설치하는 기계 · 기구 · 댐 · 수로 · 저수지 · 전선로 · 보안통신선로 및 그 밖의 설비를 말한다.

2. 한국전기설비규정의 적용범위

(1) 적용전압

① 저압 : 교류 1[kV] 이하, 직류 1.5[kV] 이하인 것

② 고압 : 교류는 1[kV], 직류는 1.5[kV]를 초과하고 7[kV] 이하인 것

③ 특고압 : 7[kV]를 초과하는 것

(2) 적용범위

① 인축의 감전에 대한 보호와 안전에 필요한 성능과 기술적인 요구사항을 적용한다.

② 적용범위

㉠ 공통사항

㉡ 저압 전기설비

㉢ 고압 · 특고압 전기설비

㉣ 전기철도설비

㉤ 분산형 전원설비

㉥ 발전용 화력설비

㉦ 발전용 수력설비

㉧ 그 밖에 기술기준에서 정하는 전기설비

015 저압 회로의 차단용량 선정방법에 대하여 설명하시오.

data 전기안전기술사 19-117-2-6

comment 내선규정 1470-5

답안

1. 개요

저압 전로에 시설하는 퓨즈 및 배선용 차단기의 필요한 용량에 대하여 적용한다.

2. 정격차단용량

(1) 퓨즈 및 배선용 차단기의 정격차단용량은 다음의 값 이상이어야 한다.

▌퓨즈 및 배선용 차단기의 정격차단용량▐

<table>
<tr><th>종류</th><th colspan="2">전로의 구분</th><th>정격전류
[A]</th><th>정격차단용량
[A]</th></tr>
<tr><td rowspan="2">1</td><td colspan="2" rowspan="2">전기 사업자의 저압 배전선로로부터 공급되는 수용가 옥내 전로(110[V], 220[V], 단상 및 3상 전로)</td><td>30 이하</td><td>1,500</td></tr>
<tr><td>30 초과</td><td>2,000</td></tr>
<tr><td rowspan="5">2</td><td rowspan="5">종류 1 이외의 것으로 고압 또는 특고압 이외의 변압기에서 공급되는 저압 전로의 저압 옥내 전로(110[V], 220[V], 380[V], 단상 및 3상 전로)</td><td rowspan="2">뱅크용량이 100[kVA] 이하인 변압기로부터 공급되는 전로</td><td>30 이하</td><td>1,500</td></tr>
<tr><td>30 초과</td><td>2,500</td></tr>
<tr><td rowspan="2">뱅크용량이 100[kVA] 초과 300[kVA] 이하인 변압기로부터 공급되는 전로</td><td>30 이하</td><td>2,500</td></tr>
<tr><td>30 초과</td><td>5,000</td></tr>
<tr><td>뱅크용량이 300[kVA] 초과인 변압기로부터 공급되는 전로</td><td colspan="2">차단용량의 산출방법에 의해 구한 단락전류를 안전하게 차단할 수 있는 정격차단용량</td></tr>
</table>

(2) 비고

① 집합주택 등 공급용 변압기실 변압기에서 공급되는 전로에 시설하는 과전류 차단기의 용량은 위 표의 종류 2에 해당하는 것으로 선정할 수 있다.

② 단, 변압기의 용량이나 변압기로부터 거리에 따라 큰 단락전류가 흐르는 경우도 있기 때문에 필요에 따라 단락전류를 확인하여 차단하는 능력이 있는 것으로 선정한다.

3. 저압용 차단기의 차단용량 산출방법

정격차단용량에 표시하는 뱅크용량이 300[kVA]를 초과하는 변압기로부터 공급되는 저압 전로의 차단용량은 다음 산출방법에 따라야 한다.

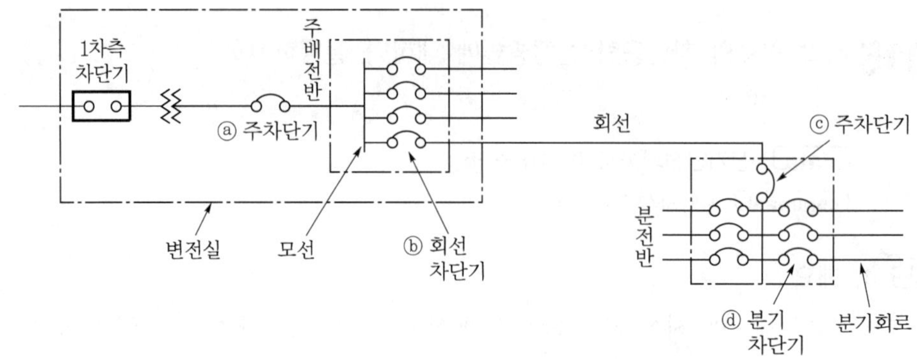

▎변압기로부터 공급되는 저압 전로의 차단용량▎

(1) 주차단기(변전실, 그림의 ⓐ)의 정격차단용량

① 변압기 2차측에서 배전반 모선까지의 전로가 절연전선 또는 케이블인 경우 : 당해 전로 말단 모선에서 발생한 단락전류의 값

② 변압기 2차측에서 배전반 모선까지의 전로가 나도체인 경우 : 주차단기의 부하측 단자에서 발생한 단락전류의 값

(2) 회선(Feeder) 차단기(그림의 ⓑ)의 정격차단용량

① 분전반에서 회선까지 절연전선, 케이블 또는 도체를 절연한 버스덕트로 시설되는 경우 : 분전반 주차단기 전원측에서 발생한 단락전류의 값

② 분전반에서 회선까지 나도체(버스덕트인 경우를 포함)로 시설되는 경우 : 간선용 차단기의 부하측 단자에서 발생한 단락전류값

(3) 부전반 주차단기(그림의 ⓒ)의 정격차단용량

분전반 주차단기의 부하측 단자에서 발생한 단락전류의 값

(4) 분기차단기(그림의 ⓓ)의 정격차단용량

① 뱅크용량이 500[kVA] 이하인 변압기로부터 공급하는 경우

㉠ 표의 분기회로 전선의 굵기에 따르며, 각각 표의 값 이상이어야 한다.

㉡ 단, 제1부하점에서 단락을 일으킨 경우 단락전류의 계산값이 표의 값에 미달할 경우는 그 계산값을 차단용량으로 할 수 있다.

▎분기차단기의 정격용량▎

분기회로전선의 굵기[mm^2]	정격차단용량
4 이하	2,500[A]
4 초과	5,000[A]

② 뱅크용량 500[kVA]를 초과하는 변압기로부터 공급하는 경우 : 차단기 정격차단용량은 계산값에 따른다.

$$\text{차단용량} = \text{정격전류} \times \frac{100\,\%}{\%\,\text{impedance}}$$

016 한국전기설비규정(KEC)에서 정하는 저압 배선의 과전류 보호협조방법을 설명하시오.

data 전기안전기술사 23-129-3-5

답안 1. 개요

(1) 저압 배선의 과전류는 과부하전류, 과도전류, 단락고장으로 발생하는 정격 이상의 전류이다.

(2) 과전류 보호장치는 피보호도체가 전원과 연결되는 지점에 설치하여야 한다.

2. 저압 배선 과전류 보호협조방법

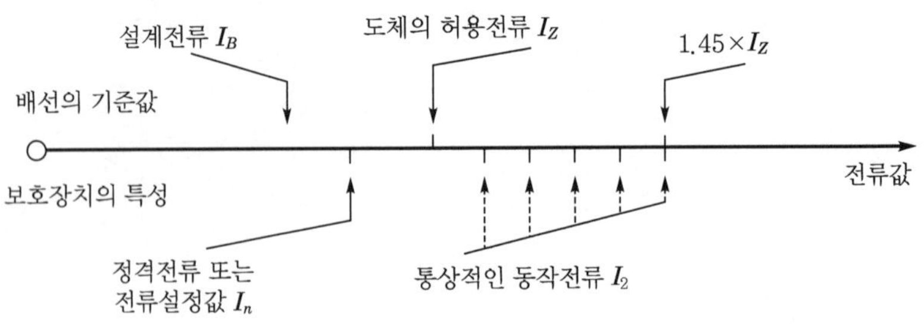

▌과부하 보호설계 조건도▐

3. 도체와 과부하 보호장치 사이의 협조

과부하에 대해 케이블(전선)을 보호하는 장치의 동작특성은 다음 두 조건을 충족해야 한다.

(1) $I_B \le I_n \le I_Z$ ………… 식 1)

① I_B : 회로의 설계전류

㉠ $I_B = \dfrac{\sum P_i}{K\,V} \times \alpha \times h \times k[\mathrm{A}]$

여기서, P_i : 단상 또는 3상 부하의 입력[VA]

K : 상계수(3상은 $\sqrt{3}$, 단상은 1)

h : 고조파 발생부하의 선전류 증가계수

V : 부하의 정격전압[V]

α : 수용률

k : 부하의 불평형에 따른 선전류 증가계수

㉡ 정상 시 회로에 공급되는 전류

㉢ 부하의 효율, 역률, 수용률, 선전류의 불평형, 고조파에 의한 전류 증가 및 장래 부하 증가에 대한 여유 등을 고려한 전류

② I_B는 선도체를 흐르는 설계전류이나 함유율이 높은 영상분 고조파가 지속적으로 흐르는 경우 중성선에 흐르는 전류이다.

③ I_n(보호장치의 정격전류) : 대기 중에 노출된 상태에서 규정된 온도상승한도를 초과하지 않는 한도 이내에 연속하여 보호장치에 흐르게 하는 최대 전류

④ I_Z(케이블의 허용전류) : 도체가 정상상태에서 지정된 온도(절연 형태별 최고 사용온도)를 초과하지 않는 범위 내에서 연속적으로 케이블에 흐르게 하는 최대 전류

(2) $I_2 \le 1.45 \times I_Z$ ………… 식 2)

① I_2 : 보호장치가 규약시간 이내에 유효하게 동작을 보장하는 전류(규약동작전류)

② $1.45I_Z$: 1.45배의 허용전류가 60분간 지속 시 연속사용온도에 도달지점의 전류

③ $I_2 \le 1.45I_Z$에 따른 보호는 조건에 따라 보호가 불확실한 경우가 발생한다.

④ $I_2 \le 1.45I_Z$에 따라 선정된 케이블보다 단면적이 큰 케이블을 선정한다.

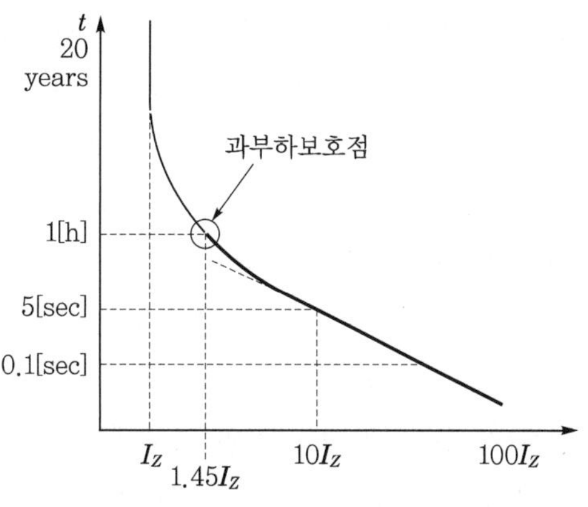

▌1.45배 과부하보호점▐

(3) 조정할 수 있게 설계 및 제작된 보호장치의 경우 정격전류 I_n은 사용현장에 적합하게 설정한다.

(4) 보조장치의 유효한 동작을 보장하는 전류 I_2는 제조자로부터 제공되거나 제품표준에 제시되어야 한다.

017 수상 전선로 및 수중 조명등의 시설기준에 대하여 설명하시오.

data 전기안전기술사 19-117-4-5

답안 1. 수상 전선로의 시설

사용전압은 저압 또는 고압인 것에 한하며, 다음에 따르고 위험의 우려가 없도록 시설한다.

(1) 전선은 전선로의 사용전압이 저압인 경우에는 클로로프렌 캡타이어 케이블이어야 하며, 고압인 경우에는 캡타이어 케이블일 것

(2) 수상 전선로의 전선을 가공전선로의 전선과 접속하는 경우에는 그 부분의 전선은 접속점으로부터 전선의 절연피복 안에 물이 스며들지 아니하도록 시설하고, 또한 전선의 접속점은 다음의 높이로 지지물에 견고하게 붙일 것

① 접속점이 육상에 있는 경우에는 지표상 5[m] 이상. 단, 수상 전선로의 사용전압이 저압인 경우에 도로상 이외의 곳에 있을 때에는 지표상 4[m]까지로 감할 수 있음

② 접속점이 수면상에 있는 경우에는 수상 전선로의 사용전압이 저압인 경우에는 수면상 4[m] 이상, 고압인 경우에는 수면상 5[m] 이상

③ 수상 전선로에 사용하는 부대(浮臺)는 쇠사슬 등으로 견고하게 연결한 것일 것

④ 수상 전선로의 전선은 부대의 위에 지지하여 시설하고, 또한 그 절연피복을 손상하지 아니하도록 시설할 것

(3) 위 '(1)'의 수상 전선로에는 이와 접속하는 가공전선로에 전용 개폐기 및 과전류 차단기를 각 극(과전류 차단기는 다선식 전로의 중성극을 제외)에 시설할 것

(4) 수상 전선로의 사용전압이 고압인 경우에는 전로에 지락이 생겼을 때 자동적으로 전로를 차단하기 위한 장치를 시설할 것

2. 수중 조명등의 시설기준

(1) 사용전압

① 수영장, 기타 이와 유사한 장소에 사용하는 수중 조명등에는 절연변압기를 사용할 것

② 절연변압기 1차측 전로의 사용전압은 400[V] 이하일 것

③ 절연변압기 2차측 전로의 사용전압은 150[V] 이하일 것

(2) 전원장치(수중 조명등에 전기를 공급하기 위한 절연변압기)

① 절연변압기의 2차측 전로는 접지하지 말 것

② 절연변압기는 교류 5[kV]의 시험전압으로 하나의 권선과 다른 권선, 철심 및 외함 사이에 계속적으로 1분간 가하여 절연내력을 시험할 경우 이에 견딜 것

(3) 수중 조명등의 절연변압기 2차측 배선 및 이동전선

① 절연변압기의 2차측 배선은 금속관공사에 의하여 시설할 것

② 수중 조명등에 전기를 공급하기 위하여 사용하는 이동전선 시설기준

㉠ 접속점이 없는 단면적 2.5[mm^2] 이상의 0.6/1[kV] EP 고무절연 클로로프렌 캡타이어케이블일 것

㉡ 이동전선은 유영자가 접촉될 우려가 없도록 시설할 것

㉢ 외상을 받을 우려가 있는 곳에 시설하는 경우는 금속관에 넣는 등 적당한 외상보호장치를 할 것

③ 이동전선과 배선과의 접속은 꽂음접속기를 사용하고 물이 스며들지 않고 또한 물이 고이지 않는 구조의 금속제 외함에 넣어 수중 또는 이에 준하는 장소 이외의 곳에 시설할 것

④ 수중 조명등의 용기, 각종 방호장치와 금속제 부분, 금속제 외함 및 배선에 사용하는 금속관과 접지도체와의 접속에 사용하는 꽂음접속기의 1극은 전기적으로 서로 완전하게 접속할 것

(4) 수중 조명등의 시설

① 수중 조명등의 용기에서 규정하는 용기에 넣고, 이것을 손상받을 우려가 있는 곳에 시설하는 경우는 방호장치를 시설할 것

② 수중 또는 물과 접촉해 있는 상태로 사용하는 등기구는 등기구(수영장용 및 이와 유사한 등기구) 개별요구사항에 적합할 것

③ 내수창의 후면에 설치하고 비추는 수중조명은 의도적이든 비의도적이든 상관없이 수중 조명등의 노출도전부와 창의 도전부와의 사이에 도전성 접속이 발생하지 않을 것

(5) 개폐기 및 과전류차단기

절연변압기의 2차측 전로에는 개폐기 및 과전류차단기를 각 극에 시설할 것

(6) 접지

① 절연변압기는 그 2차측 전로의 사용전압이 30[V] 이하인 경우는 1차 권선과 2차 권선 사이에 금속제의 혼촉방지판을 설치하고, 감전보호 규정과 접지시스템 규정에 의할 것

② 수중 조명등을 규정하는 장치는 견고한 금속제 외함에 넣고, 그 외함에는 감전보호 규정과 접지시스템 규정에 준하여 접지공사를 할 것
③ 용기 및 방호장치의 금속제부분에는 211과 140의 규정에 준하여 접지공사를 할 것
④ 이 경우에 규정하는 이동전선 심선의 하나를 접지도체로 사용하고, 접지도체와의 접속은 규정한 꽂음접속기의 1극을 사용할 것

(7) 누전차단기

수중 조명등의 절연변압기 2차측 전로의 사용전압이 30[V]를 초과할 경우 전로에 지락이 생겼을 때 자동적으로 차단하는 정격감도전류가 30[mA] 이하의 누전차단기를 시설할 것

(8) 사람 출입의 우려가 없는 수중 조명등의 시설

① 조명등에 전기를 공급하는 전로의 대지전압은 150[V] 이하일 것
② 조명등에 전기를 공급하기 위한 이동전선은 다음에 의하여 시설할 것
㉠ 케이블은 KS C IEC 60245(정격전압 450/750[V] 이하 고무 절연케이블) 시리즈에 따라 형식 66 또는 이와 동등 이상의 성능을 갖는 것을 사용할 것
㉡ 전선에는 접속점이 없을 것
③ 수중 조명등의 용기는 234.14.9(1에서의 조사용 창이 전구의 유리부분이 외부로 노출된 것은 제외)의 규정에 준하여 시설할 것
④ 수중 조명등에 사용하는 용기의 금속제부분에는 211과 140 규정의 접지공사를 시공할 것

(9) 수중 조명등의 용기

① 조사용 창으로는 유리 또는 렌즈, 기타의 부분은 녹이 잘 슬지 아니하는 금속 또는 카드뮴도금, 아연도금, 도장 등으로 방청을 한 금속으로 견고하게 제작한 것일 것
② 내부의 적당한 곳에 접지용 단자를 설치할 것. 이 경우에 접지단자의 나사는 그 지름이 4[mm] 이상의 것으로 할 것
③ 수중 조명등의 나사접속기 및 소켓(형광등용 소켓은 제외)은 자기제(磁器製)일 것
④ 완성품은 도전부분 이외의 부분과의 사이에 2[kV]의 교류전압을 연속하여 1분간 가하여 절연내력을 시험하였을 때 이에 견디는 것일 것

⑤ 완성품은 최대 적용 전등와트수의 전구를 끼워 정격 최대 수심이 0.15[m]를 초과하는 것은 그 정격 최대 수심 이상, 정격 최대 수심이 0.15[m] 이하인 것은 0.15[m] 이상 깊이의 수중에 넣어 해당 전등의 정격전압에 상당하는 전압으로 30분간 전기를 공급하고, 다음에 30분간 전기의 공급을 중단하는 조작을 6회 반복할 때 용기 내에 물이 스며드는 등 이상이 없는 것일 것

⑥ 최대 적용 전등의 와트수 및 정격 최대 수심의 표시를 보기 쉬운 곳에 표시한 것일 것

comment 이 문제는 여름철에 주로 출제된다.

memo

접지공학

01 접지설계

02 위험전압(보폭전압, 접촉전압)

03 기타 접지시스템

section 01 접지설계

001 발전소와 변전소의 접지설계 시 고려사항에 대하여 설명하시오.

1. 대지저항률
2. 최대 지락전류 결정
3. 소요접지저항의 결정
4. 허용접촉 및 보폭전압 확인(인체의 안전확보)

data 전기안전기술사 18-116-2-5

답안 1. 대지저항률

(1) 정의

① 대지에 전기가 통하기 어려운 정도를 표시한 것

② 대지저항률이란 대지 $1[\mathrm{m}^3]$ 입방체의 저항값으로, ρ로 표현하고 단위는 $[\Omega \cdot \mathrm{m}]$이다.

(2) 관련식

$$접지저항\ R = \rho \times f\,[\Omega]$$

① ρ : 대지저항률$[\Omega \cdot \mathrm{m}]$

② f : 함수 → 형상, 치수$[\mathrm{m}^{-1}]$ → 전극의 구체적 형상에 의해 결정

(3) 고려사항(대지저항률에 영향을 주는 요소)

① 토양의 종류

② 수분함량

③ 온도

④ 계절에 따른 변화

⑤ 화학물질

⑥ 해수(海水)의 영향

⑦ 암석(岩石)의 영향

2. 최대 지락전류의 결정

(1) 접지전류(I_G) 산정

$$I_G = \beta \cdot D_f \cdot C_p \cdot I_F = 0.5 \sim 0.75 I_F$$

여기서, β : 지락전류 분류계수

D_f : 비대칭분에 대한 교정계수

C_p : 장차 계통확장계수(1.0~1.5)

I_F : 최대 지락전류

(2) 최대 지락고장전류(I_F)

① 장기계통계획에 의한 해당 변전소의 1선 지락고장전류를 활용한다.

② 계통확장을 고려해 차단기 정격차단전류로도 최대 지락고장전류를 적용한다.

3. 소요접지저항의 결정

$$R = \frac{\text{전위 상승 최댓값}}{\text{접지전류}} = \frac{1{,}500 \sim 2{,}000}{I_G}$$

4. 허용접촉 및 보폭전압 확인(인체의 안전확보)

(1) 허용접촉전압

변전소 등에 고장전류 유입 시 도전성 구조물과 그 부근 지표상 점과의 사이의 (약 1[m]) 전위차이다.

(2) 접촉전압(touch voltage)의 개념도와 등가회로도

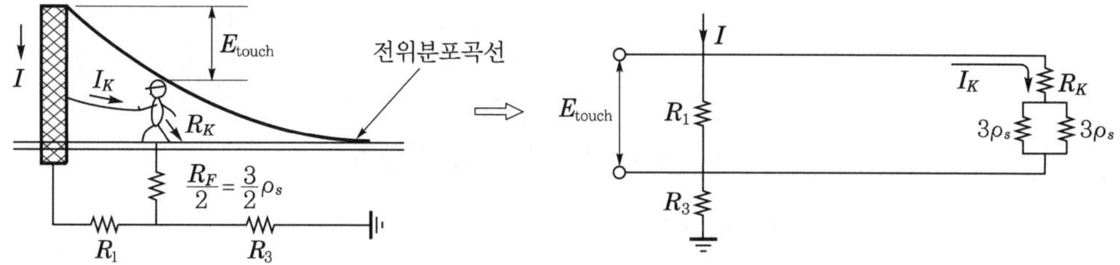

▌철구 부근의 접촉전압▐

(3) 허용접촉전압 계산

$$\text{최대 허용접촉전압}(E_{touch}) = (R_K + R_{2FP}) \cdot I_K$$

$$= (1{,}000 + 1.5 \cdot C_s \cdot \rho_s)\frac{0.116}{\sqrt{t_s}}\,[\text{V}]$$

여기서, R_K : 인체 내부저항(1,000[Ω] 적용)

R_{2FP} : 두 발 사이의 병렬저항($1.5 \times C_s \times \rho_s$ 적용)

I_K : 인체허용전류[Arms]

ρ_s : 대지표면(표토층)의 고유저항률[Ω · m]

C_s : 표토층의 두께와 반사계수에 의해 결정되는 감소계수

t_s : 인체감전시간[sec]

(4) 보폭전압의 정의

① 사람의 양발 사이에 인가되는 전압으로서, 이것은 접지극을 통하여 대지로 전류가 흘러나올 때 접지극 주위의 지표면에 형성되는 전위분포 때문에 양발 사이에 인가되는 전위차이다.

② 전로에 어떤 원인으로 지락전류 발생 시 두 발 사이(1[m] 간격)에 나타나는 전위차이다.

(5) 보폭전압의 발생메커니즘과 표현식

① 개념도 및 등가회로

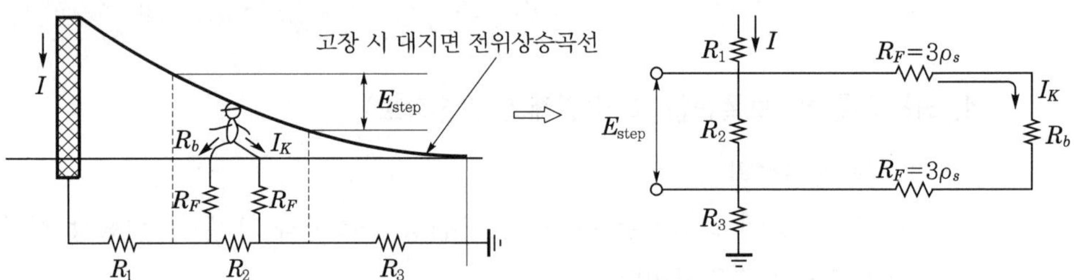

② 허용 보폭전압값(0.116 : 50[kg]인 경우) : 상기 등가회로와 같이

$$E_{step} = (6\rho_s + R_b) I_K = (6\rho_s + R_b)\frac{0.116}{\sqrt{t}}[A]$$

단, $6\rho_s = 3\rho_s \times 2$로, 두 발 간의 저항임

여기서, I_K : 심실세동전류$\left(\frac{0.116}{\sqrt{t}}\right)$

R_b : 인체의 저항(1,000[Ω])

ρ_s : 지표상층 저항률

t : 고장시간[sec]

(6) 접지망 주변의 최대 예상보폭전압(E_s)과 접지망의 최대 예상접촉전압(E_m) 산출

① $$E_s = \frac{\rho \cdot K_s \cdot K_i \cdot I_G}{L_{step}}$$

여기서, K_s : 보폭전압 산출을 위한 간격계수

K_i : 전위경도 변화에 대한 교정계수

I_G : 접지전류

L_{step} : 매설접지도체의 전장[m]

$$L_{\text{step}} = 0.75L_c + 0.85L_r$$

L_c : 주접지망 도체의 총길이[m]

L_r : 접지봉 1개의 길이[m]

②
$$E_m = \frac{K_{10} \cdot \rho \cdot K_m \cdot K_i \cdot I_G}{L_{\text{touch}}}$$

여기서, K_{10} : 도체간격(D)이 10[m] 이하이면 $K_{10} = 2.7159 \cdot D^{-0.4416}$, 10[m]를 초과하면 $K_{10} = 1.0$

ρ : 대지고유저항[Ω · m]

K_m : 메시전압 산출을 위한 간격계수

K_i : 전위경도변화에 대한 교정계수(0.1~0.8)

$$L_{\text{touch}} = L_c + \left\{1.55 + 1.22\left(\frac{L_r}{\sqrt{{L_x}^2 + {L_y}^2}}\right)L_R\right\}$$

L_c : 메시도체의 총길이[m]

L_r : 접지봉 1개의 길이[m]

L_R : 접지봉의 총길이[m]

L_x : 주접지망의 X축 방향 최대 길이[m]

L_y : 주접지망의 Y축 방향 최대 길이[m]

(7) 접지망의 최대 Mesh, 보폭전압과 최대 허용접촉전압, 보폭전압과 비교하여 인체의 안전확보를 결정한다.

$E_m < E_{\text{touch}}$, $E_s < E_{\text{step}}$

① 만족 : 상세 설계

② 불만족 : 예비설계부터 재설계(D - 좁게, n, L - 크게)

002 접지전극의 과도특성을 설명하시오.

data 전기안전기술사 23-129-1-3

답안 1. 개요

(1) 접지는 대지에 대상물을 전기적으로 낮은 저항으로 연결시키는 것을 말한다.

(2) 접지는 사용하는 주파수에 따라 정상상태 또는 저주파상태에서의 접지와 과도상태 또는 임펄스 접지로 분류된다.

(3) 정상상태 접지는 상용주파수의 인위적인 전원에 의한 접지개념이다.

(4) 과도상태 접지는 자연현상에서 발생한 낙뢰나 고장현상 시의 Surge 전류 등에 의한 접지개념이다.

2. 접지전극의 과도현상

(1) 상용주파수영역에서 접지극은 전도전류성분이 지배적이어서 임피던스에 의한 전압강하가 매우 작기 때문에 단순한 저항으로 해석한다.

(2) 그러나 고주파영역에서는 주파수가 비교적 낮을 때는 유도성 특성을 가지기 때문에 고주파영역에서는 주파수가 높을 때는 용량성 임피던스로 해석한다.

(3) 접지임피던스는 접지극에 서지가 침입할 때 서지의 최대 전압/최대 전류[Ω]으로 표시하는데 이는 접지극의 형상, 포설방식, 포설면적 등에 따라 달라진다.

(4) 서지 침입 시 대지전위는 수[μs] 동안에 급격히 상승했다가 서서히 내려간다.

(5) 접지임피던스는 서지의 전류파형 및 대지저항률에 따라 달라진다.

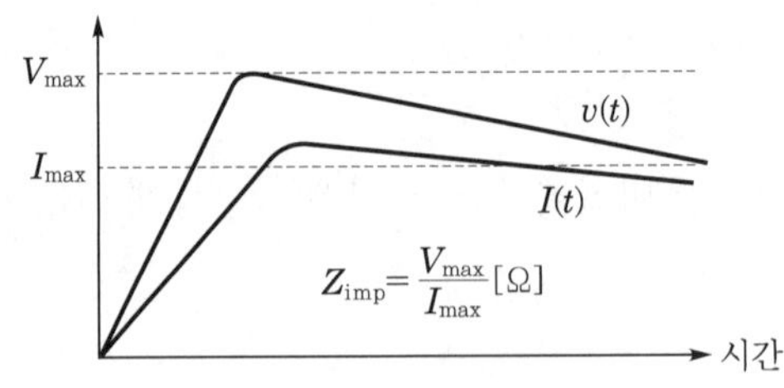

▌접지전극의 과도특성▐

3. 접지전극의 과도현상 대책

(1) 접지극의 과도현상에 대한 대책은 서지임피던스를 감소시켜서 과도접지전위 상승을 억제하는 것이 제일 중요하다.

(2) 접지도체의 유효거리를 고려하여 접지도체의 효과를 극대화한다.

(3) 망상접지극은 유효거리 내에서 면적이 넓을수록 임피던스가 감소하므로 면적을 가능한 넓게 한다.

(4) 주접지망의 서지유입점 근처에 보조접지망을 설치한다.

① 보조접지망의 굵기는 주접지망과 같거나 더 굵은 것으로 한다.

② 보조접지망의 형상은 망상보다는 방사상으로 하는 것이 효과적이다.

③ 망의 메시간격은 좁을수록 효과적이다.

④ 보조접지망의 반경은 대지저항률이 클수록 넓게 한다.

003 접지저항에 영향을 주는 대지저항률에 대하여 설명하시오.

data 전기안전기술사 20-122-3-5

답안 1. 대지고유저항률의 정의

(1) 대지에 전기가 통하기 어려운 정도를 표시한 것이다.

(2) 단위 : ρ로 표현하며, 단위는 [$\Omega \cdot$ m]이다.

(3) 대지저항률의 중요성

① 접지설계에서 접지저항을 결정하는 주요 요인

㉠ 접지극의 형상

㉡ 접지극의 크기

㉢ 접지극의 매설깊이

㉣ 대지저항률(가장 중요한 요인)

② 접지전극(metal electrode-earth)을 통해 흐르는 전류로 인해 접지전극 주위에는 대지전계구가 형성되며, 이때 접지저항은 접지봉에서 점차 바깥쪽으로 위치하는 일련의 가상 대지전계구들(virtual shells of earth)의 합계가 된다.

▌접지전류의 분포▌

③ 일련의 전계구에 의한 접지저항은 가장 가까이 있는 전계구가 가장 크고, 점차 외부방향으로 이동할 때 저항은 낮아진다.

④ 접지저항을 결정하는 가장 중요 요인이 대지저항률이므로 접지시스템에서 대지저항률을 낮추는 것은 필수적이다.

2. 대지저항률에 영향을 주는 요인

(1) 개요

① 접지저항$(R) = \rho \times f$ [Ω]

㉠ ρ : 대지저항률[$\Omega \cdot$ m]

㉡ f : 함수 → 형상, 치수[m^{-1}] → 전극의 구체적 형상에 의해 결정

② 대지저항률이란 대지 1[m^3] 입방체의 저항값이다.

③ **대지저항률의 영향요소** : 토양의 종류, 수분함량, 온도, 계절의 변화, 화학물질, 해수, 암석의 영향 등

(2) 대지저항률에 영향을 주는 요소

① 토양의 종류

분류	진흙	점토	모래	암반
고유저항[Ω · m]	80~200	150~300	200~500	10^4~10^5

② 수분함량

㉠ 토양의 고유저항에 가장 큰 변화를 주는 요소는 수분함량이다.

㉡ 모래에 섞인 토양의 수분함량에 따른 고유저항의 변화는 다음과 같다.

수분함량	2	6	10	16	20	24	28
고유저항[Ω · m]	1,800	380	220	130	90	70	60

③ 온도

㉠ 모든 물질의 저항률은 온도에 따라 변화한다. 일반적으로는 온도 상승에 따라 저항이 커지는데, 온도가 상승하면 반대로 저항이 작아지는 부저항특성을 가진 물질도 있다.

㉡ 온도의 변화에 따라 물질의 저항이 얼마나 많이 또는 적게 변화하는가 하는 것을 나타내는 것이 물질의 온도계수이다.

㉢ 부저항특성을 가지는 물질의 온도계수는 '−'의 값을 가진다.

㉣ t_1[℃]에서 α_1의 온도계수를 가지는 어떤 물질의 저항이 R_1[Ω]이라면 이 물질의 온도가 t_2로 되었을 때의 저항은 $R_2 = R_1[1+\alpha_1(t_2-t_1)]$식으로 계산된다.

㉤ 수분을 15[%] 함유하고 있는 점토의 온도에 따른 대지저항률의 변화

온도[℃]	20	10	0	−5
대지저항률[Ω · m]	72	99	130	790
비율	1.0	1.4	1.8	11.0

④ **계절에 따른 변화** : 접지저항은 계절에 따라 크게 변동하는데 이 변화는 토양의 함수량과 온도의 변화가 상호작용해서 발생하는 것이다(온도계수 적용할 것).

⑤ 화학물질

㉠ 토양 속에 수분과 함께 전해질의 화학물질이 포함되어 있으면 저항률이 크게 감소하는데, 이런 특성을 이용한 것이 접지저항 저감제이다.

㉡ 물질이 전해된다고 하는 것은 분자가 (+)이온과 (−)이온으로 분리되는 것을 말한다. 예를 들어 NaCl(염화나트륨)이 Na^+ 이온과 Cl^- 이온으로 되는 것을 전해되었다고 한다.

⑥ 해수(海水)의 영향

㉠ 바닷물의 고유저항은 전해질인 소금(NaCl : 염화나트륨)이 있기 때문에 토양에 비해 매우 작으며 포함되어 있는 염분의 양에 따라 크게 변화한다.

㉡ 바닷물의 고유저항은 0.1 ~ 0.5[Ω] 정도로 작기 때문에 해변가에서 해수가 침투되어 있는 지역의 대지저항률은 매우 낮아지게 된다.

⑦ 암석(岩石)의 영향

㉠ 암석 자체는 거의 절연물에 가까우나 대부분의 경우 많은 미세한 틈과 구멍을 가지고 있기 때문에 그 속에 수분을 포함해서 약간의 도전성을 가진다.

㉡ 암석에 흑연(C), 동(Cu) 철광석(Fe) 등과 같은 도전성 광물이 포함된 경우에는 저항률이 크게 감소된다.

004 자가용 수전설비의 접지목적과 목적에 따른 접지의 분류를 설명하시오.

data 전기안전기술사 21-123-3-3

답안 1. 접지공사의 목적

(1) 접지의 정의

접지는 전력용과 약전용 접지로 대별되며, 어떠한 대상물을 전기적으로 대지에 접속하는 것이다.

(2) 접지의 목적(일반 개념적 목적)

① 전력용 접지는 보안용으로 평상시에는 접지계에 작은 전류 또는 전류가 흐르지 않아 안전을 목적으로 한다.

② 약전용 접지는 회로기능용이 대부분이며, 평상시에도 전류가 흐른다.

③ 수 · 변전 설비의 접지목적

㉠ 고장전류나 뇌격전류의 유입에 대한 기기의 보호

㉡ 지표면의 국부적인 전위경도에서 감전사고에 의한 인체의 보호

㉢ 계통회로 전압, 보호계전기 동작의 안정과 정전차폐효과 유지

2. 목적에 따른 접지의 분류

(1) 전기설비보호용 접지

목적 분류			내용
전기설비의 보호용 접지	대목적		전기설비에 있어서 전로나 비충전 금속부를 접지하여 감전 및 화재의 방지
	계통 접지	목적	• 이상전압, 고저압 혼촉에 의한 기기손상 방지 • 전로접지에 의한 보호계전기의 신속한 동작 및 안정화
		효과	• 이상전압 상승 방지 및 경감 • 보호계전기 동작의 안정성 확보
		종류	• KEC 접지시스템에 의한 접지공사의 저항은 5[Ω] 이하 • 중성점 접지방식상 구분됨(비접지, 직접 접지, 저하접지, 소호리액터접지)

목적 분류			내용
전기설비의 보호용 접지	기기 접지	목적	전기기기의 Frame을 접지하여, 누전에 의한 절연열화, 손상, 감전방지 및 누전화재의 방지
		효과	• 지락 시 기기의 철대, 외함, 배관 등의 대지전압의 과도한 상승 억제 • 감전 및 누전화재 방지 • 기기의 손상 방지
		종류	• KEC 접지시스템에 의한 접지저항에 따름 • 의료기기접지(ME) : 보호접지, 등전위접지
	피뢰용 접지	목적	뇌방전 전류나 개폐서지 전류의 안전한 통로를 대지와 형성시켜, 모선이나 전력기기의 절연보호와 인명사고 방지
		효과	뇌전류의 방전으로 절연협조, 인명사고 방지
		종류	피뢰기접지, 피뢰침접지, 가공지선접지

(2) 기타 설비용 접지

목적 분류	내용
정전기방지용 접지	정전기를 안전하게 대지로 방류하기 위한 접지
잡음방지용 접지	통신설비에 있어서 잡음에너지를 대지로 방류하기 위한 접지
기능용 접지	• 전자기기 등에 있어 전위의 안정된 기준을 얻기 위한 접지 • 유도장해 방지용 • 전산기 접지 • 통신설비 접지
회로용 접지	전기방식에서 대지를 회로의 일부로서 유입하기 위한 접지(전식방지용)

005 대지저항률에 영향을 미치는 중요요소와 대지저항률 측정방법에 대하여 설명하시오.

005-1 접지저항에 영향을 주는 대지저항률에 대하여 설명하시오.

data 전기안전기술사 20-122-3-5 · 21-123-4-2

답안 **1. 대지고유저항률의 정의**

(1) 대지에 전기가 통하기 어려운 정도를 표시한 것이다.

(2) 단위 : ρ로 표현하며, 단위는 $[\Omega \cdot m]$이다.

(3) 대지저항률의 중요성

① 접지설계에서 접지저항을 결정하는 주요 요인

㉠ 접지극의 형상

㉡ 접지극의 크기

㉢ 접지극의 매설깊이

㉣ 대지저항률(가장 중요 요인)

② 접지전극(metal electrode-earth)을 통해 흐르는 전류로 인해 접지전극 주위에는 대지전계구가 형성되며, 이때 접지저항은 접지봉에서 점차 바깥쪽으로 위치하는 일련의 가상 대지전계구들(virtual shells of earth)의 합계가 된다.

▍접지전류의 분포▍

③ 일련의 전계구에 의한 접지저항은 가장 가까이 있는 전계구가 가장 크고, 점차 외부방향으로 이동할 때 저항은 낮아진다.

④ 접지저항을 결정하는 가장 중요 요인이 대지저항률이므로 접지시스템에서 대지저항률을 낮추는 것은 필수적이다.

2. 대지저항률에 영향을 주는 요인

(1) 개요

① 접지저항$(R) = \rho \times f\,[\Omega]$

㉠ ρ : 대지저항률$[\Omega \cdot m]$

㉡ f : 함수 → 형상, 치수$[m^{-1}]$ → 전극의 구체적 형상에 의해 결정

② 대지저항률이란 대지 1[m^3] 입방체의 저항값이다.

③ **대지저항률의 영향요소** : 토양의 종류, 수분함량, 온도, 계절의 변화, 화학물질, 해수, 암석의 영향 등

(2) 대지저항률에 영향을 주는 요소

① 토양의 종류

분류	진흙	점토	모래	암반
고유저항[Ω · m]	80~200	150~300	200~500	10^4~10^5

② 수분함량

㉠ 토양의 고유저항에 가장 큰 변화를 주는 요소는 수분함량이다.

㉡ 모래에 섞인 토양의 수분함량에 따른 고유저항의 변화는 다음과 같다.

수분함량	2	6	10	16	20	24	28
고유저항[Ω · m]	1,800	380	220	130	90	70	60

③ 온도

㉠ 모든 물질의 저항률은 온도에 따라 변화한다. 일반적으로는 온도 상승에 따라 저항이 커지는데, 온도가 상승하면 반대로 저항이 작아지는 부저항특성을 가진 물질도 있다.

㉡ 온도의 변화에 따라 물질의 저항이 얼마나 많이 또는 적게 변화하는가 하는 것을 나타내는 것이 물질의 온도계수이다.

㉢ 부저항특성을 가지는 물질의 온도계수는 (−)의 값을 가진다.

㉣ t_1[℃]에서 온도계수 α_1을 가지는 어떤 물질의 저항이 R_1[Ω]이라면 이 물질의 온도가 t_2로 되었을 때 저항은 $R_2 = R_1[1+\alpha_1(t_2-t_1)]$식으로 계산된다.

㉤ 수분을 15[%] 함유하고 있는 점토의 온도에 따른 대지저항률의 변화

온도[℃]	20	10	0	−5
대지저항률[Ω · m]	72	99	130	790
비율	1.0	1.4	1.8	11.0

④ **계절에 따른 변화** : 접지저항은 계절에 따라 크게 변동하는데 이 변화는 토양의 함수량과 온도의 변화가 상호작용해서 발생하는 것이다(온도계수 적용할 것).

⑤ 화학물질

㉠ 토양 속에 수분과 함께 전해질의 화학물질이 포함되어 있으면 저항률이 크게 감소하는데, 이런 특성을 이용한 것이 접지저항 저감제이다.

㉡ 물질이 전해된다고 하는 것은 분자가 (+)이온과 (−)이온으로 분리되는 것을 말한다. 예를 들어 NaCl(염화나트륨)이 Na^+ 이온과 Cl^- 이온으로 되는 것을 전해되었다고 한다.

⑥ 해수(海水)의 영향

㉠ 바닷물의 고유저항은 전해질인 소금(NaCl : 염화나트륨)이 있기 때문에 토양에 비해 매우 작으며 포함되어 있는 염분의 양에 따라 크게 변화한다.

㉡ 바닷물의 고유저항은 0.1 ~ 0.5[Ω] 정도로 작기 때문에 해변가에서 해수가 침투되어 있는 지역의 대지저항률은 매우 낮아지게 된다.

⑦ 암석(岩石)의 영향

㉠ 암석 자체는 거의 절연물에 가까우나 대부분의 경우 많은 미세한 틈과 구멍을 가지고 있기 때문에 그 속에 수분을 포함해서 약간의 도전성을 가진다.

㉡ 암석에 흑연(C), 동(Cu), 철광석(Fe) 등과 같은 도전성 광물이 포함된 경우에는 저항률이 크게 감소된다.

3. 대지저항률 측정방법

(1) 간이측정법

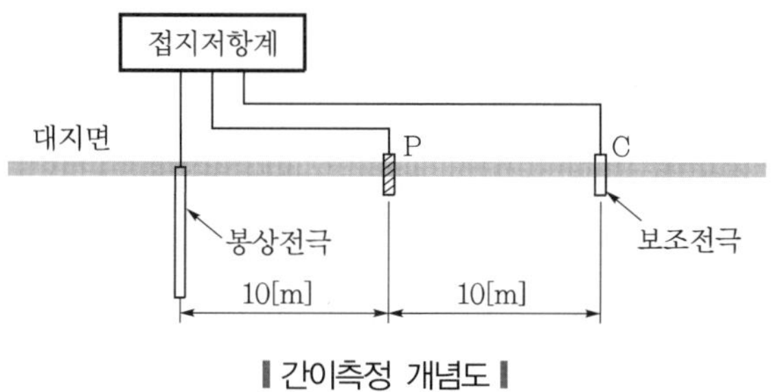

▌간이측정 개념도▐

① 주전극을 설치한 대지에 봉상전극을 그림같이 매설하고 전압전극 P와 전류전극 C를 매설한다.

② 봉상전극의 접지저항을 측정한다.

③ 봉상전극 접지저항을 구하는 식 $R = \frac{\rho}{2\pi L} \ln \frac{4L}{d}$ 에서 저항을 구하여 대지저항률 ρ를 산출한다.

(2) Wenner 4전극법

① 개념도

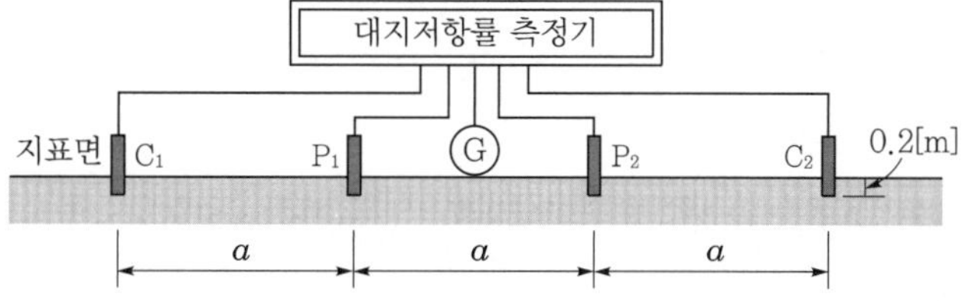

② Wenner 4전극법은 4개의 측정용 전극을 직선상의 동일 간격으로 배치하는 방법이다.

③ 4개의 전극을 대지에 설치하고 바깥쪽 전극 간(C_1~C_2)에 흐르는 전류와 안쪽 전극 간(P_1~P_2)에 유도되는 전압을 측정하여 대지저항률을 산출하는 역산법을 이용한 것이다. 여기서, 역산법이란 대지저항률 측정기로 나온 값(R)에 전극간격(a)과 2π를 곱하여 $\rho = 2\pi a R$을 산출한다는 의미이다.

④ 외측의 두 전극 C_1과 C_2 사이에 전원을 공급하여 대지에 전류를 흘리고 이때 안쪽의 두 전극 P_1과 P_2 사이의 전위차를 측정하여 접지저항을 구한다.

⑤ 전극간격을 a라 하면 대지저항률은 관련식으로부터 산출되며 대략 깊이 20[cm]까지의 평균 대지저항률(ρ)을 나타낸다.

$$\rho = 2\pi a R$$

여기서, R : 접지저항

006 전위강하법 접지저항 측정원리와 공통·통합(mesh) 접지 접지저항 측정방법에 대하여 설명하시오.

data 전기안전기술사 23-129-1-8, 건축전기설비기술사 17-113-1-11

comment 배점 10점으로는 무리가 있다. 건축전기설비기술사에서 17년 출제된 것에 조건을 덧붙여 출제되었다.

답안 1. 개요

(1) 접지는 설비를 대지와 전기적으로 접속하는 것이다.

(2) 접지저항을 정확히 측정하여 규정치 이하로 접지저항을 관리하는 것이 매우 중요하다.

2. 전위강하법 접지저항 측정원리

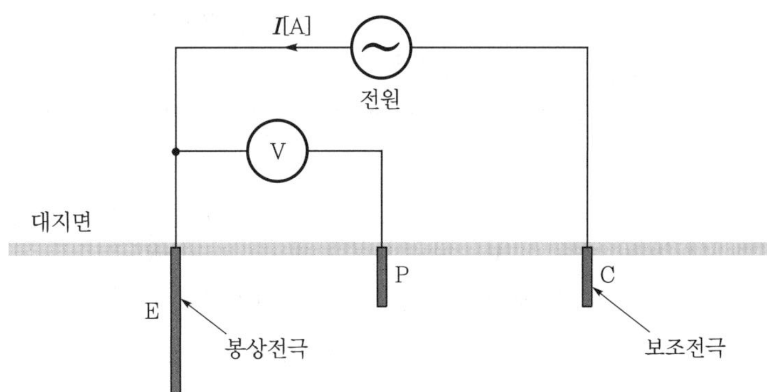

▌전위강하법 접지저항 측정원리▐

여기서, E : 접지전극

C : 전류보조극

P : 전위보조극

(1) 교류전원을 사용하여 접지전류(I)를 유입시키면 접지전극 전위(V)가 주변의 대지보다 상승한다.

(2) 접지저항 $R=\dfrac{V}{I}[\Omega]$

(3) P전극을 C전극의 61.8[%] 지점에 설치하면 정확하다.

chapter 16

3. 공통 · 통합(mesh) 접지 접지저항 측정방법

comment 건축전기설비기술사 17-113-1-11

(1) 보조극을 일직선으로 배치하여 측정하는 방법

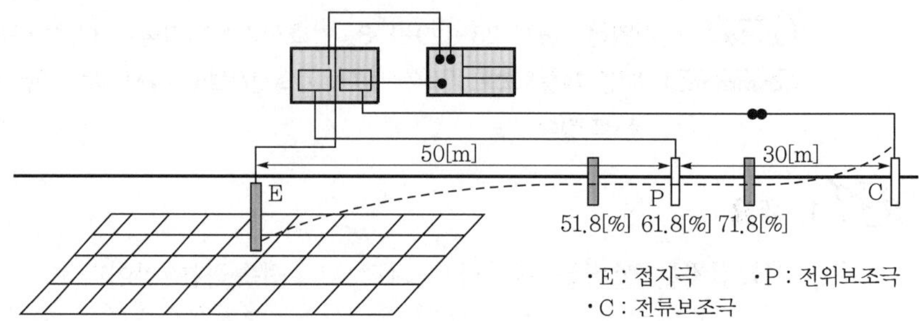

① 보조극은 저항구역이 중첩되지 않도록 접지극 규모의 6.5배 이격하거나 접지극과 전류보조극 간 80[m] 이상 이격하여 측정한다.

② P위치는 전위변화가 작은 E, C 간 일직선상 61.8[%] 지점에 설치한다.

③ 접지극의 저항이 참값인가를 확인하기 위해서는 P를 C의 61.8[%] 지점, 71.8[%] 지점 및 51.8[%] 지점에 설치하여 세 측정값을 취한다.

④ 세 측정값의 오차가 ±5[%] 이하이면 세 측정값의 평균을 E의 접지저항값으로 한다.

$$R = \frac{R_{51.8} + R_{61.8} + R_{71.8}}{3}, \quad \text{오차}(\varepsilon) = \frac{R_{71.8} - R}{R} \times 100[\%] \leq 5[\%]$$

⑤ 세 측정값의 오차가 ±5[%] 초과하면 E와 C 간의 거리를 늘려 시험을 반복한다.

(2) 보조극을 90 ~ 180° 배치하여 측정한다.

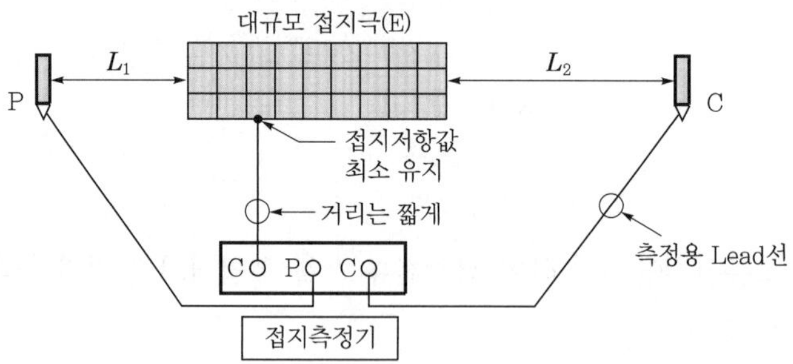

① 대규모 접지극의 약 2.5배 이상으로 보조극을 이격설치한다.

② 참값 확인

㉠ P-C를 연결한 측정값과 결선을 반대로 연결한 측정값을 취한다.

㉡ 두 측정값의 오차가 15[%] 이하인 경우 평균값으로 정한다.

$$R = \frac{R_{PC} + R_{CP}}{2}, \quad \text{오차}(\varepsilon) = \frac{R_{CP\ \text{또는}\ PC} - R}{R} \times 100[\%] \leq 15[\%]$$

㉢ 두 측정값의 오차가 15[%]를 초과 시 E-C 간 간격을 늘려 시험을 반복한다.

4. 공통 · 통합(mesh) 접지 접지저항 측정원리

(1) 회로구성도

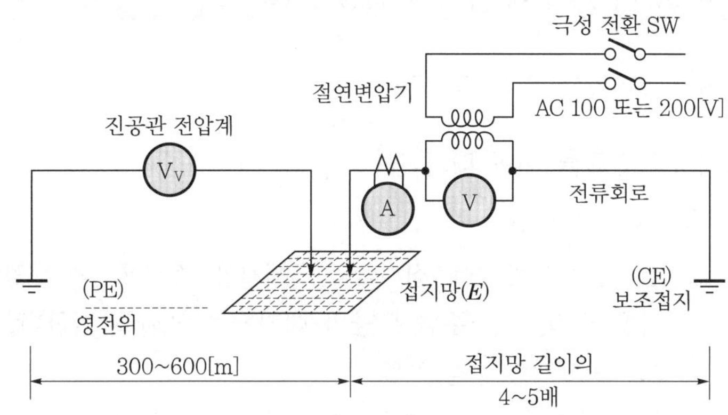

▌접지저항 측정방법▌

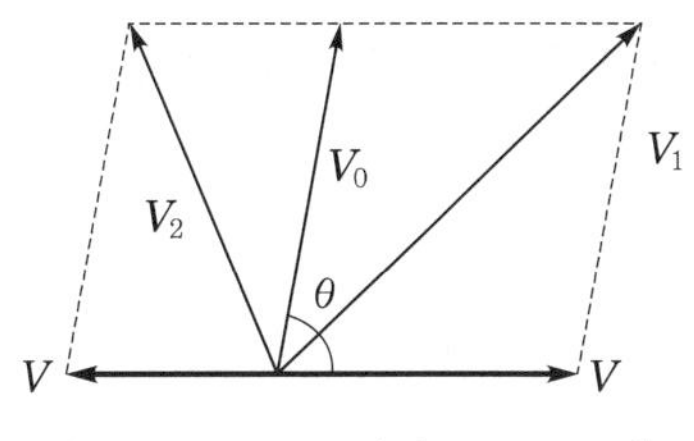

▌V_0, V_1, V_2 관계 Vector도▌

- V_1 : 극성 전환 SW가 s_1일 때의 진공관 전압계 측정값
- V_2 : 극성 전환 SW가 s_2일 때의 진공관 전압계 측정값
- V_0 : $I=0$일 때 대지의 부위전위
- V : 접지전극전위의 참값
- I : 시험전류

① 전위전극이 측정대상 접지극과 전류극 사이에 있지 않고 멀리 떨어진 곳에 설치(회로도에서 KS는 전환 SW로서 지전압(地電壓)의 영향을 없애는 목적임)한다.

② 접지저항값이 아주 낮아 유도의 영향을 받기 쉬우므로 20~30[A] 값으로 측정한다.

③ 극성 전환스위치를 사용하여 V_1, V_2값을 얻어 벡터도로 표시한다.

(2) 접지전극의 전위(대지전위) 계산

$$V_1^{\,2} = V^2 + V_0^{\,2} + 2VV_0\cos\theta$$

$$V_2^{\,2} = V^2 + V_0^{\,2} + 2VV_0\cos(180° - \theta) = V^2 + V_0^{\,2} - 2VV_0\cos\theta$$

위의 두 식의 양변을 서로 더하면

$$V_1^{\,2} + V_2^{\,2} = 2V^2 + 2V_0^{\,2}$$

$$V = \sqrt{\frac{V_1^{\,2} + V_2^{\,2} - 2V_0^{\,2}}{2}}$$

∴ Mesh의 접지저항 R_E

$$R_E = \sqrt{\frac{V_1^2 + V_2^2 - 2V_0^2}{2I^2}}\ [\Omega]$$

007 접지극의 접지저항 계산 시 접지저항 산출을 위한 메커니즘과 접지극 형상에 따른 접지저항 계산방법에 대하여 설명하시오.

data 전기안전기술사 19-117-4-6

답안 1. 접지저항 산출을 위한 메커니즘

(1) 접지저항 산출인자

① 접지선의 도체저항, 접지극의 도체저항, 전극표면과 토양이 접하는 부분의 접촉저항(ε) 및 전극주위 토양의 대지저항률(ρ)에 의한다.

② 저항구역(저항 형성구역)

㉠ 저항구역이란 접지전극을 중심으로 대부분의 접지저항이 포함되어 있는 범위로 전위상승이 일어나는 부분이다.

㉡ 전위상승은 접지장소의 대지저항률, 접지전류(I_g) 및 이격거리에 영향을 받는다.

(2) 접지저항의 정의

① 접지원리

㉠ 임의 전하량이 있는 물체에 dQ가 유입 또는 유출 시 전위변동은 $dV = \dfrac{dQ}{C}$ 이다.

㉡ 접지전류 $I = \int_0^t i \cdot dt$가 유입하면 전위는 $dV = \dfrac{dI}{C}$만큼 상승한다.

여기서, C값이 대단히 크면 dQ 또는 $\int_0^t i \cdot dt$의 큰 변동에도 전위 dV의 변화는 대단히 작게 되며, 이를 접지원이라 한다.

② 접지저항의 계산

㉠ 개념 : 대지에 전극을 설치한 축전지를 가정하면 축전지로 대전 시 유전체 내부의 전기력선 분포와 전류를 통할 때의 도전물질 내의 전기력선 분포는 같다.

㉡ 저항 $R = \dfrac{V}{I}$에서 대지를 유전체의 전기쌍극자 변위전류를 이용한 가우스 표면으로 계산한다.

- 유전체 내부의 전류 $I = \oint i \cdot ds = \sigma \oint E \cdot ds = \dfrac{V}{R}$
- 축전지의 전하량 $Q = \oint D \cdot ds = \varepsilon \oint E \cdot ds = CV$

㉢ $\frac{Q}{I} = \frac{C \cdot V}{V/R} = R \cdot C$, $\frac{Q}{I} = \frac{\varepsilon \oint E \cdot ds}{\sigma \oint E \cdot ds} = \frac{\varepsilon}{\sigma} = \rho \cdot \varepsilon$

$\therefore R \cdot C = \rho \cdot \varepsilon$

③ 반구의 정전용량이 $C = 2\pi r \cdot \varepsilon$이라면 등가반경 r인 접지전극의 접지저항

$R = \frac{\rho \cdot \varepsilon}{2\pi r \cdot \varepsilon} = \frac{\rho}{2\pi r}[\Omega]$

(3) 주파수에 의한 접지저항의 영향

접지전류	상용주파수	고유주파수
접지도체	R	$Z(X_L \cdot X_C)$
토양	저항체	유전체
임피던스	접지저항	접지임피던스 $Z = \sqrt{\frac{L}{C}}$

2. 접지저항의 계산

comment 대표적인 시공공법만 작성한다.

(1) 접지저항의 기본조건

① 접지전극의 향상, 구조, 크기, 재질

② 접지저항의 저감방법

③ 접지전극의 배치, 매입 또는 매설방법

④ 접지시설의 시공장소 선정 등

(2) 접지저항 계산방법

① 망상(mesh) 접지저항의 계산식 : $R = \frac{\rho}{4r} + \frac{\rho}{L}$

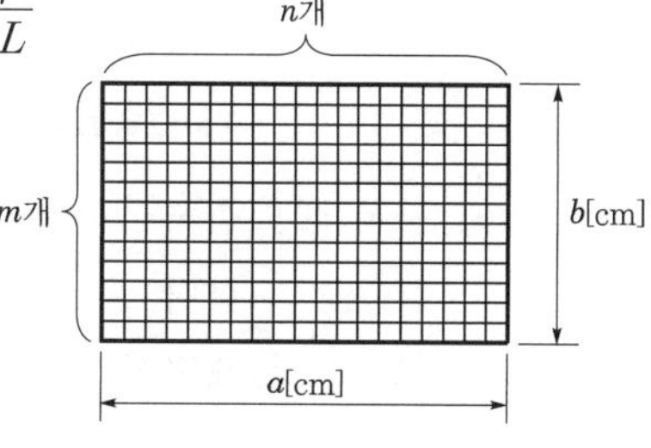

㉠ ρ : 대지고유저항률[$\Omega \cdot$ cm]

㉡ r : 등가변경, $\sqrt{\frac{a \times b}{2\pi}}$ [cm]

㉢ L : 망상전장, $(n+1) + a(m+1)$[cm]

㉣ 사용장소 : 발 · 변전소, CH 철탑

② 매설지선 접지저항 계산식 : $R = \frac{\rho}{2\pi L}\left\{\left(\log_e \frac{2l}{r}\right) + \left(\log_e \frac{l}{t}\right) - 2\right\}$

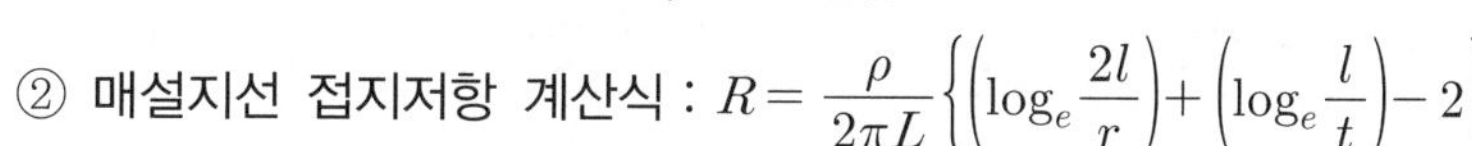

여기서, ρ : 대지의 고유저항[$\Omega \cdot$ m]

r : 매설지선의 반경

L : $\frac{l}{2}$

t : 매설지선의 깊이[m]

l : 매설지선의 길이[m]

③ 심타공법(접지봉이 매설깊이에 따른 접지저항의 저감방법과 그 이유)

㉠ 개념도

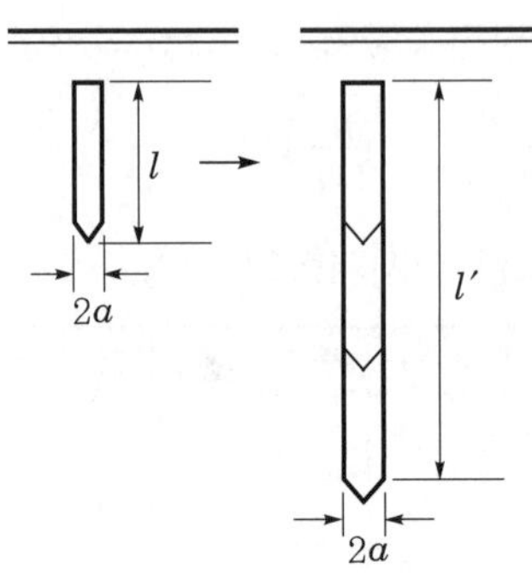

㉡ 1개의 경우 접지저항값 : $R_1 = \frac{\rho}{2\pi l}\left(\log_e \frac{4l}{a} - 1\right)[\Omega]$

여기서, ρ : 대지고유저항[Ω · m]

l : 접지봉의 깊이[m]

a : 접지봉의 반지름[m]

㉢ n개의 심타공법 접지저항 : $R_n = \frac{\rho}{2\pi nl}\left(\log_e \frac{4nl}{a} - 1\right)$

㉣ $R_1 > R_n$이다.

④ 건축물 구조체 접지저항 계산식

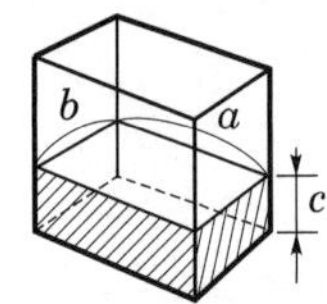

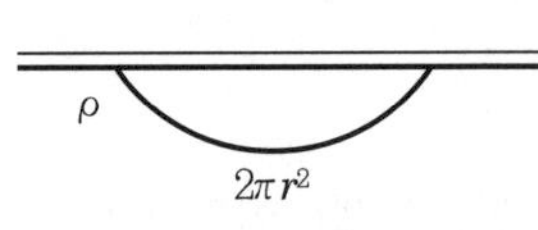

여기서, $2\pi r^2$: 반구의 표면적

ρ : 대지고유저항률

r : 반구 반경

▌건축물의 구조체 접지면적과 등가반구▐

㉠ 건축구조체(직육면체) 지하부분의 대지접촉에 따른 접지저항은 다음과 같다.

㉡ 표면적 : $A = 2ac + 2bc + ab[\text{m}^2]$

㉢ 접지저항 : $R = \frac{\rho}{2\pi r}$ …… 반구모양의 접지저항 계산

㉣ 반구의 반경 : $r = \sqrt{\frac{A}{2\pi}}$

($2\pi r^2 = A$에서 반구의 표적과 구도체가 지면과 접촉하는 면적 A는 동일)

㉤ 접지저항 : $R = \frac{\rho}{\sqrt{2\pi A}}[\Omega]$

008 IEEE Std 80에 의한 접지설계 흐름도를 제시하고 설명하시오.

data 전기안전기술사 20-122-3-4

comment 분량이 매우 많으므로 흐름도를 완전히 그리고 나머지 내용은 2페이지로 압축한다.

답안 1. 접지설계 흐름도

최대 허용보폭전압 및 최대 허용접촉전압의 한계를 결정한 후 다음과 같은 순서로 접지계통을 설계한다.

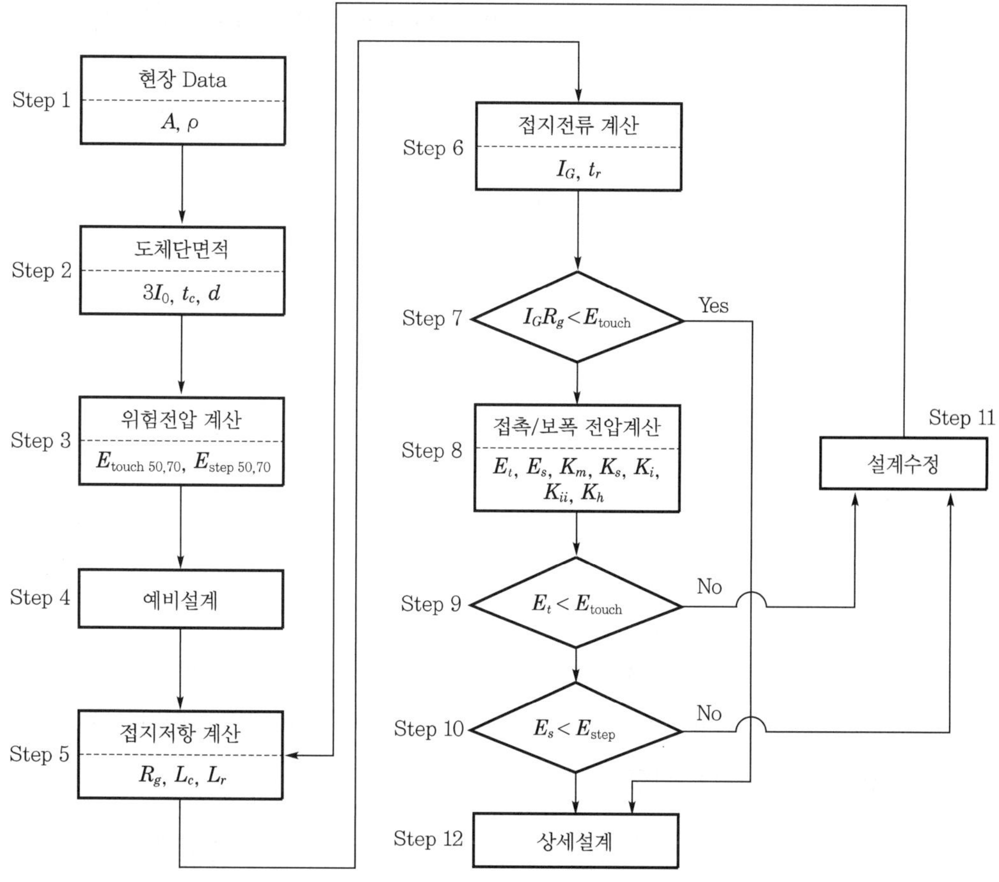

2. 접지설계 시 순서

(1) 법적 요구사항 : 접지 공용문제, 인근 설비와의 검토

(2) 대지고유저항 측정 : Wenner 4전극법, 역산법

① 토양조사 : 대지고유저항치는 현장조사에서 얻은 토양의 평균 고유저항치로 하고, 등가측정길이는 345[kV]인 경우 20 ~ 25[m], 154[kV]인 경우 15[m] 정도

② Wenner 4전극법

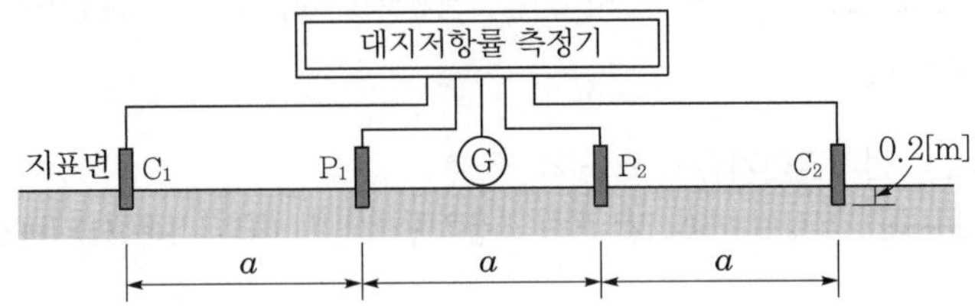

㉠ Wenner 4전극법은 4개의 측정용 전극을 직선상의 동일 간격으로 배치하는 방법

㉡ 그림과 같이 4개의 전극을 대지에 설치하고 바깥쪽 전극 간($C_1 \sim C_2$)에 흐르는 전류와 안쪽 전극 간($P_1 \sim P_2$)에 유도되는 전압을 측정하여 대지저항률을 산출

㉢ 외측의 두 전극 C_1과 C_2 사이에 전원을 공급하여 대지에 전류를 흘리고 이때 안쪽의 두 전극 P_1과 P_2 사이의 전위차를 측정하여 접지저항을 구함

㉣ 전극간격을 a라 하면 대지저항률은 관련 식으로부터 산출되며 대략 깊이 a까지의 평균 대지저항률(ρ)을 나타냄

$\rho = 2\pi a R$

(3) 접지전류(I_G) 산정

① $$I_G = \beta \cdot D_f \cdot C_p \cdot I_F = 0.5 \sim 0.75 I_F$$

여기서, β : 지락전류분류계수

D_f : 비대칭분에 대한 교정계수

C_p : 장차 계통확장계수(1.0~1.5)

I_F : 최대 지락고장전류

② 최대 지락고장전류(I_F)는 장기 계통계획에 의한 해당 변전소의 1선 지락고장전류를 활용하거나 계통확장을 고려하여 차단기 정격차단전류로 한다.

(4) 소요접지저항 산정

$$R = \frac{\text{전위 상승 최댓값}}{\text{접지전류}} = \frac{1,500 \sim 2,000}{I_G}$$

(5) 접지선 굵기 산정 : 고장지속시간 0.5 ~ 3[sec]로 설정 시 굵기

① 규정의 비교

규정	IEC 60364	JIS, 내선규정	한전
계산식 A[mm²]	$A = I \cdot \dfrac{\sqrt{t_c}}{k}$	$I\sqrt{\dfrac{t_c(8\times 10^{-3})}{T_m - T_a}}$ $= 0.0496 I_n$	$I\sqrt{\dfrac{8.5\times 10^{-6}\times t_c}{\log_{10}\left(\dfrac{t}{274}+1\right)}}$

여기서, t_c : 고장지속시간[sec]

k : 접지도체 재질계수

T_a : 주위의 온도[℃]

I : 고장전류[A]

I_n : 정격전류

T_m : 접지선의 용단에 대한 회로 허용온도(나선의 경우 : 850[℃], 접지용 비닐전선 : 120[℃])

② 주접지망 접지도체의 최소 굵기는 기계적 강도와 설치 후 유지보수가 어려운 점을 감안하여 150[mm²] 적용을 원칙으로 함

(6) 감전사고 허용전류 산정

$$I_K = \frac{0.157}{\sqrt{t_s}}\,(70\,[\text{kg}])$$

$$I_K = \frac{0.116}{\sqrt{t_s}}\,(50\,[\text{kg}])$$

(7) 안전한계 전압 선정 : 전위경도계산(50[kg] 1인 기준)

① 최대 허용접촉전압

$$E_{\text{touch}} = \frac{116 + 0.24\rho_s}{\sqrt{t_s}}$$

여기서, ρ_s : 표토층 저항률

t_s : 고장지속시간[sec]

② 최대 허용보폭전압

$$E_{\text{step}} = \frac{116 + 0.94\rho_s}{\sqrt{t_s}}$$

(8) 접지공사방식 선정 : 단독 · 공통 분리, 도심지 구조체 이용

(9) 예비설계

① 포설간격(D), 길이(L)

② 매설깊이(h)

③ 접지봉 수량(n)

(10) 접지극 형태에 따른 접지저항 계산

comment 대표적으로 메시접지로 설명한다.

① 방법 1 : 메시접지저항(R_g) 계산

$$\text{Mesh 접지 } R_g = \rho\left\{\frac{1}{L} + \frac{1}{\sqrt{20A}}\left(1 + \frac{1}{1 + h\sqrt{20/A}}\right)\right\}$$

여기서, ρ : 고유저항

L : Grid 길이

h : Grid 깊이

A : 단면적

L : Grid 길이(망상 전장 : $b(n+1)+a(m+1)$[m])

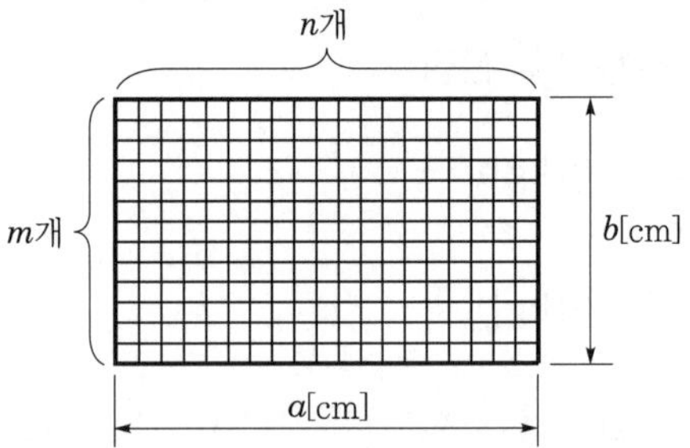

② 방법 2 : Lieman의 공식

$$R = \frac{\rho}{4r} + \frac{\rho}{L}[\Omega]$$

여기서, r : 등가변경, $\sqrt{\frac{a \times b}{\pi}}$ [m]

(11) 접지망의 전위 상승과 최대 허용접촉전압과의 비교

$$GPR = I_G R_g < E_{\text{touch}}$$

여기서, GPR(Ground Potential Rise) : 구내의 전위상승

① 만족 시 : 상세 설계

② 불만족 시 : 다음 '(12)'단계로

(12) 접지망 주변의 최대 예상보폭전압(E_s)과 접지망의 최대 예상접촉전압(E_m) 산출

① $$E_s = \frac{\rho \cdot K_s \cdot K_i \cdot I_G}{L_{\text{step}}}$$

여기서, K_s : 보폭전압 산출을 위한 간격계수

K_i : 전위경도 변화에 대한 교정계수

I_G : 접지전류

L_{step} : 매설접지도체의 전장[m]

$L_{\text{step}} = 0.75L_c + 0.85L_r$

L_c : 주접지망 도체의 총길이[m]

L_r : 접지봉 1개의 길이[m]

② $$E_m = \frac{K_{10} \cdot \rho \cdot K_m \cdot K_i \cdot I_G}{L_{\text{touch}}}$$

여기서, K_{10} : 도체간격(D)이 10[m] 이하이면 $K_{10} = 2.7159 \cdot D^{-0.4416}$, 10[m] 초과하면 $K_{10} = 1.0$

ρ : 대지고유저항[Ω · m]

K_m : 메시전압산출을 위한 간격계수

K_i : 전위경도변화에 대한 교정계수(0.1~0.8)

$L_{\text{touch}} = L_c + \left\{1.55 + 1.22\left(\frac{L_r}{\sqrt{{L_x}^2 + {L_y}^2}}\right)L_R\right\}$

L_c : 메시도체의 총길이[m]

L_r : 접지봉 1개의 길이[m]

L_R : 접지봉의 총길이[m]

L_x : 주접지망의 X축 방향 최대 길이[m]

L_y : 주접지망의 Y축 방향 최대 길이[m]

(13) 접지망의 최대 Mesh, 보폭전압과 최대 허용접촉전압, 보폭전압과의 비교

$$E_m < E_{\text{touch}}, \ E_s < E_{\text{step}}$$

① 만족 : 상세 설계

② 불만족 : 예비설계부터 재설계(D : 좁게, n, L : 크게)

chapter 16

(14) 변전소의 접지설계 시 지속성 지락전류(I)의 영향 검토

① 고장전류에 대한 허용전압은 일정한 전류치와 고장지속시간 이내에서 적용 가능하다.

② 보호계전기 정정치 이하의 고장전류는 상당시간 지속할 수 있기에 지속성 지락전류에 대하여 검토해야 된다.

③ 일반적으로 인체에 9[mA] 이상의 전류가 수분간 지속하면 고통을 느끼며 근육에 통제가 곤란해진다.

관련 식은 $K_m K_i \rho \dfrac{I}{L} < (1{,}000 + 1.5\rho_s) \cdot \dfrac{9}{1{,}000}$ 에서

$I < \dfrac{(1{,}000 + 1.5\rho_s)L}{K_m K_i \rho} \cdot \dfrac{9}{1{,}000}$ 이다.

여기서, K_m : 도체수, 간격, 직경, 매설깊이에 관계되는 계수

K_i : 접지망 각 부의 지락전류 불평등에 기인한 교정계수(0.1~0.8)

ρ : 토양의 고유저항[Ω · m]

I : 접지망과 대지 간에 흐르는 지속성 지락전류

ρ_s : 발밑 토양의 고유저항(자갈은 3,000, 아스팔트 5,000[Ω] 이상)

④ 지속성 지락전류는 보호계전기가 감지하는가를 확인하고 만일 이것이 되지 않으면 접지도체 전장을 감소시켜야 한다.

(15) 구내 시설물 접지 및 특히 위험한 개소의 조사

① 부식 및 부식 방지대책 적용 : 원인 제거, 환경 개선, 전기방식법

② 인근 설비와의 검토, 안전성 검토 및 대책 강구

㉠ 통신회로의 케이블화 또는 광통신

㉡ 구내 회로 : 주접지망과 연결시켜 동등 접지 시행

㉢ 조작핸들의 절연재료 사용

㉣ 지층에 매설된 수도관 접지

㉤ 울타리는 보조접지망으로 근처에 매설 등

㉥ 전이전압과 특히 위험개소 조사

(16) 초기설계 수정

① 접지저항 및 위험전압 감소대책 수립

② 전위경도의 조정 : 접지망 간격을 좁게

③ 지락전류의 분류 : 가공지선과 접지선의 연결

④ 지락전류의 제한

⑤ **접근금지** : 어떠한 방법으로도 위험전압 억제 불가능 시 적용

(17) **접지계 건설**

필요에 따라서 접지계 변경 또는 Screen 및 Barrier 추가

(18) **현지측정**

시공 후 접지저항 측정 및 보폭전압 및 접촉전압의 측정(공사결과 확인)

(19) 보충적인 접지의 개선(재시공)

(20) 종합검토

009 한국전기설비규정(KEC) 표준에 따른 고압 · 특고압 전기설비의 접지설계 시 접지시스템 설계흐름도를 작성하고, 허용접촉전압 계산방법을 설명하시오.

data 전기안전기술사 21-123-4-1

comment 여러 번 출제된 문제이므로 완벽히 숙지하도록 한다.

답안 1. 접지시스템의 설계흐름도

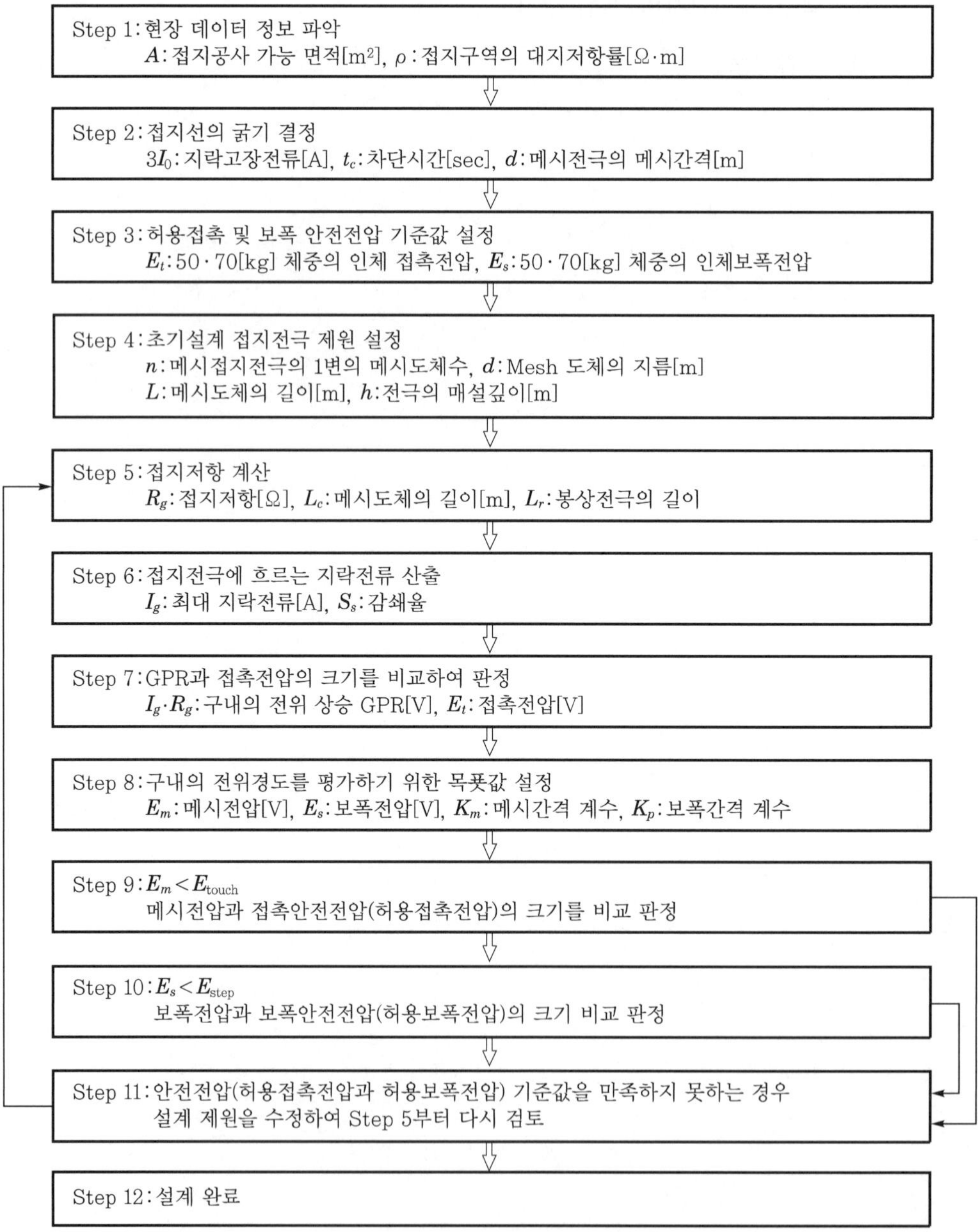

Step 1 : 현장 데이터 정보 파악
A : 접지공사 가능 면적[m²], ρ : 접지구역의 대지저항률[Ω·m]

⇩

Step 2 : 접지선의 굵기 결정
$3I_0$: 지락고장전류[A], t_c : 차단시간[sec], d : 메시전극의 메시간격[m]

⇩

Step 3 : 허용접촉 및 보폭 안전전압 기준값 설정
E_t : 50 · 70[kg] 체중의 인체 접촉전압, E_s : 50 · 70[kg] 체중의 인체보폭전압

⇩

Step 4 : 초기설계 접지전극 제원 설정
n : 메시접지전극의 1변의 메시도체수, d : Mesh 도체의 지름[m]
L : 메시도체의 길이[m], h : 전극의 매설깊이[m]

⇩

Step 5 : 접지저항 계산
R_g : 접지저항[Ω], L_c : 메시도체의 길이[m], L_r : 봉상전극의 길이

⇩

Step 6 : 접지전극에 흐르는 지락전류 산출
I_g : 최대 지락전류[A], S_s : 감쇄율

⇩

Step 7 : GPR과 접촉전압의 크기를 비교하여 판정
$I_g \cdot R_g$: 구내의 전위 상승 GPR[V], E_t : 접촉전압[V]

⇩

Step 8 : 구내의 전위경도를 평가하기 위한 목푯값 설정
E_m : 메시전압[V], E_s : 보폭전압[V], K_m : 메시간격 계수, K_p : 보폭간격 계수

⇩

Step 9 : $E_m < E_{touch}$
메시전압과 접촉안전전압(허용접촉전압)의 크기를 비교 판정

⇩

Step 10 : $E_s < E_{step}$
보폭전압과 보폭안전전압(허용보폭전압)의 크기 비교 판정

⇩

Step 11 : 안전전압(허용접촉전압과 허용보폭전압) 기준값을 만족하지 못하는 경우
설계 제원을 수정하여 Step 5부터 다시 검토

⇩

Step 12 : 설계 완료

2. 허용접촉전압 계산방법

(1) 접촉전압(touch voltage)의 정의

접지를 한 구조물에 사고전류가 흘렀을 때 접지전극 근처에 전위가 생기는데, 이때 근처에 있는 철구 등에 인축이 접촉 시의 전위차로서 인체의 통전전류와 인체저항의 곱으로 표현한다.

(2) 특성

① E_{touch}는 접지전류와 전극 근처에 접지저항의 곱으로 표현된다.

② 저압 전로에서 전기기기나 배선 등의 절연열화로 누전사고가 발생할 때 지락전류가 전기기기나 배선과 대지 간의 흐름에 따른 지표면의 전위가 상승하게 되면, 고장전압이 생기며, 이때 고장전압의 분압은 접촉전압이 된다.

(3) 허용 접촉전압

변전소 등에 고장전류가 유입 시 도전성 구조물과 그 부근 지표상의 점과의 사이의 (약 1[m]) 전위차이다.

(4) 접촉전압(touch voltage)의 개념도와 등가회로도

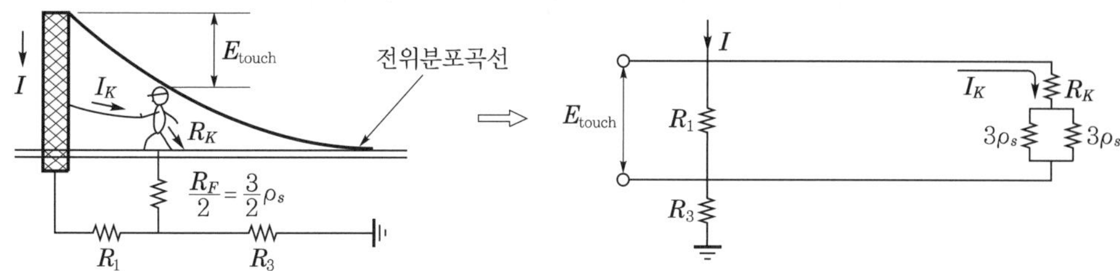

▌철구부근의 접촉전압▐

(5) 허용접촉전압 계산

최대 허용접촉전압 $E_{\text{touch}} = (R_K + R_{2FP}) \cdot I_K$

$$= (1{,}000 + 1.5 \cdot C_s \cdot \rho_s)\frac{0.116}{\sqrt{t_s}}\,[\text{V}]$$

여기서, R_K : 인체 내부저항(1,000[Ω] 적용)

R_{2FP} : 두 발 사이의 병렬저항($1.5 \times C_s \times \rho_s$ 적용)

I_K : 인체 허용전류[Arms]

ρ_s : 대지표면(표토층)의 고유저항률[Ω · m]

C_s : 표토층의 두께와 반사계수에 의해 결정되는 감소계수

t_s : 인체 감전시간[sec]

(6) 인체의 접촉상태에 따른 허용접촉전압

종류	허용접촉전압[V]	접촉상태	보호접지저항[Ω]
제1종 보호접지	2.5	인체의 대부분이 수중에 있는 상태	$r \leq \frac{2.5}{E-2.5} \cdot R_2$
제2종 보호접지	25	• 인체가 현저하게 젖어 있는 상태 • 금속성의 전기기계 장치나 구조물에 인체의 일부가 상시 접촉되어 있는 상태	$r \leq \frac{25}{E-25} \cdot R_2$
제3종 보호접지	50	제1종, 제2종 이외의 경우로서 통상의 인체상태에 있어서 접촉전압이 가해지면 위험성이 높은 상태	$r \leq \frac{50}{E-50} \cdot R_2$
제4종 보호접지	제한 없음	• 제1종, 제2종 이외의 경우로서 통상의 인체상태에 있어서 접촉전압이 가해지면 위험성이 낮은 상태 • 접촉전압이 가해질 우려가 없는 상태	$r \leq 100$

여기서, r : 보호접지저항의 최댓값[Ω]

E : 저압 전로의 사용전압[V]

R_2 : 저압 전로의 제2종 또는 중성점 접지저항[Ω]

section 02 위험전압(보폭전압, 접촉전압)

010 IEEE에서의 보폭전압(step voltage) 정의와 저감대책에 대하여 설명하시오.

data 전기안전기술사 17-111-1-6 · 20-120-1-8 · 22-126-1-10

답안

1. 보폭전압의 정의

(1) 사람의 양발 사이에 인가되는 전압으로서, 이것은 접지극을 통하여 대지로 전류가 흘러나올 때 접지극 주위의 지표면에 형성되는 전위분포 때문에 양발 사이에 인가되는 전위차

(2) 전로에 어떤 원인으로 지락전류 발생 시 두 발 사이(1[m] 간격)에 나타나는 전위차

2. 보폭전압의 발생이유

지락전류 시 지락전류가 접지극을 통하여 대지를 귀로할 때 접지극 주위의 지표면은 전위분포를 갖게 되며, 이때 양발 사이의 전위차인 보폭전압이 발생한다.

3. 보폭전압의 발생메커니즘과 표현식

(1) 개념도 및 등가회로

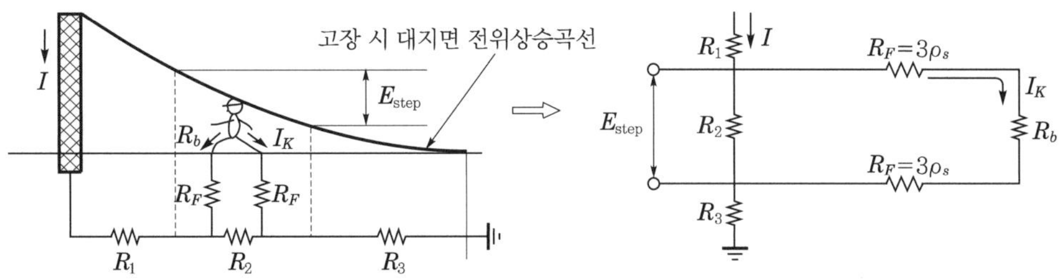

(2) 허용 보폭전압값(0.165가 0.116으로 될 수 있음, 몸무게가 무거우면 0.615)

① 상기 등가회로와 같이

$$E_{\text{step}} = (6\rho_s + R_b)\,I_K = (6\rho_s + R_b)\frac{0.165}{\sqrt{t}}\,[\text{V}]$$

여기서, ρ_s : 지표상층저항률($6\rho_s = 3\rho_s \times 2$: 두 발 간의 저항)

I_K : 심실세동전류$\left(\dfrac{0.165}{\sqrt{T}}\right)$

R_b : 인체의 저항(1,000[Ω])

ρ_s : 지표상층 저항률

t : 고장시간[sec]

② **실적용 예** : $\rho_s = 100[\Omega \cdot \text{m}]$, 고장시간 $t = 1[\text{sec}]$라 하면

$$E_{\text{step}} = (6\rho_s + R_b)I_K = (6 \times 100 + 1{,}000)\frac{0.165}{\sqrt{t}} = 264[\text{V}]$$

4. 보폭전압 및 접촉전압의 저감대책

(1) 전위경도를 작게 한다.

① 전위분포나 전위경도는 접지전극의 모양에 따라 그 양상이 다르다.

② 전위분포는 매설깊이에 따라 변화한다.

③ 깊이 매설하면 전위경도를 낮게 할 수 있다.

④ 그 방법으로는 75[cm] 이상 깊이로 접지극의 매설 또는 망상접지에서 망의 간격을 좁게 하는 방법 등을 적용한다.

(2) 접촉저항을 크게 한다.

① 접촉저항과 관계되는 접촉부위는 손 ~ 구조체, 다리 ~ 대지의 2종류가 있다.

② 이 접촉부위의 저항을 크게 함으로써, 접촉 및 보폭전압의 허용한도치를 크게 할 수 있다.

③ 그 방법으로는 구조체 주위의 대지의 표면을 절연물로 덮는 방법인 것이며, 변전소 구내에 자갈과 아스팔트 포장을 시행한다.

011 접촉상태에 따른 허용접촉전압과 산출근거 및 우리나라의 산업안전보건법과 IEC 기준에 따른 안전전압에 대하여 설명하시오.

data 전기안전기술사 20-120-4-4

답안 1. 접촉상태에 따른 허용접촉전압과 산출근거

(1) 허용접촉전압

종류	허용접촉전압	접촉상태	보호접지저항[Ω]	비고
제1종 보호접지	2.5[V]	인체의 대부분이 수중에 있는 상태	$r \leq \frac{2.5}{E-2.5} \cdot R_2$	• r : 보호접지의 저항 최댓값 • E : 저압 전로의 사용전압[V] • R_2 : 저압 전로의 제2종 또는 중성점 접지 저항
제2종 보호접지	25[V]	• 인체가 현저하게 젖어 있는 상태 • 금속성의 전기기계 장치나 구조물에 인체의 일부가 상시 접촉된 경우	$r \leq \frac{25}{E-25} \cdot R_2$	
제3종 보호접지	50[V]	제1 · 2종 이외의 경우로서 통상의 인체상태에 있어서 접촉전압이 가해지면 위험성이 높은 상태	$r \leq \frac{50}{E-50} \cdot R_2$	
제4종 보호접지	제한 없음	• 제1 · 2종 이외의 경우로서 통상의 인체상태에 있어서 접촉전압이 가해지면 위험성이 낮은 상태 • 접촉전압이 가해질 우려가 없는 상태	$r \leq 100$	

(2) 접촉상태에 따른 보호접지 종류와 저항값 및 산출근거

① 제1종 보호접지

㉠ 접촉상태 및 허용접촉전압 산출근거

- 인체의 대부분이 수중에 있을 경우
- 욕실, 풀장 등에서 감전상태의 경우로서 심실세동전류는 익사 등의 2차 재해를 초래할 수 있다. 인체의 허용전류는 이탈전류의 최저치인 5[mA]로 볼 수 있어, 피부저항을 500[Ω]으로 간주하면 허용접촉전압은 옴의 법칙에 의거 $V=IR$이므로

$V=(5\times10^{-3})\times500=2.5$[V]

㉡ 허용접촉전압[V] 및 종합위험도 : 2.5[V] 이하, 가장 높음

② 제2종 보호접지

㉠ 접촉상태 및 허용접촉전압 산출근거

- 인체가 현저히 젖어 있는 상태
- 금속성의 전기기계장치나 구조물에 인체의 일부가 상시 접촉된 경우
- 이 경우 인체저항은 500[Ω], 통전전류의 하한값은 50[mA]로 기준하여, 허용접촉전압은 $V=(50\times10^{-3})\times500=25$[V]가 됨

㉡ 허용접촉전압[V] 및 종합위험도 : 25[V] 이하, 대단히 높음

③ 제3종 보호접지

㉠ 접촉상태 및 허용접촉전압 산출근거

- 제1 · 2종 이외의 경우로서 통상의 인체상태에서 접촉전압이 가해지면 위험성이 높은 상태
- 공장, 사무실, 주택 등 일반적인 장소의 전류로 이와 같은 상태에서는 피부가 젖거나 땀이 나 있는 경우가 거의 없으므로 인체의 저항값은 1,000[Ω]이라 보며, 통전전류의 하한값은 50[mA]로 기준하여, 허용접촉전압은 옴의 법칙에 의거하여 $V=(50\times10^{-3})\times1,000=50$[V]가 됨

㉡ 허용접촉전압[V] 및 종합위험도 : 50[V] 이하, 높음

④ 제4종 보호접지

㉠ 접촉상태 및 허용접촉전압 산출근거

- 제1 · 2종 이외의 경우로서 통상의 인체상태에서 접촉전압이 가해지더라도 위험성이 낮은 상태
- 접촉전압이 가해질 우려가 없는 경우

㉡ 허용접촉전압[V] 및 종합위험도 : 제한 없음, 낮음

2. 우리나라의 산업안전보건법과 IEC 기준에 따른 안전전압

(1) 안전전압의 정의

① 인체를 위험하게 하는 전기적 충격은 인체를 흐르는 통전전류의 크기와 경로, 전원의 종류(교류, 직류) 및 인체저항과 전압의 크기 등이 관계하고 있다.

② 전압으로 나타낸 위험성의 한계, 즉 전격으로부터 안전한 범위의 전압을 안전전압이라 한다.

(2) 한국의 산업안전보건법상 안전전압 : 30[V]

(3) 국제적으로 통용되는 안전전압 : 42[V]

42[V]의 값은 직류에서의 한계이며, 이것은 위험전압의 하한으로 정한다.

(4) 각국의 안전전압 채택수치

한국	영국	일본	스위스	프랑스	비고
30	24	24 ~ 30	36	14(AC) 50(DC)	실효치임 AC

(5) IEC 기준에 따른 안전전압(AC : 50[V], DC : 120[V])

① The IEC go on to define actual types of extra-low voltage systems, for example SELV, PELV, FELV.

② 특별저압에 의한 보호는 교류 50[V] 이하, 직류 120[V] 이하의 보호이며 직접 접촉보호나 간접 접촉보호 양쪽에 시행한다.

③ SELV : Separated or Safety Extra Low Voltage(비접지 회로보호)

④ PELV : Protected Extra Low Voltage(접지 회로보호)

⑤ FELV : Functional Extra Low Voltage(비접지+접지 조합)

012 위험전압과 안전전압에 대하여 설명하시오.

data 전기안전기술사 19-119-1-5

답안

1. 위험전압

(1) 위험전압의 정의

인명이 전기설비의 직접적인 또는 유도적인 원인 및 누설전기회로 상에서 통전된 전류에 의한 인명손상을 발생시키는 전압

(2) 종류

① 접촉전압과 허용접촉전압

㉠ 접촉전압 : 접지를 한 구조물에 사고전류가 흘렀을 때 접지전극 근처에 전위가 생기는데, 이때 인축이 근처에 있는 철구 등에 인축이 접촉했을 때 전위차로서 인체의 통전전류와 인체저항의 곱으로 표현

㉡ 허용접촉전압 : 변전소 등에 고장전류가 유입 시 도전성 구조물과 그 부근 지표상의 점과의 사이의(약 1[m]) 전위차

② 보폭전압 : 전로에 어떤 원인으로 지락전류 발생 시 두 발 사이(1[m] 간격)에 나타나는 전위차

2. 안전전압

(1) 정의

① 인체를 위험하게 하는 전기적 충격은 인체를 흐르는 통전전류의 크기와 경로, 전원의 종류(교류, 직류) 및 인체저항과 전압의 크기 등이 관계하고 있다.

② 그 중 전압으로 나타낸 위험성의 한계, 전격으로부터 안전한 범위의 전압을 안전전압이라 한다.

(2) 한국의 산업안전보건법상 안전전압 : 30[V]

(3) 국제적으로 통용되는 안전전압 : 42[V]

42[V]의 값은 직류에서의 한계이며, 이것은 위험전압의 하한으로 본다.

(4) 각국의 안전전압 채택수치

한국	영국	일본	스위스	프랑스	비고
30	24	24 ~ 30	36	14(AC) 50(DC)	실효치임 AC

013 허용접촉전압을 제한하는 이유와 인체의 접촉상태에 따른 허용접촉전압에 대하여 설명하시오.

data 전기안전기술사 22-126-1-10

답안 1. 허용접촉전압을 제한하는 이유

(1) 허용접촉전압

변전소 등에 고장전류가 유입 시 도전성 구조물과 그 부근 지표상의 점과의 사이의 (약 1[m]) 전위차

(2) 인체가 전기설비에 접촉 시 안전전압 이하로 유지되게 하여 지락발생 시 인체의 감전사고를 예방하기 위한 것이 허용접촉전압 제한의 목적이다.

① 안전전압 : 안전전압이란 회로의 정격전압이 일정 수준 이하의 낮은 전압으로서, 절연파괴 등의 사고 시에도 인체에 위험을 주지 않게 되는 전압

② 안전전압 이하로 사용한 기기들은 제반 안전대책을 강구하지 않아도 됨

③ 안전전압 적용 : 산업안전보건법에 의한 30[V] 이하

2. 인체의 접촉상태에 따른 허용접촉전압

종류	허용접촉전압[V]	접촉상태	보호접지저항[Ω]
제1종 보호접지	2.5	인체의 대부분이 수중에 있는 상태	$r \leq \frac{2.5}{E-2.5} \cdot R_2$
제2종 보호접지	25	• 인체가 현저하게 젖어 있는 상태 • 금속성의 전기기계 장치나 구조물에 인체의 일부가 상시 접촉되어 있는 상태	$r \leq \frac{25}{E-25} \cdot R_2$
제3종 보호접지	50	제1 · 2종 이외의 경우로서 통상의 인체 상태에 있어서 접촉전압이 가해지면 위험성이 높은 상태	$r \leq \frac{50}{E-50} \cdot R_2$
제4종 보호접지	제한 없음	• 제1 · 2종 이외의 경우로서 통상의 인체상태에 있어서 접촉전압이 가해지면 위험성이 낮은 상태 • 접촉전압이 가해질 우려가 없는 상태	$r \leq 100$

여기서, r : 보호접지저항의 최댓값[Ω]

E : 저압 전로의 사용전압[V]

R_2 : 저압 전로의 제2종 또는 중성점 접지저항[Ω]

014 발 · 변전소, 송전선로, 전기설비에서 지락사고 발생 시 지락점을 중심으로 대지전위가 상승한다. 대지전위 상승에 영향을 미치는 요소와 대지전위 저감 및 피해방지 대책에 대하여 설명하시오.

data 전기안전기술사 21-125-1-8

답안

1. 개요

(1) 접지는 전기설비와 대지 사이에 확실한 전기적 접속을 실현하는 기술이며, 이들을 접속하기 위한 매체가 접지전극이다.

(2) 접지전극과 무한대지 사이에는 전기적 저항, 즉 접지저항이 있기 때문에 지락전류가 발생하면 대지전극 부근에 전위가 상승하여 여러 가지 장해를 일으킨다.

(3) 이론적으로 접지저항이 '0'이면 전위상승이 없으나 현실적으로 불가능하다.

(4) 대지전위 상승에 따른 장해를 최소화하기 위한 조치가 접지의 목적이다.

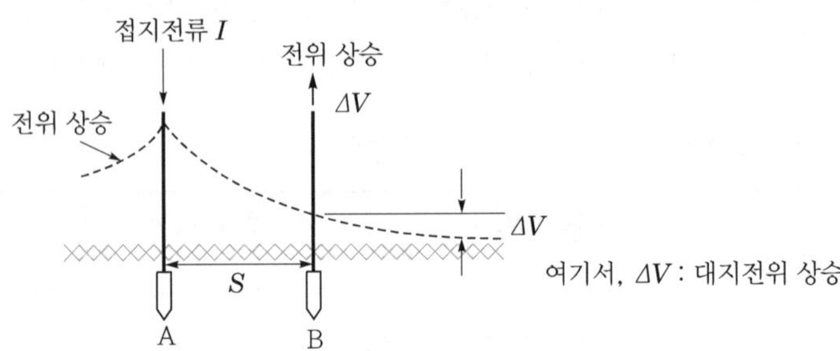

▌접지극에 의한 대지전위 상승▐

2. 대지전위 상승에 영향을 미치는 요소(접지저항 결정요소)

(1) 자체저항 : 접지선과 접지전극의 저항이다.

(2) 접촉저항 : 토양과 접지전극 표면 사이의 저항이다.

(3) 대지저항 : 접지전극 주위 토양의 저항이며, 접지저항 설계 시 가장 중요한 것이다.

(4) 접지저항 크기를 결정하는 것은 대지저항률이다.

3. 대지전위 저감 및 피해방지 대책

(1) 접지전극을 계산하고 저감방법을 시행한다.

(2) 변전실 접지설비의 저항 저감

① Mesh 전극을 깊게 박고, 전극의 면적을 크게 한다.

② Mesh 전극을 대지저항률이 낮은 지층에 매설 또는 토양의 저항률을 저감시킨다.

(3) 보폭전압과 접촉전압의 저감방법

① 접지기기 철구 주변에 환상보조접지선 매설 후 주접지선과 접속한다.

② 접지기기 철구 주변에 자갈을 깔거나 콘크리트를 타설한다.

③ 접지망 간격을 좁게 시설한다.

(4) 송전선로의 가공지선에 접지선을 연결하여 접지고장전류를 다른 경로로 분류시킨다.

015 낙뢰가 빈번한 장소에서 2[kA] 낙뢰 방전전류가 반구형 접지극으로 흐르는 순간, 20[m] 떨어진 지점에서 이 접지를 향하여 보폭 70[cm]로 걸어오는 사람의 보폭전압과 인체 통전전류의 크기를 구하고, 또한 이 장소의 안전대책에 대하여 설명하시오. (단, 대지저항률 ρ는 100 [Ω · m], 한쪽 발과 대지의 접촉저항 300 [Ω], 인체저항을 1 [kΩ]이라고 가정한다)

data 전기안전기술사 18-116-3-4

답안 1. 낙뢰 시 20[m]된 지점의 보폭 70[cm]의 보폭전압

(1) 반구상의 전위분포

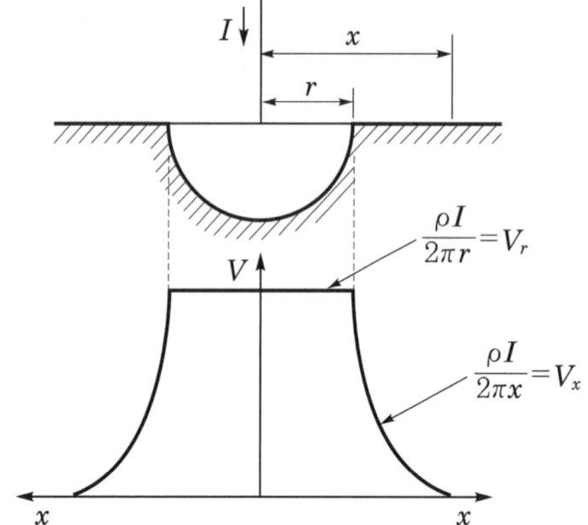

여기서, ρ : 대지고유저항률
I : 접지주에 유입되는 접지전류[A]
x : 전극 중심에서의 거리[m]
r : 접지전극의 반경[m]

(2) 접지극 반구상 접지측 주위의 전위 상승

$$\frac{\rho I}{2\pi x} = V_x\,[\text{V}]$$

(3) 전극 변경 r[m]의 전극의 전위 V_r

$$\frac{\rho I}{2\pi r} = V_r\,[\text{V}]$$

(4) 전위경도는 V를 x에 관해 미분 후 결과를 보면 다음과 같다.

$$\frac{dV}{dx} = -\frac{\rho I}{2\pi x^2}\,[\text{V/m}]$$

(5) 문제의 조건상으로 계산

접지점에서 20[m] 떨어진 지점과 19.3[m](= 20 − 0.7) 보폭 사이 전압

$$V_{\text{오른발접촉전압}} - V_{\text{왼발접촉전압}} = \frac{\rho I}{2\pi}\left(\frac{1}{r_a} - \frac{1}{r_b}\right)$$

$$= \frac{100[\Omega \cdot \text{m}] \times 2{,}000[\text{A}]}{2\pi}\left(\frac{1}{19.3} - \frac{1}{20}\right)$$

$$≒ 57.7[\text{V}]$$

여기서, ρ : 100[Ω · m]

2. 인체 통과전류의 크기

(1) 조건

① 인체저항 : 1,000[Ω]

② 신발을 신고 있는 한쪽 발의 저항은 $3\rho_s$로 보아서 두 발이므로 $6\rho_s$이다.

③ ρ_s : 300[Ω]

(2) 등가회로도

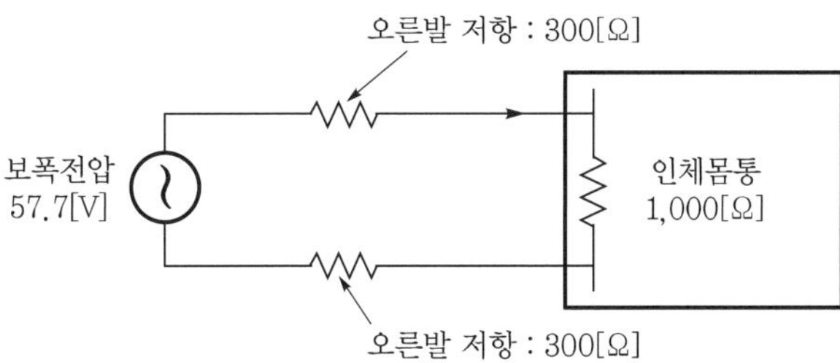

(3) 통과전류 $I_b = \dfrac{V_{\text{step}}}{Z_T}$

$$= \frac{57.7[\text{V}]}{300 + 1{,}000 + 300} = 36.0625[\text{mA}]$$

3. 안전대책

(1) 전위경도를 작게 한다.

① 전위분포나 전위경도는 접지전극의 모양에 따라 그 양상이 다르다.

② 전위분포는 매설깊이에 따라 변화한다.

③ 깊이 매설하면 전위경도를 낮게 할 수 있다.

④ 그 방법으로는 75[cm] 이상 깊이로 접지극의 매설 또는 망상접지에서 망의 간격을 좁게 하는 방법 등을 적용한다.

(2) 접촉저항을 크게 한다.

① 접촉저항과 관계되는 접촉부위는 손 ~ 구조체, 다리 ~ 대지의 2종류가 있다.

② 이 접촉부위의 저항을 크게 함으로써 접촉 및 보폭전압의 허용한도치를 크게 할 수 있다.

③ 그 방법으로는 구조체 주위 대지의 표면을 절연물로 덮는 방법인 것이며, 변전소 구내에 자갈과 아스팔트 포장을 시행한다.

section 03 기타 접지시스템

016 KS C IEC 60364 직류배전계통 접지방식에 대한 다음 사항을 설명하시오.
1. 접지방식의 종류와 특징
2. 부하특성에 따른 접지방식 적용 장소

data 전기안전기술사 20-120-4-6

답안 1. 직류배전계통 접지방식의 종류와 특징

(1) 직류접지의 목적

① 전로보호장치의 확실한 동작을 확보한다.

② 이상전압의 억제 및 대지전압의 억제를 위해 직류측을 접지한다.

(2) TN System의 정의

전원의 한 점을 직접 접지하고 설비의 노출 도전성 부분을 보호선(PE)을 이용하여 전원의 한 점에 접속하는 접지계통이다.

(3) 사용되는 코드가 갖는 의미(제1문자 T, I, 제2문자 T, N, S, C)와 기호 설명

① 제1문자 : 전력계통과 대지와의 관계

㉠ T : 한 점을 대지에 직접 접속한다.

㉡ I : 모든 충전부를 대지(접지)로부터 절연시키거나 임피던스를 삽입하여 한 점을 대지에 직접 접속한다.

② 제2문자 : 설비의 노출성 도전성 부분과 대지와의 관계

㉠ T : 전력계통의 접지와는 무관하며 노출도전성 부분을 대지로 직접 접속한다.

㉡ N : 노출성 도전성 부분을 전력계통의 접지점에 직접 접속한다.

㉢ S : 보호선의 기능을 중성선 또는 접지측 전선(또는 교류계통에서 접지측 상)과 분리된 전선으로 실시한다.

㉣ C : 중성선 및 보호선의 기능을 한 개의 전선으로 겸용한다(PEN 선).

(4) 직류접지계통방식의 개념

① 직류접지계통이란 2선식 직류계통의 특정극을 접지하는 것이다.

② 단, 양극 또는 음극의 어느 쪽을 접지하는가는 동작환경 등을 고려하여 결정하여야 한다.

③ 직류접지계통에서는 전기적 및 기계적 부식을 고려하여야 한다.

chapter 16

④ 종류

㉠ TN-S 직류계통

㉡ TN-C 직류계통

㉢ TN-C-S 직류계통

㉣ TT 직류계통

㉤ IT 직류계통

2. 직류배전계통에서 TN 계통방식 3가지

(1) TN-S 직류계통

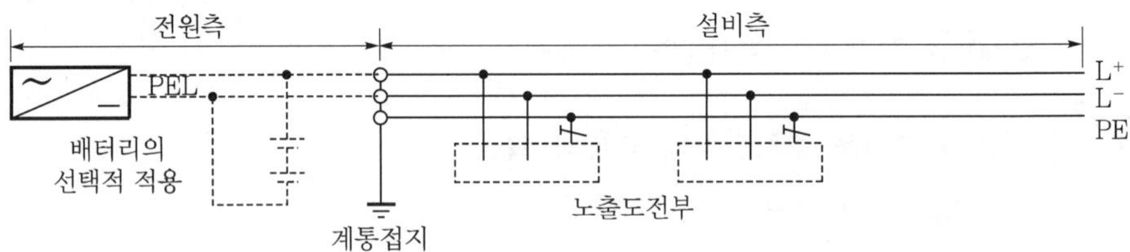

▌계통 Ⅰ▐

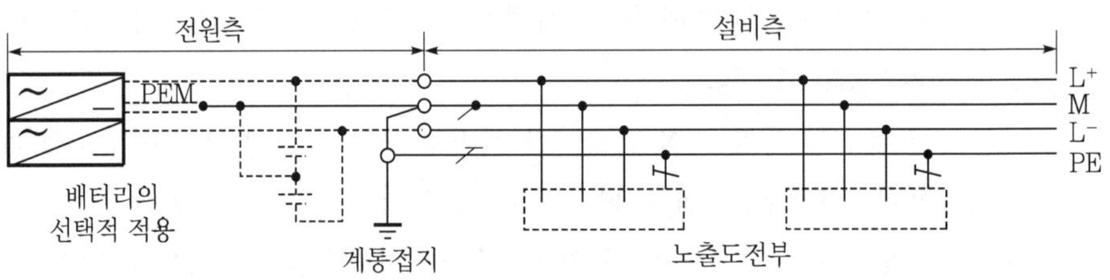

▌계통 Ⅱ▐

계통 Ⅰ의 접지된 상전선(예 L−) 또는 계통 Ⅱ의 접지한 중간선(M)은 계통 전체에 걸쳐 보호선으로 분리한다.

(2) TN-C 직류계통

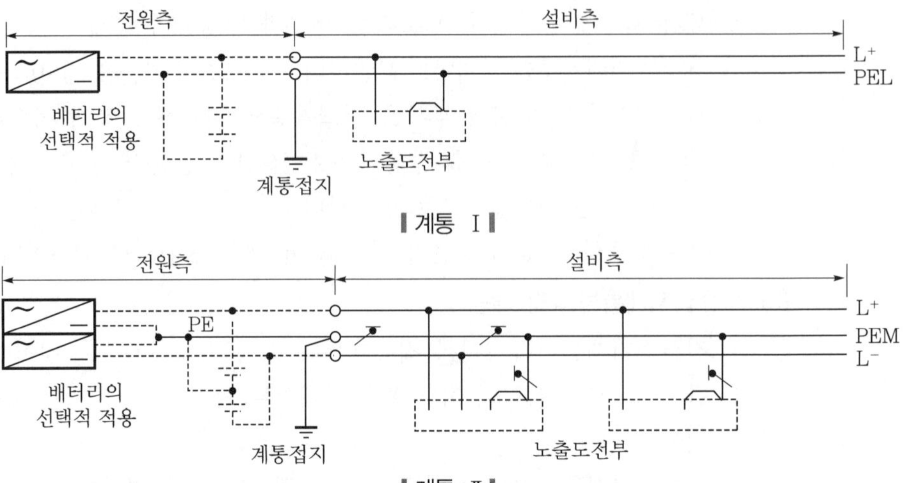

▌계통 Ⅰ▐

▌계통 Ⅱ▐

① 계통 Ⅰ에서 접지된 상전선(예 L) 보호선을 계통 전체에 걸쳐 단일 도체 PEL(직류)로 결합

② 계통 Ⅱ의 접지한 중간선(M)과 보호선을 계통 전체에 걸쳐 PEM(직류)으로 결합

③ 기호설명

㉠ 중성선(N) :

㉡ 보호선(PE) :

㉢ 보호선과 중성선 결합(PEN) :

(3) TN-C-S 직류계통

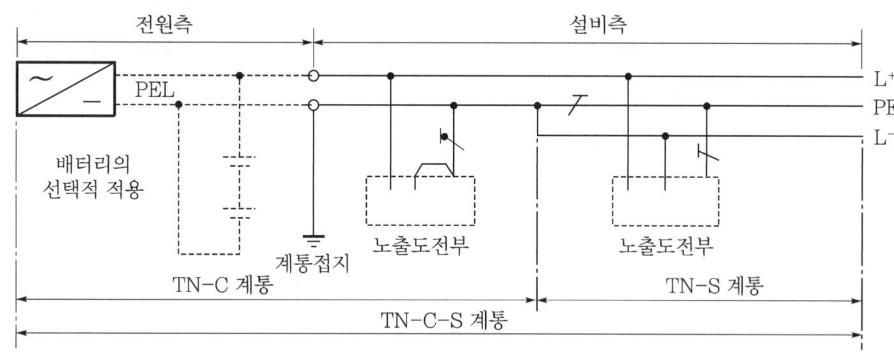

▮계통 Ⅰ▮

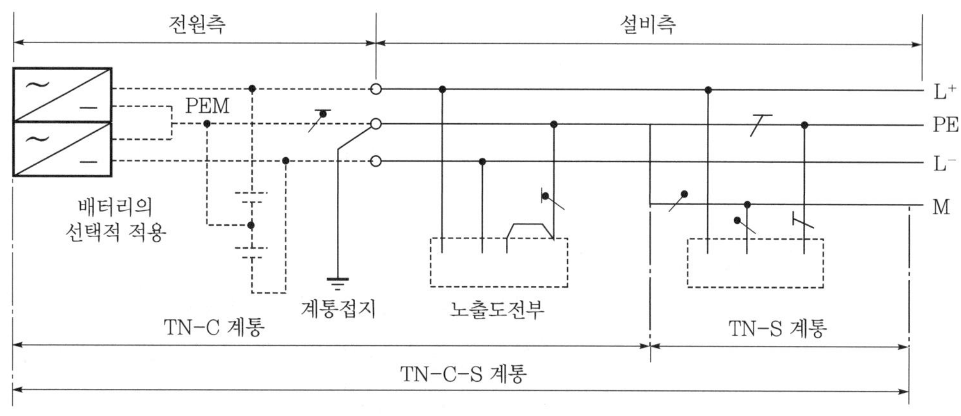

▮계통 Ⅱ▮

① TN-C가 TN-S에 대하여 전원측에 위치하여야 한다.

② 각각의 접지방식별 유의사항에 따른다.

③ 계통 Ⅰ의 접지된 상전선(예 L-)과 보호선의 기능을 계통 전체에 걸쳐 PEL(직류)로 결합한다.

④ 계통 Ⅱ의 접지한 중간선(M) 및 보호선과 계통 전체에 걸쳐 PEM(직류)으로 결합한다.

3. 부하특성에 따른 접지방식 적용 장소

comment KS C IEC 60364-5-54에 따른 시설기준이다.

(1) LVDC 배전시스템에는 다음과 같은 TN-S 또는 IT 방식의 적용이 가능하다.

① 개념도

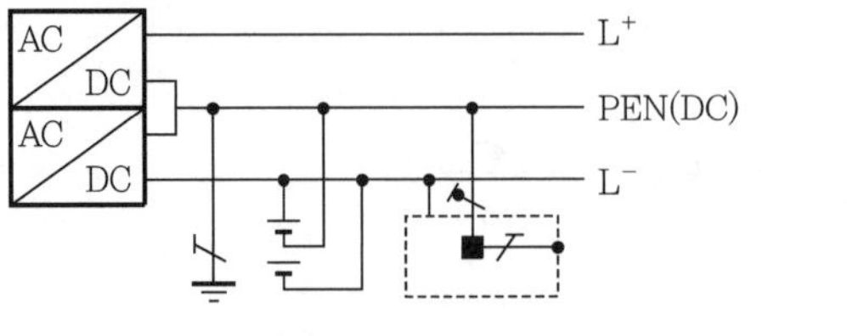

▌직류배전의 TN 방식▌　　▌직류배전의 IT 방식▌

㉠ M : 중점선

㉡ 보호도체(PE : Protective Earthing) : 감전보호를 위한 보호접지도체

㉢ PEN 도체 : 보호도체(PE)와 중성선(N)의 양쪽 기능을 겸비한 도체 PEN은 PE와 N이 조합된 조합기호

② LVDC 배전시스템의 접지시스템의 구성 시 다음 사항에 대한 검토가 필요하다.

㉠ 전원측 연계변압기의 중성점 접지방식

㉡ 수용가의 계통전압(AC or DC) 방식에 대한 연계검토

③ 접지저항값이 아닌 위험접촉전압 제한으로 규정한다(위험접촉전압 제한은 AC : 50[V], DC : 120[V] 이하).

④ LVDC 배전 전원측 컨버터와 수용가(AC)측 인버터가 접지되는 경우는 대지를 통한 부하전류가 형성되므로 갈바닉 절연이 필요하다(수용가측 절연변압기 설치).

(2) 저압 옥내 직류전기설비의 접지(KEC 243.1.8)

① 저압 옥내 직류전기설비는 전로보호장치의 확실한 동작 확보, 이상전압 및 대지전압의 억제를 위하여 직류 2선식의 임의의 한 점 또는 변환장치의 직류측 중간점, 태양전지의 중간점 등을 접지하여야 한다.

② 단, 직류 2선식을 다음에 의하여 시설하는 경우는 그러하지 아니하다.

㉠ 사용전압이 60[V] 이하인 경우

㉡ 접지검출기를 설치하고 특정구역 내의 산업용 기계기구에만 공급하는 경우

㉢ 교류전로로부터 공급받는 정류기에서 인출되는 직류계통

㉣ 최대 전류 30[mA] 이하의 직류화재경보회로

㉤ 절연감시장치 또는 절연고장점검출장치를 설치하여 관리자가 확인할 수 있도록 경보장치를 시설하는 경우

③ '①'의 접지공사는 KEC 140 접지시스템규정에 준용하여 접지하여야 한다.

④ 직류전기설비를 시설하는 경우는 감전에 대한 보호를 한다.

⑤ 직류전기설비의 접지시설은 KEC 243.1.6에 준용하여 전기방식방지를 하여야 한다. 여기서, KEC 243.1.6은 저압 직류전기설비의 전기부식방지의 규정이다.

⑥ 직류접지계통은 교류접지계통과 같은 방법으로 금속제 외함, 교류접지선 등과 본딩하여야 하며, 교류접지가 피뢰설비, 통신접지 등과 통합접지되어 있는 경우는 함께 통합접지공사를 할 수 있다. 이 경우 낙뢰 등에 의한 과전압으로부터 전기설비 등을 보호하기 위해 서지보호장치(SPD)를 설치하여야 한다.

017 고압 계통에서 선로의 충전전류 크기에 따른 적절한 접지방식 선정에 대하여 설명하시오.

data 전기안전기술사 20-122-1-12

답안 1. 소호리액터 접지방식

(1) 원리

고압 계통의 대지정전용량과 공진하는 리액터를 통해 접지한다.

(2) 적용

가공전선로

(3) 소호리액터 용량 $\omega L = \dfrac{1}{3\omega C}$

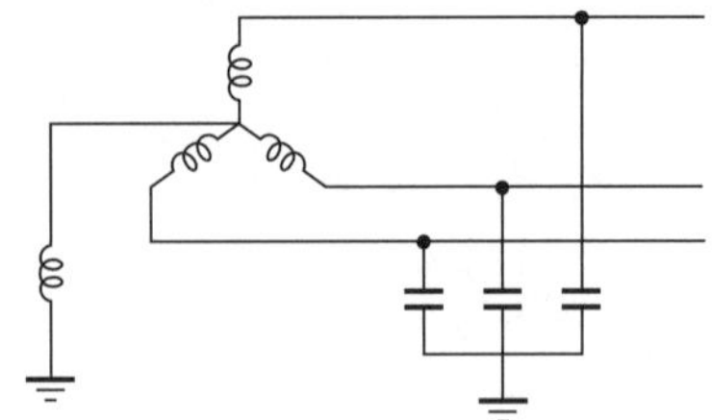

▌소호리액터 접지방식▐

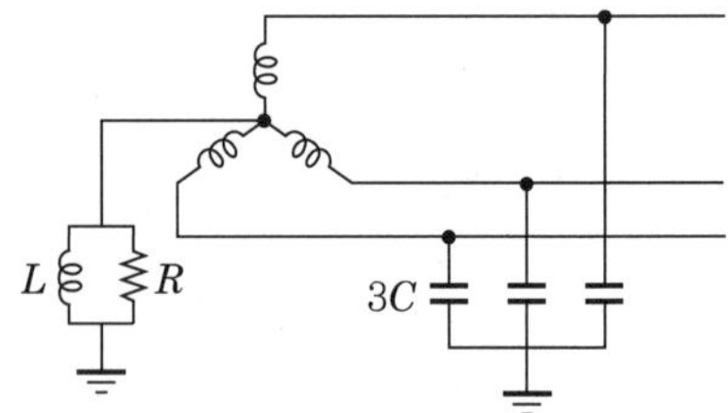

▌한류리액터 접지방식▐

2. 리액터(한류리액터) 접지방식

(1) 원리

지중케이블 증가로 대지충전전류가 매우 큰 경우 중성점 저항과 병렬로 선로의 충전전류에 해당되는 분만큼 보상한다.

(2) 적용

지중전선로

(3) 접지방법

중성점에 리액터를 설치하여 선로의 충전전류를 보상한다.

(4) 특징

직접 접지나 저저항 접지계통으로 계통구성하기에는 유도장해면에서 제약받은 계통(154[kV] 등의 장거리 송전선, 접속계통, 지중케이블과 가공선계통과의 연결)에서 중성점에 충전전류를 보상할 수 있는 리액터를 설치한다.

018 통합접지계통 건축물의 등전위본딩 시설기준과 시공이 완료된 후 검사방법을 설명하시오.

data 전기안전기술사 19-117-2-3

답안 1. 건축물의 등전위본딩의 개념

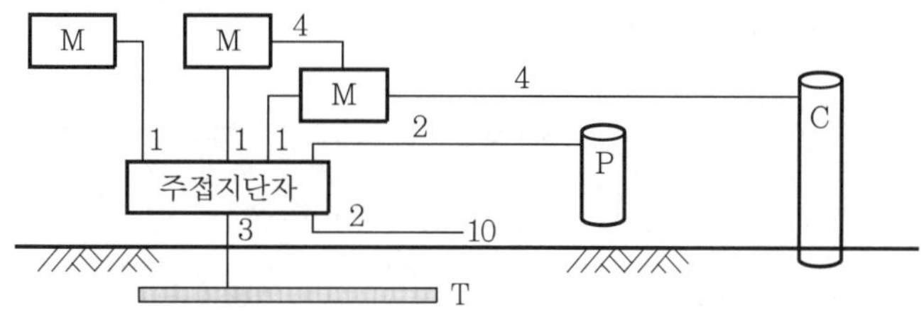

여기서, 1 : 보호도체(PE)
2 : 보호등전위 본딩용 도체
3 : 접지선
4 : 보조등전위 본딩용 도체
10 : 기타 기기(예 : 정보통신 시스템, 낙뢰보호 시스템)
M : 전기기기의 노출도전성 부분
T : 접지극
P : 수도관, 가스관 등 금속배관
C : 철골, 금속덕트 등의 계통 외 도전성 부분

▌등전위본딩 구성 예▐

2. 통합접지계통 건축물의 등전위본딩 시설기준

공통 · 통합 접지공사를 하는 경우에는 다음과 같이 등전위본딩을 한다.

(1) 공통 · 통합 접지공사를 하는 경우에는 KS C IEC 60364-4-41(안전을 위한 보호-감전에 대한 보호)에 적합하도록 시설하여야 한다(관련 근거 : 「전기설비기술기준의 판단기준」 제19조 제6항).

(2) 건축물 · 구조물에서 접지도체, 주접지단자와 다음의 도전성 부분은 등전위본딩하여야 하며, 건축물 외부로부터 인입된 도전부는 건축물 안쪽의 가까운 지점에서 본딩한다(KEC 143.1의 규정).

① 수도관 · 가스관 등 외부에서 내부로 인입되는 금속배관

② 건축물 · 구조물의 철근, 철골 등 금속보강재

③ 일상생활에서 접촉이 가능한 금속제 난방배관 및 공조설비 등 계통 외 도전부. 단, 통신케이블의 금속외피는 소유자 또는 운영자의 요구사항을 고려하여 보호등전위본딩에 접속하여야 한다.

(3) 주접지단자에 보호 등전위본딩 도체, 접지도체, 보호도체, 기능성 접지도체를 접속하여야 하며, KS C IEC (등전위본딩의 기술지침)을 참고할 수 있다.

(4) 계통 외 도전성 부분 등전위본딩은 육안검사로 확인하는 것을 원칙으로 하며, 확인이 어려울 경우 전기적 연속성을 측정한 전기저항값이 0.2[Ω] 이하가 되어야 한다.

3. 시공완료 후 검사방법

(1) 접지선과 보호도체 단면적 확인

① 단면적 $S = \dfrac{\sqrt{I^2 \cdot t}}{K}$ 값 이상

② 접지선(보호도체 포함)의 최소 단면적 확인

설비의 상도체 단면적 S[mm²]	보호도체 최소 단면적 S_p[mm²]
$S \leq 16$	S
$16 < S \leq 35$	16
$S > 35$	$S/2$

③ 지중에 매설하는 경우의 접지선 최소 단면적 확인

구분	기계적 보호 있음	기계적 보호 없음
부식에 대한 보호 있음	2.5[mm²] / Cu 10[mm²] / Fe	16[mm²] / Cu 16[mm²] / Fe
부식에 대한 보호 없음	25[mm²] / Cu, 50[mm²] / Fe	

④ 접지선은 유지 및 보수관리를 위하여 접지극과 접지선 연결 시 부식이 생기지 않게 시공 여부를 확인한다.

(2) 등전위본딩 도체 단면적 확인

① 보호 등전위본딩 도체 단면적 확인

재질	단면적[mm²]	낙뢰보호계통을 포함하는 경우 단면적[mm²]
구리	6	16
알루미늄	16	25
강철	25	50

② 보조 보호 등전위본딩 도체 단면적 확인

구분	기계적 보호 있음	기계적 보호 없음
전원케이블의 일부 또는 케이블 외함으로 구성되어 있지 않은 경우	2.5[mm²] / Cu 16[mm²] / Al	4[mm²] / Cu 16[mm²] / Fe

③ 공사계획 신고수리 시 안내사항

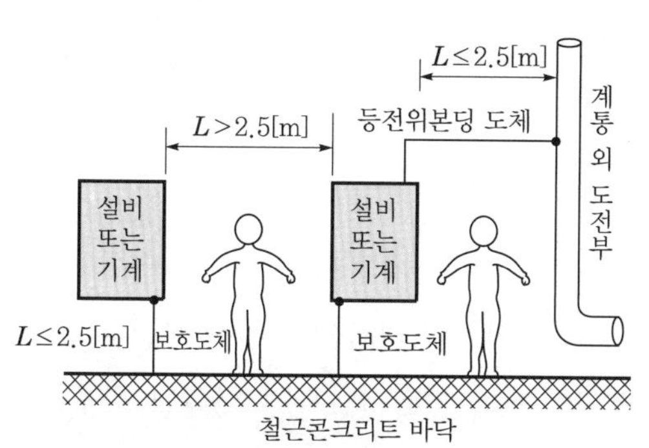

▌보조 등전위본딩의 시설▐

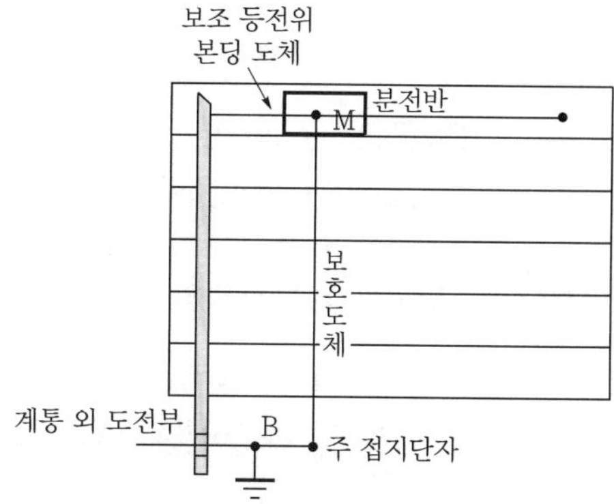

▌보조 등전위본딩▐

㉠ 보조 보호 등전위본딩의 대상은 전원자동차단에 의한 감전보호방식에서 고장 시 자동차단시간이 아래 표에서 요구하는 계통별 최대 차단시간을 초과하는 경우이다.

㉡ 단, 아래 표 이외의 경우와 배전회로(간선)에서 TN 계통은 5[sec] 이하, TT 계통은 1[sec] 이하의 차단시간을 허용한다.

▌32[A] 이하인 분기회로의 최대 차단시간▐

(단위 : [sec])

계통	50[V]< U_0 ≤120[V]		120[V]< U_0 ≤230[V]		230[V]< U_0 ≤400[V]		U_0 >400[V]	
	교류	직류	교류	직류	교류	직류	교류	직류
TN	0.8	요구값	0.4	1	0.2	0.4	0.1	0.1
TT	0.3	요구값	0.2	0.4	0.07	0.2	0.04	0.1

여기서, U_0 : 교류에서는 공칭대지전압, 직류에서는 선간전압

㉢ 상기 '㉠'과 '㉡'의 차단시간을 초과하고 2.5[m] 이내에 설치된 고정기기의 노출도전부와 계통 외 도전부는 보조 보호 등전위본딩을 하여야 한다.

019 감전보호용 등전위본딩에 대하여 설명하시오.

data 전기안전기술사 23-129-3-6

comment KEC 143의 규정이다.

답안 1. 감전보호용 등전위본딩의 적용

(1) 건축물 · 구조물에서 접지도체, 주접지단자와 다음의 도전성 부분은 등전위본딩을 한다. 단, 이들 부분이 다른 보호도체로 주접지단자에 연결된 경우는 그러하지 아니하다.

① 수도관 · 가스관 등 외부에서 내부로 인입되는 금속배관

② 건축물 · 구조물의 철근, 철골 등 금속보강재

③ 일상생활에서 접촉이 가능한 금속제 난방배관 및 공조설비 등 계통 외 도전부

(2) 주접지단자에 보호 등전위본딩 도체, 접지도체, 보호도체, 기능성 접지도체를 접속할 것

2. 등전위본딩 개념(도)

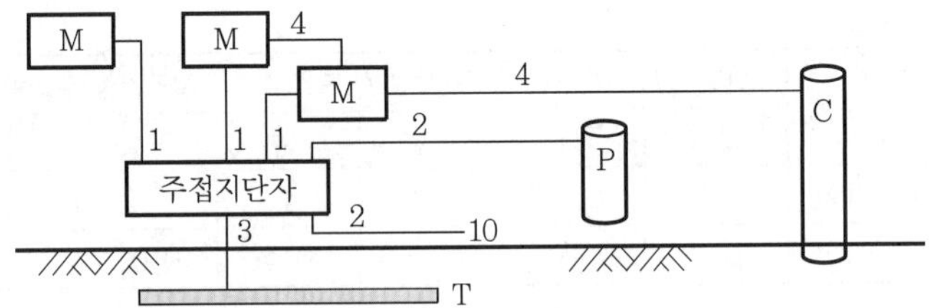

여기서, 1 : 보호도체(PE)
2 : 보호 등전위본딩용 도체
3 : 접지선
4 : 보조 등전위본딩용 도체
10 : 기타 기기(예 : 정보통신 시스템, 낙뢰보호 시스템)
M : 전기기기의 노출도전성 부분
T : 접지극
P : 수도관, 가스관 등 금속배관
C : 철골, 금속덕트 등의 계통 외 도전성 부분

▌등전위본딩 구성 예▐

3. 등전위본딩의 분류

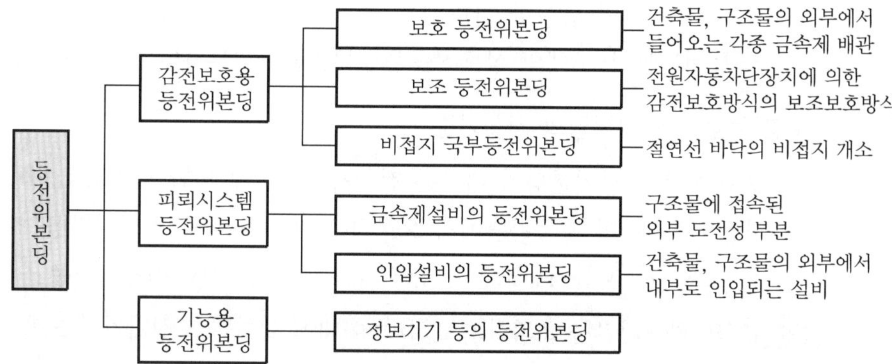

4. 보호 등전위본딩

(1) 정의

① Protective Equipotential Bonding으로 표기

② 감전에 대한 보호 등과 같은 안전을 목적으로 하는 등전위본딩

(2) 보호 등전위본딩의 적용 개소

① 건축물 · 구조물의 외부에서 내부로 들어오는 각종 금속제 배관은 다음과 같이 할 것

㉠ 1개소에 집중하여 인입하고, 인입구 부근에서 서로 접속하여 등전위본딩 바에 접속

㉡ 대형 건축물 등으로 1개소에 집중하여 인입하기 어려운 경우에는 본딩도체를 1개의 본딩바에 연결할 것

② 수도관 · 가스관의 경우 내부로 인입된 최초의 밸브 후단에서 등전위본딩을 할 것

③ 건축물 · 구조물의 철근, 철골 등 금속보강재는 등전위본딩을 할 것. 단, PVC 계통의 인입배관으로 된 경우는 보호 등전위본딩을 하지 않아도 됨

(3) 감전보호용 보호 등전위본딩 도체단면적

① 주접지단자에 접속하기 위한 등전위본딩 도체는 설비 내에 있는 가장 큰 보호접지도체 단면적의 $\frac{1}{2}$ 이상의 단면적일 것

② 최소 단면적

㉠ 구리도체 $6[mm^2]$ 이상

㉡ 알루미늄도체 $16[mm^2]$ 이상

㉢ 강철도체 $50[mm^2]$ 이상

③ 주접지단자에 접속하기 위한 보호본딩도체의 단면적은 구리도체 25[mm^2] 또는 다른 재질의 동등한 단면적을 초과할 필요는 없음

④ 등전위본딩 도체의 상호접속은 피뢰 등전위본딩의 일반사항 규정을 따름

5. 보조 보호 등전위본딩의 시설기준

(1) 보조 보호 등전위본딩의 대상은 전원자동차단에 의한 감전보호방식에서 고장 시 자동차단시간이 자동차단에서 요구하는 계통별 최대 차단시간을 초과하는 경우. 즉, 고장 시 자동차단조건이 충족되지 않을 경우에 적용한다는 의미임

(2) '(1)'의 차단시간을 초과하고 2.5[m] 이내에 설치된 고정기기의 노출도전부와 계통외 도전부는 보조 보호 등전위본딩을 할 것

(3) 단, 보조 보호 등전위본딩의 유효성에 관해 의문이 생길 경우 동시에 접근 가능한 노출도전부와 계통 외 도전부 사이의 저항값(R)이 다음의 조건을 충족하는지 확인할 것

① 교류계통 : $R \leq \dfrac{50\,V}{I_a}[\Omega]$

여기서, I_a : 보호장치의 동작전류[A]

② 직류계통 : $R \leq \dfrac{120\,V}{I_a}[\Omega]$

[누전차단기의 경우는 $I_{\Delta n}$(정격감도전류), 과전류보호장치의 경우는 5[sec] 이내 동작전류]

(4) 보조 등전위본딩을 설치한 경우에서도 누전 시 전원의 차단은 필요함

(5) 감전보호용 보조 보호 등전위본딩 도체

① 두 개의 노출도전부를 접속하는 경우 도전성은 노출도전부에 접속된 더 작은 보호도체의 도전성보다 커야 함

② 노출도전부를 계통 외 도전부에 접속하는 경우 도전성은 같은 단면적을 갖는 보호도체의 $\dfrac{1}{2}$ 이상일 것

③ 케이블의 일부가 아닌 경우 또는 선로도체와 함께 수납되지 않은 본딩도체는 다음 값 이상일 것

㉠ 기계적 보호가 된 것은 구리도체 2.5[mm^2], 알루미늄 도체 16[mm^2]

㉡ 기계적 보호가 없는 것은 구리도체 4[mm^2], 알루미늄 도체 16[mm^2]

(6) 보조 등전위본딩을 시설할 특수한 장소 또는 설비는 다음과 같다.

① 욕조 또는 샤워욕조가 있는 장소의 설비

② 농업 및 원예용, 숙박차량 정박지의 전기설비

③ 피뢰설비, 보토, 실험용 테이블이 있는 강의실

④ 청정실험대, 분수, 예비전원장치

⑤ 수영풀장, 기타 욕조가 있는 장소의 설비(예 거품욕조 등)

⑥ 기타 안테나 설비, 전화

6. 비접지 국부 등전위본딩

(1) 절연성 바닥으로 된 비접지장소에서 다음의 경우 국부 등전위본딩을 하여야 한다.

① 전기설비 상호 간이 2.5[m] 이내인 경우

② 전기설비와 이를 지지하는 금속체 사이

(2) 전기설비 또는 계통 외 도전부를 통해 대지에 접촉하지 않아야 한다.

020 자가용 전기설비에서 이종금속의 접촉에 의한 부식원인과 방지대책에 대하여 설명하시오.

data 전기안전기술사 22-126-3-1

답안 **1. 이종(異種)금속 접촉부식의 정의(galvanic corrosion)**

(1) 금속을 서로 접촉시켜 부식환경에 두면 전위가 낮은 쪽의 금속이 양극(anode)으로 되어 비교적 빠르게 부식된다(부식환경 : 염분 등의 전해질 용액에 의해).

(2) 그 곳에 국부전지가 형성되어 용액 중에 있는 금속의 전극전위에 따라서 마이너스 전위가 높은 금속이 양극되어 전위가 높은 금속이 양극되어 용액 중에 용해되어 부식한다. 이를 이종금속 접촉부식 또는 전지작용부식이라 한다.

(3) 즉, 전지작용부식의 원인은 Anode로 되는 금속의 전자가 접촉한 Cathode 금속으로 이동하기 때문이다.

2. 전식발생량

(1) 누설전류(i_l)

$$i_l = k \cdot \frac{r}{R} \cdot I \cdot L^2[\mathrm{A}]$$

여기서, k : 상수
r : 궤선 레일저항
R : 궤선 레일과 대지 간의 절연저항
I : 부하전류
L : 변전소 간격

(2) 전식량

$$M = Z \cdot i_l \cdot t$$

여기서, Z : 전식화학당량
t : 시간

3. 이종금속의 부식과정

(1) 접촉부식에 의한 부식량은 부식전류량에 비례하고, 그 원인은 전극의 전위차이다. 전극전위차가 큰 금속은 접촉부식이 더욱 심해진다.

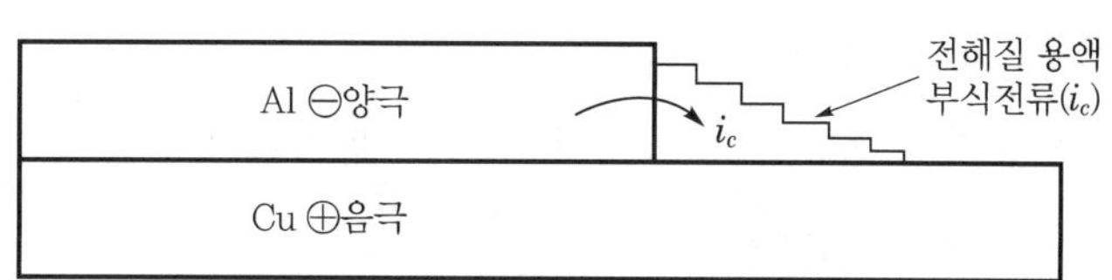

(2) Al 금속은 마이너스 전위가 높은 금속이 양극화된다는 의미로서, 부식이 발생되어 Al 금속은 줄어들어 Cu 표면에 그림처럼 서서히 부식금속이 쌓이게 된다.

4. 이종금속에 의한 부식요인 5가지

(1) 수분 및 습도의 영향

이종금속의 접촉부식은 국부전지의 작용, 즉 일종의 전기분해작용이므로 물이 없으면 부식 발생은 없으나 습기를 완전히 없애는 것은 불가능하므로 부식현상을 완전히 피하는 것은 불가능하다.

(2) 부식환경의 영향

외부환경의 수분의 성질(예 해안가의 염분, 공해지구의 황산수 등)에 의해 물의 도전도가 높을수록 그 농도에 의해 부식은 가속된다.

(3) 온도의 조건

온도가 높을수록 부식이 빠르고, 온도가 기준보다 20[℃] 높으면 약 2배가 된다.

(4) 먼지의 적치(積置 : storage)

먼지가 쌓이면 이슬, 강수 등 물기에 의해 물을 머금은 상태에서 먼지의 성분이 물에 녹아서 영향을 준다.

(5) 두 종류 금속의 경합 시 영향

각 금속은 고유의 이온화경향이 다르므로, 일반적으로 이온화경향이 큰 금속일수록 부식이 잘 발생한다.

5. 이종금속 간 부식현상 방지대책

(1) 접촉면적을 작게 한다.

① 접촉부식에 의한 부식량은 부식전류밀도에 비례한다.

② 양극금속의 표면을 음극금속에 비교하여 크게 하고 양극의 전류밀도를 감소시키는 것으로 부식을 감소시킬 수 있다.

(2) 이종금속 간에 물이 고이지 않게 처리한다.

이종금속 경계면에 수분이 없으면 부식 발생이 없기에 경계면에 물이 고이지 않는 구조로 한다.

(3) 이종금속 간을 절연한다.

국부전지의 전류를 차단하여 부식을 방지한다.

(4) 중간금속을 넣는다.

중간금속을 삽입하여 이종금속 상호 간의 전위 차이를 줄여서 부식을 감소시킨다.

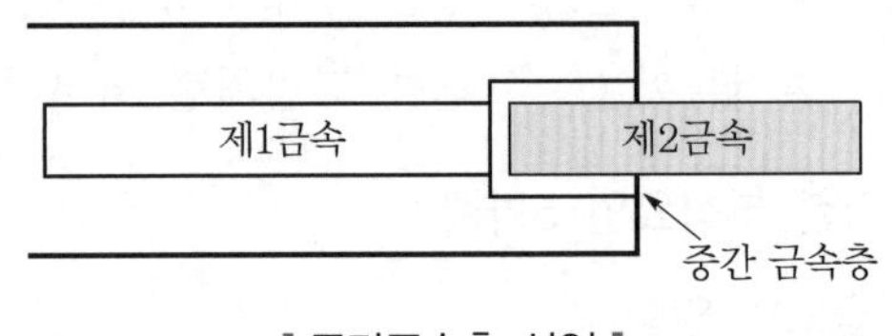

❙ 중간금속층 삽입 ❙

(5) 전극전위가 근접하는 제품의 선택, 즉 2개의 금속접촉 시 부식 정도는 2개의 금속 사이의 전극전위의 상대 차이가 클수록 증대하므로 전극전위가 근접하는 제품을 선택한다.

6. 의견

(1) 전기철도구간의 접속점(특히 터널구간)에 이종접속부식으로 인한 대형 사고가 우려된다.

(2) 피뢰도선(인하도선)과 수뢰부의 접속점의 이종접속부식에 의한 악영향으로 뇌서지가 건축물에 직격될 경우 건축물 화재 및 내부 전기설비 소손 우려가 있다.

021 한국전기설비규정(KEC)의 계통접지시스템에 대하여 설명하시오.

data 전기안전기술사 21-125-4-2

comment 시험장에서 그림 9가지를 작성할 시간은 없으므로 5가지 그림을 정해 그리도록 한다.

답안 1. 개요

(1) 계통접지는 전력계통에서 돌발적으로 발생하는 이상현상에 대비하여 계통을 연결하는 것이다.

(2) 변압기의 중성점(저압측의 1단자 시행 접지계통 포함)을 대지에 접속하는 것을 말한다.

(3) 계통접지의 분류, 표현문자의 정의, 방식별 특징을 설명한다.

2. 저압 전로의 보호도체 및 중성선의 접속방식에 따라 분류

(1) TN 계통(TN system)방식

(2) TT 계통(TT system)방식

(3) IT 계통(IT system)방식

3. 계통접지에서 사용하는 문자의 정의

(1) 제1문자 : 전원계통과 대지의 관계

① T(Terra, 대지) : 전력계통의 1점을 대지에 직접 접속

② I(Insulation, 절연) : 모든 충전부를 대지와 절연시키거나 높은 임피던스를 통하여 한 점을 대지에 직접 접속

(2) 제2문자 : 전기설비의 노출도전부와 대지의 관계

① T(Terra, 대지) : 노출도전부를 대지로 직접 접속하고, 전원계통의 접지와는 무관

② N(Neutral) : 노출도전부를 전원계통의 접지점(교류계통에서는 통상적으로 중성점, 중성점이 없을 경우 선도체)에 직접 접속

(3) 다음 문자가 있을 경우 : 중성선과 보호도체의 배치

① S(Separated) : 중성선 또는 접지된 선도체 외에 별도의 도체에 의해 제공되는 보호기능

② C(Combined) : 중성선과 보호기능을 한 개의 도체로 겸용(PEN 도체)

③ PE(Protective Earthing) : 보호도체(PEN = 보호도체(PE) + 중성선(N) 조합)

| 계통접지방식 |

계통접지 방식	제1문자	제2문자	그 다음 문자 (문자가 있을 경우)	
	전원계통과 대지	노출도전부와 대지	중성선과 보호도체의 배치	
TN-C	T	N	C	–
TN-C-S	T	N	C	S
TN-S	T	N	S	–
TT	T	T	–	–
IT	I	T	–	–

4. TN 계통방식

(1) 개념

① TN 전력계통은 1점을 직접 접지하고, 설비의 노출도전성 부분을 보호도체에 의해 그 점으로 접속한다.

② TN 계통은 중성선 및 보호도체 조치에 따라 다음의 3종류로 구분된다.

③ TN 방식의 분류

㉠ TN-S 계통 : 모든 계통에 걸쳐 보호도체를 분리한다.

㉡ TN-C-S 계통 : 계통 일부분에서 중성선과 보호도체의 기능을 동일한 도체로 겸용한다.

㉢ TN-C 계통 : 모든 계통에 걸쳐 중성선과 보호도체의 기능을 동일한 도체로 겸용한다.

(2) TN 방식의 구분

① 전원측의 1점을 직접 접지하고 설비의 노출도전부를 보호도체로 접속시키는 방식이다.

② 중성선 및 보호도체(PE 도체)의 배치 및 접속방식에 따라 다음과 같이 분류한다.

㉠ TN-S 계통

- 계통 전체에 대해 별도의 중성선 또는 PE 도체를 사용한다.
- 배전계통에서 PE 도체를 추가로 접지할 수 있다.

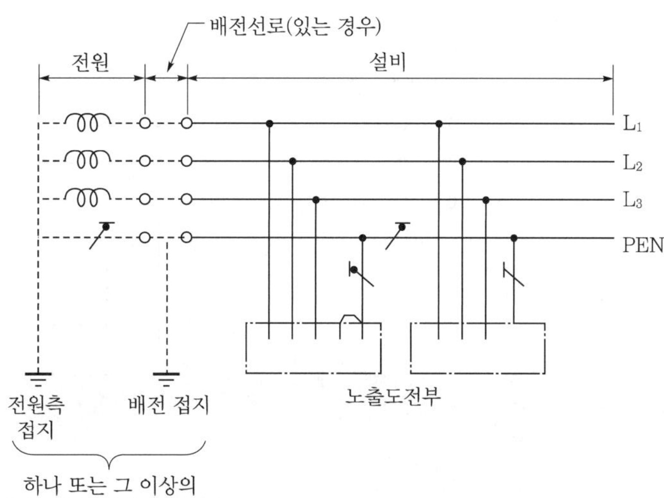

▌별도의 중성선이 있고, 계통 내 보호도체 있는 TN-S 방식▐

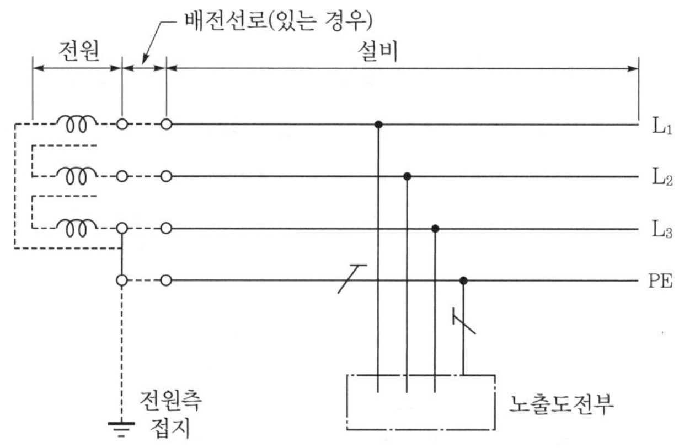

▌별도의 접지된 선도체가 있고, 계통 내 보호도체 있는 TN-S 방식▐

여기서, 중성선(N) : ─╱●─

보호도체(PE) : ─╱─

중성선 겸용과 보호도체(PEN) : ─╱●─

㉡ TN-C 계통

- 그 계통 전체에 대해 중성선과 보호도체의 기능을 동일 도체로 겸용한 PEN 도체를 사용한다.
- 배전계통에서 PEN 도체를 추가로 접지할 수 있다.

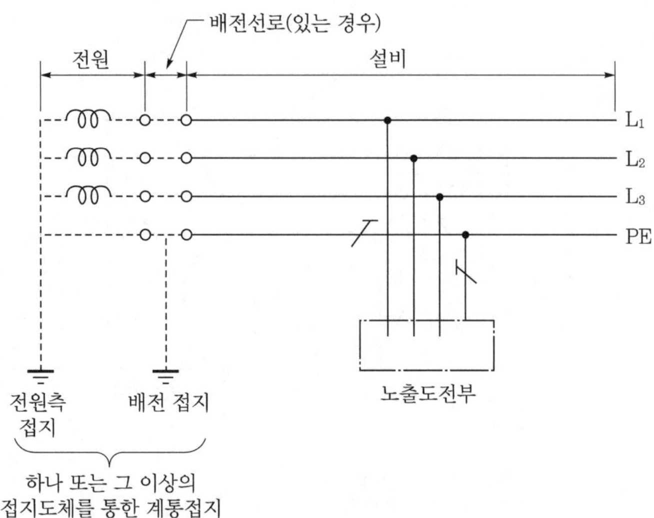

▌중성선 배선은 없으나 접지된 보호도체방식의 TN-C 방식▐

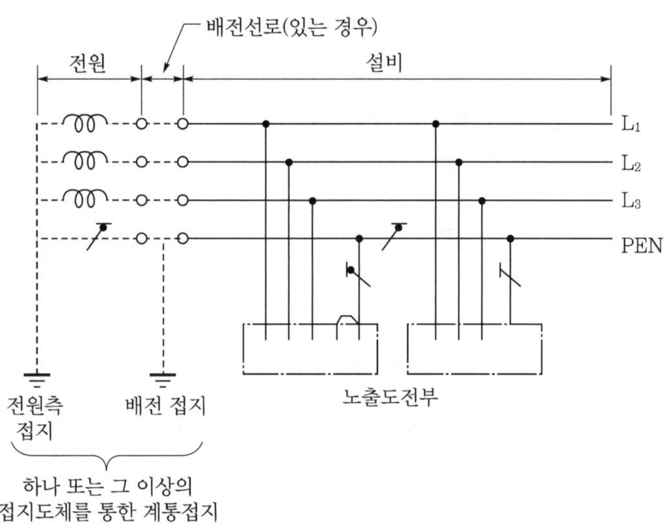

▌PEN이 추가된 TN-C 방식▐

㉢ TN-C-S 계통

- 계통의 일부분에서 PEN 도체를 사용하거나 중성선과 별도의 PE 도체를 사용하는 방식이다.
- 배전계통에서 PEN 도체와 PE 도체를 추가로 접지할 수 있다.

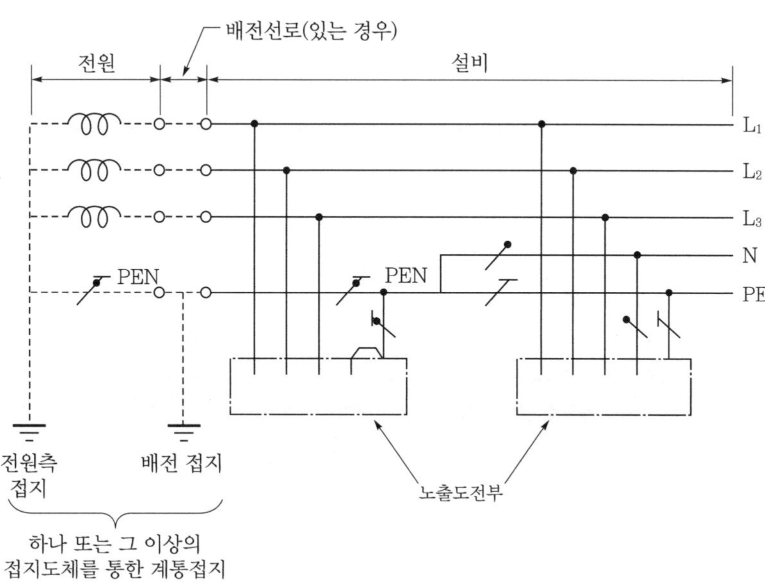

▌설비의 어느 곳에서 PEN이 PE와 N으로 분리된 3상 4선식 TN-C-S 계통▐

5. TT 계통

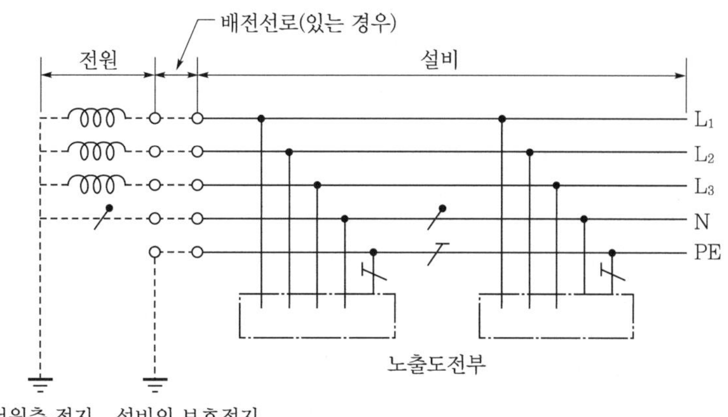

▌설비 전체에서 별도의 중성선과 보호도체가 있는 TT 계통▐

(1) 전원의 1점을 직접 접지하고 설비의 노출도전부는 전원의 접지전극과 전기적으로 독립적인(즉, 완전히 분리할 수 있는) 접지극에 접속한다.

(2) 배전계통에서 PE 도체를 추라고 접지할 수 있다.

(3) 노출도전성 부분의 접지는 보호도체(PE)에 의해 접지극에 접속하고 있다.

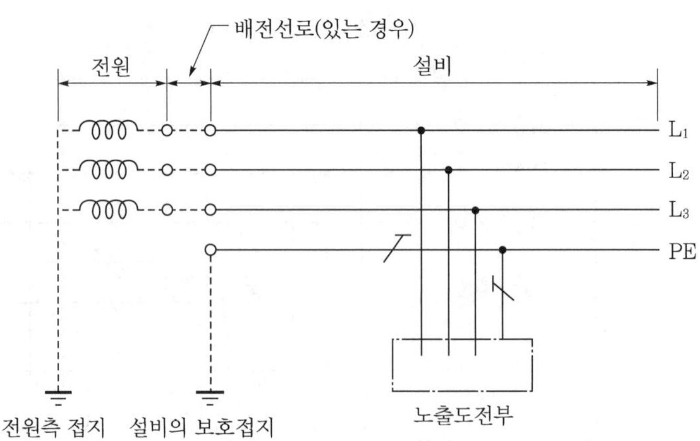

▌별도의 중성선이 없는 TT 계통▐

6. IT 계통

(1) 충전부 전체를 대지로부터 절연시키거나 1점을 임피던스를 통해 대지로 접속한다.

(2) 전기설비의 노출도전부를 단독 또는 일괄적으로 접지하거나 계통의 PE 도체에 접속한다.

(3) 배전계통에서 PE 도체를 추가로 접지할 수 있다.

(4) 중성선은 배선할 수도 있고, 배선하지 않을 수도 있다.

(5) 계통은 충분히 높은 임피던스를 통하여 접지할 수 있다.

① 이 접속은 중성점, 인위적 중성점, 선도체 등에서 할 수 있다.

② 중성선은 배선할 수도 있고, 배선하지 않을 수도 있다.

(6) 1점 지락사고의 경우 기기 프레임측의 접지저항을 낮게 함으로써 보호되지만 2점 지락사고 시는 대책을 고려한다.

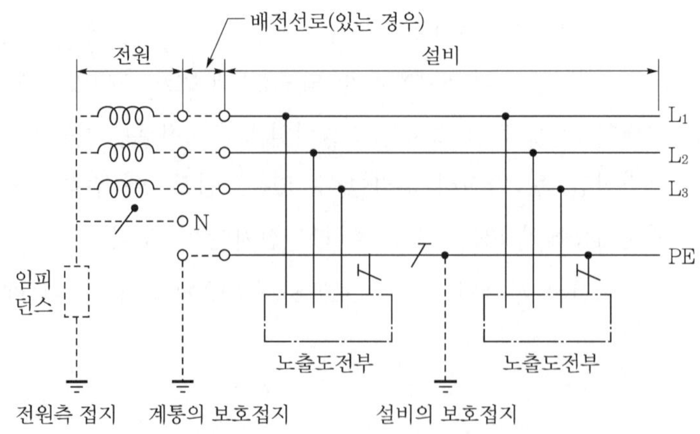

▌계통 내의 모든 노출도전부가 보호도체에 의해 접속되어 일괄 접지된 IT 계통▐

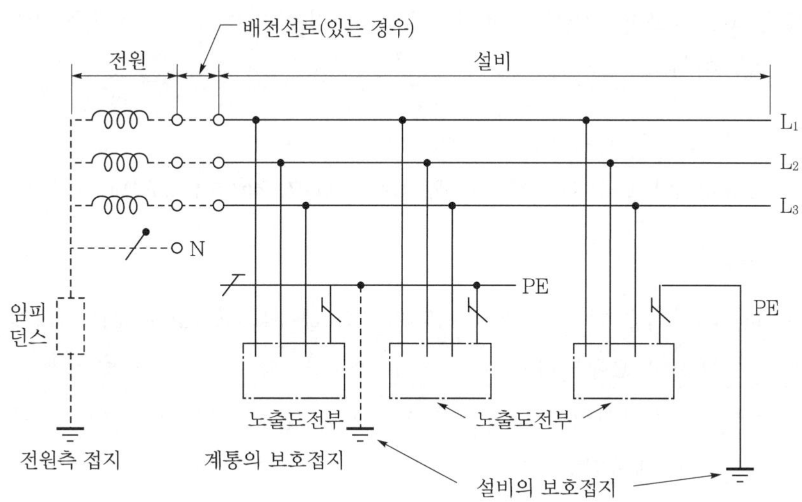

▌노출도전부가 조합 또는 개별의 IT 접지방식▐

comment

- 이 문제는 최고실력의 수험생들이 선택하는 문제이므로 수험생 본인의 역량에 맞게 문제를 선택한다.
- 욕심내서 해도 효과가 작은 문항은 차라리 Skip 전략을 택한다.
- 꼭 선택하고 싶은 경우 그림 5개만 선택하여 그리도록 한다.

022 한국전기설비규정(KEC)에서 구분하고 있는 의료장소별 계통접지의 적용에 대하여 설명하시오.

data 전기안전기술사 22-126-1-12

comment 1~3까지 작성하면 배점 10점, 1~6까지 작성하면 25점이다(16년 110회).

답안 1. 개요

(1) 의학기술 발전에 따른 ME 기기의 급속한 보급으로 ME 기기접지에 대한 철저한 대책이 요구된다.

(2) 일반전기설비와 달리 누설전류가 0.1[mA] 이하인 값으로 접지방법과 개소 선정 등이 제한된다.

2. 의료장소의 구분

comment 표로 기록해도 되나 시간이 많이 소요된다.

의료장소는 의료용 장착부(의료용 기기의 일부로서 환자의 신체와 필연적으로 접촉되는 부분)의 사용방법에 따라 구분한다.

(1) 그룹 0

① 장착부를 사용하지 않는 의료장소

② 일반병실, 진찰실, 검사실, 처치실, 재활치료실

(2) 그룹 1

① 장착부를 환자의 신체 외부 또는 심장 부위를 제외한 환자의 신체 내부에 삽입시켜 사용하는 장소

② 분만실, MRI실, X선 검사실, 회복실, 구급처치실, 인공투석실, 내시경실

(3) 그룹 2

① 장착부를 환자의 심장 부위에 삽입 또는 접촉시켜 사용하는 의료장소

② 관상동맥질환 처치실(심장 카테터실), 심혈관 조영실, 중환자실(집중치료실), 마취실, 수술실, 회복실

3. 의료장소별 계통접지의 적용

(1) 그룹 0

TT 계통 또는 TN 계통

(2) 그룹 1

① TT 계통 또는 TN 계통

② 단, 전원자동차단에 의한 보호가 의료행위에 중대한 지장을 초래할 우려가 있는 의료용 전기기기를 사용하는 회로에는 의료용 IT 계통 적용

(3) 그룹 2

① 의료 IT 계통

② 단, 이동식 X-레이 장치, 정격출력이 5[kVA] 이상인 대형 기기용 회로, 생명유지 장치가 아닌 일반의료용 전기기기에 전력을 공급하는 회로 등에는 TT 계통 또는 TN 계통 적용

4. 의료장소의 안전을 위한 보호설비의 시설

(1) 그룹 1 및 그룹 2의 의료 IT 계통의 안전을 위한 보호설비의 시설

① 전원측에 이중 또는 강화절연을 한 의료용 절연변압기 또는 이중 또는 강화절연한 비단락보증 절연변압기를 설치하고 그 2차측 전로는 접지하지 말 것

② 비단락보증 절연변압기의 규정

㉠ 함 속에 설치하여 충전부가 노출되지 않게 하고 의료장소의 내부 또는 가까운 외부에 설치

㉡ 2차측 정격전압은 교류 250[V] 이하, 단상 2선식, 10[kVA] 이하

㉢ 3상 부하에 대한 전력공급이 요구될 때 비단락보증 3상 절연변압기를 사용

㉣ 과부하 및 온도를 지속적으로 감시하는 장치를 적절한 장소에 설치할 것

③ 의료 IT 계통의 절연상태를 지속적으로 계측, 감시하는 장치의 설치규정

㉠ 절연저항을 계측, 지시하는 절연감시장치를 설치하여 절연저항이 50[kΩ]까지 감소하면 표시설비 및 음향설비로 경보

㉡ 표시설비는 의료 IT 계통이 정상일 때에는 녹색으로 표시되고 의료 IT 계통의 절연저항이 조건에 도달할 때에는 황색으로 표시할 것

㉢ 각 표시들은 정지시키거나 차단시키는 것이 불가능한 구조일 것

④ 수술실 등의 내부에 설치되는 음향설비가 의료행위에 지장을 줄 우려가 있는 경우에는 기능을 정지시킬 수 있는 구조일 것

⑤ 의료 IT 계통에 접속되는 콘센트

㉠ TT 계통 또는 TN 계통에 접속되는 콘센트와 혼용됨을 방지하기 위하여 적절하게 구분표시할 것

㉡ 그룹 1과 그룹 2의 의료장소에서 사용하는 콘센트는 배선용 꽂음콘센트 사용

㉢ 단, 플러그가 빠지지 않는 구조의 콘센트가 필요한 경우에는 걸림형을 사용할 것

(2) 그룹 1과 그룹 2의 의료장소에 무영등 등을 위한 특별저압(SELV 또는 PELV)

회로를 시설하는 경우에는 사용전압은 교류실효값 25[V] 또는 직류 비맥동 60[V] 이하일 것

(3) 의료장소 전로의 보호규정

① 정격감도전류 30[mA] 이하, 동작시간 0.03[sec] 이내의 누전차단기를 설치할 것

② 누전차단기의 설치 예외 규정

㉠ 의료 IT 계통의 전로

㉡ TT 계통 또는 TN 계통에서 전원자동차단에 의한 보호가 의료행위에 중대한 지장을 초래할 우려가 있는 회로에 누전경보기를 시설하는 경우

㉢ 의료장소의 바닥으로부터 2.5[m]를 초과하는 높이에 설치된 조명기구의 전원회로

㉣ 건조한 장소에 설치하는 의료용 전기기기의 전원회로

5. 의료장소 내의 접지설비

(1) 접지설비란 접지극, 접지도체, 기준접지 바, 보호도체, 등전위본딩 도체를 말한다.

(2) 기준접지바의 설치규정

① 의료장소마다 그 내부 또는 근처에 할 것

② 인접 의료장소와의 바닥면적 합계가 50[m^2] 이하인 경우에는 기준접지바를 공용

③ 의료장소 내에서 사용하는 모든 전기설비 및 의료용 전기기기의 노출도전부는 보호도체에 의하여 기준접지바에 각각 접속되도록 할 것

④ 콘센트 및 접지단자의 보호도체는 기준접지바에 직접 접속할 것

(3) 보호도체의 공칭단면적은 표에 따라 선정할 것

▌보호도체의 최소 단면적▐

상도체 단면적 S[mm^2]	대응하는 보호도체의 최소 단면적[mm^2] 구리	
	재질이 같은 경우	재질이 다른 경우
$S \le 16$	S	$(k_1/k_2) \times S$
$16 < S \le 35$	16^a	$(k_1/k_2) \times 16$
$35 > S$	$S^a/2$	$(k_1/k_2) \times (S/2)$

여기서, k_1 : 도체 및 절연의 재질에 따른 KS C-IEC에서 선정된 상도체에 대한 계수

k_2 : KS C-IEC에서 선정된 보호도체에 대한 계수

a : PEN 도체의 최소 단면적은 중성선과 동일하게 적용함

(4) 의료용 접지시공의 등전위본딩방법

① **그룹 2의 의료장소에서 환자환경** : 환자가 점유하는 장소로부터 수평방향 2.5[m], 의료장소의 바닥으로부터 2.5[m] 높이 이내의 범위

② 그룹 2의 의료장소 내에 있는 계통 외 도전부와 전기설비 및 의료용 전기기기의 노출도전부, 전자기장해(EMI) 차폐선, 도전성 바닥 등에 시공할 것
③ 계통 외 도전부와 전기설비 및 의료용 전기기기의 노출도전부 상호 간을 접속한 후 이를 기준접지바에 각각 접속할 것
④ 한 명의 환자에게는 동일한 기준접지바를 사용하여 등전위본딩을 시행할 것
⑤ 등전위본딩 도체는 위의 보호도체와 동일 규격 이상의 것으로 선정할 것

(5) 접지도체의 시설방법

① 접지도체의 공칭단면적은 기준접지바에 접속된 보호도체 중 가장 큰 것 이상
② 철골, 철근 콘크리트 건물에서는 철골 또는 2조 이상의 주철근을 접지도체의 일부분으로 활용할 수 있음

(6) 보호도체, 등전위본딩 도체 및 접지도체의 종류

① 450/750[V] 일반용 단심 비닐절연전선
② 절연체의 색이 녹/황의 줄무늬이거나 녹색인 것을 사용할 것

6. 의료장소 내의 비상전원

상용전원의 공급이 중단될 경우 의료행위에 중대한 지장을 초래할 우려가 있는 전기설비 및 의료용 전기기기에는 다음에 따라 비상전원을 공급한다.

절환시간	비상전원을 공급하는 장치 또는 기기
0.5[sec] 이내	• 0.5[sec] 이내에 전력공급이 필요한 생명유지장치 • 그룹 1 또는 그룹 2의 의료장소의 수술등, 내시경, 수술실 테이블, 기타 필수 조명
15[sec] 이내	• 15[sec] 이내에 전력공급이 가능하고 최소 24시간 동안 유지할 것 • 그룹 2의 의료장소에 최소 50[%]의 조명, 그룹 1의 의료장소에 최소 1개의 조명
15[sec] 초과	• 병원기능을 유지하기 위한 기본작업에 필요한 조명 • 그 밖의 병원기능을 유지하기 위하여 중요한 기기 또는 설비

reference

전기설비기술기준 및 전기설비기술기준의 판단기준에 따른 의료장소 전기설비에 대하여 다음 사항을 설명하시오(전기안전기술사 16년 110회 2교시 6번).

1. 의료장소의 그룹별 구분기준
2. 의료장소의 보호설비
3. 의료장소의 그룹별 접지설비
4. 의료장소의 비상전원설비

memo

시스템 안전

001 「산업안전보건법 시행령」 제43조에 의한 공정안전보고서(PSM)를 제출하는 사업장에 대하여 설명하시오.

1. 유해 · 위험 설비를 보유하고 있는 사업장의 종류
2. 적용 제외대상 사업장의 종류

data 전기안전기술사 18–116–2–6

답안 **1. 공정안전보고서의 제출대상의 유해 · 위험 설비를 보유하고 있는 사업장의 종류**

(1) 법 제44조 제1항 전단에서 '대통령령으로 정하는 유해 · 위험 설비'란 다음의 어느 하나에 해당하는 사업을 하는 사업장의 경우에 그 보유설비를 말한다.

① 원유 정제처리업

② 기타 석유정제물 재처리업

③ 석유화학계 기초화학물질 제조업 또는 합성수지 및 기타 플라스틱물질 제조업. 단, 합성수지 및 기타 플라스틱물질 제조업은 [별표 10]의 제1호 또는 제2호에 해당하는 경우로 한정한다.

④ 질소 화합물, 질소 · 인산 및 칼리질 화학비료 제조업 중 질소질 화학비료 제조업

⑤ 복합비료 및 기타 화학비료 제조업 중 복합비료 제조업(단순혼합 또는 배합에 의한 경우는 제외)

⑥ 화학 살균 · 살충제 및 농업용 약제 제조업(농약 원제 제조만 해당)

⑦ 화약 및 불꽃제품 제조업

(2) 그 외의 사업을 하는 사업장의 경우에는 [별표 13]에 따른 유해 · 위험 물질 중 하나 이상의 물질을 같은 표에 따른 규정량 이상 제조 · 취급 · 저장하는 설비 및 그 설비의 운영과 관련된 모든 공정설비를 말한다.

2. 적용 제외대상 사업장의 종류

(1) 원자력 설비

(2) 군사시설

(3) 사업주가 해당 사업장 내에서 직접 사용하기 위한 난방용 연료의 저장설비 및 사용설비

(4) 도매 · 소매 시설

(5) 차량 등의 운송설비

(6) 「액화석유가스의 안전관리 및 사업법」에 따른 액화석유가스의 충전 · 저장 시설

(7) 「도시가스사업법」에 따른 가스공급시설

(8) 그 밖에 고용노동부장관이 누출 · 화재 · 폭발 등으로 인한 피해의 정도가 크지 않다고 인정하여 고시하는 설비

3. 대통령령으로 정하는 사고의 종류

(1) 근로자가 사망하거나 부상을 입을 수 있는 위 '1.'에 따른 설비(위 '2.'에 따른 설비는 제외)에서의 누출 · 화재 · 폭발 사고

(2) 인근 지역의 주민이 인적 피해를 입을 수 있는 위 '1.'에 따른 설비에서의 누출 · 화재 · 폭발 사고

4. 공정안전보고서의 내용(제44조)

(1) 공정안전자료

(2) 공정위험성 평가서

(3) 안전운전계획

(4) 비상조치계획

(5) 그 밖에 공정상의 안전과 관련하여 고용노동부장관이 필요시 인정하여 고시하는 사항

5. 공정안전보고서의 제출(제45조)

(1) 사업주는 제43조에 따른 유해 · 위험 설비를 설치(기존 설비의 제조 · 취급 · 저장 물질이 변경되거나 제조량 · 취급량 · 저장량이 증가하여 [별표 13]에 따른 유해 · 위험 물질 규정량에 해당하게 된 경우를 포함) · 이전하거나 고용노동부장관이 정하는 주요 구조부분을 변경할 때에는 고용노동부령으로 정하는 바에 따라 법 제44조의 제1항에 따른 공정안전보고서를 작성하여 고용노동부장관에게 제출하여야 한다. 이 경우 「화학물질관리법」에 따라 사업주가 제출하여야 하는 같은 법 제23조에 따른 화학사고예방관리계획서의 내용이 제44조에 따라 공정안전보고서에 포함시켜야 할 사항에 해당하는 경우에는 그 해당 부분에 대한 작성 · 제출을 같은 법 제23조에 따른 화학사고예방관리계획서 사본의 제출로 갈음할 수 있다.

chapter 17

(2) '(1)'의 전단에도 불구하고 제출해야 할 공정안전보고서가 「고압가스 안전관리법」 제2조에 따른 고압 가스를 사용하는 단위공정설비에 관한 것인 경우로서, 해당 사업주가 같은 법 제11조에 따른 안전관리규정과 같은 법 제13조의2에 따른 안전성 향상계획을 작성하여 공단 및 같은 법 제28조에 따른 한국가스안전공사가 공동으로 검토·작성한 의견서를 첨부하여 허가관청에 제출한 경우에는 해당 단위공정설비에 관한 공정안전보고서를 제출한 것으로 본다.

002 위험성 평가분석방식의 종류를 제시하고, 정량적 분석방법인 결함수 해석법(FTA : Fault Tree Analysis)에 대하여 설명하시오.

data 전기안전기술사 19-117-3-1

답안 1. 위험성 평가분석방식의 종류

(1) 정성적 평가기법(HAZID : Hazard Identification)

① 정의 : 위험요소를 인지하는 정성적인 기법

② 종류

㉠ 사고예상 질문분석법(what if)

㉡ 체크리스트법(chick list)

㉢ 위험성과 운전성 분석(HAZOP : Hazard and Operability)

- 목적 : 위험요소와 운전상 문제점을 발견(도출)하여 토론 · 연구 · 분석
- 적용시기 : 신규공정 설계완성시점 및 기존 공정의 재설계단계

㉣ 이상위험도 분석(FMECA)

㉤ 작업자 실수법(HAE)

㉥ 안전성 검토법(safety review)

㉦ 예비위험 분석법(PHA)

㉧ 상대 위험순위 판정법(dow and mond indices)

③ HAZID의 특징

㉠ 장점

- 비교적 쉽고 빠른 결과 도출
- 비전문가도 접근이용 가능
- 시간과 경비 절약

㉡ 단점 : 주관적 평가로 치우치기 쉬움

(2) 정량적 위험성 평가기법(HAZAN : Hazard Analysis)

① 정의 : 위험요소를 찾아내어 확률적으로 분석평가하는 정량적인 기법이다.

② 종류

㉠ 결함수 분석법(FTA : Fault Tree Analysis) : 정성평가로부터 인지된 사고의 시나리오를 Top event로 놓고 원인을 파악하는 연역적 정략적인 기법. 즉, System의 결함수 분석기법

chapter 17

㉡ 사건수 분석법(ETA : Event Tree Analysis) : 시스템의 신뢰도를 나타내는 귀납적이고 정량적인 분석방법

㉢ 원인결과 분석법(CCA : Cause-Consequence Analysis)

- 사고의 원인과 결과를 알아내기 위한 목적으로 FTA와 ETA를 혼합한 것
- 결과와 원인 사이의 상호관계를 보여주는 Cause-Consequence Diagram을 사용결과가 예측되는 발생빈도로 정량화시키고 근본원인을 알아낼 수 있음

㉣ 위험도 분석방법(risk analysis)

㉤ HEA : 작업자의 실수분석기법

㉥ FMEA : Failure Mode Effective Analysis

③ HAZAN의 특징

㉠ 장점 : 객관적인 정량화된 결과 도출

㉡ 단점

- 시간과 경비가 많이 듦
- 분석 및 평가에 전문가가 필요
- 통계데이터의 확보 및 신뢰성

2. 결함수 분석법(fault tree analysis)

(1) 정의

① 결함수 분석법은 하나의 특정한 사고에 대하여 원인을 파악하는 연역적 기법과 정량적 기법의 합의 개념이다.

② 어떤 특정사고에 대해 원인이 되는 장치의 이상 · 고장과 운전자 실수의 다양한 조합을 표시하는 도식적 모델인 결함수 Diagram을 작성하여 장치 이상이나 운전자 실수의 상관관계를 도출하는 기법이다.

(2) FTA의 특성

① 정상사상인 재해현상으로부터 기본사상인 재해원인을 향해 연역적인 분석을 하므로 재해현상과 재해원인의 상호관련을 정확하게 해석하여 안전대책을 검토할 수 있다.

② 정량적 해석이 가능하므로 정량적 예측을 행할 수 있다.

③ 시스템 안전에 대한 접근방법이다.

(3) FTA의 장단점

① 장점

㉠ 정상사상을 가지고 시작한다.

㉡ 최소 Cutset을 결정하는 데 이용된다. 최소 Cutset은 발생하는 정상사상에 다양한 방법을 통해 넓은 식견을 제공한다.

㉢ 전체적인 결함수 분석절차는 컴퓨터를 적용할 수 있다.

② 단점

㉠ 아주 복잡한 공정에서는 결함수가 매우 거대해진다.

㉡ 결함수를 완성하는 데 수많은 시간과 비용이 필요하다.

㉢ 완벽한 결함수를 만들기 위해서는 좀더 경험이 풍부한 전문가가 필요하다.

memo

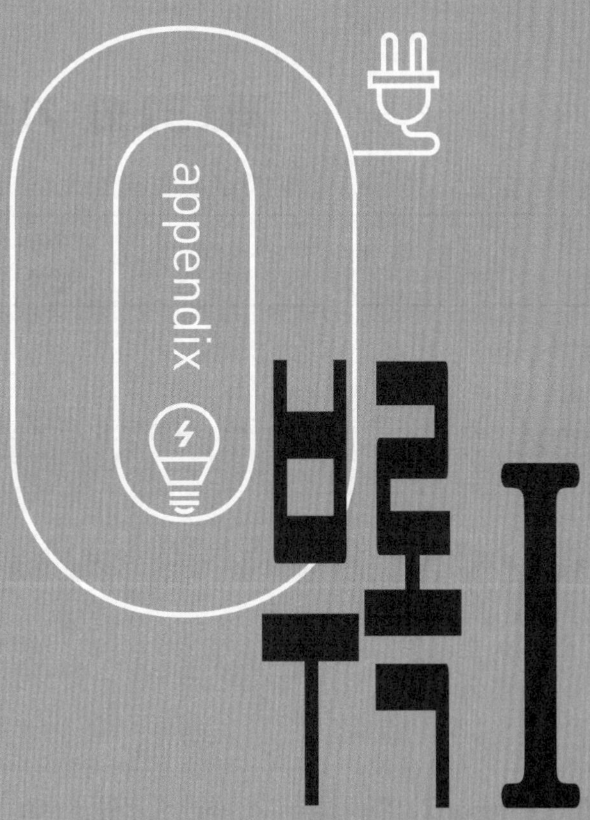

전기안전기술사 기출문제

■ 전기안전기술사 시험문제 및 답안

제131회 기술사 (23.08.26. 시행)

시험시간 : 100분

분야	안전관리	종목	전기안전기술사	수험번호		성명	

총 13문제 중 10문제를 선택하여 설명하시오. (각 10점)

01 재해통계에 대하여 다음 사항을 설명하시오.
1) 연천인율
2) 도수율
3) 강도율

답안 "chapter 02의 section 01. 산업안전일반 001 문제"의 답안 참조

02 산업재해 예방을 위한 무재해 운동의 목적, 3대 원칙, 3요소에 대하여 설명하시오.

답안 "chapter 02의 section 01. 산업안전일반 002 문제"의 답안 참조

03 재해발생의 메커니즘에서 하인리히(H.W. Heinrich)의 도미노 이론과 버드(Frank Bird)의 신도미노 이론에 대하여 설명하시오.

답안 "chapter 02의 section 01. 산업안전일반 003 문제"의 답안 참조

04 표피효과 발생원리 및 침투깊이에 대하여 설명하시오.

답안 1. 표피효과(skin effect) 정의

(1) 전선에 전류가 흐를 때 전선 중심부일수록 그 전류가 만드는 자속과 쇄교하여 인덕턴스가 커지기 때문에 중심부보다 도체 표면에 많은 전류가 흐르는 현상을 말한다.

(2) 직류는 모두 같은 전류밀도로 흐르지만 주파수가 있는 교류는 도체 표면의 전류밀도가 커진다.

2. 영향

(1) 유효 단면적이 축소된다.

(2) 저항값은 직류일 때보다 증대한다.

$$R_{ac} = R_{dc} \times k_1 \times k_2$$

여기서, R_{dc} : 도체에 있어 직류 통전 시의 저항

k_1 : 사용온도에서의 도체저항과 20[℃]에서의 도체저항비$[k_1 = 1 + \alpha(T_1 - 20)]$

k_2 : 교류저항과 직류저항비$(k_2 = 1 + \lambda_s + \lambda_p)$

λ_s : 표피효과계수

λ_p : 근접효과계수$\left(\lambda_p = -\dfrac{G(x)}{1 - \dfrac{(2d_1)^2}{S^2} \times H(x)} \times \dfrac{(2d_1)^2}{S^2}\right)$

d_1 : 도체바깥 지름, S : 도체중심 간격

(3) 권선의 단면적, 주파수, 도전율, 투자율이 클수록 표피효과가 증대한다.

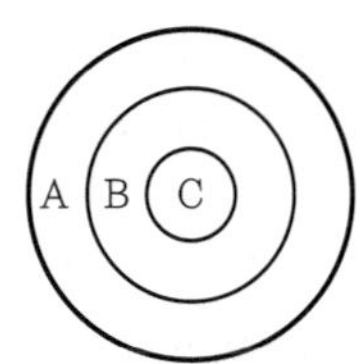

면적 : A>B>C
쇄교자속수 : A<B<C

3. 발생원리

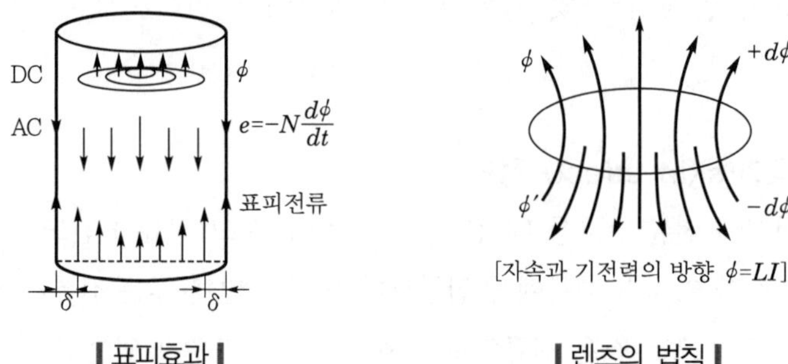

▮표피효과▮ ▮렌츠의 법칙▮

(1) 주파수가 있는 교류전류자속이 시간에 따라 변화하면 유도기전력이 발생한다.

(2) 중심부일수록 인덕턴스(L)가 증가하고 자속쇄교에 의한 기전력이 증가한다. 즉, 인덕턴스 $L=\dfrac{d\phi}{di}=\dfrac{\phi}{i}$에서 ϕ가 커지면 L이 커진다.

(3) 전류밀도의 변화에 따라 표피효과가 발생한다.

① 표면으로 갈수록 전류밀도가 커진다.

② 렌츠의 법칙에서 유도기전력 $e=-L\dfrac{di}{dt}=-\dfrac{d\phi}{dt}$[V]가 중심부에서 가장 크기 때문에 중심부 전류는 감소하고, 표피에 많은 전류가 흐르게 되는 표피효과가 발생한다.

4. 침투깊이(skin depth)

(1) 전기장이 표면에서의 값에서 약 36.8[%]로 감쇄하는 깊이를 침투깊이(skin depth)라 하며, 표면전류밀도의 $e^{-1}=0.368$배가 되는 표피에서부터의 깊이로서 이를 δ[m]로 표현한다.

$$\delta=\frac{1}{\sqrt{\pi f\mu\sigma}}\,[\mathrm{m}]$$

여기서, δ : 침투깊이, μ : 투자율, σ 또는 k : 도전율

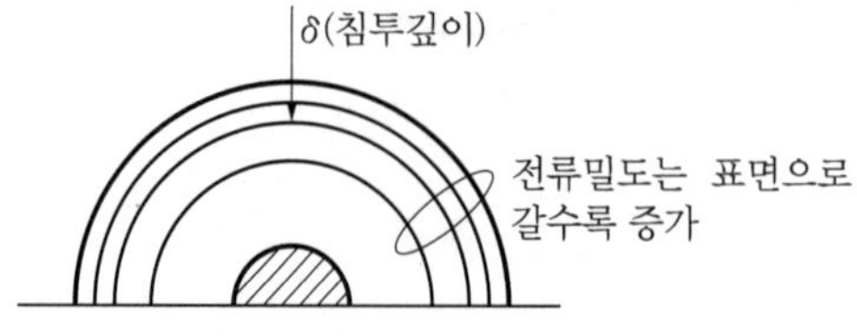

▮표피효과와 침투깊이 관계▮

(2) 이 깊이에서의 전류값은 표면전류의 36.8[%]가 되고, 이곳에서의 수송 전력도 0.135($=0.368^2$)배로 감소한다.

(3) 완전도체($\sigma \rightarrow \infty$) 또는 초고주파($f \rightarrow \infty$)에서는 전류 또는 자속이 도체 내로 침투하지 못하고 표면에만 흐른다.

5. 표피효과 대책

(1) 교류보다는 직류송전한다.

(2) 케이블은 연선으로 사용한다.

(3) 가공송전일 경우 복도체를 사용한다(154[kV]−2 도체, 345[kV]−4 도체, 765[kV] −6 도체).

(4) **고주파 영역** : 중공도선을 사용한다(도체 내부의 무효분을 없앰).

(5) 즉, 위 '4.'의 '(1)' 침투깊이를 나타내는 식에서 분모가 작아지면 침투깊이는 깊어져 $\left(\frac{1}{0}=\infty\right)$ 전류밀도가 좋아지며, 직류송전과 같은 효과가 된다.

(6) **공식방법** : Bus−Bar를 사용한다.

6. 적용

표피효과에 의해서 전계 · 자계가 도체 내부에 들어가지 못하는 현상을 이용한 것이 전자차폐(electromagnetic shielding)이다.

05 고조파가 콘덴서에 미치는 영향과 공진현상에 대하여 설명하시오.

comment 발송배전기술사 22년-126회-3교시-5번 문제의 일부 항목이 전기안전기술사에서 재차 출제됨

답안 **1. 콘덴서 및 직렬리액터의 고조파 영향**

(1) 공진현상

(2) 실효값 전류 증가 → 과열

(3) 콘덴서 단자전압 상승

(4) 콘덴서 실효용량 증가

(5) 손실 증가

2. 고조파로 인한 콘덴서의 병렬공진현상

(1) 콘덴서회로의 직렬공진으로 인한 고조파 확대의 일반적 조건과 유도성회로

① 고조파 발생회로와 유도성회로

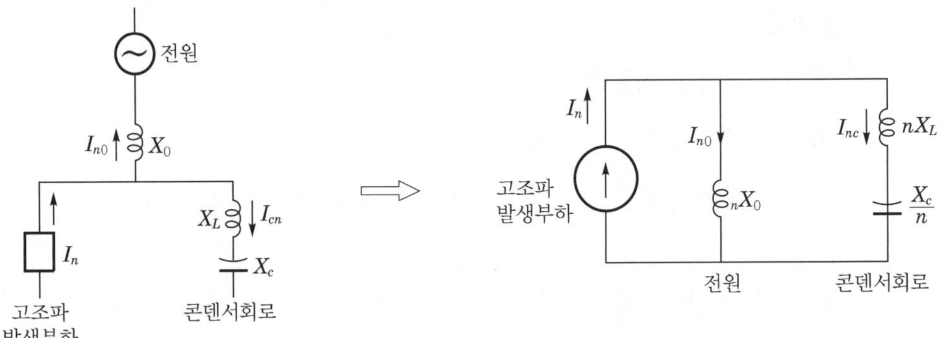

▌콘덴서회로 구성도▐ ▌직렬공진회로 패턴의 고조파증대 등가회로▐

② 고조파전류의 분류

㉠ 전원측에 흐르는 고조파전류 $I_{n0} = \dfrac{nX_L - \dfrac{X_c}{n}}{nX_0 + \left(nX_L - \dfrac{X_c}{n}\right)} \times I_n$가 흐름

㉡ 콘덴서회로측에 흐르는 고조파전류 $I_{nc} = \dfrac{nX_0}{nX_0 + \left(nX_L - \dfrac{X_c}{n}\right)} \times I_n$가 흐름

여기서, X_0 : 전원의 기본파 리액턴스
X_c : 콘덴서의 기본파 리액턴스
X_L : 직렬리액턴스의 기본파 리액턴스

③ 일반적 조건 : $nX_L - \dfrac{X_c}{n} > 0$이면 유도성회로가 되며, 바람직한 패턴이다.

(2) 콘덴서회로의 고조파로 인한 직렬공진현상

① 직렬공진인 경우의 합성임피던스($X = X_L - X_c$)는 최소로 되고 전류($I = V/Z$)는 최대로 발생한다. 즉, $X = 0$이면, $I = \infty$로 된다(실제로 선로의 저항분이 있어 무한대가 아님).

② $I = \dfrac{V}{Z} = \dfrac{V}{nX_L - X_c/n}$에서 전류가 최대가 되려면 $nX_L = \dfrac{X_c}{n}$가 되어야 한다.

③ 직렬공진현상

㉠ 큰 고조파전류(왜냐하면 직렬공진 시 임피던스는 최소가 되므로)로 인한 콘덴서회로 및 직렬공진회로에 접속된 변압기의 단자전압 상승

㉡ 회로의 손실증대 및 열화심화 등

(3) 콘덴서회로의 병렬공진으로 인한 고조파 확대 메커니즘과 영향

① 고조파 발생회로

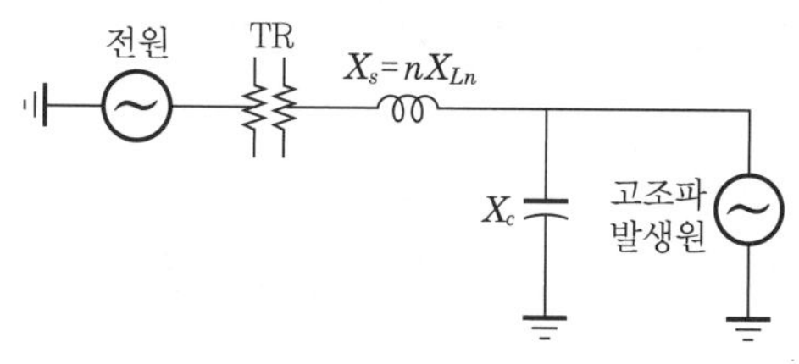

▌병렬공진과 전격계통 간이회로도▐

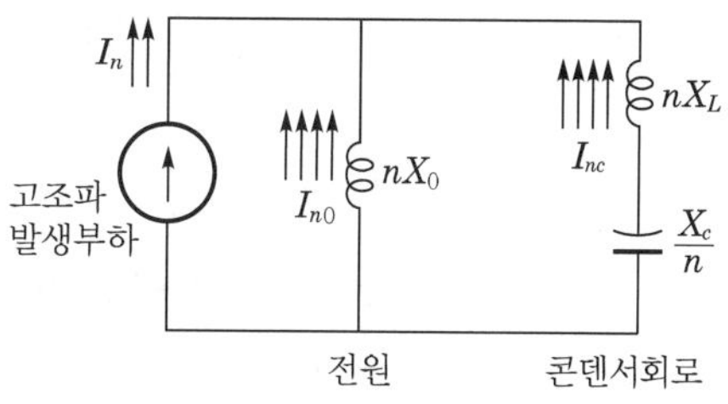

▌병렬공진회로 패턴의 고조파증대 등가회로▐

여기서, I_n : 고조파 전류원(비선형부하)에 의한 n차 고조파전류

I_{n0} : 전원에 유입되는 고조파전류

I_{nc} : 콘덴서에 유입되는 고조파전류

② 병렬공진 회로패턴일 경우($nX_0 ≒ \left| nX_L - \dfrac{X_c}{n} \right|$일 때)

병렬공진이 되고 n차 고조파는 극단적으로 확대되어 계통전체에 고조파 왜곡현상이 발생하므로 반드시 이 구성은 피해야 한다.

③ 병렬공진 할 경우의 영향

㉠ 이론상 $I = E/X$에서 $X = \infty$이므로 전류 $I = 0$이 되어 콘덴서에 에너지 충·방전현상이 나타남

㉡ 이로 인한, 고조파전류의 확대현상으로 인덕턴스와 콘덴서 간에는 큰 고조파전류가 나타나서 특정 고조파 전압이 높아짐

㉢ 그 결과 배전선로의 이상과전압, 열화촉진 등의 원인이 되어 변압기 손실과다, 선로손실과다 등의 악영향을 초래

06 방폭설비에서 위험장소의 방폭구조 선정원칙에 대하여 설명하시오.

답안 **1. 방폭의 기본**

"chapter 06. 방폭공학 003번 문제 중 1."의 답안 참조

2. 방폭 전기기계·기구의 선정 시 위험장소 분류

"chapter 06. 방폭공학 003번 문제 중 2."의 답안 참조

3. 전기설비의 방폭화의 기본원리

(1) 점화원의 방폭적 격리

① 점화원을 가연성 물질과 격리시켜 서로 접촉하지 않을 것

㉠ 압력방폭구조

㉡ 유입방폭구조

② 전기설비의 내부에서 발생한 폭발이 주변의 가연성 물질로 파급되지 않게 격리시킬 것

(2) 전기설비의 안전도 증가

① 정상상태에서 점화원으로 되는 전기불꽃의 발생부 및 고온부가 존재하지 않는 전기설비에 대하여 특히, 안전도를 증가시켜 고장 발생확률을 '0'에 가깝게 한다.

② 예 : 안전증 방폭구조

(3) 점화능력의 본질적 억제

① 약전류 회로의 전기설비와 같이 정상상태뿐만 아니라, 사고 시에도 발생되는 전기불꽃이 발생되지 않게 한다.

② 또는 고온부가 최소착화에너지 이하의 상태로 유지되도록 전기에너지를 억제하여 점화능력을 소멸시키는 방법이다.

4. 방폭구조를 위험장소에 적용하는 경우의 원칙

위험장소	방폭구조
0종(1개)	본질안전방폭구조(i_a)
1종(7개)	본질안전방폭구조(i_a, i_b), 내압방폭구조, 압력방폭구조, 유입방폭구조 안전증 방폭구조, 충전방폭구조, 몰드방폭구조
2종	0종 또는 1종 장소용과 그 외의 방폭구조

07 낙뢰가 사람에게 주는 충격유형 4가지에 대하여 설명하시오.

1) 직격뢰
2) 접촉뇌격
3) 측면섬락
4) 보폭전압

답안

1. **직격뢰**

사람이 직접적으로 낙뢰를 맞는 사고로, 호흡정지, 심장마비, 신체손상의 피해를 입게 된다. 낙뢰를 맞은 지역에서 즉사 또는 중상을 입기도 하며, 간혹 아무런 이상이 없을 때도 있다.

2. **접촉뇌격**

사람이 직접적인 뇌를 맞는 것이 아닌 사람이 지니고 있는 물체(우산, 골프채, 등산스틱 등)에 낙뢰가 직격하여 사람이 감전되는 현상이다.

3. **측면섬락**

나무에 낙뢰가 맞아 주위에 있는 사람이 감전되는 현상이다.

4. **보폭전압**

낙뢰가 대지에 통전될 경우 근방의 사람의 양발상에 걸리는 전위차로 인한 감전현상이 발생되며, 이때의 전압을 말한다.

08 전력계통에서 절연협조의 목적과 방법을 설명하시오.

답안

1. **절연협조(coordination of Insulation)의 정의와 목적**

(1) 계통 내의 각 기기, 기구, 애자 등의 상호 간에 적정한 절연강도를 갖게 하여, 계통설계를 합리적, 경제적으로 할 수 있게 한 것을 말한다.

(2) 하나의 전력계통에서 피뢰기 제한전압을 기준으로, 이것에 대해 어느 정도 여유를 가진 절연강도를 구비해서 모든 기기에 이것 이상의 내압을 갖도록 한다.

(3) 동시에 기기의 중요도, 특수성 및 피뢰기의 원근에 따라 합리적인 격차를 두어 계통전체로서의 정연한 합리적 절연 체계를 갖도록 하는 것이다.

(4) 절연협조를 이루어서 전력계통의 절연비용 절감 및 이상전압의 악영향을 방지한다.

2. 절연협조 방법

(1) 발 · 변전소에서의 절연협조

① **가공지선 설치** : 구내 및 그 부근 1~2[km] 정도의 송전선에 설치하여 충분한 차폐효과를 갖게 한다.

② **피뢰기 설치** : 이상전압을 제한전압까지 저하시킨다.

③ 메시 접지시공 등

(2) 송전선에서의 절연협조

① **목표** : 애자로 절연하며, 애자의 절연강도는 내부서지, 고장서지에 섬락이 없도록 설계한다.

② 가공지선을 설치한다.

③ **송전용 LA적용** : 갭레스 피뢰기를 적용한다.

④ 철탑의 탑각에 매설지선 시공으로 탑각접지저항을 저감시킨다.

⑤ **경간 역섬락 방지** : 가공지선과 전선과의 이격을 충분히 유지시키거나, 2선의 가공지선일 경우는 교락편을 적정개소에 설치한다.

⑥ **재폐로 방식 적용** : 뇌와 같은 순간적 과도전류의 고장 시 속류를 신속차단, 아크가 소멸하면 송전된다.

⑦ 불평형절연을 실시(765[kV] T/L에서 적용)한다.

(3) 가공배전선로에서의 절연협조

① **절연협조의 주안점** : 다수 분산배치되어 있는 배전용 변압기를 보호한다.

② **피뢰기 선택과 적용** : 양호한 동작, 저렴한 가격, 사용이 편리한 피뢰기를 선택한다.

③ 가공지선을 효과적으로 시공한다.

(4) 수용가 전력설비에서의 절연협조 방안

① 적정 피뢰기를 설치한다.

② 적정 피뢰시스템을 적용한다.

③ KEC 140에 의한 접지시스템을 적용한다.

09 전기설비의 이상 현상 중 아크현상에 대하여 설명하시오.

답안 **1. 교류 아크용접기의 아크**

전기용접 시에 발생하는 아크의 온도는 3,300[℃] 정도이다. 탄소전극인 경우의 온도는 3,500[℃] 내지 3,800[℃]라고 한다.

2. 단락에 의한 아크

(1) 전선 간의 절연이 파괴되어 벗겨진 전선과 전선이 직접 접촉하는 경우 폭발적으로 불꽃이 발생하는데 이것을 단락이라고 한다.

(2) 단락이란 전선 간의 임피던스(저항)가 극히 적은 상태에서 절연불량 또는 취급자의 과실에 의해 큰 전류가 흐르게 되며, 이에 의해 스파크 또는 아크가 발생하는 것을 말한다.

(3) 저압의 아크는 공기의 절연에 의해 소실되지만 고압 이상이 되면 공기가 이온화하여 도체로 되기 때문에 아크가 잘 꺼지지 않는다.

(4) 따라서 차단기로 신속히 끊어주지 않으면 큰 사고로 발전하게 된다.

3. 지락(고장접지)에 의한 아크

(1) 전주의 애자가 파괴되거나 전선 중 1선의 절연이 파괴되면 대지에 전압이 직접 걸려 전류가 흐른다.

(2) 이를 지락이라고 하는데 단락으로 발전한 경우에는 폭발적으로 큰 아크가 발생한다.

(3) 단, 저압의 비접지계인 경우는 전류가 에너지도 작기 때문에 아크로 발전하지 않는 경우가 많다.

4. 섬락(플래시오버)의 아크

전압이 높은 송전선에 접지물체가 근접하였을 경우 공기의 절연이 파괴되어 불꽃방전이 일어나는데, 이것을 섬락이라고 한다.

5. 전선절단에 의한 아크

(1) 전류가 흐르는 상태에서 단로기를 끊었을 때, 전선이 절단될 때, 또는 접속 부분이 접촉불량이 됐을 때 폭발적으로 불꽃이 발생하며 고압 이상의 경우는 아크가 되어 여러 가지 파괴작용을 파급한다.

(2) 고압 전로에는 이중 안전을 위해 반드시 단로기를 설치하고 있다.

(3) 고압모터 운영에서의 아크현상에 대한 주의점

① 운전할 때에는 먼저 DS를 넣고 다음에 CB를 넣는다.

② 모터를 정지할 때에는 먼저 CB를 끊고 다음에 DS를 끊는다.

③ 이 순서를 반대로 하면 DS에서 큰 아크가 발생, 설비가 망가지고 사람이 열상을 입는다.

④ 최근의 설비는 차단기가 끊겨져 있지 않으면 단로기가 끊어지지 않게 인터록(연동) 되어 있는 경우가 많다.

⑤ 단로기의 개폐는 무부하, 즉 전류가 흐르고 있지 않을 때가 아니면 안 되도록 규정되어 있다.

6. 차단기(서킷브레이커, CB) 동작 시의 아크

차단기 동작 시 내부 접점 간의 아크 현상

10 「전력시설물 공사감리업무 수행지침」 제41조(감리원의 공사 중지명령 등)에 따른 재시공 및 공사중지에 대하여 각각 구분하여 설명하시오.

답안 "chapter 03의 section 01. 시공감리 관련 003 문제 중 4."의 답안 참조

11 한국전기설비규정(KEC) 522.2 태양광 설비의 시설기준에서 다음 사항을 설명하시오.

1) 태양전지 모듈의 시설
2) 전력변환장치의 시설
3) 모듈을 지지하는 구조물

답안 "chapter 12의 section 02. 태양광 발전 005 문제 중 2."의 답안 참조

12 「전기안전관리자의 직무에 관한 고시」 제10조(전기설비 공사에 관한 안전관리)에 대하여 설명하시오.

답안 **전기설비 공사에 관한 안전관리(「전기안전관리자의 직무에 관한 고시」 제10조)**

1. 전기안전관리자가 전기설비공사 시 해야 하는 임무

전기설비 공사에 따른 설계도서를 검토하고, 전기설비 개·보수 및 기타 작업 시 입회하여 작업지시 및 업무의 감독을 하여야 한다.

2. 전기안전관리자가가 전기설비공사 시 안전확보를 위해 해야 하는 임무

다음의 사항을 관리·감독하여야 한다.

(1) 정전범위와 시간, 작업용 기계·기구 등의 준비사항 확인

(2) 작업시간 및 공사구역 표지판 설치

(3) 정전 중 차단기, 개폐기의 오조작에 대한 방지조치

(4) 전원 투입 시 작업자 위치확인 등 안전여부 확인

(5) 작업책임자의 지정과 그 책임내용 확인

(6) 위험장소 및 작업에 대한 안전조치 이행(고소작업, 추락위험작업, 화재위험작업, 그 밖의 위험작업 등)

3. 전기안전관리자가 전기설비 공사 완료시에 수행해야 하는 임무

다음의 사항을 확인·점검하여야 한다.

(1) 완공된 전기설비가 설계도서대로 시공되었는지의 여부

(2) 공사에 사용된 모든 가설시설물의 제거와 원상복구 되었는지의 여부

(3) 완공된 전기설비의 점검 및 측정 실시

13 누전차단기의 오동작 원인 및 방지대책에 대하여 설명하시오.

답안 **1. 누전차단기의 오동작 원인**

(1) 부적절한 감도전류에 의한 불필요 동작

(2) 서지에 의한 불필요 동작

(3) 고조파에 의한 영향으로 오동작

(4) 분기회로 지락사고에 의한 건전회로의 불필요 동작

(5) 전자유도에 의한 오동작

(6) 오접속으로 인한 오동작

(7) 진동, 충격, 고온 등의 주위환경과 누전차단기의 설치 부조화

2. 누전차단기의 오동작 방지대책

(1) **부적절한 감도전류에 의한 불필요 동작** : 용도에 적정한 감도전류를 선택할 것

(2) 서지 흡수회로를 누전차단기의 전원(1차)측에 설치

(3) 전원부에 절연변압기를 설치

(4) 피뢰기의 설치를 누전차단기 전원측에 설치

(5) 대지 정전용량을 고려하여 누전차단기의 감도전류를 정할 것

(6) 누전차단기의 정확한 접속여부 확인 철저히 할 것

(7) 정전용량이 클 경우, 부하 개폐 시에 오작동하기 쉬우므로 저압회로의 감전방지에 있어서는 분기회로 각각에 누전차단기를 설치할 것

(8) 누전차단기 설치 환경조건에 적정한 장소에 누전차단기 설치

총 6문제 중 4문제를 선택하여 설명하시오. (각 25점)

01 산업심리의 정의 및 심리검사의 종류를 설명하고, 휴먼에러를 감소시키기 위한 대책에 대하여 설명하시오.

답안 1. 산업심리의 정의

(1) 산업심리학

① 산업 및 조직심리학의 일부로, 산업 및 조직심리학은 일터에서의 개인행동을 이해하기 위해 심리학의 이론과 원리들을 적용시키는 학문을 말한다.

② 산업 및 경제활동으로 발생하는 개인과 조직 내의 심리과정이나 인간행동에 대하여 과학적으로 연구하고 적용하는 학문을 말한다.

(2) 산업안전심리의 정의

① 안전심리는 인간의 행동과 특성에 영향을 미치는 중요한 요인이다.

② 산업현장의 안전사고와 밀접한 관계를 가지고 있으므로, 인간의 심리를 관리·통제하여 불안정한 행동을 예방하고자 하는 심리를 말한다.

(3) 인간의 행동특성

① 레윈은 불안전한 행위는 사람과 환경의 함수적 관계에서 고찰된다고 주장한다.

② 인간의 행동은 내적·외적요인에 의해 발생되며 환경과의 상호관계에 의해 결정된다.

③ 레윈의 인간행동 함수 표현식

$$B = f(p \times e)$$

여기서, B : Behavior(행위), f : function(함수)
p : person(사람), e : environment(환경)

④ p(인적 요인)

㉠ 심리적 요인 : 성격, 기질, 심리상태 등

㉡ 신체적 요인 : 연령, 경험, 건강상태 등

⑤ e(환경요인)

㉠ 인간관계 : 가장, 상사 및 동료 등

㉡ 작업환경 : 진동, 소음, 먼지 등

(4) 산업안전심리와 불안전한 행동관계

① 산업안전심리의 요인은 인간의 특징으로 나타나는 동기, 정신상태(습성), 감정, 개성(기질), 습관 등을 말한다.

② 이 5대 요소는 서로 상호관계가 있으며 그 결과로서 나오는 것이 행동인데, 이 행동이 나쁜 방향으로 나타나는 것이 불안전한 행동이다.

③ 불안전한 행동은 사고로 연결되므로, 사고를 방지하기 위하여 교육을 통하여 교정되어야 한다.

(5) 산업안전심리의 5대 요소(인간의 특징에 영향을 주는 심리학의 5대 요소)

① 습성(Habits) : 동기, 기질, 감정 등이 밀접한 관계를 형성하여 인간 행동에 영향을 미칠 수 있도록 하는 것으로 정신상태를 말한다.

② 습관(Custom)

㉠ 자신도 모르게 습관화된 현상이다.

㉡ 습관에 영향을 미치는 요소 : 동기, 기질, 감성, 습성 등

③ 기질(Temper, 개성)

㉠ 인간의 성격, 능력 등 개인적 특성을 말한다.

㉡ 생활환경에 영향을 받는다.

④ 감정(Emotion) : 희로애락을 인식하는 것이다.

⑤ 동기(Motive)

㉠ 능동력은 감각에 의한 자극에서 일어나는 사고의 결과이다.

㉡ 사람의 마음을 움직이는 원동력이다.

2. 심리검사의 종류(윈스터 베르그가 창시함)

(1) 계산에 의한 검사 : 계산검사, 기록검사, 수학응용검사

(2) 시각적 판단검사 : 형태 비교검사, 입체도 판단검사, 언어식별검사, 평면도 판단검사, 명칭판단검사, 공구판단검사

(3) 운동능력검사

① 추적(tracing) : 아주 작은 통로에 선을 그리는 것

② 두드리기 : 가능한 빨리 점을 찍는 것

③ 점찍기 : 원 속에 빨리 점을 찍는 것

④ 복사 : 간단한 모양을 베끼는 것

⑤ 블록 : 그림의 블록 개수 세기

⑥ 위치 : 일정한 점들을 이어가거나 작게 변형
⑦ 추적(pursuit) : 미로 속의 선을 따라가기

(4) 정밀도 검사(정확성 및 기민성) : 교환검사, 회전검사, 조립검사, 분해검사

(5) 안전검사 : 건강진단, 실시시험, 학과시험, 감각기능 검사, 전직조사 및 면접

(6) 창조성 검사

3. 휴먼에러의 종류

(1) 휴먼에러의 특성

① 인간이 알고 있으며, 할 수 있고, 하려고 하였는데 잘못한 경우를 error라고 한다.
② 인간은 error를 범하는 동물로서 상황과 조건에 따라 error가 발생될 경우도 있고, 그렇지 않을 경우도 있다.
③ error를 범하지 않으려고 해도 error가 나는 경우도 있다.

(2) 인간의 심적 에러(정신상태가 잘못되어 일어나는 에러)

① 인간의 심적 에러 요인
㉠ 지식, 의욕이 없을 때
㉡ 나쁜 습관이 있거나 판단을 잘못하였을 때
㉢ 자극을 받거나 절박한 상황에 있을 때
㉣ 매우 피로하거나 방심하였을 때

② 심적 에러의 종류
㉠ 생략에러(부작위에러 : omission 에러)
- 절차를 수행하지 않는 에러
- 직무 또는 어떤 단계를 수행하지 않아 발생되는 에러

㉡ 시간을 지연시키는 에러 : 계획된 시간 내에 직무수행이 실패 시 발생하는 에러
㉢ 실행에러(착각수행에러 : commission 에러)
- 절차를 잘못 전달하는 에러
- 직무 내용을 잘못 수행하여 발생하는 에러

㉣ 순서에러 : 직무수행 시 뒤바뀐 순서로 수행하여 발생하는 에러
㉤ 과잉행동에러(부가오류, extraneous 에러)
- 절차 이외의 것을 작동해서 일어나는 에러
- 수행되지 않아야 할 직무를 과잉수행하여 발생하는 에러

(3) 행동적 에러(기계 자체에 정보를 잘못 입력하여 나타나는 에러)

① 입력에러

② 출력에러

③ 자동제어 에러

④ 정보처리과정 에러

㉠ 감지, 인지, 확인 에러

㉡ 판단, 연산, 기억 에러

㉢ 반응, 동작, 조작 에러

(4) 인간의 물리적 요인에 의한 에러(작업환경이 잘못되어 일어나는 에러)

① 일이 너무 단조롭거나 복잡할 때

② 생산성을 너무 강조할 때

③ 자극이 너무 심하거나 재촉할 때

④ 기계배치가 잘못된 경우

(5) 인간–기계체계와 인간에러

① 체계를 수행할 때 인간의 에러는 체계수행에 비례하여 증가하며 인간에러가 체계수행에 미치는 영향의 정도에 따라서 3가지로 구분한다.

② 공식

$$SP = k(HE)$$

여기서, SP : 체계수행, k : 계수, HE : 인간에러

㉠ $k \fallingdotseq 0$: 인간에러가 체계수행에 거의 영향이 없을 때

㉡ $k < 1$: 인간에러가 잠재적 위험에 영향이 적은 경우

㉢ $k \fallingdotseq 1$: 인간에러가 체계수행에 중대한 영향을 미칠 때

4. 휴먼에러 감소 대책

(1) 설비 위험요인의 제거

① 인간은 생각지도 않는 곳에서 예상치 않은 행동을 하는 경우가 있으므로 철저하게 위험요인을 찾아내어 사전에 제거하는 대책이 가장 기본이다.

② 예 : 회전하고 있는 기기나 절삭에 사용하는 기기 등에는 작업자가 부주의하게 손을 뻗어서 상처를 입을 수 있는 경우라면, 손이 닿지 않도록 방호장치를 하거나 자동화하여 위험을 제거하는 것이다.

(2) 안전시스템 적용

① 인간은 실수를 범하는 것이 필연적이라는 가정하에 사람이 작업 중에 잘못을 하더라도 사고가 발생하지 않도록 과학적 대책이 필요하다.

② Fool Proof와 Fail Safe 등 과학적 시스템 안전장치를 도입한다.

(3) 정보의 피드백

① 모든 설비의 시스템은 시스템 상황이 근로자의 손에 잡힐 수 있는 것과 같이 명확하게 알 수 있도록 정보의 피드백이 필요하다.

② 특히, 대형 시스템에서는 시정수가 커지기 쉬우므로 조작자의 무엇이 어떻게 되어 있는지를 알 수 있도록 하는 것이 바람직하다.

③ 지금으로부터 경향에 관한 예지정보라 할 수 있는 가공정보의 제공이나, 시스템 내부를 이해하기 쉬운 정보의 제공 등이 바람직하며, 그런 의미에서 조속히 엑스퍼트 시스템이나 인공지능의 활용을 고려한다.

(4) 시인성 향상

① 사람은 8개 정도(3bit)를 한번에 판단할 수 있어, 위치나 크기를 변경시키거나 색깔을 입히는 등의 조치로 시인성을 향상시킨다.

② 왜냐하면 설계자가 각종 계기나 컨트롤러를 예쁘게만 배치하려는 경향이 있을 수도 있어 실제 작업자는 특정한 것을 찾아내기 어렵기 때문이다.

(5) 인체 측정치의 적합화

① 근로자의 시선각도, 힘 등을 고려하여 계기 또는 설비의 위치, 제어장치의 크기, 높이 등을 정한다.

② 작업자가 직접접촉하거나 운전하는 것은 인체의 기능, 구조에 적합해야 한다.

(6) 경보시스템의 정비

① 작업자에게 필요한 행동에 대한 예고경보나 에러에 대한 조치의 경보를 제공한다.

② 단, 과다경보는 오히려 혼란 초래를 할 수 있다.

(7) 대중의 선호도 활용

① 설계 시에 일반적인 관습이나 다수인이 공통적으로 좋아하는 것에 적합화시킬 필요가 있다.

② 예 : 다이얼은 시계가 돌아가는 방향, 스위치 점등은 위로, 소등은 아래로 하는 것 등

02 보호구의 일반적인 사항에 대하여 설명하시오.
1) 보호구의 정의
2) 보호구의 필요성
3) 보호구의 구비조건
4) 보호구의 선택

답안 **1. 보호구의 정의**

(1) 보호구란 유해한 자극물을 차단하거나 또는 그 영향을 감소시키는 목적을 가지고 작업자의 신체일부 또는 전부에 장착하는 보조기구를 말한다.

(2) 산업안전보건법령상에서는 "각 작업장에서 위험방지 및 질병예방을 필요로 하여 회사가 지급하는 모든 보호구를 말함"으로 정의한다.

(3) 보호구의 종류

① 안전모
② 눈보호구
③ 안면보호구
④ 귀보호구
⑤ 호흡용 보호구
⑥ 손보호구
⑦ 발보호구
⑧ 안전대
⑨ 신체보호구 등 기타 작업에 필요로 하는 보호구 등

2. 보호구의 필요성

(1) 작업장 내 존재하는 유해. 위험요인

유기용제, 가스, 중금속, 유해광선과 분진, 소음, 진동 등 각종 유해 · 위험요인이 있다.

(2) 유해 · 위험요인 발생 이유

① 기계 · 설비를 설계, 제작 및 설치할 때 기술적인 한계
② 기계 · 설비를 설계, 제작 및 설치할 때 경제적인 문제
③ 기계 · 설비를 사용 중 성능이 저하되거나 고장이 나는 경우 발생

(3) 보호구의 필요성

① 유해 · 위험요인으로부터 근로자 보호가 불가능하거나 불충분한 경우가 존재한다.

② 근로자 보호가 부족한 경우 보호구를 지급하고 착용하도록 한다.

③ 보호구의 특성, 성능, 착용법을 잘 알고 착용해야 생명과 재산을 보호할 수 있다.

④ 작업근로자를 안전사고로부터 회피시키거나 안전사고 발생을 경감시킬 수 있다.

⑤ 산업안전보건법령상의 의무 준수사항을 준수해야 한다.

⑥ 안전사고 발생 시의 회사측 경영 손실을 최소화(법적규제 회피 및 최소화 등) 한다.

3. 보호구의 구비조건

(1) 착용이 간편할 것

(2) 작업에 방해를 주지 않을 것

(3) 유해, 위험요소에 대한 방호 성능이 완전할 것

(4) 보호장구의 원재료의 품질이 우수할 것

(5) 구조 및 표면가공이 우수할 것

(6) 외관상 보기가 좋을 것

4. 보호구의 선택

(1) 보호구의 구비조건에 적합한 것('3.'의 구비조건 참조)

(2) 사용목적에 알맞은 보호구를 선택

(3) 작업에 방해가 되지 않는 것을 선택

(4) 착용이 용이하고, 크기 등이 사용자에게 편리한 것을 선택

(5) 합격의 표시를 반드시 확인하며, 보호구나 포장에 다음 사항의 표시여부를 재확인

① 합격마크

② '한국산업안전공단 검정필'이라는 문자

③ 수입검정 합격번호 및 합격등급

④ 제조 연월일 및 합격 연월일

03 밀폐공간(전력구, 공동구, 맨홀 등) 작업을 수행하는 경우 근로자의 안전과 건강 확보를 위해 작업절차를 준수하도록 되어 있다. 밀폐공간 작업수행절차서에 대하여 설명하시오.

답안 "chapter 07의 section 03. 지하구 등 밀폐공간 작업안전 009 문제 중 3.과 4."의 답안 참조

04 피뢰기의 주요특성 중 아래 용어를 설명하시오.

1) 방전내량
2) 보호레벨
3) 방전특성
4) 제한전압
5) 충격비

답안 **1. 피뢰기의 방전내량**

(1) 정의 : Gap의 방전에 따라 피뢰기를 통해서 대지로 흐르는 충격전류를 피뢰기의 방전전류라고 한다. 피뢰기의 방전전류의 허용 최대한도를 방전내량이라 하며, 파고값을 가진다.

(2) 방전전류의 적용 예

공칭방전전류[kA]	설치장소	적용조건
10	변전소	① 154[kV] 이상의 계통, 단 765[kV]는 20[kA] ② 66[kV] 이하 계통에서 Bank용량이 3,000[kVA] 초과하거나 특히 중요한 곳 ③ 장거리 송전선 케이블 ④ 배전선로 인출측
5	변전소	66[kV] 이하 계통에서 Bank용량이 3,000[kVA] 이하
2.5	배전선로	배전선로

2. 피뢰기의 보호레벨

(1) 피뢰기에 의해 과전압을 어느 정도까지 억제할 수 있는지, 어느 정도의 절연기기까지 보호할 수 있는지의 정도를 표시한 값을 말한다.

(2) 규정조건하에서 피뢰기의 양단자 간에 나타나는 충격전압의 최대파고치를 말한다.

(3) 보호레벨은 아래 값 중의 최대치로 표시한다(수치상으로).

① 파두충격방전개시전압을 1.5로 제한 값

② 1.2/50[μs] 충격방전개시전압

③ 지정 방전전류에 대한 제한전압

(4) 절연협조 검토와 보호레벨 관계

① 제한전압 ≤ LA보호레벨

* LA보호레벨 : 뇌임펄스는 BIL의 80[%] 이하, 개폐임펄스는 BIL의 70[%] 이하

② TR 절연강도 > LA 제한전압 e_a + LA 접지저항 전압강하 $i_a \cdot R_g$

여기서, R_g : 피뢰기 접지저항

3. 피뢰기의 방전특성

(1) 피뢰기의 동작특성

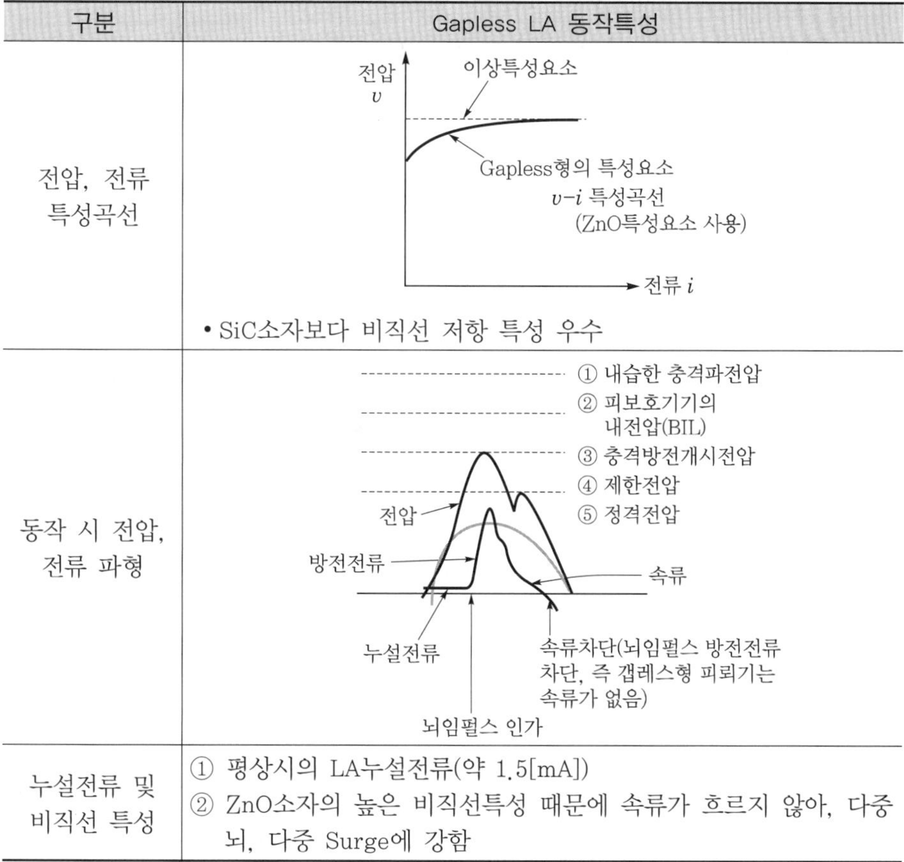

구분	Gapless LA 동작특성
전압, 전류 특성곡선	전압 v 이상특성요소 Gapless형의 특성요소 v–i 특성곡선 (ZnO특성요소 사용) 전류 i • SiC소자보다 비직선 저항 특성 우수
동작 시 전압, 전류 파형	① 내습한 충격파전압 ② 피보호기기의 내전압(BIL) ③ 충격방전개시전압 ④ 제한전압 ⑤ 정격전압 전압 방전전류 속류 누설전류 속류차단(뇌임펄스 방전전류 차단, 즉 갭레스형 피뢰기는 속류가 없음) 뇌임펄스 인가
누설전류 및 비직선 특성	① 평상시의 LA누설전류(약 1.5[mA]) ② ZnO소자의 높은 비직선특성 때문에 속류가 흐르지 않아, 다중뇌, 다중 Surge에 강함

(2) 피뢰기 동작

① 피뢰기는 특성요소가 상용주파수의 상규전압에 대해서는 대지 간에 절연을 유지하고 있지만 이상전압이 내습하면 특성요소가 방전을 개시해서 특성요소를 통해서 서지전류를 대지로 방전시켜 줌으로써 전압의 상승을 방지한다.

② 뇌전압의 진행파가 피뢰기의 설치점에 도달해서 특성요소가 충격방전개시전압을 받아 특성요소가 선로에 이어져서 뇌전류를 방류하여 전압을 제한전압까지 내린다.

(3) 피뢰기(Lightning Arrester)가 가져야 할 특성(피뢰기의 일반특성)

① 동작책무 : 속류를 차단하여 회로의 절연을 스스로 회복시켜야 한다.

② 계통의 전압상태에 견디는 능력 : 상용 주파수 전압에 동작하는 것을 피해야 한다.

③ 내열화성 : 습기침입, 특성요소의 변질 등에 의한 열화가 생기지 않아야 한다.

④ 보호능력 : 뇌충격 내전압보다 낮은 값으로 한다.

4. 피뢰기의 제한전압

comment 이 자체로도 10점용(기출문제로 많이 출제됨)

(1) 정의 : 피뢰기 방전 중 이상전압이 제한되어 피뢰기의 양단자 사이에 남는 (충격)임펄스 전압으로, 방전개시의 파고값과 파형으로 정해지며 파고값 표현 즉, 과전압이 제한되는 피뢰기 단자전압을 말한다.

(2) 선정

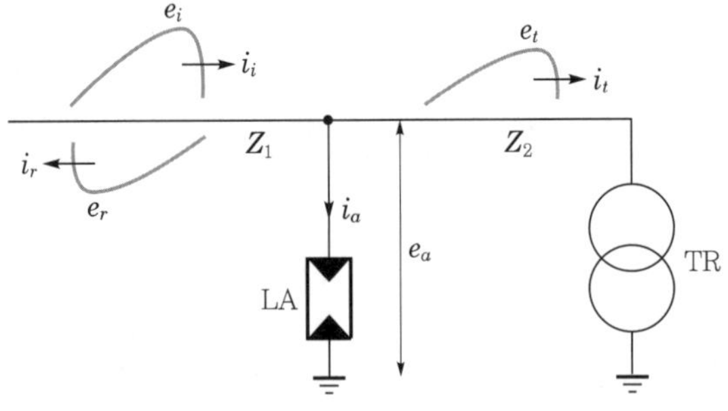

여기서, e_i, i_i : 입사파 전압 · 전류, e_r, i_r : 반사파 전압, 전류

e_t, i_t : 투과파전압 · 전류, e_a : 제한전압$\left(=\dfrac{2Z_2}{Z_1+Z_2}e_i-\dfrac{Z_1Z_2}{Z_1+Z_2}i_a[\text{kV}]\right)$

i_a : 피뢰기의 방전전류 $\left(Z_1=\sqrt{\dfrac{L_1}{C_1}}, Z_2=\sqrt{\dfrac{L_2}{C_2}}\right)$

Z_1, Z_2 : 피뢰기 설치점(변이점) 전후의 특성임피던스

[비고] 피뢰기가 없다면 $\dfrac{Z_1Z_2}{Z_1+Z_2}i_a$[kV]만큼 보호기기에 인가

(3) 제한전압과 피뢰기를 통한 절연협조의 합리화의 조건

변압기의 절연강도 > (피뢰기의 제한전압 + 피뢰기 접지저항의 저항강하)

(4) 피뢰기의 제한비(DLR)와 보호레벨관계

① 제한비(DLR : Discharge Level Ratio) $= \dfrac{\text{제한전압}[kV_{peak}]}{\text{정격전압}[kV_{rms}]}$ → 보호레벨의 기준

② 10[kA] 피뢰기의 경우

㉠ 정격전압 : 4.2~42[kV] → 제한비는 3.35 이하

㉡ 정격전압 : 70~250[kV] → 제한비는 3.2 이하 → 2.2 정도의 것 실용화

③ 154[kV] 계통

정격전압 144[kV] 피뢰기(85[%] 피뢰기)의 경우 제한전압이 460[kV]이므로

$$\text{제한비} = \frac{\text{제한전압}[kV_{peak}]}{\text{정격전압}[kV_{rms}]} = \frac{460}{144} = 3.19$$

④ 345[kV] 계통

정격전압 288[kV] 피뢰기(80[%] 피뢰기)의 경우 제한전압이 690[kV]이므로

$$\text{제한비} = \frac{\text{제한전압}[kV_{peak}]}{\text{정격전압}[kV_{rms}]} = \frac{690}{288} = 2.40$$

5. 피뢰기의 충격비

(1) 공식

$$\text{충격비} = \frac{\text{충격방전개시전압}}{\text{상용주파 방전개시전압의 파고값}}$$

(2) 상용주파 방전개시전압

① 상용 주파수의 방전개시전압(실효값)을 상용주파 방전개시전압이라고 하는데 보통 이 값은 피뢰기의 정격전압의 1.5배 이상이 되도록 잡고 있다.

② 계통의 상용주파수의 지속성 이상전압에 의한 방전개시전압의 실효치이다.

③ 154[kV] 경우 138×1.5 ≒ 207[kV]

④ 22.9[kV-Y] 다중접지계통의 피뢰기(ESB 153-261.282, IEC-99.1-1991)

㉠ 충격방전개시전압 : 65[kV] 이하

㉡ 상용주파 방전개시전압 : 정격의 1.5배 이상 1.5×18=27[kV]

㉢ 충격파 내전압 : 125[kV]

㉣ 상용주파 내전압 : 42[kV/min]

(3) 충격방전개시전압(Impulse Spark-over Voltage)

① 피뢰기의 단자 간에 충격전압을 인가하였을 경우 방전을 개시하는 전압(파고치)을 충격방전개시전압이라고 한다.

② 충격방전개시전압 ≒ BIL × 0.85 정도

reference

피뢰기의 구비조건(이상적인 피뢰기로서의 성능)은 다음과 같을 것

(1) 충격방전개시전압이 낮을 것
(2) 상용주파 방전개시전압이 높을 것
(3) 방전내량이 크고, 제한전압이 낮을 것
(4) 속류차단능력이 신속할 것
(5) 경년변화에도 열화가 쉽게 안 될 것
(6) 반복동작이 가능할 것
(7) 우수한 비직선성 전압-전류특성을 가질 것
(8) 경제적일 것
(9) 구조가 견고하고 특성이 변화하지 않을 것

05 수 · 변전설비의 계획 및 설계 중 다음 사항에 대하여 설명하시오.
1) 수 · 변전설비의 계획 시 고려사항
2) 수전전압 및 수전방식의 분류
3) 수 · 변전 부하설비의 분류

답안 **1. 수 · 변전설비의 계획 시 고려사항**

(1) 수변전설비 용량 결정 시 고려사항을 다음 순서와 같이 검토한다.
사전조사 → 부하설비 · 수전설비 용량 추정 → 변압기 강압방식선정 → 수전전압 → 사용목적에 적합한 설비의 여부사항 검토 등 → 종합적 경제성과 부하의 중심에 위치일 것이며, 소방법령에 적합한 것일 것

(2) 건축 관점의 고려사항
"chapter 14의 section 01. 변압기 관련 009 문제 중 2."의 답안 참조

(3) 환경적 고려사항
"chapter 14의 section 01. 변압기 관련 009 문제 중 2."의 답안 참조

(4) 전기적 고려사항
"chapter 14의 section 01. 변압기 관련 009 문제 중 2."의 답안 참조

(5) 수 · 변전실 면적 및 높이
"chapter 14의 section 01. 변압기 관련 009 문제 중 2."의 답안 참조

2. 수전전압 및 수전방식의 분류

"chapter 14의 section 01. 변압기 관련 009 문제 중 3.과 4."의 답안 참조

3. 수 · 변전 부하설비의 분류

(1) 조명설비 : 가능한 에너지세이빙 측면에서 고효율 고연색성의 플리커리스 LED 적용

(2) 동력설비 : 에너지세이빙 측면에서 VVVF방식 적용

(3) 전력장치 : ESS용도

(4) 전열설비

(5) 기타 설비로 구분함

reference

수변전설비 용량 결정 시 고려사항

(1) 사전조사

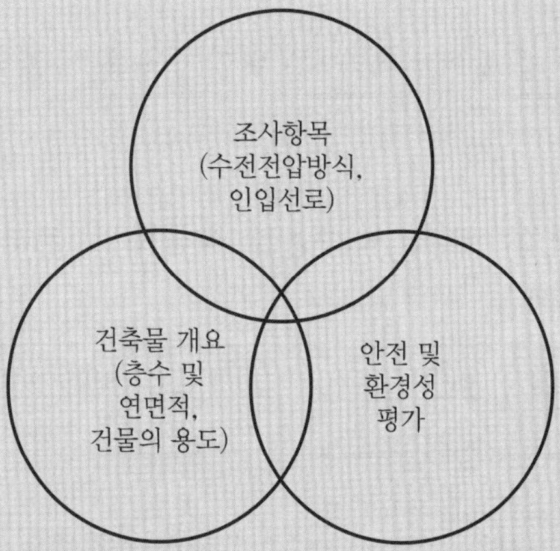

(2) 부하설비, 수전설비 용량 추정

① 부하설비, 수전설비 용량 추정 Flow

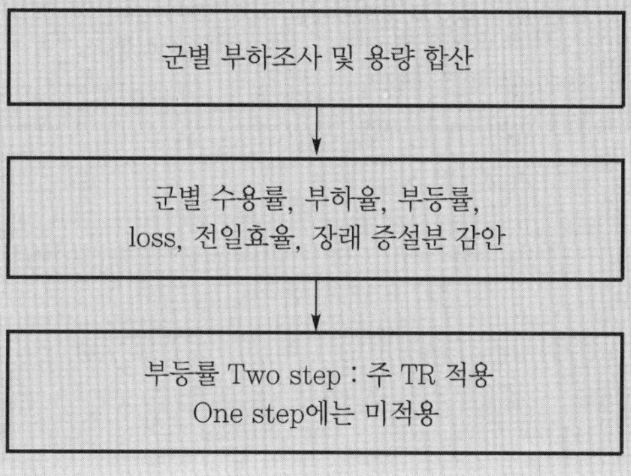

② 변압기 강압방식에 의한 용량 선정

㉠ 1단 강압방식(수용률을 적용)

• 변압기용량 P_r[kVA] ≥ 부하설비용량의 합×수용률[kVA]

㉡ 2단 강압방식(주변압기에는 부등률을 추가 적용함)

• 주 변압기용량 $P_r[\text{kVA}] \geq$ 총 설비용량$\times\dfrac{\text{수용률}}{\text{부등률}}$[kVA]

(3) 수전전압

(4) 사용목적에 적합한 설비의 여부사항 검토

① 전력설비 기기의 성능과 신뢰성 : 우수하고 신뢰성이 높을 것

② 전력설비 기기의 조작 및 취급의 용이성과 간단하고 소형 경량이며 장수명 여부

③ 수 · 변전실은 장래 부하 증가에 대한 확장 가능 여부

(5) 종합적 경제성과 부하의 중심에 위치할 것이며, 소방법령에 적합한 것일 것

06 공동주택 정전사고 예방을 위한 변압기용량 선정 시 고려할 사항을 설명하시오.

답안 **1. 수용가의 전력설비 계획 시 수용률, 부등률 및 부하율(효율적인 운영을 위한 수용률, 부등률, 부하율)**

구분	정의	계산식	특징
수용률 (demand factor)	모든 전력소비기기가 동시에 사용되는 정도	$\dfrac{\text{최대수용전력[kW]}}{\text{부하 설비용량[kW]}}\times 100[\%]$ • 수용률은 항상 1보다 작다.	① 수요산정 시의 중요 factor ② 부하의 종류, 사용기간, 계절에 따라 다름
부등률 (diversity factor)	• 부하설비 상호 간 동시에 최대부하가 되지 않는 정도 • 최대수요전력의 발생시각 또는 발생시기의 분산을 나타내는 지표	$\dfrac{\text{각 부하군의 최대수용전력의 합}}{\text{합성 최대수용전력}}\geq 1$ • 항상 1 이상이고, [%]로 표현하지 않음	① 부등률이 클수록 설비의 이용도 높음 ② 계통의 규모, 부하의 성질, 계절에 따라 다름

구분	정의	계산식	특징
부하율 (load factor)	• 전기설비가 어느 정도 유효하게 사용되는가의 비율 • 전력공급설비의 이용률을 표시 • 어느 일정시간 중의 부하변동의 정도를 나타내는 것	$\dfrac{\text{부하의 평균전력(특정기간)} \times 100[\%]}{\text{최대수용전력(특정기간)}}$ • 부하율은 항상 1보다 작다.	① 부하율이 높을수록 설비의 효율적 사용임 ② 심야전력 부하개발도 부하율 향상대책의 일환임 ③ 일부하율, 월부하율, 연부하율로 구분 ④ 설비이용률에 따른 투자효과 검토 요함

2. 수용률, 부등률, 부하율의 상호관계

부등률 → $\dfrac{\text{각각의 최대수용전력의 합}}{\text{합성 최대수용전력}} \geq 1$

↑

수용률 → $\dfrac{\text{최대수용전력}}{\text{총설비용량}} \times 100[\%]$

↓

부하율 → $\dfrac{\text{부하의 평균전력(1시간 평균)}}{\text{최대수용전력(1시간 평균)}} \times 100[\%]$

↓

최대부하 → 부하의 설비합계(총 설비용량) $\times \dfrac{\text{수용률}}{\text{부등률}}$

3. 주변압기 용량

(1) 총 설비용량 $\times \dfrac{\text{수용률}}{\text{부등률}} \times \alpha$(여유율), 여유율은 1.2 정도

(2) 계산값의 직근 상위에 있는 표준 변압기를 채용한다.

4. 산업부, 아파트 등 공동주택 정전사고 예방 '전기안전관리 강화방안' 적용

(1) 안전기준 신설

공동주택 정전사고의 주원인인 변압기 용량부족 문제해결을 위해 전기설비 안전기준인 「전기설비기술기준」에 국토부 「주택건설기준규정」의 '공동주택 세대별 용량 산정기준'을 신규 반영하여, 공동주택의 설계단계부터 적정한 변압기 용량을 적용할 수 있도록 한다.

(2) 검사기준 강화

① 변압기 운영상태 등에 대한 검사기준(변압기 용량, 전류 불평형률, 온도 등)을

강화하여, 정기검사 시 변압기의 설비상태와 관리가 미흡한 경우 불합격 조치 등을 통해 자발적인 시설 개선을 시행하도록 한다.

② '공동주택'을 전기설비 안전등급(5등급, A~E) 대상으로 지정하여, 등급별로 중점관리를 실시한다.

(3) 지원사업 활성화

① 사업수요가 높지 않은 '노후 변압기 교체 지원사업'을 정기검사와 연계시켜 활성화한다.

② **지원사업** : 변압기 과부하로 정전발생 우려가 높은 노후 아파트의 변압기 및 차단기 교체 비용을 지원(비용분담 : 기금 30[%], 한전 부담금 50[%], 고객 20[%])한다.

③ 정기검사 시 불합격(변압기 용량부족 등) 판정을 받은 공동주택을 지원사업 우선 대상으로 지정해 노후 변압기 등의 교체를 지원한다.

(4) 실시간 안전관리

① 공동주택 정전사고가 주로 야간에 발생하는 점을 고려하여, 전기안전관리자 등 관리주체가 변압기 운전상태(누설전류, 전력사용량 등)를 실시간으로 감시할 수 있도록 안전관리체계를 구축한다.

② 공동주택 변압기의 원격감시(운전상태) 기준을 마련하고, 기술기준 개정을 통해 저압측 주배전반(변압기를 통해 고압 → 저압으로 강압된 전기를 각 부하별로 나누어 주는 곳)에 원격감시장치 설치를 의무화할 방침이다.

(5) 산업부가 시행 계획인 전기안전관리 강화방안 적극 시행에 동참

① 공동주택 전기안전관리 강화방안을 적극적으로 시행한다.

② 제도개선에 필요한 제반 사항을 조속히 준비하여 차질 없이 시행할 수 있도록 한다.

3 교시

총 6문제 중 4문제를 선택하여 설명하시오. (각 25점)

01 보호계전시스템의 다음 항목에 대하여 설명하시오.
1) 보호계전기의 설치 목적
2) 보호방식
3) 기능별 분류

답안 1. 보호계전기의 설치 목적

(1) 전력계통에서 주로 생기는 사고

① 단락사고(Short Circuit Fault)

② 지락사고(Ground Fault)

③ 단선사고(Open Conductor Fault). 이중 단락사고와 지락사고가 대표적 사고이다.

(2) 보호계전방식(protective relay scheme)

① 계통고장 시 고장부분을 신속히 분리하여 제거하기 위한 보호계전기들의 조합방식을 말한다.

② 보호계전방식의 역할

㉠ 사고신속 검출

㉡ 사고구간 선택차단

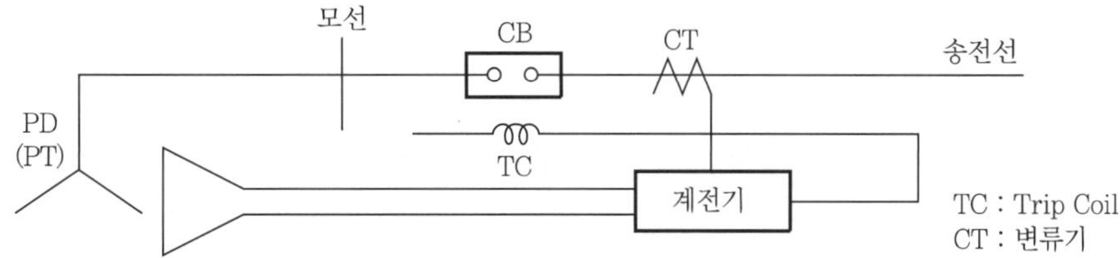

▎보호계전시스템의 구성▎

(3) 보호계전기의 역할 : 전력계통에 생기는 사고의 제거, 파급사고의 방지, 복구의 신속화를 위하여 설치하며 주된 역할은 전력계통의 안정을 유지하는 것이다.

① 전력계통에 생기는 사고의 제거

㉠ 뇌, 풍우 등의 자연현상이나 나무 등의 외부 접촉에 의해 돌발사고가 일어날 가능성이 있다.

㉡ 전력계통에 발생한 사고를 신속하게 차단하지 않으면 사고가 파급될 수 있다.

㉢ 따라서 보호계전기에서 필요한 기능은 사고의 고속차단, 최소 범위의 정전이다.

- 고속차단의 필요성
  - 단락전류가 계속 흐르면 큰 전류 때문에 사고점 뿐만 아니라 그 부근의 설비에도 과대 전류 때문에 손상될 우려가 있으며 발전기들이 탈조될 수 있다.
  - 따라서 사고의 제거는 가급적 신속히 이루어져야 한다.
- 최소 범위 정전
  - 사고의 제거는 최소 범위의 정전으로 끝내야 한다.
  - 그러므로 사고점에서 가장 가까운 차단기(circuit breaker)로 사고를 제거해야 한다.
  - 따라서 최소 범위의 정전을 위해서 보호계전기(protection relay)는 선택성을 가져야 하며, 보호협조와 계전기 정정(setting) 등이 필요하다.

② 파급사고의 방지

㉠ 파급사고에 대한 보호의 필요성

- 사고를 가급적 신속히 계통에서 제거했지만, 사고점의 직접적인 영향이나 사고 제거에 따라 생긴 계통 구성의 급변 등의 영향을 받아서 계통 내에서 동요가 발생할 수 있다.
- 이 동요는 점차 안정되어 계통에 악영향을 주는 경우는 드물다.
- 그러나 사고가 크다고 가정하면 주파수의 저하, 계통의 탈조, 설비과부하 등이 발생하여 대사고로 발전될 수 있다.
- 그러므로 파급사고에 대한 보호대책이 사전에 강구되어야 한다.

㉡ 파급사고에 대한 방지대책

- 주파수 저하 방지
  - UFR(Under Frequency Relay) 저주파수 계전기로 계획된 부하를 차단해서 주파수를 회복시킴으로써 계통의 붕괴를 방지할 수 있다.
- 탈조(Out of setp, Out of synchornism)에 대한 대책
  - 전력계통에서 모든 발전기는 동기(Synchronized)를 유지해서 안정운전을 한다.
  - 하지만 사고의 고속차단을 실패하거나 보호계전기의 오동작으로 인한 사고로 전력조류의 급변동이 일어나면 동기 유지가 어려워 탈조상태로 될 수 있다.

- 그러므로 탈조 전에 전원 및 부하 제한 등을 통해 미연에 방지해야 한다.
- 설비의 과부하방지
  - 송전선에 과부하가 계속되면 전선이 손상될 수 있다.
  - 전선의 손상을 방지하기 위해 송전선을 차단하면 계통의 분리, 정전 범위가 확대될 수 있다.
  - 따라서 과부하에 대한 방지책으로 과부하가 된 만큼의 전류에 상당한 발전력이나 부하를 제한해야 한다.
- 고속도 재폐로에 의한 사고파급 방지
  - 송전선로가 사고로 차단되면 제품에 악영향을 끼친다.
  - 대용량 송전선의 차단 시 그 여파가 크다.
  - 따라서 사고발생한 상만 차단하고, 고속도로 재폐로 시켜서 사고를 제거하고 송전을 계속시켜 전력계통의 전체적인 안정도 향상을 도모한다.

③ 복구의 신속화

comment 보호계전기의 설치목적 내용을 압축하여 0.5페이지로 기록하면 됨

2. 보호계전시스템의 보호방식

보호방식	내용
과전류	반한시형 과전류 계전기(51)
단락	순시 과전류 계전기(50)
지락	전류 동작형 : ZCT+OCGR, 중성점 접지+ELB, GSC+ELB
	전압 동작형 : GPT+OVGR
	전압 · 전류 동작형 : ZCT+GPT+SGR, ZCT+GPT+DGR
과전압 및 부족전압	과전압 계전기(OVR), 부족전압 계전기(UVR)
결상	열동형 과전류 계전기(2E), 정지형 과전류 계전기(3E), EOCR(4E)
역상	정지형 과전류 계전기(3E), 전자식 과전류 계전기(4E)
주보호	VCB, GCB 사용
후비 보호	한류형 전력 퓨즈

3. 보호계전기의 기능별 분류

(1) 단락보호용 계전기

① 과전류 계전기(OCR)

㉠ 일정값 이상의 전류가 흘렀을 때 동작하며 과부하 계전기로도 지칭한다.

㉡ 전력계통의 선로에 연결된 각종 기기(발전기, 변압기) 및 배전선로, 배전반에 많이 적용되는 일반성이 있는 계전기이다.

부록

② 과전압 계전기(OVR)

일정값 이상의 전압이 걸렸을 때 동작, 일반적으로 발전기가 무부하로 되었을 경우에 많이 적용된다.

③ 부족전압계전기(UVR)

㉠ 일정값 이하의 전압이 걸렸을 때 동작한다.

㉡ 예를 들면 유도전동기 등에서 갑자기 공급되고 있는 전압이 내려갔을 경우 지나친 과전류가 흐르지 않게 하기 위해 동작한다.

㉢ 단락 시의 고장 검출용으로도 사용된다.

④ 방향단락계전기(DSCR : Directional Short Circuit Relay)

㉠ 어느 일정 방향으로 일정값 이상의 단락전류가 흘렀을 때 동작한다.

㉡ 이 경우 일반적으로 동시에 전력조류가 반대로 되기 때문에 역력계전기라고도 한다.

⑤ 선택단락계전기(SSR : Selective Short circuit relay)

㉠ 병행 2회선 송전선로에서 한쪽의 1회선에 단락고장이 발생한 경우 2중 방향 동작의 계전기를 사용하여 고장회선의 선택차단이 가능한 것이다.

㉡ 방향단락 계전기에 의한 것, 또는 양회선의 전류차로 동작하는 계전기 등을 사용한다.

⑥ 거리계전기(Distance relay)

㉠ 계전기가 설치된 위치로부터 고장점까지의 전기적 거리에 비례한 한시에서 동작한다.

㉡ 복잡한 계통의 단락보호에 과전류 계전기 대용으로도 적용한다.

㉢ 고장점으로부터 일정한 거리 이내일 경우에는 순간적으로 동작할 수 있게 한 고속도 거리계전기를 적용한다.

(2) 지락보호 계전기

① 과전류 지락계전기(OCGR : Over Current Ground Relay) : 과전류 계전기의 동작전류를 특별히 작게 한 것으로 지락고장 보호용에 적용한다.

② 방향지락계전기(DGR : Directional Ground Relay) : 과전류 지락계전기에 방향성을 준 것을 말한다.

③ 선택지락계전기(SGR : Selective Ground Relay)

㉠ 병행 2회선 송전선로에서 한쪽의 1회선에 지락고장이 일어났을 경우 검출하여 고장회선만을 선택차단 한다.

㉡ 이것은 선택단락계전기의 동작전류를 특별히 작게 한 것이다.

(3) 기타

① 탈조보호계전기(SO : Step-Out protective relay)

㉠ 송전계통에서 발생한 고장을 일부 계통의 위상각이 커져서 동기를 벗어나려고 할 경우 이것을 검출한다.

㉡ 그 계통을 분리하기 위해서 그 계통을 차단해야만 할 경우에 적용되는 계전기이다.

② 주파수 계전기(Frequency relay) : 계통의 주파수가 허용폭 이상으로 변동 시에 적용되는 계전기(UFR, OFR)이다.

③ 한시 계전기(TC : Times Limit relay) : 각종의 계전기 동작에 특별히 한시를 주었을 경우에 적용한다.

02 IEEE Std.80에 의한 접지설계 흐름도(flow chart)를 제시하고 설명하시오.

답안 "chapter 16의 section 01. 접지설계 008 문제"의 답안 참조

03 피뢰시스템에 대하여 설명하시오.

comment 25점용으로는 상당히 무리한 문제였음

답안 1. 외부피뢰시스템

(1) 외부피뢰시스템의 전체 구성

건축물·구조물 피뢰시스템에서 외부피뢰시스템은 낙뢰 발생 시 건축물 안의 전기설비 보호를 목적으로 하여 외부전류를 대지로 안전하게 방류되게 수뢰부, 인하도선, 접지극으로 구성된다.

(2) 외부피뢰시스템의 수뢰부시스템

① 돌침, 수평도체, 메시도체의 요소 중에 한 가지 또는 이를 조합한 형식으로 시설할 것

② 수뢰부시스템의 배치 방법

㉠ 보호각법, 회전구체법, 메시법 중 하나 또는 조합된 방법으로 배치한다.

㉡ 건축물 · 구조물의 뾰족한 부분, 모서리 등에 우선하여 배치한다.

㉢ 피뢰시스템의 보호각, 회전구체 반경, 메시 크기의 최대값은 다음 표와 같고, 피뢰시스템의 등급별 회전구체 반지름, 메시치수와 보호각의 최대값은 다음의 그림(피뢰시스템의 등급별 보호각)에 의한다.

▌보호등급에 따른 뇌보호 시스템의 보호등급과 보호효율 등▐

피뢰 등급	적용 장소	보호 효율	회전구체 반경(R)	메시법 (간격)	보호각법
Ⅰ	화학공장, 원자력발전소 등 환경적으로 위험한 건축물	0.98	20[m]	5×5	아래 그림 참조
Ⅱ	정유공장, 주유소 등 주변에 위험한 건축물	0.95	30[m]	10×10	
Ⅲ	전화국, 발전소 등 위험을 내포한 건축물	0.9	45[m]	15×15	
Ⅳ	주택, 학교 등 일반건축물	0.8	60[m]	20×20	

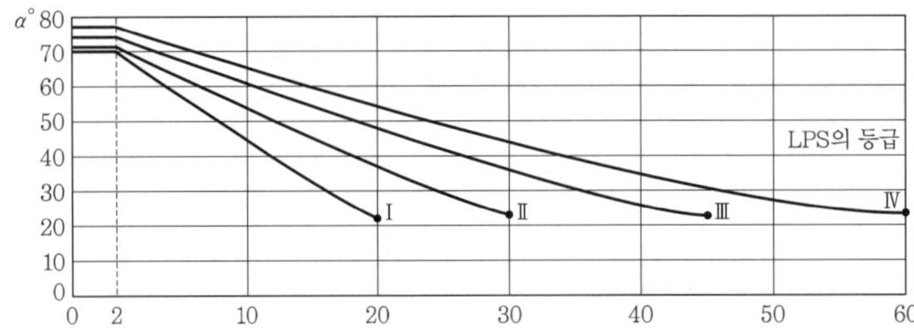

[비고] 1. H는 보호대상 지역 기준평편으로부터의 높이. α : 보호각

2. H가 2[m]이면 보호각은 불변임

3. 보호각법은 그림의 •을 넘는 범위의 보호에는 적용불가이며, 회전구체법과 메시법만 이용가능함

▌피뢰시스템의 등급별 보호각▐

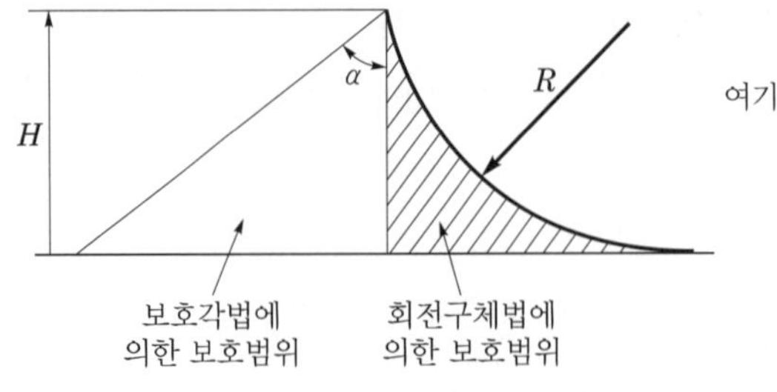

여기서, H : 보호대상지역 기준평편으로부터의 높이
α : 보호각
R : 회전구체 반경

▌피뢰설비의 보호범위▐

③ 높이 60[m]를 초과하는 건축물 · 구조물의 측격뢰 보호용 수뢰부시스템의 시설 방법

㉠ 상층부와 이 부분에 설치한 설비를 보호할 수 있도록 시설할 것

㉡ 건축물 · 구조물의 뾰족한 부분, 모서리 등에 우선하여 배치함

㉢ 전체 높이 60[m]를 초과하는 건축물 · 구조물의 최상부로부터 20[%] 부분에 한하며, 피뢰시스템 등급 Ⅳ의 요구사항에 따름

㉣ 자연적 구성부재가 규정에 적합하면, 측뢰 보호용 수뢰부로 사용가능함

㉤ 수뢰부는 구조물의 철골 프레임 또는 전기적으로 연결된 철골 콘크리트의 금속과 같은 자연부재 인하도선에 접속 또는 인하도선을 설치할 것

④ 건축물 · 구조물과 분리되지 않은 수뢰부시스템의 시설은 다음에 따름

㉠ 지붕 마감재가 불연성 재료로 된 경우 지붕표면에 시설할 수 있음

㉡ 지붕 마감재가 높은 가연성 재료로 된 경우 지붕재료와 다음과 같이 이격 시설함

- 초가지붕 또는 이와 유사한 경우 0.15[m] 이상
- 다른 재료의 가연성 재료인 경우 0.1[m] 이상

⑤ 건축물 · 구조물을 구성하는 금속판 또는 금속배관 등 자연적 구성부재를 수뢰부로 사용하는 경우 자연적 부재 조건에 충족할 것

(3) 인하도선시스템

① 수뢰부시스템과 접지시스템을 전기적으로 연결하는 것으로 다음에 의함

㉠ 복수의 인하도선을 병렬로 구성할 것

㉡ 도선경로의 길이가 최소가 되도록 할 것

② 배치방법은 다음에 의할 것

㉠ 건축물 · 구조물과 분리된 피뢰시스템인 경우

- 뇌전류의 경로가 보호대상물에 접촉하지 않도록 할 것
- 별개의 지주에 설치되어 있는 경우, 각 지주마다 1가닥 이상의 인하도선을 시설
- 수평도체 또는 메시도체인 경우 지지구조물마다 1가닥 이상의 인하도선을 시설

㉡ 건축물 · 구조물과 분리되지 않은 피뢰시스템인 경우(비독립형)

- 벽이 불연성 재료로 된 경우에는 벽의 표면 또는 내부에 시설할 수 있다(다만, 벽이 가연성 재료인 경우에는 0.1[m] 이상 이격하고, 이격이 불가능한 경우에는 도체의 단면적을 100[mm^2] 이상으로 한다).
- 인하도선의 수는 2조 이상일 것

- 보호대상 건축물 · 구조물의 투영에 따른 둘레에 가능한 한 균등한 간격으로 배치할 것. 다만, 노출된 모서리 부분에 우선하여 설치할 것
- 병렬 인하도선의 최대 간격은 피뢰시스템 등급에 따라 Ⅰ·Ⅱ 등급은 10[m], Ⅲ 등급은 15[m], Ⅳ 등급은 20[m]로 한다.

③ 수뢰부시스템과 접지극시스템 사이에 전기적 연속성이 형성되게 다음에 따라 시설할 것

㉠ 경로는 가능한 한 루프 형성이 되지 않도록 하고, 최단거리로 곧게 수직으로 시설하여야 하며, 처마 또는 수직으로 설치된 홈통 내부에 시설하지 않을 것

㉡ 철근콘크리트 구조물의 철근을 자연적 구성부재의 인하도선으로 사용하기 위해서는 해당 철근 전체 길이의 전기저항 값은 0.2[Ω] 이하가 되어야 하며, 전기적 연속성은 "철근콘크리트 구조물에서 강제 철골조의 전기적 연속성"에 따를 것

④ 인하도선으로 사용하는 자연적 구성부재는 철근콘크리트 구조물에서 강제 철골조의 "전기적 연속성", "자연적 구성부재"의 조건에 적합할 것이며, 다음에 따름

㉠ 각 부분의 전기적 연속성과 내구성이 확실하고, 인하도선으로 규정된 값 이상인 것

㉡ 전기적 연속성이 있는 구조물 등의 금속제 구조체(철골, 철근 등)

㉢ 구조물 등의 상호 접속된 강제 구조체

㉣ 건축물 외벽 등을 구성하는 금속 구조재의 크기가 인하도선에 대한 요구사항에 부합하고 또한 두께가 0.5[mm] 이상인 금속판 또는 금속관

㉤ 인하도선을 구조물 등의 상호 접속된 철근 · 철골 등과 본딩하거나, 철근 · 철골 등을 인하도선으로 사용하는 경우 수평 환상도체는 설치하지 않아도 됨

(4) 접지극시스템

① 개념

㉠ 접지극시스템 목적 : 뇌전류를 대지로 방류시키기 위해 시설한다.

㉡ 수평 또는 수직접지극(A형), 환상도체 접지극, 기초 접지극(B형) 중 하나 또는 조합하여 시설한다.

② 일반적인 접지극 시설방법

지표면 0.75[m] 이상 깊이로 매설, 단 필요시 해당 지역의 동결심도를 고려해야 한다.

③ 자연적 구성부재의 접지극

㉠ 콘크리트 기초 내부의 상호 접속된 철근이나 기타 적당한 금속제 지하구조물을 접지극으로 사용할 수 있다.

㉡ 콘크리트 내부의 철근을 접지극으로 사용하는 경우, 콘크리트의 기계적 파열을 방지하기 위해 상호 접속에 특별히 주의해야 한다.

2. 내부피뢰시스템

(1) 전기전자설비 보호의 일반사항

① 내부피뢰시스템 개념

㉠ Internal Lightning Protection System로 표기한다.

㉡ 등전위본딩 또는 외부피뢰시스템의 전기적 절연으로 구성된 피뢰시스템의 일부를 말한다.

㉢ 외부피뢰시스템 또는 구조물의 다른 도전부로 통해서 흐르는 뇌전류에 의해 보호대상의 구조물 안에서 위험한 불꽃방전이 발생되지 않게 하는 시설을 말한다.

② 뇌서지에 대한 보호는 다음 중 하나 이상에 의한다(2중, 3중 대책 적용도 무방하다는 의미).

㉠ 접지 · 본딩

㉡ 자기차폐와 서지유입경로 차폐

㉢ 서지보호장치 설치

㉣ 절연인터페이스 구성

③ 전기전자설비의 뇌서지에 대한 보호

피뢰구역 경계부분에서는 접지 또는 본딩을 할 것. 다만, 직접 본딩이 불가능한 경우에는 서지보호장치를 설치할 것

(2) 내부피뢰시스템의 전기전자설비 보호를 위한 전기적 절연

① 대상 및 기준 : 수뢰부 또는 인하도선과 건축물 · 구조물의 금속부분 사이의 전기적인 절연은 KS C IEC 62305-3(피뢰시스템-제3부 : 구조물의 물리적 손상 및 인명위험)의 "외부피뢰시스템의 전기적 절연"에 의한 이격거리로 할 것

② 건축물 · 구조물이 금속제 또는 전기적 연속성을 가진 철근콘크리트 구조물 등의 경우는 전기적 절연을 고려하지 않아도 된다.

(3) 내부피뢰시스템의 전기전자설비를 보호하기 위한 접지와 본딩

① 전기전자설비를 보호하기 위한 접지와 피뢰등전위본딩은 다음에 따름

㉠ 뇌서지 전류를 대지로 방류시키기 위한 접지를 시설할 것

㉡ 전위차를 해소하고 자계를 감소시키기 위한 본딩을 구성할 것

② 접지극은 다음에 적합할 것

㉠ 전자 · 통신설비(또는 이와 유사한 것)의 접지는 환상도체접지극 또는 기초접지극으로 할 것

㉡ 개별 접지시스템으로 된 복수의 건축물 · 구조물 등을 연결하는 콘크리트덕트 · 금속제 배관의 내부에 케이블(또는 같은 경로로 배치된 복수의 케이블)이 있는 경우 각각의 접지 상호 간은 병행 설치된 도체로 연결할 것

㉢ 개별 접지시스템에서 차폐케이블인 경우는 차폐선을 양끝에서 각각의 접지시스템에 등전위본딩하는 것으로 할 것

(4) 내부피뢰시스템에 적용되는 서지보호장치 시설

① 전기전자설비 등에 연결된 전선로를 통하여 서지가 유입되는 경우, 해당 선로에는 서지보호장치를 설치할 것

② 서지보호장치의 선정은 다음에 의할 것

㉠ 전기설비의 보호용 서지보호장치

- KS C IEC 61643-12(저전압 서지보호장치-제12부 : 저전압 배전계통에 접속한 서지보호장치-선정 및 적용 지침)와 KS C IEC 60364-5-53(건축전기설비-제5-53부 : 전기기기의 선정 및 시공-절연, 개폐 및 제어)에 따름
- KS C IEC 61643-11(저압 서지보호장치-제11부 : 저압전력 계통의 저압 서지보호장치-요구사항 및 시험방법)에 의한 제품을 사용할 것

㉡ 전자 · 통신설비(또는 이와 유사한 것)의 보호용 서지보호장치 : KS C IEC 61643-22(저전압 서지보호장치-제22부 : 통신망과 신호망 접속용 서지보호장치-선정 및 적용지침)에 따름

③ 서지보호장치(SPD) 설치방법

㉠ 피뢰구역 경계부분에는 저압전기설비의 SPD설치에 관한 기술지침에 따른 서지보호장치 설치

㉡ 서로 분리된 구조물 사이가 전력선 또는 신호선으로 연결된 경우 각각의 피뢰구역은 외부피뢰시스템의 접지극 시스템의 시설방법으로 접속

㉢ 다음 장소에 설치되는 전기선, 통신선 등에는 서지보호장치를 시설할 것 : 건축물 · 구조물은 하나 이상의 피뢰구역을 설정하고 각 피뢰구역의 인입 선로에는 서지보호장치를 설치할 것

㉣ 서지보호장치는 구분(SPD구분)하여 설치

- 전원용 : 병렬형을 사용
- 통신용(신호용 및 데이터용 포함) : 직렬형을 사용함

㉤ 전원용 SPD에는 성능열화 상태를 표시하는 표시장치를 설치할 것

㉥ 건축물 안의 전기전자설비들이 낙뢰피해 없게 인입점, 분전반 등에 적합한 전원용을 설치

ⓢ 통신용 SPD는 통신설비의 기능을 저해하거나 방해하지 않는 적합한 제품일 것

ⓞ 건축물의 인입점 부근과 건축 내의 피뢰구역 간의 경계에 사용으로 등전위본딩할 것

④ 지중저압수전의 경우, 내부에 설치하는 전기전자기기의 과전압 범주별 임펄스 내전압이 규정값에 충족하는 경우는 서지보호장치를 생략할 수 있다.

04 「전기안전관리법 시행규칙」에서 정하는 중대한 사고의 종류 및 통보의 방법에 대하여 설명하시오.

답안 **1. 중대한 사고의 종류**

(1) 전기안전관리법 제40조(중대한 사고의 통보 · 조사) 제1항에 따른 중대한 사고

① 전기화재사고

㉠ 사망자가 1명 이상 발생하거나 부상자가 2명 이상 발생한 사고

㉡ 「소방기본법」 제29조에 따른 화재의 원인 및 피해 등의 추정 가액이 1억원 이상인 사고

㉢ 「보안업무규정」 제32조 제1항에 따라 지정된 국가보안시설과 「건축법 시행령」 제2조 제17호 가목에 해당하는 다중이용건축물에 그 원인이 전기로 추정되는 화재가 발생한 경우

② 감전사고(사망자가 1명 이상 발생하거나 부상자가 1명 이상 발생한 경우)

③ 전기설비사고

㉠ 공급지장전력이 3만[kW] 이상 10만[kW] 미만의 송전 · 변전설비 고장으로 공급지장 시간이 1시간 이상인 경우

㉡ 공급지장전력이 10만[kW] 이상의 송전 · 변전설비 고장으로 공급지장 시간이 30분 이상인 경우

㉢ 전압 10만[V] 이상의 송전선로(「전기사업법 시행규칙」 제2조 제3호에 따른 송전선로) 고장으로 인한 공급지장 시간이 6시간 이상인 경우

㉣ 출력 30만[kW] 이상의 발전소 고장으로 5일 이상의 발전지장을 초래한 경우

㉤ 국가 주요 설비인 상수도 · 하수도 시설, 배수갑문, 다목적댐, 공항, 국제항만, 지하철의 수전설비 · 배전설비에서 사고가 발생하여 3시간 이상 전체 정전을 초래할 경우

ⓗ 전압 10만[V] 이상인 자가용 전기설비의 수전설비 · 배전설비에서 사고가 발생하여 30분 이상 정전을 초래한 경우

ⓢ 1,000세대 이상 아파트 단지의 수전설비 · 배전설비에서 사고가 발생하여 1시간 이상 정전을 초래한 경우

ⓞ 용량이 20[kW] 이상인 「신에너지 및 재생에너지 개발 · 이용 · 보급 촉진법」에 따른 신재생에너지 설비가 자연재해나 설비고장으로 발전 또는 운전이 1시간 이상 중단된 경우

(2) **전기안전관리법 제40조(중대한 사고의 통보 · 조사) 제2항에 따른 중대한 사고 :** 전력계통 운영사고[위 '③'의 '㉠'부터 '㉢'까지의 사고로 인한 전력계통 운영사고는 제외]

2. 통보의 방법

(1) **사고 발생 후 24시간 이내 :** 다음의 사항을 전기안전종합정보시스템으로 통보할 것

① 통보자의 소속, 직위, 성명 및 연락처

② 사고 발생 일시

③ 사고 발생 장소

④ 사고 내용

⑤ 전기설비 현황(사용 전압 및 용량)

⑥ 피해 현황(인명 및 재산)

(2) **사고 발생 후 15일 이내 :** 별지 제31호 서식(중대한 전기사고의 통보)에 따라 통보(전기안전종합정보시스템을 통해서도 통보할 수 있고, 필요한 경우 전자우편 및 팩스를 통해 추가적으로 보고할 수 있음)

reference

전기안전관리자의 전기사고 대응대책

comment 별도로 25점 예상됨

(1) 전기재해 응급조치

전기안전관리자는 전기재해 발생을 예방하거나 그 피해를 줄이기 위하여 다음의 필요한 조치를 취할 것

① 비상재해 발생 시 비상연락망을 통해 상황을 전파하고, 전기설비의 안전 확보를 위한 비상조치 및 지시를 하여야 한다.

② 재해의 발생으로 위험하다고 인정될 때에는 전기 공급을 중지하는 등 필요한 조치를 하여야 한다.

③ 재해 복구에 따른 전기의 재공급에 대비하여 전기설비에 대한 안전점검 실시

(2) 전기사고 대처요령

전기안전관리자는 전기설비 사고발생 시 사고유형을 확인하고 현장으로 출동하여 다음 요령에 따라 사고별로 대처하여야 한다.

① 정전사고

㉠ 정전이 확인되면 곧바로 비상용 예비전원이 공급되는지 확인한다.

㉡ 전기설비의 이상 유무를 확인한다.

㉢ 전기설비점검 등을 통한 전기공급 재개에 대비한다.

② 감전사고

㉠ 전원스위치를 차단하고 피재자를 위험지역에서 대피시킨다.

㉡ 피재자의 의식 · 호흡 · 맥박 · 출혈상태 등을 확인한다.

㉢ 피재자의 기도를 확보하고, 인공호흡 · 심장마사지 등 응급조치를 실시한다.

③ 전기설비사고

㉠ 사고내용 청취 및 사고설비에 대해 육안점검을 실시하여 차단기를 개방하고, 검전기를 이용하여 전기설비의 정전상태를 확인한다.

㉡ 사고가 발생한 설비를 중심으로 안전구역을 지정하고 표지판을 설치하여 관계자 외 일반인의 출입을 통제한다.

㉢ 이후 각 전기설비별 사고처리를 실시한다.

- 전기안전관리자는 전기설비 사고에 관련된 모든 참고사항을 조사하고 사고상태를 그대로 유지하여 사고조사가 완전하고 정확을 기할 수 있도록 하여야 한다.
- 필요시에는 한국전기안전공사 또는 한전에 연락하여 조언을 받는다.

05 전력케이블 VLF 진단에 대하여 설명하시오.

답안 1. 개요

VLF(Very Low Frequency)는 사용주파수(60[Hz])보다 매우 낮은 주파수인 초저주파수(0.01~1[Hz])를 인가하여 XLPE Cable의 절연내력 또는 열화의 정도를 진단하는 데 사용하는 전원을 말한다.

2. VLF 시험장치 도입 이유

XLPE Cable의 열화진단 중 유전정접측정은 상용주파수 60[Hz] 이용 시 장비의 대형화로 인하여 제조사 현장에서만 진단 가능했으나 최근에는 VLF(0.01~1[Hz])를 이용, 진단할 경우 장비를 1/600까지 축소할 수 있으므로 Cable 설치 · 사용현장에서 진단 측정이 가능하다.

(1) 충전용량 기본식 : $Q = VI_c = \omega CV^2 = 2\pi f CV^2$[kVA]

여기서, V : 시험전압[kV]

C : 케이블의 정전용량[F/km]

f : 사용전원주파수[Hz]

(2) 시험장치 Size 축소화 가능

① 시험장치 전원을 60[Hz]에서 0.1[Hz]로 변경 시 충전용량 비교

㉠ 피시험 Cable 규격 : CNCV 325[mm^2] 10[km] → 정전용량 0.3[μF/km])

㉡ 내전압(인가전압) : 20[kV]

② 비교 계산

구분	60[Hz] 전원 사용 시 필요충전용량	VLF 0.1[Hz] 전원 사용 시 충전용량
계산	$Q_{60} = 2\pi \times 60 \times 0.3 \times 10^{-6} \times 10 \times 20^2$ $= 452$[kVA]	$Q_{60} = 2\pi \times 0.1 \times 0.3 \times 10^{-6} \times 10 \times 20^2$ $= 0.75$[kVA]
결론	60[Hz] 시험장치를 $\frac{0.75}{452} = \frac{1}{600}$로 소형화 가능	

(3) 현장 적용성

① 과거의 상용주파 전압시험은 전원용량의 한계로 제조사에서만 최초 제작시험에 한정되어 적용하였다.

② VLF 시험진단장치는 Size 축소로 Cable을 사용하고 있는 현장에서 열화진단이 가능하다.

③ 또한 장비의 스마트화로, PD, DC 내전압 시험 등이 한 장비에서 가능하다.

3. 주요 측정 알고리즘

(1) tanδ(유전정접)

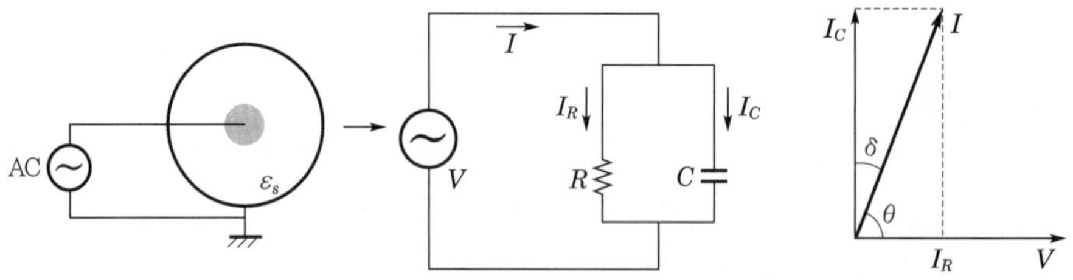

▌등가회로도와 Vector Diagram▐

① 케이블의 도체와 Sheath 사이는 그림과 같이 절연저항 R과 정전용량 C의 병렬결합으로 볼 수 있다.

② 케이블의 도체와 Sheath 사이에 교류전압 인가 시 흐르는 전류는 절연저항에 의한 누설전류 I_R과 정전용량에 의한 충전전류 I_C의 벡터적 합성전류이다.

③ I_R은 전압 V와 동상이며, I_C는 전압보다 90° 앞선다.

④ 벡터도에서 δ를 유전손실각이라 하며 유전체손실은 $W_d = VI_R = VI\cos\delta$[W]이다.

⑤ 유전정접($\tan\delta$) : $\tan\delta = \dfrac{I_R}{I_C} = \dfrac{\frac{V}{R}}{\omega CV} = \dfrac{1}{\omega CR}$

위 식에서 누설전류 I_R, 유전손실각 δ, $\tan\delta$가 클수록 절연물이 불량에 가깝다는 것을 알 수 있다.

⑥ 상태판정

▎측정에 따른 상태판정▕

$\tan\delta$	판정	진단
0.5[%] 미만	양호	–
0.5~5[%] 미만	요주의	수트리 발생
5[%] 이상	불량	수트리 진전, 내전압 극히 저하

(2) 부분방전(partial discharge)시험

① 절연체 내부의 이물질, 공극(void) 등에서 전계차에 따른 미소 부분 방전량을 측정하는 방법이다.

② 외부 Noise(background noise)에 매우 취약하여 차폐실에서 측정해야 한다.

③ 현장 설치된 케이블을 VLF 장비로 시험할 경우 현실적으로 많은 오차를 동반한다.

④ 측정방법

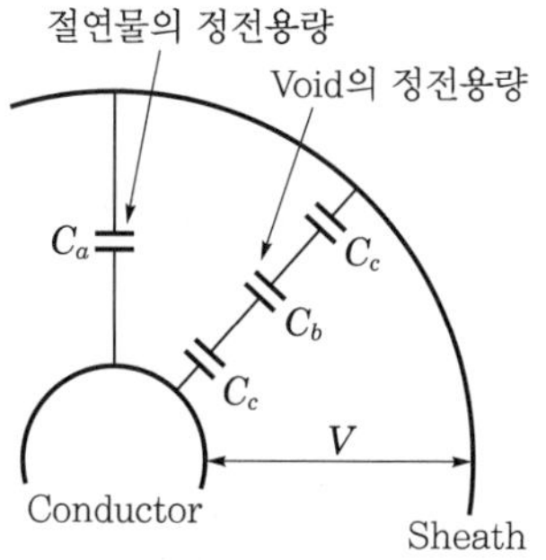

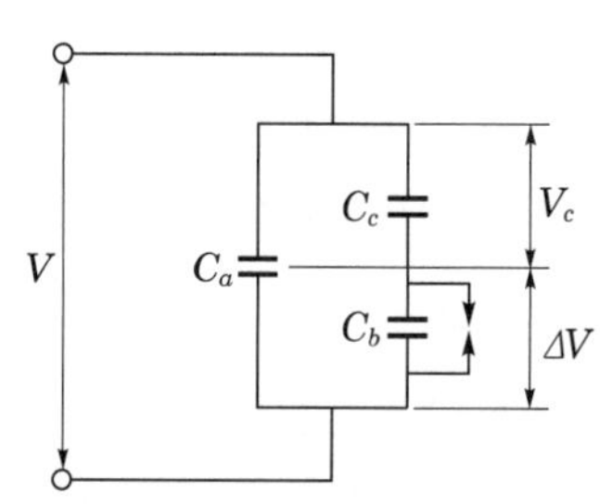

▎PD 측정 개념도▕

위 그림에서 전압 V를 인가하면 분압된 전압을 V_c, ΔV라 하면 ΔV는 다음과 같다.

$$\Delta V = \frac{Q}{C_b} = \frac{1}{C_b} \times \left(\frac{C_b C_c}{C_b + C_c}\right) \times V = \left(\frac{C_c}{C_b + C_c}\right) \times V$$

⑤ 상태판정

▌부분방전시험 상태 판정기준▐

구분	기준	판정
22.9[kV]	2,000[pC] 미만	정상
	2,000~5,000[pC]	요주의
	5,000[pC] 이상	이상
154[kV]	1,000[pC] 미만	정상
	1,000[pC] 이상	요주의

4. VLF 장비를 이용한 내전압 시험방법의 종류

일반적으로 장비 내에 아래와 같은 기능이 모두 내장되어 있다.

(1) Cosine 파형을 이용한 시험

(2) Sinusoidal(정현)파를 이용한 시험

(3) Bipolar Rectangular 파형을 이용한 시험

(4) 정 · 부극성 DC 내전압 시험

5. VLF 시험방법의 장단점

(1) 장점

① 주기적인 극성의 교번으로 공간전하(Space Charge) 축적이 안 된다.
② DC 내전압에 비해 경량의 장비로 높은 시험전압 인가가 가능하다.
③ 유전정접, 부분방전, 누설전류, 손실계수 등 여러 가지 스펙트럼 분석으로 열화 진단 및 판정이 용이하다.
④ 타 시험에 비해 결선이 간단하고, 이동이 용이하며, 현장측정이 용이하다.
⑤ 별도의 큰 시험용 전원이 불필요하다.

(2) 단점

① 측정 및 진단에 숙련도가 필요하다.
② 주파수를 0.01[Hz] 수준으로 낮출 경우 공간전하 축적시간이 필요하거나 축적 가능성이 있다.
③ 사선 상태에서만 측정이 가능하다.
④ 차폐 Sheath가 있는 케이블만 측정이 가능하다.
⑤ 장비 가격이 비교적 고가이다.

06 전자파에 의한 기계·설비의 오동작 피해를 방지하기 위한 다음 항목에 대하여 설명하시오.
1) 전자파의 정의
2) 전자파가 산업기기에 미치는 영향
3) 전자파(잡음) 저감 기술

답안 1. 전자파의 정의

(1) 서로 수직인 진동하는 전기장과 자기장으로 이루어진다.

(2) 빛의 속도(3×10^8[m/sec])로 전파되며, 전기장, 자기장은 전파방향에도 수직공간을 이동하는 일종의 에너지이다.

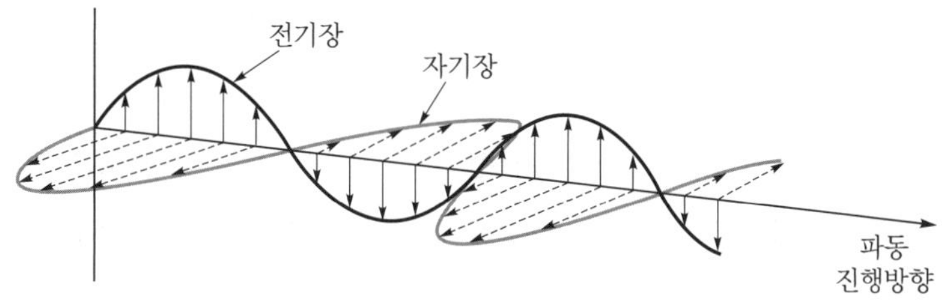

▌전자파의 전파▐

(3) 전자파의 종류(물질과의 상호작용에 따라)

주파수[Hz]	10^{20}	10^{18}	10^{16}	10^{15}	10^{12}	10^{8}
종류	γ선	X선	자외선	가시광선	적외선	마이크로파

① 전리성 전자파
㉠ 물질에 작용하여 원자로부터 전자를 때어내서 전하를 띤 이온을 생성할 수 있는(전리작용을 일으키는) 능력을 갖는 전자파
㉡ 종류 : X선, 감마선, 핵방사선

② 비전리성 전자파
㉠ ELF(Extremely Low Frequency) : 극저주파
㉡ RF(Radio Frequency) : 라디오파
㉢ Micro Wave : 마이크로파
㉣ 이온을 생성할 수 있는 전리능력이 없거나 약한 전자파
㉤ Laser Wave : 레이저
㉥ 적외선, 가시광선, 자외선

2. 전자파가 산업기기에 미치는 영향

(1) 전자파 장해발생 메커니즘

① EMC의 개념

㉠ EMC(Electro Magnetic Compatibility)

- 전기, 전자기기나 장치의 동작에 장해를 주는 현상인 전자잡음 현상
- 전자간섭이라 부르는 EMI(Electro Magnetic Interference)를 제어하여 기기나 장치의 신뢰성을 확보하는 수단을 제공하는 것

㉡ 개념도

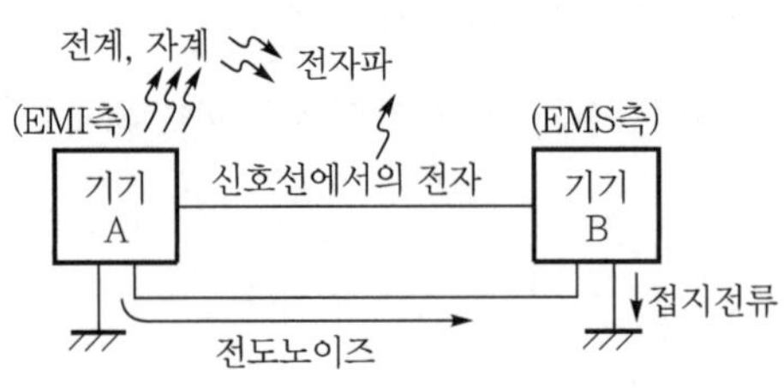

▌기기 A의 노이즈 발생(EMI측) 시 시스템동작▐

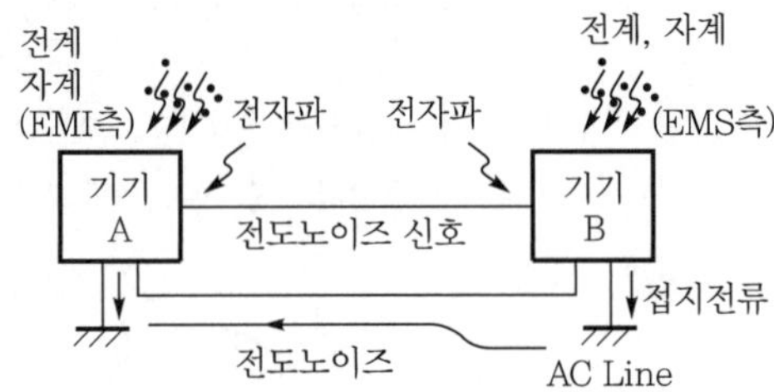

▌외래노이즈에 시스템동작▐

- EMS : Electro Magnetic Susceptibility로 노이즈의 영향을 받는 장치
- EMI : Electro Magnetic Interference로 노이즈를 발생하는 장치

② 노이즈 성분상 분류 및 원인

㉠ 방사성 노이즈(유도성) : 공간을 통한 노이즈

- 전원선의 노이즈가 공간을 통해 정전결합과 전자결합에 의해 2차 유도를 일으켜 복사 또는 반사되는 노이즈
- 원인 : 정전기방전, 과도현상(접점개폐기 및 전력계통 개폐 시의 과도진동 전압), 외부통신의 전자방사, 방전에 의한 전자방사 등

㉡ 전도성 노이즈(차동성분 + 동상성분)

- 차동성분 노이즈(normal mode noise)
  - 두 전선 타고 들어오는 고주파 노이즈
  - 위상차에 의해 전압차가 발생함
- 동상성분 노이즈(Common mode noise)
  - 전원선과 접지 사이에 일어나는 비대칭상의 동상성분의 노이즈

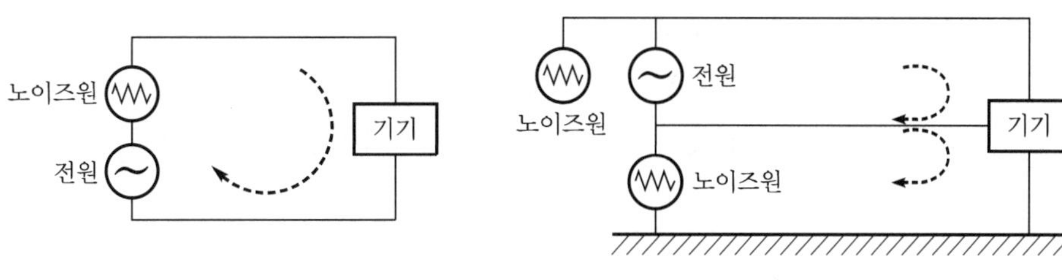

▍Normal mode noise ▍ ▍Common mode noise ▍

- 원인
  - 전원선 : 전압변동, 순시전압강하, 과도현상, 고조파
  - 통신선 : 순시정전, 유도뇌surge, 유도전압, 타 기기에서의 잡음 등

(2) 산업기기에서 전자파가 미치는 영향

① 외관에 의한 오동작 발생으로 기능저하 및 소자의 소손

② 신호선, 전원선으로 유입된 고조파에 의한 오동작 발생

③ 메모리 소자의 오동작 발생

④ 자동화 설비의 노이즈는 기기의 오동작을 유발하여 산업재해 발생

⑤ 전자파 노이즈에 의한 오동작 발생

㉠ 생산 현장의 노이즈 장해는 품질 저하

㉡ 설비의 손상, 근로자의 불안을 야기시킴

㉢ 납기의 지연을 통해 기업의 신뢰도가 저하

3. 전자파(잡음) 저감 기술

(1) 기본개념

① 전원선이나 공중을 통한 전자복사의 형태로 전달된다.

② 다음의 노이즈 3요소를 통한 노이즈의 전달로 이루어진다.

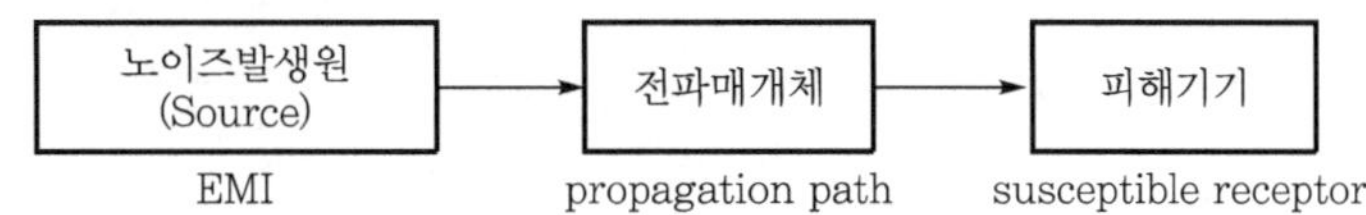

③ 노이즈 3요소 중 1부분의 경로를 차단한다.

(2) 노이즈 현상의 3요소를 통한 노이즈 내량 강화로 기기의 노이즈 내력을 높인다.

(3) 차폐에 의한 대책

① 실드(전자실드 등) : 자기실드, 전자실드

② 차폐선 설치

(4) 접지에 의한 대책

① 전자실드용 접지 : 실드룸, 실드접지

② 유도장해 방지용 접지 : 노멀모드, 코먼모드 장해방지

(5) Line 노이즈 방지부품 사용 : 전도노이즈 방지 대책강구

① 필터링 : 노이즈필터 설치

② 실드링 : 금속관 배관

③ Wiring : Twist pair선, 동축케이블, 차폐선, 프린트배선 등 활용

④ Grounding : 안전하고, 확실한 접지시공

⑤ 노이즈 방지용 트랜스 사용

절연트랜스	저주파대의 왜형, 고주파 Common mode noise 방지용
실드트랜스	고주파와 저대역의 Common mode noise 방지용
노이즈컷 트랜스	저주파~고주파의 Common mode noise 방지 및 고주파 이외는 normal mode noise
서지컷 트랜스	뇌서지 전류에 의한 노이즈 방지

(6) 잡음원의 최소화 : 결합의 최소화

(7) 회로의 노이즈에 대한 내력증가

(8) 잡음장해방지

4 교시

총 6문제 중 4문제를 선택하여 설명하시오. (각 25점)

01 변전실의 기본계획을 수립할 경우 다음 항목에 대하여 설명하시오.
1) 변전실 기본계획 : 위치, 구조, 면적, 배치
2) 설계 시 전기적 고려사항

답안 1. 변전실 기본계획

(1) 변전실 위치 선정 시 고려 사항

① 부하 중심에 가까울 것
② 기기의 반·출입이 용이할 것
③ 배전의 인입, 인출이 용이할 것
④ 침수 및 부식성 가스 체류가 없을 것
⑤ 화재, 폭발, 위험성이 적을 것
⑥ 장래 부하 증설에 대한 면적 확보가 용이할 것
⑦ 전기적, 건축적, 환경적인 면을 고려하고 종합적으로 경제적일 것

(2) 변전실의 구조

① 방화구조나 내화구조로서 불연재료로 구획되고 창문이나 출입구에는 방화문을 설치하며 비상구 방향으로 개폐가 가능할 것
② 창문의 파손으로 인해 빗물이 날아 들어오거나 조류나 짐승이 들어오지 않도록 고려할 것
③ 견고한 기초이고 충분한 내진 조치를 한 구조일 것

(3) 변전실 면적

① 면적에 영향을 주는 요소
㉠ 변압기 용량 및 수량
㉡ 수전전압 강압방식
㉢ 변전실 형식 및 기기 배치
㉣ 유지 보수에 필요한 여유 공간

② 면적 산출방법

방식	제1방식	제2방식	제3, 4방식
수식	$[m^2]=3.3\sqrt{kVA\times\alpha}$ 여기서, α는 6,000[m²] 미만 : 2.66 10,000[m²] 미만 : 3.55 10,000[m²] 이상 • 큐비클형식 : 4.3 • 형식자유 : 5.5	$[m^2]=k\times(kVA)^{0.7}$ 여기서, k는 특고압→고압 : 1.7 특고압→저압 : 1.4 고압→저압 : 0.98	• 제3방식 → $[m^2]=2.15(kVA)^{0.52}$ • 제4방식 → $[m^2]=5.5\sqrt{kVA}$
현실	국내 대형 건물의 전기실은 전체 건물의 약 1.5[%]		

(4) 배치

① 수 · 변전설비 전후면 조작 공간 확보

② 기기 및 벽 등과 충분한 공간 확보

▌기기배치 시 최소 이격거리▐

[단위 : mm]

구분	앞면	뒷면	열상호 간	옆면
특별고압반	1,700	800	1,400	600
고압, 저압 배전반	1,500	600	1,200	600
변압기 등	1,500	600	1,200	600

③ 관리가 편리한 동선 확보

④ 변전실을 효과적으로 이용하도록 기기배치

⑤ 발전기실, 전력감시실 등은 변전실과 인접하여 독립적으로 방화구획할 것

⑥ 축전지는 무보수 밀폐형으로 큐비클 내에 수납할 것

2. 변전실 설계 시 전기적 고려사항

(1) 시설장소 : 옥내, 옥외

(2) 수전전압 및 수전방식

① 22.9[kV] 특고압 수전전압

② 154[kV]급 이상 수전전압

③ 1회선 방식, 2회선 방식(평행 2회선, 루프 수전, 본선 + 예비선 수전) 3회선 이상 수전 방식(spot network 방식)

(3) 형태 : 개방형, 폐쇄형

(4) **절연물** : 건식, 몰드식, 유입식, 가스식 난연성(방재형), 저손실형 기기를 중심으로 적용한다.

(5) 부하 중심에 가까울 것

(6) 기기의 반 · 출입이 용이할 것

(7) 배전의 인입 · 인출이 용이할 것

(8) 발전기실과 축전지실에 근접한 장소

(9) 장래 부하 증설에 대한 면적 확보의 용이성

(10) 변전설비 시스템 구성 방법

02 신재생에너지 분산연계 시 전력계통 연계기준을 설명하시오.

comment KEC 503 기준+한전의 분산형 전원 연계에 의한 답안임

답안 **1. 계통 연계의 범위(KEC 503.1)**

(1) 분산형 전원설비 등을 전력계통에 연계하는 경우에 적용한다.

(2) 전력계통이라 함은 전기판매사업자의 계통, 구내계통 및 독립전원계통 모두를 말한다.

(3) 송배전계통에 접속하여 시설하는 태양광 발전설비, 연료전지 발전설비, 풍력 발전설비, 전기저장장치 등의 분산형 전원설비에 대하여 적용한다.

2. 시설기준(KEC 503.2)

(1) 전기 공급방식 등(KEC 503.2.1)

분산형 전원설비의 전기 공급방식, 측정장치 등은 다음에 따른다.

① 분산형 전원설비의 전기 공급방식은 전력계통과 연계되는 전기 공급방식과 동일할 것

② 분산형 전원설비 사업자의 한 사업장의 설비용량 합계가 250[kVA] 이상일 경우에는 송 · 배전계통과 연계지점의 연결상태를 감시 또는 유효전력, 무효전력 및 전압을 측정할 수 있는 장치를 시설할 것

(2) 저압계통 연계 시 직류유출방지 변압기의 시설(KEC 503.2.2)

① 분산형 전원설비를 인버터를 이용하여 전기판매사업자의 저압 전력계통에 연계

하는 경우 인버터로부터 직류가 계통으로 유출되는 것을 방지하기 위하여 접속점(접속설비와 분산형 전원설비 설치자측 전기설비의 접속점을 말함)과 인버터 사이에 상용주파수 변압기(단권변압기를 제외)를 시설할 것

② 분산형 전원의 연결점에서의 직류 유입 제한

연결점에서 직류전류는 최대 정격출력전류의 0.5[%]를 초과하지 않을 것

③ 다만, 다음을 모두 충족하는 경우에는 예외로 한다.

㉠ 인버터의 직류측 회로가 비접지인 경우 또는 고주파 변압기를 사용하는 경우

㉡ 인버터의 교류출력측에 직류 검출기를 구비하고, 직류 검출 시에 교류출력을 정지하는 기능을 갖춘 경우

(3) 단락전류 제한장치의 시설(KEC 503.2.3)

① 분산형 전원을 계통 연계하는 경우 전력계통의 단락용량이 다른 자의 차단기의 차단용량 또는 전선의 순시허용전류 등을 상회할 우려가 있을 때에는 그 분산형 전원 설치자가 전류제한리액터 등 단락전류를 제한하는 장치를 시설할 것

② 이 장치로도 대응할 수 없는 경우에는 그 밖에 단락전류를 제한하는 대책을 강구할 것

㉠ 특고압 연계 시, 타 배전용 변전소의 bank의 배전선로에 연계

㉡ 저압 연계 시 전용 TR를 통한 연계

㉢ 상위 전압의 연계(즉, 22.9[kV]의 연계용량 부족 시 154[kV]로 연계)

㉣ 기타 단락용량 대책 수립 적용

(4) 계통 연계용 보호장치의 시설(KEC 503.2.4)

① 계통 연계하는 분산형 전원설비를 설치하는 경우 다음에 해당하는 이상 또는 고장 발생 시 자동적으로 분산형 전원설비를 전력계통으로부터 분리하기 위한 장치 시설 및 해당 계통과의 보호협조를 실시할 것

㉠ 분산형 전원설비의 이상 또는 고장

㉡ 연계한 전력계통의 이상 또는 고장

㉢ 단독운전 상태

② '①'의 '㉡'에 따라 연계한 전력계통의 이상 또는 고장발생 시 분산형 전원의 분리시점은 해당 계통의 재폐로 시점 이전일 것

③ 이상 발생 후 해당 계통의 전압 및 주파수가 정상 범위 내에 들어올 때까지 계통과의 분리상태를 유지하는 등 연계한 계통의 재폐로방식과 협조를 이룰 것

④ 단순 병렬운전 분산형 전원설비의 경우에는 역전력 계전기를 설치할 것. 단, 「신에너지 및 재생에너지 개발 · 이용 · 보급촉진법」 제2조 제1호 및 제2호의 규정에 의한 신 · 재생에너지를 이용하여 동일 전기사용장소에서 전기를 생산하

는 합계용량이 50[kW] 이하의 소규모 분산형 전원(단, 해당 구내계통 내의 전기사용 부하의 수전계약 전력이 분산형 전원 용량을 초과하는 경우)으로서 '①'의 'ⓒ'에 의한 단독운전 방지기능을 가진 것을 단순 병렬로 연계하는 경우에는 역전력 계전기 설치를 생략할 수 있음

reference

보호장치 설치(한국전력공사 분산형 전원 배전계통 연계 기술기준 제18조)

분산형 전원 설치자는 고장발생 시 자동적으로 계통과의 연계를 분리할 수 있도록 다음의 보호계전기 또는 동등 이상의 기능 및 성능을 가진 보호장치를 설치하여야 한다.

① 계통 또는 분산형 전원측의 단락 · 지락고장 시 보호를 위한 보호장치를 설치한다.

② 적정한 전압과 주파수를 벗어난 운전을 방지하기 위하여 과 · 저전압 계전기, 과 · 저주파수 계전기를 설치한다.

③ 단순병렬 분산형 전원의 경우에는 역전력 계전기를 설치한다. 단, 「신에너지 및 재생에너지 개발 · 이용 · 보급촉진법」 제2조 제1, 2호의 규정에 의한 신 · 재생에너지를 이용하여 동일 전기사용장소에서 전기를 생산하는 용량 50[kW] 이하의 소규모 분산형 전원(단, 해당 구내계통 내의 전기사용 부하의 수전 계약전력이 분산형 전원 용량을 초과하는 경우에 한함)으로서 단독운전 방지기능을 가진 것을 단순병렬로 연계하는 경우에는 역전력 계전기 설치를 생략할 수 있다.

(5) 특고압 송전계통 연계 시 분산형 전원 운전제어장치의 시설(KEC 503.2.5)

분산형 전원설비를 송전사업자의 특고압 전력계통에 연계하는 경우 계통안정화 또는 조류억제 등의 이유로 운전제어가 필요할 때에는 그 분산형 전원설비에 필요한 운전제어장치를 시설할 것

(6) 연계용 변압기 중성점의 접지(KEC 503.2.6)

분산형 전원설비를 특고압 전력계통에 연계하는 경우 연계용 변압기 중성점의 접지는 다음의 사항을 고려하여야 한다.

① 전력계통에 연결되어 있는 다른 전기설비의 정격을 초과하는 과전압을 유발시키지 말 것

② 전력계통의 지락고장 보호협조를 방해하지 않도록 시설할 것

(7) 비의도적인 한전계통 가압(한국전력공사 분산형 전원 배전계통 연계 기술기준 제9조)

분산형 전원은 한전계통이 가압되어 있지 않을 때 한전계통을 가압해서는 안 된다.

(8) 동기화(한국전력공사 분산형 전원 배전계통 연계 기술기준 제8조)

① 분산형 전원의 계통 연계 또는 가압된 구내계통의 가압된 한전계통에 대한 연계에 대하여 병렬연계 장치의 투입 순간에 아래 표의 모든 동기화 변수들이 제시된 제한범위 이내에 있어야 한다.

② 만일 어느 하나의 변수라도 제시된 범위를 벗어날 경우에는 병렬연계 장치가 투입되지 않아야 한다(안전감전 사고우려 및 계통의 연계사고 사전예방차원임).

▌계통 연계를 위한 동기화 변수 제한범위▐

분산형 전원 정격용량 합계[kW]	주파수차 (Δf, [Hz])	전압차 (ΔV, [%])	위상각차 ($\Delta\phi$, [°])
0 ~ 500	0.3	10	20
500 초과 ~ 1,500 이하	0.2	5	15
1,500 초과 20,000 미만	0.1	3	10

(9) 감시 및 제어설비(한국전력공사 분산형 전원 배전계통 연계 기술기준 제10조)

comment 별도로 10점 예상

① 특고압 또는 전용변압기를 통해 저압 한전계통에 연계하는 역송병렬의 분산형 전원이 하나의 공통 연결점에서 단위 분산형 전원의 용량 또는 분산형 전원 용량의 총합이 100[kW] 이상일 경우 분산형 전원 설치자는 분산형 전원 연결점에 연계상태, 유·무효전력 출력, 운전 역률 및 전압 등의 전력품질을 감시하기 위한 설비를 갖출 것

② 한전계통 운영상 필요시 한전은 분산형 전원 설치자에게 '①'에 의한 감시설비와 한전계통 운영시스템의 실시간 연계를 요구하거나 실시간 연계가 기술적으로 불가 시 감시기록 제출을 요구할 수 있으며, 분산형 전원 설치자는 이에 응할 것

③ 분리장치로 전기품질 측정기능을 구비한 자동개폐기 또는 자동차단기를 설치할 경우 감시설비를 생략할 수 있다.

(10) 전기품질(한국전력공사 분산형 전원 배전계통 연계 기술기준 제15조)

구분	설명
직류유입제한	분산형 전원은 최대정격 출력전류의 0.5[%]를 초과하는 직류전류를 계통으로 유입시키지 말 것
역률	① 90[%] 이상 유지가 원칙임 ② 분산형 전원의 역률은 계통측에서 볼 때 진상역률(분산형 전원측에서 볼 때 지상역률)이 되지 않게 함을 원칙으로 할 것
플리커	분산형 전원은 빈번한 기동·탈락 또는 출력변동 등에 의하여 한전계통에 연결된 다른 전기사용자에게 시각적인 자극을 줄 만한 플리커나 설비의 오동작을 초래하는 전압동요를 발생시켜서는 아니 된다.
고조파	① 분산형 전원은 한전 "배전계통 고조파 관리기준"의 허용기준을 초과하는 고조파전류를 발생하지 않을 것 ② 22.9[kV] 이하의 종합고조파왜형률(THD)은 배전계통에서 5[%] 이하일 것

03 전동기의 전기적 고장원인에 대한 보호방식에 대하여 설명하시오.

답안 1. 전동기의 고장원인

(1) 전기적인 원인

① **과부하** : 전동기 2차측의 기계에 과중한 부하가 가해져 전동기에 열이 발생되면 그 열로 인한 전동기 권선의 절연이 파괴되어 소손된다.

② **결상**

㉠ 3상 전동기를 운전하기 위한 전선로에 3상 중 한 상의 결함이 생겨 단상으로 운전될 때 연결부위나 접촉기의 접점에서 많이 발생한다.

㉡ 전동기는 회전 토크의 부족으로 회전을 계속하지 못하고 정지하게 되며, 이때 건전상의 과도한 전류가 전동기를 소손시킨다.

③ **층간단락** : 전동기 권선 중 한 상의 권선이 절연의 취약 또는 열화로 인해 동일 상의 coil이 서로 단락되어 소손된다.

④ **선간단락** : 전동기 권선의 열화로 인한 절연이 취약하게 되어 선간 교차부분이 서로 단락을 일으켜 소손된다.

⑤ **권선지락** : 권선의 열화로 인한 또는 절연의 취약부분에서 전동기의 프레임으로 누설전류가 흘러 그 누설전류로 인해 1선 완전지락 상태로 진전되어 전동기가 소손된다.

⑥ **순간과전압의 유입** : 전선로에 유입되는 고전압으로 인해 권선의 내전압을 초과하여 유입되면 소손되나 피뢰기에 의해 보호되고 있어서 극히 희박한 현상이다.

(2) 기계적인 원인

① **구속** : 전동기가 과중한 부하로 인해 회전하지 못하고 정지된 상태를 말하며, 계속 전원이 투입되어 있을 경우, 이때 흐르는 전류는 정격전류의 약 6배 이상이 흐르게 되며 계속 그 상태가 유지되면 발생되는 열에 의해 소손된다.

② **전동기의 회전자가 고정자에 닿는 경우** : 전동기 shaft의 이상으로 회전자가 고정자를 스치고 돌아갈 때 발생하는 열에 의해 소손된다.

③ **축 베어링의 마모나 윤활유의 부족** : 전동기의 축 베어링에서 발생한 열의 전도로 인하여 전동기의 권선까지 온도 상승을 일으켜 소손된다.

2. 저압 유도전동기 보호방식

(1) 저압 유도전동기 보호방식의 기본개념

① 보호 협조 그래프

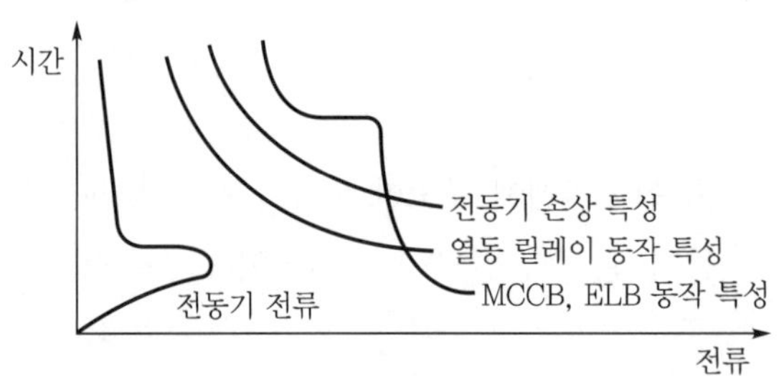

▌저압 전동기의 보호 협조도▐

② 보호기

보호장치	보호기능				
	과부하	결상	역상	지락	단락
EOCR(4E)	○	○	○	○	–
MCCB	○	–	–	–	○

㉠ EOCR : 전류 정정 범위가 넓고, 동작시간 변경이 가능하며, 4E는 과부하, 결상, 역상, 지락의 4가지 보호기능을 수행한다.

㉡ MCCB : 단락보호는 가능하나 전류 정정이 어렵다.

㉢ MC : 전동기 운전제어가 목적(전자 개폐기)이다.

(2) 저압 유도전동기 구체적인 보호방식

① 과부하 및 구속보호

㉠ 유도전동기는 과부하에서 비교적 천천히, 구속에서는 급격히 온도가 상승한다.

㉡ 열특성상 과부하 영역은 구속됐을 때의 허용시간에 주목해서 보호를 생각하는 것이 포인트이다.

㉢ 고빈도 시동, 단시간의 반복 과부하 등 → 권선매입형 서모 스타트 사용

㉣ 보호방식 : 전자식 과전류 계전기(EOCR)

㉤ 전동기 적용 시 저압 : E종(120[℃]), 고압 B종(130[℃])

▌유도전동기용 열동형 보호계전기 특성▐

주위 온도	비동작전류	2시간 이내 동작전류	2분 이내 동작전류	2~30초 동작전류
20[℃]	100[%]	120[%]	200[%]	600[%]

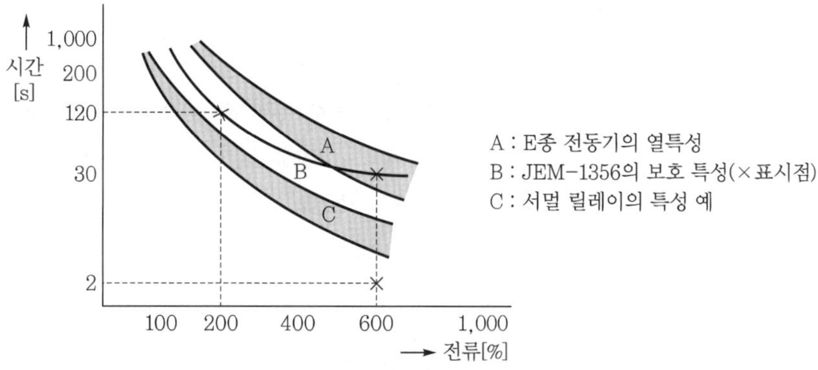

▌전동기의 열특성과 보호곡선협조▐

② 단락보호 및 지락보호

㉠ 전동기 권선의 단락 및 배선회로의 단락사고 시 정격의 10~수십 배가 된다.

㉡ 회로의 전선, 제어기기 전원보호, 다른 계통으로 파급 방지를 위해 사고 회로만 임시 차단한다.

㉢ 단락보호용으로는 배선용 차단기, 모터 브레이크, ELB, 퓨즈 등을 사용한다.

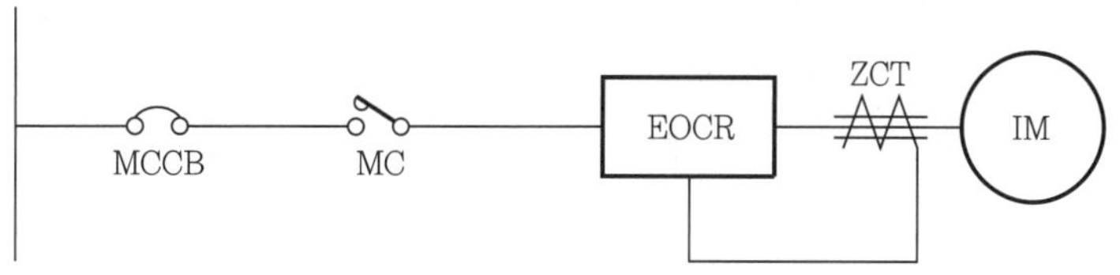

▌저압 전동기의 단락보호방식▐

③ 결상보호

㉠ 원인

- 배전계통 : 퓨즈 사용 시 1상 용단, 1선 단선 등으로 발생한다.
- 전동기계통 : 전원측 퓨즈의 1선 용단 등의 전원결상, Y－△ 시동 시의 1선 단선으로 상내 결상, 변압기 1차측 결상 등이 발생한다.

㉡ 결상보호용 보호계전기 : 열동형 과전류 계전기(2E), 정지형 과전류 계전기(3E)

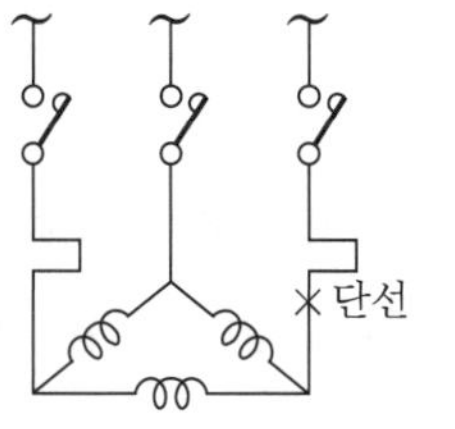

▌전원측 퓨즈 1선 용단▐

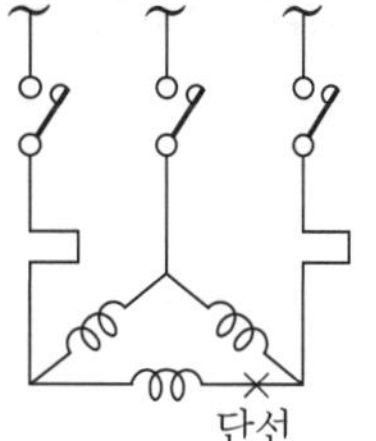

▌변압기 1차측 상내 단선으로 인한 결상▐

④ 과전압, 부족전압 보호

㉠ 과전압보다 부족전압이 문제가 되는 경우가 많다.

㉡ 과전압, 부족전압은 온도상승을 유발해 정격전압 근처에서 사용한다.

㉢ 시동 시 포함해 단시간이라도 변동폭은 ±10[%] 이내로 억제한다.

㉣ 전자 접촉기의 허용전압은 −15[%], +10[%]이므로 시동 시 주의해야 한다.

㉤ 보호 : 과전압계전기(OVR), 부족전압계전기(UVR) 사용

⑤ 역상 및 불평형 보호

㉠ 역상

- 전동기 역전에 의한 기계적 고장 방지가 목적이다.
- 수중 펌프는 확인 곤란하며 고정화 설비는 시운전 시 확인 가능하다.

㉡ 불평형 보호

- 원인 : 배전계통에 V결선 변압기가 있을 때, 대용량 정류기 사용 시, 큰 단상 부하가 있는 경우를 말한다.
- 영향 : 전압 불평형 2~3[%], 전류 불평형 20~30[%]가 되며, 불평형 시 권선이 부분 과열되고 정격출력으로 운전이 불가능하다.

㉢ 대책 : 역상과 불평형 양쪽의 보호 기능을 가진 정지형 보호계전기(3E)를 사용하고, 최근에는 4E를 적용한다(지락기능 추가).

⑥ 지락 및 누전 보호

㉠ 목적 : 감전 방지와 화재 방지

㉡ 전동기 보호로 권선의 절연 열화와 단락사고에 이르기 전 보호가 가능하며 철심과 기타 구조부의 손상을 방지할 수 있어 유용하다.

㉢ 인체보호용 누전차단기의 경우 0.03초의 30[mA] 고감도 고속형을 사용한다.

㉣ 인체가 물에 젖은 상태에서 전기기계를 사용할 경우에는 15[mA] → 0.03초 이내의 누전차단기 사용 의무화(KEC)

3. 고압 유도전동기 보호방식

(1) 기본개념

① 진공차단기(VCB)와 릴레이(relay)의 조합에 의한 보호와 진공접촉기(VCS)+전력퓨즈(power fuse)와 릴레이(relay)의 조합에 의한 보호가 있다.

② 회로도

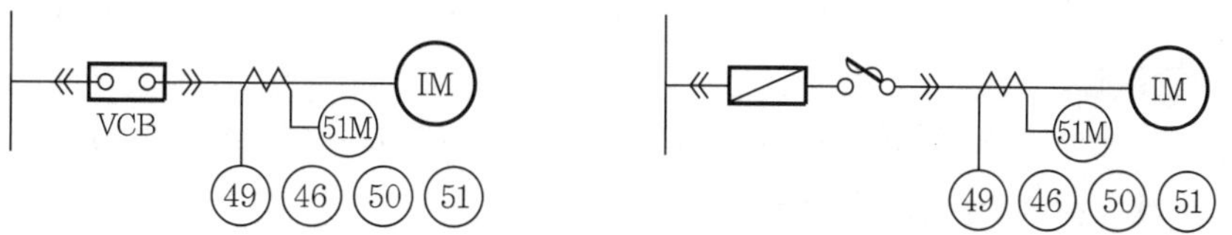

▌고압 유도전동기 보호방식(VCB단독방식)▐ ▌고압 유도전동기 보호방식(VCB와 P.F협조방식)▐

(2) 보호방식

① **단락 보호** : 과전류 계전기의(50/51) 순시요소를 이용한다.

② **과부하 보호**

㉠ 피보호 유도전동기의 과부하 내량 특성과 잘 협조되는 강반 한시형(정한시)의 과전류 계전기를 사용한다.

㉡ 과부하 보호와 단락보호는 보통 1개의 계전기 내에(50/51) 포함된 순시요소와 한시요소를 사용한다.

③ **지락 보호**

㉠ 반한시성 지락 과전류 계전기(OCGR)를 사용한다.

㉡ 순시형을 사용할 경우 영상 CT를 사용한다(모터 기동 시 큰 전류에서 CT 특성차에 의한 오동작 방지를 위해).

④ **저전압 보호** : 부족전압계전기(UVR : 27)를 사용한다.

⑤ **기타의 보호**

㉠ 불평형 전류에 의한 손상 방지

- 전류 불평형 계전기 : 각상 전류의 크기 직접 비교
- 역상 과전류 계전기 : 역상 필터 사용

㉡ 대형 모터 보호 : 단락 보호에 순시 과전류 계전기 대신 차동계전기를 사용한다.

⑥ **계전기 정정 시 유의사항**

㉠ 순시요소 정정은 전동기의 시동전류(500~700[%]), 돌입전류(수~수십 배)에 동작하지 않도록 정정함

㉡ 전동기의 돌입전류 : 직류분이 포함되고 제1파에서는 시동전류의 130~150[%], 제2파에서는 110~120[%], 지속시간은 3~4[Hz] 정도임

㉢ 과전류 계전기의 한시요소 정정 : 정격전류의 150[%] 정정함

㉣ 계전기의 동작시간 : 전동기의 Thermal limit curve 이하로 정정(일반적으로 hot 상태를 기준)

㉤ 순시 과전류 계전기의 정정은 보통 단상 단락전류의 0.7배 이하로 하며 상위 Relay의 정정시간과 보호협조한다.

04 전기작업의 위험성 평가에 관한 기술지침(KOSHA GUIDE)에서 다음 사항을 설명하시오.
1) 일반사항(위험평가계획 수립, 전기의 위험성 및 안전대책)
2) 전기작업 위험성 평가
3) 전기작업 안전대책(관리기준 설정, 안전대책 실시 및 조치)
4) 기록 및 관리

답안 **1. 일반사항(위험평가계획 수립, 전기의 위험성 및 안전대책)**

(1) 위험평가계획 수립

① 위험성 평가를 할 때에는 사전에 위험성 평가계획서를 작성하며, 이 계획서는 다음 사항을 포함한다.

㉠ 실시의 목적 및 방법

㉡ 실시 담당자 및 책임자의 역할

㉢ 실시 연간계획 및 시기

㉣ 실시의 주지방법

㉤ 실시상의 유의사항

② 위험성 평가 실시시기는 다음과 같다.

㉠ 위험성 평가는 최초평가 및 수시평가, 정기평가로 구분하여 실시한다. 이 경우 최초평가 및 정기평가는 전체 작업을 대상으로 한다.

㉡ 수시평가는 다음에 해당하는 계획이 있는 경우에 해당 계획의 실행을 착수 전에 실시하고, 계획의 실행이 완료된 후에는 해당 작업을 대상으로 작업 개시 전에 실시한다.

- 전기설비의 설치 · 이전 · 변경 또는 해체
- 전기설비의 정비 또는 보수
- 작업방법 또는 작업절차의 신규 도입 또는 변경
- 중대 산업사고 또는 산업재해 발생
- 그 밖에 사업주가 필요하다고 판단한 경우. 다만, '중대 산업사고 또는 산업재해'에 해당하는 재해가 발생한 경우에는 재해발생 작업을 대상으로 작업을 재개하기 전에 실시한다.

㉢ 정기평가는 최초평가 후 매년 정기적으로 실시하되, 다음의 사항을 고려한다.

- 전기설비의 설치 기간 경과에 의한 성능 저하

- 근로자의 교체 등에 수반하는 안전보건과 관련되는 지식 또는 경험의 변화
- 안전보건과 관련되는 새로운 지식의 습득
- 현재 수립되어 있는 위험성 감소대책의 유효성 등

(2) 전기의 위험성

① 전기에너지에 의한 감전이나 화상으로 인한 재해의 발생빈도는 높지 않으나 일단 발생하게 되면 치사율이 아주 높게 나타나고 있다. 또한 전기는 다음과 같은 특성을 갖고 있기 때문에 더욱 위험하다고 할 수 있다.

㉠ 전기는 형체, 소리는 물론 냄새도 없기 때문에, 전기가 흐르고 있는 곳(충전부)을 외관상으로는 전혀 확인할 수 없다.

㉡ 전기의 속도는 빛의 속도와 같이 아주 빠르므로, 사고 발생 시에는 판단에 의해 대피할만한 시간적 여유가 없다.

② 단락사고로 인해 전기아크가 발생하는 경우, 아주 짧은 시간이지만 고온의 열에 의한 화상재해 또는 강한 자외선 방사에 의해 눈이 손상될 수 있다.

③ 전기아크 · 과열 및 누설전류는 인화성 물질을 점화시킴으로써 화재나 폭발사고의 원인이 될 수 있다.

④ 대부분의 감전재해는 다음과 같이 설비에서 작업(이하 '활선작업')하거나 그 인근에서 작업(이하 '활선근접작업')하는 중에 발생하게 된다.

㉠ 전압이 인가되지 않은 상태라고 생각했으나 실제로는 인가된 경우

㉡ 전압이 인가된 상태라는 것을 알고 있지만 작업자가 교육훈련을 받지 않았거나 적절한 방호장비를 갖추지 않은 경우 또는 적절한 사전예방조치를 취하지 않은 경우

(3) 안전대책의 일반사항

① 사업을 총괄하는 안전보건관리책임자(또는 대표이사) 등은 위험성 평가를 총괄하고 안전관리자 또는 안전관리부서장에게 위험성 평가 실시를 주관하도록 한다.

② 작업내용 등을 상세하게 파악하고 있는 관리감독자는 유해위험요인의 파악, 위험성의 추정, 결정, 위험성 감소대책을 수립 · 실행한다.

③ 유해위험요인을 파악하거나 감소대책을 수립하는 경우 특별한 사정이 없는 한 해당 작업을 하는 근로자를 참여하게 한다.

④ 안전관리주관부서장(또는 위험성 평가 주관팀장)은 평가하기 위한 필요한 교육을 실시한다. 이 경우 위험성 평가에 대해 외부에서 교육을 받았거나, 관련 학문을 전공하여 관련 지식이 풍부한 경우에는 필요한 부분만 교육을 실시하거나 교육을 생략할 수 있다.

2. 전기작업 위험성 평가

(1) 위험성평가 절차

① 1단계 – 사전준비[평가대상 공정(작업) 선정]

정확한 작업공정의 분류가 중요하다. 작업공정 흐름도에 따라 평가대상 공정이 결정되면 평가대상 및 범위를 확정한다.

② 2단계 – 유해 · 위험요인 파악(도출)

가장 중요한 단계, 작업공정(단위작업)별 위험요인을 상세히 파악한다.

③ 3단계 – 위험성 추정

위험요인을 심사하여 정량화하는 단계이다. 가능성과 중대성의 조합으로 추정한다.

④ 4단계 – 위험성 결정

사업장 특성에 따라 기준이 다를 수 있으며 위험성을 추정한 결과 허용할 수 있는 위험, 허용 불가능한 위험을 결정하는 것을 말한다.

⑤ 5단계 – 위험성 감소대책 수립 및 실행

(2) 위험성 평가팀 구성

위험성 평가팀의 구성은 해당 공종 및 설비에 경험이 있는 다음과 같은 전문가들로 구성한다.

① 해당 설비 또는 작업 담당 관리감독자(부서장)
② 해당 설비 또는 작업자
③ 안전 또는 보건관리자(위험성 평가기법 숙지자)
④ 기타 해당 설비 또는 작업에 관련된 전문가 등

(3) 위험성 평가 자료 준비

위험성 평가에 필요한 자료는 다음과 같다.

① 관련 전기설비 도면 및 선로 계통도
② 작업 절차서(작업지침서)
③ 개인보호구, 방호구, 활선작업용 기구, 활선작업용 장치
④ 기타 위험성 평가에 필요한 참고자료 등

(4) 위험성 평가 실시

① 안전보건상 유해위험정보를 작성한다.
② 작업공정별 유해위험요인을 파악한다.
③ 위험성 평가표를 작성한다.
④ 위험성 추정은 부상 등의 발생가능성과 중대성의 곱셈식으로 위험성을 추정한다.

3. 전기작업 안전대책(관리기준 설정, 안전대책 실시 및 조치)

(1) 안전대책 관리기준 설정

① 안전대책은 기본적으로 법적기준을 만족해야 하며, 또한 수용가능 위험수준으로 위험성을 낮출 수 있어야 하며, 그 관리기준은 다음 표와 같다.

<table>
<tr><th colspan="2">위험성 크기</th><th>관리기준</th><th>개선 방법</th></tr>
<tr><td>16~20</td><td>매우 높음</td><td rowspan="2">• 위험을 줄일 때까지 작업을 금함
• 자원의 투입에도 불구하고 위험이 줄어들지 않으면 작업을 계속 금지</td><td rowspan="2">위험성 불허
(즉시 작업 중지)</td></tr>
<tr><td>15</td><td>높음</td></tr>
<tr><td>9~12</td><td>약간 높음</td><td>• 우선적으로 위험을 줄여야 한다.
• 조치는 최단기간 내에 완료한다.
• 위험이 현재 진행 중이면 작업을 중지</td><td rowspan="2">조건부 위험성 수용
(현재 위험이 없으면 작업을 계속하되, 위험감소활동을 실시)</td></tr>
<tr><td>7~8</td><td>약간 높음</td><td>• 위험을 줄이기 위한 대책이 필요
• 계획된 일정 이내에 작업을 완료</td></tr>
<tr><td>4~6</td><td>낮음</td><td>• 추가로 조치할 필요는 없음
• 간단한 조치사항을 생각해 볼 수 있음
• 관리상태가 유지되도록 감시 필요</td><td rowspan="2">위험성을 수용
(현 상태로 계속 작업 가능)</td></tr>
<tr><td>1~3</td><td>매우 낮음</td><td>• 별도의 조치/개선계획 불필요</td></tr>
</table>

② 위험성이 7 이상인 경우에는, 즉시 작업을 중지하고, 위험성을 감소시키거나 제거하기 위한 개선대책을 수립 · 시행하고, 위험성을 재평가한 이후 수용 가능한 위험으로 저감시킨 후에 작업하도록 한다.

③ 위험성이 7 이상인 작업에 대해서는 안전보건관리책임자(또는 대표이사)에게 보고하고 위험성이 감소될 때까지 작업을 중지한다.

(2) 안전대책 실시 및 조치

① 위험관리 개선계획 준비

㉠ 위험성 평가 후 평가팀과 관련 부서는 상호 충분한 의견과 정보를 교환하여, 적합한 개선계획을 작성한다.

㉡ 위험성 개선계획 작성 시 개선해야 할 부분은 물론, 현 상태 유지(안전보호구 착용 등) 확인이 필요한 경우도 그 내용을 포함한다.

㉢ 이 개선 계획서에는 개선계획이 이행될 수 있도록 완료시기를 명시할 것

② 개선계획의 적합성 검토

㉠ 작업계획서를 접수한 안전관리주관부서에서는 평가 및 개선 계획의 적합성을 검토하고, 적합할 경우 위험성 점검표에 그 내용을 반영하고, 작업현장의 안전점검 시 위험성 개선내용을 확인한다.

㉡ 위험성 평가 절차를 수행한 후 얻어진 위험 저감대책이 실효성이 있는지

등을 평가팀에서 최종적으로 검토하여야 하며, 검토 시 고려할 사항은 다음과 같다.

- 위험 저감대책이 현실적인지에 대한 여부
- 새로운 위험요인이 발생할 가능성이 있는지에 대한 여부
- 위험저감대책 적용 후 위험성이 허용가능한 수준으로 저감되었는지 여부
- 위험성이 높은 순으로 저감대책이 이루어졌는지 여부

③ 위험성 평가 결과의 기록 보존 및 활용

㉠ 위험성을 평가한 후 평가팀은 반드시 위험성 평가 점검표를 작성한다.

㉡ 확정된 위험성 평가 점검표는 작업 현장에서 근로자 및 관련자의 안전을 지키기 위해 사용하여야 한다.

㉢ 작업책임자는 동일한 작업이 매일 반복되는 경우에도 매일 해당 작업에 대한 점검표에 따라 위험요인을 파악하여 작업자를 교육하고 대책을 강구, 시행하고 위험성 평가 점검표를 제출하여야 한다.

㉣ 작업책임자는 작업공정 및 공종에 따른 위험성 평가 점검표에 따라 위험요인을 체크하여 대책을 강구, 시행하고 위험성 평가 점검표를 제출하여야 한다.

④ 작업계획서의 관리 및 활용

㉠ 안전관리주관부서

- 작업 전 평가, 정기평가 및 필요시 평가 후 작성된 작업계획서를 관리하여 차기 위험성 평가 시행 시 기초자료로 활용하도록 한다.
- 안전작업계획서 책자 또는 파일로 관리하여 설비 및 작업분류에 대한 위험성 감소 대책의 흐름을 알아보기 용이하도록 한다.

㉡ 발주/담당부서

- 발주부서 또는 담당부서는 작업계획서를 활용하여 작업자에게 전기설비 및 작업의 위험요인에 대한 교육을 실시한다.
- 작업책임자는 설비 및 작업현장의 안전지도 점검에 활용하도록 한다.

4. 기록 및 관리

(1) 위험성 평가가 완료되면 위험성 평가를 실시한 내용을 문서화하여 기록으로 3년 이상 보존하여야 한다.

(2) 기록으로 남겨야 할 위험성 평가 실시 결과는 다음과 같다.

① 위험성 평가를 위해 사전조사 한 안전보건정보 평가대상 공정, 작업의 명칭 또는 구체적인 작업내용

② 유해 · 위험요인의 파악

③ 위험성 추정 및 결정

④ 위험성 감소대책 및 실행
⑤ 위험성 감소대책의 실행계획 및 일정
⑥ 그 밖에 사업장에서 필요하여 정한 사항

05 매슬로우(Abraham H. Maslow)의 욕구 5단계에 대하여 설명하시오.

답안 "chapter 02의 section 06. 산업심리 관련(인간공학 등) 034 문제"의 답안 참조

06 불안전한 행위 배후요인과 대책을 설명하고, 근로자의 과오를 방지하기 위한 설비 및 작업환경 측면의 대책을 설명하시오.

답안 **1. 불안전한 행위 배후요인**

"chapter 02의 section 06. 산업심리 관련(인간공학 등) 036 문제 1."의 답안 참조

2. 불안전한 행위에 대한 대책

(1) 교육적 대책

안전은 안전에 대한 의식에 상당히 많은 영향을 받는다. 이러한 의미에서 안전에 관한 교육훈련은 다른 어떠한 대책보다 중요한 의미가 있다.

① 작업에 관한 교육훈련과 작업 전 회의

㉠ 작업내용을 충분하게 숙지시켜 안전작업의 기본이 습관화되어야 하고 시스템 내부에 대해서도 충분한 지식을 가지고 있어야 한다.

㉡ 작업 직전에는 작업순서, 예상되는 위험요인 등에 대해 소집단 회의 등을 통하여 정확하고 안전한 작업이 수행될 수 있도록 안전의식을 고양한다.

② 모의훈련

㉠ 사고에 가까운 체험을 하면서 안전지식이 습관화되도록 하는 방법으로 모의훈련이 있다.

㉡ 실제로, 사고를 체험하는 대신에 컴퓨터 등으로 모의적 상황을 프로그램하여 조치훈련을 실시하는 방법이다.

③ 소집단 활동

소단위 작업 집단을 기준으로 현장에서 함께 대화를 하면서 작업순서나 안전 point의 의식을 향상시키는 활동이다. 예로서 위험예지활동이 있다.

(2) 관리적 대책

인간은 심리적으로나 육체적으로 여러 가지 한계를 가지고 있다. 따라서 제도적으로 정기휴식, 정기검사 등의 지속적인 관리가 필요하다.

① 작업자의 심리적, 생리적 상태 관찰

㉠ 작업 책임자는 작업 전 작업자에게 작업내용에 관한 주지도 중요하지만 작업자의 신체적 · 정신적 이상유무를 충분하게 관찰하여야 한다.

㉡ 작업자의 사회생활, 동료 작업원과의 인간관계까지도 고려하여 작업에 투입할 수 있어야 한다.

② 분위기 조성

㉠ 조직적으로 안전의 중요성에 대하여 엄격한 분위기를 조성할 필요가 있다.

㉡ 조직원의 사기를 함양하여 인간관계를 좋게 하며 의사소통이나 상사와의 연결을 원활히 하여야 한다.

③ 설비 · 환경의 안전개선 : 인간의 특성으로부터 설비, 작업환경, 시스템의 결합 등 문제점을 조직적으로 분석하고 나아가 개선노력이 있어야 한다.

④ 정기 건강진단 : 작업자의 신체적, 정신적인 건강 상태를 정기적으로 검진하여 특정작업에 부적격자를 사전에 예방조치하거나 부적합 작업에서 배제한다.

3. 인간과오의 예방대책으로서 설비 및 작업환경 측면의 대책

"chapter 02의 section 06. 산업심리 관련(인간공학 등) 036 문제 3."의 답안 참조

제132회 기술사 (24.01.27. 시행)

시험시간 : 100분

분야	안전관리	종목	전기안전기술사	수험번호		성명	

1 교시 총 13문제 중 10문제를 선택하여 설명하시오. (각 10점)

01 변압기의 전압 1차 22.9[kV], 2차 380/220[V], △-Y 결선 방식의 중성점 직접 접지계통에 대하여 다음 사항을 설명하시오.
1) 2차측 전로의 대지전압은 몇 [V]인지 쓰시오.
2) 단선결선도를 그려서 설명하시오.

답안 1. 2차측 전로의 대지전압

대지 380[V]이므로 대지전압은 380 / $\sqrt{3}$ 하면 220[V]이다.

2. 단선결선도 작성과 설명

(1) 계통도

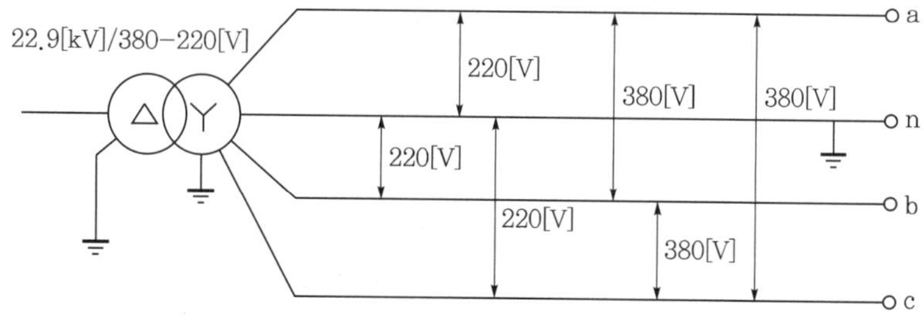

(2) 3상 4선식 220/380[V] 선로에서 위의 그림과 같이 대지전압은 220[V]이다.

(3) 선간전압은 380[V]이다.

(4) 220[V]는 주로 단상용 소동력과 조명용 전원에 공급되는 전압이다.

(5) 380[V]는 3상 전원을 적용하는 동력부하의 전원공급전압이다.

02 3상 380[V] 평형전로에 설치된 누전차단기에 내장된 영상변류기(ZCT, Zero Current Transformer)에 대하여 다음 사항을 설명하시오.
1) 영상변류기의 출력전류는 몇 [A]인지 쓰시오.
2) 3상 벡터도를 그려서 설명하시오.

comment 2023년도 소방기술사에서도 출제된 문항이 2024년도에 전기안전기술사에 다시 나옴

답안 1. 영상변류기의 출력전류(즉, 영상변류기의 정격)

(1) ZCT의 정격 1차 전류

① 정격 1차 전류는 일반 CT와 같다.

② IEC에서 추천하는 값은 10, 15, 20, 30, 50, 75[A]이다.

(2) ZCT의 정격 영상전류

① 3상 전류 중 지락고장 시의 영상전류를 정격영상 1차 전류라 하며 정격영상 1차 전류는 200[mA]를 표준으로 한다.

② 영상전류의 합에 의한 지락계전기에 검출되는 영상전류를 정격영상 2차 전류라 하며 정격영상 2차 전류는 1.5[mA]이다.

2. ZCT의 3상 벡터도

(1) 접속도

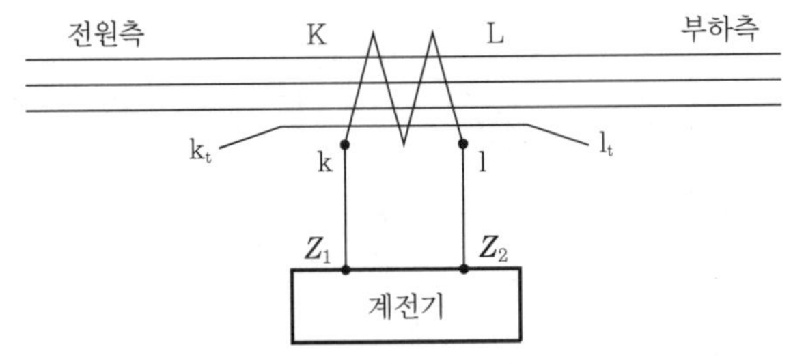

▌ZCT 접속방법▐

여기서, 단자 k_t, l_t : 시험 단자

k, l : 전원측 2차 단자, 부하측 2차 단자

K, L : 전원측 1차 단자, 부하측 1차 단자

(2) 영상변류기 원리 및 구조

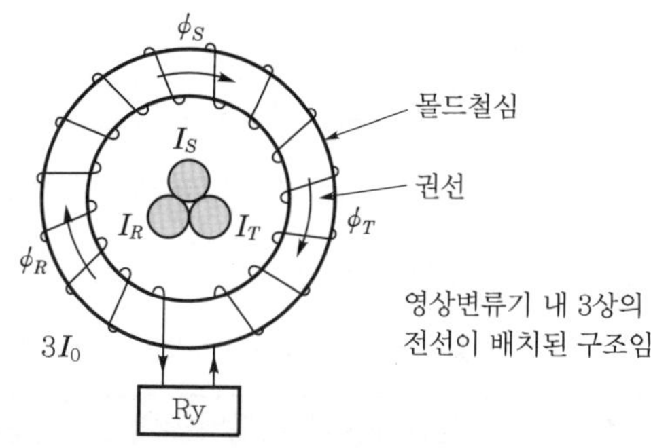

① 1차 전류에 영상전류가 포함되지 않을 때

$I_R + I_S + I_T = I_{R1} + I_{S1} + I_{T1} + I_{R2} + I_{S2} + I_{T2} = 0,\ \phi_R + \phi_S + \phi_T = 0$

$i_R + i_S + i_T = 0$

② 1차 전류에 영상전류가 포함될 때(1선 지락 시)

$I_R + I_S + I_T = (I_{R1} + I_{R2} + I_{R0}) + (I_{S1} + I_{S2} + I_{S0}) + (I_{T1} + I_{T2} + I_{T0}) = 3I_0$

즉, $3I_0 \rightarrow 3\phi_0 \rightarrow 3i_0$

(3) 벡터도

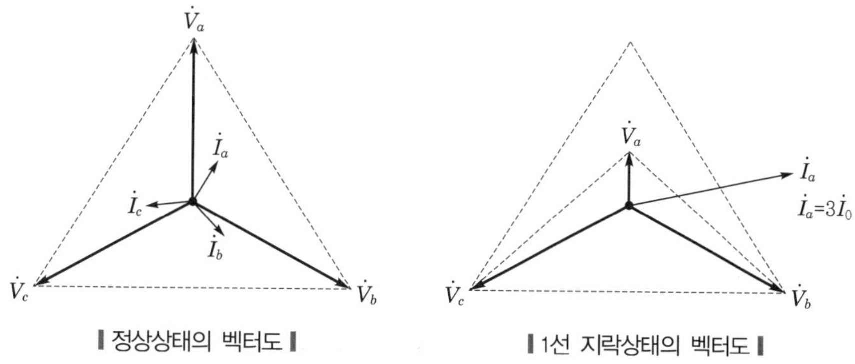

❙ 정상상태의 벡터도 ❙ ❙ 1선 지락상태의 벡터도 ❙

03 안전심리와 사고에서 의식 수준 단계(제0단계 – 제4단계)를 분류하여 설명하시오.

답안 **1. 안전심리 5대 요소**

(1) 동기(Motive) : 사람의 마음을 움직이는 원동력

(2) 기질(Temper) : 인간의 성격, 능력 등 개인특성

(3) 감정(Emotion) : 사고를 일으키는 정신적 동기

(4) 습성(Habits) : 인간행동에 영향을 미칠 수 있는 것

(5) 습관(Custom) : 성장과정을 통해 형성된 특성 등이 자신도 모르게 습관화된 현상을 말하며, 동기, 기질, 감정, 습성이 습관에 영향을 미칠 수 있다.

2. 의식수준 단계(제0단계 – 제Ⅳ단계)

| 시모토 쿠니에가 제시한 의식수준 5단계 |

구분	뇌파	의식Mode	주의 작용	생리의 상태	신뢰성
0단계	δ파	• 실신 • 무의식	• zero	• 수면 • 뇌발작	0
Ⅰ단계	θ파	• 의식모호 • 긴장의 과소 (subnormal)	• 활발하지 못함 (inactive) • 빌빌거림	• 취중, 졸음 • 단조, 피로	• 0.9 이하 • 낮다.
Ⅱ단계	α파	• 편안한 상태 (relaxed) • 이완상태 • 정상상태	• 수동적 (inactive)	• 안정상태 • 휴식한 경우 • 정상적 작업 시	• 0.99~0.99999 (9가 5개) • 다소 높다.
Ⅲ단계	β파	• 명석한 상태 (clear) • 의식이 분명 • 정상상태	• 능동적 (active) • 활발한 상태	• 적극적 활동의 경우 • 판단 후 행동 • 긴급상태를 의식하고 행동	• 0.999999 (9가 6개) • 매우 높다.
Ⅳ단계	전자파 또는 β파	• 흥분상태 (excited) • 긴장 과다	• 일점에 집중 • 판단정지	• 당황 • 패닉상태 • 긴급방위반응 상태	• 0.9 이하 • 낮다.

[비고] 주의 사항 : 0단계부터 시작하여 Ⅳ단계까지 총 5단계로 구분됨. Ⅰ단계와 Ⅳ단계의 수치가 동일함

04 수전설비에서 사용하는 전력퓨즈의 장 · 단점을 각각 5가지 설명하시오.

답안 "chapter 14의 section 02. 차단기와 단락전류 023 문제"의 답안 참조

05 변류기(CT, Current Transformer) 개방 시 2차측 고전압이 유기되는 이유와 대책 3가지를 설명하시오.

답안 "chapter 14의 section 03. 변성기 028 문제"의 답안 참조

06 전원시스템에서 고조파 대책을 계통측, 수용가측, 피보호기기로 구분하여 각각 3가지를 설명하시오.

답안 **1. 고조파 개념**

(1) **정의** : 고조파(harmonics)란 기본파의 정수배를 갖는 전압, 전류를 말하며 일반적으로 제50조파까지이다. 그 이상은 고주파(high Frequency) 혹은 noise로 구분된다.

(2) 전력계통에서 논의되는 고조파는 제5조파에서 제37조파까지이다.

2. 대책(계통측, 수용가측, 피보호기기에 있어 고조파 대책)

(1) 계통측 대책

① **단락용량 증대** : SCR(Short Current Ratio)을 높여 허용기준강화(IEEE519) 및 굵은 전선을 사용하여 저항과 리액턴스를 저감시킨다.

② **공급선로 전용화** : 타 기기에 영향 최소화

③ **계통 절체** : 선로정수 변경 → 계통공진 회피

④ **배전선 선간전압의 평형화** : 정류기에 공급전원의 불평형될 경우는 제3고조파 발생이 크므로 정류기용 배전선로 선간전압을 평형화시킨다.

⑤ HVDC 적용 시 다펄스변환장치를 적용한다(6펄스 방식보다는 12펄스 방식 적용). (예 제주↔육지(해남)간 101[km], 181[kV], 150[MW]×2회선)

(2) 수용가측의 대책

① **변환기의 다펄스화** : 고조파 전류 크기$\left(I_n = k_n \dfrac{I_1}{n}\right)$는 n에 반비례 즉, 펄스수를 늘려 고조파를 저감시킨다.

② **PWM방식 채택** : Power Transistor 등의 소자를 사용하여 인버터, 컨버터의 입출력 파형을 다수의 펄스로 변환하여 사용한다.

부록

③ **변압기의 △결선** : 제3고조파를 델타결선 내에서 순환시켜, 고조파 에너지를 열로서 감소시킨다. 단, 용량의 여유를 15[%] 이상 감안하여 변압기용량을 선정한다.

④ **ACL, DCL설치** : 인버터의 AC, DC측에 리액터를 설치, 콘덴서에 의한 전류 피크값 완화효과(단, 리액터 클수록 효과, 전압강화)

⑤ **위상변위** : 변압기 2대를 각각 △, Y결선 시 위상차 30° 발생 → 제5, 7고조파 상쇄

⑥ Active Filter 설치

⑦ Passive Filter 설치

(3) 피보호기기에 있어 고조파 대책

① **직렬리액터 설치** : 전력용 콘덴서에 적정용량의 직렬리액터(유도성으로 조정) 설치하고, 기기자체 내량 강화

② **변압기 설계시 K-factor 개념 적용** : K-factor란 비선형부하들에 의한 고조파 영향에 대하여 변압기가 과열현상 없이 안정적으로 공급할 수 있는 능력을 말한다.

③ **용량 증대** : 고조파전류에 견딜 수 있도록 자체 내량을 증대시킨다.

④ **중성선 NCE(Neutral Current Eliminator) 설치** : NCE는 일종의 Zig-Zag결선으로 영상분에 대하여 임피던스를 낮게 하여 영상분은 NCE를 통해 순화되고, 정상, 역상분은 통과시킨다.

07 전기자동차의 충전시설 등의 방호장치 시설과 자주식 시설에 대하여 설명하시오.

답안 1. 충전장치 등의 방호장치 시설(KEC 241.17.5)

충전장치 등의 방호장치는 다음에 따라 시설하여야 한다.

(1) 충전 중인 전기자동차의 유동을 방지하기 위한 장치를 갖추어야 하며, 전기자동차 등에 의한 물리적 충격의 우려가 있는 경우에는 이를 방호하는 장치를 시설할 것

(2) 충전 중 환기가 필요한 경우에는 충분한 환기설비를 갖추어야 하며, 환기설비를 나타내는 표지를 쉽게 보이는 곳에 설치할 것

(3) 충전 중에는 충전상태를 확인할 수 있는 표시장치를 쉽게 보이는 곳에 설치할 것

(4) 충전 중 안전과 편리를 위하여 적절한 밝기의 조명설비를 설치할 것
KS 조도기준(KS A 3011)의 표 5. 교통-주유소의 조도기준을 적용할 수 있다.

▌조도분류 및 조도값▐

조도분류		조도범위[lx]			장소 (밝은 배경)
		최고	표준	최저	
D	잠시 동안의 단순 작업장	60	40	30	건물 변(유리 제외), 주유기(전기자동차 커플러 및 접속구)
C	어두운 분위기의 공공장소	30	20	15	-
B	어두운 분위기의 이용이 빈번하지 않은 장소	15	10	6	차도, 서비스 지역
A	어두운 분위기 중의 시식별 작업장	6	4	3	진입로

2. 자주식 시설

(1) 전기자동차 충전장치가 설치된 주차구역을 감시할 수 있는 CCTV를 설치할 것. 과금형 콘센트에 대해서는 예외로 할 수 있다.

(2) 원활한 화재 진압을 위해 지하주차장 3층 이내(주차구획이 없는 층은 제외)에 설치할 것

(3) 이동식 전기자동차 충전시설은 옥내, 지붕이 있는 주차장, 옥상, 지하에 시설할 수 없으며, 이 장소에서 이동식 전기자동차 충전기를 이용하여 전기자동차를 충전할 수 없다.

08 「산업안전보건법」 제54조에서 정하는 중대재해 발생 시 사업주의 조치에 대하여 2가지를 설명하시오.

답안 **1. 개요**

(1) 중대재해란 산업재해 중 사망 등 재해 정도가 심하거나 다수의 재해자가 발생한 경우의 재해를 말한다.

(2) **관련규정 :** 「산업안전보건법」 제54조, 시행규칙 제67조

2. 사업주의 조치

(1) 중대재해가 발생하였을 때 사업주의 조치사항

① 즉시 해당 작업을 중지

② 근로자를 작업장소에서 대피

③ 안전 및 보건에 관하여 필요한 조치 수행

(2) 사업주는 중대재해가 발생한 사실을 알게 된 경우의 보고사항

① 고용노동부령으로 정하는 바에 따라 지체없이 고용노동부장관에게 보고하여야 한다.

㉠ 발생 개요 및 피해 상황

㉡ 조치 및 전망

㉢ 그 밖의 중요한 사항

② 천재지변 등 부득이한 사유가 발생한 경우에는 그 사유가 소멸되면 지체 없이 보고할 것

09 전력계통에서 중성점 접지의 목적과 유효접지의 1선 지락 시 건전상의 전위에 대하여 상전압, 선간전압으로 구분하여 설명하시오.

답안 1. 전력계통의 중성점 접지 목적

(1) 계통접지 : 유효 접지계통 시

① 1선 지락 시 건전상의 대지전압을 1.3배 이하로 억제한다.

② 고장전류의 크기가 커 보호계전 동작이 확실하다.

(2) 계통 고장 시 고장전류를 귀로시킨다.

(3) 피뢰기의 정격전압을 낮게 선정한다.

(4) 기기의 단절연, 저감절연이 가능하다.

(5) 중성선을 인출하여 상전압과 선간전압의 공급이 가능하다.

2. 유효접지의 1선 지락 시 건전상의 전위에 대하여 상전압, 선간전압

(1) 유효접지 조건 : $0 \le \dfrac{R_0}{X_1} \le 1$, $0 \le \dfrac{X_0}{X_1} \le 3$

여기서, R_0 : 영상저항

X_0 : 영상리액턴스

X_1 : 정상리액턴스

(2) c상 완전 지락 시 상전압 변화

① 상규대지전압의 1.3배 이하로서, 벡터도와 같이 중성점 n은 n'로 이동한다(선간전압의 80[%] 이하 계통에서).

② 이때 $\dot{E}_a' \le 1.3E_a$, $\dot{E}_b' \le 1.3E_b$, $E_c' = 0$이 된다.

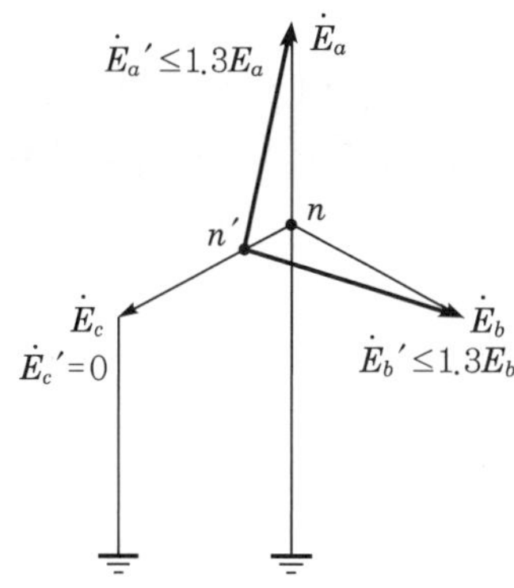

▌c상 완전 지락 시 상전압 변화▐

(3) c상 완전 지락 시 선간전압 변화

① $V_{ab}' = V_{ab}$

② $V_{bc}' = E_b'$

③ $V_{ca}' = E_a'$

10 전철 변전설비에서 사용하는 직류고속도차단기(HSCB, High Speed Circuit Breaker)에 요구되는 기본성능 4가지를 설명하시오.

답안 **직류고속도차단기의 차단성능과 요구성능**

(1) 차단기 자체에 검출기능이 있을 것

(2) 직류를 고속도 차단 약 20[ms] 이하일 것

(3) 사고전류가 동작설정치에 도달하기 전에 차단할 것

(4) 부하전류를 확실하게 개폐할 것 : 전기적 · 기계적으로 안전, ON-OFF에 오동작 없을 것

부록

(5) 사고전류를 확실하게 차단할 것

(6) 점검하기 쉬울 것

(7) 전류가 정정치를 넘으면 가능한 한 빨리 트립하여 발호할 것

(8) 발호 후 신속히 아크 길이를 늘려 아크전압을 크게 하여 차단완료를 도모할 것

11 자가용 수전설비에 설치하는 비상용 축전지(Battery)의 알칼리 축전지와 연축전지용도, 축전지실의 환경 및 설비 조건 3가지 설명하시오.

답안 **1. 비상용 축전지(Battery)의 알칼리 축전지와 연축전지용도**

"chapter 14의 section 05. 콘덴서 · 축전지 050 문제"의 답안 참조

2. 축전지실의 환경 및 설비 조건 3가지

(1) 충전 중 발생가스 배기시설 구축

(2) 진동이 없는 곳에 설치

(3) 실내에 싱크(배수구) 시설

12 한국전기설비규정(KEC, Korea Electro-technical Code)에서 수상전선로 중 저압 또는 고압인 것에 한하여 시설기준을 설명하시오.

답안 **수상전선로의 시설(KEC 335.3)**

(1) 전선은 전선로의 사용전압이 저압인 경우에는 클로로프렌 캡타이어 케이블이어야 하며, 고압인 경우에는 캡타이어 케이블일 것

(2) 수상전선로의 전선을 가공전선로의 전선과 접속하는 경우에는 그 부분의 전선은 접속점으로부터 전선의 절연 피복 안에 물이 스며들지 아니하도록 시설할 것

(3) 전선의 접속점은 다음의 높이로 지지물에 견고하게 붙일 것

① 접속점이 육상에 있는 경우에는 지표상 5[m] 이상. 다만, 수상전선로의 사용전압이 저압인 경우에 도로상 이외의 곳에 있을 때에는 지표상 4[m]까지로 감할 수 있다.

② 접속점이 수면상에 있는 경우에는 수상전선로의 사용전압이 저압인 경우에는 수면상 4[m] 이상, 고압인 경우에는 수면상 5[m] 이상

(4) 수상전선로에 사용하는 부유식 구조물은 쇠사슬 등으로 견고하게 연결한 것일 것

(5) 수상전선로의 전선은 부유식 구조물의 위에 지지하여 시설하고 또한 그 절연피복을 손상하지 아니하도록 시설할 것

(6) '(3)'의 '①'의 수상전선로에는 이와 접속하는 가공전선로에 전용개폐기 및 과전류 차단기를 각 극(과전류 차단기는 다선식 전로의 중성극을 제외)에 시설한다.

(7) 수상전선로의 사용전압이 고압인 경우에는 전로에 지락이 생겼을 때에 자동적으로 전로를 차단하기 위한 장치를 시설할 것

13 동기발전기의 원리와 병렬운전조건 4가지를 설명하시오.

comment 적정하게 요약하여 전체를 1.5페이지로 기록할 것

답안 1. 동기발전기의 원리

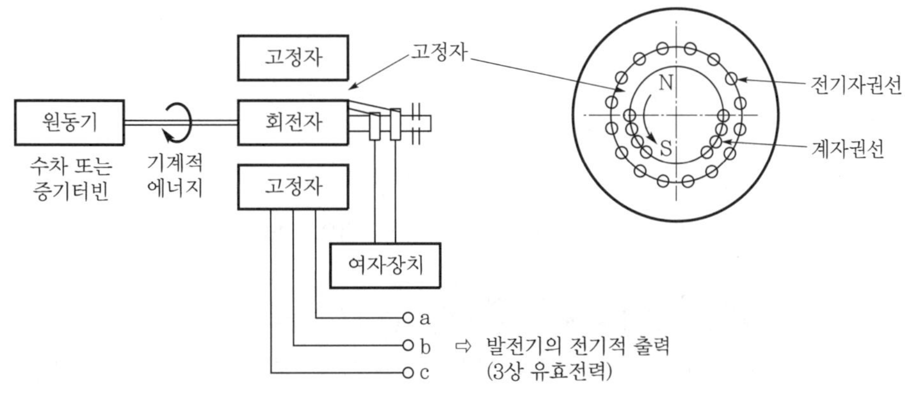

▌동기발전기의 발전원리▐

(1) 그림과 같이 회전자 권선에 직류전원을 공급하여 여자시킨 다음 원동기에 연결된 축으로 회전자를 일정속도로 회전시킨다.

(2) 고정자인 전기자 권선이 자속을 끊어(즉, 자속 ϕ는 돌아가는 계자인 회전계자에서 발생하는데, 고정자는 그림처럼 외부에 있으니 결국 자속이 끊어지는 형태이고 이로써) 플레밍의 왼손법칙과 패러데이의 법칙, 맥스웰 방정식에 의해 각 상에 교류기전력을 유기시킨다.

(3) 이때, 고정자 권선은 Y 결선으로 되어 있기 때문에 3상 교류 기전력이 유기된다.

$\dot{E}_a = E\angle 0^\circ$, $\dot{E}_a = E\angle -120^\circ$, $\dot{E}_a = E\angle -240^\circ = E\angle 120^\circ$

(4) 이 기전력을 슬립링을 통하여 외부회로에 접속하며, 또한 자속을 만드는데 직류전원이 필요하다.

(5) 즉, 이러한 원리로 그림과 같이 회전계자를 동작시키면 교류전력이 발생한다.

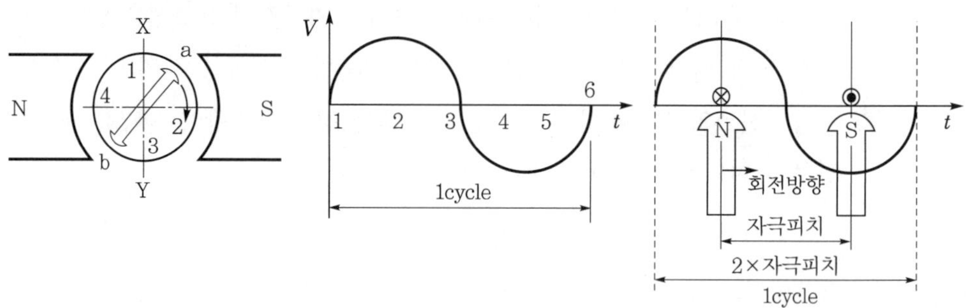

❙동기발전기의 원리❙ ❙2극 발전기의 기전력 파형❙ ❙다극 교류 발전기❙

(6) 유기 기전력의 크기

① 전기자 권선에 유도되는 기전력의 순시치 e[V]는 플레밍의 오른손법칙에 의해 다음과 같다.

$e = v \times Bl$ ………… 식 1)

여기서, B : 자속밀도[Wb/m^2], l : 도체 길이[m], v : 도체이동속도[m/s]

② **유기 기전력의 파형** : 자속밀도 B의 분포와 같게 된다.

$B = B_m \sin\omega t\,[Wb/m^2]$ ………… 식 2)

여기서, B_m : 최대 자속밀도[Wb/m^2], ω : 각속도[rad/s]($\omega = 2\pi f$)

③ 자극 피치를 τ[m]라 하면 2τ가 1주기이므로 공식으로 표현하면 다음과 같다.

$v = 2\tau f\,[m/s]$ ………… 식 3)

④ 유기 기전력 e는 $e = v \times Bl = (2\tau f)\cdot B_m \sin\omega t \cdot l$ ………… 식 4)

⑤ **매극의 자속** ϕ : 자속밀도가 정현파로 분포된 경우에 자속밀도 평균치로서 공식으로 표현하면 다음과 같다.

$\phi = B_a \cdot \tau l = (2/\pi)B_m \cdot \tau l \quad \therefore\ \tau l = \dfrac{\phi}{(2/\pi)B_m}$ ………… 식 5)

⑥ 식 5)를 식 4)에 대입하고 최대치를 구하면 다음과 같다.

$E_m = f\pi\phi\,[V]$ ………… 식 6)

⑦ 정현파 전압에서 기전력 실효치를 E[V]라 하면 다음과 같다.

$E = \dfrac{E_m}{\sqrt{2}} = \dfrac{\pi f \phi}{\sqrt{2}} = 2.22 f\phi$ ………… 식 7)

⑧ 한 개의 양 코일 변이 자극 피치만큼 감겨 있으면 양 코일 변에 유도되는 기전력 사이의 위상차는 π가 되므로 양 코일 변의 기전력이 서로 합하여 지도록 직렬로 접속한 코일의 양단에 나타나는 기전력 E는 다음과 같다.

$E = 4.44 f\phi$[V] ………… 식 8)

⑨ 직렬로 접속된 1상의 코일 권선계수를 K_w라 하고, 권선수를 N이라 하면 1상의 유기 기전력은 다음과 같다.

$E = 4.44 K_w \cdot f \cdot N \cdot \phi$[V] ………… 식 9)

⑩ 식 9)는 공극의 자속밀도가 정현파 분포인 경우 E가 유기 기전력의 실효치를 나타내는 기본식이 된다.

2. 동기발전기의 병렬운전조건 4가지

comment 적정하게 요약 요함

(1) 기전력의 크기가 같을 것

① 기전력의 크기가 다른 경우 : 전압차에 의한 무효순환전류가 발생한다.

② 무효순환전류로 인한 영향

㉠ 기전력이 작은 발전기 → 증자작용(용량성) → 전압이 증가

㉡ 기전력이 큰 발전기 → 감자작용(유도성) → 전압이 감소

㉢ 전압크기가 다를 경우 : 전압차에 의한 무효순환전류(무효횡류)가 발생하며, 저항손 발생 → 발전기의 온도상승으로 과열 → 소손

③ 확인방법 : 전압계로 검출한다.

④ 대책 : 횡류보상장치 내의 자동전압조정기(AVR) 적용하여 출력전압을 항상 정격전압과 일정하게 유지한다.

(2) 기전력의 위상이 같을 것 : 엔진속도를 조정한다.

① 기전력의 위상이 다른 경우 : 위상차에 의한 동기화 전류가 발생한다.

② 동기화 전류로 인한 영향

㉠ 위상이 다를 경우 : 순환전류(유효횡류)가 발생하면 두 발전기 간의 위상이 같아지도록 다음과 같이 작용한다.

- 위상이 늦은 발전기 : 부하가 감소되어, 회전속도를 증가시킨다.
- 위상이 앞선 발전기 : 부하가 증가되어, 회전속도를 감소시킨다.

㉡ 위상이 빠른 발전기는 부하증가로 과부하가 발생될 우려가 있다.

③ 확인방법 : 동기검정기(Synchroscope)를 사용하여 계통의 위상일치 여부를 검출한다.

(3) 기전력의 주파수가 같을 것

① 기전력의 주파수가 다른 경우 : 기전력의 크기가 달라지는 순간이 반복하여 생기게 된다.

② 주파수가 다를 때의 영향

㉠ 무효횡류가 두 발전기 간을 교대로 주기적으로 흐르게 된다.

- 난조의 원인이 됨
- 탈조까지 이르게 됨

㉡ 발전기 단자전압 상승(최대 2배) → 권선가열 → 소손

③ 대책 : 조속기(Governor)를 적용하여 부하 및 엔진회전수에 따라 엔진속도를 조정할 수 있도록 연료분사량을 조절한다.

(4) 기전력의 파형이 같을 것

① 기전력의 파형이 다른 경우 : 위상이 같아도 파형이 다른 경우 각 순간의 순시치가 달라서 양 발전기 간에 무효횡류가 흐르게 된다(발전기 제작상 문제임).

② 영향 : 이 무효횡류는 전기자의 동손을 증가시키고, 파열의 원인이 된다.

(5) 상회전 방향이 같을 것

① 상회전 방향이 다른 경우 : 어느 순간에 선간단락 상태가 발생한다.

② 확인방법 : 상회전 방향 검출기로 파악한다.

2 교시 총 6문제 중 4문제를 선택하여 설명하시오. (각 25점)

01 한국전기설비규정(KEC)에 의한 태양광발전설비 설치장소의 요구사항, 설비의 안전요구사항 및 전력변환장치의 시설에 대하여 설명하시오.

답안 1. 한국전기설비규정(KEC)에 의한 태양광 발전설비 설치장소의 요구사항

(1) 태양광 발전설비의 구성

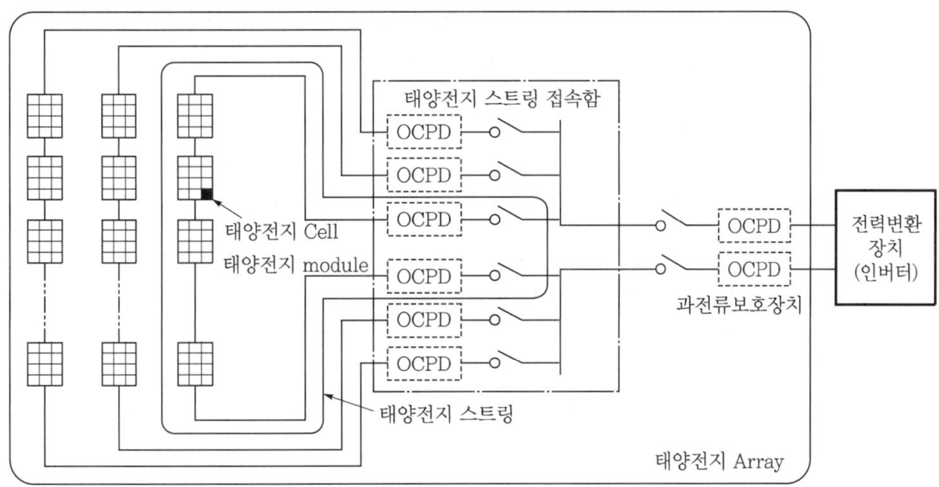

▌태양광 발전설비의 어레이▐

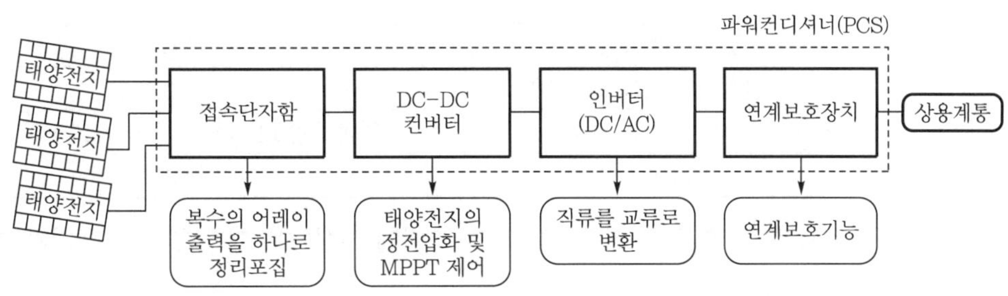

▌태양광 발전설비의 구성▐

① 어레이 과전류 보호장치는 설치환경에 따라 태양전지 스트링 접속함 내부에 설치되기도 한다.

② **태양전지 모듈** : 결선된 태양전지 셀을 주위 환경으로부터 완벽하게 보호할 수 있도록 만든 조립체의 최소 단위이다.

③ **태양전지 스트링** : 하나 이상의 태양전지 모듈이 직렬로 연결된 회로이다.

④ **태양전지 어레이**

㉠ 전기적으로 상호 연결된 태양전지 모듈, 태양전지 스트링 혹은 태양전지 서브어레이의 조립체이다.

㉡ 태양전지 어레이는 인버터 혹은 기타 전력변환장치의 직류 입력단자 혹은 직류 부하까지의 모든 부품을 의미한다.

㉢ 단, 기초, 추적장치, 온도 제어 및 기타 부품을 포함하지 않는다.

㉣ 태양전지 어레이는 단일 태양전지 모듈, 단일 태양전지 스트링, 혹은 하나 이상의 병렬 연결된 선, 하나 이상의 병렬 연결된 태양전지 서브어레이 및 해당 관련 전기부품으로 구성될 수 있다.

(2) 설치장소의 요구사항(KEC 521.1)

① 인버터, 제어반, 배전반 등의 시설은 기기 등을 조작 또는 보수점검할 수 있는 충분한 공간을 확보하고 필요한 조명설비를 시설하여야 한다.

KS A 3011(조도기준 표)

장소	조도분류
제어실	F
조정실(배선구역, 제어반)	F

② 인버터 등을 수납하는 공간에는 실내온도의 과열 상승을 방지하기 위한 환기시설을 갖추어야 하며 적정한 온도와 습도를 유지하도록 시설하여야 한다.

환기시설의 온도와 습도

시험 구분	규정
인버터 적정온도 범위	−15~60[℃]
온도시험 기준	옥내 : 30±5[℃], 옥외 : 40±5[℃]
습도시험 기준	92[%]RH±2.5[%]RH

③ 배전반, 인버터, 접속장치 등을 옥외에 시설하는 경우 침수의 우려가 없게 시설할 것

④ 태양전지 모듈을 지붕에 시설하는 경우 취급자에게 추락의 위험이 없도록 점검통로를 안전하게 시설할 것

⑤ 태양전지 모듈의 직렬군 최대개방전압이 직류 750[V] 초과 1,500[V] 이하인 시설장소는 다음에 따라 울타리 등의 안전조치를 할 것

㉠ 태양전지 모듈을 지상에 설치하는 경우는 KEC 규정 351.1의 1에 의하여 울타리 · 담 등을 시설할 것

㉡ 태양전지 모듈을 일반인이 쉽게 출입할 수 있는 옥상 등에 시설하는 경우는 '㉠' 또는 KEC 규정 341.8의 1의 '바'에 의하여 시설하여야 하고 식별이 가능하도록 위험표시를 할 것

㉢ 태양전지 모듈을 일반인이 쉽게 출입할 수 없는 옥상 · 지붕에 설치하는 경우는 모듈 프레임 등 쉽게 식별할 수 있는 위치에 위험표시를 할 것

㉣ 태양전지 모듈을 주차장 상부에 시설하는 경우는 '㉡'과 같이 시설하고 차량의 출입 등에 의한 구조물, 모듈 등의 손상이 없도록 할 것

㉤ 태양전지 모듈을 수상에 설치하는 경우는 '㉢'과 같이 시설할 것

2. 설비의 안전요구사항

(1) 태양전지 모듈, 전선, 개폐기 및 기타 기구는 충전부분이 노출되지 않도록 시설할 것

(2) 모든 접속함에는 내부의 충전부가 인버터로부터 분리된 후에도 여전히 충전상태일 수 있음을 나타내는 경고가 붙어 있을 것

(3) 태양광설비의 고장이나 외부 환경요인으로 인하여 계통연계에 문제가 있을 경우 회로분리를 위한 안전시스템이 있을 것

3. 전력변환장치의 시설(KEC 522.2.2)

인버터, 절연변압기 및 계통 연계보호장치 등 전력변환장치의 시설은 다음에 따라 시설할 것

(1) 인버터는 실내 · 실외용을 구분할 것

(2) 각 직렬군의 태양전지 개방전압은 인버터 입력전압 범위 이내일 것

(3) 옥외에 시설하는 경우 방수등급은 IPX4 이상일 것

02 전력 케이블을 동상 다조 포설할 경우 케이블 불평형이 미치는 원인, 영향과 대책을 설명하시오.

답안 1. 개요

(1) 건축물의 규모가 대형화, 첨단화되면서 부하의 용량 증가로 Cable이 다수조 포설되고 전선 상호 간의 인덕턴스, 자체 선로정수의 변화 등의 영향으로 선로에 불평형이 발생하므로 Cable 시설에 있어서 전류를 평형시키는 배치를 해야 한다.

(2) 1상에 여러 가닥의 케이블을 사용할 때는 그 배치에 따라 동상 케이블에 흐르는 전류에 불평형이 생기는 수가 있으므로 될수록 각 케이블의 전류를 평형시키는 배치로 검토되어야 한다.

(3) 동일 굵기, 동일 종류, 동일 길이나 작용인덕턴스나 작용용량이 평형되도록 포설하는 방법 등을 고려하여야 한다.

2. 동상 다수조 Cable의 불평형 현상의 원인

(1) 아래와 같이 케이블 배치 시 선로정수에 의해 인덕턴스가 발생한다. 이로 인해 임피던스의 불평형이 발생한다.

① 전선 평행 배치 및 삼각 배치 시 작용인덕턴스

$$L = 0.05 + 0.4605\log_{10}\frac{D}{r}\,[\text{mH/km}] \cdots\cdots\cdots\cdots \text{식 1)}$$

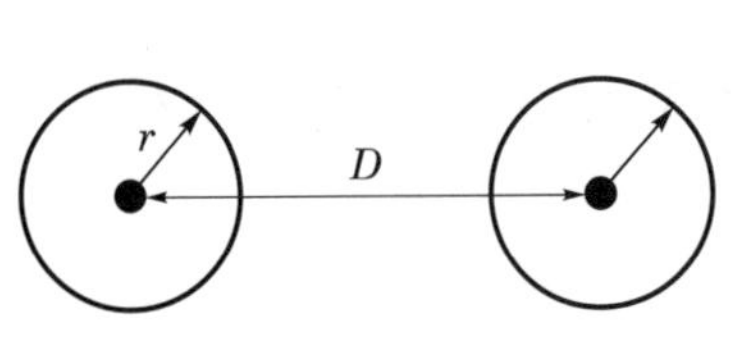

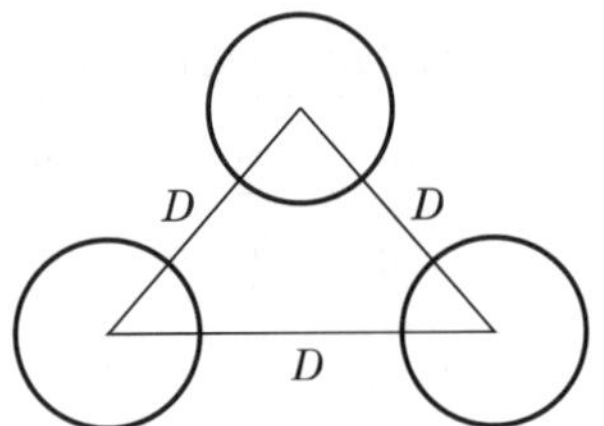

② 전선의 일렬 배치 시 작용인덕턴스

$$L = 0.05 + 0.4605\log_{10}\frac{\sqrt[3]{D \cdot D \cdot 2D}}{r}\,[\text{mH/km}] \cdots\cdots\cdots\cdots \text{식 2)}$$

(2) 케이블 포설 방법에 따라 선로 인덕턴스의 불평형으로 각 상의 임피던스($Z=R+jX_L$)가 각 Cable마다 심하게 차이가 나므로 각 상에 전류의 차가 발생한다.

(3) 전선배치에 따른 인덕턴스의 변화

① 케이블 각 상 배열 잘못 및 선심 상호 간 거리가 다른 경우

② 케이블 주위 전위 및 자속의 영향

③ 케이블 길이의 차이

(4) 저항의 차이

표피효과와 근접효과에 따른 저항의 차이 발생

(5) 정전용량의 차이

① 각 도체 경로는 대지 간의 거리가 다르므로 대지정전용량은 차이가 발생한다.

② 이 값은 미미해서 무시할 수 있다.

3. 동상 다수조 케이블의 불평형 영향

3상 평형 부하에도 선로정수의 불평형 즉, 인덕턴스의 불평형으로 케이블의 각 임피던스가 심하게 달라지며 아래와 같은 영향이 발생한다.

(1) 임피던스가 적은 케이블에는 과전류 현상이 발생하고 케이블의 발열 및 손실이 증가한다.

(2) 임피던스 값 중 유효성분이 감소하고 무효성분이 증가한다.

(3) 전체 power factor의 저하로 전압강하 및 전체 power loss가 증대한다. 즉, 임피던스 $Z=R+jX_L$에서 무효 성분 X_L의 증가로 무효분 전류가 증가하여 전체 역률이 저하된다.

(4) 각 Cable의 전류 위상차로 케이블 이용률이 저하된다.

(5) 3상에서 불평형률이 30[%] 넘을 경우 계전기 동작이 우려된다.

(6) 전류의 흐름에 방해 작용이 증가한다.

(7) 케이블의 수명이 저하된다.

(8) 케이블의 이용률이 저하된다.

4. 대책

(1) 선로정수의 평형화

여러 가닥의 전선을 병렬로 하여 사용할 경우 선로정수의 평형을 위해 다음 조건이 필요하다.

① 케이블의 균등한 상배치

② 선심 상호 간 동일 거리 유지
③ 동일 종류의 케이블 사용
④ 동일 굵기 전선 사용
⑤ 케이블의 연가
⑥ 각 상의 전선 길이 일치

(2) 장거리 배전선로의 경우 3심 케이블을 배치한다.

(3) **적절한 전류분배 곤란 시** : 4가닥 이상의 병렬도체를 포설 시 버스바 트렁킹시스템(버스덕트)을 적용한다.

(4) **보호장치** : 각각에 퓨즈 설치금지, 과전류 및 단락을 보호한다.

(5) **접속점** : 동일 터미널러그에 완전 접속(Z-HOLE 동관사용)한다.

(6) Cable의 3각 배치

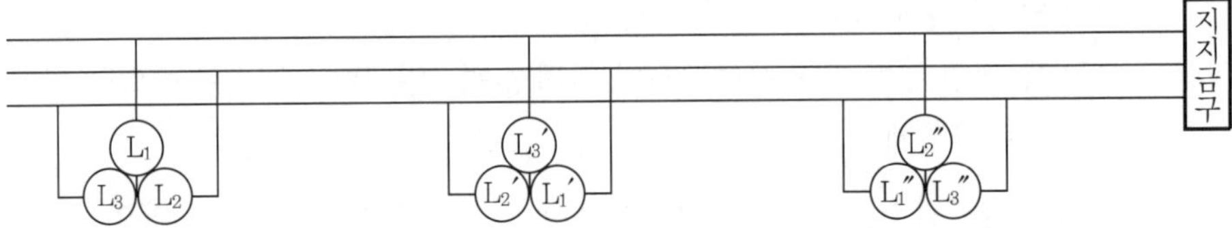

(7) 선로정수가 평형이 되도록 Cable 포설을 다음과 같이 시공한다.

* **연가** : 선로의 전 구간을 3등분하여 각 선로를 일주시킨 것

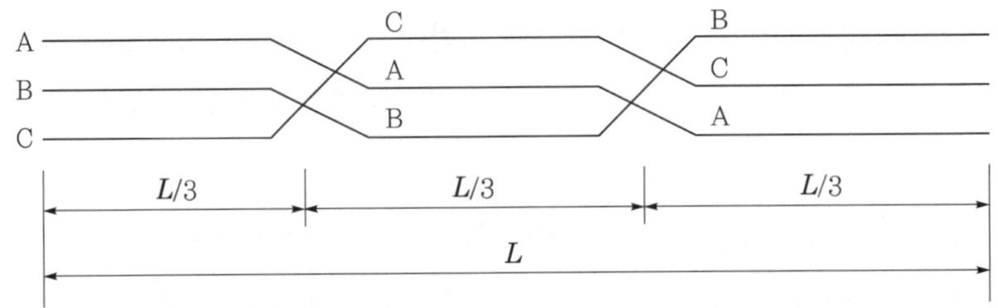

(8) 정삼각 배치로 선로정수를 완전 평형화시킨다.

① 3상 1회선 인덕턴스(정삼각형 배치)

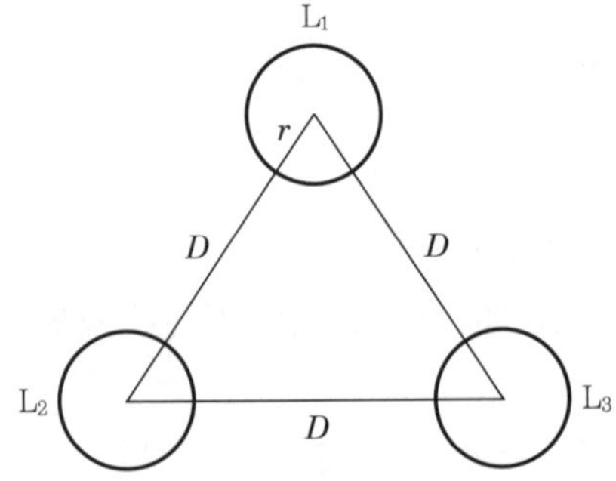

여기서, r : 전선반경[m]

D : 전선중심 간의 거리[m]

㉠ 대칭 3상 교류전류는 $I_A + I_B + I_C = 0$

㉡ $L_A = L_B = L_C = 0.05 + 0.4605\log\dfrac{D}{r}$ [mH/km]

② $Z_A(=r_A + jx_A) = Z_B(=r_B + jx_B) = Z_C(=r_C + jx_C)$가 된다.

(9) 동상 내 균등부하 배분될 수 있는 병렬 케이블(L_1, L_2, L_3, N)의 특수배치

① 케이블 배열방식을 아래 같이 동상 다조 포설 시행하여 전류불평형을 없게 한다.

② 가능한 경우, 특수배치에서 상(Phase) 간의 임피던스를 제한한다.

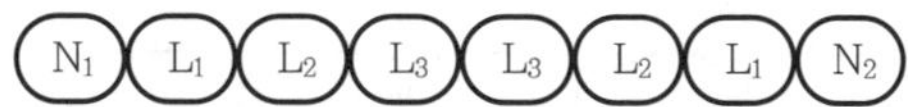

▌병렬 단심 케이블의 특수배치 – 수평▐

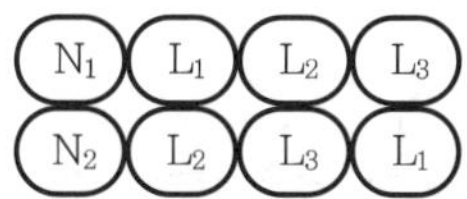

▌병렬 단심 케이블의 특수배치 – 케이블 상호 간의 상위에 배치▐

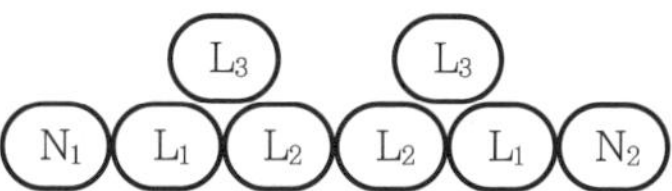

▌병렬 단심 케이블의 특수배치 – 삼각배치(L_3배선을 이격을 둔 상태)▐

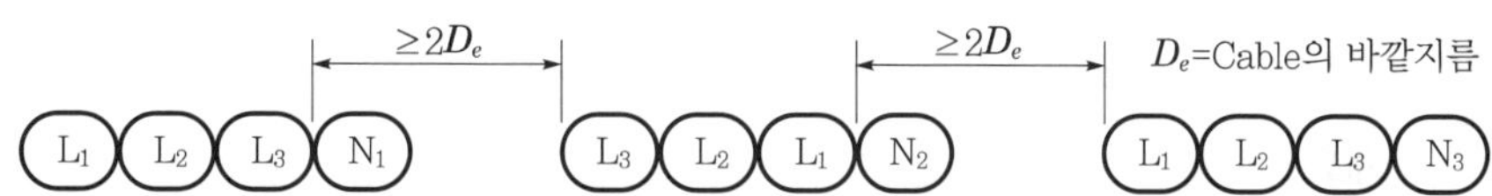

▌병렬 단심 케이블의 특수배치 – 수평(이격을 둔 상태)▐

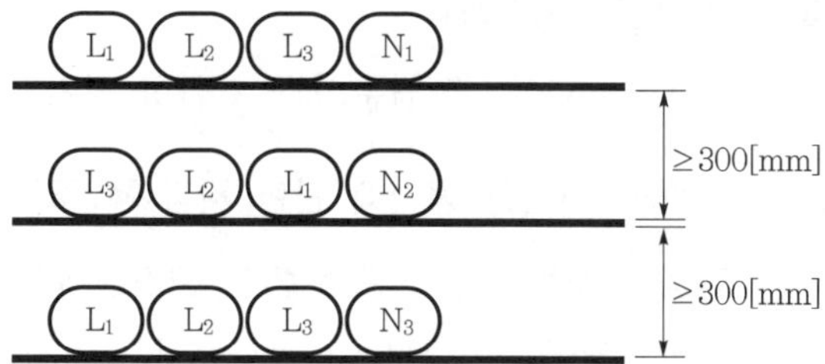

▌병렬 단심 케이블의 특수배치 – 케이블 서로 간의 상위에 배치(이격을 둔 상태)▐

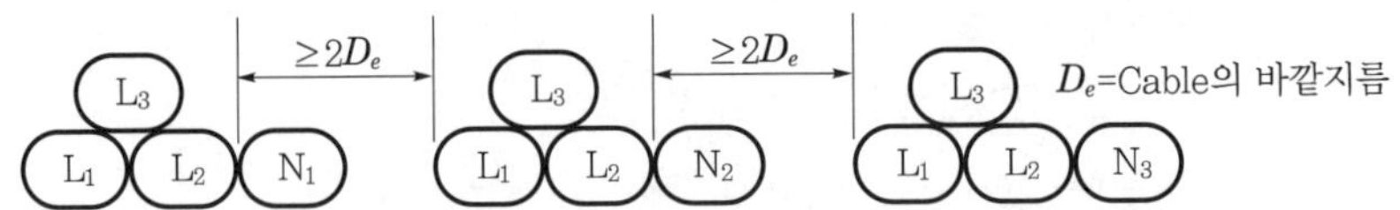

▌병렬 단심 케이블의 특수배치 – 이격된 삼각배치▐

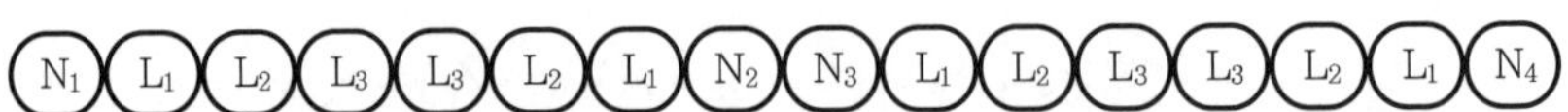

▌병렬 단심 케이블의 특수배치 – 수평▐

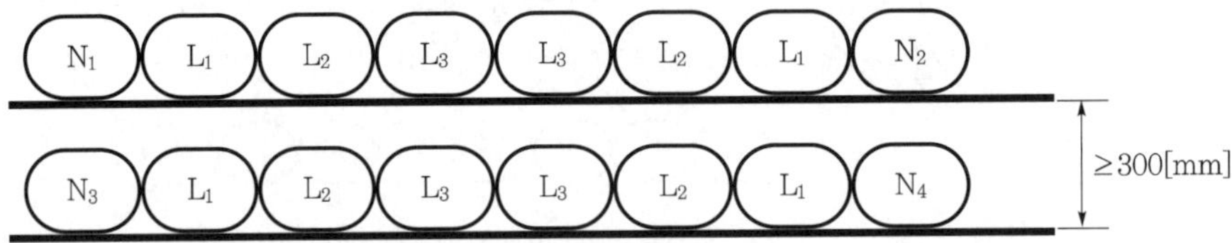

▌병렬 단심 케이블의 특수배치 – 케이블 서로 간의 상위에 배치▐

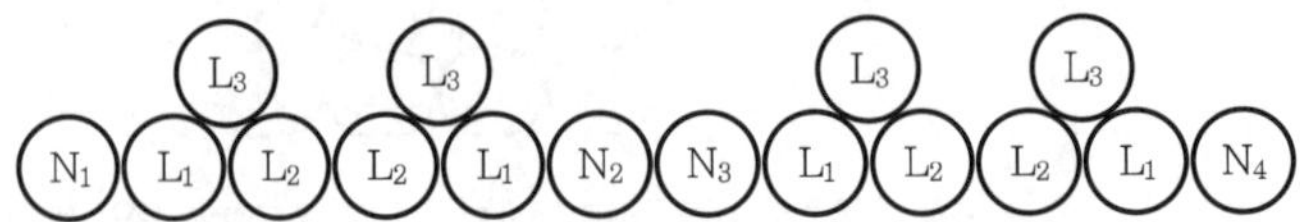

▌병렬 단심 케이블의 특수배치 – 삼각배치(L_3배선을 이격을 둔 상태)▐

03 사업장 위험성 평가의 절차 및 방법에 대하여 설명하시오.

답안 1. 개요

"chapter 01의 section 02. 작업분석과 위험성 평가 015 문제 중 1."의 답안 참조

2. 위험성 평가 절차(실시 5단계)

"chapter 01의 section 02. 작업분석과 위험성 평가 015 문제 중 2."의 답안 참조

3. 위험성 평가의 방법(「위험성 평가에 관한 지침」제7조)

(1) 사업주는 다음과 같은 방법으로 위험성 평가를 실시하여야 한다.

① 안전보건관리책임자 등 해당 사업장에서 사업의 실시를 총괄 관리하는 사람에게 위험성 평가의 실시를 총괄 관리하게 할 것

② 사업장의 안전관리자, 보건관리자 등이 위험성 평가의 실시에 관하여 안전보건관리책임자를 보좌하고 지도 · 조언하게 할 것

③ 유해 · 위험요인을 파악하고 그 결과에 따른 개선조치를 시행할 것
④ 기계 · 기구, 설비 등과 관련된 위험성 평가에는 해당 기계 · 기구, 설비 등에 전문 지식을 갖춘 사람을 참여하게 할 것
⑤ 안전 · 보건관리자의 선임의무가 없는 경우에는 '②'에 따른 업무를 수행할 사람을 지정하는 등 그 밖에 위험성 평가를 위한 체제를 구축할 것

(2) 사업주는 '(1)'에서 정하고 있는 자에 대해 위험성 평가를 실시하기 위해 필요한 교육을 실시하여야 한다. 이 경우 위험성 평가에 대해 외부에서 교육을 받았거나, 관련학문을 전공하여 관련 지식이 풍부한 경우에는 필요한 부분만 교육을 실시하거나 교육을 생략할 수 있다.

(3) 사업주가 위험성 평가를 실시하는 경우에는 산업안전 · 보건 전문가 또는 전문기관의 컨설팅을 받을 수 있다.

(4) 사업주가 다음의 어느 하나에 해당하는 제도를 이행한 경우에는 그 부분에 대하여 이 고시에 따른 위험성 평가를 실시한 것으로 본다.
① 위험성 평가 방법을 적용한 안전 · 보건진단(「산업안전보건법」 제47조)
② 공정안전보고서(「산업안전보건법」 제44조). 다만, 공정안전보고서의 내용 중 공정위험성 평가서가 최대 4년 범위 이내에서 정기적으로 작성된 경우에 한한다.
③ 근골격계부담작업 유해요인조사(산업안전보건규칙 제657조부터 제662조까지)
④ 그 밖에 법과 이 법에 따른 명령에서 정하는 위험성평가 관련 제도

(5) 사업주는 사업장의 규모와 특성 등을 고려하여 다음의 위험성 평가 방법 중 한 가지 이상을 선정하여 위험성 평가를 실시할 수 있다.
① 위험 가능성과 중대성을 조합한 빈도 · 강도법
② 체크리스트(Checklist)법
③ 위험성 수준 3단계(저 · 중 · 고) 판단법
④ 핵심요인 기술(One Point Sheet)법
⑤ 그 외 규칙 제50조 제1항 제2호 각 목의 방법

부록

04 가공송전공사 감리업무기준 중 안전관리 감리 수행업무에 대하여 다음 사항을 설명하시오.
1) 사전검토사항
2) 공사 중 감리수행
3) 기록유지

comment 한전 가공송전선로 공사감리 수행기준 내 자료임(22년 7. 18. 자료)

답안 1. 사전검토사항

(1) 공사업자의 안전조직 편성 및 임무의 법상 구비조건 충족 및 실질적인 활동 가능성 검토

(2) 안전관리자에 대한 임무수행 능력보유 및 권한 부여 검토

(3) 시공계획과 연계된 안전계획의 수립 및 그 내용의 실효성 검토

(4) 유해, 위험 방지계획(수립 대상에 한함) 내용 및 실천가능성 검토(「산업안전보건법」 제42조 및 제43조)

(5) 안전점검 및 안전교육 계획안 수립 여부와 내용의 적정성 검토(「건설기술진흥법」 제62조, 「산업안전보건법」 제29조, 제30조, 제31조, 제32조)

(6) 안전관리 예산 편성 및 집행계획의 적정성 검토

(7) 현장 안전관리 규정의 비치 및 그 내용의 적정성 검토

(8) 표준안전관리비는 타 용도에 사용 불가

(9) 감리원이 공사업자에게 시공과정마다 발생될 수 있는 안전사고 요소를 도출하고 이를 방지할 수 있는 절차, 수단 등을 규정한 '총체적 안전관리 계획서(TSC : Total Safety Control)'를 작성, 활용하도록 적극 권장하여야 한다.

2. 공사 중 감리수행

(1) 안전관리계획의 이행 및 여건 변동 시 계획변경 여부

(2) 안전보건 협의회 구성 및 운영상태

(3) 안전점검 계획수립 및 실시(일일, 주간, 우기 및 해빙기 등 자체 안전점검, 「산업안전보건법」에 의한 안전점검, 안전진단 등)

(4) 안전교육계획의 실시

(5) 위험장소 및 작업에 대한 안전조치 이행(고소작업, 추락위험작업, 낙하비래 위험작업, 발파작업, 중량물 취급작업, 전기시설 및 취급작업, 화재위험작업, 건설기계 위험작업 등)

(6) 안전표지 부착 및 유지관리

(7) 안전통로확보, 자재의 적치 및 정리정돈

(8) 사고조사 및 원인분석, 각종 통계자료 유지

(9) 월간 안전관리비 사용실적 확인

3. 기록유지

감리원은 안전에 관한 감리업무를 수행하기 위하여 공사업자에게 다음 자료를 기록 · 유지하도록 하고 이행상태를 점검한다.

(1) 안전업무일지(일일보고)

(2) 안전점검 실시(안전업무일지에 포함 가능)

(3) 안전교육(안전업무일지에 포함 가능)

(4) 각종 사고보고(사고발생 시 즉시 보고 및 기록유지)

(5) 월간 안전 통계(무재해, 사고)

(6) 안전관리비 사용실적(수시로 점검 · 확인)

05 수전설비에서 전력품질을 저해하는 노이즈(Noise), 낙뢰 보호용 피뢰침과 피뢰기에 대하여 설명하시오.

답안 **1. 수전설비에서 전력품질을 저해하는 노이즈(noise)**

(1) 일반적인 노이즈 구분 주파수

60[Hz] 초과 ~ 30[kHz]까지를 고조파로 통상 지칭하며 그 이상의 주파수를 노이즈로 부른다.

(2) 노이즈(noise)의 발생원(노이즈의 종류 및 원인)

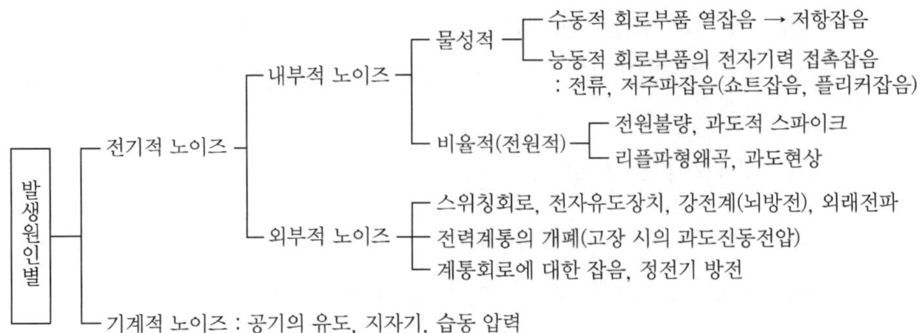

(3) 노이즈 침입 모드

① 전도성 노이즈(차동성분 + 동상성분)

㉠ 차동성분 노이즈(normal mode noise)

- 두 전선을 타고 들어오는 고조파 노이즈
- 위상차에 의해 전압차가 발생함

㉡ 동상성분 노이즈(Common mode noise)

- 전원선과 접지 사이에 일어나는 비대칭상의 동상성분의 노이즈

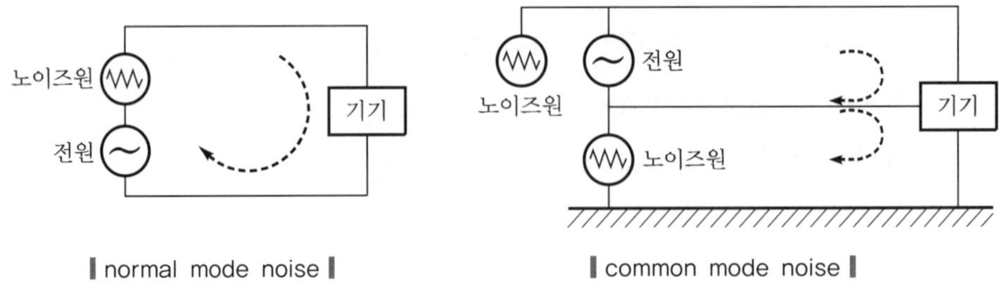

▌normal mode noise▐ ▌common mode noise▐

㉢ 원인

- 전원선 : 전압변동, 순시전압강하, 과도현상, 고조파
- 통신선 : 순시정전, 유도뇌surge, 유도전압, 타 기기에서의 잡음 등

② 방사성 노이즈(유도성) : 공간을 통한 노이즈

㉠ 전원선의 노이즈가 공간을 통해 정전결합과 전자결합에 의해 2차 유도를 일으켜 복사 또는 반사되는 노이즈

㉡ 원인 : 정전기방전, 과도현상(접점 개폐기 및 전력계통 개폐 시의 과도진동전압), 외부통신의 전자방사, 방전에 의한 전자방사 등

(4) 노이즈 대책

① 기본개념

㉠ 전원선이나 공중을 통한 전자복사의 형태로 전달된다.

㉡ 다음의 노이즈 3요소를 통한 노이즈의 전달로 이루어진다.

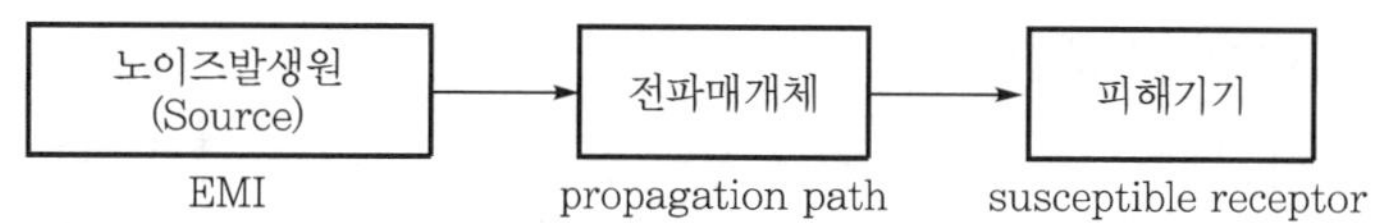

㉢ 노이즈 3요소 중 1부분의 경로를 차단한다.

② 노이즈 현상의 3요소를 통한 노이즈 내량 강화로 기기의 노이즈 내력을 높인다.

③ 인체에서의 대책

SAR(Specific Absorption Rate)이 0.4[W/kg]이므로, 이에 맞춘 안전기준을 철저히 준수한다.

④ 기본원칙

㉠ 차폐 : 방사적인 장해(노이즈) 대책

㉡ 접지 : 방사 및 전도 노이즈 대책

㉢ Line 노이즈 방지부품 사용 : 전도노이즈 방지 대책 강구

⑤ 기본적인 전자파 장해 대책개념

㉠ 잡음원의 최소화 : 결합의 최소화

㉡ 회로의 노이즈에 대한 내력 증가

㉢ 잡음장해방지

⑥ 차폐대책

㉠ 실드(전자실드 등) : 자기실드, 전자실드

㉡ 차폐선 설치

⑦ 접지에 대한 대책

㉠ 전자실드용 접지 : 실드룸, 실드접지

㉡ 유도장해 방지용 접지 : 노멀모드, 코먼모드 장해방지

⑧ Line 노이즈 방지

㉠ 필터링 : 노이즈필터 설치

㉡ 실드링 : 금속관 배관

㉢ Wiring : Twist pair선, 동축케이블, 차폐선, 프린트배선 등 활용

㉣ Grounding : 안전하고, 확실한 접지시공

㉤ 노이즈 방지용 트랜스 사용

절연트랜스	저주파대의 왜형, 고주파 common mode noise방지용
실드트랜스	고주파와 저대역의 common mode noise방지용
노이즈컷 트랜스	저주파~고주파의 common mode noise방지 및 고주파 이외는 normal mode noise
서지컷 트랜스	뇌서지 전류에 의한 노이즈방지

2. 낙뢰 보호용 피뢰침

(1) 목적 : 대기 중 외부 뇌격으로부터 건물, 설비를 보호하기 위하여 수뢰하는 장치이다.

(2) 설치 : 건물 외부의 가장 높은 곳, 용머리 부분, 기타 측뢰 보호 부분에 설치한다.

(3) 원리 : 첨두부분의 코로나 방전특성을 이용하여 하향 스트리머와 상향 스트리머가 쉽게 결합되어 절연 파괴 특성을 이용한다.

(4) 특성

① 피뢰설비는 한국산업규격이 정하는 보호등급의 피뢰설비일 것. 다만, 위험물 저장 및 처리시설에 설치하는 피뢰설비는 한국산업규격이 정하는 보호등급 Ⅱ 이상이어야 한다.

② 돌침은 건축물의 맨 윗부분으로부터 25[cm] 이상 돌출시켜 설치하되, 「건축물의 구조 기준 등에 관한 규칙」 제13조의 규정에 의한 풍하중에 견딜 수 있는 구조일 것

③ 피뢰설비의 재료는 최소 단면적이 피복이 없는 동선을 기준으로 수뢰부, 인하도선 및 접지극은 50[mm^2] 이상이거나 이와 동등 이상의 성능을 갖출 것

④ 피뢰설비의 인하도선을 대신하여 철골조의 철골구조물과 콘크리트조의 철근구조체 등을 사용하는 경우에는 전기적 연속성이 보장될 것. 이 경우 전기적 연속성이 있다고 판단되기 위해서는 건축물 금속구조체의 상단부와 하단부 사이의 전기저항이 0.2[Ω] 이하이어야 한다.

(5) 외부피뢰시스템의 수뢰부

(6) 피뢰기과 피뢰침

항목	피뢰기	피뢰침
사용목적	상시 전기가 사용되고 있는 전기기기의 서지(외뢰 및 내뢰)의 방지	건축물, 인화성 물질 저장 창고 등의 낙뢰로 인한 인화방지
접지	장전된 경우에만 접지됨	언제든지 직접 접지되어 있음
취부설치	보호하는 전기기기에 최대한 가까운 위치에 취부함	보호하는 물체의 상단에 보호 가능한 높이에 설치함

3. 낙뢰 보호용 피뢰기

(1) 목적 : 뇌격이 계통으로 유입되면, 그 충격파로부터 피보호기기를 보호하기 위해 설치한다.

(2) 피뢰기의 설치장소

① 발전소 · 변전소 또는 이에 준하는 장소의 가공전선 인입구 및 인출구

② 가공전선로에 접속하는 배전용 변압기의 고압측 및 특고압측

③ 고압 및 특고압 가공전선로로부터 공급을 받는 수용장소의 인입구

④ 가공전선로와 지중전선로가 접속되는 곳

(3) 피뢰기의 설치위치

① 피뢰기는 가능한 한 피보호기기에 근접해서 설치하는 것이 유효하다. 왜냐하면 서지는 왕복 진행하는 진행파이기 때문이다.

② 위치

㉠ 피뢰기 설치를 위해 가능한 한 피보호기기 가까이 설치할 것

$$e_t = e_a + \frac{2Sl}{V}$$

여기서, e_t : 변압기 전압 파고값

e_a : 피뢰기 제한전압

l : 피보호기기와 피뢰기와의 이격거리

V : 충격파의 전파속도[m/μs]

S : 피뢰기의 파두준도[kV/s]

위 공식에서 피보호기기와 피뢰기와의 이격거리(l)가 작을수록 변압기 전압 파고값(e_t)이 작아지기 때문이다.

㉡ 최대 유효이격거리 : 345[kV]에서는 85[m], 154[kV]에서는 65[m], 66[kV]에서는 45[m], 22.9[kV]에서는 20[m]

㉢ 변압기 전압 파고값(e_t)은 거리 l이 길어지면 파고치가 증가된다.

㉣ 케이블 선로의 경우에는 양단에 피뢰기를 설치해야 한다.

㉤ 특성임피던스가 다른 변이점에 설치해야 한다.

(4) 원리 : 기본파 + LA 정격전압×(1.6 ~ 3.5)[kV] 인가 시 충격방전 개시전압에 방전되며, 기본파 전압 0점에서 속류를 차단한다.

(5) 종류 및 특성

① 전기적 특성 : 특성요소의 비직선저항특성으로 Flash-over다.

② 특성요소의 $R-C$ 병렬연결의 집합이다.

③ Gap과 Gapless형이 있으며 대부분 ZnO소자의 갭레스 type을 적용한다.

④ 외관(housing) : 자기애자형(154[kV]급 이상), 폴리머형(22.9[kV]급에 주로)

06 특고압 변압기의 시설기준 중 뱅크용량 10,000[kVA] 이상 설치 시 다음 사항을 설명하시오.

1) 변압기 보호장치 시설기준
2) 유입변압기의 내부고장 시 전기적 보호와 기계적 보호장치의 동작원리 및 특성

comment 132회 전기응용기술사에서도 아주 유사한 문항 출제됨

답안 "chapter 14의 section 04. 보호계전기 038 문제"의 답안 참조(단, 항의 순서만 약간 변경한 것임)

3 교시

총 6문제 중 4문제를 선택하여 설명하시오. (각 25점)

01 가공송전공사 감리업무기준에서 감리원의 기본임무에 대하여 설명하시오.

1. 개요

(1) 한국전력 감리기준에는 발주자, 감리원 공사업자의 기본임무를 규정하고 있으며, 감리원은 「전력기술관리법 시행령」에 의한 업무를 인용하고 있다.

(2) 관련 규정 : 가공송전공사 감리업무 기준 1.3.2.

2. 감리원의 기본임무

(1) "감리원"은 「전력기술관리법 시행령」 제23조(감리원의 업무범위) 및 「전력기술관리법 시행규칙」 제22조(감리원의 업무 등)에 따라 감리업무를 성실히 수행하고 발주자와 감리업자 간에 체결된 감리용역 계약내용에 따라 해당 공사가 설계도서 및 그 밖의 관계 서류의 내용대로 시공되는지 여부를 확인한다.

(2) 감리원의 업무

① 공사계획의 검토
② 공정표의 검토
③ 발주자 · 공사업자 및 제조자가 작성한 시공설계도서의 검토 · 확인
④ 공사가 설계도서의 내용에 적합하게 시행되고 있는지에 대한 확인
⑤ 사용자재의 규격 및 적합성에 관한 검토 · 확인
⑥ 전력시설물의 자재 등에 대한 시험성과에 대한 검토 · 확인
⑦ 재해예방대책 및 안전관리의 확인
⑧ 설계 변경에 관한 사항의 검토 · 확인
⑨ 전력시설물의 규격에 관한 검토 · 확인
⑩ 공사 진행 부분에 대한 조사 및 검사
⑪ 준공도서의 검토 및 준공검사
⑫ 하도급의 타당성 검토

⑬ 설계도서와 시공도면의 내용이 현장 조건에 적합한지 여부와 시공가능성 등에 관한 사전 검토
⑭ 현장 조사 · 분석
⑮ 공사단계별 기성(旣成) 확인
⑯ 행정지원업무
⑰ 현장 시공상태의 평가 및 기술지도
⑱ 공사감리업무에 관련되는 각종 일지 작성 및 부대 업무
⑲ 그 밖에 공사의 질을 높이기 위하여 필요한 사항

(3) 책임감리원은 다음의 사항을 적은 수시보고서, 분기보고서 및 최종보고서를 작성하여 발주자에게 제출하여야 한다.
① 개별 작업의 간략한 설명을 포함한 공정 현황
② 기자재의 적합성 검토사항
③ 품질관리에 관한 사항
④ 하도급공사 추진 현황
⑤ 설계 또는 시공의 변경사항
⑥ 나머지 공사의 전망 및 감리계획
⑦ 부당 시공 적발 및 시정사항
⑧ 해당 기간 중 시공에 대한 종합평가
⑨ 발주자가 지시하는 사항
⑩ 그 밖에 책임감리원이 감리에 필요하다고 인정하는 사항

3. 산업통상자원부장관의 송전감리 관리

(1) 위 '2.'의 '(3)'에 따른 감리보고서의 효율적인 작성과 전산화를 위하여 필요한 경우에는 감리보고서 작성에 필요한 전산 프로그램을 개발하여 이를 활용하게 할 수 있다.

02 감전방지를 위한 누전차단기의 시설에 대하여 다음 사항을 설명하시오.
1) 「산업안전보건기준에 관한 규칙」에서 누전차단기 시설기준과 접속 시의 준수사항
2) 한국전기설비규정(KEC)에서 누전차단기를 시설해야 할 대상과 제외대상

답안 **1. 「산업안전보건기준에 관한 규칙」에서 누전차단기 시설기준과 접속 시의 준수사항**

"charter 04의 section 02. 누전차단기 관련 005 문제"의 답안 참조

2. 한국전기설비규정(KEC)에서 누전차단기를 시설해야 할 대상과 제외대상(KEC 211.2.4)

(1) 전원의 자동차단에 의한 저압전로의 보호대책으로 누전차단기를 시설해야 할 대상

누전차단기의 정격 동작전류, 정격 동작시간 등은 211.2.6의 3 등과 같이 적용대상의 전로, 기기 등에서 요구하는 조건에 따라야 한다.

① 금속제 외함을 가지는 사용전압이 50[V]를 초과하는 저압의 기계기구로서 사람이 쉽게 접촉할 우려가 있는 곳에 시설하는 것에 전기를 공급하는 전로

② 주택의 인입구 등 이 규정에서 누전차단기 설치를 요구하는 전로

③ 특고압전로, 고압전로 또는 저압전로와 변압기에 의하여 결합되는 사용전압 400[V] 초과의 저압전로 또는 발전기에서 공급하는 사용전압 400[V] 초과의 저압전로(발전소 및 변전소와 이에 준하는 곳에 있는 부분의 전로를 제외)

④ 다음의 전로에는 전기용품안전기준 "K60947-2의 부속서 P"의 적용을 받는 자동복구 기능을 갖는 누전차단기를 시설할 수 있다.

㉠ 독립된 무인 통신중계소 · 기지국

㉡ 관련 법령에 의해 일반인의 출입을 금지 또는 제한하는 곳

㉢ 옥외의 장소에 무인으로 운전하는 통신중계기 또는 단위기기 전용회로. 단, 일반인이 특정한 목적을 위해 지체하는(머물러 있는) 장소로서 버스정류장, 횡단보도 등에는 시설할 수 없다.

(2) 제외대상

다음의 어느 하나에 해당하는 경우에는 적용하지 않는다.

① 기계기구를 발전소 · 변전소 · 개폐소 또는 이에 준하는 곳에 시설하는 경우

② 기계기구를 건조한 곳에 시설하는 경우

③ 대지전압이 150[V] 이하인 기계기구를 물기가 있는 곳 이외의 곳에 시설하는 경우

④ 「전기용품 및 생활용품 안전관리법」의 적용을 받는 이중 절연구조의 기계기구를 시설하는 경우
⑤ 그 전로의 전원측에 절연변압기(2차 전압이 300[V] 이하인 경우에 한함)를 시설하고 또한 그 절연 변압기의 부하측의 전로에 접지하지 아니하는 경우
⑥ 기계기구가 고무 · 합성수지 기타 절연물로 피복된 경우
⑦ 기계기구가 유도전동기의 2차측 전로에 접속되는 것일 경우
⑧ 기계기구가 131의 8에 규정하는 것일 경우
⑨ 기계기구 내에 「전기용품 및 생활용품 안전관리법」의 적용을 받는 누전차단기를 설치하고 또한 기계기구의 전원 연결선이 손상을 받을 우려가 없도록 시설하는 경우

03 수전설비에서 사용하는 차단기(CB, Circuit Breaker)에 대하여 다음 사항을 설명하시오.
1) 정격전압
2) 정격전류
3) 종류 및 특성(6가지)

답안 1. 차단기의 정격전압

(1) 정격전압(Rated voltage) : 정격전압은 차단기에 인가될 수 있는 계통최고전압을 말하며, 계통의 공칭전압에 따라 아래와 같이 적용한다.

(2) 계통의 공칭전압별 차단기의 정격전압

계통의 공칭전압[kV]	정격전압[kV]
22.9	25.8
154	170
345	362
765	800

2. 차단기의 정격전류(Rated normal current)

(1) 정격전류는 정격전압, 정격주파수에서 규정된 온도상승 한도를 초과하지 않고 그 회로에 연속적으로 흘릴 수 있는 전류의 한도를 말하며 다음 표에 따른다.

(2) 정격전압별 정격전류

정격전압[kV]	정격전류[A]	정격차단전류[kA]
25.8	630 1,250 2,000 3,150	25
	630 1,250 2,000 3,150	40
170	1,250 2,000	31.5
	1,250 2,000 3,150 4,000	50
	2,000 4,000	63
362	2,000 4,000 8,000	40, 50, 63
800	2,000 8,000	50

3. 차단기의 종류 및 특성(6가지)

(1) OCB(유입차단기 : Oil Circuit Breaker)

① 절연유가 고온 Arc에 접촉 시 수소, 아세틸렌, 메탄 등의 분해가스 중 수소가스의 높은 열전도도를 이용하여 아크를 냉각 소호한다.

② 소호실 내의 아크 압력으로 분해가스를 뿜어 차단한다.

③ 오일을 분사하여 절연유의 소호작용을 이용한다.

(2) ABCB 혹은 ABB(공기차단기 : Air Blast Circuit Breaker)

개방 시 접촉자가 떨어지면서 발생하는 Arc를 강력한 압축공기(10~30[kg/cm^2])로 불어 소호한다.

(3) VCB(진공차단기 : Vacuum Circuit Breaker)

① 기체의 압력 저하 시, 분자의 자유행정 거리가 늘어나 다음 그림과 같이 파센의 법칙에 의해 절연내력이 저하된다.

② 그러나 10^{-2}[Torr] 정도까지 내리면 오히려 절연내력이 상승한다.

③ 이 파센의 법칙에 의거 10^{-4}[Torr] 이하의 진공의 밸브 안에서 Arc 금속증기는 주위로 급속히 확산 후 전류영점에서 Arc소호된다(다음 그림 참조).

④ 진공 중에 Arc를 확산시켜 소호한다.

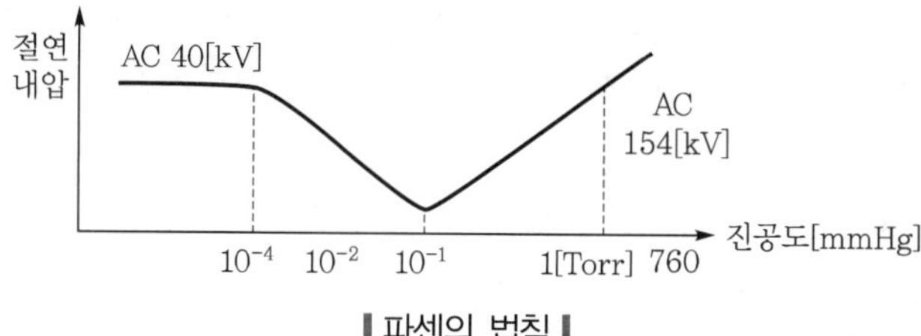

▌파센의 법칙▐

(4) GCB(가스차단기 : Gas Circuit Breaker)

① SF_6 가스의 열화학적 특성, 전기적 특성을 이용한 자력소호이다.

② Arc 시 생성된 금속입자를 SF_6 가스가 흡착환원함으로 극간절연내력을 회복한다.
③ SF_6 가스를 불어서 소호한다.
④ SF_6 특성 : 소호능력은 공기의 100배, 매우 안정도가 높은 무독, 무취의 가스이나 지구온난화물질로 22.9[kV]용에는 사용 감소

(5) 자기차단기(MCB)

① 아크를 Arc Shoot와 같은 Ion 장치 중에 구동시킬 자기회로를 가지고 있어 대기 중에서 전로를 차단하는 차단기를 말한다.
② 대기 중에서 전자력에 의해 소호장치 내에 Arc를 구동하는 것이다.

(6) 전기철도용 직류차단기

종류	특성 및 차단 시의 전류방향	용도	비고
정방향 고속도 차단기	정상전류와 동일 방향의 과전류에 대하여 자동차단(Setting치 이상의 과전류) Ⓟ ──→── Ⓝ	급전용(54F), 정극용(54P), 부극용(54N), 필터장치, 인버터용 등으로 급전회로나 기기 등의 과전류보호에 사용	(범례) → : 정상전류의 방향 ▷ : 자동잡아빼기가 되는 정방향 과전류 ◀····· : 자동잡아빼기가 되는 역전류 ◁····· : 자동잡아빼기가 되는 역방향 과전류
역방향 고속도 차단기	정상전류의 역방향 전류에 대한 차단(Setting치 이상의 과전류) Ⓟ ──→── Ⓝ	정극용(54P), 부극용(54N)	
양방향 고속도 차단기	전류의 방향에 관계없이 Setting치 이상의 과전류가 흘렀을 때 자동차단 Ⓟ ──→── Ⓝ	급전타이포스트(Tie Post) 등의 상 · 하선 접속차단기	

04 한국전기설비규정(KEC)에서 고압 및 특고압 전로의 피뢰기(LA, Lightning Arrester) 설치에 대하여 다음 사항을 설명하시오.

1) 설치장소
2) 설치위치
3) 선정 시 유의사항
4) 동작개시전압과 과전율
5) 열 폭주 현상

답안 1. 피뢰기의 설치장소

(1) 발전소 · 변전소 또는 이에 준하는 장소의 가공전선 인입구 및 인출구

(2) 특고압 가공전선로에 접속하는 배전용 변압기의 고압측 및 특고압측

(3) 고압 및 특고압 가공전선로로부터 공급을 받는 수용장소의 인입구

(4) 가공전선로와 지중전선로가 접속되는 곳

2. 피뢰기의 설치위치

(1) 피뢰기는 가능한 한 피보호기기에 근접해서 설치하는 것이 유효하다. 왜냐하면 서지는 왕복 진행하는 진행파이기 때문이다.

(2) 위치

① 피뢰기 설치를 위해 가능한 한 피보호기기 가까이 설치해야 한다.

$$e_t = e_a + \frac{2Sl}{V}$$

여기서, e_t : 변압기 전압 파고값

e_a : 피뢰기 제한전압

l : 피보호기기와 피뢰기와의 이격거리

V : 충격파의 전파속도[m/μs]

S : 피뢰기의 파두준도[kV/μs]

위 식에서 l이 작을수록 e_t의 값은 작아지기 때문이다.

② 최대 유효이격거리 : 345[kV]에서는 85[m], 154[kV]에서는 65[m], 66[kV]에서는 45[m], 22.9[kV]에서는 20[m]

③ 변압기 전압 파고값(e_t)은 거리 l이 길어지면 파고치는 증가된다.

④ 케이블 선로의 경우에는 양단에 피뢰기를 설치해야 한다.

⑤ 특성임피던스가 다른 변이점에 설치해야 한다.

3. 피뢰기 선정 시 유의사항

(1) 피뢰기를 설치하는 장소에서의 선로의 최대 상용주파 대지전압으로 선정할 것

(2) 가장 심한 피뢰기 방전전류의 크기 및 파형을 고려할 것(2.5~20[kA])

① 22.9[kV] 수용가용은 보통 2.5[kA]

② 한전 송전선로와 변전소는 5~20[kA]

③ 765[kV] 변전소용 피로기의 공칭방전전류는 20[kA]

(3) 피보호기기의 충격절연내력을 고려할 것

(4) 피뢰기의 정격전압 및 공진방전 결정

(5) **피뢰기와 보호대상의 절연협조를 검토하여 보호레벨을 결정할 것**

① 피뢰기의 보호레벨이란 피뢰기가 소정의 조건 하에서 동작하는 경우, 양단자간에 남는 과전압의 상한치로 정격전압에 대해서 정해지는 기준으로 다음의 뇌임펄스, 개폐임펄스에 대해 각각 정해져 있다.

② **뇌임펄스에 대하여 피뢰기의 보호레벨값은 다음 중 최대의 값임**

㉠ 공칭방전 전류에 대한 제한전압의 파고치

㉡ 표준 뇌임펄스 방전 개시전압

㉢ 뇌임펄스 방전 개시전압 시간특성의 시간 0.5[μs]에 상당하는 전압값의 $\dfrac{1}{1.15}$

③ 개폐임펄스에 대해서 피뢰기의 보호레벨값은 개폐임펄스 방전개시 전압시간특성의 시간 250[μs]에 상당하는 전압값

④ **피뢰기와 피보호기기의 보호여유**

㉠ 피뢰기의 보호레벨과 피보호기기(변압기)와의 보호여유도는 충격전압에 대하여 20[%] 이상일 것

㉡ 제한전압이 725[kV]이면 변압기의 BIL은, TR BIL $= \dfrac{725}{0.8} = 906$[kV] 이상으로 1,050을 정함

(6) 이격거리 및 기타 관계 요소를 고려하여 제한전압과 정격전압을 결정한다(피보호기기의 근접위치에 설치).

4. 동작개시전압과 과전율

(1) 동작개시전압

① **정의 :** 누설전류(I_r)가 1~3[mA] 흐를 때의 전압을 말한다.

② 동작개시전압을 초과하는 전압이 장시간 흐르면 열 폭주로 파손된다.

(2) 과전율

① **정의 :** 동작 개시전압과 상시 인가전압의 파고치와의 비율을 말한다.

② **표현식**

$$\text{과전율} = \frac{\text{상시 인가전압의 파고치}}{\text{동작 개시전압}} \times 100[\%]$$

③ 장기적인 수명특성 및 열 폭주의 기준으로 과전율은 약 45~80[%]로 정한다.

④ 계통전압이 높고, 저감절연을 적용 시 피뢰기는 과전율이 높은 고정격의 피뢰기가 된다.

5. 열 폭주 현상

comment 2024년 134회 건축전기설비기술사 10점에도 재차 출제된 것임

(1) 산화아연소자(ZnO)에 일정전압을 인가하면, 소자의 저항분에 의한 누설전류가 발생한다.

(2) 이 누설전류에 의한 발열량과 방열량이 평형일 때 피뢰기는 일정온도에서 안정된다.

(3) 발열량(P) > 방열량(Q)이면 ZnO 소자의 온도가 상승되고, 소자저항은 온도상승에 따라 감소되어, 저항분의 누설전류는 증가된다.

(4) 이 누설전류의 증가로 피뢰기가 과열되고, 열축적에 의해 피뢰기가 파괴되는 현상을 말한다.

(5) 산화아연소자의 발열특성 및 열 폭주 발생원인

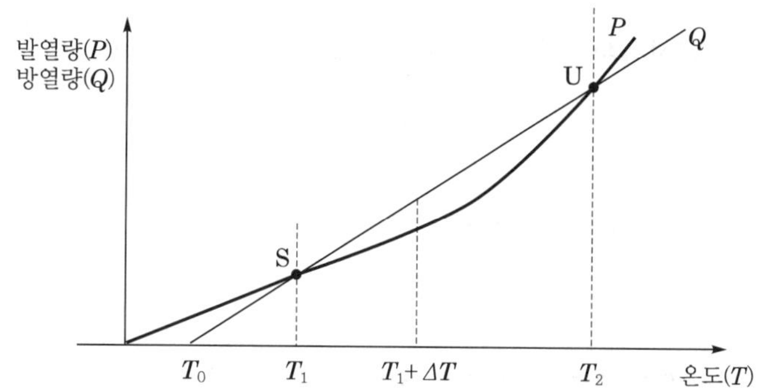

① **발열곡선(P)** : 발열량(P)는 온도에 대하여 지수함수적으로 증가한다.

② **방열곡선(Q)** : 방열량(Q)는 주위온도와 소자온도의 차에 비례한다.

③ $P = Q$(U 점)일 때 안정된다.

④ $P < Q$(**U 점 이하**) : 온도변화 ΔT가 U 보다 작을 때 점차 온도가 낮아져 S 점에서 안정된다.

⑤ $P > Q$(**U 점 초과**) : 산화아연소자가 열화하여 전압 과전류 특성이 악화한 경우 및 개폐서지 등 열적요인으로 소자온도가 증가하고 누설전류는 증가되면서 열폭주현상이 발생한다.

05 커패시터(Capacitor)의 역률개선 원리, 설치효과 및 설치방법에 대하여 설명하시오.

답안 1. 역률개선 원리

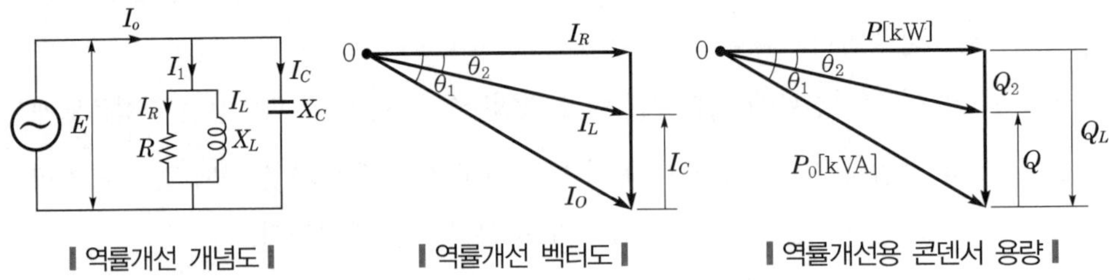

❙ 역률개선 개념도 ❙ ❙ 역률개선 벡터도 ❙ ❙ 역률개선용 콘덴서 용량 ❙

(1) 필요한 콘덴서의 용량 Q

① 그림 '역률개선용 콘덴서 용량'과 같은 콘덴서 용량 Q : $Q = Q_L[\text{kVar}] - Q_2$

② 콘덴서 설치 전의 무효전력 : $Q_L[\text{kVar}] = P\tan\theta_1$

③ 콘덴서 설치 후의 무효전력 : $Q_2[\text{kVar}] = P\tan\theta_2$

(2) 역률을 개선하기 위한 콘덴서 용량

$$Q = P(\tan\theta_1 - \tan\theta_2) = P\left[\sqrt{\frac{1}{\cos^2\theta_1} - 1} - \sqrt{\frac{1}{\cos^2\theta_2} - 1}\right][\text{kVA}]$$

여기서, P : 부하전력[kW]

$\cos\theta_1, \cos\theta_2$: 콘덴서 설치 전 · 후의 역률

2. 설치효과

(1) 변압기의 손실저감

① 변압기의 손실은 철손과 부하손(즉 동손)이 있고, 철손은 역률에 무관하다.

② 역률개선용 콘덴서를 설치한 경우의 동손저감량

$$W_t = \left(\frac{100}{\eta} - 1\right) \times \frac{n}{100} \times \left(\frac{P}{P_t}\right)^2 \times \left(1 - \frac{\cos\theta_1}{\cos\theta_2}\right) \times P_t[\text{kW/kVA}]$$

여기서, W_t : 단위 용량에 대한 동손저감분

η : 효율[%]

n : 변압기 손실 중 동손이 차지하는 비율[%]

P_t : 변압기 용량[kW]

P : 부하 용량[kW]

(2) 배전선의 손실저감

① 역률개선용 콘덴서를 취부할 경우의 배전선 손실저감분

$$W_l = \left(\frac{P^2}{E^2}\right) \times R \times \left(\frac{1}{\cos^2\theta_1} - \frac{1}{\cos^2\theta_2}\right) \times 10^{-3}[\text{kW}]$$

여기서, P : 부하의 유효전력[kW]

E : 부하단 전압[V]

R : 선로 1상분의 저항[Ω]

② 손실저감률

$$\frac{\text{저감된 손실량}}{\text{처음 손실량}} \times 100 = \frac{k\left(\frac{1}{\cos^2\theta_1} - \frac{1}{\cos^2\theta_2}\right)}{k\left(\frac{1}{\cos^2\theta_1}\right)} \times 100$$

$$= \left(1 - \frac{\cos^2\theta_1}{\cos^2\theta_2}\right) \times 100[\%]$$

(3) 설비용량의 여유 증가

① 역률개선으로 부하전류가 감소되어 설비용량의 증설없이도 부하의 증설이 가능하다.

② 이 경우 더 공급 가능한 부하 W_1[kVA] 및 전력의 증가분 P_1[kW]는 다음과 같다.

㉠ $W_1 = W_0\left(\frac{\cos\theta_2}{\cos\theta_1} - 1\right)$[kVA]

㉡ $P_1 = P - P_0 = W_0(\cos\theta_2 - \cos\theta_2)$[kW]

여기서, P : 개선 후의 유효전력

P_0 : 개선 전의 유효전력

(4) 전압강하의 경감

① 전압강하의 경감으로 전력설비 보강 공사비도 경감된다.

② 전압강하 경감률 : $\varepsilon = \frac{Q_C}{Q_{RC}} \times 100[\%]$

여기서, Q_C : 콘덴서 용량

Q_{RC} : 콘덴서 삽입모선의 단락용량

(5) 역률개선에 의한 전기요금 경감

① 역률 92[%] 이상 97[%]까지 역률일 경우 기본 요금 경감

② 역률개선으로 부하율 개선 시 그만큼 전력회사의 설비는 합리화를 이룰 수 있다.

③ 전기요금 = 기본요금 + 전력사용량 요금

㉠ 기본요금 = $\left[계약전력 \times \left(1 + \frac{90 - 역률[\%]}{100}\right) \times 계약전력단가\right]$

㉡ 전력사용량 요금 = 전력사용량 × kWh당 요금(단가)

reference

기준역률 상향 및 역률요금제도 개선(시행 : 2025년 2월 1일)

- 기준역률 : 지상역률 92[%]
- 지상역률 요금제도 : 할인구간은 92~97[%], 할증구간은 92[%] 미만~60[%]까지
- 역률 적용 시간대 : 지상역률은 08시~22시, 진상역률은 22시~08시

3. 설치방법

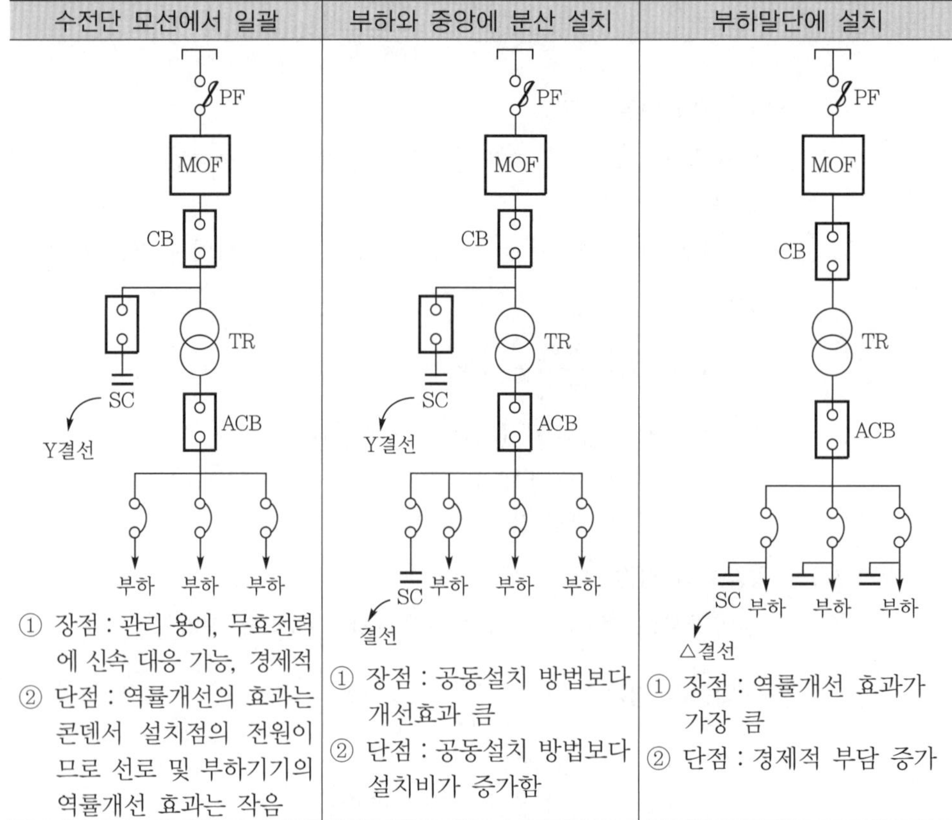

수전단 모선에서 일괄	부하와 중앙에 분산 설치	부하말단에 설치
① 장점 : 관리 용이, 무효전력에 신속 대응 가능, 경제적 ② 단점 : 역률개선의 효과는 콘덴서 설치점의 전원이므로 선로 및 부하기기의 역률개선 효과는 작음	① 장점 : 공동설치 방법보다 개선효과 큼 ② 단점 : 공동설치 방법보다 설치비가 증가함	① 장점 : 역률개선 효과가 가장 큼 ② 단점 : 경제적 부담 증가

06 변압기 임피던스 전압(Impedance Voltage)에 대하여 다음 사항을 설명하시오.

1) 퍼센트(%) 임피던스
2) 임피던스 전압
3) 퍼센트(%) 임피던스 전압
4) 임피던스 전압이 변압기에 미치는 영향의 종류
5) 임피던스 전압에 의한 변압기의 영향 및 대책

답안 **1. 퍼센트(%) 임피던스**

(1) 정의 : 정격전압, 정격전류 및 정격주파수에서 변압기 저항과 리액턴스에 의한 전압 강하분과 회로의 정격전압에 대한 백분율[%]을 말한다.

(2) 수식 : $\%Z = \dfrac{I_n Z}{E} \times 100[\%]$

2. 임피던스 전압(V_e)

(1) 정의 : 변압기 2차측을 단락하여 1차측에서 정격 주파수의 저전압을 인가하여 정격전류를 흘려보냈을 때의 1차측 전압(V_e, 변압기 내부에서의 전압강하 전압)을 말한다.

(2) $$V_e = I_{In} \times Z[\text{V}]$$

여기서, I_{In} : 1차 정격전류, Z : 변압기 임피던스

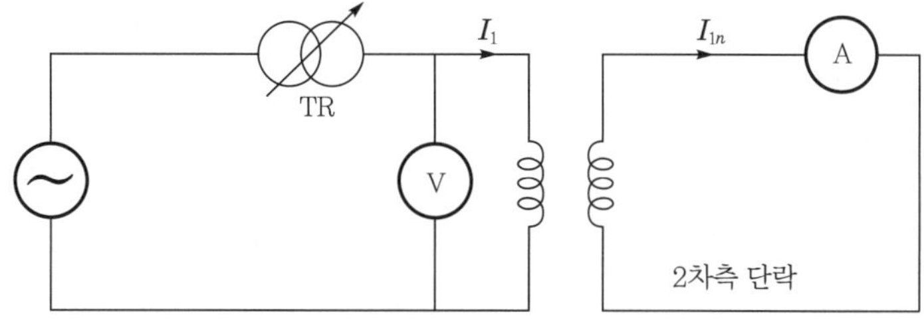

▌변압기 임피던스 전압 등가회로도▐

(3) 변압기의 임피던스는 누설자속에 의한 리액턴스분과 권선저항에 의한 저항분이 있으며 이러한 임피던스는 변압기 내부 전압강하를 발생시키는 전압을 말한다.

(4) 1차 전류로 인한 전압강하

① $IR = I_1(r_1 + a^2 r_2)$

여기서, a : 변압비

r_1, r_2 : 변압기 1차측 저항, 2차측 저항

부록

② $IX = I_1(x_1 + a^2 x_2)$

여기서, x_1, x_2 : 변압기 1차측 리액턴스, 2차측 리액턴스

(5) 임피던스 전압과 %임피던스 관계

① 임피던스 전압강하분이 정격전압의 몇 [%]인가를 나타낸 것을 %임피던스라 한다.

$$\%Z = \frac{Z[\Omega] \cdot I_n[\mathrm{A}]}{V_n[\mathrm{kV}]} \times 100[\%] = \frac{P \cdot Z}{10V^2}$$

여기서, V_n : 정격 상전압[kV]

V : 정격 선간전압[kV]

Z : 임피던스[Ω]

I_n : 정격전류[A]

P : 변압기 용량[kVA]

② 변압기의 2차 권선을 단락시키고 1차 권선에 저전압을 인가하여 2차측에 정격 1차 전류(I_{1n})가 흐르는 경우의 임피던스 전압(V_s)과 정격 1차 전압(V_{1n})의 백분율비를 말한다.

$$\%Z = \frac{V_S}{V_{1n}} \times 100[\%]$$

여기서, V_S : 전압계에 지시된 임피던스 전압

3. 퍼센트(%) 임피던스 전압

(1) 정의 : 임피던스 전압을 권선의 정격전압 단위값 또는 퍼센트로 나타낸 전압을 말한다.

(2) 수식

① $\% IR = \dfrac{IR}{V_1} \times 100[\%] = \dfrac{I_1(r_1 + a^2 r_2)}{V_1} \times 100[\%]$

② $\% IX = \dfrac{IX}{V_1} \times 100[\%] = \dfrac{I_1(x_1 + a^2 x_2)}{V_1} \times 100[\%]$

③ %임피던스 전압 : $\% IZ = \sqrt{(\% IR)^2 + (\% IX)^2}$

4. 임피던스 전압이 변압기에 미치는 영향의 종류

(1) 영향 : 변압기 내의 전압강하로 인한 다음의 영향의 종류가 나타난다.

① 손실 증대

② 발열 증대

③ 효율 저하

④ 수명 감소

(2) 종류 : 임피던스 와트(전부하 동손)

$P_s = (r_1 + a^2 r_2) I_{1n}{}^2 [W]$

5. 임피던스 전압에 의한 변압기의 영향 및 대책

(1) 전압변동률의 영향

① 개념

㉠ $\%Z$가 크면 변압기의 내부 임피던스가 증가하므로 변압기의 전압변동률은 증가

㉡ 전압변동률(ε) : $\varepsilon = p\cos\theta + q\sin\theta [\%]$, $\%Z = \sqrt{p^2 + q^2}$

여기서, p, q : % 저항강하, % 리액턴스 강하

㉢ 식에서 $\%Z$가 증가 시, ε도 커짐

② 전압 저하 시 : 유효전력 손실의 증가, 송변전설비의 전류영향에 의한 정태안정도가 저하하여 송전용량이 저하된다.

③ 전압 상승 시 : 전력용 기기의 열화촉진, 고조파의 발생, 기기의 절연 파괴, 기기의 과전류에 의한 소손

④ 대책 : 전원측 리액턴스의 감소, 전압의 조정, 무효전력의 보상

(2) 손실 및 무부하손과 부하손의 손실비

① 변압기의 내부 임피던스가 증가 시 내부 손실이 증가하고 주로 동손이 증가한다.

② 무부하손은 $\%Z$에 무관하나 부하손은 $\%Z$에 비례하여 증가하므로 무부하손과 부하손의 손실도 증가한다.

③ 전력계통에 설치되어 있는 전력기기의 손실에 영향을 준다.

④ 대책 : 역률개선, 고조파 저감으로 부하손 감소

(3) 계통 고장용량의 영향

① 단락전류 : $I_s = \dfrac{100}{\%Z} \times I_n$

② 전력계통의 차단기 용량 : $P_s = \dfrac{100}{\%Z} \times P_n$

③ $\%Z$를 증대시키면 차단기 용량은 감소됨을 의미한다(실제 대규모 공장 적용).

④ 대책 : 변압기의 임피던스 전압은 전압변동률을 작게 하기 위해서 낮은 편이 좋지만, 계통의 단락용량면에서는 높은 편이 차단기 용량산정 및 절연협조에 좋다.

(4) 변압기의 병렬운전

① 사유 : 조건 성립이 안 되어 %임피던스 전압이 다르면 변압기 용량에 비례한 분담을 하지 않고 임피던스 전압이 낮은 쪽이 과부하로 소손이 발생한다.

② 즉, 병렬운전 시의 부하분담은 변압기의 임피던스에 반비례하며, 이를 해석하면 다음과 같다.

㉠ $P_A = P_L \times \dfrac{Z_2'}{Z_1 + Z_2'} = P_L \times \dfrac{Z_2(P_1/P_2)}{Z_1 + Z_2(P_1/P_2)} = \dfrac{Z_2 P_1}{Z_1 P_2 + Z_2 P_1} \times P_L$ [kVA]

㉡ $P_B = P_L - P_A = \dfrac{Z_1 P_2}{Z_1 P_2 + Z_2 P_1} \times P_L$[kVA]

③ 동일 용량에서는 %임피던스가 낮은 쪽의 TR에 과부하 발생

㉠ TR_1 부하분담 : $P_A = \dfrac{\%Z_2}{\%Z_1 + \%Z_2} \times P_L$

㉡ TR_2 부하분담 : $P_B = \dfrac{\%Z_1}{\%Z_1 + \%Z_2} \times P_L$

㉢ $\%Z_2 > \%Z_1$ 이면 $P_A > P_B$가 되어 TR_1에 과부하 발생

④ $\%R$과 $\%X$비가 다른 경우

역률각 차에 의해 변압기 간 다음 벡터도와 같이 순환전류 발생으로 변압기의 전력손실 증가

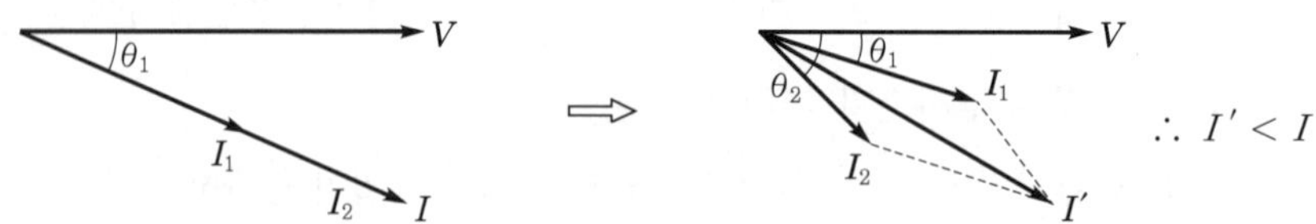

⑤ 대책 : 과부하 운전을 방지하기 위한 부하 제한, 임피던스 전압차를 10[%] 이내로 한다.

(5) 고장 시 권선에 작용하는 전자기계력에 대한 영향

① $\%Z$전압 증가 시 단락용량(차단기 용량)은 감소한다.

② 고장전류 축소로 권선에 미치는 전자력도 감소된다.

$$F = K \times 2.04 \times 10^{-8} \times \frac{I_m^{\ 2}}{D} \text{[kg/m]}$$

여기서, F : 도체에 작용하는 힘

I_m : 전류파고값

D : 도체 간격[m]

③ 권선 간, 권선과 철심 간 전자기계력에 의해 기계적 변형이 생기거나 파괴된다.

④ 대책 : 임피던스가 큰 변압기를 사용한다.

4교시

총 6문제 중 4문제를 선택하여 설명하시오. (각 25점)

01 수전설비에서 사용하는 정지형 비율차동계전기의 정의, 원리 및 특성을 설명하시오.

답안 1. 개요

(1) 변압기 권선의 상간 단락 · 지락 등 변압기 내부고장 중에서도 다른 상 또는 대지와 관계되는 고장을 주로 보호한다.

(2) 과부하 또는 같은 상 권선에서의 층간단락 · 단선과 같은 고장에 대하여는 보호하지 않는다.

2. 비율차동계전기(DCR : Differential Current Relay)의 정의

1, 2차 변류기(CT)로부터 입력된 전류의 차를 입력받아 그 비율이 일정한 정정값 이상이 되었을 때(즉, 내부사고) 동작코일 OC를 여자시켜 고장을 보호하는 계전기이다.

3. 비율차동계전기의 원리

(1) 다음 그림과 같이 변압기 1차측에 흐르는 전류를 CT_1이 검출, 2차측에 흐르는 전류를 CT_2가 검출한다.

(2) 각 전류는 억제코일(RC)을 통해 흐르고, 그 차 만큼이 동작코일(OC)로 흘러 동작한다.

(3) 내부사고 시 통과전류가 작아 억제력이 작아서 작은 차 전류에도 동작한다.

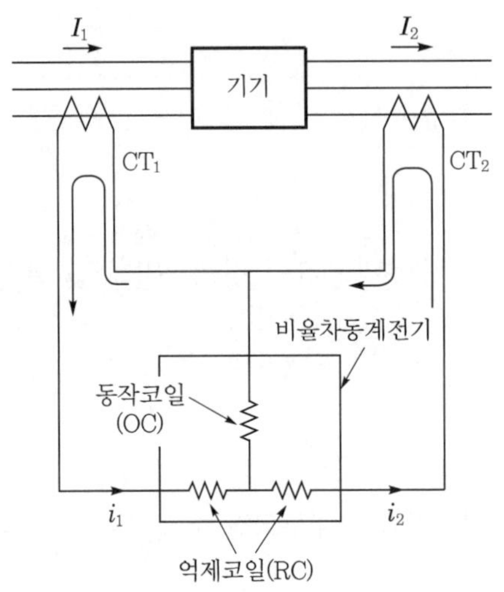

▌비율차동계전기의 원리▐

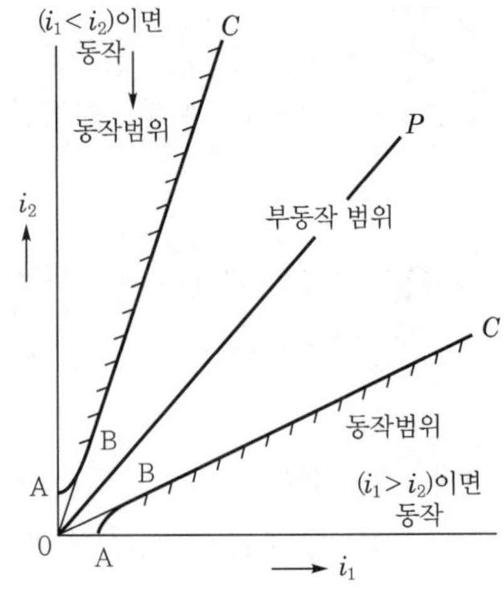

▌비율차동계전기의 동작특성곡선▐

① **정상 시** : i_1과 i_2는 변류비에 따라 거의 같은 크기로 $|i_1 - i_2| = 0$이 된다.

② **내부고장 시** : 내부고장 시 한쪽 방향의 위상이 반대로 되어 i_1과 i_2는 변류비에 따라 거의 같은 크기로 $|i_1 - i_2|$= 매우 큰 값이 된다.

4. 비율차동계전기의 특성

(1) 변압기의 각변위

① 각 변위에 따라 DCR용 CT 결선을 조정하는 변압기의 경우 1차측 전류와 2차측 전류의 위상을 다르게 해주어 차전류를 없앨 수 있다.

② 즉, 다음 표의 각 변위 벡터군 중에서 Yd1결선, Yd11결선, Dy1결선, Dy11결선의 방법을 선정하여 30도 위상차를 두어 차전류를 없게 할 수 있다.

▌변압기의 각변위 벡터군 표시와 결선도▐

번호	각변위/벡터군 기호	전압백터도		기호도	
		고압	저압	고압	저압
1	Dd0 0도	V, U, W	v, u, w	A, B, C	a, b, c
2	Yy0 0도	V, U, W	v, u, w	A, B, C	a, b, c

번호	각변위/벡터군 기호	전압백터도		기호도	
		고압	저압	고압	저압
3	Dy11 (+30도) 30도 진상	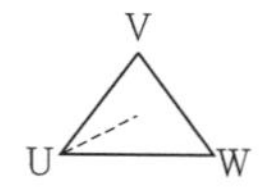 V U W	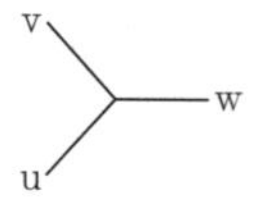 v u w	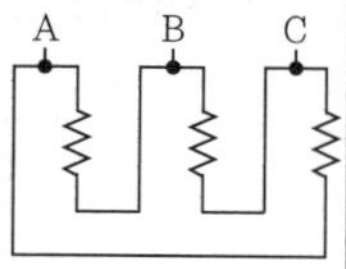 A B C	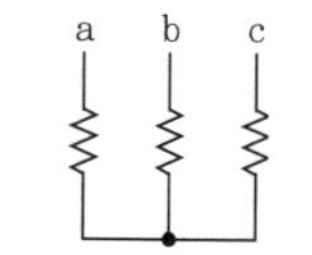 a b c
4	Yd11 (+30도) 30도 진상	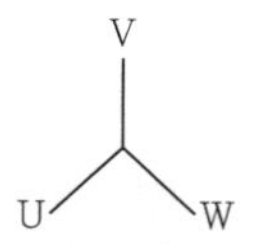 V U W	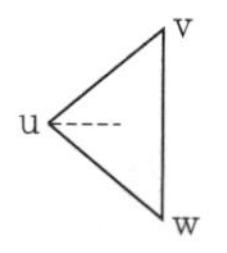 v u w	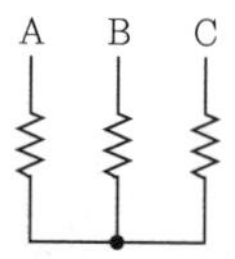 A B C	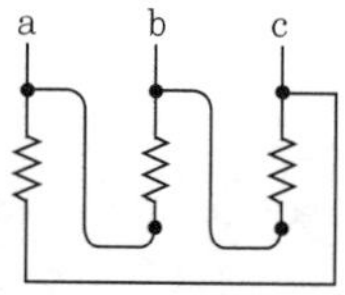 a b c
5	Yd1 (−30도) 30도 지상	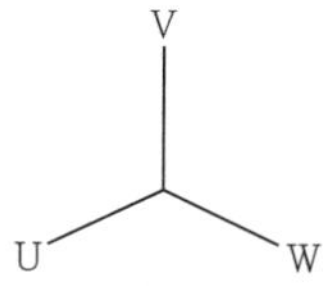 V U W	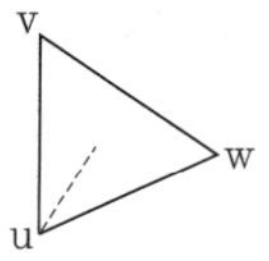 v u w	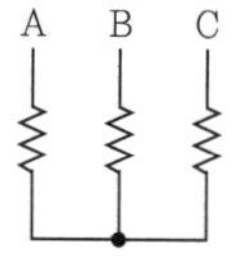 A B C	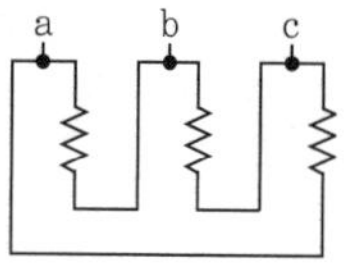 a b c
6	Dy1 (−30도) 30도 지상	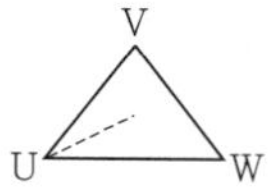 V U W	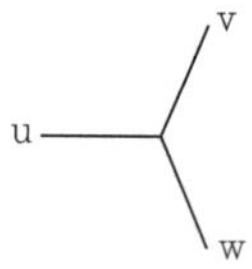 v u w	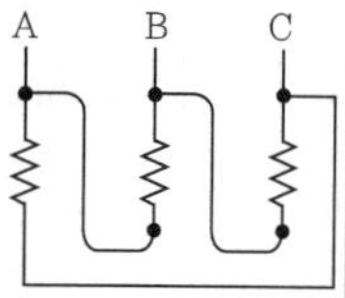 A B C	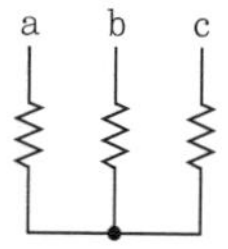 a b c

comment 이 표자체로 10점 예상

(2) DCR용 CT

① 감극성일 것

② CT 2차 부담은 CT 2차측 부하의 크기와 CT에 흐르는 전류에 의해 부담이 결정되는데 정격부담치 이상의 부하가 걸리면 CT는 포화하게 되어 큰 오차가 발생한다.

(3) 변압기 결선에 따른 CT 결선법

① 변압기 고 · 저압측 결선이 서로 다를 경우 CT 결선은 변압기 결선과 역으로 한다.

② 비율차동계전기용 CT의 결선은 변압기의 1차 및 2차 전류 Vector 차이로 인하여 변압기 결선과 특별한 관계가 있다.

변압기 결선 1-2차측 결선	CT 결선 1~2차측 결선
△−△	Y−Y
Y−Y	△−△
△−Y	Y−△
Y−△	△−Y

(4) CT 2차 부담 : 사용부담이 증가하면 오차 커짐 → 전용 사용

(5) 여자돌입전류 오동작방지

① 감도저하법 : 2초 정도 신호를 억제시켜 오동작을 방지한다.

② 고조파 억제법 : 고조파를 필터(공진)로 통과시켜 고조파에서 오동작이 없게 한다.

③ 비대칭파 저지법 : 반파정류회로를 구성시켜 오동작을 방지한다.

02 산업안전보건법령에 의한 사업장 총괄관리 업무를 하는 안전보건관리책임자 업무, 관리감독자 업무, 안전보건담당자의 의무, 안전검사 대상 및 안전검사 주기에 대하여 설명하시오.

comment KEC 503 기준+한전의 분산형 전원 연계에 의한 답안임

답안 1. 안전보건관리책임자 업무(「산업안전보건법」 제15조)

(1) 사업주는 사업장을 실질적으로 총괄하여 관리하는 사람에게 해당 사업장의 다음의 업무를 총괄하여 관리하도록 하여야 한다.

① 사업장의 산업재해 예방계획의 수립에 관한 사항

② 안전보건관리규정의 작성 및 변경에 관한 사항

③ 안전보건교육에 관한 사항

④ 작업환경측정 등 작업환경의 점검 및 개선에 관한 사항

⑤ 근로자의 건강진단 등 건강관리에 관한 사항

⑥ 산업재해의 원인 조사 및 재발 방지대책 수립에 관한 사항

⑦ 산업재해에 관한 통계의 기록 및 유지에 관한 사항

⑧ 안전장치 및 보호구 구입 시 적격품 여부 확인에 관한 사항

⑨ 그 밖에 근로자의 유해 · 위험 방지조치에 관한 사항으로서 고용노동부령으로 정하는 사항

(2) 위 '(1)'의 업무를 총괄하여 관리하는 사람(이하 "안전보건관리책임자")은 제17조에 따른 안전관리자와 제18조에 따른 보건관리자를 지휘 · 감독한다.

(3) 안전보건관리책임자를 두어야 하는 사업의 종류와 사업장의 상시근로자 수, 그 밖에 필요한 사항은 대통령령으로 정한다.

2. 관리감독자 업무(「산업안전보건법」 제16조)

(1) 사업주는 사업장의 생산과 관련되는 업무와 그 소속 직원을 직접 지휘 · 감독하는 직위에 있는 사람에게 산업 안전 및 보건에 관한 업무로서 대통령령으로 정하는 업무를 수행하도록 하여야 한다.

(2) 관리감독자가 있는 경우에는 「건설기술 진흥법」 제64조 제1항 제2호에 따른 안전관리책임자 및 같은 항 제3호에 따른 안전관리담당자를 각각 둔 것으로 본다.

3. 안전보건담당자의 의무(「산업안전보건법」 제19조)

(1) 사업주는 사업장에 안전 및 보건에 관하여 사업주를 보좌하고 관리감독자에게 지도 · 조언하는 업무를 수행하는 사람(이하 "안전보건관리담당자")을 두어야 한다. 다만, 안전관리자 또는 보건관리자가 있거나 이를 두어야 하는 경우에는 그러하지 아니하다.

(2) 안전보건관리담당자를 두어야 하는 사업의 종류와 사업장의 상시근로자 수, 안전보건관리담당자의 수 · 자격 · 업무 · 권한 · 선임방법, 그 밖에 필요한 사항은 대통령령으로 정한다.

(3) 고용노동부장관은 산업재해 예방을 위하여 필요한 경우로서 고용노동부령으로 정하는 사유에 해당하는 경우에는 사업주에게 안전보건관리담당자를 위 '(2)'에 따라 대통령령으로 정하는 수 이상으로 늘리거나 교체할 것을 명할 수 있다.

(4) 대통령령으로 정하는 사업의 종류 및 사업장의 상시근로자 수에 해당하는 사업장의 사업주는 안전관리전문기관 또는 보건관리전문기관에 안전보건관리담당자의 업무를 위탁할 수 있다.

4. 안전검사 대상 및 안전검사 주기

(1) 안전검사 대상(「산업안전보건법 시행령」 제78조)

① 프레스
② 전단기
③ 크레인(정격 하중이 2톤 미만인 것은 제외)
④ 리프트
⑤ 압력용기
⑥ 곤돌라
⑦ 국소 배기장치(이동식은 제외)
⑧ 원심기(산업용만 해당)
⑨ 롤러기(밀폐형 구조는 제외)

⑩ 사출성형기[형 체결력(型 締結力) 294킬로뉴턴(kN) 미만은 제외]

⑪ 고소작업대(「자동차관리법」 제3조 제3호 또는 제4호에 따른 화물자동차 또는 특수자동차에 탑재한 고소작업대로 한정)

⑫ 컨베이어

⑬ 산업용 로봇

⑭ 혼합기

⑮ 파쇄기 또는 분쇄기

(2) 안전검사 주기(「산업안전보건법 시행규칙」 제126조)

① 크레인(이동식 크레인은 제외), 리프트(이삿짐 운반용 리프트는 제외) 및 곤돌라 : 사업장에 설치가 끝난 날부터 3년 이내에 최초 안전검사를 실시하되, 그 이후부터 2년마다(건설현장에서 사용하는 것은 최초로 설치한 날부터 6개월마다)

② 이동식 크레인, 이삿짐운반용 리프트 및 고소작업대 : 「자동차관리법」 제8조에 따른 신규등록 이후 3년 이내에 최초 안전검사를 실시하되, 그 이후부터 2년마다

③ 프레스, 전단기, 압력용기, 국소 배기장치, 원심기, 롤러기, 사출성형기, 컨베이어, 산업용 로봇, 혼합기, 파쇄기 또는 분쇄기 : 사업장에 설치가 끝난 날부터 3년 이내에 최초 안전검사를 실시하되, 그 이후부터 2년마다(공정안전보고서를 제출하여 확인을 받은 압력용기는 4년마다)

03 수전설비에서 사용하는 전력퓨즈(PF, Power Fuse)에 대하여 다음 사항을 설명하시오.

1) 전력퓨즈의 기능

2) 전력퓨즈의 종류 및 특성

3) 전력퓨즈의 한류특성

답안 1. 전력퓨즈의 기능(목적)

(1) 전력퓨즈는 부하전류를 안전하게 통전하고 과도전류(TR돌입전류, 모터기동전류 등)나 과부하전류에 용단하지 않을 것

(2) 어떤 일정 이상의 과전류는 차단하여 전로나 기기를 보호하는 것으로 단락전류의 차단이 주목적이다.

(3) 변성기, 릴레이, 차단기의 역할을 동시에 수행하여 경제적인 기기이다(즉, 전력퓨즈는 차단기+Ry+변성기의 3가지 역할 수행).

(4) 전력퓨즈의 경우 차단기에 비해 가격이 저렴하고, 소형 · 경량이며, 한류특성이 우수해 많이 사용되고 있으나 일회성이므로 다른 개폐기와 보호협조에 신중을 기해야 한다.

2. 전력퓨즈의 종류 및 특성

구분	비한류형 퓨즈	한류형 퓨즈
전차단 시간	0.65cycle	0.5cycle
최대 통과전류	단락전류 파고치의 80[%]	단락전류 파고치의 10[%]
차단 I^2t	단락전류와 같이 증가	크게 증가하지 않음
소전류 차단기능	정격차단전류 이하에서 동작하면 반드시 차단	용단시간이 긴 소전류 영역에서 차단되지 않고 큰 고장전류에 차단이 용이
과부하 보호	과부하 보호 가능	과부하 보호에 사용 곤란
차단시간	용단시간 : 0.1cycle 아크시간 : 0.55 전차단시간 : 0.65	용단시간 : 0.1cycle 아크시간 : 0.4 전차단시간 : 0.5
차단(한류) 작용	Arc에 소호가스를 불어서 단자간 극간 절연 내력을 재기전압 이상으로 높게 하여 차단한다(전차단시간 0.65cycle).	Arc전압을 높여 단락전류를 한류억제 차단한다(전차단시간 0.5cycle).

3. 전력퓨즈의 한류특성(전력퓨즈의 시간-전류 특성, 전력퓨즈의 5가지 특성)

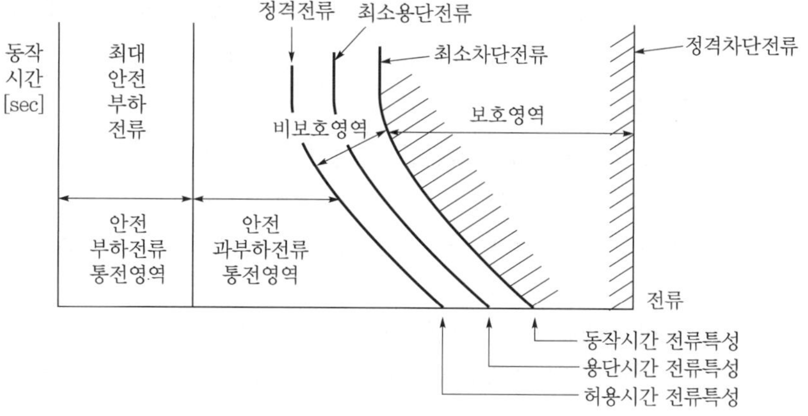

▌특성곡선 상호 간의 관계▐

reference

1. 안전통전영역
   (1) 안전부하전류 통전영역 : 퓨즈에 연속해서 통전되는 최대 안전부하전류 이하의 영역
   (2) 안전과부하전류 통전영역 : 최대 안전부하전류와 단시간 허용 곡선 사이의 영역
2. 비보호영역
   안전통전영역과 보호영역 사이의 영역으로 파워퓨즈로는 보호가 불가하여 다른 차단장치(CB, MCCB, 저압 퓨즈 등)로 보호해야 함

(1) 허용시간-전류특성

퓨즈소자를 정해진 조건으로 사용했을 경우 노화시키는 일 없이, 그 퓨즈에 흐를 수 있는 전류와 시간관계를 나타내는 특성이며, 적용하는 회로부하에 대한 퓨즈의 정격전류선정 때 사용한다.

(2) 용단시간-전류특성

퓨즈에 전류가 흐르기 시작해서 퓨즈소자가 용단되기까지 전류와 시간관계를 나타내는 특성이다. 시간은 규약시간, 전류는 규약전류로 나타낸다.

(3) 동작시간-전류특성

정격전압이 인가된 상태에서 퓨즈에 과전류가 흘렀을 때 퓨즈소자는 용단, 발호하고, 아크가 완전 소호하기까지의 시간과 전류관계를 표시한 것이다.

(4) I^2t 특성

① 퓨즈에 전류가 흐르고 있는 어느 일정기간 중 전류순시치의 2승 적분치를 지시하는 것이며, 용단시간 중의 것을 용단 I^2t, 차단작동 시간 중의 것을 작동 I^2t라 한다.

② 작동 I^2t는 콘덴서 보호 또는 개폐기나 차단기 후비보호에 퓨즈를 사용할 경우에 있어 열적응력을 검토할 때 적용한다.

(5) 한류특성

① 퓨즈가 사고전류를 차단할 때 파고치에 이르기 전에 한류차단하는 퓨즈의 귀중한 특성을 말한다.

② 차단시간이 릴레이 동작시간과 합쳐 10cycle 소요되나, 전력퓨즈의 경우는 전차단시간이 0.5cycle(한류형의 경우)이 된다.

③ 또한 전력퓨즈의 통과전류 파고치도 차단기의 통과전류보다 대폭제한, 즉, 한류효과가 매우 크므로 회로에 접속된 직렬기기나 회로의 열적 · 기계적 손상을 대폭 경감시킨다.

④ 이러한 이유로 후비보호에 다른 차단기와 병행하여 많이 사용한다.

04 한국전기설비규정(KEC)에서 감전에 대한 보호체계를 그리고, 감전보호 일반사항을 설명하시오.

답안 1. 감전에 대한 보호체계

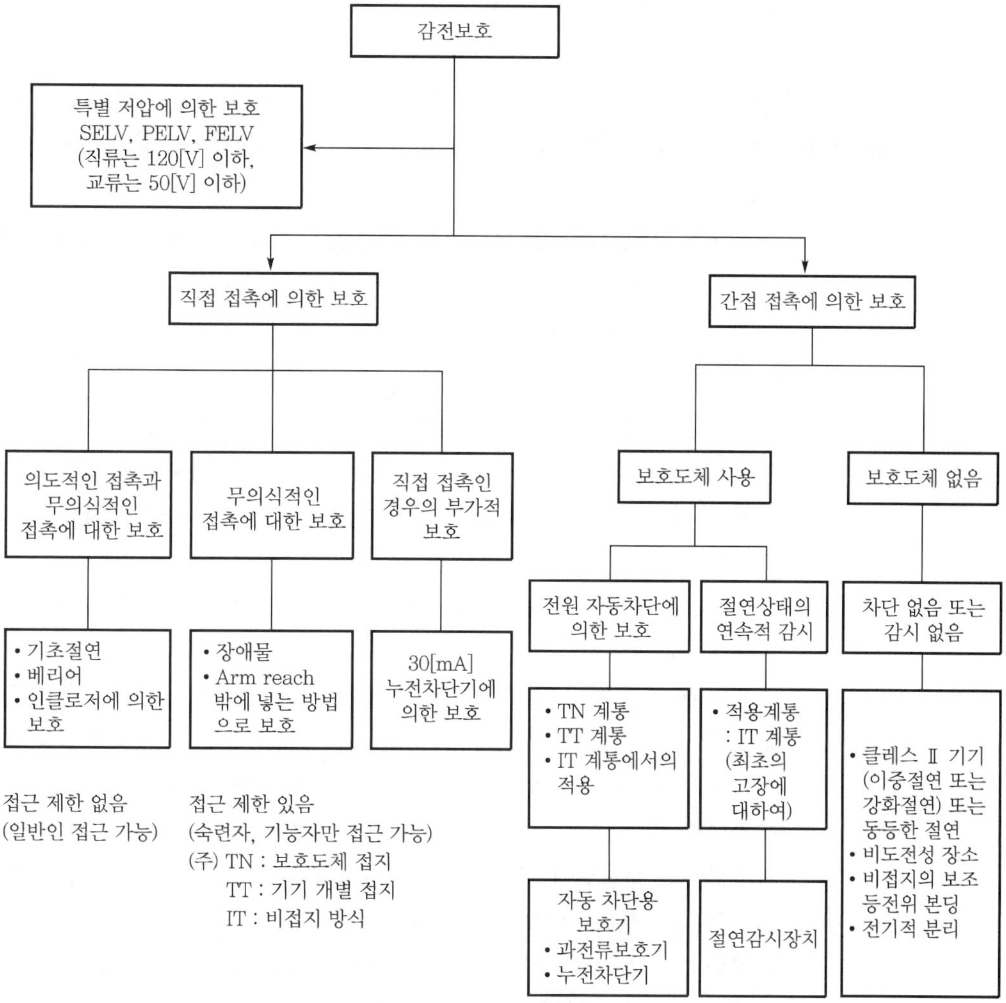

- 감전보호
  - 특별 저압에 의한 보호 SELV, PELV, FELV (직류는 120[V] 이하, 교류는 50[V] 이하)
  - 직접 접촉에 의한 보호
    - 의도적인 접촉과 무의식적인 접촉에 대한 보호
      - • 기초절연 • 베리어 • 인클로저에 의한 보호
    - 무의식적인 접촉에 대한 보호
      - • 장애물 • Arm reach 밖에 넣는 방법으로 보호
    - 직접 접촉인 경우의 부가적 보호
      - 30[mA] 누전차단기에 의한 보호
  - 간접 접촉에 의한 보호
    - 보호도체 사용
      - 전원 자동차단에 의한 보호
        - • TN 계통 • TT 계통 • IT 계통에서의 적용
          - 자동 차단용 보호기 • 과전류보호기 • 누전차단기
      - 절연상태의 연속적 감시
        - • 적용계통 : IT 계통 (최초의 고장에 대하여)
          - 절연감시장치
    - 보호도체 없음
      - 차단 없음 또는 감시 없음
        - • 클레스 Ⅱ 기기 (이중절연 또는 강화절연) 또는 동등한 절연 • 비도전성 장소 • 비접지의 보조 등전위 본딩 • 전기적 분리

접근 제한 없음
(일반인 접근 가능)

접근 제한 있음
(숙련자, 기능자만 접근 가능)
(주) TN : 보호도체 접지
TT : 기기 개별 접지
IT : 비접지 방식

2. 감전보호에 대한 일반사항(KEC 113.1, KEC 113.2)

(1) 일반사항(KEC 113.1)

① 안전을 위한 보호의 기본 요구사항은 전기설비를 적절히 사용할 때 발생할 수 있는 위험과 장애로부터 인축 및 재산을 안전하게 보호함을 목적으로 하고 있다.

② 가축의 안전을 제공하기 위한 요구사항은 가축을 사육하는 장소에 적용할 수 있다.

③ 전기설비의 사용 중에 발생할 수 있는 위험성 요인

㉠ 감전, 화상, 화재와 기타 유해한 영향을 줄 수 있는 과도한 온도, 폭발 위험성이 있는 분위기에서의 점화, 상해나 손상을 발생시키거나 유발하는 저전압·과전압

㉡ 전자기 영향, 전원공급의 차단 또는 안전설비의 중지, 실명에 이르게 할 수 있는 아크, 과도한 압력 및 유독성 가스, 전기로 구동되는 기기의 기계적 이동 등이 있음

④ 이에 대한 위험성을 방지하기 위하여 적절한 보호장치를 시설하도록 하고 있다.

(2) 감전에 대한 보호(KEC 113.2)

① 기본보호

㉠ 기본보호는 일반적으로 직접접촉을 방지하는 것으로, 전기설비의 충전부에 인축이 접촉하여 일어날 수 있는 위험으로부터 보호되어야 한다. 기본보호는 다음 중 어느 하나에 적합하여야 한다.

- 인축의 몸을 통해 전류가 흐르는 것을 방지
- 인축의 몸에 흐르는 전류를 위험하지 않는 값 이하로 제한

㉡ 기본보호는 전기설비의 정상적인 운전 중 사람이나 가축이 전기설비의 충전부에 직접 접촉되는 것을 방지하여 감전에 의한 위험성을 방지하고자 하는 것이다.

㉢ 기본보호는 인축의 몸을 통해 전류가 흐르는 것을 방지하거나 인축의 몸에 흐르는 전류를 위험하지 않는 값 이하로 제한하도록 하고 있다.

㉣ 인축의 몸을 통해 전류가 흐르는 것을 방지하는 것은 사람과 가축의 신체내부로 감전전류가 흐르지 못하도록 충전부에 전기절연을 하거나 또는 접촉을 방지하기 위한 충분한 거리를 두어 감전으로부터 보호하는 것이다.

㉤ 인축의 몸에 흐르는 전류를 위험하지 않는 값 이하로 제한하는 것은 인축이 전기설비의 충전부에 접촉하더라도 인축의 몸에 흐르는 전류가 안전 한계전류 이하가 되도록 하여 감전으로부터 보호하는 것이다.

㉥ 이러한 경우에 대한 예를 들면 일반적인 장소에서 전원의 공급전압을 50[V] 이하로 제한하면 인체가 충전부에 접촉되어도 인체통전전류가 30[mA] 이하가 되어 안전하다.

② 고장보호

㉠ 고장보호는 일반적으로 기본절연의 고장에 의한 간접접촉을 방지하는 것이다.

- 노출도전부에 인축이 접촉하여 일어날 수 있는 위험으로부터 보호되어야 한다.

- 고장보호는 다음 중 어느 하나에 적합하여야 한다.
  - 인축의 몸을 통해 고장전류가 흐르는 것을 방지
  - 인축의 몸에 흐르는 고장전류를 위험하지 않는 값 이하로 제한
  - 인축의 몸에 흐르는 고장전류의 지속시간을 위험하지 않은 시간까지로 제한

㉡ 고장보호는 전기설비의 정상적인 운전 중 기본보호의 절연이 어떤 원인에 의하여 파괴되는 고장이 발생 시 노출도전부 또는 계통외도전부의 접촉에 의한 감전을 방지하기 위함이다.

㉢ 고장보호는 인축의 몸을 통해 고장전류가 흐르는 것을 방지하거나, 인축의 몸에 흐르는 고장전류를 위험하지 않는 값 이하로 제한하거나, 인축의 몸에 흐르는 고장전류의 지속시간을 위험하지 않은 시간까지로 제한하도록 하고 있다.

㉣ 인축의 몸을 통해 고장전류가 흐르는 것을 방지하는 것은 운전 중인 전기설비에 고장이 발생하여도 인축의 몸에 전류가 흐르지 못하도록 하는 방식이다.

㉤ 예를 들면, 운전 중인 전기설비에 고장이 발생하는 즉시 고장설비의 전원을 차단하거나, 전기설비를 이중절연 또는 강화절연, 전기적 분리, 비도전성 장소, 비접지 국부등전위본딩 등의 보호방식을 적용하여 인체에 전류가 흐르지 못하게 하는 방식이다.

㉥ 인축의 몸에 흐르는 고장전류를 위험하지 않는 값 이하로 제한하는 것은 절연고장 설비의 노출도전부를 접촉하더라도 인축의 몸에 위험한 전류가 30[mA] 이상 흐르지 못하도록 하는 방식이다.

㉦ 인축의 몸에 흐르는 고장전류의 지속시간을 위험하지 않은 시간까지로 제한하는 것은 절연고장이 발생하여 전기설비의 노출도전부에 50[V] 이상의 전압이 인가되는 경우에는 인체가 이를 접촉하면 인체저항에 따라서 30[mA] 이상의 위험한 고장전류가 인체를 통해 흐를 수 있다.

㉧ 그러므로 이 경우 전원측에 보호장치를 설치하여 고장전류의 지속시간을 단축하도록 하여 인체에 흐르는 전기량이 30[mA · s] 이하가 되도록 하는 방식이다.

05 산업교육 및 훈련에 대하여 다음 사항을 설명하시오.
1) 정의
2) 산업교육 및 훈련의 과정(7단계)
3) 산업교육 및 훈련의 방법

답안 **1. 산업교육 및 훈련 정의**

(1) 교육 : 이해력과 지적 활동을 활성화시킴으로써 지식, 기능을 습득하는 과정을 말한다.

(2) 훈련 : 주로 반복적인 연습을 통해 지식 및 기능을 습득하는 과정을 말한다.

(3) 교육 및 훈련의 일반적 특성

① 조직에서 의도, 목표를 갖고 필요에 의해 공식적으로 행해지는 체계적 활동이다.
② 학습자의 학습 과정을 수반한다.
③ 학습자의 직무 행동에서 어떤 구체적인 변화가 일어나도록 진행해야 한다.

(4) 교육 및 훈련의 목표

구분	목표	효과
조직	조직의 효율성 증진	• 직무 태도 개선, 리더십 및 의사소통기술 향상으로 인간관계 문제점 해결 • 작업시간 단축, 이직률 및 안전 사고율을 감소시켜 인적자원 관리 비용감소
개인	직무능력 향상	• 직무수행 증진, 봉급이나 승진 등의 인사 결정에 도움 • 장단점의 파악과 이해를 통한 자기개발

2. 산업교육 및 훈련의 과정(7단계)

(1) 1단계 : 교육 및 훈련에 대한 요구분석

① 현시점에서 어떤 교육 및 훈련이 요구되는지에 대한 요구분석
② 개인분석(각 개인의 수준별로 필요한 교육)
③ 과제분석(각 과제별로 필요한 기술을 교육)
④ 조직분석(조직의 각각 구조별 문제점에 따른 교육)

(2) 2단계 : 구체적인 교육 및 훈련 목표의 수립

① 구체적 목표 설정
② 훈련을 통해서 변화시키고자 하는 행동이 무엇인지 명확하게 기술
③ 애매하고 일반적으로 기술할 경우 훈련자, 피훈련자 모두 달성하고자 하는 것을 이해할 수 없고 평가 기준도 애매함

(3) 3단계 : 교육 및 훈련의 과정

목표를 달성하기 위해서 어떤 훈련 방법들을 사용할 수 있는지 고찰

(4) 4단계 : 교육 및 훈련 프로그램 개발

① 구체적인 훈련 프로그램을 개발

② 이것을 언제, 어디서, 누구를 대상으로 어떻게 실시할 것인지에 관한 제반 사항들을 계획

(5) 5단계 : 교육 및 훈련 평가 계획의 수립

프로그램의 효과를 평가하기 위한 평가 계획

(6) 6단계 : 교육 및 훈련 프로그램의 실시

수립한 교육 및 훈련 계획과 평가 계획에 따라서 훈련 실시

(7) 7단계 : 교육 및 훈련에 대한 평가

① 여러 가지 관점에서 평가

② 평가 결과로 다시 두 번째의 구체적인 교육 및 훈련 목표의 수립 단계에 반영

③ 프로그램의 질 향상

④ 다음 교육 및 훈련의 효과성을 증진시키는 데 활용

3. 산업교육 및 훈련의 방법

(1) 직장 내 훈련

① 직무순환

② 일련의 직무들을 실제로 수행하는 것

③ 전반적으로 이해되어 부서 간 협조가 일어나고 리더의 자질 향상에 기여

④ 단점 : 전문가 양성이 어렵고, 업무수행의 질이 떨어짐

⑤ 타 업무에 대해 전혀 모를 경우 자신의 일 또한 이해력이 떨어질 수 있음

(2) 직장 외 훈련

① 강의법

㉠ 강사가 가진 지식, 정보, 기술이나 기능, 철학, 신념을 전달하면 학습자가 강사의 견해를 받아들이는 것

㉡ 장점 : 경제적임

㉢ 단점 : 다양한 계층으로 구성되며, 교육이 일반적 수준임

② 토의법

㉠ 강사와 학습자 간에 토론과정을 가지므로 교육 및 훈련 내용에 대한 정확한 이해가 요구될 때 응용

㉡ 양방향의 의사소통에 영향

㉢ 학습자의 태도, 열정, 언어소통능력 등에 의해서 효과가 달라짐

③ 프로그램 학습법

㉠ 학습자 스스로 속도 조절을 하면서 자율적으로 학습하는 것

㉡ 일련의 학습자료들을 단계적으로 제시

㉢ 학습 교재를 개발해야 함

④ 사례연구법

㉠ 조직 내에서 문제해결이 요구되는 특정 사례에 대한 상황 진술들을 제시하고 해결책을 모색하도록 한 후, 평가하고 피드백을 제공하도록 함

㉡ 분석법, 판단력, 협상력, 의사결정능력 등 문제해결능력이나 직무수행능력을 체험적으로 향상시킨다.

㉢ 학습동기유발, 현실적 경험의 공유 가능

⑤ 역할연기법

㉠ 학습자에게 직접 문제상황의 당사자 역할을 해보게 함으로써 상호작용을 이해하고 경험에 대해 토의하는 것

㉡ 실험적이고 시행착오적인 학습 가능

㉢ 모델링 효과, 피드백

⑥ 행동모방법

㉠ 역할연기법과 모델링을 합한 방법

㉡ 모델 인물이 주어진 역할을 성공적으로 수행하는 장면을 보여주고, 모델처럼 역할연기를 하는 것

⑦ 비즈니스 game법

㉠ 관리자 입장의 학습자를 대상으로 함

㉡ 동종경쟁상황에 있는 서로 다른 모의 기업의 책임자들로써 상대방 기업에 이길 수 있는 경영 의사 결정

㉢ 1차 의사 결정 후 컴퓨터 동원으로 결과를 분석하여 피드백을 해 줌

㉣ 결정에 따른 경영실적을 알고 문제점을 자체 분석

㉤ 의사결정의 결과를 모의적으로 알 수 있음

(3) 자기개발 훈련

① 자기적 책임 하에 자신의 이해와 평가에 의해 성장과 향상 의욕을 고취시키고, 주도적으로 노력하는 것

② 장점 : 진도와 과정을 직접 조정할 수 있어 자율 학습 가능

③ 단점 : 지원을 받을 수 없어 학습효과가 제한적이고, 학습 의욕이 떨어질 경우 개선이 어려움

06 전력시설물 시공 시 품질관리와 관련하여 감리업무의 중점 품질관리 및 성능시험 계획에 대하여 설명하시오.

comment 「전력시설물 공사감리업무 수행지침」 제25조, 제26조와 관련

답안 1. 감리업무의 중점 품질관리(「전력시설물 공사감리업무 수행지침」 제25조)

(1) 감리원은 해당 공사의 설계도서, 설계설명서, 공정계획 등을 검토하여 품질관리가 소홀해지기 쉽거나 하자발생 빈도가 높으며 시공 후 시정이 어렵고 많은 노력과 경비가 소요되는 공종 또는 부위를 중점 품질관리 대상으로 선정하여 다른 공종에 비하여 우선적으로 품질관리 상태를 입회, 확인하여야 하며 중점 품질관리 공종 선정 시 고려해야 할 사항은 다음과 같다.

① 공정계획에 따른 월별, 공종별 시험 종목 및 시험회수
② 공사업자의 품질관리 요원 및 공정에 따른 충원계획
③ 품질관리 담당 감리원이 직접 입회, 확인이 가능한 적정시험 회수
④ 공정의 특성상 품질관리 상태를 육안 등으로 간접 확인할 수 있는지 여부
⑤ 작업조건의 양호, 불량상태
⑥ 다른 현장의 시공사례에서 하자발생 빈도가 높은 공종인지 여부
⑦ 품질관리 불량부위의 시정이 용이한지 여부
⑧ 시공 후 지중에 매몰되어 추후 품질확인이 어렵고 재시공이 곤란한지 여부
⑨ 품질 불량 시 인근 부위 또는 다른 공종에 미치는 영향의 대소
⑩ 시공이 광활한 지역에서 이루어져 접근이 용이한지 여부

(2) 감리원은 선정된 중점 품질관리 공종별로 관리방안을 수립하여 공사업자에게 실행하도록 지시하고 실행결과를 수시로 확인하여야 한다. 중점 품질관리방안 수집 시 다음의 내용이 포함되어야 한다.

① 중점 품질관리 공종의 선정
② 중점 품질관리 공종별로 시공 중 및 시공 후 발생되는 예상 문제점
③ 각 문제점에 대한 대책방안 및 시공지침
④ 중점 품질관리 대상 시설물, 시공부분, 하자발생 가능성이 큰 지역 또는 부분을 선정
⑤ 중점 품질관리 대상의 세부관리 항목의 선정
⑥ 중점 품질관리 공종의 품질확인 지침
⑦ 중점 품질관리 대장을 작성, 기록 · 관리하고 확인하는 절차

부록

(3) 감리원은 중점 품질관리 대상으로 선정된 공종은 효율적인 품질관리를 위하여 다음과 같이 관리하여야 한다.

① 감리원은 중점 품질관리 대상으로 선정된 공종에 대한 관리방안을 수립하여 시행 전에 발주자에게 보고하고 공사업자에게도 통보한다.

② 해당 공종 및 시공부위는 상황판이나 도면 등에 표기하여 업무담당자, 감리원, 공사업자 모두가 항상 숙지하도록 한다.

③ 공정계획 시 중점 품질관리 대상 공종이 동시에 여러 개소에서 시공되거나 공휴일, 야간 등 관리가 소홀해질 수 있는 시기에 시공되지 않도록 조정한다.

④ 필요시 해당 부위에 '중점 품질관리 공종' 팻말을 설치하고 주의사항을 명기한다.

⑤ 시공 중 감리원은 물론 시공관리책임자가 반드시 입회하도록 한다.

2. 성능시험 계획(「전력시설물 공사감리업무 수행지침」 제26조)

(1) 품질관리계획서 검토 · 확인

감리원은 공사업자에게 각 공정마다 준비과정에서부터 작업완료까지의 각 과정마다 품질확보를 위한 수단, 절차 등을 규정한 총체적 품질관리계획서(TQC : Total Quality Control)를 작성 · 제출하도록 하고 이를 검토 · 확인하여야 한다.

(2) 품질관리 계획에 대한 지도

감리원은 해당 공사에 사용될 전기기계 · 기구 및 자재가 규격에 적합한 것이 선정되고 시공 시 품질관리가 효과적으로 수행되어 하자발생을 사전에 예방할 수 있도록 품질관리 계획을 다음과 같이 지도한다.

① 공정계획에 따라 시험 종목을 선정하여 공사업자가 적정 품질관리를 할 수 있도록 사전에 지도한다.

② 공인기관에 의뢰시험을 실시해야 할 종목과 현장에서 실시 가능한 종목으로 구분하여 시험계획을 수립하고 의뢰시험의 경우에는 의뢰시험기관을 사전에 선정하여 소요 시험기간을 확인하며 현장시험의 경우에는 공정계획에 따라 소요 시험장비를 사전에 현장 시험실에 비치하도록 한다.

③ 각종 시험기록 서식은 해당 공사의 특성에 적합하도록 결정하고 공사업자가 공정계획서를 제출할 때에는 품질관리에 필요한 시험요원수와 시험장비 등을 명시한 품질관리계획서를 첨부하도록 하여 효율적인 품질관리가 이루어질 수 있도록 사전 점검한다.

④ 공사업자가 품질관리 시험요원의 자격이나 능력을 보유하고 있는지 확인하고 미흡한 부분은 사전에 교육 · 지도하며, 품질관리에 부적합한 자를 형식적으로 배치하였을 경우에는 교체하도록 한다.

⑤ 1일 공정계획에 따른 품질관리 시험계획서를 접수하면 공종별, 시험 종목별

품질관리 시험요원을 확인하고 중점 품질관리 대상인 경우에는 품질관리 시험이 우선적으로 이루어질 수 있도록 지도한다.

⑥ 공사업자의 품질관리책임자는 책임기술자를 임명하여 품질관리에 대한 책임과 권한이 시공관리책임자와 동등 수준이 되어 실질적인 품질관리가 이루어질 수 있도록 확인한다.

⑦ 발주자는 품질관리시험의 비용과 시험장비 구입손료 등을 공사비에 계상하여야 하며, 누락되었을 경우에는 설계변경시 반영하도록 한다.

제134회 기술사 (24.07.27. 시행)

시험시간 : 100분

분야	안전관리	종목	전기안전기술사	수험번호		성명	

1교시

총 13문제 중 10문제를 선택하여 설명하시오. (각 10점)

01 「전기안전관리법」 제40조에 따른 중대한 사고의 종류와 통보의 방법에 대하여 설명하시오.

답안 1. 중대한 사고의 종류

(1) 전기안전관리법 제40조(중대한 사고의 통보 · 조사) 제1항에 따른 중대한 사고

① 전기화재사고

㉠ 사망자가 1명 이상 발생하거나 부상자가 2명 이상 발생한 사고

㉡ 「소방기본법」 제29조에 따른 화재의 원인 및 피해 등의 추정 가액이 1억원 이상인 사고

㉢ 「보안업무규정」 제32조 제1항에 따라 지정된 국가보안시설과 「건축법 시행령」 제2조 제17호 가목에 해당하는 다중이용건축물에 그 원인이 전기로 추정되는 화재가 발생한 경우

② 감전사고(사망자가 1명 이상 발생하거나 부상자가 1명 이상 발생한 경우)

③ 전기설비사고

㉠ 공급지장전력이 3만[kW] 이상 10만[kW] 미만의 송전 · 변전설비 고장으로 공급지장 시간이 1시간 이상인 경우

㉡ 공급지장전력이 10만[kW] 이상의 송전 · 변전설비 고장으로 공급지장 시간이 30분 이상인 경우

㉢ 전압 10만[V] 이상의 송전선로(「전기사업법 시행규칙」 제2조 제3호에 따른 송전선로) 고장으로 인한 공급지장 시간이 6시간 이상인 경우

㉣ 출력 30만[kW] 이상의 발전소 고장으로 5일 이상의 발전지장을 초래한 경우

ⓜ 국가 주요 설비인 상수도 · 하수도 시설, 배수갑문, 다목적댐, 공항, 국제항만, 지하철의 수전설비 · 배전설비에서 사고가 발생하여 3시간 이상 전체 정전을 초래할 경우

ⓑ 전압 10만[V] 이상인 자가용 전기설비의 수전설비 · 배전설비에서 사고가 발생하여 30분 이상 정전을 초래한 경우

ⓢ 1,000세대 이상 아파트 단지의 수전설비 · 배전설비에서 사고가 발생하여 1시간 이상 정전을 초래한 경우

ⓞ 용량이 20[kW] 이상인 「신에너지 및 재생에너지 개발 · 이용 · 보급 촉진법」에 따른 신재생에너지 설비가 자연재해나 설비고장으로 발전 또는 운전이 1시간 이상 중단된 경우

(2) **전기안전관리법 제40조(중대한 사고의 통보 · 조사) 제2항에 따른 중대한 사고 :** 전력계통 운영사고[위 '③'의 'ㄱ'부터 'ㄷ'까지의 사고로 인한 전력계통 운영사고는 제외]

2. 통보의 방법

(1) **사고 발생 후 24시간 이내 :** 다음의 사항을 전기안전종합정보시스템으로 통보할 것

① 통보자의 소속, 직위, 성명 및 연락처

② 사고 발생 일시

③ 사고 발생 장소

④ 사고 내용

⑤ 전기설비 현황(사용 전압 및 용량)

⑥ 피해 현황(인명 및 재산)

(2) **사고 발생 후 15일 이내 :** 별지 제31호 서식(중대한 전기사고의 통보)에 따라 통보(전기안전종합정보시스템을 통해서도 통보할 수 있고, 필요한 경우 전자우편 및 팩스를 통해 추가적으로 보고할 수 있음)

reference

전기안전관리자의 전기사고 대응대책

comment 별도로 25점 예상됨

(1) 전기재해 응급조치

전기안전관리자는 전기재해 발생을 예방하거나 그 피해를 줄이기 위하여 다음의 필요한 조치를 취할 것

① 비상재해 발생 시 비상연락망을 통해 상황을 전파하고, 전기설비의 안전 확보를 위한 비상조치 및 지시를 하여야 한다.

② 재해의 발생으로 위험하다고 인정될 때에는 전기 공급을 중지하는 등 필요한 조치를 하여야 한다.

③ 재해 복구에 따른 전기의 재공급에 대비하여 전기설비에 대한 안전점검 실시

(2) 전기사고 대처요령

전기안전관리자는 전기설비 사고발생 시 사고유형을 확인하고 현장으로 출동하여 다음 요령에 따라 사고별로 대처하여야 한다.

① 정전사고

㉠ 정전이 확인되면 곧바로 비상용 예비전원이 공급되는지 확인한다.

㉡ 전기설비의 이상 유무를 확인한다.

㉢ 전기설비점검 등을 통한 전기공급 재개에 대비한다.

② 감전사고

㉠ 전원스위치를 차단하고 피재자를 위험지역에서 대피시킨다.

㉡ 피재자의 의식 · 호흡 · 맥박 · 출혈상태 등을 확인한다.

㉢ 피재자의 기도를 확보하고, 인공호흡 · 심장마사지 등 응급조치를 실시한다.

③ 전기설비사고

㉠ 사고내용 청취 및 사고설비에 대해 육안점검을 실시하여 차단기를 개방하고, 검전기를 이용하여 전기설비의 정전상태를 확인한다.

㉡ 사고가 발생한 설비를 중심으로 안전구역을 지정하고 표지판을 설치하여 관계자 외 일반인의 출입을 통제한다.

㉢ 이후 각 전기설비별 사고처리를 실시한다.

- 전기안전관리자는 전기설비 사고에 관련된 모든 참고사항을 조사하고 사고상태를 그대로 유지하여 사고조사가 완전하고 정확을 기할 수 있도록 하여야 한다.
- 필요시에는 한국전기안전공사 또는 한전에 연락하여 조언을 받는다.

02 계기용 변류기(CT)의 과전류 정수와 과전류 강도에 대하여 설명하시오.

답안 "chapter 14의 section 03. 변성기 030 문제"의 답안 참조

03 전기화재 발생원인 중 출화의 경과에 의한 전기화재의 종류를 5가지 설명하시오.

답안 "chapter 10의 003 문제의 답안 2. 중 5개"만 기록 요함

04 직류배전선로에서 전압강하율, 전압변동률, 전력손실률에 대하여 설명하시오.

답안 1. 개요

(1) 전압강하의 정의

전압강하(Voltage drop)란 송전단전압과 수전단전압의 차이를 말한다.

(2) 전압변동률(Voltage regulation)의 정의

부하가 갑자기 변화할 때 그 단자의 전압의 변화를 말한다.

2. 송전선로와 배전선로의 전압강하의 의미 차이

(1) 송전선로의 전압강하의 의미 : 무한대 모선의 개념으로 부하의 크기와 무관한 전압강하로서 $\Delta V = V_s - V_r$의 Vector 차로서 해석한다.

(2) 배전선로의 전압강하의 의미 : 부하량의 증감에 관계하므로 스칼라량(scalar)으로 전압강하를 해석한다.

3. 전압강하의 원인

선로에 전류가 흐름으로써 발생하는 역기전력 때문에 발생한다.

4. 전압강하율(percentage voltage drop)

(1) 정의 : 전압강하는 접속된 부하의 크기에 따라 변화하며, 이 전압강하의 수전단전압에 대한 백분율을 말한다.

(2) 전압강하율 표현식

$$\varepsilon = \frac{V_s - V_r}{V_r} \times 100[\%]$$

$$= \frac{\sqrt{3}\, I(R\cos\theta + X\sin\theta)}{V_r} \times 100 = \frac{PR + QX}{{V_r}^2} \times 100[\%]$$

여기서, V_s : 송전단전압[V]

V_r : 수전단전압[V]

I : 부하전류[A]

$\cos\theta$: 역률

$\sin\theta$: 정현율

P : 부하의 유효전력[W]

Q : 부하의 무효전력[Var]

R : 선로의 저항

X : 선로의 리액턴스

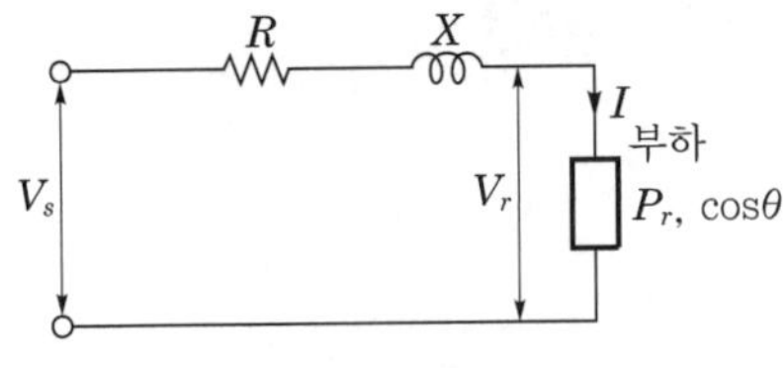

▌전압강하 등가회로도▐

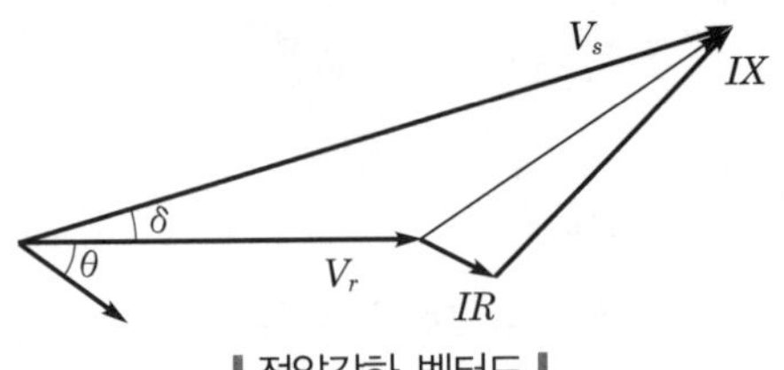

▌전압강하 벡터도▐

(3) 전압강하율에 미치는 요소

① 전선의 저항

② 리액턴스

③ 역률

④ 전선의 통전전류

5. 전압변동률(voltage regulation)

(1) 전압변동률의 의미 : 어떤 주어진 기간 내에서의 부하의 변동(경 · 중부하)에 따라 전압변동 폭의 변화 범위를 말한다.

(2) 표현식

$$\text{전압변동률 } \delta = \frac{V_{20} - V_n}{V_n} \times 100[\%] = \left(\frac{V_{20}}{V_n} - 1\right) \times 100[\%]$$

여기서, V_{20} : 무부하 시의 수전단 단자전압

V_n : 전부하 시의 수전단 단자전압

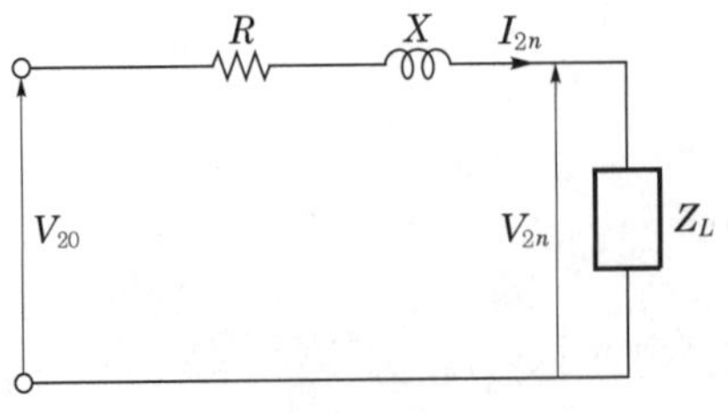

▌전압변동률 등가회로도▐

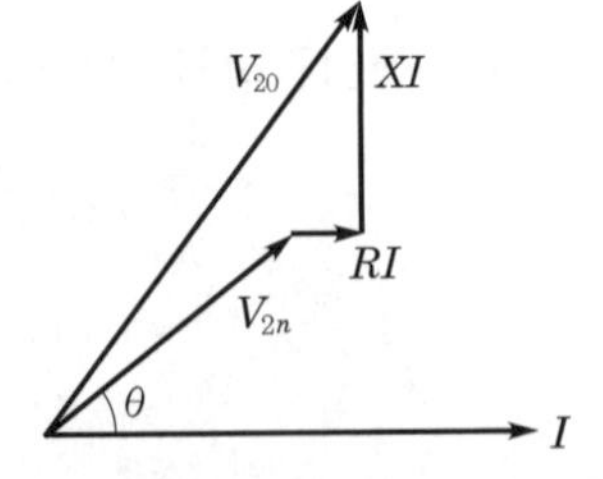

▌전압변동률 벡터도(전류기준)▐

(3) 직류선로의 전압강하율 및 전압변동률

① 직류선로는 리액턴스를 고려할 필요가 없으므로 '전압변동률 = 전압강하율'이 된다.

② 직류선로의 전압변동률

$$\text{전압변동률 } \delta = \frac{V_{20}-V_n}{V_n}\times 100[\%] = \frac{V_s - V_n}{V_n}\times 100$$

$$= \frac{IR}{V_n}\times 100 = \frac{I^2R}{V_nI}\times 100 = \text{전력손실률}$$

③ 즉, DC 선로에는 전압변동률 = 전력손실률이다.

05 분산형 전원설비 전원품질의 다음 항목에 대하여 설명하시오.

1) 비정상 전압에 대한 분산형 전원 분리시간 및 운전지속시간

2) 비정상 주파수에 대한 분산형 전원 분리시간 및 운전지속시간

comment 발송배전기술사 22년-126회-3교시-5번 문제의 일부 항목이 전기안전기술사에서 재차 출제됨

답안 1. 비정상 전압에 대한 분산형 전원 분리시간 및 운전지속시간

‖ 비정상 전압에 대한 분산형 전원 분리시간과 운전지속시간 ‖

전압 범위 (기준전압에 대한 백분율[%])	운전지속시간[초]	분리시간[초]
$V < 50$	0.15	0.5
$50 \le V < 70$	0.16	2.0
$70 \le V < 90$	1.5	2.0
$110 < V < 120$	0.2	1.0
$V \ge 120$	–	0.16

[비고] • 기준전압 : 계통의 공칭전압을 말한다.
• 분리시간 : 비정상 상태의 시작부터 분산형 전원의 계통가압 중지까지의 시간을 말하며, 필요할 경우 전압범위 정정치와 분리시간을 현장에서 조정할 수 있어야 한다.
• 운전지속시간 : 비정상 상태의 시작부터 분산형 전원의 계통가압 중지 전까지 운전을 유지해야 하는 최소한의 시간을 말한다. 분산형 전원은 운전지속시간 동안 분산형 전원의 정격을 초과한 출력을 발생하여서는 안 되며, 계통전압 및 주파수의 변동으로 인해 연속적으로 범위 조건이 변경되는 경우 변경된 조건으로 운전지속 및 분리할 수 있어야 한다.

2. 비정상 주파수에 대한 분산형 전원 분리시간 및 운전지속시간

(1) 계통 주파수가 다음 표와 같은 비정상 범위 내에 있을 경우 분산형 전원은 해당 분리시간 내에 한전계통에 대한 가압을 중지하여야 한다.

부록

(2) 비정상 주파수에 대한 분산형 전원 분리시간 및 운전지속시간

분산형 전원용량	주파수 범위	운전지속시간[초]	분리시간[초]
용량 무관	$f > 61.5$	–	0.16
	$f < 57.5$	299	300
	$f < 57.0$	–	0.16

[비고] 분리시간 : 비정상 상태의 시작부터 분산형 전원의 계통가압 중지까지의 시간을 말하며, 필요할 경우 주파수 범위 정정치와 분리시간을 현장에서 조정할 수 있을 것. 저주파수 계전기 정정치 조정 시에는 한전계통 운영과의 협조를 고려하여야 한다.

06 한국전기설비규정(KEC)에 따른 보호도체 선정에 관한 다음 사항에 대하여 설명하시오.
1) 보호도체의 최소 단면적
2) 차단시간 5초 이하의 경우 계산식
3) 보조 등전위본딩 도체 단면적

답안 1. 보호도체의 최소 단면적

선도체 단면적 S[mm²]	보호도체의 최소 단면적([mm²], 구리)	
	재질이 같은 경우	재질이 다른 경우
$S \leqq 16$	S	$\frac{k_1}{k_2} \times S$
$16 < S \leqq 35$	16[a]	$\frac{k_1}{k_2} \times 16$
$35 > S$	S[a]/2	$\frac{k_1}{k_2} \times \frac{S}{2}$

여기서, k_1 : 도체 및 절연의 재질에 따른 KS C-IEC에서 선정된 상도체에 대한 계수

k_2 : KS C-IEC에서 선정된 보호도체에 대한 계수

a : PEN 도체의 최소단면적은 중성선과 동일하게 적용함

2. 차단시간 5초 이하의 경우 계산식

$$S = \frac{\sqrt{t}}{K} \cdot I_g [\text{mm}^2]$$

K(보호도체의 절연재료와 초기온도 및 최종온도에 의한 계수)에 의한 구분

① $S = \frac{\sqrt{t}}{143} \cdot I_g$

② $S = \frac{\sqrt{t}}{176} \cdot I_g$

여기서, t : 차단시간[sec]

I_g : 접지선에 흐르는 지락고장전류[A]

K : 보호도체의 절연재료와 초기온도 및 최종온도에 의한 계수(도체의 초기온도가 30[℃]이고, 구리도체의 절연재료가 PVC인 경우 K값은 143, 절연체가 CV인 경우 K값은 176)

3. 보조 등전위본딩 도체 단면적

(1) 두 개의 노출도전부를 접속하는 경우 도전성은 노출도전부에 접속된 더 작은 보호도체의 도전성보다 커야 한다.

(2) 노출도전부를 계통외도전부에 접속하는 경우 도전성은 같은 단면적을 갖는 보호도체의 1/2 이상이어야 한다.

(3) 케이블의 일부가 아닌 경우 또는 선로도체와 함께 수납되지 않은 본딩도체는 다음 값 이상이어야 한다.

① 기계적 보호가 된 것은 구리도체 2.5[mm^2], 알루미늄 도체 16[mm^2]

② 기계적 보호가 없는 것은 구리도체 4[mm^2], 알루미늄 도체 16[mm^2]

07 「전력기술관리법 시행규칙」에 따른 감리원 배치 현황(변경) 신고서 제출처 및 제출서류에 대하여 설명하시오.

답안

1. 감리원 배치 현황 신고(전력기술관리법 시행규칙 제21조의2)

(1) **신고서 제출처** : 법 제12조의2 제2항에 따라 감리원의 배치 현황(변경배치 현황을 포함)을 신고하려는 자는 별지 제27호 서식의 감리원 배치 현황(변경) 신고서(전자문서로 된 신고서를 포함)에 해당 서류(전자문서를 포함)를 첨부하여 단체에 제출하여야 한다.

(2) 단체 : 전기기술인협회

2. 배치 현황 신고의 경우 제출서류

(1) 감리원 배치계획서(발주자의 확인을 받은 것)

(2) 전력시설물공사의 예정공정표 사본

(3) 예정공사비의 총괄내역서 사본

(4) 감리용역계약서 사본

(5) 감리원의 재직증명서(법 제12조의2 제1항 제2호 및 영 제20조 제2항 제6호의 자만 해당)

(6) 전력시설물공사의 현장 간 거리도면(영 제20조 제3항에 따라 통합하여 공사감리를 하는 경우만 해당)

3. 배치 변경신고의 경우 제출서류

(1) 감리용역계약이 변경된 경우

① 감리용역계약의 변경을 증명할 수 있는 서류

② 전력시설물공사의 예정공정표 사본(감리금액 · 감리기간이 변경된 경우만 해당)

③ 감리원 배치 변경 계획서(발주자의 확인을 받은 것)

(2) 감리원이 변경된 경우

① 감리원 배치 변경 계획서(발주자의 확인을 받은 것)

② 감리원의 재직증명서(법 제12조의2 제1항 제2호 및 영 제20조 제2항 제6호의 자만 해당)

(3) 단체는 '1.'에 따라 감리원 배치 현황을 제출한 자가 감리원 배치확인서의 발급을 신청하면 별지 제27호의2 서식의 감리원 배치확인서를 발급하여야 한다.

08 다음 법률에서 규정하는 내용을 설명하시오.
1) 「산업안전보건법」의 목적, 중대재해의 정의
2) 「중대재해 처벌 등에 관한 법률」의 목적, 중대산업재해의 정의

답안 **1. 「산업안전보건법」의 목적과 중대재해의 정의**

(1) 목적

① 산업 안전 및 보건에 관한 기준을 확립한다.

② 책임의 소재를 명확하게 하여 산업재해를 예방한다.

③ 쾌적한 작업환경을 조성한다.

④ 노무를 제공하는 사람의 안전 및 보건을 유지 · 증진한다.

(2) 중대재해의 정의

① 산업재해 중 사망 등 재해 정도가 심하거나 다수의 재해자가 발생한 경우로서 고용노동부령으로 정하는 재해를 말한다.

② '중대재해'란 '중대산업재해'와 '중대시민재해'를 말한다.

2. 「중대재해 처벌 등에 관한 법률」의 목적과 중대산업재해의 정의

"chapter 02의 section 04. 안전관리 조직과 전기안전관리자 직무 023 문제 중 2.과 3."의 답안 참조

09 「초고층 및 지하연계 복합건축물 재난관리에 관한 특별법 시행규칙」 제6조에 따른 초고층 건축물 등의 관리주체가 다음과 같을 때 교육 및 훈련에 대한 의무사항을 설명하시오.

1) 관계인 및 상시 근로자

2) 거주자

comment 향후 소방기술사에서도 출제될 확률이 매우 높음

답안

1. 관계인 및 상시근무자에 대한 교육 및 훈련

(1) 재난발생상황 보고 · 신고 및 전파에 관한 사항

(2) 입점자, 이용자 및 거주자 등(장애인 및 노약자를 포함)의 대피 유도에 관한 사항

(3) 현장 통제와 재난의 대응 및 수습에 관한 사항

(4) 재난발생 시 임무, 재난유형별 대처 및 행동요령에 관한 사항

(5) 2차 피해방지 및 저감(低減)에 관한 사항

(6) 외부기관 출동 관련 상황, 인계에 관한 사항

(7) 테러예방 및 대응활동에 관한 사항

2. 거주자 등에 대한 교육 및 훈련

(1) 피난안전구역의 위치에 관한 사항

(2) 피난층(직접 지상으로 통하는 출입구가 있는 층 및 피난안전구역)으로의 대피요령 등에 관한 사항

(3) 피해 저감을 위한 사항

(4) 테러예방 및 대응활동에 관한 사항(입점자의 경우만 해당)

reference

기타 참고사항

(1) 초고층 건축물 등의 관리주체는 본문 '1.', '2.'에 따른 교육 및 훈련을 매년 1회 이상하여야 한다.
(2) 초고층 건축물 등의 관리주체는 본문 '1.', '2.'에 따른 교육 및 훈련의 종류 · 내용 · 시기 · 횟수 및 참여 대상 등을 주요 내용으로 하는 다음 연도 교육 및 훈련계획을 수립하여 매년 12월 15일까지 시 · 군 · 구본부장에게 제출하여야 하고, 시 · 군 · 구본부장은 같은 해 12월 30일까지 시 · 도본부장에게 보고하여야 하며, 시 · 도본부장은 다음 해 1월 10일까지 소방청장에게 보고하여야 한다.
(3) 초고층 건축물 등의 관리주체는 위 '(2)'에 따른 교육 및 훈련계획에 법 제14조 제1항 후단에 따른 소화 · 피난 등의 훈련과 방화관리상 필요한 교육이 포함되어 있는 경우에는 교육 및 훈련 예정일 14일 전까지 관할 소방서장과 교육 및 훈련의 내용 · 시기 · 방법 및 대상 등에 대하여 협의하여야 한다.
(4) 초고층 건축물 등의 관리주체는 본문 '1.', '2.'에 따른 교육 및 훈련을 하였을 때에는 교육 및 훈련을 한 날부터 10일 이내에 별지 제4호의2 서식의 재난 및 테러 등에 대한 교육 · 훈련 실시 결과서를 시 · 군 · 구본부장에게 제출하고, 이를 1년간 보관하여야 한다.
(5) 시 · 군 · 구본부장은 위 '(4)'에 따라 관리주체로부터 재난 및 테러 등에 대한 교육 · 훈련 실시 결과서를 제출받은 날부터 10일 이내에 이를 관할 소방서장에게 통보하여야 한다.
(6) 소방청장이나 시 · 도본부장은 초고층 건축물 등의 관리주체가 본문 '1.', '2.'에 따른 교육 및 훈련을 실시하는 데에 필요한 지원을 할 수 있다.
(7) 초고층 건축물 등의 관리주체는 본문 '1.', '2.'에 따른 교육 및 훈련에 필요한 장비 및 교재 등을 갖추어야 한다.

10 산업안전심리에서 주의의 특징 3가지를 기술하고, 부주의의 현상 및 발생 원인과 대책에 대하여 설명하시오.

답안 **1. 산업안전심리에서 주의의 특징 3가지**

"chapter 02의 section 06. 산업심리 관련(인간공학 등) 038 문제 중 1.과 2."의 답안 참조

2. 부주의의 현상

"chapter 02의 section 06. 산업심리 관련(인간공학 등) 037 문제 중 1."의 답안 참조

comment 의식수준은 제4단계의 상태(phase Ⅳ)로서 주의의 일점 집중현상이 발생한다.

3. 부주의 발생 원인과 대책

"chapter 02의 section 06. 산업심리 관련(인간공학 등) 037 문제 중 2.과 3."의 답안 참조

11 한국전기설비규정(KEC) 수상전선로의 시설에 대하여 설명하시오.

답안 1. 수상전선로의 시설

(1) 저압 또는 고압인 것에 한하며 다음에 따르고 또한 위험의 우려가 없도록 시설하여야 한다.

① 전선은 전선로의 사용전압이 저압인 경우에는 클로로프렌 캡타이어 케이블이어야 하며, 고압인 경우에는 캡타이어 케이블일 것

② 수상전선로의 전선을 가공전선로의 전선과 접속하는 경우에는 그 부분의 전선은 접속점으로부터 전선의 절연 피복 안에 물이 스며들지 아니하도록 시설하고 또한 전선의 접속점은 다음의 높이로 지지물에 견고하게 붙일 것

㉠ 접속점이 육상에 있는 경우에는 지표상 5[m] 이상. 다만, 수상전선로의 사용전압이 저압인 경우에 도로상 이외의 곳에 있을 때에는 지표상 4[m]까지로 감할 수 있다.

㉡ 접속점이 수면상에 있는 경우에는 수상전선로의 사용전압이 저압인 경우에는 수면상 4[m] 이상, 고압인 경우에는 수면상 5[m] 이상

(2) 수상전선로에 사용하는 부유식 구조물은 쇠사슬 등으로 견고하게 연결한 것일 것

(3) 수상전선로의 전선은 부유식 구조물의 위에 지지하여 시설하고 또한 그 절연피복을 손상하지 아니하도록 시설할 것

2. 차단하기 위한 장치

(1) '1.'의 수상전선로에는 이와 접속하는 가공전선로에 전용개폐기 및 과전류 차단기를 각 극(과전류 차단기는 다선식 전로의 중성극을 제외한다)에 시설할 것

(2) 수상전선로의 사용전압이 고압인 경우에는 전로에 지락이 생겼을 때에 자동적으로 전로를 차단하기 위한 장치를 시설할 것

12 송전선로에서 코로나 장해와 방지대책에 대하여 설명하시오.

답안 "chapter 13의 section 03. 선로정수와 송전선로의 특징 015 문제"의 답안 참조

13 자가용 전기설비 전기안전관리자의 공사감리 가능범위와 자격기준에 따른 안전관리 범위에 대하여 설명하시오.

답안 **1. 자가용 전기설비 전기안전관리자의 공사감리**

(1) 근거 :「전기안전관리자의 직무에 관한 고시」 제13조(공사감리)

(2) 안전관리자의 공사감리 가능범위

① 비상용 예비발전설비의 설치, 변경공사로서 총공사비가 1억원 미만인 공사

② 전기수용설비의 증설 또는 변경공사로서 총공사비가 5천만원 미만인 공사

③「신에너지 및 재생에너지 개발 · 이용 · 보급 촉진법」에 따른 신에너지 및 재생에너지 설비의 증설 또는 변경 공사로서 총공사비가 5천만원 미만인 공사

(3) 전기안전관리자는 전기설비공사가 설계도서 및 전기설비기술기준 등에 적합하게 시공되는지 여부를 확인하여야 한다.

(4) 전기안전관리자는 전기설비공사 중 불합리한 부분, 착오 및 불명확한 부분 등에 대하여는 그 내용과 의견을 관련자 및 소유자에게 보여 주어야 한다.

(5) 전기안전관리자는 전기설비공사가 설계도서와 다르게 진행되거나 공사의 품질에 중대한 결함이 예상되는 경우에는 소유자와 사전협의하여 공사를 중지할 수 있다.

2. 자가용 전기설비 전기안전관리자의 자격기준에 따른 안전관리 범위(「전기안전관리법 시행규칙」 [별표 8])

▌전기안전관리자의 선임기준 및 세부기술자격(제25조 제2항 및 제30조 관련)▐

안전관리 대상	안전관리자 자격기준	안전관리보조원인력
• 모든 전기설비의 공사 · 유지 및 운용	• 전기 · 안전관리(전기안전) 분야 기술사 자격소지자, 전기기사 또는 전기기능장 자격 취득 이후 실무경력 2년 이상인 사람	• 용량 50만[kW] 이상은 전기 및 기계 분야 각 2명
• 전압 10만[V] 미만 전기설비의 공사 · 유지 및 운용	• 전기산업기사 자격 취득 이후 실무경력 4년 이상인 사람	• 용량 10만[kW] 이상 50만[kW] 미만은 전기 분야 2명, 기계 분야 1명
• 전압 10만[V] 미만으로서 전기설비용량 2천[kW] 미만 전기설비의 공사 · 유지 및 운용	• 전기기사 또는 전기기능장 자격 취득 이후 실무경력 1년 이상인 사람 또는 전기산업기사 자격취득 이후 실무경력 2년 이상인 사람	• 용량 1만[kW] 이상 10만[kW] 미만은 전기 및 기계 분야 각 1명
• 전압 10만[V] 미만으로서 전기설비용량 1,500[kW] 미만 전기설비의 공사 · 유지 및 운용	• 전기산업기사 이상 자격소지자	

총 6문제 중 4문제를 선택하여 설명하시오. (각 25점)

01 전력시설물 공사 준공 후 시설물 인계 · 인수 시 감리업무에 대하여 설명하시오.

답안 **1. 시설물 인수 · 인계(「전력시설물 공사감리업무 수행지침」 제63조)**

(1) 감리원은 공사업자에게 해당 공사의 예비준공검사(부분 준공, 발주자의 필요에 따른 기성부분 포함) 완료 후 30일 이내에 다음의 사항이 포함된 시설물의 인수 · 인계를 위한 계획을 수립하도록 하고 이를 검토하여야 한다.

① 일반사항(공사개요 등)

② 운영지침서(필요한 경우)

㉠ 시설물의 규격 및 기능점검 항목

㉡ 기능점검 절차

㉢ Test 장비 확보 및 보정

㉣ 기자재 운전지침서

㉤ 제작도면 · 절차서 등 관련 자료

③ 시운전 결과 보고서(시운전 실적이 있는 경우)

④ 예비 준공검사결과

⑤ 특기사항

(2) 감리원은 공사업자로부터 시설물 인수 · 인계 계획서를 제출받아 7일 이내에 검토, 확정하여 발주자 및 공사업자에게 통보하여 인수 · 인계에 차질이 없도록 하여야 한다.

(3) 감리원은 발주자와 공사업자 간 시설물 인수 · 인계의 입회자가 된다.

(4) 감리원은 시설물 인수 · 인계에 대한 발주자 등 이견이 있는 경우, 이에 대한 현상파악 및 필요대책 등의 의견을 제시하여 공사업자가 이를 수행하도록 조치한다.

(5) 인수 · 인계서는 준공검사 결과를 포함하는 내용으로 한다.

(6) 시설물의 인수 · 인계는 준공검사 시 지적사항에 대한 시정완료일부터 14일 이내에 실시하여야 한다.

2. 준공 후 현장문서 인수 · 인계(「전력시설물 공사감리업무 수행지침」 제64조)

(1) 감리원은 해당 공사와 관련한 감리기록서류 중 다음의 서류를 포함하여 발주자에게 인계할 문서의 목록을 발주자와 협의하여 작성하여야 한다.

① 준공사진첩
② 준공도면
③ 품질시험 및 검사성과 총괄표
④ 기자재 구매서류
⑤ 시설물 인수 · 인계서
⑥ 그 밖에 발주자가 필요하다고 인정하는 서류

(2) 감리업자는 법 제12조의2 제3항 및 규칙 제21조의3에 따라 해당 감리용역이 완료된 때에는 30일 이내에 공사감리 완료보고서(규칙 별지 제27호의3 서식)를 협회에 제출하여야 한다.

3. 유지관리 및 하자보수(「전력시설물 공사감리업무 수행지침」 제65조)

(1) 감리원은 발주자(설계자) 또는 공사업자(주요설비 납품자) 등이 제출한 시설물의 유지관리지침 자료를 검토하여 다음의 내용이 포함된 유지관리지침서를 작성, 공사 준공 후 14일 이내에 발주자에게 제출하여야 한다.

① 시설물의 규격 및 기능설명서
② 시설물 유지관리기구에 대한 의견서
③ 시설물 유지관리방법
④ 특기사항

(2) 해당 감리업자는 발주자가 유지관리상 필요하다고 인정하여 기술자문 요청 등이 있을 경우에는 이에 협조하여야 하며, 전문적인 기술 등으로 외부 전문가 의뢰 또는 상당한 노력이 소요되는 경우에는 발주자와 별도로 협의하여 결정한다.

4. 하자보수에 대한 의견제시 등(「전력시설물 공사감리업무 수행지침」 제66조)

(1) 감리업자 및 감리원은 공사준공 후 발주자와 공사업자 간의 시설물의 하자보수 처리에 대한 분쟁 또는 이견이 있는 경우, 감리원으로서의 검토의견을 제시하여야 한다.

(2) 감리업자 및 감리원은 공사준공 후 발주자가 필요하다고 인정하여 하자보수 대책수립을 요청할 경우에는 이에 협조하여야 한다.

(3) '(1)'과 '(2)'의 업무가 감리용역계약에서 정한 감리기간이 지난 후에 수행하여야 할 경우에는 발주자는 별도의 실비를 감리원에게 지급하도록 조치하여야 한다. 다만, 하자 사항이 부실감리에 따른 경우에는 그러하지 아니하다.

02 한국전기설비규정(KEC)에 의한 풍력발전설비의 시설 관련 다음 항목에 대하여 설명하시오.
1) 제어 및 보호장치 시설의 일반 요구사항
2) 접지설비
3) 피뢰설비
4) 풍력터빈 정지장치의 시설

답안 **1. 제어 및 보호장치 시설의 일반 요구사항(KEC 532.3.1)**

기술기준 제174조에서 요구하는 제어 및 보호장치는 다음과 같이 시설하여야 한다.

(1) 제어장치는 다음과 같은 기능 등을 보유하여야 한다.

① 풍속에 따른 출력 조절
② 출력제한
③ 회전속도제어
④ 계통과의 연계
⑤ 기동 및 정지
⑥ 계통 정전 또는 부하의 손실에 의한 정지
⑦ 요잉에 의한 케이블 꼬임 제한

(2) 보호장치는 다음의 조건에서 풍력발전기를 보호하여야 한다.

① 과풍속
② 발전기의 과출력 또는 고장
③ 이상진동
④ 계통 정전 또는 사고
⑤ 케이블의 꼬임 한계

2. 접지설비(KEC 532.3.4)

(1) 접지설비는 풍력발전설비 타워기초를 이용한 통합접지공사를 하여야 하며, 설비 사이의 전위차가 없도록 등전위본딩을 하여야 한다.

(2) 기타 접지시설은 140(접지시스템)의 규정에 따른다.

3. 피뢰설비(KEC 532.3.5)

기술기준 제175조의 규정에 준하여 다음에 따라 피뢰설비를 시설하여야 한다.

(1) 피뢰설비는 KS C IEC 61400-24(풍력발전기-낙뢰보호)에서 정하고 있는 피뢰구역(Lightning Protection Zones)에 적합하여야 하며, 다만 별도의 언급이 없다면 피뢰레벨(Lightning Protection Level : LPL)은 I 등급을 적용하여야 한다.

(2) 풍력터빈의 피뢰설비는 다음에 따라 시설하여야 한다.

① 수뢰부를 풍력터빈 선단부분 및 가장자리 부분에 배치하되 뇌격전류에 의한 발열에 용손되지 않도록 재질, 크기, 두께 및 형상 등을 고려할 것

② 풍력터빈에 설치하는 인하도선은 쉽게 부식되지 않는 금속선으로서 뇌격전류를 안전하게 흘릴 수 있는 충분한 굵기여야 하며, 가능한 직선으로 시설할 것

③ 풍력터빈 내부의 계측 센서용 케이블은 금속관 또는 차폐케이블 등을 사용하여 뇌유도과전압으로부터 보호할 것

④ 풍력터빈에 설치한 피뢰설비(리셉터, 인하도선 등)의 기능저하로 인해 다른 기능에 영향을 미치지 않을 것

(3) 풍향·풍속계가 보호범위에 들도록 나셀 상부에 피뢰침을 시설하고 피뢰도선은 나셀프레임에 접속하여야 한다.

(4) 전력기기·제어기기 등의 피뢰설비는 다음에 따라 시설하여야 한다.

① 전력기기는 금속시스케이블, 내뢰변압기 및 서지보호장치(SPD)를 적용할 것

② 제어기기는 광케이블 및 포토커플러를 적용할 것

(5) 기타 피뢰설비시설은 피뢰시스템의 규정(KEC 150)에 따른다.

4. 풍력터빈 정지장치의 시설(KEC 532.3.6)

기술기준 제170조에 따른 풍력터빈 정지장치는 다음의 표와 같이 자동으로 정지하는 장치를 시설할 것

▮풍력터빈 정지장치▮

<table>
<tr><th>이상 상태</th><th>자동정지 장치</th><th>비고</th></tr>
<tr><td>풍력터빈의 회전속도가 비정상적으로 상승</td><td>○</td><td>–</td></tr>
<tr><td>풍력터빈의 컷아웃 풍속</td><td>○</td><td>–</td></tr>
<tr><td>풍력터빈의 베어링 온도가 과도하게 상승</td><td>○</td><td>정격 출력이 500[kW] 이상인 원동기 (풍력터빈은 시가지 등 인가가 밀집해 있는 지역에 시설된 경우 100[kW] 이상)</td></tr>
<tr><td>풍력터빈 운전 중 나셀진동이 과도하게 증가</td><td>○</td><td>시가지 등 인가가 밀집해 있는 지역에 시설된 것으로 정격출력 10[kW] 이상의 풍력 터빈</td></tr>
<tr><td>제어용 압유장치의 유압이 과도하게 저하된 경우</td><td>○</td><td rowspan="3">용량 100[kVA] 이상의 풍력발전소를 대상으로 함</td></tr>
<tr><td>압축공기장치의 공기압이 과도하게 저하된 경우</td><td>○</td></tr>
<tr><td>전동식 제어장치의 전원전압이 과도하게 저하된 경우</td><td>○</td></tr>
</table>

03 고조파에서 다음 항목에 대하여 설명하시오.
1) 고조파의 정의
2) 고조파 발생원인
3) 고조파가 미치는 영향
4) 고조파 저감 대책

답안 "chapter 15의 section 02. 전기품질 009 문제"의 답안 참조

04 안전관리 조직의 종류와 특징에 대하여 설명하시오.

답안 "chapter 02의 section 04. 안전관리 조직과 전기안전관리자 직무 017 문제"의 답안 참조

05 보호계전시스템의 다음 항목에 대하여 설명하시오.
1) 보호계전기 기능 및 구성
2) 보호방식 종류
3) 기능별 분류

답안 **1. 보호계전기 기능 및 구성**

(1) 보호장치의 정의(전력시장운영규칙 2024년 2월 기준)

전기설비가 고장나거나 전력계통이 불안정할 경우 이를 감지하여 고장 또는 불안정 요인을 전력계통으로부터 분리시키거나 보호대상설비 운영자 또는 계통운영자에게 경고하는 장치를 말한다.

(2) 보호계전기 기능 및 구성

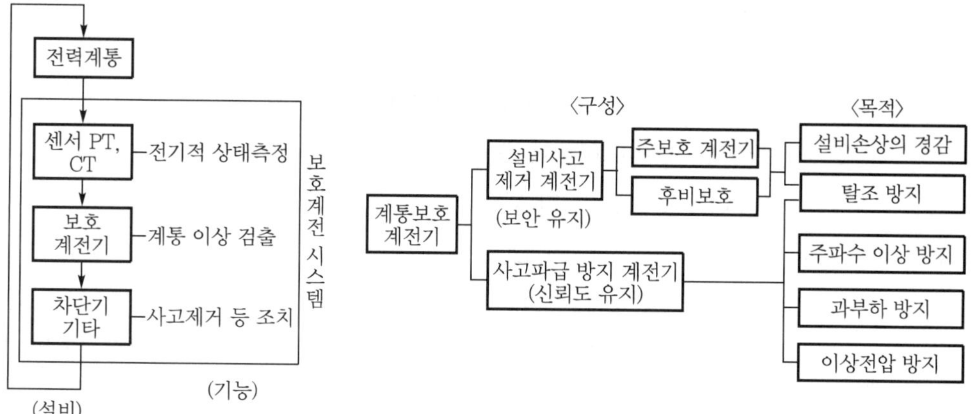

❙보호계전시스템의 역할❙ ❙보호계전기의 구성과 목적❙

2. 보호방식 종류

"부록 I 23년-131회-3교시-01 문제 중 2."의 답안 참조

3. 기능별 분류

"부록 I 23년-131회-3교시-01 문제 중 3."의 답안 참조

06 「전력기술관리법 시행령」의 설계감리에 관한 다음 사항에 대하여 설명하시오.
1) 설계감리 대상
2) 설계감리 업무 범위
3) 설계도서 보관 의무
4) 설계감리원의 기본 임무
5) 국가기술자격사항에 따른 감리원의 등급

답안 1. 설계감리 대상(「전력기술관리법 시행령」 제18조)

(1) 설계감리의 정의

① 설계감리는 발주자에게 위탁받아 전력시설물의 설치, 보수 공사의 계획, 조사 및 설계가 전력기술기준과 관계 법령의 규정에 따라 적정하게 시행되도록 관리하는 것

② "대통령령으로 정하는 요건에 해당하는 전력시설물"이란 다음 '(2)'의 어느 하나에 해당하는 전력시설물을 말한다.

(2) 설계감리를 받아야하는 전력시설물

① 발전설비 : 용량 80만[kW] 이상

② 송변전설비 : 전압 30만[V] 이상

③ 수전설비, 구내배전설비, 전력사용설비 : 전압 10만[V] 이상

④ 전기철도의 수전설비 · 철도신호설비 · 구내배전설비 · 전차선설비 · 전력사용설비

⑤ 국제공항의 수전설비, 구내배전설비, 전력사용설비

⑥ 21층 이상이거나 연면적 5만[m^2] 이상인 건축물의 전력시설물. 다만, 「주택법」 제2조 제3호에 따른 공동주택의 전력시설물은 제외한다.

⑦ 그 밖에 산업통상자원부령으로 정하는 전력시설물

2. 설계감리의 업무 범위

(1) 전력시설물공사의 관련 법령, 기술기준, 설계기준 및 시공기준에의 적합성 검토

(2) 사용자재의 적정성 검토

(3) 설계내용의 시공 가능성에 대한 사전 검토

(4) 설계공정의 관리에 관한 검토

(5) 공사기간 및 공사비의 적정성 검토

(6) 설계의 경제성 검토

(7) 설계도면 및 설계설명서 작성의 적정성 검토

3. 설계도서 보관 의무

(1) 전력시설물의 소유자 및 관리주체는 전력시설물에 대한 실시설계도서 및 준공설계도서를 시설물이 폐지될 때까지 보관할 것

(2) 설계업자는 그가 작성하거나 제공한 실시설계도서를 해당 전력시설물이 준공된 후 5년간 보관할 것

(3) 법 제12조 제1항에 따른 감리업자는 그가 공사감리한 준공설계도서를 하자담보책임기간이 끝날 때까지 보관할 것

4. 설계감리원의 기본 임무(설계감리업무 수행지침 제5조)

(1) 설계용역 계약 및 설계감리용역 계약내용이 충실히 이행될 수 있게 할 것

(2) 해당 설계용역이 관련 법령 및 전기설비기술기준 등에 적합한 내용대로 설계되는지의 여부를 확인 및 설계의 경제성 검토를 실시하고, 기술지도 등을 할 것

(3) 설계공정의 진척에 따라 설계자로부터 필요한 자료 등을 제출받아 설계용역이 원활히 추진될 수 있도록 설계감리 업무를 수행할 것

(4) 과업지시서에 따라 업무를 성실히 수행하고 설계의 품질향상에 따라 노력할 것

5. 설계감리에 관한 국가기술자격사항에 따른 감리원의 등급

(1) **특급감리원** : 국가기술자격자로서 기술사, 학력 · 경력자의 사항은 없다.

(2) **고급감리원** : 국가기술자격자로서, 다음에 해당할 경우이며, 학력 · 경력자 사항은 없다.

① 기능장의 자격을 취득한 후 2년 이상 전력기술업무를 수행한 사람
② 기사의 자격을 취득한 후 5년 이상 전력기술업무를 수행한 사람
③ 산업기사의 자격을 취득한 후 8년 이상 전력기술업무를 수행한 사람

(3) **중급감리원** : 국가기술자격자로서, 다음에 해당할 경우이며, 학력 · 경력자 사항도 다음에 해당된다.

① 기능장의 자격을 취득한 사람
② 기사의 자격을 취득한 후 2년 이상 전력기술업무를 수행한 사람
③ 산업기사의 자격을 취득한 후 5년 이상 전력기술업무를 수행한 사람
④ 기능사의 자격을 취득한 후 10년 이상 전력기술업무를 수행한 사람

⑤ 학력 · 경력자로서 다음의 경우

㉠ 석사 이상의 학위를 취득한 사람이거나 이와 같은 수준 이상의 학력이 있다고 인정되는 사람으로서 졸업한 후 또는 이와 같은 수준의 학력을 갖춘 후 3년 이상 전력기술업무를 수행한 사람

㉡ 대학을 졸업한 사람이거나 이와 같은 수준의 학력이 있다고 인정된 사람으로서 졸업한 후 또는 이와 같은 수준의 학력을 갖춘 후 6년 이상 전력기술업무를 수행한 사람

㉢ 전문대학을 졸업한 사람이거나 이와 같은 수준의 학력이 있다고 인정된 사람으로서 졸업한 후 또는 이와 같은 수준의 학력을 갖춘 후 9년 이상 전력기술업무를 수행한 사람

㉣ 고등학교를 졸업한 사람이거나 이와 같은 수준의 학력이 있다고 인정된 사람으로서 졸업한 후 또는 이와 같은 수준의 학력을 갖춘 후 12년 이상 전력기술업무를 수행한 사람

(4) **초급감리원** : 국가기술자격자로서, 다음에 해당할 경우이며, 학력 · 경력자 사항도 다음에 해당된다.

① 기사 또는 산업기사의 자격을 취득한 사람

② 기능사의 자격을 취득한 후 6년 이상 전력기술업무를 수행한 사람

③ 학력 · 경력자로서 다음의 경우

㉠ 석사 이상의 학위를 취득한 사람이거나 이와 같은 수준 이상의 학력이 있다고 인정되는 사람

㉡ 대학을 졸업한 사람이거나 이와 같은 수준의 학력이 있다고 인정된 사람으로서 졸업한 후 또는 이와 같은 수준의 학력을 갖춘 후 1년 이상 전력기술업무를 수행한 자

㉢ 전문대학을 졸업한 사람이거나 이와 같은 수준의 학력이 있다고 인정된 사람으로서 졸업한 후 또는 이와 같은 수준의 학력을 갖춘 후 3년 이상 전력기술업무를 수행한 자

㉣ 고등학교를 졸업한 사람이거나 이와 같은 수준의 학력이 있다고 인정된 사람으로서 졸업한 후 또는 이와 같은 수준의 학력을 갖춘 후 6년 이상 전력기술업무를 수행한 자

㉤ 전력기술업무를 8년 이상 수행한 사람으로서 제7조의7에 따라 감리원 양성에 관한 교육을 이수한 사람

3 교시 총 6문제 중 4문제를 선택하여 설명하시오. (각 25점)

01 전기회로(Electric Circuit)와 자기회로(Magnetic Circuit)의 상호 대응성과 차이점에 대하여 설명하시오.

답안 1. 자기회로와 전기회로의 대응관계

전기회로	자기회로
전류 I[A]	자속 ϕ[Wb]
전기저항 R[Ω]	자기저항 R_m[AT/Wb]
기전력 E[V]	기자력 F[AT]
도전율 σ[S/m]	투자율 μ[H/m]
$E = IR$[V]	$F = NI$[AT]
$R = \dfrac{l}{\sigma A}$[Ω]	$R_m = \dfrac{l}{\mu A}$[AT/Wb]

(1) 전기회로에는 누설전류가, 자기회로에는 누설자속이 생길 수 있다.

(2) 손실 : 전기회로(줄열), 자기회로(히스테리시스 손실, 와전류 손실)

2. 전기회로와 자기회로 유사점과 차이점

(1) 유사점

① 폐회로 형성

㉠ 전기회로에서는 전류 폐회로가 있다.

㉡ 자기회로에서도 자속(자류)의 흐름은 폐회로를 형성한다.

② 저항이 존재

전기회로에서 전류의 흐름을 방해하는 정도인 전기저항(Resistance)처럼, 자기회로에서도 자속의 흐름을 방해하는 정도를 자기저항(Reluctance)이라고 한다.

(2) 전기회로와 자기회로의 차이점

① 재료 특성 파라미터

㉠ 전기회로 도전율 : 일반적으로 전계에 따라 선형적이다.

㉡ 자기회로 투자율 : 일반적으로 자계에 따라 비선형적(자기 히스테리시스 등)이다.

② 전류와 자류의 흐름

㉠ 전기회로 전류 : 도체에만 흐르고, 공기로는 안 통한다(공기 도전율은 0임).

㉡ 자기회로 자류 : 자성체 이외 공기로도 일부 누설된다(공기 투자율이 0이 아님).

③ 절연체 존재 여부

㉠ 전기회로 절연체 : 존재 가능

㉡ 자기회로 절연체 : 없음

④ 누설자속 고려 여부

㉠ 전기회로와 달리 자기회로에서는 공극 및 누설자속 고려가 필수적이다.

㉡ 전기회로에서는 공기 중으로의 누설전류를 거의 고려하지 않는다.

- 다만, 완벽한 절연체가 아닌 일부 절연 불량 등으로 미소량이나마 전류가 누설(누설전류)되어서 저항 손실이 있을 수 있음
- 그러한 누설전류는 실제적인 전기응용에서는 어느 정도 그 효과를 감소시킬 수 있음
- 자기회로에서는 자기회로 그 일부로써 공극 및 누설자속 고려가 필수적임
- 즉, 철심 자체, 공극(Air Gap), 누설자속(Leakage Magnetic Flux) 동시 고려 필요

⑤ 흐름 방향

㉠ 전기회로에서 높은 전압에서 낮은 전압으로 전류가 흐른다(기전력 방향).

㉡ 전기회로에서 시간, 크기 개념만 있다.

㉢ 자기회로에서는 오른손법칙의 엄지손가락 방향으로 자류가 흐른다(기자력 방향).

㉣ 자기회로에서는 시간, 크기 개념에 공간적인 방향성 개념도 있게 된다.

⑥ 포화 현상

㉠ 전기포화 현상 없음 : 포화되기 전에 과전류는 도전체를 태워버린다(절연 파괴).

㉡ 자기포화 현상 있다.

- 자기회로 내 자속이 어느 이상 증대되면 자기포화 된다.
- 자기포화가 되면 유효 투자율은 줄어들고, 전류를 증가시키더라도 더 이상 자속이 증가하지 않는다.

reference

정전계와 정자계의 비교

정전계	정자계
전하량, Q[C]	자하량, 자극의 세기 m[Wb]
전속, Q[C]	자속, ϕ[Wb]
진공 또는 공기의 유전율 $\varepsilon_0 = 8.855 \times 10^{-12}$[F/m]	진공 또는 공기의 투자율 $\mu_0 = 4\pi \times 10^{-7}$[H/m]
전계 비례 상수, 쿨롱 상수 $k = \dfrac{1}{4\pi\varepsilon_0} = 9 \times 10^9$	자계 비례 상수, 쿨롱 상수 $k = \dfrac{1}{4\pi\mu_0} = 6.33 \times 10^4$
쿨롱의 법칙 : 정전력 $F = k\dfrac{Q_1 Q_2}{r^2} = \dfrac{Q_1 Q_2}{4\pi\varepsilon_0 r^2}$ $= 9 \times 10^9 \times \dfrac{Q_1 Q_2}{r^2}$[N]	쿨롱의 법칙 : 자기력 $F = k\dfrac{m_1 m_2}{r^2} = \dfrac{m_1 m_2}{4\pi\mu_0 r^2}$ $= 6.33 \times 10^4 \times \dfrac{m_1 m_2}{r^2}$[N]
전계(전장, 전기장)의 세기 $E = \dfrac{Q}{4\pi\varepsilon_0 r^2} = 9 \times 10^9 \times \dfrac{Q}{r^2}$[V/m]	자계(자장, 자기장)의 세기 $H = \dfrac{m}{4\pi\mu_0 r^2} = 6.33 \times 10^4 \times \dfrac{m}{r^2}$[AT/m]
힘과 전계와의 관계식 $F = QE$[N]	힘과 자계와의 관계식 $F = mH$[N]
전위의 세기 : $V = \dfrac{Q}{4\pi\varepsilon_0 r} = 9 \times 10^9 \times \dfrac{Q}{r}$	–
• 전속밀도 : $D = \dfrac{Q}{S} = \dfrac{Q}{4\pi r^2}$[C/m²] • 공기 : $D = \varepsilon_0 E$[C/m²] • 유전체 : $D = \varepsilon E = \varepsilon_0 \varepsilon_s E$[C/m²]	• 자속밀도 : $B = \dfrac{\Phi}{S} = \dfrac{m}{4\pi r^2}$[Wb/m²] • 공기 : $B = \mu_0 H$[Wb/m²] • 유전체 : $B = \mu H = \mu_0 \mu_s H$[Wb/m²]
전기력선의 총수 : $\dfrac{Q}{\varepsilon_0}$개	자기력선의 총수 : $\dfrac{m}{\mu_0}$개
전하가 한 일 : $W = QV$[J]	자속이 한 일 : $W = \phi I$[J]
전계 에너지 : $W = \dfrac{1}{2}QV = \dfrac{1}{2}CV^2 = \dfrac{Q^2}{2C}$[J]	자계 에너지 : $W = \dfrac{1}{2}LI^2$[J]
단위 체적당 전계 에너지 $W = \dfrac{1}{2}ED = \dfrac{1}{2}\varepsilon E^2 = \dfrac{D^2}{2\varepsilon}$[J/m³]	단위 체적당 자계 에너지 $W = \dfrac{1}{2}BH = \dfrac{1}{2}\mu H^2 = \dfrac{B^2}{2\mu}$[J/m³]

02 최근 북당진-고덕 간 국내 최초 육지계통 직류송전시스템(HVDC) 계통의 준공으로 서해안-수도권 전력수송 송전망을 확충하였다. 다음 항목에 대하여 설명하시오.
1) 직류송전시스템(HVDC)의 정의
2) 직류송전시스템(HVDC)의 장 · 단점
3) 직류송전방식의 Back to Back 방식과 Point to Point 방식의 특징 비교

답안 1. 직류송전시스템(HVDC)의 정의

(1) 구성도

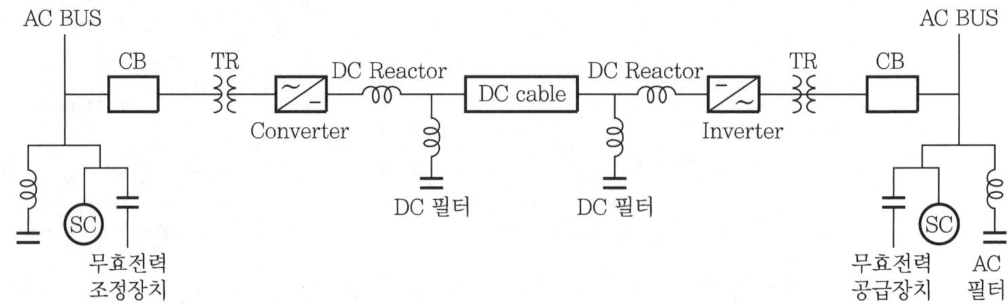

(2) 직류송전방식

직류 특고압 및 초고압에 의해서 국가간 연계, 장거리 해저 케이블 전송, 장거리 연계 등에 활용되는 송전 방식으로, 순변환소에서 교류를 직류로 변환시키고 송전 케이블이나 가공송전선로로 직류전력을 전송시킨 후 수요지 부근의 변전소에서 역변환시켜 교류로 AC그리드에 공급되는 송전 시스템을 말한다.

2. 직류송전시스템(HVDC)의 장점과 단점

(1) 직류송전방식의 장점

① 전압의 최대치가 낮다.

㉠ 직류전압 = 교류의 최고값의 $1/\sqrt{2}$ 로 절연이 용이하여 AC보다 유리하다.

㉡ 가공전선로의 애자수 감소, 전선 소요량 감소, 특히 초고압 가공송전선로 및 케이블에서 유리하다.

② 표피효과가 없다.

㉠ 표피효과 : 전선의 중심부 일수록 리액턴스가 커져서, 통전이 어려워 도체 표면의 리액턴스가 작은 곳으로 통전이 많다.

㉡ 표피효과의 깊이 $\delta = \frac{1}{\sqrt{\pi f \mu k}}$ 에서 전선 전체의 단면의 모든 부분을 통전한다는 의미이다.

여기서, δ : 표피효과의 깊이
f : 주파수[Hz]
k : 도전율[S/m]
μ : 투자율[H/m]

③ 유전손이 없다.

㉠ 유전체손 : $W_d = E \cdot IR = 2\pi f CE^2 \tan\delta$[W/m] 에서 $f = 0$이므로 $W_d = 0$

㉡ 따라서 케이블의 온도상승 요인이 저항손, 유전체손, 연피손(씨스손)에 기인하므로, 직류의 유전체손이 없는 만큼, DC Cable의 온도상승은 감소한다.

④ 정전용량에 무관하여 송전선로의 충전이 불필요하다.

⑤ 무효전력을 필요로 하지 않는다.

㉠ 왜냐하면 직류의 전압과 전류는 동위상이어서 $\sin\theta = 0$이기 때문이다.

㉡ 따라서, 자기여자 현상이 없고, 페란티 효과도 없다.

⑥ 역률 1로 송전효율이 높다.

⑦ 계통의 안정도 향상

㉠ 교류계통은 송전전력 한계가에 의해 제한되나 DC는 안정도에 영향이 없어 계통의 안정도 향상 효과가 발생한다.

㉡ 신속한 조류제어 가능으로 교류계통의 사고에 의해 발생된 주파수 교란을 직류전력제어를 통하여 제어가능하므로 연계계통의 과도안정도가 향상된다.

㉢ 송수전단이 각각 독립운전 가능

⑧ 주파수 다른 계통과 비동기 연계(Back to Back System 적용가능) 가능

⑨ 교류 계통간을 연계할 경우 직류연계에 의해 단락용량의 증가는 없다.

⑩ 대지귀로 송전 가능한 경우는 귀로도체를 생략한다.

(2) 직류송전방식의 단점

① 변환장치는 유효전력 50~60[%]로 무효전력을 소비하므로 무효전력 보상설비의 경비 크다.

② 단락전류가 적은 교류 계통에 연계 시 교류 연계점에서 전압 불안정 현상이 발생한다.

③ 교류 계통보다 자유도가 적고 제어방식 및 차단기의 신뢰성이 제고되어야 한다.

④ 변환장치가 고가로 소용량 단거리 송전계통의 적용은 비경제적이다.

⑤ 변환장치에서 고조파가 발생하므로 방지대책이 요구된다.

⑥ 전기부식의 우려가 크다.

3. 직류송전방식의 Back to Back 방식과 Point to Point 방식의 특징 비교

(1) Point–to–Point 방식

① 정의 : 가공선이나 케이블로 송전선로를 건설하여 두 지점을 계통연결하는 방식이다.

② HVDC의 기본적인 구성방식이다.

③ 구분 : 모노폴라(Monopolar : 단극)방식과 바이폴라(Bipolar : 양극)시스템으로 구분한다.

④ 특징

㉠ 통상 양극은 동일 전류로 동작되며 따라서 이러한 조건하에서는 접지류의 흐름은 0이다.

㉡ 이 방식은 2개의 극 중 한 극에 고장이 발생하더라도 다른 한 극만으로 운전이 가능한 장점이 있다.

㉢ PTP 방식에서 송전전압은 최소의 투자비와 최소의 송전손실에 대하여 최적화된 값으로 결정된다.

(2) Back–to–Back 방식

① 구성도 : PTP 시스템 방식에서 송전선로가 없는 방식으로서, 다음 그림과 같다.

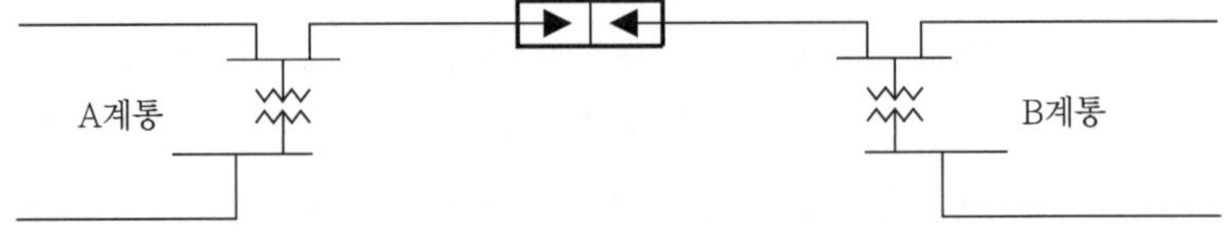

‖ BTB 전송방식 ‖

② 특징 및 목적

㉠ 주파수나 위상변환 또는 계통의 안전화가 주된 목적이다.

㉡ 송전선이 없고, 중/소 용량의 전력량만 전송한다.

㉢ 대규모 계통에 존재하는 저차 고조파의 영향을 줄이고, 송전용량을 증대시킬 목적으로 사용된다.

㉣ 2개의 변환기가 동일 장소(동일 변전소 내)에 있는 직류송전선이 없는 시스템이다.

㉤ 직류송전선이 없으므로 PTP에 비해 저전압, 대전류의 설계가 가능하여 절연설계 측면에서 유리하다.

㉥ 설치장소와 기타 설비가 공유할 수 있어 PTP방식보다 비용이 15~20[%] 경제적이다.

03 「산업안전보건기준에 관한 규칙」 제319조(정전전로에서의 전기작업)에서 정하는 다음 내용에 대하여 설명하시오.

1) 전로를 차단하지 않을 수 있는 경우 3가지
2) 전로 차단 절차(6단계)
3) 전원을 재투입하는 경우 준수사항 4가지

comment 25점용으로는 상당히 무리한 문제였음

답안 **1. 전로를 차단하지 않을 수 있는 경우 3가지**

"chapter 07의 section 02. 산업안전보건기준상의 작업안전 007 문제 중 3."의 답안 참조

2. 전로 차단 절차

"chapter 07의 section 02. 산업안전보건기준상의 작업안전 007 문제 중 2."의 답안 참조

3. 전원을 재투입하는 경우 준수사항 4가지

"chapter 07의 section 02. 산업안전보건기준상의 작업안전 007 문제 중 4."의 답안 참조

04 피뢰기에 관한 다음 항목에 대하여 설명하시오.

1) 피뢰기의 역할
2) 구비조건
3) 피뢰기의 정격사항
4) 동작 특성
5) 피뢰기의 종류

답안 **1. 피뢰기의 역할**

(1) 전력계통에서 발생하는 이상전압은 크게 외뢰와 내뢰로 구분된다.

(2) 외뢰는 전력계통 외부의 요인인 직격뢰 유도뢰 등이고 내뢰는 전력계통 내부에서 발생하는 것으로 선간단락 또는 차단기 개폐 시에 발생되는 개폐서지가 있다. 이러한 이상전압은 상규전압의 수배에 달하므로 여기에 견딜 수 있는 전기기기의 절연을 설계한다는 것은 경제적으로도 불가능하다. 따라서 일반적으로 내습하고 이상

전압의 파고값을 낮추어 기기를 보호하도록 피뢰기를 설치하고 있다.

(3) 다시 말하면, 전력계통 및 기기에 있어서 외뢰(직격뢰 및 유도뢰)에 대한 절연협조를 반드시 해야 하나 절연강도 유지상 외뢰에 견딜 수 있게 하는 것은 경제적 여건상 문제점이 많다. 따라서, 피뢰기를 통한 외뢰 및 내뢰를 억제시키는 것을 전제로 절연협조를 검토한다. 즉, 내습하는 이상전압의 파고값을 저감시켜 기기를 보호하기 위한 것이다.

(4) 전력계통에서 발생하는 내뢰의 이상전압 방지의 역할을 LA(Lighting Arrester)가 한다.

2. 구비조건

(1) 충격방전개시전압이 낮을 것

(2) 상용주파 방전개시전압이 높을 것

(3) 방전내량이 크고, 제한전압이 낮을 것

(4) 속류차단능력이 신속할 것

(5) 경년변화에도 열화가 쉽게 안 될 것

(6) 우수한 비직선성 전압-전류특성을 가질 것

(7) 경제적일 것

3. 피뢰기의 정격사항

(1) LA의 정격전압

① LA의 정격전압이란 상용주파 허용단자전압으로 피뢰기에서 속류를 차단할 수 있는 최고의 상용주파수의 교류전압으로 실효값으로 나타낸다.

② 피뢰기 양단자 간에 인가한 상태에서 소정의 단위동작 책무를 소정의 횟수만큼 반복 수행할 수 있는 정격주파수의 상용주파 전압 실효값이다.

③ LA의 정격전압 선정방법

㉠ 정격전압 = 공칭전압 × 1.4/1.1(비유효접지 계통)

㉡ 정격전압 $= \alpha \beta V_m = K \cdot V_m$

여기서, α : 접지계수

β : 여유계수

V_m : 최고허용의 상전압

㉢ 직접접지계의 피뢰기 정격전압 $= 0.8V \sim 1.0V$(여기서, V : 공칭전압)

㉣ 비유효접지계의 정격전압 $= 1.4V \sim 1.6V$(여기서, V : 공칭전압)

(2) 공칭방전전류

① Gap의 방전에 따라 피뢰기를 통해서 대지로 흐르는 충격전류를 피뢰기의 방전전류라 한다.

② 피뢰기의 방전전류의 허용 최대한도를 방전내량이라 하며 파고값이다.

③ 방전전류의 적용 예

적용개소	공칭방전전류
발전소, 154[kV] 이상 전력계통, 66[kV] 이상 S/S, 장거리 T/L용	10[kA]
변전소(66[kV] 이상 계통, 3,000[kVA] 이하 뱅크에 적용)	5[kA]
배전선로용(22.9[kV], 22[kV]), 일반수용가용(22.9[kV]용)	2.5[kA]

④ 선로 및 발·변전소의 차폐유무와 그 지방의 IKL를 참고로 하여 결정한다.

(3) 피뢰기의 제한전압

① 정의 : 피뢰기 방전 중 이상전압이 제한되어 피뢰기의 양단자 사이에 남는 (충격) 임펄스 전압으로, 방전개시의 파고값과 파형으로 정해지며, 파고값으로 표현한다.

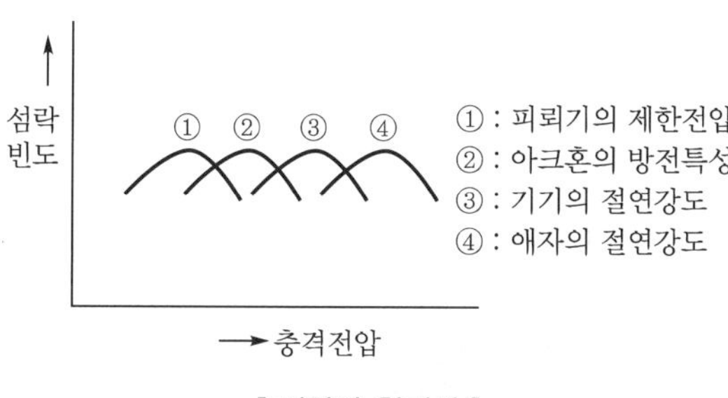

▌절연의 합리화▐

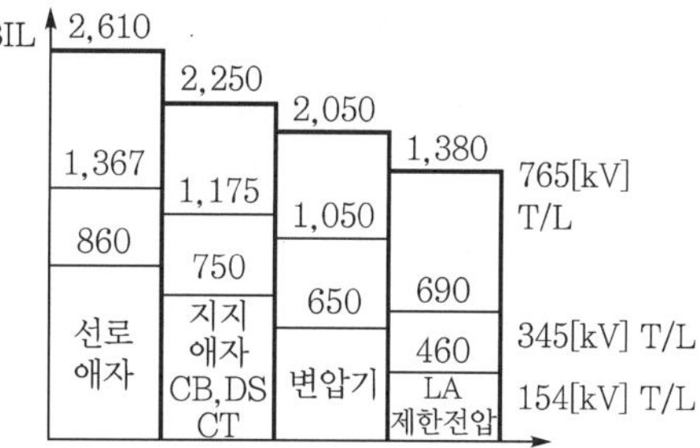

▌BIL을 통한 절연협조▐

② 피뢰기의 제한전압과 계통의 BIL과의 관계 예(BIL을 통한 절연협조 그림 참조)

㉠ 제한전압 = BIL × 0.8 정도

㉡ 충격방전개시전압 ≒ BIL × 0.85 정도

(4) 피뢰기 보호레벨과 제한전압 및 제한비

① 피뢰기에 의해 과전압을 어느 정도까지 억제할 수 있는지, 어느 정도의 절연기기까지 보호할 수 있는지의 정도를 표시한 값이다.

② 절연협조 검토와 보호레벨 관계

㉠ 제한전압 ≤ LA 보호레벨

㉡ LA 보호레벨 : 뇌임펄스는 BIL의 80[%] 이하, 개폐임펄스는 BIL의 70[%] 이하

③ TR 절연강도 > LA 제한전압 e_a + LA 접지저항 전압강하 $i_a \cdot R_g$

여기서, R_g : 피뢰기 접지저항

(5) 충격비

① 피뢰기의 충격비

$$\text{충격비(Impulse Ratio)} = \frac{\text{충격방전개시전압}}{\text{상용주파 방전개시전압의 파고치}}$$

② 피뢰기의 상용주파 방전개시전압

㉠ 계통의 상용주파수의 지속성 이상전압에 의한 방전개시전압의 실효치

㉡ 피뢰기 정격전압의 1.5배 이상일 것

㉢ 22.9[kV-Y] 다중접지계통의 피뢰기(ESB 153-261.282, IEC-99.1-1991)

- 충격파 방전개시전압 : 65[kV] 이하
- 상용주파 방전개시전압 : 정격의 1.5배 이상 1.5×18 =27[kV]
- 충격파 내전압 =125[kV]
- 상용주파 내전압 =42[kV/1분]

③ 피뢰기의 충격파(뇌임펄스) 방전개시전압(Impulse Spark-over Voltage)

피뢰기 단자 간에 충격파를 인가할 때 방전을 개시하는 전압(파고치)

4. 동작 특성

(1) 동작 특성 비교 개념도

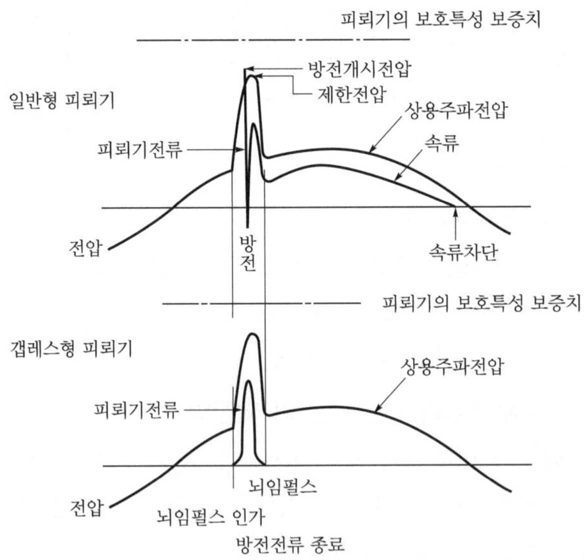

(2) 갭레스형의 동작 특성

① 기존의 SiC(탄화규소) 특성요소를 비직선 저항특성의 산화아연(ZnO) 소자를 적용한 것이다.

② 전압-전류 특성은 SiC 소자에 비하여 광범위하게 전압이 거의 일정하며 정전압 장치에 가까워진다.

③ SiC소자는 상규 대지전압이라도 상시전류가 흐르므로 소자의 온도가 상승하여 소손되기 때문에 직렬 갭으로 전류를 차단해 둘 필요가 있다.

④ 갭레스 피뢰기의 경우에는 누설전류가 1[mA]로서 문제가 발생되지 않으므로 직렬 갭이 선로와 절연을 할 필요가 없으므로 소형 경량이다.

⑤ **최신 경향** : 송전철탑에도 345[kV] 선로애자에 설치하여 한전 변전소의 차단기가 서지 등으로 전차단 시간 이내에 대지로 방류하여 신뢰도 유지에 많은 기여 중이다. 즉, 한전의 345[kV] GCB 동작 전차단시간은 3사이클이나 피뢰기는 0.5사이클이므로 가능하다는 의미이다.

5. 피뢰기의 종류

피뢰기의 종류는 피뢰기의 구성성분 및 기능에 따라 아래와 같이 나눈다.

(1) **명칭별** : 갭저장형, 밸브형, 저항밸브형, 갭레스형

(2) **성능별** : 밸브형, 밸브저항형, 방출형, 자기소호형, 전류제한형

(3) **사용장소별** : 선로용, 직렬기기용, 저압회로용, 발·변전소형, 전철용, 정류기용, 케이블계통형

(4) **규격별** : 교류 20,000[A]. 10,000[A], 5,000[A], 2,500[A](20,000는 765[kV]용)

05 가스·증기 및 분진 폭발위험장소에서의 전기기기가 구비하여야 하는 방폭구조의 종류에 대하여 설명하시오.

답안 **1. 가스·증기 폭발위험장소에서의 전기기기의 방폭구조의 종류**

(1) 내압방폭구조 : Ex d

① 전기기계기구에서 점화원이 될 우려가 있는 부분을 전폐 구조인 기구에 넣어 외부의 폭발성 가스가 내부로 침입하여 폭발한 경우에도 용기가 그 압력에 견디고 파손되지 않으며 폭발한 고온가스나 화염이 접합부 틈으로 새어나가는 동안 냉각되어 외부의 폭발성 가스에 화염이 파급될 우려가 없도록 한 구조이다.

② 전기기구의 용기(enclosure) 내에 외부의 폭발성 가스가 침입하여 내부에서 점화 폭발해도 외부에 영향을 미치지 않도록 하기 위해서, 용기가 내부의 폭발압력에 충분히 견디고, 용기의 틈새는 화염일주한계 이하가 되도록 설계한 것을 말한다.

③ **시험** : 인화온도, 폭발강도, 기계적 강도

부록

④ **설치대상** : 아크가 생길 수 있는 모든 전기기기, 접점, 개폐기류, 스위치 등

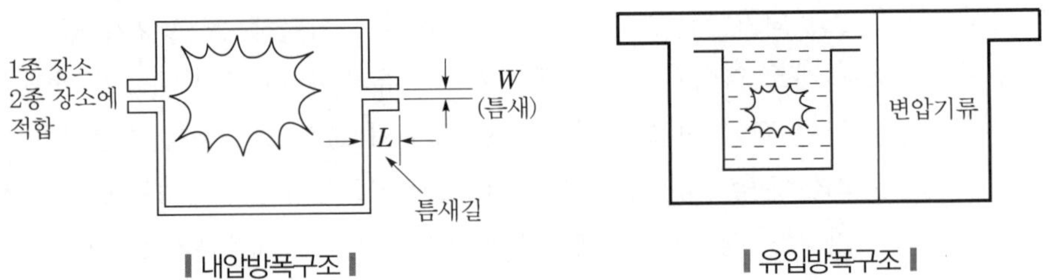

▌내압방폭구조▌ ▌유입방폭구조▌

(2) **유입방폭구조** : Ex o

① 점화원이 될 우려가 있는 부분을 절연유 중에 담가서 주위의 폭발성 가스로부터 격리시키는 구조이다.

② 전기기기 사용에 따른 불꽃 또는 아크 등이 발생한 경우에서 폭발성 가스에 점화할 우려가 있는 부분을 오일 중에 넣고 유면상의 폭발성 가스에 인화될 우려가 없도록 한 구조

③ 유입방폭구조는 절연유의 노화, 누설 등 보수상의 난점이 있다.

④ **시험** : 온도시험, 발화시험

⑤ **설치대상** : 모든 전기기기, 접점, 개폐기, 전동기, 계전기 등

⑥ 1종, 2종 장소에 적합하며, 유면으로부터 위험부분까지 최소 10[mm] 이상 이격하여야 한다.

⑦ 절연유의 온도는 115[℃]를 초과하지 않아야 한다.

(3) **압력방폭구조** : Ex p

① 점화원이 될 우려가 있는 전기기구를 용기 내에 넣고 신선한 공기 또는 불활성 가스를 압입하여 내부에 압력을 유지하여 외부의 폭발성 가스가 용기 내로 침입하지 못하도록 함으로써 용기 내의 점화원과 용기 밖의 폭발성 가스를 실질적으로 격리시키는 구조이다.

② 운전 중에 압력저하 시 자동경보하거나, 운전을 정지하는 보호장치를 설치할 것

③ **시험** : 온도, 내부압력, 기계적 강도

④ **설치대상** : 모든 전기기기. 접점, 개폐기, 전동기, 계전기 등

⑤ 용기의 보호등급은 IP4X 이상이어야 한다.

⑥ 내부압력은 0.05[kPa] 이상이어야 한다.

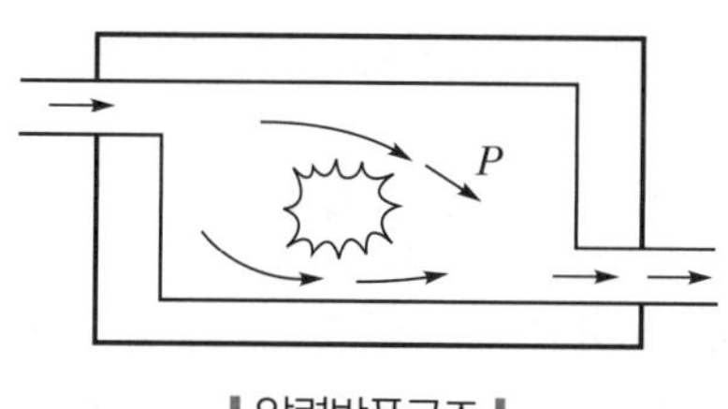

▌압력방폭구조▐

⑦ 보호가스 온도는 용기의 흡기구에서 40[℃]를 초과하지 않아야 한다.

(4) 안전증방폭구조 : Ex e

① 정상적인 운전 중에는 불꽃, 아크 또는 과열이 생겨서는 안 될 부분에 대하여 이를 방지하기 위한 구조와 온도 상승에 대해서 특별히 안전도를 증가시킨 구조이다.

② **시험** : 온도시험, 기계적 강도시험

③ **설치대상** : 안전증변압기, 안전증접촉단자, 안전증측정계기 등

④ **특징** : 점화원인 아크, 불꽃, 과열이 될 수 있는 한 발생하지 않도록 고려한 것뿐이며 고장, 파손 시 폭발원인이 되기도 한다.

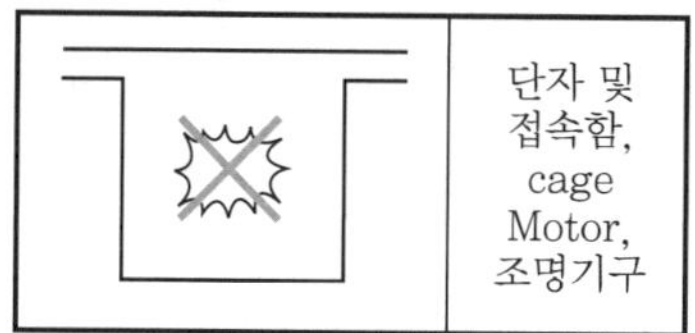

▌안전증방폭구조▐

▌본질안전 방폭구조▐

(5) 본질안전방폭구조 : Ex ia, Ex ib

① 0종, 1종, 2종 장소에 모두 적합한 구조

② 점화능력의 본질적으로 억제시킨 것으로, 폭발성 가스 또는 증기 등의 혼합물이 점화되어 폭발을 일으키려면 어느 최소 한도의 에너지가 주어져야 한다는 개념을 기초한 것으로 주어진 정상상태나 이상상태의 조건하에서 어떤 Spark나 온도에도 영향을 받지 않는 구조

③ 단선이나 단락에 의해 전기회로 중에 전기불꽃이 생겨도 폭발성 혼합기를 결코 점화시키지 않는다면 본질적으로 안전한 것이 된다.

④ 본질안전방폭구조는 불꽃점화시험에 의해 폭발이 일어나지 않고 본질적으로 안전하다는 것이 확인된 구조이다.

⑤ 최소한의 전기에너지만을 방폭지역에 흐르도록 하여 절대로 점화원으로 작용하지 못하도록 한 구조이다. 사용에너지는 정격전압 1.2[V], 정격전류 0.1[A], 정격전력 25[mW] 이하이어야 한다.

⑥ **대상기기** : 신호기, 전화기, 계측기, 측정 및 제어장치, 미소전력회로

⑦ 장점 : 반도체 산업발달에 따라 저가격, 높은 신뢰성, 광범위한 활용성 등이 있다.

(6) 특수방폭구조 : Ex s

앞에 열거한 것 이외의 방폭구조로서 폭발성 가스를 인화시키지 않는다는 사실이 시험이나 기타의 방법에 의해 확인된 구조를 말한다.

(7) 충전방폭구조(q) : EX q

전기불꽃 등 발생 부분을 용기 내에 고정시키고 주위를 충전물질로 충전하여 가스의 유입, 인화를 방지한 구조이다.

comment 1종 위험장소에서는 위의 7개 방폭구조의 적용이 가능함

2. 분진폭발위험장소에 대한 전기기기의 방폭(Explosion Proof)구조의 종류

(1) 특수방진방폭구조(SDP)

전폐구조로 접합면의 길이를 일정치 이상으로 하거나 접합면의 일정치 이상의 깊이를 작은 패킹을 사용하여 분진이 용기에 침입하지 않도록 한 구조이다.

(2) 보통방진방폭구조(DP)

전폐구조로 접합면의 깊이를 일정치 이상으로 하거나 접합면에 패킹을 사용하여 분진이 침입하기 어렵게 한 구조이다.

(3) 분진특수방폭구조(XDP)

'(1)', '(2)' 이외의 구조로 분진방폭 성능이 있는 것으로 점검기관에서 시험, 기타에 의해 성능이 확인된 구조이다.

(4) 종류 및 발화도에 의한 기호는 아래 표와 같이 나타낸다.

▌분진방폭구조 등의 기호▐

분진 방폭구조 종류	기호	발화도 및 발화도 표시	온도 상승한도[℃]
			과부하로 될 우려가 없는 것/과부하 우려가 있는 것
특수방진방폭구조	SDP	11, 11	175/150
보통방진방폭구조	DP	12, 12	120/105
분진특수방폭구조	XDP	13, 13	80/70

(5) 분진방폭구조의 전기기기 선정기준

① 폭연성 분진 위험장소에서는 특수방진방폭구조로 사용할 것

② 가연성 분진 위험장소에서는 특수방진방폭구조 또는 보통방진방폭구조를 사용할 것

reference

분진 폭발위험장소와 가스 폭발위험장소의 표기방법 그림

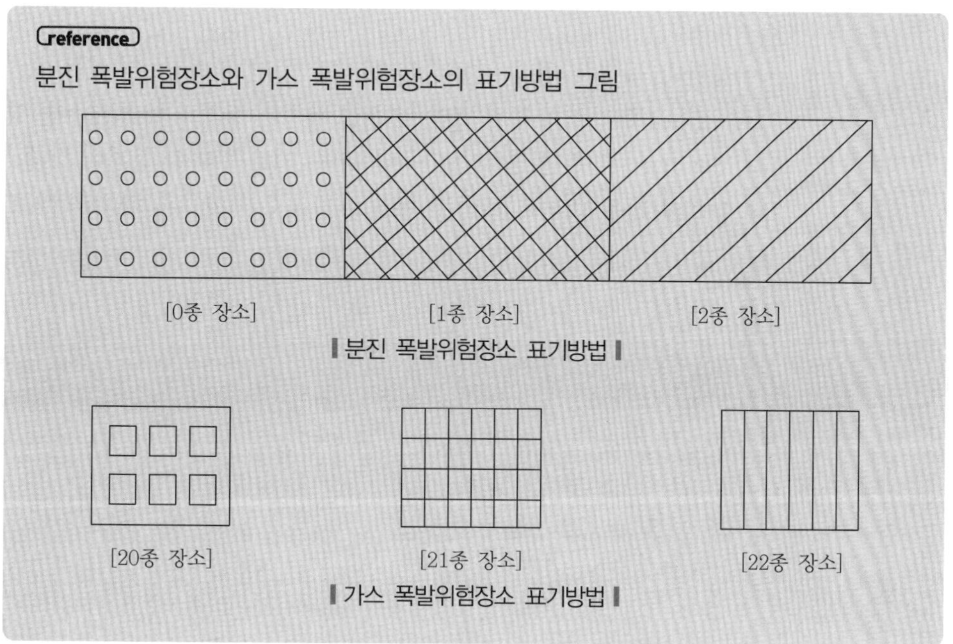

▌분진 폭발위험장소 표기방법▐

▌가스 폭발위험장소 표기방법▐

3. KS C IEC 60079-10 기준의 위험지역(Zone)별 분류

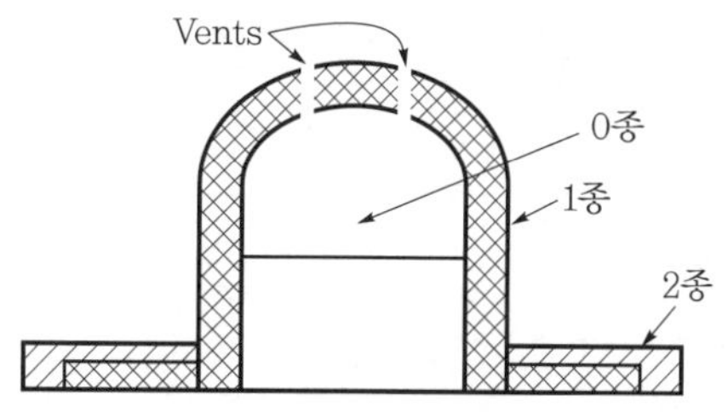

▌위험장소의 구분 개념도▐

(1) 0종 장소

① 0종 장소란 위험 분위기가 지속적으로 장기간 존재하는 장소를 말한다.

② 위험물 취급용기의 내부나 인화성 가스, 증기 배관의 내부 등이 해당된다.(단, 용기의 내부에 질소, 이산화탄소 등과 같은 불활성 가스를 주입하여 내부에 위험 분위기가 발생되지 않음이 보장되는 경우에는 용기 내부를 2종 장소로 구분)

(2) 1종 장소

① 정상상태에서 위험 분위기가 존재하기 쉬운 장소를 말한다.

② 0종 장소 근접 부근과 원료 투입 또는, 제품 인출 작업이나 수리, 보수 시 개방하는 위험물 취급 용기의 맨홀 또는 헷치 주변 등 생산공정이나 저장시설 및 기타 설비의 결함으로 가연성 액체나 가스가 방출될 가능성이 있는 지역이 해당된다.

(3) 2종 장소

① 이상상태 하에서 위험 분위기가 단시간 동안 존재할 수 있는 장소이다.

② 0종 또는 1종 장소의 주변 영역, 위험물 용기나 장치의 연결부 주변 영역, 펌프봉인(Sealing) 후 주변 영역 등이 해당되며, 기계적 환기 장치나 강제 통풍장치를 이용하여 건물 내부에 폭발성 가스가 집적되지 않도록 한 경우에도 해당된다.

reference

1. 분진의 구분

(1) 분진의 정의

① 지름이 1,000[μm] 이하의 고체 미립자를 분체라 하며, 약 75[μm] 이하의 분체가 공기 중에 떠다니는 것을 분진이라 한다.

② 일반적으로 분진은 0.01[μm]에서 1,000[μm] 정도의 크기이다.

(2) 폭연성 및 가연성 분진의 구분

① 폭연성 분진

㉠ 특징 : 공기 중에 산소가 적은 분위기 또는 이산화탄소 중에서도 착화하고, 부유 상태에서도 심한 폭발을 발생하는 금속분진이다.

㉡ 종류 : 마그네슘, 알루미늄 브론즈

② 가연성 분진

㉠ 특징 : 공기 중 산소와 발열반응을 나타내고 폭발하는 분진이다.

㉡ 종류 : 소맥, 전분, 합성수지, 카본블랙 등 도전성을 갖고 있음

2. 폭발위험장소의 분류

분류		적용	예
가스 폭발 위험 장소	0종 장소	인화성 액체의 증기 또는 가연성 가스에 의한 폭발위험이 지속적으로 또는 장기간 존재하는 장소	용기 · 장치 · 배관 등의 내부 등
	1종 장소	정상작동상태에서 인화성 액체의 증기 또는 가연성 가스에 의한 폭발위험 분위기가 존재하기 쉬운 장소	맨홀 · 벤트 · 피트 등의 주위
	2종 장소	정상작동상태에서 인화성 액체의 증기 또는 가연성 가스에 의한 폭발위험 분위기가 존재할 우려가 없으나, 존재할 경우 그 빈도가 아주 적고 단기간만 존재할 수 있는 장소	개스킷 · 패킹 등의 주위

분류		적용	예
분진 폭발 위험 장소	20종 장소	분진운 형태의 가연성 분진이 폭발농도를 형성할 정도로 충분한 양이 정상작동 중에 연속적으로 또는 자주 존재하거나, 제어할 수 없을 정도의 양 및 두께의 분진층이 형성될 수 있는 장소	호퍼 · 분진저장소 집진장치 · 필터 등의 내부
	21종 장소	20종 장소 외의 장소로서, 분진운 형태의 가연성 분진이 폭발농도를 형성할 정도의 충분한 양이 정상작동 중에 존재할 수 있는 장소	집진장치 · 백필터 · 배기구 등의 주위, 이송밸트 샘플링 지역 등
	22종 장소	21종 장소 외의 장소로서, 가연성 분진운 형태가 드물게 발생 또는 단기간 존재할 우려가 있거나, 이상작동 상태하에서 가연성 분진층이 형성될 수 있는 장소	21종 장소에서 예방조치가 취하여진 지역, 환기설비 등과 같은 안전장치 배출구 주위 등

[비고] "인화성 액체의 증기 또는 가연성 가스에 의한 폭발위험분위기"라 함은 연소가 계속될 수 있는 가스나 증기상태의 가연성 물질이 혼합되어 있는 상태를 말함.

06 영상변류기(ZCT : Zero Phase Current Transformer)의 다음 항목에 대하여 설명하시오.

1) 동작 원리
2) 정격 사항
3) 접속 방법
4) 선정 시 고려사항

답안 1. 영상변류기 동작 원리 및 구조

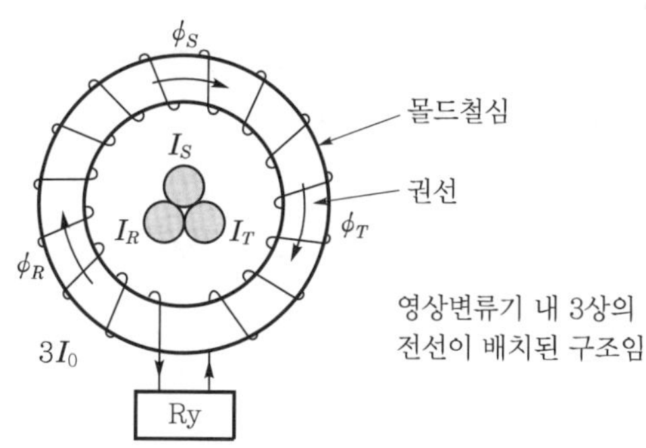

부록

(1) 1차 전류에 영상전류가 포함되지 않을 때

$I_R + I_S + I_T = I_{R1} + I_{S1} + I_{T1} + I_{R2} + I_{S2} + I_{T2} = 0$, $\phi_R + \phi_S + \phi_T = 0$

$i_R + i_S + i_T = 0$

(2) 1차 전류에 영상전류가 포함될 때(1선 지락 시)

$I_R + I_S + I_T = (I_{R1} + I_{R2} + I_{R0}) + (I_{S1} + I_{S2} + I_{S0}) + (I_{T1} + I_{T2} + I_{T0}) = 3I_0$

즉, $3I_0 \rightarrow 3\phi_0 \rightarrow 3i_0$

(3) 3상 전류를 1차 전류로 하고 철심을 지나는 자속($\phi_R + \phi_S + \phi_T$)에 대응하는 영상전류를 검출하여 해당 Relay에 신호를 보내고 계전기가 판정 후 이상 시 차단기를 동작시킨다.

(4) 영상변류기의 K 및 L권선은 영상 1차측 전류의 보상용 권선으로 영상전압에 비례한 보상 전류용으로 설치되어 있다.

(5) 케이블 관통형 영상변류기는 1차 도체로 케이블을 관통시켜서 영상전류를 검출한다. 이 경우 중요한 점은 케이블 실드 접지선을 영상변류기에 관통시켜 접지해야 한다.

2. 영상변류기의 정격 사항

(1) ZCT의 정격 1차 전류

① 정격 1차 전류는 일반 CT와 같다.

② IEC에서 추천하는 값이 10, 15, 20, 30, 50, 75[A]이다.

(2) ZCT의 정격영상전류

① 3상 전류 중 지락고장 시의 영상전류를 정격영상 1차 전류라 하며 정격영상 1차 전류는 200[mA]를 표준으로 한다.

② 영상전류의 합에 의한 지락계전기에 검출되는 영상전류를 정격영상 2차 전류라 하며 정격영상 2차 전류는 1.5[mA]를 표준으로 한다.

(3) ZCT의 영상 2차 전류의 허용오차

① 영상 2차 전류의 오차를 적게 하여면 여자 임피던스가 커야 한다.

② 여자 임피던스가 증가하려면 철심이 커지고 가격이 상승한다.

③ 정격여자 임피던스에 따른 허용오차

계급	정격여자 임피던스	정격영상 2차 전류
H급	$Z_0 > 40[\Omega]$, $Z_0 > 20[\Omega]$	1.2~1.8[mA]
L급	$Z_0 > 10[\Omega]$, $Z_0 > 5[\Omega]$	1.0~2.0[mA]

(4) ZCT의 정격과전류 배수

① 영상변류기 철심이 포화되지 않는 영상 1차 전류의 범위를 나타내는 수치이다.

② 표준값으로 $-n_0$, $n_0 > 100$, $n_0 > 200$로 정의하고 있다.

㉠ $-n_0$는 계전기가 정격 영상전류 이하에서 동작하는 경우에 사용한다.

㉡ $n_0 > 100$는 영상 1차 전류 20[A] 정도까지를 고려할 때 사용하며, 100배가 흘러도 오차는 없다.

㉢ $n_0 > 200$는 이상 지락 시를 대상으로 할 때 사용한다.

(5) ZCT의 잔류전류

① 철심을 개재시킨 1차 도체와 2차 권선 사이의 전자적 불균일로 발생한다.

② 잔류전류의 한도

정격 1차 전류	잔류전류의 한도
400[A] 이상	영상 1차 전류 100[mA]에서 영상 2차 전류치
400[A] 이하	영상 1차 전류 100[mA]에서 영상 2차 전류치의 80[%]

3. 영상변류기(ZCT)의 접속 방법

(1) 영상변류기(ZCT) 전선 관통부의 표면과 뒷면에는 'K'와 'L'이 표시되어 있다.

(2) 이것은 전류가 흐르는 방향을 나타내며, 전선의 전원측 'K'를 부하측에 'L'이 오도록 설치한다.

(3) 누전경보기(LGR)과 무방향성 지락계전기(GR)처럼, 지락전류의 크기만을 감지하는 것이라면 방향에 관계없이 'K'와 'L'을 반대로 설치하여도 이론적으로는 문제없다.

(4) 그러나 방향성 지락계전기(DGR)처럼 지락전류와 전압의 위상차로 방향을 찾는 것은 잘못 설치하면 정상적인 것과는 반대 동작하므로 주의가 필요하다.

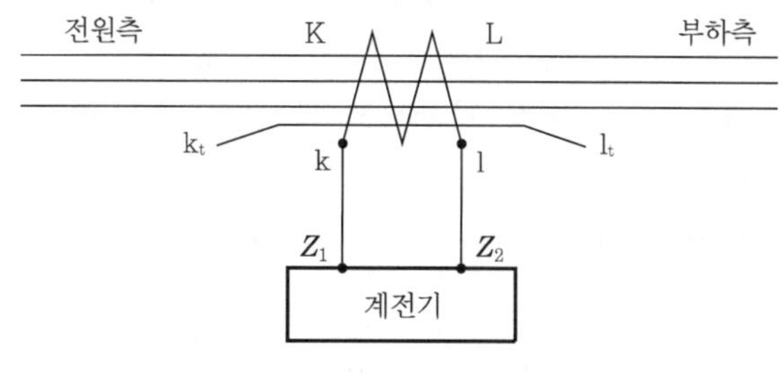

ǁ ZCT 접속방법 ǁ

(5) 측면에 있는 단자 소문자로 'k'와 'l'로 표지되며 2차측에 출력이 된다.

(6) 이곳을 릴레이 등에 연결한다.

(7) 'k'가 (+)측으로 되고 'l'가 (−)측으로 된다.

(8) 'k'를 계전기의 'Z_1'에 'l'을 계전기의 'Z_2'에 연결한다.

(9) 측면에 있는 또 다른 한 쌍의 단자 'k_t'와 'l_t'가 있음

① 이것은 시험단자이다.

② 이 단자에 전류를 흘림으로써 영상변류기(ZCT) 1차측에 전류가 흐른 것과 같다.

③ 계전기의 동작 확인이나 시험 등을 하는 경우에 사용한다.

4. 영상변류기 선정 시 고려사항

(1) 영상변류기의 종류

① 권선형

1개의 철심에 3조의 1차 권선 및 1조의 2차 권선이 감겨져 있다. 1차 권선에 3상 각 상의 전류를 흐르게 했을 때 2차 권선에 각 상 영상전류의 3배인 영상전류에 대응한 전류가 흐른다.

② 관통형

관통형 CT와 비슷한 구조인 2차 권선을 감은 철심에 1차 도체로서 3상의 케이블을 관통하여 사용한다.

(2) 정격사항

① 정격전류

② 영상 2차 전류의 허용오차

영상변류기는 영상 2차 전류의 오차를 작게 하기 위하여 여자 임피던스가 큰 것이 바람직하며, 경제성을 고려한 여자 임피던스와 영상 2차 전류의 허용치를 정하고 있다.

③ 정격 과전류 배수

영상변류기가 포화하지 않는 영상 1차 전류의 범위를 나타내는 것이다.

㉠ 70>100 : 영상 1차 전류 20[A] 정도를 고려할 때 채용

㉡ 70>200 : 이상 지락시에 과전류보호를 할 때 채용

④ 잔류전류

영상변류기의 2차 회로에 접속된 계전기에는 영상 2차 전류와 잔류전류의 벡터합이 흐르므로 오동작, 부동작의 원인이 된다. 따라서 잔류전류를 적게 하기 위해서는 1차 도체, 철심 2차 권선의 상호관계를 기하학적으로 대칭이 되도록 배치하고 정격 1차 전류가 큰 변류기를 사용하면 좋다(1차 도체는 정삼각형으로 배치하는 것이 좋음).

⑤ 정격부담 : 10[Ω], 역률 0.5 지연전류

총 6문제 중 4문제를 선택하여 설명하시오. (각 25점)

01 「산업안전보건법」에서 규정한 공정안전보고서(PSM)에 대하여 설명하시오.

답안 "chapter 01의 section 02. 작업분석과 위험성 평가 018 문제"의 답안 참조

02 휴먼에러(Human Error)에 대하여 설명하시오.

답안 "chapter 02의 section 06. 산업심리 관련(인간공학 등) 036 문제"의 답안 참조

03 한국전기설비규정(KEC)의 계통접지방식에 대한 다음 항목을 설명하시오.

1) 계통접지 구성(기호 표시방법)
2) TN 계통
3) TT 계통
4) IT 계통

답안 "chapter 16의 section 03. 기타 접지시스템 021 문제"의 답안 참조

04 송전선 부근에서 발생하는 전계로 인한 정전유도에 대하여 다음 항목을 설명하시오.

1) 정전유도를 받고 있는 물체에 접촉한 경우의 전격현상
2) 정전유도를 받고 있는 인체의 방전에 의한 전격현상

답안 "chapter 13의 section 04. 중성점 접지방식과 유도장해 022 문제"의 답안 참조

05 비접지계통에서 지락 보호용으로 설치되는 3상 접지변압기(GTR : Grounding Transformer)에 대하여 설명하시오.

답안 **1. 3상 접지변압기 사용목적**

(1) 부하 증가로 케이블 증설 시 충전전류 증가로 인한 다음 현상을 방지한다.

① 페란티현상 시 역률 저하, 전원과 고조파 공진발생 우려, 역조류 발생

② 개폐서지 증가로 계통직렬기기 절연파괴 우려

③ 전동기 자기여자현상 발생

④ 1선 지락 시 비접지계통에서 포화된 리액터와 정전용량에 의해 발생, 철공진 발생우려 증가

(2) 비접지 계통을 3상 4선식 운전을 위한 중성점 인출 목적으로 GTR을 사용한다.

(3) 충전전류를 아래와 같이 감소시켜 개폐서지를 감소시킨다.

① 충전전류 $I_c = \omega C_0 E = 2\pi f\, C_0 \dfrac{V}{\sqrt{3}} \times 10^{-6}$[A/km]

여기서, $C_0 = \dfrac{0.02413\varepsilon_s}{\log_{10}\dfrac{R}{r}}$

C_0 : 케이블의 정전용량[μF/km]

ε_s : 비유전율

r : 도체의 반지름[m]

R : 연피의 안반지름(절연 반지름)[m]

② 계통이 커지면 I_c가 커지므로 R_N을 작게 하여 유효전류(I_N)를 증대시킨다.

③ 즉, $I_N \geq I_c$에서 $\dfrac{E}{R_N} \geq j\omega C_0 E$이며, 위상각은 $\theta = \tan^{-1}\omega C_0 R_N$이 된다.

여기서, I_N : 1선 완전지락 시 유효전류, R_N : 중성점 접지저항

④ 따라서 위상각 $\theta = \tan^{-1}\omega C_0 R_N$를 45도 이하로 하면(충전전류의 위상각을 45도 이하로) 충전전류는 저감되면서 개폐서지도 저감된다.

(4) △결선 또는 비접지계통에서 접지를 위한 중성점을 제공할 목적의 변압기이다.

(5) 6.6[kV] 선정 예시

I_c	I_n	접지방식	저항	비고
$I_c \leq 500$[mA]	380[mA]	GPT방식	25(50)[Ω]	CLR
500[mA] < I_c < 1[A]	1[A]	충전전류 보상식	–	접지콘덴서

I_c	I_n	접지방식	저항	비고
$1[A] < I_c \leq 10[A]$	10[A]	NGR	380[Ω]	고저항 접지
$10[A] < I_c$	100~400[A]	NGR	38[Ω]	저저항 접지

2. 3상 접지변압기(GTR : Grounding Transformer)의 종류

△결선 또는 비접지계통에서 접지를 위한 중성점을 제공하는 변압기로서 다음과 같다.

(1) Y-△ 접지변압기

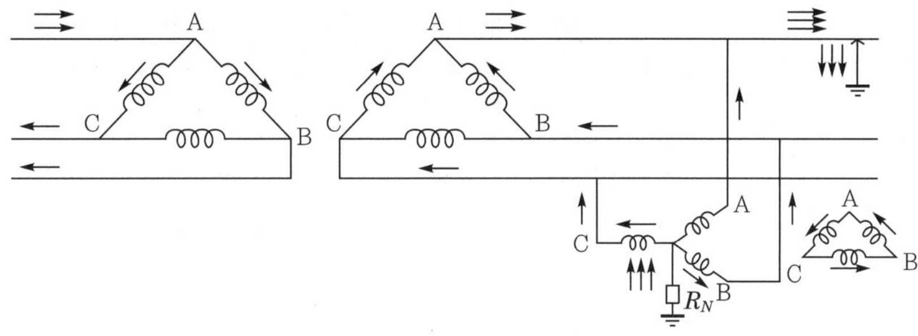

(2) 지그재그 접지변압기

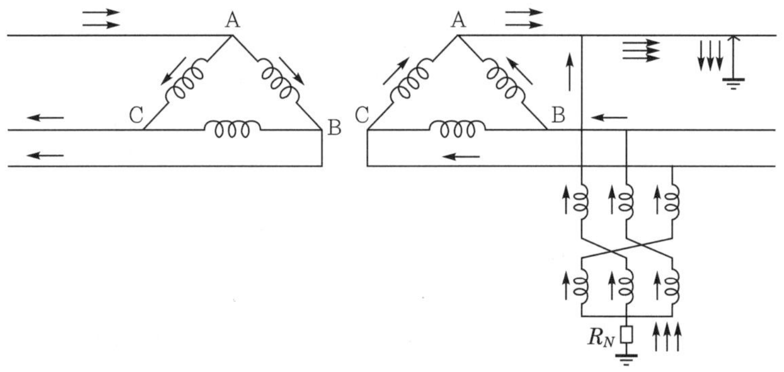

(3) 한류저항(CLR)식 오픈 델타 변압기 방식(CLR+OVGR+SGR+ZCT 사용)

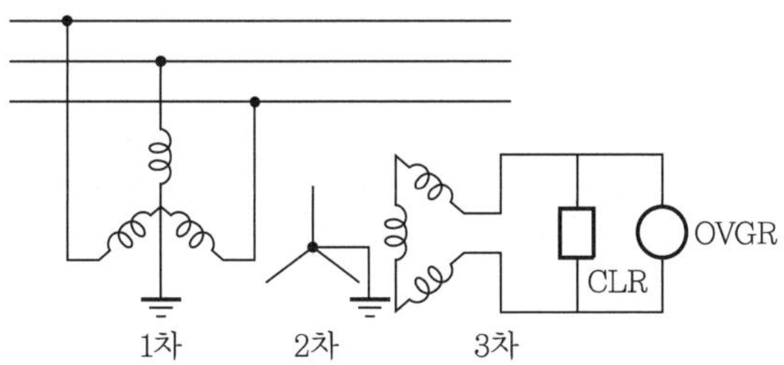

3. 동작원리

(1) GPT+SGR+ZCT의 조합 설치의 비접지계통의 GTR 동작원리

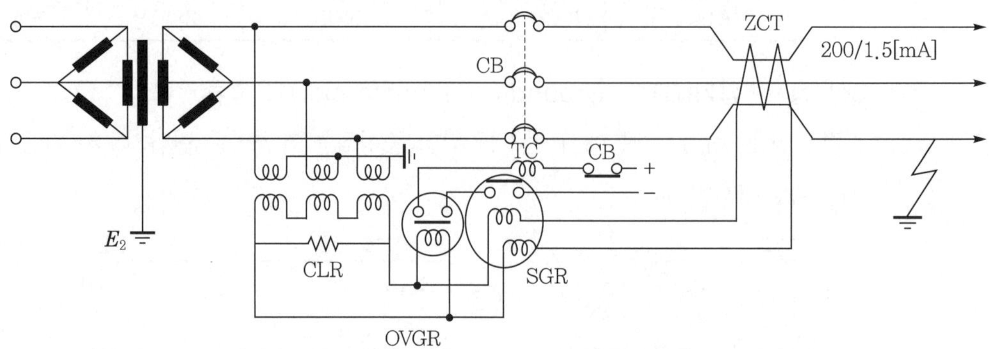

▌GPT+SGR+ZCT의 조합 설치의 비접지계통의 GTR 동작원리▐

① 위의 그림과 같이 GPT+SGR+ZCT의 조합 설치로 불평형 전류에는 부동작, 지락사고는 선택 차단한다.

② 이때의 영상전류와 영상전압은 다음 식과 같다.

㉠ 지락전류

$$I_g = \frac{3E}{Z_0 + Z_1 + Z_2 + 3R_g} \doteqdot \frac{3E}{Z_0 + 3R_g}$$

$$= \frac{3E}{\dfrac{1}{\dfrac{1}{3R_N} + j\omega C} + 3R_g} = \frac{\left(\dfrac{1}{R_N} + j3\omega C\right)E}{\left(1 + \dfrac{R_g}{R_N}\right) + j3\omega C R_g}$$

($\because$ $Z_0 \gg Z_1$, $Z_0 \gg Z_2$이므로 Z_1, Z_2는 무시함)

㉡ 영상전류 : $I_0 = \left(\dfrac{1}{R_N} + j3\omega C\right)E = \left(\dfrac{1}{R_N} + j\omega C_0\right)E = I_N + jI_C$

㉢ 영상전압

$$V_0 = \frac{Z_0}{Z_0 + 3R_g}E = \frac{1}{1 + \dfrac{3R_g}{Z_0}}E = \frac{1}{1 + R_g Y_0}E = \frac{1}{1 + R_g\left(\dfrac{1}{R_N} + j\omega C_0\right)}E$$

(2) ZIG-ZAG TR 동작원리

① 필터와 유사한 원리로 작용하며, 정상분과 역상분을 서로 상쇄시키고, 영상분만 있다.

② 동일한 철심에 2개의 반대방향 권선(Zig-Zag 결선) 한 것으로 영상분 전류에 의한 영상자속은 서로 상쇄되고, 정상, 역상분 자속은 상쇄 없이 증가되어 정상, 역상분 전류의 벡터 합성이 크게 되는 것이다.

③ 지락사고 시 영상전류의 3배는 지락전류이므로 영상 임피던스를 작게 하여 영상분 전류는 Zig-zag 변압기로 잘 흐르게 하고, 지락전류 검출을 용이하게 한다.

❙ ZIG-ZAG TR 동작원리 ❙

구분	영상분 자속	정상 및 역상분 자속
자속 벡터		
크기	• 자속 : 영상분 자속은 반대 위상차 • 역기전력 : 발생하지 않음 $e_{A0} = -\dfrac{d(\phi_{A_0} - \phi_{C_0})}{dt} = 0$ • 영상분 역기전력이 없어 영상분 전류가 유입됨	• 자속 : 자속은 60도 위상차로 합성됨 • 역기전력 : 합성자속에 의해 생성 $e_A = -\dfrac{d(\phi_{A_+} + \phi_{C_+})}{dt}$ • 역기전력에 의해 정·역상분 전류는 서로 상쇄되므로 유입되지 않음 • 이것을 정·역상분에 대한 임피던스가 크다라고 표현

06 전력회사로부터 건축물에 공급받는 수전방식의 종류와 각각의 특징에 대하여 설명하시오.

답안 "chapter 14의 section 01. 변압기 관련 009 문제 중 4.과 5."의 답안 참조

memo

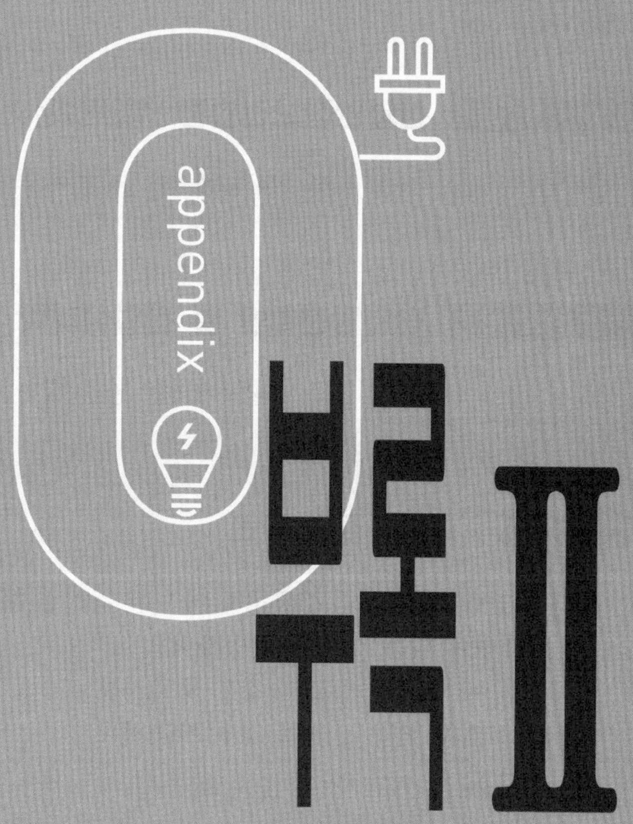

전기안전기술사 출제예상 핵심기출문제

■ 다른 종목 기술사 최근 기출문제 중 전기안전기술사로 출제가 예상되는 핵심문제

* 다음은 전기 분야의 다른 종목 기술사 최근 기출문제 중 전기안전기술사로 출제확률이 높은 핵심문제만을 정리한 것으로 답안은 본서를 참고하여 학습하며 숙지하기 바란다.

chapter 01 산업안전보건법령(산업안전보건 기초)

"다른 종목 기술사에서는 관련 내용 출제 없음"

chapter 02 산업안전일반 및 산업심리학

"다른 종목 기술사에서는 관련 내용 출제 없음"

chapter 03 전기감리 관련

01 「전력기술관리법 시행규칙」에 따른 감리원 배치 현황 신고 시 필요한 제출서류에 대하여 다음 사항을 설명하시오.

1) 배치 현황 신고의 경우 제출서류
2) 배치 변경 신고의 경우 제출서류

data 건축전기설비기술사 24년–132회–1교시–13번 출제

02 「전력기술관리법」 및 「전력시설물 공사감리업무 수행지침」에 따른 전력시설물 공사감리 수행 시, 상주감리원과 비상주감리원의 업무 및 권한에 대하여 설명하시오.

data 건축전기설비기술사 24년–134회–1교시–3번 출제

chapter 04 감전방지

01 한국전기설비규정(KEC)에 의한 보호안전원칙 중 인체 감전보호 등 안전을 위한 보호(KEC 113)에 대하여 설명하시오.

data 건축전기설비기술사 24년–134회–2교시–2번 출제

02 다음 중 특별저압 감전보호에 대하여 다음을 설명하시오.

1) 보호대책 일반요구사항
2) 기본보호와 고장보호에 관한 요구사항
3) SELV와 PELV용 전원
4) SELV와 PELV 회로에 대한 요구사항

data 건축전기설비기술사 23년–131회–3교시–2번 출제

03 한국전기설비규정(KEC)에서 전원의 자동차단에 의한 보호대책 중 IT계통에 대하여 설명하시오.

data 건축전기설비기술사 24년-133회-2교시-5번 출제

chapter 05 정전기

"다른 종목 기술사에서는 관련 내용 출제 없음"

chapter 06 방폭공학

01 전기 방폭설비 중 다음에 대하여 설명하시오.

1) 위험분위기가 존재하는 빈도, 시간
2) 최고표면온도에 따라 위험장소를 분류
3) 방폭기기의 종류
4) 위험장소 분류에 따른 방폭기기의 적용

data 건축전기설비기술사 23년-130회-4교시-6번 출제

02 다음의 보호등급에 대하여 설명하시오.

1) 외부 기계적 충격에 대한 보호등급(IK)
2) 물의 침입에 대한 보호등급(IP)
3) 전기자동차 충전장치의 시설기준(KEC 241.17.3)의 IK, IP 보호등급

data 건축전기설비기술사 24년-134회-1교시-11번 출제

chapter 07 안전작업

01 전력회사로부터 수전받는 대형 데이터센터의 수배전설비를 설계할 때 아크플래시(Arc Flash) 사고로부터 인명과 설비를 보호하고자 한다. 아크플래시와 관련하여 전기설계에 준용할 수 있는 해외 안전설계기준(code)을 나열하고 아크플래시위험을 저감하기 위한 방안과 설계 시 고려사항을 설명하시오.

data 건축전기설비기술사 23년-129회-4교시-6번 출제

02 특고압 수전설비 정전순서 및 작업 시 안전수칙을 설명하시오.

data 건축전기설비기술사 24년-132회-1교시-3번 출제

chapter 08 피뢰설비

01 뇌 보호시스템의 다음 사항을 설명하시오.

1) 피뢰구역(LPZ) 선정방법
2) 내부 피뢰시스템의 보호대책

data 건축전기설비기술사 24년-132회-1교시-1번 출제

chapter 09 옥내 배전

01 저압계통 배선용 차단기의 선택차단방식, 캐스케이드 차단방식, 전용량 차단방식과 과전류차단기의 적용방법에 대하여 설명하시오.

data 전기응용기술사 23년-131회-3교시-2번 출제

02 저압 배전선로용 MCCB의 선택차단방식과 Cascade 차단방식을 비교 설명하시오.

data 전기응용기술사 24년-132회-1교시-10번 출제

03 배선용 차단기(MCCB)에 대하여 다음을 설명하시오.

1) 특징
2) 필요성
3) 암페어 프레임, 트립자유, 회복전압, 개극시간, 투입시간

data 건축전기설비기술사 23년-131회-1교시-6번 출제

chapter 10 전기화재

01 건축물에 시설하는 비상콘센트설비의 화재안전기술기준(NFTC 504)에서 정하는 다음 사항을 설명하시오.

1) 설치대상
2) 화재안전성능기준(NFPC 504)에서 규정하는 전원 및 콘센트 등
3) 화재안전성능기준(NFPC 504)에서 규정하는 배선

data 건축전기설비기술사 23년-130회-4교시-2번 출제

chapter 11 전자파

01 전자파 환경의 EMI(Electro Magnetic Interference), EMS(Electro Magnetic Susceptibility), EMC(Electro Magnetic Compatibility)에 대하여 설명하시오.

data 건축전기설비기술사 23년-130회-1교시-12번 출제

02 전자기파에 대하여 다음 사항을 설명하시오.
1) 정전계와 정자계의 대응관계 및 차이점
2) 전자기파 발생이론

data 건축전기설비기술사 24년-132회-2교시-4번 출제

chapter 12 발전공학

01 재생에너지 등 분산형 전원의 증가에 따른 전력계통의 신뢰도 확보를 위하여 수립된 분산형 전원의 배전계통 연계기술기준에 대하여 다음을 설명하시오.
1) 동기화 변수 제한범위
2) 전압과 주파수의 비정상 상태 운전지속시간 및 분리시간
3) 전기품질
4) 순시전압변동

data 발송배전기술사 23년-129회-3교시-1번 출제

02 우리나라 전력계통에 연계된 신재생발전에 대하여 다음을 설명하시오.
1) 신재생발전기의 특성
2) 신재생발전기의 증가가 전력계통에 미치는 영향
3) 계통연계 기술기준

data 발송배전기술사 23년-130회-4교시-4번 출제

03 분산형 전원을 특고압 전력계통에 연계 시 다음사항을 설명하시오.
1) 변압기 결선 및 접지방식에 따른 전압 및 보호특성
2) 연계변압기 결선방식의 종류 및 계통에 미치는 영향(장단점)

data 발송배전기술사 23년-130회-4교시-5번 출제

04 분산전원의 연계 위치, 용량 및 역률에 따라 배전계통의 전압변동에 미치는 영향에 대하여 각각 설명하시오.

data 발송배전기술사 23년–131회–1교시–10번 출제

05 「분산형 전원 배전계통 연계 기술기준」에서 전력계통 이상 시 다음 조건에 따른 분산형 전원 분리 및 재병입 방법에 대하여 설명하시오.

1) 전력계통의 고장
2) 전력계통 재폐로와의 협조
3) 전압
4) 주파수
5) 전력계통에의 재병입(reconnection)

data 발송배전기술사 23년–131회–4교시–2번 출제

06 신재생에너지 등 분산형 전원의 특징과 연계운전에 따른 문제점 및 대책을 설명하시오.

data 발송배전기술사 24년–132회–2교시–3번 출제

07 태양광 발전설비 구성요소 중 인버터 기능에 대하여 설명하시오.

data 건축전기설비기술사 23년–130회–1교시–7번 출제

08 태양광 발전시스템에 사용하는 인버터에 대하여 다음 사항을 설명하시오.

1) 인버터회로 방식
2) 인버터의 기능

data 건축전기설비기술사 24년–133회–4교시–2번 출제

09 태양광 발전설비의 직류전로에서 지락차단장치 시설방법에 대하여 설명하시오.

data 건축전기설비기술사 24년–132회–4교시–4번 출제

10 한국전기설비규정(KEC)에 따른 풍력발전기 운전 중 발생하는 이상 상태의 종류 및 영향에 대하여 설명하시오.

data 발송배전기술사 24년–134회–1교시–9번 출제

11 전기설비기술기준에 따른 풍력터빈의 구조 중 풍력발전기 터빈의 시설조건을 10가지 쓰시오.

data 발송배전기술사 24년-134회-1교시-10번 출제

12 연료전지에 대하여 다음 사항을 설명하시오.
1) 발전원리
2) 작동온도에 따른 분류
3) 효율
4) 특징

data 전기응용기술사 23년-129회-4교시-2번 출제

13 Seebeck Effect, Peltier Effect, Thomson Effect에 대하여 설명하시오.

data 전기응용기술사 23년-131회-1교시-4번 출제

14 한국전기설비규정(KEC) 중 전기자동차의 전원설비에 대하여 다음 사항을 설명하시오.
1) 전원공급 설비의 저압전로 시설기준
2) 충전장치 시설기준
3) 충전장치 등의 방호장치 시설기준

data 건축전기설비기술사 24년-133회-4교시-3번 출제

15 공동주택의 전기자동차 충전설비 설계 시 고려해야 할 사항을 설명하시오.

data 건축전기설비기술사 23년-131회-3교시-3번 출제

16 리튬이온전지에 대하여 설명하고 전기자동차 화재발생 시 소화가 어려운 이유를 설명하시오.

data 건축전기설비기술사 23년-130회-4교시-3번 출제

17 최근 발생하고 있는 ESS(Energy Storage System) 화재사고 원인 및 안전강화대책에 대하여 설명하시오.

data 발송배전기술사 24년-134회-4교시-2번 출제

18 한국전기설비규정(KEC)에 따른 전기저장장치(ESS) 시설기준 및 시설장소의 요구사항 중 전용건물 이외의 장소에 시설하는 경우 고려사항에 대하여 설명하시오.

data 건축전기설비기술사 24년-133회-1교시-6번 출제

chapter 13 송전공학

01 전력케이블 차폐층의 역할과 접지방식 및 효과에 대하여 설명하시오.

data 건축전기설비기술사 24년-132회-2교시-5번 출제

02 지중 송전선로에서 발생할 수 있는 프리 스네이크(Free Snake) 현상과 이를 방지하기 위한 스네이크(Snake) 포설방식에 대하여 설명하시오.

data 발송배전기술사 24년-132회-1교시-11번 출제

03 특고압 FR-CNCO 케이블의 구조 중 차폐층, 반도전층(내부, 외부)에 대하여 설명하시오.

data 전기응용기술사 23년-131회-1교시-13번 출제

04 고압 및 특고압 지중케이블의 절연열화 원인과 활선상태에서의 진단방법에 대하여 설명하시오.

data 발송배전기술사 24년-132회-3교시-6번 출제

05 지중 전력케이블의 열화요인과 대책 및 저압전로의 절연성능기준에 대하여 설명하시오.

data 건축전기설비기술사 24년-133회-3교시-2번 출제

06 전력 케이블의 열화진단방법에 대하여 설명하시오.

1) 직류 누설 전류측정
2) 유전완화 측정
3) 부분방전(PD:Partial Discharge) 측정

data 전기응용기술사 24년-134회-4교시-6번 출제

07 지중 전선로의 전식(Electrolytic corrosion)의 발생원인과 전기방식(Electrolytic protection)에 대하여 설명하시오.

data 발송배전기술사 24년-133회-2교시-5번 출제

08 전기방식(電氣防蝕)에 대하여 다음 사항을 설명하시오.

1) 부식발생 조건과 발생 매커니즘
2) 전기방식(電氣防蝕)을 분류하고, 각각에 대하여 설명하시오.

data 건축전기설비기술사 24년-132회-4교시-2번 출제

09 지중에 매설된 금속배관의 부식방지를 위한 전기방식(電氣防蝕)의 다음 사항에 대하여 설명하시오.

1) 부식의 종류
2) 희생양극법
3) 외부전원법
4) 선택배류법

data 건축전기설비기술사 24년-134회-4교시-4번 출제

10 지중케이블은 육안점검이 어렵기 때문에 고장점 측정법을 이용한다. 다음을 설명하시오.

1) Murray Loop법
2) 정전용량 측정법
3) Pulse Radar법
4) 수색코일에 의한 방법과 음향에 의한 방법

data 전기응용기술사 23년-131회-3교시-3번 출제

11 전력계통 유효접지 방식의 개념 및 장·단점을 설명하시오.

data 발전배송기술사 23년-131회-2교시-3번 출제

12 송전선로의 진행파에 대하여 다음을 설명하시오.

1) 진행파의 전파 원리
2) 가공선로와 지중선로의 파동임피던스(Surge Impedance) 및 전파속도 비교

data 발송배전기술사 23년-131회-2교시-5번 출제

13 계통을 구성하는 각종 기기 및 전력설비의 절연강도를 선정하는 전력계통 절연협조(Insulation Coordination)에 대하여 설명하시오.

data 발송배전기술사 23년–130회–2교시–3번 출제

14 개폐서지의 종류와 대책에 대하여 설명하시오.

data 전기응용기술사 24년–134회–4교시–4번 출제

15 고압전력 설비회로에서 발생하는 유도성 소전류 차단 서지와 기타 서지에 대하여 설명하시오.

data 전기응용기술사 24년–132회–4교시–2번 출제

16 표준충격파형의 전압파형과 전류파형에 대하여 설명하시오.

data 전기응용기술사 24년–134회–1교시–13번 출제

17 서지흡수기(Surge Absorber) 설치대상, 설치위치 및 정격사항에 대하여 설명하시오.

data 발송배전기술사 24년–132회–1교시–2번 출제

18 피뢰기를 피보호기기에 가까이 설치해야 하는 이유를 수식으로 쓰고 설명하시오.

data 건축전기설비기술사 23년–129회–1교시–4번 출제

19 고압 이상의 전로, 기구 등의 절연내력 확인방법을 설명하고, Off–Line과 On–Line 진단법에 대하여 설명하시오.

data 전기응용기술사 24년–131회–2교시–6번 출제

20 저압설비에서 서지보호장치(SPD:Surge Protective Device)에 대하여 다음 사항을 설명하시오.

1) 서지보호장치(SPD) 동작 기능에 따른 분류
2) 외부분리기(SPD Disconnector)
3) 서지보호장치(SPD)의 개별접지와 1점 접지방식의 차이점

data 건축전기설비기술사 24년–133회–3교시–1번 출제

21 SPD(Surge Protective Device)의 시설방법 및 등급별 접속도체의 최소 단면적에 대하여 설명하시오.

data 건축전기설비기술사 24년–134회–1교시–9번 출제

22 서지보호장치(SPD : Surge Protective Device)의 동작 원리, 설치 위치 및 설치 방법에 대하여 설명하시오.

data 전기응용기술사 24년–134회–2교시–4번 출제

chapter 14 변전공학

01 전력용 변압기 2대의 병렬운전에 대하여 다음을 설명하시오.

1) 변압기 병렬운전조건
2) 변압기 병렬운전가능 및 불가능 결선방법과 그 이유
3) 변압기 병렬운전 시 부하분담률

data 발송배전기술사 23년–130회–1교시–10번 출제

02 변압기의 병렬운전에 대하여 다음 사항을 설명하시오.

1) 병렬운전조건
2) 병렬운전조건이 다를 경우의 문제점
3) 병렬운전 시 고려사항

data 발송배전기술사 24년–132회–4교시–1번 출제

03 전력계통에서 사용하는 단권변압기에 대하여 다음을 설명하시오.

1) 결선구조
2) 용량과 권선분비
3) 특징
4) 국내 응용사례

data 발송배전기술사 23년–129회–4교시–3번 출제

04 변압기에 대하여 다음 사항을 설명하시오.

1) 변압기 효율의 종류(실측효율, 규약효율, 전일효율)와 관계식
2) 부하율을 고려할 때 최고 효율의 조건

data 발전배송기술사 24년–132회–1교시–7번 출제

05 변압기의 병렬운전조건에 대하여 설명하고, 조건과 다를 경우 발생하는 현상에 대하여 설명하시오.

data 발송배전기술사 24년-133회-2교시-4번 출제

06 변압기의 병렬운전조건 4가지를 설명하시오.

data 전기응용기술사 24년-132회-1교시-7번 출제

07 변압기의 병렬운전조건 중 각변위와 통합운전 구비조건에 대하여 설명하시오.

data 전기응용기술사 24년-124회-1교시-10번 출제

08 3상 전력용 변압기(Transformer)에 대하여 다음을 설명하시오.
1) 결선방식(△-△, △-Y, Y-Y, V-V)
2) 용량산정 방법

data 전기응용기술사 23년-131회-2교시-3번 출제

09 변압기 손실의 종류와 저감대책 및 변압기 효율에 대하여 설명하시오.

data 건축전기설비기술사 24년-133회-3교시-6번 출제

10 변압기의 냉각방식(IEC에 의한 방식)에 대하여 설명하시오.

data 전기응용기술사 23년-129회-1교시-3번 출제

11 변압기 절연유의 구비조건 및 열화원인에 대하여 설명하시오.

data 전기응용기술사 23년-129회-1교시-6번 출제

12 변압기의 절연내력시험 중 절연파괴시험, 충격전압시험에 대하여 설명하시오.

data 전기응용기술사 23년-131회-1교시-3번 출제

13 변압기의 %임피던스가 다음 사항에 미치는 영향에 대하여 설명하시오.
1) 변압기
2) 계통 단락용량
3) 계통 안정도

data 전기응용기술사 24년-132회-2교시-1번 출제

14 전력용 변압기의 열화원인 및 진단방법에 대하여 설명하시오.

data 건축전기설비기술사 23년-129회-4교시-3번 출제

15 초고압 변압기에 사용하는 온라인 모니터링(On-line Monitoring) 시스템에 대하여 설명하시오.

data 전기응용기술사 24년-132회-4교시-3번 출제

16 배전용 변압기(154/22.9[kV])의 이행전압을 설명하고, 이행전압 발생 시 절연파괴가 될 수 있는 전압을 구하시오.

data 발송배전기술사 23년-129회-3교시-2번 출제

17 60[Hz] 기기를 50[Hz]에서 운전할 경우 변압기와 전동기의 변화에 대하여 설명하시오.

data 발송배전기술사 23년-129회-3교시-5번 출제

18 변압기의 α-Factor가 변압기에 미치는 영향과 대책에 대하여 설명하시오.

data 발송배전기술사 24년-132회-4교시-5번 출제

19 초고압 변전소 설계 시 환경적 고려사항을 설명하고 GIS 변전소에 사용하는 가스절연개폐장치(GIS) 및 SF_6가스의 특징을 설명하시오.

data 발전배송기술사 24년-132회-2교시-1번 출제

20 가스절연개폐장치(GIS) 진단방법과 전력설비의 예방보전방법(TBM, CBM)에 대한 개념을 설명하시오.

data 발송배전기술사 24년-134회-3교시-3번 출제

21 차단기 정격선정 시 고려사항에 대하여 설명하시오.

data 전기응용기술사 24년-132회-1교시-2번 출제

22 차단기의 정격이란 정해진 조건 하에서 그 차단기를 사용할 수 있는 한도, 즉, 성능보증한계를 말한다. 차단기의 정격과 동작책무에 대하여 설명하시오.

data 발송배전기술사 24년-133회-2교시-6번 출제

23 고압차단기의 정격 중 정격차단전류(I_{sc})와 정격투입전류(I_p)에 대하여 설명하고, 정격투입전류가 정격차단전류의 2.6배(60[Hz])가 되는 이유를 설명하시오.

data 건축전기설비기술사 23년-129회-1교시-5번 출제

24 차단기 트립방식에 대하여 설명하시오.

data 전기응용기술사 24년-134회-1교시-6번 출제

25 금속폐쇄배전반으로 구성된 부하개폐기(LBS)의 기능과 요구사항에 대하여 설명하시오.

data 전기응용기술사 24년-132회-4교시-6번 출제

26 전력용 파워퓨즈(PF)의 선정방법에 대하여 설명하시오.

data 전기응용기술사 23년-129회-4교시-6번 출제

27 ANSI/IEEE와 IEC 기준에 따른 변압기 단락강도 시험방법과 대칭단락전류계산법에 대하여 설명하시오.

data 건축전기설비기술사 24년-133회-2교시-4번 출제

28 전력계통에서 단락용량 증대 시 영향 및 과도한 단락전류 발생 시 억제대책에 대하여 설명하시오.

data 건축전기설비기술사 24년-134회-3교시-1번 출제

29 단락전류 억제방법에 대하여 고압 및 저압전력계통으로 구분하여 설명하시오.

data 전기응용기술사 23년-129회-3교시-6번 출제

30 저압 수전계통에서의 단락사고 시 단락전류의 영향, 계산목적, 계산과정에 대하여 설명하시오.

data 전기응용기술사 24년-134회-4교시-3번 출제

31 케이블공사 및 버스덕트공사 시 단락사고가 발생할 경우 다음 사항을 설명하시오.
1) 단락 시 기계적 강도 계산의 필요성 및 단락전자력의 영향
2) 열적용량
3) 단락전자력
4) 3심케이블 단락기계력

data 건축전기설비기술사 23년-129회-3교시-4번 출제

32 계기용 변성기의 종류 및 특성에 대하여 설명하시오.

data 건축전기설비기술사 24년-133회-2교시-1번 출제

33 계기용 변류기(CT)의 선정 시 고려할 사항에 대하여 설명하시오.

data 전기응용기술사 24년-132회-4교시-4번 출제

34 보호계전용 CT(Current Transformer)의 선정 시 고려사항에 대하여 설명하시오.

data 건축전기설비기술사 23년-129회-2교시-2번 출제

35 변류기를 선정할 때 다음 사항에 대하여 설명하시오.
1) 변류기 포화특성
2) 과전류강도
3) 과전류정수
4) 과전류정수와 변류기 2차 정격부담과의 관계
5) ① 30[VA] Class5 P 10 5[A] ② 15[VA] Class0.5 ③ 10 C 50 ④ 0.3 B1.0

data 건축전기설비기술사 24년-134회-4교시-1번 출제

36 ANSI standard에서 변류기 C200의 의미를 설명하고 변류기 2차 임피던스가 1.5[Ω]일 때 변류기를 선정하시오.

data 발송배전기술사 24년-132회-1교시-4번 출제

37 변류기의 이상현상 발생원인 중 직류분 전류에 의한 영향을 설명하시오.

data 건축전기설비기술사 23년-129회-1교시-6번 출제

38 154/22.9[kV] 변압기 2차측 중성점에 설치하는 NGR(Neutral Ground Reactor)에 대하여 아래 내용을 설명하시오.
1) 설치목적
2) 적용개소
3) 설치효과
4) 보호방식 개요도 및 DS(Disconnecting Switch) 접지방식

data 발송배전기술사 23년-129회-1교시-9번 출제

39 154[kV]변압기의 주보호방식과 후비보호방식에 대하여 각각 보호계전기 결선도를 그리고 설명하시오.

data 발송배전기술사 24년-132회-3교시-4번 출제

40 변압기 보호용으로 사용되는 비율차동계전기에 대하여 설명하시오.

data 전기응용기술사 24년-134회-1교시-12번 출제

41 한국전기설비규정(KEC)에 따른 다음 설비에 대한 보호장치 시설기준을 설명하시오.
1) 발전기 등(연료전지와 상용전원의 축전지 포함)
2) 특고압용 변압기
3) 조상설비

data 발송배전기술사 24년-133회-2교시-3번 출제

42 변압기 여자돌입전류의 영향과 비율차동계전기(RDFR : Ratio Differential Relay)의 오동작 방지대책에 대하여 설명하시오.

data 발송배전기술사 24년-134회-2교시-6번 출제

43 전력용 Capacitor에 대하여 다음을 설명하시오.
1) 계통이상 시 Capacitor의 보호
2) Capacitor 설비 내의 단락, 지락사고에 대한 보호
3) Capacitor 내부소자 사고에 대한 보호

data 전기응용기술사 23년-131회-4교시-6번 출제

44 보호계전기의 신뢰도 향상을 위한 오동작 방지조건을 설명하시오.

data 건축전기설비기술사 24년-132회-1교시-7번 출제

45 영상전류 검출방식에 대하여 다음 사항을 설명하시오.

1) CT Y결선 잔류회로 방식
2) 3권선 영상분로회로 방식
3) 영상변류기(ZCT) 사용 방식
4) 비접지계통 선택지락계전기(SGR)의 동작원리 및 사용목적

data 건축전기설비기술사 24년-132회-3교시-1번 출제

46 고압 유도전동기의 보호방식에 대하여 설명하시오.

data 발송배전기술사 24년-132회-1교시-13번 출제

47 전력용 콘덴서의 역률개선효과와 설치 시 주의사항에 대하여 설명하시오.

data 건축전기설비기술사 24년-133회-2교시-2번 출제

48 전력용 콘덴서의 다음 사항을 설명하시오.

1) 설치목적
2) 선정 시 고려사항
3) 사용 시 문제점
4) 콘덴서에 의한 고조파 왜곡현상
5) 콘덴서에 의한 고조파 억제대책

data 건축전기설비기술사 24년-132회-4교시-6번 출제

49 콘덴서의 개폐서지에 대하여 설명하시오.

data 발송배전기술사 24년-134회-4교시-5번 출제

50 역률개선용 콘덴서 회로에서 직렬리액터 설치 시 문제점 및 대책에 대하여 설명하시오.

data 건축전기설비기술사 24년-134회-1교시-2번 출제

51 직렬 리액터가 설치된 역률개선용 콘덴서의 단자전압 상승현상에 대하여 설명하시오.

data 건축전기설비기술사 23년-131회-1교시-5번 출제

52 축전지의 설치목적과 축전지용량 산정 방식을 설명하시오.

data 건축전기설비기술사 24년-132회-3교시-2번 출제

53 축전지의 종류별 구조와 특성을 각각 비교하고, 운영 시 고려할 사항인 자기방전과 설페이션(Sulfation) 현상에 대하여 설명하시오.

data 전기응용기술사 24년-134회-2교시-1번 출제

54 소방시설용 비상전원으로 특고압 또는 고압으로 공급하는 수전설비의 다음 사항에 대하여 설명하시오.

1) 소방설비용 비상전원의 설치기준
2) 비상용 수전설비의 옥외개방형 및 큐비클(Cubicle)형 설치기준

data 건축전기설비기술사 24년-134회-2교시-3번 출제

55 고압 이상의 전로, 기구 등의 절연내력 확인방법을 설명하고, Off-Line과 On-Line 진단법에 대하여 설명하시오.

data 전기응용기술사 24년-131회-2교시-6번 출제

56 고압전력 설비회로에서 발생하는 유도성 소전류차단 서지와 기타 서지에 대하여 설명하시오.

data 전기응용기술사 24년-132회-4교시-2번 출제

57 수 · 변전실의 전기설비에 대한 내진설계 방법을 설명하시오.

data 건축전기설비기술사 24년-132회-1교시-4번 출제

chapter 15 배전공학

01 $R-L-C$ 회로의 직렬공진과 병렬공진을 설명하시오.

data 발송배전기술사 23년-130회-2교시-5번 출제

02 한국전기설비규정(KEC)에서 정하는 아래 내용을 설명하시오.

1) 전압구분
2) 전선의 식별
3) 수용가 설비에서의 전압강하

data 발송배전기술사 23년-131회-1교시-2번 출제

03 한국전기설비규정(KEC)에서 배선규격을 결정하는 요소 중 전선의 단면적 결정요소에 대하여 설명하고 전선의 허용전류선정 시 고려사항에 대하여 설명하시오.

data 발송배전기술사 24년-133회-1교시-13번 출제

04 한국전기설비규정에서 정한 배선설비의 선정과 설치 시 고려해야 할 외부영향 요인 10가지를 설명하시오.

data 건축전기설비기술사 23년-129회-1교시-8번 출제

05 다음 사항에 대하여 간략히 설명하시오.

1) 접지저항
2) 절연저항
3) 도체저항
4) 한국전기설비규정(KEC)의 저압전로 절연저항 시험전압과 기준값

data 건축전기설비기술사 23년-130회-1교시-1번 출제

06 한국전기설비규정(KEC)를 기준으로 저압 및 고압 이상으로 수전하는 수용가설비의 전압강하를 설명하시오.

data 건축전기설비기술사 23년-130회-1교시-11번 출제

07 한국전기설비규정(KEC)를 기준으로 다음의 절연내력 시험방법에 대하여 설명하시오.

1) 회전기 및 정류기
2) 연료전지 및 태양전지 모듈

data 건축전기설비기술사 23년-130회-2교시-1번 출제

08 건축물에 설치되는 저압계통 과부하전류에 대한 보호협조, 보호장치의 시설위치, 생략할 수 있는 경우에 대하여 설명하시오.

data 건축전기설비기술사 23년-130회-2교시-5번 출제

09 한국전기설비규정(KEC)에서 규정하는 케이블트레이 선정에 대하여 설명하시오.

data 건축전기설비기술사 23년-131회-1교시-7번 출제

10 한국전기설비규정(KEC)에서 정하는 수평트레이에 케이블 포설 시 다심케이블 및 단심케이블 시설기준에 대하여 설명하시오.

data 건축전기설비기술사 24년-134회-1교시-10번 출제

11 한국전기설비규정(KEC)에 따른 수중조명등의 시설기준에 대하여 다음 사항을 설명하시오.

1) 적용 가능한 변압기 및 사용전압
2) 사람의 출입우려가 없는 장소의 수중조명등 시설
3) 수중조명등의 용기

data 건축전기설비기술사 24년-132회-1교시-11번 출제

12 한국전기설비규정(KEC)에 의한 배선설비의 허용전류 선정에 대하여 다음 사항을 설명하시오.

1) 허용전류 선정 시 고려사항
2) 복수회로 포설 그룹에서 고려사항
3) 절연물의 허용온도

data 건축전기설비기술사 24년-132회-3교시-5번 출제

13 저압용 과전류 보호장치의 종류와 특성에 대하여 설명하시오.

data 건축전기설비기술사 24년-133회-1교시-2번 출제

14 한국전기설비규정(KEC)에 따라 저압 배선설비를 설계할 때 다음 사항에 대하여 설명하시오.

1) 과전류 보호조건
2) 과전류 보호방법
3) 과부하 보호장치의 정격전류 선정방법
4) 과전류 보호를 고려한 도체의 단면적 선정방법

data 건축전기설비기술사 24년-134회-4교시-2번 출제

15 전원의 전력품질(Power Quality)에 대하여 다음 사항을 설명하시오.

1) 전력품질의 저하요인과 영향요소
2) 전력품질의 기준요소(외란형태별 지속시간 및 전압의 크기)
3) 전력품질의 외란형태별 영향 및 대책

data 건축전기설비기술사 23년-129회-4교시-1번 출제

16 전력품질을 저해하는 순시전압강하(Sag), 순시정전(Interruption), 플리커(Flicker)의 영향 및 대책을 설명하시오.

data 건축전기설비기술사 24년-133회-3교시-5번 출제

17 배전계통에서 플리커와 고조파의 원인 및 대책에 대하여 설명하시오.

data 건축전기설비기술사 24년-134회-3교시-5번 출제

18 고조파 발생원리와 전력용 변압기와 회전기에 미치는 영향과 대책을 설명하시오.

data 건축전기설비기술사 23년-130회-3교시-5번 출제

19 고조파 왜형률(THD)의 다음 사항을 설명하시오.

1) 정의
2) 전류고조파 왜형률과 역률의 상관관계

data 건축전기설비기술사 24년-132회-1교시-6번 출제

20 고조파가 전력용 변압기에 미치는 영향과 대책에 대하여 설명하시오.

data 발송배전기술사 24년-132회-1교시-11번 출제

21 엘리베이터의 안전성, 전기 안전장치, 기계 안전장치의 특성에 대하여 설명하시오.

data 전기응용기술사 24년-124회-3교시-5번 출제

22 에스컬레이터(Escalator)의 전기적, 기계적, 건축적 안전장치에 대하여 설명하시오.

data 전기응용기술사 23년-131회-1교시-5번 출제

chapter 16 접지공학

01 접지저항 설계에서 대지저항률에 영향을 주는 요소에 대하여 설명하시오.

data 건축전기설비기술사 24년-134회-4교시-3번 출제

02 대지저항률의 측정 방법 중 Wenner의 4전극법과 Dipole-dipole 전극법에 대하여 설명하시오.

data 전기응용기술사 23년-129회-1교시-5번 출제

03 대지저항률의 정의, 영향요소, 측정방법에 대하여 설명하시오.

data 전기응용기술사 23년-131회-3교시-1번 출제

04 접지의 목적과 기기접지, 계통접지에 대하여 설명하시오.

data 전기응용기술사 24년-124회-1교시-8번 출제

05 접지저항 저감방법으로 물리적 및 화학적 저감방법을 비교하여 설명하시오.

data 전기응용기술사 24년-124회-2교시-2번 출제

06 접지설계 시 고려사항 중 다음 항목에 대하여 설명하시오.
1) 접촉전압
2) 보폭전압
3) 대지저항률

data 전기응용기술사 24년-124회-3교시-1번 출제

07 한국전기설비규정(KEC)에서 규정하는 감전보호용 등전위본딩에 대하여 설명하시오.

data 건축전기설비기술사 23년-129회-3교시-1번 출제

08 비접지 국부등전위본딩의 개념을 설명하시오.

data 건축전기설비기술사 23년-131회-1교시-2번 출제

09 TN-S계통과 TT계통에 대하여 다음 사항을 비교 설명하시오.
1) 누전 시 고장전류 크기 및 감전 위험
2) 뇌서지 침입 시 설비기기의 손상

data 건축전기설비기술사 24년-133회-1교시-4번 출제

10 한국전기설비규정(KEC)에서 전원의 자동차단에 의한 보호대책 중 IT계통에 대하여 설명하시오.

data 건축전기설비기술사 24년-133회-2교시-5번 출제

11 통합접지시스템(integrated grounding system)에 대하여 다음 사항을 설명하시오.
1) 필요성
2) 효용성
3) 구성요소
4) 단독접지와 비교하여 장 · 단점

data 전기응용기술사 23년-129회-2교시-6번 출제

12 한국전기설비규정(KEC)에서 정하는 피뢰설비의 접지극시스템(A형, B형)에 대하여 설명하시오.

data 전기응용기술사 23년-131회-1교시-1번 출제

13 병원시설의 의료용 접지, 수술용 접지에 대하여 설명하시오.

data 건축전기설비기술사 24년-134회-2교시-4번 출제

14 의료장소의 보호설비와 접지설비에 대하여 설명하시오.

data 건축전기설비기술사 24년-132회-4교시-5번 출제

당신의 꿈을 실현시키는
최고의 맞춤 교육!!

쉽게 배워 알차게 쓰는 PLC 제어 이론과 실습

김원회, 김수한 지음 / 4 · 6배판형 / 408쪽 / 28,000원

보다 체계적으로 실습까지 알차게 구성한 PLC 기본서!

첫째, 자동제어의 기본인 시퀀스 제어부터 프로그래밍 기법까지 체계적으로 구성하였다.
둘째, 제조사마다 다른 XGT PLC와 멜섹 PLC의 차이점을 동시에 이해할 수 있도록 구성하였다.
셋째, PLC의 기본부터 활용과 실습까지 알차게 구성하였다.

PLC를 중심으로 한 종합 시퀀스 제어

김원회 지음 / 4 · 6배판형 / 576쪽 / 28,000원

시퀀스 제어 전반에 걸쳐 이론 및 실무를 체계화하여 알기 쉽게 설명한 기본서!

첫째, 시퀀스 제어 전반에 걸쳐 이론 및 실무적인 내용을 체계화하여 정리하였다.
둘째, 시퀀스 제어 지식을 필요로 하는 엔지니어, 수험생, 학생들의 참고서로서 유용하도록 정리하였다.
셋째, PLC 사용 설명서를 부록에 수록하였다.

원리부터 네트워크 구축까지 PLC 응용 기술

김원회, 김준식, 공인배, 이병도 지음 / 4 · 6배판형 / 608쪽 / 22,000원

PLC 제어기술을 심도 있게 습득하려는 학생과 엔지니어에게 꼭 필요한 참고서!

이 책은 자동화 관련 학과의 교재로 활용하는 것은 물론 PLC의 기초지식을 습득한 후 PLC 제어기술을 심도 있게 습득하려는 학생과 엔지니어에게 지식습득과 현장실무 업무에 도움을 주고자 편찬되었다. 이에 자동제어의 기초지식에서부터 PLC의 원리와 선정법, 터치패널과 인버터 등과의 PLC 인터페이스, 특수 기능 모듈의 활용과 네트워크 구축까지 경험을 통한 내용 위주로 서술하여 PLC의 중급 기술을 체계적으로 습득할 수 있도록 내용을 구성하였다.

쇼핑몰 QR코드 ▶다양한 전문서적을 빠르고 신속하게 만나실 수 있습니다.
경기도 파주시 문발로 112번지 파주 출판 문화도시(제작 및 물류) TEL. 031) 950-6300 FAX. 031) 955-0510
서울시 마포구 양화로 127 첨단빌딩 3층(출판기획 R&D센터) TEL. 02) 3142-0036
BM (주)도서출판 **성안당**

저자소개

■ 양재학

• 한양대학교 전기공학과 석사

[현재] (주)서전이엔지 전무이사

[경력] 한국전력공사 송배전 부장, (주)제일엔지니어링 전무이사, (주)창조종합건축사 부장

[자격] 발송배전기술사, 건축전기설비기술사, 전기안전기술사, 전기응용기술사, 산업안전지도사

■ 김종연

• 한밭대학교 전기공학과 석사

[현재] (주)대림엠이씨, (주)부흥기술단 전무, 송변전감리단장

[경력] 한국전력공사 송변전 부장

[자격] 전기안전기술사, PMP

■ 임재풍

• 건국대학교 전기공학과 학사

[경력] 한국전력공사 송변전 부장, 한국코아엔지니어링 전무이사

[자격] 전기안전기술사

■ 김석태

• 송담대학교 건축에너지학과 학사

[현재] (주)한미글로벌 이사

[자격] 전기안전기술사

■ 탁의균

• 연세대학교 전기공학과 석사

[현재] (주)티엘엔지니어링 부사장

[경력] 한국전력공사 중부건설 본부장

인강으로 합격하는
전기안전기술사
[기출+예상문제집]

2024. 1. 10. 초 판 1쇄 발행
2025. 1. 8. 1차 개정증보 1판 1쇄 발행

지은이 | 양재학, 임재풍, 김종연, 김석태, 탁의균
펴낸이 | 이종춘
펴낸곳 | BM (주)도서출판 성안당
주소 | 04032 서울시 마포구 양화로 127 첨단빌딩 3층(출판기획 R&D 센터)
10881 경기도 파주시 문발로 112 파주 출판 문화도시(제작 및 물류)
전화 | 02) 3142-0036
031) 950-6300
팩스 | 031) 955-0510
등록 | 1973. 2. 1. 제406-2005-000046호
출판사 홈페이지 | **www.cyber.co.kr**
ISBN | 978-89-315-1330-1 (13560)
정가 | 78,000원

이 책을 만든 사람들
기획 | 최옥현
진행 | 박경희
교정·교열 | 최주연
전산편집 | 송은정
표지 디자인 | 박현정
홍보 | 김계향, 임진성, 김주승, 최정민
국제부 | 이선민, 조혜란
마케팅 | 구본철, 차정욱, 오영일, 나진호, 강호묵
마케팅 지원 | 장상범
제작 | 김유석